Brandschutznachweise und -konzepte

Brandschutznachweise und -konzepte

Theorie und Praxis zu Brandschutznachweisen und -konzepten

von

Prof. Dr.-Ing. Wilhelm Meyn

Reguvis

Bibliografische Information der Deutschen Nationalbibliothek

Die Deutsche Nationalbibliothek verzeichnet diese Publikation in der Deutschen Nationalbibliografie; detaillierte bibliografische Daten sind im Internet über

http://dnb.d-nb.de abrufbar.

Reguvis Fachmedien GmbH
Amsterdamer Straße 192
50735 Köln

www.reguvis.de

Weitere Informationen finden Sie auch in unserem Themenportal unter www.betrifft-bau.de

Beratung und Bestellung:
Tel.: +49 (0) 221 97668-306
Fax: +49 (0) 221 97668-236
E-Mail: bau-immobilien@reguvis.de

ISBN (Print): 978-3-8462-1142-7
ISBN (E-Book) 978-3-8462-1143-4

Herstellung: Günter Fabritius
Satz: MainTypo, Reutlingen
Druck und buchbinderische Verarbeitung: Appel & Klinger Druck und Medien GmbH, Schneckenlohe

Printed in Germany

Vorwort

Mit Maßnahmen des vorbeugenden Brandschutzes kann dem unberechenbaren Auftreten von Bränden und deren Ausbreitung entgegengewirkt werden. Häufig wird in der Praxis der Umfang der nötigen und deshalb vom Gesetz geforderte Brandschutzmaßnahmen unterschätzt.

Bei der Aufstellung von Brandschutznachweisen und -konzepten sind nicht nur die rechtlichen (Mindest-)Anforderungen des zentralen Gesetzes für den Brandschutz zu beachten, der Landesbauordnung. Es sind dazu vielerlei juristische und fachliche Vorgaben in der Brandschutzplanung zu berücksichtigen.

In diesem Buch hat der Autor die Grundlagen dafür zusammengestellt, die wesentlichen Anteile im Detail erläutert und mit Beispielen anschaulich illustriert.

Aus den umfangreichen Bereichen des organisatorischen und abwehrenden Brandschutzes wurden die notwendigen Erfordernisse zur Erstellung von Brandschutznachweisen und -konzepten in das Buch aufgenommen.

Da sich trotz der seit 1960 geltenden Musterbauordnung die Landesbauordnungen im Bereich des Brandschutzes an verschiedenen Stellen unterscheiden, ist der fachliche Inhalt des Buches auf die länderneutrale Musterbauordnung abgestimmt. Bei Besonderheiten und erheblichen Abweichungen jedoch, deren Erläuterung zur Behandlung des Themas erforderlich ist, wird auf entsprechende Landesbauordnungen hingewiesen.

Bei der Verwendung des Schemas zur Erstellung von Brandschutznachweisen bzw. -konzepte im letzten Teil des Buches, sind die Themen mit den Stellen der entsprechenden Landesbauordnungen zu vergleichen.

Rechtliche Regelwerke, nach denen die Brandschutzplanung durchzuführen ist, werden in diesem Buch besonders hervorgehoben. Um sich die Notwendigkeit der verschiedenen, mitunter kleinteilig wirkenden juristischen Regulative zu veranschaulichen, kann man sich den Bereich des Brandschutzes mit zwei entgegengesetzten Polen vorstellen. Ein allumfassender Brandschutz, der über die rechtlich geforderten technischen, planerischen und organisatorischen Maßnahmen hinausgeht, bildet den einen Pol. Er würde jedoch die Baukosten überproportional in die Höhe treiben. Ein unregulierter Brandschutz, bei dem es dem Bauherrn freigestellt wäre, ob er Brandschutzmaßnahmen durchführt, bildet den anderen Pol. Die Wahrscheinlichkeit ist groß, dass dann aus Kostengründen keinerlei Vorkehrungen gegen Brände durchgeführt würden.

Die Praxis des Brandschutzes bewegt sich im Spannungsfeld dieser beiden Pole, wobei Bauherren bzw. Betreiber möglichst wenig von ihrem Budget darauf verwenden möchten, die Nutzer hingegen im Interesse des Schutzes ihrer Gesundheit und ihrer Sachwerte die bestmöglichen Standards erwarten.

Das vom Brandschutzplaner einzuhaltende Sicherheitsniveau, das zwischen diesen zwei Polen angesiedelt ist, und damit auch das Restrisiko, das den Nutzern zu tragen obliegt, werden vom Gesetzgeber festgelegt. Dieser stellt in entsprechenden Rechtsgrundlagen und in aufgrund dieser erlassenen Vorschriften bau- und anlagentechnische Brandschutzforderungen auf.

Die Praxis im Bauwesen zeigt, dass die Vielzahl der Vorgaben oft als zu pedantisch und unübersichtlich betrachtet und deshalb in Teilen zu großzügig ausgelegt oder übersehen wird, bzw. gar nicht bekannt ist. Die langjährigen Erfahrungen des Autors erweisen jedoch, dass erst im Zusammenspiel aller gesetzlichen Verordnungen und Richtlinien und deren schlüssige Umsetzung in Konzepte ein Mindestmaß an Schutz vor dem Ausbruch eines Feuers sowie der Möglichkeit zur Behinderung dessen rascher Ausbreitung gewährleistet wird.

Brandschutzplanung besteht also in der Praxis vor allem aus der folgerichtigen Auslegung und sachgemäßen Anwendung des Bereiches „Brandschutzrecht". Um dafür zu sensibilisieren und die Kenntnis dieser Materie zu vertiefen, beschäftigt sich ein Teil des Buches mit diesem Thema. Dabei sind aktuelle nationale und europäische Entwicklungen im Bereich des Brandschutzes in das Buch eingearbeitet. Dies betrifft besonders die Auswirkungen der Rechtssache C-100/13 des Europäischen Gerichtshofes bezüglich der Konformitätskennzeichnung von Bauprodukten, durch die das nationale Baurecht – und damit die Festlegung von Brandschutz-Anforderungen an Bauprodukte – erheblich beeinflusst wird.

Zu allen erforderlichen und notwendigen Anteilen von Brandschutznachweisen oder -konzepten gibt der Inhalt dieses Buches Hinweise und Lösungsempfehlungen.

Im letzten Teil des Buches wird eine Struktur zum Erstellen von Brandschutznachweisen und -konzepten dargelegt sowie deren einzelne Teile mit Grundlagen ausgestattet und entsprechenden Hinweisen versehen, wo in den vorangegangenen Kapiteln und Absätzen ausführliche Erläuterungen dazu zu finden sind. Nach diesem Schema können sowohl komplette Brandschutznachweise als auch -konzepte mit all ihren maßgeblichen Bestandteilen erstellt werden.

Ich wünsche allen Lesern Kurzweil bei der Lektüre des Buches und hoffe, dass es auch neue Erkenntnisse bringt.

Berlin, im Januar 2022

Prof. Dr.-Ing. Wilhelm Meyn

Inhaltsverzeichnis

Vorwort V

Teil I Grundlagen und Vorschriften des Brandschutzes

1 Struktur des Brandschutzes 1
1.1 Vorbeugender und abwehrender Brandschutz 1
1.2 Aufgaben des Fachplaners für Brandschutz 2
1.3 Brandschutznachweise und Brandschutzkonzepte 3
1.4 Elemente in Brandschutzsystemen 4

2 Schutzziele und Sicherheitsniveau des Brandschutzes 6
2.1 Schutzziele des Brandschutzes 6
2.2 Sicherheitsniveau im Brandschutz 9

3 Definition von Grundbegriffen des Brandschutzes 12
3.1 Nutzungseinheiten 12
3.2 Grundflächen von Nutzungseinheiten 12
3.3 Aufenthaltsräume 13
3.4 Gebäudeklassen 14
3.5 Räume mit erhöhter Brandgefahr 17
3.6 Höhe von Gebäuden zur Einstufung in Gebäudeklassen 18
3.7 Geschosse 18
3.8 Gebäude 18
3.9 Ausgang ins Freie 19
3.10 Brandschutzabschlüsse 20
3.11 Stichflure 21
3.12 Harte und weiche Bedachungen 23
3.13 Rohdecken 23
3.14 Brüstungen und Schürzen 24
3.15 Maisonettewohnungen 25
3.16 Bauliche Anlagen 25
3.17 Regel- und Sonderbauten 26
3.18 Gefangene Räume 27
3.19 Baustoffe 27

3.20 Bauprodukte ... 28
3.21 Bauarten ... 29
3.22 Bausätze ... 29
3.23 Grundanforderungen an Bauwerke ... 29

4 Gesetze, Vorschriften und technische Regelwerke zum Brandschutz ... 31
4.1 Grundgesetz der Bundesrepublik Deutschland ... 31
4.2 Privates und öffentliches Baurecht ... 31
4.3 Musterbauordnung und Landesbauordnungen ... 32
4.4 Mustervorschriften für Sonderbauten ... 33
4.5 Strafrecht ... 35
4.6 Brandschutzgesetze (Feuerwehrgesetze) ... 36
4.7 Höchstrichterliche Entscheidungen ... 37
4.8 Allgemein anerkannte Regeln der Bautechnik ... 38
4.9 Verwaltungsvorschrift Technische Baubestimmungen (VV TB) ... 40
4.10 DIN-Normen allgemein ... 42
4.11 Ausgewählte DIN-Normen zum Brandschutz ... 43
4.12 Muster- und länderbezogene Bauvorlagenverordnung ... 47
4.13 Brandschutz in den „Technischen Regeln für Arbeitsstätten" ... 48
4.14 Baulasten/Baulastenverzeichnis ... 49

5 Rechtsbegriffe im Brandschutz ... 51
5.1 Begriff der Gefahr ... 51
5.2 Bestandsschutz im Bauwesen (Brandschutz) ... 53
5.3 Verantwortung von Personen im Brandschutz ... 57
5.4 Abweichungen (Ausnahmen und Befreiungen) ... 61

6 Brandlehre ... 63
6.1 Wärme ... 63
6.2 Zweiter Hauptsatz der Thermodynamik ... 63
6.3 Temperatur ... 64
6.4 Aggregatzustände ... 65
6.5 Haltepunkt ... 66
6.6 Wärmeübertragung ... 67
6.7 Temperaturpunkte ... 68

6.8 Einteilung von Bränden nach Brandklassen ... 69
6.9 Brandrauch ... 71
6.10 Durchzündung (Flashover) ... 74
6.11 Rauchgasexplosion (Backdraft) ... 75

7 Thermische Brandeinwirkungen ... 77
7.1 Thermische Einwirkungen allgemein ... 77
7.2 Natürliche Temperaturzeitkurven ... 78
7.3 Nominelle Temperaturzeitkurven ... 80
7.4 Parametrische Temperaturzeitkurven ... 84

8 Temperatur- und Brandverhalten von ausgewählten Baustoffen ... 86
8.1 Baustoff Holz ... 86
8.2 Holzwerkstoffe und Dämmschichtbildner ... 90
8.3 Beton und Stahlbeton ... 92
8.4 Baustahl und Dämmschichtbildner ... 95
8.5 Gipswerkstoffe ... 98
8.6 Dämmstoffe ... 100
8.7 Glaswerkstoffe ... 103

9 Nachweise zur Bestimmung der Feuerwiderstandsfähigkeit von Bauteilen ... 104
9.1 Bestimmung der Feuerwiderstandsfähigkeit nach DIN 4102-4 ... 104
9.2 Rechnerischer Nachweis der Feuerwiderstandsfähigkeit ... 104
9.3 Durchführung von genormten Brandversuchen ... 106

10 Verwendbarkeit von Bauprodukten/Bausätzen und Bauarten ... 109
10.1 Nationale Entwicklung der Verwendbarkeit von Bauprodukten/Bausätzen und Bauarten ... 109
10.2 Harmonisierte europäische Normen (hEN) ... 110
10.3 Leistungserklärung (DoP) ... 110
10.4 Europäische Technische Bewertung (ETA) ... 111
10.5 CE-Kennzeichnung ... 112
10.6 Überwachungszeichen (Ü-Zeichen) ... 114
10.7 Gleichzeitige CE- und Ü-Kennzeichnung von Bauprodukten ... 116
10.8 Nachweise für Bauprodukte und Bauarten ... 116
10.9 Technische Anwendbarkeitsnachweise für Bauarten ... 117

10.10 Technische Verwendbarkeitsnachweise für Bauprodukte/Bausätze 120
10.11 Auswahl von Bauarten und Bauprodukten durch den Brandschutzfachplaner 124

11 Ingenieurmethoden im Brandschutz 131
11.1 Allgemeines zu Ingenieurmethoden im Brandschutz 131
11.2 Handrechenmethoden der Eurocodes 131
11.3 Finite-Elemente-Methode (FE-Methode – FEM) 134
11.4 Zonenmodelle 136
11.5 Entfluchtung im Brandfall 136

12 Auswirkungen von Bränden 138
12.1 Auswirkungen von Bränden auf Menschen 138
12.2 Materielle Auswirkungen von Bränden 139

Teil II Baulicher Brandschutz

13 Thermisches Verhalten von Baustoffen im Brandfall 141

14 Anforderungen an das Brandverhalten von Baustoffen 142
14.1 Einteilung von Baustoffen nach der nationalen Norm DIN 4102-1 142
14.2 Einteilung von Baustoffen nach der europäischen Normreihe DIN EN 13501 .. 143

15 Anforderungen an das Brandverhalten von Bauteilen 147
15.1 Einteilung von Bauteilen nach der nationalen Normenreihe DIN 4102 147
15.2 Einteilung von Bauteilen nach der europäischen Normenreihe DIN EN 13501 149

16 Brandschutztechnische Anforderungen an Bauteile 158
16.1 Wände (allgemein) 159
16.1.1 Brandwände 163
16.1.2 Komplextrennwände 177
16.1.3 Trennwände 177
16.1.4 Außenwände 180
16.1.5 Flurwände 184
16.2 Stützen 186
16.3 Geschoss- und Dachdecken 189
16.4 Unterdecken 192
16.5 Dächer 195
16.6 Verkleidungen, Putze und Dämmstoffe in Rettungswegen 204

17 Öffnungen, Schächte und Abschlüsse 207
17.1 Fenster in Rettungswegen 207
17.2 Öffnungen in Kellergeschossen 209
17.3 Brandschutzverglasungen 209
17.4 Installationsschächte und -kanäle 210
17.5 Fahrschächte (baulicher Anteil) 212

18 Rettungswegsysteme 215
18.1 Erster und zweiter Rettungsweg im Brandschutzsystem 215
18.2 Treppen 225
18.3 Leitern, Rutschen oder Schläuche im Zuge von Rettungswegen 233
18.4 Treppenräume 235
18.5 Sicherheitstreppenräume 243
18.6 Horizontale Rettungswege – notwendige Flure und offene Gänge 247
18.7 Stichflure 252
18.8 Rauchableitung 255

19 Brandabschnittstrennungen 263
19.1 Brandabschnitte 263
19.2 Brandbekämpfungsabschnitte 270
19.3 Zellenbauweise (Kompartmentbauweise) 272
19.4 Rauchabschnitte 274

20 Zugänge und Zufahrten auf Grundstücken 277

21 Brandschutz auf Baustellen 279

22 Anforderungen an Rauch- und Feuerschutzabschlüsse 283
22.1 Abschlüsse in Brandwänden 283
22.2 Abschlüsse in Brandwand-Ersatzwänden 284
22.3 Abschlüsse in Trennwänden 284
22.4 Abschlüsse in Geschossdecken 286
22.5 Abschlüsse in Decken über Kellergeschossen 287
22.6 Abschlüsse in Decken über oder unter Räumen mit erhöhter Brandgefahr 288
22.7 Abschlüsse im Zuge von notwendigen Fluren 288
22.8 Abschlüsse in Flurwänden 288
22.9 Abschlüsse in Treppenräumen 290

22.10 Abschlüsse als Wohnungseingangstüren 292
22.11 Abschlüsse im Ausgangsbereich von innenliegenden Treppenräumen 292
22.12 Abschlüsse in Lagerräumen für feste Abfallstoffe 292
22.13 Abschlüsse in Versorgungsschächten 293
22.14 Abschlüsse in Fahrschächten von Aufzügen 294
22.15 Abschlüsse zwischen Garagen und anderen baulichen Anlagen 295
22.16 Abschlüsse in Vorräumen 295

Teil III Technischer und anlagentechnischer Brandschutz

23 Erläuterungen zum technischen und anlagentechnischen Brandschutz 297

24 Leitungsanlagen 300
24.1 Muster-Leitungsanlagen-Richtlinie (MLAR) 300
24.2 Elektrische Leitungen 301
24.3 Rohrleitungen 302
24.4 Versorgungsleitungen in Schächten und Kanälen 302
24.5 Leitungen durch raumabschließende Bauteile mit Feuerwiderstandsfähigkeit. 303
24.6 Mindestabstände zwischen Abschottungen, Installationsschächten und -kanälen 303
24.7 Erleichterungen von den grundsätzlichen Regeln der MLAR 306
24.8 Elektrische Anlagen 312
24.9 Dauer des Funktionserhalts von elektrischen Kabeln und Anlagen 312

25 Lüftungsanlagen 314

26 Brandmeldeanlagen 324

27 Brand- und Rauchwarnmelder 329

28 Alarmierungseinrichtungen 333

29 Blitzschutzanlagen 336

30 Rauch- und Wärmefreihaltung 338
30.1 Grundlagen der Rauchabführung aus baulichen Anlagen 338
30.2 Anlagen zur Rauchableitung (allgemein) 339
30.3 Forderungen zur Rauchableitung von speziell genutzten Räumen 341
30.3.1 Treppenräume (in Regel- und Sonderbauten) nach Muster-Bauordnung [3.1] 341

30.3.2 Innenliegende Sicherheitstreppenräume nach Musterhochhaus-Richtlinie [3.4] ... 342
30.3.3 Innenliegende Sicherheitstreppenräume (allgemein) nach Muster-Verwaltungsvorschrift Technische Baubestimmungen [3.10] ... 343
30.3.4 Feuerwehraufzüge nach Muster-Hochhaus-Richtlinie [3.4] ... 343
30.3.5 Feuerwehraufzüge (allgemein) nach Muster-Verwaltungsvorschrift Technische Baubestimmungen [3.10] ... 344
30.3.6 Verkaufs-, Aufenthalts- und Lagerräume sowie Ladenstraßen nach Muster-Verkaufsstättenverordnung [3.7] ... 344
30.3.7 Versammlungs-, Aufenthalts-, Lager- und Treppenräume sowie Bühnen, Magazine und Szenenflächen nach Muster-Versammlungsstättenverordnung [3.8] ... 352
30.3.8 Produktions- und Lagerräume (mit und ohne Ebenen sowie mit und ohne Löschanlagen) nach Muster-Industriebau-Richtlinie [3.5] ... 359
30.4 Natürliche Rauchabzugsöffnungen sowie natürliche Rauchabzugsanlagen ... 364
30.4.1 Vereinfachtes Bewertungsverfahren zur Bestimmung der Größe von Rauchabzugsöffnungen in Wänden ... 366
30.4.2 Vereinfachtes Bewertungsverfahren zur Bestimmung der Größe von Rauchabzugsöffnungen in Decken ... 371
30.4.3 Rauchfreie bzw. raucharme Zone durch Rauchabführung in Decken ... 373
30.4.4 Zuluftöffnungen (Nachströmöffnungen) ... 377
30.4.5 Besonderheiten bei der Anordnung von Öffnungen zur Rauchableitung und Zuluftführung ... 378
30.5 Maschinelle Rauchabzugsanlagen (MRA) ... 382
30.5.1 Raucharme Schicht ... 383
30.5.2 Ventilatoren zur Abführung von Rauch und Wärme ... 387
30.5.3 Aufstellort von Ventilatoren ... 389
30.5.4 Selbstständige Leitungen zum Rauchabzug ... 390
30.5.5 Öffnungen zum Abführen von Rauchgas und zur Zufuhr von Frischluft ... 394
30.6 Rauchschutz-Druckanlagen (RDA) ... 396
30.7 Rauchschürzen ... 400
30.8 Wärmeabzüge (WA) ... 402

31 Anlagen, Einrichtungen und Geräte zur Brandbekämpfung ... 404
31.1 Tragbare Feuerlöscher ... 404

31.2 Wandhydranten ... 409
31.3 Stationäre (automatische) Löschanlagen ... 414
31.4 Halbstationäre Löschanlagen ... 424

32 Feuerschutzabschlüsse – Türen, Tore und Klappen ... 425
32.1 Brandschutzabschlüsse ... 425
32.2 Dichtschließende Türen ... 429
32.3 Rauchschutzabschlüsse – Rauchschutztüren ... 429
32.4 Feuerschutzabschlüsse/Feuerschutztüren ... 430
32.5 Fahrschachttüren ... 431
32.6 Karusselltüren ... 433
32.7 Brandschutzklappen ... 435
32.8 Änderungen an Brandschutzabschlüssen ... 438
32.9 Feststellanlagen für Brand- und Rauchschutzabschlüsse ... 440
32.10 Schließanlagen ... 444

33 Sicherheitsstromversorgung ... 448

34 Sicherheitsbeleuchtung ... 450

35 Abschottungssysteme ... 452
35.1 Rohrabschottungen ... 453
35.2 Kabelabschottungen ... 455

Teil IV Organisatorischer Brandschutz

36 Organisatorischer Brandschutz im Gesamtsystem ... 457

37 Brandschutzordnung ... 458

38 Pläne im Brandschutzsystem ... 462
38.1 Flucht- und Rettungspläne ... 462
38.2 Feuerwehrpläne ... 464

39 Brandschutzbeauftragter ... 468

Teil V Abwehrender Brandschutz

40 Feuerwehr und Zugänglichkeit von Objekten ... 471
40.1 Zu- und Durchgang sowie Zu- und Durchfahrt für die Feuerwehr ... 471

40.2 Bewegungsflächen für Feuerwehrfahrzeuge ... 471
40.3 Aufstellflächen für die Feuerwehr ... 474
40.4 Planmäßige Feuerwehrzugänge ... 476

41 Löschwasserversorgung und -entsorgung ... 479
41.1 Erforderliche Löschwassermenge ... 479
41.2 Löschwasser-Rückhalteanlagen ... 481

Teil VI Brandschutznachweise und -konzepte

42 Rechtsgrundlagen ... 483

43 Aufbau von Brandschutznachweisen ... 484

44 Erläuterungen zu den einzelnen Anteilen von Brandschutznachweisen bzw. -konzepten ... 487

Literatur- und Quellenverzeichnis ... 529

Stichwortverzeichnis ... 555

Teil I Grundlagen und Vorschriften des Brandschutzes

1 Struktur des Brandschutzes

1.1 Vorbeugender und abwehrender Brandschutz

Begriff Brandschutz

Unter dem Oberbegriff Brandschutz sind alle Maßnahmen zu verstehen, die zur Vorbeugung der Entstehung und Ausbreitung eines Brandes dienen sowie die Rettung von Menschen und Tieren und wirksame Löscharbeiten ermöglichen. Aufgrund dieser Ziele des Brandschutzes (Schutzziele) ergeben sich der vorbeugende und der abwehrende Brandschutz (siehe Bild 1.1).

Die Zielsetzung des vorbeugenden Brandschutzes kann mit Hilfe des baulichen, des technischen und/oder des organisatorischen Brandschutzes erreicht werden. Nicht in jeder baulichen Situation müssen alle drei Arten eingesetzt werden.

Aufbau des Brandschutzsystems

Bild 1.1: Brandschutzstruktur zum Erreichen der baurechtlich vorgegebenen Schutzziele

Schutzziele bei Regelbauten

Bei Regelbauten (z.B. Wohnungsbauten – siehe hierzu auch Absatz 3.17) können die Schutzziele des Brandschutzes im Allgemeinen schon durch bauliche Maßnahmen (baulicher Brandschutz) alleine erreicht werden. Die Anwendung der beiden anderen Bereiche des vorbeugenden Brandschutzes ist hier in der Regel nicht erforderlich.

Brandschutz in Sonderbauten

In Gebäuden mit hohen Nutzer- oder Besucherzahlen (Sonderbauten), wie z.B. in Verkaufsstätten, in Krankenhäusern oder in Versammlungsstätten, sind bauliche Maßnahmen allein üblicherweise nicht ausreichend. In der Regel werden die baulichen Konstruktionen durch technische und/oder organisatorische Maßnahmen ergänzt bzw. ersetzt.

abwehrender Brandschutz

Der abwehrende Brandschutz wird im Brandfall aktiviert. Die Rettung von Menschen und Tieren sowie Löscharbeiten erfolgen im Allgemeinen durch hauptamtliche oder freiwillige Feuerwehren.

1.2 Aufgaben des Fachplaners für Brandschutz

Sicherheitsnachweise im Bauwesen

Vor der Durchführung einer Baumaßnahme (Neubau oder Bauen im Bestand) wird in der Regel vom Architekten (als Vertreter des Bauherrn) ein Antrag auf eine Baugenehmigung gestellt. Unter anderem muss diese Genehmigung neben einem Standsicherheitsnachweis (einer Statik) auch einen Brandschutznachweis enthalten. Diese beiden Bereiche haben im Bauordnungsrecht einen sehr hohen Stellenwert, da durch falsche Planung und/oder Ausführung die Gesundheit und das Leben von Menschen betroffen sein können. Diese Bedeutung leitet sich aus dem Grundgesetz [1.1] ab. Nach Artikel 2 Absatz 2 hat jeder Mensch das Recht auf körperliche Unversehrtheit.

Das vom Gesetzgeber geforderte Sicherheitsniveau im Bereich des Brandschutzes ist unter anderem in Gesetzen, Verordnungen, Richtlinien und weiteren Nebenbestimmungen festgelegt.

Der Fachplaner für Brandschutz, auch kurz Brandschutzplaner genannt, ist der Aufsteller des Brandschutznachweises. Er fügt die Komponenten des baulichen, technischen und organisatorischen Brandschutzes zu einem genehmigungsfähigen Brandschutzsystem zusammen. Dies geschieht unter Wahrung des öffentlich-rechtlichen Sicherheitsniveaus.

Brandschutznachweis/ Brandschutzkonzept

Werden bei Regelbauten (Wohngebäude, landwirtschaftlich genutzte Gebäude und kleine Gewerbeeinheiten) alle Brandschutzforderungen der jeweiligen bundeslandbezogenen Bauordnung oder bei Sonderbauten zusätzlich die ergänzenden oder ersetzenden Forderungen der entsprechenden Richtlinien bzw. Verordnungen eingehalten, ergibt sich ein den Anforderungen des öffentlichen Baurechts entsprechendes und insoweit schlüssiges objektspezifisches Brandschutzsystem. Diese Form eines normativen theoretischen Systems wird als Brandschutz**nachweis** bezeichnet.

Werden zu den normativen gesetzlichen Forderungen noch ingenieurtechnische Nachweise, wie z.B. Brand-, Entrauchungs- und Entfluchtungskonzepte oder Simulationen am PC mit Hilfe numerischer Methoden durchgeführt, dann wird ein Brandschutz**konzept** erstellt, das ausschließlich für das geplante individuelle Gebäude genutzt werden darf.

Die Entscheidung, welche Form der brandschutztechnischen Darstellung für das zu beurteilende Objekt angewandt wird, trifft der Brandschutzplaner.

Brandschutzplaner im Bauablauf

Koordinator einer Baumaßnahme ist üblicherweise ein Architekt. In der Regel entwirft und plant er auch das Bauwerk. Seine Entscheidungen, wo im Gebäude Bauteile, wie z.B. Wände, Türen oder Flure angeordnet werden, betrifft auch den Entscheidungsbereich des Brandschutzes. Um die Kosten einer möglichen Umplanung zu ersparen, sollte der Brandschutzplaner schon im Anfangsstadium mit in die Gesamtplanung eingebunden werden.

In der Praxis ist es heute noch üblich, dass der Brandschutzplaner fertige architektonische Gebäudeentwürfe erhält und aufgrund dieser Zeichnungen sein Brandschutzsystem erarbeiten soll. Häufig müssen wesentliche Änderungen, z.B. wegen zu langer Fluchtwege und/oder Brandabschnittsgrößen, vorgenommen werden.

Unterschreitung des Mindestniveaus

Ein Brandschutzplaner bewegt sich im Spannungsfeld zwischen dem Einhalten von gesetzlichen Mindestvorgaben und dem Verursachen von möglichst geringen Kosten für den Bauherrn. Da die technischen Mindestbrandschutzforderungen in einem

Gesetz, der Landesbauordnung, verankert sind, darf es durch Abweichungen von diesen Forderungen nicht zu einer Unterschreitung des Sicherheitsniveaus kommen. Gleichwertige Lösungen sind zulässig, aber in der Regel kostenintensiver als die „Standardlösungen", die in den entsprechenden Bauordnungen bzw. Sonderbaurichtlinien und -verordnungen vorgegeben werden. Aufgrund der Erfahrungen des Autors sei hier darauf hingewiesen, dass die in der Praxis genutzten kostengünstigen „gleichwertigen Lösungen" (Äquivalente) häufig nur scheinbar gleichwertig sind und das Mindestniveau unterschreiten.

Verantwortung des Fachplaners

Jeder Brandschutzplaner muss sich darüber im Klaren sein, dass seine verantwortungsvolle Tätigkeit, d.h., jede Entscheidung, die er trifft, Konsequenzen für die Gesundheit und das Leben anderer Menschen hat. Bei Personenschäden, die aufgrund eines fehlerhaften Brandschutznachweises entstehen, bleibt die strafrechtliche Verantwortung des Planers über das Arbeitsverhältnis hinaus bis ans Lebensende bestehen.

1.3 Brandschutznachweise und Brandschutzkonzepte

Baugenehmigung

Um ein Bauvorhaben durchführen zu dürfen, muss grundsätzlich eine Baugenehmigung vorliegen. Sie ist nur bei genehmigungsfreien baulichen Anlagen nicht erforderlich. Der Bauantrag, der zu dieser Baugenehmigung führen soll, wird im Regelfall bei der unteren Bauaufsichtsbehörde eingereicht. Die Behörde prüft die Unterlagen, die Bauvorlagen genannt werden, auf Übereinstimmung mit dem geltenden Baurecht. Ist diese gegeben, muss die Genehmigung erteilt werden, wenn aus dem öffentlichen Recht nichts entgegensteht.

Welche Unterlagen (z.B. schriftliche Nachweise und Zeichnungen) in welcher Form (digital oder in Papierform) eingereicht werden müssen, wird in der Bauvorlagenverordnung geregelt. Hier werden unter anderem der Maßstab von Zeichnungen und der Inhalt von Nachweisen festgelegt.

Durch die Bauministerkonferenz (ARGEBAU – Fachkommission Bauaufsicht der Bauministerkonferenz) wird unter anderem auch die Musterbauvorlagenverordnung [1.2] herausgegeben. Nach diesem Dokument erstellen die Bundesländer ihre Verordnungen. Im Bundesland Berlin wird dieses Regelwerk abweichend als „Bauverfahrensverordnung" [1.3] bezeichnet.

Im § 11 (Brandschutznachweis) der Musterbauvorlagenverordnung (MBauVorlV) [1.2] sind die Mindestbestandteile aufgelistet, die in einem Brandschutznachweis enthalten sein sollten. Die in der MBauVorlV geforderten Brandschutzdetails werden in den entsprechenden Landesbauordnungen der Bundesländer detailliert beschrieben (siehe hierzu auch Absatz 4.3). Ausnahme hiervon sind die Forderungen der Löschwasserversorgung. Die rechtliche Grundlage hierfür ist in den Feuerwehrgesetzen enthalten (siehe hierzu auch Absatz 4.6).

Brandschutznachweis

Bei Einhaltung aller Forderungen, die die Bauordnung zum Brandschutz stellt, ergibt sich ein in sich schlüssiger Brandschutz**nachweis** für Regelbauten. Durch diesen Nachweis wird ein Mindestbrandschutzsystem erstellt und erreicht damit nur die untere Grenze des Sicherheitsniveaus.

zusätzliche Maßnahmen für Sonderbauten

Für Sonderbauten müssen im Brandschutznachweis im Allgemeinen zusätzliche Angaben gemacht werden, da für diese Gebäudetypen häufig weitere brandschutztechnische Elemente eingesetzt werden müssen. Dies können z.B. betriebliche und organisatorische Maßnahmen, zusätzliche technische Anlagen zum Brandschutz und/oder die Sicherheitsstromversorgung sein.

Diese zusätzlichen Brandschutzmaßnahmen für Sonderbauten werden aufgrund der baulichen und technischen Vorgaben aus den Sonderbauverordnungen oder -richtlinien in die Planung einbezogen.

Diese Forderungen sind allgemeingültig. Sie beziehen sich nicht auf ein individuelles Gebäude. Aus diesem Grund spricht man hier ebenfalls noch von **Brandschutznachweisen** für Sonderbauten.

Brandschutzkonzepte

Wird jedoch eine Brandschutzplanung erstellt, die auf ein spezielles Gebäude zugeschnitten und auf andere Gebäude nicht übertragbar ist, wird dieser Nachweis **Brandschutzkonzept** genannt. Unter den besonderen, objektbezogenen Nachweisen sind in der Regel ingenieurtechnische Nachweise zu verstehen, wie z.B. Entrauchungs- oder Entfluchtungskonzepte (siehe hierzu Absatz 11.5).

Brandschutz**nachweise** können nach den Vorgaben der Musterbauvorlagenverordnung [1.2] für Regel- und Sonderbauten geführt werden.

Brandschutz**konzepte** sollten nur dann erstellt werden, wenn Teile des Brandschutzsystems nicht über die normativen Vorgaben von bestehenden Regelwerken abgedeckt werden können.

1.4 Elemente in Brandschutzsystemen

Die Anfänge der Brandschutzregelungen reichen in Europa bis ins frühe Mittelalter zurück. Da die damalige Löschtechnik bei einem Vollbrand fast wirkungslos war, musste man andere Vorkehrungen treffen, die direkt oder indirekt auch heute noch Anwendung finden.

Verwaltungs- und Oberverwaltungsgerichtsurteile

Die Entstehung von Bränden, zu denen eine Brandlast erforderlich ist, kann im alltäglichen Leben und an allen Orten nicht völlig ausgeschlossen werden. Über dieses Thema wurde früher jedoch in Fachkreisen nicht selten diskutiert. „Was soll denn hier brennen?" war ein häufig zu hörendes Argument. Dies änderte sich im Jahr 1985. Im Urteil mit dem Aktenzeichen 5K 1012/85 (vom 14.11.1985) wurde vom Verwaltungsgericht Gelsenkirchen folgende Feststellung getroffen:

> *„Es entspricht der Lebenserfahrung, dass mit der Entstehung eines Brandes praktisch jederzeit gerechnet werden muss."*

Zwei Jahre später verkündete das OVG Münster im höchstrichterlichen Urteil unter dem Aktenzeichen 10A 363/86 (vom 11.12.1987) Folgendes:

> *„Der Umstand, dass in vielen Gebäuden jahrzehntelang kein Brand ausbricht, beweist nicht, dass keine Gefahr besteht, sondern stellt für die Betroffenen einen Glücksfall dar, mit dessen Ende jederzeit gerechnet werden muss."*

Ein Brandausbruch ist nach diesen Feststellungen nie vollständig auszuschließen. Jedoch kann die Möglichkeit des Ausbruchs durch die Kontrolle von Zündquellen, wie z.B. offene Feuer (Kamine, Kerzen), elektrische Geräte (Computer, Heizgeräte) und brennende Zigaretten (beim Einschlafen), minimiert werden.

Begrenzung eines Brandes

Ein Brand ist also nicht generell zu verhindern, jedoch kann seine Ausbreitung auf einen vorbestimmten räumlichen Bereich begrenzt werden. „Brandzellen" in einem Gebäude bilden sich durch Wände und Decken. Diese abschottenden baulichen Elemente können den Brand unterschiedlich lange aufhalten, je nach Aufbau und Material der Bauteile. Die Größe der Abschnitte (Zellen) wird vom Leistungsvermögen der Feuerwehr bestimmt. Der Brand in einer Zelle muss für die Feuerwehr löschbar sein.

Bis in die Neuzeit gab es Brände, die große Teile von Städten vernichteten. Beispiele hierzu sind die Brände in Hamburg 1842 (1.700 zerstörte Gebäude) und in Chicago 1871 (17.000 zerstörte Gebäude). Diese Art des Brandverlaufes gibt es in Deutschland nicht mehr.

Die Brandübertragung wird entweder durch Mindestabstände zwischen den Gebäuden oder durch abschottende äußere Bauteile, wie Dächer und Außenwände, verhindert. Der Gesetzgeber geht davon aus, dass es keinen Brandübersprung zwischen Gebäuden und Gebäudeteilen gibt, wenn ein Abstand von mindestens 5,0 m eingehalten wird. Weiterhin dürfen die Außenbauteile nur aus Materialien bestehen, die die Brandweiterleitung ver- bzw. behindern. Auch die weiterentwickelte Löschtechnik trägt zu einer Verhinderung der Brandübertragung bei.

Elemente zur Ver- bzw. Behinderung der Weiterleitung von Bränden sind:

Brandschutzelemente zur Abschottung

- Abstände zwischen Gebäuden (zur Verhinderung der Brandweiterleitung),
- abschottende Außenbauteile, wie Außenwände und Dächer (zur Verhinderung der Brandübertragung) und
- Wände und Geschossdecken als Abschottungselemente (Begrenzen von Bränden innerhalb von Gebäuden).

bauliche Brandschutzelemente

Zur Selbst- und Fremdrettung von Personen werden für den Brandfall abgeschottete bauliche Bereiche geschaffen. Durch die Anordnung von Wänden, Decken und Türen sowie die Auswahl geeigneter Materialien wird eine baurechtlich definierte Dauer erreicht, in der der Fluchtweg dem Flüchtenden zur Verfügung steht. Horizontal führen diese Wege über Flure oder offene Gänge (Laubengänge), vertikal über Treppenräume oder Außentreppen. Diese Bereiche werden auch häufig von der Feuerwehr als Angriffswege genutzt.

Die Brandschutzelemente zur Personenrettung und als Angriffsweg sind:

- Treppen in Treppenräumen (vertikale Fluchtwege),
- Außentreppen ohne Treppenräume (vertikale Fluchtwege),
- Rettungsgeräte der Feuerwehr (vertikale Fluchtwege),
- Flure (horizontale Fluchtwege) und
- offene Gänge (horizontale Fluchtwege).

2 Schutzziele und Sicherheitsniveau des Brandschutzes

2.1 Schutzziele des Brandschutzes

allgemeine Schutzziele in der Bauordnung

Die vom Gesetzgeber vorgeschriebenen Schutzziele im Bauwesen gelten für bauliche Anlagen sowie deren Nutzer. Sie sind in der jeweiligen Landesbauordnung niedergeschrieben. In der Musterbauordnung [1.4] sowie in den meisten anderen Landesbauordnungen werden diese in **§ 3 (Allgemeine Anforderungen)** definiert. Eine Ausnahme macht die Bauordnung des Landes Bayern [1.5]. Hier werden die Gesetzesabsätze mit dem Begriff Artikel bezeichnet.

Generalklausel der Sicherheit

§ 3 (Allgemeine Anforderungen) Absatz 1 der Musterbauordnung [1.4]:

> *„Anlagen sind so anzuordnen, zu errichten, zu ändern und instand zu halten, dass die öffentliche Sicherheit und Ordnung, insbesondere Leben, Gesundheit und die natürlichen Lebensgrundlagen, nicht gefährdet werden; [...]"*

Dieser Paragraf wird auch **„Generalklausel der Sicherheit"** genannt. Grundsätzlich werden hierüber auch die Schutzziele des Brandschutzes abgedeckt.

Da die Sicherheitsanforderungen im § 3 aber sehr allgemein gehalten sind, werden sie in einem weiteren Paragrafen in Bezug auf den Brandschutz konkretisiert.

Paragraf „Brandschutz" der Landesbauordnungen

In (fast) allen Landesbauordnungen wird dieser Paragraf „Brandschutz" genannt und ist im dritten Teil der Bauordnungsgliederung zu finden. Eine Ausnahme findet sich in der Bauordnung des Landes Sachsen-Anhalt. Hier lautet der Titel des Paragrafen „Brandschutz, Brandschutzanforderungen an das Brandverhalten von Baustoffen und Bauteilen".

Der Paragraf „Brandschutz" wird auch als **„Grundnorm des Brandschutzes"** bezeichnet. In ihm werden detailliert die Schutzziele definiert, die bei rechtskonformen Nachweisen bzw. Konzepten in der Praxis umzusetzen sind.

Grundnorm des Brandschutzes

§ 14 (Brandschutz) der Musterbauordnung [1.4]:

> *„Bauliche Anlagen sind so anzuordnen, zu errichten, zu ändern und instand zu halten, dass der Entstehung eines Brandes und der Ausbreitung von Feuer und Rauch (Brandausbreitung) vorgebeugt wird und bei einem Brand die Rettung von Menschen und Tieren sowie wirksame Löscharbeiten möglich sind."*

Nach § 14 gelten die Schutzziele für vier verschiedene Bauzustände:

- Mit dem Begriff „Anordnen von baulichen Anlagen" bringt der Gesetzgeber zum Ausdruck, dass der Brandschutz schon während der Planungsphase von baulichen Anlagen in den entsprechenden Gebäuden und auf dem Grundstück zu berücksichtigen ist.

Schutzziele für unterschiedliche Bauzustände

- Auch beim „Errichten von baulichen Anlagen" während der Bauphase muss der Brandschutz auf Baustellen beachtet werden.
- Diese beiden Aussagen gelten ebenfalls, wenn „bauliche Anlagen geändert" werden, wenn also die Bautätigkeiten in Bestandsgebäuden stattfinden.
- Mit der Bezeichnung „Instandhalten von baulichen Anlagen" ist unter anderem die regelmäßige Wartung und Prüfung von baulichen und technischen Brandschutzeinrichtungen zu verstehen.

Nachfolgend werden die einzelnen Schutzziele erläutert, die durch bauliche, technische und/oder organisatorische Maßnahmen erreicht werden müssen:

1. Schutzziel: Der Entstehung eines Brandes ist vorzubeugen

Damit ein Brand ausbrechen kann, müssen drei Komponenten zusammentreffen: Brandlast, Sauerstoff und Zündquelle. Durch die Entfernung eines dieser drei Anteile wird der Ausbruch eines Brandes verhindert. Im üblichen Hochbau ist dies die Zündquelle.

Das „Zündverhalten" von Gebäudenutzern durch Rauchen, offenes Feuer, technische Geräte oder Brandstiftung ist durch rechtliche Forderungen nur eingeschränkt beeinflussbar, da das menschliche Verhalten im Allgemeinen nur bedingt berechenbar und kontrollierbar ist.

Ursachen von Bränden

In den letzten Jahren gab es Brände, die durch Schweißarbeiten auf Baustellen in Neubauten und beim Bauen im Bestand ausgelöst wurden. Der bekannteste Brand, der durch diese Ursache entstand, fand auf dem Flughafen in Düsseldorf im Jahr 1996 statt. Um die Anzahl der so entstehenden Brände zu minimieren, gibt z.B. die Berufsgenossenschaft Regeln zum Verhalten bei Schweißarbeiten in der DGUV 205-002 „Brandschutz bei feuergefährlichen Arbeiten" [1.6] heraus.

Eine weitere Zündquelle, die zu Bränden führt, ist der Blitzschlag. Grundsätzlich benötigen Gebäude keine technischen Einrichtungen hiergegen. Wenn jedoch ein Blitzeinschlag nach Lage, Bauart oder Nutzung des Gebäudes leicht eintreten kann oder schwere Folgen auslöst, ist eine Blitzschutzanlage gesetzlich erforderlich.

In besonders gefährdeten Gebäudebereichen, wie z.B. in Räumen, in denen wichtige Kundendaten auf Servern gespeichert werden, kann die Entstehung eines Brandes durch den Austausch von einem Teil des Sauerstoffs in der Luft durch Inertgase (z.B. Stickstoff) verhindert werden. Der Sauerstoffgehalt wird von den üblichen 21 % in der Luft auf ca. 13 % reduziert. Durch diese Reduktion wird der für einen Brand erforderliche Wert von 13,8 Vol.-% unterschritten und Brandlasten können sich dadurch nicht mehr entzünden.

2. Schutzziel: Der Ausbreitung eines Brandes ist vorzubeugen

Zur Begrenzung der Ausbreitung eines Brandes (Feuer und Rauch) gibt es eine Vielzahl von baulichen und technischen Maßnahmen, die detailliert in den Teilen II (Baulicher Brandschutz) und III (Technischer und anlagetechnischer Brandschutz) beschrieben werden.

Brandabschottungseinheiten in einem Gebäude sind z.B.:

- Wohnungen (Abtrennung durch Trenn- und Flurwände sowie Geschossdecken),
- Geschosse (Abtrennung durch Geschossdecken),
- Treppenräume (Abtrennung durch Treppenraumwände – in der Bauart von Brandwänden),
- notwendige Flure (Abtrennung durch Flurwände und Geschossdecken),
- Brandabschnitte (Abtrennung durch Brandwände und Geschossdecken),
- Brandbekämpfungsabschnitte (Abtrennung durch Brand- oder Komplextrennwände sowie durch Geschossdecken) und
- Aufzugsschächte (Abtrennung durch Aufzugsschachtwände).

räumliche Begrenzung von Bränden

Rauchabschottungseinheiten in einem Gebäude sind z.B.:

- Treppenräume. Sie müssen von notwendigen Fluren rauchdicht abgegrenzt werden.
- Notwendige Flure. Sie sollen bei einer Länge von mehr als 30 m durch rauchdichte Türen in Rauchabschnitte unterteilt werden.

Um die Brand- und Rauchabschottungseinheiten betreten zu können, sind Öffnungen in den Begrenzungsbauteilen erforderlich, die mit Abschlüssen, wie z.B. Türen oder Klappen, zu versehen sind. Auch an diese Bauelemente werden brandschutztechnische Forderungen gestellt. Je nach Brandeinwirkungsszenario und Einbauort legt das Baurecht verschiedene brandschutztechnische Qualitäten fest, wie z.B. dichtschließende Abschlüsse, feuerhemmende dicht- und selbstschließende Abschlüsse oder feuerbeständige dicht- und selbstschließende Abschlüsse.

3. Schutzziel: Die Rettung von Menschen und Tieren muss möglich sein

Zur Rettung von Menschen und Tieren müssen baurechtlich erforderliche innere und äußere Flucht- und Rettungswege geschaffen werden. Diese Wege dienen sowohl zur Selbstrettung von flüchtenden Personen (Fluchtwege) als auch zur Fremdrettung von hilflosen Personen durch Einsatzkräfte der Feuerwehr (Rettungswege).

Flucht- und Rettungswege

Das äußere Rettungswegesystem auf einem Grundstück dient der Feuerwehr dazu, im Brandfall an das Gebäude zu gelangen. Werden bauliche Anlagen nicht direkt an öffentlichen Verkehrswegen angeordnet, muss auf dem Grundstück eine Zufahrt zum Gebäude vorhanden sein, die für Rettungsfahrzeuge ausgelegt ist.

Aufstell- und Bewegungsflächen für Feuerwehrfahrzeuge müssen ausreichend befestigt und tragfähig sein, um Personen und Tiere über Hubrettungsfahrzeuge (fahrbare Leitern) retten zu können.

4. Schutzziel: Wirksame Löscharbeiten müssen möglich sein

In Deutschland findet das Löschen von Bränden sowohl von außen als auch im Inneren von baulichen Anlagen statt. Um hier erfolgreich Löscharbeiten durchführen zu können, wird die Größe der Brandabschnitte durch Vorgaben des Bauordnungsrechts begrenzt. Brandwände und Geschossdecken bilden durch ihre flächige, raumabschließende Konstruktion die Grenzen der Abschnitte.

kontrollierbarer Brand durch Feuerwehr

Damit die Gesundheit und das Leben der Feuerwehrmitarbeiter, die sich im Gebäudeinneren befinden, nicht gefährdet werden, muss die Standsicherheit des Gebäudes im Brandfall über eine ausreichende, im Bauordnungsrecht definierte Zeit gewährleistet sein.

Innerhalb von Gebäuden müssen die Angriffswege der Feuerwehr, die in der Regel über die Flucht- und Rettungswege geführt werden, ausreichend lange nutzbar sein.

Zwischen dem abwehrenden und dem baulichen Brandschutz besteht eine Interaktion. Das bauliche Brandschutzkonzept setzt eine funktionierende Feuerwehr voraus. Die Leistungsfähigkeit der Feuerwehr muss also im Brandschutznachweis bzw. -konzept berücksichtigt werden. Dies gilt besonders für ländliche Gemeinden. Hier ist zu klären, welche feuerwehrtechnische Ausrüstung zur Verfügung steht.

Die Aufgaben sowie die Struktur der Feuerwehren werden in „Feuerwehrgesetzen" geregelt (siehe hierzu auch Absatz 4.6).

Um die Brandbekämpfung über einen ausreichend langen Zeitraum durchführen zu können, muss die erforderliche Menge an Löschwasser vorhanden und zu jeder Zeit zugänglich sein.

2.2 Sicherheitsniveau im Brandschutz

Kenngrößen zur Einstufung des Sicherheitsniveaus im Brandschutz sind die Schadensfolgen von Bränden. Sie werden in Personen- und Sachschäden unterteilt.

Personenschäden durch Brände

Das höchste Schutzgut im Brandschutz ist das Leben und die Unversehrtheit von Menschen. Das wichtigste Kriterium zur Festlegung des Schutzniveaus sind deshalb die Brand- und Rauchtoten sowie durch die Auswirkung von Bränden verletzte Personen. Diese Gruppen werden jährlich durch das Statistische Bundesamt erfasst. Im Jahr 2015 starben z.B. 343 Personen durch die direkte Auswirkung von Bränden (siehe hierzu auch Absatz 12.1).

Sachschäden durch Brände

Ein weiteres Kriterium sind die Sachschäden, die durch Brände entstehen. Sie werden in der Regel durch Brandschadenversicherer reguliert. Aus diesem Grund gibt es nur wenige Veröffentlichungen über die finanziellen Folgen von Bränden.

Änderung des Sicherheitsniveaus

Das Sicherheitsniveau im Brandschutz wird vom Gesetzgeber aufgrund der vorgenannten Schäden festgelegt und kann auch nur durch den Gesetzgeber geändert werden. Diese Änderung kann also weder von Brandschutzplanern, Brandschutzprüfingenieuren, Brandschutzgutachtern noch von der Feuerwehrbehörde vorgenommen werden. Für alle an der Brandschutzplanung und -ausführung Beteiligten gelten die Forderungen der Landesbauordnungen mit Nebenbestimmungen.

Der Gesetzgeber hat den unbestimmten Rechtsbegriff des „Sicherheitsniveaus" in einem Landes**gesetz** durch die dort enthaltenen Schutzziele des Brandschutzes (siehe hierzu auch Absatz 2.1) konkretisiert. Aufgrund der historischen Entwicklung wird dieses Gesetz „Landesbauordnung" genannt.

Umsetzung der Schutzziele

Die vom Gesetzgeber vorgeschriebenen Schutzziele werden durch praxisbezogene planerische und bautechnische Forderungen erreicht. Die technischen Forderungen und Regeln hierzu sind in der Landesbauordnung sowie in Nebenbestimmungen enthalten (siehe hierzu auch Absatz 4.3). Um Entwicklungen in der Bau- und Haustechnik sowie im feuerwehrtechnischen Bereich in den Vorgaben des Baurechts zu berücksichtigen, wurde das rechtliche System so flexibel gestaltet, dass es indirekt auf Veränderungen reagieren kann. In den Bauordnungen werden bauliche und technische Vorgaben gemacht, die entweder direkt umgesetzt werden können oder das Schutzziel durch gleichwertige (äquivalente) Lösungen erreichen.

Beispiel einer äquivalenten Lösung zur Rauchabschnittslänge:

Beispiel eines überlangen Rettungsflures

Nach der Musterbauordnung [1.4] § 36 Absatz 3 soll ein überlanger notwendiger Flur (Rettungsweg) durch Rauchschutztüren in Rauchabschnitte ≤ 30 m unterteilt werden. Diese „Rauchschutztür-Variante" wird als „Standardlösung" in der Bauordnung vorgegeben. Die zwei Schutzziele, die durch die Rauchabschnittsunterteilung erreicht werden sollen, sind: „Der Ausbreitung eines Brandes soll vorgebeugt werden" und „Die Rettung von Menschen und Tieren muss bei einem Brand möglich sein".

Als äquivalente Lösung könnte in dem notwendigen Flur z.B. eine leistungsstarke Entrauchungsanlage eingebaut werden. Bevor diese Anlage als alternative Lösung in die Planung des Brandschutzkonzeptes einfließt, muss untersucht werden, ob die zwei vorgenannten Schutzziele und damit das Sicherheitsniveau mit dieser technischen Lösung erreicht werden kann.

***1. Schutzziel:** „Der Ausbreitung eines Brandes soll vorgebeugt werden"*

Durch die Anordnung von Rauchschutztüren in notwendigen Fluren wird der Ausbreitung von Brandrauch in der „Standardlösung" der Bauordnung vorgebeugt.

Überprüfung des 1. Schutzzieles

Dieses Schutzziel wird aber auch durch eine Entrauchungsanlage erreicht, da sie den Brandrauch aus dem Flurbereich nach außen ins Freie abführt und damit die Ausbreitung begrenzt. Bevor diese Lösung in das Brandschutzkonzept eingearbeitet wird, ist zu überprüfen, ob die Anlage eine ausreichende Menge an Rauch abführen kann.

Ein weiterer physikalisch-chemischer Effekt wird durch die Anlage ver- bzw. behindert. Durch den Brandrauch im Flur kann es zu einem frühen Flashover bzw. zu einem Backdraft kommen (siehe hierzu auch die Absätze 6.10 und 6.11). Nach so einer Schwelgasexplosion wird ein Brand in der Regel weitergeleitet, was das Abführen des Rauches im Vorfeld jedoch verhindert bzw. hinausgezögert.

Das erste Schutzziel wird durch die Entrauchungsanlage erreicht.

***2. Schutzziel:** „Die Rettung von Menschen und Tieren muss bei einem Brand möglich sein"*

Um den Flur im Brandfall zur Selbstrettung nutzen zu können, darf dort entweder nur eine geringe Menge toxischer Brandrauch vorhanden sein oder die Fluchtlänge durch den verqualmten Flurabschnitt muss begrenzt werden.

Überprüfung des 2. Schutzzieles

Das zweite Kriterium wird durch die Bildung von Rauchabschnitten in der „Standardlösung" der Bauordnung durch die Anordnung von Rauchschutztüren erreicht.

Eine leistungsstarke Entrauchungsanlage erfüllt diese Forderung ebenfalls, da der Rettungsweg durch den abgeführten Brandrauch raucharm gehalten wird.

Mit Hilfe dieser technischen Lösung wird das zweite Schutzziel ebenfalls erreicht.

Fazit:

Nach den Ergebnissen der Schutzzieluntersuchungen ist eine Entrauchungsanlage aus brandschutztechnischer Sicht eine äquivalente Lösung zu der vom Baurecht geforderten Rauchschutztür.

Aus finanzieller Sicht ist jedoch eine Tür zu bevorzugen. Nachteile einer technischen Anlage: hohe Investitionskosten, nachfolgend dauerhafte Wartungs- und Unterhaltungskosten und möglicher Ausfall der Anlage im Brandfall.

Bei Äquivalenten zu bauordnungsrechtlichen Vorgaben ist immer darauf zu achten, dass hierdurch auch tatsächlich **gleichwertige** Lösungen erzielt werden. Durch scheinbare Äquivalente, die in der Praxis vorkommen, wird das Sicherheitsniveau unterlaufen.

keine Unterschreitung des Sicherheitsniveaus

Bei der Einhaltung aller vorgegebenen baulichen und technischen Standard-Varianten der Bauordnung wird gerade ein **Mindestbrandschutzniveau** erreicht, das nicht unterschritten werden darf.

3 Definition von Grundbegriffen des Brandschutzes

3.1 Nutzungseinheiten

Definition Nutzungseinheit

Nutzungseinheiten sind in sich abgeschlossene Bereiche, die einem bestimmten Nutzungszweck zugeordnet sind. Nutzungseinheiten können über mehrere Geschosse zu einer Einheit zusammengefasst werden. Sie müssen dann intern durch Treppen miteinander verbunden sein.

Eine Nutzungseinheit wird ausschließlich von ein und demselben Nutzer bestimmungsgemäß verwendet. Diese Einheiten müssen gegenüber anderen Bereichen brandschutztechnisch abgeschottet sein. Nutzungseinheiten sind z.B. Wohnungen, Arzt- und Anwaltspraxen, Büroeinheiten, selbstständige Betriebseinheiten, kleine Läden und Produktionseinheiten einschließlich notwendiger Nebenräume wie Toiletten.

Größe von Nutzungseinheiten

Dem Begriff Nutzungseinheit kommt im Brandschutz eine große Bedeutung zu. Nutzungseinheiten dienen unter anderem als Kriterium zur Einstufung von Gebäuden in eine Gebäudeklasse (siehe hierzu auch Absatz 3.4). Eine zellenweise Aufteilung von Geschossen bzw. Gebäuden in Nutzungseinheiten ≤ 400 m² ist zur Einstufung der Zuordnung zu einer Gebäudeklasse zulässig. Geschosse dürfen in mehrere Nutzungseinheiten mit gleichem Nutzungszweck aufgeteilt werden.

Zum Beispiel darf eine große zusammenhängende Büroeinheit in kleine Einheiten unterteilt werden, wenn die Einheiten dem gleichen Nutzungszweck dienen. Hierdurch kann das Gebäude eventuell (weitere Randbedingungen sind zu beachten) in eine niedrigere Gebäudeklasse eingestuft werden (siehe hierzu auch Absatz 3.4).

3.2 Grundflächen von Nutzungseinheiten

Zur Einstufung von Gebäuden in eine Gebäudeklasse muss unter anderem die Grundfläche der vorhandenen Nutzungseinheiten ermittelt werden. Der Grenzwert, der zur Klassifizierung genutzt wird, beträgt 400 m².

Ermittlung von Grundflächen nach DIN 277

Bei der Bestimmung der Grundflächen von Nutzungseinheiten werden die Brutto-Grundflächen angesetzt. In die anrechenbaren Flächen gehen sämtliche Räume der Einheit ein, Flächen in Kellergeschossen bleiben jedoch außer Betracht.

Die Berechnungsregeln finden sich in der DIN 277 „Grundflächen und Rauminhalte von Bauwerken im Hochbau" Fassung 2005 [1.7]. Diese Ausgabe darf trotz der überarbeiteten Fassung aus dem Jahr 2016 [1.8] weiterhin im Bereich des Brandschutzes zur Bestimmung der Brutto-Grundfläche genutzt werden.

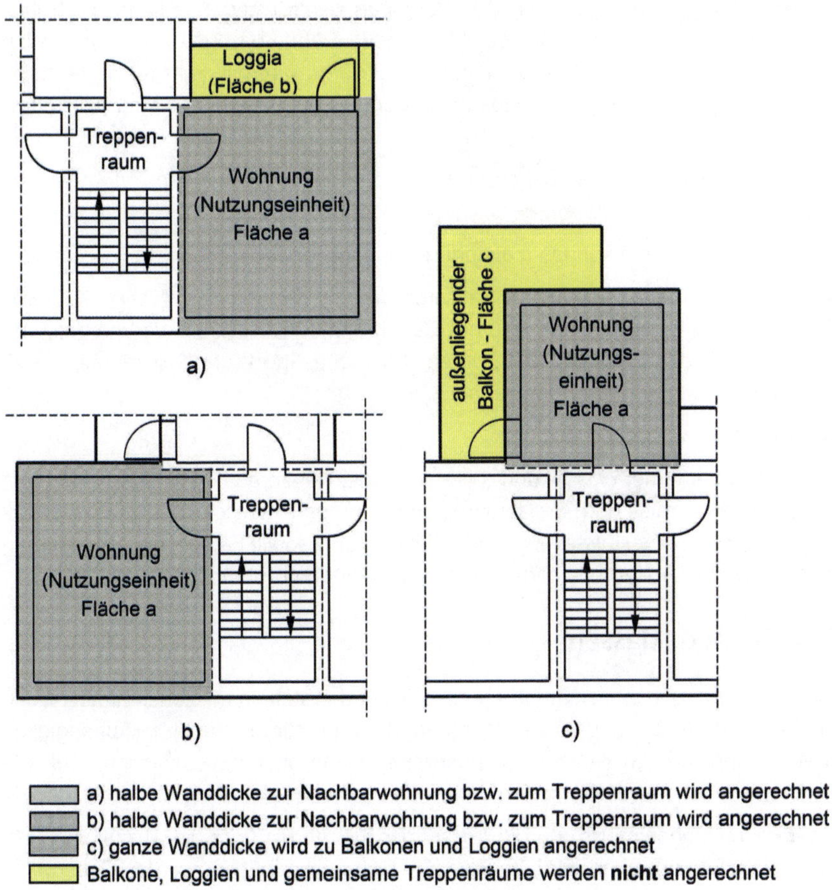

Bild 1.2: Anzurechnende Flächen unterschiedlicher Nutzungseinheiten

In der Norm werden Geschosse in drei Bereiche eingeteilt:

- Bereich a: überdeckte und allseitig umschlossene Flächen (z.B. Innenräume)
- Bereich b: überdeckte, aber nicht allseitig umschlossene Flächen (z.B. Loggien)
- Bereich c: nicht überdeckte Flächen (z.B. offene Balkone)

Bei der Berechnung der Brutto-Grundfläche von Nutzungseinheiten werden nur die Flächen des Bereiches a angesetzt. Die Flächen der Bereiche b und c bleiben unberücksichtigt.

3.3 Aufenthaltsräume

Einfluss von Aufenthaltsräumen

Viele Anforderungen im Baurecht, besonders zum Brandschutz, beziehen sich auf vorhandene Aufenthaltsräume oder die Möglichkeit, sie nachträglich einbauen zu können.

Für den Brandschutz haben Aufenthaltsräume eine große Bedeutung. Sie beeinflussen unter anderem die Anordnung und Ausbildung des Rettungswegesystems sowie die Feuerwiderstandsdauer von Bauteilen.

Definition Aufenthaltsräume

Aufenthaltsräume müssen nach den Vorgaben der Musterbauordnung [1.4] eine lichte Raumhöhe von mindestens 2,40 m haben. Länderbezogen kann dieser Wert abweichen, z.B. beträgt diese Höhe in Berlin 2,50 m. Dies gilt nicht für Aufenthaltsräume in Wohngebäuden der Gebäudeklassen 1 und 2 sowie für Aufenthaltsräume im Dachraum.

Aufenthaltsräume sind Räume, die nicht nur zum vorübergehenden Aufenthalt von Menschen bestimmt oder geeignet sind.

Als Aufenthaltsräume können u.a. angesehen werden:

Beispiele zu Aufenthaltsräumen

Wohn- und Schlafräume, Küchen, Hausarbeitsräume, Wohndielen, Arbeitsräume wie Büro-, Geschäfts- und Verkaufsräume, Gaststätten, Werkstätten, Warteräume, Versammlungsräume, Krankenräume, Unterrichtsräume, Sport- und Spielräume, Bastel- und Werkräume, wie z.B. Hobbyräume.

Keine Aufenthaltsräume sind u.a.:

Beispiele zu Nichtaufenthaltsräumen

Flure, Treppenräume, Wasch- und Toilettenräume, Nebenräume wie Speisekammern und andere Vorrats- und Abstellräume, Trockenräume, Wasch- und Futterküchen, Garagen, Heizräume, Kesselräume, Maschinenräume sowie Räume, die zur Lagerung von Waren und zur Aufbewahrung von Gegenständen bestimmt sind.

3.4 Gebäudeklassen

Begründung zur Einstufung

Die Anforderungen an den Brandschutz in Gebäuden steigen mit zunehmender Höhe der baulichen Anlagen, da die Gefahren im Brandfall für die Nutzer in Abhängigkeit davon größer werden. Je höher eine bauliche Anlage ist, desto schwieriger und zeitaufwendiger sind die Rettung und das Löschen durch die Feuerwehr.

Um diesen Höheneinfluss und die Anzahl der Nutzer, die über die Anzahl von Nutzungseinheiten gesteuert wird, im Brandfall zu berücksichtigen, werden Gebäude in die Gebäudeklassen 1 bis 5 eingestuft. Die Anforderungen an den baulichen Brandschutz des Gebäudes richten sich nach dieser Einstufung. Je größer die Gebäudeklassenzahl ist, desto höher sind die Anforderungen an den Brandschutz. Für die tragenden Bauteile wird z.B. in einem Gebäude der Klasse 2 eine Feuerwiderstandsdauer von 30 Minuten (feuerhemmend) und für ein Gebäude der Klasse 5 von 90 Minuten (feuerbeständig) gefordert. Der längere thermische Widerstand gewährt der Feuerwehr ausreichend Zeit zur Rettung von Menschen und Tieren sowie zu wirksamen Löscharbeiten.

Die Ermittlung der Gebäudehöhe wird in Absatz 3.6 erläutert.

Gebäude werden in folgende Gebäudeklassen eingeteilt:

Gebäudeklasse 1a

Freistehende Gebäude mit einer Höhe bis zu 7 m und nicht mehr als zwei Nutzungseinheiten von insgesamt nicht mehr als 400 m². Beide Nutzungseinheiten dürfen also zusammen nicht mehr als 400 m² Grundfläche haben [$\Sigma A_{NE} = (A_{NE\,1} + A_{NE\,2}) \leq 400\ m^2$].

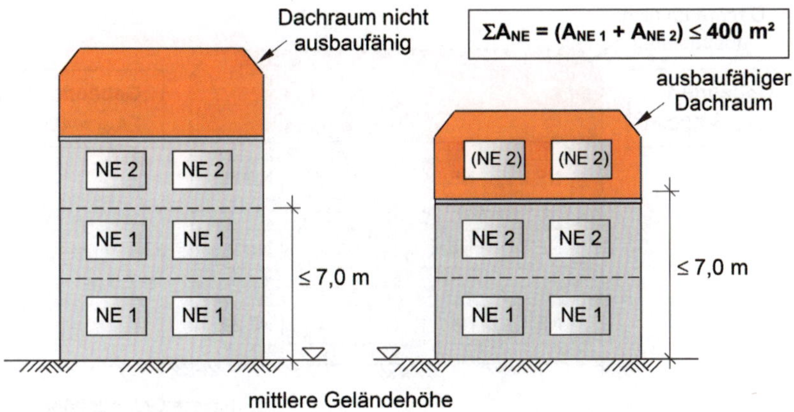

Bild 1.3: Zeichnerische Darstellung von Gebäuden der Gebäudeklasse 1a (mit und ohne ausbaufähigem Dachraum)

Gebäudeklasse 1b

Freistehende land- oder forstwirtschaftlich genutzte Gebäude, wie z.B. Scheunen, Ställe oder Silos. Für diese Gebäudetypen gibt es keine einschränkenden Höhen- oder Flächenangaben.

Gebäudeklasse 2

Nicht freistehende Gebäude mit einer Höhe bis zu 7 m und nicht mehr als zwei Nutzungseinheiten von insgesamt nicht mehr als 400 m², wie z.B. Doppelhaushälften oder Reihenhäuser.

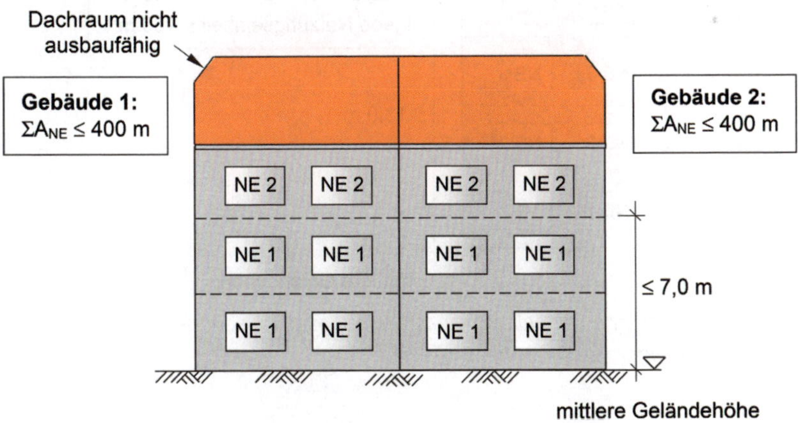

Bild 1.3a Zeichnerische Darstellung von zwei Gebäuden der Gebäudeklasse 2 (mit nicht ausbaufähigem Dachraum)

Gebäudeklasse 3

Sonstige Gebäude mit einer Höhe bis zu 7 m. Wenn die Forderungen der Gebäudeklasse 2 überschritten werden (Anzahl der Nutzungseinheiten > 2 und/oder die Gesamtfläche > 400 m²), wird das Gebäude in die Gebäudeklasse 3 eingestuft.

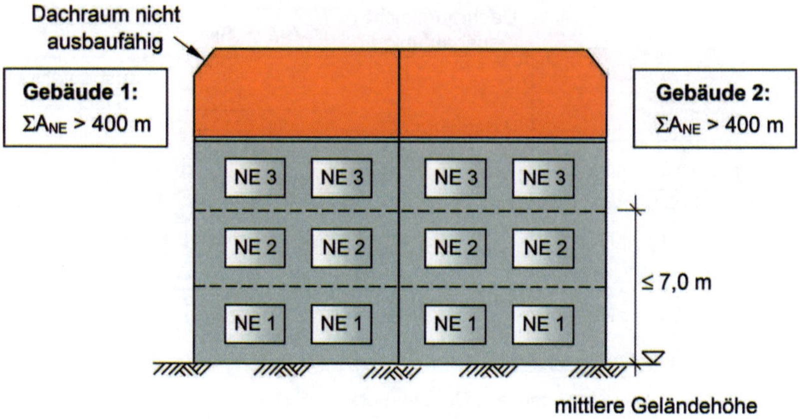

Bild 1.3b Zeichnerische Darstellung von zwei Gebäuden der Gebäudeklasse 3 (mit nicht ausbaufähigem Dachraum)

Gebäudeklasse 4

Gebäude mit einer Höhe bis zu 13 m und Nutzungseinheiten mit jeweils nicht mehr als 400 m². Die Anzahl der Nutzungseinheiten ist nicht begrenzt.

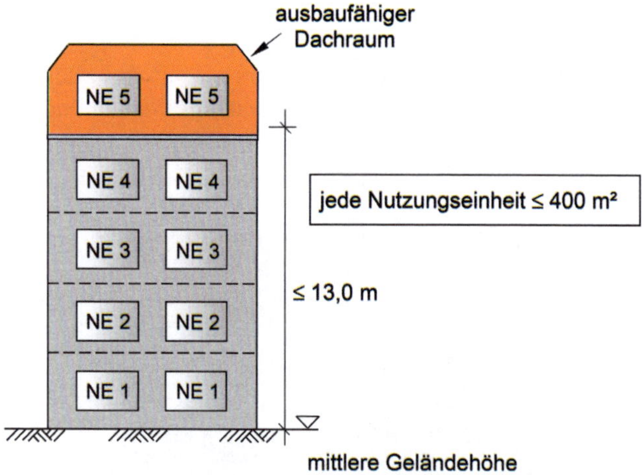

Bild 1.3c Zeichnerische Darstellung eines Gebäudes der Gebäudeklasse 4 (mit ausbaufähigem Dachraum)

Gebäudeklasse 5

Sonstige Gebäude einschließlich unterirdischer Gebäude, die nicht in die vorherigen Gebäudeklassen eingestuft werden können.

Einstufung von Hochhäusern in eine GK

Die Höhe von Regelbauten ist nach der Musterbauordnung auf 22 m begrenzt. Bei einer größeren Höhe werden Regel- zu Sonderbauten (Hochhäusern). Da die Grenzhöhe von 13 m bei diesem Gebäudetyp somit überschritten ist, werden Hochhäuser auch in die Gebäudeklasse 5 eingestuft.

Im Bundesland Berlin z.B. müssen Hochhäuser mit einer Höhe zwischen 22 und 25 m nicht nach der Hochhausrichtlinie beurteilt werden. Für diesen 3-m-Bereich ist nach Anlage A 2.2.2.7/1 der Verwaltungsvorschrift Technische Baubestimmungen (VV TB Bln) [1.9] eine brandschutztechnische Beurteilung wie für Regelbauten der Gebäudeklasse 5 ausreichend.

3.5 Räume mit erhöhter Brandgefahr

Für Räume, von denen eine erhöhte Brandgefahr ausgeht, müssen besondere brandschutztechnische Maßnahmen getroffen werden. Festlegungen oder Erläuterungen, bei welcher Brandlastgröße oder -verteilung es sich um solche Räume handelt, finden sich in der Bauordnung nicht.

Eine Definition hierfür kann den „Technischen Regeln für Arbeitsstätten" entnommen werden. In der ASR A2.2 (Maßnahmen gegen Brände) [1.10] werden eine normale und eine erhöhte Brandgefährdung definiert:

„***Normale Brandgefährdung*** *liegt vor, wenn die Wahrscheinlichkeit einer Brandentstehung, die Geschwindigkeit der Brandausbreitung, die dabei frei werdenden Stoffe und die damit verbundene Gefährdung für Personen, Umwelt und Sachwerte vergleichbar sind mit den Bedingungen* ***bei einer Büronutzung****.*

Erhöhte Brandgefährdung *liegt vor, wenn*

Brandgefährdung nach ASR A2.2

- *entzündbare bzw. oxidierende Stoffe oder Gemische vorhanden sind,*
- *die örtlichen und betrieblichen Verhältnisse für eine Brandentstehung günstig sind,*
- *in der Anfangsphase eines Brandes mit einer schnellen Brandausbreitung oder großer Rauchfreisetzungsrate zu rechnen ist,*
- *Arbeiten mit einer Brandgefährdung durchgeführt werden (z.B. Schweißen, Brennschneiden, Trennschleifen, Löten) oder Verfahren angewendet werden, bei denen eine Brandgefährdung besteht (z.B. Farbspritzen, Flammarbeiten) oder*
- *erhöhte Gefährdungen vorliegen, z.B. durch selbsterhitzungsfähige Stoffe oder Gemische, Stoffe der Brandklassen D und F, brennbare Stäube, extrem oder leicht entzündliche Flüssigkeiten oder entzündbare Gase."*

Als Vergleichskriterium für Räume mit erhöhter Brandlast bzw. erhöhter Brandgefährdung kann die Ausstattung eines „normalen" Büros in Büro- und Verwaltungsgebäuden angesetzt werden. Brandlasten, die diese Größe deutlich überschreiten, können als „erhöhte Brandlast" gewertet werden.

Brandlasten können über ihre Brandleistung verglichen werden. Werte von unterschiedlichen Materialien [in kW/m²] finden sich unter anderem in der DIN 18230 Teil 3 (Baulicher Brandschutz im Industriebau, Rechenwerte) [1.11]. In der DIN EN 1991-1-2 (Brandeinwirkungen auf Tragwerke) [1.12] werden Werte von Brandlastdichten für Räume mit unterschiedlicher Nutzung aufgelistet. Die charakteristische mittlere Brandlastdichte $q_{f,k}$ für Büros beträgt hiernach 420 MJ/m².

Arbeitsstätten, von denen eine erhöhte Brandgefährdung ausgeht, wie z.B. Altpapierlager, chemische Reinigungen oder Tischlereien, werden in der Tabelle 4 der „Technischen Regeln für Arbeitsstätten" ASR A2.2 [1.10] aufgelistet.

Räume mit erhöhter Brandgefahr müssen innerhalb von Nutzungseinheiten durch brandschutztechnisch abschottende Bauteile abgetrennt werden.

3.6 Höhe von Gebäuden zur Einstufung in Gebäudeklassen

Bei der Einstufung der Gebäudeklasse wird die Höhe eines Gebäudes von der **Fußbodenoberkante** des höchstgelegenen Geschosses, in dem ein Aufenthaltsraum vorhanden oder bauordnungsrechtlich **möglich** ist, über der **Geländeoberfläche** im Mittel gemessen.

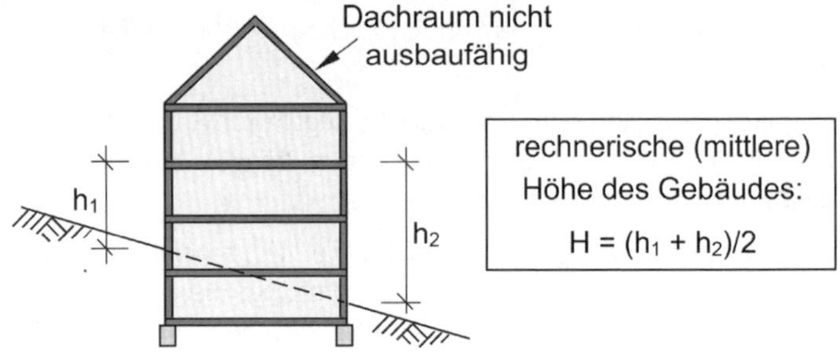

Bild 1.4: Zur Einstufung in eine Gebäudeklasse wird die mittlere Höhe errechnet, z.B. bei Gebäuden an Hanglagen.

3.7 Geschosse

Als Geschoss (Etage, Stockwerk) eines Gebäudes werden alle in einer Ebene liegenden Räume sowie die Decke darüber bezeichnet. Ist die Ebene leicht versetzt, spricht man von versetzten Geschossen.

Geschossbezeichnungen

Umgangssprachlich werden Geschosse durch ihre Höhenlage in Bezug auf die Geländeoberfläche unterschieden:

- **Kellergeschosse** oder Untergeschosse, sofern die Geschosse ganz oder teilweise unter der Geländeoberfläche liegen,
- **Erdgeschoss**, das zu ebener Erde (in Höhe der Geländeoberfläche) liegende Geschoss,
- **Obergeschosse**, Geschosse oberhalb des Erdgeschosses,
- **Dachgeschoss (Dachraum)**, als Dachgeschoss oder Dachraum wird in der Regel ein Raum bezeichnet, der sich unter einem geneigten Dach befindet, z.B. unter einem Satteldach, einem Mansarddach oder einem Zeltdach.

oberirdische Geschosse

Geschosse sind oberirdische Geschosse, wenn ihre Deckenoberkanten nach der Musterbauordnung [1.4] im Mittel mehr als 1,40 m über die Geländeoberfläche hinausragen; darunter werden sie als Kellergeschosse eingestuft.

3.8 Gebäude

Viele Anforderungen des Baurechts beziehen sich auf Gebäude, z.B. die brandschutztechnische Einstufung von baulichen Anlagen in eine Gebäudeklasse. Neben der „baulichen Anlage" ist deshalb auch das „Gebäude" ein wichtiger Begriff des Bauordnungsrechts.

Definition des Begriffes Gebäude

Nach der Musterbauordnung [1.4] § 2 (Begriffe) Absatz 2 sind Gebäude selbstständig benutzbare, überdeckte bauliche Anlagen, die von Menschen betreten werden können und geeignet oder bestimmt sind, dem Schutz von Menschen, Tieren oder Sachen zu dienen. Der eigene Zugang ist bei einem Gebäude unbedingt erforderlich. Er muss von Menschen aufrecht betreten werden können.

Mehrgeschossige Gebäude müssen eine eigene Treppe besitzen.

Auch bauliche Anlagen, die sich vollständig unterhalb der Geländeoberfläche befinden, können Gebäude sein, wenn sie die vorgenannten Bedingungen erfüllen.

Anbauten/ Gebäude

Anbauten, die über einen gemeinsamen Treppenraum begangen werden, sind keine eigenständigen Gebäude, sie sind dann Teil des Hauptgebäudes. Reihenhäuser hingegen, die einen eigenen Eingang und eigene Treppen besitzen, gelten als eigenständige Gebäude.

3.9 Ausgang ins Freie

Rettungswege sollen im Erdgeschoss nach den Vorgaben der Bauordnung unmittelbar ins „Freie" führen. Dies gilt sowohl für „notwendige Flure" als auch für „notwendige innen- und außenliegende Treppenräume".

Fluchtwege müssen ohne Schaffung neuer, zusätzlicher Gefahrenquellen ausgebildet werden. Diese Forderung gilt nicht nur im Innenbereich von baulichen Anlagen. Auch ein sicheres Verlassen von Gebäuden muss im Fluchtfall möglich sein. Grundsätzlich ist „das Freie" erreicht, wenn man sich außerhalb der vertikalen Projektionsfläche (Grundrissfläche) des Gebäudes befindet.

Da dieser Begriff in der Musterbauordnung nicht näher erläutert wird, werden hier zur genaueren Definition andere Regelwerke herangezogen.

„das Freie" nach dem EBA-Leitfaden

Nach dem „Leitfaden für den Brandschutz in Personenverkehrsanlagen der Eisenbahnen des Bundes" [1.13] Absatz 2.3 wird „das Freie" folgendermaßen definiert:

> *„Im Sinne bauordnungsrechtlicher Vorschriften ist es* ***[das Freie]*** *ein Ort unter offenem Himmel, außerhalb baulicher Anlagen oder geologischer Formationen, von denen man sich beliebig entfernen und in Sicherheit bringen kann."*

„das Freie" nach der MIndBauRL

In der Muster-Industriebau-Richtlinie [1.14] wird „das Freie" im Absatz 5.6.5 ebenfalls beschrieben:

> *„Liegt ein Ausgang ins* ***Freie*** *unter einem Vordach, beginnt das Freie erst am Rande des Vordaches."*

„Das Freie" muss in der Regel nicht auf öffentlichen Verkehrsflächen (z.B. Straßen, Wege) liegen. Es ist nur wichtig, dass die flüchtenden Personen nicht mehr den Auswirkungen des Brandes ausgesetzt sind (siehe auch [1.15]). Der Ort des Ausgangs muss so gewählt werden, dass die Auswirkungen des Brandes den Fluchtweg nicht beeinträchtigen.

In manchen Sonderbauverordnungen bzw. -richtlinien (z.B. in der Muster-Hochhausrichtlinie [1.16]) wird jedoch zusätzlich gefordert, dass die baulichen Rettungswege ins Freie und dann zu öffentlichen Verkehrsflächen führen müssen.

unsicherer Ausgang ins Freie

Der Gesetzgeber geht davon aus, dass bei einem Abstand von 5 m zwischen zwei Gebäuden kein Brandüberschlag stattfindet. Befinden sich Personen innerhalb dieses Abstandes, sind sie der Wärmeenergie des Brandes ausgesetzt, die durch Strahlungs- und/oder Konvektionsvorgänge übertragen wird. Diese bauliche Situation kann sich ebenfalls in einer inneren Gebäudeecke ergeben (siehe hierzu Bild 1.5). Diese Ecksituation ergibt sich, wenn zwei Gebäudeteile in einen Winkel < 120° zueinander angeordnet sind.

Ausgänge ins Freie dürfen in diesen unsicheren Bereichen nicht angeordnet werden, da sich dadurch eine zusätzliche Gefahr im Rettungsweg beim Erreichen des Freien ergibt. Um dies zu verhindern, können z.B. Fensteröffnungen mit bauaufsichtlich zugelassenen Brandschutzverglasungen versehen werden.

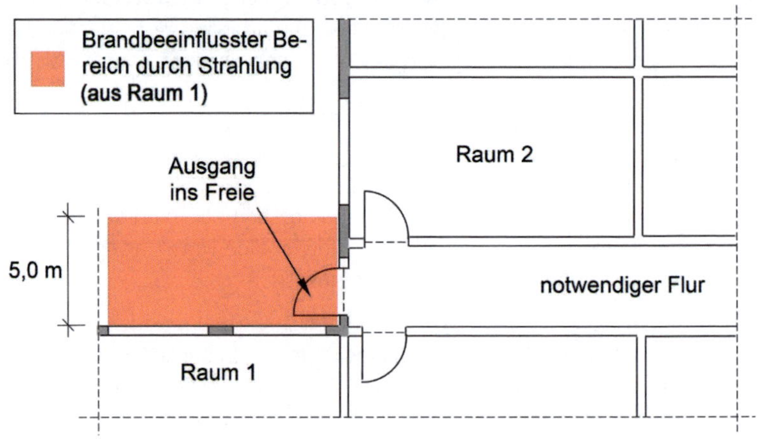

Bild 1.5: Der Ausgang ins Freie ist in einer inneren Gebäudeecke angeordnet. Er liegt im Überschlagsbereich eines Brandes im Raum 1. Die Strahlungsenergie wird durch die Fenster auf den Ausgangsbereich ins Freie übertragen.

3.10 Brandschutzabschlüsse

Ausführungen von Abschlüssen

Feuer- und Rauchschutzabschlüsse verschließen Öffnungen in Wänden und Decken, um dort den Durchtritt von Feuer und/oder Rauch über eine vorbestimmte Dauer zu verhindern bzw. zu behindern. Je nach Einsatzgebiet können Abschlüsse beispielsweise als Türen, Tore, Schiebetore, Rolltore oder Klappen ausgebildet und in besonderen Fällen auch durch Schleusen und „Löwengänge" ersetzt werden.

In den Landesbauordnungen wird der Begriff „Abschluss" immer mit Brandschutzanforderungen für diese Bauteile gekoppelt. Je nach Einsatzort werden folgende Brandschutzqualitäten gefordert:

Anforderungen an Abschlüsse

- dicht schließend,
- rauchdicht und selbstschließend,
- feuerhemmend, dicht- und selbstschließend,
- hochfeuerhemmend, dicht- und selbstschließend sowie
- feuerbeständig, dicht- und selbstschließend.

Selbstschließanlagen

Damit die abschottenden Bauteile ihre brandschutztechnische Funktion erfüllen können, müssen alle dort befindlichen Abschlüsse im Brandfall geschlossen sein. Um dies zu erreichen, sind die Abschlüsse entweder ständig geschlossen zu halten oder müssen im Brandfall selbst schließen. Dies kann mit Hilfe eines Türschließers erfolgen, der über eine bauaufsichtliche Zulassung verfügen muss (siehe hierzu auch Absatz 32.10).

3.11 Stichflure

Ein Stichflur ist ein Flur, über den der erste Rettungsweg nur in eine Richtung geführt werden kann. Diese bauliche Situation entsteht, wenn eine Seite des Flures durch eine Wand begrenzt wird und dort keine weitere bauliche Fluchtmöglichkeit besteht (siehe hierzu Bild 1.6).

Länge von Stichfluren

Ein Stichflur beginnt an dieser Begrenzung und endet in einem „sicheren" Bereich, in dem der Flüchtende vor Rauch und Feuer geschützt ist. Dies können in einem Erdgeschoss der Ausgang ins Freie, in Obergeschossen der Treppenraum, eine davor angeordnete „Sicherheitsschleuse" oder offene Gänge (Laubengänge) sein.

Rauchschutztüren in Stichfluren

Um die vorgenannten brandschutztechnischen Sicherheitsbereiche auf den Fluchtweg anrechnen zu können, muss sichergestellt werden, dass in diesen Abschnitten kein Feuer und Rauch den Fluchtweg gefährden kann. **Rauchschutztüren**, die im Stichflur angeordnet werden, verkürzen den Fluchtweg (Stichflur) **nicht**, da dadurch keine sicheren Bereiche entstehen. Feuer und Rauch aus den angrenzenden Räumen können die Rauchabschnitte des Stichflurs verqualmen und ihn rettungstechnisch unbrauchbar machen.

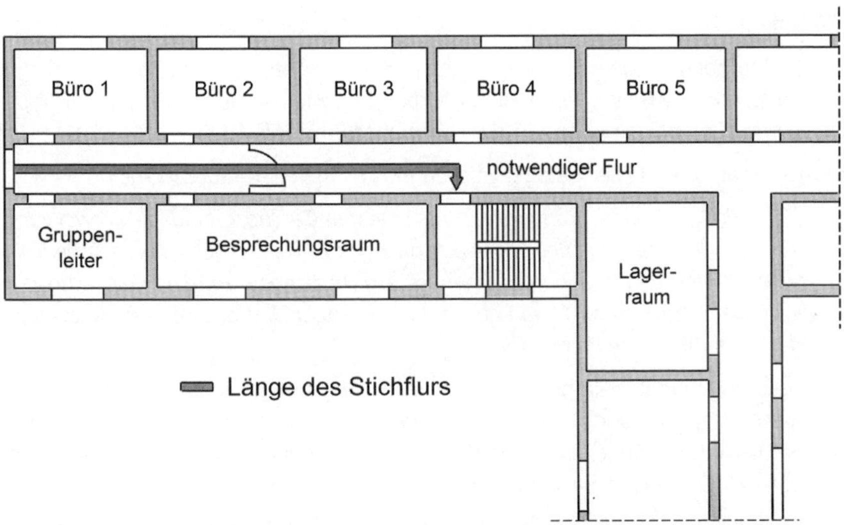

Bild 1.6: Der Rettungsweg mit nur einer Fluchtrichtung (Stichflur) endet im „sicheren" Bereich des Treppenraumes (dargestellt ist ein Obergeschoss eines Bürohauses).

Nicht nur der Orientierungsverlust durch die Verrauchung kann zu einer lebensbedrohlichen Gefahr werden. Schon drei Atemzüge im Brandrauch können zur

Bewusstlosigkeit führen, je nach den chemischen Verbindungen, die sich im Brandfall entsprechend der Brandlast ergeben. Nach zehn Atemzügen wird in der Regel die Reanimationsgrenze erreicht. Nur noch die Hälfte der rauchvergifteten Personen wird wieder ins Leben zurückgeholt.

keine Längenangaben zu Stichflurlängen

Angaben über die zulässige Länge von notwendigen Fluren mit nur einer Fluchtrichtung (Stichflure) zu außen- oder innenliegenden „normalen" Treppenräumen, die keine Sicherheitstreppenräume sind, werden in der Musterbauordnung nicht gemacht.

Um die **zulässige Stichflurlänge** beurteilen zu können, werden hierzu Aussagen aus vier anderen Regelwerken herangezogen:

a) Auszug aus der Landesbauordnung Nordrhein-Westfalen (NRW) [1.17]

Stichflurlänge nach der BauO NRW

§ 38 Notwendige Flure und Gänge:

*„(3) Notwendige Flure, die zu einem Sicherheitstreppenraum führen oder die als **Stichflure** nur eine Fluchtrichtung haben, dürfen bis zur Einmündung in einen notwendigen Treppenraum, den davor liegenden offenen Gang oder in eine Schleuse **höchstens 10 m lang** sein. Der **Stichflur** darf **20 m** lang sein, wenn die Räume **einen zweiten Rettungsweg** haben."*

b) Auszug aus der Muster-Schulbaurichtlinie [1.18]:

Stichflurlänge nach der MSchulbauR

„3.3 Notwendige Flure

*Notwendige Flure mit nur einer Fluchtrichtung **(Stichflure)** dürfen **nicht länger als 10 m** sein."*

c) Auszug aus der Muster-Beherbergungsstättenverordnung [1.19]

§ 6 Notwendige Flure:

Stichflurlänge nach der M-BeVO

*„(3) In notwendigen Fluren mit nur einer Fluchtrichtung **(Stichfluren)** darf die Entfernung zwischen Türen von Beherbergungsräumen und notwendigen Treppenräumen oder Ausgängen ins Freie **nicht länger als 15 m** sein."*

d) Auszug aus der Muster-Garagenverordnung [1.20] § 13 Rettungswege:

Stichflurlänge nach der M-GarVO

*„(1) Jede Mittel- und Großgarage muss in jedem Geschoss mindestens zwei voneinander unabhängige Rettungswege nach § 33 Abs. 1 MBO haben. In oberirdischen Mittel- und Großgaragen genügt **ein Rettungsweg**, wenn ein Ausgang ins Freie in **höchstens 10 m** Entfernung erreichbar ist. Der zweite Rettungsweg darf auch über eine Rampe führen."*

Landesbauordnungen ohne „Stichflurregelung"

Um den vorgenannten Tatbestand auch in Bundesländern zu berücksichtigen, in deren Landesbauordnung keine „Stichflurregelung" vorhanden ist, sollten bei Regelbauten die Anforderungen der „alten" Landesbauordnung Nordrhein-Westfalen aus dem Jahr 2011 [1.17] an Stichflure herangezogen werden:

- Stichflurlänge ≤ 10 m, wenn es aus den an den Stichflur angrenzenden Räumen keinen 2. Rettungsweg gibt und
- Stichflurlänge ≤ 20 m, wenn es einen 2. Rettungsweg aus an den Stichflur angrenzenden Räumen gibt.

3.12 Harte und weiche Bedachungen

Aufbau von Dächern

Dächer von Gebäuden bestehen aus der Dachhaut und dem Dachtragwerk. Unter dem Begriff „Bedachung" ist die an der Oberfläche des Dachaufbaus liegende Schicht einschließlich der darunter direkt angrenzenden Schichten (z.B. Schalung, Wärmedämmung, Dampfsperre) zu verstehen.

„harte" Bedachungen

Als „hart" wird eine Bedachung bezeichnet, die ausreichend lange einer Beaufschlagung durch Flugfeuer aus Funkenflug und Wärmestrahlung aus einem benachbarten Brandgeschehen widersteht. Durch diese „harte" Dachhaut wird eine Brandübertragung verhindert.

Bedachungen, die diese Anforderungen nicht erfüllen, werden als „weiche" Bedachung bezeichnet.

„Harte" Bedachungen können unter anderem aus Ziegeln, Beton oder einer beliebigen Dachdeckung bestehen, die bei Flachdächern mit einer Kiesschüttung bedeckt ist.

Beispiele zu „weichen" Bedachungen

Als „weiche" Bedachungen gelten z.B. Eindeckungen aus Holzschindeln oder Reet.

Eine Auflistung von „harten" Bedachungen findet sich in der DIN 4102-4 [1.21] Absatz 8.7.2:

„[...]

- *Bedachungen aus natürlichen und künstlichen Steinen der Baustoffklasse A sowie aus Beton und Ziegeln.*
- *Bedachungen mit oberster Lage aus mindestens 0,5 mm dickem Metallblech (z.B. auch Kernverbundelemente nach DIN 53290 mit Deckschichten aus Blech). Das Blech darf sichtseitig kunststoffbeschichtet sein.*
- *Fachgerecht verlegte Bedachungen auf tragenden Konstruktionen gleich welcher Art, auch auf Zwischenschichten aus Wärmedämmstoffen, mindestens der Baustoffklasse B 2, mit*

  „harte" Bedachungen nach DIN 4102-4

  - *Bitumen-Dachbahnen nach DIN 52128,*
  - *Bitumen-Dachdichtungsbahnen nach DIN 52130,*
  - *Bitumen-Schweißbahnen nach DIN 52131,*
  - *Glasvlies-Bitumen-Dachbahnen nach DIN 52143.*

  Die Bedachung mit diesen Bahnen muß mindestens 2lagig sein.

  Bei mit PS-Hartschaum gedämmten Dächern muß eine Bahn eine Trägereinlage aus Glasvlies oder Glasgewebe aufweisen; Kaschierungen von Rolldämmbahnen mit Glasvlieseinlagen zählen hierbei nicht.
- *Beliebige Bedachungen mit vollständig bedeckender, mindestens 5 cm dicker Schüttung aus Kies 16/32 oder mit Bedeckung aus mindestens 4 cm dicken Betonwerksteinplatten oder anderen mineralischen Platten."*

3.13 Rohdecken

Geschossdecken sind horizontal angeordnete flächenförmige Bauteile, die Geschosse nach oben abschließen.

Aufbau von Geschossdecken

In der Regel bestehen Decken in der Höhe aus drei Bereichen. Die obere Lage besteht aus den Nutz- und Zwischenschichten (z.B. Teppichboden, Estrich und Trittschalldämmung), der untere Bereich aus Putzen oder Unterdecken (z.B. Gips- oder mineralische Putze und abgehängte Unterdecken). Diese Schichten werden aus optischen oder bauphysikalischen Gründen angeordnet.

Das Bauteil zwischen diesen Bereichen ist die tragende Schicht, die die Deckenlasten auf die unterstützenden Bauteile abträgt. Sie wird auch als Rohdecke bezeichnet.

Eine Rohdecke kann z.B. als Stahlbetondecke, Holzbalkendecke oder Kappendecke ausgebildet sein.

3.14 Brüstungen und Schürzen

Ausbildung von Brüstungen und Schürzen

Als Brüstungen werden die unter einem Fenster befindlichen Außenwandbauteile bezeichnet, die über dem Fenster befindlichen Bauteile als Schürzen. Beide Bauteile reichen bis zu einer Geschossdecke. Die Außenwände können sich zwischen den Decken befinden oder vor den Decken angeordnet sein. Im zweiten Fall wird die Außenwand als vorgehängte Fassade bezeichnet. Die Fassade kann als monolithische Konstruktion oder hinterlüftet ausgeführt werden. Bei der zweiten Konstruktion gibt es einen Luftspalt zwischen der Fassadenbekleidung und der Außenwand bzw. der Außenwanddämmung.

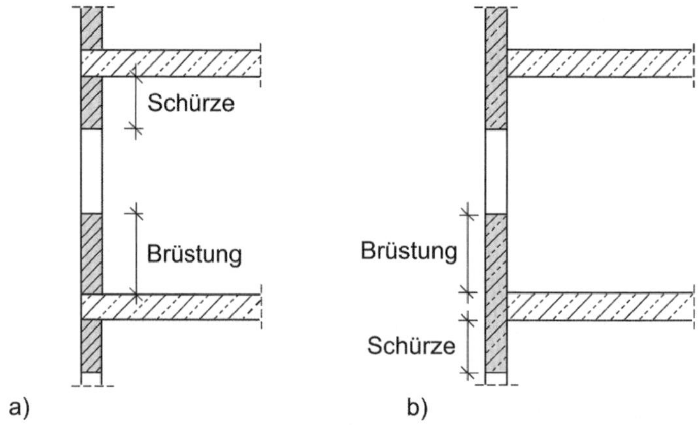

Bild 1.7: Prinzipskizzen von Brüstungen und Schürzen im Rohbau (Verkleidungen und Beläge werden im Schnitt nicht dargestellt)
a) Außenwand zwischen den Geschossdecken
b) vorgehängte Fassade (vor den Geschossdecken)

Anforderungen an Brüstungen und Schürzen

An die Brüstungen und Schürzen von Außenwänden werden in der Musterbauordnung [1.4] und in den Landesbauordnungen brandschutztechnische Anforderungen gestellt.

Im Brandschutzsystem haben die Außenwände die Aufgabe, das Innere eines Gebäudes vor der Übertragung eines Brandes zu schützen, der außerhalb des Gebäudes stattfindet. Weiterhin sollen sie bei einem Brand im Inneren die Übertragung auf ein anderes Gebäude bzw. die Übertragung in einen anderen vertikalen Brandabschnittsteil (z.B. auf das über dem Brand liegende Geschoss) verhindern.

Außenwände und Außenwandbauteile (Brüstungen und Schürzen) müssen baulich so ausgebildet werden, dass eine Brandausbreitung über und innerhalb der Fassade ausreichend lange begrenzt wird. Mit der vorgenannten Forderung ist das Schutzziel für Brüstungen und Schürzen als Teil der Außenwand definiert.

3.15 Maisonettewohnungen

Eine Maisonettewohnung ist eine Wohnung, die aus mindestens zwei übereinander liegenden Teilwohnungen besteht. Die Geschosse werden durch eine innere Treppe miteinander verbunden. Maisonettewohnungen können nach der Musterbauordnung § 35 (Notwendige Treppenräume, Ausgänge) [1.4] brandschutztechnisch als eine Nutzungseinheit ohne erforderlichen Treppenraum gewertet werden, wenn sie insgesamt nicht mehr als 200 m² Grundfläche aufweisen, in nicht mehr in zwei Geschossen miteinander verbunden sind und in jedem Geschoss einen separaten Fluchtweg aufweisen.

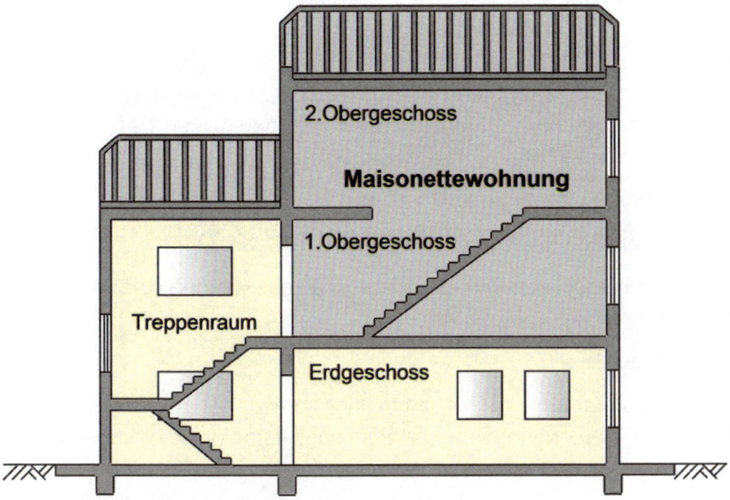

Bild 1.8: Eine Maisonettewohnung besteht aus zwei Teilwohnungen, die über eine Innentreppe ohne Treppenraum miteinander verbunden sind (Prinzipskizze).

3.16 Bauliche Anlagen

Da das Bauordnungsrecht nach der Musterbauordnung [1.4] § 1 Absatz 1 für baulichen Anlagen (und Bauprodukte) gilt, kommt diesem Begriff eine zentrale Bedeutung zu.

Definition von „baulichen Anlagen"

Bauliche Anlagen sind Anlagen, die aus Bauprodukten (Definition in Absatz 3.20) hergestellt werden. Sie müssen mit dem Erdboden verbunden sein. Eine Verbindung wird bauordnungsrechtlich auch dann angenommen, wenn sie ausschließlich durch das eigene Gewicht entsteht, das auf den Boden drückt.

In der Regel werden bauliche Anlagen aus Bauteilen zusammengesetzt, können aber auch aus einem Baustoff alleine bestehen, wie z.B. ein Weg, der mittels Schotter befestigt wird.

3.17 Regel- und Sonderbauten

Die brandschutztechnischen Anforderungen der Bauordnungen gelten nur für die am häufigsten vorkommenden baulichen Anlagen üblicher Art und Nutzung. Dies sind Wohngebäude oder Gebäude, bei denen die Gefahrentatbestände in der Nutzung ähnlich sind, wie z.B. kleine Gewerbeeinheiten.

Weiterhin gelten die Regelungen der Landesbauordnungen für landwirtschaftlich genutzte Gebäude, wie Scheunen und Ställe. Diese können freistehend oder mit dem Wohnanteil eines Gebäudes verbunden sein.

Definition von „Regelbauten"

Die Bauordnung deckt mit ihren baurechtlichen Anforderungen also nur einen begrenzten Gebäudenutzungsbereich ab. Diese Gebäudetypen sind der „Regelfall". Sie werden deshalb auch bei der brandschutztechnischen Einstufung als „Regelbauten" bezeichnet. Dies ist ein in der Fachwelt üblicher Begriff, rechtlich ist er jedoch nicht definiert.

Definition von „Sonderbauten"

Bauliche Anlagen, die aufgrund ihrer Größe oder Nutzung nicht als Regelbauten eingestuft werden können, werden „Sonderbauten" genannt. In § 2 der Musterbauordnung (Begriffe) [1.4] gibt es eine Auflistung von Gebäudetypen, die bauordnungsrechtlich als Sonderbauten eingestuft sind. Bauliche Anlagen, die nicht in der Liste aufgeführt sind, deren Nutzung aber mit vergleichbaren Gefahren verbunden ist, werden ebenfalls als Sonderbauten eingestuft.

Sonderbauten sind unter anderem:

- Hochhäuser (Gebäude mit einer Höhe von mehr als 22 m),
- Verkaufsstätten, deren Verkaufsräume und Ladenstraßen eine Grundfläche von insgesamt mehr als 800 m^2 haben,

Beispiele von Sonderbauten

- Krankenhäuser,
- Versammlungsstätten mit Versammlungsräumen, die insgesamt mehr als 200 Besucher fassen, wenn diese Versammlungsräume gemeinsame Rettungswege haben, und
- Schulen, Hochschulen und ähnliche Einrichtungen.

Sonderbauregeln

Für die am häufigsten vorkommenden Sonderbauten gibt es Sonderbauverordnungen oder -richtlinien, in denen die brandschutztechnischen Abweichungen von den Forderungen der Landesbauordnungen (für Regelbauten) erfasst sind.

Folgende Musterrichtlinien und -verordnungen werden für Sonderbauten durch die Bauministerkonferenz erarbeitet:

- Muster-Beherbergungsstättenverordnung (MBeVO)
- Muster-Garagenverordnung (M-GarVO)
- Muster-Hochhaus-Richtlinie (MHHR)
- Muster-Schulbau-Richtlinie (MSchulbauR)
- Muster-Verkaufsstättenverordnung (MVKVO)
- Muster-Versammlungsstättenverordnung (MVStättVO)

Die Sonderbauten, die durch Richtlinien und Verordnungen brandschutztechnisch bewertet sind, werden „geregelte" Sonderbauten genannt. Alle anderen, für die es keine Sonderbauvorschriften gibt, sind „nicht geregelte" Sonderbauten.

geregelte und nichtgeregelte Sonderbauten

3.18 Gefangene Räume

Ein „gefangener" Raum ist ein Raum, der ausschließlich durch einen anderen Raum betreten oder verlassen werden kann (siehe Bild 1.9).

In geschlossenen Nutzungseinheiten, wie z.B. Wohnungen, sind „gefangene Räume" ohne weitere brandschutztechnische Forderungen zulässig.

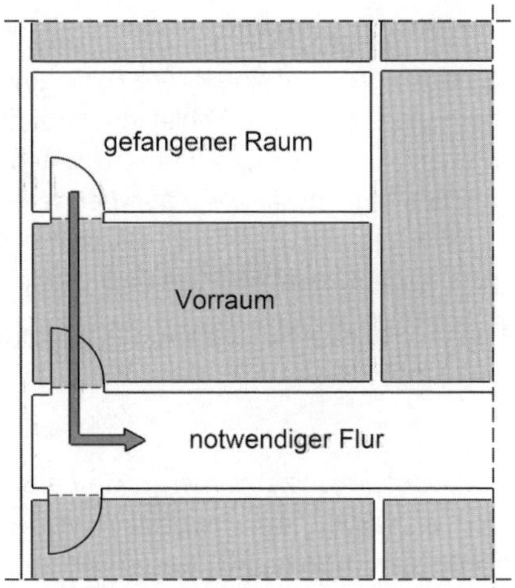

Bild 1.9: Der „notwendige Flur" (Rettungsweg) kann aus dem „gefangenen Raum" nur durch einen „Vorraum" erreicht werden.

In Arbeitsstätten werden „gefangene Räume" nach den „Technischen Regeln für Arbeitsstätten" (ASR A2.3) [1.22] zugelassen, jedoch müssen brandschutztechnische Maßnahmen eingehalten werden:

Anforderungen an gefangene Räume

„Gefangene Räume dürfen als Arbeits-, Bereitschafts-, Liege-, Erste-Hilfe- und Pausenräume nur genutzt werden, wenn die Nutzung nur durch eine geringe Anzahl von Personen erfolgt und wenn folgende Maßgaben beachtet wurden:

- *Sicherstellung der Alarmierung im Gefahrenfall, z.B. durch eine automatische Brandmeldeanlage mit Alarmierung*
  oder
- *Gewährleistung einer Sichtverbindung zum Nachbarraum, sofern der gefangene Raum nicht zum Schlafen genutzt wird und im vorgelagerten Raum nicht mehr als eine normale Brandgefährdung vorhanden ist."*

3.19 Baustoffe

Eine grundsätzliche Unterteilung der Baustoffe kann in natürliche und künstliche Werkstoffe erfolgen. Aus ihnen werden Bauteile erstellt, die wiederum zu baulichen Anlagen zusammengefügt werden können.

Beispiele historischer und moderner Baustoffe

Historische Baustoffe sind z.B. Holz, Ziegel, Lehm und Naturstein, moderne z.B. Zement, Gipskartonplatten, Faserbetone oder Holzwerkstoffe.

Grundsätzlich wird zwischen organischen (z.B. Holz und Zellulose-Fasern) und anorganischen Baustoffen (z.B. Beton und Stahl) unterschieden.

Überwiegend werden heutzutage anorganische Baustoffe eingesetzt.

In der baurechtlichen Terminologie werden Baustoffe auch als Bauprodukte bezeichnet (siehe Absatz 3.20).

3.20 Bauprodukte

Bauprodukte im Brandschutz

In bauliche Anlagen dürfen Bauprodukte nur dann dauerhaft eingebaut werden, wenn sie für ihre Verwendung geeignet sind. Diese Forderung betrifft den gesamten Bereich des Bauens, besonders auch das Gebiet des Brandschutzes. Um die richtigen Bauprodukte einzusetzen und Bauprodukte in bestehenden baulichen Anlagen bei Umbauten und/oder Nutzungsänderungen beurteilen zu können, muss ein Brandschutzplaner die Verwendbarkeit von Bauprodukten beurteilen können. Dieser Begriff hat deshalb im Brandschutz eine wichtige Bedeutung.

Die baurechtliche Definition des Begriffs „Bauprodukte" wird im § 2 Absatz 10 der Musterbauordnung [1.4] gegeben:

„Bauprodukte sind

baurechtliche Definition

1. *Produkte, Baustoffe, Bauteile und Anlagen sowie Bausätze gemäß Art. 2 Nr. 2 der Verordnung (EU) Nr. 305/2011, die hergestellt werden, um dauerhaft in bauliche Anlagen eingebaut zu werden,*
2. *aus Produkten, Baustoffen, Bauteilen sowie Bausätzen gemäß Art. 2 Nr. 2 der Verordnung (EU) Nr. 305/2011 vorgefertigte Anlagen, die hergestellt werden, um mit dem Erdboden verbunden zu werden und deren Verwendung sich auf die Anforderungen nach § 3 Satz 1 auswirken kann."*

Eine weitere Definition ist in der Bauproduktenverordnung [1.23] Artikel 2 Ordnungsziffer 1 enthalten:

Definition nach der Bauproduktenverordnung

> *„Der Ausdruck ‚Bauprodukt' bezeichnet jedes Produkt oder jeden Bausatz, das beziehungsweise der hergestellt und in Verkehr gebracht wird, um dauerhaft in Bauwerke oder Teile davon eingebaut zu werden, und dessen Leistung sich auf die Leistung des Bauwerks im Hinblick auf die Grundanforderungen an Bauwerke auswirkt […]."*.

Mit Bauprodukt werden also alle Produkte bezeichnet, die dauerhaft in bauliche Anlagen des Hoch- und Tiefbaus eingebaut werden. Dies können Baustoffe, Bauteile (z.B. Stützen, Wände, Decken) und Anlagen (z.B. Rauchabzugsanlagen) sein. Mit ihnen müssen Bauwerke erstellt werden können, die gebrauchstauglich sind.

Auch vorgefertigte Anlagen, wie Fertighäuser und Fertiggaragen, sind Bauprodukte und gleichzeitig bauliche Anlagen.

3.21 Bauarten

Zusammenfügen von Bauprodukten

Nach der Legaldefinition der Musterbauordnung wird das Zusammenfügen von Bauprodukten zu baulichen Anlagen oder Teilen von baulichen Anlagen als Bauart bezeichnet. Mit diesem Begriff wird also nur die Tätigkeit, nicht aber das Bauprodukt selbst bezeichnet.

Auszug aus der Musterbauordnung, § 2 Absatz 11:

> *„(11) Bauart ist das Zusammenfügen von Bauprodukten zu baulichen Anlagen oder Teilen von baulichen Anlagen."*

Werden z.B. Mauersteine mit Mauermörtel verbunden, entsteht eine Wand, die durch die Tätigkeit des Zusammenfügens eine Bauart darstellt.

Bauarten entstehen vor allem beim Mauerwerks-, Beton-, Holz-, Stahl- und Grundbau. Auch bei Produktsystemen in den Bereichen Wärme-, Schall- und Brandschutz (z.B. Brandwände und Brandschutztüren) werden Bauarten eingesetzt.

3.22 Bausätze

Nach dem Artikel 2 Ordnungsziffer 2 der Bauproduktenverordnung [1.23] werden Bausätze wie nachfolgend definiert:

Bausatz/Bauprodukt

„Der Ausdruck ‚Bausatz' bezeichnet ein Bauprodukt, das von einem einzigen Hersteller als Satz von mindestens zwei getrennten Komponenten, die zusammengefügt werden müssen, um ins Bauwerk eingefügt zu werden, in Verkehr gebracht wird [...]."

Nach dieser Definition ist ein Bausatz auch ein Bauprodukt.

3.23 Grundanforderungen an Bauwerke

In der Bauproduktenverordnung [1.23] werden grundsätzliche Anforderungen an Bauwerke gestellt, die für ihren Verwendungszweck tauglich sein müssen. Insbesondere ist hierbei zu beachten, dass die Gesundheit und die Sicherheit der Gebäudenutzer im Vordergrund stehen.

Diese Grundanforderungen werden im Anhang I der Bauproduktenverordnung [1.23] definiert:

Grundanforderungen an Bauwerke

1. Mechanische Festigkeit und Standsicherheit,
2. **Brandschutz,**
3. Hygiene, Gesundheit und Umweltschutz,
4. Sicherheit und Barrierefreiheit bei der Nutzung,
5. Schallschutz,
6. Energieeinsparung und Wärmeschutz und
7. Nachhaltige Nutzung der natürlichen Ressourcen.

Die Grundanforderungen für den Bereich des Brandschutzes werden im Anhang I [1.23] detailliert erläutert:

Das Bauwerk muss derart entworfen und ausgeführt sein, dass

Grundanforderungen an den Brandschutz

a) bei einem Brand die Tragfähigkeit des Bauwerks während eines bestimmten Zeitraumes erhalten bleibt,

b) die Entstehung und Ausbreitung von Feuer und Rauch innerhalb des Bauwerks begrenzt wird,

c) die Ausbreitung von Feuer auf benachbarte Bauwerke begrenzt wird,

d) die Bewohner das Bauwerk unverletzt verlassen oder durch andere Maßnahmen gerettet werden können und

e) die Sicherheit der Rettungsmannschaften berücksichtigt ist.

Diese „europäischen" Forderungen waren sinngemäß schon in der ersten Musterbauordnung aus dem Januar 1960 im § 19 (Brandschutz) enthalten. In der aktuellen Ausgabe [1.4] werden sie mit geringen Änderungen im § 14 (Brandschutz) aufgelistet. Sie werden auch als Schutzziele des Brandschutzes bezeichnet.

4 Gesetze, Vorschriften und technische Regelwerke zum Brandschutz

4.1 Grundgesetz der Bundesrepublik Deutschland

öffentliche Sicherheit und Ordnung

Eine wichtige Aufgabe des Staates ist die Gewährleistung der öffentlichen Sicherheit und Ordnung. Das Grundgesetz der Bundesrepublik Deutschland (GG) [1.1] ist die Anspruchsgrundlage der nachfolgenden Gesetze, die diese öffentliche Sicherheit und Ordnung konkretisieren.

Die Artikel 2 und 14 bilden die rechtliche Grundlage aller Regelungen zum Brandschu

Artikel 2 Absatz 2 des GG:

> *„(2) Jeder hat das Recht auf* ***Leben*** *und* ***körperliche Unversehrtheit****."*

Artikel 14 Absatz 1 und 2 des GG:

Einfluss des GG auf den Brandschutz

> *„(1) Das Eigentum und das Erbrecht werden gewährleistet. Inhalt und* ***Schranken*** *werden durch die* ***Gesetze*** *bestimmt.*
>
> *(2)* ***Eigentum verpflichtet****. Sein Gebrauch soll zugleich dem Wohle der Allgemeinheit dienen."*

Umgesetzt werden diese globalen Sicherheitsforderungen im Baubereich durch Gesetze und durch auf Grundlage dieser Gesetze erlassene Vorschriften.

Das wichtigste Landesgesetz, das der Abwehr von Gefahren für die öffentliche Sicherheit und Ordnung im Baubereich dient, ist die Bauordnung. Das in den Landesbauordnungen enthaltene Bauordnungsrecht ist ein Sonderpolizeirecht.

Aus Artikel 2 Absatz 2 des GG werden unter anderem die Schutzziele des Brandschutzes in der Bauordnung abgeleitet (siehe hierzu auch Absatz 2.1).

4.2 Privates und öffentliches Baurecht

Privates und öffentliches Baurecht unterscheiden sich hauptsächlich durch die Verschiedenheit ihrer Rechtsbeziehungen.

Das private Baurecht regelt die Beziehung der am Bau beteiligten Privatpersonen, z.B. zwischen dem Auftraggeber und dem Architekten oder dem Auftraggeber und dem Bauunternehmer. Die Parteien dieses Rechtsbereiches stehen sich gleichberechtigt gegenüber. Diese Beziehung wird auch Gleichordnungsverhältnis genannt.

Anders ist es im öffentlichen Baurecht. Hier besteht ein Unterordnungsverhältnis. Der Bauwillige hat sich den öffentlich-rechtlichen Vorschriften zu unterwerfen, die von der Legislative erstellt werden.

Das öffentliche Baurecht setzt sich aus dem Bauplanungs- und dem Bauordnungsrecht zusammen.

Bauplanungsrecht (Baugesetzbuch)

Das **Bauplanungsrecht** regelt die Entwicklung von Städten und Dörfern sowie die Nutzung von Grundstücken. Die wichtigsten Bestimmungen hierzu werden im Baugesetzbuch [1.24] aufgeführt, das den Rechtscharakter eines Bundesgesetzes hat. Mit Hilfe der Rechtsinstrumente, die dieses Gesetz vorgibt, kann die Struktur des besiedelten Raumes gesteuert werden.

Das Ziel des **Bauordnungsrechts** ist es, Gefahren für die öffentliche Sicherheit und Ordnung im Bereich des Bauens abzuwehren. Brandschutzvorgaben für bauliche Anlagen werden in diesem Recht geregelt.

Sonderpolizeirecht

Das Bauordnungsrecht ist ein Sonderpolizeirecht [1.25]. Es kommt also dort zum Tragen, wo Abweichungen von den Regelungen des allgemeinen Polizei- oder Ordnungsrechts bestehen.

Die dem Baurecht zugrundeliegenden Gesetze und Verordnungen werden durch die gesetzgebende Gewalt beschlossen und veröffentlicht. Die Umsetzung der Forderungen dieser Gesetze wird durch die Bauaufsichtsbehörden überwacht.

4.3 Musterbauordnung und Landesbauordnungen

In den Landesbauordnungen finden sich im Wesentlichen Regelungen zum Bauordnungsrecht, die insbesondere der Gefahrenabwehr dienen, z.B. im Bereich des Brandschutzes. Das heutige bauliche Sicherheitsrecht hat sich aufgrund dieser Gefahrenabwehr aus dem Polizeirecht entwickelt. Das Bauordnungsrecht ist deshalb auch heute noch ein Sonderpolizeirecht.

Bauordnungsrecht in Länderhoheit

Das Bauordnungsrecht ist Sache der Bundesländer und damit Landesrecht. Der Bund hat hier keine Gesetzgebungskompetenz. In jedem Bundesland existiert eine eigene Landesbauordnung.

Bis zum Ende des 1. Weltkrieges 1918 wurden die bauordnungsrechtlichen Forderungen in Baupolizei**ordnungen** bzw. -**verordnungen** geregelt. Im Jahr 1919 wurde der Begriff „Bauordnung" offiziell durch die Preußische Einheitsbauordnung (EBO) [1.26] eingeführt. Trotz der Namensänderung wurde das öffentliche Baurecht auch weiter durch die Baupolizei geregelt.

Die heutige Bezeichnung „Bau**ordnung**" stammt aus diesem historischen Zusammenhang. Die rechtliche Stellung des Regelwerkes ist daraus jedoch nicht ersichtlich. Erst der Text in § 1 gibt Auskunft über den Rechtsstand der Bauordnung.

§ 1 der Musterbauordnung [1.4] beginnt mit dem Satz *„Dieses **Gesetz** gilt für bauliche Anlagen und Bauprodukte. [...]".*

Diese Formulierung findet sich so oder so ähnlich in allen Landesbauordnungen wieder. Hieraus wird deutlich, dass die Bauordnungen Landes**gesetze** sind.

Musterbauordnungskommission

Um in den Grundzügen eine Vereinheitlichung der Landesbauordnungen zu erreichen, wurde 1955 die Musterbauordnungskommission gegründet, die 1960 die erste Musterbauordnung veröffentlichte.

marginale Unterschiede

Auf der Struktur und den rechtlichen Aussagen der Musterbauordnung basieren die Inhalte der Landesbauordnungen. Aus diesem Grund unterscheiden sich die Bauordnungen in den einzelnen Bundesländern nur in Details, im Wesentlichen beinhalten sie die gleichen Vorschriften.

Musterbauordnung

Die Musterbauordnung ist kein Gesetz, sondern eine Orientierungsvorgabe für die Bundesländer, die jedoch nicht verpflichtet sind, die Vorgaben vollständig zu übernehmen. In unregelmäßigen Abständen wird sie von der Bauministerkonferenz (ARGEBAU) überarbeitet. Die derzeitig aktuelle Fassung der Musterbauordnung [1.4] stammt aus dem Jahr 2002 (zuletzt geändert im September 2019).

Der Aufbau der meisten Landesbauordnungen richtet sich nach der Musterbauordnung, deshalb sind sie nahezu identisch strukturiert. In einigen Bundesländern weichen die Bauordnungen jedoch an manchen Stellen von den Vorgaben der MBO [1.4] ab.

Inhaltsübersicht der Musterbauordnung:

struktureller Aufbau der Musterbauordnung

Erster Teil:
Allgemeine Vorschriften

Zweiter Teil:
Das Grundstück und seine Bebauung

Dritter Teil:
Bauliche Anlagen

Erster Abschnitt:	Gestaltung
Zweiter Abschnitt:	Allgemeine Anforderungen an die Bauausführung
Dritter Abschnitt:	Bauprodukte
Vierter Abschnitt:	Brandverhalten von Baustoffen und Bauteilen; Wände, Decken, Dächer
Fünfter Abschnitt:	Rettungswege, Öffnungen, Umwehrungen
Sechster Abschnitt:	Technische Gebäudeausrüstung
Siebenter Abschnitt:	Nutzungsbedingte Anforderungen

Vierter Teil:
Die am Bau Beteiligten

Fünfter Teil:
Bauaufsichtsbehörden, Verfahren

Erster Abschnitt:	Bauaufsichtsbehörden
Zweiter Abschnitt:	Genehmigungspflicht, Genehmigungsfreiheit
Dritter Abschnitt:	Genehmigungsverfahren
Vierter Abschnitt:	Bauaufsichtliche Maßnahmen
Fünfter Abschnitt:	Bauüberwachung
Sechster Abschnitt:	Baulasten

Sechster Teil:
Ordnungswidrigkeiten, Rechtsvorschriften, Übergangs- und Schlussvorschriften

Bauordnung/ Regelbauten

In den Landesbauordnungen finden sich die grundlegenden Anforderungen an den Brandschutz von Regelbauten. Bauordnungen sind deshalb die zentralen Regelwerke des Brandschutzes.

Die Landesbauordnungen werden aufgrund der überarbeiteten Musterbauordnung geändert und dadurch in gleichen, aber zeitlich versetzten, unregelmäßigen Abständen veröffentlicht.

4.4 Mustervorschriften für Sonderbauten

Regeln für Sonderbauten

Sonderbauten unterscheiden sich von Regelbauten unter anderem durch die Ausdehnung der Gebäude, die Größe der Nutzungseinheiten und/oder die Anzahl der Nutzer. Um die Schutzziele nach § 3 (Allgemeine Anforderungen) bzw. § 14 (Brandschutz) der Musterbauordnung [1.4] auch bei diesen baulichen Anlagen einzuhalten, müssen die Unterschiede zwischen Regel- und Sonderbauten im Bereich des Brandschutzes berücksichtigt werden. Da die Forderungen der Bauordnungen grundsätzlich nur für Regelbauten gelten, müssen für Sonderbauten veränderte brandschutztechnische Vorgaben beachtet werden.

Rechtsgrundlage der Regelwerke

Jedes Bundesland kann Verordnungen und Richtlinien zur Erfüllung des § 3 bzw. § 14 (nach der Musterbauordnung) für die brandschutztechnische Beurteilung von Sonderbauten einführen. Die Rechtsgrundlage hierfür findet sich in § 85 Absatz 1 der Musterbauordnung (Rechtsvorschriften):

> *„(1) Zur Verwirklichung der in §§ 3 Satz 1, 16a Abs. 1 und 16b Abs. 1 bezeichneten Anforderungen wird die oberste Bauaufsichtsbehörde ermächtigt, durch Rechtsverordnung Vorschriften zu erlassen über*
>
> *[...]*
>
> *4. besondere Anforderungen oder Erleichterungen, die sich aus der besonderen Art oder Nutzung der baulichen Anlagen für Errichtung, Änderung, Unterhaltung, Betrieb und Nutzung ergeben (§ 51), sowie über die Anwendung solcher Anforderungen auf bestehende bauliche Anlagen dieser Art [...] ".*

Von der Bauministerkonferenz (ARGEBAU) wurden Mustervorschriften für einige Sonderbautypen erarbeitet. Aufgrund dieser vorgegebenen Regelungen werden die baulichen Anlagen auch als „geregelte Sonderbauten" bezeichnet:

Mustervorschriften für „geregelte Sonderbauten"

- Muster-Beherbergungsstättenverordnung (MBeVO)
- Muster-Garagenverordnung (M-GarVO)
- Muster-Hochhaus-Richtlinie (MHHR)
- Muster-Schulbau-Richtlinie (MSchulbauR)
- Muster-Verkaufsstättenverordnung (MVKVO)
- Muster-Versammlungsstättenverordnung (MVStättVO)

Die Bundesländer sind gehalten, auch bei den Sonderbauverordnungen und -richtlinien möglichst gleiche Regelwerke mit gleichem Sicherheitsniveau zur Beurteilung des Brandschutzes herauszugeben – wie im System Musterbauordnung/Bauordnungen.

Viele Bundesländer sind dazu übergegangen, keine eigenen Regelwerke mehr zu erstellen. Sie führen die Muster-Sonderbauverordnungen und -richtlinien der Bundesministerkonferenz in ihren Ländern ein.

Die Rechtsgrundlage zum Gebrauch dieser Mustervorschriften findet sich in der „Muster-Verwaltungsvorschrift Technische Baubestimmungen (MVV TB)" [1.27] bzw. im Regelwerk des entsprechenden Bundeslandes, z.B. in der „Verwaltungsvorschrift Technische Baubestimmungen Berlin (VV TB Bln)" im Bundesland Berlin [1.9]. Es ist darauf zu achten, dass in diesem Regelwerk auch Erläuterungen, Erweiterungen, Ergänzungen oder Hinweise zu den Mustervorschriften enthalten sein können.

Verwaltungsvorschriften

Die eingeführten Sonderbaurichtlinien und Sonderbauverordnungen sind Verwaltungsvorschriften (keine Verordnungen oder Gesetze), nach denen die Bauaufsichten bzw. Prüfingenieure für Brandschutz oder Prüfsachverständige Sonderbauten zu beurteilen haben. Um Auseinandersetzungen mit der Behörde zu vermeiden, sollten

Brandschutzplaner deshalb bei „geregelten Sonderbauten" keine eigenen Brandschutzlösungen umsetzen, sondern Nachweise bzw. Konzepte nach den Vorgaben dieser Regelwerke erarbeiten.

„nicht geregelte" Sonderbauten

Gibt es für Sonderbautypen keine bauaufsichtlich eingeführten Verordnungen oder Richtlinien, werden sie „nicht geregelte Sonderbauten" genannt. Hier muss der Brandschutzplaner selbst entscheiden, welche besonderen brandschutztechnischen Maßnahmen zum Erreichen der Schutzziele erforderlich sind.

Je nach Gebäudegröße bzw. Nutzerzahl ist zu entscheiden, ob zu den Vorgaben der Bauordnung zusätzliche **besondere Anforderungen** an die bauliche Anlage gestellt werden müssen oder ob **Erleichterungen** nach § 51 der Musterbauordnung (Sonderbauten) gestattet werden können.

Auszug aus § 51 der Musterbauordnung:

Anforderungen an Sonderbauten

> *„An Sonderbauten können im Einzelfall zur Verwirklichung der allgemeinen Anforderungen nach § 3 Abs. 1* ***besondere Anforderungen*** *gestellt werden.* ***Erleichterungen*** *können gestattet werden, soweit es der Einhaltung von Vorschriften wegen der besonderen Art oder Nutzung baulicher Anlagen oder Räume oder wegen besonderer Anforderungen nicht bedarf."*

Wohnungsbauten als Maßstab

Maßstab für die Entscheidung des Brandschutzplaners sind die brandschutztechnischen Regeln der Bauordnung für den Wohnungsbau. Weicht der Sonderbau aufgrund seiner größeren Fläche oder erhöhten Nutzerzahl von vergleichbaren Nutzungseinheiten im Wohnungsbau ab oder liegt ein erhöhtes Brandrisiko vor, müssen strengere brandschutztechnische Maßstäbe angesetzt werden. Im gegenteiligen Fall können Erleichterungen vorgenommen werden. Erleichterungen sind bei Sonderbauten eher die Ausnahme.

4.5 Strafrecht

strafrechtliche Verantwortlichkeit

Die strafrechtliche Verantwortlichkeit von am Bau beteiligten Personen – insbesondere die von Brandschutzplanern – wird durch folgende Paragrafen des Strafgesetzbuches (StGB) [1.28] berührt:

- § 145 Mißbrauch von Notrufen und Beeinträchtigung von Unfallverhütungs- und Nothilfemitteln,
- § 222 Fahrlässige Tötung,
- § 229 Fahrlässige Körperverletzung und
- § 319 Baugefährdung.

Verstöße gegen öffentlich-rechtliche Bauvorschriften, durch die Menschen zu Schaden kommen, können strafrechtlich mit Freiheitsentzug oder Geldstrafe geahndet werden.

Auszug aus § 319 Absatz 1 [1.28]:

> *„Wer bei der Planung, Leitung oder Ausführung eines Baues oder des Abbruchs eines Bauwerks gegen die* ***allgemein anerkannten Regeln der Technik*** *(aaRdT) verstößt und dadurch Leib und Leben eines anderen Menschen gefährdet, wird mit einer Freiheitsstrafe bis zu fünf Jahren oder mit Geldstrafe bestraft."*

In Absatz 4 wird Folgendes ergänzt:

> *„Wer in Fällen der Absätze 1 und 2 fahrlässig handelt und die Gefahr fahrlässig verursacht, wird mit Freiheitsstrafe bis zu drei Jahren oder mit Geldstrafe bestraft."*

Verstoß gegen das Baurecht

Die Aufsteller von Brandschutznachweisen können bei vorsätzlichem Verstoß gegen öffentlich-rechtliche Forderungen (z.B. gegen die Forderungen der Landesbauordnungen) mit einem Freiheitsentzug von bis zu fünf Jahren bestraft werden. Selbst wenn eine Gefährdung durch die Außerachtlassung der nötigen Sorgfalt und Umsichtigkeit (Fahrlässigkeit) entstanden ist, kann die Freiheitsstrafe noch bis zu drei Jahren betragen.

Die Strafbarkeit tritt bei einem Verstoß gegen die allgemein anerkannten Regeln der (Bau-)Technik (aaRdT) ein, durch die die Gesundheit und das Leben von Menschen konkret gefährdet werden. Die Strafbarkeit kann sowohl durch Handeln als auch durch Unterlassen entstehen.

„Handeln" kann in der Brandschutzplanung das Nutzen falscher Regelwerke sein, z.B. die Anwendung von Normen, die nicht den aaRdT entsprechen, „Unterlassen" das Nichtanwenden von Rechtsvorgaben.

4.6 Brandschutzgesetze (Feuerwehrgesetze)

In einigen Bundesländern wird das Gesetz zur Regelung der Feuerwehrstruktur „Brandschutzgesetz" genannt. Diese Bezeichnung kann irreführend sein, da sich dahinter ausschließlich der abwehrende Brandschutz verbirgt.

Landesgesetze

Die Hoheit über die Feuerwehrgesetzgebung wird von den Bundesländern ausgeübt. Somit sind Feuerwehrgesetze („Brandschutzgesetze") Landesgesetze.

Inhalte von Feuerwehrgesetzen

In den Brandschutz- oder Feuerwehrgesetzen werden die Strukturen und Aufgaben von hauptamtlichen, freiwilligen und Betriebsfeuerwehren sowie die Rechtsverhältnisse von Angehörigen der Feuerwehr geregelt.

In einem wichtigen Teil des Gesetzes werden die Pflichten der Bevölkerung gegenüber der Feuerwehr beschrieben.

Personen, die einen Brand bemerken, sind z.B. verpflichtet, diesen unverzüglich der Feuerwehr (oder der Polizei) zu melden.

Zutritt von Gebäuden im Brandfall

Die Angehörigen der Feuerwehren sind befugt, zur Vorbereitung und Durchführung ihrer Aufgaben Grundstücke, Gebäude, Gebäudeteile und sonstige baulichen Anlagen zu betreten und sich den Zutritt, soweit erforderlich, auch gegen den Willen des Berechtigten zu verschaffen.

Duldung von Kennzeichen und Anlagen

Eigentümer und Besitzer von Grundstücken, Gebäuden und sonstigen baulichen Anlagen sind verpflichtet, das Anbringen von Brandmelde- und Alarmeinrichtungen sowie von Hinweisschildern für die Feuerwehr und von Sicherheitskennzeichnungen zu dulden.

Außerkraftsetzen des Grundgesetzes

Feuerwehrgesetze haben in ihrer Eigenschaft als Landesgesetze erheblichen Einfluss auf zwei Artikel des Grundgesetzes [1.1].

Das **Grundrecht der Freiheit der Person** (Artikel 2 Absatz 2 Satz 2 GG) sowie das **Grundrecht auf Unverletzlichkeit der Wohnung** (Artikel 13 Absatz 1 GG) werden durch die Brandschutzgesetze eingeschränkt.

In allen Feuerwehrgesetzen werden die nachfolgenden Aussagen so oder so ähnlich formuliert. Beispielhaft werden hier am Bayerischen Feuerwehrgesetz [1.29] die Einschränkungen von Teilen des Grundgesetzes aufgezeigt:

1.) Grundrecht auf Freiheit der Person (GG Artikel 2)

Art. 23 (Heranziehung von Personen und Sachen)

> *„(1) Der Einsatzleiter kann* ***Personen*** *zur Hilfeleistung bis zu drei Tagen* ***heranziehen****, wenn das zur Abwehr einer gegenwärtigen Gefahr für die Allgemeinheit zwingend geboten ist und dadurch die Heranzuziehenden nicht erheblich gefährdet werden oder andere wichtige Pflichten verletzen müssen. [...]"*

2.) Grundrecht auf Unverletzlichkeit der Wohnung (GG Artikel 13)

Art. 23 (Heranziehung von Personen und Sachen)

> *„(2)* ***Feuerwehrleute*** *und andere Hilfskräfte dürfen Sachen entfernen, die den Einsatz behindern; sie dürfen* ***fremde Gebäude****, Grundstücke und Schiffe zur Brandbekämpfung oder Hilfeleistung* ***betreten und benutzen****. Eigentümer, Besitzer und sonstige Nutzungsberechtigte haben die vom Einsatzleiter hierzu getroffenen Anordnungen zu befolgen und entsprechende sonstige Maßnahmen zu dulden."*

4.7 Höchstrichterliche Entscheidungen

Richterrecht

Neben dem geschriebenen Recht, dessen Basis schriftliche Rechtsnormen sind, die durch die Legislative verabschiedet wurden, besteht das sogenannte „Richterrecht". Dies ist ein faktisches Recht, das durch die richterliche Rechtsprechung entsteht. Durch diese Rechtsfortbildung können Gesetzeslücken geschlossen werden.

Auslegung von höchstrichterlichen Urteilen

Es ist kein bindendes Recht, das heißt, theoretisch müssen sich untergeordnete Gerichte nicht nach den höchstrichterlichen Entscheidungen richten. In der Praxis orientieren sich jedoch nachgeordnete Gerichte in der Regel an dieser höchstrichterlichen Rechtsauslegung.

höchste Gerichte

Höchstrichterlich sind Urteile des Bundesgerichtshofs, des Bundesarbeitsgerichts, des Bundesverwaltungsgerichts, des Bundessozialgerichts, des Bundesfinanzhofs und von Oberverwaltungsgerichten, wenn diese in einem Verfahren die letzte Instanz sind.

Eine Rechtsbeugung durch das Richterrecht ist nicht zulässig. Es darf den gesetzgeberischen Willen weder ändern noch korrigieren und muss immer dem Sinn und Zweck der Gesetzgebung entsprechen.

Im Recht werden vier Arten des Richterrechts unterschieden:

- Gesetzeskonkretisierendes Richterrecht:
  Im konkretisierenden Richterrecht werden unter anderem unbestimmte Rechtsbegriffe präzisiert und damit auf konkrete Fälle übertragen.

vier Arten des Richterrechts

- Gesetzeskorrigierendes Richterrecht:
  Das gesetzeskorrigierende Richterrecht ist grundsätzlich unzulässig.

- Gesetzesvertretendes Richterrecht:
  Das gesetzesvertretende Richterrecht gestattet es den Richtern, Lebensbereiche zu ordnen, die vom Gesetzgeber nicht geregelt worden sind, aber geregelt werden müssen.
- Lückenfüllendes Richterrecht:
  Das lückenfüllende Richterrecht dient zur Ergänzung von lückenhaften, unvollständigen Gesetzen, ohne an ihre Stelle zu treten.

Beispiel zum Richterrecht: Schlüsselkästen an Brandschutztüren

Das Richterrecht in Form von höchstrichterlichen Entscheidungen beeinflusst auch Brandschutzregelungen.

Schlüsselkästen an Brandschutztüren

Ausgangstüren von baulichen Anlagen werden in Wohn- und Verwaltungsgebäuden in der Regel abends verschlossen. Damit im Brandfall die Flüchtenden auch nach dem Absperren der Hauseingangstür das Gebäude verlassen konnten, war es bis in die 1980er Jahre üblich, den Schlüssel neben der Ausgangstür in einem Schlüsselkasten aufzubewahren. Die Flüchtenden sollten die Scheibe des Kastens einschlagen und die Fluchttür mit dem dort befindlichen Schlüssel aufschließen.

Zum Zeitpunkt eines Brandfalls konnte jedoch der Schlüssel entfernt oder ausgetauscht worden sein, der Schlagstift am Schlüsselkasten nicht mehr vorhanden sein und das Einschlagen der Glasscheiben zu Verletzungen führen.

Eine gefahrlose Öffnung der Ausgangstür war mit der Schlüsselkastenvariante nicht gegeben.

Durch „Richterrecht" wurde diese Gefahr abgestellt.

2. Schlüsselkastenurteil

Im „2. Schlüsselkastenurteil" aus dem Jahr 1991 (Az. 4 A 1766/90) wurde vom OVG NRW folgende Argumentation angeführt:

> *„Türen im Verlauf von Rettungswegen, die verschlossen sind, und bei denen der passende Schlüssel in einem daneben angebrachten Schlüsselkasten aufbewahrt wird, dessen Frontverglasung mit einem Werkzeug eingeschlagen werden kann, entsprechen nicht den Anforderungen des § 10 Abs. 7 Satz 2 der Arbeitsstättenverordnung".*

Schlüsselkästen sind unzulässig

Dieses Urteil wurde 1992 durch das Bundesverwaltungsgericht bestätigt (Az. 1 B 55.92). Seit dieser Zeit werden baurechtlich keine Schlüsselkästen mehr zugelassen. Eine Ausnahme sind Kästen neben Triebwerksräumen von Aufzügen. Diese werden im Gefahrenfall nur von einer sehr begrenzten Personengruppe genutzt, die sich der Schlüsselsituation bewusst ist und sich mit der räumlichen Situation auskennt.

4.8 Allgemein anerkannte Regeln der Bautechnik

Der baufachliche Terminus „Allgemein anerkannte Regeln der Bautechnik" **(aaRdT)** ist ein unbestimmter Rechtsbegriff und im Bau- sowie im Strafrecht von erheblicher Bedeutung.

Reichsgerichtsformel

Im Jahr 1910 wurde der Begriff „Allgemein anerkannte Regeln der Baukunst" vom obersten Gerichtshof im Deutschen Reich, dem Reichsgericht, in Leipzig ausgelegt. Diese Auslegung wurde auch als „Reichsgerichtsformel" bekannt. Das heute im Begriff genutzte Wort Technik stammt aus dem Griechischen und bedeutet dem Sinne nach sowohl Kunst, Kunstfertigkeit als auch (technisches) Handwerk. Mit der Änderung des Begriffs war also keine Bedeutungsänderung im rechtlichen Sinne verbunden.

Die „allgemein anerkannten Regeln der (Bau-)Technik" sind nicht zu verwechseln mit dem **„Stand der Technik"** oder mit dem **„Stand der Technik und Wissenschaften"**.

Diese Begrifflichkeiten werden im Immissionsschutz-, Atom- und Gentechnikrecht anstatt der aaRdT genutzt.

flexible Gestaltung von technischen Regeln

Durch den unbestimmten Rechtsbegriff der aaRdT werden technische Regelungen veränderbar gestaltet. Neue Entwicklungen im Baubereich können durch die Flexibilität des Begriffs ohne erforderliche Rechtsänderungen berücksichtigt werden.

Der Inhalt der Reichsgerichtsformel kann nach heutigem Stand folgendermaßen definiert werden:

Definition des Begriffs „aaRdT"

Allgemein anerkannt sind bautechnische Regeln, die von der Wissenschaft in der Theorie als richtig erkannt sind und als feststehend angesehen und gelehrt werden; die in Fachkreisen bekannt sind und von den Fachkundigen als richtig und notwendig angesehen und angewendet werden.

Informationen über den Stand der Bautechnik

Da die Bautechnik, besonders auch im Bereich des Brandschutzes, einem ständigen Wandel unterliegt, ist es für den Brandschutzplaner notwendig, über den Stand der allgemein anerkannten Regeln informiert zu sein. Dieses Wissen kann z.B. über Fachzeitschriften oder Fortbildungen erlangt werden.

In der „Muster-Verwaltungsvorschrift Technische Baubestimmungen (MVV TB)" [1.27] (bzw. dem Regelwerk des entsprechenden Bundeslandes) werden die wichtigsten bautechnischen Regelwerke aufgelistet, die zur Erfüllung der Anforderungen an bauliche Anlagen unerlässlich sind. Dabei geht das Deutsche Institut für Bautechnik bzw. die oberste Bauaufsichtsbehörde davon aus, dass sie den „Allgemein anerkannten Regeln der (Bau-)Technik" entsprechen.

Die „Allgemein anerkannten Regeln der (Bau-)Technik" (aaRdT) können in geschriebener Form vorliegen, aber auch ungeschrieben vorhanden und gültig sein. Sie sind von bautechnischen Regelwerken, wie z.B. den DIN-Normen, zu unterscheiden. Eine DIN-Norm kann als eine aaRdT eingestuft werden, wenn sie sich theoretisch und praktisch bewährt hat (siehe Definition). Automatisch ist sie jedoch nicht als aaRdT anzusehen.

DIN-Normen als aaRdT

Für DIN-Normen, die nach den Vorgaben der DIN 820 [1.30] erarbeitet wurden, besteht die faktische Vermutung, dass sie zum Zeitpunkt des Erscheinens den aaRdT entsprechen.

Die beiden nachfolgenden „DIN-Normtypen" können den Normungsprozess durchlaufen haben und veröffentlicht sein, dennoch entsprechen sie aufgrund der technischen Stände nicht den aaRdT:

- Sind neue (bautechnische) Verfahren in einer DIN-Norm enthalten – die auch wissenschaftlich erarbeitet wurden –, müssen sich diese in der Regel erst in der Praxis bewähren. Bis dahin entsprechen die Normen nicht den aaRdT.
- Bei einer komplexen fachlichen Materie kann es durch langwierige Normungsverfahren dazu kommen, dass der Inhalt der DIN-Norm nicht mehr aktuell ist. Auch dann entspricht die Norm nicht den aaRdT.

Für den Bereich des Brandschutzes sind nur die sicherheitsrelevanten aaRdT zu berücksichtigen.

Vermutung einer rechtmäßigen Planung

Werden für den baulichen und den technischen Brandschutz aaRdT angewandt, kann vermutet werden, dass nach dem Baurecht ordnungsgemäß geplant und ausgeführt wurde.

Nicht nur die Inhalte von DIN-Normen, auch Regelwerke von anderen Organisationen können die allgemein anerkannten Regeln der Bautechnik widerspiegeln.

Dies sind z.B.:

technische Regelwerke als aaRdT

- VDS-Vorschriften (ehemals Verband der Sach- bzw. Schadensversicherer),
- VDE-Vorschriften des Verbandes der Elektrotechnik, Elektronik und Informationstechnik,
- VDI-Vorschriften des Verbandes Deutscher Ingenieure und
- UVV-Vorschriften der Berufsgenossenschaften zur Unfallverhütung.

4.9 Verwaltungsvorschrift Technische Baubestimmungen (VV TB)

erstmalige Veröffentlichung der MVV TB

Im August 2017 [1.31] wurde die „Muster-Verwaltungsvorschrift Technische Baubestimmungen (MVV TB)" erstmalig veröffentlicht. Dieses damals neue Regelwerk wurde aufgrund eines Urteils des Europäischen Gerichtshofs (Urteil zur Rechtssache C-100/13) geschaffen (siehe hierzu auch Absatz 10.1).

Die Bauregelliste [1.32] sowie die Liste der Technischen Baubestimmungen [1.33] wurden mit der Einführung der Muster-Verwaltungsvorschrift Technische Baubestimmungen außer Kraft gesetzt. Teile der Inhalte dieser beiden Regelwerke sind in aktueller Form in die MVV TB übernommen worden.

In der Verwaltungsvorschrift sind ausschließlich diejenigen technischen Baubestimmungen enthalten, die zur Erfüllung der Vorgaben und Forderungen der Bauordnung an bauliche Anlagen und Bauprodukte sowie an Grundstücke, andere Anlagen und Einrichtungen unbedingt erforderlich sind.

Regelwerke, die nicht in der MVV TB aufgeführt werden, die aber die „Allgemein anerkannten Regeln der (Bau-)Technik" erfüllen und mit deren Hilfe das geforderte Schutzniveau in Bezug auf Sicherheit, Gesundheit und Gebrauchstauglichkeit dauerhaft erreicht wird, können bei der Planung und Ausführung von baulichen Anlagen ebenfalls angewendet werden.

Die „Muster-Verwaltungsvorschrift Technische Baubestimmungen" [1.27] besteht aus folgenden Teilen:

Teil A: Technische Baubestimmungen, die bei der Erfüllung der Grundanforderungen an Bauwerke zu beachten sind.

In diesem Teil werden die brandschutztechnischen Grundanforderungen an bauliche Anlagen ausführlich im Kapitel A 2 beschrieben und erläutert.

Grundanforderungen

In der Tabelle A 2.2 sind die Regelwerke aufgelistet, mit deren Hilfe die brandschutztechnischen Grundforderungen des Baurechts durch Planung, Bemessung und Ausführung umgesetzt werden können. Weiterhin werden in der Tabelle A 2.2.2 die Sonderbaurichtlinien und -verordnungen aufgeführt, die für das entsprechende Bundesland gelten.

Teil B: Technische Baubestimmungen für Bauteile und Sonderkonstruktionen, die zusätzlich zu den in Abschnitt A aufgeführten technischen Baubestimmungen zu beachten sind.

Im Teil B werden technische Baubestimmungen für Konstruktionen aufgeführt, die in der Regel mehrere Teile der Grundanforderungen erfüllen müssen.

Sonderkonstruktionen

Ein Beispiel hierzu sind Rauchschutzklappen für Lüftungsleitungen (B 3.2.1.9). Sie werden nach der Richtlinie 2006/42/EG (Maschinenrichtlinie) [1.34], der Richtlinie 2014/35/EU (Niederspannungsrichtlinie) [1.35] und der Richtlinie 2014/30/EU (EMV-Richtlinie) [1.36] beurteilt.

Teil C: Technische Baubestimmungen für Bauprodukte, die nicht die CE-Kennzeichnung tragen, und für Bauarten.

In diesem Teil werden Bauprodukte aufgeführt die keine CE-Kennzeichnung benötigen und deshalb nur innerhalb Deutschlands gehandelt werden dürfen. Weiterhin werden in diesem Teil Bauarten beschrieben.

keine CE-Kennzeichnung und Bauarten

Ein Beispiel hierzu sind automatische Schiebetüren in Rettungswegen.

Teil D: Bauprodukte, die keines Verwendbarkeitsnachweises bedürfen.

In diesem Teil werden Bauprodukte aufgelistet, die entweder bauordnungsrechtlich eine untergeordnete Bedeutung haben, die also nicht zur Erfüllung der Sicherheitsanforderungen nach § 3 der MBO erforderlich sind, oder die durch andere Zertifizierungs- und Zulassungssysteme abgedeckt werden (z.B. durch den DVGW [Deutscher Verein des Gas- und Wasserfaches] oder den VDE [Verband der Elektrotechnik, Elektronik und Informationstechnik e.V.]).

kein Verwendbarkeitsnachweis erforderlich

Ein Beispiel hierzu sind Blitzschutzanlagen.

Nach den vier Gruppen der Technischen Baubestimmungen folgen in der Struktur der „Muster-Verwaltungsvorschrift Technische Baubestimmungen" die Anhänge 1 bis 14, in denen Bauprodukte aus den Teilen A, B und C detaillierter erläutert werden.

Im Anhang 6 werden z.B. bauliche Vorgaben zu hinterlüfteten Außenwandbekleidungen gemacht, durch die die Weiterleitung eines Brandes verhindert werden soll.

Nach dem 14. Anhang endet die MVV TB. Die in den Bundesländern eingeführten Versionen können jedoch weitere Anhänge enthalten. Eine Erweiterung der MVV TB wird von den einzelnen Bundesländern selbstständig entschieden.

Nachfolgend werden beispielhaft die Erweiterungen der Anhänge in den Bundesländern Berlin und Hessen aufgezeigt.

Erweiterung der MVV TB in Berlin

Die VV TB Bln (Bundesland Berlin) wird um zwei Anhänge (A und B) erweitert:

Anhang A: Anforderungen an Sicherheitstreppenräume

Anhang B: Richtlinie über bauaufsichtliche Anforderungen an Wohnformen für Menschen mit Pflegebedürftigkeit oder mit Behinderung (Wohnformen-Richtlinie Berlin)

Erweiterung der MVV TB in Hessen

In der H-VV TB (Bundesland Hessen) wurde die Anzahl der Anhänge um 14 auf 28 erweitert. Teile der Anhänge bestehen aus Sonderbauvorschriften, die in Hessen genutzt werden dürfen. Anders als z.B. im Bundesland Berlin werden hier nicht nur die Muster dieser Regelwerke eingeführt, sondern individuell auf das Rechtssystem von Hessen angepasste Verordnungen und Richtlinien.

Z.B. wurde im Anhang 22 die „Hessische Beherbergungsstättenrichtlinie, H-BeR" und im Anhang 24 die „Hessische Richtlinie über den Bau und Betrieb von Versammlungsstätten, H-VStättR" eingeführt. Dies sind modifizierte Musterrichtlinien für das Bundesland Hessen.

4.10 DIN-Normen allgemein

Die ersten brandschutztechnischen DIN-Normen wurden in Deutschland im Jahr 1934 veröffentlicht – die DIN 4102, Blätter 1 [1.37], 2 [1.38] und 3 [1.39]. In dieser Normreihe, die bis heute existiert, wird das Brandverhalten von Baustoffen und Bauteilen eingestuft.

rechtliche Einstufung von DIN-Normen

Nach den Urteilen des Bundesgerichtshofs (BGH) aus den Jahren 2007 (Az. VII ZR 45/06) und 2013 (Az. V ZR 182/12) sind DIN-Normen „private Regelwerke mit Empfehlungscharakter".

DIN-Normen basieren auf gesicherten Ergebnissen aus Wissenschaft und Technik sowie auf praktischen Erfahrungen und sind somit das Ergebnis eines Normungsprozesses.

Der Inhalt einer DIN-Norm kann die „Allgemein anerkannten Regeln der (Bau-)Technik" wiedergeben oder hinter diesen zurückbleiben (siehe hierzu auch Absatz 4.8).

Normen werden in der Regel von Vertretern der Wirtschaft, der Behörden und der Universitäten/Hochschulen gemeinsam erarbeitet.

Kurzbezeichnung von DIN-Normen

Eine Norm kann aus mehreren Teilen bestehen. Die Kurzbezeichnung von DIN-Normen entspricht einer festen Struktur, z.B. DIN 4102-2:1977-09. Die erste Ziffer nach dem ersten Bindestrich gibt Auskunft über den Normenteil. Hinter dem Doppelpunkt folgt das Erscheinungsdatum (Jahr und Monat).

Anhand der Kurzbezeichnung kann man erkennen, welchen Ursprung eine Norm hat.

Beispiele zu Normenbezeichnungen:

- DIN 4102-4 ist eine Norm, die ausschließlich oder überwiegend national eingesetzt wird,
- DIN 4102-4/A1 ist die Änderung A1 zur Norm 4102 Teil 4,
- DIN EN 13501-1 ist eine Europäische Norm (EN), die von Deutschland übernommen wurde,

- DIN EN ISO 834 ist eine Norm, die unter Federführung der **I**nternational **O**rganization for **S**tandardization (ISO) erstellt und von Deutschland übernommen wurde,
- DIN EN 1991-1-2 ist eine Europäische Norm (EN), die mit der Ziffer 199X auch als „Eurocode X" bezeichnet wird,
- DIN EN 1991-1-2/NA ist der Nationale Anhang zum „europäischen Eurocode" und
- DIN V 4102-21 ist eine Vornorm im Normungsprozess – noch keine reguläre Norm.

unterschiedliche Herkunft von DIN-Normen

4.11 Ausgewählte DIN-Normen zum Brandschutz

Nachfolgend werden die wichtigsten DIN-Normen zum Brandschutz aufgelistet (Stand Dezember 2020). Die Liste erhebt keinen Anspruch auf Vollständigkeit.

a) Nationale Normen zum Brandverhalten von Baustoffen und Bauteilen:

DIN 4102-1:1998-05
Brandverhalten von Baustoffen und Bauteilen – Teil 1: Baustoffe, Begriffe; Anforderungen und Prüfungen

DIN 4102-2:1977-09
Brandverhalten von Baustoffen und Bauteilen – Teil 2: Bauteile, Begriffe; Anforderungen und Prüfungen

DIN 4102-3:1977-09
Brandverhalten von Baustoffen und Bauteilen – Teil 3: Brandwände und nichttragende Außenwände; Begriffe, Anforderungen und Prüfungen

DIN 4102-4:2016-05
Brandverhalten von Baustoffen und Bauteilen – Teil 4: Zusammenstellung und Anwendung klassifizierter Baustoffe, Bauteile und Sonderbauteile

DIN 4102-5:1977-09
Brandverhalten von Baustoffen und Bauteilen – Teil 5: Feuerschutzabschlüsse, Abschlüsse in Fahrschachtwänden und gegen Feuer widerstandsfähige Verglasungen; Begriffe, Anforderungen und Prüfungen

DIN 4102-6
Norm wurde zurückgezogen

DIN 4102-7:2018-11
Brandverhalten von Baustoffen und Bauteilen – Teil 7: Bedachungen; Anforderungen und Prüfungen

DIN 4102-8:2003-10
Brandverhalten von Baustoffen und Bauteilen – Teil 8: Kleinprüfstand

DIN 4102-9:1990-05
Brandverhalten von Baustoffen und Bauteilen – Teil 9: Kabelabschottungen; Begriffe, Anforderungen und Prüfungen

DIN 4102-10
Norm wurde zurückgezogen

DIN 4102-11:1985-12
Brandverhalten von Baustoffen und Bauteilen – Teil 11: Rohrummantelungen, Rohrabschottungen, Installationsschächte und -kanäle sowie Abschlüsse ihrer Revisionsöffnungen; Begriffe, Anforderungen und Prüfungen

DIN 4102-12:1998-11
Brandverhalten von Baustoffen und Bauteilen – Teil 12: Funktionserhalt von elektrischen Kabelanlagen; Anforderungen und Prüfungen

DIN 4102-13:1990-05
Brandverhalten von Baustoffen und Bauteilen – Teil 13: Brandschutzverglasungen; Begriffe, Anforderungen und Prüfungen

DIN 4102-14:1990-05
Brandverhalten von Baustoffen und Bauteilen – Teil 14: Bodenbeschichtungen; Bestimmung der Flammenausbreitung bei Beanspruchung mit einem Wärmestrahler

DIN 4102-15:1990-05
Brandverhalten von Baustoffen und Bauteilen – Teil 15: Brandschacht

DIN 4102-16:2021-01
Brandverhalten von Baustoffen und Bauteilen – Teil 16: Durchführungen von Brandschachtprüfungen

DIN 4102-17:2017-12
Brandverhalten von Baustoffen und Bauteilen – Teil 17: Schmelzpunkt von Mineralwolle-Dämmstoffen; Begriffe, Anforderungen und Prüfung

DIN 4102-18:1991-03
Brandverhalten von Baustoffen und Bauteilen – 18: Feuerschutzabschlüsse; Nachweis der Eigenschaft „selbstschließend" (Dauerfunktionsprüfung)

DIN 4102-19:1998-12
Entwurf Norm wurde zurückgezogen

DIN 4102-20:2017-10
Brandverhalten von Baustoffen und Bauteilen – Teil 20: Ergänzender Nachweis für die Beurteilung des Brandverhaltens von Außenwandbekleidungen

DIN V 4102-21:2002-08
Brandverhalten von Baustoffen und Bauteilen – Teil 21: Beurteilung des Brandverhaltens von feuerwiderstandsfähigen Lüftungsleitungen

b) Europäische Normen zum Brandverhalten von Baustoffen und Bauteilen:

DIN EN 13501-1:2019-05
Klassifizierung von Bauprodukten und Bauarten zu ihrem Brandverhalten – Teil 1: Klassifizierung mit den Ergebnissen aus den Prüfungen zum Brandverhalten von Bauprodukten

DIN EN 13501-2:2016-12
Klassifizierung von Bauprodukten und Bauarten zu ihrem Brandverhalten – Teil 2: Klassifizierung mit den Ergebnissen aus den Feuerwiderstandsprüfungen mit Ausnahme von Lüftungsanlagen

DIN EN 13501-3:2010-02
Klassifizierung von Bauprodukten und Bauarten zu ihrem Brandverhalten – Teil 3: Klassifizierung mit den Ergebnissen aus den Feuerwiderstandsprüfungen an Bauteilen von haustechnischen Anlagen: Feuerwiderstandsfähige Leitungen und Brandschutzklappen

DIN EN 13501-4:2016-12
Klassifizierung von Bauprodukten und Bauarten zu ihrem Brandverhalten – Teil 4: Klassifizierung mit den Ergebnissen aus den Feuerwiderstandsprüfungen von Anlagen zur Rauchfreiheit

DIN EN 13501-5:2016-12
Klassifizierung von Bauprodukten und Bauarten zu ihrem Brandverhalten – Teil 5: Klassifizierung mit den Ergebnissen aus den Prüfungen von Bedachungen bei Beanspruchung durch Feuer von außen

DIN EN 13501-6:2019-05
Klassifizierung von Bauprodukten und Bauarten zu ihrem Brandverhalten – Teil 6: Klassifizierung mit den Ergebnissen aus den Prüfungen zum Brandverhalten von Starkstromkabeln und -leitungen, Steuer- und Kommunikationskabeln

c) Durch ISO erstelle Normen zum Brandverhalten von Baustoffen und Bauteilen:

DIN EN ISO 1716:2018-10
Prüfungen zum Brandverhalten von Produkten – Bestimmung der Verbrennungswärme (des Brennwerts)

DIN EN ISO 9239-1:2010-11
Prüfungen zum Brandverhalten von Bodenbelägen – Teil 1: Bestimmung des Brandverhaltens bei Beanspruchung mit einem Wärmestrahler

DIN EN ISO 11925-2:2020-07
Prüfungen zum Brandverhalten – Entzündbarkeit von Produkten bei direkter Flammeinwirkung – Teil 2: Einzelflammentest

d) Europäische Bemessungsnormen zum Brandschutz

DIN EN 1991-1-2:2010-12
Eurocode 1: Einwirkungen auf Tragwerke – Teil 1-2: Allgemeine Einwirkungen – Brandeinwirkungen auf Tragwerke

DIN EN 1991-1-2 Berichtigung 1:2013-08
Eurocode 1: Einwirkungen auf Tragwerke – Teil 1-2: Allgemeine Einwirkungen – Brandeinwirkungen auf Tragwerke

DIN EN 1991-1-2/NA:2015-09
Nationaler Anhang – National festgelegte Parameter – Eurocode 1: Einwirkungen auf Tragwerke – Teil 1-2: Allgemeine Einwirkungen – Brandeinwirkungen auf Tragwerke

DIN EN 1992-1-2:2010-12
Eurocode 2: Bemessung und Konstruktion von Stahlbeton- und Spannbetontragwerken – Teil 1-2: Allgemeine Regeln – Tragwerksbemessung für den Brandfall

DIN EN 1992-1-2/A1:2019-11
Eurocode 2: Bemessung und Konstruktion von Stahlbeton- und Spannbetontragwerken – Teil 1-2: Allgemeine Regeln – Tragwerksbemessung für den Brandfall

DIN EN 1992-1-2/NA:2010-12
Nationaler Anhang – National festgelegte Parameter – Eurocode 2: Bemessung und Konstruktion von Stahlbeton- und Spannbetontragwerken – Teil 1-2: Allgemeine Regeln – Tragwerksbemessung für den Brandfall, Nationaler Anhang

DIN EN 1992-1-2/NA/A1:2015-09
Nationaler Anhang – National festgelegte Parameter – Eurocode 2: Bemessung und Konstruktion von Stahlbeton- und Spannbetontragwerken – Teil 1-2: Allgemeine Regeln – Tragwerksbemessung für den Brandfall; Änderung A1

DIN EN 1992-1-2/NA/A2:2020-10 (Entwurf)
Nationaler Anhang – National festgelegte Parameter – Eurocode 2: Bemessung und Konstruktion von Stahlbeton- und Spannbetontragwerken – Teil 1-2: Allgemeine Regeln – Tragwerksbemessung für den Brandfall; Änderung A2

DIN EN 1993-1-2:2010-12
Eurocode 3: Bemessung und Konstruktion von Stahlbauten – Teil 1-2: Allgemeine Regeln – Tragwerksbemessung für den Brandfall

DIN EN 1993/NA-1-2:2010-12
Nationaler Anhang – National festgelegte Parameter – Eurocode 3: Bemessung und Konstruktion von Stahlbauten – Teil 1-2: Allgemeine Regeln – Tragwerksbemessung für den Brandfall

DIN EN 1994-1-2:2010-12
Eurocode 4: Bemessung und Konstruktion von Verbundtragwerken aus Stahl und Beton – Teil 1-2: Allgemeine Regeln – Tragwerksbemessung für den Brandfall

DIN EN 1994-1-2/A1:2014-06
Eurocode 4: Bemessung und Konstruktion von Verbundtragwerken aus Stahl und Beton – Teil 1-2: Allgemeine Regeln – Tragwerksbemessung für den Brandfall

DIN EN 1994-1-2/NA-1-2:2010-12
Nationaler Anhang – National festgelegte Parameter – Eurocode 4: Bemessung und Konstruktion von Verbundtragwerken aus Stahl und Beton – Teil 1-2: Allgemeine Regeln – Tragwerksbemessung für den Brandfall

DIN EN 1995-1-2:2010-12
Eurocode 5: Bemessung und Konstruktion von Holzbauten – Teil 1-2: Allgemeine Regeln – Tragwerksbemessung für den Brandfall

DIN EN 1995-1-2/NA:2010-12
Nationaler Anhang – National festgelegte Parameter – Eurocode 5: Bemessung und Konstruktion von Holzbauten – Teil 1-2: Allgemeine Regeln – Tragwerksbemessung für den Brandfall

DIN EN 1996-1-2:2011-04
Eurocode 6: Bemessung und Konstruktion von Mauerwerksbauten – Teil 1-2: Allgemeine Regeln – Tragwerksbemessung für den Brandfall

DIN EN 1996-1-2/NA:2013-06
Nationaler Anhang – National festgelegte Parameter – Eurocode 6: Bemessung und Konstruktion von Mauerwerksbauten – Teil 1-2: Allgemeine Regeln – Tragwerksbemessung für den Brandfall

DIN EN 1999-1-2:2010-12
Eurocode 9: Bemessung und Konstruktion von Aluminiumtragwerken – Teil 1-2: Allgemeine Regeln – Tragwerksbemessung für den Brandfall

DIN EN 1999-1-2/NA:2011-04
Nationaler Anhang – National festgelegte Parameter – Eurocode 9: Bemessung und Konstruktion von Aluminiumtragwerken – Teil 1-2: Allgemeine Regeln – Tragwerksbemessung für den Brandfall

Weitere DIN-Normen, die z.B. für den Einsatz der Feuerwehr in der Brandschutzplanung erforderlich sind, werden in diesem Absatz nicht aufgelistet.

4.12 Muster- und länderbezogene Bauvorlagenverordnung

Wie alle anderen Mustervorschriften wird auch die Muster-Bauvorlagenverordnung (MBauVorlV) durch die „Arbeitsgemeinschaft der Bauminister – Fachkommission Bauaufsicht der Bauministerkonferenz" erarbeitet und herausgegeben. Aufgrund dieses Musters wird in jedem Bundesland eine länderbezogene Verordnung erstellt. Die Bezeichnung der Verordnung weicht in den Ländern Baden-Württemberg (Verfahrensverordnung zur Landesbauordnung), Berlin (Bauverfahrensverordnung) und Sachsen (Verordnung über Bauvorlagen und bautechnische Prüfungen) von der Benennung des Musters ab.

Bauvorlagen zum Bauantrag

Bauvorlagen sind die Unterlagen, die zur Beurteilung eines Bauvorhabens bei den Bauaufsichtsbehörden vorzulegen sind. Sie werden in der Regel in Form eines Bauantrages eingereicht. Bauvorlagen müssen auf alterungs- und lichtbeständigem Papier im Format DIN A4 angefertigt oder entsprechend auf die Größe gefaltet werden (z.B. Bauzeichnungen).

In § 11 der Muster-Bauvorlagen-Verordnung (Brandschutznachweis) [1.2] werden die Angaben aufgelistet, die insbesondere für den Nachweis des Brandschutzes im Lageplan, in den Bauzeichnungen und in der Baubeschreibung zu erbringen sind.

Bauvorlagen für Regelbauten

Im ersten Absatz dieses Paragrafen werden Hinweise auf brandschutztechnische Baubeschreibungen und Bauzeichnungen gegeben, die für Regelbauten in einem Brandschutznachweis mindestens enthalten sein müssen.

Bauvorlagen für Sonderbauten

Im zweiten Absatz gibt es zusätzliche brandschutztechnische Angaben, die für Sonderbauten sowie für Mittel- und Großgaragen zu erbringen sind.

Für Regel- und Sonderbauten kann die Planung und Aufstellung der erforderlichen Brandschutzeinrichtungen in Form eines Brandschutz**nachweises** erfolgen.

Wahlweise gibt es bei Sonderbauten auch die Möglichkeit, ein Brandschutz**konzept** zu erstellen, für Regelbauten ist üblicherweise ein Nachweis ausreichend (siehe hierzu auch Absatz 1.3).

Ein Brandschutz**nachweis** wird ausschließlich durch das Einhalten der Forderungen der Bauordnung (bei Regelbauten) sowie zusätzlich von Sonderbauvorschriften (bei Sonderbauten) erbracht.

Brandschutz-nachweise/-konzepte

In einem Brandschutz**konzept** werden darüber hinaus ingenieurtechnische Berechnungsverfahren angewandt, wie die numerische Simulation von Rauch- oder von Wärmeentwicklung. Der Einsatz dieser Ingenieurmethoden wird häufig als äquivalente Lösung zu den baurechtlich vorgegebenen Regeln eingesetzt. Ein Brandschutz**konzept** wird nur für eine individuelle bauliche Anlage erstellt und ist objektbezogen. Es darf deshalb auch nicht auf andere Gebäude übertragen werden.

Bis vor einigen Jahren wurde jeweils ein Exemplar der schriftlichen Baugenehmigung einschließlich der Baupläne im Archiv der Bauaufsichtsbehörde (Aktenkammer) bis zur Beseitigung dieser genehmigten baulichen Anlage aufbewahrt. Bei Um- oder Anbauten sowie bei Nutzungsänderungen konnte der Brandschutzplaner auf diese Unterlagen zurückgreifen und daraus den Bestandsschutz ableiten.

Aufbewahrungspflicht

Diese Aufbewahrungspflicht ist mittlerweile auf den Bauherrn und seine Rechtsnachfolger übergegangen. Nach § 16 (Aufbewahrungspflicht) der MBauVorlV müssen sie alle baurechtlichen und technischen Unterlagen aufbewahren und auf Verlangen der Bauaufsichtsbehörde vorlegen.

Ob bei diesem Regelungsverfahren die Bestandsunterlagen bei mehrfachem Besitzerwechsel noch auffindbar sind, darf in Frage gestellt werden. Bei nichtvorhandenen Bestandsunterlagen muss der gesamte Brandschutznachweis bzw. das Brandschutzkonzept aufgrund der fehlenden fachlichen Informationen neu erstellt werden.

Es ist bei der Übergabe der Brandschutzunterlagen an den Bauherrn deshalb besonders auf diesen Tatbestand hinzuweisen und zusätzlich mindestens eine Kopie der brandschutztechnischen Genehmigungsunterlagen (letzte Version) im Planungsbüro zu archivieren.

4.13 Brandschutz in den „Technischen Regeln für Arbeitsstätten"

Ausschuss für Arbeitsstätten

Auf Grundlage der Arbeitsstättenverordnung [1.40] § 7 werden vom „Ausschuss für Arbeitsstätten" die „Technischen Regeln für Arbeitsstätten" erarbeitet, die die Sicherheit von Beschäftigten verbessern sollen. Durch das Bundesministerium für Arbeit und Soziales werden diese Regeln bekannt gemacht. Sie gelten ausschließlich für Arbeitsstätten.

Einfluss auf den Brandschutz haben folgende technische Regeln:

technische Regeln in Arbeitsstätten

- ASR A1.3 „Sicherheits- und Gesundheitsschutzkennzeichnung" [1.41]
  In dieser technischen Regel für Arbeitsstätten werden die Anordnung und Gestaltung der Sicherheits- und Gesundheitsschutzkennzeichnungen sowie der Aufbau von Flucht- und Rettungsplänen geregelt.
  In Regelbauten, die ausschließlich Wohnzwecken dienen, sind keine Kennzeichnungen erforderlich.
- ASR A1.7 „Türen und Tore" [1.42]
  In Absatz 9 werden Anforderungen an Türen und Tore im Zuge von Rettungswegen in Arbeitsstätten beschrieben.
- ASR A2.2 „Maßnahmen gegen Brände" [1.10]
  In dieser technischen Regel (ASR) wird ein Verfahren erläutert, mit dessen Hilfe die Anzahl von Feuerlöscheinrichtungen in Arbeitsstätten ermittelt werden kann, z.B. die erforderliche Anzahl von Handfeuerlöschern.
  Besonders hervorgehoben werden in dieser technischen Regel die abweichenden und ergänzenden Anforderungen, die beim Umgang mit Löschmitteln auf Baustellen bestehen (gegenüber fertiggestellten Gebäuden).

In einem weiteren Kapitel werden die brandschutztechnischen Pflichten von Arbeitgebern gegenüber den Beschäftigten beschrieben.
Der Arbeitgeber hat seine Angestellten mindestens einmal im Jahr über die Gefahren von Bränden zu unterrichten und sie in der Anwendung von Feuerlöschern zu unterweisen. Weiterhin hat er eine ausreichende Anzahl von Brandschutzhelfern zu benennen, die eine Unterweisung im Umgang mit Feuerlöscheinrichtungen zur Bekämpfung von Entstehungsbränden erhalten müssen.

- ASR A2.3 „Fluchtwege und Notausgänge, Flucht- und Rettungsplan" [1.22]
  In dieser ASR werden ergänzende Regeln zu den Anforderungen des Bauordnungsrechts für Fluchtwege und Notausgänge erläutert.
  Unter anderem werden Längen und Breiten sowie die bauliche Anordnung und Herstellung von Fluchtwegen vorgegeben.
  Ihre Gestaltung auf Baustellen wird in einem gesonderten Absatz behandelt.

Bauordnungsrecht/Arbeitsstättenrecht

Da sich die „Technischen Regeln für Arbeitsstätten" mit den Regelungen des Bauordnungsrechts an vielen Stellen überschneiden, wird in § 3a (Einrichten und Betreiben von Arbeitsstätten) Absatz 4 der Arbeitsstättenverordnung [1.40] erläutert, dass in solchen Fällen vorrangig das Bauordnungsrecht gilt. Sollte jedoch das Arbeitsstättenrecht eine höhere Anforderung stellen, muss diese Regelung umgesetzt werden.

Auszug aus der Arbeitsstättenverordnung [1.40] § 3a:

> *„(4) Anforderungen in anderen Rechtsvorschriften, insbesondere im Bauordnungsrecht der Länder, gelten **vorrangig**, soweit sie über die Anforderungen dieser Verordnung hinausgehen."*

4.14 Baulasten/Baulastenverzeichnis

Der Begriff **Baulast** wird in § 83 der Musterbauordnung definiert. Baulasten sind öffentlich-rechtliche Verpflichtungen, die ein Grundstückseigentümer übernimmt. Das Grundstück kann durch Tun (z.B. die Verpflichtung, an der gemeinsamen Grenze zum Nachbargrundstück zu bauen), Dulden (z.B. die Nutzung eines Stellplatzes auf einem anderen Grundstück durch den Begünstigten) oder Unterlassen (z.B. Übernahme eines Teils der Abstandsfläche, die auf dem Nachbargrundstück liegen müsste) rechtlich belastet werden. Öffentlich-rechtliche Verpflichtungen, die sich schon aus dem Baurecht ergeben, sind nicht baulastfähig.

Baulastenverzeichnis/Grundbuch

Da im Bundesland Bayern kein Verzeichnis für Baulasten (Baulastenverzeichnis) geführt wird, können dort sowohl privat- als auch öffentlich-rechtliche Verpflichtungen im Grundbuch eingetragen werden. Baulasten, die im Baulastenverzeichnis aufgenommen worden sind, werden nicht im Grundbuch verzeichnet. Die Baulasterklärung des Eigentümers (des belasteten Grundstücks) ist immer freiwillig.

Das Baulastenverzeichnis wird von den Bauaufsichtsbehörden geführt.

Eine bauliche Situation, die für einen genehmigungsfähigen Bauantrag ein Hindernis darstellen kann, ist z.B. die Unterschreitung des Mindestabstandes von Gebäuden zur Nachbargrenze. Durch einen Eintrag ins Baulastenverzeichnis kann dieses Hindernis beseitigt werden.

Gebäude ohne äußere Brandwände (Gebäudeabschlusswände) müssen mit einem Abstand von mindestens 2,50 m von der Grundstücksgrenze errichtet werden.

Bei Einhaltung dieser Regel haben die beiden an der Grenze gegenüberliegenden Gebäude einen Gesamtabstand von 5 m zueinander (von jeder Seite 2,50 m). Bei dieser Entfernung geht der Gesetzgeber davon aus, dass es keinen Feuerübersprung zwischen den Gebäuden gibt. Es können deshalb auch Fenster in die Wand zum Nachbargrundstück eingebaut werden.

Beispiel einer Baulast

Ein Gebäude kann trotz der oben erläuterten Abstandsregelung z.B. auf der Grundstücksgrenze ohne Brandwand errichtet werden, wenn baurechtlich gesichert ist, dass auf dem Nachbargrundstück ein zukünftig zu erstellendes Gebäude mindestens 5 m von dem bestehenden Gebäude (bzw. der Grundstücksgrenze) errichtet wird. In diesen Fällen müssen also keine öffnungslosen Abschlusswände (äußere Brandwände) erstellt werden.

Die baurechtliche Sicherung erfolgt durch die Eintragung der Baulast (Einhalten eines 5-m-Abstandes zur Grundstücksgrenze) in das Baulastenverzeichnis. Das nicht bebaute Nachbargrundstück wird baurechtlich „belastet“, das Baugrundstück selbst ist lastfrei.

5 Rechtsbegriffe im Brandschutz

5.1 Begriff der Gefahr

Begriffe „Gefahr" und „gefährdet" in der MBO

In der Musterbauordnung, den Landesbauordnungen sowie in Sonderbauverordnungen und -richtlinien werden die Begriffe „Gefahr" und „gefährdet" an unterschiedlichen Stellen genutzt. In Bezug auf den Brandschutz sind sie unter anderem in den §§ 29 (Trennwände), 31 (Decken) und 35 (Notwendige Treppenräume, Ausgänge) der Musterbauordnung [1.4] enthalten.

ursprüngliche Definition des Begriffes „Gefahr"

Durch das Preußische Oberverwaltungsgericht (PrOVG) wurde mit einem Urteil aus dem Jahr 1933 (Urteil vom 23.3.1933 – Az. IV. C. 22/33) der Begriff „Gefahr" definiert. Inhaltlich ist diese Definition heute noch gültig.

> *„Gefahr ist ein Zustand, der nach verständigem Ermessen den Eintritt eines Schadens mit Wahrscheinlichkeit erwarten lässt."*

heutige Definition des Begriffes „Gefahr"

In aktueller Form wird „Gefahr" in einigen Landes-Polizeigesetzen beschrieben. Die Legaldefinition des Begriffs lautet z.B. nach dem Polizeigesetz des Bundeslandes Bremen [1.43]:

§ 2 Begriffsbestimmungen

> *„Im Sinne dieses Gesetzes ist*
> *[...]*
>
> *3.a) Gefahr*
> *eine Sachlage, bei der im einzelnen Falle die hinreichende Wahrscheinlichkeit besteht, dass in absehbarer Zeit ein Schaden für die öffentliche Sicherheit eintreten wird;*
> *[...]"*

Im Bauordnungsrecht gibt es unterschiedlich bezeichnete Arten von Gefahren. Die Unterschiede ergeben sich unter anderem aus der Wertigkeit der Schutzgüter, der Anzahl der betroffenen Personen und der zeitlichen Nähe zur Gefahr.

Gefahr durch Brandeinwirkungen auf Tragwerke

Im Bauwesen können sich besondere Gefährdungen für Ersteller und Nutzer von baulichen Anlagen durch Brandeinwirkungen (Brandschutz) sowie durch falsch geplante oder berechnete Tragwerke der baulichen Anlagen (Statik) ergeben. Aufgrund des hohen Gefährdungspotenzials werden für diese baulichen Bereiche Prüfsachverständige eingesetzt (Prüfingenieure für Standsicherheit und für Brandschutz bzw. Prüfsachverständige für Brandschutz), die die Nachweise auf Übereinstimmung mit dem öffentlichen Recht prüfen.

Im Bereich der Brandgefährdung sind die abstrakte und die konkrete Gefahr von Bedeutung.

abstrakte Gefahr

Eine **abstrakte Gefahr** liegt immer dann vor, wenn sich aus einer allgemeinen Geschehenssituation ein Schaden im Einzelfall entwickeln kann.

Erläuterungen zur „abstrakten Gefahr"

Um diesen abstrakten Gefahren entgegenzuwirken, werden im Bauordnungsrecht Vorschriften erlassen, die nicht auf den konkreten Einzelfall Bezug nehmen, sondern die gesamten möglichen Auswirkungen der abstrakt-generellen Gefahr abdecken. Die abstrakte Gefahr ist also der theoretische Rechtshintergrund der gefahrenabwehrenden Vorschriften der Bauordnung.

konkrete Gefahr

Eine besondere Bedeutung hat die **konkrete Gefahr** für den Brandschutz. Bauordnungsbehörden können z.B. bei brandschutztechnischen Mängeln von bestehenden Gebäuden nur einschreiten, wenn eine konkrete Gefahr vorliegt.

Der Unterschied zwischen einer abstrakten und einer konkreten Gefahr wird vom Bundesverwaltungsgericht in einem Urteil aus dem Jahr 1970 (BVerwG, 26.6.1970 – Az. BVerwG IV C 99.67) erläutert.

Auszug aus dem oben angeführten Urteil:

Unterschied konkrete/ abstrakte Gefahr

„Solche hinreichende oder auch ‚bloße' Wahrscheinlichkeit gehört zur ***abstrakten*** *genauso wie zur* ***konkreten Gefahr****; beide Gefahrenbegriffe stellen, was den zu erwartenden Eintritt eines Schadens anbelangt, die gleichen Anforderungen der Wahrscheinlichkeit. Der Unterschied liegt nur in der Betrachtungsweise; bei der* ***konkreten Gefahr*** *‚konkret', d.h. auf den* ***Einzelfall,*** *bei der* ***abstrakten Gefahr*** *‚abstrakt-generell', also auf den* ***typischen Fall*** *bezogen. Eine konkrete Gefahr liegt danach vor, wenn in dem zu beurteilenden konkreten Einzelfall irgendwann, freilich in überschaubarer Zukunft, mit dem* ***Schadenseintritt hinreichend wahrscheinlich*** *gerechnet werden muß; eine abstrakte Gefahr ist gegeben, wenn eine generell-abstrakte Betrachtung für bestimmte Arten von Verhaltensweisen oder Zuständen zu dem Ergebnis führt, daß mit hinreichender Wahrscheinlichkeit ein Schaden im Einzelfall einzutreten pflegt und daher Anlaß besteht, diese Gefahr mit* ***generell-abstrakten Mitteln****, also* ***einem Rechtssatz****, insbesondere einer Polizeiverordnung, zu bekämpfen, was wiederum zur Folge hat, daß auf den Nachweis der Gefahr eines Schadenseintritts im Einzelfall verzichtet werden kann."*

Die Definition von konkreter Gefahr:

Definition „konkrete Gefahr"

Als **konkrete Gefahr** wird eine Geschehenssituation bezeichnet, die ohne eine Behinderung mit hinreichender Wahrscheinlichkeit zu einem Schadenseintritt führt. Die betroffenen Rechtsgüter können im Brandfall die Gesundheit und das Leben von Menschen sowie Sachwerte sein.

höchstrichterliche Urteile

Die konkrete Gefahr **im Brandschutz** wird im Kommentar zur Landesbauordnung Nordrhein-Westfalen [1.17] ausführlich erläutert. In Randnummer (Rn.) 14 zu § 87 der BauO NRW (Bestehende Anlagen und Einrichtungen) werden die Aussagen von zwei Urteilen miteinander verknüpft (1. Urteil: Hessisches Oberverwaltungsgericht, Beschluss vom 18.10.1999 – Az. 4 TG 3007/97 und 2. Urteil: Oberverwaltungsgericht Nordrhein-Westfalen vom 28.8.2001 – Az. 10 A 3051/99).

Auszug aus [1.17] – Kommentar zu § 87 Rn. 14:

Wahrscheinlichkeit eines Schadenseintritts

„Bei der hinreichenden ***Wahrscheinlichkeit eines Schadenseintritts*** *(als Voraussetzung einer abstrakten wie auch einer konkreten Gefahr) muss hinsichtlich des Grades der Wahrscheinlichkeit differenziert werden, welches* ***Schutzgut*** *auf dem Spiel steht. Ist der möglicherweise eintretende* ***Schaden sehr groß****, sind an die Wahrscheinlichkeit des Schadenseintritts* ***keine übermäßig hohen Anforderungen*** *zu stellen; unter Umständen reicht auch die* ***entfernte Möglichkeit*** *eines Schadenseintritts aus (siehe oben: BVerwG-Urteil von 26.6.1970).*

„konkrete Gefahr" im Brandschutz

Im Hinblick darauf, dass ***brandschutzrechtliche Vorschriften*** *vorsorgliche Schutzbestimmungen für Leben und Gesundheit treffen [Anmerkung: Leben und Gesundheit sind als sehr hohe Schutzgüter einzustufen] und dass es nach*

> *Ausbruch eines Brandes für die Anordnung von Schutzmaßnahmen zu spät ist, kann die nachträgliche Forderung von Maßnahmen des Brandschutzes nicht davon abhängig gemacht werden, dass eine* ***konkrete Gefahr*** *im Sinne der herkömmlichen allgemeinen polizeirechtlichen Definition vorhanden ist, das heißt, ein Schadenseintritt in überschaubarer Zukunft hinreichend wahrscheinlich ist; es genügt die* ***fachkundige Feststellung****, dass nach den örtlichen Gegebenheiten der Eintritt eines erheblichen Schadens* ***nicht ganz unwahrscheinlich*** *ist."*

„konkrete Gefahr" bei Brandschutzmängeln

Nach der Verknüpfung der Aussagen dieser zwei Urteile sind Brandschutzmängel (aufgrund der hohen Schutzgüter Leben und Gesundheit sowie der Unmöglichkeit einer Nachbesserung im Brandfall) in der Regel als **konkrete Gefahr** zu werten.

5.2 Bestandsschutz im Bauwesen (Brandschutz)

Der im Rechtssystem gewohnheitsmäßig genutzte, jedoch nicht gesetzlich definierte, Begriff „Bestandsschutz" bezieht sich im Bauwesen immer auf bestehende bauliche Anlagen. Sind diese Anlagen formell und materiell rechtmäßig errichtet worden, müssen sie nach einer Änderung des öffentlichen Baurechts diesem nicht angepasst werden.

Rechtmäßig errichtet sind bauliche Anlagen, wenn sie den zur Zeit der Errichtung geltenden Baurechtsforderungen entsprachen. Unterschieden werden dabei die formelle und die materielle Rechtmäßigkeit (Legalität) von baulichen Anlagen.

„Formell legal" sind Gebäude, wenn sie in Übereinstimmung mit ihrer Baugenehmigung errichtet, „materiell legal", wenn sie nach dem geltenden Baurecht hergestellt wurden.

rechtmäßig bestehende bauliche Anlagen

Im Rahmen von Umbaumaßnahmen kann das Thema Bestandsschutz im Brandschutz von erheblicher Bedeutung sein, da ein bestehendes (damals rechtskonformes) Brandschutzsystem, auch wenn es älter ist, an eine sich ändernde Rechtslage nicht angepasst werden muss.

Wird jedoch zu einem späteren Zeitpunkt erkannt, dass von der rechtmäßig errichteten baulichen Anlage eine Gefahr ausgeht, kann die Bauordnungsbehörde aufgrund des § 3 (Generalklausel der Sicherheit) der Bauordnung bzw. die Polizei aufgrund des Polizeirechts (z.B. nach § 14 des ASOG [1.44] in Berlin) Maßnahmen dagegen ergreifen. In einigen Bundesländern, wie z.B. Berlin, Brandenburg und Nordrhein-Westfalen, wird gesondert auf diesen rechtlichen Tatbestand hingewiesen.

Auszug aus der Brandenburgischen Bauordnung [1.45] § 81 (Anpassung bestehender baulicher Anlagen):

> *„(1) Wenn es zur* ***Abwehr von erheblichen Gefahren*** *für Leben und Gesundheit erforderlich ist, können die Bauaufsichtsbehörden* ***die Vorschriften*** *dieses Gesetzes [Anmerkung: mit ‚diesem Gesetz' ist die Bauordnung gemeint] oder die aufgrund dieses Gesetzes erlassenen Vorschriften* ***auch auf bestehende bauliche Anlagen*** *und andere Anlagen und Einrichtungen* ***anwenden."***

unrechtmäßig bestehende Anlagen

Unrechtmäßig bestehende bauliche Anlagen besitzen keinen Bestandsschutz. Die Bauaufsichtsbehörde darf bei Bekanntwerden der Unrechtmäßigkeit eine Nutzung untersagen oder sogar einen Abbruch verlangen.

Grundlage des Bestandsschutzes

Bis in die 1980er-Jahre galt ausschließlich der Artikel 14 Absatz 1 („Das Eigentum und das Erbrecht werden gewährleistet") des Grundgesetzes [1.1] als Rechtsbasis des Bestandsschutzes. Derzeit werden die Rechtsgrundlagen aus einem Ineinandergreifen von Verfassungs- und Verwaltungsrecht (gesetzliche Regelungen des Bauplanungs- oder Bauordnungsrechts) gebildet.

In einigen Landesbauordnungen, wie z.B. in der Bauordnung für Berlin (BauO Bln) [1.46], werden indirekte Regeln zum Bestandschutz gegeben (§ 81 „Bestehende Bauliche Anlagen").

Grundsätzlich unterscheidet das Baurecht zwischen dem aktiven und dem passiven Bestandsschutz.

Aktiver Bestandsschutz:

aktiver Bestandsschutz

Im aktiven Bestandsschutz werden Maßnahmen untersucht, die der Instandhaltung von baulichen Anlagen dienen. Diese Art des Bestandsschutzes hat nur einen geringen Einfluss auf den Brandschutz.

Beispiel zum aktiven Bestandsschutz:

Ein Beispiel zum aktiven Bestandsschutz findet sich in den Entscheidungshilfen der Berliner Bauaufsichten [1.47]. Hier werden Entscheidungstendenzen (nach Ermessensausübungen) der Bauaufsichtsbehörden zusammengestellt. Bei der Beurteilung der nachfolgenden Brandschutzsituation wurde der aktive Bestandsschutz herangezogen:

*„**Frage:** Bei Sanierungs- und Instandhaltungsarbeiten in und an Wohngebäuden werden Wohnungseingangstüren ausgetauscht. Müssen nun die Türen gemäß den geltenden (brandschutztechnischen) Anforderungen dicht- und **selbstschließend** sein?*

Beispiel zum aktiven Bestandsschutz

*__Antwort:__ Zunächst muss für das bestehende Gebäude geprüft werden, ob der Bestandsschutz ‚untergeht', weil z.B. nicht verfahrensfreie Umbauten vorgenommen werden. Ist dies nicht der Fall und werden lediglich Sanierungs- und Instandhaltungsarbeiten ausgeführt, die dazu dienen, den genehmigten Zustand beizubehalten, dann können auch neue Wohnungseingangstüren eingebaut werden, die den ‚alten' Türen entsprechen und die bei der Errichtung des Gebäudes geltenden Anforderungen erfüllen. D.h., die neuen Türen müssen **nicht** dicht- und **selbstschließend** sein."*

In den Berliner Bauordnungen vor dem Jahr 2005 gab es für die Türen zwischen Treppenräumen und Wohnungen nur die brandschutztechnische Anforderung „dichtschließend". Erst seit 2005 wird auch „selbstschließend" gefordert. Diese Forderung muss aufgrund des aktiven Bestandsschutzes bei einer Sanierung nicht umgesetzt werden.

Passiver Bestandsschutz

Definition des passiven Bestandsschutzes

Der passive Bestandsschutz verhindert, dass bei Änderung des öffentlichen Rechts eine formell und/oder materiell rechtmäßig errichtete bauliche Anlage rechtswidrig wird, die jetzt dem geänderten Recht widerspricht. Durch den Bestandsschutz besitzt der Eigentümer einer baulichen Anlage ein Rechtsmittel, mit dessen Hilfe er Anpassungsverlangen der Bauaufsichtsbehörde abwehren kann.

Das Rechtsinstrument des Bestandsschutzes weist jedoch auch Grenzen auf. Eine bauliche Anlage genießt keinen Bestandsschutz, wenn eine erhebliche Gefahr für Leben und Gesundheit der Nutzer von dieser Anlage ausgeht.

Grenze des passiven Bestandsschutzes

Die Einstufung des Begriffs „erhebliche Gefahr" ergibt sich aus dem rechtlichen Grundsatz der Sicherheit, der unter anderem vom Bundesverwaltungsgericht definiert wurde (BVerwG, Urteil vom 18.12.2002 – Az. 6 CN 1.02; 6 CCN 3.01):

Definition einer erheblichen Gefahr

> *„Dabei sind an die Wahrscheinlichkeit eines Schadenseintritts umso geringere Anforderungen zu stellen, je größer und folgenschwerer der möglicherweise eintretende Schaden ist. Die an das Vorliegen einer Gefahr zu stellenden Anforderungen hängen sonach von der Wertigkeit des betroffenen Rechtsguts ab."*

Die Rechtsgüter Leben und Gesundheit haben im Rechtssystem einen sehr hohen Stellenwert. Ein Brandschutzsystem ist aus dem vorgenannten Grund bestandsrechtlich nicht geschützt, wenn der Eintritt eines erheblichen Schadens nach fachkundiger Feststellung nicht ganz unwahrscheinlich ist.

rechtliche Schutzgüter

Ein Einschreiten der Bauordnungsbehörde ist z.B. zulässig, wenn der zweite Rettungsweg in einer Tiefgarage fehlt (BayVGH, Urteil vom 10.1.1992 – 2 B 89.740). Das Brandschutzsystem einer Tiefgarage genießt durch diesen Brandschutzmangel keinen Bestandsschutz.

nicht rechtmäßig errichtete bauliche Anlage

In den Landesbauordnungen einiger Bundesländer wird auf diesen Tatbestand direkt hingewiesen. In Hessen z.B. stellt die Aussage des § 61 Abs. 3 der Hessischen Bauordnung (HBO) [1.48] eine Abweichung zur Musterbauordnung dar. Sie fasst das oben Erläuterte zusammen. In Absatz 3 findet sich folgende indirekte Aussage zum Bestandsschutz unter Einbeziehung der Gefahr:

Bestandsschutz unter Einbeziehung der Gefahr

> *„An rechtmäßig bestehende oder im Bau befindliche Anlagen können nachträglich Anforderungen gestellt werden, soweit dies* ***zur Abwehr von Gefahren für Leben und Gesundheit*** *oder von schweren Nachteilen für die Allgemeinheit notwendig ist."*

Weitere Gründe zum Entfallen des Bestandsschutzes sind:

- **Beseitigung einer gesamten baulichen Anlage bzw. von Teilen davon**

  Wenn eine bauliche Anlage abgebrochen wird, entfällt grundsätzlich der Bestandsschutz. Dies gilt auch für eine „zufällige" Beseitigung oder wenn bauliche Anlagen durch Naturereignisse zerstört werden, wie z.B. durch Brände. Der Bestandsschutz kann auch nicht auf ein Gebäude übertragen werden, das anstelle des beseitigten Gebäudes errichtet wird.

  Das Verwaltungsgericht Augsburg erläutert diesen Tatbestand im Urteil vom 18.8.2011 (Az. Au 5 K 10.662):

  Gründe zum Entfallen des Bestandsschutzes

  > *„Grundlage des Bestandsschutzes ist eine tatsächlich vorhandene, materiell oder formell rechtmäßig errichtete bauliche Anlage. Mit der Beseitigung des Gebäudes erlischt der Bestandsschutz, wobei grundsätzlich unerheblich ist, ob das Gebäude durch Maßnahmen des Eigentümers oder anderer Personen bewusst oder durch zufällige Ereignisse, wie* ***Brand*** *und Naturkatastrophen, beseitigt wird. Das gilt auch, wenn das Gebäude von den Eigentümern beseitigt wird, um an seiner Stelle einen Ersatzbau zu errichten."*

- **Nutzungsänderung**

  Zur Errichtung und zur Änderung baulicher Anlagen bedarf es in der Regel einer Baugenehmigung (Ausnahmen hiervon werden in den jeweiligen Landesbauordnungen geregelt). Im Bauantrag bzw. in der Baugenehmigung muss nach § 9 (Baubeschreibung) der Musterbauvorlagenverordnung [1.2] angezeigt werden, für welchen Zweck die bauliche Anlage genutzt wird. Auf diese Nutzung abgestimmt wird unter anderem ein Brandschutznachweis bzw. -konzept als Teil der Bauvorlagen erstellt. Wird die Nutzung der baulichen Anlage geändert, kann der Bestandsschutz erlöschen, da in der Regel andere (brandschutztechnische) Anforderungen an das Gebäude gestellt werden.

  Das Oberverwaltungsgericht Niedersachsen bestätigt dies mit dem Urteil vom 25.5.1978 (Az. 1 A 196/73):

  > *„Eine wesentliche Voraussetzung für den Bestandsschutz ist auch die Fortdauer der Nutzung, mit der endgültigen Aufgabe einer ursprünglichen baurechtmäßigen Nutzung eines Bauwerkes entfällt grundsätzlich der ihr bisher zukommende Bestandsschutz."*

  Nutzungsänderungen sind nach § 59 (Grundsatz) der Musterbauordnung in der Regel genehmigungsbedürftig.

- **Bauliche Änderungen**

  Der Bestandsschutz kann auch durch Veränderung der Bausubstanz entfallen.

  Nach dem Urteil des Bundesverwaltungsgerichts vom 21.3.2001 (Az. 4 B 18/01) erlischt der Bestandsschutz einer baulichen Anlage, wenn ihre ursprüngliche verwaltungsrechtliche Identität durch einen baulichen Eingriff in die Bausubstanz so verändert wird, dass ihr ursprünglicher rechtlicher Charakter verloren geht. Der Umfang der Baumaßnahme ist ein Maßstab zur Definition der Beurteilungsgrenze.

Zur Beurteilung des Bestandsschutzes von Bauteilen oder baulichen Situationen müssen die Baurechtsforderungen bekannt sein, die zur Zeit der Errichtung der baulichen Anlage galten. Diese können der entsprechenden Bauordnung bzw. Baupolizeiordnung in Verbindung mit der Baugenehmigung entnommen werden.

In [1.49] werden beispielhaft Holztreppen in Berlin auf ihren Bestandsschutz untersucht. In den Baupolizeiordnungen vor ca. 1920 waren Treppen aus Holz zugelassen, wenn ein zweiter baulicher Rettungsweg vorhanden war. Treppen im Zuge dieses zweiten Rettungsweges mussten in der Regel aus „unverbrennlichen" (nicht brennbaren) Baumaterialien hergestellt werden.

Nach 1945 wurden viele große Wohnungen aufgrund der sich wandelnden Bevölkerungsstruktur verkleinert. Durch diesen baulichen Eingriff war bzw. ist der ursprüngliche zweite bauliche Rettungsweg in der Regel nicht mehr erreichbar. Holztreppen im Zuge des ersten Rettungsweges genießen nach solch einer Wohnungsteilung keinen Bestandsschutz mehr.

5.3 Verantwortung von Personen im Brandschutz

Eigenverantwortlichkeit von Personen und -gruppen

In den Landesbauordnungen wird heutzutage die Eigenverantwortlichkeit der einzelnen, an der Planung und Ausführung von baulichen Anlagen, beteiligten Personen stärker in den Vordergrund gestellt. Ziel ist es, die Behörden bei der Prüfung von Unterlagen zur Baugenehmigung zu entlasten und dadurch eine schnellere Realisierung von Bauvorhaben zu erreichen.

Dies gilt auch für die brandschutztechnischen Unterlagen. Das frühere Vier-Augen-Prinzip, die Kontrolle durch den Bauvorlagenverfasser und die zuständige Bauaufsichtsbehörde, entfällt im Baugenehmigungsverfahren für einige Gebäudetypen.

Brandschutznachweise müssen z.B. bei Wohngebäuden der Gebäudeklassen 1 bis 3 nach der Musterbauordnung § 66 (Bautechnische Nachweise) Absatz 3 [1.4] nicht von Brandschutzprüfingenieuren bzw. Prüfsachverständigen geprüft werden.

Nachfolgend wird die Verantwortung von am Bau beteiligten Personen und Personengruppen beschrieben.

Bauherr/in:

Stellung des Bauherrn im Bauprozess

Bauherr ist, wer auf eigene Verantwortung eine bauliche Anlage vorbereitet und/oder ausführt. Ein Bauherr kann eine natürliche oder juristische Person des privaten oder öffentlichen Rechts sein. Fehlen dem Bauherrn spezielle Kenntnisse zur Durchführung eines Bauvorhabens, hat er nach § 53 der Musterbauordnung [1.4] zur Vorbereitung, Überwachung und Ausführung geeignete Fachkräfte zu bestellen. In der Regel sind dies ein geeigneter Entwurfsverfasser, geeignete Fachingenieure sowie ein geeigneter Bauunternehmer.

Treten bei einem Bauvorhaben mehrere Personen als Bauherren auf, so kann die Bauaufsichtsbehörde verlangen, dass ihr gegenüber ein Vertreter bestellt wird. Dieser hat dann als Bauherr die nach den öffentlich-rechtlichen Vorschriften obliegenden Verpflichtungen zu erfüllen.

Bauherr als Hauptverantwortlicher

Hieraus ist ersichtlich, dass der Bauherr der Hauptverantwortliche im Bauprozess ist. Er trägt also die Verantwortung für die Ergebnisse von Fachplanern und Architekt, die seine Erfüllungsgehilfen sind. Nach dem BGH-Urteil vom 31.5.1994 (Az. VI ZR 233/93) unterliegen Bauherren einer Sorgfaltspflicht. Auch durch die Übertragung der Verantwortung auf Erfüllungsgehilfen wird der Bauherr nicht von dieser Pflicht befreit. Nach der öffentlich-rechtlichen Abnahme des Gebäudes entfällt die temporäre Stellung des Bauherrn. Danach nutzen Betreiber oder Mieter das Gebäude.

Entwurfsverfasser:

Eignung des Entwurfsverfassers

Der Entwurfsverfasser muss entsprechend § 54 der Musterbauordnung [1.4] nach Sachkunde und Erfahrung zur Vorbereitung des jeweiligen Bauvorhabens geeignet sein. Er ist für die Vollständigkeit und Brauchbarkeit seines Entwurfs verantwortlich und hat dafür zu sorgen, dass die für die Ausführung notwendigen Einzelzeichnungen, Einzelberechnungen und Anweisungen den öffentlich-rechtlichen Vorschriften entsprechen. Entwurfsverfasser, die Bauvorlagen für baugenehmigungspflichtige Bauvorhaben anfertigen, müssen bauvorlageberechtigt sein.

Ausbildung von Bauvorlageberechtigten

Bauvorlageberechtigt sind im Allgemeinen Hochschulabsolventen eines Studiums der Fachrichtung Architektur, Hochbau oder des Bauingenieurwesens. In einigen Bundesländern, wie z.B. Berlin, sind auch Techniker der Fachrichtung Bautechnik und Handwerksmeister des Maurer- und Betonbauergewerkes sowie des Zimmererfaches für kleinere Gebäude bauvorlageberechtigt.

Entwurfsverfasser als baulicher Koordinator

Hat der Entwurfsverfasser auf einzelnen Fachgebieten nicht die erforderliche Sachkunde und Erfahrung, so sind geeignete Fachplaner hinzuzuziehen, wie z.B. Fachplaner für Brandschutz. Diese sind für die von ihnen gefertigten Unterlagen, die sie zu unterzeichnen haben, verantwortlich. Für das ordnungsgemäße Ineinandergreifen aller Fachplanungen bleibt der Entwurfsverfasser verantwortlich. Häufig übernehmen Architekten die Koordination der einzelnen Planer.

Fachplaner für Brandschutz:

Unter dem Begriff „Fachplaner im Bauwesen" werden unter anderem Planer für Standsicherheit, für Bauphysik, für Haustechnik und für Brandschutz zusammengefasst. Ein Fachplaner trägt die volle Verantwortung für sein Werk, wird in der Regel jedoch nur in Höhe der Summe seiner beruflichen Versicherung haften. Zusätzlich kann auf privatrechtlicher Ebene Schadensersatz nach dem Bürgerlichen Gesetzbuch (BGB) [1.50] vom Geschädigten gefordert werden.

Mängel in der Brandschutzplanung

In der Fachwelt kursiert die irrige Meinung, dass die Bauaufsichtsbehörde Verantwortung bzw. Mitverantwortung für Fehler in der Brandschutzplanung trägt und dadurch der Aufsteller des Brandschutznachweises bzw. -konzeptes rechtlich entlastet wird. Dass dies jedoch nicht der Fall sein kann, geht aus § 54 (Entwurfsverfasser) Absatz 2 der Musterbauordnung [1.4] hervor (siehe hierzu auch die Verantwortlichkeit der Bauaufsichtsbehörde).

Eigenverantwortlichkeit des Fachplaners

Ein Fachplaner für Brandschutz ist hiernach für die Vollständigkeit und Brauchbarkeit seines Entwurfs **eigenverantwortlich**. Er ist dafür verantwortlich, dass die für die Ausführung notwendigen Einzelzeichnungen, Einzelberechnungen und Anweisungen den öffentlich-rechtlichen Vorschriften entsprechen, also ohne Mängel sind.

keine Verantwortungsübergabe

Bauaufsichtsbehörden, bei denen die Brandschutzunterlagen eingereicht werden und die sie prüfen, können bei fahrlässiger Handlung durch Amtshaftung belangt werden. Jedoch wird der Fachplaner dadurch nicht entlastet, da durch eine bauaufsichtliche Prüfung des Bauantrags keine Verantwortungsübergabe stattfindet.

Bauunternehmer:

Hauptpflicht des Bauunternehmers

Jeder Unternehmer ist nach § 55 der Musterbauordnung [1.4] für die mit den öffentlich-rechtlichen Anforderungen übereinstimmende Ausführung der von ihm übernommenen Arbeiten und somit auch für die ordnungsgemäße Einrichtung und den sicheren Betrieb der Baustelle verantwortlich. Dies ist die Hauptpflicht des Unternehmers.

Er hat die erforderlichen Nachweise über die Verwendbarkeit der eingesetzten Bauprodukte und Bauarten zu erbringen und auf der Baustelle bereitzuhalten. In der Praxis finden sich häufig nicht alle erforderlichen Unterlagen vor Ort.

bautechnische Unterlagen auf der Baustelle

Bei Brandschutzarbeiten werden oft nicht geregelte Bauprodukte, wie z.B. Brandschutzabschlüsse, Dübel oder Brandschutzunterdecken, eingesetzt. Für diese Bauteile gibt es unter anderem „Allgemeine bauaufsichtliche Zulassungen", „Allgemeine

Bauartgenehmigungen", „Allgemeine bauaufsichtliche Prüfzeugnisse für Bauprodukte", „Allgemeine bauaufsichtliche Prüfzeugnisse für Bauarten", „Zustimmungen im Einzelfall" oder „Vorhabenbezogene Bauartgenehmigungen", in denen die bautechnischen Regeln dieser Produkte enthalten sind.

Ein regelgerechter Einbau auf der Baustelle kann nur nach den Vorgaben dieser Unterlagen erfolgen.

Brandschutzfehler und -mängel können entstehen, wenn der Einbau nur nach der „Erfahrung" des Unternehmers durchgeführt wird.

fehlende bautechnische Unterlagen

In der langjährigen Tätigkeit als Bauprüfer im Brandschutzbereich hat der Autor immer wieder erlebt, dass fehlende technische Unterlagen auf der Baustelle eine häufige Ursache für brandschutztechnische Baumängel waren.

Bauleiter:

Der öffentlich-rechtliche Bauleiter ist vom privatrechtlichen Bauleiter zu unterscheiden.

öffentlich-rechtlicher Bauleiter

Der öffentlich-rechtliche Bauleiter wird namentlich nach § 53 Absatz 1 der Musterbauordnung in schriftlicher Form der Bauaufsichtsbehörde gemeldet und ist damit ihr Ansprechpartner. Er trägt die Verantwortung, dass die Baumaßnahme entsprechend den öffentlich-rechtlichen Anforderungen durchgeführt wird und hat die dafür erforderlichen Anordnungen zu erteilen.

Fehler in der Bauausführung

Der Bauleiter muss Fehler in der Bauausführung erkennen können und sie abstellen bzw. abstellen lassen. Da es sich um zwei unterschiedliche Aufgabengebiete handelt, bleibt die Verantwortlichkeit des Unternehmers jedoch von der des Bauleiters unberührt.

Fachbauleiter

Der Bauleiter muss über die für seine Aufgaben erforderliche Sachkunde und Erfahrung verfügen. Kann er fachliche Teilgebiete der Baumaßnahme mit seinem Wissen nicht abdecken, müssen dafür geeignete Fachbauleiter, wie z.B. Fachbauleiter für Brandschutzmaßnahmen, herangezogen werden. Diese treten für ihre Gebiete an die Stelle des „Hauptbauleiters". Er hat die Tätigkeiten der Fachbauleiter und seine eigenen Tätigkeiten aufeinander abzustimmen.

Mieter und Betreiber einer baulichen Anlage:

Inhaber der tatsächlichen Gewalt

Geht von einer Sache eine Gefahr aus, richten sich die Maßnahmen gegen den „Inhaber der tatsächlichen Gewalt". Rechtsgrundlage hierfür sind die Polizeigesetze der Bundesländer.

Auszug aus dem „Allgemeinen Gesetz zum Schutz der öffentlichen Sicherheit und Ordnung in Berlin" (ASOG) [1.44] § 14 (Verantwortung für Tiere oder den Zustand einer Sache):

> *„(1) Geht von einem Tier oder* ***von einer Sache eine Gefahr*** *aus, so sind die Maßnahmen gegen den Inhaber der tatsächlichen Gewalt zu richten."*

Unter dem „Inhaber der tatsächlichen Gewalt" ist derjenige zu verstehen, der die tatsächliche Einwirkungsmöglichkeit auf eine Sache hat, wie z.B. auf eine bauliche Anlage. Diese Person ist nicht notwendigerweise der Eigentümer eines Gebäudes. Der Inhaber der tatsächlichen Gewalt kann unter Umständen auch ein Mieter oder Pächter sein.

Abstellen einer konkreten Gefahr

Wenn aufgrund von Brandschutzmängeln von einer baulichen Anlage eine konkrete Gefahr ausgeht, ist diese abzustellen. Sollte der Mieter über das nötige Fachwissen verfügen, wie z.B. eine Behörde mit Bauabteilung, und der Eigentümer nicht greifbar sein, können die polizeilichen Maßnahmen auch gegen den Mieter gerichtet werden. Der Mieter kann im Vorfeld den Vermieter informieren oder die Gefahr selbst abstellen.

Bauaufsichtsbehörde:

Baupolizeirecht

Die Einrichtung der Bauaufsicht ist Aufgabe des Staates. Bauaufsichtsbehörden sind Verwaltungsbehörden im öffentlichen Baurecht. Historisch wurde sie bis zum Ende des 2. Weltkrieges als „Baupolizeibehörde" bezeichnet, das dazu gehörige Recht „Baupolizeirecht".

Sonderpolizeirecht

Als Ordnungsbehörde hat sie die Aufgabe, Gefahren für die öffentliche Sicherheit und Ordnung im Bereich des Bauens abzuwehren. Sie muss bei der Errichtung, Änderung, Nutzungsänderung und Beseitigung sowie bei der Nutzung und Instandhaltung von Anlagen darüber wachen, dass die öffentlich-rechtlichen Vorschriften eingehalten werden. Das heutige Bauordnungsrecht ist ein Sonderpolizeirecht (Sonderordnungsrecht). Die allgemeinen polizeirechtlichen Normen kommen jedoch nur zur Anwendung, wenn zur Gefahrenabwehr in baulichen Anlagen keine speziellen Regelungen dazu im Bauordnungsrecht vorhanden sind.

Prüfungen von Brandschutzunterlagen

Die Brandschutzunterlagen werden von den meisten Bauordnungsbehörden nicht mehr selbst geprüft, sondern zum Prüfen entweder selbstständigen Prüfingenieuren übergeben oder Prüfsachverständigen, die eine öffentliche Zulassung haben.

Nach der „Muster-Verordnung über die Prüfingenieure und Prüfsachverständigen" § 2 Absatz 1 [1.51] prüfen Prüfingenieure anstelle der Bauaufsichtsbehörden. Prüfsachverständige sind nach § 2 Absatz 2 im Auftrag des Bauherrn tätig. Sie nehmen deshalb keine hoheitlichen bauaufsichtlichen Prüfaufgaben wahr. Ob Prüfingenieure oder Prüfsachverständige den Brandschutz beurteilen, wird im jeweiligen Landesrecht geregelt.

Betreten von Gebäuden

Die mit dem Vollzug der Bauordnungsforderungen beauftragten Personen sind berechtigt, in Ausübung ihres Amtes Grundstücke und Anlagen einschließlich der Wohnungen zu betreten. Die direkte Rechtsgrundlage ist in der Musterbauordnung § 58 (Aufgaben und Befugnisse der Bauaufsichtsbehörden) Absatz 4 enthalten. Das Grundrecht der Unverletzlichkeit der Wohnung (Art. 13 GG) [1.1] wird hiernach eingeschränkt.

Rechtsübereinstimmung von Bauvorlagen

Die Bauaufsichtsbehörden haben die Aufgabe, Gefahren gegenüber der Öffentlichkeit abzuwehren, jedoch tragen sie keine Verantwortung gegenüber dem Brandschutzplaner für die Vollständigkeit und Rechtsübereinstimmung seines Brandschutzkonzeptes.

Amtshaftung

Bei fehlerhaften Behördenentscheidungen können Geschädigte Ansprüche aus Amtspflichtverletzungen auf dem Zivilrechtsweg geltend machen. Die Besonderheit hierbei ist, dass Zivilgerichte öffentlich-rechtliche Vorschriften prüfen.

Die Rechtsgrundlage hierfür findet sich im Bürgerlichen Gesetzbuch (BGB) [1.50]. Auszug aus § 839:

„(1) Verletzt ein Beamter vorsätzlich oder fahrlässig die ihm einem Dritten gegenüber obliegende Amtspflicht, so hat er dem Dritten den daraus entstehenden Schaden zu ersetzen. [...]“

Eine gerichtlich festgestellte Amtshaftung der Bauaufsichtsbehörde entlastet jedoch einen Fachplaner nicht. Er trägt weiterhin die volle Verantwortung für sein Werk.

Prüfingenieure:

Prüfingenieure als Beliehene

Prüfingenieure werden in den baulichen Fachbereichen Brandschutz und Standsicherheit als beliehene Unternehmer (Kurzform: Beliehene) eingesetzt. Beliehene sind Privatpersonen, auf die Befugnisse von Verwaltungen übertragen werden. Prüfingenieure werden öffentlich-rechtlich tätig. Nach dem Verwaltungsverfahrensgesetz (VwVfG) [1.52] § 1 Absatz 4 können sie deshalb als Teil der Bauaufsichtsbehörde im verfahrenstechnischen Sinn angesehen werden.

Wie auch bei rechtswidrigen Handlungen der Bauaufsichtsbehörden können Prüfingenieure bei Amtspflichtverletzungen in Amtshaftung genommen werden.

Fachaufsicht der Bauaufsichtsbehörde

Prüfingenieure für Brandschutz nehmen als Beliehene im Fachbereich Brandschutz bauaufsichtliche Prüfaufgaben aufgrund der Landesbauordnungen oder von Vorschriften aufgrund der Landesbauordnungen wahr. Sie unterstehen der Fachaufsicht der obersten Bauaufsichtsbehörde.

5.4 Abweichungen (Ausnahmen und Befreiungen)

Forderungen zum Brandschutz

In der Musterbauordnung sowie in den Landesbauordnungen werden materielle, technische und konstruktive Ausführungen als Regelfälle zum Erreichen der brandschutztechnischen Schutzziele vorgegeben. Vom Gesetzgeber kann jedoch nicht jede mögliche bauliche Situation vorhergesehen und in der Bauordnung geregelt werden.

flexibles Brandschutzsystem

Um sowohl auf besondere bauliche Situationen als auch auf architektonische und bautechnische Entwicklungen reagieren zu können, gibt es das Rechtsinstrument der „Abweichung“ in der Bauordnung. Auf Basis dieser Regelungsgrundlage können die Standard-Varianten (Regelfälle) der Ausführungen durch gleichwertige Lösungen ersetzt werden.

Abweichungen von der Bauordnung

Durch die Bauaufsichtsbehörden kann eine Abweichung von den Regeln der Bauordnung oder von den Regeln der Vorschriften, die aufgrund der Bauordnung erlassen wurden, zugelassen werden. Dies ist aber nur möglich, wenn im Brandschutz die Schutzziele des § 3 (Generalklausel der Sicherheit) bzw. des § 14 (Grundnorm des Brandschutzes) vom Abweichungstatbestand erfüllt werden. Die Abweichung muss also gleichwertig (äquivalent) zur Vorgabe der Bauordnung sein. In älteren Bauordnungen wurde die Abweichung in Ausnahmen und Befreiungen unterteilt. Diese Bezeichnungen wurden zum Begriff Abweichungen zusammengefasst, der rechtliche Vorgang dahinter hat sich jedoch nicht geändert. Nachfolgend werden Beispiele dazu aufgezeigt.

Abweichung (ehem. Ausnahme):

Ausnahmen

Die ehemalige Abweichungsbezeichnung „Ausnahme“ (vom Regelfall) ist ein Bestandteil der Rechtsnorm selbst. Wenn also in der Musterbauordnung bzw. in den Landesbauordnungen eine oder mehrere technische oder konstruktive Möglichkeiten zum Erreichen der Schutzziele des Brandschutzes vorgegeben werden, kann diese Abweichung von der Grundforderung als Ausnahmetatbestand bezeichnet werden.

1. Beispiel zur Abweichung (ehem. Ausnahme):

Beispiel zur Abweichung in Form einer Ausnahme

Nach der Musterbauordnung [1.4] § 30 (Brandwände) Absatz 8 Satz 1 sind Öffnungen in Brandwänden grundsätzlich **unzulässig**. *Im nächsten Satz wird die Ausnahme von dieser Forderung erläutert. Öffnungen sind danach in inneren Brandwänden nur zulässig, wenn sie auf die für die Nutzung erforderliche Zahl und Größe beschränkt sind und mit feuerbeständigen, dicht- und selbstschließenden Abschlüssen versehen werden.*

Da die Abweichung von der Grundforderung im Gesetzestext selbst steht, muss unter Einhaltung der vorgegebenen Randbedingungen im Bauantrag kein schriftlicher Abweichungsantrag auf eine Öffnung in der Brandwand gestellt werden.

Abweichung (ehem. Befreiung):

Befreiungen

Unter bestimmten Voraussetzungen können Ausnahmen von Sollvorschriften gestattet werden. Wird eine brandschutztechnische Forderung in der Bauordnung gestellt, kann in der Regel eine äquivalente (gleichwertige) technische oder konstruktive Lösung beantragt werden. Die Begründung zur Abweichung von den Vorgaben der Bauordnung ist ein Verwaltungsakt und deshalb schriftlich zu erstellen.

2. Beispiel zur Abweichung (ehem. Befreiung):

Beispiel zur Abweichung in Form einer Befreiung

Nach der Musterbauordnung [1.4] § 36 (Notwendige Flure, offene Gänge) Absatz 3 sind notwendige Flure durch nichtabschließbare, rauchdichte und selbstschließende Abschlüsse in Rauchabschnitte zu unterteilen. Die Rauchabschnitte sollen nicht länger als 30 m sein. Das Modalverb „soll" bedeutet in diesem Zusammenhang, dass eine bauliche und/oder technische Maßnahme ergriffen werden muss, damit die Flüchtenden im Brandfall den Flur als Fluchtweg nutzen können. Eine Entrauchungsanlage wäre hier eine gleichwertige Lösung. Der Antrag auf die Befreiung von der Soll-Forderung ist schriftlich unter Angabe des vorgesehenen technischen Äquivalents zu stellen.

6 Brandlehre

In den nächsten Absätzen werden ausgewählte Begrifflichkeiten erläutert, die in der Brandlehre von Bedeutung sind. Sie dienen zur Beurteilung von Bränden, ihren Ursachen, ihrem Verlauf und ihren Auswirkungen.

6.1 Wärme

Wärmeenergie

Wärme ist eine Form von Energie, die zwischen unterschiedlich warmen Systemen (Körpern) ausgetauscht wird. Sie entsteht durch die Bewegung der kleinsten Teilchen der Materie, der Atome.

Wärme als Bilanzgröße

Wärme ist eine Bilanzgröße, keine Zustandsgröße, da sie die Energiemenge angibt, die zwischen den Systemen ausgetauscht wird. Die Bewegungsenergie nimmt zu, wenn dem Stoff Wärme zugeführt wird, sie nimmt ab, wenn der Stoff Wärme abgibt. Die international verwendete Einheit (SI-Einheit) der Wärmeenergie ist Joule, das Formelzeichen Q.

Wärme: $Q = c \cdot m \cdot \Delta T$

Q	= Wärmemenge [J]
c	= spezifische Wärmekapazität des Körpers [J/(kg·K)]
m	= Masse [kg]
ΔT	= Differenztemperatur [K]

Bild 1.10: Basisgleichung zur Bestimmung der Wärmeenergie eines thermischen Systems infolge einer Temperaturerhöhung

6.2 Zweiter Hauptsatz der Thermodynamik

Axiome

Die Hauptsätze der Thermodynamik können als Axiome verstanden werden. Axiome sind grundlegende Aussagen, die ohne Beweise wissenschaftlich angenommen werden.

zweiter thermodynamischer Hauptsatz

Der zweite Hauptsatz der der Thermodynamik kann auf unterschiedliche Weise formuliert werden. Zum Verständnis der wärmetechnischen Grundlagen der Brandlehre ist nur die Definition nach Rudolf Clausius (1822-1888) von Bedeutung.

Nach dem zweiten Hauptsatz kann Wärmeenergie nicht von selbst von einem Körper mit niedriger Temperatur auf einen Körper mit höherer Temperatur übergehen. Eine Übertragung von Wärmeenergie aus einem kühleren in ein wärmeres System ist nur mit Hilfe technischer Unterstützung möglich, wie z.B. beim Kühlen in einem Kühlschrank.

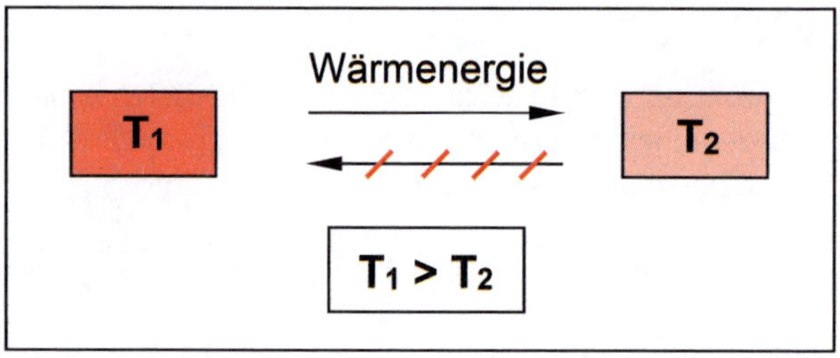

Bild 1.11: Strukturelle Darstellung des zweiten Hauptsatzes der Thermodynamik (T = Temperatur)

6.3 Temperatur

Die Temperatur T ist ein Maß für die mittlere kinetische Energie W_{kin} der kleinsten Teilchen einer Substanz und ist damit ein Maß für den Wärmeenergiezustand dieses Stoffes.

absoluter Nullpunkt bei −273,15 °C

Bei der Temperatur T = 0 K beträgt die Geschwindigkeit dieser Teilchen Null und damit ist die kinetische Energie ebenfalls gleich Null.

Dieser Zustand wird **absoluter Nullpunkt** genannt.

Fixpunkte von Skalen

Der absolute Nullpunkt sowie der Gefrier- und der Siedepunkt von Wasser sind Fixpunkte, über die man Temperaturskalen definieren kann.

In Deutschland werden im technisch-wissenschaftlichen Bereich hauptsächlich die Kelvin-Skala, im täglichen Gebrauch die Celsius-Skala genutzt.

Die Kelvin-Temperaturskala:

technische Temperaturskala

Ein Kelvin ist der 273,15-te Teil der Temperaturdifferenz (SI-Einheit) zwischen dem Tripelpunkt des Wassers (bei 0,01 °C) und dem absoluten Nullpunkt. Auf der Temperaturskala gibt es nur positive Werte. Sie stammt aus dem Jahr 1848.

Die Celsius-Temperaturskala:

Die Celsius-Skala ist gegenüber der Kelvin-Skala um 273,15 Grad verschoben. Die Teilung beider Skalen ist gleich, d.h., die Temperaturdifferenz von einem Kelvin (1 K) entspricht einem Grad Celsius (1 °C).

Die beiden festen Temperaturpunkte auf der Celsius-Skala sind der Gefrierpunkt (unterer Temperaturwert) und der Siedepunkt (oberer Temperaturwert) von Wasser bei einem atmosphärischen Druck von 1013,25 Hektopascal. Zwischen diesen Punkten wurde eine gleichmäßige Teilung von 100 Schritten (100 °C) vorgenommen. Die Skala stammt aus dem Jahr 1742.

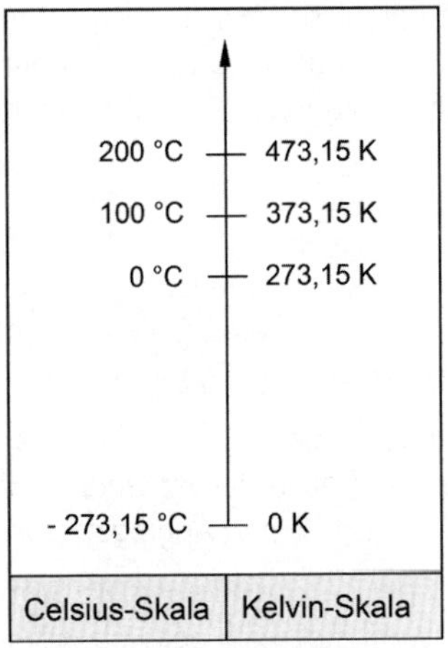

Bild 1.12: Zusammenhang zwischen den Temperaturen der Celsius- und der Kelvin-Skala

6.4 Aggregatzustände

klassische Aggregatzustände

Als Aggregatzustände werden physikalische Zustände eines Stoffes bezeichnet, die sich in Folge von Druck- und Temperatureinwirkungen einstellen. Die drei „klassischen" Zustände sind fest, flüssig und gasförmig.

Der Aggregatzustand hängt von den Materialeigenschaften eines Stoffes sowie vom Umgebungsdruck und von der Temperatur ab.

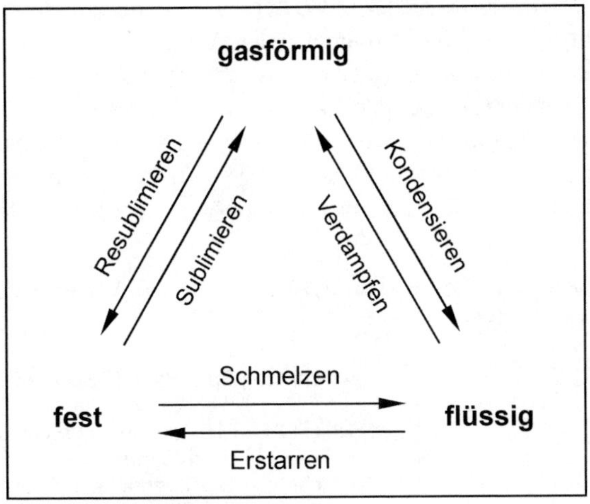

Bild 1.13: Klassische Aggregatzustände und ihre Übergangsbezeichnungen

Tripelpunkt

Bei bestimmten Drücken und Temperaturen kann es sich ergeben, dass alle drei „klassischen" Aggregatzustände zur gleichen Zeit auftreten. Dieser Zustand wird Tripelpunkt genannt.

weitere Aggregatzustände

Neben den klassischen werden in der Physik noch weitere Aggregatzustände definiert, die zum Teil unter extremen Bedingungen auftreten. Unter anderem sind dies der Plasmazustand, das Atomgas und das Bose-Einstein-Kondensat.

6.5 Haltepunkt

Als Haltepunkt wird in der Werkstoffkunde ein Punkt in einem Temperaturzeitdiagramm bezeichnet, an dem die Temperatur über eine bestimmte Dauer konstant bleibt (siehe Bilder 1.14 und 1.15).

Aggregatzustandsänderung von Wasser

Bei Zufuhr von Wärmeenergie erhöht sich üblicherweise die Temperatur im Stoff. Enthält dieser Stoff Wasser, wird auch die Temperatur dieses Mediums erhöht. Ab ca. 90 °C beginnt dann das Wasser seinen Aggregatzustand zu verändern.

Es kann sich entweder frei oder gebunden in einem Stoff befinden. Im Baumaterial Holz z.B. kommt Wasser sowohl innerhalb der Holzzellen (freies Wasser) als auch in den Zellwänden (gebundenes Wasser) vor.

Kristallwasser im Werkstoff Gips

Beim Werkstoff Gips wird das gebundene Wasser als Kristallwasser bezeichnet, da es durch chemische Vorgänge in der Kristallgitterstruktur des Materials eingelagert ist. Dieses Wasser kann nur durch Wärmeenergie gelöst werden (kalcinieren), mechanisch ist dies nicht möglich.

Energie zum Lösen des gebundenen Wassers

Für die Aggregatzustandsänderung sowie für das Lösen des gebundenen Wassers aus dem Kristallgitter ist erhebliche Energie erforderlich. Ein großer Teil der Wärmeenergie, die auf den Stoff wirkt, wird durch diese Vorgänge gebunden. Die Temperatur im Material steigt deshalb nicht weiter an.

Dampfdruck durch Volumenvergrößerung

Energiebindung durch Feuchtewelle

Durch den hohen Druck, der aufgrund der Volumenvergrößerung von Wasser zu Wasserdampf um das 1.700-fache (1 l Wasser ≙ ca. 1,7 m³ spannungsfreier Wasserdampf) entsteht, wird auch Wasserdampf in den Werkstoff getrieben. In den kälteren Zonen des Materials kondensiert dieser Wasserdampf und erhöht hier die Materialfeuchte. Da die Temperatur auch in dieser Zone während des Brandes weiter ansteigt, wird das kondensierte Wasser durch die Wärmeenergie wieder in einen gasförmigen Zustand versetzt. Es entsteht eine „Feuchtewelle", durch die eine erhebliche Menge an Energie gebunden wird und die nicht zur Erhöhung der Materialtemperatur beiträgt.

Nachfolgend werden in den Bildern 1.14 und 1.15 die Versuchsergebnisse eines Brandversuchs aus [1.53] gezeigt.

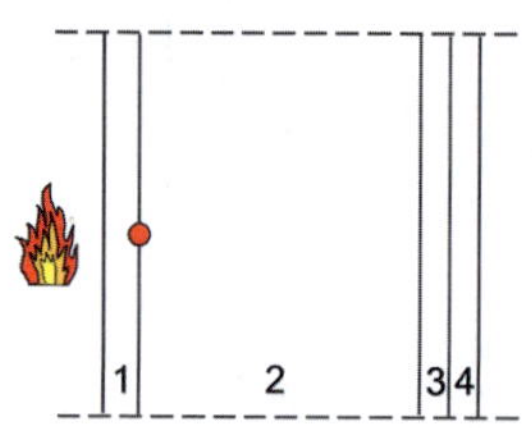

Schicht 1: Spanplatte (OSB-Platte) d = 18 mm,
Schicht 2: Mineralfaserplatten (Steinwolle) d = 120 mm,
Schicht 3: Gipskartonplatte (GKF-Platte) d = 12,5 mm,
Schicht 4: Gipskartonplatte (GKF-Platte) d = 12,5 mm

Bild 1.14: Prinzipieller Versuchsaufbau einer Holzrahmenwand im Gefachbereich. Gemessen wurde die Temperatur zwischen Schicht 1 und 2 am roten Messpunkt.

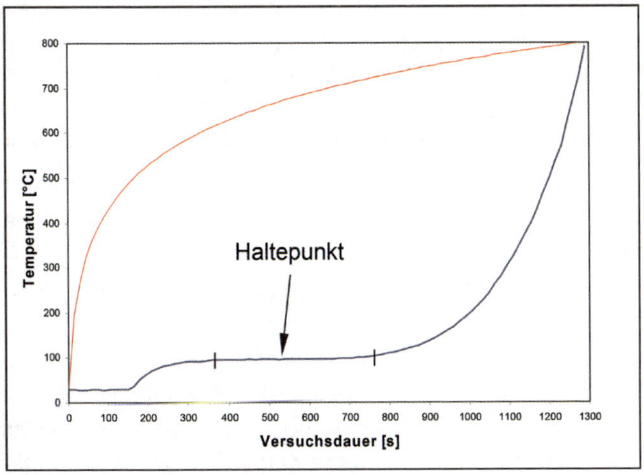

Bild 1.15: Im Temperaturzeitdiagramm, gemessen zwischen Schicht 1 und 2 (siehe Bild 1.14), ist in der Temperaturkurve zwischen 350 und 750 s ein Haltepunkt bei 100 °C zu erkennen [1.53].

6.6 Wärmeübertragung

Wärmeenergie kann durch drei verschiedene physikalische Prozesse übertragen werden. In der Regel treten diese Vorgänge bei Bränden zusammen auf, bei wissenschaftlichen Untersuchungen werden sie jedoch getrennt betrachtet und können dann überlagert werden. Die Übertragungsformen sind: Wärmeleitung, Wärmestrahlung und Konvektion.

- **Wärmeleitung**

  Energieübertragung durch Stoßprozesse

  Der Wärmeenergietransport in festen Körpern und in unbewegten Gasen erfolgt durch die Übertragung von Schwingungsenergie benachbarter Moleküle sowie durch die kinetische Energie der Leitungselektronen in Stoßprozessen. Bei der Wärmeleitung findet die Energieübertragung ohne Materialtransport statt.

  Wärmleitung durch Temperaturgradienten

  Der Mathematiker und Physiker Joseph Fourier (1786-1830) beschrieb den Vorgang der Wärmeleitung im Fourierschen Gesetz des molekularen Wärmetransports.

  Die Wärmeleitung erfolgt aufgrund eines Temperaturgradienten im Wärmeleiter. Zwischen zwei thermodynamischen Systemen mit nichtadiabater Grenze findet bei einem Temperaturunterschied der Systeme ein Wärmestrom vom wärmeren zum kälteren Bereich statt.

- **Wärmestrahlung**

  Wellenlänge der Wärmestrahlung

  Die Wärmestrahlung ist im Gegensatz zur Wärmeleitung und zur Konvektion nicht an Materie gebunden. Sie findet im Bereich des sichtbaren Lichts sowie im größten Teil des Infrarotspektrums mit einer Wellenlänge von ca. 0,35 µm (350 nm) bis 1000 µm (1.000.000 nm ≙ 1 mm) statt. Jeder Körper, der entsprechend seiner Temperatur elektromagnetische Wellen aussendet, ist ein Temperaturstrahler.

Ein schwarzer Körper ist ein idealisierter Körper, der elektromagnetische Strahlung jeglicher Wellenlänge absorbiert und auch auf allen Wellenlängen elektromagnetische Strahlung emittiert. Ideale schwarze Körper gibt es zwar in der Natur nicht, sie sind aber eine wichtige Abstraktion und Approximation, um das Absorptions- und Emissionsverhalten realer („grauer") Körper zu beschreiben.

Ein Körper kann die ihn treffende Strahlung ohne Frequenzänderung durchlassen (Transmission), die Strahlung zurückwerfen (Reflexion) oder sie aufnehmen (Absorption).

Die Summe aus Transmissionsgrad (τ), Reflexionsgrad (ρ) und Absorptionsgrad (α) eines Körpers ergibt 100 % ($\tau + \rho + \alpha = 1$).

idealer schwarzer/ weißer Strahler

Ein ideal schwarzer Körper absorbiert alle ihn treffende Strahlungsenergie. Da nach dem Kirchhoffschen Strahlungsgesetz der Absorptionsgrad eines Körpers gleich dem Emissionsgrad ist, beträgt auch er bei einem schwarzen Strahler (Körper) 100 %. Ebenso wie der schwarze Körper ist auch der weiße Körper – der die gesamte einfallende Strahlung reflektiert – nur eine theoretische Annahme.

Flammenstrahlung wie ein grauer Körper

Nach Cerbe und Hoffmann [1.54] kann eine Flammenstrahlung – bedingt durch glühende Kohlenstoffteilchen – wie ein grauer Körper angesehen werden. Mit zunehmender Flammendicke nähert sich ihr Verhalten dem des schwarzen Körpers.

graue Strahler

Alle tatsächlich existierenden Körper haben einen Absorptions- und Emissionsgrad < 100 % und werden graue Körper genannt. Selbst Ruß reflektiert noch ca. 1 % der Strahlung. Die theoretische Grundlage dieser Aussage (Absorptionsgrad gleich Emissionsgrad) findet sich als Gleichung im Kirchhoffschen Strahlungsgesetz.

- **Konvektion**

Energietransport mittels Strömung

Unter der konvektiven Wärmeübertragung versteht man den Energietransport durch Fortführung von Wärmeenergie mittels einer Strömung, die durch den Ausgleich von Dichte-, Temperatur- und/oder Konzentrationsunterschieden hervorgerufen wird. Verursacht eine äußere Kraft die Konvektion, spricht man von einer erzwungenen, ohne diesen Einfluss von einer natürlichen Konvektion.

Beim konvektiven Wärmeübergang zwischen zwei thermodynamischen Systemen muss mindestens eins der Systeme in flüssiger oder gasförmiger Form vorhanden sein, das andere kann ein Fluid oder ein fester Körper sein. Die reine Konvektion kommt selten vor. In der Regel ist die Wärmeübertragung mit Wärmestrahlung und/oder Wärmeleitung verbunden.

Energieübertragung mit Stofftransport

Beim Vorgang der Konvektion kann entweder ausschließlich Energie zwischen zwei Systemen übertragen oder Energie mit einem Stofftransport verbunden werden.

6.7 Temperaturpunkte

Bei der Entzündung von Stoffen werden drei Temperaturpunkte unterschieden:

- Flammpunkt (-temperatur)

Temperatur zum Entstehen von Pyrolysegase

Der Flammpunkt eines Stoffes ist die niedrigste Temperatur, bei der sich brennbare Pyrolysegase bilden. Bei der Pyrolyse werden organische Verbindungen durch Wärmeenergie aufgebrochen und es entstehen brennbare Gase (Pyrolysegase).

Beim Entzünden des Gases wird jedoch noch so wenig zündfähiges Gas produziert, dass die Flamme erlischt, wenn die Zündquelle entfernt wird.

- Brennpunkt (-temperatur)

  Der Brennpunkt eines Stoffes ist die niedrigste Temperatur, bei der fremdgezündetes Pyrolysegas weiter brennt, selbst wenn die Zündquelle entfernt wird.

  fremdgezündete Pyrolysegase

- Zündpunkt (-temperatur)

  Der Zündpunkt ist diejenige Temperatur, auf die ein Stoff erhitzt werden muss, damit sich eine brennbare Substanz in Gegenwart von Sauerstoff ausschließlich aufgrund ihrer Erhitzung, also ohne Zündquelle, selbst entzündet.

  Entzündung ohne fremde Zündquelle

6.8 Einteilung von Bränden nach Brandklassen

Brandklassen

Um geeignete Löschmittel für entsprechende Brandlasten einsetzen zu können, werden Brennstoffe in Brandklassen eingeteilt. Die Einteilung erfolgt nach der DIN EN 2 [1.55]. Es gibt die Brandklassen A, B, C, D und F.

nicht mehr zulässige Brandklasse E

Bis zum Jahr 2004 existierte auch die Brandklasse E, die für Brände in elektrischen Niederspannungsanlagen bis 1.000 V vorgesehen war. Sie wurde abgeschafft, da es keines speziellen Löschmittels bedarf. Bei einem Mindestabstand von einem Meter kann auch Wasser zum Löschen eingesetzt werden.

Löschen von Fettbränden mittels Löschmittel F

Im Jahr 2005 wurde die Brandklasse F für Brände von Speiseölen/-fetten (pflanzliche oder tierische Fette und Öle) in Küchen eingeführt. Der Einsatz von Wasser ist bei solchen Bränden nicht zulässig. Dieses Löschmittel führt in der Regel zu einer Fettexplosion. Die Wassertropfen dringen beim Löschen in das brennende heiße Fett ein. Dort erwärmen sie sich schlagartig, gehen in den gasförmigen Zustand über und dehnen sich explosionsartig um das 1.700-fache aus. Das brennende Fett wird durch die Explosion in der Küche verteilt und kann dadurch den Brand weitertragen.

ungeeignete Löschdecken

Löschdecken, die früher für Küchenbrände zulässig waren, haben sich als ungeeignet erwiesen. Durch die hohen Temperaturen der Brände kann es zu einem Durchbrennen der Decke kommen. Auch kondensieren die Fettdämpfe auf der Oberfläche der Decken und sorgen für eine Entzündung.

Bild 1.16: Fettexplosion infolge eines Fettbrandes in einer Bratpfanne, der mit Wasser gelöscht wird

Tabelle 1.1: Piktogramme, Brandklassen und zugehörige Löschmittel nach DIN EN 3-7 [1.56] und DIN EN 2 [1.55] in Verbindung mit der ASR A2.2 [1.10]

Bildzeichen	Brand-klasse	Brennstoffe	Beispiele	Löschmittel
	**A**	feste Stoffe	Holz, Papier, Kohle, Kunststoffe, Textilien	Wasser, wässrige Lösungen, Schaum, ABC-Pulver
	**B**	flüssige oder flüssig werdende Stoffe	Benzin, Alkohol, Teer, Wachs, Ether, Lacke, Harz	ABC-Pulver, BC-Pulver, Schaum
	**C**	gasförmige Stoffe	Wasserstoff, Erdgas, Methan, Propan, Stadtgas	ABC-Pulver, BC-Pulver
	**D**	Metalle	Aluminium, Magnesium, Natrium, Kalium, Lithium	Metallbrandpulver (D-Pulver), trockener Sand, trockenes Salz
	**F**	Speiseöle/-fette	Speiseöle und Speisefette	Speziallöschmittel (zur Verseifung)

6.9 Brandrauch

Verlauf von Bränden

Ein Brand ist ein komplexer chemisch-physikalischer exothermischer Prozess mit Lichterscheinungen, dessen Verlauf unter anderem durch die Art und Verteilung des Brennstoffs, die Ventilationsbedingungen und die geometrische Anordnung des Brandraums beeinflusst wird.

Bei einem Brand entstehen Wärmeenergie und Brandrauch.

Temperatur/ Brandrauchdichte

Die Menge und die Dichte des Brandrauchs sind unter anderem abhängig von der Brandtemperatur (siehe Bild 1.17). Je niedriger die Brandtemperatur ist, desto mehr unverbrannte Bestandteile befinden sich im Brandrauch und umso dunkler ist er.

Aufgrund der Durchmischung der Brandprodukte mit der umgebenden „sauberen" Luft ergeben sich große Mengen an Brandrauch.

Das Volumen der erzeugten Rauchgase beträgt bei einem Brand folgender Stoffe bei jeweils 10 kg Materialmasse nach [1.57]:

Brandrauchmenge unterschiedlicher Materialien

Schaumgummi	25.000 m³	Brandrauch
Weichschaum/PVC	22.500 m³	Brandrauch
Zellulosepapier	9.500 m³	Brandrauch
Birkensperrholz	7.500 m³	Brandrauch
Spanplatte	6.500 m³	Brandrauch

Nach [1.58] werden folgende Rauchmengen erzeugt:

Pkw	100.000,0 m³	Brandrauch (pro Stunde)
Kühlschrank	2,0 m³	Brandrauch (pro Sekunde)

Beispiele zum rechnerisch erzeugten Volumen von Brandrauch:

Beispiele zur Rauchmenge

*ein gefüllter, großer **Aktenordner** wiegt ca. 2,5 kg und erzeugt somit ca. **2.375 m³** Brandrauch*

*ein gefüllter, kleiner **Aktenordner** wiegt ca. 1,5 kg und erzeugt somit ca. **1.425 m³** Brandrauch*

Der Brandrauch eines Kunststofftelefons kann bereits zum vollständigen Verqualmen eines Einfamilienhauses führen.

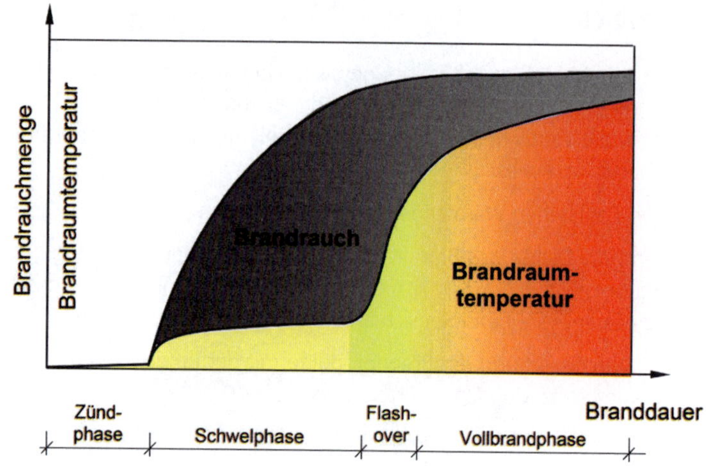

Bild 1.17: Schematische Darstellung der Rauchentwicklung in Abhängigkeit von der Brandraumtemperatur während der einzelnen Phasen eines Brandes nach Prof. Obuchow [1.59]

Brandtote

Der Rauch, der bei einem Brand entsteht, ist für Menschen immer giftig. Ca. 75 bis 90 % der Brandtoten sind Rauchtote.

Toxizität von Brandrauch

Der Grad der Toxizität richtet sich nach dem Material, durch das der Brandrauch entsteht. Die landläufige Meinung, dass nur Kunststoffe hochgiftigen Rauch erzeugen, ist nicht zutreffend. Auch Brandprodukte von „sauberen" Bränden sind toxisch für den Menschen. Bei Bränden von organischen Stoffen, wie z.B. Holz, entsteht das gefährliche Gas Kohlenstoffmonoxid.

Einatmen von Brandrauch

Schon drei Atemzüge im Brandrauch können, je nach den chemischen Verbindungen, die sich im Brandfall ergeben, zur Bewusstlosigkeit führen. Nach zehn Atemzügen wird in der Regel die Reanimationsgrenze erreicht. Nur noch die Hälfte der rauchvergifteten Personen wird wieder ins Leben zurückgeholt.

toxische Verbindungen im Brandrauch

Brandrauch besteht aus zahlreichen chemischen Verbindungen, von denen bis jetzt ca. 500 nachgewiesen wurden. Nachfolgend werden einige ausgewählte, häufig auftretende Verbindungen erläutert:

- Kohlenstoffmonoxid CO
  Das Gas entsteht immer beim Brand von organischen Stoffen und ist farb-, geruch- und geschmacklos. Über die Lunge gelangt das Gas in den Körper. Anstatt Sauerstoff wird dann fast nur noch CO vom Blut aufgenommen, da Kohlenstoffmonoxid ca. 250 bis 300 Mal reaktionsfreudiger als O_2 ist. Die Kohlenstoffmonoxidintoxikation ergibt sich also aufgrund der Blockierung des Hämoglobins durch CO im Blut. Der Mensch bekommt zu wenig Sauerstoff und „erstickt" innerlich.
- Kohlenstoffdioxid CO_2
  Das Gas entsteht immer beim Brand von organischen Stoffen. Bei einer Konzentration von mehr als 5 % wird der Organismus des Menschen stark beeinflusst. Es stellen sich beschleunigter Herzschlag, Bluthochdruck, Atemnot und Bewusstlosigkeit (CO_2-Narkose) ein; der Tod erfolgt nach 30 bis 60 min.

- Cyanwasserstoff HCN (Blausäure)
  HCN entsteht z.B. beim Brand von Wolle, Polyurethan, Seide, Nylon und ist eine sehr flüchtige Flüssigkeit, die im gasförmigen Zustand ein sehr schnell wirkendes Atemgift ist.
- Chlorwasserstoff HCl (Salzsäure)
  HCl entsteht z.B. beim Brand von PVC. Der Kontakt mit dieser Säure kann zu Augenverätzungen und starken Lungenreizungen führen.
- Dioxine (Sevesogift)
  Dioxine entstehen ebenfalls beim Brand von PVC. Bei Kontakt kann es zu Hautschädigung (Chlorakne), Stoffwechselstörungen und Veränderung der Psyche kommen.
- Ammoniak
  Ammoniak entsteht bei der Verbrennung von Wolle, Seide, Nylon und Kunstharz. Es verbreitet einen unerträglich stechenden Geruch und reizt Augen und Nasenschleimhäute. Infolge des Kontakts kann es zu Lungenödemen kommen.
- Schwefeldioxid
  Das Gas entsteht bei der Verbrennung von Gummi, Reifen und schwefelhaltigen Verbindungen. Es ist ein starkes Reizgift.
- Senfgas (Lost)
  Es entsteht bei der Verbrennung von Chlorverbindungen (Kunststoffe, Farben). Diese chemische Verbindung wurde als Kampfgas im 1. Weltkrieg eingesetzt.

Verlust der Orientierung

Durch Brandrauch wird die Sicht bei der Nutzung von Rettungswegen eingeschränkt. Untersuchungen haben ergeben, dass Menschen in verrauchten Bereichen, selbst wenn diese ihnen vertraut sind, jegliche Orientierung schon nach einem zurückgelegten Weg von 10 bis 12 m verlieren [1.17]. Bei Menschen, denen die Raum- und Fluchtwegsituation unbekannt ist, ist die Beeinflussung durch den Brandrauch wesentlich größer. Sie verlieren die Orientierung schon nach wenigen Metern [1.60].

psychologische Auswirkung von Brandrauch

Neben den physiologischen hat der Brandrauch auch psychologische Auswirkungen. Flüchtende befinden sich in einer psychischen Ausnahmesituation. Die Handlungen der Personen sind häufig sachlich nicht nachvollziehbar. Durch den Brandrauch wird die panikartige Verhaltensweise verstärkt. Bei Brandversuchen in Autotunneln [1.61] wurde das Verhalten der Nutzer ausgewertet. Personen, die an den Versuchen teilnahmen, waren darüber informiert, dass es sich dabei nur um eine Brandsimulation handelt. Dennoch verhielten sich Teilnehmer, die im Umgang mit solch einer Situation nicht geübt waren, völlig irrational. Ein Teil von Ihnen blieb z.B. im Fahrzeug sitzen, bis sie vom (simulierten) Brandrauch vollständig umgeben waren. In einem realen Brand hätten sie wahrscheinlich dadurch ihr Leben verloren.

Die Beeinflussung ist sehr stark von der Dichte und der Art des Brandrauches abhängig. Je dichter der Rauch ist, desto schlechter sind die Fluchtwegbeschilderungen zu erkennen und die Panikreaktionen werden hierdurch verstärkt.

Brandrauch als indirekte Brandlast

Brandrauch wirkt nicht nur toxisch und sichtbehindernd, er stellt auch eine Art indirekter, verdeckter Brandlast dar. Der Backdraft (siehe hierzu auch Absatz 6.11), der durch diese „Brandlast" ausgelöst werden kann, ist ein physikalisch-chemisches Ereignis, das den meisten Feuerwehrleuten, aber nicht allen Brandschutzplanern bekannt ist. Je „heißer“ ein Brand ist, desto weniger unverbrannte Partikel, wie z.B. Flugasche, befinden sich im Brandrauch (heller Brandrauch), je „kühler“ er ist, desto mehr dieser Partikel gibt es (dunkler Brandrauch). Bedingt durch die Umgebungstemperatur im Brandrauch sowie durch Strahlung aus dem Brandherd werden weiterhin Pyrolysegase von diesen unverbrannten Bestandteilen an die Umgebung abgegeben. Wenn sich eine ausreichende Menge gebildet hat und eine Zündquelle dazu kommt, findet eine Rauchgasexplosion (Backdraft) statt. Diese Explosionen können innerhalb oder außerhalb von Gebäuden erfolgen.

Abführen des Brandrauches

Zur Verhinderung der vorgenannten Brandraucheffekte (Toxizität, Sichtbehinderung, Weiterleitung von Wärmeenergie und Rauchgasexplosion) muss Brandrauch rechtzeitig, das heißt, schon am Anfang eines Brandes aus dem Gebäude entfernt werden. Dies kann durch natürliche oder mechanische Rauchabzugsanlagen geschehen (siehe hierzu auch Kapitel 30).

6.10 Durchzündung (Flashover)

Zündphase

Durch die Energie einer Zündquelle werden in der ersten Phase eines Brandes die um sie herum befindlichen Gegenstände entzündet (Zündphase). Durch diesen Vorgang entsteht ein Schwelbrand. Die Dauer dieser zweiten Brandphase (Schwelbrandphase) kann von wenigen Minuten bis zu mehreren Stunden betragen. Dieser Zeitraum ist unter anderem abhängig von der Art der Brennstoffe, der Oberflächenbeschaffenheit sowie der Sauerstoffzufuhr (Ventilationsbedingungen) abhängig.

Entstehung des Flashovers

Die beim Brand entstehenden heißen Rauchgase (500 bis 600 °C) sammeln sich in Folge der Auftriebskraft unter der Geschossdecke. Aus der Rauchschicht heraus wird Wärmeenergie auf die unter ihr liegenden Gegenstände mittels Strahlung übertragen. Durch die Wärmeenergie werden chemische Verbindungen in den Gegenständen aufgespalten. Pyrolysegase entstehen auf der Oberfläche der noch nicht brennenden Materialien. Bei einer Wärmestromdichte von 15 bis 20 kW/m^2 zünden die brennbaren Pyrolysegase schlagartig ohne Zündflamme durch.

Dieser Vorgang wird Durchzündung oder Flashover genannt.

Vollbrandphase

Zu dieser Zeit beträgt die horizontale Ausbreitungsgeschwindigkeit eines Brandes ca. 10 m/min. Die Temperatur im Raum kann nach der Durchzündung bis zu 1.000 °C betragen (Aufheizphase des Vollbrandes). Nachdem sich die höchste Temperatur des Brandes eingestellt hat, beginnt die Abklingphase. Sie endet, wenn wieder die normale Umgebungstemperatur erreicht wird.

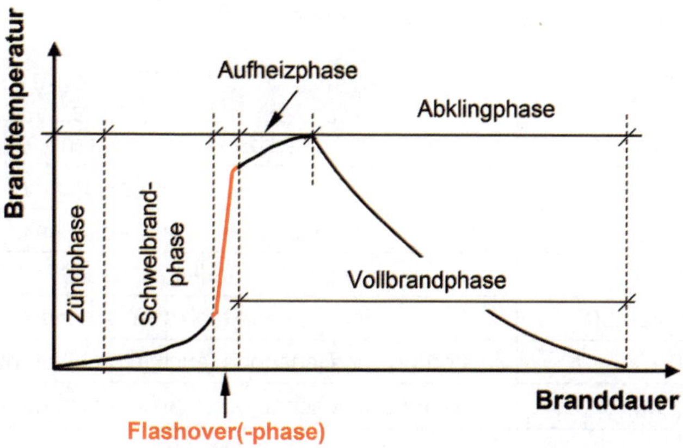

Bild 1.18: Temperaturzeitdiagramm eines Brandes mit idealisierten Brandphasen

6.11 Rauchgasexplosion (Backdraft)

Backdraft in einem Brandgeschehen

Sowohl in der Fachliteratur als auch in der Feuerwehrausbildung wird der Begriff Backdraft fälschlicherweise häufig mit einem Flashover gleichgesetzt. Der Unterschied zwischen diesen beiden Vorgängen besteht im Zeitpunkt, zu dem diese Ereignisse stattfinden. Der Flashover entsteht immer am Anfang eines Brandes, der Backdraft während des Brandes.

Ein Backdraft ist eine explosionsartige Durchzündung von Pyrolysegasen.

Backdraft in einem Kellerraum

Er kann unter anderem bei einem Kellerbrand auftreten. Häufig haben Kellerräume keine oder nicht ausreichend große Entrauchungsöffnungen in Form von Fenstern oder Klappen. Bei einem Vollbrand wird der Sauerstoff im Raum durch die fehlende Nachströmung sukzessive aufgebraucht und der Brand verlischt langsam.

Durch die Abkühlung des Brandrauches entsteht ein Unterdruck im Kellerraum. Diese Art eines Brandes wird „ventilationsgesteuerter Brand" genannt, da das Brandgeschehen durch die Sauerstoffmenge gesteuert wird.

Über- und Unterdruck im Brandraum

Während der „heißen" Brandphase dehnt sich die Luft im Brandraum aus und Brandrauch wird aufgrund des thermischen Überdrucks durch Fugen (z.B. unterhalb eines Türflügels) aus dem Raum gedrückt. In der Abkühlphase wird dieser Brandrauch durch den Unterdruck wieder in den Raum zurückgesogen.

Zündung des Backdrafts

Wird nun die Tür des Raumes geöffnet, strömt Sauerstoff ein, und das Gasgemisch ist zündfähig. In dem Schwelbrand befinden sich häufig Glutnester, die das Pyrolysegas dann entzünden können. In der Regel kommt es zu einer heftigen Reaktion, dem Backdraft. Durch diesen Vorgang wurden schon zahlreiche Feuerwehrleute getötet, die aufgrund der hohen Temperaturen und der sich explosionsartig öffnenden Tür starben.

Geschwindigkeit eines Backdrafts

Eine Rauchgasexplosion kann sich mit einer Geschwindigkeitswelle von ca. 20 m/s fortsetzen. Es können dabei Temperaturen zwischen 2.000 und 2.500 °C entstehen.

Tabelle 1.2: Auswirkungen von Explosionswellen

Druckdifferenz [bar]	Auswirkungen der Druckwelle
0,10 bis 0,20	Glasschäden von Fenstern
0,10 bis 0,20	Zerstörung von Fenstern mit Rahmen
0,05	geringe Schäden an Gebäuden
0,14	erhebliche Schäden an Gebäuden
0,09 bis 0,50	Schäden an Stahlkonstruktionen
0,70	Zerstörung von Gebäuden (auch in Stahlbetonbauweise)
1,40	kaum Überlebende durch Schäden an der Lunge

Unterschied Flashover/ Backdraft

Der wesentliche Unterschied zwischen einem Flashover und einem Backdraft im Kellerraum definiert sich über den Temperaturunterschied (Flashover ≈ 1.000 °C; Backdraft ≈ 2.500 °C) und die Raumdrücke (Flashover = (nur) Überdruck; Backdraft = (auch) Unterdruck).

Backdraft inner- und außerhalb von Gebäuden

Rauchgasexplosionen können jedoch nicht nur innerhalb, sondern auch außerhalb von Gebäuden stattfinden. Je niedriger die Brandtemperatur ist, desto dunkler ist der Brandrauch und umso mehr unverbrannte Bestandteile befinden sich darin. Diese Bestandteile geben aufgrund der Umgebungstemperaturen weiter Pyrolysegase im Brandrauch ab. Durch eine externe Zündquelle kommt es dann zu einer Rauchgasexplosion. Gefährlich werden Backdrafts, wenn sich Personen oder Brandlasten in ihrem Ausdehnungsbereich befinden.

Zwei dramatische Situationen aufgrund eines Backdrafts werden anschaulich in folgenden Filmen gezeigt:

1. Film: https://www.youtube.com/watch?v=t1_u-eAq5QU
2. Film: https://www.youtube.com/watch?v=etudGUMCzHs

7 Thermische Brandeinwirkungen

7.1 Thermische Einwirkungen allgemein

Brandversuche und numerische Methoden

In den Landesbauordnungen werden Anforderungen an das Brandverhalten von Baustoffen und Bauteilen gestellt, die in Brandschutzsystemen verwendet werden dürfen. Der Nachweis der Verwendbarkeit kann unter anderem mit Hilfe von Brandversuchen oder durch numerische Ingenieurmethoden erbracht werden.

Um die Feuerwiderstandsdauer der Bauteile nach den vorgenannten Methoden ermitteln zu können, müssen sie mit thermischer Energie beaufschlagt werden.

Temperaturen als Maßstab für Energie

Die Größen und Verteilungen dieser Wärmeenergien lassen sich bei Bränden nur sehr aufwendig bestimmen. Sie werden deshalb indirekt über die Hilfsgröße „Temperatur" in Versuchen und numerischen Simulationen angesetzt.

Um die Temperaturen eines Brandes möglichst realitätsnah simulieren zu können, wurden hierzu zahlreiche wissenschaftliche Untersuchungen durchgeführt, die häufig mit Brandversuchen verbunden waren.

Temperaturzeitkurven für Brandversuche

Bei Brandversuchen muss im Brandraum (im Ofen) zu einer bestimmten Zeit eine bestimmte Temperatur herrschen. Diese Einzelwerte werden zu einer Funktionskurve zusammengefasst, der Temperaturzeitkurve.

Bild 1.19: Blick in den Brandraum während eines Brandversuchs (linkes Bild). Die thermisch geprüfte Wand wird nach Ende des Versuchs aus dem Brandraum entfernt (rechtes Bild) [1.53].

Durchführung von Versuchen in Brandöfen

Ein großer Teil von Brandprüfungen wird in speziellen Brandöfen durchgeführt. In Bild 1.19 sind zwei Szenen aus einem Brandversuch zu sehen, bei dem die Feuerwiderstandsdauer einer Holzrahmenwand geprüft wurde. Eine Öffnung im Brandofen wird durch die zu prüfende Wand geschlossen. In den Seitenwänden des Ofens befinden sich fest installierte Ölbrenner, die Wärmeenergie in den Brandraum einbringen. Über diese Brenner sowie eine Frischluftklappe wird die Temperatur im Brandofen gesteuert. Mittels Thermo-Elementen (Thermometer) wird diese Temperatur auf dem Steuermonitor sichtbar. Die Werte der Temperaturzeitkurve können über diese Mechanismen beeinflusst werden.

genormte Einheits-Temperaturzeitkurve

Durch Brandversuche, die mit genormten Temperaturzeitkurven durchgeführt werden, sind Versuchsergebnisse reproduzierbar und können mit den Resultaten anderer

Versuche verglichen werden – die Ergebnisse dürfen keine Zufallsprodukte sein. Die Einheits-Temperaturzeitkurve (auch DIN-ISO-834-Kurve genannt) [1.62] (siehe hierzu auch Absatz 7.3) wird z.B. in allen europäischen Ländern und vielen Teilen der restlichen Welt genutzt. Im Bild 1.23 werden weitere Temperaturzeitkurven dargestellt.

Abbildung einer realen Temperaturzeitkurve

Im qualitativen Verlauf einiger Temperaturzeitkurven wird die Abklingphase nicht berücksichtigt (siehe Bild 1.18). Im Gegensatz zu den in der Realität geringer werdenden Temperaturen steigen sie bei diesen Kurven an. Es wird also mehr Wärmeenergie in das System eingebracht, und damit liegen die Nachweise, die mit diesen Kurven geführt werden, auf der „sicheren Seite". In den nachfolgenden Absätzen werden verschiedene Ansätze von Temperaturzeitkurven beschrieben.

7.2 Natürliche Temperaturzeitkurven

natürliche Temperaturentwicklung

Unter einer natürlichen Temperaturzeitkurve ist die Temperaturentwicklung eines realen Brandes zu verstehen, der sich unter nicht genormten Bedingungen entwickelt. Hierunter ist also jedes unkontrollierte Schadenfeuer zu verstehen.

Damit ein Brand entstehen kann, müssen drei Faktoren räumlich und zeitlich zusammentreffen. Diese Komponenten können in einem Branddreieck dargestellt werden.

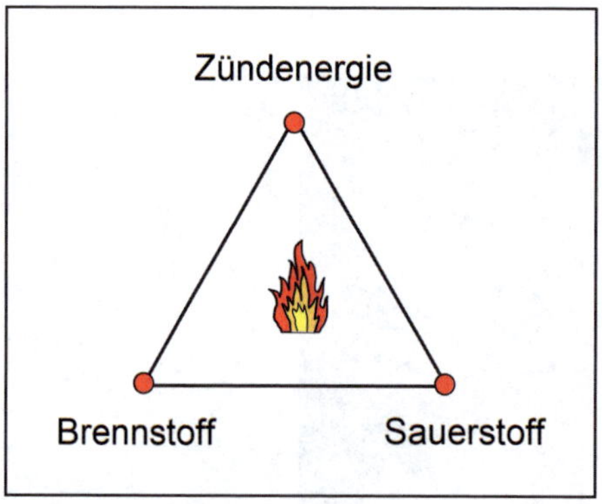

Bild 1.20: Branddreieck: erforderliche Faktoren für die Entstehung eines Brandes

Die Entwicklung eines Brandes hängt unter anderem ab von

Einflüsse auf den Brandverlauf

- der Zündquelle,
- der Geometrie des Brandraumes,
- dem Aufbau der umschließenden Begrenzungsbauteile,
- der Menge, Art und Verteilung der Brandlast,
- den Ventilationsbedingungen und
- dem menschlichen Verhalten.

Phasen eines Brandes

Der Verlauf von Bränden kann in vier Phasen eingeteilt werden (siehe hierzu Bild 1.21), die entsprechend den Randbedingungen unterschiedlich lang ausfallen können.

Schwelbrandphase

In der ersten Phase wird die vorhandene Brandlast gezündet. Nach der Entzündung entsteht ein Schwelbrand. Je nach den Umgebungsbedingungen kann diese Phase eine Dauer von wenigen Minuten bis zu mehreren Stunden umfassen.

Besonders groß ist der Einfluss des Sauerstoffgehalts auf die Entwicklung eines Brandes. Ist nur eine geringe Menge vorhanden, wie z.B. in Kellerräumen, entwickelt sich ein Brand mit niedrigen Temperaturen und einer großen Menge an unverbrannten Bestandteilen im Brandrauch. Bis zu einer Durchwärmung der angrenzenden Brandlasten und damit bis zur Entwicklung einer ausreichenden Menge an Pyrolysegasen kann es bei einem ventilationsgesteuerten Brand häufig Stunden dauern. Ist diese Menge erreicht, kommt es bei Sauerstoffzufuhr (z.B. durch die Öffnung einer Tür oder durch das Zerspringen einer Glasscheibe) schlagartig zu einem Vollbrand.

Sauerstoffgehalt im Brandgeschehen

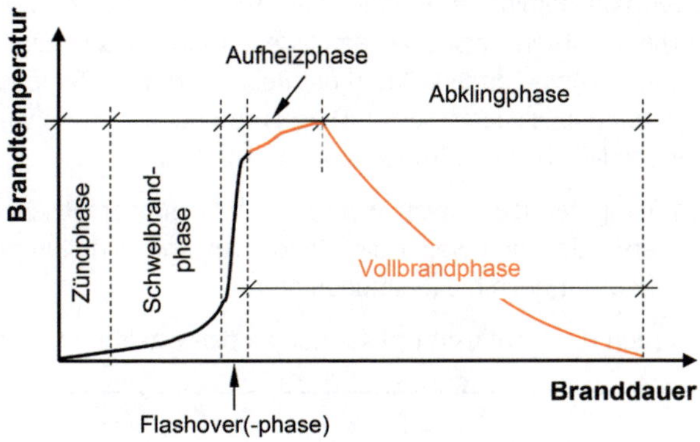

Bild 1.21: Brandphasen eines Vollbrandes

In der Schwelbrandphase sammelt sich Brandrauch unter der Geschoss- oder Dachdecke. Hier werden Temperaturen von 500 bis 600 °C erreicht. Von diesem Rauch geht eine flächendeckende Strahlung auf die darunterliegenden Gegenstände aus. Sind diese Brandlasten so weit durchwärmt, dass sich eine ausreichende Menge an Pyrolysegasen gebildet hat, kommt es in der Regel zu einer Durchzündung (Flashover).

Erwärmung durch Strahlungsenergie

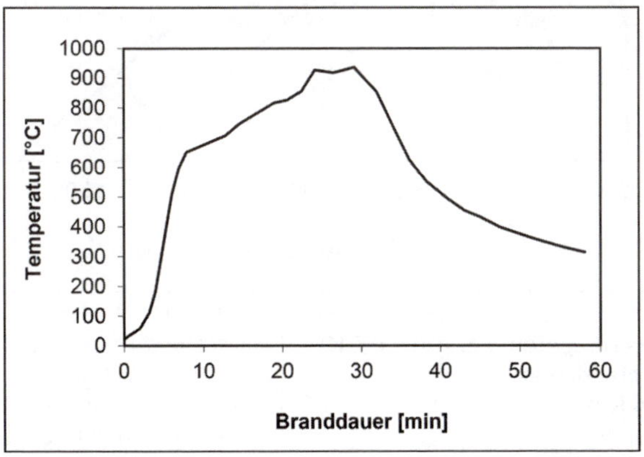

Bild 1.22: Temperaturverlauf eines natürlichen Raumbrandes (Messstelle unter der Decke) nach [1.63]

Da mit den Temperaturzeitkurven der Wärmeenergieeintrag in das thermische System simuliert werden soll, ist die Energie der ersten und zweiten Phase – bezogen auf die Gesamtenergie – so gering, dass man sie vernachlässigen kann. Temperaturzeitkurven starten in der Regel mit der Durchzündung (Flashover).

Vernachlässigung der Zündphase

Simulierung der Vollbrandphase

Mit dem Flashover beginnt auch der Vollbrand. Das Ende der dritten Phase ist zum Zeitpunkt der Höchsttemperatur erreicht. Bei einem Gebäudebrand kann die Brandraumtemperatur bis auf 1.000 °C ansteigen.

Nach dem Erreichen des Maximums beginnt die Abklingphase. Die Temperaturen werden geringer, bis die ursprüngliche Raumtemperatur wieder erreicht ist.

7.3 Nominelle Temperaturzeitkurven

Temperaturen auf der „sicheren Seite"

Die Temperaturen von nominellen Brandkurven wurden in realen Brandversuchsserien ermittelt. Die in diesen Versuchen gemessenen Größen werden von theoretischen Temperaturzeitkurven abgedeckt. In der Regel sind diese Temperaturen höher und liegen damit auf der „sicheren Seite". Die zu prüfenden Bauteile werden also mit einer ausreichenden Menge an Wärmeenergie beaufschlagt.

mathematische Funktionen

Die nominellen Temperaturzeitkurven werden mittels mathematischer Funktionen dargestellt. Sie berücksichtigen weder die Menge, Art und Verteilung der Brandlasten, die Sauerstoffzufuhr noch die Raumgeometrie.

Nachfolgend werden die wichtigsten dieser Kurven dargestellt und erläutert.

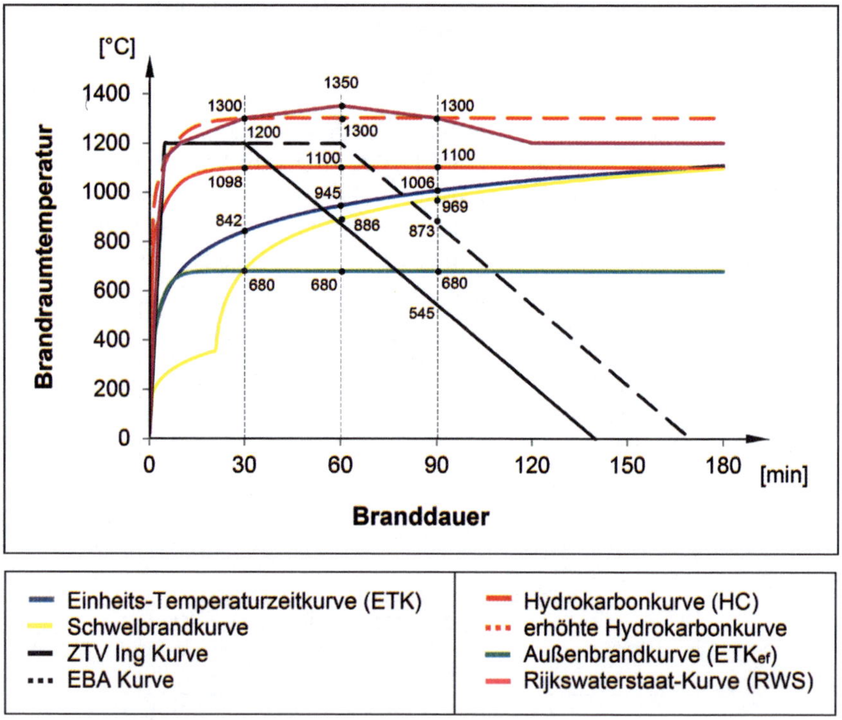

Bild 1.23: Nominelle Temperaturzeitkurven für unterschiedliche Brandlast- und räumliche Situationen

Erläuterungen zu den Temperaturzeitkurven:

Einheits-Temperaturzeitkurve (ETK) – nach [1.64]:

erste Temperaturzeitkurve in Deutschland

Mit der Einführung der DIN 4102 im Jahr 1934 [1.39] wurde erstmalig eine Temperaturzeitkurve in die deutsche Normung aufgenommen. Sie wird dort als Einheitstemperaturkurve bezeichnet. Die Temperaturen dieser Kurve sind geringfügig höher als die der heutigen Einheits-Temperaturzeitkurve (ETK). Diese Temperaturzeitkurve wurde um 1900 in Amerika durch Versuche mit Raumbränden ermittelt. Die in der amerikanischen Norm ASTM C19 (später E119) [1.65] Ausgabe 1917 enthaltene Temperaturzeitkurve wurde in Deutschland übernommen. Über die verschiedenen gemessenen Höchsttemperaturwerte wurde eine mathematische Funktion gelegt und Einheitstemperaturkurve genannt.

Die Temperatur, die durch diese Funktion errechnet wird, steigt kontinuierlich an. Durch den stetigen Temperaturanstieg bildet sich kein Temperaturmaximum in dieser Kurve aus. Die Temperatur beträgt nach 30 Minunten 822 °C, nach 60 Minuten 925 °C und nach 90 Minuten 986 °C.

Bei einem realen Brand sinkt die Temperatur, nachdem sie einen maximalen Wert erreicht hat. Dieser Teil der Temperaturentwicklung wird von der ETK nicht abgebildet, sie ist eine „offene" Temperaturzeitkurve.

Hierdurch ist die thermische Last (Wärmeenergie), die durch die Einheits-Temperaturzeitkurve auf die Bauteile wirkt, stellenweise größer als in der Realität. Der Widerstand dieser Bauteile gegen die Wärmeenergie wird dadurch in der Regel leicht höher als erforderlich ermittelt. Die Bauteile erhalten dadurch eine zusätzliche „Sicherheit".

Die Kurve wird in Brandversuchen für Bauteile des üblichen Hochbaus genutzt.

Funktionsgleichung der ETK:

$$\Theta g = 20 + 345 \cdot \log_{10} (8 \cdot t + 1)$$

Außenbrandkurve – abgeminderte ETK (ETK_{ef}) – nach [1.66]:

Brandkurve für Fassadenbauteile

Die abgeminderte ETK_{ef} (**e**xternal **f**irecurve) wird beim Prüfen von Außenflächen raumabschließender Außenwände (Fassadenbauteile) eingesetzt. Die Brandbeaufschlagung dieser Fassadenbauteile kann aus dem angrenzenden oder darunter liegenden Brandbereich sowie direkt aus dem Inneren des jeweiligen Brandbereiches erfolgen. Zur Einstufung von Tragwerksteilen von Hochbauten, die vollständig vor der Fassade eines Gebäudes liegen, darf ebenfalls die Außenbrandkurve genutzt werden.

Durch die Vermischung der Brandgase mit der Außenluft findet eine Abkühlung des Brandrauches und damit eine Verringerung der Temperaturen statt. Der erste Teil der Außenbrandkurve ist identisch mit dem Temperaturverlauf der ETK (nach DIN 4102-2 [1.64] und DIN EN 1991-1-2 [1.12]). Ab einer Temperatur von 658 °C verläuft die Kurve konstant. Dies ist auch die maximale Temperatur der Kurve.

Funktionsgleichung der abgeminderten ETK_{ef}

$$\Theta g = 660 \cdot (1 - 0{,}687 \cdot e^{-0{,}32 \cdot t} - 0{,}313 \cdot e^{-3{,}8 \cdot t}) + 20$$

Hydrokarbon-Brandkurve (HC) – nach [1.12]:

Die Hydrokarbon-Brandkurve wurde in den 1970er-Jahren für Bauteile in Industrie- und Off-Shore-Anlagen entwickelt, die einem Kohlenwasserstoffbrand mit hohen Temperaturen ausgesetzt sind.

Das Maximum dieser Kurve liegt bei 1.100 °C.

Funktionsgleichung:

$$\Theta g = 1.080 \cdot (1 - 0{,}325 \cdot e^{-0{,}167 \cdot t} - 0{,}675 \cdot e^{-2{,}5 \cdot t}) + 20$$

Erhöhte Hydrocarbon-Brandkurve (HC_{inc}):

Die erhöhte Hydrokarbon-Brandkurve wurde auf Basis der „Standard"-HC-Kurve entwickelt. Bei Tunnelbränden gibt es einen Wärmestau, da die beim Brand entstehende Wärmeenergie nur langsam abgeführt wird.

Brandkurve für Tunnelbrände

Um diesen Effekt und die hohen Brandlasten aus dem Güterverkehr zu berücksichtigen, wurde die HC_{inc} entwickelt. Das Temperaturmaximum dieser Funktionsgleichung liegt bei 1.300 °C.

Mit den Temperaturen der Kurve werden Tunnelbauteile geprüft. Ihre Anwendung wird in Österreich, in der Schweiz und in Frankreich empfohlen.

Funktionsgleichung:

$$\Theta g = 1.280 \cdot (1 - 0{,}325 \cdot e^{-0{,}167 \cdot t} - 0{,}675 \cdot e^{-2{,}5 \cdot t}) + 20$$

Schwelbrandkurve – nach [1.67]

Die Schwelbrandkurve wird nach DIN EN 13381-1 [1.67] in zwei zeitliche Bereiche eingeteilt (bis 21 Minuten und über 21 Minuten).

Brandkurve für Brandschutzanstriche

Der Schwelbrand-Versuch darf nur dann angewendet werden, wenn zu erwarten ist, dass das Leistungsverhalten des Produkts bei Beanspruchung durch einen Schwelbrand bedeutend unter dem liegen kann, das gegeben ist, wenn das Produkt Bedingungen entsprechend der Einheits-Temperaturzeitkurve ausgesetzt ist. Er ist deshalb insbesondere für Bauteile relevant, deren Leistungsverhalten zur Erzielung ihrer Klassifizierung auf höheren Temperaturanstiegen unterhalb von etwa 500 °C (wie bei der Einheits-Temperaturzeitkurve) beruht (d.h. hauptsächlich für reaktive oder dämmschichtbildende Produkte).

Funktionsgleichungen:

$\Theta g_{(1)} = 154 \cdot t^{0{,}25} + 20$ im Bereich $0 < t < 21$ (min)

$\Theta g_{(2)} = 345 \cdot \log_{10} (8 \cdot (t - 20) + 1) + 21$ im Bereich $t \geq 21$ (min)

EBA-Temperaturzeitkurve – nach [1.68]:

Vom Eisenbahn-Bundesamt (EBA) wird die „EBA Tunnelrichtlinie" herausgegeben. In diesem Leitfaden wird die EBA-Temperaturzeitkurve beschrieben. Sie hat ein Maximum bei 1.200 °C und simuliert ab 60 Minuten Branddauer die sinkenden Temperaturen eines realen Brandes.

Brandkurve für Eisenbahntunnel

Mit den Temperaturen dieser Kurve werden Bauteile für den Bau von Eisenbahntunneln geprüft, wie z.B. Tübbings (gekrümmte Teile der Betonschale).

Funktionsgleichung:

Branddauer (min)	0	5	60	170
Brandtemperatur (°C)*	0	1.200	1.200	0

* Zwischenwerte dürfen linear interpoliert werden

ZTV-ING-Brandkurve – nach [1.69]:

Die Bundesanstalt für Straßenwesen (BASt) gibt zusätzliche technische Vertragsbedingungen für Ingenieurbauwerke (ZTV-ING) heraus. Im Teil 5 wird eine Temperaturzeitkurve für Brandversuche von Tunnelelementen beschrieben. Sie hat ein Maximum bei 1.200 °C und simuliert ab 30 Minuten Branddauer die sinkenden Temperaturen eines realen Brandes.

Brandkurve für Straßentunnel

Mit den Temperaturen dieser Kurve werden Bauteile für Straßentunnel geprüft.

Funktionsgleichung:

Branddauer (min)	0	5	30	140
Brandtemperatur (°C)*	0	1200	1200	0

* Zwischenwerte dürfen linear interpoliert werden

Rijkswaterstaat-Tunnelbrandkurve (RWS-Tunnelbrandkurve):

In den Niederlanden wird eine Temperaturzeitkurve für Tunnelbrände genutzt, deren Temperaturmaximum bei 1.350 °C liegt. Da die Schmelz- und Sintergrenze einiger Bekleidungsmaterialien bei dieser Temperatur überschritten wird, ist bei der Wahl der Baumaterialien auf diesen physikalischen Effekt zu achten.

niederländische Tunnelbrandkurve

Auch diese Temperaturzeitkurve besitzt keinen absteigenden Temperaturanteil.

Funktionsgleichung:

Branddauer (min)	0	3	5	10	30	60	90	120	180
Brandtemperatur (°C)*	20	890	1140	1200	1300	1350	1300	1200	1200

* Zwischenwerte dürfen linear interpoliert werden

7.4 Parametrische Temperaturzeitkurven

individuelle Temperaturzeitkurven

Seit einigen Jahren können bei Brandversuchen Temperaturzeitkurven verwendet werden, die aufgrund von Brandlastdichten, von Ventilationsverhältnissen, der Brandraumgeometrie und der thermischen Eigenschaften der umfassenden Bauteile individuell für einzelne Räume erstellt werden.

händische Bemessung

Die vereinfachten Naturbrandmodelle können mit Hilfe von Handrechnungen bzw. über Tabellenkalkulationsprogramme in Abhängigkeit von den oben angeführten Randbedingungen ausgeführt werden.

nicht zulässige Brandkurve

In den meisten europäischen Ländern wird eine parametrische Kurve genutzt, die im Eurocode EC1-1-2 [1.12] veröffentlicht ist. Die Grundlagen dieser Kurve können jedoch nicht eindeutig physikalischen Größen zugeordnet werden; sie darf deshalb in Deutschland nicht angewendet werden.

zulässige Brandkurve nach EC 1/NA

Im Nationalen Anhang zum Eurocode EC1-1-2/NA [1.70] wird ein Naturbrandmodell beschrieben, das als Ersatz für das nicht zulässige Verfahren in Deutschland entwickelt wurde.

Grundlage des Verfahrens ist die Wärmeenergie, die bei einem Brand freigesetzt wird (siehe hierzu auch Bild 1.24). Die Kurve beginnt, wie auch bei den nominellen Kurven, mit dem Flashover. Nachdem die maximale Wärmeabgabe erreicht ist, bleibt die Energieabgabe konstant. Sind 70 % der Brandlast energetisch umgewandelt, beginnt die Abklingphase (Bild 1.24).

Zu den Eckpunkten der Energieabgabekurve können die entsprechenden Temperaturwerte bestimmt werden. Die Temperaturen zwischen diesen Eckwerten nehmen dann immer einen gleichen prinzipiellen Verlauf an (siehe hierzu Bild 1.22 und Bild 1.25).

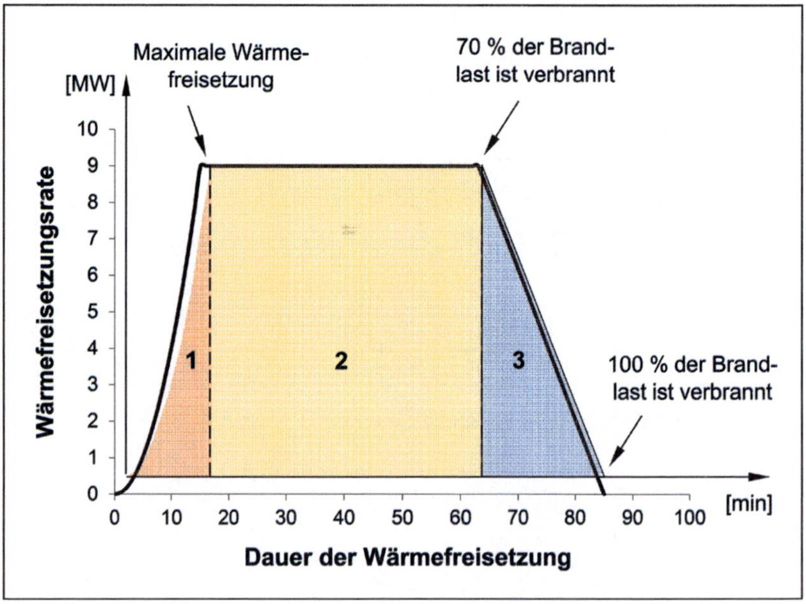

Bild 1.24: Zeitverlauf der Wärmefreisetzungsrate mit Entwicklungsphase (1), stationärer Phase (Vollbrand) (2) und Abklingphase (3) nach [1.70]

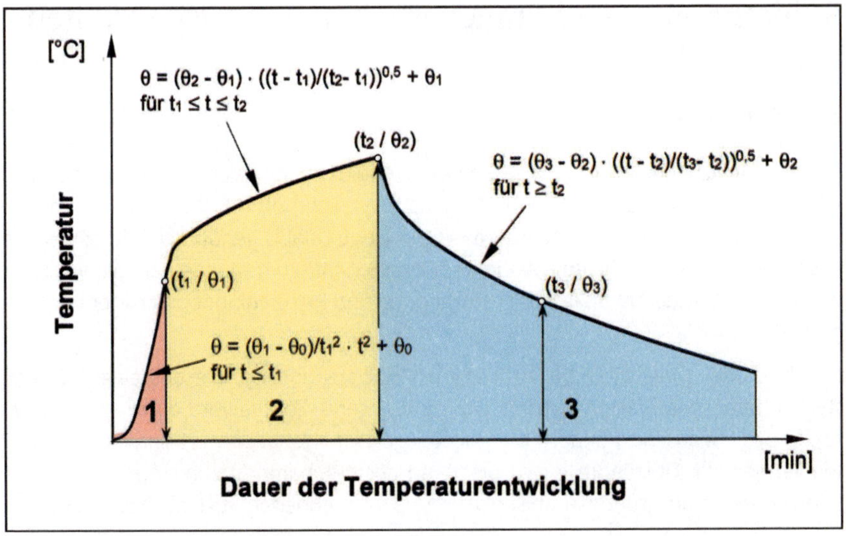

Bild 1.25: Temperaturzeitkurve nach dem vereinfachten Naturbrandmodell – Flashover (1), Ausbreitungsphase (2) und Abklingphase des Vollbrandes (3) nach [1.70]

8 Temperatur- und Brandverhalten von ausgewählten Baustoffen

8.1 Baustoff Holz

Bauhölzer

Tragende Holzbauteile werden im Bauwesen in folgenden Materialformen eingesetzt: Vollholz (VH), Konstruktionsvollholz (KVH), Brettschichtholz (BSH) und Balkenschichtholz (Duo-/Trio-Balken). Das üblicherweise in Deutschland genutzte Bauholz besteht aus Nadelholz (Kiefer, Fichte, Lärche und Tanne). Statisch tragende Bauteile aus Holz werden unter anderem als Dachkonstruktionen und Rahmenbinder im Hallenbau eingesetzt.

natürlich gewachsene Bauhölzer

Als Voll- oder Massivholz bezeichnet man Holzerzeugnisse, die aus einem Baumstamm herausgeschnitten werden. Das gewachsene Gefüge wird dabei weder physisch noch chemisch verändert. Die Nachteile dieser Herstellungsart sind die begrenzten Längen der Holzbauteile (entsprechend der nutzbaren Stammlänge) und deren Verformungen aufgrund der anisotropen und inhomogenen Struktur des Holzes.

Sortierkriterien

Um eine verbesserte Tragfähigkeit und eine verringerte Verformungsneigung zu erreichen, werden Vollhölzer nach bestimmten Kriterien sortiert (z.B. Jahresringbreite, Äste, Harzgallen, Feuchte). Hierdurch erreicht man jedoch nur eine leichte Verbesserung.

Brettschichthölzer

Seit den frühen Jahren des 20. Jahrhunderts werden Untersuchungen mit dem Zerlegen und anschließenden neuen Zusammenfügen von Holz durchgeführt. 1906 erhielt Otto Hetzer das erste Patent für einen „BSH-Balken" [1.71]. Durch das Zerlegen in kurze Holzlamellen können Schwachstellen, wie Äste und Harzgallen, entfernt werden. Durch verbesserte Kleber (alte Bezeichnung: Leime) und die Entwicklung von Keilzinken gibt es bei der Herstellung keine Begrenzungen von Längen und Breiten mehr.

Zusammensetzung von Hölzern

Holz ist ein organischer Baustoff, der aus ca. 45 % Cellulose, 20 % Hemicellulose und 35 % Lignin besteht. Durch seine Kohlenwasserstoffverbindungen ist Holz brennbar und besitzt dadurch als Baustoff eine Eigenbrandlast. Es wird als normalentflammbar (B2) eingestuft. Durch Brandschutzanstriche (z.B. Dämmschichtbildner) oder Brandschutzbekleidungen (z.B. Gipskarton-Feuerschutzplatten) kann das Entzündungsverhalten im Brandfall verbessert werden.

Tabelle 1.3: Anteile von chemischen Elementen in Nadelhölzern nach Kollmann aus [1.72]

Chemisches Element	Masseprozent [%]
Kohlenstoff	48 – 51
Sauerstoff	43 – 45
Wasserstoff	5 – 6
Stickstoff	0,04 – 0,26
Mineralsubstanzen	0,2 – 0,6

Rissbildung im Brandfall

Während des Brandprozesses findet eine thermisch-chemische Zersetzung des Materials statt. In diesem Prozess entstehen Pyrolysegase. Durch das Verdampfen des im

Holz befindlichen Wassers sowie der Pyrolysegase verliert Holz ca. 80 % der Masse und es entsteht Holzkohle. Die Risse, die sich dann bilden, entstehen durch Zugspannungen infolge der fehlenden Masse.

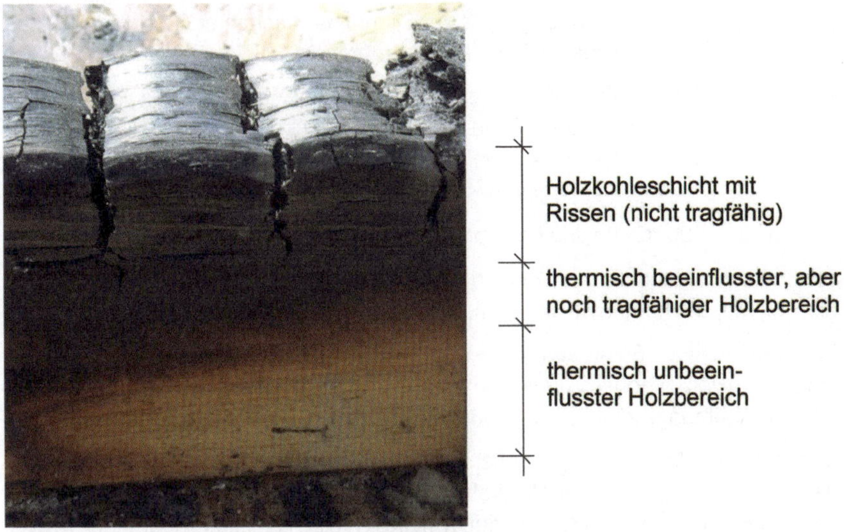

Bild 1.26: Im Holz bilden sich bei einem Brand drei unterschiedliche Zonen aus – Holzkohleschicht, thermisch beeinflusste Schicht und unbeeinflusster Bereich [1.53].

Einfluss der Holzkohle beim Brand

Die Wärmeleitfähigkeit in der sich bildenden Holzkohleschicht ist geringer als im Vollholz. Die Holzkohle ist also eine Art „Wärmedämmung" im Brandfall.

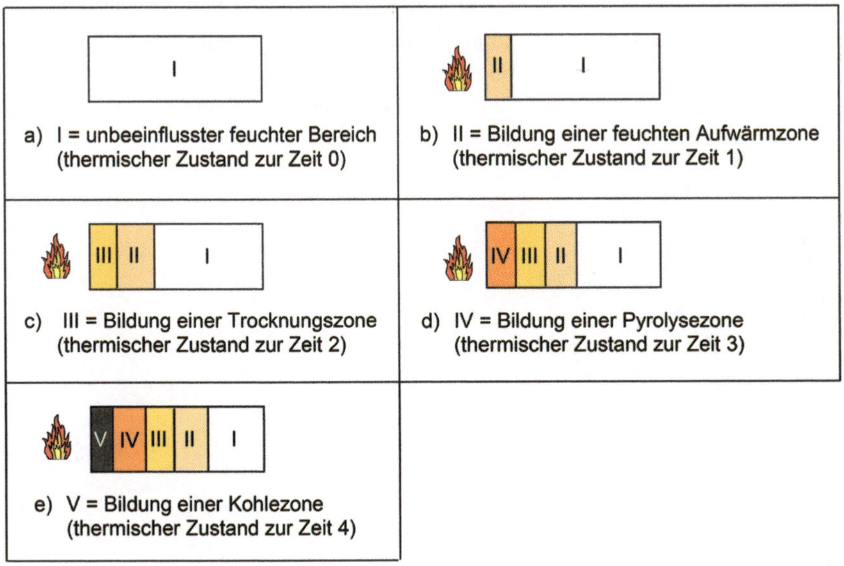

Bild 1.27: Prinzipieller Schichtenaufbau eines Holzquerschnitts im Brandfall [1.73] aus [1.74]

Die Zersetzung von Holz lässt sich in vier wesentliche Phasen gliedern [1.75]:

- 60 – 110 °C Verdampfung des physikalisch gebundenen Wassers.
- 120 – 200 °C Farbänderungen des Holzes treten auf. Es kommt durch endotherme Pyrolyse zur Bildung unbrennbarer Gase wie z.B. Wasserdampf und Kohlenstoffdioxid.

thermische Brandphasen von Holz

- 200 – 500 °C Es kommt durch exotherme Pyrolyse zur Bildung von brennbaren Gasen und Dämpfen wie z.B. CO, H_2, CH_4, CH_3, OH, daneben entstehen ebenfalls Wasserdampf und Kohlenstoffdioxid. Der Beginn des Abbrandes liegt für Nadelholz bei ca. 340 °C.
- ab ca. 1.000 °C Beginn des Abbrandes der Holzkohleschicht.

Entzündungstemperatur

Die Entzündungstemperatur sowie die Abbrandgeschwindigkeit sind von der Sorte, der Feuchte, der Rohdichte und dem Volumen des Holzes abhängig.

Mit zunehmender Brandraumtemperatur würde sich die Abbrandrate von ungeschütztem Holz erhöhen; durch die Bildung der Holzkohleschicht stellt sich diese erhöhte Abbrandgeschwindigkeit jedoch nicht ein.

Interaktion Abbrandrate/Holzkohlenschicht

Mit fortlaufendem Brandgeschehen nehmen die Temperatur des Brandes und dadurch auch die Dicke der Holzkohlenschicht zu. Diese beiden Größen stehen in einer Interaktion miteinander. Hierdurch stellt sich eine konstante Abbrandgeschwindigkeit in den ersten 90 Minuten ein.

Tabelle 1.4: Entzündungstemperatur von ungeschütztem Nadelholz aus [1.53]

Entzündungstemperatur von Nadelhölzern (bei einer Holzfeuchte u = 8 %)
Fichte – Kiefer – Lärche – Tanne 340 °C

schützende Bekleidung

Holzbauteile können für den Brandfall mit einer schützenden Bekleidung aus Plattenwerkstoffen versehen werden. Sobald sich eine ausreichende Menge an Pyrolysegasen gebildet hat, beginnt auch hinter der Bekleidung der Brand des Holzes (siehe Bild 1.28).

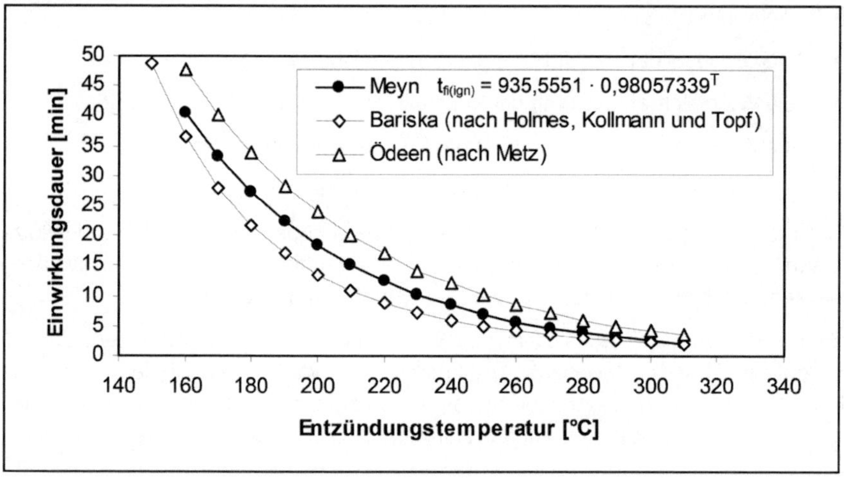

Bild 1.28: Entzündungstemperatur in Abhängigkeit von der thermischen Einwirkungsdauer bei anfänglich geschütztem Vollholz [1.53]

Abbrandrate/ Holz

Die rechnerische Abbrandgeschwindigkeit von Nadelholz liegt zwischen 0,65 und 0,80 mm/min.

Abbrandrate/ Holzkohle

Ab einer Oberflächentemperatur von mehr als 1.000 °C erreicht der Abbrand der Holzkohle dieselbe Geschwindigkeit, wie der zur gleichen Zeit stattfindende Abbrand des Holzes [1.76]. Ab diesem Temperaturpunkt stellt sich eine nahezu parallel bleibende Holzkohleschichtdicke ein. Der thermische Abbau der Holzkohle beginnt bei Temperaturen um 1.200 °C [1.77]. Als Verbrennungsrückstand bleibt Asche erhalten. Der Gehalt dieser nichtbrennbaren Inhaltsstoffe (Mineralstoffe, wie z.B. Soda) beträgt ca. 0,3 % der ursprünglichen Masse [1.78].

Die Holzkohleschicht hat einen entscheidenden Einfluss auf das Abbrandverhalten des Holzes. Sie be- bzw. verhindert den Sauerstoffzutritt zum unzerstörten Holz. Weiterhin schützt die verkohlte Schicht durch ihre geringe Wärmeleitfähigkeit die unzerstörte Holzschicht vor Temperaturbelastung und behindert den Durchgang der brennbaren Pyrolysegase an die Oberfläche.

Ausdehnung von Holz

Holz dehnt sich nur geringfügig aus. Dieser physikalische Effekt kann bei Konstruktionen und Berechnungen vernachlässigt werden.

Wärmeleitfähigkeit von Holz

Die Wärmeleitfähigkeit von Holz ist gering. In einer Tiefe von ca. 3,0 cm hinter der Abbrandgrenze stellen sich bei Holzbauteilen, die einem Vollbrand ausgesetzt sind, Temperaturen von ca. 20 °C ein [1.79].

Holz ist für den Brandfall ein gutes Baumaterial, da sein Versagen mit Vorankündigung stattfindet.

Die physikalischen Eigenschaften des Holzes sind temperaturabhängig.

Folgende Materialeigenschaften werden deshalb durch einen Brand beeinflusst:

- die Elastizität von Holz. Die Größe wird durch den Elastizitätsmodul (E-Modul) ausgedrückt, die Einheit ist N/mm²,
- die Festigkeit von Holz mit der Kurzbezeichnung f in N/mm²,

weitere Materialeigenschaften von Holz

- die Rohdichte von Holz mit der Kurzbezeichnung ρ in g/cm³,
- die Permeabilität von Holz mit der Kurzbezeichnung K in m²/Pa·s,
- die Wärmeleitfähigkeit mit der Kurzbezeichnung λ in W/(m·K)
- die Wärmespeicherkapazität mit der Kurzbezeichnung c in kJ/(kg·K) und
- der Feuchtigkeitsgehalt mit der Kurzbezeichnung u in %.

Feuerwiderstandsdauer

Nach der Musterbauordnung [1.4] dürfen tragende oder raumabschließende Holzbauteile seit der letzten Änderung auch „feuerbeständig" (F 90) ausgeführt werden, da hiermit das reale Potenzial von Holz im Brandfall abgebildet wird.

Zum Stand August 2021 sind in den Bundesländern Baden-Württemberg, Berlin, Hamburg, Hessen, Mecklenburg-Vorpommern, Nordrhein-Westfalen, Sachsen-Anhalt und Thüringen unter bestimmten einschränkenden Bedingungen feuerbeständige tragende oder aussteifende Holzbauteile (F 90/R 90) zugelassen.

8.2 Holzwerkstoffe und Dämmschichtbildner

Holzwerkstoffe im Bauwesen

Im Bauwesen werden unter anderem folgende flächige Holzwerkstoffe eingesetzt: Spanplatten (Flachpressplatten), OSB-Flachpressplatten, Baufurniersperrholzplatten und Furnierschichtholzplatten.

Die Plattenwerkstoffe werden unter anderem zur Beplankung von Holzrahmenwänden genutzt.

Tabelle 1.5: Abbrandgeschwindigkeiten von Holzwerkstoffen aus verschiedenen Regelwerken nach [1.53]

Holzwerkstoffe	Abbrandrate [mm/min]	Rohdichte [kg/m³]	Regelwerk
Furnierschichtholz	0,65	≥ 840	DIN EN 1995-1-2
Sperrholz	1,00	450*	DIN EN 1995-1-2
Holzwerkstoffplatten (ohne Sperrholz)	0,50	700*	DIN EN 1995-1-2
Spanplatten	0,80	≥ 600	Önorm EN 314-4 bis -7
Spanplatten	0,70	≥ 700	Önorm EN 314-4 bis -7
OSB-Platte, Typ OSB 2-3-4	1,00	≥ 700	Önorm EN 300
Sperrholzplatten – Rotbuche	0,80	≥ 700	Önorm EN 635-2
Sperrholzplatten – Fichte	0,80	≥ 450	Önorm EN 635-3
Holzwerkstoffe	0,90		SIA Dok.83

* gilt für eine Rohdichte von 450 kg/m³ und eine Dicke von 20 mm – kleinere Dicken und andere Rohdichten werden mit folgenden Formeln in die Abbrandgeschwindigkeit eingerechnet: $(20/h)^{1/2}$ und $(450/\rho)^{1/2}$

In den folgenden Absätzen wird das Brandverhalten dieser Plattenwerkstoffe erläutert.

Brandverhalten von Holzwerkstoffen

Da die Hauptbestandteile der Holzwerkstoffplatten aus zerspantem oder in dünne Scheiben aufgetrenntem Vollholz bestehen, weisen die Werkstoffplatten ein ähnliches Verhalten im Brandfall wie das Vollholz selbst auf [1.80], [1.81].

Durch die Klebstoffe sowie die veränderte innere Struktur der Platten gibt es jedoch einige Unterschiede im Abbrandverhalten. Nachfolgend werden nur die Eigenschaften aufgeführt, die von denen des Vollholzes abweichen.

Der Abbrand wird gleichmäßig fortschreitend bei theoretischen Berechnungen angenommen. Dies ist jedoch nur ein gemittelter Wert. Die reale Abbrandgeometrie kann dem Bild 1.29 entnommen werden. Spanplatten bilden eine kopfsteinpflasterartige Struktur aus.

Verzögerung des Abbrandbeginns

Um den Abbrandbeginn zu verzögern, können Bauteile aus Holz und Holzwerkstoffen mit einem Brandschutzanstrich versehen werden. Hierdurch darf das Bauteil, das ungeschützt in die Baustoffklasse B2 (normalentflammbar) eingestuft wird, als B1-Baustoff (schwerentflammbar) angesetzt werden. Durch den Einsatz von Dämmschichtbildnern verändert sich die Einteilung von Holz als brennbarer Baustoff jedoch nicht.

Funktion von Dämmschichtbildnern

Beim Erreichen einer Grenztemperatur (ca. 200 °C) wird ein chemischer Prozess im Anstrich ausgelöst. Es bildet sich ein stabiler Kohlenstoffschaum, der eine Art thermischer Dämmstoff darstellt. Dämmschichtbildner bestehen üblicherweise aus Bindemittel, Gasbildner, Kohlenstoffbildner und Katalysatoren.

konstruktive Planung

Der Anstrich kann sehr stark aufschäumen. Bei der Planung ist dies mit einem freien Ausdehnungsbereich zu berücksichtigen.

abZ / aBG

Dämmschichtbildner benötigen entweder eine allgemeine bauaufsichtliche Zulassung (abZ – siehe Absatz 10.10) oder eine allgemeine Bauartgenehmigung (aBG – siehe Absatz 10.9). Sie müssen zwingend nach deren Vorgabe eingesetzt, bemessen und verarbeitet werden. Für Außenbauteile sind Dämmschichtbildner in der Regel nicht zugelassen.

Gültigkeitsdauer von abZ und aBG

Nach § 18 Absatz 4 der Musterbauordnung [1.4] beträgt die Geltungsdauer einer allgemeinen bauaufsichtlichen Zulassung oder einer allgemeinen Bauartgenehmigung fünf Jahre. Diese Gültigkeitsdauer kann auf Antrag um weitere fünf Jahre verlängert werden.

Die Nutzungsdauer von Gebäuden muss jedoch nach DIN EN 1990:2010-12 Tabelle 2.1 mit 50 Jahren geplant werden.

Überprüfung von Dämmschichtbildnern

Der Eigentümer, Mieter oder Pächter (Inhaber der tatsächlichen Gewalt) ist dafür verantwortlich, dass das Brandschutzsystem jederzeit dem geplanten Zustand entspricht. Die Beschichtungen müssen also spätestens nach zehn Jahren auf ihre Funktionalität überprüft und gegebenenfalls erneuert werden (siehe hierzu auch Absatz 5.2 – aktiver Bestandsschutz). Bei der Planung eines Brandschutzsystems ist dieser Umstand zu beachten, der als eine „Belastung“ angesehen werden kann.

Der Auftraggeber ist über diesen Umstand zu informieren.

Bild 1.29: Oberfläche einer Spanplatte nach Brandeinwirkung aus [1.53]

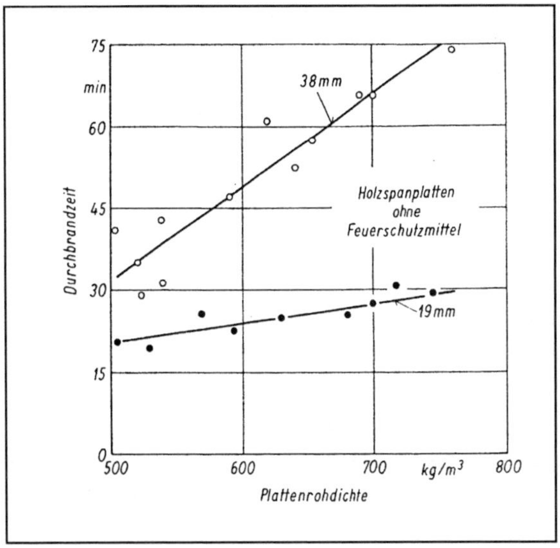

Bild 1.30: Die Durchbrandzeit von Spanplatten ist von deren Rohdichte sowie deren Dicke abhängig [1.82]

8.3 Beton und Stahlbeton

Biegezugzone und -druckzone

Beton ist eine Mischung aus Gesteinskörnungen, Zement (als Bindemittel) sowie Wasser und ist deshalb nicht brennbar. Bei Bauteilen, die aus Beton hergestellt und auf Biegung belastet werden, wie z.B. Stahlbetonbalken und -decken, bildet sich über die Höhe des Querschnitts eine Druck- und eine Zugzone aus.

Verbundbaustoff Stahlbeton

Da Beton im Allgemeinen rechnerisch keine Zugkräfte aufnehmen kann, werden Bewehrungseinlagen aus Betonstahlstäben oder Betonstahlmatten in den Beton eingebaut. Diese Einlagen nehmen die Zugkräfte auf. Der „Verbundbaustoff" wird als Stahlbeton bezeichnet.

Betondeckung

Um die Stähle im Beton vor Umwelteinflüssen und im Brandfall vor einer zu großen Erwärmung zu schützen, muss der Stahl mit einer ausreichenden Schicht Beton überdeckt sein (Betondeckung).

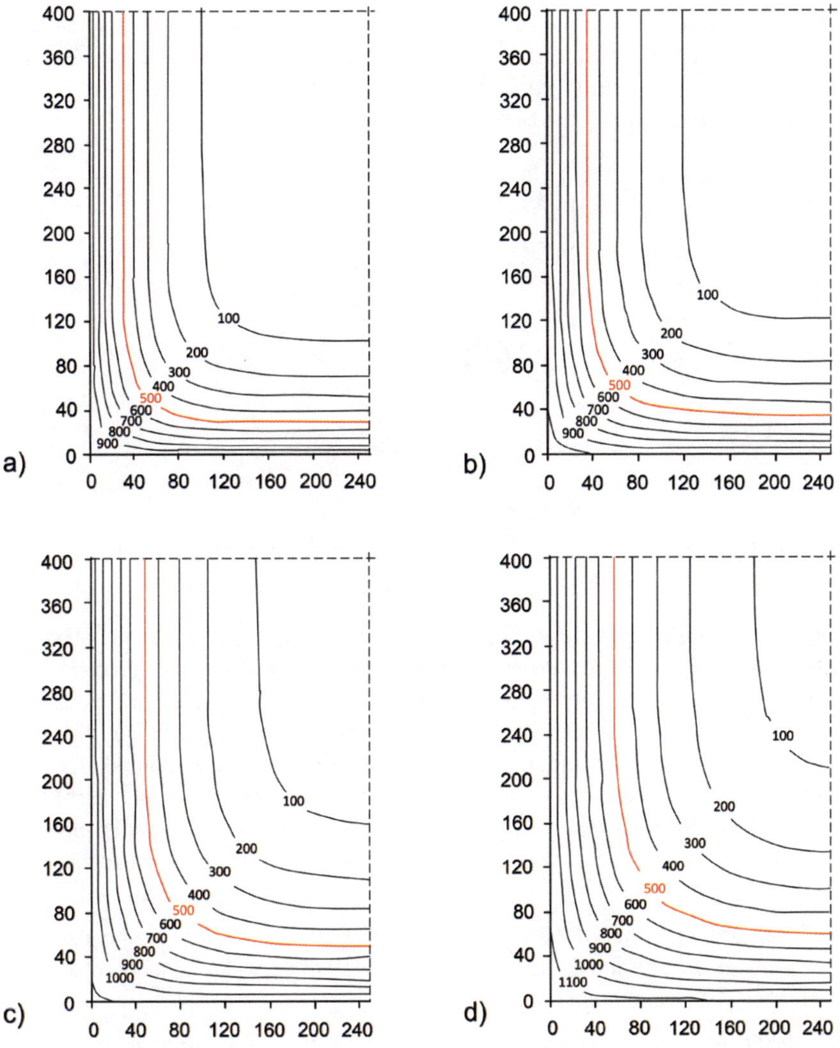

Bild 1.31: Temperaturentwicklung in einem Stahlbetonbalken (b × h / 800 × 500) bei einer (ETK-)Brandeinwirkung nach a) 90 min, b) 120 min, c) 180 min und d) 240 min nach [1.83]
Beispiel: Entwicklung der 500 °C-Isotherme

Streckgrenze von Betonstählen

Die Tragfähigkeit von Biegebauteilen ist unter anderem von den aufnehmbaren Zugspannungen der Bewehrungsstähle abhängig. Betonstähle werden in Deutschland mit einer charakteristischen Festigkeit f_{yk} (charakteristische Streckgrenze) von 500 N/mm² hergestellt und vertrieben.

Mit zunehmender Temperatur verliert der Stahl an Festigkeit (siehe hierzu auch Bild 1.33).

Isothermen in Betonquerschnitten

Die Kurven im Bild 1.31 zeigen den symmetrischen Viertelteil (400 mm × 250 mm) eines Querschnitts. Die Linien in den oben abgebildeten Querschnitten stellen Isotherme dar, dies sind Linien gleicher Temperaturwerte. Anhand der Bilder kann die Temperaturentwicklung in einem Stahlbetonquerschnitt abgelesen werden. Da die geometrische Lage der Bewehrungsstähle im Querschnitt bekannt ist, kann die Temperatur im Bewehrungsstahl aus den Diagrammen abgelesen werden. Je größer die Betondeckung ist, desto später wird die kritische Stahltemperatur erreicht, bei der gerade noch die erforderliche Festigkeit vorhanden ist.

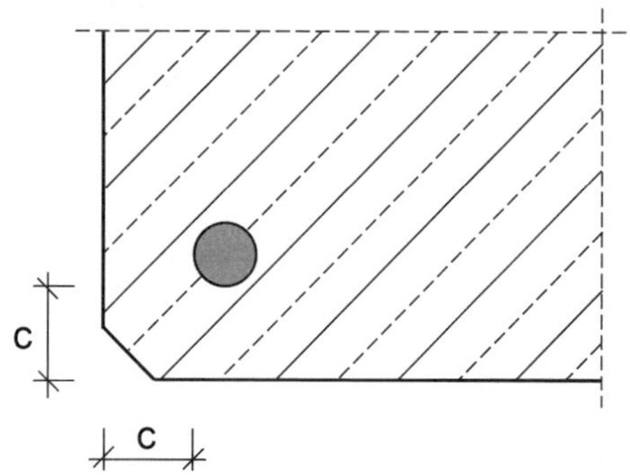

Bild 1.32: Betondeckung c zum Schutz der Bewehrungsstähle vor Umwelteinflüssen und Wärmeenergie

Abplatzen von Betonschichten

Einen weiteren Einfluss auf das Tragverhalten von Betonbauteilen im Brandfall hat die Menge an Feuchtigkeit, die im Beton gespeichert ist. Beim Erreichen von ca. 100 °C wechselt das im Beton gebundene Wasser den Aggregatzustand. Beim Wechsel des Aggregatzustands Wasser in Wasserdampf vergrößert sich das Volumen bei einer spannungsfreien Ausdehnung um das ca. 1.700-fache. Eine Auswirkung dieser Volumenvergrößerung kann das explosionsartige Abplatzen der oberen Betonschichten sein. Das Auftreten dieses physikalischen Vorgangs ist bei normalfesten Betonen (C12/15 bis C50/60) unwahrscheinlich, wenn der Feuchtigkeitsgehalt weniger als 4 Gew.-% beträgt.

Bei hochfesten Betonen der Klassen C80/95 bis C100/115 kann das Abplatzen der oberen Betonschicht durch das Anwenden mindestens einer der folgenden Maßnahmen nach [1.83] verhindert werden:

Methode A: Einbau eines Bewehrungsnetzes, das zusätzlich zur statisch erforderlichen Haupttragbewehrung ausgeführt wird. Diese Schutzbewehrung ist mit einer Betondeckung von 15 mm einzubauen, die Deckung der Hauptbewehrung sollte dann eine Dicke von ≥ 40 mm aufweisen. Die Stäbe dieses zusätzlichen Bewehrungsnetzes sollten einen Durchmesser von ≥ 2 mm und eine Maschengröße von ≤ 50 mm × 50 mm aufweisen.

Methoden zur Verhinderung des Abplatzens

Methode B: Verwenden eines Betontyps, bei dem sich durch Versuche (oder Erfahrungen) gezeigt hat, dass keine Abplatzungen unter Brandbeanspruchung stattfinden werden.

Methode C: Einbau von Schutzschichten, bei denen sich durch Versuche (oder Erfahrungen) gezeigt hat, dass keine Abplatzungen unter Brandbeanspruchung stattfinden werden.

Methode D: Um Zugkräfte aufnehmen zu können, die bei einer Ausdehnung des Wasserdampfes im Beton entstehen, sind der Betonmischung (je nach Wasserzementwert) zwischen 2 und 4 kg/m³ einfaserige Polypropylenfasern beizugeben.

Verhinderung des Abfallens von Beton

Durch das Abfallen der Betondeckung im letzten Stadium der Brandbeanspruchung werden die Bewehrungsstähle freigelegt. Um dies zu verhindern, sollte auch bei normalfesten Betonen eine zusätzliche Oberflächenbewehrung in Form einer Mattenbewehrung eingebaut werden. Die Maschen sollten nicht größer als 100 mm sein und die Stäbe einen Durchmesser von 4 mm nicht unterschreiten.

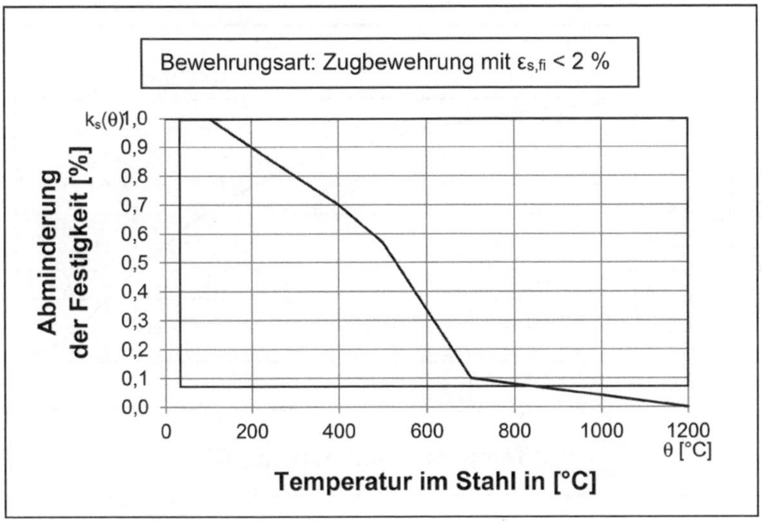

Bild 1.33: Die Festigkeit von Betonstählen nimmt prozentual aufgrund der Temperatur im Stahl ab – nach [1.83].

8.4 Baustahl und Dämmschichtbildner

schnelle Durchwärmung

Im Gegensatz zu den „kompakten" Querschnitten von Bauteilen aus dem Holz- und Stahlbetonbau werden im Stahlbau mehrheitlich aufgegliederte dünnwandige Profile eingesetzt, wie z.B. Doppel-T-Profile, U-Profile oder Winkel-Profile.

Ungeschützte Stahlbauteile durchwärmen sich im Brandfall aufgrund der hohen Temperaturen, der großen Wärmeleitfähigkeit des Materials sowie der dünnen Profilteile sehr schnell.

hohe Temperaturen im Brandraum

Bei Brandversuchen steigen die Temperaturen im Brandraum aufgrund der Werte der ETK nach 5 Minuten schon auf 576 °C, nach 10 Minuten auf 678 °C und nach 15 Minuten auf 739 °C. In Realbränden werden ähnliche Temperaturen erreicht. Dies führt zu einer frühen Durchwärmung von Stahlbauprofilen.

U/A-Wert

Je filigraner ein Stahlbauquerschnitt ist, desto schneller durchwärmt er. Das Kriterium zur brandschutztechnischen Klassifizierung von Querschnitten ist deshalb das Verhältnis von beflammtem Umfang zur Querschnittsfläche (U/A-Wert nach der deutschen oder A/V-Wert nach der europäischen Normung). Dieser Wert wird Profilfaktor genannt (siehe Bild 1.36). Je größer der Faktor ist, desto schneller durchwärmt das Profil.

schnelle Abnahme der Tragfähigkeit

Die Druck- und Zugfestigkeit von Stahl verringert sich mit zunehmender Temperatur (siehe Bild 1.34). Bei 500 °C nimmt die Streckgrenze des Stahls, die Festigkeit des Stahls, z.B. um ca. 40 % im Vergleich zur Festigkeit bei Raumtemperatur, bei 600 °C ungefähr um die Hälfte ab. Hieraus ist ersichtlich, dass ungeschützte statisch tragende Stahlbauteile schon nach kurzer Zeit ihre Tragfähigkeit verlieren und versagen können.

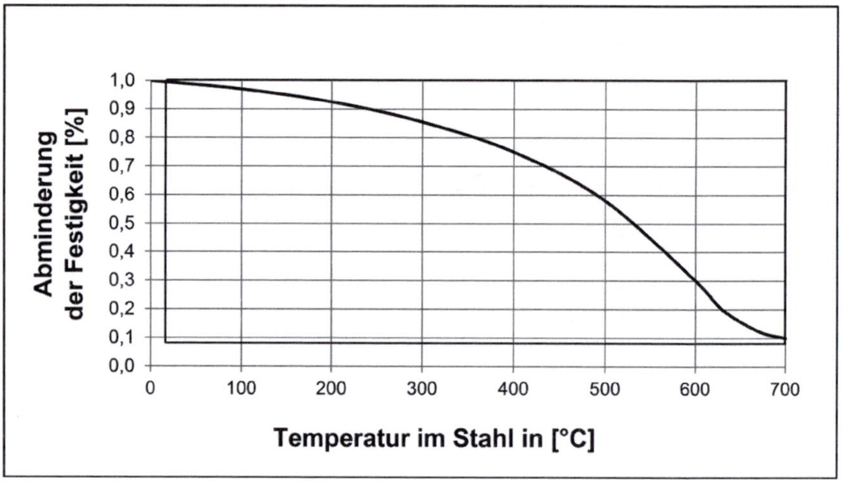

Bild 1.34: Prozentuale Verringerung der Festigkeit von Baustahl in Abhängigkeit von der Stahltemperatur aus [1.21]

Schutz vor Wärmeenergie

Um dies zu verhindern, müssen die Stahlbauteile vor dem Eintrag von Wärmeenergie geschützt werden. Dies kann in Form von Feuerschutzanstrichen und -beschichtungen, Bekleidungen, Betonüberdeckungen oder durch Wasserführung in hohlen Profilen geschehen.

Brandschutzbekleidungen

Brandschutzbekleidungen können unter anderem aus Gipskartonplatten, zementgebundenem Spritzputz, Vermiculite- und Perlitemörtel (auf Putzträgern) oder Mineralfasern bestehen und kastenförmig oder profilfolgend hergestellt werden (siehe Bild 1.35).

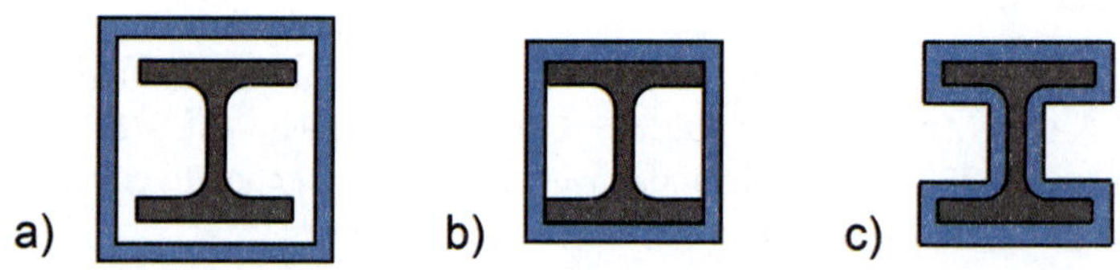

Bild 1.35: Brandschutzbekleidungen in Kastenform (a und b) sowie profilfolgend (c)

Dämmschicht-bildner

Der Einsatz von Dämmschichtbildnern ist eine weitere Möglichkeit, Stahlbauteile vor Wärmeenergie zu schützen. Die reaktive Beschichtung wird bei Temperaturbeanspruchung im Brandfall wirksam. Sie entwickelt dabei durch Aufschäumen eine wärmedämmende Wirkung. Eine Beschichtung mit der Dicke von 1 mm kann auf ca. 50 mm aufschäumen. Der Vorgang wird Intumeszenz genannt.

In der Regel ist die Verwendung dieser Brandschutzsysteme auf Stahlbauteile mit einem maximalen U/A-Wert begrenzt.

Dieser Wert ist der „allgemeinen bauaufsichtlichen Zulassung (abZ)" des entsprechenden Produktes zu entnehmen.

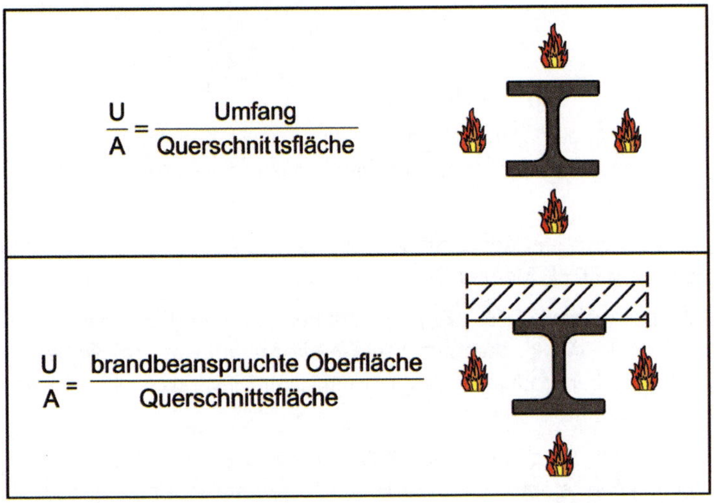

Bild 1.36: Der Profilfaktor ergibt sich aus dem Verhältnis des wärmetechnisch beaufschlagten Umfangs zur gesamten Profilfläche.

höchster zulässiger U/A-Wert

In einigen bauaufsichtlichen Zulassungen für reaktive Brandschutzsysteme wird der Profilfaktor U/A für Träger, Druckglieder und Zugglieder mit offenen Profilen z.B. auf maximal 300 m^{-1} zum Erreichen der Feuerwiderstandsklasse F 30 begrenzt. Zum Erreichen der Klasse F 60 liegt der Grenzwert des U/A-Wertes für offene Profile (z.B. Doppel-T-Profile) bei maximal 200 m^{-1} und für Druckglieder mit geschlossenen Profilen (z.B. Hohlprofile) bei 100 m^{-1}.

Das Stahlbauteil wird nach dem Auftrag des Dämmschichtbildners als F 30-AB bzw. F 60-AB bezeichnet.

Stahlbauprofile können durch Dämmschichtbildner bis zu einer Feuerwiderstandsdauer von 120 Minuten ertüchtigt werden.

Genaue Anwendungsgrenzen sind den entsprechenden Zulassungen zu entnehmen.

Ablaufzeit der abZ / aBG

Wie schon im Absatz 8.2 erläutert, ist beim Einsatz dieser Beschichtungen zu beachten, dass sie aufgrund der Ablaufzeit der abZ bzw. aBG gegebenenfalls alle zehn Jahre erneuert werden müssen.

8.5 Gipswerkstoffe

Gips in Plattenwerkstoffen

In modernen Brandschutzsystemen wird das Baumaterial Gips in Form von Plattenwerkstoffen verwendet. Die üblichen Plattentypen, die dazu genutzt werden, sind Gipskarton- und Gipsfaserplatten. Sie können z.B. als Verkleidungen von Stahlbauteilen oder zur Herstellung der Wandbeplankung von Holzrahmenwänden eingesetzt werden.

REA-Gips

Zur Herstellung beider Arten von Platten wird ein großer Teil REA-Gips verwendet. Dieser Gips fällt bei **R**auchgas-**E**ntschwefelungs-**A**nlagen an und entsteht hauptsächlich durch Nassabsorption mit Kalk-Suspensionen von SO_2 aus schwefelhaltigen Brennstoffen:

$$SO_2 + H_2O + 1/2\ O_2 \rightarrow H_2SO_4$$
$$H_2SO_4 + Ca(OH)_2 \rightarrow CaSO_4 \cdot 2H_2O$$

Wasser in der Kristallgitterstruktur

Die Gipse liegen in der Hydratstufe als Dihydrat vor. Im Kristallgitter des Calciumsulfats ($CaSO_4$) werden durch den chemischen Vorgang zwei Moleküle Wasser ($2H_2O$) eingebunden.

REA-Gipse sind sehr rein und bestehen fast nur aus Doppelhydrat. Die Naturgipse beinhalten bis zu 20 % Ton und Kalk.

Rohgipse

Diese Rohgipse werden zu Stuckgipsen verarbeitet, die im trockenen Brennverfahren bei 120 bis 180 °C im Drehofen oder Großkocher entwässern. Sie bestehen aus Dehydratationsnebenprodukten des Calciumsulfat-Dihydrats – überwiegend aus β-Halbhydrat-Anteil.

Entwässerung von Gips

Die Dehydrierung des Gipses, auch Kalzinierung genannt, beginnt ab ca. 80 °C [1.84]. Bei höheren Temperaturen werden flüchtige Anteile des Materials freigesetzt, die fast ausschließlich aus Wasserdampf bestehen.

Bei einer Temperatur von mehr als 80 °C wird nahezu 75 % des chemisch gebundenen Wassers abgesondert.

Abgebundener Gips kann auch als Calciumsulfat-Dihydrat bezeichnet werden. Die chemische Formel dazu lautet $CaSO_4 \rightarrow 2H_2O$.

Rohdichte von Gipsen

Die Rohdichte des Gipses in Gipskarton- und Gipsfaserplatten liegt zwischen 800 und 1.250 kg/m³.

Wassermengen in Gipsplatten

Die Platten werden in unterschiedlichen Dicken hergestellt. Eine übliche Größe ist d = 12,5 mm. Auf einem Quadratmeter enthält diese Platte ca. 2,5 (bei einer Rohdichte von 1.000 kg/m³) bis 3,1 Liter (bei einer Rohdichte von 1.250 kg/m³) gebundenes Kristallwasser.

Wirkungsweise von Gipsfaserplatten

Gipsfaserplatten (GF-Platten) bestehen aus einem Gemisch von Natur- und REA-Gips sowie aus Cellulosefasern, die in der Regel aus Altpapier hergestellt werden. Bei äußeren Einwirkungen auf die Platte, wie zum Beispiel bei Plattenbiegung, nehmen diese Fasern in dem Verbundsystem die Zugkräfte auf, der Gips die Druckkräfte. Das Mischungsverhältnis dieses Plattentyps beträgt ca. 82 % Gips und 18 % Cellulosefasern. Im Brandfall wird dem Gips das nichtgebundene und gebundene Wasser im Oberflächenbereich entzogen. Durch das fehlende Material verkürzt sich die Länge der Platte. Da aber die tieferliegende Schicht der Gipsplatte kühler als der obere Bereich ist, verkürzt sie sich dort nicht. Aufgrund der unterschiedlichen Längenänderungen entstehen Spannungen im Material, die zu Rissen führen können. Die Cellulosefasern nehmen ein Teil der Zugspannungen auf und behindern dadurch die frühe Rissbildung in der Platte.

Aufbau von GKB-Platten

Gipskarton-Bauplatten (GKB-Platten) bestehen im Kern im Wesentlichen aus Gips und sind mit Karton ummantelt. Der Gipskern kann geringe Mengen an Zusatzstoffen enthalten. Der Karton übernimmt in diesem System die Zugkräfte, der Gipskern die Druckkräfte.

Wirkungsweise von GKF-Platten

Gipskarton-Feuerschutzplatten (GKF-Platten) haben zusätzlich im Kern ein Gewebe aus Glas- oder Mineralfasern. Diese anorganischen Fasern verstärken den Gefügezusammenhalt der Platten und behindern die Rissbildung im Brandfall und damit das Auseinanderfallen der Platte.

Eine verbesserte Ausführung der Feuerschutzplatten hat eine beidseitige Oberflächenbeschichtung aus Glasvlies bzw. Glasgelege anstatt des Kartons und wird deshalb in die Baustoffklasse A1 eingestuft.

gebundenes und freies Wasser

Zum Verdampfen des kristallin gebundenen Wassers des Gipses wird erhebliche Energie benötigt. Die Menge des im Kristallgitter gebundenen Wassers liegt bei ca. 21 Masse-%, die des freien Wassers je nach Umgebungsbedingungen bei ca. 3 bis 8 Masse-%.

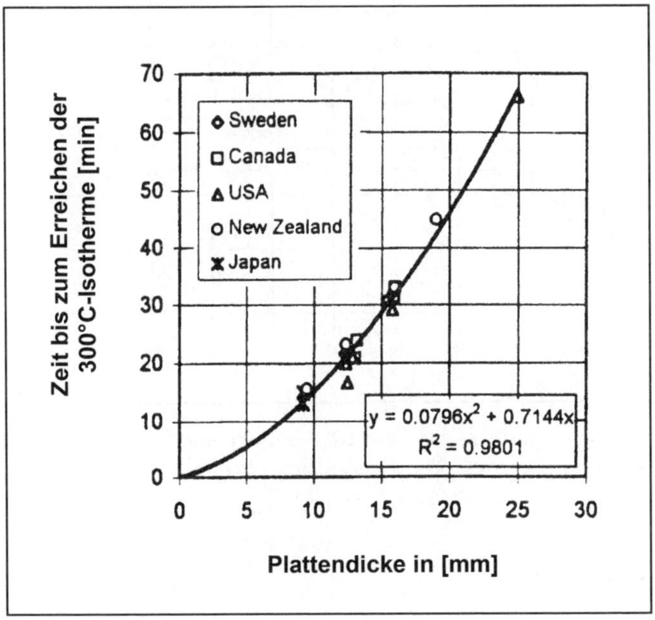

Bild 1.37: Dauer bis zum Erreichen der 300-°C-Isotherme auf der Rückseite der getesteten Gipskartonplatten bei einer konstanten Wärmeenergie von 50 kW/m² [1.85]

Risse in GKF-Platten

Während das Wasser bei einem Brand aus dem Gips gelöst wird und dessen Aggregatzustandsänderung (Wasser in Wasserdampf) erfolgt, entstehen Spannungsrisse. Bei der Gipskarton-Bauplatte besteht die Gefahr, dass in Folge der Risse die Schutzwirkung der Platte versagt. Auch die entwässerte Gipsplatte hat noch eine schützende Wirkung, da die Wärmeleitfähigkeit des trockenen Gipses gering ist. Dieser Zustand dauert bis zum Zerfall der Platte an. Im Bereich der Risse tritt die Wärmeenergie ungehindert in die Wandkonstruktion ein.

Risse in Gipsfaserplatten

Bei den **Gipsfaserplatten** findet bei Brandeinwirkung ein ähnliches thermisches Verhalten statt. Der Gips wird wie bei der Gipskartonplatte entwässert. Die Cellulosefasern behindern jedoch die Rissbildung. Da Cellulose ein brennbares Material ist, können die Fasern nur bis zum Zeitpunkt der eigenen pyrolytischen Zersetzung die thermischen Zugkräfte aufnehmen, die durch die Austrocknung entstehen.

Einfluss auf die aufnehmbare Spannung haben die Dicke der Platte, die Art der Fasern sowie die Zusammensetzung und der Feuchtegehalt des Gipses.

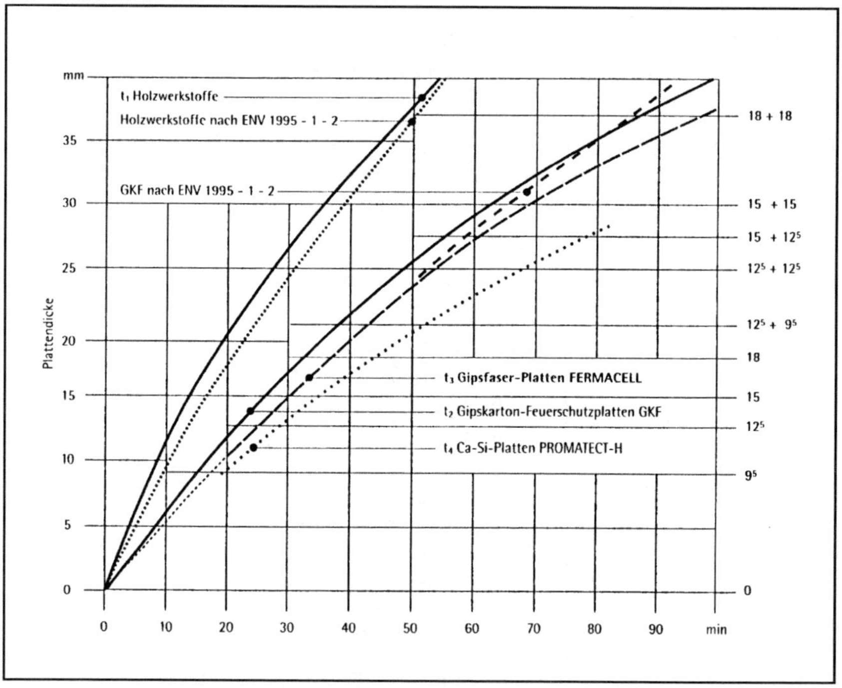

Bild 1.38: Dauer bis zum Erreichen der 500°-Isotherme auf der feuerabgewandten Seite der getesteten Gipskartonplatten bei Wärmeenergie nach der ETK nach [1.78]

8.6 Dämmstoffe

Dämmstoffe lassen sich in zwei Hauptgruppen einteilen, die organischen und die anorganischen Stoffe. Sie unterscheiden sich in den Ausgangprodukten. Organische Dämmstoffe basieren auf Kohlenstoffverbindungen, anorganische Dämmstoffe werden aus mineralischen Grundstoffen hergestellt. In Brandschutzbauteilen werden hauptsächlich nichtbrennbare Mineralfaserdämmungen aus Stein- oder Glaswolle angeordnet.

Zusammensetzung von Faserdämmstoffen

Der Hauptrohstoff der **Steinwolle** besteht aus Basalt-, Diabas- und/oder Dolomitgestein, das in der Dämmung mindestens zu 90 % enthalten sein muss. Die Gesteine werden bei 1.400 bis 1.500 °C geschmolzen und fließen auf eine rotierende Scheibe, die die Schmelze zerfasert und abkühlt. Die daraus entstehenden Fasern haben eine Dicke von 2 bis 20 mm. Sie werden zu einem Vlies aufgeschichtet und mit einem Kondensationsharzkleber verbunden. Hierdurch erhält die Dämmung ihre Formbeständigkeit. Der Kleber wird im Heißluftstrom bei ca. 250 °C ausgehärtet, wodurch die flüchtigen Bestandteile wie Formaldehyd oder Phenol aus dem Produkt entfernt werden. Übrig bleibt der ausgehärtete Kleber, z.B. Bakelit. Kunstharze dürfen bis zu 7 % in der Dämmung enthalten sein. Weitere Bestandteile der Dämmung sind Öle, die bis zu 1,0 % enthalten sein dürfen. Sie binden die Staubanteile und werden als Feuchtigkeitsschutz eingesetzt.

Material	Dicke
-	[mm]
Gipskarton-Feuerschutzplatte (GKF)	15,0
Steinwolledämmung (2 Lagen)	2 x 60

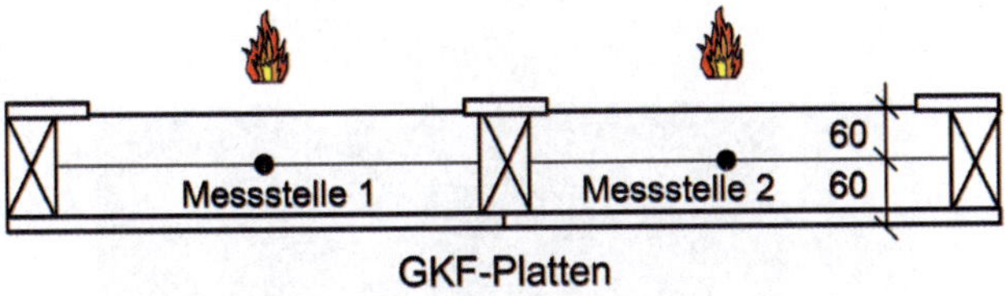

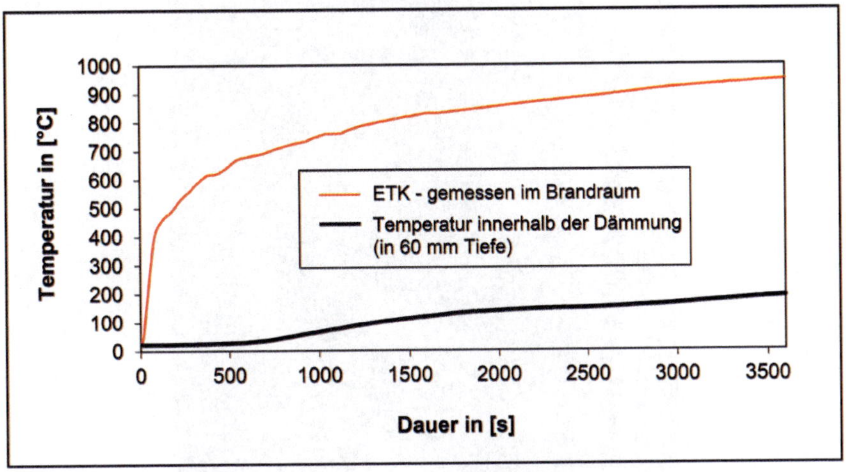

Bild 1.39: Gemittelte Temperaturen der Messstellen 1 und 2 (in der Tiefe von 60 mm) innerhalb von Steinwolledämmung mit einer Gesamttiefe von 120 mm [1.53]

Versuchsbeschreibung

Im Bild 1.39 wird ein Brandversuch mit Angabe des Versuchsaufbaus dargestellt. In einem Versuchsofen wurde das thermische Verhalten von Steinwolledämmung untersucht. Ein Thermoelement (Thermometer), das zwischen zwei Lagen Steinwolledämmung angeordnet worden war, hat die Temperaturen der schwarzen Temperaturzeitkurve im Bild 1.39 gemessen.

Die rote Kurve im Diagramm zeigt die ermittelten Temperaturen nach der Einheits-Temperaturzeitkurve im Brandraum in Abhängigkeit von der Zeit.

Nach 60 Minuten wurde im Versuchsofen eine Temperatur von ca. 950 °C gemessen. Durch die gute thermische Schutzwirkung erhöht sich die Temperatur innerhalb der Dämmung (in einer Tiefe von 60 mm) gleichzeitig jedoch nur auf ca. 190 °C.

Faserdämmstoffe aus Glasfasern

Glaswolle besteht zu 60 bis 70 % aus Altglas, Quarzsand, Soda, Dolomit und Kalkstein. Der Rohstoff wird, wie auch bei der Steinwolle, geschmolzen, zerfasert und dann mit Phenol-Formaldehyd-Harzkleber zu einem Vlies gebunden.

Schmelz- und Schrumpftemperaturen

Weder die Glas- noch die Steinwolle tragen zum Brandgeschehen einen messbaren Wert in Form von Brandlast bei. Die thermische Formbeständigkeit ist jedoch sehr unterschiedlich. Während die Steinwolle erst ab ca. 700 °C leicht schrumpft, beginnt das Schmelzen der Glaswolle schon bei 430 bis 450 °C.

Steinwolledämmung im Brandfall

Durch die geringe Wärmeleitfähigkeit, die Nichtbrennbarkeit sowie den hohen Schmelzpunkt (> 1.000 °C) ist Steinwolledämmung als Brandschutzmaterial besonders gut geeignet, Glaswolledämmung ist durch ihren niedrigen Schmelzpunkt eher ungeeignet.

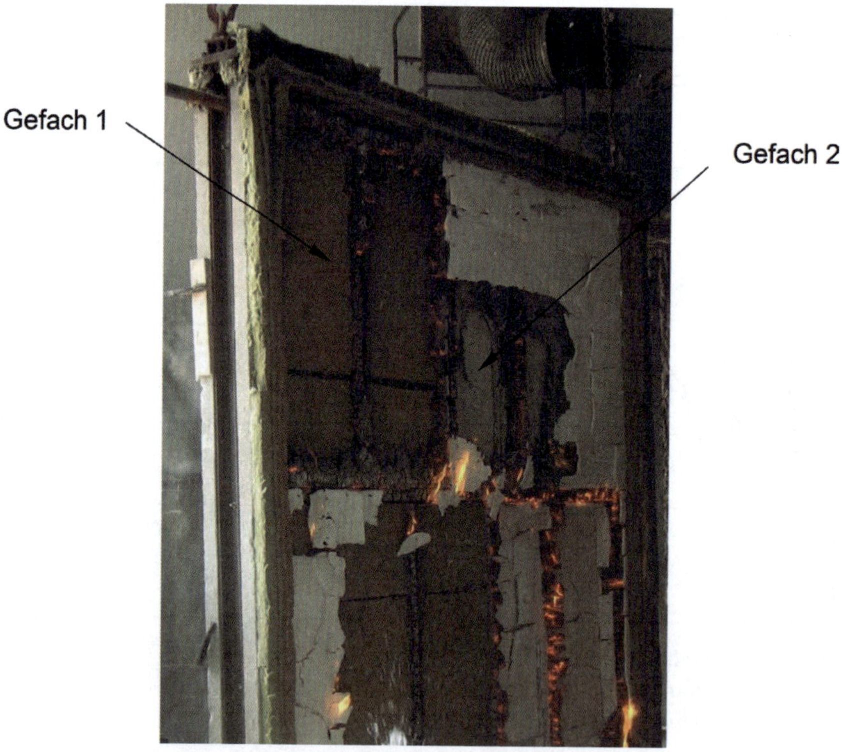

Bild 1.40: Gefach 1: ausgefüllt mit Steinwolledämmung (noch fast vollständig vorhanden); Gefach 2: ausgefüllt mit Glaswolle (fast gänzlich weggeschmolzen); Brandseite einer Holzrahmenwand nach 80 Minuten Brandeinwirkung [1.53]

8.7 Glaswerkstoffe

Einsatz von Brandschutzgläsern

Gläser werden in der Regel in abschottenden Bauteilen von brandschutztechnisch definierten Bereichen eingesetzt. Sie bilden mit Wänden zusammen einen Raumabschluss und ver- bzw. behindern den Austritt von Brandprodukten aus dem Brandbereich.

handelsübliche Gläser

Aufgrund der großen Temperaturunterschiede zwischen der Scheibenmitte und dem Rand eines Glases entstehen im Brandfall große thermische Spannungen, die zu Rissen und damit zum Versagen der gläsernen Abschottung führen können. Der Einsatz von handelsüblichem Fensterglas ist deshalb in Brandschutzsystemen nicht geeignet.

Borosilikatgläser

Als Brandschutzgläser werden in der Regel Borosilikatgläser eingesetzt, da sie eine besonders hohe Temperaturwechselbeständigkeit besitzen. Sie bestehen aus Siliciumoxid (SiO_2), Bortrioxid (B_2O_3), Natriumoxid (Na_2O), Kaliumoxid (K_2O) und Aluminiumoxid (Al_2O_3). Glas ist ein anorganischer Stoff und leistet keinen Beitrag zur Erhöhung der Brandlast.

Vorgespannte Borosilikatgläser besitzen gegenüber herkömmlichen Gläsern eine hohe Temperaturbeständigkeit durch einen hohen Erweichungspunkt und durch eine hohe Viskosität. Diese Gläser bieten den Vorteil, dass sie auch bei großer Wärmeeinwirkung transparent bleiben.

G-Verglasungen

Vor der Entwicklung von speziellen Brandschutzgläsern wurde häufig Drahtglas im Brandschutz eingesetzt. Es ist ein Glas mit einer Einlage aus einem Drahtgeflecht. Beim Zersplittern des Glases durch thermische Spannungen hält diese Einlage die meisten der entstehenden Glassplitter zusammen. Die Borosilikat- und Drahtgläser verhindern die Übertragung von toxischen und sichtbehindernden Brandgasen, jedoch nicht die Weiterleitung von Wärmeenergie, die aufgrund von Strahlungen übertragen wird. Befinden sich Brandlasten auf der anderen Seite des Glases, können sich diese durch den Energietransport entzünden. Eine Brandweiterleitung wird hierdurch nicht unterbunden. Diese Art von Gläsern wird als G-Verglasung eingestuft.

F-Verglasungen

Um die Übertragung eines Brandes über einen definierten Zeitraum zu verhindern, werden Brandschutzgläser eingesetzt, die aus zwei oder mehreren einzelnen Scheiben bestehen. Zwischen den Scheiben können sich durchsichtige Gele oder Folien befinden. Ab ca. 120 °C beginnt z.B. das Gel aufzuschäumen und bildet eine undurchsichtige „Dämmung". Die Temperaturerhöhung darf auf der feuerabgewandten Seite in einem definierten Zeitraum nicht mehr als 180 K betragen. Hierdurch wird verhindert, dass sich während des Brandes Gegenstände auf der vom Feuer abgewandten Seite entzünden. Diese Gläser werden als F-Verglasung eingestuft.

9 Nachweise zur Bestimmung der Feuerwiderstandsfähigkeit von Bauteilen

Für tragende oder raumabschließende Bauteile werden in den Landesbauordnungen Anforderungen zum Brandverhalten und zur Feuerwiderstandsfähigkeit gestellt. Die brandschutztechnische Einstufung dieser Elemente kann mit Hilfe unterschiedlicher Methoden erfolgen. Nicht alle diese Verfahren, die in den nachfolgenden Absätzen erläutert werden, können für jedes Bauteil angewendet werden.

Mischungsverbot

Beispielsweise gibt es bei den rechnerischen Nachweisen ein „Mischungsverbot" unterschiedlicher Normenreihen. Es ist nicht zulässig, für Bauteile, die nach alten nationalen Normen für den Temperaturfall „Normaltemperatur" bemessen wurden, eine „Heißbemessung" (Bemessung im Brandfall) nach Europäischen Normen (Eurocodes) vorzunehmen. Diese Konstellation kann bei Sanierungsarbeiten auftreten, wenn vorhandene Bauteile brandschutztechnisch bewertet werden müssen.

Einstufungsmöglichkeiten

Der Brandschutz- und der Tragwerksplaner müssen sich also darüber informieren, welche Möglichkeiten es zur Ermittlung der Feuerwiderstandsfähigkeit von Bauteilen gibt. Nachfolgend werden mögliche Einstufungsmethoden näher erläutert.

9.1 Bestimmung der Feuerwiderstandsfähigkeit nach DIN 4102-4

Einstufung des Brandverhaltens nach Norm

Die DIN 4102-4:2016-05 (Brandverhalten von Baustoffen und Bauteilen, Zusammenstellung und Anwendung klassifizierter Baustoffe, Bauteile und Sonderbauteile) [1.86] wird auch „Bauteilkatalog" genannt. Die Bezeichnung ergibt sich aus der Anwendungsart. In der Norm werden Bauteile und ihre konstruktiven sowie materiellen Randbedingungen beschrieben. Aufgrund dieser Eigenschaften kann eine Feuerwiderstandsdauer für die Konstruktion dem Regelwerk entnommen werden. Werden die Bauteile also so hergestellt, wie sie in der Norm beschrieben und klassifiziert sind, können sie ohne weitere Nachweise in die vorgegebene Klasse eingestuft werden.

Überarbeitung der DIN 4102-4

Mit der Einführung der neuen Generation der Eurocodes im Juli 2012 sollte die Nutzung aller nationalen Bemessungsnormen nicht mehr zulässig sein. Zu diesen Normen gehörte auch die DIN 4102-4 [1.21]. Wegen massiver Einsprüche aus der Fachwelt wurde sie jedoch nicht zurückgezogen. Seit Mai 2016 liegt die vollständig überarbeitete Fassung der DIN 4102-4:2016-05 [1.86] vor. Diese Version enthält Hinweise und ergänzende Ausführungsregeln zu den Eurocodes. Weiterhin finden sich darin bewährte Ausführungsregeln, die auf europäischer Ebene nicht reguliert sind.

alte Baukonstruktionen

Den „Bauteilkatalog" wird es also in Zukunft weiterhin geben. Zurzeit (Stand November 2020) wird er grundlegend überarbeitet. Für folgende klassische Bauteile sind keine vorgegebenen Feuerwiderstandsdauern mehr enthalten: Kappen-, Stahlträger- und Hourdisdecken.

9.2 Rechnerischer Nachweis der Feuerwiderstandsfähigkeit

ausschließliche Nutzung der Eurocodes

Bis zum Juni 2012 durften neben den nationalen auch die europäischen Normen, die Eurocodes (siehe Tabelle 1.6), in Deutschland zur Bemessung von statisch tragenden Bauteilen herangezogen werden. Seit Juli 2012 ist es nicht mehr zulässig, die nationalen deutschen Normen zu benutzen.

Tabelle 1.6: Übersicht der Eurocode-Teile zur Bemessung bei Raumtemperatur und im Brandfall

Eurocodes	Bemessungsgrundlagen bei Raumtemperatur	Bemessungsgrundlagen für den Brandfall
EC 0: Grundlagen der Tragwerksplanung	DIN EN 1990	
EC 1: Einwirkungen auf Tragwerke	DIN EN 1991-1-1	DIN EN 1991-1-2
EC 2: Bemessung und Konstruktion von Stahlbeton- und Spannbetontragwerken	DIN EN 1992-1-1	DIN EN 1992-1-2
EC 3: Bemessung und Konstruktion von Stahlbauten	DIN EN 1993-1-1	DIN EN 1993-1-2
EC 4: Bemessung und Konstruktion von Verbundtragwerken aus Stahl und Beton	DIN EN 1994-1-1	DIN EN 1994-1-2
EC 5: Bemessung und Konstruktion von Holzbauten	DIN EN 1995-1-1	DIN EN 1995-1-2
EC 6: Bemessung und Konstruktion von Mauerwerksbauten	DIN EN 1996-1-1	DIN EN 1996-1-2
EC 7: Entwurf, Berechnung und Bemessung in der Geotechnik	DIN EN 1997	kein Brandschutzteil vorhanden
EC 8: Auslegung von Bauwerken gegen Erdbeben	DIN EN 1998	kein Brandschutzteil vorhanden
EC 9: Bemessung und Konstruktion von Aluminiumtragwerken	DIN EN 1999-1-1	DIN EN 1999-1-2

Bemessungen für den Brandfall

Die Feuerwiderstandsdauer bzw. -klasse von Bauteilen kann rechnerisch (bis auf wenige Ausnahmen, z.B. nach der DIN 18230-Reihe) nur noch über die „Brandschutzsteile" der Eurocodes erfolgen. Die Kurzbezeichnung der Normen aus dieser Reihe endet jeweils mit der Ziffernfolge „-1-2". Es gibt sieben Brandschutzsteile der Eurocodes (siehe Tabelle 1.6).

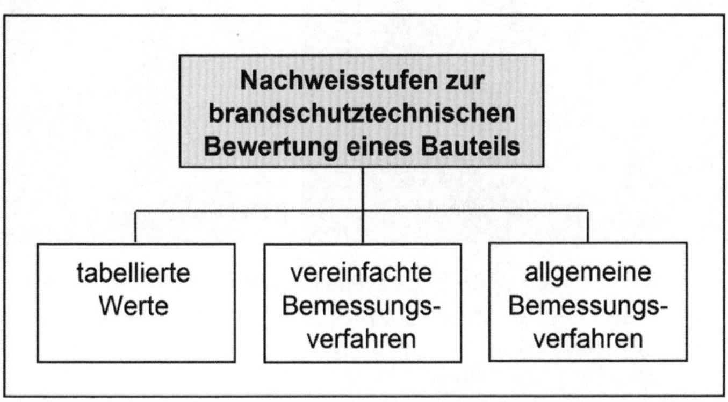

Bild 1.41: Übersicht über die zulässigen Verfahren (Nachweisstufen) bei der brandschutztechnischen Bemessung eines Bauteils nach [1.83]

Nachweisstufen in den Eurocodes

In den Eurocodes gibt es drei mögliche Nachweisstufen, die „Tabellenverfahren", die „Vereinfachten Bemessungsverfahren" und die „Allgemeinen Bemessungsverfahren" (siehe auch Bild 1.41).

thermische Einwirkung durch die ETK

Zur brandschutztechnischen Analyse eines Bauteils, das durch Wärmeenergie nach der Einheits-Temperaturzeitkurve (ETK) beaufschlagt wird, werden zwei Gruppen von Berechnungsmethoden angeboten, mit deren Hilfe man den Feuerwiderstand manuell berechnen kann – die tabellarischen Verfahren sowie die „Vereinfachten Bemessungsverfahren". Alle weiteren Nachweise – wie die Analyse eines Teilbauwerks oder eines Gesamtbauwerks, und alle Verfahren, deren Grundlage parametrische Brandkurven sind – können nur über computerunterstützte numerische Simulationen durchgeführt werden. Numerische Verfahren sind zum Beispiel die Finite-Elemente-Methode (FE-Methode) oder die „Computational Fluid Dynamics"-Methode (CFD-Methode). Diese Allgemeinen Bemessungsverfahren werden in Absatz 11.3 grundsätzlich beschrieben.

9.3 Durchführung von genormten Brandversuchen

Brandversuche in Prüfanstalten

Genormte Brandversuche werden in notifizierten Materialprüfanstalten für das Bauwesen durchgeführt. Für unterschiedliche Bauteile gibt es spezielle Prüföfen, wie z.B. Wandöfen (siehe Bild 1.42), Deckenöfen, Stützenöfen, die entsprechend dem zu prüfenden Bauteil ausgebildet sind. Um Umwelteinflüsse zu minimieren, befinden sich diese Öfen in der Regel in geschlossen Hallen.

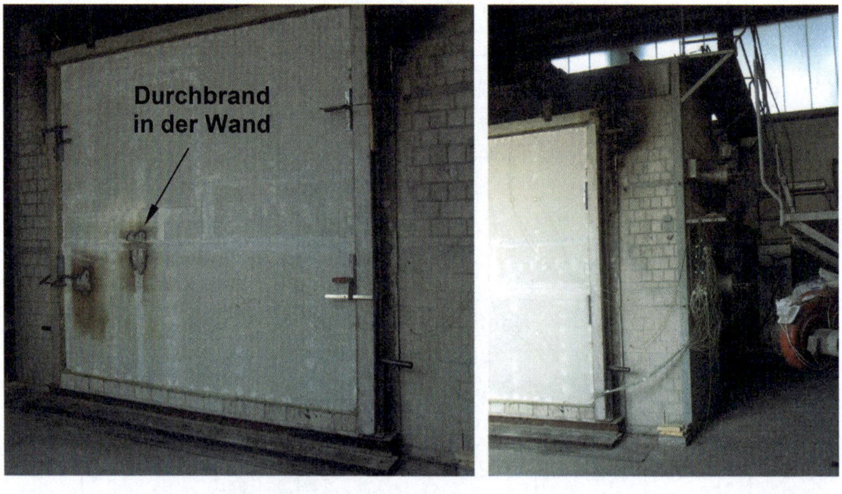

Bild 1.42: Die Bilder zeigen einen Wandofen (in einer Halle), in dem eine Holzrahmenwand mit den Maßen 3,0 m × 3,0 m auf die Feuerwiderstandsdauer geprüft wird [1.53].

Versuchsdauern

Das brandschutztechnische Versagen eines Bauteils ist in der entsprechenden Prüfnorm geregelt. Werden die dort festgelegten Kriterien über- bzw. unterschritten, wird der Brandversuch abgebrochen. Die Zeit zwischen Beginn und Ende des Versuchs ist die Dauer, nach der das Bauteil eingestuft wird. Nach dem Bauordnungsrecht gibt es folgende Einstufungsdauern: 30, 60, 90, 120 und 180 Minuten.

Bei einem Prüfungsabbruch, z.B. nach 40 Minuten, wird das Bauteil in die Feuerwiderstandsdauer F 30 eingestuft, da es die nächste Zeitstufe (60 Minuten) nicht erreicht hat.

Abbruchkriterien von Brandversuchen

Der Abbruch eines Versuchs erfolgt unter anderem beim Durchbrand einer Holzrahmenwand (siehe Bild 1.42). Durch die entstandenen Fugen oder Spalten können giftige Brandgase übertragen werden, der Raumabschluss ist deshalb nicht mehr gegeben. Andere Kriterien bei Wänden sind die Überschreitung der Temperaturen auf der feuerabgewandten Seite der Wand. Sie dürfen an den geforderten fünf Messstellen eine Erhöhung von 140 K im Mittel und von 180 K an der ungünstigsten Stelle nicht überschreiten. Auch die Verformung sowie die Verformungsgeschwindigkeit ist ein Versagenskriterium von Wänden. Für alle anderen Bauteile gibt es ebenfalls entsprechende Versagenskriterien (siehe nachfolgende Normenliste).

Auswahl von Prüfnormen

Wichtige Prüfnormen (zum Teil Ersatz für nationale Nomen der DIN-4102-Reihe), in denen die Versuchsanordnung sowie deren Durchführung und Abbruchkriterien enthalten sind:

DIN EN 1363-1:2020-05
Feuerwiderstandsprüfungen – Teil 1: Allgemeine Anforderungen

DIN EN 1363-2:1999-10
Feuerwiderstandsprüfungen – Teil 2: Alternative und ergänzende Verfahren

DIN EN 1364-1:2015-09
Feuerwiderstandsprüfungen für nichttragende Bauteile – Teil 1: Wände

DIN EN 1364-2:2018-03
Feuerwiderstandsprüfungen für nichttragende Bauteile – Teil 2: Unterdecken

DIN EN 1364-3:2014-05
Feuerwiderstandsprüfungen für nichttragende Bauteile – Teil 3: Vorhangfassaden – Gesamtausführung

DIN EN 1364-4:2014-05
Feuerwiderstandsprüfungen für nichttragende Bauteile – Teil 4: Vorhangfassaden – Teilausführung

DIN EN 1364-5:2017-09
Feuerwiderstandsprüfungen für nichttragende Bauteile – Teil 5: Lüftungsgitter

DIN EN 1365-1:2013-08
Feuerwiderstandsprüfungen für tragende Bauteile – Teil 1: Wände

DIN EN 1365-2:2015-02
Feuerwiderstandsprüfungen für tragende Bauteile – Teil 2: Decken und Dächer

DIN EN 1365-3:2000-02
Feuerwiderstandsprüfungen für tragende Bauteile – Teil 3: Balken

DIN EN 1365-4:1999-10
Feuerwiderstandsprüfungen für tragende Bauteile – Teil 4: Stützen

DIN EN 1365-5:2005-02
Feuerwiderstandsprüfungen für tragende Bauteile – Teil 5: Balkone und Laubengänge

DIN EN 1365-6:2005-02
Feuerwiderstandsprüfungen für tragende Bauteile – Teil 6: Treppen

DIN EN 1634-1:2018-04
Feuerwiderstandsprüfungen für nichttragende Bauteile und Rauchschutzprüfungen für Türen, Tore, Abschlüsse, Fenster und Baubeschläge – Teil 1: Feuerwiderstandsprüfungen für Türen, Tore, Abschlüsse und Fenster

DIN EN 1634-2:2009-05
Feuerwiderstandsprüfungen und Rauchschutzprüfungen für Türen, Tore, Abschlüsse, Fenster und Baubeschläge – Teil 2: Charakterisierungsprüfung zum Feuerwiderstand von Baubeschlägen

DIN EN 1634-3:2005-01
Feuerwiderstandsprüfungen für Tür- und Abschlusseinrichtungen – Teil 3: Rauchschutzabschlüsse

DIN EN 1634-3 Berichtigung 1:2009-09
Feuerwiderstandsprüfungen für Tür- und Abschlusseinrichtungen – Teil 3: Rauchschutzabschlüsse; Berichtigungen zu DIN EN 1634-3:2005-01

10 Verwendbarkeit von Bauprodukten/Bausätzen und Bauarten

10.1 Nationale Entwicklung der Verwendbarkeit von Bauprodukten/Bausätzen und Bauarten

nur geeignete Bauprodukte zulässig

Nach den §§ 16a und 16b der Musterbauordnung [1.4] dürfen Bauarten und Bauprodukte/Bausätze bei der Herstellung von baulichen Anlagen nur dann verwendet werden, wenn sie hierfür geeignet sind. Diese Vorgabe gilt als nachgewiesen, wenn die Baustoffe die Anforderungen an sie erfüllen, die durch die Bauordnung oder durch Verordnungen, die aufgrund der Bauordnung erlassen wurden, gestellt werden. Es dürfen also keine beliebigen Baustoffe oder Bauarten eingesetzt werden. Bei allen zur Herstellung eines Gebäudes verwendeten Materialien muss die Verwendbarkeit bzw. Anwendbarkeit bestätigt werden. Die baurechtliche Basis hierzu hat sich in den letzten Jahren grundlegend geändert.

Rechtssache C-13/100 (EuGH) vom 16.10.2014

Am 16.10.2014 wurde vom Europäischen Gerichtshof ein Urteil (Rechtssache: C-13/100) erlassen, das zu dieser Änderung im deutschen Baurecht geführt hat. Hersteller von Bauprodukten (Dämmstoffe aus Mineralwolle, Rohrleitungsdichtungen aus thermoplastischen Elastomeren sowie Tore, Fenster und Außentüren) hatten sich im Vorfeld bei der Europäischen Kommission über Hemmnisse im freien Warenverkehr beschwert.

Ü-Zeichen als Verwendbarkeitsnachweis

In Deutschland wurden für Bauprodukte, die eine CE-Kennzeichnung trugen, weitere Nachweise gefordert, über die das nationale Sicherheitsniveau gewährleistet wurde. Als öffentlich-rechtliche Bestätigung dieser zusätzlichen Forderungen musste ein Überwachungszeichen (Ü-Zeichen) für diese Bauprodukte vorhanden sein. Solch eine Doppelforderung war im europäischen Handelsrecht jedoch nicht vorgesehen.

neue Musterbauordnung 2016

Als Folge des Urteils änderte sich das Zulassungssystem für Bauprodukte und Bauarten vollständig. Die im Jahr 1994 eingeführte Bauregelliste [1.32], in der bisher die Nachweisstruktur für Bauprodukte und Bausätze enthalten war, wurde zurückgezogen und der zweite und dritte Abschnitt im dritten Teil der Musterbauordnung [1.4] vollständig überarbeitet. Die Veröffentlichung der geänderten Version erfolgte 2016.

neue Verwaltungsvorschrift

Als weitere Folge dieser Rechtsänderung wurde die Muster-Liste der Technischen Baubestimmungen [1.33] zurückgezogen. Der Ersatz hierfür und für einen Teil der Bauregelliste ist die Muster-Verwaltungsvorschrift Technische Baubestimmungen (MVV TB), die als gänzlich neues Regelwerk erstellt und im August 2017 [1.31] herausgegeben und 2019 [1.27] geändert wurde.

Einführung der MVV TB

Sukzessive wurde das geänderte System in allen Bundesländern eingeführt. Sachsen und Baden-Württemberg waren die ersten Bundesländer, die es im Dezember 2017 in ihr Landesrecht aufnahmen, die letzten Länder setzten es im Jahr 2020 um.

Um baurechtlich zulässige und fachlich-technisch geeignete Baustoffe und Bauteile auswählen bzw. beurteilen zu können, müssen Brandschutzfachplaner das „Zulassungssystem" der Baustoffe kennen. Dieses Grundwissen ist sowohl für Gesamtplaner und Fachplaner als auch für Bauleiter und Fachbauleiter erforderlich.

In den Absätzen 10.2 bis 10.11 werden die Rechtsgrundlagen zum Verständnis des Gesamtsystems der Baustoffe beschrieben.

10.2 Harmonisierte europäische Normen (hEN)

Europäisches Komitee für Normung (CEN)

Europäische Normen werden von den privatrechtlichen Normungsorganisationen CEN (Europäisches Komitee für Normung), CENLEC (Europäisches Komitee für elektrotechnische Normung) und ETSI (Europäisches Institut für Telekommunikationsnormen) erarbeitet, nachdem sie einen Normungsauftrag, ein Mandat von der Europäischen Kommission erhalten haben.

Handelshemmnisse

Durch das Europäische Normenwerk sollen unter anderem Handelshemmnisse in der Europäischen Union abgebaut und die Produktsicherheit gefördert werden.

Produkt-, Konstruktions- und Bemessungsnormen

In der europäischen Normung kann grundsätzlich zwischen Produktnormen (z.B. die DIN-EN-13501-Reihe [1.67] und Konstruktions-/Bemessungsnormen (z.B. DIN EN 1992-1-2 [1.83] und [1.87]) unterschieden werden. Die Konstruktions-/Bemessungsnormen werden in diesem Absatz nicht weiter erläutert, da sie nur indirekten Einfluss auf die Einstufung der Baustoffe haben.

Inhalt von Produktnormen

In den Produktnormen sind unter anderem Angaben zum Leistungsverhalten, zum Klassifizierungsverfahren und zur Dokumentation der Klassifizierungen dieser Produkte enthalten.

Gültigkeit von harmonisierten Normen

Eine europäische Norm ist nach der Legaldefinition der Europäischen Kommission dann eine harmonisierte europäische Norm (hEN), die in allen europäischen Ländern gilt, wenn folgende zwei Bedingungen erfüllt sind:

- Es muss ein Mandat zur Erarbeitung der Norm durch die Europäische Kommission und die EFTA (Europäische Freihandelsvereinigung) erteilt und
- die Norm muss im EU-Amtsblatt bekannt gegeben worden sein.

Inhalt von hEN

Für den technischen Inhalt von harmonisierten europäischen Normen sind die Normungsorganisationen verantwortlich.

In der MVV TB [1.27] wird z.B. in Absatz 1.2 des Anhangs 4 auf harmonisierte Spezifikationen (z.B. Normen oder Europäische Technische Bewertungen) hingewiesen:

> ***„1.2 Mindestens erforderliche Leistungen zum Brandverhalten***
>
> *Für die Verwendung in baulichen Anlagen können Bauprodukte, einschließlich deren Bestandteile, nach **harmonisierten technischen Spezifikationen** verwendet werden. Die mindestens erforderlichen Leistungen sind der Tabelle 1.2 zu entnehmen. […]"*

10.3 Leistungserklärung (DoP)

Leistungserklärung zum Bauprodukt

Werden Bauprodukte von harmonisierten Normen (hEN) erfasst, ist nach der Bauproduktenverordnung (BauPVO) [1.23] Kapitel II Artikel 4 vom Hersteller eine Leistungserklärung (Declaration of Performance – DoP) zum Bauprodukt anzufertigen.

wesentliche Merkmale eines Bauproduktes

Nach der Bauproduktenverordnung muss nicht mehr die Gesamtkonformität mit einer Norm nachgewiesen werden. Es reicht aus, wenn nur eine Leistung erklärt wird. Für alle aufgelisteten „wesentlichen Merkmale" eines Bauproduktes, für die keine

Leistung erklärt wird, wird die Abkürzung „NPD“ (No Performance Determined / keine Leistung festgelegt) eingefügt.

Die Legaldefinition der „wesentlichen Merkmale“ wird in Kapitel I Artikel 2 OZ 4 der BauPVO [1.23] gegeben:

Für die Zwecke dieser Verordnung bezeichnet der Ausdruck:

> *„4.* ***„Wesentliche Merkmale“*** *diejenigen Merkmale des Bauprodukts, die sich auf die Grundanforderungen (siehe hierzu auch Absatz 3.23) an Bauwerke beziehen;*
>
> *[...]“*

Die Inhalte einer Leistungserklärung sind insbesondere:

Inhalt einer Leistungserklärung

- der Kenncode des Produkttyps,
- die Kennzeichen zur Identifikation des Bauproduktes,
- der vom Hersteller vorgesehene Verwendungszweck des Bauproduktes,
- die Kontaktanschrift des Herstellers,
- die wesentlichen Merkmale der erklärten Leistungen und
- die Unterschrift des Herstellers.

Der Hersteller übernimmt mit der Erstellung der Leistungserklärung die Verantwortung für die Übereinstimmung des Bauproduktes mit der bzw. den erklärten Leistung(en).

Gebrauchsanleitung

Er muss eine Gebrauchsanleitung und eine Sicherheitsinformation zum Einbau seines Bauproduktes zur Verfügung stellen.

Die Leistungserklärung kann entweder in Papier- oder in digitaler Form erfolgen.

Das Muster einer Leistungserklärung ist in Anhang III der BauPVO enthalten.

Angaben im Anhang ZA einer hEN

Im Anhang ZA einer harmonisierten Norm (z.B. in der DIN EN 14080 [1.88]) werden die Zusammenhänge zwischen der Norm und den Forderungen der Bauproduktenverordnung dargestellt. Unter anderem werden hier folgende Angaben gemacht:

- Erläuterungen zum Mandat der Europäischen Kommission, aufgrund dessen die Norm erstellt wurde,
- Auflistungen der Leistungen des Bauproduktes,
- Auflistungen der Verfahren zur Bescheinigung der Konformität des Bauproduktes und
- Hinweise zur CE-Kennzeichnung sowie ein Beispiel dazu.

10.4 Europäische Technische Bewertung (ETA)

Existiert für ein Bauprodukt keine harmonisierte europäische Norm, nach der es beurteilt werden kann, kann vom Hersteller eine Europäische Technische Bewertung (European Technical Assessment – ETA) beantragt werden. Bis 2011 wurde das Dokument als Europäische Technische Zulassung (European Technical Approval) bezeichnet. Die Kurzbezeichnung „ETA“ hat sich jedoch nicht geändert.

Die Legaldefinition einer ETA wird in Kapitel I Artikel 2 OZ 13 der BauPVO [1.23] gegeben:

Für die Zwecke dieser Verordnung bezeichnet der Ausdruck:

> *„13. **„Europäische Technische Bewertung"** die dokumentierte Bewertung der Leistung eines Bauprodukts in Bezug auf seine Wesentlichen Merkmale im Einklang mit dem betreffenden Europäischen Bewertungsdokument; [...]"*

ETAs dürfen national nur vom Deutschen Institut für Bautechnik (DIBt) als Bewertungsstelle ausgestellt werden. Sie werden zeitlich unbefristet erteilt. Ihre Beantragung erfolgt freiwillig.

„Wesentliche Merkmale" in einer ETA

Durch ETAs wird es Herstellern ermöglicht, dass Bauprodukte, für deren technische Beurteilung es keine harmonisierten Normen (hEN) gibt, europaweit gehandelt werden können.

In der ETA werden Leistungen eines Bauproduktes in Bezug auf seine „Wesentlichen Merkmale" bewertet. Rechtsgrundlage hierfür ist die Bauproduktenverordnung (EU) 305/2011 Kapitel III Artikel 26.

In diesem Dokument können Leistungen nachgewiesen werden, die zur Erfüllung von nationalen Bauwerksanforderungen erforderlich sind.

CE-Kennzeichnung

Die Inhaber von ETAs sind verpflichtet, eine Leistungserklärung abzugeben (siehe hierzu auch Absatz 10.3). Damit das Bauprodukt europaweit gehandelt werden kann, ist es mit einer CE-Kennzeichnung zu versehen.

ETA bei einer nicht vorhandenen hEN

Bei fehlenden harmonisierten Normen muss als Grundlage zur Bewertung einer ETA zuerst ein „Europäisches Bewertungsdokument" (European Assessment Document – EAD) durch die Europäische Organisation für Technische Bewertung (European Organisation for Technical Assessment – EOTA) erarbeitet werden. Das EAD ist dann eine harmonisierte technische Spezifikation – vergleichbar mit einer harmonisierten Norm –, in der die Leistungen und die Bewertungsverfahren für das Bauprodukt der ETA festgelegt werden.

Das EAD umfasst mindestens folgende Inhalte:

- eine allgemeine Beschreibung des Bauprodukts,

Mindestinhalt eines EAD

- die Liste der wesentlichen Merkmale, die für den vom Hersteller vorgesehenen Verwendungszweck des Produkts relevant sind und zwischen dem Hersteller und der Europäischen Organisation der Technischen Bewertung (EOTA) vereinbart wurden, und
- die Methoden und Kriterien zur Bewertung der Leistung des Produkts in Bezug auf diese wesentlichen Merkmale.

Der Antrag für dieses Bewertungsdokument wird durch den Produkthersteller gestellt.

10.5 CE-Kennzeichnung

Beseitigung von Handelshemmnissen

Das CE-Zeichen wurde 1985 in der Europäischen Union eingeführt. Die Abkürzung CE bedeutete damals „Communauté Européenne" (Europäische Gemeinschaft). Seit 1994 haben die Buchstaben keine sprachliche Bedeutung mehr. Sie werden nur noch als grafisches Symbol genutzt.

Mit der CE-Kennzeichnung wurden technische Handelshemmnisse beseitigt und für den Europäischen Binnenmarkt ein Mindest-Sicherheitsstandard für technische Produkte festlegt.

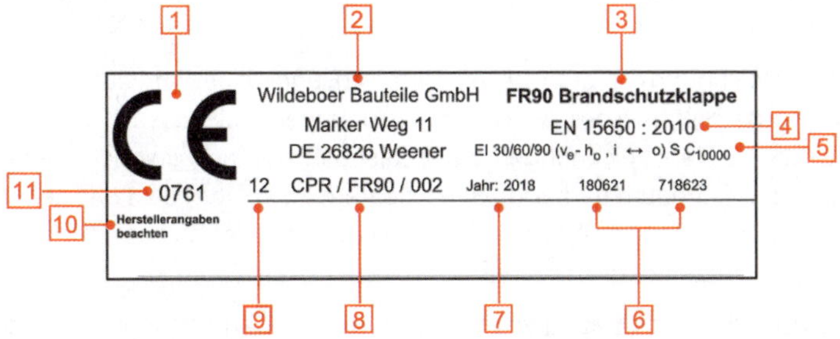

1 CE-Kennzeichnung **2** Herstellername und Anschrift **3** Produkttyp/Verwendungszweck **4** Harmonisierte Produktnorm (hEN) mit Veröffentlichungsjahr **5** Leistungsangabe **6** Herstellerinterner Chargencode	**7** Herstellungsjahr **8** Nummer der Leistungserklärung **9** Jahr der erstmaligen CE-Kennzeichnung **10** Einbau- und Montageanleitung **11** Nummer der Zertifizierungsstelle

Bild 1.43: Angaben zur CE-Kennzeichnung einer FR90 Brandschutzklappe der Firma Wildeboer Bauteile GmbH

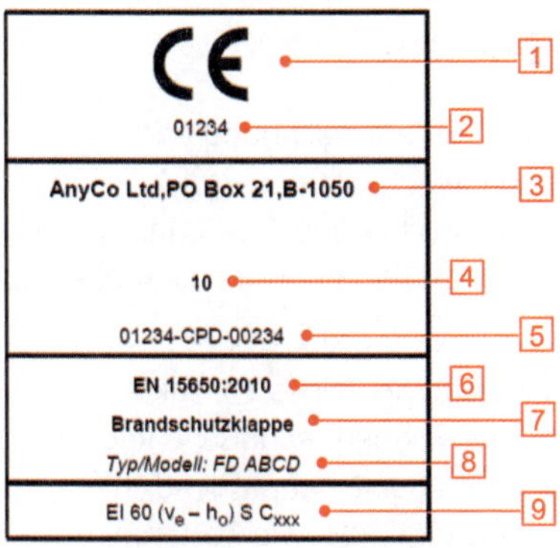

1 CE-Kennzeichnung
2 Nummer der Zertifizierungsstelle
3 Herstellername und Anschrift
4 Herstellungsjahr
5 Nummer des Konformitätszertifikates
6 Harmonisierte Produktnorm mit Veröffentlichungsjahr
7 Produktbeschreibung
8 Produkttyp/Verwendungszweck
9 Leistungsangabe

Bild 1.44: Angaben zur CE-Kennzeichnung aus der DIN EN 15650 [1.89] Anhang ZA – Absatz ZA.3

CE-Zeichen als Verwaltungszeichen in Europa

Die CE-Kennzeichnung soll verhindern, dass es individuelle einzelstaatliche Produktregeln in den 28 Ländern der EU gibt. Unternehmen können also aufgrund der CE-Kennzeichnung frei zwischen den EU-Staaten handeln und müssen keine einzelstaatlichen Genehmigungen einholen.

In den Bildern 1.43 und 1.44 werden Beispiele zur CE-Kennzeichnung mit den erforderlichen Angaben gezeigt.

Für die optische Darstellung einer CE-Kennzeichnung gibt es keine feste Regelung. Sie kann unterschiedlich gestaltet werden. Bindend sind nur die erforderlichen Angaben zum Bauprodukt.

Konformität mit zugesicherter Leistung

Durch das Anbringen der CE-Kennzeichnung übernimmt der Hersteller eines Bauproduktes die Verantwortung für die Konformität des Produktes mit dessen verbindlich zugesicherter Leistung. Dies geschieht über die Leistungserklärung (DoP) (siehe hierzu auch Absatz 10.3). Sie muss zwingend für jedes EU-weit gehandelte Bauprodukt vorhanden sein.

Anbringung der CE-Kennzeichnung

Die CE-Kennzeichnung ist gut sichtbar, leserlich und dauerhaft auf dem Bauprodukt selbst oder mittels eines Aufklebers anzubringen. Falls das Produkt dies nicht zulässt, ist die CE-Kennzeichnung in den Begleitpapieren auszuweisen. Beim Einbau von CE-gekennzeichneten Bauprodukten ist darauf zu achten, dass das Kennzeichen leicht zugänglich und gut sichtbar ist. Der Bauleiter bzw. der Fachbauleiter für Brandschutz hat hierauf zu achten.

Bauprodukte mit einer CE-Kennzeichnung dürfen in Deutschland verwendet werden, wenn die erklärten Leistungen die Forderungen der Bauordnung (Landesgesetze) sowie aufgrund dieser Gesetze erlassener Vorschriften erfüllen. Da aber nur die Erklärung **einer** Leistung zwingend vorgeschrieben ist, ist darauf zu achten, dass das Produkt alle von der Bauordnung (bzw. aufgrund der Bauordnung erlassener Vorschriften) geforderten Leistungen erfüllt.

Auswahl der geeigneten Bauprodukte

Seitdem das Ü-Zeichen nicht mehr auf europaweit gehandelten Bauprodukten angebracht werden darf, sind der Antragsteller der Baugenehmigung bzw. die von ihm beauftragten Fachplaner für die Auswahl geeigneter und baurechtlich zulässiger Bauprodukte verantwortlich.

10.6 Überwachungszeichen (Ü-Zeichen)

Seit 2016 ist das gleichzeitige Anbringen der CE-Kennzeichnung und des Ü-Zeichens auf Bauprodukten nicht mehr zulässig (siehe hierzu auch Absatz 10.7). Produkte, die mit dem Ü-Zeichen versehen sind, dürfen deshalb keine CE-Kennzeichnung mehr erhalten und somit ist der Handel mit diesen Produkten nur noch national möglich.

Nach der Musterbauordnung § 21 (Übereinstimmungserklärung) [1.4] bestätigt der Hersteller mit dem Ü-Zeichen die Übereinstimmung seines Produktes mit den entsprechenden technischen Spezifikationen. Dies können technische Regeln (z.B. DIN-Normen) für „geregelte Bauprodukte" oder allgemeine bauaufsichtliche Zulassungen (abZ), allgemeine bauaufsichtliche Prüfzeugnisse (abP) sowie Zustimmungen im Einzelfall (ZiE) für „nichtgeregelte Bauprodukte" sein.

Geregelte und nichtgeregelte Bauprodukte (mit abZ, abP oder ZiE) dürfen für die Errichtung, Änderung oder Instandhaltung von baulichen Anlagen nur verwendet werden, wenn sie aufgrund des Übereinstimmungsnachweises das Übereinstimmungszeichen (Ü-Zeichen) tragen.

Eine Ordnungswidrigkeit stellt der Gebrauch von national gehandelten Bauprodukten dar, die ohne das Ü-Zeichen in bauliche Anlagen eingebaut werden oder bei denen ein Ü-Zeichen verwendet wird, für das die Voraussetzung zur Führung dieses Zeichens nicht vorliegt.

Ordnungswidrigkeiten

Ordnungswidrigkeiten können zurzeit (Stand Dezember 2020) mit einer Geldbuße bis zu 500.000 Euro geahndet werden. In § 84 (Ordnungswidrigkeiten) der Musterbauordnung [1.4] werden weitere Tatbestände aufgelistet, die eine Ordnungswidrigkeit nach sich ziehen, wie z.B. ohne Baugenehmigung mit der Ausführung eines Bauvorhabens zu beginnen.

Die Gestaltung des Ü-Zeichens erfolgt nach der Muster-Übereinstimmungszeichen-Verordnung (MÜZVO) [1.90].

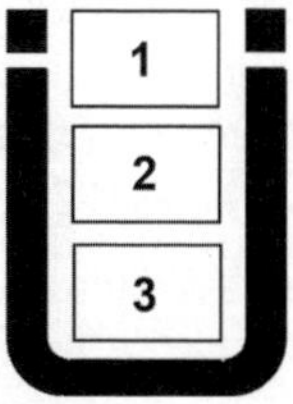

1. Hersteller,
2. Wesentliche Technische Regeln und
3. Fremdüberwachende Stelle (Prüf- oder Zertifizierungsstelle).

Bild 1.45: Ü-Zeichen mit den mindestens erforderlichen Informationen

Bemerkungen zu 1. – Hersteller nach Bild 1.45:

Der Name des Herstellers kann auch in verschlüsselter Form, z.B. durch einen Nummerncode, angegeben werden. Hersteller ist derjenige, der das Bauprodukt nach den entsprechenden technischen Regeln angefertigt oder verändert hat.

Bemerkungen zu 2. – Wesentliche technische Regeln nach Bild 1.45:

Beispiele zu technischen Regeln

Wesentliche technische Regeln können der MVV TB [1.27] entnommen werden. Z.B. wird die DIN 18089-1:1984-01 (MVV TB Teil C – „Technische Baubestimmungen für Bauprodukte, die nicht die CE-Kennzeichnung tragen, und für Bauarten" – C 2.6.1) als technische Regel für Mineralfaserplatten zur Einlage in Feuerschutztüren angegeben.

Wird die Verwendbarkeit eines Bauproduktes aufgrund einer allgemeinen bauaufsichtlichen Zulassung (abZ), eines allgemeinen bauaufsichtlichen Prüfzeugnisses (abP) oder einer Zustimmung im Einzelfall (ZiE) nachgewiesen, so ist die Nummer des entsprechenden Verwendbarkeitsnachweises anzugeben.

Bemerkungen zu 3. – Fremdüberwachende Stelle nach Bild 1.45:

Das Bildzeichen der Prüf- oder Zertifizierungsstelle ist an dieser Stelle einzutragen.

Das Übereinstimmungszeichen (Ü-Zeichen) kann nach der Musterbauordnung [1.4] § 21 (Übereinstimmungsbestätigung)

Orte zum Anbringen des Ü-Zeichens

- auf dem Bauprodukt,
- auf dem Beipackzettel,
- auf der Verpackung,
- auf dem Lieferschein oder
- auf einer Anlage zum Lieferschein angebracht werden.

In der MVV TB [1.27] Absatz C 1 wird zwischen drei Verfahren zum Übereinstimmungsnachweis unterschieden:

- **ÜH** – Übereinstimmungserklärung des Herstellers

  Prüfung durch den Hersteller

  Der Hersteller prüft eigenverantwortlich die Übereinstimmung seiner Produkte mit technischen Regeln bzw. bauaufsichtlichen Zulassungen durch regelmäßige Eigenüberwachungen. Die Übereinstimmung wird durch das Ü-Zeichen bestätigt.

Dieses Verfahren wird bei Produkten angewendet, für die eine Fremdüberwachung bauaufsichtlich als nicht erforderlich erachtet wird.

- **ÜHP** – Übereinstimmungserklärung des Herstellers nach vorheriger Prüfung des Bauproduktes durch eine anerkannte Prüfstelle

Erstprüfung im Herstellerwerk

Eine zertifizierte Prüfstelle führt im Herstellwerk des Produktes eine Erstprüfung auf Übereinstimmung mit den technischen Regeln bzw. bauaufsichtlichen Zulassungen durch. Die dann folgenden Prüfungen werden durch den Hersteller durchgeführt. Aufgrund dieser Prüfungsergebnisse wird das Ü-Zeichen erteilt.

- **ÜZ** – Übereinstimmungszertifikat durch eine anerkannte Zertifizierungsstelle

Erstprüfung im Herstellerwerk, dann Fremdüberwachung

In diesem Verfahren erfolgt die Erstüberwachung mit Prüfung des Produktes durch eine zertifizierte Prüfstelle im Herstellerwerk. Durch den Hersteller ist nachfolgend eine mindestens halbjährliche Fremdüberwachung mit einer anerkannten Prüfstelle vertraglich abzuschließen.

Die Übereinstimmung der Produkteigenschaften mit den Ergebnissen der Erstprüfung wird durch die beauftragte Prüfstelle zertifiziert. Der Hersteller darf ausschließlich aufgrund dieses Zertifikates die Ü-Kennzeichnung vornehmen.

10.7 Gleichzeitige CE- und Ü-Kennzeichnung von Bauprodukten

Bis zum Jahr 2016 mussten Bauprodukte, die europaweit gehandelt wurden und national in Deutschland eingesetzt werden sollten, sowohl mit der CE-Kennzeichnung als auch mit dem Ü-Zeichen versehen sein. Durch die CE-Kennzeichnung war die Handelsfähigkeit des Bauproduktes innerhalb Europas nachgewiesen. Um auch die nationale Bauwerkssicherheit zu gewährleisten, forderte Deutschland zusätzlich das Ü-Zeichen, durch das die Konformität des Bauproduktes mit den Sicherheitsanforderungen des Baurechts bestätigt wurde.

keine Doppelkennzeichnung zulässig

Aufgrund eines Urteils in der Rechtssache C-13/100 des Gerichtshofes der Europäischen Union (EuGH) vom 16. Oktober 2014, basierend auf einer Klage der Europäischen Kommission gegen die Bundesrepublik Deutschland, ist diese Doppelkennzeichnung seit 2016 nicht mehr zulässig.

neue Nachweisstruktur für Baustoffe

Um das nationale Sicherheitsrecht auch weiterhin einhalten zu können, wurde eine neue Nachweisstruktur für Bauprodukte geschaffen. Für einen Brandschutzfachplaner ist die Kenntnis dieser Struktur für die Auswahl der fachlich und rechtlich geeigneten Bauprodukte und Bauarten erforderlich.

10.8 Nachweise für Bauprodukte und Bauarten

Einsatzmöglichkeiten und -grenzen

In den nachfolgenden Absätzen (10.9 bis 10.11) wird aufgezeigt, in welcher Form die Leistungen von Bauprodukten und Bauarten sowie deren Rechtskonformität nachgewiesen werden kann.

Für Brandschutzfachplaner sind die Kenntnisse der Einsatzmöglichkeiten und -grenzen von Bauprodukten und Bauarten bei der Planung von Gebäuden von grundlegender Bedeutung.

10.9 Technische Anwendbarkeitsnachweise für Bauarten

Mit der überarbeiteten Version der Musterbauordnung aus dem Jahr 2016 findet im nationalen Baurecht eine stringente Trennung zwischen Bauprodukten und Bauarten statt.

Bauart als Tätigkeit des Zusammenfügens

Unter dem Begriff „Bauarten" ist die **Tätigkeit** des Zusammenfügens von Bauprodukten zu verstehen (siehe auch Absatz 3.21). Aus diesem Grund wurde bei der Überarbeitung der Musterbauordnung [1.4] der § 16a (Bauarten) aus dem 3. in den 2. Abschnitt verschoben, da hier die allgemeinen Anforderungen an die **Tätigkeiten der Bauausführung** geregelt werden.

Das rechtlich-technische System der Bauart ist nicht in der europäischen Bauproduktenverordnung [1.23] enthalten und auch zukünftig nicht vorgesehen. Bauarten können deshalb auch nur innerhalb Deutschlands angewendet werden und dürfen daher keine CE-Kennzeichnung tragen.

Auch eine Kennzeichnung mit dem Ü-Zeichen ist im Rechtssystem nicht vorgesehen. Der Hersteller hat stattdessen nach § 16a Absatz 5 in Verbindung mit § 21 Absatz 2 der MBO eine Übereinstimmungserklärung (-bestätigung) auszustellen. Hierin werden die Konformität mit den maßgebenden technischen Regeln dokumentiert und die Verantwortung des Herstellers für die Sicherstellung der Übereinstimmung betont.

Da unter Bauarten nur das Zusammenfügen von Bauprodukten zu verstehen ist, können auch nur die Bauprodukte, aus denen die Bauarten bestehen, nicht aber die Bauarten selbst in Verkehr gebracht werden.

Die Hersteller von Bauarten sind diejenigen, die die Tätigkeit des Zusammenfügens ausüben. Häufig sind dies die bauausführenden Firmen vor Ort.

Beispiel einer Bauart

Die einzelnen Bauprodukte, die zu einer Bauart zusammengefügt werden, können von unterschiedlichen Herstellern produziert worden sein, wie z.B. Gipskartonwände, die aus Gipskartonplatten, Mineralfaserdämmungen, Stahl- oder Holzprofilen und unterschiedlichen Verbindungsmitteln (wie z.B. Schrauben und Klammern) bestehen können. Erst durch das Zusammenwirken dieser verschiedenen Bauprodukte infolge der Bauart erhält die Wandkonstruktion die baurechtlich erforderlichen Eigenschaften (z.B. eine Feuerwiderstandsklasse und einen Raumabschluss).

Ver- und Anwendbarkeitsnachweise

Für einige Bauprodukte, die zu einer Bauart zusammengefügt worden sind, werden sowohl **Ver**wendbarkeitsnachweise (Bezeichnung der Nachweise für Bauprodukte) als auch ein **An**wendbarkeitsnachweis (Bezeichnung des Nachweises für Bauarten) benötigt.

Nach § 16a der Musterbauordnung [1.4] dürfen Bauarten nur eingesetzt werden, wenn bei ihrer Anwendung die Anforderungen der Bauordnung erfüllt werden und sie für ihren Anwendungszweck geeignet sind.

„geregelte" Bauarten

Sind für Bauarten allgemeine Regeln der (Bau-)Technik (z.B. DIN-Normen) vorhanden, können diese „geregelten" Bauarten ohne weitere behördliche Genehmigungen angewendet werden. Dies gilt auch für Bauarten, die unwesentlich von einer technischen Regel abweichen (analog zu den Regeln für Bau**produkte**).

Gibt es für Bauarten keine Regelwerke, können „nichtgeregelte" Bau**arten** folgende Anwendbarkeitsnachweise erhalten (Vergleichbar mit der nationalen dreistufigen Regelung für nichtgeregelte Bau**produkte**):

a) die allgemeine Bauartgenehmigung (aBG),

„nicht geregelte" Bauarten

b) das allgemeine bauaufsichtliche Prüfzeugnis für Bauarten (abP) und

c) die vorhabenbezogene Bauartgenehmigung (vBG).

In diesen Anwendbarkeitsnachweisen werden die Leistungen (Planung, Bemessung und Ausführung) von Bauarten geregelt.

Die Systematik der Verwendbarkeitsnachweise ist in Bild 1.46 dargestellt.

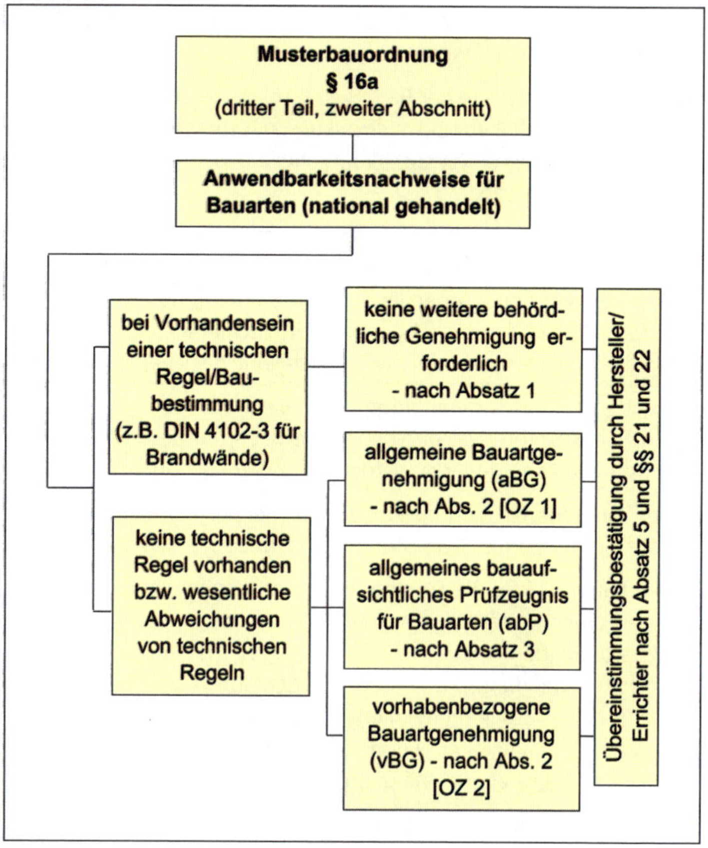

Bild 1.46: Struktur der Anwendbarkeitsnachweise für Bauarten

Nachfolgend werden die drei Anwendbarkeitsnachweise für Bauarten näher erläutert.

a) Allgemeine Bauartgenehmigung (aBG) nach § 16a Absatz 2 OZ 1 [1.4]:

gleiche bauartliche Konstruktionen

Existieren keine technischen Spezifikationen (Baubestimmungen) für Bauarten oder weichen sie wesentlich von vorhandenen Regeln ab, benötigen sie eine allgemeine Bauartgenehmigung (aBG), die vom Deutschen Institut für Bautechnik (DIBt) erteilt wird. Diese allgemeine Genehmigung ist dann für alle gleichen bauartlichen Konstruktionen gültig.

In einer Bauartgenehmigung sind Regeln für die Planung, Bemessung und Konstruktion der Bauart enthalten.

Das Verfahren zur Erlangung einer aBG verläuft entsprechend dem Verfahren, das für eine allgemeine bauaufsichtliche Zulassung für Bauprodukte vorgeschrieben ist.

Eine allgemeine Bauartgenehmigung wird für die Dauer von fünf Jahren erteilt und kann, wie auch die abZ bei Bauprodukten, auf Antrag um weitere fünf Jahre verlängert werden.

Bauarten müssen vor Ort nicht gekennzeichnet werden.

Nach § 16a Absatz 5 bedürfen Bauarten jedoch einer Bestätigung, dass sie mit dem genutzten Regelwerk übereinstimmen.

Übereinstimmungserklärung

Diese Bestätigung erfolgt nach der Forderung des § 21 Absatz 2 der MBO [1.4]:

> *„Die Bestätigung der Übereinstimmung erfolgt durch Übereinstimmungserklärung des Herstellers (§ 22).“*

Erklärungsschreiben auf der Baustelle

Die Übereinstimmungserklärung hat der Hersteller gemäß § 22 der Musterbauordnung zu erstellen.

Bauleiter bzw. Fachbauleiter müssen besonders darauf achten, dass diese Erklärung sowohl auf der Baustelle als auch später bei den Baugenehmigungsunterlagen vorhanden ist.

b) Allgemeines bauaufsichtliches Prüfzeugnis für Bauarten (abP) nach § 16a Absatz 3 [1.4]:

abP bei vorhandenem Prüfverfahren

Anstelle einer allgemeinen Bauartgenehmigung ist ein allgemeines bauaufsichtliches Prüfzeugnis für „ungeregelte“ Bauarten ausreichend, wenn die Bauart nach einem allgemein anerkannten Prüfverfahren beurteilt werden kann.

Die maßgebenden technischen Regeln hierzu werden in der MVV TB [1.27] Absatz C4 bekannt gegeben.

Bauarten zur Errichtung von **Lüftungsleitungen**, an die Anforderungen an die Feuerwiderstandsdauer gestellt werden	Für die Feuerwiderstandsdauer gilt je nach Bauart: • DIN 4102-6: 1977-09 und (falls zutreffend) können noch folgende Normen mitwirken: • DIN V 4102-21:2002-08 oder • DIN EN 1363-1:2012-10, • DIN EN 1366-1:2014-12 und falls zutreffend in Verbindung mit • DIN V 4102-21:2002-08 und • Anlage C 3.1 des Abschnitts C 3

Bild 1.47: Beispiel zu geeigneten Prüfverfahren, die nach der MVV TB [1.27] für die Bauart „Lüftungsleitungen“ zur Erlangung eines Prüfzeugnisses (aBP) möglich sind (nach Tabelle C 4.4)

c) Vorhabenbezogene Bauartgenehmigung (vBG) nach § 16a Absatz 2 OZ 2 [1.4]:

„nicht geregelte“ Bauarten

Wenn ein Bauteil im **Einzelfall** als „nicht geregelte“ Bauart eingesetzt werden soll, kann von der obersten Bauaufsichtsbehörde für dieses Bauteil eine vorhabenbezogene Bauartgenehmigung erteilt werden.

Übertragung von Prüfergebnissen

Die Genehmigung ist nur auf ein einzelnes Bauvorhaben bezogen. Sollte die Bauart in einer weiteren baulichen Anlage Anwendung finden, muss eine neue Genehmigung beantragt werden. Die Prüfergebnisse der ersten Ausführung können dann erneut in Ansatz gebracht werden, wenn sie den allgemeinen Regeln der (Bau-)Technik weiterhin entsprechen.

10.10 Technische Verwendbarkeitsnachweise für Bauprodukte/Bausätze

Definition des Begriffs „Bausatz"

In der Ausgabe 2016 der Musterbauordnung [1.4] wird erstmalig der Begriff Bausatz national verwendet. Ein Bausatz ist nach der Bauproduktenverordnung [1.23] ein spezielles Bauprodukt. Er muss von einem **einzigen** Hersteller aus mindestens zwei Komponenten zusammengefügt werden. Das Ergebnis ist dann ein Bausatz (Bauprodukt) und darf EU-weit gehandelt werden.

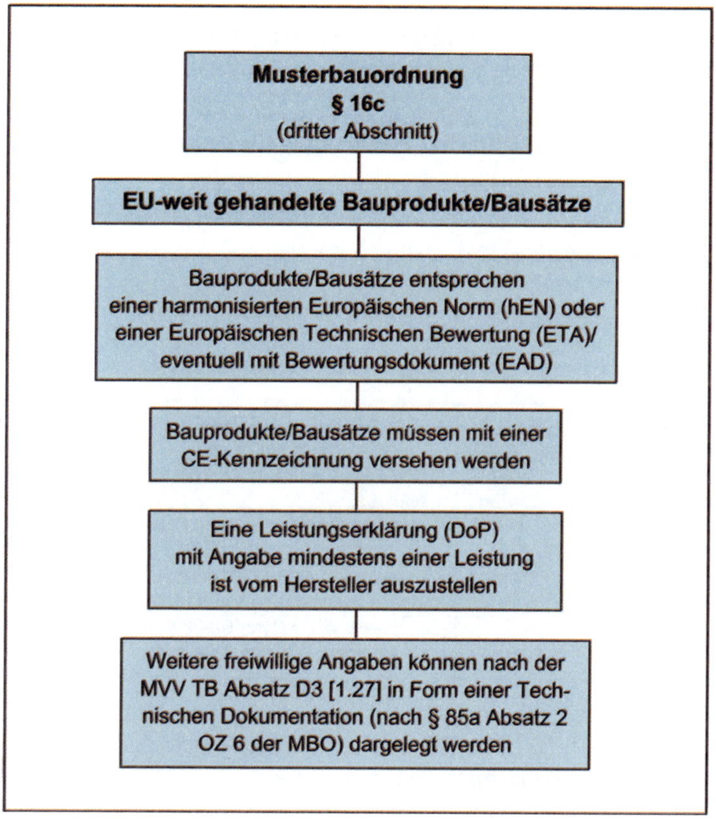

Bild 1.48: Struktur der Bauprodukte/Bausätze mit CE-Kennzeichnung (EU-weit gehandelte Bauprodukte/Bausätze)

Rechtssache C-13/100

Aufgrund der Rechtssache C-13/100 (siehe hierzu auch Absatz 10.7) wurde in der Musterbauordnung 2016 eine neue Systematik zur Bewertung der Verwendbarkeit von Bauprodukten eingeführt. Es erfolgte eine Trennung zwischen national und EU-weit gehandelten Bauprodukten.

Nachweis der Verwendbarkeit

Alle Bauprodukte, die in Deutschland verwendet werden, müssen nach § 16b der MBO gebrauchstauglich sein, d.h., sie müssen die Anforderungen der Bauordnung bzw. aufgrund der Bauordnung erlassener Verordnungen erfüllen. Ihre Verwendbarkeit muss nachgewiesen und dokumentiert werden.

Nachfolgend werden Hinweise zu EU-weit und national gehandelten Bauprodukten gegeben.

1.) EU-weit gehandelte Bauprodukte/Bausätze (mit CE-Kennzeichnung) – nach § 16c der MBO [1.4]

In § 16c der MBO [1.4] werden die Regeln für EU-weit gehandelte Bauprodukte mit CE-Kennzeichnung vorgegeben.

Verantwortungsübergabe

Bis 2016 wurde die nationale bauliche Sicherheit durch das Ü-Zeichen abgedeckt. Mit Einführung der neuen Rechtsstruktur ist die Verantwortung hierfür auf die am Bau beteiligten Planer verschoben worden. Jetzt ist es deren Aufgabe, geeignete Bauprodukte/Bausätze auszuwählen.

Nach der Bauproduktenverordnung [1.23] muss nur mindestens eine Leistung des Bauproduktes in der Leistungserklärung (DoP) aufgeführt sein (siehe hierzu auch Absatz 10.3). Im nationalen Bauordnungsrecht werden jedoch häufig mehrere Leistungen für ein Bauteil gefordert.

zweckentsprechende Baustoffe

Planer von baulichen Anlagen (z.B. Architekten) bzw. Fachplaner (z.B. Brandschutzfachplaner) müssen deshalb zweckentsprechende Baustoffe auswählen, die alle national geforderten Leistungen erfüllen.

Abweichungen vom Sicherheitsniveau

Wird das vom Baurecht geforderte Sicherheitsniveau von ausgewählten Bauprodukten nicht erreicht, muss durch die am Bau Beteiligten geklärt werden, wie groß die Abweichungen sind. Werden die Schutzziele trotz geringer Abweichungen erreicht, können die Bauprodukte/Bausätze verwendet werden.

In Bild 1.48 wird eine Übersicht der wichtigsten Grundlagen für europaweit gehandelte Bauprodukte/Bausätze mit CE-Kennzeichnung gegeben.

2.) National gehandelte Bauprodukte (mit Ü-Zeichen) – nach §§ 17 bis 20 der MBO [1.4]

In den §§ 17 bis 20 der MBO werden die Verwendbarkeitsnachweise für Bauprodukte geregelt, für die es keine harmonisierten europäischen Normen gibt und die deshalb nur national gehandelt werden dürfen. Die Systematik hierzu entspricht den Regelungen, die bis 2016 galten.

Existieren technische Baubestimmungen und allgemein anerkannte Regeln der Technik für Bauprodukte, werden keine Verwendbarkeitsnachweise für diese „geregelten“ Produkte benötigt. Sie sind nur bei „nicht geregelten“ Bauprodukten erforderlich.

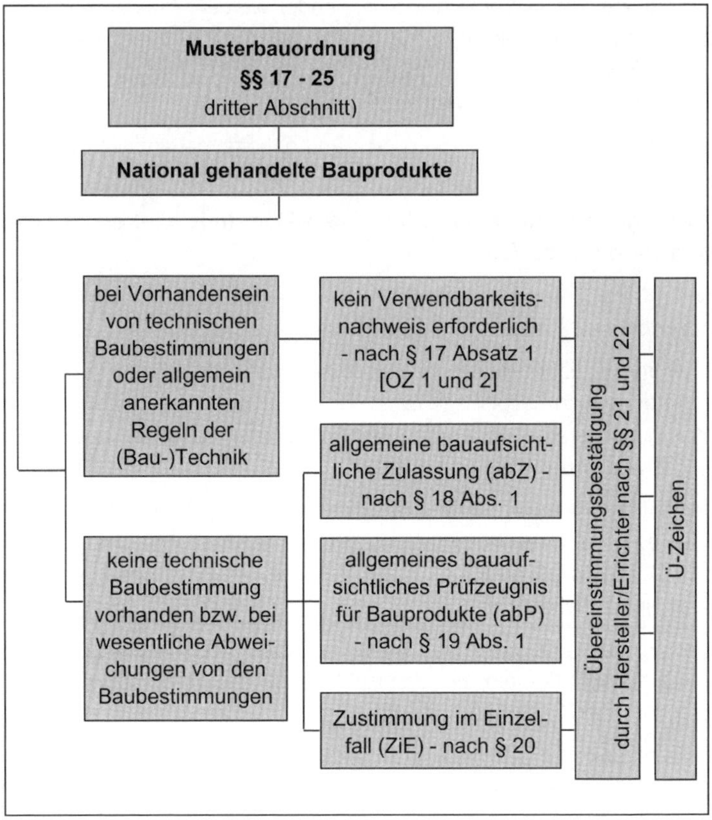

Bild 1.49: Struktur der Nachweise von Bauprodukten ohne CE-Kennzeichnung (national gehandelte Bauprodukte)

Für alle Bauprodukte, die in bauliche Anlagen eingebaut werden sollen, muss vom Hersteller eine Übereinstimmungserklärung abgegeben werden, die die technische Konformität seines Produktes mit den maßgebenden technischen Regeln erklärt.

Folgende technische Regelungsgrundlagen können zur Anwendung kommen:

Technische Regelungsgrundlagen

- Technische Baubestimmungen (z.B. DIN-Normen),
- allgemeine bauaufsichtliche Zulassungen (Verwendbarkeitsnachweis – abZ),
- allgemeine bauaufsichtliche Prüfzeugnisse (Verwendbarkeitsnachweis – abP) oder
- Zustimmungen im Einzelfall (Verwendbarkeitsnachweis – ZiE).

Nach § 21 Absatz 3 der MBO hat der Hersteller die Übereinstimmungserklärung durch Kennzeichnung der Bauprodukte mit dem Übereinstimmungszeichen (Ü-Zeichen) unter Hinweis auf den Verwendungszweck abzugeben.

Anbringung der Ü-Kennzeichen

Das Ü-Zeichen wird in der Regel auf dem Bauprodukt angebracht. Ist dies nicht möglich, gibt es zu diesem Kennzeichnungsort folgende Alternativen:

- Ü-Zeichen auf einem Beipackzettel,
- auf seiner Verpackung oder, wenn dies ausgeschlossen ist,
- auf dem Lieferschein oder, wenn dies auch nicht möglich ist,
- auf einer Anlage zum Lieferschein.

In den nächsten Absätzen werden die drei möglichen Verwendungsnachweise für „nicht geregelte" Bauprodukte näher erläutert.

a) Allgemeine bauaufsichtliche Zulassungen (abZ)

nicht geregelte Bauprodukte

Bauprodukte, für die es keine technischen Regeln gibt, werden als „nicht geregelt" eingestuft. Damit diese Bauprodukte verwendet werden dürfen, wird auf Antrag geprüft, ob eine „allgemeine bauaufsichtliche Zulassung" erteilt werden kann.

erteilende Behörde

Die Behörde, die diese Zulassungen ausschließlich erteilen darf, ist das Deutsche Institut für Bautechnik (DIBt). Die Verwendbarkeit der Bauprodukte muss im Sinne des § 16b Abs. 1 (der Musterbauordnung) [1.4] nachgewiesen werden.

Häufig geschieht dies durch einen Brandversuch, der in einer vom DIBt zugelassenen also zertifizierten (notifizierten) Prüfstelle durchgeführt werden muss. Das Deutsche Institut für Bautechnik kann für die Durchführung der Prüfung die sachverständige Stelle und für Probeausführungen die Ausführungsstelle und die Ausführungszeit vorschreiben.

Nebenbestimmungen in der abZ

Ein positiver Prüfbericht wird dem DIBt übergeben. Es erteilt die allgemeine bauaufsichtliche Zulassung widerruflich und für eine bestimmte Frist, die nach § 18 Absatz 4 der Musterbauordnung fünf Jahre beträgt. Die Zulassung kann mit Nebenbestimmungen erteilt werden. Eine Verlängerung um fünf Jahre ist in der Regel auf schriftlichen Antrag möglich. Die Zulassung wird unbeschadet der privaten Rechte Dritter erteilt.

Nachfolgend werden Beispiele zu Nebenbestimmungen aus Zulassungen aufgeführt, die Einfluss auf den Brandschutz haben.

a) Auszug aus der Zulassung Z-17.1-1085 (Mauerwerk aus POROTON Planhochlochziegeln U8 im Dünnbettverfahren):

„[...]

3.6.4 Einstufung der Wände als Brandwände nach DIN 4102-3

*Die Verwendung von Mauerwerkswänden nach dieser allgemeinen bauaufsichtlichen Zulassung als **Brandwände** nach DIN 4102-3:1977-09 – Brandverhalten von Baustoffen und Bauteilen und nichttragende Außenwände, Begriffe, Anforderungen und Prüfungen – ist **nicht** zulässig.*

[...]"

Nebenbestimmungen aus Zulassungen

b) Auszug aus der Zulassung Z-21.3-1824 (FIS V, FIS VS und FIS VW mit Kunststoffankerhülse mit Verankerung im Mauerwerk):

„[...]

1.2 Anwendungsbereich

*Der Dübel darf für Verankerungen unter vorwiegend ruhender Belastung verwendet werden, sofern **keine** Anforderungen hinsichtlich der **Feuerwider-***

__standsdauer__ an die __Gesamtkonstruktion__ einschließlich des __Dübels__ gestellt werden.

[...]"

Nebenbestimmungen sind dringend zu beachten

Wenn vom Planer oder der ausführenden Firma ein Produkt eingesetzt wird, für das eine „allgemeine bauaufsichtliche Zulassung" erteilt wurde, sind die Nebenbestimmungen in diesem Dokument besonders sorgfältig zu lesen und deren Regeln auf der Baustelle konsequent umzusetzen und zu überwachen. Zur Einbaukontrolle sollte deshalb immer zusätzlich mindestens ein Exemplar des Verwendungsnachweises vor Ort bei der Bauleitung vorgehalten und genutzt werden.

Im Vorfeld der Planung sind Produkte auszuschließen, die die brandschutztechnischen Forderungen nicht erfüllen.

b) Allgemeine bauaufsichtliche Prüfzeugnisse (abP)

Bauprodukte, deren Verwendung nicht der Erfüllung erheblicher Anforderungen an die Sicherheit baulicher Anlagen dient oder die nach allgemein anerkannten Prüfverfahren beurteilt werden können, bedürfen anstelle einer „allgemeinen bauaufsichtlichen Zulassung" nur eines „allgemeinen bauaufsichtlichen Prüfzeugnisses".

Technische Baubestimmungen für Bauprodukte, die nur eines „allgemeinen bauaufsichtlichen Prüfzeugnisses" bedürfen, werden in der MVV TB Absatz C3 gelistet.

Materialprüfanstalten

Eine vom DIBt oder der obersten Bauaufsichtsbehörde anerkannte (beliehene oder notifizierte) Prüfstelle (z.B. die MFPA Leipzig oder die BAM Berlin) erteilt das Prüfzeugnis. Diese Anerkennungsbehörde kann „allgemeine bauaufsichtliche Prüfzeugnisse" zurücknehmen oder widerrufen.

c) Zustimmungen im Einzelfall (ZiE)

Zustimmung im Einzelfall

Wenn für „nicht geregelte" Bauprodukte keine „allgemeine bauaufsichtliche Zulassung" bzw. kein „allgemeines bauaufsichtliches Prüfzeugnis" vorliegt oder wenn wesentliche Abweichungen von den vorgenannten Dokumenten bestehen, ist für die Verwendung dieser Bauprodukte eine „Zustimmung im Einzelfall" (ZiE) erforderlich.

Erteilung der Zustimmung

Die Zustimmung wird von der Obersten Bauaufsicht des jeweiligen Bundeslandes erteilt. Wenn keine Gefahren zu erwarten sind, kann sie erklären, dass ihre Zustimmung nicht erforderlich ist. Ein Beispiel für diese Zustimmung ist die Planung und Ausführung von natürlichen Rauchabzugsgeräten.

„Zustimmungen im Einzelfall" werden nur für Einzelfälle ausgestellt und sind deshalb nicht auf andere Bauvorhaben übertragbar.

10.11 Auswahl von Bauarten und Bauprodukten durch den Brandschutzfachplaner

sorgfältige Auswahl

Seit der Novellierung des nationalen Baurechts ist die Auswahl von Bauprodukten und Bauarten durch die am Bau beteiligten Planer, Fachplaner und/oder Ausschreibenden besonders sorgfältig durchzuführen. Durch die neue Struktur der Verwendbarkeitsnachweise von Baustoffen steigt sowohl der Arbeitsaufwand als auch das Haftungsrisiko des Planenden.

Eine weitere Auswirkung der veränderten Rechtssystematik ist die Verschiebung der Verantwortlichkeit. Bis 2016 wurden die Grundanforderungen an bauliche Anlagen öffentlich-rechtlich durch die entsprechenden technischen Spezifikationen (z.B. DIN-Normen) in Verbindung mit Baustoffen abgedeckt, die das Ü-Zeichen trugen. Jetzt muss der Planende die Bauprodukte und Bauarten so auswählen, dass mit den Leistungen dieser Baustoffe das national geforderte Sicherheitsniveau erreicht wird. Er ist somit privatrechtlich für die Rechtsübereinstimmung und Wirksamkeit seiner Wahl verantwortlich

Verschiebung der Verantwortung

Nach § 68 Absatz 2 der MBO sind mit dem Bauantrag alle für die Beurteilung eines Bauvorhabens erforderlichen Unterlagen (Bauvorlagen) bei der zuständigen Bauaufsichtsbehörde einzureichen. Hierzu gehören auch die Leistungsnachweise der gewählten Bauprodukte und Bauarten. Die Auswahl der Baustoffe und Bauteile ist also schon vor Baubeginn zu treffen.

Nach erteilter Baugenehmigung müssen diese Dokumente von Baubeginn an auf der Baustelle vorliegen. Diese Forderung wird in § 72 Absatz 7 der MBO gestellt.

Die Auswahl der Bauprodukte und Bauarten sollte in Form eines Nachweises geführt werden. Hierin sind grundsätzlich die baurechtlich geforderten Leistungen den vorhandenen Leistungen der Bauprodukte und Bauarten gegenüberzustellen.

Auswahl von Baustoffen

Nachfolgend wird die prinzipielle Vorgehensweise bis zu einer Entscheidungsfindung erläutert.

1.) Baurechtlich geforderte Leistungen:

Im ersten Schritt werden die Leistungen festgelegt, die ein Bauteil zu erbringen hat.

Die am Bau beteiligten Personen, wie z.B. der Hauptplaner einer baulichen Anlage (in der Regel der Architekt), die Fachplaner oder der Ausschreibende, haben dabei die Gesamtheit der Leistungen nach den Grundanforderungen an Bauwerke (Basic Work Requirements – BWR) für ihre Auswahl zugrunde zu legen (siehe hierzu auch Absatz 3.23). In der Regel müssen Baustoffe und Bauteile nicht nur aus brandschutztechnischer, sondern auch aus bauphysikalischer (z.B. Schall- und Wärmeschutz) und aus statischer Sicht beurteilt werden. In diesem Absatz werden nur die brandschutztechnischen Aspekte berücksichtigt. In der Praxis ist eine Zusammenarbeit mit den anderen an der Planung beteiligten Berufsgruppen erforderlich, damit die gewählten Bauprodukte und Bauarten allen Grundanforderungen (BWR) entsprechen.

Zusammenarbeit aller Berufsgruppen

Die **brandschutztechnischen** Grundanforderungen (BWR 2) werden in der Bauproduktenverordnung [1.23] Anhang I aufgeführt:

Die Tragfähigkeit eines Bauwerks muss während eines bestimmten Zeitraums (während eines Brandereignisses) erhalten bleiben,

- die Entstehung und Ausbreitung von Feuer und Rauch müssen innerhalb des Bauwerks begrenzt werden,
- die Ausbreitung von Feuer auf benachbarte Bauwerke muss ebenfalls begrenzt werden,
- die Bewohner müssen die bauliche Anlage unverletzt verlassen oder durch andere Maßnahmen gerettet werden können, und
- die Sicherheit der Rettungsmannschaften ist zu berücksichtigen.

europäische brandschutztechnische Schutzziele

Diese europäischen brandschutztechnischen Grundanforderungen sind auch in ähnlicher Form im nationalen Baurecht enthalten. In der Musterbauordnung werden sie in § 14 als Schutzziele festgelegt, die indirekt das deutsche Sicherheitsniveau definieren (siehe hierzu auch Absatz 2.1):

nationale Schutzziele

- Es muss der Entstehung eines Brandes und
- der Ausbreitung von Feuer und Rauch (Brandausbreitung) vorgebeugt werden.
- Bei einem Brand müssen die Rettung von Menschen und Tieren sowie
- wirksame Löscharbeiten möglich sein.

Zum Erreichen dieser globalen Schutzziele werden in der Bauordnung sowie in Vorschriften, die aufgrund der Bauordnung erlassen wurden (z.B. in der Hochhausrichtlinie oder in der Versammlungsstättenverordnung), konkrete brandschutztechnische Forderungen gestellt.

Grundanforderungen in der MVV TB

In der MVV TB [1.27] Teil A sind die sechs Grundanforderungen der Bauproduktenverordnung in zusammengefasster und kommentierter Form enthalten – im Teil A2 die vier brandschutztechnischen Anforderungen.

Weitere detaillierte technische Forderungen werden zu speziellen bautechnischen Situationen in den Anhängen zur MVV TB aufgeführt:

Regeln in den Anhängen der MVV TB

Anhang 6 Hinterlüftete Außenwandbekleidungen: 2016-06

Anhang 11 Wärmedämm-Verbundsysteme mit einer Europäischen Technischen Bewertung (ETA) nach ETAG 004

Der Brandschutzplaner hat aus diesen Gesetzen und Regelwerken die entsprechenden Forderungen an das zu beurteilende Bauprodukt bzw. Bauteil auszuwählen.

Tragwerksplaner/Statiker

In der Praxis wird diese Tätigkeit häufig in Zusammenarbeit mit dem Tragwerksplaner (Statiker) oder gelegentlich von ihm allein durchgeführt, da er in der Regel auch eine „Heißbemessung" für die von ihm „kalt bemessenen" Bauteile durchführt. Sollte der Tragwerksplaner nicht der Aufsteller des Brandschutznachweises sein (was der Regelfall ist), ist dieser Nachweis von ihm auch als Grundlage für seine Beurteilung heranzuziehen, da hierin Abweichungen von den baurechtlichen Forderungen sowie äquivalente Lösungen enthalten sein können.

2.) Vorhandene Leistungen:

Bekanntgabe von harmonisierten Normen

Im zweiten Schritt wird festgelegt, ob das Bauteil als Bauprodukt oder Bauart eingestuft werden kann oder ob beides zutrifft. Anschließend wird die Auswahl der Rechtsgrundlage für das Bauprodukt bzw. die Bauart getroffen. Grundsätzlich sollte zuerst festgestellt werden, ob dem Bauprodukt eine harmonisierte Norm (hEN) zugrunde liegt. Im Amtsblatt der Europäischen Union werden diese Normen bekanntgegeben.

Entscheidungsfindung aufgrund der MVV TB

Ist dort keine harmonisierte Spezifikation für das Bauprodukt veröffentlicht, sollte als nächstes der Absatz C der MVV TB [1.27] zur Entscheidungsfindung herangezogen werden. Hierin werden Technische Baubestimmungen für „geregelte" Bauprodukte bekannt gegeben, die nicht die CE-Kennzeichnung tragen. Sollte auch hier kein Regelwerk zutreffend sein, handelt es sich vermutlich um ein „nicht geregeltes" Bauprodukt.

Sind in den beiden Fundstellen keine Technischen Baubestimmungen für das zu beurteilende Bauprodukt enthalten, wird entweder eine Europäische Technische Bewertung (ETA) oder ein nationaler Verwendbarkeitsnachweis als technische Rechtsgrundlage maßgebend werden.

Verzeichnisse des DIBt

Im Zulassungs- und Genehmigungsverzeichnis werden die aktuell in Deutschland gültigen „Allgemeinen bauaufsichtlichen Zulassungen" und „Bauartgenehmigungen" sowie im ETA-Verzeichnis alle gültigen vom DIBt erteilten „Europäischen Technischen Bewertungen" aufgelistet.

Internetadresse (des Zulassungs- und Genehmigungsverzeichnisses):
https://www.dibt.de/de/service/zulassungsshop/zulassungs-und-genehmigungsverzeichnisse/

Internetadresse (des ETA-Verzeichnisses):
https://www.dibt.de/de/service/zulassungsshop/eta-verzeichnisse/

Fehlen bei Bauprodukten, die nach harmonisierten Normen beurteilt werden, wesentliche Leistungsmerkmale, die nach dem nationalen Baurecht aber erforderlich sind, können sie nicht mehr öffentlich-rechtlich eingefordert werden. Weitere Leistungen bzw. Leistungsnachweise können jetzt nur noch mit dem Hersteller privatrechtlich vereinbart werden.

Nachfolgend werden Beispiele von Regelwerken aus unterschiedlichen Fundstellen aufgeführt.

1. Regelwerk: Amtsblatt der Europäischen Union

Die harmonisierten europäischen Normen (hEN) werden im Amtsblatt der Europäischen Union veröffentlicht. Die Liste der Normen kann auf der Website der Europäischen Union eingesehen werden:

https://eur-lex.europa.eu

Internetadressen harmonisierter Normen

Internetadresse (Amtsblatt der Europäischen Union – Liste der harmonisierten Normen)**:**

https://eur-lex.europa.eu/legal-content/DE/TXT/PDF/?uri=OJ:C:2018:092:FULL&from=HR

In Tabelle 1.7 werden beispielhaft drei harmonisierte Normen aus dem Amtsblatt der Europäischen Union aufgelistet.

Tabelle 1.7: Ausgewählte harmonisierte Normen als Auszug aus dem Europäischen Amtsblatt

harmonisierte Normen (hEN)

Bezugsnummer und Titel der (harmonisierten) Norm	Ersetzte Norm	National verbindlich anzuwenden ab
DIN EN 54-2:1997 Brandmeldeanlagen – Teil 2: Brandmeldezentralen	–	01.08.2009
DIN EN 54-12:2015 Brandmeldeanlagen – Teil 12: Rauchmelder – Linienförmiger Melder nach dem Durchlichtprinzip	DIN EN 54-12:2002	08.04.2019
DIN EN 12101-1:2005 Rauch- und Wärmefreihaltung – Teil 1: Bestimmungen für Rauchschürzen	–	01.09.2008

2. Regelwerk: Muster-Verwaltungsvorschrift Technische Baubestimmungen (MVV TB [1.27])

MVV TB – Teil B2

In diesem Teil werden Technische Baubestimmungen (TB) für Sonderkonstruktionen und Bauteile aufgelistet. Sie werden zur besseren Übersichtlichkeit und zur Konkretisierung mehrerer Grundanforderungen jeweils in Gruppen dargestellt.

Zwei Beispiele hierzu sind in Tabelle 1.8 aufgeführt.

Tabelle 1.8: Beispiele zu Technischen Regelungen für Bauprodukte

Sonderkonstruktionen und Bauteile

	Bauteil/Bauprodukt	Technische Baubestimmung
a	Gipsplatten-Deckenbekleidungen und Unterdecken	DIN 18168-1:2007-04 [1.91]
b	Dachabdichtungen aus Bitumenbahnen mit Trägereinlage	DIN SPEC 20000-201:2015-08 [1.92] Abschnitt 5.1

MVV TB – Teil B3

In diesem Teil werden technische Gebäudeausrüstungen aufgelistet, die bestimmte Grundanforderungen nach der BauPVO [1.23] nicht erfüllen. Für diese Bauprodukte ist ein Verwendbarkeitsnachweis nach § 17 der Musterbauordnung erforderlich, durch den die fehlenden wesentlichen Merkmale nachgewiesen werden.

Ein Beispiel hierzu wird in Tabelle 1.9 aufgeführt.

Tabelle 1.9: Beispiel zu technischen Baubestimmungen für Bauprodukte

Bauteil/Bauprodukt	Harmonisierungs-rechtsvorschriften	Zusätzliche Informationen*
Rauchschutzklappen für Lüftungsleitungen	2014/35/EU 2014/30/EU 2006/42/EG	a b c

* a – Verwendungszweck: Verwendung in Lüftungsanlagen
b – Grundanforderung: Brandschutz
c – **Fehlende** Wesentliche Merkmale: Dichtigkeit, Rauchmelder und Schließen bei Unterbrechung der Hilfsenergiezufuhr

Harmonisierungsvorschriften

MVV TB – Teil C2

In diesem Teil werden technische Baubestimmungen für Bauprodukte aufgelistet, die keine CE-Kennzeichnung tragen. Gibt es für Bauprodukte keine technische Baubestimmung oder weicht das Produkt wesentlich von einer technischen Baubestimmung ab, benötigt es eine „allgemeine bauaufsichtliche Zulassung" oder eine „Zustimmung im Einzelfall". Diese nicht harmonisierten Bauprodukte müssen mit einem Ü-Zeichen versehen werden.

Zwei Beispiele hierzu werden in Tabelle 1.10 aufgeführt.

Tabelle 1.10: Beispiele zu technischen Baubestimmungen für Bauprodukte ohne CE-Kennzeichnung (mit Ü-Zeichen)

	Bauteil/Bauprodukt	Technische Regeln	Überwachungs-zeichen (Ü-Zeichen)
a	Federband und Konstruktionsband für Feuerschutztüren	DIN 18272:1987-08 [1.93]	ÜZ
b	Einsteckschlösser für Feuerschutz- und Rauchschutztüren	DIN 18250:2003-10 [1.94]	ÜZ

Bauprodukte mit Ü-Zeichen

MVV TB – Teil C3

In diesem Teil werden technische Baubestimmungen für Bauprodukte aufgelistet, die keine CE-Kennzeichnung tragen und lediglich ein „allgemeines bauaufsichtliches Prüfzeugnis" benötigen. Diese nicht harmonisierten Bauprodukte müssen mit einem Ü-Zeichen versehen werden.

Ein Beispiel hierzu wird in Tabelle 1.11 aufgeführt.

Tabelle 1.11: Beispiel zu technischen Baubestimmungen für Bauprodukte ohne CE-Kennzeichnung (mit Ü-Zeichen)

Bauprodukte mit Ü-Zeichen (abP)

Bauteil/Bauprodukt	Technische Regeln	Überwachungs-zeichen (Ü-Zeichen)
Türen und Tore als Rauchschutz-abschlüsse, ausgenommen Vorhänge	DIN 18095-1:1988-10 [1.95] DIN 18095-3:1999-06 [1.96]	ÜH

Bei der Verwendung des Ü-Zeichens kann im Allgemeinen davon ausgegangen werden, dass die vom Baurecht geforderte Bauwerkssicherheit von den Leistungen des Bauproduktes erreicht wird. Dennoch sollte auch hier eine Überprüfung vorgenommen werden.

MVV TB – Teil C4

In diesem Teil werden technische Baubestimmungen für Bauarten aufgelistet, die nur eines „allgemeinen bauaufsichtlichen Prüfzeugnisses" (für Bauarten) nach § 16a Absatz 3 der MBO bedürfen. Zur Erfüllung der erforderlichen Grundanforderungen müssen unterschiedliche technische Regeln angewendet werden. Ein Beispiel hierzu wird in Tabelle 1.12 aufgeführt.

Tabelle 1.12: Beispiel zu technischen Baubestimmungen für Bauarten mit Ü-Zeichen (ohne CE-Kennzeichnung)

Bauart mit abP

Bauteil/Bauprodukt	Technische Regeln*
Bauarten zur Errichtung von Decken, Dächern, Unterdecken, Doppelböden, Hohlraumestrichen, Stützen, Trägern, Unterzügen, Treppen und tragenden Wänden, an die Anforderungen an die Feuerwiderstandsdauer und/oder den Schallschutz (hier nicht dargestellt) gestellt werden. Das gilt nicht für die Teile baulicher Anlagen, an die weitere Anforderungen gestellt werden, wenn die maßgebenden Bauarten von Technischen Baubestimmungen wesentlich abweichen oder wenn es für die maßgebenden Bauarten keine allgemein anerkannten Regeln der Technik gibt.	Je nach Bauart gilt: für die Feuerwiderstandsdauer: DIN 4102-2:1977-09 außer den Abschnitten 6.2.7, 6.2.9 und 6.2.10 (für Brandwände DIN 4102-3:1977-09), oder DIN EN 1363-1:2012-10, DIN EN 1363-2:1999-10, DIN EN 1364-2:1999-10, DIN EN 1365-1:2013-08, DIN EN 1365-2, -3:2000-02, DIN EN 1365-4:1999-10 in Verbindung mit Anlage C 3.1 des Abschnitts C 3 * Schallschutzanforderungen hier nicht dargestellt

11 Ingenieurmethoden im Brandschutz

11.1 Allgemeines zu Ingenieurmethoden im Brandschutz

Unter dem Begriff „Ingenieurmethoden im Brandschutz" werden wissenschaftliche Methoden und Regeln zusammengefasst, mit deren Hilfe Nachweise zur Brandsicherheit geführt werden können.

Neben den normativen Brandschutzregelungen können brandschutztechnische Nachweise deshalb jetzt auch mit deskriptiven Methoden geführt werden.

Simulierung von Brandereignissen

In den letzten Jahrzehnten wurden Modelle entwickelt, die realitätsnah Brandereignisse sowie deren Auswirkungen simulieren. Aufgrund der umfangreichen Berechnungsalgorithmen, die diesen Nachweisen häufig zugrunde liegen, hat sich diese Art der Berechnung erst mit der Entwicklung von leistungsstarken PCs und entsprechenden Computerprogrammen durchgesetzt.

In den nachfolgenden Absätzen werden einige ausgewählte Ingenieurmethoden vorgestellt.

11.2 Handrechenmethoden der Eurocodes

Für die Brandschutzteile der europäischen Bemessungs- und Konstruktionsnormen (Eurocodes) ist ein dreistufiges Nachweissystem vorgesehen (siehe hierzu auch Absatz 9.2 und Bild 1.41). Die Entscheidung, welche der drei Stufen in die jeweiligen Stoffnormen aufgenommen werden, obliegt den Normenausschüssen. Die Berechnungsmethoden in zwei dieser drei möglichen Verfahren sind so ausgelegt, dass sie „händisch" durchgeführt werden können („Tabellenmethode" und „vereinfachtes Bemessungsverfahren"). Durch die komplexen Berechnungsprozesse der dritten Stufe ist eine Bemessung nur beim Einsatz von speziellen Computerprogrammen möglich.

Nachweisform im Brandfall (fi = fire)

Mithilfe der Berechnungsverfahren in den Eurocodes kann die Feuerwiderstandsfähigkeit von statisch tragenden Bauteilen berechnet werden. In den „vereinfachten Bemessungsverfahren" wird nachgewiesen, dass die tragenden Bauteile nach einer vorgegebenen Branddauer (30, 60, 90, 120 oder 180 Minuten) die auf sie einwirkenden Lasten noch aufnehmen können. Die Lasteinwirkung ($E_{d,fi}$ = Effect of Action) muss also kleiner als der Bauteilwiderstand ($R_{d,fi}$ = Resistance) sein.

Die temperaturabhängigen physikalischen Werte, die der Bemessung zugrunde liegen, wurden von den Materialeigenschaften im Brandfall abgeleitet und mithilfe von Vergleichswerten aus Brandversuchen überprüft und abgesichert.

Baumaterial: Stahlbeton – DIN EN 1992-1-2 [1.83] und NA [1.87]:

rechnerischer Tragfähigkeitsverlust

Die Bewehrungseinlagen von Stahlbetontragwerken bestehen aus runden Stahlstäben, die einzeln oder in Form von Betonstahlmatten eingebaut werden können. Bei Bauteilen, die auf „Biegung" beansprucht werden, wie z.B. Stahlbetondecken oder -balken, entstehen im Querschnitt in unterschiedlichen Höhenlagen gleichzeitig Druck- und Zugkräfte. Die Stahleinlagen übernehmen die Zug-, der Beton die Druckkräfte. Wie bereits im Absatz 8.3 beschrieben, verliert Stahl mit zunehmender Temperatur sehr schnell an Festigkeit. Bei 600 °C besitzt er nur noch ca. 50 % der Tragfähigkeit, die er bei Raumtemperatur aufweist. Durch diesen physikalischen Effekt erleidet das Tragwerk einen Tragfähigkeitsverlust, der mit steigender Temperatur zunimmt.

Verbesserung der Tragfähigkeit

Um dies zu ver- bzw. zu behindern muss der Stahl vor der eindringenden Wärmeenergie geschützt werden. Dies erfolgt durch eine ausreichende Überdeckung mit Beton (Betondeckung). Je größer die Deckung ist, desto später werden die Stahlstäbe aufgrund des Brandgeschehens durchwärmt.

Auch der Beton verliert mit zunehmender Temperatur an Druckfestigkeit und damit an Tragfähigkeit. Für diesen Baustoff gibt es im Allgemeinen keinen Schutz.

Aufgrund der geplanten Betondeckung sowie der geplanten Querschnittsgröße können Bauteile nach der „Tabellenmethode“, also durch Tabellenwerte, die in der DIN EN 1992-1-2 (Eurocode 2) enthalten sind, in Feuerwiderstandsklassen eingestuft werden.

Bei den „vereinfachten Handrechenmethoden“ fließen zusätzlich auch statische Aspekte ein, wie z.B. das „Knicken“ bei Stützen oder die durch thermische Einflüsse entstehenden ungleichmäßigen Spannungsverteilungen über die Querschnitte.

statische „Heißbemessung“

Bei einer statischen „Heißbemessung“ wird nachgewiesen, dass die Tragfähigkeit eines Bauteils nach einer festgelegten Branddauer (30, 60, 90, 120 oder 180 Minuten) noch vorhanden ist. Die Einstufung dieses Bauteils in eine Feuerwiderstandsklasse erfolgt dann entsprechend der Brandeinwirkungszeit (R30, R60, R90, R120 oder R180).

Baumaterial: Stahl – DIN EN 1993-1-2 [1.97] und NA [1.98]:

Die Feuerwiderstandsfähigkeit kann bei Stahlbauteilen nur über „vereinfachte Berechnungsmethoden“ ermittelt werden. Tabellenwerte sind im Eurocode 3 nicht enthalten.

modifizierte „Kaltbemessungsverfahren“

Einstufungsnachweise können über die Tragfähigkeit (statischer Nachweis) oder über eine „kritische“ Temperatur im Bauteil geführt werden. Der Tragfähigkeitsnachweis ist ein modifizierter „Kaltbemessungsnachweis“, der mit den „heißen“ Materialwerten geführt wird.

Rechnerische Verfahren für Stahlbauteile

Zur Bestimmung der Temperatur in Stahlbauteilen werden im Eurocode zwei Berechnungsansätze zur Verfügung gestellt – für brandschutztechnisch bekleidete und unbekleidete Bauteile. Mit Hilfe der in der Norm enthaltenen Formeln und eines Tabellenkalkulationsprogramms kann die Temperaturentwicklung errechnet werden.

Mit zunehmender Wärmeentwicklung im Stahl ändern sich auch die physikalischen Materialwerte. Diese Werte, wie z.B. die Wärmeleitfähigkeit oder die Wärmespeicherkapazität, können dann Diagrammen oder Tabellen aus dem Eurocode entnommen werden.

Der Nachweis der Feuerwiderstandsdauer erfolgt dann, wie auch im Stahlbetonbau, über eine statische „Heißbemessung“.

Baumaterial: Holz – DIN EN 1995-1-2 [1.99] und NA [1.100]:

modifizierte „Kaltbemessungsverfahren“

Zur Einstufung eines Holzbauteils in eine Feuerwiderstandsklasse stehen in der Norm nur zwei Bemessungsverfahren aus der Niveaustufe „vereinfachte Bemessungsverfahren“ zur Verfügung. Tabellen, wie es sie noch in der nationalen Norm DIN 4202-4 [1.21] für den Holzbau gab, sind im Eurocode 5 [1.99] zurzeit nicht enthalten. Der Eurocode wird gegenwärtig (Stand Dezember 2020) überarbeitet. Er soll durch eine Vereinfachung der Regeln anwenderfreundlicher werden. In diesem Zuge werden zukünftig auch Tabellen enthalten sein.

Die Handrechenverfahren im Eurocode 5, mit deren Hilfe Biegeträger und Stützen in eine Feuerwiderstandsklasse eingestuft werden können, sind modifizierte „Kaltbemessungsverfahren".

Da die Abbrandgeschwindigkeiten (Abbrandraten) von unterschiedlichen Holzsorten durch die Auswertungen von zahlreichen Brandversuchen bekannt sind, kann der Restquerschnitt von Holzbauteilen berechnet werden, die einem Brand ausgesetzt waren. Mit diesem reduzierten Querschnitt und der Last, die im Brandfall auf das Bauteil wirkt, wird eine modifizierte „kalte" statische Bemessung durchgeführt. Kann das Bauteil die Last nach einer definierten Branddauer (im Holzbau nur 30 oder 60 Minuten) noch tragen, wird es in die entsprechende Feuerwiderstandsklasse (R30 oder R60) eingestuft.

Bemessung des Raumabschlusses E

Über ein im Anhang E des Eurocode 5 beschriebenes Verfahren kann der Raumabschluss von Wand- und Deckenkonstruktionen ermittelt werden.

Raumabschließende Bauteile sollen die Ausbreitung von Bränden über eine definierte Dauer verhindern. Bei einem Brand wird Wärmeenergie durch Wärmeleitung (siehe hierzu auch Absatz 6.6) von der feuerzugewandten Seite auf die feuerabgewandte Seite von Bauteilen übertragen. Wird aufgrund dieses Vorgangs zu viel Energie transportiert, können Gegenstände auf der dem Feuer abgewandten Seite des Bauteils anfangen zu brennen. Um diese Übertragung zu verhindern, wird die Temperatur auf der Oberfläche begrenzt. Im Mittel darf die Erhöhung dort 140 K nicht überschreiten.

Im Verfahren nach Anhang E des Eurocode werden die Grundwerte der thermischen Dämmeigenschaften einzelner Schichten von Bauteilen errechnet. Der errechnete Wert gibt Auskunft über die Zeit, die benötigt wird, um den Grenzwert von 140 K auf der dem Brand abgewandten Seite zu erreichen. Da die Schutzwirkung der einzelnen Schichten aufgrund der Vorerwärmung von der Anordnung innerhalb des Bauteils abhängt, fließt dieser durch einen Positionsbeiwert in die Rechnung mit ein.

Die Addition aller Schichtwerte ergibt die Dauer der raumabschließenden Schutzwirkung des gesamten Bauteils.

Baumaterial: Mauerwerk – DIN EN 1996-1-2 [1.101] und NA [1.102]:

Die brandschutztechnische Einstufung von Pfeilern und Wänden aus Mauerwerk erfolgt in Deutschland ausschließlich aufgrund von Tabellenwerten. Im Basisdokument des Eurocodes 6 wird ein vereinfachtes Handrechenverfahren beschrieben, das aber national nicht angewendet werden darf.

Feuerwiderstandsklasse über Ausnutzungsgrand

Zur Einstufung der Wände und Pfeiler muss der statische Ausnutzungsgrad (Einwirkung/Widerstand) des Bauteils berechnet werden. Für die üblichen Baustoffe (z.B. Mauerwerk aus Kalksandsteinen und Mauerziegeln) werden im Nationalen Anhang Tabellen zur Verfügung gestellt. Die Eingangswerte, durch die die brandschutztechnische Einstufung erfolgt, sind der statische Ausnutzungsgrad und die Dicke des Bauteils. Auf Grundlage dieser beiden Kennwerte kann die Feuerwiderstandsdauer aus den Tabellen abgelesen werden.

Wird eine Wand als nichttragend, aber raumabschließend geplant, ist nur die Bauteildicke das Einstufungskriterium.

11.3 Finite-Elemente-Methode (FE-Methode – FEM)

partielle Differentialgleichungssysteme

Die Finite-Elemente-Methode ist ein numerisches Verfahren, das auf partiellen Differentialgleichungssystemen aufgebaut ist. Die theoretischen Grundlagen hierzu wurden schon in den 1930er-Jahren gelegt. Aufgrund der komplexen und großen Differentialgleichungssysteme, die besonders bei zeitlich veränderlichen (transienten) Vorgängen entstehen, kann dieses Verfahren nur mit Hilfe von Computern durchgeführt werden. In den 1980er-Jahren betrug die Dauer einzelner Berechnungen häufig noch mehrere Tage. Durch die immer schneller werdenden Rechenleistungen der PCs reduziert sich die Rechenzeit mittlerweile auf Stunden.

Simulierung von physikalischen Vorgängen

Mit der FE-Methode können nahezu alle in der Physik auftretenden Vorgänge mit Hilfe von speziellen PC-Programmen simuliert werden. Leistungsstarke FEM-Programme sind unter anderem ANSYS und ABAQUS. Im Brandschutzingenieurwesen werden mit diesem Verfahren unter anderem Wärmetransportvorgänge in festen Stoffen und die daraus folgenden Auswirkungen simuliert, wie z.B. der Abbrand von Holz oder die Bildung von Rissen.

Beispiele zur Simulierung von Abbrandvorgängen

Nachfolgend werden drei Beispiele gezeigt, in denen die FEM-Methode eingesetzt wurde (aus [1.53]).

In Bild 1.50 wird die FEM-Simulation des Abbrandes einer Holzwerkstoffplatte (d = 18 mm) gezeigt, die den Temperaturen der ETK ausgesetzt ist.

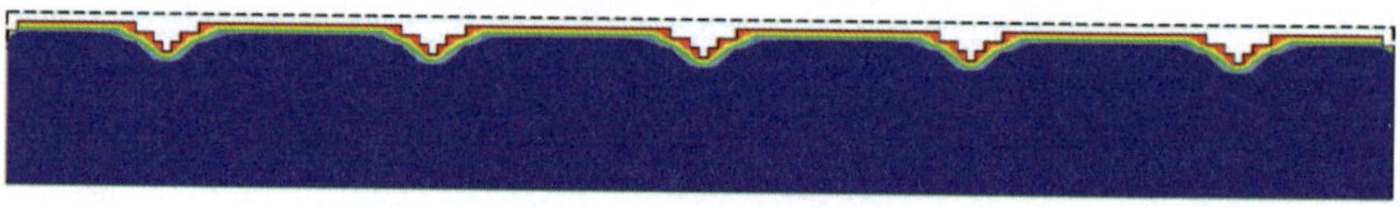

Bild 1.50a: Abbrand der OSB-Platte nach 5 Minuten

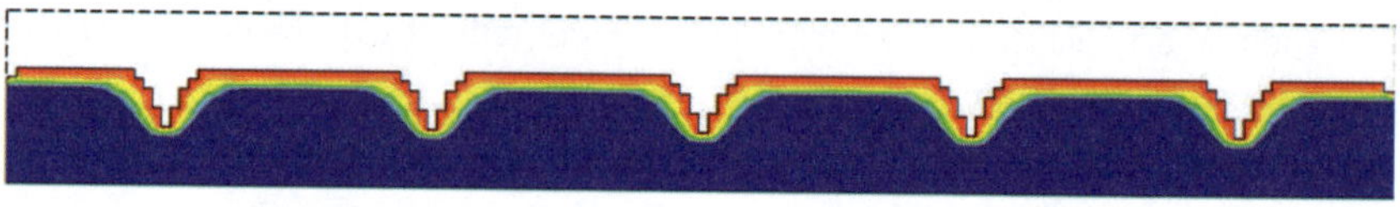

Abbrandsimulation einer OSB-Platte

Bild 1.50b: Abbrand der OSB-Platte nach 10 Minuten

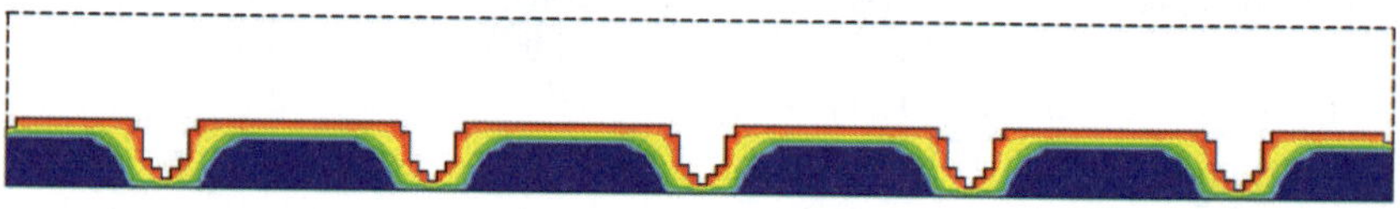

Bild 1.50c: Abbrand der OSB-Platte nach 15 Minuten

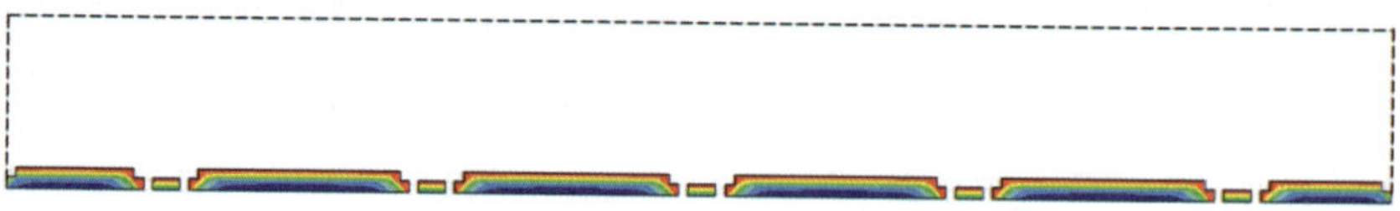

Bild 1.50d: Abbrand der OSB-Platte nach 20 Minuten

- - - - - - Ausgangskontur der OSB-Platte

Bild 1.50 a-d: Abbrandsimulation einer 18 mm dicken OSB-Platte [1.53]

Temperaturentwicklung mit und ohne Fuge

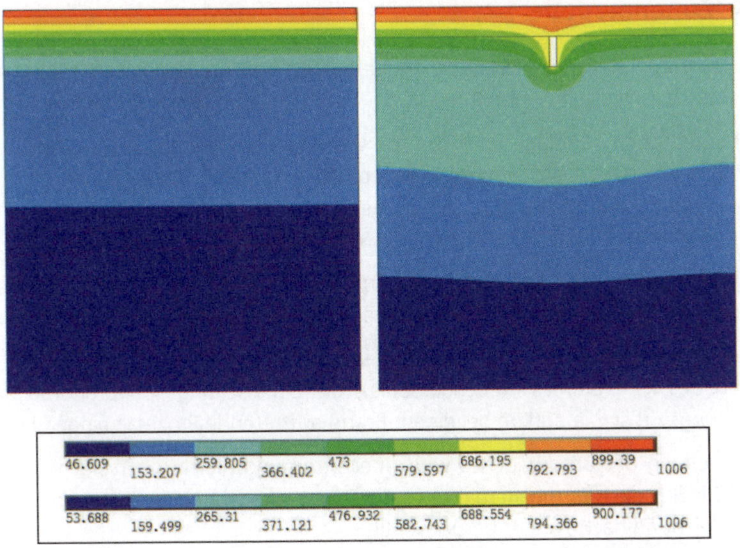

Bild 1.51: Vergleich der Temperaturentwicklung (°C) in einer Holzrahmenwand ohne (linkes Bild) und mit (rechtes Bild) Stoßfuge (nach 5.400 s) in der inneren der beiden GKF-Platten
Wandaufbau: 2 × 12,5 mm GKF-Platten – 120 mm Steinwolledämmung – 12,5 mm GKF-Platte aus [1.53]

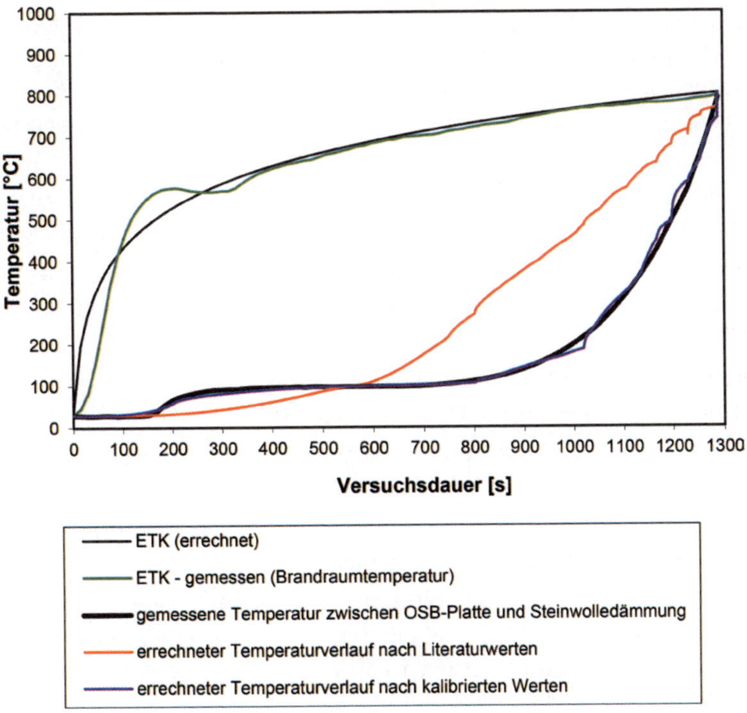

Bild 1.52: Die Temperaturverläufe auf der dem Feuer abgewandten Seite einer OSB-Platte wurden mit Hilfe der FE-Methode berechnet, aus [1.53].

11.4 Zonenmodelle

Zonenmodell (Schichtenmodell)

Mit Hilfe von Zonenmodellen kann die Verteilung von Brandrauch in Brandräumen bzw. Brandabschnitten ermittelt werden.

Die theoretische Grundlage geht von der vereinfachten Annahme aus, dass sich im Brandfall zwei oder mehr Schichten bilden, die im Modell Zonen genannt werden. Die heiße Rauchgasschicht staut sich an der Decke, die darunter liegende Schicht ist rauchfrei bzw. raucharm.

Energie- und Wärmeverteilungsgleichungen

Die theoretischen Grundlagen der Zonenmodelle sind die vereinfachten Grundgleichungen des Masse-, Impuls- und Energieerhaltungssatzes.

In den Modellen werden die Wärmefreisetzungsraten der Brandlasten, die Ausbildung des Feuerplumes (Rauchgassäule), die Einmischung von brandrauchfreier Umgebungsluft sowie andere bei einem Brand auftretende Prozesse eingearbeitet.

Die Verteilung des Brandrauches wird über Strömungsgleichungen nach Bernoulli, das Abfließen der Wärmeenergie über die Begrenzungsbauteile aufgrund der Wärmeleitgleichung nach Fourier berücksichtigt.

11.5 Entfluchtung im Brandfall

Die Räumungszeit (Entfluchtungszeit) eines definierten Gebäudebereichs muss rechnerisch immer kleiner sein, als die bis zum brandschutztechnischen Versagen der Rettungswege anberaumte Zeit.

Menschenströme als fluide Medien

Zur Steuerung der Menschenströme im Brandfall existieren unterschiedliche ingenieurtechnische Modelle, wie z.B. hydraulische Simulationsmodelle. Hierbei werden die Rettungswege als Leitungen dargestellt. Der Personenstrom wird bei diesem Modelltyp als fluides Medium betrachtet, das durch das gedachte Leitungssystem strömt.

Als Einflüsse auf dieses Strömungsmodell werden die Fortbewegungsgeschwindigkeit und die Dichte des Personenstroms (Anzahl der flüchtenden Personen) angesetzt.

Die bauliche Anordnung der Rettungswege ist das „Strömungsgebiet" des Fluids. Längen, Breiten, Engstellen und Ausgänge der Fluchtwege können in das Modell eingearbeitet werden.

Aufgrund der vorgenannten Parameter ergibt sich eine Beziehung zwischen der Dichte und der Geschwindigkeit des Menschenstroms.

händische Bemessung

Die Berechnung der Evakuierungszeiten können bei Strömungsmodellen aufgrund der Übersichtlichkeit „händisch" durchgeführt werden.

In Bild 1.53 wird die Stauung an einer Fluchtwegeinengung nach dem Modell von Predtetschenski und Milinski [1.103] dargestellt.

Verhaltensmuster der Flüchtenden

Bei individuellen numerischen Modellen, deren Berechnung aufgrund der diffizilen Rechenvorgänge nur mit Hilfe von PCs durchgeführt werden kann, wird die Gruppe der Flüchtenden in einzelne Personen mit individuellen Eigenschaften aufgeteilt. Diese Eigenschaften sind z.B. Mobilität und Verhaltensmuster der Flüchtenden. Sie können als Parameter im Modell variiert werden.

Die bauliche Situation wird dreidimensional in diesem Modell abgebildet. Rettungswege in komplexen Gebäuden sowie das individuelle Verhalten der Flüchtenden können dadurch real abgebildet werden.

Die Auswertung des Models liefert Ergebnisse von Entfluchtungsvorgängen, die nahe an reale Vorgänge herankommen, da auch Brandgase und -temperaturen in das Modell mit aufgenommen werden können.

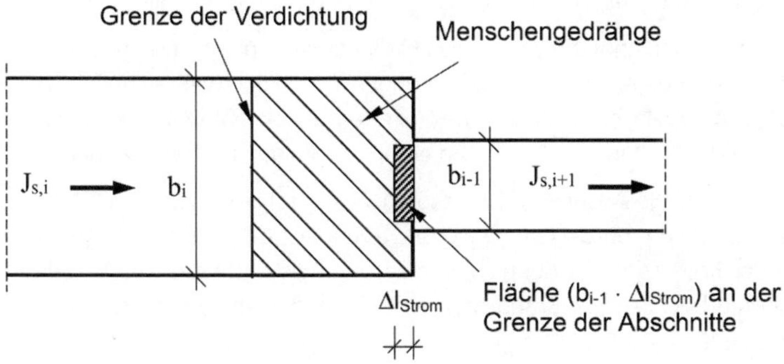

Bild 1.53: Ein- und ausgehender Personenstrom an einer Engstelle nach Predtetschenski und Milinski [1.103]

12 Auswirkungen von Bränden

12.1 Auswirkungen von Bränden auf Menschen

In einem Brandgeschehen können Menschen den Brandprodukten und -vorgängen, wie z.B. der Wärmeenergie, dem Brandrauch und/oder einem Sauerstoffmangel ausgesetzt sein. Der überwiegende Teil der Menschen, der bei solch einem Ereignis sein Leben verliert, stirbt durch den Einfluss von Brandrauch (siehe hierzu auch 6.9).

In den letzten Jahrzehnten hat sich das Gesamtsystem des Brandschutzes positiv entwickelt. Unter anderem gab es Verbesserungen in der Feuerwehrtechnik, in der Zusammenarbeit innerhalb der Brandschutzstrukturen und im Bewusstsein der Planenden, dass Brandschutzmängel im Bauwesen erhebliche Folgen nach sich ziehen können.

In Bild 1.54 wird die Anzahl der Brandtoten in Deutschland zwischen 1980 und 2015 in einem Diagramm dargestellt. Die positive Tendenz der immer geringer werdenden Anzahl der Brandtoten ist deutlich zu erkennen. Bis Mitte der 1990er-Jahre lag der Durchschnitt bei über 700 Brandtoten pro Jahr. In den letzten Jahren verringerte sich diese Zahl auf ca. 400.

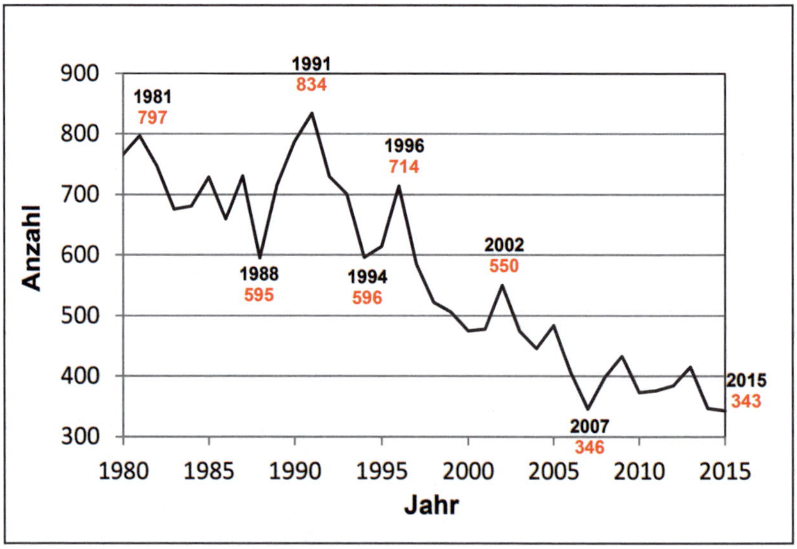

Bild 1.54: Anzahl der Brand- und Rauchtoten in Deutschland in den Jahren 1980 bis 2015 (Statistisches Bundesamt [1.104])

Anzahl der Verletzten

Nach [1.105] und [1.106] wurden im Jahr 2001 durch Brände zusätzlich etwa 6.000 Personen schwer verletzt und 60.000 leicht verletzt.

Um eine Vergleichbarkeit zwischen den einzelnen Bundesländern zu erreichen, wurde die Anzahl der Toten auf 100.000 Einwohner bezogen.

Aufgrund der hohen Einwohnerdichte stehen die Bundesländer Hamburg und Berlin (Stadtstaaten) weit oben in der Statistik, das dünn besiedelte Flächenland Mecklenburg-Vorpommern an letzter Stelle.

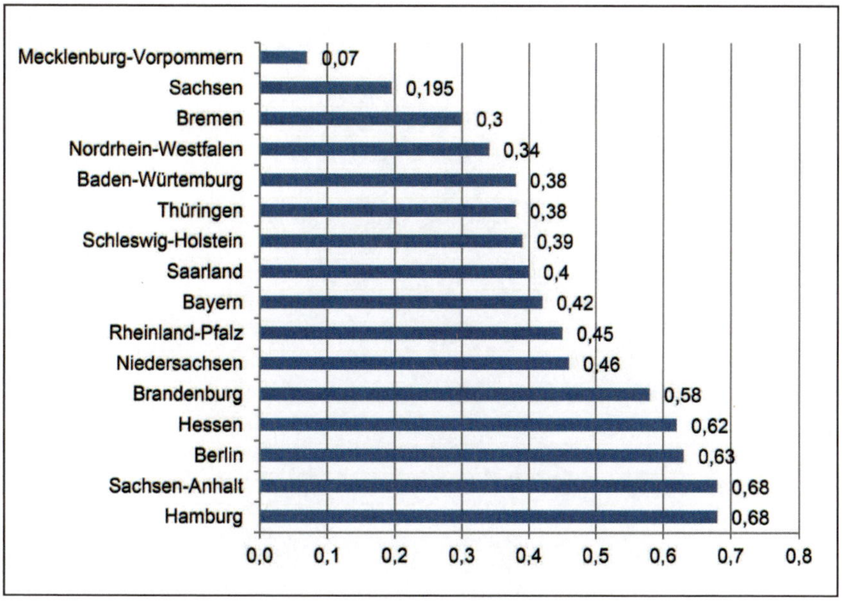

Bild 1.55: Brandtote in den einzelnen Bundesländern je 100.000 Einwohner im Jahr 2015 nach [1.104] (Statistisches Bundesamt)

12.2 Materielle Auswirkungen von Bränden

Insolvenz trotz Feuerversicherung

In der Regel werden die finanziellen Schäden, die bei Bränden entstehen, durch Versicherungen abgedeckt.

Für industrielle und gewerbliche Betriebe stellt ein Brand eine ernsthafte materielle Bedrohung dar. Durch eine Feuer- und Feuer-Betriebsunterbrechungs-Versicherung wird zwar der unmittelbare Schaden ausgeglichen, dennoch kann ein Brand zu einer Insolvenz führen. Während der Ausfallzeit ist es dem Betrieb in der Regel nicht möglich zu produzieren, und er erleidet Einbußen am Markt. Auch kommt es häufig zum Abwandern von bewährten Mitarbeitern und Vertragspartnern. Um diesen Auswirkungen vorzubeugen, gibt der VDS (ehemals: Verband der Schadensversicherer) Regelwerke heraus, in denen höhere Anforderungen an Bauteile gestellt werden, als die Bauordnung sie vorgibt. In der VDS-Richtlinie 2234 (Brand- und Komplextrennwände) [1.107] werden Vorgaben zu diesen Bauteilen und Konstruktionen gemacht. Werden bauliche Anlagen nach den VDS-Regelwerken geplant und gebaut, wirkt sich die risiko- und prämientechnische Bewertung durch den Versicherer günstig aus.

finanzieller Gesamtschaden

Die wirtschaftlichen Gesamtschäden betrugen nach [1.108] in [1.105] im Jahr 2000 ca. 6 Milliarden Euro. Von dieser Summe betrug der Schadenaufwand der Feuer-Versicherungen ca. 1,5 Milliarden Euro.

Teil II Baulicher Brandschutz

13 Thermisches Verhalten von Baustoffen im Brandfall

Das thermische Verhalten von Baustoffen beeinflusst die Tragfähigkeit sowie die räumliche Abschottung von Bauteilen, die einem Feuer ausgesetzt sind. Unter anderem wirken sich folgende brandschutztechnische Eigenschaften von Baumaterialien auf die Schutzwirkung baulicher Konstruktionen aus:

- Werden Baustoffe eingesetzt, die eine Eigenbrandlast besitzen, wie z.B. Holz oder Holzwerkstoffe, erhöhen sie im Brandfall die Wärmeenergie in der Konstruktion und im Brandraum. Durch die Brennbarkeit des Materials kann es zur Weiterleitung eines Brandes kommen. Weiterhin wird beim Abbrand von tragenden Bauteilen (z.B. von Holzträgern und -stützen) die Querschnittsfläche verkleinert und dadurch die Tragfähigkeit verringert. Dieser Vorgang kann zum statischen Versagen des Bauteils führen.
- Besitzt ein Baustoff eine hohe Wärmeleitfähigkeit, wie z.B. Stahl, kann durch das Material erhebliche Wärmeenergie geleitet werden. Die Übertragung eines Brandes auf angrenzende, leicht entzündliche Stoffe ist durch diesen Energietransport möglich.
- Durch Baustoffe mit einer hohen Rauchrate, wie z.B. Kunststoffe, können schon am Beginn eines Brandes Räume in kurzer Zeit verrauchen. Besonders gefährlich ist Brandrauch in Rettungswegen, da er toxisch ist und die Sicht erheblich einschränken kann.

thermisches Verhalten von Baustoffen

- Wenn Baustoffe bei einem Brand schmelzen, kann es zu einem brennenden Abtropfen des Materials kommen. Durch diesen Effekt bedingt können Löscharbeiten behindert und ein Brand weitergeleitet werden.
- Bei der Erwärmung von Baustoffen mit einem hohen Feuchtigkeitsgehalt kann es bei der Aggregatzustandsänderung von flüssig in gasförmig zu einer erheblichen Ausdehnung dieser Feuchtigkeit kommen. Durch den vergrößerten Platzbedarf (Wasser benötigt das 1.700-fache Volumen, um sich als Wasserdampf spannungsfrei ausdehnen zu können) wird ein erheblicher Druck im Baustoff verursacht. Es kann zu Abplatzungen kommen, wie z.B. bei Betonbauteilen im Brandfall.

Die vorgenannten physikalischen Effekte wurden indirekt in die brandschutztechnischen Forderungen des Baurechts aufgenommen. Dort findet man Aussagen zur brandschutztechnischen Qualität von Baustoffen und -konstruktionen. Durch die vom Gesetzgeber geforderten Eigenschaften der Materialien werden die oben genannten thermischen Reaktionen begrenzt bzw. verhindert.

Um Bauprodukte im Forderungssystem des Baurechts einstufen zu können, werden ihre Eigenschaften unter festgelegten Randbedingungen in Brandversuchen geprüft.

Bei „geregelten" Baustoffen und Bauteilen kann man diese Eigenschaften einer Norm entnehmen, bei anderen, „nicht geregelten" Baustoffen sind sie in Verwendbarkeitsnachweisen aufgeführt (siehe hierzu Kapitel 10).

14 Anforderungen an das Brandverhalten von Baustoffen

Um den Raumschluss und die Tragfähigkeit von Bauteilen im Brandfall für eine definierte Dauer zu gewährleisten, werden im Bauordnungsrecht Anforderungen an das Brandverhalten der Baustoffe gestellt, aus denen sie bestehen. In der Musterbauordnung [2.1] wird für Baustoffe von bestimmen Bauteilen gefordert, dass sie entweder nichtbrennbar oder mindestens schwerentflammbar oder normalentflammbar sein müssen.

baurechtliche und technische Begriffe

Um diese unbestimmten baurechtlichen Bezeichnungen eindeutig definieren und reproduzierbar machen zu können, wurden sie auf nationaler Ebene in der DIN 4102 Teil 1 [2.2] in technischen Begrifflichkeiten beschrieben.

Hierzu wurden genormte Prüfkriterien für Brandversuche entwickelt und die Grenzwerte brandschutztechnischer Materialeigenschaften festgelegt. Aufgrund der Ergebnisse der Brandprüfungen können Baustoffe in Baustoffklassen eingeteilt werden.

Auf europäischer Ebene geschieht diese Einstufung nach der DIN EN 13501 Teil 1 [2.3].

Der Handel mit Bauprodukten findet mit diesen nationalen oder europäischen Normbezeichnungen statt.

14.1 Einteilung von Baustoffen nach der nationalen Norm DIN 4102-1

In Tabelle 2.1 werden Baustoffe nach ihren Zünd- und Brenneigenschaften eingeteilt.

A1- und A2-Baustoffklassen

Eine grundsätzliche Einordnung erfolgt nach brennbaren und nicht brennbaren Baustoffen. In die Gruppe der nichtbrennbaren Materialien (Baustoffklasse A) werden auch Baustoffe aufgenommen, die einen geringen brennbaren Anteil besitzen. Dies sind z.B. Gipskartonplatten, die aus einem nichtbrennbaren Gipskern und außenliegenden Kartonagen bestehen. Die Unterteilung in die Baustoffklassen A1 und A2 erfolgte erstmalig im Februar 1970.

Leichtentflammbare Baustoffe dürfen im Bauwesen grundsätzlich nicht verwendet werden. Sie dürfen aber eingebaut werden, wenn sie in Verbindung mit anderen Baustoffen nicht mehr leichtentflammbar sind.

Einteilung der Baustoffklassen nach DIN 4102-1

Tabelle 2.1: Einteilung von Baustoffen in Baustoffklassen nach DIN 4102-1 [2.2]

A	**Nichtbrennbare Baustoffe**	
	A1	nichtbrennbare Baustoffe
	A2	in geringem Umfang mit brennbaren Baustoffen
B	**Brennbare Baustoffe**	
	B1	schwerentflammbare Baustoffe
	B2	normalentflammbare Baustoffe
	B3	leichtentflammbare Baustoffe

Beispiele zu den Baustoffklassen

A1: *Mörtel, Beton, Mauerziegel*

A2: *Gipskartonplatten nach DIN 18180 [2.4] bzw. DIN EN 520 [2.5]*

B1: *Holzwolle-Leichtbauplatten nach DIN EN 13168 [2.6] und Wärmedämmputzsysteme nach DIN 18550 [2.7]*

Beispiele zur Einteilung von Baustoffen

B2: *Holz sowie Holzwerkstoffe mit einer Rohdichte ≥ 400 kg/m³ und einer Dicke > 2 mm oder mit einer Rohdichte ≥ 230 kg/m³ und einer Dicke von > 5 mm*

B3: *alle Baustoffe, die nicht in A, B1 oder B2 eingestuft werden können*

14.2 Einteilung von Baustoffen nach der europäischen Normreihe DIN EN 13501

DIN 4102/ DIN EN 13501

Auf europäischer Ebene werden Baustoffe nach den Vorgaben der DIN EN 13501 Teil 1 [2.3] in Baustoffklassen eingeteilt. Durch zusätzliche Prüfkriterien, die in der nationalen Normung nicht vorgesehen sind, erfolgt die Einteilung der Baustoffe nach der DIN-EN-13501-Reihe differenzierter. Es werden z.B. Aussagen über Brandparallelerscheinungen getroffen, die in der nationalen Norm nicht enthalten sind. Unter diesen Erscheinungen sind die Rauchentwicklung (s = smoke) und das brennende Abtropfen (d = droplet) von Baustoffen unter Brandeinwirkung zu verstehen (siehe Tabelle 2.2).

Schwerentflammbare Baustoffe werden in siebzehn unterschiedliche Klassen eingeteilt, die normalentflammbaren in elf (siehe hierzu Tabelle 2.3). Die Unterschiede zwischen den einzelnen Bezeichnungen ergeben sich aus den Ergebnissen der Brandprüfungen. Die Klassen B, C und D unterscheiden sich z.B. durch den FIGRA-Wert (Fire-Growth-Rate), der die Geschwindigkeit der Brandausbreitung wiedergibt (Maximum des Quotienten aus der Wärmefreisetzungsrate der Probe und dem zugehörigen Zeitpunkt) und auch Feuerwachstumswert genannt wird. Er wird nach den Vorgaben der Prüfnorm DIN EN 13823 [2.8] bestimmt. Aufgrund der im Brandversuch gemessenen Werte werden die Baustoffe nach DIN EN 13501-1 [2.3] in eine Klasse eingestuft.

Vergleichbarkeit der Klassifizierungen

Ein direkter Vergleich zwischen den Klassifizierungen nach der nationalen und der europäischen Normenreihe ist aufgrund der unterschiedlichen Prüfkriterien nicht in jedem Fall möglich. Nur bei den nichtbrennbaren Baustoffen gibt es eine weitgehende Übereinstimmung.

Im nationalen Baurecht (Bauordnung mit Nebenbestimmungen) wird diese differenzierte brandschutztechnische Einstufung der Baumaterialien nicht genutzt.

Bei der Wahl eines Baustoffs, der nach DIN EN 13501-1 [2.3] brandschutztechnisch eingestuft worden ist, gibt es einen Spielraum durch die grobe Forderungsstruktur des nationalen Bauordnungsrechts. Um die baurechtlichen Forderungen der Spalte 1 in Tabelle 2.3 zu erfüllen, kann deshalb hier ein Baustoff frei gewählt werden, der dieser Benennung zugeordnet ist.

Tabelle 2.2: Brandparallelerscheinungen nach DIN EN 13501-1 [2.3]

Brandparallelerscheinungen

Rauchentwicklung	
s1	keine Sichtbehinderung durch Rauchentwicklung
s2	Sichtbehinderung durch Rauchentwicklung
s3	starke Sichtbehinderung durch Rauchentwicklung
Abtropfen oder Abfallen	
d0	kein brennendes Abtropfen oder Abfallen
d1	brennendes Abtropfen oder Abfallen unter 10 sec. (während eines 10 min. Tests)
d2	brennendes Abtropfen oder Abfallen mehr als 10 sec. (während eines 10 min. Tests)

Beispiel

baurechtlich geforderte Bezeichnung: **schwerentflammbar**

Wahlmöglichkeiten: B, C – s1 d0; A2, B, C – s2 d0;
A2, B, C – s3 d0; A2, B, C – s1 d1;
A2, B, C – s1 d2; A2, B, C – s3 d2.

Beispiel zur Wahl eines Baustoffes

Ein Baustoff kann frei gewählt werden, der nach einer der siebzehn europäischen Bezeichnungen eingestuft worden ist. Aus brandschutztechnischer Sicht sollte die Wahl nach Möglichkeit auf ein Material fallen, das nur einen geringen Beitrag zum Brandgeschehen leistet, bei dessen thermischer Beanspruchung also kein brennendes Abtropfen (d0) und keine Rauchentwicklung (s1) entstehen. Dies wäre ein Baustoff mit der Bezeichnung **B – s1 d0** *oder* **C – s1 d0.**

Hierbei ist zu beachten, dass die Wahl des Baustoffs durch die Forderungen des Baurechts eingeschränkt sein kann. So dürfen z.B. Baustoffe von Außenwandbekleidungen nicht brennbar abtropfen.

Tabelle 2.3: Baustoffklassen nach DIN EN 13501-1 [2.3]

baurechtliche Bezeichnung	**Brandparallelerscheinungen**		**Baustoffklasse nach DIN EN 13501-1**
	keine Rauchentwicklung	**kein brennendes Abtropfen/Abfallen**	
nicht brennbar	•	•	A1
	•	•	A2 – s1, d0
schwerentflammbar	•	•	B, C – s1, d0
		•	A2, B, C – s2, d0
		•	A2, B, C – s3, d0
	•		A2, B, C – s1, d1
	•		A2, B, C – s1, d2
			A2, B, C – s3, d2

baurechtliche Bezeichnung	Brandparallelerscheinungen		
	keine Rauchentwicklung	kein brennendes Abtropfen/Abfallen	Baustoffklasse nach DIN EN 13501-1
normalentflammbar		•	D – s1, d0
		•	D – s2, d0
		•	D – s3, d0
			D – s1, d1
			D – s2, d1
			D – s3, d1
			D – s1, d2
			D – s2, d2
			D – s3, d2
		•	E
			E – d2
leichtentflammbar			F

Die Kurzbezeichnungen der Tabelle 2.3 beziehen sich auf Standardbauteile. In der europäischen Normenserie werden gesonderte Bezeichnungen für Bedachungen und Bodenbeläge genutzt, die nachfolgend erläutert werden.

Bedachungen:

Im Bauordnungsrecht wird zwischen harten und weichen Bedachungen unterschieden (siehe hierzu auch Absatz 3.12). Für die Prüfung dieses Bauteils stehen vier Verfahren zur Verfügung (nach DIN EN 13501-5 [2.9] Absatz 6.3):

a) Das Prüfverfahren 1 beurteilt das Brandverhalten einer Bedachung bei Beanspruchung durch einen Brandsatz (Ergebnis: t1). Der Ursprung dieses Verfahrens findet sich in der DIN-4102-Reihe (Deutschland).

Prüfverfahren zur Einstufung von Bedachungen

b) Das Prüfverfahren 2 beurteilt das Brandverhalten einer Dachhaut bei Beanspruchung eines Brandsatzes zusammen mit Wind (Ergebnis: t2). Dieses Verfahren wurde ursprünglich im Nordtest genutzt (Schweden).

c) Das Prüfverfahren 3 beurteilt das Brandverhalten einer Bedachung bei Beanspruchung eines Brandsatzes zusammen mit Wind und zusätzlicher Strahlung (Ergebnis: t3). Der Ursprung findet sich in den Vorschriften der AFNOR (französischer Normgeber).

d) Das Prüfverfahren 4 beurteilt das Brandverhalten einer Bedachung bei Anwendung eines zweistufigen Prüfverfahrens einschließlich Brandsatz, Wind und zusätzlicher Strahlung (Ergebnis: t4). Der Ursprung findet sich in den Regelwerken des BSI (englischer Normgeber).

Tabelle 2.4: Brandverhalten von Bedachungen nach DIN EN 13501-5 [2.9]*

Klassifizierung von Bedachungen

Bauaufsichtliche Anforderung	Klassifizierung nach DIN EN 13501-5
widerstandsfähig gegenüber Flugfeuer und strahlender Wärme (harte Bedachung)	B_{Roof} (t1)
keine Leistung festgestellt (weiche Bedachung)	F_{Roof} (t1)

*Index: Roof ≙ Dach

Der Zusatz (t1) in Tabelle 2.4 bedeutet, dass das erste der vier Verfahren national angewendet werden muss. Diese Forderung ist in der MVV TB [2.10] Tabelle 3.2 festgelegt.

Bodenbeläge:

An Bodenbeläge in notwendigen Treppenräumen und Fluren werden (je nach Gebäudetyp) unterschiedliche Anforderungen an die Brandschutzqualität gestellt. Zum Beispiel müssen sie in notwendigen Treppenräumen von Hochhäusern nichtbrennbar und in deren Fluren schwerentflammbar sein.

Tabelle 2.5: Brandverhalten von Bodenbelägen nach DIN 13501-1 [2.3] sowie DIN 4102-1 [2.2] und -14 [2.11]*

Klassifizierung von Bodenbelägen

Bauaufsichtliche Anforderung	Klassifizierung nach DIN EN 13501-1	Zum Vergleich: äquivalente Klassifizierungen nach DIN 4102-1 und -14
nichtbrennbar	$A1_{fl}$	A1
	$A2_{fl}$ – s1	A2
schwerentflammbar	B_{fl} – s1 C_{fl} – s1	B1
normalentflammbar	$A2_{fl}$ – s2 B_{fl} – s2 C_{fl} – s2 D_{fl} – s1 D_{fl} – s2 E_{fl}	B2
leichtentflammbar	F_{fl}	B3

*Index fl ≙ floorings (Bodenbeläge)

15 Anforderungen an das Brandverhalten von Bauteilen

Die statischen Systeme von baulichen Anlagen bestehen unter anderem aus Wänden, Decken, Balken, Stützen, Unterzügen und Dächern. Diese Bauteile können entweder aus einem einzigen Material hergestellt werden, wie z.B. Holzstützen, oder aus unterschiedlichen Baustoffen zusammengesetzt sein, wie z.B. Gipskartonwände.

Feuerwiderstandsfähigkeit von Bauteilen

Bauteile, an die brandschutztechnische Anforderungen gestellt werden, werden nach ihrer Feuerwiderstandsfähigkeit unterschieden. Das Baurecht differenziert zwischen feuerhemmenden, hochfeuerhemmenden und feuerbeständigen Bauteilen. Die Feuerwiderstandsfähigkeit bezieht sich bei tragenden und aussteifenden Bauteilen auf die Standsicherheit, bei raumabschließenden Bauteilen auf die Widerstandsfähigkeit gegen die Ausbreitung von Feuer und Rauch.

15.1 Einteilung von Bauteilen nach der nationalen Normenreihe DIN 4102

Zur brandschutztechnischen Klassifizierung von Bauteilen werden Brandversuche unter genormten Bedingungen durchgeführt. Das Abbruchkriterium der Versuche ergibt sich aus den Vorgaben der entsprechenden Prüfnormen der DIN-4102-Reihe.

Die Einstufung der Bauteile erfolgt aufgrund der Versuchsdauer. Die Feuerwiderstandsklassen gliedern sich in 30-Minuten-Intervalle. Wurde beispielsweise ein Brandversuch nach 48 Minuten abgebrochen, wird das getestete Bauteil in die Klasse „30 Minuten" eingestuft, da die nächsthöhere Klasse von 60 Minuten nicht erreicht wurde. Über diese Nenndauer erfolgt dann die Einstufung und Klassifizierung des Bauteils.

Tabelle 2.6: Bezeichnungen zur Klassifizierung von Bauteilen nach DIN 4102 Teil 2 [2.12] bis Teil 13 [2.19]

Kurzbezeichnungen von Bauteilen nach der DIN 4102-Reihe

<table>
<tr><th>Kurzzeichen</th><th colspan="2">Anwendungsbereich</th><th>Nach DIN 4102</th></tr>
<tr><td>F</td><td colspan="2">Wände, Decken, Träger, Stützen, Unterzüge</td><td>– Teil 2</td></tr>
<tr><td>W</td><td colspan="2">nichttragende Außenwände und Brüstungen</td><td>– Teil 3</td></tr>
<tr><td>T</td><td colspan="2">Feuerschutzabschlüsse (Türen, Tore, Klappen)</td><td>– Teil 5</td></tr>
<tr><td>L</td><td colspan="2">Rohre und Formstücke für Lüftungsleitungen</td><td rowspan="2">– Teil 6</td></tr>
<tr><td>K</td><td colspan="2">Absperrvorrichtungen für Lüftungsleitungen</td></tr>
<tr><td>S</td><td colspan="2">Kabelabschottungen</td><td>– Teil 9</td></tr>
<tr><td>I</td><td colspan="2">Installationsschächte und Kanäle</td><td rowspan="2">– Teil 11</td></tr>
<tr><td>R</td><td colspan="2">Rohrdurchführungen</td></tr>
<tr><td>E</td><td colspan="2">Funktionserhalt elektrischer Leitungen</td><td>– Teil 12</td></tr>
<tr><td>F</td><td>strahlungsundurchlässige</td><td rowspan="2">Brandschutzverglasungen</td><td rowspan="2">– Teil 13</td></tr>
<tr><td>G</td><td>strahlungsdurchlässige</td></tr>
</table>

Aus den Kurzbezeichnungen der Tabelle 2.6 in Verbindung mit der zeitlichen Feuerwiderstandsfähigkeit (-dauer) (30, 60, 90, 120 oder 180 Minuten) ergeben sich die Bauteilbezeichnungen.

Beispiele hierzu:

Beispiele zu den Kurzbezeichnungen

F 60: z.B. hochfeuerhemmende Decke

K 90: z.B. feuerbeständige Brandschutzklappe
(Klappe in Lüftungsleitungen)

G 30: z.B. feuerhemmende Verglasung
(strahlungsdurchlässige Verglasung)

T 90: z.B. feuerbeständige Türen

Für Bauteile wird im Baurecht in der Regel nicht nur eine Mindestfeuerwiderstandsklasse gefordert, sondern auch eine Baustoffklasse vorgegeben.

In der Bezeichnung der Feuerwiderstandsklasse nach DIN 4102-2 [2.12] wird diese zweite Forderung durch die angehängten Buchstaben A für nichtbrennbare und B für brennbare Baustoffe erfüllt. Die Buchstaben können einzeln oder gemeinsam auftreten (siehe Tabelle 1.7). Der erste Buchstabe gibt die Brennfähigkeit des Hauptbestandteils des Bauteils an, der zweite die der Nebenbestandteile.

Einteilung der Feuerwiderstandsklassen

Tabelle 2.7: Feuerwiderstandsklassen nach DIN 4102-2 [2.12]

Feuerwiderstandsklasse	Baustoffklasse nach DIN 4102-2		Benennung	Kurzbezeichnung	
	wesentliche Teile	übrige Teile		nach DIN 4102-2	nach MBO [33]
F 30	B	B	Feuerwiderstandsklasse F 30	F 30-B	feuerhemmend
	A	B	Feuerwiderstandsklasse F 30 und in den wesentlichen Teilen aus nichtbrennbaren Baustoffen	F 30-AB*	
	A	A	Feuerwiderstandsklasse F 30 und aus nichtbrennbaren Baustoffen	F 30-A	
F 60	B	B	Feuerwiderstandsklasse F 60	F 60-B	hochfeuerhemmend
	A	B	Feuerwiderstandsklasse F 60 und in den wesentlichen Teilen aus nichtbrennbaren Baustoffen	F 60-AB*	
	B	A	Feuerwiderstandsklasse F 60 und in den wesentlichen Bauteilen aus brennbaren Baustoffen	F 60-BA**	
	A	A	Feuerwiderstandsklasse F 60 und aus nichtbrennbaren Baustoffen	F 60-A	

Feuerwiderstandsklasse	Baustoffklasse nach DIN 4102-2		Benennung	Kurzbezeichnung	
	wesentliche Teile	übrige Teile		nach DIN 4102-2	nach MBO [33]
F 90	A	B	Feuerwiderstandsklasse F 90 und in den wesentlichen Teilen aus nichtbrennbaren Baustoffen	F 90-AB*	feuerbeständig
	A	A	Feuerwiderstandsklasse F 90 und aus nichtbrennbaren Baustoffen	F 90-A	

* Bauteile, deren tragende und aussteifende Teile aus nichtbrennbaren Baustoffen bestehen und die bei raumabschließenden Bauteilen zusätzlich eine in Bauteilebene durchgehende Schicht aus nichtbrennbaren Baustoffen haben (nach § 26 Absatz 2 Satz 2 OZ 2 der MBO).

** Bauteile, deren tragende und aussteifende Teile aus brennbaren Baustoffen bestehen und die allseitig eine brandschutztechnisch wirksame Bekleidung aus nichtbrennbaren Baustoffen (Brandschutzbekleidung) und Dämmstoffe aus nichtbrennbaren Baustoffen haben (nach § 26 Absatz 2 Satz 2 OZ 3 der MBO).

15.2 Einteilung von Bauteilen nach der europäischen Normenreihe DIN EN 13501

Wie schon für das System der Baustoffklassen erläutert, ist auch die brandschutztechnische Einstufung der Feuerwiderstandsfähigkeit von Bauteilen, die aufgrund der europäischen Normenreihe (DIN EN 13501) vorgenommen wurde, wesentlich differenzierter als die der nationalen Einteilung. Um diese genaueren Einstufungen vornehmen zu können, wurden erweiterte Prüfkriterien gegenüber der Normenreihe DIN 4102 erstellt, die z.B. in der DIN EN 1364 [2.20] beschrieben werden.

direkter Vergleich von klassifizierten Bauteilen

Ein direkter Vergleich zwischen Bauteilen, die nach den unterschiedlichen Normenreihen eingeteilt wurden, kann aufgrund der unterschiedlichen Prüfkriterien nicht immer gezogen werden. Beispielsweise ist eine Brandschutztür $EI_2$30 (Einstufung nach europäischer Norm) auch eine T-30-Tür (Einstufung nach der nationalen Norm), da sie 30 Minuten die Brandübertragung verhindert. Eine T-30-Tür kann jedoch nicht automatisch als $EI_2$30 eingestuft werden, da das Prüfkriterium EI_2 (aufgrund der Prüfnorm) nicht getestet wurde.

Kurzbezeichnungen nach DIN EN 13501

Die Bezeichnungen, die zur brandschutztechnischen Klassifizierung genutzt werden, sind in den Tabellen 2.8 und 2.8a dargestellt. In diesen Tabellen werden die Bedeutung der Abkürzungen, das entsprechende Brandschutzkriterium sowie der Einsatzbereich der Bauteile erläutert. Verbunden mit einer Dauer in Minuten (30, 60, 90, 120 und 180) ergibt sich die Anforderung, die das Bauteil im Brandfall erfüllen muss. Aufgrund des zeitlichen Kriteriums, der Schutzdauer, können Bauteile, die nach europäischen Normen geprüft worden sind, mit den baurechtlichen Forderungen feuerhemmend (Versuchsdauer: 30 bis 59 Minuten), hochfeuerhemmend (Versuchsdauer: 60 bis 89 Minuten) und feuerbeständig (Versuchsdauer: $\geq$ 90 Minuten) verglichen und entsprechend eingestuft werden.

Die Standard-Bauteile eines Gebäudes, wie z.B. Wände, Decken, Balken und Stützen, werden in Tabelle 2.9 klassifiziert.

Die Feuerwiderstandsklassen von nichttragenden Bauteilen sowie von Sonderbauteilen werden in den Tabellen 2.10 bis 2.14 dargestellt:

Klassifizierung von Sonderbauteilen

Tabelle 2.10: Feuerwiderstandsklassen von nichttragenden Innenwänden, nichttragenden Außenwänden und brandschutztechnischen Unterdecken

Tabelle 2.11: Feuerwiderstandsklassen von Feuerschutzabschlüssen (auch in Förderanlagen) und von Rauchschutztüren

Tabelle 2.12: Feuerwiderstandsklassen von Kabel- und Rohrabschottungen sowie Lüftungsleitungen

Tabelle 2.13: Feuerwiderstandsklassen von Klappen in Lüftungsleitungen sowie in Installationsschächten und -kanälen

Tabelle 2.14: Feuerwiderstandsklassen von elektrischen Leitungsanlagen mit Funktionserhalt sowie von strahlungsdurchlässigen und -undurchlässigen Brandschutzverglasungen

Tabelle 2.8: Bezeichnungen zur Klassifizierung von Bauteilen nach DIN EN 13501-2 [2.21] (Teil 1)

Kurzzeichen	Funktion	Kriterium	Anwendungsbereich
R	Tragfähigkeit (Résistance)	die Fähigkeit eines Bauteils, bei Brandbeanspruchung die statische Tragfähigkeit nicht zu verlieren	z.B. Stützen, Wände, Decken, Unterzüge
E	Raumabschluss (Étanchéité)	die Fähigkeit eines raumabschließenden Bauteils, die Übertragung von Feuer und Rauch zu verhindern	Wände, Decken
I	Wärmedämmung (Isolation)	Wärmedämmung unter Brandbeanspruchung (Verhinderung der Übertragung von Wärmeenergie)	Wände, Decken, Türen
W	Strahlung (Radiation – ursprünglich „Watt")	Begrenzung des Strahlungsdurchtritts	Brandschutzgläser
M	mechanischer Widerstand (Mechanical)	mechanische Einwirkung auf Wände (Stoßbeanspruchung)	Brandwände

Kurz-zeichen	Funktion	Kriterium	Anwendungs-bereich
S_a	Rauchschutz (Smoke)	Begrenzung der Rauchdurchlässigkeit (Dichtigkeit, Leckrate); erfüllt die Anforderung bei Umgebungstemperatur	dichtschließende Rauchschutztüren
S_{200}		Begrenzung der Rauchdurchlässigkeit (Dichtigkeit, Leckrate); erfüllt die Anforderung sowohl bei Umgebungstemperatur als auch bei 200 °C	Rauchschutztüren (als Zusatz auch bei Feuerschutzabschlüssen)
S		Rauchdichtheit (Begrenzung der Rauchdurchlässigkeit)	Entrauchungsleitungen, Entrauchungsklappen, Brandschutzklappen
C	Selbstschließend (Closing)	selbstschließende Eigenschaft (ggf. mit Anzahl der getesteten Schließzyklen: C = 0, C1 = 500, C2 = 10.000, C3 = 50.000, C4 = 100.000, C5 = 200.000)	Rauchschutztüren, Feuerschutzabschlüsse
P		Aufrechterhaltung der Energieversorgung und/oder Signalübermittlung	elektrische Kabelanlagen allgemein
G		Rußbeständigkeit	Schornsteine
K_1, K_2		Brandschutzvermögen	Wand- und Deckenbekleidungen
I_1, I_2		unterschiedliche Prüfungsansätze zum Wärmedämmkriterium: I_1 = Messstelle – 25 mm vom Rand I_2 = Messstelle – 100 mm vom Rand	Feuerschutzabschlüsse (einschließlich Abschlüsse für Förderanlagen)

Tabelle 2.8 a: Bezeichnungen zur Klassifizierung von Bauteilen nach DIN EN 13501-2 [2.21] (Teil 2)

Kurz-zeichen	Funktion	Kriterium	Anwendungs-bereich
i → o o → i i ↔ o	i = in (innen) o = out (außen)	Richtung der klassifizierten Feuerwiderstandsdauer	nichttragende Außenwände, Installationsschächte/-kanäle, Lüftungsanlagen/-klappen

Kurzzeichen	Funktion	Kriterium	Anwendungsbereich
a → b b → a a ↔ b	a = above (oben) b = below (unten)	Richtung der klassifizierten Feuerwiderstandsdauer	Unterdecken
v_e, h_o	v_e = vertical (vertikal) h_o = horizontal	für vertikalen/horizontalen Einbau klassifiziert	Lüftungsklappen
v_{ew}, h_{ow}		für vertikalen/horizontalen Einbau in Wände klassifiziert	Entrauchungsklappen
v_{ed}, h_{od}		für vertikalen/horizontalen Einbau in Leitungen klassifiziert	Entrauchungsklappen
v_{edw}, h_{odw}		für vertikalen/horizontalen Einbau in Wände und Leitungen klassifiziert	Entrauchungsklappen
U/U	uncapped/ uncapped	Rohrende offen innerhalb des Prüfofens/Rohrende offen außerhalb des Prüfofens	Rohrabschottungen
C/U	capped/ uncapped	Rohrende geschlossen innerhalb des Prüfofens/Rohrende offen außerhalb des Prüfofens	Rohrabschottungen
U/C	uncapped/ capped	Rohrende offen innerhalb des Prüfofens/Rohrende geschlossen außerhalb des Prüfofens	Rohrabschottungen
MA		manuelle Auslösung (auch automatische Auslösung mit manueller Übersteuerung)	Entrauchungsklappen
multi		Eignung, einen oder mehrere feuerwiderstandsfähige Bauteile zu durchdringen bzw. darin einzubauen	Entrauchungsleitungen, Entrauchungsklappen
f	f = full (voll)	Beanspruchung durch nicht abgeminderte ETK (Einheits-Temperaturzeitkurve)	Wände, Decken, Stützen
ef	ef = external firecurve (äußere Brandkurve)	Beanspruchung durch abgeminderte ETK (Außenbrandkurve)	Außenfassade

In Tabelle 2.9 werden die Kurzbezeichnungen der Feuerwiderstandsklassen von statisch tragenden oder aussteifenden Bauteilen aufgelistet. Dies sind Bauelemente, die in einem Gebäude horizontale und/oder vertikale Lasten (Kräfte) abtragen und für diesen Zweck von einem Tragwerksplaner bzw. Statiker bemessen wurden. Bauteile, die im Brandschutzsystem sowohl eine tragende als auch eine raumabschließende Funktion haben, sind z.B. Wände und Decken, ausschließlich tragende Bauteile sind z.B. Balken, Träger, Stürze und Unterzüge.

Tabelle 2.9: Feuerwiderstandsklassen von tragenden und aussteifenden Bauteilen nach DIN EN 13501-2 [2.21]

Bauaufsichtliche Anforderung	ohne Raum-abschluss	mit Raum-abschluss
feuerhemmend	R 30	REI 30
hochfeuerhemmend	R 60	REI 60
feuerbeständig	R 90	REI 90
Feuerwiderstandsfähigkeit 120 Minuten	R 120	REI 120
Brandwand (tragend)	–	REI 90-M

Kurzbezeichnung von Bauteilen

Nichttragende Innenwände werden häufig in Brandschutzsystemen als raumabschließende Bauteile eingesetzt. Sie verhindern 30, 60 oder 90 Minuten lang die Übertragung von Feuer und Rauch und begrenzen die Temperaturerhöhung auf der feuerabgewandten Seite der Wand (EI-Bedingung). Als nichttragende, raumabschließende Bauteile können unter anderem Flurwände, Trennwände oder Brandwände eingesetzt werden.

Tabelle 2.10: Feuerwiderstandsklassen von nichttragenden Wänden und Unterdecken nach DIN EN 13501-2 [2.21]

Bauaufsichtliche Bezeichnung	nichttragende Innenwand	nichttragende Außenwand	brandschutz-technische Unterdecke
feuerhemmend	EI 30	E 30 (i $\rightarrow$ o) und EI 30-ef (i $\leftarrow$ o)	EI 30 (a $\leftrightarrow$ b)
hochfeuerhemmend	EI 60	E 60 (i $\rightarrow$ o) und EI 60-ef (i $\leftarrow$ o)	EI 60 (a $\leftrightarrow$ b)
feuerbeständig	EI 90	E 90 (i $\rightarrow$ o) und EI 90-ef (i $\leftarrow$ o)	EI 90 (a $\leftrightarrow$ b)
Brandwand (nichttragend)	EI 90-M	–	–

Kurzbezeichnung von Bauteilen

Brandeinwirkungsrichtung

Nichttragende Außenwände werden in ihrer Brandbeanspruchungsrichtung von innen nach außen (i $\rightarrow$ o) und von außen nach innen (o $\rightarrow$ i) unterschiedlich bewertet. Bei einem Feuer im Gebäude muss die Außenwand so konstruiert sein, dass sie 30, 60 oder 90 Minuten lang die Übertragung von Rauch und Feuer verhindert. Wärmeenergie darf unbegrenzt durch die Wand übertragen werden (Kriterium E). Dies ist unschädlich, da die übertragene Wärmeenergie außerhalb des Gebäudes in den freien Raum entweicht. Wird die Wand durch einen äußeren Brand beaufschlagt (z.B. durch einen Müllcontainerbrand oder durch den Brand eines Nachbargebäudes), muss verhindert werden, dass das Feuer ins Gebäude eingetragen wird. Aus diesem Grund ist die Übertragung von Wärmeenergie für eine definierte Dauer durch die nichttragende Außenwand zu verhindern (Kriterium EI).

Brandversuche, in denen diese nichttragenden Außenwände geprüft werden, müssen von innen nach außen mit den Temperaturen der Einheits-Temperaturkurve ETK

(Index f = full) durchgeführt werden, von außen nach innen mit der Wärmeenergie der abgeminderten ETK (Index ef = external firecurve), der Außenbrandkurve.

Tabelle 2.11: Feuerwiderstandsklassen von Sonderbauteilen (Türen und Klappen) nach DIN EN 13501-2 [2.21]

Kurzbezeichnungen von Abschlüssen

Bauaufsichtliche Anforderung	Feuerschutzabschlüsse ohne Rauchschutz	Feuerschutzabschlüsse mit Rauchschutz
feuerhemmend und dichtschließend	$EI_2 30\text{-}S_a C..^*$	–
hochfeuerhemmend und dichtschließend	$EI_2 60\text{-}S_a C..^*$	–
feuerbeständig und dichtschließend	$EI_2 90\text{-}S_a C..^*$	–
feuerhemmend und rauchdicht	–	$EI_2 30\text{-}S_{200} C..^*$
hochfeuerhemmend und rauchdicht	–	$EI_2 60\text{-}S_{200} C..^*$
feuerbeständig und rauchdicht	–	$EI_2 90\text{-}S_{200} C..^*$

je nach Anzahl der getesteten Schließzyklen: ..* C0 bis C5 (siehe Tabelle 2.8)

Erläuterungen zu den Kurzbezeichnungen

In den Tabellen 2.11 und 2.11a werden die Feuerwiderstandsklassen für Brandschutzabschlüsse aufgelistet. Abschlüsse können z.B. Brand- und Rauchschutztüren oder Brandschutzklappen (auch in Förderanlagen) sein. Sie müssen die Übertragung von Rauch, Feuer und Wärmeenergie verhindern (EI-Kriterium). Der Index 2 (EI_2) weist auf das Prüfverfahren hin, aufgrund dessen der Brandversuch durchgeführt wurde (siehe hierzu auch Tabelle 2.8). Bei Brandschutzabschlüssen muss immer eine Selbstschließvorrichtung vorhanden sein (C-Kriterium), damit das Abschottungsbauteil im Brandfall planmäßig schließt. Soll eine Brandschutztür auch die Übertragung von Rauch verhindern, wird die Bezeichnung um die Abkürzung S_{200} erweitert. Der Index 200 gibt die Temperatur (200 °C) während des Prüfversuchs an.

Selbstschließungen

Um im Brandfall die Übertragung von Rauch zu verhindern, müssen sowohl Brand- als auch Rauchschutztüren (ohne brandabschottende Eigenschaften) selbstschließend sein.

Schließzyklen

Feuer- und Rauchschutztüren (Drehflügeltüren) sowie Feuerschutzabschlüsse in Förderanlagen, die planmäßig geschlossen gehalten werden müssen, sollten mindestens auf 200.000 Schließzyklen (C5-Kriterium) geprüft sein, sonstige Abschlüsse, wie z.B. Klappen und Tore, auf mindestens 20.000 Schließzyklen.

Tabelle 2.11a: Feuerwiderstandsklassen von Sonderbauteilen (Türen und Klappen) nach DIN EN 13501-2 [2.21]

Kurzbezeichnungen von Abschlüssen

Bauaufsichtliche Anforderung	Abschlüsse in Förderanlagen	Rauchschutzabschlüsse	sonstige Abschlüsse nach MBO**
feuerhemmend	$EI_2 30\text{-}C..^*$	–	–
hochfeuerhemmend	$EI_2 60\text{-}C..^*$	–	–
feuerbeständig	$EI_2 90\text{-}C..^*$	–	–
rauchdicht und selbstschließend	–	$S_{200} C..^*$	–
dicht- und selbstschließend	–	–	$S_a C..^*$

Bauaufsichtliche Anforderung	Abschlüsse in Förderanlagen	Rauchschutzabschlüsse	sonstige Abschlüsse nach MBO**
dichtschließend	–	–	S_a

je nach Anzahl der getesteten Schließzyklen: ..* C0 bis C5
** MBO = Musterbauordnung [2.1]

Tabelle 2.12: Feuerwiderstandsklassen von Sonderbauteilen (Kabel- und Rohrabschottungen sowie Lüftungsleitungen) nach DIN EN 13501-2 [2.21] und -3 [2.22]

Bauaufsichtliche Anforderung	Kabelabschottungen	Rohrabschottungen	Lüftungsleitungen
feuerhemmend	EI 30	EI 30-U/U EI 30-C/U	EI 30($v_e h_o$ i ↔ o)-S
hochfeuerhemmend	EI 60	EI 60-U/U EI 60-C/U	EI 60($v_e h_o$ i ↔ o)-S
feuerbeständig	EI 90	EI 90-U/U EI 90-C/U	EI 90($v_e h_o$ i ↔ o)-S
Feuerwiderstandsfähigkeit 120 Minuten	EI 120	EI 120-U/U EI 120-C/U	–

Kurzbezeichnung von Schottungen

Die Zusätze bei der Klassifizierung von Lüftungsleitungen geben Auskunft darüber, für welche Ausrichtung (i → o, o → i, i ↔ o, $v_e h_o$) der Leitungen die Leistungskriterien zutreffen. Der Zusatz S wird angefügt, wenn die Rauchleckrate bezogen auf normale Umgebungsbedingungen erfüllt ist.

Beispiel

Kurzbezeichnungen einer Lüftungsleitung

Benennung *(nach der DIN-EN-13501-Reihe):*
EI 30 ($v_e h_o$ i ↔ o)-S

Beschreibung: *Die Klassifizierung beschreibt eine Lüftungsleitung mit der Fähigkeit, das Raumabschlusskriterium und das Wärmedämmkriterium für mindestens 30 Minuten von innen nach außen und umgekehrt und in vertikaler und horizontaler Ausrichtung zu erfüllen sowie der zusätzlichen Aussage, dass das Kriterium der Rauchleckrate erfüllt ist.*

Tabelle 2.13: Feuerwiderstandsklassen von Sonderbauteilen (Klappen und Schächte) nach DIN EN 13501-3 [2.22]

Bauaufsichtliche Anforderung	Klappen in Lüftungsleitungen	Installationsschächte und -kanäle
feuerhemmend	EI 30($v_e h_o$ i ↔ o)-S	EI 30($v_e h_o$ i ↔ o)-S
hochfeuerhemmend	EI 60($v_e h_o$ i ↔ o)-S	EI 60($v_e h_o$ i ↔ o)-S
feuerbeständig	EI 90($v_e h_o$ i ↔ o)-S	EI 90($v_e h_o$ i ↔ o)-S

Kurzbezeichnung von Klappen und Schächten"

Für Installationsschächte und -kanäle sind die gleichen Zusatzinformationen über die Ausrichtung und die Rauchleckrate vorgesehen. Brandschutzklappen in Lüftungsleitungen müssen für ihren Einbauort und für die Einbaurichtung ausgelegt sein.

Tabelle 2.14: Feuerwiderstandsklassen von Sonderbauteilen (Leitungsanlagen und Verglasungen) nach DIN EN 13501-2 [2.21] und -6 [2.23]

Kurzbezeichnungen von Leitungen und Verglasungen

Bauaufsichtliche Anforderung	Elektrische Leitungsanlagen mit Funktionserhalt	Brandschutzverglasungen	
		strahlungsdurchlässig	strahlungsundurchlässig
feuerhemmend	P 30	E 30	EI 30
hochfeuerhemmend	P 60	E 60	EI 60
feuerbeständig	P 90	E 90	EI 90
Feuerwiderstandsdauer 120 Minuten	–	E 120	EI 120

Beim Einsatz von strahlungsdurchlässigen Brandschutzverglasungen (siehe hierzu auch Absatz 8.7) wird nur die Weiterleitung von Feuer und Brandrauch verhindert (E-Kriterium). Die Wärmeenergie, die durch den Wärmeübertragungsmechanismus der Strahlung auf das Glas wirkt, wird weitergeleitet. Auf der feuerabgewandten Seite erhöht sich dadurch die Temperatur.

Brandschutzverglasungen

Eine strahlungsundurchlässige Brandschutzverglasung besteht in der Regel aus mindestens zwei Glasscheiben, zwischen denen sich durchsichtige Gelfüllungen oder Silikatschichten (flüssiges Wasserglas) befinden. Bei einem Brand zerspringt nach einiger Zeit zuerst die dem Feuer zugewandte Glasscheibe. Durch Verdampfungsprozesse des Wassers in der salzartigen Hydrogelschicht und durch die übrigbleibende Salzstruktur entsteht eine Art opaker thermischer Dämmung. Bei Gläsern, die aus mehreren Schichten bestehen, die also sandwichartig aufgebaut sind, würde nach der ersten Scheibe die zweite zerspringen und der Prozess würde sich wiederholen. Hierdurch wird die Feuerwiderstandsdauer erhöht.

Auf der feuerabgewandten Seite ist, je nach Brandbeanspruchungsdauer und der entsprechenden klassifizierten Brandschutzqualität der Gläser, die Temperaturerhöhung so gering (im Mittel ≤ 140 K), dass keine Brandübertragung stattfindet.

Tabelle 2.15: Feuerwiderstandsklassen von Sonderbauteilen (Entrauchungsleitungen und -klappen sowie Abgasanlagen) nach DIN EN 13501-2 [2.21] und -6 [2.23]

Kurzbezeichnungen von Leitungen und Klappen

Bauaufsichtliche Anforderung	Entrauchungs-leitungen	Entrauchungs-klappen	Abgasanlagen
feuerhemmend	EI 30 ($v_e h_o$)-S, multi	EI 30 (v_e – h_o, i ↔ o)-S C..* MA multi	EI 30(i ↔ o)-O oder EI 30 (i←o) und Gxx
hochfeuerhemmend	EI 60 ($v_e h_o$)-S, multi	EI 60 (v_e – h_o, i ↔ o)-S C..* MA multi	EI 60(i ↔ o)-O oder EI 60 (i←o) und Gxx
feuerbeständig	EI 90 ($v_e h_o$)-S, multi	EI 90 (v_e – h_o, i ↔ o)-S C..* MA multi	EI 90(i ↔ o)-O oder EI 90 (i←o) und Gxx

je nach Anzahl der getesteten Schließzyklen: ..* C0 bis C5

16 Brandschutztechnische Anforderungen an Bauteile

Brandschutztechnische Anforderungen an statisch tragende und nichttragende Bauteile von **Regelbauten** werden in den jeweiligen Landesbauordnungen der Bundesländer gestellt.

Für **geregelte Sonderbauten** sind sie den entsprechenden Sonderbauverordnungen oder -richtlinien zu entnehmen. Ob und welche Sonderbauvorschriften in den jeweiligen Bundesländern gelten, wird in der Verwaltungsvorschrift Technische Baubestimmungen (VV TB) dieser Länder in der Tabelle A 2.2.2 aufgeführt – beispielsweise im Bundesland Berlin in der VV TB Bln [2.24] und im Bundesland Nordrhein-Westfalen in der VV TB NRW [2.25].

Rechtsvorschriften für Regel- und Sonderbauten

In vielen Bundesländern werden keine speziellen länderbezogenen Verwaltungsvorschriften mehr für Sonderbauten durch die Bauaufsichtsbehörden erstellt. Bei der Brandschutzplanung kann dann auf die Mustererlasse der Bauministerkonferenz Bezug genommen werden (siehe auch Absatz 4.4).

Bei **nicht geregelten Sonderbauten** werden der bauliche und der technische Brandschutz über die Schutzziele ermittelt, die der „Grundnorm des Brandschutzes" in dem jeweiligen Bundesland entnommen werden kann (in der MBO nach § 14). Als brandschutztechnische Vergleichsgrößen können hierbei z.B. die Vorgaben von geregelten Sonderbauten herangezogen werden, die ähnliche Randbedingungen aufweisen, wie die zu bewertende bauliche Anlage.

Auf folgende Sonderbauten und deren Sonderbauverordnungen und -richtlinien wird zur Beurteilung des baulichen Brandschutzes nachfolgend Bezug genommen:

Regelwerke für „geregelte" Sonderbauten

a) **Regelbauten**
b) **Muster-Beherbergungsstättenverordnung [2.26]**
c) **Muster-Garagenverordnung [2.27]**
d) **Muster-Hochhaus-Richtlinie [2.28]**
e) **Muster-Industriebau-Richtlinie [2.29]**
f) **Brandenburgische Krankenhaus- und Pflegeheim-Bauverordnung [2.30]**
g) **Muster-Schulbau-Richtlinie [2.31]**
h) **Muster-Verkaufsstättenverordnung [2.32]**
i) **Muster-Versammlungsstättenverordnung [2.33]**

Krankenhausbauverordnung

Für Krankenhäuser gibt es zurzeit keine aktuelle Musterrichtlinie. Die aus dem Jahr 1976 stammende Muster-Krankenhausbauverordnung (KhBauVO) wurde von der Bauministerkonferenz (ARGEBAU) zurückgezogen. Zur Beurteilung von Krankenhäusern können bauaufsichtlich eingeführte Regelwerke genutzt werden, wie z.B. die Krankenhausbaurichtlinie aus dem Saarland [2.34] oder die Brandenburgische Krankenhaus- und Pflegeheim-Bauverordnung [2.30].

Bei diesen Regelwerken kann man grundsätzlich davon ausgehen, dass sie schutzzielorientiert erstellt worden sind. Zur brandschutztechnischen Beurteilung von baulichen Anlagen können diese Regelwerke deshalb auch in anderen Bundesländern herangezogen werden, die keine eigenen Vorschriften dazu eingeführt haben. Bei der Anwendung dieser Regelwerke sollte aber dennoch kritisch überprüft werden, ob mit den baulichen, technischen und organisatorischen Maßnahmen alle Schutzziele erreicht werden.

Mindestanforderungen an Sonderbauten

Wenn in Sonderbauten die Menge der Brandlasten sowie die Anzahl der Nutzer über denen von brandschutztechnisch vergleichbaren Regelbauten liegen, sollten auch bei geregelten Sonderbauten mindestens die Forderungen der Bauordnung erfüllt werden. Einen Rechtsanspruch hierauf gibt es allerdings nicht. Jedoch kann als Begründung das Mindestniveau, das über die Schutzziele erreicht wird, herangezogen werden.

Ist das Rechtsverlangen der Sonderbauregelung also geringer als das der Bauordnung, sollte hier die höhere Brandschutzqualität zugrunde gelegt werden, um mindestens das Sicherheitsniveau eines Regelbaus zu erreichen.

In den nachfolgenden Absätzen werden die brandschutztechnischen Forderungen der bundeslandneutralen Musterbauordnung [2.1] sowie der Musterrichtlinien und -verordnungen an Bauteile von baulichen Anlagen dargestellt.

16.1 Wände (allgemein)

Wände können nach statischen Gesichtspunkten in drei Gruppen eingeteilt werden. Sie können als vertikal tragende, nicht tragende oder aussteifende Elemente geplant und ausgeführt werden. Ihre Funktion wird vom Tragwerksplaner (Statiker) in Verbindung mit dem Architekten festgelegt.

Funktion von Wänden

Aus brandschutztechnischer Sicht können tragende, nichttragende und aussteifende Wände – je nach Einsatzgebiet im Brandschutzsystem – eine oder mehrere Funktionen erfüllen. Sie können entweder als tragende und raumabschließende, nur als tragende oder nur als raumabschließende Bauteile eingesetzt werden. In allen Fällen müssen diese vom Baurecht geforderten Funktionen im Brandfall über einen bestimmten Zeitraum erhalten bleiben um unter anderem die Selbstrettung der Nutzer sowie das Löschen und die Rettung von Personen durch die Feuerwehr im Inneren des Gebäudes zu ermöglichen.

Statisch tragende und aussteifende Wände müssen ausreichend lange standsicher sein. Über die Feuerwiderstandsdauer der Wände wird diese Forderung der MBO indirekt eingehalten.

Der Raumabschluss ver- bzw. behindert die Übertragung von thermischer Energie sowie die Ausbreitung von toxischem Brandrauch. Durch raumabschließende und feuerhemmende Flurwände und darin befindliche dichtschließende Türen wird z.B. eine ausreichende Rauchfreiheit von Rettungswegen über einen definierten Zeitraum erreicht.

Nachfolgend werden die allgemeinen brandschutztechnischen Grundforderungen an Wände (Feuerwiderstandsfähigkeit und Raumabschluss) nach den entsprechenden Regelwerken aufgezeigt:

a) Regelbauten (nach Musterbauordnung [2.1]):

Wände in Regelbauten

Die Forderung nach einer ausreichend langen Standsicherheit ist bei Regelbauten erfüllt, wenn die Wände in oberirdischen Geschossen

- in Gebäuden der Gebäudeklasse 5 feuerbeständig,
- in Gebäuden der Gebäudeklasse 4 hochfeuerhemmend und

- in Gebäuden der Gebäudeklassen 2 und 3 feuerhemmend geplant und hergestellt werden.

An tragende Wände in oberirdischen Geschossen von Gebäuden der Gebäudeklasse 1 werden keine brandschutztechnischen Anforderungen gestellt.

In Kellergeschossen müssen tragende und aussteifende Wände

- in Gebäuden der Gebäudeklassen 3 bis 5 feuerbeständig und
- in Gebäuden der Gebäudeklassen 1 und 2 feuerhemmend sein.

b) Beherbergungsstätten (nach Muster-Beherbergungsstättenverordnung [2.26]):

grundsätzlich feuerbeständig

Tragende Wände in Beherbergungsstätten müssen grundsätzlich feuerbeständig geplant und hergestellt werden. Dies gilt nicht für die obersten Geschosse von Dachräumen. Wenn dort keine Beherbergungsräume vorhanden sind, werden in diesem Geschoss auch keine brandschutztechnischen Anforderungen an die tragenden Wände gestellt. Sind Beherbergungsräume vorhanden, ist hier, aufgrund der vertretbaren Erleichterung für Dachgeschossnutzung, eine feuerhemmende Bauart ausreichend.

Eine feuerhemmende Brandschutzqualität von tragenden Wänden ist auch in Gebäuden mit nicht mehr als zwei oberirdischen Geschossen aufgrund der kürzeren Wege ins Freie ausreichend.

Tabelle 2.16: Feuerwiderstandsfähigkeit von tragenden Wänden in obersten Geschossen von Dachräumen

Tragende Wände	
in obersten Geschossen von Dachräumen, wenn Beherbergungsräume vorhanden sind:	F 30
in obersten Geschossen von Dachräumen, wenn keine Beherbergungsräume vorhanden sind:	keine brandschutztechnischen Anforderungen

c) Garagen (nach Muster-Garagenverordnung [2.27]):

Einteilung von Garagen nach Nutzfläche

Bauteile von Garagen werden unter anderem über die Größe ihrer Nutzfläche brandschutztechnisch eingestuft.

Definitionen: Kleingarage: $\leq$ 100 m² Nutzfläche
Mittelgarage: 100 m² bis 1.000 m² Nutzfläche
Großgarage: größer als 1.000 m² Nutzfläche

Wände von Kleingaragen

Für freistehende Kleingaragen sind tragende Wände und Decken ohne eine Feuerwiderstandsfähigkeit zulässig; für Kleingaragen in sonst anders genutzten Gebäuden gelten die nachfolgenden Anforderungen:

Wände zwischen geschlossenen Kleingaragen und anderen Räumen müssen mindestens feuerhemmend sein und feuerhemmende Abschlüsse haben, soweit sich aus § 29 (Trennwände) Abs. 3 MBO [2.1] keine weitergehenden Anforderungen ergeben. § 29 Abs. 6 MBO [2.1] bleibt unberührt. Abstellräume mit bis zu 20 m² Fläche bleiben unberücksichtigt.

Ausnahmen von der grundsätzlichen Anforderung

Tragende Wände von Mittel- und Großgaragen müssen grundsätzlich feuerbeständig sein. Ausnahmen von dieser Regelung sind in folgenden baulichen Situationen zulässig:

- Bei eingeschossigen oberirdischen Mittel- und Großgaragen, die sich in Gebäuden befinden, die ausschließlich der Garagennutzung dienen, müssen die Wände mindestens feuerhemmend sein, wenn sie aus brennbaren Baustoffen bestehen. Sind sie aus nichtbrennbaren Baustoffen hergestellt, gibt es keine Anforderungen an die Feuerwiderstandsdauer. Dies gilt auch für eingeschossige Garagen mit Dacheinstellplätzen.
- Liegen Einstellplätze nicht mehr als 22 m über der Geländeoberfläche, befinden sie sich also nicht in Hochhäusern, so brauchen Wände bei oberirdischen Mittel- und Großgaragen nur feuerhemmend und aus nichtbrennbaren Baustoffen zu sein.
- Liegen Einstellplätze nicht mehr als 22 m über der Geländeoberfläche, so brauchen Wände bei offenen Mittel- und Großgaragen in Gebäuden, die allein der Garagennutzung dienen, nur aus nichtbrennbaren Baustoffen zu bestehen.

nichtbrennbare Baustoffe

d) Hochhäuser (nach Muster-Hochhaus-Richtlinie [2.28]):

Feuerwiderstandsdauer von 120 Minuten

Tragende und aussteifende Wände in Hochhäusern müssen grundsätzlich feuerbeständig (≥ 90 Minuten) geplant und ausgeführt werden und aus nichtbrennbaren Baustoffen bestehen. Dieser Wert gilt für Hochhäuser mit einer Höhe bis zu 60 m. Ab 60 m muss die Feuerwiderstandszeit tragender und aussteifender Wände mindestens 120 Minuten betragen. Hiermit werden die längeren Flucht-, Rettungs- und Löschangriffszeiten berücksichtigt, die sich aus der Gebäudehöhe ergeben.

raumabschließende Wände

Raumabschließende Wände müssen aus nichtbrennbaren Baustoffen bestehen. Sie sind bis an andere raumabschließende Bauteile mindestens gleicher Feuerwiderstandsfähigkeit (z.B. Innenwände und Geschossdecken), die Außenwand oder bis unter die Dachhaut zu führen. Die Anschlüsse an andere raumabschließende Bauteile müssen den Anforderungen an raumabschließende Bauteile genügen. Die Anschlüsse an Außenwand und Dachhaut müssen dicht sein und ebenfalls aus nichtbrennbaren Baustoffen bestehen.

e) Industriebauten (nach Muster-Industriebau-Richtlinie [2.29]):

Die Feuerwiderstandsdauer von Wänden in Industriebauten wird mit Hilfe von zwei alternativen Bemessungsverfahren ermittelt.

Bemessungsverfahren nach Abschnitt 6

Das erste Verfahren wird in der Industriebau-Richtlinie selbst beschrieben. Aufgrund von geometrischen Randbedingungen, die sich aus der Konstruktion der baulichen Anlage ergeben, können die brandschutztechnischen Anforderungen an tragende Bauteile – **ohne Brandlastermittlung** – der Tabelle 2 im Abschnitt 6 der Musterrichtlinie entnommen werden.

Bemessungsverfahren nach Abschnitt 7

Im Abschnitt 7 der Industriebaurichtlinie wird ein zweites, alternatives Bemessungsverfahren erläutert, dessen Regeln zu einem Teil in der Richtlinie selbst, zum überwiegenden Teil aber in der DIN-18230-Reihe [2.35] bis [2.38] enthalten ist. In diesem Verfahren wird die Feuerwiderstandsdauer von tragenden Bauteilen **mit Brandlastermittlung** errechnet.

Die brandschutztechnischen Grundforderungen an Wände beziehen sich deshalb in der Industriebau-Richtlinie nur auf die zu verwendenden Materialien.

Nichttragende Außenwände und Außenwandbekleidungen einschließlich der Dämmstoffe und Unterkonstruktionen müssen bei Industriebauten mit einer Grundfläche von mehr als 2.000 m²

Baumaterialien für tragende Wände

- bei erdgeschossigen Industriebauten ohne selbsttätige Feuerlöschanlagen und bei mehrgeschossigen Industriebauten mit selbsttätigen Feuerlöschanlagen aus mindestens schwerentflammbaren Baustoffen und
- bei mehrgeschossigen Industriebauten ohne selbsttätige Feuerlöschanlagen aus nichtbrennbaren Baustoffen bestehen.

f) Krankenhäuser (nach Brandenburgischer Krankenhaus- und Pflegeheim-Bauverordnung [2.30]):

Wände in erdgeschossigen Gebäuden

Tragende Wände müssen grundsätzlich feuerbeständig ausgeführt werden, in erdgeschossigen Gebäuden dürfen sie in feuerhemmender Bauart hergestellt werden.

g) Schulen (nach Muster-Schulbau-Richtlinie [2.31]):

Die Feuerwiderstandsdauer von Wänden wird (in Anlehnung an die Forderungen an Regelbauten) aufgrund der Gebäudeklasse festgelegt.

Ausführung von Wänden in F 30/F 90

Tragende und aussteifende Wände sind

- in Gebäuden mit einer Höhe von bis zu 7 m (Gebäudeklasse 3) feuerhemmend und
- in Gebäuden mit einer Höhe von mehr als 7 m ohne Begrenzung der Anzahl und Größe von Nutzungseinheiten (Gebäudeklasse 5) feuerbeständig zu planen und auszuführen.

hochfeuerhemmende Wände

In hochfeuerhemmender Bauart können abweichend von der zuvor genannten Bestimmung tragende und aussteifende Wände in Gebäuden geplant und hergestellt werden,

- die eine Höhe bis zu 13 m haben und
- deren Geschosse entweder eine Fläche von jeweils nicht mehr als 400 m² haben oder durch Trennwände, die den Anforderungen des § 29 Abs. 3 bis 5 MBO [2.1] entsprechen, in Abschnitte von jeweils nicht mehr als 400 m² unterteilt sind (Gebäude der Gebäudeklasse 4).

h) Verkaufsstätten (nach Muster-Verkaufsstättenverordnung [2.32]):

Ausführung von Wänden in F 30/F 90

Tragende Wände müssen grundsätzlich feuerbeständig, bei erdgeschossigen Verkaufsstätten ohne Sprinkleranlagen mindestens feuerhemmend sein. Dies gilt nicht für erdgeschossige Verkaufsstätten mit Sprinkleranlagen. An diese Wände werden keine brandschutztechnischen Forderungen gestellt.

i) Versammlungsstätten (nach Muster-Versammlungsstättenverordnung [2.33]):

Ausführung von Wänden in F 30/F 90

Tragende und aussteifende Wände müssen grundsätzlich feuerbeständig, in erdgeschossigen Versammlungsstätten feuerhemmend sein. Dies gilt nicht für erdgeschossige Versammlungsstätten mit automatischen Feuerlöschanlagen. An diese Wände werden keine Forderungen bezüglich der Feuerwiderstandsklasse gestellt.

Anforderungen an spezielle Wandtypen im Brandschutzsystem werden in den nachfolgenden Absätzen näher erläutert.

16.1.1 Brandwände

Funktion von Brandwänden

Eine wesentliche Komponente im Abschottungssystem des baulichen Brandschutzes bilden Brandwände (BW). Sie sollen Gebäude bzw. Bereiche von Gebäuden in Brandabschnitte unterteilen und eine Begrenzung zu anderen Abschnitten bilden. Hierdurch entstehen Brandabschnittsflächen mit einer Größe, die für die Feuerwehr bei einem Brand löschtechnisch beherrschbar sind. Weder Rauchgase noch Flammen dürfen auf den Nachbarbrandabschnitt übertragen werden, um eine Brandweiterleitung zu verhindern.

Anforderungen an Brandwände

Brandwände müssen in feuerbeständiger Art hergestellt werden und aus nichtbrennbaren Baustoffen bestehen. Zusätzlich muss die Brandwand nach 90 Minuten Brandeinwirkungsdauer drei mechanische Stöße von jeweils 3.000 Nm (mit einem 200 kg schweren Bleischrotsack, der auf eine 400 cm² große Fläche wirkt) aufnehmen können, ohne die Tragfähigkeit und den Raumabschluss zu verlieren [2.13].

Mängel in Brandwänden

In der Praxis hängt das Leistungsvermögen einer fachlich richtig geplanten und angeordneten Brandwand von den Ausführungsdetails ab. Schon kleine bauliche Mängel können zum Versagen der Brandwand führen. Dies ist auch der Grund, warum die Wand möglichst wenige Öffnungen und damit wenige „Schwachstellen" haben soll. Hier gilt der Grundsatz „Eine Kette ist so stark, wie das schwächste Glied".

Brandüberschlag

Brandwände werden baurechtlich in innere und äußere Brandwände eingeteilt. Die äußeren Brandwände (Gebäudeabschlusswände) sollen den Brandüberschlag von und auf Nachbargebäude verhindern, die einen Abstand von weniger als 5,0 m zueinander haben. Der Gesetzgeber geht davon aus, dass Feuer und Rauch bei einer Entfernung ≥ 5,0 m nicht übertragen werden.

innere Brandwände

Die inneren Brandwände teilen das Gebäude in Brandabschnitte, die durch ihre begrenzte Größe wirksame Löscharbeiten ermöglichen. Sie sind zur Unterteilung von ausgedehnten Wohngebäuden in einem Höchstabstand von 40 m erforderlich.

Bei landwirtschaftlich genutzten Gebäuden oder Gebäudeteilen gelten folgende Regeln:

- In ausschließlich landwirtschaftlich genutzten Gebäuden sind innere Brandwände zur Unterteilung in Brandabschnitte von nicht mehr als 10.000 m³ Bruttorauminhalt erforderlich.

Brandwände in landwirtschaftlichen Gebäuden

- Zwischen einem Wohngebäude und einem angebauten Gebäudeteil, der landwirtschaftlich genutzt wird, ist eine Brandwand als Gebäudeabschlusswand (ohne Öffnung) anzuordnen. Anstelle einer Brandwand ist eine feuerbeständige Wand (eine „Brandwand-Ersatzwand") zulässig, wenn der Bruttorauminhalt des landwirtschaftlich genutzten Gebäudeteils nicht größer als 2.000 m³ ist. Der Unterschied zwischen einer Brandwand und einer Ersatzwand liegt in der brandschutztechnischen Leistungsfähigkeit. Die „echte" Brandwand muss einen mechanischen Stoß aufnehmen können, die Ersatzwand nicht.
- Der Wohn- und der landwirtschaftlich genutzte Teil eines Gebäudes sind durch eine innere Brandwand zu trennen. In dieser Wand sind Öffnungen zulässig, wenn sie auf die für die Nutzung erforderliche Zahl und Größe beschränkt sind.

äußere Brandwände Äußere Brandwände (Gebäudeabschlusswände) sind erforderlich, wenn das Gebäude mit einem Abstand von weniger als 2,50 m von der Grundstücksgrenze entfernt errichtet wird. Ausgenommen von dieser Regel sind Gebäude, die mit einem Mindestabstand von 5,0 m zu bestehenden Gebäuden (Addition beider Gebäudeabstände zur Grundstücksgrenze) errichtet werden, oder wenn baurechtlich gesichert ist, dass zukünftig zu errichtende Gebäude diesen Abstand einhalten. In diesen Fällen müssen also keine Abschlusswände errichtet werden, auch wenn eines der beiden Gebäude den Grenzabstand von 2,5 m unterschreitet bzw. auf der Grundstücksgrenze errichtet wird.

Sicherung durch Baulast Die baurechtliche Sicherung erfolgt durch die Eintragung in das Baulastenverzeichnis, das von der Bauaufsicht geführt wird. Im Bundesland Bayern existiert dieses Baulastenverzeichnis nicht. Hier werden die Verpflichtungen als Grunddienstbarkeiten in Abteilung II des Grundbuchs eingetragen (siehe auch Absatz 4.14).

geschlossene Bauweise In Städten ist häufig die geschlossene Bauweise anzutreffen. Hier werden die Gebäude entlang eines Straßenzuges aneinandergereiht und stehen damit direkt auf der Grundstücksgrenze. Die Außenwände der Gebäude müssen deshalb als äußere Brandwände (Gebäudeabschlusswände) ausgeführt werden. Aus statischen Gründen muss jedes Gebäude nach den Forderungen des § 12 (Standsicherheit) MBO [2.1] für sich alleine standsicher sein. Auf der Grundstücksgrenze stehen deshalb in der Regel jeweils zwei äußere Brandwände direkt nebeneinander.

Abstandsflächen An dieser Stelle wird auf die Einhaltung der Abstandsflächenregelungen hingewiesen. Dieser Aspekt ist bei der Erstellung eines Bauantrags zu berücksichtigen, wird hier aber nicht weiter betrachtet, da dies dem Planungs- und nicht dem Sicherheitsrecht zuzuordnen ist.

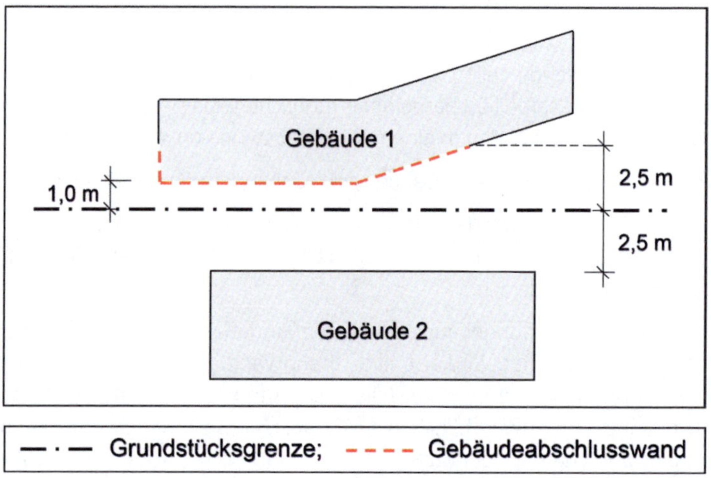

Bild 2.1: Das Gebäude 1 wurde mit einem Abstand von 1,0 m (< 2,5 m) von der Grundstücksgrenze errichtet. Wände und Wandteile, die sich innerhalb des 2,5-m-Streifens zur Grundstücksgrenze befinden, müssen als Gebäudeabschlusswände hergestellt werden (Ausnahme siehe Fall 2 – Bild 2.1 a).

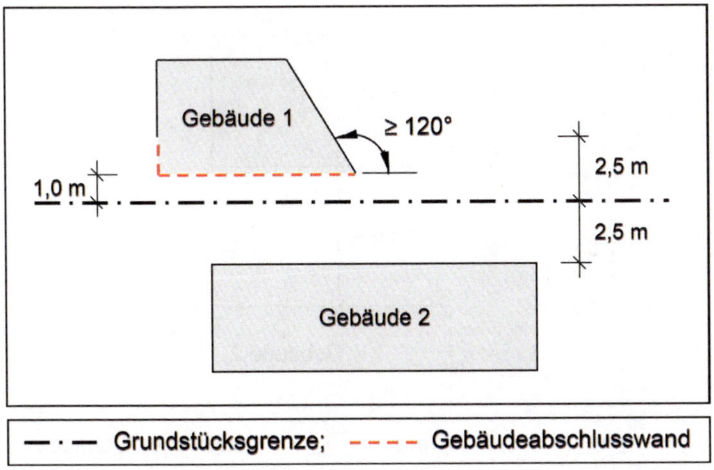

Bild 2.1a: Wandteile, die in einem Winkel ≥ 120° zur Grundstücksgrenze angeordnet werden, müssen nicht als Abschlusswand (äußere Brandwand) hergestellt werden, Öffnungen sind zulässig (auch wenn sie sich im 2,5-m-Streifen befinden).

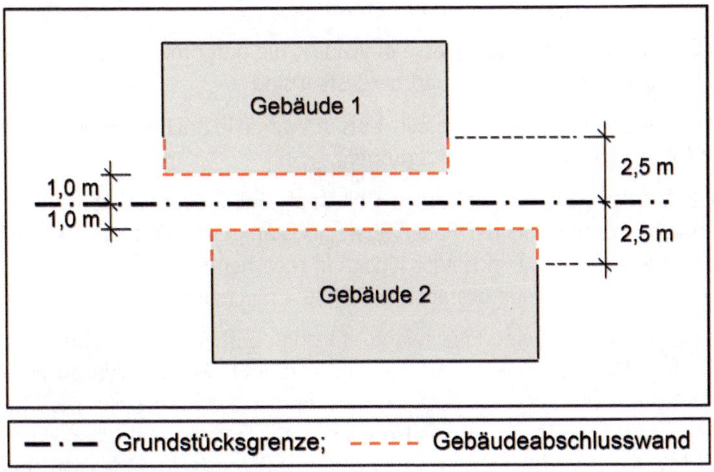

Bild 2.1b: Die Gebäude 1 und 2 sind weniger als 2,5 m von der Grundstücksgrenze errichtet worden. Wände und Wandteile, die sich in diesem 2,5-m-Streifen befinden, müssen als Gebäudeabschlusswände (Brandwände) hergestellt werden.

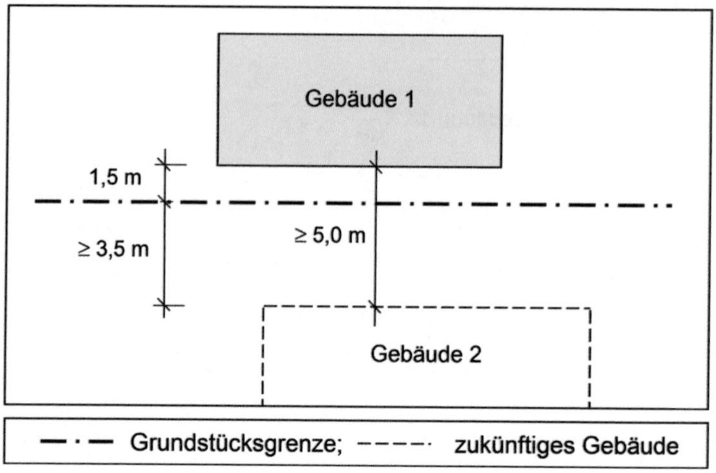

Bild 2.1c: Wenn baurechtlich gesichert ist (z.B. durch eine Baulast), dass das zukünftig zu erstellende Gebäude 2 einen Mindestabstand von 3,5 m einhält, benötigen beide Bauwerke keine Gebäudeabschlusswände (Brandwände).

Anstelle von Brandwänden sind Wände mit geringerer brandschutztechnischer Leistungsfähigkeit zulässig (Brandwand-Ersatzwände):

Brandwand-ersatzwände

a) in Gebäuden der Gebäudeklasse 4: Wände, die unter mechanischer Einwirkung in hochfeuerhemmender Bauart hergestellt sind.

b) in Gebäuden der Gebäudeklassen 1 bis 3: Wände in hochfeuerhemmender Bauart (ohne mechanische Anforderungen).

c) in Gebäuden der Gebäudeklassen 1 bis 3: als Gebäudeabschlusswände, die von innen nach außen in der Feuerwiderstandsfähigkeit der tragenden und aussteifenden Bauteile, mindestens jedoch in feuerhemmender Bauweise, und von außen nach innen feuerbeständig sind (ohne mechanische Anforderungen).

Ersatzwand als Gebäude-abschlusswand

Die Bezeichnung Brandwand-Ersatzwand ist kein Begriff aus dem Bauordnungsrecht. Er hat sich jedoch in der Fachwelt durchgesetzt und wird deshalb auch hier verwendet. Die Ausführung nach Absatz c) wird im Bild 2.2 dargestellt. Die tragenden Bauteile dieser Wand bestehen aus Holzstielen. Sie können von innen durch Holzwerkstoffplatten (HWS-Platten) und von außen durch eine Kombination von HWS- und Gipskarton-Feuerschutzplatten geschützt werden. Durch die Schutzwirkung der Platten soll der Abbrand der Stielquerschnittsfläche begrenzt werden. Die Tragfähigkeit bleibt dadurch über 30 bzw. 90 Minuten erhalten. Der Aufbau der Wände konnte nach DIN 4102 Teil 4 [2.39] Absatz 4.12.8 bzw. kann nach DIN 4102-4 [2.40] Absatz 10.5.8 (konstruktiv) oder nach DIN EN 1995-1-2 Anhang C [2.41] (rechnerisch) ermittelt werden.

Die äußere Schutzwirkung ist bei dieser Art von Gebäudeabschlusswänden höher, um einen Brandeintrag in das Gebäude über einen Zeitraum von mindestens 90 Minuten zu verhindern.

Die Ursachen eines Brandüberschlages können z.B. brennende Nachbargebäude, Pkw oder Müllcontainer sein.

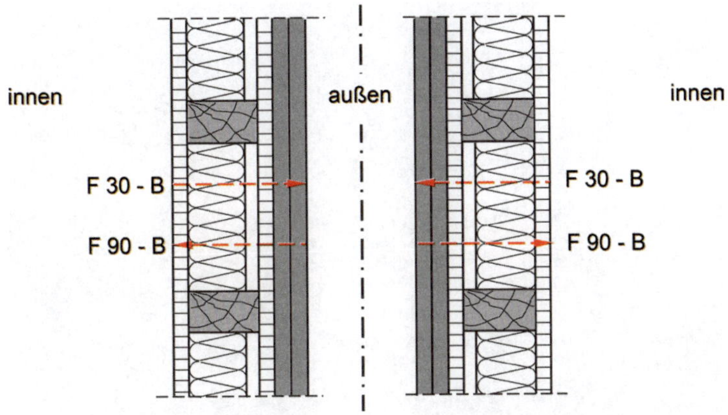

Bild 2.2: Grundriss zweier aneinandergrenzender Brandwand-Ersatzwände (F 30-B) + (F 90-B) als Gebäudeabschlusswände nach [2.39]

oberer Brandwandabschluss

Brandwände müssen grundsätzlich mindestens 30 cm über die Dachhaut geführt werden (siehe hierzu auch die Bilder 2.3 und 2.4). Alternativ darf die Brandwand unter der Dachhaut enden. Dann muss sie mit beidseitig 50 cm auskragenden Platten aus nichtbrennbaren Baustoffen hergestellt werden (siehe auch Bild 2.5).

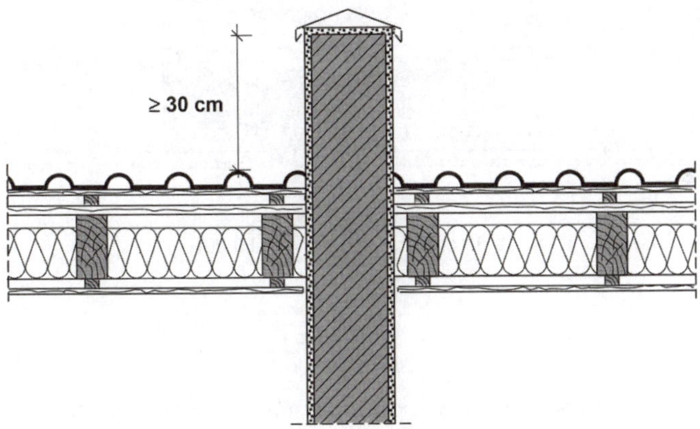

Bild 2.3: Detailpunkt der oberen Brandwandausführung (≥ 30 cm über Dachhaut) – Prinzipskizze

Bild 2.4: Obere Brandwandausführung (≥ 30 cm über Dachhaut)

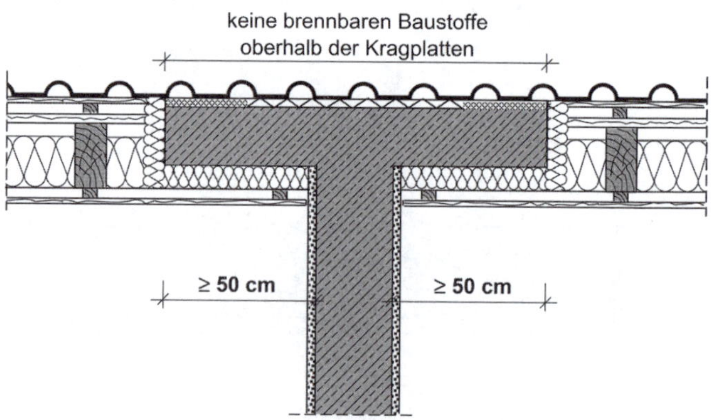

Bild 2.5: Detailpunkt der oberen Brandwandausführung (mit auskragenden Stahlbetonplatten unter der Dachhaut) – Prinzipskizze

Die Ausführung in Bild 2.5 ist nach § 30 Absatz 5 MBO zulässig, muss aber kritisch betrachtet werden. In der Praxis hat sie sich nicht bewährt. Zahlreiche Brände wurden über diese Konstruktion weitergeleitet. Brennbare Bauteile dürfen im Bereich der Kragplatten der Brandwand nicht eingebaut werden, z.B. dürfen Dachlatten in diesem Bereich nicht in Holz ausgeführt werden. Dieser Detailpunkt sollte während der Herstellung auf der Baustelle besonders gut überwacht werden.

In Gebäuden der Gebäudeklassen 1 bis 3 müssen die Brandwände nicht über das Dach, sondern nur bis unter die Dachhaut geführt werden. Öffnungen und Hohlräume müssen an dieser Anbindungsstelle (Wand/Dachhaut) mit nichtbrennbaren Baustoffen vollständig geschlossen werden.

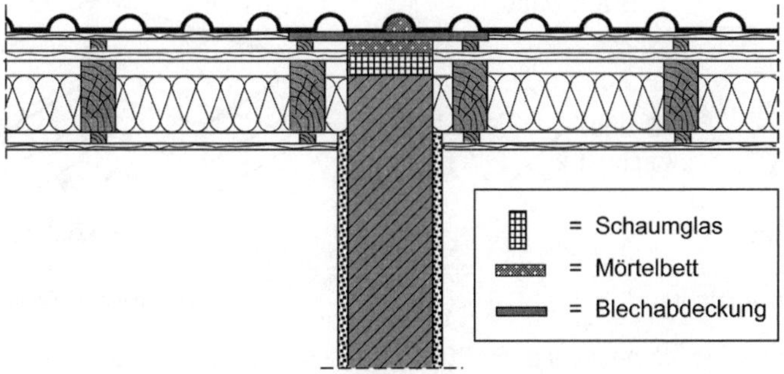

Bild 2.6: Detailpunkt der oberen Brandwandausführung (bis unter die Dachhaut) in Gebäuden der Gebäudeklassen 1 bis 3 – Prinzipskizze

Öffnungen in Brandwänden

Öffnungen in Brandwänden sind nach der Musterbauordnung [2.1] § 30 (Brandwände) grundsätzlich nicht zulässig. Diese Forderung ergibt sich aus dem Umstand, dass möglichst wenige Schwachstellen in raumabschließende Brandwände eingebaut werden sollen. Brandwände ohne Öffnungen würden die vorgesehene Nutzung eines Gebäudes nicht zulassen. Aus diesem Grund sind notwendige Öffnungen in inneren Brandwänden gestattet, müssen aber auf die **geringstmögliche** Zahl und Größe begrenzt werden, die zum Betreiben des Gebäudes erforderlich ist. Diese Öffnungen müssen mit feuerbeständigen, dicht- und selbstschließenden Abschlüssen versehen werden.

Verglasungen in Brandwänden

Auch Verglasungen sind in inneren Brandwänden nur zulässig, wenn sie auf die geringstmögliche Zahl und Größe beschränkt werden, die gerade zum Betreiben des Gebäudes erforderlich ist. In Brandwände dürfen nur Brandschutzverglasungen (bestehend aus Scheibe, Rahmen, Dichtungen usw.) eingebaut werden, die eine Übertragung von Feuer und Rauch sowie den Durchtritt von Wärmestrahlung verhindern (F-90- bzw. EI-90-Verglasungen).

Brandwand in Gebäudeinnenecken

Stoßen Gebäude oder Gebäudeteile über Eck zusammen und werden sie dort durch eine Brandwand in Brandabschnitte unterteilt, muss der Abstand der Wand von der Innenecke mindestens 5,0 m betragen (siehe Bild 2.8 a).

Die Wand, die mindestens 5,0 m aus der Ecke herausgezogen werden muss, ist öffnungslos und feuerbeständig sowie aus nichtbrennbaren Baustoffen herzustellen. Bei Gebäuden der Gebäudeklassen 1 bis 4 muss sie als öffnungslose und mindestens hochfeuerhemmende Wand ausgebildet werden.

120°-Regelung in Innenecke

Die 5,0-m-Regel gilt nicht, wenn der Gebäudeinnenwinkel mehr als 120° beträgt (siehe Bild 2.7). Aufgrund der baulichen Situation wird es zu keinem Brandüberschlag kommen. Es ist deshalb ausreichend, dass die Brandwand nur bis in die Innenecke geführt wird.

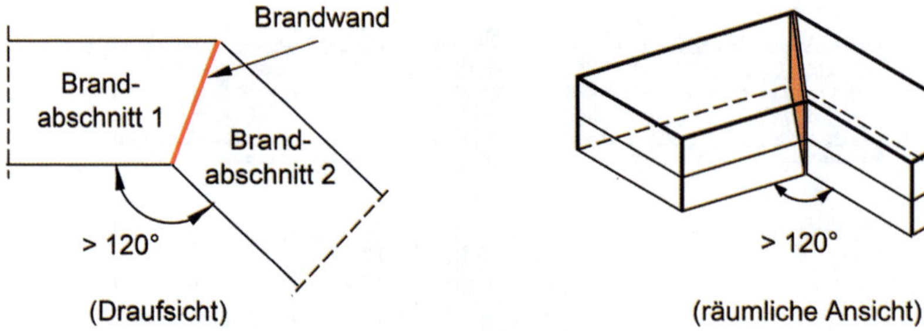

Bild 2.7: Bei einem Innenwinkel > 120° wird ein Brand zwischen zwei Brandabschnitten nicht durch Überschlag übertragen.

In Bild 2.8 werden weitere Varianten (b, c und d) der Brandwandführung gezeigt, die bei einem Gebäudeinnenwinkel ≤ 120° möglich sind. Der Brandüberschlag wird in allen Fällen verhindert, da der Abstand zwischen dem Brandwandteil und der nichtklassifizierten Wand bzw. zwischen zwei Wandöffnungen (z.B. zwischen Fenstern) mindestens 5 m beträgt.

a) Ist eine Brandwand direkt in der Innenecke eines Gebäudes angeordnet, kann die Wand 5,0 m weitergeführt werden (Standardlösung). Öffnungen dürfen in den angrenzenden Wänden vorhanden sein.

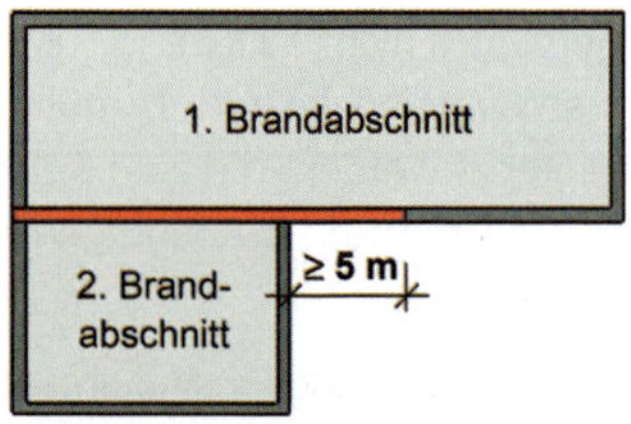

b) Ist eine Brandwand ≥ 5,0 m aus der Innenecke angeordnet, dürfen die Wände rechts und links davon Öffnungen haben und müssen nicht in Brandwandqualität ausgeführt werden.

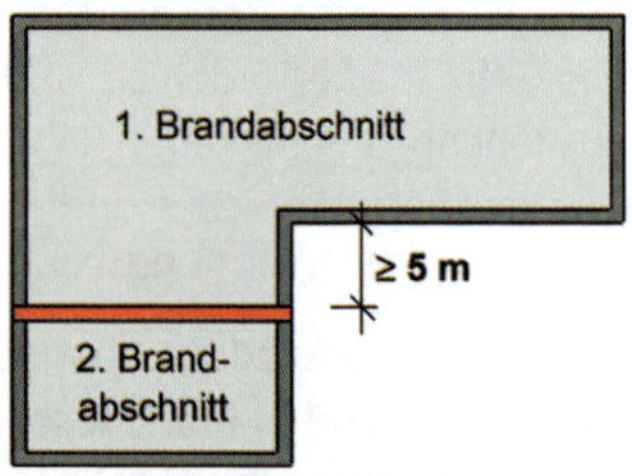

Varianten der Brandwand-anordnung

c) Ist eine Brandwand direkt in der Innenecke eines Gebäudes angeordnet, kann die Brandwand auch „abgeknickt" geführt werden. Öffnungen dürfen in den angrenzenden Wänden vorhanden sein.

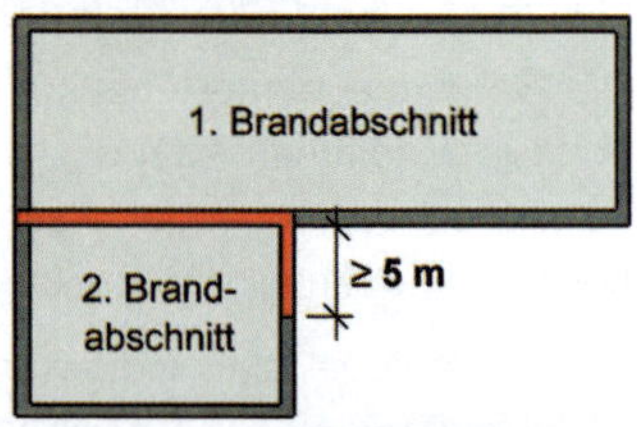

d) Ist eine Brandwand direkt in der Innenecke eines Gebäudes angeordnet, kann ein Teil der Brandwand weiterführend und ein anderer Teil „abgeknickt" angeordnet werden. Die Wandenden müssen mindestens 5,0 m voneinander entfernt sein. Danach dürfen Öffnungen angrenzen.

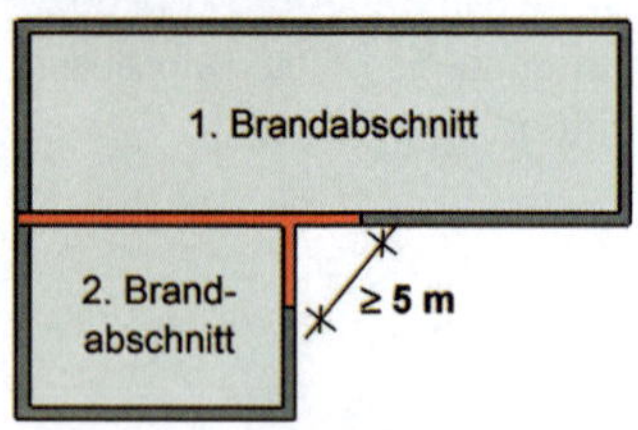

Bild 2.8: Mögliche Brandwandausführungen in Gebäudeinnenecken mit einem Winkel ≤ 120°

Trennung von Gebäudeteilen durch Brandwände

Da Brandwände ganze Gebäudeteile gegen eine Brandübertragung abschotten sollen, muss nicht nur die Übertragung im Dachbereich verhindert werden, sondern auch im Wandbereich. Über Brandwände dürfen keine Bauteile aus brennbaren Baustoffen hinweggeführt werden. Dies gilt sowohl für die Dachhaut mit Unterkonstruktion (z.B. Holzdachlatten) als auch für seitliche Konstruktionen, wie zum Beispiel Dachkästen aus Holz.

Fassaden im Bereich von Brandwänden

Werden Außenwandkonstruktionen hergestellt, die die Ausbreitung eines Brandes begünstigen, wie z.B. hinterlüftete Fassaden oder Doppelfassaden, müssen im Bereich der Brandwände besondere Vorkehrungen gegen die Übertragung von Feuer und Rauch getroffen werden, wie z.B. Brandschotts.

Bild 2.9: Die Brandwände zwischen den Gebäudeteilen wurden auch seitlich auskragend erstellt, um die Brandübertragung durch die brennbaren Dachkästen zu verhindern.

Dachkasten aus Holz

Bild 2.10: Der Dachkasten aus Holz wird seitlich unter der Brandwand entlanggeführt. Hierüber kann es zu einer Brandweiterleitung in den nächsten Brandabschnitt kommen.

Die Außenwandbekleidungen von äußeren Brandwänden (Gebäudeabschlusswände) müssen einschließlich der Unterkonstruktionen und Dämmstoffe aus nichtbrennbaren Baustoffen hergestellt werden.

in Brandwände eingreifende Bauteile

In Bereichen, in denen Bauteile in innere oder äußere Brandwände eingreifen (z.B. durch Aussparungen), muss der Rest der Wand alle Anforderungen einer Brandwand erfüllen. Bei Bauteilen, die entweder direkt an die Brandwand geführt oder in der Brandwand aufgelagert werden, wie z.B. Stahlträger, ist auf die thermische Ausdehnung zu achten. Wird die temperaturbedingte Verlängerung durch die Brandwand behindert, können erhebliche Kräfte entstehen, durch die die Brandwand eingedrückt wird und versagen kann. Um dies zu verhindern, müssen sich z.B. Stahlbauteile frei und ungehindert ausdehnen können.

Brandwände müssen grundsätzlich bis zur Bedachung in jedem Geschoss übereinander angeordnet werden. Abweichend davon dürfen Wände anstatt von inneren Brandwänden geschossweise versetzt angeordnet werden, wenn folgende bauliche Bedingungen eingehalten werden:

- die Wände müssen auch unter zusätzlicher mechanischer Beanspruchung feuerbeständig sein (mindestens F 90) und aus nichtbrennbaren Baustoffen bestehen (faktisch müssen diese Wände also auch wie „echte" Brandwände ausgeführt werden),
- die Decken zwischen diesen Wänden sind in feuerbeständiger Ausführung, aus nichtbrennbaren Baustoffen und ohne Öffnungen herzustellen,

versetzt angeordnete Brandwände

- Bauteile, die diese Wände und Decken unterstützen, müssen feuerbeständig ausgeführt werden und aus nichtbrennbaren Baustoffen bestehen,
- in der Breite des Versatzes sind die Außenwände in den Geschossen oberhalb und unterhalb feuerbeständig auszuführen und
- in diesem Bereich müssen Öffnungen in den Außenwänden so angeordnet oder andere Vorkehrungen so getroffen werden, dass eine Übertragung von Feuer und Rauch in andere Brandabschnitte nicht zu befürchten ist.

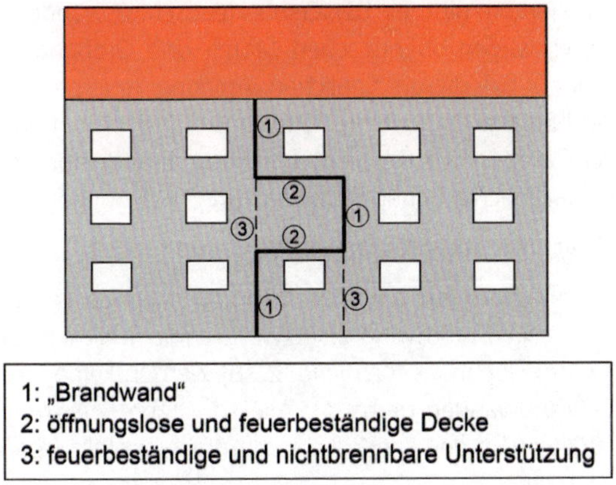

Bild 2.11: Versetzt angeordnete Brandwände in einem Geschoss

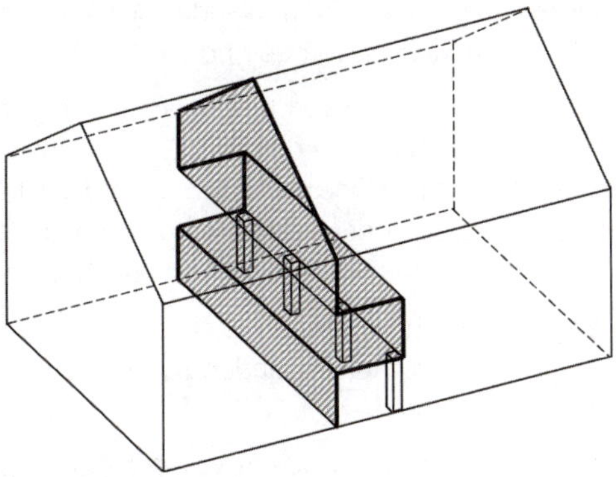

Bild 2.11a: Versetzt angeordnete Brandwand in isometrischer Darstellung

Sinngemäß gelten die zuvor genannten Anforderungen an Brandwände auch für Brandwand-Ersatzwände.

Nachfolgend werden Abweichungen und Ergänzungen von den brandschutztechnischen Grundforderungen der Musterbauordnung [2.1] an Brandwände nach den entsprechenden Regelwerken für Regel- und Sonderbauten aufgezeigt:

a) Regelbauten (nach Musterbauordnung [2.1]):

Die in diesem Absatz (16.1.1) beschriebenen Forderungen und Regeln zu Brandwänden gelten grundsätzlich für Regelbauten.

b) Beherbergungsstätten (nach Muster-Beherbergungsstättenverordnung [2.26]):

keine ergänzenden oder erweiternden Regeln

Brandwände in Beherbergungsstätten sind nach den Forderungen der Landesbauordnungen zu planen und auszuführen. In dieser Sonderbauverordnung gibt es keine ergänzenden, einschränkenden oder erweiternden Angaben zu Brandwänden.

c) Garagen (nach Muster-Garagenverordnung [2.27]):

Grundsätzlich gelten die Forderungen der Landesbauordnungen an Brandwände auch für Garagen.

Abweichung von Forderungen der MBO

Eine Abweichung hiervon gibt es bei Gebäudeabschlusswänden (äußere Brandwände) von eingeschossigen oberirdischen Mittel- und Großgaragen. Anstelle von Brandwänden können bei diesen baulichen Anlagen feuerbeständige Abschlusswände (Brandwand-Ersatzwände) ohne Öffnungen angeordnet werden, wenn das Gebäude allein der Garagennutzung dient. Bei diesen Brandwand-Ersatzwänden entfällt der Nachweis der mechanischen Stoßbelastung.

d) Hochhäuser (nach Muster-Hochhaus-Richtlinie [2.28]):

Ersatzwände in Hochhäusern nicht zulässig

Brandwände in Hochhäusern müssen raumabschließend, feuerbeständig und mechanisch beanspruchbar sein; Brandwand-Ersatzwände sind in diesem Gebäudetyp nicht zulässig. In der Muster-Hochhaus-Richtlinie [2.28] werden keine weiteren ergänzenden Angaben zu Brandwänden gemacht. Alle sonstigen Forderungen, die in § 30 (Brandwände) MBO bzw. in den Landesbauordnungen gestellt werden, sind auch in Hochhäusern einzuhalten.

e) Industriebauten (nach Muster-Industriebau-Richtlinie [2.29]):

nur „echte" Brandwände zulässig

In Industriebauten dürfen nur („echte") Brandwände nach § 30 Absatz 3 Satz 1 MBO angeordnet werden. Brandwand-Ersatzwände sind nicht zulässig.

Brandwände und Wände zur Trennung von Brandbekämpfungsabschnitten müssen mindestens 50 cm über Dach geführt werden (in der Musterbauordnung bzw. den Landesbauordnungen wird nur eine Höhe von 30 cm gefordert). Die „Kragplattenvariante" (≥ 50 cm zu jeder Seite unter der Dachhaut auskragende Stahlbetonbauteile) der MBO bzw. der Landesbauordnungen ist in Industriebauten nicht zulässig.

Um eine Brandübertragung zwischen Brandabschnitten bzw. Brandbekämpfungsabschnitten im Anbindungsbereich zu Außenwänden zu verhindern, müssen geeignete bauliche Maßnahmen durchgeführt werden.

Dies kann zum Beispiel ein mindestens 50 cm vor der Außenwand angeordneter Wandabschnitt (Vorlage) sein, der als eine „Verlängerung" der inneren Brandwand betrachtet werden kann (siehe Bild 2.12). Er muss einschließlich seiner Bekleidung aus nichtbrennbaren Baustoffen bestehen.

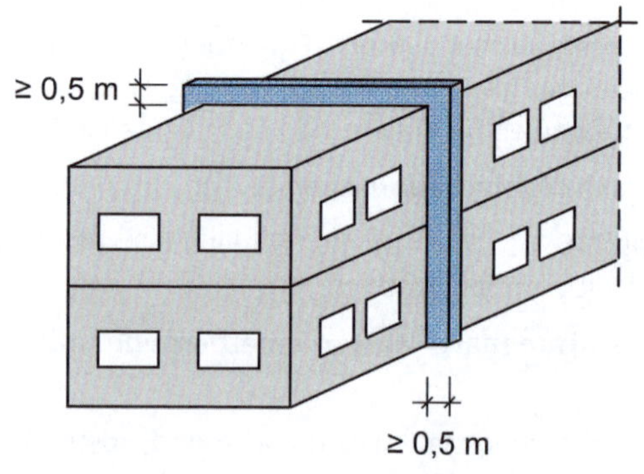

1. Variante Ausführungsdetail Brandwand/ Außenwand

Bild 2.12: Seitlich herausgeführte Brandwand zur Verhinderung der Brandübertragung über die Außenwand – Prinzipskizze

Alternativ kann dort, wo die innere Brandwand auf die Außenwand trifft, ein mindestens 1,0 m breiter Außenwandstreifen angeordnet werden, der einschließlich seiner Bekleidung aus nichtbrennbaren Baustoffen bestehen muss (siehe Bild 2.12a).

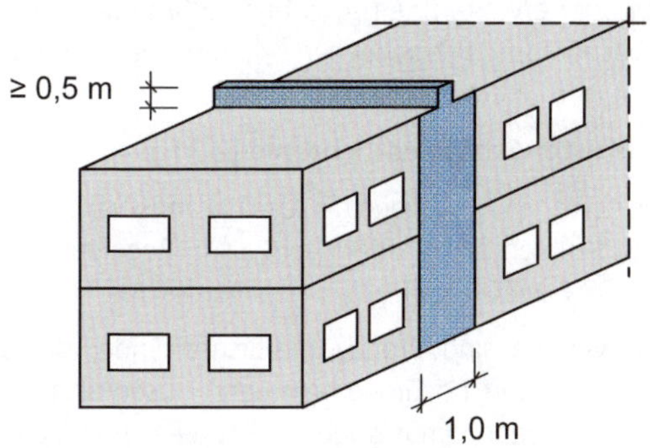

Bild 2.12a: Zur Verhinderung der seitlichen Brandübertragung wird ein Streifen der Außenwand von 1,0 m aus nichtbrennbaren Baustoffen im Bereich der Anbindungsstelle zur Brandwand hergestellt (Prinzipskizze).

2. Variante Ausführungsdetail Brandwand/ Außenwand

3. Variante Detail Brandwand/Außenwand

Sofern die Außenwandbekleidung aus brennbaren Baustoffen durchlaufend angeordnet wird (oder ein Teil davon), gilt nach der Muster-Industriebau-Richtlinie als geeignete Maßnahme eine auf beiden Seiten der Brandwand (oder der Wand, die Brandbekämpfungsabschnitte trennt) auf einer Länge von jeweils 1,0 m angeordnete Außenwand in der Feuerwiderstandsklasse der trennenden Wand.

Diese Variante ist jedoch nicht zu empfehlen, da der Brand an den beiden Wandabschnitten vorbei (über die Ebene der brennbaren Baustoffe) die Brandwand seitlich überspringen kann.

alternative zweischalige F-90-A-Wand

Anstelle einer einzelnen Brandwand dürfen auch zwei parallel zueinander stehende Wände angeordnet werden, die feuerbeständig und aus nichtbrennbaren Materialien hergestellt werden müssen. Die Anforderungen, die an diese Wände gestellt werden, sind also geringer als die an eine „echte" Brandwand, da sie keine „Stoßbelastung" aufnehmen können müssen.

Die Bauteile, die diese Wände unterstützen oder aussteifen (z.B. Decken und/oder Wände), sind in der gleichen Feuerwiderstandsdauer wie die tragenden Bauteile des zugeordneten Brandabschnitts auszuführen.

Beide Wände müssen außerdem unabhängig voneinander standsicher sein.

Feststellanlagen

Müssen Abschlüsse (wie z.B. Türen oder Tore) in Brandwänden aus betrieblichen Gründen offen gehalten werden, sind diese mit bauaufsichtlich zugelassenen Feststellanlagen zu versehen. Die Auslösung des Schließvorgangs muss bei der Detektierung von Brandrauch erfolgen.

lichtdurchlässige Flächen

Lichtdurchlässige Teilflächen dürfen in Brandwänden von Industriebauten eingebaut werden. Die Öffnungen müssen mit Brandschutzverglasungen versehen werden, die mindestens die Feuerwiderstandsfähigkeit der angrenzenden Wände aufweisen. Die Öffnungen sind auf die für die Nutzung erforderliche Zahl und Größe zu beschränken.

f) Krankenhäuser (nach Brandenburgischer Krankenhaus- und Pflegeheim-Bauverordnung [2.30]):

Brandwände in Krankenhäusern nach MBO

In der Brandenburgischen Krankenhaus- und Pflegeheim-Bauverordnung werden keine ergänzenden oder erweiternden Angaben zu Brandwänden gemacht. Brandwände in Krankenhäusern und Pflegeheimen sind nach den Forderungen der Landesbauordnungen zu planen und auszuführen.

g) Schulen (nach Muster-Schulbau-Richtlinie [2.31]):

60 m Höchstabstand

Innere Brandwände dürfen in Abständen bis zu 60 m angeordnet werden. Der Höchstabstand darf also in Schulen 20 m größer sein als in Regelbauten (40 m Abstand – nach § 30 Absatz 2 OZ 2 MBO [2.1]).

Anstelle von Brandwänden sind Brandwand-Ersatzwände, die unter zusätzlicher mechanischer Beanspruchung hochfeuerhemmend ausgeführt werden müssen, in Schulgebäuden zulässig, wenn deren tragende Bauteile entsprechend der Gebäudeklasse hochfeuerhemmend oder feuerhemmend ausgeführt werden müssen.

feuerhemmende Türen

In Brandwänden und Brandwand-Ersatzwänden sind im Zuge notwendiger Flure jeweils feuerhemmende, rauchdichte und selbstschließende Türen zulässig, wenn die angrenzenden Flurwände in einem Bereich von 2,5 m beiderseits der Tür keine Öffnungen haben. Befinden sich jedoch Öffnungen in diesen Bereichen, sind die Türen in der Brandwand hochfeuerhemmend bzw. feuerbeständig, rauchdicht und selbstschließend auszuführen.

h) Verkaufsstätten (nach Muster-Verkaufsstättenverordnung [2.32]):

Feststellanlagen

Öffnungen in Brandwänden sind zulässig, wenn sie mit selbstschließenden und feuerbeständigen Abschlüssen versehen werden. Türen, die aus betrieblichen Gründen offengehalten werden müssen, sind mit Feststellanlagen zu versehen, die bei Raucheinwirkung ein selbsttätiges Schließen bewirken.

Alle weiteren Forderungen der Musterbauordnung an Brandwände gelten auch für Verkaufsstätten.

i) Versammlungsstätten (nach Muster-Versammlungsstättenverordnung [2.33]):

Die Forderungen der Musterbauordnung gelten auch für Brandwände in Verkaufsstätten.

feuerhemmende Türen in Brandwänden

Eine Abweichung hiervon gibt es für Abschlüsse von Öffnungen in Brandwänden. Türen und Tore in inneren Brandwänden müssen nur mindestens feuerhemmend, rauchdicht und selbstschließend ausgeführt werden.

Gegenüber der Forderung der MBO, die für die gleiche bauliche Situation in Regelbauten einen feuerbeständigen Abschluss fordert, ist sie geringer. Diese „Erleichterung" ist nicht ganz nachvollziehbar, da hierdurch eine planmäßige Schwachstelle in die Brandwände eingebaut wird. Das System der 90-minütigen Abschottung, die für den Lösch- und Rettungseinsatz der Feuerwehr erforderlich ist, wird hier unterwandert.

Rechtlich können feuerbeständige Türen nicht eingefordert werden, dennoch sollten sie aus den vorgenannten Gründen geplant und ausgeführt werden.

16.1.2 Komplextrennwände

erhöhte Anforderungen an VdS-Brandwände

Die Bezeichnung Komplextrennwand stammt aus dem Versicherungswesen. Hiermit werden Wände bezeichnet, die wie Brandwände nach dem Bauordnungsrecht eingesetzt werden, an die jedoch höhere bauliche Anforderungen gestellt werden. Durch die Planung und den Einsatz von Komplextrennwänden können die Prämien der Feuerversicherung erheblich verringert werden (siehe hierzu auch [2.42]).

Tabelle 2.17: Eine Auswahl von Unterschieden zwischen Brandwänden und Komplextrennwänden [2.1], [2.42]

Brandwände/ Komplextrennwände

Brandschutzanforderungen	Brandwand	Komplextrennwand
Mindest-Feuerwiderstandsklasse	F 90-A	F 180-A
Brandwand über Dachhaut	≥ 30 cm	≥ 50 cm (80 cm empfohlen)
Brandwand aus Gebäudeinnenecken < 120°	≥ 5,0 m	≥ 7,0 m

16.1.3 Trennwände

Funktion von Trennwänden

Trennwände werden im Brandschutzsystem als Abschottungsbauteile eingesetzt, um die Übertragung von Rauch und Feuer zu verhindern. Sie müssen zwischen Nutzungseinheiten angeordnet werden, z.B. zwischen Wohnungen, sowie zwischen Nutzungseinheiten und anders genutzten Räumen. Ausgenommen hiervon sind Flurwände, die in der Musterbauordnung [2.1] in § 36 (Notwendige Flure, offene Gänge) separat geregelt werden. Weiterhin schotten Trennwände Räume mit Explosions- und erhöhter Brandgefahr von anderen baulichen Bereichen ab. Im Kellergeschoss müssen Aufenthaltsräume von anders genutzten Räumen durch Trennwände abgegrenzt werden.

Feuerwiderstandsklassen von Trennwänden

Trennwände, die Nutzungseinheiten voneinander und zu anderen Räumen abtrennen, sowie Trennwände im Kellergeschoss müssen in der Feuerwiderstandsfähigkeit der tragenden und aussteifenden Bauteile des jeweiligen Geschosses ausgeführt werden, mindestens jedoch in feuerhemmender Bauart. Trennwände, die Räume mit Explosions- und erhöhter Brandgefahr abgrenzen, müssen immer in feuerbeständiger Ausführung hergestellt werden. Dies gilt auch, wenn eine niedrigere Feuerwiderstandsdauer für den Rest der baulichen Anlage rechtlich gefordert wird.

Trennwände sind bis an die Rohdecke von Geschossdecken zu führen. In der Regel besteht die Rohdecke aus dem statisch tragenden Teil der Decke, wie z.B. aus der Stahlbetonplatte einer Stahlbetondecke oder aus den Holzbalken einer Holzbalkendecke.

bauliche Ausführung von Trennwänden

Im Dachraum sind die Trennwände bis unter die Dachhaut zu führen. Der Detailpunkt der Anbindung kann wie bei den Brandwand-Ersatzwänden ausgeführt werden (siehe hierzu Bild 2.6). Wird die Trennwand nur bis zur Rohdecke (des Daches) geführt, ist diese (Dach-)Decke raumabschließend sowie feuerhemmend herzustellen (siehe Bild 2.13). Dies gilt auch für die sie tragenden und aussteifenden Bauteile.

Durch die Feuerwiderstandsfähigkeit der Deckenkonstruktion soll das „Überlaufen" des Brandes in den Nachbarraum mindestens 30 Minuten lang verhindert werden.

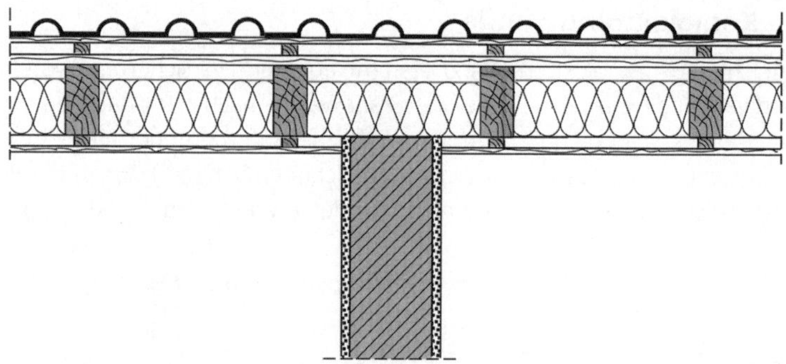

Bild 2.13: Trennwand wird bis unter die Rohdecke (raumabschließend und feuerhemmend) des Daches geführt (Prinzipskizze).

Öffnungen in Trennwänden

Um Schwachstellen in Trennwänden zu minimieren, sind in diesen Wänden Öffnungen nur zulässig, wenn sie auf die zur Nutzung des Gebäudes erforderliche Anzahl und Größe begrenzt werden (gleiche Regel wie bei Brandwänden). Die Öffnungen müssen mindestens mit feuerhemmenden, dicht- und selbstschließenden Abschlüssen versehen werden.

Für Gebäude der Gebäudeklassen 1 und 2 sind aus brandschutztechnischen Gründen keine Trennwände erforderlich. Erst ab der Gebäudeklasse 3 gelten die zuvor genannten Regeln.

Nachfolgend werden Abweichungen und Ergänzungen von den brandschutztechnischen Grundforderungen der Musterbauordnung an Trennwände nach den entsprechenden Regelwerken aufgezeigt:

a) Regelbauten (nach Musterbauordnung [2.1]):

Die in diesem Absatz (16.1.3) beschriebenen Forderungen und Regeln zu Trennwänden gelten grundsätzlich für Regelbauten.

b) Beherbergungsstätten (nach Muster-Beherbergungsstättenverordnung [2.26]):

Beherbergungsräume sind Räume, die dem Wohnen oder Schlafen von Gästen dienen. Eine Folge unmittelbar zusammenhängender Beherbergungsräume (auch Suiten genannt) wird baurechtlich als ein Beherbergungsraum definiert.

feuerbeständige Trennwände

Trennwände

- zwischen Räumen einer Beherbergungsstätte und Räumen, die nicht zu der Beherbergungsstätte gehören sowie
- zwischen Beherbergungsräumen und a) Gasträumen sowie
  b) Küchen.

müssen grundsätzlich feuerbeständig ausgeführt werden.

Wenn die tragenden Bauteile (wie z.B. Wände, Decken und Stützen) in Beherbergungsstätten nur feuerhemmend ausgeführt werden müssen (siehe Absatz 16.1 – Ordnungsbuchstabe b), sind in diesen Gebäuden auch nur feuerhemmende Trennwände erforderlich.

Trennwände zwischen Beherbergungsräumen sowie zwischen Beherbergungsräumen und sonstigen Räumen der Beherbergungsstätte müssen mindestens feuerhemmend sein.

feuerhemmende Trennwände

In Trennwänden zwischen Beherbergungsräumen und Gasträumen (Speiseräume und Tagungsräume) sowie zwischen Beherbergungsräumen und Küchen sind Öffnungen unzulässig.

Öffnungen in Trennwänden

Öffnungen in Trennwänden zwischen Räumen einer Beherbergungsstätte und Räumen, die nicht zu der Beherbergungsstätte gehören, müssen mit feuerhemmenden Feuerschutzabschlüssen versehen werden, die auch die Anforderungen an Rauchabschlüsse erfüllen.

c) Garagen (nach Muster-Garagenverordnung [2.27]):

Trennwände zwischen Garagen und anders genutzten Räumen müssen die Feuerwiderstandsfähigkeit der tragenden und aussteifenden Bauteile des Geschosses haben, jedoch mindestens feuerhemmend sein.

Wände zwischen Mittel- und Großgaragen und anderen Gebäuden müssen feuerbeständig sein.

In Mittel- und Großgaragen müssen Innenwände aus nichtbrennbaren Baustoffen bestehen.

d) Hochhäuser (nach Muster-Hochhaus-Richtlinie [2.28]):

Die Trennwände von Räumen mit erhöhter Brandgefahr sowie Trennwände zwischen Aufenthaltsräumen und anders genutzten Räumen im Keller von Hochhäusern müssen raumabschließend und feuerbeständig ausgeführt werden.

Trennwände in feuerbeständiger Ausführung

In der Muster-Hochhaus-Richtlinie werden keine weiteren ergänzenden oder erweiternden Angaben zu diesem Bauteil gemacht.

Bei der Beurteilung von Trennwänden gelten somit die Regeln und Forderungen der Musterbauordnung (Landesbauordnungen) mit Ausnahme der im ersten Absatz genannten Forderungen dieser Sonderbaurichtlinie.

e) Industriebauten (nach Muster-Industriebau-Richtlinie [2.29]):

Die „klassische" Trennwand, die in der MBO beschrieben wird, gibt es im Industriebau nicht. Raumbildende Umfassungswände (Brandbekämpfungstrennwände) sind in der Regel keine Trennwände im Sinne der Musterbauordnung. Sie müssen in der Bauart von Brandwänden ausgeführt werden.

„Brandbekämpfungstrennwände"

f) Krankenhäuser (nach Brandenburgischer Krankenhaus- und Pflegeheim-Bauverordnung [2.30]):

Nach der Krankenhaus- und Pflegeheim-Bauverordnung werden Krankenhäuser und Pflegeheime brandschutztechnisch unterschiedlich bewertet.

In Krankenhäusern müssen zwischen Bettenzimmern und zwischen Bettenzimmern und anderen Räumen sowie zum Abschluss von notwendigen Fluren feuerhemmende Trennwände angeordnet werden.

feuerhemmende Trennwände

Pflegeheime müssen zwischen Bettenzimmern und zwischen Bettenzimmern und anderen Räumen sowie zum Abschluss von notwendigen Fluren hochfeuerhemmende Trennwände aufweisen.

hochfeuerhemmende Trennwände

In Pflegeheimen mit automatischer Feuerlöschanlage sind feuerhemmende Trennwände ausreichend.

g) Schulen (nach Muster-Schulbau-Richtlinie [2.31]):

Trennwände nach MBO

In dieser Sonderbaurichtlinie gibt es keine ergänzenden oder erweiternden Angaben zu Trennwänden. Sie werden in Schulen nach den Forderungen der Musterbauordnung geplant und ausgeführt.

h) Verkaufsstätten (nach der Muster-Verkaufsstättenverordnung [2.32]):

Trennwände zwischen Verkaufsstätten und Räumen, die nicht zu den Verkaufsstätten gehören, müssen feuerbeständig geplant und ausgeführt werden und dürfen keine Öffnungen aufweisen.

Abtrennung von Werkstätten

Befinden sich Lagerräume mit einer Fläche von jeweils mehr als 100 m² und/oder Werkräume mit erhöhter Brandgefahr, wie z.B. Tischlereien, Maler- oder Dekorationswerkstätten, in Verkaufsstätten ohne Sprinkleranlagen, sind diese von anderen Räumen durch feuerbeständige Trennwände abzugrenzen.

Diese Werk- und Lagerräume müssen durch Trennwände so unterteilt werden, dass Abschnitte von nicht mehr als 500 m² entstehen. Öffnungen in den Trennwänden müssen mindestens feuerhemmende und selbstschließende Abschlüsse haben.

i) Versammlungsstätten (nach Muster-Versammlungsstättenverordnung [2.33]):

Trennwände sind erforderlich zum Abschluss von Versammlungsräumen und Bühnen. Diese Trennwände müssen allgemein feuerbeständig, in erdgeschossigen Versammlungsstätten mindestens feuerhemmend sein. In der Trennwand zwischen der Bühne und dem Versammlungsraum ist eine Bühnenöffnung zulässig.

feuerbeständige Trennwände

Werkstätten, Magazine und Lagerräume sowie Räume unter Tribünen und Podien müssen feuerbeständige Trennwände und Decken aufweisen. Hier werden die Forderungen der MBO [2.1] § 29 Absatz 2 OZ 2 und § 31 Absatz 2 Satz 2 OZ 1 an Wände und Decken für Räume mit erhöhter Brandlast umgesetzt.

Die Trennwand zwischen Bühnen- und Zuschauerhaus muss feuerbeständig und in der Bauart einer Brandwand hergestellt sein.

Abschlüsse in Trennwänden

Türen in dieser Trennwand müssen feuerbeständig und selbstschließend sein.

16.1.4 Außenwände

Brandübertragung über Außenwände

Außenwände und Außenwandbestandteile, wie z.B. Brüstungen und Schürzen (Definition der Begriffe Brüstung und Schürze siehe Absatz 3.14), sind so zu planen und auszuführen, dass eine Brandübertragung über die Oberflächen oder innerhalb dieser Bauteile ausreichend lange genug behindert wird. Der Inhalt dieser Aussage ist das brandschutztechnische Schutzziel für Außenwände.

Nichttragende Außenwände und nichttragende Teile von tragenden Außenwänden, wie z.B. Wände in Skelettbauweise, bei denen die Stützen und Riegel tragend und die Ausfachungen nichttragend sind, oder vorgehängte Fassaden, müssen aus nichtbrennbaren Baustoffen bestehen.

Fenster und Türen in Außenwänden

Ausnahmen von dieser Regelung gelten für folgende Bauteile, die auch als brennbares Material eingebaut werden dürfen: Fenster und Türen, Fugendichtungen und brennbare Dämmungen, die sich in nichtbrennbaren geschlossenen Profilen der Außenwandkonstruktionen befinden. Die Ausnahmen gelten allerdings nur für einzelne Fenster und Türen (Lochfassaden), nicht jedoch für großflächige Verglasungen, Glasfassaden oder große Fensteranlagen.

Alternativ dürfen nichttragende Außenwände und nichttragende Teile tragender Außenwände aus brennbaren Baustoffen bestehen, wenn sie raumabschließend und feuerhemmend ausgeführt werden.

Die äußere Schicht von Außenwänden muss einschließlich eventuell vorhandener Unterkonstruktionen und Dämmstoffe mindestens schwerentflammbar sein. Diese Forderung gilt auch für Außenwandbekleidungen. Baustoffe, die nach diesem Absatz schwerentflammbar sein müssen, dürfen nicht brennend abfallen oder abtropfen. Diese Einschränkung soll verhindern, dass der Brand weitergetragen wird und dass Rettungs- und Löschkräfte beim Einsatz behindert werden.

Unterkonstruktionen von Fassaden

Unterkonstruktionen dürfen aus normalentflammbaren Baustoffen (z.B. Holz oder Holzwerkstoffe) hergestellt werden, wenn gewährleistet ist, dass eine Brandübertragung über die Oberflächen oder innerhalb dieser Bauteile ausreichend lange genug behindert wird. Balkonbekleidungen, die über die erforderliche Umwehrungshöhe hinaus hochgeführt werden, sowie Solaranlagen, die an der Wand mehr als zwei Geschosse überbrücken, müssen schwer entflammbar sein.

Brandübertragung über die Dämmebene

Bei Neubauten und bei der Sanierung von Bestandsbauten werden häufig Wärmedämmputzsysteme eingesetzt. Sie bestehen in der Regel aus einer Schicht Dämmung sowie einer Lage Putz und bilden die äußere Haut der Wand. Beim Einsatz von Dämmungsarten, die brennbar sind und einen niedrigen Schmelzpunkt haben, wie z.B. Polystyrol (ca. 100 °C), kann innerhalb dieser Schicht eine Brandübertragung stattfinden. Ein weiterer negativer Effekt ist das brennende Abtropfen der Dämmung während des Brandes. Durch die brennenden Tropfen kann der Einsatz der Feuerwehr behindert und der Brand weitergeleitet werden. Aufgrund der vorgenannten Auswirkungen sollten nur Wärmedämmsysteme eingebaut werden, die eine Dämmung mit einem Schmelzpunkt ≥ 1.000 °C (wie z.B. Mineralfaserdämmung aus Steinwolle) besitzen (siehe hierzu auch den Brand im Grenfell Tower – Ordnungsbuchstabe d).

Hohlräume in Außenwandkonstruktionen

Über durchgehende vertikale Hohl- oder Lufträume in Außenwandkonstruktionen, die in der Regel aus bauphysikalischen Gründen dort geplant und ausgeführt werden, können sich heiße Brandgase ungehindert in der Fassade ausbreiten. Um dies zu unterbinden, müssen besondere Maßnahmen hiergegen getroffen werden. Eine mögliche Vorkehrung gegen die Ausbreitung der Gase ist das Einbringen von horizontalen Streifen aus nichtbrennbaren Dämmstoffen (Brandriegeln), die je Geschoss angeordnet werden sollten. Da hierdurch jedoch der Luftstrom innerhalb der Fassade unterbrochen wird, ist diese Maßnahme mit dem zuständigen Bauphysiker während der Planungsphase abzustimmen.

Brandschutztechnische Ausführungsdetails zu hinterlüfteten Außenwandbekleidungen werden in Anhang 6 der MVV TB [2.10] beschrieben.

Grundlagen zu Wärmedämm-Verbundsystemen mit einer Europäischen Technischen Bewertung (ETA) können dem Anhang 11 der MVV TB entnommen werden.

Ausnahmen bei Gebäuden der GK 1 bis 3

Die zuvor genannten Anforderungen an Außenwände gelten nicht für Gebäude der Gebäudeklassen 1 bis 3. Ausnahme hiervon sind Doppelfassaden, bei denen in der

Gebäudeklasse 3 Maßnahmen gegen die Ausbreitung eines Brandes getroffen werden müssen.

Nachfolgend werden Abweichungen und Ergänzungen von den brandschutztechnischen Grundforderungen der Musterbauordnung an Außenwände nach den entsprechenden Regelwerken aufgezeigt:

a) Regelbauten (nach Musterbauordnung [2.1]):

Die in diesem Absatz (16.1.4) beschriebenen Forderungen und Regeln zu Außenwänden gelten grundsätzlich für Regelbauten.

b) Beherbergungsstätten (nach Muster-Beherbergungsstättenverordnung [2.26]):

Außenwände in Beherbergungsstätten werden nach den Forderungen und Regeln der Musterbauordnung (Landesbauordnungen) geplant und ausgeführt. In dieser Sonderbauverordnung werden keine ergänzenden oder erweiternden Angaben zu Außenwänden gemacht.

c) Garagen (nach Muster-Garagenverordnung [2.27]):

Außenwände aus nichtbrennbaren Baustoffen

Außenwände von Mittel- und Großgaragen müssen aus nichtbrennbaren Baustoffen bestehen.

Diese Forderung gilt nicht für Außenwände von eingeschossigen oberirdischen Mittel- und Großgaragen, wenn das Gebäude allein der Garagennutzung dient.

Für alle weiteren Bewertungen von Außenwänden gelten die Regeln und Forderungen der Musterbauordnung.

d) Hochhäuser (nach Muster-Hochhaus-Richtlinie [2.28]):

Hochhausbrand in London 2017

Am 14.6.2017 kam es in London in einem 24-geschossigen Hochhaus (Grenfell Tower) zu einem Brand; Ursache war ein defekter Kühlschrank. Das Feuer breitete sich aus dem Fenster der Wohnung, in der der Kühlschrank stand, mit hoher Geschwindigkeit über die Außenwände (Außenfassade) auf andere Geschosse aus. Als Folge des Brandereignisses starben 79 Personen. Die Außenwandkonstruktion entsprach nicht den Forderungen des britischen Baurechts; es wurde brennbare Dämmung verwendet. Gegen die Planer und die ausführenden Firmen gab es deshalb eine Anklage wegen fahrlässiger Tötung.

Der Brandablauf zeigt, dass die Außenfassade von baulichen Anlagen brandschutztechnisch besonders sorgfältig geplant und ausgeführt werden muss.

nichttragende Außenwandbauteile

Nach der Muster-Hochhaus-Richtlinie müssen alle Bestandteile nichttragender Außenwände und nichttragender Teile tragender Außenwände aus nichtbrennbaren Baustoffen bestehen.

Diese Forderung gilt nicht für

- Fensterprofile,
- Dämmstoffe in nichtbrennbaren geschlossenen Profilen,
- Dichtstoffe zur Abdichtung der Fugen zwischen Verglasungen und Traggerippen sowie
- Kleinteile ohne tragende Funktion, die nicht zur Brandausbreitung beitragen.

tragende Außenwandbauteile

Die tragenden Bauteile eines Hochhauses, und damit auch die tragenden Teile der Außenwand, müssen nach Absatz 3.1.1 der Muster-Hochhaus-Richtlinie ebenfalls aus nichtbrennbaren Baustoffen hergestellt werden.

Die zuvor genannten Bestimmungen gelten auch für Außenwandbekleidungen, Balkonbekleidungen und Umwehrungen.

e) Industriebauten (nach Muster-Industriebau-Richtlinie [2.29]):

Ausführung der Außenwände nach der MBO

Nach der Muster-Industriebau-Richtlinie sind nichttragende Außenwände, Oberflächen von Außenwänden und Außenwandbekleidungen einschließlich der Dämmstoffe und Unterkonstruktionen so auszubilden, dass eine Brandausbreitung auf und in diesen Bauteilen begrenzt ist (Schutzziel für Außenwände von Industriebauten). Diese Forderung gilt für Industriebauten als erfüllt, wenn die Außenwände den Anforderungen der Musterbauordnung entsprechen. Die Erleichterungen für Gebäude der Gebäudeklassen 1 und 2, die in der MBO gemacht werden, dürfen bei Industriebauten nicht angewendet werden.

Nichttragende Außenwände dürfen aus schwerentflammbaren (brennbaren) Baustoffen bestehen bei

- erdgeschossigen Industriebauten,
- Brandbekämpfungsabschnitten mit Ebenen, die einen Ausbreitungsfaktor $F_A = 1{,}7$ nach Tabelle 4 der Muster-Industriebau-Richtlinie aufweisen,
- Brandbekämpfungsabschnitten mit Ebenen, die einen Ausbreitungsfaktor $F_A \leq 1{,}0$ nach Tabelle 4 der Muster-Industriebau-Richtlinie aufweisen und wenn gegen die Brandausbreitung über die Außenwand besondere Vorkehrungen getroffen sind, sowie
- Brandabschnitten mit mehreren Geschossen, wenn gegen die Brandausbreitung über die Außenwand besondere Vorkehrungen getroffen sind.

schwerentflammbare Außenwandteile

Schwerentflammbare Baustoffe dürfen während eines Brandes nicht brennend abfallen oder abtropfen. Bei europäisch klassifizierten Baustoffen ist darauf zu achten, dass sie die Bezeichnung „d0“ aufweisen (siehe hierzu auch Tab. 2.2). Die zuvor genannten Anforderungen gelten nicht für planmäßig als Wärmeabzugsflächen eingesetzte Bauteile.

nichtbrennbare Baustoffe

Wenn der Abstand der Außenwand weniger als 5 m zur Grundstücksgrenze beträgt, muss die Außenwand aus nichtbrennbaren Baustoffen bestehen.

Um im Brandfall eine Übertragung eines Brandes von außen in das Gebäude hinein hinreichend lange zu verhindern, ist die Lagerung brennbarer Stoffe, z.B. Paletten, Verpackungsmaterial, Abfälle und Abfallbehälter, an Außenwänden und deren Öffnungen, etwa auf Rampen oder unter Vordächern, nur zulässig, wenn folgende Mindestabstände zur Außenwand (Fassade) eingehalten werden:

Abstand von Brandlasten zur Außenwand

- 6 m, wenn die Außenwand aus mindestens schwerentflammbaren Baustoffen besteht und
- 3 m, wenn die Außenwand aus nichtbrennbaren Baustoffen besteht.

Darüber hinaus ist die Lagerung brennbarer Stoffe vor Außenwänden – ohne einen Abstand zu diesen Wänden – zulässig, wenn die Außenwand einschließlich ihrer Öffnungsverschlüsse mindestens feuerbeständig und aus nichtbrennbaren Baustoffen ausgebildet ist.

f) Krankenhäuser (nach Brandenburgischer Krankenhaus- und Pflegeheim-Bauverordnung [2.30]):

Die Außenwände mehrgeschossiger Krankenhäuser und Pflegeheime müssen aus nichtbrennbaren Baustoffen bestehen.

Schutz vor vertikalem Brandüberschlag

Die Außenwandbereiche zwischen übereinanderliegenden Öffnungen verschiedener Geschosse müssen so ausgebildet sein, dass ein vertikaler Feuerüberschlag ausreichend lange genug verhindert wird. Diese Forderung kann z.B. durch auskragende Brandabweiser oder Brandschutzverglasungen erfüllt werden.

g) Schulen (nach Muster-Schulbau-Richtlinie [2.31]):

Außenwände von Schulen werden nach den Forderungen der Musterbauordnung geplant und ausgeführt. In dieser Sonderbaurichtlinie werden keine ergänzenden oder erweiternden brandschutztechnischen Angaben hierzu gemacht.

h) Verkaufsstätten (nach Muster-Verkaufsstättenverordnung [2.32]):

Für Baustoffe von Außenwänden von Verkaufsstätten gelten folgende Regeln:

Wahl der Baustoffe nach Randbedingungen

Bei Verkaufsstätten ohne Sprinkleranlagen müssen die Außenwände aus nichtbrennbaren Baustoffen hergestellt werden, soweit sie nicht feuerbeständig geplant und ausgeführt worden sind.

Bei Verkaufsstätten mit Sprinkleranlagen müssen die Außenwände aus mindestens schwerentflammbaren Baustoffen hergestellt werden, soweit sie nicht feuerbeständig geplant und ausgeführt worden sind.

Bei erdgeschossigen Verkaufsstätten sind mindestens schwerentflammbare Baustoffe für Außenwände erforderlich, soweit sie nicht mindestens feuerhemmend ausgebildet sind.

i) Versammlungsstätten (nach Muster-Versammlungsstättenverordnung [2.33]):

Außenwände mehrgeschossiger Versammlungsstätten müssen aus nichtbrennbaren Baustoffen bestehen.

Als Grundlage weiterer Bewertungen von Außenwänden gelten die Regeln und Forderungen der Musterbauordnung (Landesbauordnungen).

16.1.5 Flurwände

obere Anbindung von Flurwänden

Die Wände notwendiger Flure (der Begriff „notwendiger Flur" wird in Absatz 18.1 erläutert) müssen in oberirdischen Geschossen raumabschließend und feuerhemmend hergestellt werden. Wenn die tragenden und aussteifenden Bauteile in Kellergeschossen aufgrund der Forderungen des § 27 (Tragende Wände und Stützen) MBO [2.1] feuerbeständig herzustellen sind, müssen auch die Flurwände raumabschließend und feuerbeständig ausgeführt werden. Flurwände sind bis an die Rohdecke zu führen. In der Regel besteht die Rohdecke aus dem statisch tragenden Teil der Decke, wie z.B. die Stahlbetonplatte einer Stahlbetondecke oder die Holzbalken einer Holzbalkendecke.

Bild 2.14: Offene Gänge (Laubengänge) als Zugänge zu Wohnungen

Sind im Flur Unterdecken vorhanden, können die Wände bis dorthin geführt werden. Jedoch müssen diese Unterdecken dann in mindestens feuerhemmender Art ausgeführt werden, und der Raumabschluss muss gewährleistet sein.

offene Gänge (Laubengänge)

Für Wände und Brüstungen notwendiger Flure mit nur einer Fluchtrichtung (Stichflure), die als offene Gänge (Laubengänge) vor den Außenwänden angeordnet sind (siehe Bild 2.14), gelten die zuvor genannten Forderungen ebenfalls.

Bekleidungen in Fluren

In notwendigen Fluren sowie in Laubengängen müssen Bekleidungen, Putze, Unterdecken und Dämmstoffe aus nichtbrennbaren Baustoffen bestehen; Wände und Decken aus brennbaren Baustoffen sind mit einer Bekleidung aus nichtbrennbaren Baustoffen in ausreichender Dicke zu versehen.

Nachfolgend werden Abweichungen und Ergänzungen von den brandschutztechnischen Grundforderungen der Musterbauordnung an Flurwände nach den entsprechenden Regelwerken aufgezeigt.

a) Regelbauten (nach Musterbauordnung [2.1]):

Die in diesem Absatz (16.1.5) beschriebenen Forderungen und Regeln zu Flurwänden gelten grundsätzlich für Regelbauten.

b) Beherbergungsstätten (nach Muster-Beherbergungsstättenverordnung [2.26]):

Bekleidungen und Dämmstoffe

In notwendigen Fluren müssen Bekleidungen und Dämmstoffe aus nichtbrennbaren Baustoffen bestehen. Diese Forderung soll bewirken, dass in notwendigen Fluren baulicherseits möglichst wenig Brandlasten eingetragen werden.

Für alle weiteren Bewertungen von Flurwänden gelten die Forderungen und Regeln der Musterbauordnung bzw. der Landesbauordnungen.

c) Garagen (nach Muster-Garagenverordnung [2.27]):

Flurwände in Garagen werden nach den Regeln und Forderungen der Musterbauordnung bzw. der Landesbauordnungen geplant und ausgeführt. In dieser Sonderbauvorschrift werden keine ergänzenden oder erweiternden brandschutztechnischen Angaben hierzu gemacht.

d) Hochhäuser (nach Muster-Hochhaus-Richtlinie [2.28]):

Die Wände notwendiger Flure müssen, wie auch in Regelbauten, raumabschließend und mindestens feuerhemmend ausgeführt werden.

Für alle weiteren brandschutztechnischen Bewertungen von Flurwänden gelten die Forderungen und Regeln der Musterbauordnung bzw. der Landesbauordnungen.

e) Industriebauten (nach Muster-Industriebau-Richtlinie [2.29]):

Flurwände in Industriebauten werden nach den Forderungen der Musterbauordnung bzw. der Landesbauordnungen geplant und ausgeführt. In der Muster-Industriebau-Richtlinie werden keine ergänzenden oder erweiternden brandschutztechnischen Angaben hierzu gemacht.

f) Krankenhäuser (nach Brandenburgischer Krankenhaus- und Pflegeheim-Bauverordnung [2.30]):

erhöhte Anforderungen

In Krankenhäusern müssen die Wände von notwendigen Fluren als feuerhemmende Trennwände und in Pflegeheimen als hochfeuerhemmende Trennwände ausgeführt werden.

In Pflegeheimen mit automatischer Feuerlöschanlage genügen feuerhemmende Flurwände (Trennwände).

g) Schulen (nach Muster-Schulbau-Richtlinie [2.31]):

Flurwände in Schulen werden nach den Regeln und Forderungen der Musterbauordnung bzw. der Landesbauordnungen geplant und ausgeführt. In der Muster-Schulbau-Richtlinie werden keine ergänzenden oder erweiternden brandschutztechnischen Angaben zu diesem Bauteil gemacht.

h) Verkaufsstätten (nach Muster-Verkaufsstättenverordnung [2.32]):

Die Wände von notwendigen Fluren, die von Kunden genutzt werden können, müssen

Verkaufsstätten mit und ohne Sprinkler

- in Verkaufsstätten **ohne** Sprinkleranlangen feuerbeständig sein und aus nichtbrennbaren Baustoffen bestehen und
- in Verkaufsstätten **mit** Sprinkleranlangen mindestens feuerhemmend sein und in den wesentlichen Teilen aus nichtbrennbaren Baustoffen bestehen.

i) Versammlungsstätten (nach Muster-Versammlungsstättenverordnung [2.33]):

In notwendigen Fluren müssen die Bekleidungen aus nichtbrennbaren Baustoffen bestehen.

Für alle weiteren Bewertungen von Flurwänden gelten die Forderungen und Regeln der Musterbauordnung bzw. der Landesbauordnungen.

16.2 Stützen

Stützen sind stabförmige Bauteile, die als tragende Elemente Gebäudelasten hauptsächlich vertikal in Richtung der Längsachse abtragen. Sie können aus Stahlbeton, Stahl, Mauerwerk und Holz hergestellt werden.

Stützen in oberirdischen Geschossen

Stützen müssen im Brandfall ausreichend lange standsicher sein. Diese Forderung ist erfüllt, wenn sie in oberirdischen Geschossen

- in Gebäuden der Gebäudeklasse 5 feuerbeständig,
- in Gebäuden der Gebäudeklasse 4 hochfeuerhemmend und
- in Gebäuden der Gebäudeklassen 2 und 3 feuerhemmend geplant und hergestellt sind.

An Stützen in oberirdischen Geschossen von Gebäuden der Gebäudeklasse 1 werden keine brandschutztechnischen Anforderungen gestellt.

Stützen in Kellergeschossen

In Kellergeschossen müssen tragende und aussteifende Stützen

- in Gebäuden der Gebäudeklassen 3 bis 5 feuerbeständig und
- in Gebäuden der Gebäudeklassen 1 und 2 feuerhemmend sein.

Nachfolgend werden Abweichungen und Ergänzungen von den brandschutztechnischen Grundforderungen der Musterbauordnung an Stützen nach den entsprechenden Regelwerken aufgezeigt.

a) Regelbauten (nach Musterbauordnung [2.1]):

Die in diesem Absatz (16.2) beschriebenen Forderungen und Regeln zu Stützen gelten grundsätzlich für Regelbauten.

b) Beherbergungsstätten (nach Muster-Beherbergungsstättenverordnung [2.26]):

grundsätzlich feuerbeständige Stützen

Tragende Stützen müssen grundsätzlich feuerbeständig sein. Dies gilt nicht für Stützen in obersten Geschossen von Dachräumen, wenn sich dort keine Beherbergungsräume befinden.

Ausnahmen

Tragende Stützen müssen nur feuerhemmend sein

- in Gebäuden mit nicht mehr als zwei oberirdischen Geschossen und
- in obersten Geschossen von Dachräumen mit Beherbergungsräumen.

c) Garagen (nach Muster-Garagenverordnung [2.27]):

grundsätzlich feuerbeständige Stützen

Tragende Stützen müssen grundsätzlich feuerbeständig sein. Ausnahmen von dieser Regelung sind in folgenden baulichen Situationen zulässig:

- Bei eingeschossigen oberirdischen Mittel- und Großgaragen, die sich in Gebäuden befinden, die ausschließlich der Garagennutzung dienen, müssen Stützen nur feuerhemmend sein (wenn sie aus brennbaren Baustoffen bestehen), oder wenn sie aus nichtbrennbaren Baustoffen bestehen, gibt es keine Anforderungen an die Feuerwiderstandsdauer.

Ausnahmen

- Liegen Einstellplätze nicht mehr als 22 m über der Geländeoberfläche, befinden sie sich also nicht in Hochhäusern, so brauchen Stützen bei oberirdischen Mittel- und Großgaragen nur feuerhemmend und aus nichtbrennbaren Baustoffen ausgeführt zu werden.

  Forderungen der Landesbauordnungen müssen hier jedoch zusätzlich beachtet werden. Entsprechend der Gebäudeklasse sind tragende Stützen in die zugehörigen Feuerwiderstandsklassen einzustufen. Zum Beispiel muss eine tragende

Stütze in einem Gebäude der Klasse 4 mindestens hochfeuerhemmend geplant und hergestellt werden.

- Liegen Einstellplätze nicht mehr als 22 m über der Geländeoberfläche, so brauchen Stützen bei offenen Mittel- und Großgaragen in Gebäuden, die allein der Garagennutzung dienen, nur aus nichtbrennbaren Baustoffen zu bestehen.

d) Hochhäuser (nach Muster-Hochhaus-Richtlinie [2.28]):

Tragende Stützen müssen grundsätzlich feuerbeständig sein und aus nichtbrennbaren Baustoffen bestehen.

Feuerwiderstandsdauer 120 Minuten

Die Feuerwiderstandsdauer tragender Stützen von Hochhäusern mit mehr als 60 m Höhe muss mindestens 120 Minuten betragen.

Feuerwiderstandsdauer 180 Minuten

Bei einem Brand ist für die Entrauchung von Untergeschossen ein erhöhter Zeitaufwand erforderlich. Damit der Feuerwehr ausreichend Zeit zum Erkunden der brandschutztechnischen Lage, zum Entrauchen und zum Löschen zur Verfügung steht, sollten Innenstützen in Untergeschossen in einer Feuerwiderstandsdauer von 120 bis 180 Minuten ausgeführt werden.

Der Wert wird bauordnungsrechtlich nicht gefordert, ermöglicht aber wirksame Rettungs- und Löscharbeiten.

e) Industriebauten (nach Muster-Industriebau-Richtlinie [2.29]):

Feuerwiderstandsdauer nach Bemessung

Grundsätzlich wird die Feuerwiderstandsfähigkeit von tragenden Bauteilen über Bemessungsverfahren ermittelt (siehe hierzu auch Absatz 16.1 Ordnungsbuchstabe e).

feuerbeständige Stützen

Eine Ausnahme hiervon ist die Feuerwiderstandsfähigkeit von Stützen, die sich in Geschossen befinden, die unter der Geländeoberfläche angeordnet sind. Hier müssen die tragenden Bauteile immer feuerbeständig ausgeführt werden.

f) Krankenhäuser (nach Brandenburgischer Krankenhaus- und Pflegeheim-Bauverordnung [2.30]):

feuerbeständige/feuerhemmende Stützen

In Krankenhäusern und Pflegeheimen müssen tragende Stützen feuerbeständig, in erdgeschossigen Gebäuden feuerhemmend ausgeführt werden.

g) Schulen (nach Muster-Schulbau-Richtlinie [2.31]):

Die Feuerwiderstandsdauer von tragenden Stützen wird, ähnlich wie bei Regelbauten, aufgrund der Gebäudeklasse festgelegt. Jedoch wird bei der Einstufung der Gebäude nur die Höhe angesetzt. Die Anzahl und Größe der Nutzungseinheiten sind nicht begrenzt.

Tragende und aussteifende Stützen sind

- in Gebäuden mit einer Höhe von bis zu 7 m (Gebäudeklasse 3) feuerhemmend,
- in Gebäuden mit einer Höhe von mehr als 7 m (Gebäudeklasse 5) feuerbeständig zu planen und auszuführen.

Feuerwiderstandsdauer nach Gebäudeklassen

Hochfeuerhemmend können (abweichend von den zuvor genannten Forderungen) tragende Stützen in Schulen geplant und hergestellt werden,

- die eine Höhe bis zu 13 m haben und
- deren Geschosse entweder eine Fläche von jeweils nicht mehr als 400 m² haben oder durch Trennwände, die den Anforderungen des § 29 Abs. 3 bis 5 MBO

[2.1] entsprechen, in Abschnitte von jeweils nicht mehr als 400 m² unterteilt sind (Gebäudeklasse 4).

h) Verkaufsstätten (nach Muster-Verkaufsstättenverordnung [2.32]):

mit und ohne Sprinkler

Tragende Stützen müssen feuerbeständig, bei erdgeschossigen Verkaufsstätten ohne Sprinkleranlagen mindestens feuerhemmend sein. Dies gilt nicht für erdgeschossige Verkaufsstätten mit Sprinkleranlagen. An diese Stützen werden keine brandschutztechnischen Forderungen gestellt.

i) Versammlungsstätten (nach Muster-Versammlungsstättenverordnung [2.33]):

mit und ohne automatische Feuerlöschanlagen

Tragende Stützen müssen feuerbeständig, in erdgeschossigen Versammlungsstätten feuerhemmend sein. Dies gilt nicht für erdgeschossige Versammlungsstätten mit automatischen Feuerlöschanlagen. An diese Stützen werden keine brandschutztechnischen Forderungen gestellt.

16.3 Geschoss- und Dachdecken

Decken sind tragende und raumabschließende Bauteile zwischen Geschossen in einer baulichen Anlage. Im Brandfall müssen sie ausreichend lange die Übertragung von Feuer und Rauch in andere Geschosse verhindern und dürfen ihre Tragfähigkeit sowie die Fähigkeit zum Raumabschluss über einen definierten Zeitraum nicht verlieren.

Diese Forderungen sind erfüllt, wenn Decken in oberirdischen Geschossen

Feuerwiderstandsklassen von Decken

- in Gebäuden der Gebäudeklasse 5 feuerbeständig,
- in Gebäuden der Gebäudeklasse 4 hochfeuerhemmend und
- in Gebäuden der Gebäudeklassen 2 und 3 feuerhemmend geplant und ausgeführt worden sind.

Decken unter Dachräumen

Die oben geforderten Feuerwiderstandsklassen gelten für Decken in Dachräumen nur, wenn sich über diesen Decken Aufenthaltsräume befinden oder es die baurechtliche Möglichkeit gibt, diese hier einbauen zu können. Anderenfalls werden keine brandschutztechnischen Anforderungen an diese Decken gestellt.

Decken unter und über Laubengängen

Für Balkone gelten diese Anforderungen nicht, ausgenommen, es handelt sich um offene Gänge (Laubengänge), die einen Teil des Fluchtwegesystems darstellen.

Decken über Kellergeschossen gelten ausreichend lange standsicher, wenn sie

- in Gebäuden der Gebäudeklassen 3 bis 5 feuerbeständig und
- in Gebäuden der Gebäudeklassen 1 und 2 feuerhemmend ausgeführt sind.

Räume mit erhöhter Brandgefahr

Unter und über Räumen mit Explosions- und erhöhter Brandgefahr müssen die Decken in feuerbeständiger Art ausgeführt werden. Diese Forderung gilt auch für bauliche Anlagen, deren Bauteile aufgrund der Gebäudeklasse eine geringere Feuerwiderstandsdauer benötigen. Räume mit erhöhten Brandlasten müssen also feuerbeständig vom Rest des Gebäudes abgetrennt werden.

landwirtschaftliche Gebäude

Bei Wohngebäuden, die zum Teil landwirtschaftlich genutzt werden, muss der wirtschaftliche Bereich, z.B. Stroh- oder Heuböden, vom Wohntrakt ebenfalls mit einer feuerbeständigen Decke abgetrennt werden.

Der Anbindungsbereich zwischen Wand und Decke stellt eine Schwachstelle im brandschutztechnischen Abschottungssystem dar. Es ist darauf zu achten, dass dieser Detailpunkt besonders sorgfältig ausgeführt wird und dass sowohl der Deckenbereich als auch die angrenzende Wand die in den Absätzen 16.1 bis 16.3 geforderte Feuerwiderstandsfähigkeit erfüllen.

Öffnungen in Decken, für die eine Feuerwiderstandsdauer vorgeschrieben ist, sind nur zulässig

Öffnungen in Decken

- in Gebäuden der Gebäudeklassen 1 und 2
- innerhalb derselben Nutzungseinheit, wenn diese eine Gesamtgrundfläche von nicht mehr als 400 m² besitzt und sich über nicht mehr als zwei Geschosse verteilt (z.B. eine Maisonette-Wohnung), und
- wenn grundsätzlich die Öffnungen auf die zur Nutzung des Gebäudes gerade erforderliche Anzahl und Größe beschränkt werden und diese mit Abschlüssen in der Feuerwiderstandsfähigkeit der Decke geplant und ausgeführt werden.

Nachfolgend werden Abweichungen und Ergänzungen von den brandschutztechnischen Grundforderungen der Musterbauordnung an Decken nach den entsprechenden Regelwerken aufgezeigt.

a) Regelbauten (nach Musterbauordnung [2.1]):

Die in diesem Absatz (16.3) beschriebenen Forderungen und Regeln zu Decken gelten grundsätzlich für Regelbauten.

b) Beherbergungsstätten (nach Muster-Beherbergungsstättenverordnung [2.26]):

grundsätzlich feuerbeständige Decken

Geschossdecken müssen grundsätzlich feuerbeständig sein. Dies gilt nicht für oberste Geschosse von Dachräumen, wenn sich dort keine Beherbergungsräume befinden. An diese Decken werden keine Anforderungen gestellt.

Tragende Decken müssen nur feuerhemmend sein

Ausnahmen

- in Gebäuden mit nicht mehr als zwei oberirdischen Geschossen und
- in obersten Geschossen von Dachräumen mit Beherbergungsräumen.

c) Garagen (nach Muster-Garagenverordnung [2.27]):

grundsätzlich feuerbeständige Decken

Geschossdecken über und unter Garagen müssen grundsätzlich feuerbeständig sein. Ausnahmen von dieser Regelung sind in folgenden baulichen Situationen zulässig:

- Bei eingeschossigen oberirdischen Mittel- und Großgaragen, die sich in Gebäuden befinden, die ausschließlich der Garagennutzung dienen, können die Decken, auch mit Dacheinstellplätzen, entweder in feuerhemmender Bauart hergestellt werden oder aus nichtbrennbaren Baustoffen bestehen. Bei feuerhemmender Ausführung dürfen brennbare Baustoffe eingesetzt werden.

Ausnahmen

- Liegen Einstellplätze nicht mehr als 22 m über der Geländeoberfläche, befinden sie sich also nicht in Hochhäusern, so brauchen Decken bei oberirdischen Mittel- und Großgaragen nur feuerhemmend ausgeführt zu werden und aus nichtbrennbaren Baustoffen zu bestehen.

Forderungen der Landesbauordnungen müssen hier jedoch beachtet werden. Entsprechend der Gebäudeklasse sind Decken in die zugehörige Feuerwiderstandsklasse einzustufen (siehe hierzu Absatz 16.3 – Einleitung). Zum Beispiel muss eine Decke in einer Garage der Gebäudeklasse 4 mindestens hochfeuerhemmend geplant und hergestellt werden.

- Liegen Einstellplätze nicht mehr als 22 m über der Geländeoberfläche, so brauchen Decken bei offenen Mittel- und Großgaragen in Gebäuden, die allein der Garagennutzung dienen, nur aus nichtbrennbaren Baustoffen zu bestehen.

Für befahrbare Dächer von Garagen gelten die Anforderungen an Decken.

befahrbare Dächer

Für Kleingaragen sind tragende Decken ohne Feuerwiderstand zulässig.

d) Hochhäuser (nach Muster-Hochhaus-Richtlinie [2.28]):

Decken müssen raumabschließend und in der Feuerwiderstandsfähigkeit der tragenden Bauteile, in der Regel feuerbeständig, ausgeführt werden und aus nichtbrennbaren Baustoffen bestehen.

Die Feuerwiderstandsdauer (-fähigkeit) von Decken in Hochhäusern mit mehr als 60 m Höhe muss mindestens 120 Minuten betragen.

Feuerwiderstandsdauer 120 Minuten

e) Industriebauten (nach Muster-Industriebau-Richtlinie [2.29]):

Grundsätzlich wird die Feuerwiderstandsfähigkeit von tragenden Bauteilen über Bemessungsverfahren ermittelt (siehe hierzu auch Absatz 16.1 Ordnungsbuchstabe e).

Feuerwiderstandsdauer nach Bemessung

In Geschossen, die unter der Geländeoberfläche angeordnet sind, müssen Decken in feuerbeständiger Art ausgeführt werden.

Wird bei einem zweigeschossigen Industriebau die Decke über dem Erdgeschoss feuerbeständig und aus nichtbrennbaren Baustoffen hergestellt, und werden für beide Geschosse Zufahrten für die Feuerwehr angeordnet, dann kann das obere Geschoss wie ein erdgeschossiger Industriebau behandelt werden.

Sonderregelung bei zweigeschossigen Bauten

f) Krankenhäuser (nach Brandenburgischer Krankenhaus- und Pflegeheim-Bauverordnung [2.30]):

In Krankenhäusern und Pflegeheimen müssen Geschossdecken feuerbeständig, in erdgeschossigen Gebäuden feuerhemmend ausgeführt werden.

Decken in F 30/F 90

g) Schulen (nach Muster-Schulbau-Richtlinie [2.31]):

Die Feuerwiderstandsdauer von Decken wird, ähnlich wie bei Regelbauten, aufgrund der Gebäudeklasse festgelegt. Jedoch wird bei der Einstufung der Gebäude nur die Höhe angesetzt. Die Anzahl und Größe der Nutzungseinheiten werden nicht begrenzt.

Geschossdecken sind

- in Gebäuden mit einer Höhe von bis zu 7 m (Gebäudeklasse 3) feuerhemmend,
- in Gebäuden mit einer Höhe von mehr als 7 m (Gebäudeklasse 5) feuerbeständig zu planen und auszuführen.

Feuerwiderstandsdauer nach Gebäudeklassen

Hochfeuerhemmend können (abweichend von den zuvor genannten Forderungen) Decken in Schulen geplant und hergestellt werden,

- die eine Höhe bis zu 13 m haben und
- deren Geschosse entweder eine Fläche von jeweils nicht mehr als 400 m² haben oder durch Trennwände, die den Anforderungen des § 29 Abs. 3 bis 5 MBO [2.1] entsprechen, in Abschnitte von jeweils nicht mehr als 400 m² unterteilt sind (Gebäudeklasse 4).

h) Verkaufsstätten (nach Muster-Verkaufsstättenverordnung [2.32]):

Decken müssen grundsätzlich feuerbeständig sein und aus nichtbrennbaren Baustoffen bestehen.

Sie dürfen aber über Geschossen, deren Fußboden an keiner Stelle mehr als 1,0 m unter der Geländeoberfläche liegt,

Verkaufsstätten mit und ohne Sprinkler

- in erdgeschossigen Verkaufsstätten **ohne** Sprinkleranlangen feuerhemmend und aus nichtbrennbaren Baustoffen ausgeführt werden und
- in erdgeschossigen Verkaufsstätten **mit** Sprinkleranlangen aus nichtbrennbaren Baustoffen bestehen.

Widerstand nur durch Rohdecke

Für die Beurteilung der Feuerwiderstandsfähigkeit bleiben abgehängte Unterdecken außer Betracht. Es darf nur der Widerstand der Rohdecke angenommen werden.

Öffnungen in Decken

Öffnungen in Decken sind grundsätzlich unzulässig. Dies gilt nicht für Öffnungen zwischen Verkaufsräumen, zwischen Verkaufsräumen und Ladenstraßen sowie zwischen Ladenstraßen

- in Verkaufsstätten mit Sprinkleranlagen,
- in Verkaufsstätten ohne Sprinkleranlagen, soweit die Öffnungen für nicht notwendige Treppen erforderlich sind.

i) Versammlungsstätten (nach Muster-Versammlungsstättenverordnung [2.33]):

Versammlungsstätten mit und ohne Sprinkler

Geschossdecken müssen feuerbeständig, bei erdgeschossigen Verkaufsstätten ohne Sprinkleranlagen mindestens feuerhemmend sein. Dies gilt nicht für erdgeschossige Verkaufsstätten mit Sprinkleranlagen. An diese Decken werden keine Forderungen gestellt.

Unter und über Werkstätten, Magazinen und Lagerräumen sowie Räumen unter Tribünen und Podien müssen feuerbeständige Decken angeordnet werden.

Betriebsbedingte Öffnungen in Decken

Der Fußboden von Szenenflächen muss fugendicht sein. Betriebsbedingte Öffnungen sind zulässig. Die Unterkonstruktion, mit Ausnahme der Lagerhölzer, muss aus nichtbrennbaren Baustoffen bestehen. Räume unter dem Fußboden, die nicht zu einer Unterbühne gehören, müssen feuerbeständige Decken haben.

16.4 Unterdecken

Unterdecken (auch abgehängte Decken genannt) sind Decken, die aus einer Unterkonstruktion und einer sichtbaren flächenbildenden äußeren Lage bestehen. Sie werden in der Regel aus schall- und brandschutztechnischen Gründen sowie zur Herstellung einer Installationsebene eingebaut.

Installationsebene

Unterdecken werden mittels Abhängern an der Tragdecke (Rohdecke) befestigt und bilden dadurch einen Hohlraum zwischen der Roh- und der abgehängten Unterdecke. In diesem Bereich werden häufig Kabel und Leitungen geführt, die zum Teil erhebliche Brand- und Rauchlasten darstellen.

Um notwendige Flure und Treppenräume von diesen Brandlasten abzuschotten, müssen die Unterdecken dann eine Brandschutzklassifizierung aufweisen.

Feuerwiderstandsdauer durch die Tragdecke

Weiterhin können Unterdecken zur Verbesserung der Brandschutzqualität von Rohdecken eingebaut werden. Die Feuerwiderstandsdauer der gesamten Deckenkonstruktion wird durch die brandschutztechnische Schutzwirkung der Unterdecke erhöht. In einigen Sonderbauten muss jedoch allein die Tragdecke die baurechtlich geforderte Feuerwiderstandsdauer erreichen.

Nachfolgend werden Ergänzungen zu den brandschutztechnischen Grundforderungen der Musterbauordnung zu Unterdecken nach den entsprechenden Regelwerken aufgezeigt.

a) Regelbauten (nach Musterbauordnung [2.1]):

nichtbrennbare Baustoffen

In notwendigen Fluren, in notwendigen Treppenräumen und in Räumen, die zwischen Treppenräumen und dem Ausgang ins Freie angeordnet sind, müssen Unterdecken mindestens aus nichtbrennbaren Baustoffen bestehen.

b) Beherbergungsstätten (nach Muster-Beherbergungsstättenverordnung [2.26]):

In notwendigen Fluren müssen Unterdecken und Dämmungen mindestens aus nichtbrennbaren Baustoffen bestehen.

c) Garagen (nach Muster-Garagenverordnung [2.27]):

Unterdecken in Garagen werden nach den Forderungen der Musterbauordnung bzw. der Landesbauordnungen geplant und ausgeführt. In der Garagenverordnung werden keine ergänzenden oder erweiternden Angaben zu diesem Bauteil gemacht.

d) Hochhäuser (nach Muster-Hochhaus-Richtlinie [2.28]):

durchgehende Unterdecken

Unterdecken dürfen über Trennwände zwischen Nutzungseinheiten, über Trennwände zwischen Nutzungseinheiten und anders genutzten Räumen sowie über Wände notwendiger Flure durchgehend hinweggeführt werden. Diese durchgehenden Unterdecken müssen raumabschließend und in der Feuerwiderstandsdauer der Wand, über die sie geführt werden, mindestens jedoch feuerhemmend ausgeführt werden.

Revisionsöffnungen in Unterdecken

Revisionsöffnungen in Unterdecken sind so anzuordnen, dass eine Brandbekämpfung möglich ist und Brandmelder leicht zugänglich sind. In durchgehenden Unterdecken sind Öffnungen nur zulässig, wenn sie auf die für die Nutzung erforderliche Zahl und Größe beschränkt sind. Für diese Öffnungen sind Abschlüsse erforderlich, die die gleiche Feuerwiderstandsklasse wie die Unterdecken besitzen.

Überwachung der Hohlräume

Die Hohlräume, die zwischen statisch tragenden Decken und Unterdecken entstehen, müssen durch Brandmeldeanlagen mit automatischen Brandmeldern vollständig überwacht werden.

In Wohnungen sind Rauchwarnmelder mit Netzstromversorgung ausreichend.

e) Industriebauten (nach Muster-Industriebau-Richtlinie [2.29]):

nichtbrennbare Baustoffe

Unterdecken einschließlich ihrer Aufhängungen sowie Deckenbekleidungen einschließlich ihrer Dämmstoffe und Unterkonstruktionen müssen aus nichtbrennbaren Baustoffen bestehen.

f) Krankenhäuser (nach Brandenburgischer Krankenhaus- und Pflegeheim-Bauverordnung [2.30]):

Unterdecken und Verkleidungen an Decken müssen aus nichtbrennbaren Baustoffen bestehen.

Hohlräume von Unterdecken

Unterkonstruktionen, Halterungen und Befestigungen müssen ebenfalls aus nichtbrennbaren Baustoffen bestehen. In den Hohlräumen hinter Unterdecken und Verkleidungen dürfen Kabel und Leitungen nur in Installationsschächten oder Installationskanälen aus nichtbrennbaren Baustoffen verlegt werden.

g) Schulen (nach Muster-Schulbau-Richtlinie [2.31]):

Unterdecken in Schulen werden nach den Forderungen der Musterbauordnung bzw. der Landesbauordnungen geplant und ausgeführt. In der Sonderbaurichtlinie werden keine ergänzenden oder erweiternden Angaben zu Unterdecken gemacht.

h) Verkaufsstätten (nach Muster-Verkaufsstättenverordnung [2.32]):

keine Anrechnung von Unterdecken

Bei der Beurteilung der Feuerwiderstandsfähigkeit von Geschossdecken darf die Feuerwiderstandsfähigkeit von Unterdecken in Verkaufsstätten nicht mit angesetzt werden. Die erforderliche Feuerwiderstandsdauer muss alleine durch die statisch tragende Geschossdecke erbracht werden.

Unterdecken einschließlich ihrer Aufhängungen müssen in Verkaufsräumen, Treppenräumen, Treppenraumerweiterungen, notwendigen Fluren und in Ladenstraßen aus nichtbrennbaren Baustoffen bestehen.

Sprinkler in Deckenhohlräumen

In Verkaufsräumen mit Sprinkleranlagen dürfen Unterdecken aus brennbaren Baustoffen bestehen, wenn auch der Deckenhohlraum durch die Sprinkleranlage geschützt ist.

i) Versammlungsstätten (nach Muster-Versammlungsstättenverordnung [2.33]):

Unterdecken in Versammlungsräumen müssen aus nichtbrennbaren Baustoffen bestehen.

In Foyers, durch die Rettungswege aus anderen Versammlungsräumen führen, in notwendigen Treppenräumen, in Räumen zwischen notwendigen Treppenräumen und Ausgängen ins Freie sowie in notwendigen Fluren müssen Unterdecken aus nichtbrennbaren Baustoffen bestehen.

kein brennendes Abtropfen

Unterdecken, die mindestens schwerentflammbar sein müssen, dürfen nicht brennend abtropfen.

Unterkonstruktionen, Halterungen und Befestigungen von Unterdecken müssen aus nichtbrennbaren Baustoffen bestehen. Dies gilt nicht für Versammlungsräume mit nicht mehr als 100 m^2 Grundfläche.

In den Hohlräumen über Unterdecken aus brennbaren Baustoffen dürfen Kabel und Leitungen nur in Installationsschächten oder Installationskanälen aus nichtbrennbaren Baustoffen verlegt werden.

Installationskanäle und -schächte

16.5 Dächer

Bedachungen müssen grundsätzlich die Übertragung eines Brandes durch äußeres Flugfeuer und strahlende Wärme ausreichend lange verhindern („harte" Bedachungen). Diese Anforderung an Bedachungen ist das Schutzziel zur brandschutztechnischen Einstufung von Dächern.

„harte" und „weiche" Bedachungen

Bedachungen, die dies nicht erfüllen, werden in der Praxis als „weiche" Bedachung bezeichnet (siehe hierzu auch Absatz 3.12).

Bei der brandschutztechnischen Bewertung eines Daches wird zwischen der Feuerwiderstandsklasse (Brandeinwirkung auf das Dach von innen) und der „harten" bzw. „weichen" Bedachung (Brandeinwirkung auf das Dach von außen) unterschieden.

Dächer, die in „weicher" Bedachung ausgeführt werden, sind nur für bauliche Anlagen der Gebäudeklassen 1 bis 3 zulässig. Gebäude **(allgemein)** mit solch einer Bedachung müssen dann folgende Sicherheitsabstände einhalten, um die Übertragung eines Brandes zu verhindern:

- 12 m bis zur Grundstücksgrenze,
- 15 m zu anderen Gebäuden auf dem gleichen Grundstück, die eine „harte" Bedachung besitzen,
- 24 m zu anderen Gebäuden auf dem gleichen Grundstück, die eine „weiche" Bedachung besitzen, und
- 5 m zu Gebäuden (auf demselben Grundstück) ohne Aufenthaltsräume und ohne Feuerstätten mit nicht mehr als 50 m³ Brutto-Rauminhalt (z.B. Gartenhäuschen).

Abstände zu „weichen" Bedachungen GK 1 bis 3

Eine Ausnahme von diesen Forderungen gibt es für **Wohngebäude** der Gebäudeklassen 1 und 2 mit „weicher" Bedachung. Für diese Gebäude reichen folgende Sicherheitsabstände aus:

- 6 m bis zur Grundstücksgrenze,
- 9 m zu anderen Gebäuden auf dem gleichen Grundstück, die eine „harte" Bedachung besitzen, und
- 12 m zu anderen Gebäuden auf dem gleichen Grundstück, die eine „weiche" Bedachung" aufweisen.

Abstände zu „weichen" Bedachungen GK 1 und 2

Folgende Ausnahmen und Ergänzungen werden in der Musterbauordnung zu den Regeln für „harte" und „weiche" Bedachungen gemacht:

- Gebäude ohne Aufenthaltsräume und ohne Feuerstätten mit nicht mehr als 50 m³ Brutto-Rauminhalt unterliegen keinen einschränkenden Vorschriften in Bezug auf die Wahl des Daches; die oben aufgelisteten Abstände gelten für diese Gebäude nicht,
- für lichtdurchlässige Bedachungen aus nichtbrennbaren Baustoffen gelten die Forderungen für „harte" und „weiche" Bedachungen ebenfalls nicht; brenn-

Abweichungen von den Grundregeln

bare Fugendichtungen und brennbare Dämmstoffe in nichtbrennbaren Profilen sind zulässig,

- Dachflächenfenster, Oberlichte und Lichtkuppeln von Wohngebäuden sind ebenfalls keinen Forderungen unterworfen,
- für Eingangsüberdachungen und Vordächer aus nichtbrennbaren Baustoffen gilt dies ebenso und
- auch für Eingangsüberdachungen aus brennbaren Baustoffen, wenn die Eingänge nur zu Wohnungen führen.

lichtdurchlässige Teilflächen

In Dachflächen, die als „harte" Bedachungen ausgeführt werden, sind lichtdurchlässige Teilflächen aus brennbaren Baustoffen (z.B. Acrylglas) zulässig. Es muss jedoch baulich, konstruktiv und/oder anlagentechnisch sichergestellt werden, dass eine Brandentstehung bzw. eine Brandweiterleitung durch äußeres Flugfeuer und durch strahlende Wärme nicht stattfinden kann.

Gründächer

Die zuvor genannten Punkte gelten auch für begrünte Dächer. Hier muss ebenfalls sichergestellt werden, dass es nicht zu einer Brandentstehung bzw. -weiterleitung kommt. Begrünte intensive und extensive Dächer können als „harte" Bedachungen eingestuft werden, wenn die in den Bildern 2.21 bis 2.24 beschriebenen und aufgelisteten Ausführungsdetails sowie die schriftlichen technischen Forderungen dazu (auf der Seite davor) eingehalten werden.

Abstand von Dachbauteilen zu Brandwänden

Folgende Dachbauteile müssen in einem Mindestabstand von 1,25 m von Brandwänden bzw. von Brandwand-Ersatzwänden angeordnet werden, wenn diese Wände nicht mindestens 30 cm über die Dachhaut hinausragen, wenn also z.B. die Variante der auskragenden Bauteile der Brandwand unter der Dachhaut gewählt wurde (siehe Bild 2.5) oder die Brandwand nur bis unter die Dachhaut geführt werden muss (siehe Bild 2.6):

Dachflächenfester, Oberlichte, Lichtkuppeln und Öffnungen in den Bedachungen.

Solaranlagen, Dachgauben und ähnliche Dachaufbauten müssen ebenfalls 1,25 m von Brandwänden bzw. Brandwand-Ersatzwänden angeordnet sein, wenn die vorgenannten Bauteile nicht durch diese Wände gegen eine Brandübertragung geschützt sind. Um diesen Schutz zu erreichen, müssen die Brandwände bzw. Brandwand-Ersatzwände in der Regel mehr als die mindestens geforderten 30 cm über die Dachhaut geführt werden. Bei ausreichendem Schutz dürfen die vorgenannten Bauteile direkt an den Brandwänden angeordnet werden.

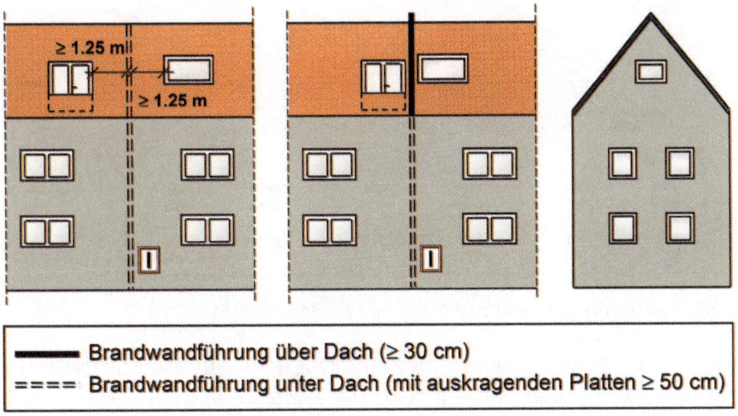

Bild 2.15: Abstand von Dachflächenfenstern, Oberlichten, Lichtkuppeln und Öffnungen zur Brandwand

Bild 2.16: Zulässige Öffnungen in der Dachfläche neben einer Brandwand, die 30 cm über die Dachebene hinausragt

Verhinderung der Brandübertragung

Folgende Dachbauteile sind baulich so anzuordnen und konstruktiv so herzustellen, dass bei einem Brand im Gebäude das Feuer über diese Bauteile nicht in andere Nutzungseinheiten, Brandabschnitte oder Grundstücke übertragen werden kann: Dachüberstände, Dachgesimse, Dachaufbauten, lichtdurchlässige Bedachungen, Lichtkuppeln, Oberlichte und Solaranlagen.

traufseitig angeordnete Gebäude

Wenn Gebäude traufseitig aneinander errichtet werden (siehe Bild 2.17), muss der Dachaufbau von innen nach außen raumabschließend und in feuerhemmender Brandschutzqualität ausgeführt werden.

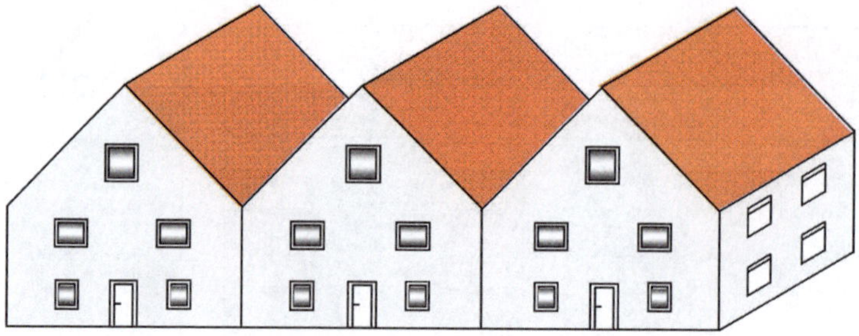

Bild 2.17: Traufseitig (giebelständig) angeordnete Gebäude

Öffnungen in diesen Dachflächen müssen mindestens 2 m von Brandwänden bzw. Brandwand-Ersatzwänden entfernt sein. Der Abstand wird waagerecht gemessen (siehe Bild 2.18).

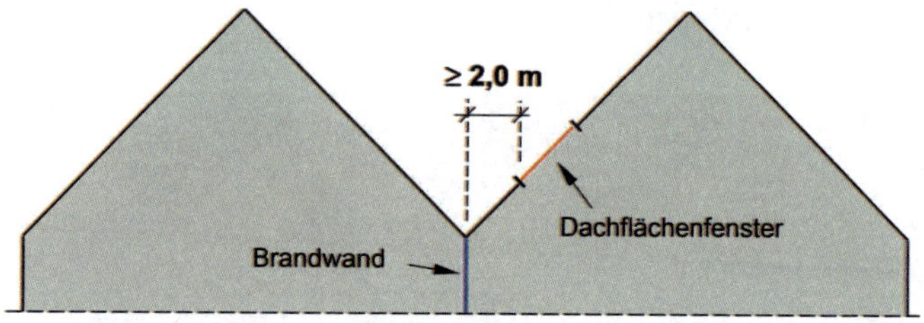

Bild 2.18: Der Abstand zwischen einer Brandwand und einer Öffnung (z.B. einem Dachflächenfenster) muss mindestens 2,0 m (waagerecht gemessen) betragen.

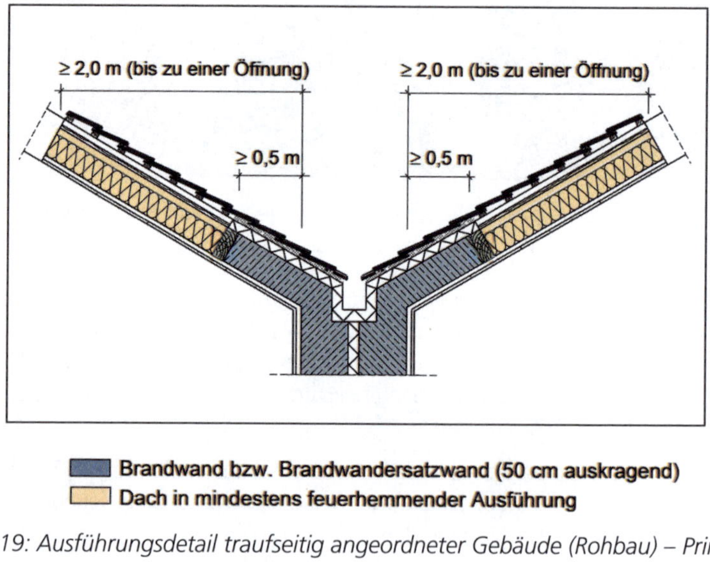

Bild 2.19: Ausführungsdetail traufseitig angeordneter Gebäude (Rohbau) – Prinzipskizze

Werden bauliche Anlagen der Gebäudeklassen 4 oder 5 mit einem Anbau geplant und erstellt oder nachträglich ein Anbau an einem bestehenden Gebäude angeordnet, muss sichergestellt werden, dass es keinen Brandüberschlag vom Anbau in das Hauptgebäude über die Fassade gibt.

Um diese Brandübertragung zwischen dem Anbau und dem Hauptgebäude (mit unterschiedlichen Höhen – siehe hierzu Bild 2.20) zu verhindern, müssen folgende konstruktive Maßnahmen eingehalten werden:

Verhinderung eines Brandüberschlages

- In einem Abstand von 5 m von der aufgehenden Wand muss das Dach des Anbaus als raumabschließendes Bauteil für eine Brandbeanspruchung von innen nach außen einschließlich der sie tragenden und aussteifenden Bauteile ausgeführt werden.
- Dieser Streifen muss die gleiche Feuerwiderstandsfähigkeit wie die Decken des Gebäudeteils aufweisen, an den sie angebaut werden. Wenn beispielweise im Gebäude feuerbestände Decken gefordert werden, muss das Dach des Anbaus in einem Abstand von 5 m ebenfalls diese Brandschutzqualität besitzen.

Durch diese Dachausführung wird die Übertragung des Brandes auf Öffnungen in Außenwänden (z.B. in Form von Fenstern) oder auf eine Fassade ohne Feuerwiderstandsfähigkeit verhindert.

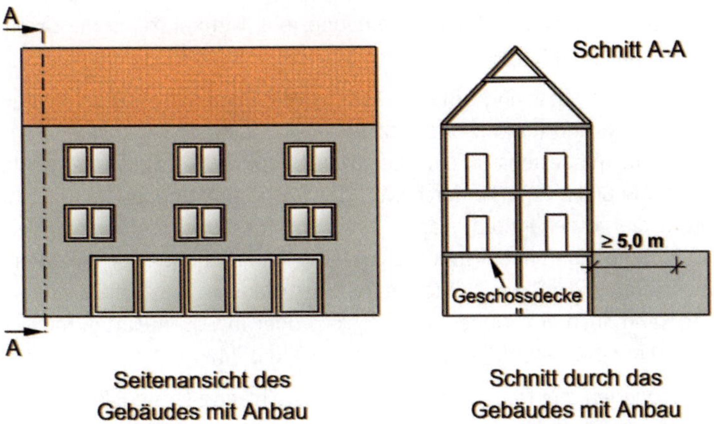

Bild 2.20: Prinzipskizze eines Anbaus vor der aufgehenden Wand eines Gebäudes

Als Äquivalent zu dieser Ausführung können auch die Öffnungen in der Wand mit entsprechend ausgebildeten Brandschutzverglasungen versehen werden. Wenn die Fassade dazu die gleiche Feuerwiderstandsfähigkeit aufweist, muss das Dach des Anbaus keine Brandschutzqualität besitzen.

In dem oben skizzierten Gebäude mit Anbau (Bild 2.20) wird diese bauliche Situation dargestellt. Das Dach des Vorbaus ist in einem 5-m-Streifen in der Feuerwiderstandsklasse der Geschossdecke herzustellen, da in der aufgehenden Wand die Fensteröffnungen ohne Brandschutzverglasung vorhanden sind.

Bei Gebäuden der Gebäudeklassen 1 bis 3 werden keine Anforderungen an die Dächer von Anbauten gestellt.

Für den Brandschutz von Gründächern sind besondere bauliche Ausführungsdetails zu beachten. Hierbei wird zwischen intensiv und extensiv begrünten Dächern unterschieden.

Brandschutz bei intensiv begrünten Dächern

Die Dächer mit **Intensiv**begrünung werden bewässert, gepflegt und weisen in der Regel eine dicke Substratschicht auf. Sie sind widerstandsfähig gegen Flugfeuer und strahlende Wärme und gelten deshalb grundsätzlich als „harte" Bedachungen.

Auf Dächern mit **extensiver** Begrünung finden sich überwiegend niedrig wachsende Pflanzen, wie z.B. Gras, Sedum (Dickblattgewächse) und Eriken (Heidekraut), die nur eine dünne Substratschicht benötigen.

Auch diese Begrünungsart gilt als „harte" Bedachung, wenn folgende bauliche Details ausgeführt werden:

- Die Begrünung muss mit einer mindestens 3 cm dicken Substratschicht ausgeführt werden. Sie darf höchstens 20 % organische Bestandteile enthalten. Wird ein anderer Dachaufbau gewählt, ist dieser brandschutztechnisch gesondert nachzuweisen.
- Vor Öffnungen in der Dachfläche, wie z.B. Dachfenstern und Lichtkuppeln, und vor aufgehenden Wänden mit Öffnungen ist ein 50 cm breiter Streifen aus Grobkies oder massiven Platten herzustellen (siehe Bild 2.21). Dieser Streifen ist nicht erforderlich, wenn sich die Öffnung in der Wand mehr als 80 cm über der Oberkante des Substrats befindet (siehe Bild 2.23 – linke Ausführung). Vor Dachausstiegen ist eine Fläche von mindestens 1 m × 1 m mit massiven Platten oder Grobkies zu belegen.

begrünte Dächer als „harte" Bedachung

- Gebäudeabschlusswände, Brandwände oder Wände, die anstatt von Brandwänden zulässig sind (Brandwand-Ersatzwände), müssen in Abständen von höchstens 40 m mindestens 30 cm über die Oberkante des Substrats geführt werden (siehe Bild 2.22). Hierdurch wird das Dach in „Brandabschnitte" unterteilt. Sofern die vorgenannten Wände nicht über das Dach geführt werden (siehe Bild 2.5), genügen mindestens 30 cm hohe Aufkantungen aus nichtbrennbaren Baustoffen, wie z.B. Blech, Stahlbeton oder Mauerwerk. Anstelle einer Aufkantung kann auch ein Streifen aus Grobkies oder massiven Platten mit der Breite von 1,0 m dort angeordnet werden (siehe Bild 2.24).
- Bei Gebäuden, die traufseitig aneinandergereiht sind (siehe Bild 2.17), muss im Bereich der Traufe ein in der Horizontalen gemessener Streifen von 1 m Breite von Bewuchs freigehalten werden. Hier ist die Dachhaut aus nichtbrennbaren Baustoffen herzustellen.
- Vor aufgehenden Wänden mit einer Brüstungshöhe zu Fenstern, die geringer als 0,8 m ist, sind Kiesstreifen erforderlich. Vor öffnungslosen Wänden oder Wänden mit Öffnungen, die höher als 0,8 m über dem Substrat angeordnet sind, bedarf es keiner baulichen Vorkehrung (siehe Bild 2.23).

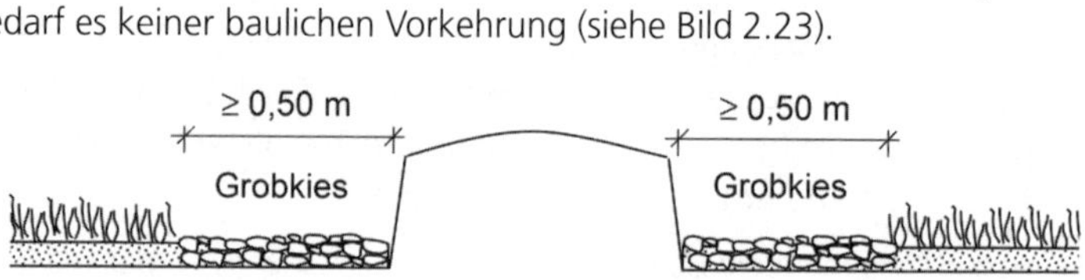

Bild 2.21: Um Dachöffnungen herum, wie zum Beispiel um Lichtkuppeln, müssen Streifen aus Grobkies mit einer Breite von ≥ 50 cm angeordnet werden.

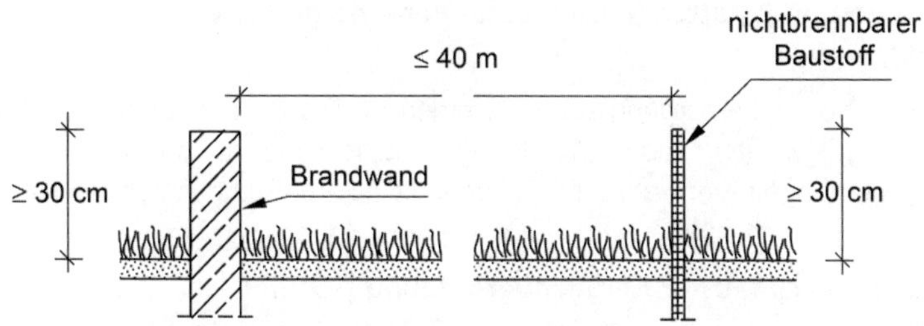

Bild 2.22: In einer Entfernung von maximal 40 m müssen Brandsperren in Form von Brandwänden oder Bauteilen aus nichtbrennbaren Baustoffen angeordnet werden.

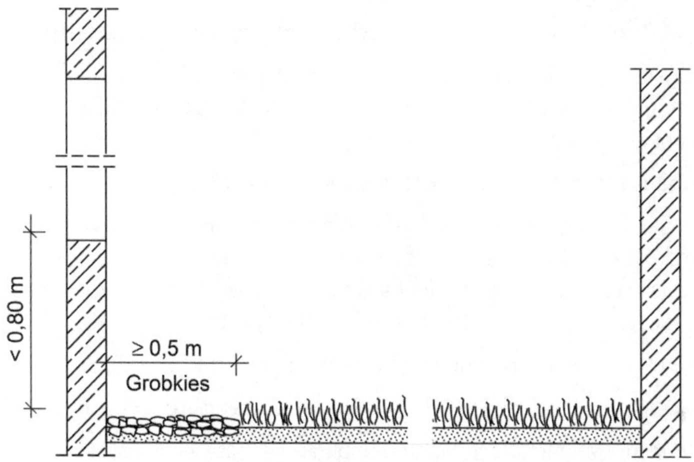

Bild 2.23: Kiesstreifen vor aufgehenden Wänden mit einer Brüstungshöhe zu Fenstern < 0,8 m (links) bzw. ohne Öffnungen (rechts)

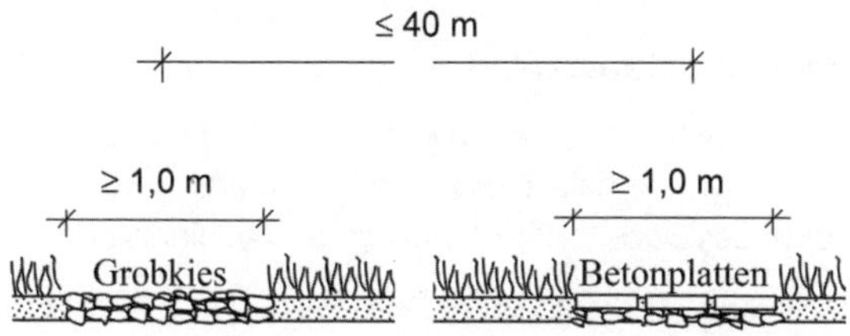

Bild 2.24: In einer Entfernung von maximal 40 m können alternativ zu den Varianten aus Bild 2.22 Streifen aus Grobkies oder massiven Platten angeordnet werden.

Nachfolgend werden Ergänzungen zu den brandschutztechnischen Grundforderungen der Musterbauordnung zu Dächern nach den entsprechenden Regelwerken genannt.

a) Regelbauten (nach Musterbauordnung [2.1]):

Die in diesem Absatz (16.5) beschriebenen Forderungen und Regeln zu Dächern gelten grundsätzlich für Regelbauten.

b) Beherbergungsstätten (nach Muster-Beherbergungsstättenverordnung [2.26]):

Die Dächer von Beherbergungsstätten werden nach den Forderungen der Musterbauordnung bzw. den Landesbauordnungen geplant und ausgeführt. In der Muster-Beherbergungsstättenverordnung werden keine ergänzenden oder erweiternden Angaben hierzu gemacht.

c) Garagen (nach Muster-Garagenverordnung [2.27]):

befahrbare Dächer

Für befahrbare Dächer von Garagen gelten die grundsätzlichen Anforderungen an Decken (siehe auch Absatz 16.3 c).

Bekleidungen und Dämmschichten unter Dächern müssen

- bei Großgaragen aus nichtbrennbaren,
- bei Mittelgaragen aus mindestens schwerentflammbaren Baustoffen bestehen.

Großgaragen

Bei Großgaragen dürfen Bekleidungen aus mindestens schwerentflammbaren Baustoffen eingesetzt werden, wenn deren Bestandteile volumenmäßig überwiegend nichtbrennbar sind und der Abstand zum Dach höchstens 2 cm beträgt.

d) Hochhäuser (nach Muster-Hochhaus-Richtlinie [2.28]):

Die Bauteile der Dächer müssen grundsätzlich aus nichtbrennbaren Baustoffen bestehen. Die Dachhaut darf aus brennbaren Baustoffen bestehen, wenn sie mit einer mindestens 5 cm dicken Schicht aus mineralischen Baustoffen oder Bauprodukten (z.B. Kiesschicht, Betonplatten) dauerhaft bedeckt ist.

Die Forderung nach nichtbrennbaren Baustoffen gilt nicht für

zulässige brennbare Baustoffe in Dächern

- Fensterprofile (z.B. von Dachflächenfenstern, Oberlichte und Lichtkuppeln),
- brennbare Dämmstoffe in nichtbrennbaren geschlossenen Profilen,
- Dichtstoffe zur Abdichtung der Fugen zwischen Verglasungen und Traggerippen und
- Kleinteile ohne tragende Funktion, die nicht zur Brandausbreitung beitragen.

e) Industriebauten (nach Muster-Industriebau-Richtlinie [2.29]):

Zusammenhängende Dachflächen von mehr als 2.500 m² sind so auszubilden, dass eine Brandweiterleitung innerhalb eines Brandabschnitts oder eines Brandbekämpfungsabschnitts über das Dach („harte" Bedachung) behindert wird.

Diese Forderung gilt z.B. als erfüllt bei Dächern

Ausführung von Dächern als „harte" Bedachungen

- nach DIN 18234-2 [2.43] (Verzeichnis von Dächern, welche die Anforderungen nach DIN 18234-1 [2.44] erfüllen),
- mit tragender Dachschale aus mineralischen Baustoffen (z.B. Stahl- und Porenbeton) oder
- mit Bedachungen aus nichtbrennbaren Baustoffen.

Im Bereich von Dachdurchdringungen ist eine Brandweiterleitung bei den oben beschriebenen Dächern durch konstruktive Maßnahmen bei einer Einwirkung eines Entstehungsbrandes von unten zu behindern.

Dies gilt z.B. als erfüllt bei Dächern nach DIN 18234-1 und -2, wenn die Durchdringungen nach DIN 18234-3 [2.45]/DIN 18234-4 [2.46] (Verzeichnis von Durchdringungen) ausgebildet werden.

„weiche" Bedachungen

Die Anforderungen des ersten Absatzes nach „harter" Bedachung gelten nicht für erdgeschossige Lagerhallen im Industriebau mit einer Dachfläche bis zu 3.000 m², wenn im Lager ausschließlich nichtbrennbare Stoffe oder Waren (z.B. Sand, Salz, Klinker, Stahl) unverpackt oder so gelagert sind, dass die Verpackung und/oder die Lager-/Transporthilfsmittel (z.B. Paletten) nicht zur Brandausbreitung beitragen.

Rauch- und Wärmeabzugsflächen in Dächern

Die Anforderung der Musterbauordnung, dass Bedachungen gegen eine Brandbeanspruchung von außen durch Flugfeuer und strahlende Wärme ausreichend lange widerstandsfähig sein müssen („harte" Bedachung), gilt nicht für erforderliche Rauch- und Wärmeabzugsflächen.

f) Krankenhäuser (nach Brandenburgischer Krankenhaus- und Pflegeheim-Bauverordnung [2.30]):

Die Dächer von Krankenhäusern und Pflegeheimen werden nach den Forderungen der Musterbauordnung bzw. der Landesbauordnungen geplant und ausgeführt. In dieser Sonderbauverordnung werden keine ergänzenden oder erweiternden Angaben zu Dächern gemacht.

g) Schulen (nach Muster-Schulbau-Richtlinie [2.31]):

Die Dächer von Schulen werden nach den Forderungen der Musterbauordnung (Landesbauordnungen) geplant und ausgeführt. In dieser Sonderbaurichtlinie werden keine ergänzenden oder erweiternden Angaben zu Dächern gemacht.

h) Verkaufsstätten (nach Muster-Verkaufsstättenverordnung [2.32]):

Das Tragwerk von Dächern (das nicht mit der Bedachung zu verwechseln ist), die den oberen Abschluss von Räumen in Verkaufsstätten bilden oder die von diesen Räumen nicht durch feuerbeständige Bauteile getrennt sind, muss

Verkaufsstätten mit und ohne Sprinkler

- in Verkaufsstätten mit Sprinkleranlagen aus nichtbrennbaren Baustoffen bestehen, ausgenommen in erdgeschossigen Verkaufsstätten,
- in erdgeschossigen Verkaufsstätten ohne Sprinkleranlagen mindestens feuerhemmend sein und
- in sonstigen Verkaufsstätten ohne Sprinkleranlagen feuerbeständig ausgeführt werden.

Bedachungen müssen

- grundsätzlich gegen Flugfeuer und strahlende Wärme widerstandsfähig sein („harte" Bedachungen) und
- bei Dächern, die den oberen Abschluss von Räumen in Verkaufsstätten bilden oder die von diesen Räumen nicht durch feuerbeständige Bauteile getrennt sind, aus nichtbrennbaren Baustoffen bestehen mit Ausnahme der Dachhaut und der Dampfsperre.

lichtdurchlässige Bedachungen

Lichtdurchlässige Bedachungen über Verkaufsräumen und Ladenstraßen dürfen abweichend von der Forderung, dass sie gegen Flugfeuer und strahlende Wärme widerstandsfähig sein müssen,

- schwerentflammbar sein bei Verkaufsstätten mit Sprinkleranlagen und
- nichtbrennbar sein bei Verkaufsstätten ohne Sprinkleranlagen.

Lichtdurchlässige Bedachungen dürfen im Brandfall nicht brennend abtropfen.

i) Versammlungsstätten (nach Muster-Versammlungsstättenverordnung [2.33]):

Dachtragwerke über Räumen

Tragwerke von Dächern, die den oberen Abschluss von Räumen in Versammlungsstätten bilden oder die von diesen Räumen nicht durch feuerbeständige Bauteile getrennt sind, müssen mindestens feuerhemmend ausgeführt werden. Dies gilt nicht für Versammlungsstätten mit automatischen Feuerlöschanlagen.

Dachtragwerke über Freiflächen

Tragwerke von Dächern über Tribünen und Szenenflächen im Freien müssen mindestens feuerhemmend sein oder aus nichtbrennbaren Baustoffen bestehen.

Bedachungen, ausgenommen Dachhaut und Dampfsperre, müssen bei Dächern, die den oberen Abschluss von Räumen in Versammlungsstätten bilden oder die von diesen Räumen nicht durch feuerbeständige Bauteile getrennt sind, aus nichtbrennbaren Baustoffen hergestellt werden. Dies gilt nicht für Bedachungen über Versammlungsräumen mit nicht mehr als 1.000 m² Grundfläche. Hier werden keine Anforderungen gestellt.

lichtdurchlässige Bedachungen

Lichtdurchlässige Bedachungen über Versammlungsräumen müssen aus nichtbrennbaren Baustoffen bestehen. Bei Versammlungsräumen mit automatischen Feuerlöschanlagen genügen schwerentflammbare Baustoffe, die nicht brennend abtropfen dürfen.

16.6 Verkleidungen, Putze und Dämmstoffe in Rettungswegen

Um möglichst weitgehend auszuschließen, dass in notwendigen Rettungswegen (Treppenräumen und Fluren) ein Brand entsteht oder sich in den Rettungswegen ausbreitet, ist in diesen sensiblen Sicherheitsbereichen die Verwendung brennbarer Baustoffe grundsätzlich untersagt.

In notwendigen Treppenräumen müssen

Einbauten in Treppenräumen

- Bekleidungen, Putze, Dämmstoffe und Einbauten aus nichtbrennbaren Baustoffen bestehen,
- Wände und Decken aus brennbaren Baustoffen eine Bekleidung aus nichtbrennbaren Baustoffen in ausreichender Dicke erhalten und
- Bodenbeläge, ausgenommen Gleitschutzprofile, aus mindestens schwerentflammbaren Baustoffen bestehen.

In notwendigen Fluren sowie in offenen Gängen müssen

Bekleidungen und Dämmstoffe in Fluren

- Bekleidungen, Putze, Unterdecken und Dämmstoffe aus nichtbrennbaren Baustoffen bestehen und
- Wände und Decken aus brennbaren Baustoffen eine Bekleidung aus nichtbrennbaren Baustoffen in ausreichender Dicke aufweisen.

Nachfolgend werden Änderungen oder Ergänzungen zu den brandschutztechnischen Grundforderungen der Musterbauordnung zu Verkleidungen, Putzen und Dämmstoffen in Rettungswegen nach den entsprechenden Regelwerken aufgezeigt.

a) Regelbauten (nach Musterbauordnung [2.1]):

Die in diesem Absatz (16.6) beschriebenen Forderungen und Regeln zu Verkleidungen, Putze und Dämmstoffe gelten grundsätzlich für Regelbauten.

b) Beherbergungsstätten (nach Muster-Beherbergungsstättenverordnung [2.26]):

In notwendigen Fluren müssen Bekleidungen, Unterdecken und Dämmstoffe aus nichtbrennbaren Baustoffen und Bodenbeläge aus mindestens schwerentflammbaren Baustoffen bestehen.

Rettungswege ohne Hindernisse

Die Rettungswege müssen frei von Gegenständen (Brandlasten) und Hindernissen (Stolpergefahr) sein.

c) Garagen (nach Muster-Garagenverordnung [2.27]):

Die Bekleidungen, Putze, Dämmstoffe und Einbauten in Rettungswegen von Garagen werden nach den Forderungen der Musterbauordnung bzw. der Landesbauordnungen geplant und ausgeführt. In der Muster-Garagenverordnung werden keine ergänzenden oder erweiternden Angaben hierzu gemacht.

d) Hochhäuser (nach Muster-Hochhaus-Richtlinie [2.28]):

Bodenbeläge, Bekleidungen, Putze und Einbauten müssen nichtbrennbar sein in

- notwendigen Treppenräumen,
- Vorräumen von notwendigen Treppenräumen,
- Vorräumen von Feuerwehraufzugsschächten und
- Räumen zwischen dem notwendigen Treppenraum und dem Ausgang ins Freie.

Vorräume von Treppenräumen

Bodenbeläge in notwendigen Fluren müssen schwerentflammbar sein.

e) Industriebauten (nach Muster-Industriebau-Richtlinie [2.29]):

Die Bekleidungen, Putze, Dämmstoffe und Einbauten in Rettungswegen von Industriebauten werden nach den Forderungen der Musterbauordnung bzw. der Landesbauordnungen geplant und ausgeführt. In der Muster-Industriebau-Richtlinie werden keine ergänzenden oder erweiternden Angaben hierzu gemacht.

f) Krankenhäuser (nach Brandenburgischer Krankenhaus- und Pflegeheim-Bauverordnung [2.30]):

Verkleidungen an Decken und Wänden müssen aus nichtbrennbaren Baustoffen bestehen.

Alle weiteren Forderungen an Bekleidungen, Putze, Dämmstoffe und Einbauten in Rettungswegen, die in der Musterbauordnung bzw. den Landesbauordnungen gemacht werden, sind auch in Krankenhäusern und Pflegeheimen einzuhalten.

g) Schulen (nach Muster-Schulbau-Richtlinie [2.31]):

Bekleidungen, Putze, Dämmstoffe und Einbauten in Rettungswegen von Schulen werden nach den Forderungen der Musterbauordnung bzw. der Landesbauordnungen geplant und ausgeführt. In der Muster-Schulbau-Richtlinie werden keine ergänzenden oder erweiternden Angaben hierzu gemacht.

h) Verkaufsstätten (nach Muster-Verkaufsstättenverordnung [2.32]):

nichtbrennbare Bekleidungen

Deckenbekleidungen einschließlich der Dämmstoffe und Unterkonstruktionen müssen aus nichtbrennbaren Baustoffen bestehen.

Wandbekleidungen einschließlich der Dämmstoffe und Unterkonstruktionen müssen in Treppenräumen, Treppenraumerweiterungen, notwendigen Fluren und in Ladenstraßen aus nichtbrennbaren Baustoffen bestehen.

i) Versammlungsstätten (nach Muster-Versammlungsstättenverordnung [2.33])

Dämmstoffe müssen aus nichtbrennbaren Baustoffen bestehen.

Ausnahmeregelung für Flächen ≤ 1.000 m²

Bekleidungen an Wänden in Versammlungsräumen sind aus mindestens schwerentflammbaren Baustoffen herzustellen. In Versammlungsräumen mit nicht mehr als 1.000 m² Grundfläche genügen geschlossene, nicht hinterlüftete Holzbekleidungen, die als normalentflammbar eingestuft sind.

Bekleidungen an Decken in Versammlungsräumen müssen aus nichtbrennbaren Baustoffen bestehen. In Versammlungsräumen mit nicht mehr als 1.000 m² Grundfläche genügen Bekleidungen aus mindestens schwerentflammbaren Baustoffen oder geschlossene nicht hinterlüftete Holzbekleidungen (normalentflammbar).

Foyers in Versammlungsstätten

In Foyers, durch die Rettungswege aus anderen Versammlungsräumen führen, in notwendigen Treppenräumen, in Räumen zwischen notwendigen Treppenräumen und Ausgängen ins Freie sowie in notwendigen Fluren müssen Unterdecken und Bekleidungen aus nichtbrennbaren Baustoffen bestehen.

kein brennendes Abtropfen

Unterdecken und Bekleidungen, die mindestens schwerentflammbar sein müssen, dürfen nicht brennend abtropfen.

In notwendigen Treppenräumen ebenso wie in Räumen zwischen notwendigen Treppenräumen und Ausgängen ins Freie müssen Bodenbeläge nichtbrennbar sein. In notwendigen Fluren sowie in Foyers, durch die Rettungswege aus anderen Versammlungsräumen führen, müssen Bodenbeläge mindestens schwerentflammbar sein.

17 Öffnungen, Schächte und Abschlüsse

17.1 Fenster in Rettungswegen

Der erste Rettungsweg in einem Gebäude muss in vertikaler Richtung immer über eine Treppe verlaufen. Der zweite Rettungsweg kann über die Rettungsgeräte der Feuerwehr geführt werden (siehe hierzu auch Absatz 18.1), wenn wegen des Brandschutzes keine Bedenken bestehen. Rettungsgeräte der Feuerwehr sind z.B. tragbare oder fahrbare Leitern [2.47].

Fenster in Rettungswegen

Bei oberirdischen Geschossen erfolgt die Rettung von Menschen, wenn der 2. Rettungsweg planmäßig über Geräte der Feuerwehr geführt wird, in der Regel über Fenster für die eine Mindestgröße vorgeschrieben ist. Das lichte Mindestmaß beträgt nach der Musterbauordnung 0,90 m × 1,20 m (Breite × Höhe). In den Landesbauordnungen kann dieses Mindestmaß abweichen. In Bayern z.B. wird nur eine Größe von 0,60 m × 1,0 m gefordert.

Aufgrund der Veränderung des Bodymaßindexes (BMI) in den letzten Jahrzehnten in Deutschland sollte vom Brandschutzplaner auch hier mindestens das Maß der Musterbauordnung übernommen werden.

Fenster in Fluchtwegen müssen von innen geöffnet werden können und dürfen nicht höher als 1,20 m angeordnet werden. Das Maß wird von der Oberkante des Fertigfußbodens bis zur Unterkante der Fensteröffnung gemessen.

Bild 2.25: Austritt vor einem Dachflächenfenster. Er dient als anleiterbare Fläche und ist Teil des Rettungsweges.

Dachfenster in Rettungswegen

Werden Fenster des zweiten Rettungsweges in Dachschrägen oder in Dachaufbauten angeordnet, kommt eine weitere Forderung hinzu. Der Abstand zwischen der Fensterunterkante oder einem davor angeordneten Austritt und der Traufkante darf nicht mehr als 1,0 m betragen. Der Abstand wird in der Horizontalen gemessen (siehe Bild 2.27). Hierdurch ist sichergestellt, dass die Rettungsfenster mit Hilfe der Rettungsgeräte der Feuerwehr aufgrund des Anstellwinkels der Leitern erreicht werden können (siehe hierzu auch Bild 2.25)

Bild 2.26: Schwingflügelfenster als Dachflächenfenster (nicht geeignet als Teil eines planmäßigen Rettungsweges)

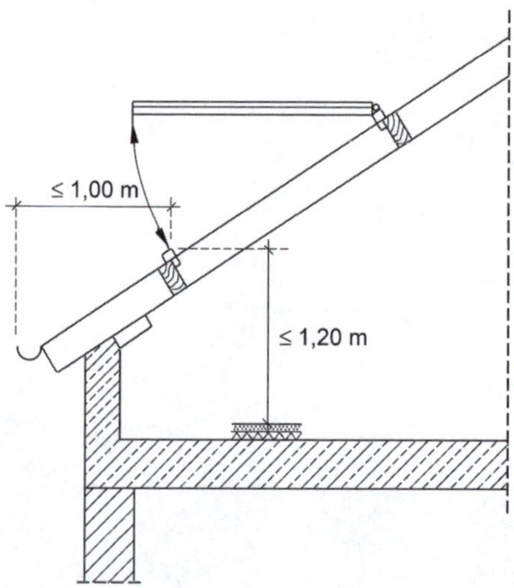

Bild 2.27: Prinzipskizze (ohne Dämmungsebene und Dachhaut) eines Dachflächenfensters (Rettungsfenster) mit den erforderlichen Maßen eines planmäßigen Rettungsweges

Schwingflügelfenster in Rettungswegen

Dachflächenfenster müssen in voller Größe geöffnet werden können, damit ausreichend Platz zum Durchsteigen des Fensters vorhanden ist. Fenster mit einer waagerechten Drehachse in der mittleren Höhe (Schwingflügelfenster) sind aus diesem Grund als Teil des planmäßigen Rettungsweges nicht zulässig (siehe Bild 2.26).

17.2 Öffnungen in Kellergeschossen

Entrauchungsöffnungen

Jedes Kellergeschoss ohne Fenster muss zur Abführung von Brandrauch über mindestens eine Öffnung ins Freie verfügen. In der Bauordnung gibt es keine Angaben zur Größe der Öffnung. Sie kann aber über die Grundfläche des brandbelasteten Bereichs überschläglich bestimmt werden. In Anlehnung an die Industriebaurichtlinie kann als Richtwert eine Entrauchungsfläche von ca. 2 % der Kellergrundfläche angenommen werden. Hierdurch wird sichergestellt, dass eine ausreichende Menge an Brandrauch über die planmäßigen Öffnungen ins Freie abgeführt werden kann und z.B. nicht über einen notwendigen Treppenraum abzieht. Alternativ zu dieser natürlichen Entrauchung kann auch eine maschinelle Anlage zur Abführung des Rauches geplant und erstellt werden.

gemeinsamer Kellerlichtschacht

Bei übereinanderliegenden Kellergeschossen dürfen die Entrauchungsöffnungen der einzelnen Geschosse nicht in einem gemeinsamen Schacht (Kellerlichtschacht) angeordnet werden. Dies soll die Übertragung von Feuer und Rauch zwischen den einzelnen Kellergeschossen verhindern.

17.3 Brandschutzverglasungen

Brandschutzverglasungen werden hinsichtlich ihrer Schutzfunktion im Brandfall in zwei Kategorien eingeteilt.

„F- bzw. EI"-Verglasungen

Die „G-Verglasungen" (nach nationaler Einteilung) bzw. „E-Verglasungen" (nach europäischer Einteilung) verhindern den Durchtritt von heißen, toxischen Brandrauchgasen für eine definierte Dauer. Die „F-Verglasungen" (nach nationaler Einteilung) bzw. EI-Verglasungen (nach europäischer Einteilung) unterbinden zusätzlich auch die Übertragung von Wärmeenergie durch Strahlung.

Entsprechend ihren brandschutztechnischen Eigenschaften werden die Verglasungen in Bauteilen von Gebäuden eingesetzt. Da es in den letzten Jahren bei der Herstellung von Gläsern erhebliche technische Weiterentwicklungen gegeben hat, können Brandschutzverglasungen in „F"-Qualität bis zu einer Feuerwiderstandsdauer von 120 Minuten hergestellt werden.

Die früher üblichen G-Verglasungen konnten und können nur dort eingesetzt werden, wo die Übertragung von Wärmestrahlung keinen Brand im angrenzenden Nachbarbereich auslösen. Dies ist zum Beispiel bei Oberlichtern in Flurwänden der Fall, wenn sie höher als 1,80 m über dem Fertigfußboden angeordnet werden. Eine Brandübertragung wird trotz der emittierten Wärmeenergie nicht stattfinden, da sich in notwendigen Fluren keine brennbaren Gegenstände befinden dürfen. Aufgrund der Einbauhöhe der Oberlichter wird auch der Fluchtweg nicht eingeschränkt. Die Flüchtenden werden den Wärmestrahlen aufgrund der Höhe nicht ausgesetzt.

Brandschutzverglasung in Oberlichtern

In innere Brandwände, in Trennwände sowie in Flurwände (unter einer Höhe von 1,80 m) dürfen nur „F-Verglasungen" bzw. „EI-Verglasungen" eingebaut werden. Durch die Schutzwirkung dieser Gläser kommt es weder zu einer Brandübertragung, noch zu einer thermischen Fluchtwegeinschränkung.

Auch Gläser in Treppenraumwänden (wenn die Gefahr eines Brandüberschlags besteht), in Fenstern, die sich in der aufgehenden Wand über Vorbauten befinden (wenn das Dach in einem 5-m-Streifen ohne Brandschutzklassifizierung hergestellt wurde), und in Fenstern von Außenwänden müssen zur Verhinderung eines Brandüberschlags auf Fluchttreppen, die ohne Treppenraum ausgeführt werden, als „F-" bzw. „EI-Verglasung" geplant und eingebaut werden.

17.4 Installationsschächte und -kanäle

Installationsschächte

Installationsschächte sind vertikal, Installationskanäle horizontal geführte aus Bauteilen zusammengesetzte Hohlräume, in denen Installationen verlaufen. Unter anderem werden folgende Medienleitungen in den Schächten und Kanälen geführt: Elektroleitungen, Heizungsleitungen sowie Zu- und Abwasserleitungen.

Brandschutz in Installationsschächten

Werden Schächte oder Kanäle durch raumabschließende Bauteile geführt, für die eine Feuerwiderstandsfähigkeit vorgeschrieben ist, muss die Ausbreitung eines Brandes über diese „Schwachstelle" ausreichend lange behindert werden, oder es müssen konstruktiv-bauliche oder anlagentechnische Vorkehrungen gegen eine Übertragung getroffen werden.

Eine brandschutztechnische Abtrennung innerhalb von Kanälen und Schächten muss in folgenden baulichen Situationen nicht vorhanden sein:

Schächte ohne Abtrennung

- in Gebäuden der Gebäudeklassen 1 und 2,
- innerhalb von Wohnungen und
- innerhalb derselben Nutzungseinheit mit nicht mehr als insgesamt 400 m² in nicht mehr als zwei Geschossen.

Bei der Durchführung von Installationsschächten durch Decken ist zu beachten, dass auch hier die Forderung aus Absatz 16.3 gilt:

„Öffnungen in Decken, für die eine Feuerwiderstandsdauer vorgeschrieben ist, sind nur zulässig, wenn sie grundsätzlich auf die zur Nutzung des Gebäudes gerade erforderliche Anzahl und Größe beschränkt werden und diese mit Abschlüssen in der Feuerwiderstandsfähigkeit der Decke geplant und ausgeführt werden."

Abschlüsse in Ebene der Decke

Um dieses Schutzziel zu erfüllen, kann in Höhe der Decke ein Abschluss (z.B. eine Brandschutzklappe) in den Schacht eingebaut werden, der in der Feuerwiderstandsfähigkeit der Decke ausgeführt werden muss. Bei dieser Ausführung dürfen die Schachtwände, deren Bekleidungen und Dämmstoffe sowie die Revisionsklappen nur aus nichtbrennbaren Baustoffen bestehen, müssen aber keine Feuerwiderstandsfähigkeit aufweisen.

Schächte mit einer Feuerwiderstandsfähigkeit

In einer alternativen Konstruktion kann der Deckendurchbruch im Bereich des Kanals offen, ohne eine Abschottung, hergestellt werden. Um die Übertragung eines Brandes zwischen den Geschossen zu verhindern, müssen die Schachtwände sowie eventuell vorhandene Revisionsklappen dann in der geforderten Brandschutzqualität der Geschossdecken ausgeführt werden. Hierdurch können Rauch und Feuer nicht in den Schacht eindringen bzw. wenn Rauch an einer Stelle eingedrungen ist, verbleibt er in diesem brandschutztechnisch abgetrennten Schachtbereich bzw. wird über Öffnungen an oberster Stelle planmäßig nach außen abgeführt. Der Brand wird dadurch nicht in andere Geschosse weitergeleitet.

Weitere Ausführungen und Erläuterungen zu Schächten und Kanälen werden in Absatz 24.4. gemacht.

Nachfolgend werden Ergänzungen zu den brandschutztechnischen Grundforderungen der Musterbauordnung zu Installationsschächten und -kanälen nach den entsprechenden Regelwerken genannt.

a) Regelbauten (nach Musterbauordnung [2.1]):

Die in diesem Absatz (17.4) beschriebenen Forderungen und Regeln zu Installationsschächten und -kanälen gelten grundsätzlich für Regelbauten.

b) Beherbergungsstätten (nach Muster-Beherbergungsstättenverordnung [2.26]):

Installationsschächte und -kanäle in Beherbergungsstätten werden nach den Forderungen der Musterbauordnung bzw. der Landesbauordnungen geplant und ausgeführt. In der Muster-Beherbergungsstättenverordnung werden keine ergänzenden oder erweiternden Angaben hierzu gemacht.

c) Garagen (nach Muster-Garagenverordnung [2.27]):

Installationsschächte und -kanäle in Garagen werden nach den Forderungen der Musterbauordnung bzw. der Landesbauordnungen geplant und ausgeführt. In der Muster-Garagenverordnung werden keine ergänzenden oder erweiternden Angaben hierzu gemacht.

d) Hochhäuser (nach Muster-Hochhaus-Richtlinie [2.28]):

Leitungen in Installationsschächten

Leitungen, die durch mehrere Geschosse führen, sind in Installationsschächten anzuordnen. Elektroleitungen müssen in eigenen Installationsschächten geführt werden; dies gilt nicht für Leitungen, die zum Betrieb eines Installationsschachtes erforderlich sind. Brennstoffleitungen dürfen nur in eigenen Installationsschächten und -kanälen geführt werden. Diese Forderung gilt nicht für wasserführende Leitungen aus nichtbrennbaren Baustoffen.

Schächte sind zu entrauchen

Installationsschächte müssen grundsätzlich entraucht werden können. Installationsschächte und -kanäle für Brennstoffleitungen sind zusätzlich so herzustellen, dass sie durchlüftet werden können, damit keine gefährlichen Gas-Luft-Gemische entstehen.

Revisionsöffnungen

Installationsschächte und -kanäle müssen Revisionsöffnungen haben, die so anzuordnen sind, dass eine Brandbekämpfung möglich ist und Brandmelder leicht zugänglich sind.

Installationsschächte für Elektroleitungen sind in Höhe der Geschossdecken feuerhemmend abzuschotten.

e) Industriebauten (nach Muster-Industriebau-Richtlinie [2.29]):

Installationsschächte und -kanäle in Industriebauten werden nach den Forderungen der Musterbauordnung bzw. der Landesbauordnungen geplant und ausgeführt. In der Muster-Industriebau-Richtlinie werden keine ergänzenden oder erweiternden Angaben hierzu gemacht.

f) Krankenhäuser (nach Brandenburgischer Krankenhaus- und Pflegeheim-Bauverordnung [2.30]):

Leitungen über Unterdecken

In den Hohlräumen über Unterdecken und Verkleidungen dürfen Kabel und Leitungen nur in Installationsschächten oder Installationskanälen aus nichtbrennbaren Baustoffen verlegt werden.

g) Schulen (nach Muster-Schulbau-Richtlinie [2.31]):

Die Installationsschächte und -kanäle in Schulen werden nach den Forderungen der Musterbauordnung bzw. der Landesbauordnungen geplant und ausgeführt. In der Muster-Schulbau-Richtlinie werden keine ergänzenden oder erweiternden Angaben hierzu gemacht.

h) Verkaufsstätten (nach Muster-Verkaufsstättenverordnung [2.32]):

Installationsschächte und -kanäle in Verkaufsstätten werden nach den Forderungen der Musterbauordnung bzw. der Landesbauordnungen geplant und ausgeführt. In der Muster-Verkaufsstättenverordnung werden keine ergänzenden oder erweiternden Angaben hierzu gemacht.

i) Versammlungsstätten (nach Muster-Versammlungsstättenver-ordnung [2.33]):

Installationsschächte und -kanäle in Versammlungsstätten werden nach den Forderungen der Musterbauordnung bzw. der Landesbauordnungen geplant und ausgeführt. In der Muster-Versammlungsstättenverordnung werden keine ergänzenden oder erweiternden Angaben hierzu gemacht.

17.5 Fahrschächte (baulicher Anteil)

Aufzüge in eigenen Fahrschächten

Um eine Brandausbreitung in andere Geschosse ausreichend lange zu verhindern, müssen Aufzüge, die im Inneren von Gebäuden liegen, nach § 39 MBO grundsätzlich in einem eigenen Fahrschacht (Aufzugsschacht) angeordnet werden.

Schutzziele von Fahrschächten

Mit dieser Forderung wird das Schutzziel für diese Bauteile festgelegt. Nach § 14 sind bauliche Anlagen so anzuordnen, dass der Ausbreitung von Feuer und Rauch (Brandausbreitung) vorgebeugt wird. Fahrschächte sind demnach Teil des inneren Abschottungssystems.

Um das Schutzziel zu erreichen, müssen Fahrschächte als raumabschließende Bauteile

Feuerwiderstandsfähigkeit

- in Gebäuden der Gebäudeklasse 5 feuerbeständig und aus nichtbrennbaren Baustoffen,
- in Gebäuden der Gebäudeklasse 4 hochfeuerhemmend und
- in Gebäuden der Gebäudeklasse 3 feuerhemmend geplant und hergestellt werden.

Türen in Schachtwänden

In Gebäuden der Gebäudeklassen 3 und 4 dürfen die Fahrschachtwände aus brennbaren Baustoffen hergestellt werden. Um eine Brandweiterleitung zu verhindern, müssen diese Wände schachtseitig mit einer Bekleidung aus nichtbrennbaren Baustoffen in ausreichender Dicke versehen werden.

Abschlüsse (Türen) in Fahrschachtwänden werden ausführlich in Absatz 22.14 erläutert.

Die grundsätzliche Forderung an Fahrschächte für Aufzüge schließt auch Ausnahmen mit ein. In folgenden vier baulichen Situationen dürfen Aufzüge auch ohne Fahrschacht ausgeführt werden:

Aufzüge innerhalb von Treppenräumen

Werden Aufzüge innerhalb von Treppenräumen angeordnet, befinden sie sich in einem brandschutztechnisch planmäßig geschützten Bereich und benötigen deshalb keinen separaten abschottenden Fahrschacht. Eine Übertragung von Rauch und Feuer zwischen Geschossen wird deshalb nicht stattfinden.

Diese Ausnahme gilt für Gebäude bis zur Hochhausgrenze.

Bild 2.28: Der Aufzug ohne Fahrschacht befindet sich in der Mitte des Treppenraumes und somit in einem sicheren Bereich. Die Umkleidung aus Glas dient der Betriebssicherheit.

Aufzüge in geschossübergreifenden Räumen

Befinden sich Aufzüge in Räumen, die Geschosse überbrücken, wie z.B. in Atrien, benötigen sie keinen eigenen Schacht. Diese Räume werden planmäßig vom Rest des Gebäudes brandschutztechnisch abgetrennt. Somit wird es im Brandfall zu keiner Übertragung von Feuer und Rauch in andere Geschosse kommen.

Bild 2.29: Der Aufzug befindet sich im geschützten Bereich einer Halle und benötigt deshalb keinen Fahrschacht. Die Umkleidung aus Glas dient der Betriebssicherheit.

Aufzüge in offenen Geschossen

Aufzüge, die offene Geschosse miteinander verbinden, benötigen keine eigenen Fahrschächte, da der Luftraum dieser Geschosse schon in einem gemeinsamen Verbund steht.

Bild 2.30: Der Aufzug verbindet offene Geschosse und benötigt deshalb keinen Fahrschacht. Die Umkleidung aus Glas dient der Betriebssicherheit.

Gebäude der GK 1 und 2

Aufzüge in Gebäuden der Gebäudeklassen 1 und 2 benötigen keinen eigenen Fahrschacht.

18 Rettungswegsysteme

Selbst- und Fremdrettung

Im Bauordnungsrecht ist unter dem Begriff „Rettungsweg" sowohl ein Weg zu verstehen, der von Menschen und Tieren zur **Selbstrettung**, als auch ein Weg, der von Rettungskräften (in der Regel von Feuerwehrmitarbeitern) zum Bergen von Personen **(Fremdrettung)** und zum Löschangriff genutzt wird. Häufig werden Rettungswege für beide Rettungsarten genutzt. Ausnahmen hiervon kann es bei Sonderbauten geben, wie z.B. bei Hochhäusern. In der Muster-Hochhaus-Richtlinie [2.28] werden Feuerwehraufzüge gefordert, die im Brandfall als Angriffsweg der Feuerwehr genutzt werden sollen. Aufgrund des erheblichen Gewichts der Ausrüstung kann das einsatzbereite Personal in angemessener Zeit nur über diesen Feuerwehraufzug an den „Arbeitsplatz" gelangen. Diese Aufzüge dienen aber auch zur Rettung von Personen. Ihre Fahrkörbe müssen zur Aufnahme einer Krankentrage geeignet sein.

Im Erdgeschoss bestehen Rettungswege, die aus Nutzungseinheiten ins Freie führen, üblicherweise aus notwendigen Fluren (horizontaler Rettungsweg), über die ein Ausgang erreicht wird.

Für nicht zu ebener Erde liegende Nutzungseinheiten führt der Rettungsweg über notwendige Flure (horizontaler Fluchtweg), über Treppenräume (vertikaler Fluchtweg) oder über Geräte der Feuerwehr (z.B. Leitern) ins Freie.

18.1 Erster und zweiter Rettungsweg im Brandschutzsystem

Erforderliche Anzahl der Rettungswege

Für jede Nutzungseinheit mit mindestens einem Aufenthaltsraum müssen in jedem Geschoss zwei voneinander unabhängige Fluchtwege vorhanden sein. Diese baurechtliche Forderung geht davon aus, dass bei einem brandschutztechnischen Ausfall des einen Fluchtwegs noch der andere zur Selbstrettung sowie den Rettern zur Verfügung steht. Diese Regelung war schon Bestandteil des Rettungswegekonzepts der Preußischen Einheitsbauordnung (1919) [2.48] und wurde in allen nachfolgenden Baupolizeiverordnungen bzw. Bauordnungen übernommen.

Beide Rettungswege müssen ins Freie führen und dürfen innerhalb eines Geschosses über denselben notwendigen Flur geführt werden.

„Notwendig" ist ein Flur oder ein Treppenraum, wenn er Teil des erforderlichen Rettungswegesystems ist. Nicht notwendig sind z.B. Flure innerhalb von Wohnungen und Nutzungseinheiten, die nicht größer als 200 m² sind, oder innerhalb von Nutzungseinheiten, die der Büro- oder Verwaltungsnutzung dienen und nicht größer als 400 m² sind (siehe auch Absatz 18.6).

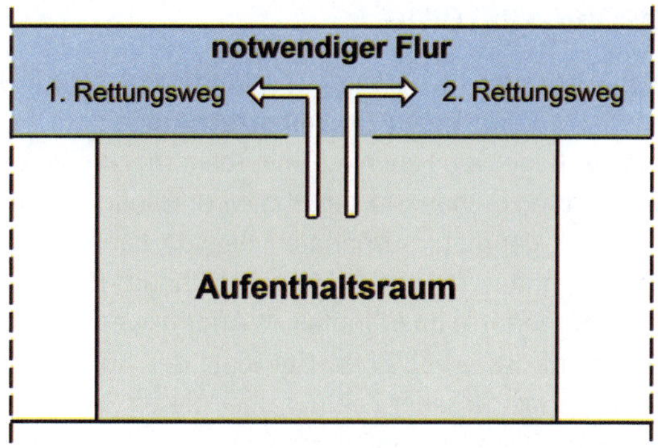

Bild 2.31: Zwei voneinander unabhängige Rettungswege führen über denselben notwendigen Flur in entgegengesetzte Richtungen.

erster und zweiter Rettungsweg

Der erste Rettungsweg in vertikaler Richtung aus einem Geschoss, das nicht zur ebenen Erde liegt, muss **immer** über eine notwendige Treppe verlaufen.

Die Anforderungen an einen zweiten Rettungsweg sind geringer als an den ersten. Er kann deshalb auch über Rettungsgeräte der Feuerwehr geführt werden, wenn eine Nutzungseinheit an mindestens einer Stelle mit den Geräten erreichbar ist.

zweite notwendige Treppe

Auch eine zweite notwendige Treppe kann als Teil des zweiten Rettungsweges geplant werden. Bei zwei oder mehr Treppen in einem Gebäude kann in der Regel nicht genau definiert werden, welcher Weg der zweite Rettungsweg ist. Hier sind die Treppen gleichwertig zu planen und auszuführen.

Sicherheitstreppenraum

Ein zweiter Rettungsweg ist nicht erforderlich, wenn der Treppenraum als Sicherheitstreppenraum ausgebildet ist (siehe hierzu auch Absatz 18.5). Hierbei ist die einschränkende Bedingung der Bauordnung zu beachten, dass Rettungswege mit nur einer Fluchtrichtung (Stichflure) zu Sicherheitstreppenräumen höchstens 15 m lang sein dürfen.

„Höhe der Rettungsstelle

Führt der zweite Rettungsweg über Geräte der Feuerwehr und liegt die Rettungsstelle, die z.B. ein Fenster oder ein Austritt sein kann, mehr als 8,0 m über der Geländeoberfläche, ist sicherzustellen, dass die zur Rettung erforderlichen Geräte bei der zuständigen Feuerwehr vorhanden sind. Rettungsgeräte für diese Höhen können z.B. Hubrettungsfahrzeuge sein, die mit einer Drehleiter oder einem Teleskopmast ausgerüstet sind. Ist dies nicht der Fall, muss der zweite Rettungsweg baulich sichergestellt werden oder das Gebäude darf so, wie es geplant ist, nicht errichtet werden.

Rettungswege über Geräte der Feuerwehr

Bei der Planung des zweiten Rettungsweges über Geräte der Feuerwehr ist bei Regelbauten entscheidend, dass keine Bedenken wegen der Personenrettung bestehen. Der Brandschutzplaner muss für jeden konkreten Einzelfall diese bauordnungsrechtliche Forderung überprüfen. In der Beurteilung (ob Bedenken bei der Personenrettung bestehen) müssen unter anderem folgende Umstände berücksichtigt werden: die maximale Anzahl der zu rettenden Personen, die sich regelmäßig in den Nutzugseinheiten aufhalten, sowie die Hilfsbedürftigkeit der zu rettenden Personen (ältere, kranke oder behinderte Menschen und Kleinkinder). Bei der brandschutztechnischen Bewertung ist besonders zu bedenken, dass die Menschen in unserer Gesellschaft immer älter werden und viele ältere Menschen bettlägerig sind und zu Hause gepflegt werden.

Nach § 33 Absatz 3 MBO [2.1] ist bei Sonderbauten der zweite Rettungsweg über Rettungsgeräte der Feuerwehr nur zulässig, wenn keine Bedenken wegen der Personenrettung bestehen. In der Regel wird bei diesen baulichen Anlagen aufgrund der Personenzahl die Rettung nicht über Geräte, sondern über Treppen geführt.

Nachfolgend werden Abweichungen und Ergänzungen von den brandschutztechnischen Grundforderungen der Musterbauordnung an Rettungswege nach den entsprechenden Regelwerken aufgezeigt.

a) Regelbauten (nach Musterbauordnung [2.1]):

Die in diesem Absatz (18.1) beschriebenen Forderungen und Regeln zu Rettungswegen gelten grundsätzlich für Regelbauten.

b) Beherbergungsstätten (nach Muster-Beherbergungsstättenverordnung [2.26]):

Für jeden Beherbergungsraum müssen mindestens zwei voneinander unabhängige Rettungswege vorhanden sein; sie dürfen wie in Regelbauten innerhalb eines Geschosses über denselben notwendigen Flur führen.

2. Rettungsweg über Treppe

Der erste Rettungsweg ist für Beherbergungsräume, die nicht zu ebener Erde liegen, über eine notwendige Treppe zu führen, der zweite Rettungsweg muss grundsätzlich ebenfalls über eine weitere notwendige innere Treppe oder eine Außentreppe verlaufen.

2. Rettungsweg über Rettungsgeräte

Eine Ausnahme von dieser Regelung gilt für Beherbergungsstätten mit insgesamt nicht mehr als 60 Gastbetten. Hier genügt ein zweiter Rettungsweg über eine mit Rettungsgeräten der Feuerwehr erreichbare Stelle des Beherbergungsraumes; diese Ausnahme gilt nicht, wenn in einem Geschoss mehr als 30 Gastbetten vorhanden sind.

Sicherheitszeichen

An Abzweigungen notwendiger Flure, an Zugängen zu notwendigen Treppenräumen und an Ausgängen ins Freie ist durch Sicherheitszeichen auf die Ausgänge hinzuweisen. Die Sicherheitszeichen müssen beleuchtet sein.

c) Garagen (nach Muster-Garagenverordnung [2.27]):

Jede Mittel- und Großgarage muss in jedem Geschoss mindestens zwei voneinander unabhängige Rettungswege haben; sie dürfen wie in Regelbauten innerhalb eines Geschosses über denselben notwendigen Flur führen.

10 m Rettungsweglänge

In oberirdischen Mittel- und Großgaragen genügt ein Rettungsweg, wenn ein Ausgang ins Freie in höchstens 10 m Entfernung erreichbar ist. Der zweite Rettungsweg darf auch über eine Zu- und Ausfahrtsrampe geführt werden.

Hinweise auf Ausgänge

In Mittel- und Großgaragen müssen dauerhafte und leicht erkennbare Hinweise auf die Ausgänge vorhanden sein.

d) Hochhäuser (nach Muster-Hochhaus-Richtlinie [2.28]):

Rettungswege zu Verkehrsflächen

Für Nutzungseinheiten und für Geschosse ohne Aufenthaltsräume müssen in jedem Geschoss mindestens zwei voneinander unabhängige bauliche Rettungswege ins Freie vorhanden sein, die dann zu öffentlichen Verkehrsflächen führen. Bei Regelbauten gibt es diese Forderung nicht. Hier müssen die Rettungswege nur ins Freie führen.

getrennte Rettungswege

Beide Rettungswege dürfen bei Hochhäusern innerhalb des Geschosses über denselben notwendigen Flur führen. Die Rettungswege aus den oberirdischen Geschossen und den Kellergeschossen sind getrennt ins Freie zu führen. Treppenräume dürfen also nicht durchgehend in einem Zuge aus den oberirdischen Geschossen bis in das Kellergeschoss führen. Mit dieser Regelung soll vermieden werden, dass Personen den Ausgang ins Freie verpassen und dass sich die Personenströme aus oberirdischen Geschossen mit denen aus unterirdischen Geschossen kreuzen.

lichte Breite von Rettungswegen

Die lichte Breite eines jeden Teils von Rettungswegen muss mindestens 1,20 m betragen. Die Türen aus Nutzungseinheiten zu notwendigen Fluren müssen eine lichte Breite von mindestens 0,90 m haben.

Sicherheitszeichen

Rettungswege sind durch Sicherheitszeichen dauerhaft und gut sichtbar zu kennzeichnen.

e) Industriebauten (nach Muster-Industriebau-Richtlinie [2.29]):

Zum besseren Verständnis der nachfolgenden Regelungen werden zuerst drei Begrifflichkeiten erläutert:

1. Definition des Begriffs Ebene:

Definition des Begriffes „Ebenen"

Eine Ebene umfasst alle auf gleicher Höhe liegenden Räume oder Raumteile in einem Brandbekämpfungsabschnitt zwischen den Außenwänden oder den Wänden zur Trennung von Brandbekämpfungsabschnitten. Ebenen sind durch Decken getrennt, deren Standsicherheit brandschutztechnisch bemessen sein muss. Die Decken haben Öffnungen, nicht klassifizierte Abschlüsse oder Abschottungen. Bei der Ermittlung der Grundfläche der jeweiligen Ebene werden die Flächen von Öffnungen und nicht klassifizierte Abschlüsse oder Abschottungen nicht angerechnet.

mittlere Höhe von Ebenen

Die mittlere lichte Höhe einer Ebene ergibt sich als ein nach Flächenanteilen gewichtetes Mittel der lichten Höhe bis zur nächsten Decke oder dem Dach. Bei der Ermittlung der mittleren lichten Höhe bleiben Einbauten sowie Ebenen mit einer maximalen Grundfläche nach Tabelle 1 der Industriebau-Richtlinie unberücksichtigt. Für Einbauten sowie Ebenen mit einer maximalen Grundfläche nach Tabelle 1 ist die mittlere lichte Höhe die der Ebene oder des Geschosses, über deren/dessen Fußboden sie angeordnet sind.

2. Definition des Begriffs Einbauten:

Einbauten umfassen einzelne auf gleicher Höhe liegende begehbare Bauteile oberhalb des Fußbodens von Geschossen und Ebenen. Einbauten sind brandschutztechnisch nicht bemessen. Die Grundfläche von Einbauten ist die Fläche zwischen ihren Umfassungswänden bzw. den freien Rändern.

3. Definition des Begriffs Hauptgang:

Ein Hauptgang ist ein von Gegenständen freier Bereich innenhalb von Produktions- und Lagerräumen. Dieser Gang muss mindestens 2,0 m breit sein und möglichst geradlinig verlaufen. Er benötigt im Gegensatz zu Fluren keine Wände.

Selbstrettung

Grundsätzlich ist bauordnungsrechtlich im Industriebau von einer Selbstrettung der Personen auszugehen. Aus diesem Grund ist besonders darauf zu achten, dass eine ausreichende Anzahl von Rettungswegen vorhanden ist sowie, dass sie rechtskonform geplant und hergestellt werden.

Rettungswege sind in Industriebauten gleichzeitig auch Feuerwehrangriffswege.

Unabhängig von den Rettungsweganforderungen nach dem Baurecht sind für spezifische Räume und deren Nutzung auch die Anforderungen des Arbeitsstättenrechts zu beachten.

Rettungswege in Industriebauten

Zu den Rettungswegen in Industriebauten gehören insbesondere die Hauptgänge in den Produktions- und Lagerräumen, die Ausgänge aus diesen Räumen, die notwendigen Flure, die notwendigen Treppen und die Ausgänge ins Freie.

zwei Rettungswege erforderlich

Zwei bauliche Rettungswege bzw. Ausgänge, die möglichst entgegengesetzt angeordnet werden sollen, sind erforderlich bei

- Industriebauten mit einer Grundfläche von mehr als 1.600 m^2 und
- Ebenen und Einbauten, die eine Grundfläche von mehr als 200 m^2 haben.

Liegt die Grundfläche unter diesen Werten, ist ein einzelner Rettungsweg ausreichend.

Führung des einen der beiden Rettungswege

Einer der Rettungswege aus Industriebauten mit einer Grundfläche über 1.600 m^2 darf zu anderen Brandabschnitten oder zu anderen Brandbekämpfungsabschnitten über eine Außentreppe, über offene Gänge und/oder über begehbare Dächer auf das Grundstück führen, wenn diese im Brandfall ausreichend lange standsicher sind und die Benutzer durch Feuer und Rauch nicht gefährdet werden können. Hier ist besonders darauf zu achten, dass die Rettungswege so geführt werden, dass sie z.B. nicht im Brandüberschlagsbereich von Fenstern verlaufen.

Bei Ebenen darf der zweite Rettungsweg auch über eine notwendige Treppe ohne einen notwendigen Treppenraum in eine unmittelbar darunterliegende Ebene oder ein unmittelbar darunterliegendes Geschoss führen, sofern diese Ebene oder dieses Geschoss Ausgänge in mindestens zwei sichere Bereiche aufweist (siehe Bild 2.32).

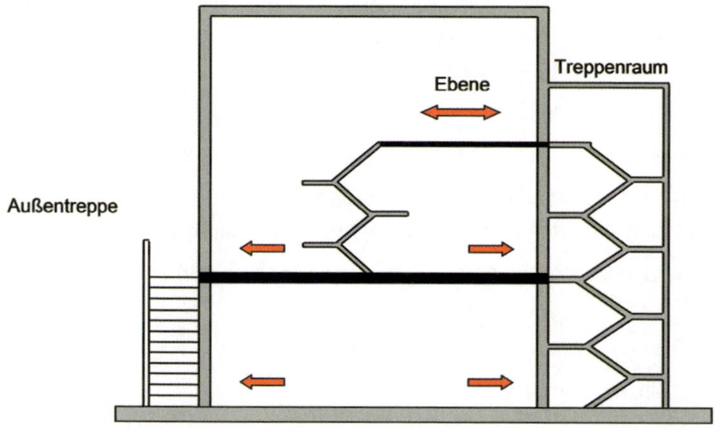

Bild 2.32: In der unmaßstäblichen Skizze führen zwei Rettungswege aus der „Ebene" in einen Treppenraum sowie auf eine darunterliegende Geschossdecke. Von hier aus können zwei „sichere" Bereiche erreicht werden (Treppenraum und Außentreppe) – nach Erläuterungen zur MIndBauRL [2.29].

Rettungswege von eingestellten Räumen

Die Rettungswege aus in Produktions- oder Lagerräumen angeordneten Räumen (z.B. Meisterbüros), dürfen über den gleichen Produktions- oder Lagerraum führen. In diesem Fall sind die Räume oder Raumgruppen mit Aufenthaltsräumen offen auszuführen. Alternativ können sie durch Wände mit ausreichender Sichtverbindung abgetrennt werden. Bei geschlossenen Räumen mit mehr als 20 m² Grundfläche ist zusätzlich sicherzustellen, dass die dort anwesenden Personen im Brandfall rechtzeitig in geeigneter Weise gewarnt werden.

Führung und Ausbildung von Hauptgängen

Von jeder Stelle eines Produktions- oder Lagerraumes muss mindestens ein Hauptgang nach höchstens 15 m Lauflänge erreichbar sein. Hauptgänge müssen mindestens 2 m breit sein; sie sollen geradlinig auf kurzem Wege zu Ausgängen ins Freie, zu notwendigen Treppenräumen, zu Außentreppen, zu Treppen von Ebenen und Einbauten, zu offenen Gängen, über begehbare Dächer auf das Grundstück, zu anderen Brandabschnitten oder zu anderen Brandbekämpfungsabschnitten führen. Diese anderen Brandabschnitte oder Brandbekämpfungsabschnitte müssen Ausgänge unmittelbar ins Freie oder zu notwendigen Treppenräumen mit einem sicheren Ausgang ins Freie haben.

Von jeder Stelle eines Produktions- oder Lagerraumes muss mindestens ein Ausgang ins Freie, ein Zugang zu einem notwendigen Treppenraum, zu einer Außentreppe, zu einem offenen Gang oder zu einem begehbaren Dach, zu einem anderen Brandabschnitt oder einem anderen Brandbekämpfungsabschnitt („sichere“ Bereiche) in folgender Entfernung erreichbar sein:

maximale Entfernung zu „sicheren“ Bereichen

- bei einer mittleren lichten Höhe (des Produktions- oder Lagerraumes) von bis zu 5 m in höchstens 35 m oder
- bei einer mittleren lichten Höhe von mindestens 10 m in höchstens 50 m.

Beim Vorhandensein einer Alarmierungseinrichtung für die Nutzer des Industriebaus (interner Alarm) ist es zulässig, dass der Ausgang in die oben beschriebenen „sicheren“ Bereiche in folgender Entfernung erreicht wird:

- bei einer mittleren lichten Höhe von bis zu 5 m in höchstens 50 m oder
- bei einer mittleren lichten Höhe von mindestens 10 m in höchstens 70 m.

Bei mittleren lichten Höhen zwischen 5 m und 10 m darf zur Ermittlung der zulässigen Entfernung zwischen den oben genannten Werten linear interpoliert werden.

Auslösung von Alarmierungseinrichtungen

Die Alarmierung (Auslösung von Alarmierungseinrichtungen) muss erfolgen bei Auslösen

- einer automatischen Brandmeldeanlage oder
- einer selbsttätigen Feuerlöschanlage

Bei einer selbsttätigen Feuerlöschanlage ist zusätzlich eine Handauslösung der Alarmierungseinrichtungen vorzusehen.

Ausgang ins Freie bei Vordächern

Liegt ein Ausgang ins Freie unter einem Vordach, beginnt das Freie erst am Rande des Vordachs. Die Flächen unter Vordächern können im Brandfall stark verraucht sein und sind somit nicht „dem Freien“ gleichzusetzen. Ein Rauchpolster ist dort besonders tiefgeschichtet, wenn die Seiten des Vordachs geschlossen sind.

Für mindestens zweiseitig offene Vordächer ist deshalb aufgrund der im Brandfall verbesserten Ventilationsverhältnisse eine **zusätzliche** vergrößerte Länge des Fluchtweges in der Tiefe des Vordachs zulässig, die jedoch auf maximal 15 m begrenzt ist (Bild 2.33).

Diese „Erleichterung" gilt jedoch nicht, wenn der Bereich unter dem Vordach einen eigenen Brandabschnitt oder Brandbekämpfungsabschnitt bildet.

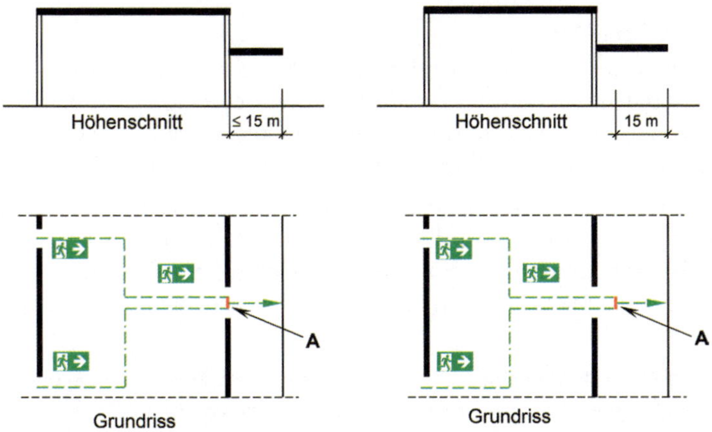

Bild 2.33: Bei einem mindestens zweiseitig offenen Vordach darf die Länge des planmäßigen Fluchtweges (bis zum Punkt A) um maximal 15 m unter dem Vordach verlängert werden (links und rechts bei offenen Seitenteilen) – nach Erläuterungen zur MIndBauRL [2.29].

Kontroll- und Wartungsgänge

Kontroll- und Wartungsgänge, die nur gelegentlich begangen werden und aus nicht brennbaren Baustoffen bestehen, dürfen in Industriebauten über Steigleitern erschlossen werden. Die Steigleiter muss in einer Entfernung von maximal 100 m, bei nur einer Fluchtrichtung in maximal 50 m erreicht werden können.

Besuchergänge oder Erschließungszonen, die regelmäßig zum Teil auch von fremden Besuchern genutzt werden, sind keine Kontroll- und Wartungsgänge im Sinne dieser Vorschrift.

Ermittlung der Rettungsweglänge

Die Entfernung von jeder Stelle eines Produktions- oder Lagerraumes zu einem Ausgang ins Freie, zu einem Zugang zu einem notwendigen Treppenraum, zu einer Außentreppe, zu einem offenen Gang, zu einem begehbaren Dach, zu einem anderen Brandabschnitt oder zu einem anderen Brandbekämpfungsabschnitt wird in der Luftlinie (nicht in der Lauflinie), jedoch nicht durch Bauteile gemessen. Die tatsächliche Lauflänge darf jedoch nicht mehr als das 1,5-fache der jeweiligen Entfernung betragen. Liegt eine Stelle des Produktions- oder Lagerraumes nicht auf der Höhe des Ausgangs oder Zugangs, so ist von der zulässigen Lauflänge das Doppelte der Höhendifferenz abzuziehen.

Bei der Ermittlung der Entfernung bleibt diese Höhendifferenz unberücksichtigt.

Notwendige Treppen müssen aus nichtbrennbaren Baustoffen bestehen. Wände notwendiger Treppenräume müssen den Anforderungen der Gebäudeklasse 5 (in der Bauart von Brandwänden) entsprechen.

f) Krankenhäuser (nach Brandenburgischer Krankenhaus- und Pflegeheim-Bauverordnung [2.30]):

maximale Dauer des Rettungsvorgangs

Krankenhäuser und Pflegeheime müssen so errichtet werden und ausgestattet sein, dass die Rettung kranker oder pflegebedürftiger Personen ins Freie, in einen benachbarten Brandabschnitt oder einen anderen sicheren Bereich im Gefahrenfall durch das eigene Personal in wenigen Minuten durchgeführt werden kann. Diese Forderung beschreibt das Schutzziel für Rettungswege bzw. für die Zeit des Rettungsvorgangs in Krankenhäusern.

mögliche Rettungswege

Zu den Rettungswegen gehören insbesondere die freizuhaltenden Gänge und Rampen, die Ausgänge aus Gemeinschaftsräumen, die notwendigen Flure und notwendigen Treppen, die Ausgänge ins Freie, die als Rettungsweg dienenden Balkone, Dachterrassen und Außentreppen sowie die Rettungswege im Freien auf dem Grundstück.

Länge eines Stichflures

Krankenhäuser und Pflegeheime müssen in jedem Geschoss mit Aufenthaltsräumen mindestens zwei voneinander unabhängige bauliche Rettungswege haben. Die Führung beider Rettungswege innerhalb eines Geschosses durch einen gemeinsamen notwendigen Flur ist möglich. Stichflure bis zu 10 m Länge sind zulässig (siehe hierzu auch Absatz 3.11).

Rettungswege durch Foyers oder Hallen

Rettungswege dürfen durch Foyers oder Hallen zu Ausgängen ins Freie geführt werden, wenn für jedes Geschoss mindestens ein weiterer von dem Foyer oder der Halle unabhängiger baulicher Rettungsweg vorhanden ist.

Sicherheitszeichen

Ausgänge und Rettungswege müssen durch Sicherheitszeichen dauerhaft und gut sichtbar gekennzeichnet sein.

g) Schulen (nach Muster-Schulbau-Richtlinie [2.31]):

Für jeden Unterrichtsraum müssen in demselben Geschoss mindestens zwei voneinander unabhängige Rettungswege zu Ausgängen ins Freie oder zu notwendigen Treppenräumen vorhanden sein.

alternative Rettungswege

Anstelle eines dieser Rettungswege darf ein Rettungsweg über Außentreppen ohne Treppenräume, über Rettungsbalkone, über Terrassen und über begehbare Dächer auf das Grundstück führen, wenn dieser Rettungsweg im Brandfall nicht gefährdet ist; dieser Rettungsweg gilt als Ausgang ins Freie.

Führung von Rettungswegen durch Hallen

Einer der beiden Rettungswege darf durch eine Halle führen, z.B. durch eine Eingangshalle, wenn diese nicht als Raum zwischen einem notwendigen Treppenraum und dem Ausgang ins Freie dient. Die Rettungswege von z.B. innenliegenden Treppenräumen dürfen nach dieser Forderung nicht durch Hallen geführt werden, da sie keinen sicheren Bereich darstellen.

h) Verkaufsstätten (nach Muster-Verkaufsstättenverordnung [2.32]):

Für jeden Verkaufsraum und Aufenthaltsraum und für jede Ladenstraße müssen in demselben Geschoss mindestens zwei voneinander unabhängige Rettungswege zu Ausgängen ins Freie oder zu Treppenräumen notwendiger Treppen vorhanden sein.

alternative Rettungswege

Anstelle eines dieser Rettungswege darf ein Rettungsweg über Außentreppen ohne Treppenräume, über Rettungsbalkone, über Terrassen sowie über begehbare Dächer auf das Grundstück führen, wenn hinsichtlich des Brandschutzes keine Bedenken bestehen; dieser Rettungsweg gilt dann als Ausgang ins Freie.

Als erster Rettungsweg muss von jeder Stelle

Rettungsweglänge

- eines Verkaufsraums in höchstens 25 m Entfernung und/oder
- eines sonstigen Raums oder einer Ladenstraße in höchstens 35 m Entfernung

mindestens ein Ausgang ins Freie oder ein Treppenraum notwendiger Treppen erreichbar sein.

Der erste Rettungsweg darf, soweit er über eine Ladenstraße führt, auf der Ladenstraße eine zusätzliche Länge von höchstens 35 m haben, wenn

Verlängerung des ersten Rettungsweges um 35 m

- der erforderliche zweite Rettungsweg für Verkaufsräume nicht über diese Ladenstraße führt oder
- der Verkaufsraum eine Fläche von insgesamt nicht mehr als 100 m^2 und eine Raumtiefe von höchstens 10 m hat, großflächige Sichtbeziehungen zur Ladenstraße bestehen und die Ladenstraße in diesem Bereich über zwei entgegengesetzte Fluchtrichtungen ins Freie verfügt.

In Verkaufsstätten mit Sprinkleranlagen oder in erdgeschossigen Verkaufsstätten darf der Rettungsweg innerhalb von Brandabschnitten eine zusätzliche Länge von höchstens 35 m haben, soweit er über einen notwendigen Flur für Kunden mit einem unmittelbaren Ausgang ins Freie oder in einen Treppenraum notwendiger Treppen führt.

Von jeder Stelle eines Verkaufsraums muss ein Hauptgang oder eine Ladenstraße in höchstens 10 m Entfernung erreichbar sein.

mindestens 3 Stufen

In Rettungswegen ist nur eine Folge von mindestens drei Stufen zulässig. Die Stufen müssen mit einer Stufenbeleuchtung versehen sein.

An Kreuzungen der Ladenstraßen und der Hauptgänge sowie an Türen im Zuge von Rettungswegen ist deutlich und dauerhaft auf die Ausgänge durch Sicherheitszeichen hinzuweisen. Die Sicherheitszeichen müssen beleuchtet sein.

Entfernungsmessung

Entfernungen sind in der **Luftlinie**, jedoch nicht durch Bauteile zu messen. Die Länge der **Lauflinie** darf in Verkaufsräumen 35 m nicht überschreiten

Rettungswege zu Verkehrsflächen

Kunden und Betriebsangehörige müssen aus der Verkaufsstätte unmittelbar oder über Flächen auf dem Grundstück auf öffentliche Verkehrsflächen gelangen können.

Die als Rettungswege dienenden Flächen auf dem Grundstück sowie die Flächen für die Feuerwehr müssen ständig freigehalten werden. Hierauf ist dauerhaft und leicht erkennbar durch Markierungen und Beschilderungen hinzuweisen.

i) Versammlungsstätten (nach Muster-Versammlungsstättenverordnung [2.33]):

Zur Einstufung von Rettungswegen (z.B. zur Bestimmung der Breite der Rettungswege) wird unter anderem die höchstmögliche Besucherzahl von Versammlungsräumen benötigt. Nachfolgend werden die Berechnungsgrundlagen zur Ermittlung dieser Zahl definiert.

Definition des Begriffs Besucherplatz:

Soweit sich aus den Bauvorlagen nichts anderes ergibt, ist die Anzahl der Besucher im Sinne dieser Verordnung folgendermaßen zu ermitteln:

- für Sitzplätze an Tischen: **ein** Besucher je m² Grundfläche des Versammlungsraumes,

Anzahl der Besucher

- für Sitzplätze in Reihen: **zwei** Besucher je m² Grundfläche des Versammlungsraumes,
- für Stehplätze auf Stufenreihen: **zwei** Besucher je laufendem Meter Stufenreihe und
- bei Ausstellungsräumen: **ein** Besucher je m² Grundfläche des Versammlungsraumes.

Rettungswege zu Verkehrsflächen

Rettungswege müssen ins Freie zu öffentlichen Verkehrsflächen führen. Zu den Rettungswegen von Versammlungsstätten gehören insbesondere die freizuhaltenden Gänge und Stufengänge, die Ausgänge aus Versammlungsräumen, die notwendigen Flure und notwendigen Treppen, die Ausgänge ins Freie, die als Rettungsweg dienenden Balkone, Dachterrassen und Außentreppen sowie die Rettungswege im Freien auf dem Grundstück.

Versammlungsstätten müssen in jedem Geschoss mit Aufenthaltsräumen mindestens zwei voneinander unabhängige bauliche Rettungswege haben; dies gilt für Tribünen entsprechend.

Führung von Rettungswegen

Die Führung beider Rettungswege innerhalb eines Geschosses durch einen gemeinsamen notwendigen Flur ist zulässig. Rettungswege dürfen über Balkone, Dachterrassen und Außentreppen auf das Grundstück führen, wenn sie im Brandfall sicher begehbar sind.

Rettungswege durch Foyers oder Hallen

Rettungswege dürfen über Gänge und Treppen durch Foyers oder Hallen zu Ausgängen ins Freie geführt werden, soweit mindestens ein weiterer von dem Foyer oder der Halle unabhängiger baulicher Rettungsweg vorhanden ist.

Wie auch in Schulen dürfen Foyers oder Hallen in Versammlungsstätten nicht als Raum zwischen notwendigen Treppenräumen und Ausgängen ins Freie dienen. Die Rettungswege von z.B. innenliegenden Treppenräumen dürfen nach dieser Forderung nicht durch Foyers oder Hallen geführt werden, da sie keinen „sicheren" Bereich darstellen.

Versammlungsstätten müssen für Geschosse mit jeweils mehr als 800 Besucherplätzen nur diesen Geschossen zugeordnete Rettungswege haben.

zwei Ausgänge aus Versammlungsräumen

Versammlungsräume und sonstige Aufenthaltsräume, die für mehr als 100 Besucher bestimmt sind oder mehr als 100 m² Grundfläche haben, müssen jeweils mindestens zwei möglichst weit auseinander und entgegengesetzt liegende Ausgänge ins Freie oder zu Rettungswegen haben.

gleichmäßige Verteilung

Die erforderlich Breite, die nach Anzahl der Besucher ermittelt wird, ist möglichst gleichmäßig auf die Ausgänge zu verteilen; die Mindestbreiten bleiben unberührt.

Ausgänge und sonstige Rettungswege müssen durch Sicherheitszeichen dauerhaft und gut sichtbar gekennzeichnet sein.

Die Entfernung von jedem Besucherplatz bis zum nächsten Ausgang aus dem Versammlungsraum oder von der Tribüne darf nicht länger als 30 m sein. Bei über 5 m lichter Höhe ist je 2,5 m zusätzlicher lichter Höhe über der für Besucher zugänglichen Ebene für diesen Bereich eine Verlängerung der Entfernung um 5 m zulässig. Die Entfernung von 60 m bis zum nächsten Ausgang darf nicht überschritten werden. Die Forderungen gelten für Tribünen außerhalb von Versammlungsräumen sinngemäß.

Länge der Fluchtwege von Bühnen

Die Entfernung von jeder Stelle einer Bühne bis zum nächsten Ausgang darf nicht länger als 30 m sein. Gänge zwischen den Wänden der Bühne und dem Rundhorizont oder den Dekorationen müssen eine lichte Breite von 1,20 m haben; in Großbühnen müssen diese Gänge vorhanden sein.

Länge der Fluchtwege aus Fluren

Die Entfernung von jeder Stelle eines notwendigen Flures oder eines Foyers bis zum Ausgang ins Freie oder zu einem notwendigen Treppenraum darf nicht länger als 30 m sein.

Die Breite der Rettungswege ist nach der größtmöglichen Personenzahl zu bemessen. Dabei muss die lichte Breite eines jeden Teils von Rettungswegen für die darauf angewiesenen Personen mindestens betragen bei

erforderliche Breite von Rettungswegen

- Versammlungsstätten im Freien sowie Sportstadien 1,20 m je 600 Personen und in
- anderen Versammlungsstätten 1,20 m je 200 Personen;

Zwischenwerte dürfen interpoliert werden.

Die lichte Mindestbreite eines jeden Teils von Rettungswegen muss 1,20 m betragen. Bei Rettungswegen von Versammlungsräumen mit nicht mehr als 200 Besucherplätzen und bei Rettungswegen im Bühnenhaus genügt eine lichte Breite von 0,90 m. Für Rettungswege von Arbeitsgalerien genügt eine Breite von 0,80 m.

Rettungswege in Ausstellungshallen

Ausstellungshallen müssen durch Gänge so unterteilt sein, dass die Tiefe der zur Aufstellung von Ausstellungsständen bestimmten Grundflächen (Ausstellungsflächen) nicht mehr als 30 m beträgt. Die Entfernung von jeder Stelle auf einer Ausstellungsfläche bis zu einem Gang darf nicht mehr als 20 m betragen; sie wird auf die bemessene Entfernung nicht angerechnet. Die Gänge müssen auf möglichst geradem Weg zu entgegengesetzt liegenden Ausgängen führen.

lichte Breite von Gängen

Die lichte Breite der Gänge und der zugehörigen Ausgänge muss mindestens 3 m betragen.

Länge in Lauflinie

Die Entfernungen werden in der **Lauflinie** (nicht in der Luftlinie) gemessen.

Rettungswege auf dem Grundstück sowie Zufahrten, Aufstell- und Bewegungsflächen für Einsatzfahrzeuge von Polizei, Feuerwehr und Rettungsdiensten müssen ständig freigehalten werden. Darauf ist dauerhaft und gut sichtbar durch Beschilderungen und Markierungen hinzuweisen.

Freihalten von Rettungswegen

Rettungswege in Versammlungsstätten müssen von Gegenständen und/oder Brandlasten ständig freigehalten werden.

18.2 Treppen

„notwendige" Treppen

Jedes nicht zu ebener Erde liegende Geschoss (dies schließt auch Kellergeschosse ein) sowie jeder benutzbare Dachraum muss durch mindestens eine Treppe erreichbar sein. Diese Treppe ist Teil des Rettungswegesystems und deshalb baurechtlich erforderlich. Sie wird als „notwendige" Treppe bezeichnet. Sollte ausreichend Platz vorhanden sein, können anstatt von Treppen auch Rampen mit flacher Neigung geplant und eingebaut werden.

Fahr- und einschiebbare Treppen

Als notwendige Treppen sind Fahrtreppen (umgangssprachlich auch „Rolltreppen" genannt) und einschieb- und aufklappbare Treppen nicht zulässig. Diese zuletzt genannte Art der Treppen wird häufig als Zugang zu Dachböden genutzt (siehe Bild 2.34).

Befinden sich im Dachraum von Gebäuden der Gebäudeklassen 1 und 2 keine Aufenthaltsräume, sind einschieb- oder aufklappbare Treppen und Leitern als Zugang erlaubt.

Bild 2.34: Eine aufklappbare Treppe ist als Zugang zum Dachboden (ohne Aufenthaltsräume) in einem Gebäude der Gebäudeklassen 1 und 2 zulässig.

Anschluss von Treppen

Notwendige Treppen sind in einem Zuge zu allen angeschlossenen Geschossen zu führen. Auch die Treppe zum Dachraum muss unmittelbar an die darunter liegende Treppe angeschlossen werden.

Die zuvor genannten Forderungen gelten nicht für Treppen in Gebäuden der Gebäudeklassen 1 bis 3 und für Treppen, die eine Nutzungseinheit über zwei Geschosse miteinander verbinden (z.B. innerhalb einer Maisonettewohnung).

Die tragenden Teile einer Treppe (Läufe, Stufen, Wangen und Podeste) müssen folgende Bedingungen erfüllen:

- in Gebäuden der Gebäudeklasse 5 müssen sie feuerhemmend und aus nichtbrennbaren Baustoffen,
- in Gebäuden der Gebäudeklasse 4 müssen sie aus nichtbrennbaren Baustoffen und
- in Gebäuden der Gebäudeklasse 3 müssen sie entweder feuerhemmend oder aus nichtbrennbaren Baustoffen bestehen.

statisch tragende Teile

Tragende Teile von Außentreppen ohne Treppenraum müssen bei Gebäuden der Gebäudeklassen 3 bis 5 aus nichtbrennbaren Baustoffen bestehen.

An das Material der statisch tragenden Teile von Treppen in und an Gebäuden der Gebäudeklassen 1 und 2 werden aus brandschutztechnischer Sicht weder für Innen- noch für Außentreppen Anforderungen gestellt.

Die nutzbare Breite einer Treppe muss für den größten zu erwartenden Verkehr ausreichend sein. In der Regel ist das die Personenzahl, die sich bei einem Brand durch die Flüchtenden einstellt.

Mindestbreite von Treppen

Geometrische Vorgaben zu Treppenbreiten werden in der Bauordnung nicht gemacht. Hinweise hierzu finden sich z.B. in den „Technischen Regeln für Arbeitsstätten" oder in den meisten Verordnungen und Richtlinien von geregelten Sonderbauten.

Die Mindestbreite von Treppen im Zuge eines Fluchtweges in Arbeitsstätten ergibt sich nach der ASR A2.3. „Fluchtwege und Notausgänge, Flucht- und Rettungsplan" [2.49] aus der Höchstzahl der Personen, die im Brandfall den Fluchtweg nutzen.

Tabelle 2.18: Mindestbreite von Treppen in Abhängigkeit von der Nutzeranzahl im Brandfall [2.49]

	Anzahl der Personen (Einzugsgebiet)	**Lichte Breite (in m)**
1	bis 5	0,875
2	bis 20	1,00
3	bis 200	1,20
4	bis 300	1,80
5	bis 400	2,40

Unfälle auf Treppen

Beim Gebrauch von Treppen kommt es regelmäßig zu zahlreichen Unfällen. So verunglückten im Jahr 2005 durch Stürze 1.071 Personen tödlich (Quelle: Statistisches Bundesamt). Um die Zahl der Treppenunfälle zu vermindern, werden vom Gesetzgeber sowie von der Berufsgenossenschaft besonders detaillierte Regeln zur Konstruktion von Treppen vorgegeben, die auch konsequent umgesetzt werden müssen.

Begehbarkeit von Treppen

Eine Treppe muss sicher zu begehen sein. Dies gilt besonders für Treppen, die Teil eines Fluchtweges sind. Hier ist der konstruktive Sicherheitsaspekt besonders zu beachten, da in der Regel die Treppe bei einem Brand schnell begangen bzw. „belaufen" wird.

Das sichere Begehen von Treppen hängt unter anderem von der Form der Stufen ab. Parallelförmige Stufen lassen sich besonders gut begehen, durch keilförmige entsteht eine Stolpergefahr. Der Grund hierfür ist die Auftrittstiefe. Je schmaler die Stufen sind, desto eher kann es durch den unsicheren Auftritt zu Unfällen kommen.

Aus brandschutztechnischer Sicht werden drei Grundtypen von Treppenkonstruktionen aufgrund ihrer Stufenform unterschieden:

a) Treppen mit **geraden Läufen** und Podesten sind im Zuge eines Fluchtweges besonders sicher zu benutzen (parallelförmige Stufen).

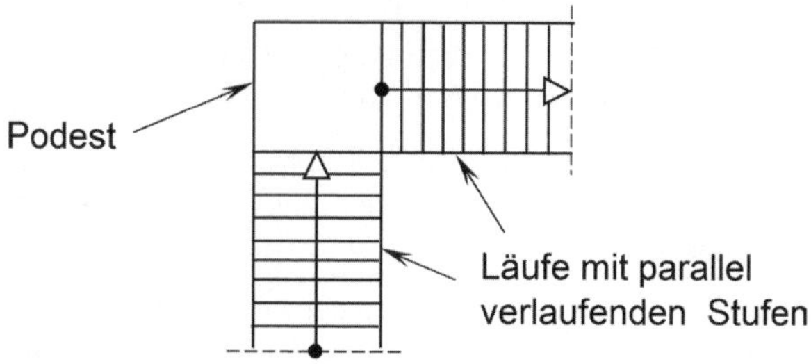

Bild 2.35: Prinzipskizze einer Treppe, die aus zwei geraden Läufen und einem Podest besteht (Draufsicht)

b) Die Benutzung von Treppen mit gewendelten Läufen **(Wendeltreppen)** ist nicht ganz so sicher wie die von Treppen mit geraden Läufen (Fall a), jedoch in bestimmten baulichen Situationen zulässig.

Durch die keilförmig zulaufende Form im Wendelungsbereich ist die Trittsicherheit am schmalen Ende der Stufe nicht mehr gegeben. Da bei der Ausführung der Stufen eine Mindestbreite von 10 cm nach DIN 18065 [2.50] eingehalten werden muss, gibt es aufgrund dieser geringen Auftrittsbreite eine Stolpergefahr.

Treppen mit gewendelten Läufen (Wendeltreppen)

In der Verwaltungsvorschrift zur Sächsischen Bauordnung (VwVSächsBO) Absatz 35.1.1 [2.51] wird folgender Hinweis zu gewendelten Treppen gegeben:

*„35.1.1 [...] An Gebäuden, die keine Sonderbauten sind, sind **Außentreppen** mit gewendelten Treppenläufen als zweiter notwendiger Rettungsweg zulässig, soweit nur eine geringe Anzahl von Personen auf die Treppe als Rettungsweg angewiesen ist. Als Richtwert gelten **zehn Personen** pro Geschoss. [...]"*

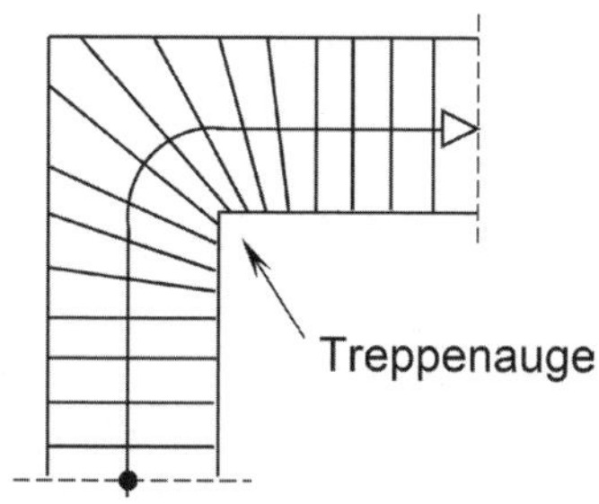

Bild 2.35a: Prinzipskizze (Draufsicht) einer viertelgewendelten Treppe mit keilförmigen Stufen im Wendelungsbereich

Treppenstufen an einer Spindel

c) Im Unterschied zur Wendeltreppe hat die **Spindeltreppe** kein Treppenauge, durch das man vom obersten bis ins unterste Geschoss sehen kann. Bei der Spindeltreppe ist der gesamte Verlauf der Treppe gewendelt. Die inneren Seiten der Stufen werden an einer Spindel befestigt. In der Regel ist die Spindel ein rundes Bauteil, um das der Lauf herum geführt wird. Bedingt durch diese Konstruktion ist die Keilpitze der Stufen an der Spindel besonders schmal. Hierdurch ist die sichere Begehbarkeit, besonders in einer Gefahrsituation, nicht gewährleitet.

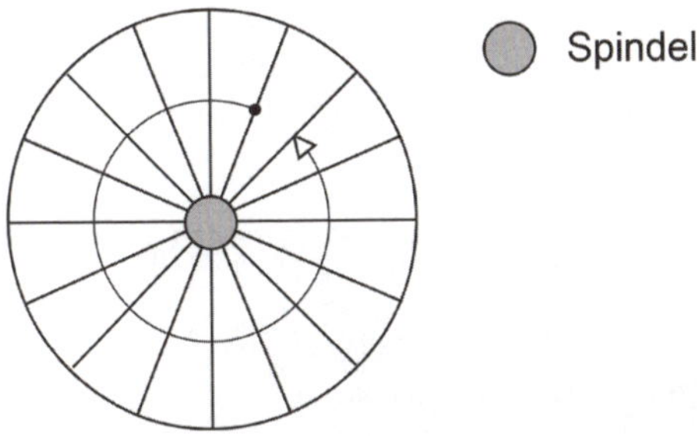

Bild 2.35b: Prinzipskizze (Draufsicht) einer Spindeltreppe aus keilförmigen Stufen, die an einer Mittelspindel befestigt sind

Treppen mit geraden Läufen um eine Spindel

Eine Alternative zur „vollgewendelten“ Treppe um eine runde Spindel ist eine Treppe mit geraden Läufen und Podesten. Diese Treppenkonstruktion entspricht in allen Details den Vorgaben an eine sicher begehbare (Flucht-)Treppe nach DIN 18065 [2.50] sowie der BGI/GUV-I 561 [2.52] und benötigt nur einen geringfügig größeren Raum als die „runde“ Variante. Die Treppenkonstruktion kann z.B. aus Stahl oder Beton hergestellt werden.

In Bild 2.35c ist eine mögliche Variante mit der Mindestauftrittstiefe der Stufen von 26 cm und einer lichten Treppenbreite von 1,0 m dargestellt. Die Stufenhöhe ist über die „Schrittmaßregel“ nach DIN 18065 [2.50] Absatz 6.1.3 zu bestimmen.

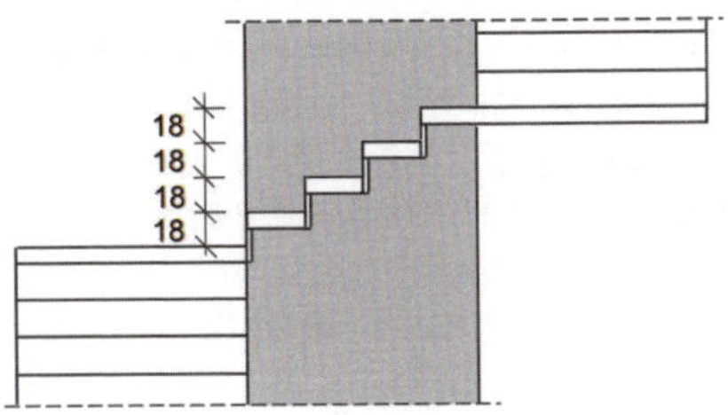

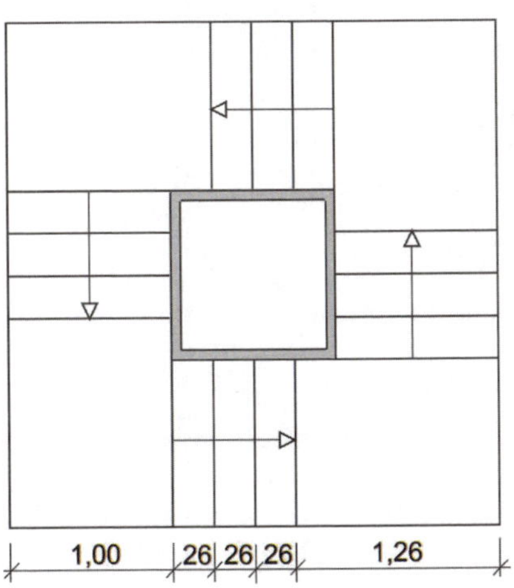

Beispiel zu einer Treppe mit rechteckiger „Mittelspindel“ aus Beton

Bild 2.35c: Prinzipskizze (Seitenansicht/Draufsicht) einer Spindeltreppe mit geraden Läufen und Podesten, die an einer quadratischen Mittelspindel befestigt sind

Treppe innerhalb einer Nutzugseinheit

Auch innerhalb einer Nutzungseinheit über zwei Geschosse (z.B. innerhalb einer Maisonettewohnung) kann eine Treppe als „notwendig" eingestuft werden. Nachfolgend werden vier Beispiele hierzu gezeigt, die sich aufgrund der möglichen Rettungswege unterscheiden.

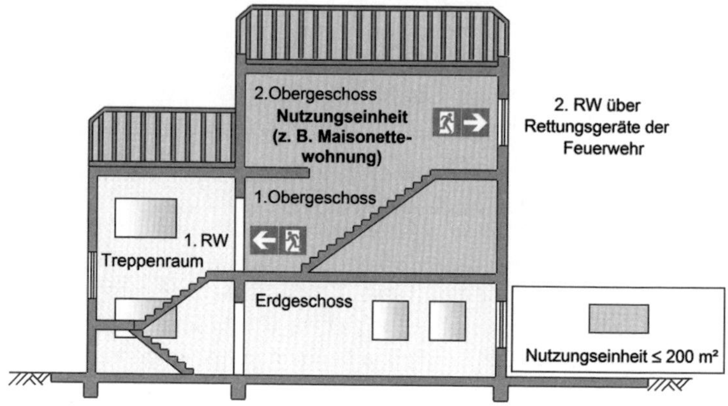

Bild 2.36: Eine „notwendige Treppe" ist innerhalb einer Nutzungseinheit ≤ 200 m² über zwei Geschosse erforderlich, da nur im 2. OG ein 2. Rettungsweg vorhanden ist.

notwendige Treppe ohne Treppenraum

In Bild 2.36 wird eine Treppe ohne Treppenraum zwischen zwei Geschossen dargestellt. Sie muss als **notwendige** Treppe eingestuft werden. Diese Einordnung ergibt sich aus zwei baurechtlichen Forderungen. In jedem Geschoss der Nutzungseinheit muss ein Rettungsweg vorhanden sein (§ 35 Absatz 1 OZ 2 MBO [2.1]), und zusätzlich müssen in der Nutzungseinheit zwei voneinander unabhängige Rettungswege (Treppe im Treppenraum und anleiterbare Stelle) vorhanden sein (§ 33 Absatz 1 MBO [2.1]). Diese beiden Forderungen werden nur über eine **notwendige** Treppe innerhalb der Nutzungseinheit erreicht.

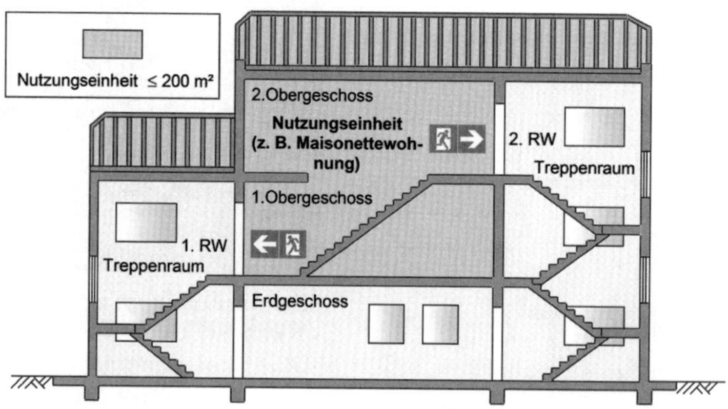

Bild 2.36a: Eine „notwendige Treppe" ist innerhalb einer Nutzungseinheit ≤ 200 m² über zwei Geschosse erforderlich, da nur im 2. OG ein 2. Rettungsweg vorhanden ist.

In Bild 2.36a wird eine ähnliche bauliche Situation wie in Bild 2.36 dargestellt. Der Unterschied ist die Ausbildung des zweiten Rettungsweges. Auch hier ist die innere Treppe erforderlich (notwendig), um den Zugang zum rechten bzw. linken Treppenraum zu erreichen.

nicht notwendige Treppe in einer NE

In den Bildern 2.36b und 2.36c werden Nutzungseinheiten dargestellt, die insgesamt größer als 200 m² und kleiner gleich 400 m² sind. Bei dieser Größe sind in jedem Geschoss zwei voneinander unabhängige Rettungswege erforderlich. Eine Verbindungstreppe ist aus brandschutztechnischen Gründen **nicht erforderlich**. Die Rettungswege führen in Bild 2.36b über eine notwendige Treppe mit Treppenraum sowie über anleiterbare Stellen (Fenster), in Bild 2.36c über zwei notwendige Treppenräume. Die Öffnung zwischen den Geschossen darf bei Nutzungseinheiten mit einer Fläche ≤ 400 m² (§ 31 Absatz 4 OZ 2 der MBO) offen, ohne Abschlüsse ausgeführt werden.

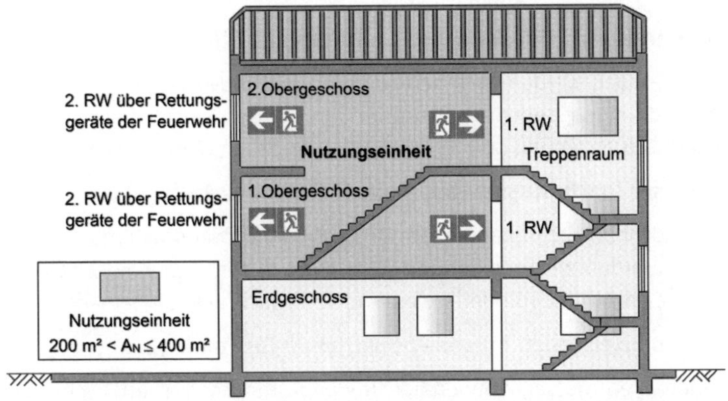

Bild 2.36b: Eine Treppe innerhalb einer Nutzungseinheit mit einer Fläche (A_N) 200 m² < A_N ≤ 400 m² über zwei Geschosse (Wohnungs- oder Büronutzung) ist nicht erforderlich, da in jedem Geschoss zwei Rettungswege (RW) vorhanden sind.

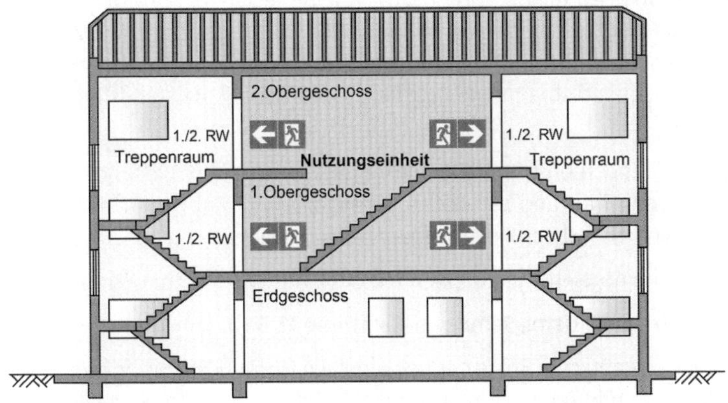

Bild 2.36c: Eine Treppe innerhalb einer Nutzungseinheit mit einer Fläche (A_N) 200 m² < A_N ≤ 400 m² über zwei Geschosse (Wohnungs- oder Büronutzung) ist nicht erforderlich, da in jedem Geschoss zwei Rettungswege (RW) vorhanden sind.

Nachfolgend werden Ergänzungen zu den brandschutztechnischen Grundforderungen der Musterbauordnung zu Treppen nach den entsprechenden Regelwerken aufgezeigt.

a) Regelbauten (nach Musterbauordnung [2.1]):

Die in diesem Absatz (18.2) beschriebenen Forderungen und Regeln zu Treppen gelten grundsätzlich für Regelbauten.

b) Beherbergungsstätten (nach Muster-Beherbergungsstättenverordnung [2.26]):

Treppen in Beherbergungsstätten werden nach den Forderungen der Musterbauordnung bzw. der Landesbauordnungen geplant und ausgeführt. In der Muster-Beherbergungsstättenverordnung werden keine ergänzenden oder erweiternden Angaben hierzu gemacht.

c) Garagen (nach Muster-Garagenverordnung [2.27]):

Treppen in Garagen werden nach den Forderungen der Musterbauordnung bzw. der Landesbauordnungen geplant und ausgeführt. In der Muster-Garagenverordnung werden keine ergänzenden oder erweiternden Angaben hierzu gemacht.

d) Hochhäuser (nach Muster-Hochhaus-Richtlinie [2.28]):

Treppen in Hochhäusern werden nach den Forderungen der Musterbauordnung bzw. der Landesbauordnungen geplant und ausgeführt. In der Muster-Hochhaus-Richtlinie werden keine ergänzenden oder erweiternden Angaben hierzu gemacht.

e) Industriebauten (nach Muster-Industriebau-Richtlinie [2.29]):

Treppen aus nichtbrennbaren Baustoffen

In Industriebauten müssen notwendige Treppen grundsätzlich aus nichtbrennbaren Baustoffen bestehen. Alle weiteren Forderungen der Musterbauordnung bzw. der Landesbauordnungen an Treppen sind auch in Industriebauten zu beachten.

f) Krankenhäuser (nach Brandenburgischer Krankenhaus- und Pflegeheim-Bauverordnung [2.30]):

feuerbeständige Treppen/ Außentreppen

Notwendige Treppen müssen grundsätzlich feuerbeständig sein. Um diese Feuerwiderstandsfähigkeit zu erreichen, sind sie nach § 26 Absatz 2 Satz 2 OZ 2 MBO [2.1] aus nichtbrennbaren Baustoffen herzustellen. Für notwendige Treppen als Außentreppen genügen nichtbrennbare Baustoffe – eine Feuerwiderstandsfähigkeit ist nicht erforderlich.

unzulässige Wendeltreppen

Notwendige Treppen und dem allgemeinen Besucherverkehr dienende Treppen müssen geschlossene Tritt- und Setzstufen haben; dies gilt nicht für Außentreppen. Wendeltreppen sind als Teil des Fluchtwegesystems unzulässig.

Die lichte Breite notwendiger Treppen muss mindestens 1,50 m betragen.

g) Schulen (nach Muster-Schulbau-Richtlinie [2.31]):

keine Einengung der Breite

Die erforderliche nutzbare Breite der notwendigen Flure und notwendigen Treppen darf durch offenstehende Türen, Einbauten oder Einrichtungen nicht eingeengt werden.

Ein- und Ausgänge zu notwendigen Treppenräumen dürfen nicht breiter sein als die notwendige Treppe selbst. Ausgänge aus notwendigen Treppenräumen müssen mindestens so breit sein wie die notwendige Treppe.

Die nutzbare Breite notwendiger Treppen darf 2,40 m nicht überschreiten. Treppen müssen Tritt- und Setzstufen haben. Notwendige Treppen dürfen keine gewendelten Läufe haben.

unzulässige gewendelte Läufe

h) Verkaufsstätten (nach Muster-Verkaufsstättenverordnung [2.32]):

Notwendige Treppen müssen feuerbeständig sein, aus nichtbrennbaren Baustoffen bestehen und an den Unterseiten geschlossen sein. Dies gilt nicht für notwendige Außentreppen, wenn wegen des Brandschutzes keine Bedenken bestehen.

feuerbeständige Treppen

Notwendige Treppen für Kunden müssen grundsätzlich mindestens 2 m breit sein und dürfen eine Breite von 2,50 m nicht überschreiten. Für notwendige Treppen für Kunden genügt eine Breite von mindestens 1,25 m, wenn die Treppen für Verkaufsräume bestimmt sind, deren Fläche insgesamt nicht mehr als 500 m² betragen.

Breite von Treppen

Notwendige Treppen brauchen nicht in Treppenräumen zu liegen, müssen nicht feuerbeständig sein, dürfen aus brennbaren Baustoffen bestehen und müssen an der Unterseite nicht geschlossen sein in Verkaufsräumen, die

Erleichterung bei Treppen

- eine Fläche von nicht mehr als 100 m² haben oder
- eine Fläche von mehr als 100 m², aber nicht mehr als 500 m² haben, wenn diese Treppen im Zuge nur eines der zwei erforderlichen Rettungswege liegen.

Notwendige Treppen mit gewendelten Läufen sind in Verkaufsräumen grundsätzlich unzulässig. Dies gilt nicht für notwendige Treppen in den vorgenannten „untergeordneten" Bereichen.

unzulässige gewendelte Läufe

i) Versammlungsstätten (nach Muster-Versammlungsstättenverordnung [2.33]):

Notwendige Treppen müssen feuerbeständig sein. Für notwendige Treppen in notwendigen Treppenräumen oder als Außentreppen genügen nichtbrennbare Baustoffe. Für notwendige Treppen von Tribünen und Podien als veränderbare Einbauten genügen Bauteile aus nichtbrennbaren Baustoffen und Stufen aus Holz. Diese Regeln gelten nicht für notwendige Treppen von Ausstellungsständen.

feuerbeständige Treppen

Die lichte Breite notwendiger Treppen darf nicht mehr als 2,40 m betragen.

maximale Breite von Treppen

Notwendige Treppen und dem allgemeinen Besucherverkehr dienende Treppen müssen geschlossene Trittstufen haben; dies gilt nicht für Außentreppen.

Wendeltreppen sind als notwendige Treppen für Besucher unzulässig.

18.3 Leitern, Rutschen oder Schläuche im Zuge von Rettungswegen

In einer baulichen Anlage muss sowohl der erste als auch der zweite Fluchtweg zu **jederzeit** für **alle** Nutzer **sicher** nutzbar sein. Es darf also keine zusätzliche Gefahrenquelle im Rettungswegesystem durch die technische und/oder planerisch-konstruktive Ausführung der Fluchtwege selbst geschaffen werden.

Da dem Brandschutzplaner in der Regel nicht bekannt ist, wer die Fluchtwege im Brandfall nutzen wird, müssen diese so geplant werden, dass sie unter anderem auch von älteren, gebrechlichen Personen, von kleinen Kindern und von adipösen Menschen sicher benutzbar sind.

Fluchtwege für alle Personengruppen

Für die brandschutztechnische Sanierung von bestehenden Gebäuden sowie auch für Neubauten werden auf dem „Freien Markt" bauliche Lösungen für den zweiten Rettungsweg angeboten, die rechtlich unzulässig sind. Nachfolgend werden zwei derartige Systeme brandschutztechnisch eingestuft:

a) An der Außenwand von Gebäuden können **Steigleitern** (mit und ohne Rückenschutz) ortsfest installiert werden (siehe Bild 2.37). In Brandschutznachweisen wurde der Verlauf des zweiten Rettungsweges in einigen Fällen hierüber geplant. **Leitern** im Zuge von Rettungswegen sind jedoch **nicht** zulässig.

Steigleitern im Zuge des zweiten Fluchtweges

Bei Regenwetter oder im Winter sind die Sprossen von Leitern häufig nicht griffsicher. In dieser Situation können auch gesunde, junge Menschen den Halt verlieren. Kleinkinder und ältere, gebrechliche Personen sind grundsätzlich nicht in der Lage, Leitern sicher zu nutzen.

Im Bundesland Nordrhein-Westfalen wurde zu diesem Thema ein höchstrichterliches Urteil vom Oberverwaltungsgericht NRW erlassen. Es erachtet im Urteil vom 28.8.2001 (Az.: 10 A 3051/99) an der Hauswand montierte **Notleitern** als zweiten Rettungsweg für **ungeeignet**, weil im Falle einer nicht vorhandenen Anleitermöglichkeit für Rettungsgeräte der Feuerwehr ein **zweiter baulicher Rettungsweg** grundsätzlich **so beschaffen sein muss**, dass er auch von älteren, gebrechlichen Personen und Kindern ohne Schaffung neuer zusätzlicher Gefahrenquellen genutzt werden kann (z.B. durch eine weitere Innen- oder Außentreppe). Bei der Nutzung von Leitern ist dies nicht der Fall. Darum ist die vorgenannte bauliche Maßnahme für einen zweiten Rettungsweg nicht geeignet.

Bild 2.37: Die Steigleiter mit Rückenschutz ist im Zuge eines zweiten Rettungsweges nicht zulässig. Als Zugang zum Dach z.B. für Wartungsarbeiten ist sie jedoch gestattet.

b) **Rettungsrutschen und Rettungsschläuche** sind als erster und zweiter Rettungsweg ebenfalls ungeeignet. Auch diese Konstruktionen können nicht von jedem Personenkreis sicher genutzt werden. Da eine Selektion der Nutzer im Brandfall unzulässig ist, kann diese Fluchtwegvariante nicht als vollwertiger zweiter Rettungsweg geplant werden. In Einzelfällen können Rettungsrutschen als zusätzliche feuerwehrtechnische Hilfskonstruktionen eingesetzt werden, als planmäßiger zweiter Fluchtweg sind sie jedoch rechtlich nicht zulässig.

Rutschen und Schläuche nicht zulässig

In der Verwaltungsvorschrift zur Sächsischen Bauordnung (VwVSächs-BO) Absatz 33.2.1 [2.51] findet sich folgender Hinweis zu Rettungsrutschen bzw. Rettungsschläuchen:

Hinweis zu Rettungsrutschen und -schläuchen

„33.2.1 Rettungsrutschen und Rettungsschläuche sind ***kein*** *zweiter Rettungsweg. Rettungsrutschen können* ***im Einzelfall*** *allenfalls als Ergänzung der Rettungsgeräte der Feuerwehr in Betracht kommen."*

18.4 Treppenräume

Jede notwendige Treppe muss grundsätzlich in einem eigenen Treppenraum angeordnet werden.

Schon seit vielen Jahrzehnten existiert diese Forderung im Bauordnungsrecht. In § 30 der Baupolizeiordnung von 1853 [2.53] wurde für den Bau-Polizei-Bezirk der Stadt Berlin folgende Forderung gestellt:

notwendige Treppenräume seit 1853

*„****Alle Treppen*** *eines Gebäudes müssen feuersicher gebaut, d.h.* ***von massiven Wänden umschlossen*** *und mindestens mit gerohrten und geputzten Decken versehen sein, auch dürfen keine Bretterverschläge unter den Treppen angebracht werden. [...]."*

Durch die Wände und die Türen, die den Treppenraum horizontal begrenzen, soll verhindert werden, dass Feuer und Brandrauch die sichere Nutzung der Treppe beeinträchtigt.

Der Begriff Treppenraum ist dabei **eng** auszulegen. Dieser Raum ist ausschließlich für die Treppe bestimmt. In ihm dürfen sich nur die notwendige Treppe mit Läufen und Podesten, die Verkehrsfläche zur Nutzung des Treppenraumes sowie die Sicherheitseinrichtungen (z.B. Handläufe) befinden. Im Gesetzestext der Landesbauordnungen selbst ist die Begriffsbestimmung des Treppenraumes nicht enthalten. In einigen Kommentaren zu Landesbauordnungen wird die Bezeichnung definiert.

Einbauten in Treppenräumen

Im Kommentar zur BauO NRW [2.54] § 37 Rnd. 5 und 6 wird der Begriff Treppenraum folgendermaßen umschrieben:

> *„5 Ein Treppen****raum*** *ist nur dann ein „Raum", wenn er von anderen Räumen – also auch von Fluren – abgeschottet ist. [...].*
>
> *6 Der Begriff „Treppenraum" ist* ***eng auszulegen****. Er darf nur die notwendige Treppe mit den Treppenabsätzen und die in der Höhe des einzelnen Geschosses zur Benutzung der Treppe etwa erforderlichen Verkehrsflächen enthalten. [...]."*

Nachfolgend werden die vier Schutzziele beschrieben, die durch die Anordnung von Treppenräumen in Gebäuden sowie durch die baulichen und technischen Ausführungen erfüllt werden müssen:

- Eine **Feuerübertragung** in den notwendigen Treppenraum durch Brandbeaufschlagung ist zu verhindern. Das Feuer kann z.B. aus einem dem Eingang des Treppenraumes gegenüberliegenden Raum (über die Treppenraumtür) oder aus einem anderen Bauteil über eine Innenecke (über Treppenraumfenster) übertragen werden. Dies ist zu verhindern.
- Eine **Verrauchung** des notwendigen Treppenraumes ist zu **be**hindern, bei einem Sicherheitstreppenraum zu **ver**hindern. Der Rauch kann über einen angrenzenden Flur in den Treppenraum eindringen.

Schutzziele von Treppenräumen

- Eine **Übertragung von Bränden** (Rauch und Feuer) zwischen vertikal und horizontal angeordneten Brandabschnitten bzw. Brandabschnittsteilen ist über den notwendigen Treppenraum(-schacht) zu verhindern. Sollte es z.B. im Treppenraumschacht infolge einer offenen Tür zu einer Verpuffung kommen, z.B. durch eine Schwelgasexplosion, kann ein Brand durch den durchgehenden Schacht des Treppenraumes in andere Geschosse und Brandabschnitte übertragen werden.
- Notwendige Treppenräume müssen über eine definierte Dauer die **Standsicherheit** im Brandfall erhalten. Beim Vollbrand eines Gebäudes werden in der Regel auch die Umfassungswände von Treppenräumen brandbeaufschlagt. Der Raumabschluss und die statische Tragfähigkeit dieser Wände müssen auch unter diesem thermischen Angriff über eine im Baurecht festgelegte Zeit erhalten bleiben, damit die Feuerwehr ihren Innenangriff durchführen kann.

Grundsätzlich ist jede Treppe in einem abschottenden Raum anzuordnen, dem Treppenraum. Ausnahmen von dieser Forderung werden für einige bauliche Situationen baurechtlich zugelassen. Keinen Treppenraum benötigen notwendige Treppen

- in Gebäuden der Gebäudeklassen 1 und 2,

Treppen ohne Treppenräume

- als Verbindung zwischen maximal zwei Geschossen innerhalb derselben Nutzungseinheit mit nicht mehr als 200 m² Gesamtfläche, wenn in jedem der zwei Geschosse ein Rettungsweg zur Verfügung steht, und
- als Außentreppe, wenn eine ausreichend lange und gefahrlose Nutzung sichergestellt ist. Es ist besonders zu beachten, dass es keinen Brandüberschlag auf die Treppe aus Fenster- oder Türöffnungen geben darf.

Entfernung zu Treppenräumen

Von **jeder Stelle** einer Nutzungseinheit, also nicht nur vom Ausgang einer Nutzungseinheit, muss ein Treppenraum in höchstens 35 m Entfernung erreichbar sein. Schleusen vor dem Treppenraum dürfen dem Treppenraum zugerechnet werden. Gemessen wird die Entfernung in der **Lauflinie** (nicht in der Luftlinie). Dies ist der Weg, den ein Flüchtender tatsächlich zurückzulegen hat, um in den Treppenraum zu gelangen. Der Brandschutzplaner muss sich deshalb Gedanken über mögliche Hindernisse machen und diese in der Lauflinie berücksichtigen.

Treppenräume in Kellergeschossen

Übereinander liegende Kellergeschosse müssen jeweils mindestens zwei Ausgänge in notwendige Treppenräume oder direkt ins Freie haben. Diese Forderung wurde aufgestellt, um die besonders schwierige Rettungs- und Löschsituation in Untergeschossen zu berücksichtigen. Häufig werden Kellerbrände erst sehr spät erkannt. Eine weitere Erschwernis für wirksame Löscharbeiten ist der Brandrauch. Er kann unter der Erde nur mit großem Aufwand aus dem Untergeschoss durch die Feuerwehr abgeführt werden.

Verteilung der Treppenräume

Sind mehrere notwendige Treppenräume in einem Gebäude erforderlich, müssen sie so verteilt werden, dass sie möglichst entgegengesetzt liegen. Hierdurch ergeben sich kurze Fluchtwege, die im Brandschutzsystem angestrebt werden.

innenliegende Treppenräume

Jeder notwendige Treppenraum muss grundsätzlich einen direkten Ausgang ins Freie haben. Es können aber auch Treppenräume baurechtlich gestattet werden, die im Inneren des Gebäudes enden (innenliegende Treppenräume). In diesem Fall muss der räumliche Bereich (der Raum) zwischen dem Treppenraum und dem Ausgang ins Freie, der umgangssprachlich auch „Löwengang" oder „Fluchttunnel" genannt wird, folgende Anforderungen erfüllen:

- Er muss mindestens so breit sein wie die beiden Läufe der Treppe,
- die Wände des „Fluchttunnels" müssen mindestens in der Bauart der Treppenraumwände hergestellt werden,
- der „Fluchttunnel" darf keine Öffnungen zu anderen Räumen haben, ausgenommen zu notwendigen Fluren ohne Brandlasten, und
- Türen oder andere Abschlüsse zu diesen notwendigen Fluren müssen mindestens rauchdicht und selbstschließend sein.

Die Wände notwendiger Treppenräume müssen als raumabschließende Bauteile

Innenwände von Treppenräumen

- für Gebäude der Gebäudeklasse 5 in der Bauart von Brandwänden (Feuerwiderstandsfähigkeit: REI-M 90) hergestellt werden,
- für Gebäude der Gebäudeklasse 4 hochfeuerhemmend sein sowie eine mechanische Beanspruchung aufnehmen können (Feuerwiderstandsfähigkeit: REI-M 60) und
- für Gebäude der Gebäudeklasse 3 in feuerhemmender Bauart (Feuerwiderstandsfähigkeit: REI 30) geplant und hergestellt werden.

Außenwände von Treppenräumen

Die Außenwände von Treppenräumen müssen in der Regel nicht feuerwiderstandsfähig sein, außer, wenn es durch andere angrenzende Bauteile zu einer Brandbeanspruchung kommen kann. Dies ist zum Beispiel der Fall, wenn ein Treppenraum in einer innenliegenden Gebäudeecke angeordnet ist und ein Fenster des Treppenraumes im Brandüberschlagsbereich liegt, wenn also der Abstand beider Öffnungen weniger als 5 m beträgt (siehe Bild 2.38).

oberer Treppenraumabschluss

Der obere Treppenraumabschluss muss als raumabschließendes Bauteil in der gleichen Feuerwiderstandsfähigkeit wie die Decken des Gebäudes hergestellt werden, wenn der obere Abschluss des Treppenraumes eine Decke ist. Werden die Treppenraumwände bis direkt unter die Dachhaut geführt, gilt die Forderung nach einer Feuerwiderstandsfähigkeit nicht.

Öffnungen in notwendigen Treppenräumen müssen

Abschlüsse in Treppenräumen

zu Kellergeschossen, zu nicht ausgebauten Dachräumen, zu Werkstätten, zu Läden, zu Lager- und ähnlichen Räumen sowie zu sonstigen Räumen und Nutzungseinheiten mit einer Fläche von nicht mehr als 200 m², ausgenommen Wohnungen, mindestens mit feuerhemmenden, rauchdichten und selbstschließenden Abschlüssen versehen werden,

- zu notwendigen Fluren mindestens rauchdichte und selbstschließende und

- zu sonstigen Räumen und Nutzungseinheiten (z.B. Wohnungen) mindestens dicht- und **selbstschließende** Abschlüsse haben.

In Treppenräumen und in „Fluchttunneln" gelten folgende Regeln für Bau- und Einbauteile:

Bau- und Einbauteile in Treppenräumen

Um zu verhindern, dass Brandlasten in den Fluchtweg eingebaut werden, müssen Putze, Bekleidungen, Dämmstoffe, Unterdecken und Einbauten aus nichtbrennbaren Stoffen bestehen.

- Sollten Decken und Wände aus brennbaren Baustoffen bestehen, müssen sie eine schützende Bekleidung mit einer ausreichenden Dicke aus nichtbrennbaren Baustoffen erhalten.
- Bodenbeläge müssen mindestens aus schwerentflammbaren Baustoffen bestehen, ausgenommen hiervon sind Gleitschutzprofile.

Treppenräume in Gebäudeecken

Durch eine Brandbeaufschlagung des Treppenraumes kann es dazu kommen, dass die Flüchtenden, bedingt durch die hohen Strahlungstemperaturen, einen Teil des Treppenraumes nicht mehr nutzen können. Aufgrund der bedeutenden Schutzgüter Leben und Gesundheit der flüchtenden Personen müssen in Anlehnung an einen Brandüberschlag zwischen Brandabschnitten auch hier die 5-m- und die 120°-Regelung angesetzt werden (siehe hierzu auch Absatz 16.1.1 und die Bilder 2.1 und 2.7). Der Treppenraum ist wie ein eigener kleiner „Brandabschnitt" zu werten.

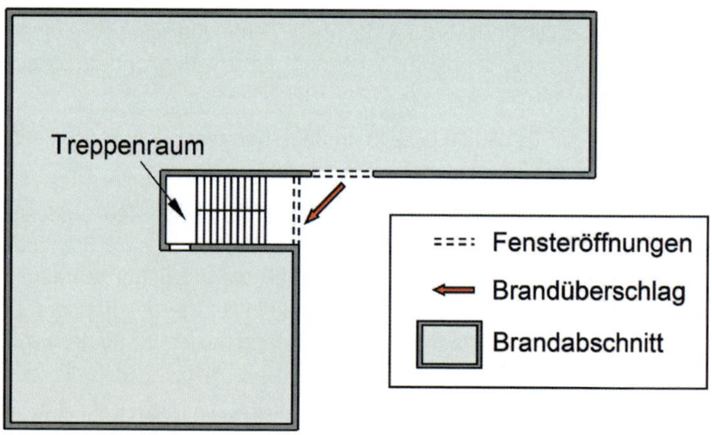

Bild 2.38: Brandbeanspruchung des Treppenraumfensters (aus dem Gebäudeinneren) eines in der Innenecke angeordneten Treppenraumes

Glasbauteile an Treppenraumtüren

Die Feuer- und Rauchschutzabschlüsse in Treppenraumwänden dürfen Seitenteile und Oberlichter aus feststehenden Verglasungen oder Glasbausteinen erhalten, wenn das gesamte Türelement nicht breiter als 2,50 m ist.

Beleuchtung von Treppenräumen

Um die Treppe eines Treppenraumes gefahrlos nutzen zu können, um also im Fluchtfall die Treppenstufen und Podeste erkennen zu können, müssen notwendige Treppenräume beleuchtet werden. Treppenräume ohne Fenster müssen ab einer Gebäudehöhe von 13 m eine Sicherheitsbeleuchtung aufweisen.

Rauchableitung in Treppenräumen

Notwendige Treppenräume müssen zur Unterstützung von wirksamen Löscharbeiten entraucht werden können. Hierzu sind entweder Öffnungen in jedem Geschoss anzuordnen, z.B. Fenster, die direkt ins Freie führen und einen lichten (freien) Querschnitt von mindestens 0,50 m^2 aufweisen, oder es muss alternativ eine Öffnung mit einem freien Mindestquerschnitt von 1 m^2 an der obersten Stelle des Treppenraumes zur Rauchableitung vorhanden sein.

Das Öffnen aller Entrauchungsklappen, -fenster und -oberlichter muss durch technische Vorrichtungen möglich sein, die sowohl vom Erdgeschoss als auch vom obersten TreppenAbsatz aus bedient werden können.

Öffnungen in Treppenräumen

In Treppenräumen von Gebäuden der Gebäudeklasse 5 muss, auch wenn in jedem Geschoss Fenster vorhanden sind, zusätzlich eine Öffnung an oberster Stelle angeordnet werden.

In Gebäuden der Gebäudeklassen 4 und 5 sind bei Treppenräumen mit nur einer Öffnung an oberster Stelle und ohne Fenster (z.B. bei innenliegenden Treppenräumen) besondere Vorkehrungen zur Rauchabführung zu treffen. Diese Maßnahmen dienen zur Umsetzung der Grundforderung, dass Treppenräume entrauchbar sein müssen, um wirksame Löscharbeiten zu unterstützen.

oberer Treppenraumabschluss

Bei Treppenräumen ohne Fenster oder andere Öffnungen in vertikalen Bauteilen können diese Maßnahmen darin bestehen, dass der Raucheintritt aus angrenzenden Nutzungseinheiten in den Treppenraum begrenzt und die Frischluftzufuhr erhöht wird. Um eine verringerte Raucheintrittsmenge zu erreichen, können in den Nutzungseinheiten notwendige Flure, Vorräume und/oder qualifizierte Abschlüsse zum Treppenraum baulich angeordnet werden. Die Frischluft kann durch eine mechanische Lüftungsanlage zugeführt werden.

Tabelle 2.19: Mindestanforderungen an die Entrauchung von Treppenräumen

Treppenraum in Gebäuden der:	Öffnung in jedem Geschoss, z.B. Fenster mit lichter Öffnungsfläche $A \geq 0{,}50\ m^2$		Öffnung an oberster Stelle, z.B. Oberlicht mit lichter Öffnungsfläche $A \geq 1\ m^2$ *
GK 1	keine Treppenräume nach § 35 Absatz 1 OZ 1 MBO erforderlich		
GK 2	keine Treppenräume nach § 35 Absatz 1 OZ 1 MBO erforderlich		
GK 3	x	**oder**	x
GK 4**	x	**oder**	x
GK 5**	x	**und**	x

* Innenliegende Treppenräume müssen immer mit einer Öffnung an oberster Stelle ausgestattet werden.

** Wird nur an oberster Stelle des Treppenraumes entraucht, sind besondere Vorkehrungen zu treffen, um wirksame Löscharbeiten durchführen zu können.

Nachfolgend werden Ergänzungen zu den brandschutztechnischen Grundforderungen der Musterbauordnung zu Treppenräumen nach den entsprechenden Regelwerken aufgezeigt:

a) Regelbauten (nach Musterbauordnung [2.1]):

Die in diesem Absatz (18.4) beschriebenen Forderungen und Regeln zu Treppenräumen gelten grundsätzlich für Regelbauten.

b) Beherbergungsstätten (nach Muster-Beherbergungsstättenverordnung [2.26]):

Treppenräume in Beherbergungsstätten werden nach den Forderungen der Musterbauordnung bzw. der Landesbauordnungen geplant und ausgeführt. In der Muster-Beherbergungsstättenverordnung werden keine ergänzenden oder erweiternden Angaben hierzu gemacht.

c) Garagen (nach Muster-Garagenverordnung [2.27]):

Treppenräume, die nicht nur den Benutzern der Garagen dienen, dürfen verbunden sein

Sicherheitsschleusen zu Garagen

- mit geschlossenen Mittel- und Großgaragen nur durch Räume mit feuerbeständigen Wänden und Decken sowie feuerhemmenden, rauchdichten und selbstschließenden Türen, die in Fluchtrichtung aufschlagen **(Sicherheitsschleusen)**, und
- unmittelbar mit anderen Garagen nur durch Öffnungen mit mindestens feuerhemmenden und selbstschließenden Türen.

keine Treppenräume erforderlich

Bei oberirdischen Mittel- und Großgaragen, deren Einstellplätze im Mittel nicht mehr als 3 m über der Geländeoberfläche liegen, sind Treppenräume für notwendige Treppen nicht erforderlich.

Von jeder Stelle einer Mittel- und Großgarage muss in demselben Geschoss mindestens ein Treppenraum einer notwendigen Treppe oder, wenn ein Treppenraum nicht erforderlich ist, mindestens eine notwendige Treppe oder ein Ausgang ins Freie

Treppenräume in höchstens 30 m und 50 m Entfernung

- bei offenen Mittel- und Großgaragen in einer Entfernung von höchstens 50 m und
- bei geschlossenen Mittel- und Großgaragen in einer Entfernung von höchstens 30 m erreichbar sein.

Entfernungsmessung

Die Entfernung ist in der Luftlinie (nicht in der Lauflinie), jedoch nicht durch Bauteile zu messen.

Kraftfahrzeuge dürfen in Treppenräumen nicht abgestellt werden.

d) Hochhäuser (nach Muster-Hochhaus-Richtlinie [2.28]):

Die Wände von notwendigen Treppenräumen und deren Vorräumen müssen raumabschließend mit der Feuerwiderstandsfähigkeit der tragenden Bauteile ausgeführt werden.

Sicherheitstreppenräume

In Hochhäusern mit nicht mehr als 60 m Höhe genügt an Stelle von zwei notwendigen Treppenräumen ein Sicherheitstreppenraum.

In Hochhäusern mit mehr als 60 m Höhe müssen alle notwendigen Treppenräume als Sicherheitstreppenräume ausgebildet sein.

Innenliegende notwendige Treppenräume in oberirdischen Geschossen und notwendige Treppenräume in Kellergeschossen mit Aufenthaltsräumen müssen als Sicherheitstreppenräume ausgebildet sein.

getrennte Führung

Notwendige Treppenräume von Kellergeschossen dürfen mit den Treppenräumen oberirdischer Geschosse **nicht** in Verbindung stehen. Die Rettungswege aus den oberirdischen Geschossen und den Kellergeschossen sind getrennt ins Freie zu führen.

Sofern der Ausgang eines notwendigen Treppenraumes nicht unmittelbar ins Freie führt, muss der Raum zwischen dem notwendigen Treppenraum und dem Ausgang ins Freie

Bereich zwischen Treppenraum und Ausgang

- ohne Öffnungen zu anderen Räumen sein und
- Wände haben, die die Anforderungen an die Wände des Treppenraumes erfüllen.

Öffnungen in den Wänden notwendiger Treppenräume, die keine Sicherheitstreppenräume sind, sind zulässig

Öffnungen in Treppenraumwänden

- zu notwendigen Fluren,
- ins Freie und
- zu Räumen zwischen Treppenräumen und dem Ausgang ins Freie.

Vor den Türen notwendiger Treppenräume der Kellergeschosse müssen Vorräume und vor den Vorräumen notwendige Flure angeordnet sein.

Vorräume vor Treppenräumen

Öffnungen in den Wänden dieser Vorräume sind zulässig

- zum notwendigen Treppenraum und
- zu notwendigen Fluren.

Der Abstand von der Tür des notwendigen Treppenraum zu anderen Türen muss mindestens 3,0 m betragen. Dieser Mindestabstand soll verhindern, dass eine flüchtende Person beide Türen gleichzeitig offen halten kann. Hierdurch wird der Eintritt von Rauch in den Treppenraum minimiert. Der Abstand wird als lichtes Maß zwischen den Türzargen gemessen.

Abstand zwischen Türen

Hochhäuser müssen in jedem Geschoss nasse Steigleitungen mit Wandhydranten für die Feuerwehr haben

nasse Steigleitungen

- in den Vorräumen der Feuerwehraufzüge,
- in den Vorräumen der notwendigen Treppenräume und
- bei notwendigen Treppenräumen ohne Vorräume an geeigneter Stelle.

In Vorräumen und notwendigen Treppenräumen dürfen keine Gegenstände abgestellt werden.

Gegenstände

e) Industriebauten (nach Muster-Industriebau-Richtlinie [2.29]):

In notwendigen Treppenräumen, in Räumen zwischen Treppenräumen und Ausgängen ins Freie, in notwendigen Fluren sowie innerhalb der erforderlichen Breite von Hauptgängen dürfen keine Gegenstände abgestellt werden.

Gegenstände

Wände notwendiger Treppenräume müssen den Anforderungen der Gebäudeklasse 5 nach der Musterbauordnung entsprechen (raumabschließend und in der Bauart von Brandwänden).

Wände von Treppenräumen

f) Krankenhäuser (nach Brandenburgischer Krankenhaus- und Pflegeheim-Bauverordnung [2.30]):

In jedem Brandabschnitt muss ein notwendiger Treppenraum angeordnet werden. Die Brandabschnitte dürfen nicht durch offene Treppen-(-räume) verbunden sein.

je Brandabschnitt einen Treppenraum

Rauchabzug Notwendige Treppenräume müssen an ihrer obersten Stelle einen Rauchabzug haben. Die Größe der Entrauchungsfläche wird hier nicht angegeben. Sie sollte 5 % der Treppenraumgrundflächen, mindestens aber 1 m² nach der Musterbauordnung aus dem Jahr 1997 [2.55] betragen.

g) Schulen (nach Muster-Schulbau-Richtlinie [2.31]):

In Schulen, die in die Gebäudeklassen 1 und 2 eingestuft werden, müssen die Wände notwendiger Treppenräume als raumabschließende Bauteile feuerhemmend sein.

Breite von Treppen Ausgänge zu notwendigen Treppenräumen dürfen nicht breiter sein als die notwendige Treppe. Ausgänge aus notwendigen Treppenräumen müssen mindestens so breit sein wie die notwendige Treppe. An den Ausgängen zu notwendigen Treppenräumen oder ins Freie müssen Sicherheitszeichen angebracht sein.

Sicherheitsbeleuchtung Eine Sicherheitsbeleuchtung muss in notwendigen Treppenräumen vorhanden sein.

h) Verkaufsstätten (nach Muster-Verkaufsstättenverordnung [2.32]):

Bauart von Brandwänden Die Wände von Treppenräumen notwendiger Treppen müssen in der Bauart von Brandwänden hergestellt werden.

Treppenraumerweiterungen Treppenraumerweiterungen (Räume, die Treppenräume mit Ausgängen ins Freie verbinden) müssen

- die Anforderungen an Treppenräume erfüllen,
- feuerbeständige Decken aus nichtbrennbaren Baustoffen haben und
- mindestens so breit sein wie die notwendigen Treppen, mit denen sie in Verbindung stehen.

Sie dürfen nicht länger als 35 m sein und keine Öffnungen zu anderen Räumen haben.

Ausgangsbreite Die Ausgänge aus einem Geschoss einer Verkaufsstätte ins Freie oder in Treppenräume notwendiger Treppen müssen eine Breite von mindestens 30 cm je 100 m²

- der Flächen der Verkaufsräume und
- der Hälfte der Flächen der Ladenstraßen, mindestens jedoch der Flächen der Ladenstraßen bezogen auf die Mindestbreite von 5 m

haben. Ausgänge aus Treppenräumen notwendiger Treppen ins Freie oder in Treppenraumerweiterungen müssen mindestens so breit sein wie die notwendigen Treppen.

Sicherheitsbeleuchtung Eine Sicherheitsbeleuchtung muss in notwendigen Treppenräumen sowie in Räumen zwischen notwendigen Treppenräumen und Ausgängen ins Freie vorhanden sein.

Dekorationen In Treppenräumen notwendiger Treppen, in Treppenraumerweiterungen und in notwendigen Fluren dürfen keine Dekorationen angebracht oder gelagert werden. In diesen Räumen dürfen auch keine Gegenstände abgestellt werden.

i) Versammlungsstätten (nach Muster-Versammlungsstättenverordnung [2.33]):

Sicherheitsbeleuchtung In notwendigen Treppenräumen sowie in Räumen zwischen notwendigen Treppenräumen und Ausgängen ins Freie muss eine Sicherheitsbeleuchtung vorhanden sein.

Werkstätten, Magazine und Lagerräume dürfen mit notwendigen Treppenräumen nicht in unmittelbarer Verbindung stehen. Zwischen diesen beiden Bereichen kann z.B. eine Schleuse angeordnet werden.

Schleusen

Ausschmückungen (vorübergehend angebrachte Dekorationsgegenstände, wie z.B. Girlanden und Fahnen) in Versammlungsstätten müssen grundsätzlich aus mindestens schwerentflammbarem Material bestehen. Ausschmückungen in notwendigen Treppenräumen müssen aus nichtbrennbarem Material bestehen.

Ausschmückungen

18.5 Sicherheitstreppenräume

Nach § 33 Absatz 2 MBO [2.1] ist ein zweiter Rettungsweg nicht erforderlich, wenn ein sicher erreichbarer Treppenraum vorhanden ist, in den Feuer und Rauch nicht eindringen können. Diese Treppenraumkonstruktion wird Sicherheitstreppenraum genannt.

Bei der Planung dieser Treppenräume ist eine weitere Forderung der MBO zu beachten. Notwendige Flure mit nur einer Fluchtrichtung (Stichflure), die zu einem Sicherheitstreppenraum führen, dürfen nach § 36 Absatz 3 nicht länger sein als 15 m. Hierdurch können, je nach Größe der Grundfläche des Gebäudes, mehrere Sicherheitstreppenräume erforderlich sein.

Stichflurlänge

Um die besonderen Sicherheitsanforderungen dieser Treppenräume zu erreichen, muss das Eindringen von Feuer und Rauch durch bauliche und/oder technische Maßnahmen verhindert werden.

Führt der Ausgang des Sicherheitstreppenraums nicht direkt ins Freie (z.B. bei einem innenliegenden Sicherheitstreppenraum), darf der Raum zwischen dem Treppenraum und dem Ausgang ins Freie

Ausgang von Sicherheitstreppenräumen

- keine Öffnungen zu anderen Räumen besitzen und
- müssen die Wände des sicheren Bereichs (des „Fluchttunnels" oder „Löwengangs") in der gleichen brandschutztechnischen Bauart wie die Treppenraumwände hergestellt werden.

Diese Regelung entspricht in den Grundzügen den Vorgaben an einen „normalen" innenliegenden Treppenraum (siehe hierzu auch Absatz 18.4). Da an einen Sicherheitstreppenraum jedoch erhöhte Anforderungen gestellt werden, darf es in diesem Raum keine Öffnungen zu anderen Räumen geben. Bei „normalen" Treppenräumen sind Öffnungen zu Fluren zulässig.

Sicherheitstreppenräume sind als innen- und außenliegende Treppenräume zulässig.

Außenliegende Sicherheitstreppenräume können entweder vor dem Gebäude (siehe Bild 2.39) oder an der Außenwand angeordnet (siehe Bild 2.39a) werden.

Rauch kann aufgrund des offenen Übergangs in der Variante 1 nicht in den Treppenraum eindringen. In der Variante 2 kann ebenfalls kein Rauch eindringen, da der Treppenraum nur über einen offenen Balkon betreten werden kann.

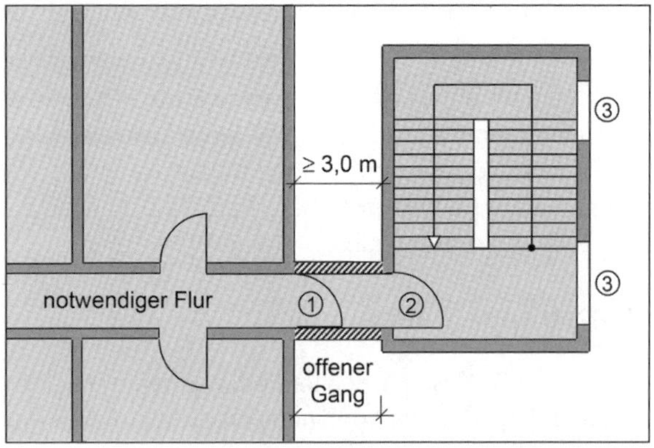

Türen: ① zwischen notwendigem Flur und offenem Gang: rauchdicht und selbstschließend (rdts bzw. $S_{200}C$)
② zwischen offenem Gang und Treppenraum: rauchdicht und selbstschließend RDS (rdts bzw. $S_{200}C$)
Abstand zwischen den Türen: mindestens 3,0 m

Fenster: ③ eine günstige Position der Treppenraumfenster ist die gebäudeabgewandte Seite (keine Brandüberschlagsgefahr)

▨ Trogwände des Überganges im freien Windstrom mit einer Brüstungshöhe ≥ 1,25 m

*Bild 2.39: Der **außenliegende Sicherheitstreppenraum** ist vor dem Gebäude angeordnet und nur durch einen offenen Gang zu erreichen, der im freien Windstrom liegt.*

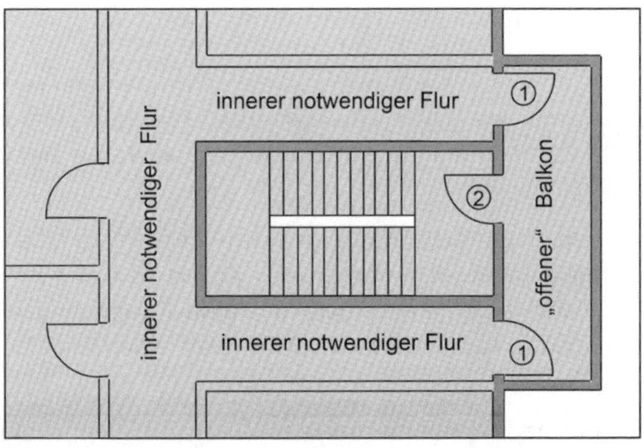

Türen: ① zwischen notwendigem Flur und offenem Balkon: rauchdicht und selbstschließend (rdts bzw. $S_{200}C$)
② zwischen offenem Balkon und Treppenraum: rauchdicht und selbstschließend (rdts bzw. $S_{200}C$)

Fenster: keine Fenster im Treppenraum zulässig

*Bild 2.39a: Der **außenliegende Sicherheitstreppenraum** ist nur von außen über einen offenen Balkon (Laubengang) begehbar, der im freien Windstrom angeordnet ist. Der Laubengang ist durch die beiden notwendigen Flure zu erreichen.*

Die Konstruktion von **innenliegenden Sicherheitstreppenräumen** (siehe Bild 2.39b) kann der Muster-Hochhaus-Richtlinie [2.28] entnommen werden. Hiernach müssen folgende bauliche und technische Randbedingungen eingehalten werden:

Konstruktion von Schleusen

- Vor den Türen zu innenliegenden Treppenräumen müssen Vorräume (Schleusen) angeordnet werden, in die Feuer und Rauch nicht eindringen dürfen. Im Baurecht wird gefordert, dass Türen in Fluchtrichtung aufschlagen müssen. Bei einer Schleuse sollten jedoch beide Türen gegenläufig aufschlagen, da bei einer Schwelgasexplosion (Verpuffung) dann eine der beiden Türen durch den Druck geschlossen wird. Würden beide Türen in Richtung des Treppenraumes aufschlagen, könnten bei einer Verpuffung (Schwelgasexplosion) beide Türen aufgedrückt werden und dadurch Brandrauch in den Treppenraum gelangen. Die beiden Türen der Schleuse müssen so weit voneinander entfernt sein, dass sie nicht gleichzeitig durch eine Person geöffnet werden können. Bei einer Verpuffung in dieser Situation kann es ebenfalls zur Verrauchung des Treppenraumes kommen. Da die Funktion einer Schleuse in der Regel nicht jedem Nutzer des Gebäudes bekannt ist, sollte mit Schildern darauf hingewiesen, dass dieser Raum nicht zweckentfremdet als Lagerraum genutzt werden darf.
- Die Forderung, dass in Vorräumen kein Feuer und Rauch eindringen dürfen, muss durch eine Druckbelüftungsanlage erfüllt werden. Durch diese Anlage wird ein Überdruck im Treppenraum sowie im Vorraum erzeugt. Hierdurch kann kein Rauch in den Treppenraum gelangen. Beim Ausfall dieser sicherheitstechnischen Anlage ist die Funktionalität des Sicherheitstreppenraumes nicht mehr gewährleistet. Bei nur einem innenliegenden Sicherheitstreppenraum muss ein Ersatzgerät vorhanden sein, das beim Ausfall des Hauptgerätes unverzüglich dessen Aufgabe übernimmt. Die Energieversorgung der Druckbelüftungsanlage muss auch in einem Brandfall sichergestellt sein. Dies kann z.B. durch elektrische Leitungsanlagen mit Funktionserhalt oder durch eine Notstromanlage erfolgen.

  Druckbelüftungsanlagen

  Druckbelüftungsanlagen müssen so bemessen werden, dass die Luft auch bei geöffneten Türen im Brandgeschoss aus dem Treppenraum bzw. Vorraum – entgegengesetzt der Fluchtrichtung – herausströmt. Die Mindestgeschwindigkeit der Abströmluft durch die geöffnete Tür beträgt 2,0 m/s.

  Die Druckbelüftungsanlage muss automatisch durch eine Brandmeldeanlage ausgelöst und der erforderliche Druck im Treppen- und Vorraum unverzüglich nach der Auslösung aufgebaut werden.

  Gemessen am Türgriff darf die maximale Kraft zum Öffnen 100 N (≙ 10 kg) betragen. Dies gilt für die Türen im Sicherheitstreppenraum sowie im Vorraum.

Öffnungen in Vorräumen

- Öffnungen (in der Regel Türöffnungen) sind in den Wänden des Vorraumes nur zulässig, wenn sie zum Sicherheitstreppenraum oder in einen notwendigen Flur führen.

Türen in Sicherheitstreppenräumen

- Türen zwischen Vorräumen und notwendigen Fluren müssen mindestens feuerhemmend, rauchdicht und selbstschließend ausgeführt werden; zwischen innenliegenden Sicherheitstreppenräumen und Vorräumen sind rauchdichte und selbstschließende Abschlüsse ausreichend. Türen im Zuge von Rettungswegen müssen jederzeit leicht von innen in voller Breite zu öffnen sein.

Stichflurlänge

- Notwendige Flure mit nur einer Fluchtrichtung (Stichflure), die zu einem Sicherheitstreppenraum führen, dürfen **nicht** länger als **15 m** sein.

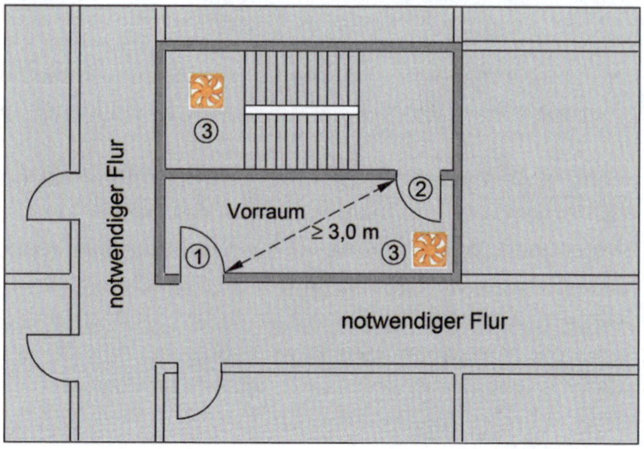

Türen:

① zwischen notwendigem Flur und Vorraum: feuerhemmend, rauchdicht und selbstschließend T 30-RS (EI_230 - $S_{200}C$)

② zwischen Vorraum und innenliegendem Sicherheitstreppenraum: rauchdicht und selbstschließend (rdts bzw. $S_{200}C$)
Der Abstand zwischen den Türen im Treppenraum und im Vorraum muss größer als 3,0 m sein.

Techn. Anlage:

③ sowohl im Treppen- als auch im Vorraum muss eine Druckbelüftungsanlage den Innendruck erhöhen

Bild 2.39b: Vor dem ***innenliegenden Sicherheitstreppenraum*** *ist ein Vorraum anzuordnen, der als Schleuse gegen das Eindringen von Rauch und Feuer dient.*

Sicherheitstreppenräume in Hochhäusern

Nachfolgend werden Ergänzungen zu den zuvor genannten brandschutztechnischen Grundforderungen an Sicherheitstreppenräume nach der Hochhaus-Richtlinie aufgezeigt. In anderen Sonderbauvorschriften gibt es keinen Hinweis auf Sicherheitstreppenräume.

d) Hochhäuser (nach Muster-Hochhaus-Richtlinie [2.28]):

Ersatz für zwei Treppenräume

In Hochhäusern mit nicht mehr als 60 m Höhe genügt an Stelle von zwei notwendigen Treppenräumen ein Sicherheitstreppenraum. Bei dieser Anordnung ist § 36 Absatz 3 MBO (15-m-Regel) zu beachten.

In Hochhäusern mit mehr als 60 m Höhe müssen alle notwendigen Treppenräume als Sicherheitstreppenräume ausgebildet sein.

Innenliegende notwendige Treppenräume von oberirdischen Geschossen und notwendige Treppenräume von Kellergeschossen mit Aufenthaltsräumen müssen als Sicherheitstreppenräume ausgebildet werden.

durchgehende Sicherheitstreppenräume

Innenliegende Sicherheitstreppenräume dürfen vom untersten Kellergeschoss bis zum obersten oberirdischen Geschoss geführt werden, da die sichere Benutzbarkeit des Sicherheitstreppenraumes durch seine Eigenschaften und sicherheitstechnischen Einrichtungen gewährleistet ist. Bei „normalen" Treppenräumen ist dies nicht zulässig (siehe hierzu auch Absatz 18.4 Ordnungsbuchstabe d).

Die Personenströme aus den Kellergeschossen und die aus den oberirdischen Geschossen müssen jedoch auch bei innenliegenden Sicherheitstreppenräumen getrennt ins Freie geführt werden.

Übergänge

Vor den Türen außenliegender Sicherheitstreppenräume müssen offene Gänge im freien Luftstrom so angeordnet werden, dass Rauch ungehindert ins Freie abziehen kann.

Öffnungen in den Wänden der Sicherheitstreppenräume sind zulässig

- zu offenen Gängen und
- ins Freie.

Verglasungen

Zur Belichtung von Sicherheitstreppenräumen sind nur feste Verglasungen zulässig.

Abstand zu anderen Türen

Der Abstand von der Tür des Sicherheitstreppenraumes zu anderen Türen (z.B. bei innenliegenden Sicherheitstreppenräumen zu Schleusentüren) muss mindestens 3,0 m betragen.

Vorräume

Vor den Türen innenliegender Sicherheitstreppenräume müssen Vorräume angeordnet sein, in die Feuer und Rauch nicht eindringen können. Öffnungen in den Wänden dieser Vorräume sind zulässig

- zum Sicherheitstreppenraum und
- zu notwendigen Fluren.

Entfernung zu Vorräumen

Von jeder Stelle eines Aufenthaltsraumes sowie eines Kellergeschosses muss mindestens ein Ausgang in einen notwendigen Treppenraum, einen Vorraum eines Sicherheitstreppenraumes oder ins Freie in höchstens 35 m Entfernung erreichbar sein.

18.6 Horizontale Rettungswege – notwendige Flure und offene Gänge

Flure, über die Rettungswege führen, werden als „notwendige" Flure bezeichnet. Sie sind ein wichtiges Element im Fluchtwegesystem und müssen so ausgebildet und angeordnet werden, dass sie im Brandfall ausreichend lange nutzbar sind.

erforderliche Flure

Notwendige Flure sind horizontale Verbindungen zwischen Aufenthaltsräumen oder Nutzungseinheiten mit Aufenthaltsräumen und Ausgängen in notwendige Treppenräume oder direkt ins Freie.

Notwendige Flure sind **nicht** erforderlich:

- in Wohngebäuden der Gebäudeklassen 1 und 2,
- in sonstigen Gebäuden der Gebäudeklassen 1 und 2, ausgenommen in Kellergeschossen,
- innerhalb von Nutzungseinheiten mit nicht mehr als 200 m² und innerhalb von Wohnungen und

Flure in Büro- oder Verwaltungseinheiten

- innerhalb von Nutzungseinheiten, die einer Büro- oder Verwaltungsnutzung dienen, mit nicht mehr als 400 m²; dies gilt auch für Teile größerer Nutzungseinheiten, wenn diese Teile nicht größer als 400 m² sind, Trennwände nach Absatz 16.1.3 haben und jeder Teil unabhängig von anderen Teilen Rettungswege nach Absatz 18.1 besitzt.

Breite von notwendigen Fluren

Die Breite von notwendigen Fluren muss so ausgelegt sein, dass sie für die größtmögliche Personenanzahl im Brandfall ausreichend ist. Auch für die Flurbreiten können die Werte der Tabelle 1.17 (nach der ASR A2.3 [2.49]) angesetzt werden.

Höhenausgleich

In notwendigen Fluren ist eine Stufenanzahl von weniger als drei nicht zulässig. Nach der DIN 18065 „Gebäudetreppen" [2.50] bestehen Treppen aus mindestens drei Stufen. Eine Treppe im Fluchtweg ist zulässig, ein Höhenausgleich aus einer oder zwei Stufen jedoch **nicht**, da er leicht übersehen werden kann und somit eine Stolpergefahr darstellt. Dies gilt besonders für Personen, die sich in einer Fluchtsituation befinden.

Geringe Höhenunterschiede können durch Rampen überbrückt werden, die in Fluchtwegen zulässig sind.

Freihalten von notwendigen Fluren

Ein notwendiger Flur, der Teil eines Rettungsweges ist, muss zur planmäßigen Nutzung freigehalten werden. Er kann also nicht gleichzeitig sicherer Fluchtweg und Aufenthaltsraum (z.B. in Kliniken oder Heimen), Aktenkammer, Büro (in Verwaltungsgebäuden) und/oder Installationskanal sein.

Bildung von Rauchabschnitten

Notwendige Flure sind durch nichtabschließbare, rauchdichte und selbstschließende Abschlüsse in Rauchabschnitte zu unterteilen. Überlange Flure sollen in Abschnitte von nicht mehr als 30 m Länge gegliedert werden.

Durch diese Unterteilung wird die schnelle Rauchausbreitung in der Anfangsphase eines Brandes behindert. Weiterhin verkürzt sich die Länge des Fluchtweges für Flüchtende im Rauchabschnitt. Im ungünstigsten Fall muss der Flüchtende einen Weg von 15 m zurücklegen, wenn es Fluchtmöglichkeiten in beide Richtungen gibt.

Rauchabschnittstüren

Die Rauchabschlüsse (Türelemente) müssen als Abschottungselemente bis an die Rohdecke geführt werden. Sie dürfen an eine Unterdecke angrenzen, wenn diese in mindestens feuerhemmender Bauart hergestellt ist.

Die zuvor genannten Forderungen gelten nicht für offene Gänge („Laubengänge").

Wände von notwendigen Fluren

Die Wände notwendiger Flure müssen in oberirdischen Geschossen raumabschließend und mindestens feuerhemmend hergestellt werden. In Kellergeschossen richtet sich die Feuerwiderstandsklasse der Flurwände nach der Klasse der tragenden Bauteile.

Flurwände sind bis an die Rohdecke zu führen. Sie dürfen an eine Unterdecke angrenzen, wenn diese mindestens feuerhemmend und als Raumabschluss ausgebildet ist. Diese Ausführung soll das „Überlaufen" eines Brandes in den Flurbereich behindern.

dichtschließende Türen

Türen in Flurwänden müssen mindestens dichtschließend sein. Diese Forderung gilt als erfüllt, wenn Türen eine drei- oder vierseitig umlaufende Dichtung besitzen. Das vollwandige Türblatt kann stumpf einschlagend oder gefälzt hergestellt sein. Eine Selbstschließung wird bei diesen Türen nicht gefordert.

Eine Ausnahme hiervon sind Türen zu Lagerbereichen in Kellergeschossen. Sie müssen als feuerhemmende, dicht- und selbstschließende Abschlüsse ausgeführt werden.

Nachfolgend werden Abweichungen von und Ergänzungen zu den brandschutztechnischen Grundforderungen der Musterbauordnung zu notwendigen Fluren und Gänge nach den entsprechenden Regelwerken aufgezeigt:

a) Regelbauten (nach Musterbauordnung [2.1]):

Die in diesem Absatz (18.6) beschriebenen Forderungen und Regeln zu Fluren und Gängen gelten grundsätzlich für Regelbauten.

b) Beherbergungsstätten (nach Muster-Beherbergungsstättenverordnung [2.26]):

Die Regelung des § 36 Absatz 1 Satz 2 OZ 3 der Musterbauordnung [2.1], dass innerhalb von Nutzungseinheiten mit nicht mehr als 200 m² und innerhalb von Wohnungen notwendige Flure nicht erforderlich sind, gilt nicht in Beherbergungsstätten. **Nutzungseinheiten < 200 m²**

In notwendigen Fluren mit nur einer Fluchtrichtung (Stichfluren) darf die Entfernung zwischen Türen von Beherbergungsräumen und notwendigen Treppenräumen oder Ausgängen ins Freie nicht größer als 15 m sein. **Stichflurlänge**

Stufen in notwendigen Fluren müssen immer beleuchtet sein.

c) Garagen (nach Muster-Garagenverordnung [2.27]):

Flure, die nicht nur den Benutzern der Garagen dienen, dürfen verbunden sein mit

- geschlossenen Mittel- und Großgaragen nur durch Räume mit feuerbeständigen Wänden und Decken sowie feuerhemmenden, rauchdichten und selbstschließenden Türen, die in Fluchtrichtung aufschlagen (Sicherheitsschleusen); zwischen Sicherheitsschleusen und Fluren genügen selbst- und dichtschließende Türen. Abweichend davon darf die Sicherheitsschleuse direkt mit einem Aufzug verbunden sein, wenn der Aufzug in einem eigenen, feuerbeständigen Schacht liegt oder direkt ins Freie führt und **Sicherheitsschleusen**
- anderen Garagen unmittelbar nur durch Öffnungen, die mit mindestens feuerhemmenden und selbstschließenden Türen versehen werden. **feuerhemmende Türen**

Kraftfahrzeuge (z.B. Motorräder) dürfen nicht in Fluren abgestellt werden. **Kraftfahrzeuge in Fluren**

d) Hochhäuser (nach Muster-Hochhaus-Richtlinie [2.28]):

Ausgänge von Nutzungseinheiten dürfen nur auf notwendige Flure oder ins Freie, nicht aber direkt in Treppenräume führen. **Ausgänge**

Notwendige Flure mit nur einer Fluchtrichtung (Stichflure) dürfen nicht länger als 15 m sein. Sie müssen zum Vorraum eines Sicherheitstreppenraums, zu einem notwendigen Flur mit zwei Fluchtrichtungen oder zu einem offenen Gang führen. Die Flure mit nur einer Fluchtrichtung sind durch nichtabschließbare, rauchdichte und selbstschließende Abschlüsse von anderen notwendigen Fluren abzutrennen. **Stichflurlänge**

Innerhalb von Nutzungseinheiten mit nicht mehr als 400 m² Grundfläche, deren Nutzung hinsichtlich der Brandgefahren mit einer Büro- oder Verwaltungsnutzung vergleichbar ist, sind notwendige Flure nicht erforderlich. **400-m²-Regelung**

In Nutzungseinheiten, die einer Büro- oder Verwaltungsnutzung dienen oder die hinsichtlich der Brandgefahren mit einer Büro- oder Verwaltungsnutzung vergleichbar sind, müssen Räume mit mehr als 400 m² Grundfläche **Nutzungseinheit über 400 m² – ohne notwendige Flure**

- gekennzeichnete Gänge mit einer Breite von mindestens 1,20 m haben, die auf möglichst geradem Weg zu entgegengesetzt liegenden Ausgängen zu notwendigen Fluren führen und
- Sichtverbindungen innerhalb der Räume zum nächstliegenden Ausgang haben, die nicht durch Raumteiler oder Einrichtungen beeinträchtigt werden.

Unter den zuvor genannten Voraussetzungen sind Räume mit mehr als 400 m² Grundfläche ohne interne notwendige Flure zulässig. Eine Binnenunterteilung von Großraumbüros (z.B. als Kombibüro) durch Wände, Stellwände, Raumteiler oder andere Einrichtungsgegenstände ist nur insoweit zulässig, als die Sichtverbindung zum nächstliegenden Ausgang nicht verloren geht.

Empfangsbereiche in notwendigen Fluren

In notwendigen Fluren sind Empfangsbereiche grundsätzlich unzulässig. Sie sind nur zulässig, wenn

- die Rettungswegbreite nicht eingeschränkt wird,
- der Ausbreitung von Rauch in den notwendigen Flur vorgebeugt wird und
- der notwendige Flur zwei Fluchtrichtungen hat.

e) Industriebauten (nach Muster-Industriebau-Richtlinie [2.29]):

Gegenstände

In notwendigen Fluren dürfen keine Gegenstände abgestellt werden.

f) Krankenhäuser (nach Brandenburgischer Krankenhaus- und Pflegeheim-Bauverordnung [2.30]):

Stichflurlänge

Stichflure sind bis zu einer Länge von 10 m zulässig.

Breite von notwendigen Fluren

Die lichte Breite notwendiger Flure muss in Pflegeheimen mindestens 1,6 m und in Krankenhäusern sowie in Intensivbereichen von Pflegeheimen mindestens 2,25 m betragen. Für notwendige Flure, die nur dem Personal zugänglich sind, genügt eine lichte Breite von 1,2 m.

keine Einengung der lichten Breite von Fluren

Die lichte Breite notwendiger Flure darf durch Türen, Handläufe und Einbauten nicht eingeengt werden.

Notwendige Flure müssen Fenster oder Rauchabzugsanlagen haben, die so beschaffen sind, dass sie im Brandfall Rauch ohne Gefahr für andere Räume abführen können.

g) Schulen (nach Muster-Schulbau-Richtlinie [2.31]):

Stichflurlänge

Notwendige Flure mit nur einer Fluchtrichtung (Stichflure) dürfen nicht länger als 10 m sein.

Die nutzbare Breite der Ausgänge von Unterrichtsräumen und sonstigen Aufenthaltsräumen sowie der notwendigen Flure und notwendigen Treppen muss mindestens 1,2 m je 200 darauf angewiesene Benutzer betragen. Staffelungen sind nur in Schritten von 0,6 m zulässig.

Tabelle 2.20: Breite von Fluren und Treppen infolge der Nutzerzahl

Anzahl der Nutzer [-]	Breite von notwendigen Fluren [m]	Breite von notwendigen Treppen [m]
1 bis 199	1,50	1,20
200 bis 299	2,10	1,80
300 bis 399	2,70	2,40
400 bis 499	3,30	3,00
500 bis 599	3,90	3,60
600 bis 699	4,50	4,20
700 bis 799	5,10	4,80
800 bis 899	5,70	5,40
900 bis 999	6,30	6,00

Es muss jedoch mindestens folgende nutzbare Breite vorhanden sein bei

Mindestbreiten

- Ausgängen von Unterrichtsräumen und sonstigen Aufenthaltsräumen 0,9 m,
- notwendigen Fluren 1,5 m und
- notwendigen Treppen 1,2 m.

Diese Maße sind auch in der DIN 18040-1 [2.56] enthalten. In dieser Norm wird die Barrierefreiheit in öffentlich zugänglichen Gebäuden geregelt.

Einengungen in notwendigen Fluren

Die erforderliche nutzbare Breite der notwendigen Flure und notwendigen Treppen darf durch offenstehende Türen, Einbauten oder Einrichtungen nicht eingeengt werden. Ausgänge zu notwendigen Fluren dürfen nicht breiter sein als der notwendige Flur, Ausgänge zu notwendigen Treppenräumen nicht breiter als die notwendige Treppe und Ausgänge aus notwendigen Treppenräumen müssen mindestens so breit sein wie die notwendige Treppe.

Sicherheitszeichen

An den Ausgängen zu notwendigen Treppenräumen oder ins Freie müssen Sicherheitszeichen angebracht sein.

Beleuchtung

Eine Sicherheitsbeleuchtung muss in notwendigen Fluren vorhanden sein.

h) Verkaufsstätten (nach Muster-Verkaufsstättenverordnung [2.32]):

Breite von notwendigen Fluren und Gängen

Notwendige Flure für Kunden müssen mindestens 2,0 m breit sein. Bei notwendigen Fluren für Kunden genügt eine Breite von 1,5 m, wenn die Flure für Verkaufsräume bestimmt sind, deren Fläche insgesamt nicht mehr als 500 m² beträgt.

Hauptgänge müssen mindestens 2,0 m breit sein. Sie müssen auf möglichst kurzem Weg zu Ausgängen ins Freie, zu Treppenräumen notwendiger Treppen, zu notwendigen Fluren für Kunden oder zu Ladenstraßen führen.

Einengungen

Ladenstraßen, notwendige Flure für Kunden und Hauptgänge dürfen innerhalb der erforderlichen Breiten nicht durch Einbauten oder Einrichtungen eingeengt sein.

Dekorationen und Gegenstände in Fluren

In notwendigen Fluren dürfen keine Dekorationen gelagert oder angebracht werden. In diesen Räumen sowie in Ladenstraßen und Hauptgängen innerhalb der erforderlichen Breiten dürfen keine Gegenstände abgestellt sein.

i) Versammlungsstätten (nach Muster-Versammlungsstättenverordnung [2.33]):

Feuerlöscher

Versammlungsräume, Bühnen, Foyers, Werkstätten, Magazine, Lagerräume und notwendige Flure sind mit geeigneten Feuerlöschern in ausreichender Zahl auszustatten. Die Feuerlöscher sind gut sichtbar und leicht zugänglich anzubringen.

18.7 Stichflure

Länge von Stichfluren

Stichflure sind notwendige Flure mit nur einer Fluchtrichtung. Die Länge wird vom Ende des Flures bis zu einem sicheren Bereich gemessen. Der sichere Bereich kann ein Ausgang ins Freie, ein Zugang zu einem Treppenraum, zu einem Vorraum eines Treppenraumes (Schleuse) oder zu offenen Gängen sein. Rauch- oder Brandschutztüren, die im Stichflur angeordnet sind, verkürzen die Länge des Flurs nicht, da sie keinen „sicheren" Bereich erzeugen. Für offene Gänge, die als Stichflure ausgebildet sind, gibt es keine Längenbegrenzung, da sie sich im Freien befinden und deshalb durch den Brandrauch nicht verqualmen können.

In der Nordrhein-Westfälischen Bauordnung aus dem Jahr 2009 wird der Stichflur besonders ausführlich erläutert und deshalb hier angeführt.

Auszug aus § 38 (Notwendige Flure und Gänge) der Bauordnung NRW [2.54]:

„ […]

Stichflure nach der BauO NRW

Notwendige Flure, die zu einem Sicherheitstreppenraum führen oder die als Stichflur nur eine Richtung haben, dürfen bis zur Einmündung in einen notwendigen Treppenraum, den davor liegenden offenen Gang oder in eine Schleuse höchstens 10 m lang sein. Der Stichflur darf 20 m lang sein, wenn die Räume einen zweiten Rettungsweg haben.

[…]"

Die Hintergründe für diese bauordnungsrechtlichen Forderungen werden im Kommentar zur Bauordnung NRW [2.54] ausführlich erläutert.

Auszug aus dem Kommentar zu § 38 (Notwendige Flure und Gänge) der Bauordnung NRW [2.54]:

„ […]

Erläuterungen nach der BauO NRW

***12** […] Ergänzend enthält § 38 eine Längenbegrenzung von 10 m für notwendige Flure oder Stichflure, die zu einem Sicherheitstreppenraum führen. Die Längenbegrenzung ist erforderlich, weil trotz der […] getroffenen Anforderungen an die Türen (rauchdicht und selbstschließend) in diesen notwendigen Fluren bzw. Stichfluren nie ganz ausgeschlossen werden kann, dass im Brandfalle infolge menschlichen Fehlverhaltens oder technischer Mängel z.B. am Selbstschließmechanismus der Tür nicht doch Rauch in den Flur eintritt. In diesem Fall besteht immer noch die Chance, sich durch den verrauchten Flur über die relativ kurze Distanz von 10 m zum Sicherheitstreppenraum begeben können.*

***12a** […] Der […] zulässige 10 m lange notwendige Flur bzw. Stichflur muss nicht unmittelbar an den notwendigen Treppenraum anschließen. Der dem notwendigen Treppenraum vorgelagerte offene Gang oder die Schleuse rechnet bereits zum „sicheren Bereich", in den Feuer und Rauch nicht eindringen können. Vor-*

aussetzung ist allerdings, dass der offene Gang bzw. die Schleuse tatsächlich gegen das Eindringen von Feuer und Rauch gesichert ist."

Auch im Kommentar zur Bayerischen Bauordnung [2.57] Artikel 34, Rn. 6 wird dieser Detailpunkt beschrieben:

Erläuterungen nach der BayBO

„[...] Satz 4 begrenzt die Länge eines Flurs mit nur einer Fluchtrichtung zu einem Sicherheitstreppenraum auf 15 m. Die Begrenzung gilt für den gesamten Flur (sog. Stichflur); es genügt nicht, alle 15 m einen ***Rauchabschnitt*** *(durch Türen unterteilt) vorzusehen. [...]"*

sicherer Fluchtweg

In der Musterbauordnung [2.1] wird in § 33 (Erster und zweiter Rettungsweg) Absatz 2 Satz 3 gefordert, dass ein Sicherheitstreppenraum sicher erreichbar sein muss.

Diese Forderung ist nach der Musterbauordnung erfüllt, wenn die Länge des notwendigen Flures mit nur einer Fluchtrichtung (Stichflures), der zum Sicherheitstreppenraum führt, nicht mehr als 15 m beträgt und der Sicherheitstreppenraum sicher erreichbar ist. Dies kann z.B. durch rauchdichte und selbstschließende Türen in den Wänden des Stichflures erreicht werden.

Hintergrund zur Stichflurlänge

Nach dem Kommentar zur Bauordnung NRW [2.54] ist die Länge von Stichfluren auf 10 m begrenzt worden, weil dieser einschränkenden Vorschrift Untersuchungen zugrunde liegen, deren Ergebnisse gezeigt haben, dass Menschen in verrauchten Räumen, selbst wenn diese ihnen vertraut sind, spätestens nach 10 bis 12 m jegliche Orientierung verlieren.

In Krankenhäusern und Schulen wird ebenfalls die Länge von 10 m gefordert.

10 m bzw. 15 m Stichflurlänge

Warum trotz der bekannten Versuchsergebnisse in der Musterbauordnung und einigen Sonderbauordnungen und -richtlinien 15 m als Stichflurlänge (und nicht 10 m) gefordert werden, ist unverständlich.

Beispielsweise war die Stichflurlänge in der Muster-Hochhausrichtlinie aus dem Jahr 1981 auf 10 m begrenzt und wurde auf 15 m in der Ausgabe 2007 verlängert.

Ein Stichflur, der sich aus der Geometrie des Gebäudes ergibt, der also nicht zu einem Sicherheitstreppenraum führt, muss mindestens nach denselben Regelungen geplant und ausgeführt werden, da hier der sichere zweite Rettungsweg fehlt.

Rechtlich kann die 10-m-Stichflurlänge nicht immer eingefordert werden, dennoch sollte sie aus den vorgenannten Gründen geplant und ausgeführt werden.

Nachfolgend werden Ergänzungen oder Änderungen zu den brandschutztechnischen Grundforderungen der Musterbauordnung zu notwendigen Fluren mit nur einer Fluchtrichtung (Stichflure) nach den entsprechenden Regelwerken aufgezeigt.

a) Regelbauten (nach Musterbauordnung [2.1]):

Die in diesem Absatz (18.7) beschriebenen Forderungen an Stichflure gelten grundsätzlich für Regelbauten.

b) Beherbergungsstätten (nach Muster-Beherbergungsstättenverordnung [2.26]):

Begrenzung der Länge auf 15 m

In notwendigen Fluren mit nur einer Fluchtrichtung (Stichfluren) darf die Entfernung zwischen Türen von Beherbergungsräumen und notwendigen Treppenräumen oder Ausgängen ins Freie nicht größer als 15 m sein.

Die Begrenzung der Länge von Fluren, die nicht in beiden Richtungen zu jeweils einem notwendigen Treppenraum oder einem Ausgang ins Freie führen, also von Stichfluren, ist erforderlich, damit sich auch bei einer Verrauchung Personen aus den am Stichflur liegenden Beherbergungsräumen selbst in Sicherheit bringen können.

c) Garagen (nach Muster-Garagenverordnung [2.27]):

Flure mit nur einer Fluchtrichtung (Stichflure) werden in Garagen nach den Forderungen der Musterbauordnung bzw. den Landesbauordnungen geplant und ausgeführt. In der Muster-Garagenverordnung werden keine ergänzenden oder erweiternden Angaben zu Stichfluren gemacht.

d) Hochhäuser (nach Muster-Hochhaus-Richtlinie [2.28]):

Begrenzung der Länge auf 15 m

Notwendige Flure mit nur einer Fluchtrichtung (Stichflure) dürfen nicht länger als 15 m sein. Sie müssen zum Vorraum eines Sicherheitstreppenraums, zu einem notwendigen Flur mit zwei Fluchtrichtungen oder zu einem offenen Gang führen. Die Flure sind durch nichtabschließbare, rauchdichte und selbstschließende Abschlüsse von anderen notwendigen Fluren abzutrennen.

Da Sicherheitstreppenräume in Hochhäusern Vorräume haben müssen, wird die Gesamtlänge des Stichflures nicht bis zum Sicherheitstreppenraum, sondern bis zu dessen Vorraum berechnet. Der Vorraum wird also auf die Gesamtlänge des Stichflures nicht angerechnet. Entsprechendes gilt für den Fall, dass der Stichflur in einen notwendigen Flur mit zwei Fluchtrichtungen oder einen offenen Gang mündet

e) Industriebauten (nach Muster-Industriebau-Richtlinie [2.29]):

Flure mit nur einer Fluchtrichtung (Stichflure) werden in Industriebauten nach den Forderungen der Musterbauordnung bzw. der Landesbauordnungen geplant und ausgeführt. In der Muster-Industriebau-Richtlinie werden keine ergänzenden oder erweiternden Angaben zu Stichfluren gemacht.

f) Krankenhäuser (nach Brandenburgischer Krankenhaus- und Pflegeheim-Bauverordnung [2.30]):

Stichflurlänge

Stichflure in Krankenhäusern und Pflegeheimen sind bis zu einer Länge von 10 m zulässig.

g) Schulen (nach Muster-Schulbau-Richtlinie [2.31]):

Stichflurlänge

Notwendige Flure mit nur einer Fluchtrichtung (Stichflure) dürfen in Schulen nicht länger als 10 m sein.

h) Verkaufsstätten (nach Muster-Verkaufsstättenverordnung [2.32]):

Flure mit nur einer Fluchtrichtung (Stichflure) werden in Verkaufsstätten nach den Forderungen der Musterbauordnung bzw. der Landesbauordnungen) geplant und ausgeführt. In der Muster-Verkaufsstättenverordnung werden keine ergänzenden oder erweiternden Angaben zu Stichfluren gemacht.

i) Versammlungsstätten (nach Muster-Versammlungsstättenverordnung [2.33]):

Flure mit nur einer Fluchtrichtung (Stichflure) werden in Versammlungsstätten nach den Forderungen der Musterbauordnung bzw. der Landesbauordnungen geplant und ausgeführt. In der Muster-Versammlungsstätten-verordnung werden keine ergänzenden oder erweiternden Angaben zu Stichfluren gemacht.

18.8 Rauchableitung

Die Rauchgase, die bei einem Brand entstehen, sind in der Regel sichtbehindernd und toxisch. Auch stellen sie eine Art indirekter, verdeckter Brandlast dar, durch die es zu einer (Schwelgas-)Verpuffung (Backdraft) kommen kann (siehe auch Absatz 6.11).

Abführen von Brandrauch

Zur Verhinderung dieser Brandraucheffekte muss Rauch möglichst rechtzeitig, das heißt, schon am Anfang eines Brandes, aus den baulichen Anlagen abgeführt werden – besonders aus Flucht- und Rettungswegen. Eine vollständige Entfernung des Brandrauches während des Brandes ist in der Regel nicht möglich und häufig auch nicht erforderlich.

Selbstrettung und wirksame Löscharbeiten

Das Brandrauchgemisch muss nur so weit durch unbelastete Luft verdünnt werden, dass die Sichtbehinderung und die Toxizität des Brandrauches eine Selbstrettung und wirksame Löscharbeiten ermöglichen.

Dies kann durch natürliche oder mechanische Rauchabzugsanlagen geschehen.

Schutzziel der Entrauchung

Eines der Schutzziele des Brandschutzes, das in § 14 MBO vorgegeben ist, besagt, dass der Ausbreitung von (Feuer und) Rauch vorgebeugt werden muss. Dieses Schutzziel ist die Rechtsgrundlage der Entrauchungsforderung und wird bei Regelbauten unter anderem dadurch erfüllt, dass Brandrauch im Brandfall zeitnah aus den Flucht- und Rettungswegen, aus Nutzungseinheiten sowie aus Kellergeschossen abgeführt wird.

Öffnung im Kellergeschoss

Nach § 37 Absatz 4 muss in jedem Kellergeschoss ohne Fenster mindestens eine Öffnung ins Freie vorhanden sein, um eine Rauchableitung zu ermöglichen.

Entrauchung von Fluren

Für notwendige Flure finden sich in der Musterbauordnung keine detaillierten Angaben zur Entrauchung. Jedoch muss auch hier das Schutzziel „Vorbeugung der Rauchausbreitung" eingehalten werden.

Im Gegensatz zu Treppenräumen sind Flure keine sicheren Bereiche. Im Baurecht wird davon ausgegangen, dass es in einem Flur zu einer Verqualmung kommen kann. Um die Selbstrettung zu ermöglichen, werden notwendige Flure durch Türen in Rauchabschnitte unterteilt. Hierdurch müssen die Flüchtenden nur eine vom Gesetzgeber definierte Strecke im brandrauchbelasteten Flur zurücklegen.

Während der Löscharbeiten entraucht die Feuerwehr in der Regel die Flure, indem sie mit Druckbelüftern über die Fenster angrenzender Räume den Rauch abgeführt.

Entrauchung von Treppenräumen

Für notwendige Treppenräume wird in der Musterbauordnung eine planmäßige Entrauchung gefordert (siehe hierzu auch Absatz 18.4 Tabelle 2.19). Treppenräume müssen zur Unterstützung wirksamer Löscharbeiten entraucht werden können. Sie müssen

- in jedem oberirdischen Geschoss unmittelbar ins Freie führende Fenster mit einem freien Querschnitt von mindestens 0,50 m² haben, die geöffnet werden können, oder
- an der obersten Stelle eine Öffnung zur Rauchableitung haben.

Wenn die erste Variante ausgeführt wird, ist in Gebäuden der Gebäudeklasse 5 zusätzlich zu den vorhandenen Fenstern an der obersten Stelle des Treppenraumes eine Öffnung zur Rauchableitung anzuordnen; bei der zweiten Variante sind in Gebäuden der Gebäudeklassen 4 und 5, soweit dies zur Unterstützung von wirksamen Löscharbeiten erforderlich ist, besondere Vorkehrungen zu treffen.

Öffnungen zur Rauchableitung an oberster Stelle müssen in jedem Treppenraum einen freien Querschnitt von mindestens 1 m² und Vorrichtungen zum Öffnen ihrer Abschlüsse haben, die vom Erdgeschoss sowie vom obersten TreppenAbsatz aus bedient werden können.

Entrauchung von Fahrschächten

Auch für Fahrschächte gibt es in der Musterbauordnung Regelungen zur Entrauchung. Sie müssen eine Öffnung zur Rauchableitung mit einem freien Querschnitt von mindestens 2,5 % der Fahrschachtgrundfläche, mindestens jedoch 0,10 m² haben. Diese Öffnung darf mit einem Abschluss versehen sein, der im Brandfall selbsttätig öffnet und von mindestens einer geeigneten Stelle aus bedient werden kann.

Anordnung von Entrauchungsöffnungen

Die Lage der Rauchaustrittsöffnungen muss so gewählt werden, dass der Rauchaustritt durch Windeinfluss nicht beeinträchtigt wird. Solche Öffnungen sollten möglichst in der Dachdecke und nicht in den Wänden von Triebwerksräumen angeordnet werden, da bei ungünstigen Windverhältnissen der Brandrauch durch den Wind zurück in den Triebwerksraum „gedrückt" werden kann.

In Kapitel 30 werden die Grundlagen der Planung von Rauch- und Wärmefreihaltungen in baulichen Anlagen ausführlich beschrieben und erläutert.

Nachfolgend werden Ergänzungen zu den brandschutztechnischen Grundforderungen der Musterbauordnung zur Rauchableitung nach den entsprechenden Regelwerken aufgezeigt.

a) Regelbauten (nach Musterbauordnung [2.1]):

Die in diesem Absatz (18.8) beschriebenen Forderungen und Regeln zum Thema Rauchableitung gelten grundsätzlich für Regelbauten.

b) Beherbergungsstätten (nach Muster-Beherbergungsstättenverordnung [2.26]):

Entrauchungen werden in Beherbergungsstätten nach den Forderungen der Musterbauordnung bzw. der Landesbauordnungen geplant und ausgeführt. In der Muster-Beherbergungsstättenverordnung werden keine ergänzenden oder erweiternden Angaben zu Entrauchungen gemacht.

c) Garagen (nach Muster-Garagenverordnung [2.27]):

Entrauchungen werden in Garagen nach den Forderungen der Musterbauordnung bzw. der Landesbauordnungen geplant und ausgeführt. In der Muster-Garagenverordnung werden keine ergänzenden oder erweiternden Angaben zu Entrauchungen gemacht.

d) Hochhäuser (nach Muster-Hochhaus-Richtlinie [2.28]):

Planung der Entrauchung nach Schutzzielen

Für Hochhäuser wird grundsätzlich gefordert, dass jedes Geschoss zu entrauchen sein muss. Diese Forderung gilt auch für Installationsschächte.

Die Grundlagen zur Erstellung des Entrauchungskonzeptes müssen also die Brandschutzplaner selbstständig festlegen. Das Konzept muss die Schutzzielanforderungen erfüllen. Die Planung sollte mindestens den Vorgaben der Musterbauordnung entsprechen (siehe hierzu auch die ausführlichen Erläuterungen zur Rauch- und Wärmefreihaltung in Kapitel 30).

e) Industriebauten (nach Muster-Industriebau-Richtlinie [2.29]):

Entrauchungen werden in Industriebauten nach den Forderungen der Musterbauordnung bzw. der Landesbauordnungen geplant und ausgeführt. In der Muster-Industriebau-Richtline werden keine ergänzenden oder erweiternden Angaben zu Entrauchungen gemacht.

f) Krankenhäuser (nach Brandenburgischer Krankenhaus- und Pflegeheim-Bauverordnung [2.30]):

Entrauchen von Fluren und Treppenräumen

Notwendige Flure müssen Fenster oder Rauchabzugsanlagen haben, die so beschaffen sind, dass sie im Brandfall Rauch ohne Gefahr für andere Räume abführen können.

Notwendige Treppenräume müssen an ihrer obersten Stelle einen Rauchabzug haben. Größen von Entrauchungsöffnungen werden in dieser Sonderbauverordnung nicht vorgeben. Die Mindestgrößen sollten der Musterbauordnung entnommen werden.

g) Schulen (nach Muster-Schulbau-Richtlinie [2.31]):

Entrauchung von Hallen

Hallen (z.B. Eingangshallen) müssen zur Unterstützung der Brandbekämpfung entraucht werden können. Dies gilt als erfüllt, wenn sie entweder an der höchsten Stelle Rauchableitungsöffnungen mit einer freien Öffnungsfläche von insgesamt 1 % der Grundfläche oder im oberen Drittel der Außenwände Fenster oder Türen mit einer freien Öffnungsfläche von insgesamt 2 % der Grundfläche haben.

vergrößerte Entrauchungsöffnungen

Die größere Querschnittsfläche bei der Anordnung von Öffnungen zur Rauchableitung in Außenwänden, z.B. Fenster, wird verlangt, da eine Rauchableitung über Außenwandöffnungen problematischer ist als über oberste Stellen eines Raumes, z.B. über Öffnungen im Dach. Wird die Entrauchungsöffnung in der Wand durch Wind beaufschlagt, ist eine planmäßige Abführung des Brandrauches in der Regel nicht möglich.

h) Verkaufsstätten (nach Muster-Verkaufsstättenverordnung [2.32]):

Schutzziel der Entrauchung

In Verkaufsstätten müssen Verkaufsräume und sonstige Aufenthaltsräume mit jeweils mehr als 50 m² Grundfläche, Lagerräume mit mehr als 200 m² Grundfläche, Ladenstraßen sowie notwendige Treppenräume zur Unterstützung der Brandbekämpfung entraucht werden können. Hiermit wird die Einhaltung des Schutzziels aus § 14 MBO gestützt, „wirksame Löscharbeiten müssen möglich sein".

Die Forderung nach Entrauchung gilt insbesondere erfüllt bei

- Verkaufsräumen und sonstigen Aufenthaltsräumen bis 200 m² Grundfläche, wenn in diesen Räumen Fenster vorhanden sind, deren Fensteröffnungen (Rohbaumaß) mindestens 1/8 (12,5 %) der Netto-Grundfläche des Raumes einschließlich der Netto-Grundfläche verglaster Vorbauten und Loggien aufweisen,
- Verkaufsräumen, sonstigen Aufenthaltsräumen und Lagerräumen mit nicht mehr als 1.000 m² Grundfläche, wenn diese Räume entweder an der obersten Stelle Öffnungen zur Rauchableitung mit einem freien Querschnitt von insgesamt 1 % der Grundfläche oder im oberen Drittel der Außenwände angeordnete Öffnungen, Türen oder Fenster mit einem freien Querschnitt von insgesamt 2 %

der Grundfläche haben und Zuluftflächen (Nachströmöffnungen) in insgesamt gleicher Größe, jedoch mit nicht mehr als 12 m^2 freiem Querschnitt, vorhanden sind, die im unteren Raumdrittel angeordnet werden müssen,

Varianten zur Erfüllung des Schutzziels

- Verkaufsräumen, sonstigen Aufenthaltsräumen und Lagerräumen mit mehr als 1.000 m^2 Grundfläche, wenn diese Räume Rauchabzugsanlagen haben, bei denen je höchstens 400 m^2 Grundfläche mindestens ein Rauchabzugsgerät mit mindestens 1,5 m^2 aerodynamisch wirksamer Fläche im oberen Raumdrittel angeordnet wird, je höchstens 1.600 m^2 Grundfläche mindestens eine Auslösegruppe für die Rauchabzugsgeräte gebildet wird und Zuluftflächen im unteren Raumdrittel von insgesamt mindestens 12 m^2 freiem Querschnitt vorhanden sind,
- Ladenstraßen mit nur auf einer Ebene liegenden Verkehrsflächen, wenn diese Ladenstraßen Rauchabzugsanlagen haben, bei denen je höchstens 20 m Länge der Ladenstraße mindestens ein Rauchabzugsgerät mit mindestens 1,5 m^2 aerodynamisch wirksamer Fläche im oberen Raumdrittel angeordnet wird, je 80 m Länge der Ladenstraße mindestens eine Auslösegruppe für die Rauchabzugsgeräte gebildet wird und Zuluftflächen im unteren Raumdrittel von ins-gesamt mindestens 12 m^2 freiem Querschnitt vorhanden sind; bei sonstigen Ladenstraßen, wenn diese Rauchabzugsanlagen haben, bei denen die Größe und Anordnung der Rauchabzugsgeräte und der notwendigen Zuluftflächen so bemessen sind, dass sie die Brandbekämpfung unterstützen können.

maschinelle Entrauchung

Die Grundforderung der Entrauchung (Unterstützung der Brandbekämpfung) ist insbesondere auch erfüllt, wenn maschinelle Rauchabzugsanlagen vorhanden sind, bei denen je höchstens 400 m^2 Grundfläche der Räume mindestens ein Rauchabzugsgerät oder eine Absaugstelle mit einem Luftvolumenstrom von 10.000 m^3/h im oberen Raumdrittel angeordnet wird.

Bei Räumen mit mehr als 1.600 m^2 Grundfläche genügt

- zu dem Luftvolumenstrom von 40.000 m^3/h für die Grundfläche von 1.600 m^2 ein zusätzlicher Luftvolumenstrom von 5.000 m^3/h je angefangene weitere 400 m^2 Grundfläche; der sich ergebende Gesamtvolumenstrom je Raum ist gleichmäßig auf die anzuordnenden Absaugstellen oder Rauchabzugsgeräte zu verteilen, oder
- ein Luftvolumenstrom von mindestens 40.000 m^3/h je Raum, wenn sichergestellt ist, dass dieser Luftvolumenstrom im Bereich der Brandstelle auf einer Grundfläche von höchstens 1.600 m^2 von den anzuordnenden Absaugstellen oder Rauchabzugsgeräten gleichmäßig gefördert werden kann.

maximale Strömungsgeschwindigkeit

Die Zuluftflächen müssen im unteren Raumdrittel in solcher Größe und so angeordnet werden, dass eine maximale Strömungsgeschwindigkeit von 3 m/s nicht überschritten wird. Diese Begrenzung wurde festgelegt um eine möglichst laminare, turbulenzarme Strömung zu erzeugen und damit eine erhebliche Verwirbelung des Brandrauches zu verhindern. Unter Beachtung der zulässigen Strömungsgeschwindigkeit sind die notwendigen Zuluftflächen, abgestimmt auf die jeweilige maschinelle Rauchabzugsanlage des Raumes, zu ermitteln und entsprechend anzuordnen.

Anstelle der natürlichen Rauchabzugsanlagen für sonstige Ladenstraßen können maschinelle Rauchabzugsanlagen verwendet werden, wenn sie bezüglich des Schutzziels (Unterstützung der Brandbekämpfung durch ausreichende Entrauchung) ausreichend bemessen sind. Die hierfür notwendige Bemessung und Auslegung der Anlage sind im Brandschutznachweis aufzunehmen.

Entrauchung von Räumen mit Sprinkleranlagen

Dieses Schutzziel ist auch erfüllt bei Räumen in Verkaufsstätten mit Sprinkleranlagen, wenn die in diesen Räumen vorhandenen Lüftungsanlagen automatisch bei Auslösen der Brandmeldeanlage oder der Sprinkleranlage so betrieben werden, dass sie nur entlüften und die ermittelten Luftvolumenströme einschließlich Zuluft erreicht werden, soweit es die Zweckbestimmung der Absperrvorrichtungen gegen Brandübertragung zulässt; in Leitungen zum Zweck der Entlüftung dürfen Absperrvorrichtungen nur thermische Auslöser (z.B. Schmelzlote) haben.

Die Forderung des Schutzziels der Entrauchung ist auch erfüllt bei

Entrauchung von Treppenräumen

- notwendigen Treppenräumen, die in jedem oberirdischen Geschoss unmittelbar ins Freie führende Fenster mit einem freien Querschnitt von mindestens 0,50 m^2 haben und wenn diese Treppenräume an der obersten Stelle eine Öffnung zur Rauchableitung mit einem freien Querschnitt von mindestens 1 m^2 haben, und
- notwendigen Treppenräumen, an deren oberster Stelle eine Öffnung zur Rauchableitung vorhanden ist, und wenn diese Treppenräume Rauchabzugsgeräte mit insgesamt mindestens 1 m^2 aerodynamisch wirksamer Fläche haben, die im oder unmittelbar unter dem oberen Treppenraumabschluss angeordnet werden.

Entrauchung durch Schächte

Anstelle von Öffnungen zur Rauchableitung ist die Rauchableitung über Schächte mit strömungstechnisch äquivalenten Querschnitten zulässig, wenn die Wände der Schächte raumabschließend und so feuerwiderstandsfähig wie die durchdrungenen Bauteile, mindestens jedoch feuerhemmend sind sowie aus nichtbrennbaren Baustoffen bestehen.

Öffnen von Entrauchungsöffnungen

Türen oder Fenster, mit Abschlüssen versehene Öffnungen zur Rauchableitung und Rauchabzugsgeräte müssen Vorrichtungen zum Öffnen haben, die von jederzeit zugänglichen Stellen aus leicht von Hand bedient werden können; sie können auch an einer jederzeit zugänglichen Stelle zusammengeführt werden. In notwendigen Treppenräumen müssen die Vorrichtungen von jedem Geschoss aus bedient werden können. Geschlossene Öffnungen, die als Zuluftflächen dienen, müssen leicht geöffnet werden können.

Rauchabzugsanlagen müssen automatisch auslösen und von Hand an einer jederzeit zugänglichen Stelle ausgelöst werden können.

Beschriftung der Auslösestellen

Manuelle Bedienungs- und Auslösestellen sind mit einem Hinweisschild mit der Bezeichnung „RAUCHABZUG" und der Angabe des jeweiligen Raums zu versehen. An diesen Bedienstellen muss die Betriebsstellung der jeweiligen Anlage (Auslösegruppe manuell ausgelöst oder nicht) sowie der Fenster, Türen, Abschlüsse und Rauchabzugsgeräte insbesondere für die Feuerwehr erkennbar sein.

Maschinelle Rauchabzugsanlagen sind für eine Betriebszeit von 30 Minuten bei einer Rauchgastemperatur von 600 °C auszulegen. Die Auslegung kann mit einer Rauchgastemperatur von 300 °C erfolgen, wenn der Luftvolumenstrom des Raums mindestens 40.000 m^3/h beträgt.

Die Zuluftzuführung muss durch automatische Ansteuerung und spätestens gleichzeitig mit Inbetriebnahme der Anlage erfolgen. Diese Forderung soll gewährleisten, dass bei laufenden Anlagen die Türen der Räume benutzbar bleiben.

Maschinelle Lüftungsanlagen für die Be- und Entlüftung im Standardbetrieb (bei Raumtemperatur) können als maschinelle Rauchabzugsanlagen betrieben werden, wenn sie die an diese gestellten Anforderungen erfüllen.

i) Versammlungsstätten (nach Muster-Versammlungsstättenverordnung [2.33]):

Schutzziel der Entrauchung

Versammlungsräume und sonstige Aufenthaltsräume mit jeweils mehr als 50 m^2 Grundfläche sowie Magazine, Lagerräume und Szenenflächen mit jeweils mehr als 200 m^2 Grundfläche, Bühnen und notwendige Treppenräume müssen zur Unterstützung der Brandbekämpfung entraucht werden können. Auch hiermit soll das Schutzziel aus § 14 MBO gestützt werden, wirksame Löscharbeiten müssen möglich sein.

Entrauchungsvarianten

Diese Forderung nach der Entrauchung ist insbesondere erfüllt bei

- Versammlungsräumen und sonstigen Aufenthaltsräumen bis 200 m^2 Grundfläche, wenn in diesen Räumen Fenster vorhanden sind, deren Fensteröffnungen (Rohbaumaß) mindestens 1/8 der Netto-Grundfläche des Raumes einschließlich der Netto-Grundfläche verglaster Vorbauten und Loggien haben,
- Versammlungsräumen, sonstigen Aufenthaltsräumen, Magazinen und Lagerräumen mit nicht mehr als 1.000 m^2 Grundfläche, wenn diese Räume entweder an der obersten Stelle Öffnungen zur Rauchableitung mit einem freien Querschnitt von insgesamt 1 % der Grundfläche oder im oberen Drittel der Außenwände angeordnete Öffnungen, Türen oder Fenster mit einem freien Querschnitt von insgesamt 2 % der Grundfläche haben und Zuluftflächen (Nachströmöffnungen) in insgesamt gleicher Größe, jedoch mit nicht mehr als 12 m^2 freiem Querschnitt, vorhanden sind, die im unteren Raumdrittel angeordnet sein sollen,
- Versammlungsräumen, sonstigen Aufenthaltsräumen, Magazinen und Lagerräumen mit mehr als 1.000 m^2 Grundfläche, wenn diese Räume Rauchabzugsanlagen haben, bei denen je höchstens 400 m^2 Grundfläche mindestens ein Rauchabzugsgerät mit mindestens 1,5 m^2 aerodynamisch wirksamer Fläche im oberen Raumdrittel angeordnet wird, je höchstens 1.600 m^2 Grundfläche mindestens eine Auslösegruppe für die Rauchabzugsgeräte gebildet wird und Zuluftflächen im unteren Raumdrittel von insgesamt mindestens 12 m^2 freiem Querschnitt vorhanden sind,
- Bühnen sowie Szenenflächen, wenn an der obersten Stelle des Bühnenraumes oder des Raumes oberhalb der Szenenfläche Öffnungen zur Rauchableitung mit einem freien Querschnitt von insgesamt mindestens 5 %, bei den Szenenflächen von insgesamt mindestens 3 % ihrer Grundfläche angeordnet werden. Zuluftflächen müssen in insgesamt gleicher Größe im unteren Raumdrittel der Bühnen oder der Räume mit Szenenflächen vorhanden sein; bei Bühnenräumen mit Schutzvorhang müssen die Zuluftflächen so angeordnet sein, dass sie auch bei geschlossenem Schutzvorhang im Bühnenbereich wirksam sind.

maschinelle Entrauchung zur Erfüllung des Schutzziels

Die Grundforderung der Entrauchung (Unterstützung der Brandbekämpfung) ist insbesondere auch erfüllt, wenn maschinelle Rauchabzugsanlagen vorhanden sind, bei denen je höchstens 400 m^2 Grundfläche der Räume mindestens ein Rauchabzugsgerät oder eine Absaugstelle mit einem Luftvolumenstrom von 10.000 m^3/h im oberen Raumdrittel angeordnet wird.

Bei Räumen mit mehr als 1.600 m² Grundfläche genügt

- zu dem Luftvolumenstrom von 40.000 m³/h für die Grundfläche von 1.600 m² ein zusätzlicher Luftvolumenstrom von 5.000 m³/h je angefangene weitere 400 m² Grundfläche; der sich ergebende Gesamtvolumenstrom je Raum ist gleichmäßig auf die anzuordnenden Absaugstellen oder Rauchabzugsgeräte zu verteilen, oder
- ein Luftvolumenstrom von mindestens 40.000 m³/h je Raum, wenn sichergestellt ist, dass dieser Luftvolumenstrom im Bereich der Brandstelle auf einer Grundfläche von höchstens 1.600 m² von den anzuordnenden Absaugstellen oder Rauchabzugsgeräten gleichmäßig gefördert werden kann.

maximale Strömungsgeschwindigkeit

Die Zuluftflächen müssen im unteren Raumdrittel in solcher Größe und so angeordnet werden, dass eine maximale Strömungsgeschwindigkeit von 3 m/s nicht überschritten wird. Anstelle von Öffnungen zur Rauchableitung können maschinelle Rauchabzugsanlagen verwendet werden, wenn sie bezüglich des Schutzziels (Unterstützung der Brandbekämpfung durch ausreichende Entrauchung) ausreichend bemessen sind.

Entrauchung von Räumen mit Sprinkleranlagen

Dieses Schutzziel ist auch erfüllt bei Versammlungsräumen, sonstigen Aufenthaltsräumen, Magazinen und Lagerräumen mit Sprinkleranlagen, wenn in diesen Räumen vorhandene Lüftungsanlagen automatisch bei Auslösen der Brandmeldeanlage, soweit dies erforderlich ist, im Übrigen bei Auslösen der Sprinkleranlage so betrieben werden, dass sie nur entlüften und die ermittelten Luftvolumenströme einschließlich Zuluft erreicht werden, soweit es die Zweckbestimmung der Absperrvorrichtungen gegen Brandübertragung zulässt; in Leitungen zum Zweck der Entlüftung dürfen Absperrvorrichtungen nur thermische Auslöser (z.B. Schmelzlote) haben.

Die Forderung des Schutzziels ist erfüllt bei

Entrauchung von Treppenräumen

- notwendigen Treppenräumen, die in jedem oberirdischen Geschoss unmittelbar ins Freie führende Fenster mit einem freien Querschnitt von mindestens 0,50 m² haben und wenn diese Treppenräume an der obersten Stelle eine Öffnung zur Rauchableitung mit einem freien Querschnitt von mindestens 1 m² haben,
- notwendigen Treppenräumen, an deren oberster Stelle eine Öffnung zur Rauchableitung vorhanden ist, und wenn diese Treppenräume Rauchabzugsgeräte mit insgesamt mindestens 1 m² aerodynamisch wirksamer Fläche haben, die im oder unmittelbar unter dem oberen Treppenraumabschluss angeordnet werden.

Entrauchung durch Schächte

Anstelle von Öffnungen zur Rauchableitung sowie Rauchabzugsgeräten ist die Rauchableitung über Schächte mit strömungstechnisch äquivalenten Querschnitten zulässig, wenn die Wände der Schächte raumabschließend und so feuerwiderstandsfähig wie die durchdrungenen Bauteile, mindestens jedoch feuerhemmend sowie aus nichtbrennbaren Baustoffen sind.

Öffnen von Entrauchungsöffnungen

Türen oder Fenster, mit Abschlüssen versehene Öffnungen zur Rauchableitung und Rauchabzugsgeräte müssen Vorrichtungen zum Öffnen haben, die an jederzeit zugänglichen Stellen leicht von Hand bedient werden können; sie können auch an einer jederzeit zugänglichen Stelle zusammengeführt werden. In notwendigen Treppenräumen müssen die Vorrichtungen von jedem Geschoss aus bedient werden können. Geschlossene Öffnungen, die als Zuluftflächen dienen, müssen leicht geöffnet werden können.

Rauchabzugsanlagen müssen automatisch auslösen und von Hand an einer jederzeit zugänglichen Stelle aus ausgelöst werden können.

Beschriftung der Auslösestellen

Manuelle Bedienungs- und Auslösestellen sind mit einem Hinweisschild mit der Bezeichnung „RAUCHABZUG" und der Angabe des jeweiligen Raumes zu versehen. An diesen Bedienungsstellen muss die Betriebsstellung der jeweiligen Anlage sowie der Fenster, Türen, Abschlüsse und Rauchabzugsgeräte erkennbar sein.

Betriebszeit und Temperatur der Anlagen

Maschinelle Rauchabzugsanlagen sind für eine Betriebszeit von 30 Minuten bei einer Rauchgastemperatur von 600 °C auszulegen. Die Auslegung kann mit einer Rauchgastemperatur von 300 °C erfolgen, wenn der Luftvolumenstrom des Raums mindestens 40.000 m^3/h beträgt. Die Zuluftzuführung muss durch automatische Ansteuerung und spätestens gleichzeitig mit Inbetriebnahme der Anlage erfolgen. Maschinelle Lüftungsanlagen können als maschinelle Rauchabzugsanlagen betrieben werden, wenn sie die an diese gestellten Anforderungen erfüllen.

Bühnen mit Schutzvorhängen

Die Abschlüsse der Öffnungen zur Rauchableitung von Bühnen mit Schutzvorhang müssen bei einem Überdruck von 350 Pa selbsttätig öffnen; eine automatische Auslösung durch geeignete Temperaturmelder ist zulässig.

19 Brandabschnittstrennungen

19.1 Brandabschnitte

Grundlage zur Bildung von Brandabschnitten

In üblichen Gebäuden kann der Ausbruch eines Schadenfeuers begrenzt, aber nicht verhindert werden (siehe hierzu auch Absatz 1.4). Um die Ausbreitung des Brandes und damit den Verlust von Sachgütern zu begrenzen, werden Gebäude in brandschutztechnisch abgegrenzte Bereiche unterteilt, die Brandabschnitte. Der Gesetzgeber geht davon aus, dass der betroffene Brandabschnitt seiner Bestimmung gemäß ausbrennen kann, aber die Übertragung des Brandes an seinen Grenzen, die durch raumabschließende Bauteile (Wände und Decken) gebildet werden, verhindert wird.

Leistungsfähigkeit von Feuerwehren

Die Größe von Brandabschnittsflächen richtet sich nach der Leistungsfähigkeit der Feuerwehr. Wirksame Löscharbeiten, die als eines der Schutzziele gefordert werden (siehe hierzu auch Absatz 2.1), müssen in den Brandabschnitten möglich sein.

Länge von Brandabschnitten

Je kleiner also die Brandabschnitte sind, desto geringer sind die entstehenden Schäden, und desto wirkungsvoller können die Löscharbeiten durchgeführt werden. Innere Brandwände, die zur Unterteilung der Brandabschnitte im Brandschutzsystem eingesetzt werden, sollen in einem Abstand von höchstens 40 m angeordnet werden (Ausnahme: im Bundesland Rheinland-Pfalz – 60 m [2.58]).

Für Regelbauten – ausgenommen landwirtschaftliche Gebäude – wird der Höchstabstand von Brandwänden vorgegeben, jedoch keine Aussage über die Flächengrößen von Brandabschnitten gemacht.

Breite und Fläche von Brandabschnitten

Die Tiefe eines Gebäudes (Abstand zwischen Vorder- und Rückfront) wird durch die zulässige Bebauungstiefe begrenzt. Als Beispiel hierzu kann das Maß der städtebaulichen Vorschrift in Berlin [2.59] herangezogen werden. Nach § 8 beträgt die größte Bebauungstiefe, gerechnet von der straßenseitigen zwingenden Baulinie, Baugrenze oder Baufluchtlinie für reine Wohngebiete in offener Bauweise 20 m und in geschlossener Bauweise 13 m. Durch diese Tiefe bedingt entstehen Brandabschnitte mit einer maximalen Größe von 800 m² (40 m × 20 m) bzw. 520 m² (40 m × 13 m).

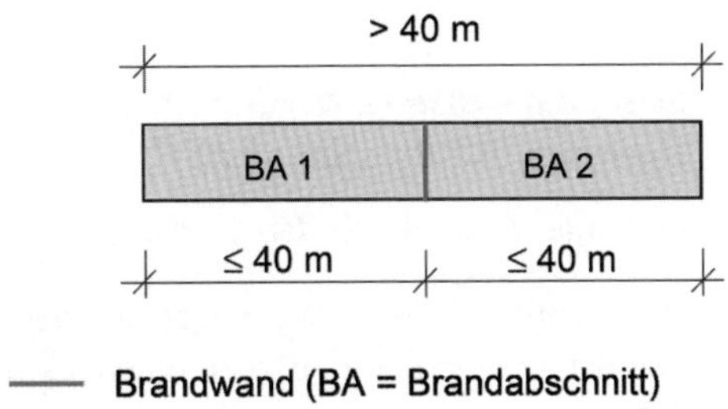

Bild 2.40: Grundriss eines linienförmig gerade angeordneten Gebäudes

linienförmig abgeknickte Gebäude

Bei linienförmig abgeknickt angeordneten Gebäuden (siehe Bild 2.40a) wird die Mittellinie zur Bewertung der 40-m-Regelung herangezogen. Die abgewickelte mittlere Länge wird in Abschnitte von ≤ 40 m aufgeteilt.

Zur Bestimmung der Brandabschnittsgrößen kann bei flächenförmig angeordneten Gebäuden ein Raster von ≤ 40 m × ≤ 40 m angesetzt werden (siehe hierzu Bild 2.40b).

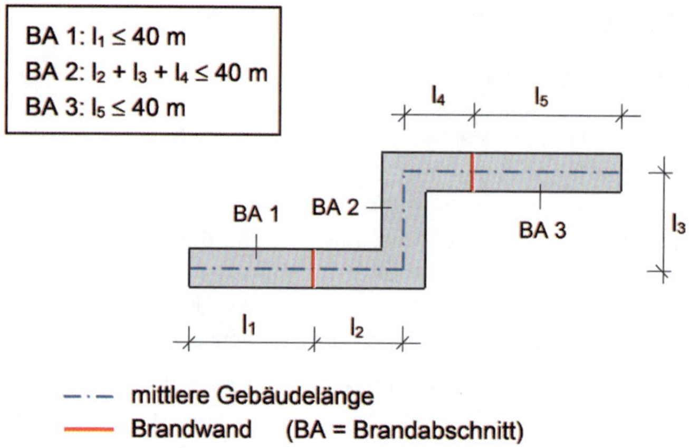

Bild 2.40a: Grundriss eines linienförmig abgeknickten Gebäudes

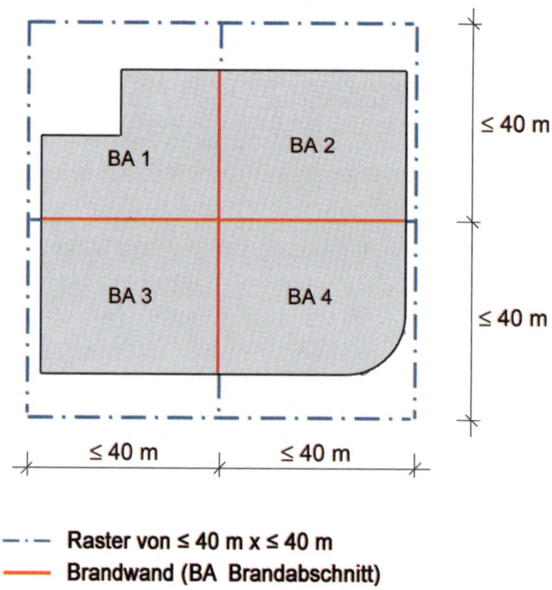

Bild 2.40b: Grundriss eines flächig angeordneten Gebäudes

Nachfolgend werden Abweichungen und Ergänzungen von den brandschutztechnischen Grundforderungen der Musterbauordnung an Brandabschnitte nach den entsprechenden Regelwerken dargestellt.

a) Regelbauten (nach Musterbauordnung [2.1]):

Die in diesem Absatz (19.1) beschriebenen Regeln und Forderungen zu Brandabschnitten gelten grundsätzlich für Regelbauten.

b) Beherbergungsstätten (nach Muster-Beherbergungsstättenverordnung [2.26]):

Brandabschnitte werden in Beherbergungsstätten nach den Forderungen der Musterbauordnung bzw. der Landesbauordnungen geplant und ausgeführt. In der Muster-Beherbergungsstättenverordnung werden keine ergänzenden oder erweiternden Angaben zu Brandabschnitten gemacht.

c) Garagen (nach Muster-Garagenverordnung [2.27]):

automatische Garagen

Über die Größe von Brandabschnitten gibt es in der Garagenverordnung nur eine Aussage zu automatischen Garagen. Sie sind durch Brandwände, die auch unter zusätzlicher mechanischer Beanspruchung feuerbeständig sein und aus nichtbrennbaren Baustoffen bestehen müssen, in Brandabschnitte von höchstens 6.000 m^3 Brutto-Rauminhalt zu unterteilen. Hier ist zu beachten, dass die Größe in einer Volumen- und nicht in einer Flächeneinheit ausgewiesen wird.

Garagen sind nach § 2 Absatz 7 MBO baurechtlich als Gebäude oder Gebäudeteile einzustufen. Die Länge der Brandabschnitte in Gebäuden, und damit indirekt die Festlegung der Brandabschnittsfläche, wird in § 30 MBO geregelt.

Die Brandabschnitte von Garagen müssen also nach den Forderungen der Musterbauordnung bzw. der Landesbauordnungen bestimmt werden.

d) Hochhäuser (nach Muster-Hochhaus-Richtlinie [2.28]):

Brandabschnitte werden in Hochhäusern nach den Forderungen der Musterbauordnung bzw. der Landesbauordnungen geplant und ausgeführt. In der Muster-Hochhaus-Richtlinie werden keine ergänzenden oder erweiternden Angaben zu Brandabschnitten gemacht.

e) Industriebauten (nach Muster-Industriebau-Richtlinie [2.29]):

Fläche nach Randbedingungen

Die zulässige Größe von Brandabschnittsflächen ergibt sich in Industriebauten in Abhängigkeit von den Sicherheitskategorien K 1 bis K 4 (Einstufung der feuerwehrtechnischen Infrastruktur), der Feuerwiderstandsfähigkeit der tragenden und aussteifenden Bauteile sowie der Zahl der oberirdischen Geschosse. Über diese Randbedingungen kann dann aus Tabelle 2.21 die zulässige Größe der Brandabschnittsfläche entnommen werden.

Tabelle 2.21: Zulässige Größe der Brandabschnittsfläche in m²

Sicherheitskategorie	Anzahl der oberirdischen Geschosse								
	erdgeschossig		2-geschossig			3-geschossig		4-geschossig	5-geschossig
	Feuerwiderstandsfähigkeit der tragenden und aussteifenden Bauteile								
	aus nichtbrennbaren Baustoffen	feuerhemmend	feuerhemmend	hochfeuerhemmend und aus nichtbrennbaren Baustoffen	feuerbeständig und aus nichtbrennbaren Baustoffen	hochfeuerhemmend und aus nichtbrennbaren Baustoffen	feuerbeständig und aus nichtbrennbaren Baustoffen	feuerbeständig und aus nichtbrennbaren Baustoffen	feuerbeständig und aus nichtbrennbaren Baustoffen
K 1	1.800 [1]	3.000	800 [2][3]	1.600 [2]	2.400	1.200 [2][3]	1.800	1.500	1.200
K 2	2.700 [1][4]	4.500 [4]	1.200 [2][3]	2.400 [2]	3.600	1.800 [2]	2.700	2.300	1.800
K 3.1	3.200 [1]	5.400	1.400 [2][3]	2.900 [2]	4.300	2.100 [2]	3.200	2.700	2.200
K 3.2	3.600 [1]	6.000	1.600 [2]	3.200 [2]	4.800	2.400 [2]	3.600	3.000	2.400
K 3.3	4.200 [1]	7.000	1.800 [2]	3.600 [2]	5.500	2.800 [2]	4.100	3.500	2.800
K 3.4	4.500 [1]	7.500	2.000 [2]	4.000 [2]	6.000	3.000 [2]	4.500	3.800	3.000
K 4	10.000 [1]	10.000	8.500	8.500	8.500	6.500	6.500	5.000	4.000

[1] Breite des Industriebaus ≤ 40 m und Wärmeabzugsfläche ≥ 5 %

[2] Wärmeabzugsfläche ≥ 5 %

[3] Für Gebäude der Gebäudeklassen 3 und 4 ergibt sich nach der Musterbauordnung (§ 27 Abs. 1 Satz 2 Nr. 2 und 3 in Verbindung mit § 30 Abs. 2 Nr. 2) eine zulässige Größe von 1.600 m²

[4] Die zulässige Größe darf um 10 % überschritten werden, wenn in dem Brandabschnitt die Produktions- und Lagerräume Rauchabzugsanlagen haben, bei denen je höchstens 200 m² Grundfläche ein oder mehrere Rauchabzugsgeräte mit insgesamt mindestens 1,5 m² aerodynamisch wirksamer Fläche angeordnet werden,
- je höchstens 1.600 m² Grundfläche mindestens eine Auslösegruppe für die Rauchabzugsgeräte gebildet wird,
- Zuluftflächen mit einem freien Querschnitt von mindestens 36 m² im unteren Raumdrittel vorhanden sind sowie
- die Anforderungen an Auslösevorrichtungen und deren Beschilderung erfüllt sind.

f) Krankenhäuser (nach Brandenburgischer Krankenhaus- und Pflegeheim-Bauverordnung [2.30]):

Mindestanzahl von Brandabschnitten

Pflegebereiche müssen in jedem Geschoss mindestens **zwei** unabhängige Brandabschnitte haben, die durch Brandwände getrennt werden. Die Brandabschnitte müssen im Zuge der Rettungswege mit den benachbarten Brandabschnitten unmittelbar verbunden sein. Diese Regelung wurde geschaffen, damit auch bettlägerige Patienten in einem Brandfall gerettet werden können. Sie können z.B. mit einem fahrbaren Bett in den vom Brand nicht betroffenen Nachbarbrandabschnitt geschoben werden.

Anzahl der Treppenräume

In jedem Brandabschnitt muss mindestens ein notwendiger Treppenraum angeordnet werden. Die Brandabschnitte dürfen nicht durch offene Treppenräume verbunden sein.

Die Brandabschnitte sind so zu bemessen, dass zusätzlich alle Personen aus dem größten benachbarten Brandabschnitt vorübergehend aufgenommen werden können. Die Nutzbarkeit der Rettungswege darf durch die zusätzlich aufgenommenen Rollstühle, Betten und Tragen nicht beeinträchtigt werden.

Rettungszeit von bedürftigen Personen

Krankenhäuser und Pflegeheime müssen so errichtet werden und ausgestattet sein, dass die Rettung kranker oder pflegebedürftiger Personen ins Freie, in einen benachbarten Brandabschnitt oder einen anderen sicheren Bereich im Gefahrenfall durch das eigene Personal in wenigen Minuten durchgeführt werden kann.

mindestens zwei Bettenaufzüge

In Krankenhäusern und in Pflegeheimen mit Intensivbereichen muss eine ausreichende Anzahl von Aufzügen für den Transport von Betten geeignet sein (Bettenaufzüge); in Krankenhäusern sind mindestens zwei Bettenaufzüge erforderlich. Mehrere Bettenaufzüge sind so im Gebäude anzuordnen, dass im Gefahrenfall ein Brandabschnitt mit einem nicht durch Feuer und Rauch gefährdeten Bettenaufzug erreicht werden kann.

g) Schulen (nach Muster-Schulbau-Richtlinie [2.31]):

vergrößerter Brandwandabstand (60 m)

In der Musterbauordnung wird gefordert, dass Brandabschnitte durch die Anordnung von Brandwänden (bei Regelbauten in einem Höchstabstand von 40 m) in ausgedehnten Gebäuden zu bilden sind. Dieser Abstand darf in Schulen 60 m betragen, 20 m mehr als in Regelbauten.

h) Verkaufsstätten (nach Muster-Verkaufsstättenverordnung [2.32]):

Verkaufsstätten sind durch Brandwände in Brandabschnitte zu unterteilen. Die Fläche der Brandabschnitte darf je Geschoss betragen in

Brandabschnittsgrößen

- erdgeschossigen Verkaufsstätten mit Sprinkleranlagen nicht mehr als 10.000 m²,
- sonstigen Verkaufsstätten mit Sprinkleranlagen nicht mehr als 5.000 m²,
- erdgeschossigen Verkaufsstätten ohne Sprinkleranlagen nicht mehr als 3.000 m² und
- sonstigen Verkaufsstätten ohne Sprinkleranlagen nicht mehr als 1.500 m², wenn sich die Verkaufsstätten über nicht mehr als drei Geschosse erstrecken und die Gesamtfläche aller Geschosse innerhalb eines Brandabschnitts nicht mehr als 3.000 m² beträgt.

Abweichend davon können Verkaufsstätten mit Sprinkleranlagen anstatt durch Brandwände auch durch Ladenstraßen in Brandabschnitte unterteilt werden, wenn

- die Ladenstraßen bis zu ihrem oberen Abschluss in voller Höhe zusammenhängend mindestens 10 m breit sind (Bild 2.41); in diesen Ladenstraßen sind Einbauten oder Einrichtungen innerhalb dieser Breite unzulässig, ausgenommen sind Fahrtreppen und Aufzüge sowie Einrichtungen der technischen Gebäudeausrüstung, die der Ladenstraße dienen; Ladenstraßen dürfen durch diese Einbauten oder Einrichtungen nicht eingeengt werden, und

- die Ladenstraßen Öffnungen für den Wärmeabzug oder Wärmeabzugsgeräte an der obersten Stelle haben, die Öffnungen oder Geräte mindestens 1 m breit und möglichst durchlaufend und mittig angeordnet sind. Die Öffnungen zur Rauchableitung und Rauchabzugsgeräte müssen jederzeit an zugänglichen Stellen leicht von Hand bedient werden können und gekennzeichnet sein, sowie
- das Tragwerk der Dächer der Ladenstraßen aus nichtbrennbaren Baustoffen besteht und die Bedachung der Ladenstraße widerstandsfähig gegen Flugfeuer und strahlende Wärme (harte Bedachung) ist. Abweichend davon dürfen lichtdurchlässige Bedachungen bei Verkaufsstätten mit Sprinkleranlagen schwerentflammbar sein.

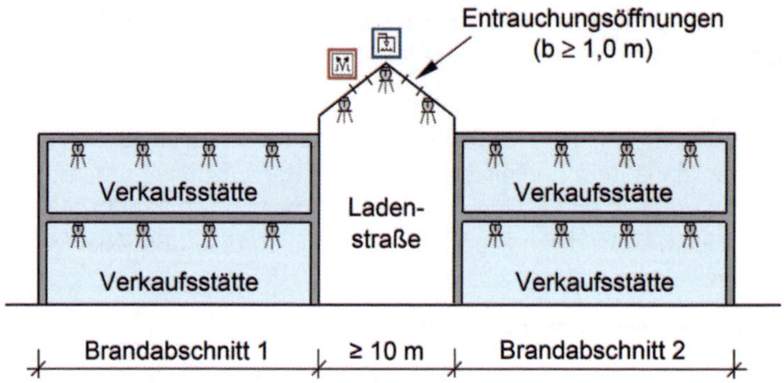

Bild 2.41: Brandabschnitte können durch mindestens 10 m breite Ladenstraßen statt durch Brandwände getrennt werden.

Kreuzungspunkte von Ladenstraßen

In Verkaufsstätten mit Sprinkleranlagen brauchen Brandwände im Kreuzungsbereich mit Ladenstraßen nicht hergestellt zu werden, wenn

- die Ladenstraßen bis zu ihrem oberen Abschluss in voller Höhe eine zusammenhängende Breite über eine zusammenhängende Länge von jeweils mindestens 10 m beiderseits der Brandwände haben und
- keine Einbauten oder Einrichtungen in diesen Ladenstraßen vorhanden sind (ausgenommen Fahrtreppen und Aufzüge), Öffnungen für den Wärmeabzug oder Wärmeabzugsgeräte vorhanden sind und das Dachtragwerk der Dächer von Ladenstraßen aus nichtbrennbaren Baustoffen besteht sowie die Bedachung der Ladenstraße widerstandsfähig gegen Flugfeuer und strahlende Wärme (harte Bedachung) ist. Abweichend davon dürfen lichtdurchlässige Bedachungen bei Verkaufsstätten mit Sprinkleranlagen schwerentflammbar sein.

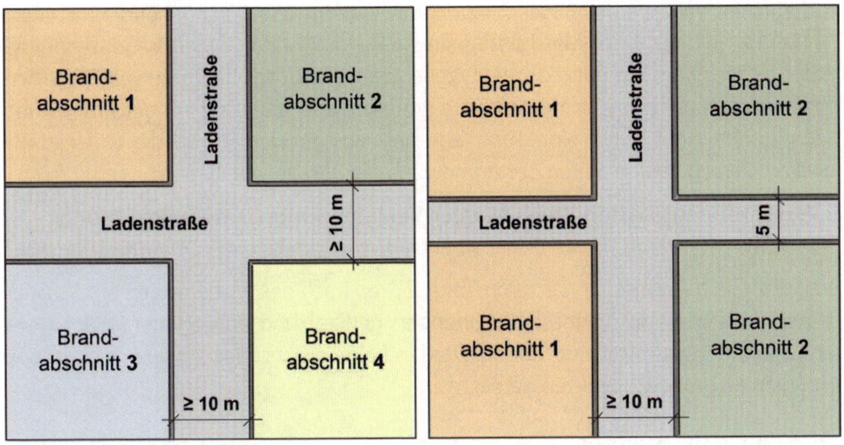

Bild 2.42: Ausführung von Ladenstraßen mit einer Breite ≥ 10 m als Äquivalent zu einer Brandwand (Brandabschnittstrennung)

Haben Ladenstraßen eine Breite von mindestens 10 m und werden sie ohne Einbauten oder Einrichtungen ausgeführt, können sie als Elemente zur Brandabschnittstrennung eingesetzt werden (wie eine Brandwand). Im linken Bild 2.42 haben beide kreuzenden Ladenstraßen diese Breite und trennen damit vier Brandabschnitte in Verkaufsstätten voneinander. Im rechten Bild hat eine der beiden Ladenstraßen nur eine Breite von 5 m (Mindestmaß von Ladenstraßen). Die zu beiden Seiten liegenden Bereiche bilden, aufgrund der fehlenden Trennungsbreite der Ladenstraße, einen gemeinsamen Brandabschnitt.

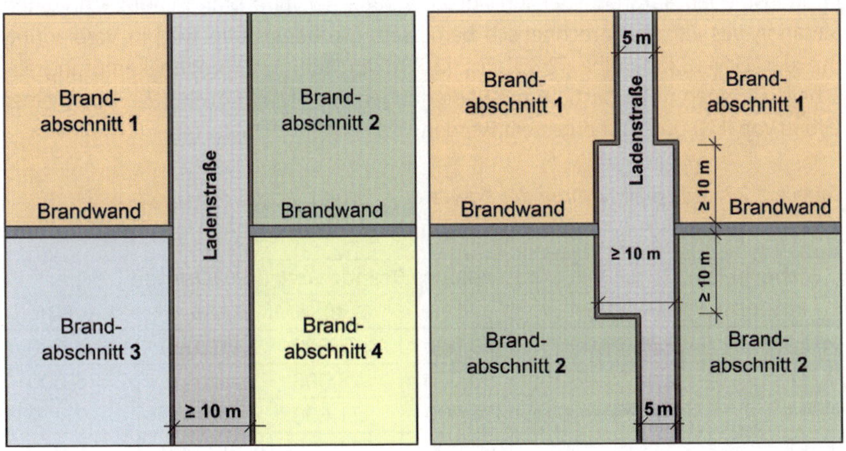

Bild 2.42a: Ausführung von Brandwänden im Bereich von Ladenstraßen

Brandwände können von Ladenstraßen durchbrochen werden, ohne dass an dieser Stelle eine Tür bzw. eine Türanlage angeordnet werden muss. Die Breite der Ladenstraße muss in voller Höhe mindestens 10 m vor und 10 m hinter der Brandwand 10 m betragen.

In der linken Variante des Bildes 2.42a ist die Ladenstraße durchgehend 10 m breit. Zusammen mit der Brandwand trennt sie die Verkaufsstätte in vier Brandabschnitte. In der rechten Variante hat die Ladenstraße eine grundsätzliche Breite von 5 m. Hierdurch werden nur zwei Brandabschnitte getrennt. Die „Öffnung" in der Brandwand muss jedoch nicht durch eine Türanlage geschlossen werden, da die Ladenstraße jeweils 10 m zu beiden Seiten der Brandwand eine Breite von 10 m aufweist.

i) Versammlungsstätten (nach Muster-Versammlungsstättenverordnung [2.33]):

Brandabschnitte werden in Versammlungsstätten nach den Forderungen der Musterbauordnung bzw. der Landesbauordnungen geplant und ausgeführt. In der Muster-Versammlungsstättenverordnung werden keine ergänzenden oder erweiternden Angaben zu Brandabschnitten gemacht.

19.2 Brandbekämpfungsabschnitte

Brandbekämpfungsabschnitt ist ein Begriff aus dem Industriebau und wird in der Muster-Industriebau-Richtlinie folgendermaßen definiert [2.29]:

Definition Brandbekämpfungsabschnitt

„Ein Brandbekämpfungsabschnitt ist ein auf das kritische Brandereignis normativ ***bemessener****, gegenüber anderen Gebäudebereichen brandschutztechnisch abgetrennter, ein- oder mehrgeschossiger Gebäudebereich mit spezifischen Anforderungen an Wände und Decken, die diesen* ***Brandbekämpfungsabschnitt*** *begrenzen."*

Brandabschnitt/ Brandbekämpfungsabschnitt

Im Gegensatz zum Brandabschnitt, der nach einer feststehenden Längenvorgabe der Landesbauordnung ermittelt wird, wird die Größe des Brandbekämpfungsabschnitts im Industriebau aufgrund der individuellen baulichen und brandschutztechnischen Situation des Einzelfalls rechnerisch bemessen. Die Bemessung wird in Verbindung mit der DIN-18230-Reihe [2.35] bis [2.38] durchgeführt. Brandbekämpfungsabschnitte können unter bestimmten Bedingungen nach [2.29] Absatz 7.6 bis zu einer Größe von 120.000 m² hergestellt werden.

Tabelle 2.22: Zulässige Summe der bewerteten Grundflächen der Geschosse und Ebenen eines Brandbekämpfungsabschnitts zul A_{bew} in m² [2.29]

Sicherheits-kategorie	äquivalente Branddauer $t_ä$ in Minuten				
	≤ 5	15	30	60	≥ 90
K 1	30.000	20.000	12.000	6.000	4.000
K 2	50.000	30.000	18.000	9.000	6.000
K 3.1	60.000	36.000	21.600	10.800	7.200
K 3.2	67.000	40.000	24.000	12.000	8.000
K 3.3	77.000	46.000	27.600	13.800	9.200
K 3.4	85.000	50.000	30.000	15.000	10.000
K 4	120.000	70.000	42.000	21.000	14.000

Tabelle 2.23: Zulässige Größe der Brandbekämpfungsabschnittsfläche eingeschossiger Industriebauten ohne Anforderungen an die Feuerwiderstandsfähigkeit der tragenden und aussteifenden Bauteile in m² [2.29]

Sicherheitskategorie	**äquivalente Branddauer $t_ä$ in Minuten**			
	15	**30**	**60**	**90**
K 1	9.000	5.500	2.700	1.800
K 2	13.500[2)]	8.000[2)]	4.000[2)]	2.700[2)]
K 3.1	16.000	10.000	5.000	3.200
K 3.2	18.000	11.000	5.400	3.600
K 3.3	20.700	12.500	6.200	4.200
K 3.4	22.500	13.500	6.800	4.500
K 4	30.000[1)]	20.000[1)]	10.000[1)]	10.000[1)]
Mindestgröße der Wärmeabzugsfläche in %	1,0	2,0	3,0	4,0
Zulässige Breite des Industriebaues in m	80	60	50	40

1) Die Anforderungen hinsichtlich der Wärmeabzugsflächen und der Breite des Industriebaus gelten nicht für Brandbekämpfungsabschnitte der Sicherheitskategorie K 4.

2) Die zulässige Größe darf um 10 % überschritten werden, wenn in dem Brandbekämpfungsabschnitt die Produktions- und Lagerräume Rauchabzugsanlagen haben, bei denen
- je höchsten 200 m² der Grundfläche mindestens ein oder mehrere Rauchabzugsgeräte mit mindestens insgesamt 1,5 m² aerodynamisch wirksamer Fläche im Dach angeordnet wird,
- je höchsten 1.600 m² Grundfläche mindestens eine Auslösegruppe für die Rauchabzugsgeräte gebildet wird, sowie
- Zuluftflächen mit einem freien Querschnitt von mindestens 36 m² im unteren Raumdrittel vorhanden sind.

Einflüsse auf die zulässige Größe

Einfluss auf die zulässige Größe des Brandbekämpfungsabschnitts haben die Sicherheitskategorie, in die er eingestuft wird, sowie die äquivalente Branddauer.

Aufgrund der **Sicherheitskategorie** wird die Klassifizierungsstufe festgelegt, mit der die vorhandene brandschutztechnische Infrastruktur berücksichtigt wird. Einfluss hierauf haben unter anderem automatische Brandmeldeanlagen, Werkfeuerwehren und selbsttätige Feuerlöschanlagen.

Im Bemessungsverfahren nach der DIN-18230-Reihe [2.35] bis [2.38] werden die im Brandbekämpfungsabschnitt zukünftig vorhandenen Brandlasten zur Bestimmung der Feuerwiderstandsklasse der umgebenden Bauteile angesetzt. Der thermische Verlauf der Brandeinwirkung entspricht dann der einer parametrischen Temperaturzeitkurve (siehe hierzu auch Absatz 7.4).

Umrechnung in eine äquivalente Branddauer

Um die Feuerwiderstandsdauer der umgebenden Bauteile nach den Klassen der Bauordnung (feuerhemmend, hochfeuerhemmend, feuerbeständig) einstufen zu können, wurden die Bauteiltemperaturen infolge der realen Brandlast und die infolge der Einheits-Temperaturzeitkurve (ETK) gemessen. Aus den Ergebnissen ergab sich ein Verfahren, mit dem die echte Einwirkungsdauer (nach der parametrischen Temperaturzeitkurve) in eine **äquivalente Branddauer** (nach der ETK) umrechnet werden kann.

Weiterhin fließen in die Bemessung der Brandbekämpfungsabschnittsfläche die Größe und Verteilung der Brandlast, die Größe der Wärmeabzugsöffnungen sowie das Wärmespeichervermögen der Umfassungsbauteile ein.

19.3 Zellenbauweise (Kompartmentbauweise)

Einstufung in Gebäudeklassen

Bei der Einstufung von Gebäuden in Gebäudeklassen (siehe hierzu auch Absatz 3.4) ist der eine Klassifizierungswert die Größe der Nutzungseinheiten (Fläche größer oder kleiner als 400 m²), der andere Wert ist die Höhe des Gebäudes.

Nutzungseinheiten, die größer als 400 m² sind, können in Einheiten mit einer Fläche ≤ 400 m² brandschutztechnisch unterteilt werden. Zur Ermittlung der Gebäudeklasse ist dies unter Einhaltung bestimmter Randbedingungen zulässig.

Zellenbauweise/ Kompartmentbauweise

Die Unterteilung in 400-m²-Bereiche wird Zellen- oder Kompartmentbauweise genannt. Die Zellen werden durch brandschutztechnisch klassifizierte Decken und Wände abgegrenzt; dies soll die großflächige Ausbreitung eines Brandes verhindern. Die Zellen müssen über ein eigenes Rettungswegesystem verfügen, dessen Wege **nicht** durch andere Zellen führen dürfen. Die Lösch- und Rettungsmaßnahmen für diese brandschutztechnisch abgetrennten Bereiche, wie z.B. Verwaltungseinheiten, Praxen und kleine Läden, sind einfacher durchzuführen. Aus diesem Grund können hier geringere Brandschutzanforderungen gestellt werden. Nachfolgend wird die Erläuterung zur Zellenbauweise aus den Entscheidungshilfen der Berliner Bauaufsicht [2.60] dargestellt.

Auszug aus den „Entscheidungshilfen der Berliner Bauaufsicht" [2.60]:

> *„Eine „Unterteilung" von Gebäuden/Geschossen mittels Nutzungseinheiten < 400 m² ist zur Aussteuerung der Zuordnung der Gebäudeklasse zulässig.*

Unterteilung in abgetrennte Zellen

> *Ergänzend ist zu bemerken, dass es auch mehrere Nutzungseinheiten mit einem gleichen Nutzungszweck in einem Gebäude/Geschoss geben darf. Auch ein funktionaler Zusammenhang löst die Selbständigkeit der betroffenen Nutzungseinheiten nicht auf. Nutzungseinheiten sind brandschutztechnisch durch feuerwiderstandsfähige Bauteile (Wände und Decken) zu anderen Nutzungseinheiten abgetrennte Bereiche. Nutzungseinheiten sind auch unabhängig von der „Betreiberzahl" zu betrachten. Gemeinsame Rettungswege (Flure/Treppenräume) sind zulässig, hier ist nicht der Rettungsweg über eine andere Nutzungseinheit gemeint."*

Beispiel zur Einstufung eines Gebäudes

Durch diese Aussteuerungsmöglichkeit kann z.B. ein Regelbau mit vier oberirdischen Geschossen (EG + 1. bis 3. OG) in die Gebäudeklasse 4 eingestuft werden.

Bei lichter Geschosshöhe von 3 m und einer Deckenhöhe von 25 cm ergibt sich eine Einstufungshöhe von 13 m (4 × 3,0 m + 4 × 0,25 m). Mit Nutzungseinheiten (Zellen) ≤ 400 m² werden die Randbedingungen der Gebäudeklasse 4 für den Regelbau eingehalten. Es ist deshalb möglich, die Decken, Stützen und Wände der oberirdischen Geschosse in „hochfeuerhemmender" Bauweise auszuführen. Die statisch tragenden Bauteile dürfen daher aus brennbaren Baustoffen (z.B. aus Holz) hergestellt werden.

Bei Gebäuden gleicher Höhe (13 m), aber mit Nutzungseinheiten > 400 m² müssen diese Gebäude in die Gebäudeklasse 5 eingestuft werden. Die tragenden Bauteile sind deshalb feuerbeständig auszuführen. Der Baustoff Holz ist hier nicht zulässig.

Durch die Zellenbauweise (Kompartmentbauweise) wird also der konstruktive ingenieurtechnische Holzbau gefördert.

Auszug aus der Begründung zur Musterbauordnung in der Fassung 2002 [2.61]:

> *„Mit dem neuen Brandschutzkonzept werden für die kleinen Gebäude (Gebäudeklasse 1 und 2) und für die Gebäudeklasse mit* ***Zellenbauweise*** *(Gebäudeklasse 4) Erleichterungen für die Feuerwiderstandsfähigkeit der Bauteile umgesetzt und die konstruktive* ***Holzverwendung*** *für Gebäude mit bis zu fünf Geschossen eröffnet."*

Nachfolgend werden Ergänzungen zu den brandschutztechnischen Grundforderungen der Musterbauordnung zur Zellenbauweise nach den entsprechenden Regelwerken aufgezeigt:

a) Regelbauten (nach Musterbauordnung [2.1]):

Die in diesem Absatz (19.3) beschriebenen Forderungen und Regeln zur Zellenbauweise gelten grundsätzlich für Regelbauten.

b) Beherbergungsstätten (nach Muster-Beherbergungsstättenverordnung [2.26]):

Zellenbildung durch Trennwände

In der Muster-Beherbergungsstättenverordnung wird die Zellenbildung nur indirekt gefordert. Die Anordnung von Trennwänden wie auch die Anforderungen an die Türen in den Trennwänden dient der Eindämmung einer Brandausbreitung durch Zellenbildung. Die Abstufung der Feuerwiderstandsanforderungen folgt der Gefährdungssituation.

c) Garagen (nach Muster-Garagenverordnung [2.27]):

In dieser Sonderbauverordnung werden keine ergänzenden oder erweiternden Angaben zur Zellenbauweise gemacht.

d) Hochhäuser (nach Muster-Hochhaus-Richtlinie [2.28]):

Zellen mit einer maximalen Größe von 400 m²

Für Nutzungseinheiten, die hinsichtlich der Brandgefahren mit einer Büro- oder Verwaltungsnutzung vergleichbar sind und bis zu 400 m² Grundfläche haben, sind notwendige Flure nicht erforderlich. Diese „Zellen"-Regelung ist ebenfalls in der Musterbauordnung enthalten.

Räume mit erhöhter Brandgefahr

Ebenfalls auf diese im Brandfall von der Feuerwehr gut beherrschbare Zellen-Größe ist die Grundfläche von Räumen mit erhöhter Brandgefahr begrenzt. Wird eine größere Fläche benötigt, ist diese in Zellen (Räume) $\leq$ 400 m² zu unterteilen.

Erleichterung durch Zellenbauweise

Für Hochhäuser bis zu 60 m Höhe und mit Nutzungseinheiten von nicht mehr als 200 m² Grundfläche (in Zellenbauweise) über dem ersten Obergeschoss sind automatische Feuerlösch-, Brandmelde- und Alarmierungsanlagen nicht erforderlich, wenn

- die Nutzungseinheiten untereinander, zu anders genutzten Räumen und zu notwendigen Fluren feuerbeständige Trennwände haben, die von Rohdecke zu Rohdecke verlaufen,
- der Brandüberschlag von Geschoss zu Geschoss durch eine mindestens 1 m hohe feuerbeständige Brüstung oder 1 m auskragende feuerbeständige Deckenplatte behindert wird,

- die automatische Auslösung der Druckbelüftungsanlagen und der Brandfallsteuerung der Aufzüge sichergestellt ist und
- die Früherkennung eines Brandes in den Nutzungseinheiten durch Rauchwarnmelder mit Netzstromversorgung erfolgt.

Aufteilung in „Zellen"

Dies gilt auch für Nutzungseinheiten mit mehr als 200 m² Grundfläche, wenn sie durch raumabschließende feuerbeständige Wände, die von Rohdecke zu Rohdecke verlaufen, in Teile (Zellen) von nicht mehr als 200 m² Grundfläche unterteilt werden.

Zellenbildung durch Wände und Decken

Die vorbeschriebene Zellenbauweise dient der Begrenzung der Brandausbreitung. Der Begriff „Zellenbauweise" beschreibt eine Bauweise, in der Nutzungseinheiten jeweils durch raumabschließende Wände und Decken umschlossen und so von anderen Nutzungseinheiten und den Rettungswegen brandschutztechnisch getrennt werden.

e) Industriebauten (nach Muster-Industriebau-Richtlinie [2.29]):

In dieser Sonderbaurichtlinie werden keine ergänzenden oder erweiternden Angaben zur Zellenbauweise gemacht.

f) Krankenhäuser (nach Brandenburgischer Krankenhaus- und Pflegeheim-Bauverordnung [2.30]):

In dieser Sonderbauverordnung werden keine ergänzenden oder erweiternden Angaben zur Zellenbauweise gemacht.

g) Schulen (nach Muster-Schulbau-Richtlinie [2.31]):

Erleichterung durch Zellenbildung

In der Muster-Schulbau-Richtlinie wird die brandschutztechnische Anforderung an tragende Bauteile verringert (Erleichterung), wenn Gebäude eine Höhe bis zu 13 m haben und deren Geschosse entweder eine Fläche von jeweils nicht mehr als 400 m² haben oder durch Trennwände in Abschnitte von jeweils nicht mehr als 400 m² unterteilt sind.

Auch hier ist die Zellenbauweise die Grundlage für die Erleichterung.

h) Verkaufsstätten (nach Muster-Verkaufsstättenverordnung [2.32]):

In dieser Sonderbauverordnung werden keine ergänzenden oder erweiternden Angaben zur Zellenbauweise gemacht.

i) Versammlungsstätten (nach Muster-Versammlungsstättenverordnung [2.33]):

In dieser Sonderbauverordnung werden keine ergänzenden oder erweiternden Angaben zur Zellenbauweise gemacht.

19.4 Rauchabschnitte

Rauchabschnitte in Fluren

Die Bildung von Rauchabschnitten wird in der Musterbauordnung für notwendige Flure gefordert. Die Rauchabschnitte sind durch rauchdichte und selbstschließende Abschlüsse zu bilden. Die Grundfläche ergibt sich aus der Breite der Flurabschnitte und der maximalen Rauchabschnittslänge der Flure von 30 m. Weitere Regelungen zu Rauchabschnitten werden in der Musterbauordnung nicht getroffen.

Nachfolgend werden Ergänzungen zu den brandschutztechnischen Grundforderungen der Musterbauordnung zu Rauchabschnitten nach den entsprechenden Regelwerken aufgeführt:

a) Regelbauten (nach Musterbauordnung [2.1]):

Die in diesem Absatz (19.4) beschriebenen Forderungen und Regeln zu Rauchabschnitten gelten grundsätzlich für Regelbauten.

b) Beherbergungsstätten (nach Muster-Beherbergungsstättenverordnung [2.26]):

In dieser Sonderbauverordnung werden keine ergänzenden oder erweiternden Angaben zu Rauchabschnitten gemacht.

c) Garagen (nach Muster-Garagenverordnung [2.27]):

Wände von Rauchabschnitten

Geschlossene Garagen, ausgenommen automatische Garagen, müssen durch mindestens feuerhemmende, aus nichtbrennbaren Baustoffen bestehende Wände in Rauchabschnitte unterteilt sein.

Die Nutzfläche eines Rauchabschnitts darf

- in oberirdischen geschlossenen Garagen höchstens 5.000 m²,
- in sonstigen geschlossenen Garagen höchstens 2.500 m² betragen; sie darf höchstens doppelt so groß sein, wenn die Garagen Sprinkleranlagen haben. Ein Rauchabschnitt darf sich auch über mehrere Geschosse erstrecken.

Rauchabschlüsse in Wänden

Öffnungen in Wänden, die Rauchabschnitte begrenzen, müssen mit Rauchschutzabschlüssen versehen sein. Abweichend davon sind dicht- und selbstschließende Abschlüsse aus nichtbrennbaren Baustoffen zulässig. Die Abschlüsse müssen Feststellanlagen haben, die bei Raucheinwirkung ein selbsttätiges Schließen bewirken; sie müssen auch von Hand geschlossen werden können.

d) Hochhäuser (nach Muster-Hochhaus-Richtlinie [2.28]):

In dieser Sonderbaurichtlinie werden keine ergänzenden oder erweiternden Angaben zu Rauchabschnitten gemacht.

e) Industriebauten (nach Muster-Industriebau-Richtlinie [2.29]):

Bildung von Rauchabschnitten

Nach der Muster-Industriebau-Richtlinie ist eine Rauchableitung aus Brandbekämpfungsabschnitten insbesondere erfüllt, wenn diese Räume Rauchabzugsanlagen haben und die Brandbekämpfungsabschnitte in Rauchabschnitte je < 5.000 m² Brandbekämpfungsabschnittsfläche unterteilt werden.

f) Krankenhäuser (nach Brandenburgischer Krankenhaus- und Pflegeheim-Bauverordnung [2.30]):

In dieser Sonderbauverordnung werden keine ergänzenden oder erweiternden Angaben zu Rauchabschnitten gemacht.

g) Schulen (nach Muster-Schulbau-Richtlinie [2.31]):

In dieser Sonderbaurichtlinie werden keine ergänzenden oder erweiternden Angaben zu Rauchabschnitten gemacht.

h) Verkaufsstätten (nach Muster-Verkaufsstättenverordnung [2.32]):

In dieser Sonderbauverordnung werden keine ergänzenden oder erweiternden Angaben zu Rauchabschnitten gemacht.

i) Versammlungsstätten (nach Muster-Versammlungsstättenverordnung [2.33]):

In dieser Sonderbauverordnung werden keine ergänzenden oder erweiternden Angaben zu Rauchabschnitten gemacht.

20 Zugänge und Zufahrten auf Grundstücken

Maße von Feuerwehrzugängen und -fahrten

Von öffentlichen Verkehrsflächen ist für die Feuerwehr ein **geradliniger** Zu- oder Durch**gang** zu rückwärtigen Gebäuden zu schaffen. Die Größen der lichten Breiten und Höhen waren bis zur Ausgabe der Musterbauordnung 1981 in der Fassung 1989 [2.62] dort selbst enthalten. Diese Maße sind seitdem in der „Musterrichtlinien über Flächen für die Feuerwehr" [2.63] Absatz 14 enthalten:

> *„Zu- oder Durch**gänge** für die Feuerwehr sind geradlinig und mindestens 1,25 m breit auszubilden. Für Türöffnungen und andere geringfügige Einengungen in diesen Zu- oder Durchgängen genügt eine lichte Breite von 1 m."*

Diese Mindestmaße werden benötigt, damit die Feuerwehr zu Fuß mit Rettungsgeräten, z.B. Leitern, den Zugang oder den Durchgang passieren kann.

rückwärtige Gebäude

Unter rückwärtigen Gebäuden sind solche baulichen Anlagen zu verstehen, die sich im hinteren, also rückwärtigen, Bereich eines Grundstücks befinden. Es können auch Gebäude sein, die als Hinterlieger auf demselben Grundstück angeordnet sind. Unter rückwärtigen Gebäuden sind jedoch nicht diejenigen zu verstehen, die sich auf einem anderen Grundstück hinter dem betroffenen befinden.

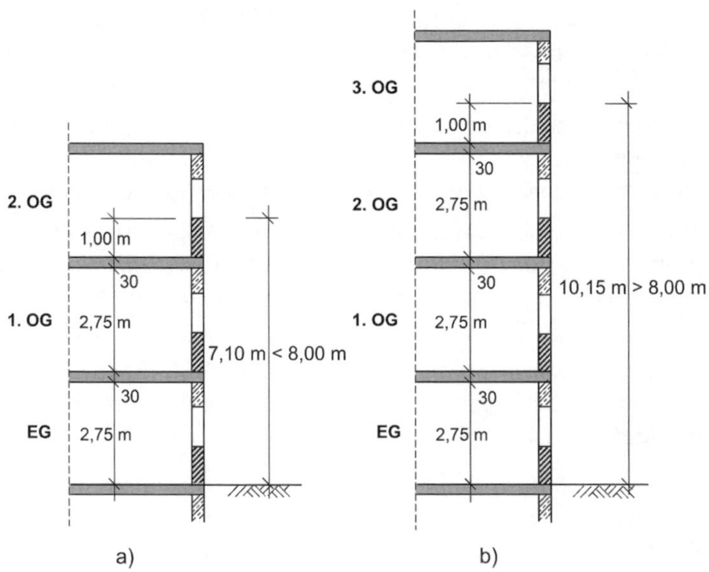

a) Rettungshöhe < 8,0 m – ein Zu- und Durch**gang** zum Gebäude ist ausreichend

b) Rettungshöhe > 8,0 m – eine Zu- und Durch**fahrt** zum Gebäude ist erforderlich

Bild 2.43: Höhenschnitte durch zwei Gebäude

geradliniger Zuweg

Ein geradliniger Zuweg (Zugang oder Zufahrt), also ein Weg in gerader Linienführung, bedeutet, dass er keine Kurven und Schleifen aufweisen darf.

Zuweg für den „Regelfall"

Wird der zweite Rettungsweg eines Gebäudes über Rettungsgeräte der Feuerwehr (z.B. Leitern) geführt, was bei Wohngebäuden (Regelbauten) der Regelfall ist, muss für das an einer öffentlichen Verkehrsfläche gelegene Gebäude ebenfalls ein Zugang zur baulichen Anlage vorhanden sein.

8-m-Grenzwert

Liegt die Oberkante der Brüstung des höchstgelegenen zum Anleitern bestimmten Fensters mehr als 8 Meter über der Geländeoberfläche, reicht ein **Zugang** nicht mehr aus. Um mit den erforderlichen Rettungsgeräten an das Gebäude zu gelangen, muss eine Zu- oder Durch**fahrt** geschaffen werden (siehe Bild 2.43). Bis zu einer Rettungshöhe von 8 m dürfen bei Regelbauten tragbare Leitern zur Rettung genutzt werden. Befinden sich die vorhandenen Öffnungen oberhalb dieser Höhe, müssen fahrbare Rettungsgeräte, z.B. Hubrettungsfahrzeuge, eingesetzt werden.

Die Mindestbreite und -höhe für eine Durch**fahrt** werden in der „Musterrichtlinien über Flächen für die Feuerwehr" [2.63] Absatz 2 geregelt:

> *„Die lichte Breite der Zu- oder Durch**fahrten** muß mindestens 3 m, die lichte Höhe mindestens 3,5 m betragen. Die lichte Höhe der Zu- oder Durchfahrten ist senkrecht zur Fahrbahn zu messen. Wird eine Zu- oder Durchfahrt auf eine Länge von mehr als 12 m beidseitig durch Bauteile, wie Wände oder Pfeiler, begrenzt, so muss die lichte Breite mindestens 3,50 m betragen. Wände und Decken von Durchfahrten müssen feuerbeständig sein."*

2. Rettungsweg in Sonderbauten

Bei Sonderbauten darf der zweite Rettungsweg in der Regel weder über tragbare noch über fahrbare Leitern geführt werden, ein zweiter baulicher Rettungsweg, eine Treppe, ist dann erforderlich.

Aufstellflächen

Wird die Rettung über Hubrettungsfahrzeuge geführt, müssen der Zuweg und die Aufstell- und Bewegungsflächen nach den Vorgaben der „Musterrichtlinie über Flächen der Feuerwehr" [2.63] hergestellt werden (siehe auch Kapitel 40).

50 m-Regelung

Für Gebäude, die mehr als 50 m von einer öffentlichen Verkehrsfläche entfernt sind, muss anstatt eines Zu- oder Durchgangs eine Zu- oder Durch**fahrt** geschaffen werden, wenn dies aus Gründen des Feuerwehreinsatzes erforderlich ist

In Abhängigkeit von der lichten Raumhöhe, der Deckenhöhe und der Brüstungshöhe kann für Gebäude der Gebäudeklassen 1 bis 3 ein Zu- oder Durch**gang** ausreichend sein. Gebäude der Gebäudeklassen 4 und 5 benötigen in der Regel immer eine Zu- oder Durch**fahrt**.

21 Brandschutz auf Baustellen

Zahlreiche Brände auf Baustellen zeigen, dass sowohl bei Neubaumaßnahmen als auch beim Bauen im Bestand eine erhebliche Brandgefahr besteht.

Brände auf Baustellen haben Auswirkungen auf die Gesundheit und das Leben der dort tätigen Menschen sowie auf Sachwerte.

Größe einer Baustelle

Die Größe einer Baumaßnahme ist nicht ausschlaggebend für den Ausbruch von Bränden. Auch bei kleineren Bau- und Umbaumaßnahmen können sie ausbrechen. Schon bei geringfügigen, aber feuergefährlichen Arbeiten, wie z.B. beim Abdichten von schadhaften Stellen eines Flachdachs, bei dem die Dichtungsbahnen mit einem Gasbrenner beflammt werden, kann ein Brand ausbrechen.

Großbaustellen

Auf Großbaustellen besteht jedoch eine besondere Gefahr durch die Veränderung der Baustelle infolge des Baufortschritts und die dadurch entstehende Unübersichtlichkeit.

Brände können in jeder Phase des Bauens entstehen. Sie können sich schon in der Rohbauphase einer Baumaßnahme entwickeln. Besonders groß jedoch ist die Wahrscheinlichkeit, dass ein Brand kurz vor der gesamten Fertigstellung des Gebäudes entsteht.

Auswirkung von Bränden auf Baustellen

Die Auswirkungen eines Brandes betreffen nicht nur die auf der Baustelle befindlichen Sachgüter. Die Verzögerung der Fertigstellung des Gebäudes durch das Brandereignis kann auch eine indirekte Auswirkung auf die wirtschaftliche Zukunft des dort tätigen Unternehmens haben.

Falls es eine vertragliche Vereinbarung dazu gibt, kann ein Brand durch die zeitliche Verzögerung der Bauarbeiten eine Vertragsstrafe nach sich ziehen.

Aus den vorgenannten Gründen sind deshalb die finanziellen Auswirkungen eines Brandes auf Großbaustellen größer als auf kleinen Baustellen.

Auch wenn Menschenleben nicht betroffen sind, entstehen in der Regel durch einen Brand immer kostenintensive Folgeschäden am Bauwerk und an der Umwelt.

In jeder Phase einer Baumaßnahme ist deshalb der Brandschutz zu beachten. Schon bei der Planung einer Baustelle muss er berücksichtigt werden.

Nachfolgend wird eine Auswahl von möglichen Zündquellen auf Baustellen aufgelistet, durch die ein Brand ausgelöst werden kann (in Anlehnung an [2.64]):

Zündquellen auf Baustellen

- Flammen durch Zigaretten und Glutnester,
- offenes Feuer durch Dachdeckerarbeiten, Schweiß- und Lötarbeiten,
- heiße Oberflächen von Motoren, Heizstrahlern und Beleuchtungselementen,
- elektrische Energie durch elektrische Geräte,
- Lichtbögen durch Schweißen,
- chemische Reaktionen und
- funkenreißende Werkzeuge, wie z.B. Schleifmaschinen und Stahldrahtbürsten.

Das Brandschutzsystem einer Baustelle ist einer besonderen Gestaltung unterworfen. Es muss flexibel ausgerichtet sein, damit es auf den Baufortschritt reagieren kann.

Dies betrifft besonders die Brandlasten sowie die Rettungswege. Bauliche, bautechnische und organisatorische Maßnahmen, die Einfluss auf die Entstehung eines Brandes bzw. auf dessen Verlauf haben, werden nachfolgend aufgelistet:

- Große Mengen an brennbaren Stoffen auf der Baustelle (z.B. Bauholz, Baustoffe, Verpackungsmaterial, Gasflaschen, Lösungsmittel, Kleber). Sie sollten nur so lange auf der Baustelle vorgehalten werden, wie es zwingend erforderlich ist, und dann möglichst zeitnah entfernt werden,
- gar keine oder nur eingeschränkt nutzbare Brandschutzeinrichtungen wie Meldeeinrichtungen, Rauch- und Wärmeabzugsanlagen, Löscheinrichtungen, Brandschutz- und Rauchschutzabschlüsse,
- Container für diverse Nutzungen (Büro, Wohnzwecke, Materiallager),

Einflüsse auf den Brandschutz von Baustellen

- ständige Veränderung der Baustelle durch den Baufortschritt,
- vorzeitige Nutzung von Räumlichkeiten,
- Termin- und Kostendruck, häufig ungelernte Hilfskräfte,
- Außerbetriebnahme von Brandschutzeinrichtungen bei Umbaumaßnahmen ohne Rücksprache mit der Feuerwehr und dem Versicherer (z.B. Brandmeldeanlage, stationäre Löschanlagen),
- Ver- und Zustellen von Brandschutzeinrichtungen,
- Änderung der Rettungswegesituation,
- nicht nutzbare Flächen für die Feuerwehr durch Lagerung von Baumaterialien und aufgestellte Baucontainer,
- Zusammenwirken mehrerer Gewerke auf engen Raum und
- andere Nutzung von Räumlichkeiten als die planmäßigen während der Bauzeit.

Die rechtlichen Grundlagen zum Brandschutz auf Baustellen werden nachfolgend zusammengefasst:

rechtliche Grundlagen zum Brandschutz

- Musterbauordnung [2.1] (bzw. Landesbauordnungen),
- Arbeitsstättenverordnung [2.65]
- ASR A2.3 (Technische Regeln für Arbeitsstätten) [2.49] und
- Baustellenverordnung [2.66].

Musterbauordnung [2.1]:

Nach § 11 (Baustellen) sind Baustellen so einzurichten, dass bauliche Anlagen ordnungsgemäß errichtet, geändert oder beseitigt werden können und **Gefahren** oder vermeidbare Belästigungen **nicht entstehen**. Von Baustellen dürfen also keine Gefahren ausgehen. Diese Forderung betrifft besonders den Bereich des Brandschutzes.

Arbeitsstättenverordnung [2.65]:

Nach § 2 (Begriffsbestimmung) umfasst das Einrichten von Baustellen – als Arbeitsstätten – insbesondere das Anlegen und Kennzeichnen von Verkehrs- und Fluchtwegen und von brandschutztechnischen Ausrüstungen.

In den Absätzen 2.2 und 2.3 des Anhangs der Arbeitsstättenverordnung werden detailliertere brandschutztechnische Forderungen an Arbeitsstätten gestellt. Unter anderem müssen nicht selbsttätige Feuerlöscheinrichtungen als solche dauerhaft gekennzeichnet, leicht zu erreichen und zu handhaben sein (z.B. Handfeuerlöscher).

ASR A2.3 [2.49]:

In Absatz 10 der technischen Regel für Arbeitsstätten werden ergänzende Anforderungen für Baustellen gestellt. Unter anderem wird hier die Ausbildung von Fluchtwegen sowie die Erstellung von Rettungs- und Fluchtplänen behandelt.

Baustellenverordnung [2.66]:

Nach der Baustellenverordnung [2.66] muss auf jeder Baustelle ein Sicherheits- und Gesundheitsschutzkoordinator (SiGeKo) eingesetzt werden. Dieser Koordinator hat unter anderem die Sicherheitsmaßnahmen auf einer Baustelle zu beobachten und zu koordinieren. Er muss das vom Brandschutzplaner erstellte Brandschutzkonzept in seinem Konzept beachten. Nach der ASR A2.3 [2.49] sind die Hinweise des Koordinators bei den brandschutztechnischen Maßnahmen zu berücksichtigen.

Nachfolgend werden bauliche und organisatorische Brandschutzmaßnahmen beschrieben, die zu einem rechtskonformen brandschutztechnischen Gesamtsystem auf Baustellen führen.

a) Maßnahmen gegen Brandstiftung:

Verhinderung von Brandstiftungen

Um Brandstiftung durch Betriebsfremde auf der Baustelle zu unterbinden, muss der unbefugte Zutritt verhindert werden. Dies kann durch Bauzäune erfolgen, die mit einer Übersteigsicherung versehen sind. Die Höhe sollte mindestens 2 m betragen, polizeilich wird ein Maß von 2,5 m empfohlen.

Weiterhin sollten die Baustelle und das Gelände ausgeleuchtet werden.

Bei großflächigen Baustellen kann auch zusätzlich ein Wachdienst zur Be- und Überwachung eingesetzt werden.

b) Fluchtwege auf Baustellen:

Zur Gestaltung der Fluchtwege werden in der ASR A2.3 [2.49] Hinweise gegeben und Forderungen gestellt.

Auf Baustellen, auf denen unterschiedliche Gewerke tätig sind, haben sich die Arbeitgeber bei der Festlegung des Verlaufs und der Gestaltung der Fluchtwege abzustimmen. Dabei sind die Höchstzahl der Personen, die im Brandfall den Fluchtweg benutzen, die Anordnung, die Abmessungen und die Ausführung der Fluchtwege individuell für die Baustellensituation festzulegen.

flexible Fluchtwegesysteme

Fluchtwege auf Baustellen müssen nicht ausschließlich über ständig vorhandene Bauteile geführt werden (z.B. über Treppen). Abweichend von den Forderungen der Bauordnung können sie auch über temporäre Konstruktionen geführt werden, wie z.B. über Gerüste.

Auf manchen Baustellen, besonders auf Großbaubestellen, ist der Weg ins Freie nicht immer sofort zu erkennen. Fluchtwege auf unübersichtlichen Baustellen oder Fluchtwege, deren Verlauf sich durch den Baufortschritt ändert, müssen während der Baumaßnahme eine Fluchtwegbeschilderung entsprechend der ASR A1.3 „Sicherheits- und Gesundheitsschutzkennzeichnung" erhalten. Ein dazugehöriger Flucht- und Rettungsplan ist ebenfalls erforderlich. Die Kennzeichnung hat zum frühestmöglichen Zeitpunkt, spätestens aber nach Fertigstellung einzelner Bauabschnitte zu erfolgen.

Flucht- und Rettungspläne auf Baustellen

Der Flucht- und Rettungsplan kann mit Baustelleneinrichtungsplänen oder Baustellenordnungen verbunden an einer zentralen Stelle, z.B. dem sogenannten „Schwarzen Brett", witterungsgeschützt ausgehängt werden. Insbesondere bei großen und komplexen bzw. unübersichtlichen Baustellen kann es erforderlich werden, orts-, geschoss- oder abschnittsbezogene Flucht- und Rettungspläne an anderen geeigneten Stellen auszuhängen. Der Arbeitgeber hat seine Arbeitnehmer unverzüglich über Änderungen des Rettungsweges zu informieren.

c) Baufortschritt:

Falls es bautechnisch und organisatorisch möglich ist, sollte bei der Planung der Baumaßnahme darauf geachtet werden, dass Bauteile, die eine Aufgabe im Brandschutzsystem erfüllen, bei der Herstellung bevorzugt werden.

Dies können unter anderem folgende Bauteile sein:

Brandschutz während des Baufortschritts

- Brandwände, die geschossweise hochgezogen werden,
- Brand- und Rauchschutztüren, die möglichst frühzeitig eingebaut und betriebsbereit gemacht werden sollen und
- Treppenräume und Flurwände, die als Abtrennung der Fluchtwege im Zuge des Baufortschritts mit hochgezogen werden sollten.

d) Baustellenorganisation:

Nach der Musterbauordnung hat der Bauleiter darüber zu wachen, dass die Baustelle bautechnisch sicher betrieben wird. Diese Forderung beinhaltet auch den Brandschutz auf der Baustelle.

Brandschutzverantwortlicher

Die Baustelle sollte von ihm oder einem für den Brandschutz benannten Verantwortlichen in regelmäßigen Abständen begangen werden.

Bei diesen Begehungen sind unter anderem folgende Aspekte zu beachten:

- Brandlasten sind zu minimieren, wie z.B. durch Entfernen von Verpackungsmaterial,
- die Feuerwehrzufahrten und Aufstellflächen sind für die Feuerwehr freizuhalten und
- vorhandene Handfeuerlöscher sind auf ihre Einsatzbereitschaft zu prüfen.

Werden Mängel festgestellt, sind diese umgehend abzustellen. Alle auf der Baustelle tätigen Personen sind durch die Führungskräfte über das Brandschutzkonzept zu informieren.

22 Anforderungen an Rauch- und Feuerschutzabschlüsse

Rauch- und Feuerschutzabschlüsse können in Form von Türen, Schiebetüren, Toren, Rolltoren, Fenstern oder Klappen ausgeführt werden. Je nach Einbauort werden unterschiedliche Anforderungen an die Abschlüsse gestellt.

Die Anforderungen werden beim Einsatz in Regelbauten in der Musterbauordnung (bzw. in den Landesbauordnungen) festgelegt.

Nachfolgend werden die brandschutztechnischen Anforderungen an ausgewählte Abschlüsse in unterschiedlichen Bauteilen aufgelistet:

22.1 Abschlüsse in Brandwänden

Öffnungen in Brandwänden sind nach § 30 Absatz 8 MBO grundsätzlich unzulässig. Werden sie jedoch in inneren Brandwänden gestattet, sind die Anforderungen an Abschlüsse, mit denen die Öffnungen in diesen Wänden geschlossen werden, besonders hoch.

Die Abschlüsse in Brandwänden, wie z.B. Türen, müssen in Regelbauten folgende Mindestanforderungen erfüllen:

Abschlüsse in Brandwänden von Regelbauten

- sie müssen **feuerbeständig** sein: mindestens 90 Minuten die Übertragung von Feuer verhindern,
- sie müssen **dichtschließend** sein: mindestens 90 Minuten die Übertragung von Rauch verhindern; dichtschließend ist erfüllt, wenn das Blatt der Tür vollwandig ist und entweder stumpfeinschlagend oder gefälzt ist und mit einer dreiseitigen Dichtung (oben und an den Seiten) versehen ist, und
- sie müssen eine bauaufsichtlich zugelassene **Selbstschließanlage** besitzen: hierdurch wird sichergestellt, dass im Brandfall der Abschluss geschlossen ist und seine baurechtlich geforderte Schutzwirkung erfüllen kann.

In den letzten Jahren werden immer häufiger nur feuerhemmende Abschlüsse in Brandwänden geplant und angeordnet. Dies ist jedoch rechtlich aufgrund des hohen Schutzanspruchs nicht ausreichend und nicht zulässig.

In den meisten Sonderbauverordnungen und -richtlinien werden entweder keine Aussagen zu Abschlüssen in Brandwänden getroffen (dann gelten die Regeln der Musterbauordnung), oder es werden die Aussagen der Musterbauordnung nochmals aufgelistet.

Nachfolgend werden nur Abweichungen von den Forderungen zu Regelbauten aufgezeigt. Die Ordnungsbuchstaben der einzelnen Sonderbauten sind Kapitel 16 entnommen:

a) Regelbauten (nach Musterbauordnung [2.1]):

Die in diesem Absatz (22.1) beschriebenen Forderungen an Abschlüsse in Brandwänden gelten grundsätzlich für Regelbauten.

g) Schulen (nach Muster-Schulbau-Richtlinie [2.31]):

feuerhemmende Abschlüsse

In inneren Brandwänden sind im Zuge notwendiger Flure feuerhemmende, rauchdichte und selbstschließende Türen zulässig, wenn die angrenzenden Flurwände in einem Bereich von 2,50 m beiderseits der Tür keine Öffnungen haben. Durch diese Anforderung sollen die Türen in den Brandwänden vor einer Feuerbeaufschlagung bei einem Brand eines angrenzenden Unterrichtsraums geschützt werden.

Befinden sich Öffnungen im 2,50-m-Bereich, oder befinden sich die Öffnungen in den Brandwänden nicht im Bereich von Fluren, gelten die Regeln der Musterbauordnung (feuerbeständige Abschlüsse).

i) Versammlungsstätten (nach Muster-Versammlungsstättenverordnung [2.33]):

feuerhemmende Abschlüsse

Türen und Tore in inneren Brandwänden müssen mindestens feuerhemmend (F 30!), rauchdicht und selbstschließend sein. Durch diese geringe Feuerwiderstandsdauer wird das „90-minütige" Abschottungssystem der Brandabschnitte unterlaufen. Rechtlich können feuerbeständige Türen nicht gefordert werden, dennoch sollten sie aus den genannten Gründen geplant und ausgeführt werden.

22.2 Abschlüsse in Brandwand-Ersatzwänden

Die Abschlüsse in Brandwand-Ersatzwänden der **Gebäudeklassen 1 bis 4** müssen folgende Mindestanforderungen erfüllen:

Abschlüsse in Brandwand-ersatzwänden

- sie müssen mindestens **hochfeuerhemmend** sein: mindestens 60 Minuten die Übertragung von Feuer verhindern,
- sie müssen **dichtschließend** sein: mindestens 60 Minuten die Übertragung von Rauch verhindern, und
- sie müssen eine bauaufsichtlich zugelassene **Selbstschließanlage** besitzen.

a) Regelbauten (nach Musterbauordnung [2.1]):

Die in diesem Absatz (22.2) beschriebenen Forderungen an Abschlüsse in Brand-wand-Ersatzwänden gelten grundsätzlich für Regelbauten.

22.3 Abschlüsse in Trennwänden

Öffnungen in Trennwänden sind nur zulässig, wenn sie auf die für die Nutzung erforderliche Zahl und Größe beschränkt sind.

Die Abschlüsse in Trennwänden, wie z.B. Türen, müssen folgende Mindestanforderungen erfüllen:

Abschlüsse in Trennwänden von Regelbauten

- sie müssen mindestens **feuerhemmend** sein: mindestens 30 Minuten die Übertragung von Feuer verhindern,
- sie müssen **dichtschließend** sein: mindestens 30 Minuten die Übertragung von Rauch verhindern, und
- sie müssen eine bauaufsichtlich zugelassene **Selbstschließanlage** besitzen.

a) Regelbauten (nach Musterbauordnung [2.1]):

Die in diesem Absatz (22.3) beschriebenen Forderungen an Abschlüsse in Trennwänden gelten grundsätzlich für Regelbauten.

b) Beherbergungsstätten (nach Muster-Beherbergungsstättenverordnung [2.26]):

In Trennwänden von Beherbergungsstätten sind Öffnungen grundsätzlich unzulässig. Als Abschlüsse müssen dort mindestens feuerhemmende Feuerabschlüsse angeordnet werden, die auch die Anforderungen an Rauchschutzabschlüsse erfüllen müssen.

feuerhemmende Abschlüsse

d) Hochhäuser (nach Muster-Hochhaus-Richtlinie [2.28]):

Abschlüsse von Öffnungen in raumabschließenden Bauteilen (z.B. in Wänden) müssen rauchdicht und selbstschließend sein und der Feuerwiderstandsfähigkeit dieser Bauteile entsprechen.

Raumabschließende und **feuerhemmende** Abschlüsse müssen angeordnet werden in

- Öffnungen von Trennwänden zwischen Nutzungseinheiten und
- Öffnungen von Trennwänden zwischen Nutzungseinheiten und anders genutzten Räumen.

Raumabschließende und **feuerbeständige** Abschlüsse müssen angeordnet werden in

- Öffnungen von Trennwänden von Räumen mit erhöhter Brandgefahr und
- Öffnungen von Trennwänden zwischen Aufenthaltsräumen und anders genutzten Räumen im Keller.

f) Krankenhäuser (nach Brandenburgischer Krankenhaus- und Pflegeheim-Bauverordnung [2.30]):

In Krankenhäusern müssen zwischen Bettenzimmern und zwischen Bettenzimmern und anderen Räumen sowie zum Abschluss von notwendigen Fluren feuerhemmende Trennwände angeordnet werden. Türen in diesen Wänden müssen mindestens **dichtschließend** und vollwandig sein.

vollwandige Türen

In Pflegeheimen müssen zwischen Bettenzimmern und zwischen Bettenzimmern und anderen Räumen sowie zum Abschluss von notwendigen Fluren hochfeuerhemmende Trennwände angeordnet werden. Türen in diesen Wänden müssen mindestens **rauchdicht** und selbstschließend sein.

selbstschließende Türen

In Pflegeheimen mit automatischer Feuerlöschanlage genügen feuerhemmende Trennwände. Türen in diesen Wänden müssen mindestens **dichtschließend** und vollwandig sein.

vollwandige Türen

h) Verkaufsstätten (nach Muster-Verkaufsstättenverordnung [2.32]):

Öffnungen in Trennwänden müssen mindestens mit **feuerhemmenden** und selbstschließenden Abschlüssen versehen werden.

i) Versammlungsstätten (nach Muster-Versammlungsstättenverordnung [2.33]):

Trennwände sind erforderlich zum Abschluss von Versammlungsräumen und Bühnen. Sie müssen **feuerbeständig** ausgeführt werden. Die Türen und Tore in diesen Wänden müssen mindestens **feuerhemmend**, rauchdicht und selbstschließend sein.

feuerbeständige Trennwände

In erdgeschossigen Versammlungsstätten müssen Trennwände mindestens **feuerhemmend** sein. Türen und Tore müssen in diesen Wänden mindestens rauchdicht und selbstschließend sein.

22.4 Abschlüsse in Geschossdecken

Öffnungen in Geschossdecken sind unter anderem zulässig, wenn sie mit Brandschutzabschlüssen versehen werden.

Die Abschlüsse in Decken, wie z.B. Brandschutzklappen, müssen folgende Mindestanforderung erfüllen:

Abschlüsse in Geschossdecken von Regelbauten

- in Gebäuden der **GK 5** müssen sie **feuerbeständig** sein (mindestens 90 Minuten die Übertragung von Feuer und Rauch verhindern),
- in Gebäuden der **GK 4** müssen sie **hochfeuerhemmend** sein (mindestens 60 Minuten die Übertragung von Feuer und Rauch verhindern) und
- in Gebäuden der **GK 2** und **3** müssen sie **feuerhemmend** sein (mindestens 30 Minuten die Übertragung von Feuer und Rauch verhindern).

In Gebäuden der Gebäudeklasse 1 können Öffnungen in Geschossdecken ohne Abschlüsse hergestellt werden.

a) Regelbauten (nach Musterbauordnung [2.1]):

Die in diesem Absatz (22.4) beschriebenen Forderungen an Abschlüsse in Decken gelten grundsätzlich für Regelbauten.

b) Beherbergungsstätten (nach Muster-Beherbergungsstättenverordnung [2.26]):

Die Abschlüsse von Öffnungen in Decken müssen grundsätzlich **feuerbeständig** sein. Dies gilt nicht für oberste Geschosse von Dachräumen, wenn sich dort keine Beherbergungsräume befinden.

Abschlüsse müssen nur **feuerhemmend** sein in Gebäuden mit nicht mehr als zwei oberirdischen Geschossen und in obersten Geschossen von Dachräumen mit Beherbergungsräumen.

c) Garagen (nach Muster-Garagenverordnung [2.27]):

grundsätzlich feuerbeständig

Abschlüsse von Öffnungen in tragenden Decken über und unter Garagen und zwischen Garagengeschossen müssen grundsätzlich **feuerbeständig** sein.

Ausnahmefälle

Bei Einstellplätzen, die nicht mehr als 22 m über der Geländeoberfläche liegen, brauchen Abschlüsse von Decken bei oberirdischen Mittel- und Großgaragen nur **feuerhemmend** ausgeführt zu werden.

Wenn das Gebäude allein der Garagennutzung dient, brauchen bei eingeschossigen oberirdischen Mittel- und Großgaragen (auch mit Dacheinstellplätzen), Abschlüsse von Öffnungen in Decken nur **feuerhemmend** zu sein.

Abschlüsse von Öffnungen in Decken zwischen geschlossenen Kleingaragen und anderen Räumen müssen **feuerhemmend** ausgeführt werden.

d) Hochhäuser (nach Muster-Hochhaus-Richtlinie [2.28]):

Qualität der Abschlüsse nach Höhe

Abschlüsse in Öffnungen von Geschossdecken in Hochhäusern bis zu 60 m müssen raumabschließend und **feuerbeständig** sein.

Ab 60 m Höhe müssen sie eine Feuerwiderstandsfähigkeit von 120 Minuten aufweisen.

e) Industriebauten (nach Muster-Industriebau-Richtlinie [2.29]):

Abschlüsse entsprechend der Deckenqualität

Entsprechend den Randbedingungen des Industriebaus, wie z.B. Brandabschnittsgröße und Höhe der baulichen Anlage, ergibt sich die Feuerwiderstandsdauer indirekt aus Tabelle 2.21. Entsprechend dieser Dauer müssen die Abschlüsse feuerhemmend, hochfeuerhemmend oder feuerbeständig ausgeführt werden.

f) Krankenhäuser (nach Brandenburgischer Krankenhaus- und Pflegeheim-Bauverordnung [2.30]):

Abschlüsse von Öffnungen in tragenden Decken müssen feuerbeständig, in erdgeschossigen Gebäuden feuerhemmend sein.

g) Schulen (nach Muster-Schulbau-Richtlinie [2.31]):

In Gebäuden mit einer Höhe bis zu 7 m müssen Abschlüsse von Öffnungen in Decken **feuerhemmend** ausgeführt werden, in Gebäuden mit einer Höhe von mehr als 7 m **feuerbeständig**.

Abweichend von dieser Regelung müssen die Abschlüsse in Decken in **hochfeuerhemmender** Bauart ausgeführt werden bei Gebäuden, die eine Höhe bis zu 13 m haben und deren Geschosse entweder eine Fläche von jeweils nicht mehr als 400 m^2 haben oder durch Trennwände in Abschnitte von jeweils nicht mehr als 400 m^2 unterteilt sind.

h) Verkaufsstätten (nach Muster-Verkaufsstättenverordnung [2.32]):

Abschlüsse von Öffnungen in Decken müssen **feuerbeständig** sein. In Decken über Geschossen, deren Fußboden an keiner Stelle mehr als 1 m unter der Geländeoberfläche liegt, brauchen sie in erdgeschossigen Verkaufsstätten ohne Sprinkleranlagen nur **feuerhemmend** ausgeführt zu werden.

i) Versammlungsstätten (nach Muster-Versammlungsstättenverordnung [2.33]):

Abschlüsse von Öffnungen in tragenden Decken müssen **feuerbeständig**, in erdgeschossigen Versammlungsstätten **feuerhemmend** sein.

22.5 Abschlüsse in Decken über Kellergeschossen

Öffnungen in Kellergeschossdecken sind unter anderem zulässig, wenn sie mit Brandschutzabschlüssen versehen werden.

Abschlüsse in Kellerdecken von Regelbauten

Die Abschlüsse in Kellerdecken, wie z.B. Brandschutzklappen, müssen folgende Mindestanforderung erfüllen:

- in Gebäuden der **GK 3 bis 5** müssen sie **feuerbeständig** sein (mindestens 90 Minuten die Übertragung von Feuer und Rauch verhindern) und
- in Gebäuden der **GK 1 und 2** müssen sie **feuerhemmend** sein (mindestens 30 Minuten die Übertragung von Feuer und Rauch verhindern).

In den Sonderbauverordnungen und -richtlinien werden keine besonderen Anforderungen an Abschlüsse in Decken über Kellergeschossen gestellt.

Hier gelten die Regeln für Abschlüsse in Geschossdecken.

22.6 Abschlüsse in Decken über oder unter Räumen mit erhöhter Brandgefahr

Räume mit erhöhter Brandgefahr

Abschlüsse, wie z.B. Brandschutzklappen, in Öffnungen von Decken unter oder über Räumen mit Explosions- oder erhöhter Brandgefahr, wie z.B. Schreinereien, Maler- oder Dekorationswerkstätten, Laboratorien, Desinfektionsräumen, Filmarchiven oder Lagerräumen für Medikamente, müssen unabhängig von der Gebäudeklasse mindestens **feuerbeständig** ausgeführt werden.

In den Sonderbauverordnungen und -richtlinien werden keine weiteren Anforderungen an Abschlüsse in Decken über oder unter Räumen mit erhöhter Brandgefahr gestellt. Zur Begrenzung der Brandausbreitung sind die Abschlüsse in den Decken dieser Räume auch in Sonderbauten feuerbeständig herzustellen.

22.7 Abschlüsse im Zuge von notwendigen Fluren

Notwendige Flure sind in Rauchabschnitte mit einer Höchstlänge von 30 m zu unterteilen. Die Trennung der Abschnitte erfolgt in der Regel durch Abschlüsse in Form von Türen.

Folgende Mindestanforderungen werden an diese Türen gestellt:

- Sie müssen **nichtabschließbar** sein: diese Forderung wird gestellt, damit im Brandfall die Tür zu jederzeit nutzbar ist. Bei üblichen Zylinderschlössern muss verhindert werden, dass ein Schließzylinder eingebracht werden kann. Diese Forderung kann durch einen Blindzylinder oder durch ungestanzte Schilder der Drückergarnitur umgesetzt werden;

Türen als Rauchabschnittstrennung

- sie müssen **selbstschließend** sein, damit sie im Rauchfall geschlossen sind, und
- sie müssen **dichtschließend** sein, damit die Abschnitte nicht vollständig verrauchen. Ein geringfügiger Raucheintritt kann nicht verhindert werden, da der Türabschluss in der Regel nicht vollständig dicht ist und die Tür durch Flüchtende sowie die Feuerwehr geöffnet wird.

In fast allen Sonderbauverordnungen und -richtlinien werden keine besonderen oder ergänzenden Anforderungen an Abschlüsse in notwendigen Fluren gestellt.

Eine Ausnahme hiervon findet sich in der Muster-Verkaufsstättenverordnung.

h) Verkaufsstätten (nach Muster-Verkaufsstättenverordnung [2.32]):

In Verkaufsstätten müssen Türen von notwendigen Fluren für Kunden

Türen im Kundenbereich

- ohne Sprinkleranlagen mindestens feuerhemmend, rauchdicht und selbstschließend und
- mit Sprinkleranlagen rauchdicht und selbstschließend sein.

Ausgenommen hiervon sind Türen, die ins Freie führen.

22.8 Abschlüsse in Flurwänden

Türen in Wänden notwendiger Flure (von oberirdischen Geschossen) von Regelbauten müssen allgemein mindestens **dichtschließend** sein.

Öffnungen in Wänden notwendiger Flure, die in einen Lagerbereich im Kellergeschoss führen, müssen:

Abschlüsse in Flurwänden von Regelbauten

- mindestens **feuerhemmend** verschlossen werden, sodass mindestens 30 Minuten die Übertragung von Feuer verhindert wird,
- **dichtschließend** verschlossen werden, sodass mindestens 30 Minuten die Übertragung von Rauch verhindert wird, und
- eine bauaufsichtlich zugelassene **Selbstschließanlage** besitzen.

Nachfolgend werden Ergänzungen zu den brandschutztechnischen Grundforderungen der Musterbauordnung bzw. der Landesbauordnungen zu Abschlüssen in Flurwänden nach den entsprechenden Regelwerken aufgeführt.

a) Regelbauten (nach Musterbauordnung [2.1]):

Die in diesem Absatz (22.8) beschriebenen Forderungen an Türen in Flurwänden gelten grundsätzlich für Regelbauten.

b) Beherbergungsstätten (nach Muster-Beherbergungsstättenverordnung [2.26]):

feuerhemmende Türen

In Kellergeschossen müssen Türen in Wänden von notwendigen Fluren zu Räumen, die nicht von Gästen benutzt werden, **feuerhemmend** und als Rauchschutzabschlüsse ausgeführt werden.

Rauchschutztüren

In Öffnungen von notwendigen Fluren zu Beherbergungsräumen und in Öffnungen zu Gasträumen, wenn an den Fluren in demselben Rauchabschnitt Öffnungen zu Beherbergungsräumen liegen, müssen **Rauchschutzabschlüsse** angeordnet werden.

d) Hochhäuser (nach Muster-Hochhaus-Richtlinie [2.28]):

In Öffnungen von Flurwänden zwischen notwendigen Fluren und Nutzungseinheiten sind **feuerhemmende**, rauchdichte und selbstschließende Türen erforderlich.

Rauchdichte und selbstschließende Türen sind ausreichend für Öffnungen in den Wänden zwischen notwendigen Fluren und offenen Gängen.

f) Krankenhäuser (nach Brandenburgischer Krankenhaus- und Pflegeheim-Bauverordnung [2.30]):

vollwandige Türen

Krankenhäuser müssen zwischen Bettenzimmern und zwischen Bettenzimmern und anderen Räumen sowie zum Abschluss von notwendigen Fluren feuerhemmende Trennwände haben. Die Türen in diesen Wänden müssen mindestens **dichtschließend** und vollwandig sein.

h) Verkaufsstätten (nach Muster-Verkaufsstättenverordnung [2.32]):

Türen im Kundenbereich

Türen von notwendigen Fluren für Kunden müssen In Verkaufsstätten

- ohne Sprinkleranlagen mindestens feuerhemmend, rauchdicht und selbstschließend und
- mit Sprinkleranlagen rauchdicht und selbstschließend sein.

Ausgenommen hiervon sind Türen, die ins Freie führen.

22.9 Abschlüsse in Treppenräumen

Wenn Öffnungen in notwendigen Treppenräumen zu nicht ausgebauten Dachräumen, Kellergeschossen, Werkstätten, Läden, Lager- und ähnlichen Räumen sowie zu sonstigen Räumen und Nutzungseinheiten mit einer Fläche von mehr als 200 m² (ausgenommen Wohnungen) führen, müssen die Abschlüsse

- mindestens **feuerhemmend** sein: mindestens 30 Minuten die Übertragung von Feuer verhindern,

Türen zu brandbelasteten Räumen

- **rauchdicht** sein, dichtschließend ist hier nicht ausreichend. Rauchschutztüren nach DIN 18095-1 [2.67] erfüllen z.B. diese Forderung. Sie weisen eine niedrige Leckrate auf. Aufgrund dessen lassen sie nur eine geringfüge Menge an Rauch durch. Ohne Atemschutz können die Flüchtenden den Raum hinter der Tür nach Brandausbruch noch 10 Minuten nutzen (Definition nach DIN 18095-1 [2.67]), und
- eine bauaufsichtlich zugelassene **Selbstschließanlage** besitzen.

Öffnungen in notwendigen Treppenräumen, die in notwendige Flure führen, müssen mit Türen (Abschlüssen) versehen werden, die

- **rauchdicht** sind und
- eine bauaufsichtlich zugelassene **Selbstschließanlage** besitzen.

selbstschließende Türen zu Wohnungen

Öffnungen in notwendigen Treppenräumen, die zu sonstigen, hier bisher nicht aufgeführten Räumen oder zu Nutzungseinheiten führen, müssen mit Türen (Abschlüssen) versehen werden, die

- mindestens **dichtschließend** sind und
- eine bauaufsichtlich zugelassene **Selbstschließanlage** besitzen.

Glasbauteile

Die Feuer- und Rauchschutzabschlüsse dürfen lichtdurchlässige Seitenteile und Oberlichter erhalten, wenn der Abschluss insgesamt nicht breiter als 2,5 m ist.

Nachfolgend werden Ergänzungen zu den brandschutztechnischen Grundforderungen der Musterbauordnung bzw. der Landesbauordnungen zu Abschlüssen in Treppenräumen nach den entsprechenden Regelwerken aufgeführt.

a) Regelbauten (nach Musterbauordnung [2.1]):

Die in diesem Absatz (22.9) beschriebenen Forderungen an Türen in Flurwänden gelten grundsätzlich für Regelbauten.

b) Beherbergungsstätten (nach Muster-Beherbergungsstättenverordnung [2.26]):

Rauchschutzabschlüsse

In Öffnungen von notwendigen Treppenräumen zu notwendigen Fluren sind Rauchschutzabschlüsse ausreichend.

Türen von notwendigen Treppenräumen zu anderen Räumen, ausgenommen zu notwendigen Fluren, müssen **feuerhemmend** und als Rauchschutzabschlüsse ausgeführt werden.

c) Garagen (nach Muster-Garagenverordnung [2.27]):

Türen zu Treppenräumen, die Garagengeschosse miteinander verbinden, müssen mindestens **feuerhemmend**, rauchdicht und selbstschließend sein und aus nichtbrennbaren Baustoffen bestehen.

feuerhemmende Abschlüsse

d) Hochhäuser (nach Muster-Hochhaus-Richtlinie [2.28]):

Feuerhemmende, rauchdichte und selbstschließende Abschlüsse sind für Öffnungen in Wänden zwischen notwendigen Treppenräumen und Vorräumen oder notwendigen Fluren erforderlich.

feuerhemmende Abschlüsse

Rauchdichte und selbstschließende Abschlüsse genügen für Öffnungen in den Wänden zwischen außenliegenden Sicherheitstreppenräumen und offenen Gängen sowie zwischen innenliegenden Sicherheitstreppenräumen und Vorräumen.

rauchdichte Abschlüsse

g) Schulen (nach Muster-Schulbau-Richtlinie [2.31]):

Türen zwischen notwendigen Treppenräumen und Hallen (z.B. Eingangshallen) müssen **feuerhemmend**, rauchdicht und selbstschließend sein.

Türen zu Hallen

h) Verkaufsstätten (nach Muster-Verkaufsstättenverordnung [2.32]):

Türen von Treppenräumen notwendiger Treppen müssen In Verkaufsstätten

- ohne Sprinkleranlagen mindestens **feuerhemmend**, rauchdicht und selbstschließend und
- mit Sprinkleranlagen rauchdicht und selbstschließend sein.

Einfluss von Sprinkleranlagen

Ausgenommen hiervon sind Türen, die ins Freie führen.

i) Versammlungsstätten (nach Muster-Versammlungsstättenverordnung [2.33]):

In der Muster-Versammlungsstättenverordnung gibt es keine direkten Aussagen zur brandschutztechnischen Qualität von Türen in Treppenräumen.

Bezugnahme auf andere Regelwerke

Zur Bestimmung dieser Anforderungen kann auf die Vorgaben anderer Regelwerke Bezug genommen werden.

Nach der Musterbauordnung müssen Türen in Treppenräumen zu notwendigen Fluren rauchdicht und selbstschließend sein. Diese Brandschutzqualität wird z.B. auch in der Muster-Beherbergungsstättenverordnung gefordert und kann auf Versammlungsstätten übertragen werden.

Bezugnahme auf die MBeVO

Werkstätten, Magazine und Lagerräume dürfen mit notwendigen Treppenräumen nicht in unmittelbarer Verbindung stehen. Hier können z.B. Vorräume (Sicherheitsschleusen) vor den Treppenräumen angeordnet werden. Nach der Muster-Garagenverordnung müssen Türen zwischen Treppenräumen und Vorräumen dicht- und selbstschließend, zwischen Vorräumen und Werkstätten, Magazinen oder Lagerräumen **feuerhemmend**, rauchdicht und selbstschließend ausgeführt werden.

Bezugnahme auf die M-GarVO

Diese brandschutztechnischen Türqualitäten können auf Versammlungsstätten übertragen werden.

22.10 Abschlüsse als Wohnungseingangstüren

Wohnungseingangstüren in Regelbauten

Ist eine Wohnung von einem notwendigen Flur aus zu betreten, muss die Tür mindestens **dichtschließend** ausgeführt werden.

Ist die Wohnung von einem Treppenraum aus zu betreten, muss die Tür

- mindestens **dichtschließend** sein und
- eine bauaufsichtlich zugelassene **Selbstschließanlage** besitzen.

22.11 Abschlüsse im Ausgangsbereich von innenliegenden Treppenräumen

Sofern der Ausgang eines notwendigen Treppenraumes nicht direkt an der Außenwand angeordnet ist, wie z.B. bei einem innenliegenden Treppenraum, muss der Raum zwischen dem notwendigen Treppenraum und dem Ausgang (auch „Sicherheits- oder Löwengang" genannt) besondere brandschutztechnische Bedingungen erfüllen.

Öffnungen dieses „Sicherheitsganges" sind nur zu notwendigen Fluren zulässig.

„Sicherheitsgänge" in Regelbauten

Die Abschlüsse zwischen dem „Sicherheitsgang" und dem notwendigen Flur müssen:

- mindestens **rauchdicht** sein und
- eine bauaufsichtlich zugelassene **Selbstschließanlage** besitzen.

Eine abweichende Regelung zu diesen „Sicherheitsgängen" (nach der Musterbauordnung) wird nur in der Muster-Hochhaus-Richtlinie beschrieben.

d) Hochhäuser (nach Muster-Hochhaus-Richtlinie [2.28]):

Sofern der Ausgang eines notwendigen Treppenraumes nicht unmittelbar ins Freie führt, muss der Raum zwischen dem notwendigen Treppenraum und dem Ausgang ins Freie

„Sicherheitsgänge" in Hochhäusern

- ohne Öffnungen zu anderen Räumen sein und
- Wände haben, die die Anforderungen an die Wände des Treppenraumes erfüllen.

Verschärfend, gegenüber der Forderung für Regelbauten, darf es keine Öffnungen zu anderen Räumen und damit auch nicht zu Fluren geben.

In allen anderen Sonderbauten kann die konstruktive Vorgabe der Musterbauordnung angewendet werden.

22.12 Abschlüsse in Lagerräumen für feste Abfallstoffe

feste Abfallstoffe in Regelbauten

Räume, die für die Aufbewahrung von festen Abfallstoffen vorgesehen sind, dürfen in Gebäuden der Gebäudeklassen 3 bis 5 nur dann geplant und ausgeführt werden, wenn Abschlüsse (z.B. Türen) in diesen Räumen den nachfolgenden Anforderungen entsprechen. Diese Abschlüsse müssen

- mindestens **feuerhemmend** sein: mindestens 30 Minuten die Übertragung von Feuer verhindern,

- **dichtschließend** sein: mindestens 30 Minuten die Übertragung von Rauch verhindern, und
- eine bauaufsichtlich zugelassene **Selbstschließanlage** besitzen.

Nachfolgend werden Ergänzungen zu den brandschutztechnischen Grundforderungen der Musterbauordnung bzw. der Landesbauordnungen an Abschlüsse in Lagerräumen für feste Abfallstoffe nach den entsprechenden Regelwerken aufgeführt.

a) Regelbauten (nach Musterbauordnung [2.1]):

Die in diesem Absatz (22.12) beschriebenen Forderungen an Abschlüsse in Lagerräumen für feste Abfallstoffe gelten grundsätzlich für Regelbauten.

d) Hochhäuser (nach Muster-Hochhaus-Richtlinie [2.28]):

nicht zulässige Abfallschächte

In dieser Sonderbaurichtlinie werden keine Angaben zu Abschlüssen in Lagerräumen für feste Abfallstoffe gemacht.

In der Muster-Hochhaus-Richtlinie wird darauf hingewiesen, dass der Abfall nicht über Abfallschächte in die Lagerräume transportiert werden darf.

Im Bedarfsfall sind die Vorgaben der Musterbauordnung für Lagerräume, in denen feste Abfallstoffe aufbewahrt werden, auch bei Hochhäusern anzuwenden.

h) Verkaufsstätten (nach Muster-Verkaufsstättenverordnung [2.32]):

Abfallstoffe in Verkaufsstätten

Verkaufsstätten müssen für Abfälle besondere Räume vorsehen, die mindestens den Abfall von zwei Tagen aufnehmen können. Die Räume müssen feuerbeständige Wände und Decken sowie mindestens feuerhemmende und selbstschließende Türen haben.

i) Versammlungsstätten (nach Muster-Versammlungsstättenverordnung [2.33]):

Für die Sammlung von Abfällen und Wertstoffen müssen geeignete Behälter im Freien oder besondere Lagerräume vorhanden sein.

Bezugnahme auf die MVKVO

Es werden jedoch keine Angaben zu den Abschlüssen der Lagerräume gemacht. Es sollten, wie auch in Verkaufsstätten, mindestens feuerhemmende und selbstschließende Türen angeordnet werden.

22.13 Abschlüsse in Versorgungsschächten

Versorgungsschachtwände müssen als raumabschließende Bauteile ausgeführt werden. Die brandschutztechnischen Anforderungen richten sich nach den brandschutztechnischen Anforderungen der Decke, die der Schacht durchbricht und damit dort eine Fehlstelle in diesem raumabschließenden Bauteil bildet. Die Wände und die Abschlüsse (z.B. Klappen) müssen in der brandschutztechnischen Qualität der Decken geplant und ausgeführt werden.

Die Klappen in den Schachtwänden müssen

in Gebäuden der **GK 5:**

- mindestens **feuerbeständig** sein: mindestens 90 Minuten die Übertragung von Feuer verhindern, und
- **rauchdicht** sein: mindestens 90 Minuten die Übertragung von Rauch verhindern.

Versorgungsschächte in Regelbauten

in Gebäuden der **GK 4:**

- mindestens **hochfeuerhemmend** sein: mindestens 60 Minuten die Übertragung von Feuer verhindern, und
- **rauchdicht** sein: mindestens 60 Minuten die Übertragung von Rauch verhindern.

in Gebäuden der **GK 2 und 3:**

- mindestens **feuerhemmend** sein: mindestens 30 Minuten die Übertragung von Feuer verhindern, und
- **rauchdicht** sein: mindestens 30 Minuten die Übertragung von Rauch verhindern.

In Gebäuden der GK 1 werden keine Anforderungen an Schächte gestellt.

Versorgungsschächte in Sonderbauten

In den Sonderbauverordnungen und -richtlinien werden keine besonderen Anforderungen an Abschlüsse in Versorgungsschächten gestellt. Hier gelten die Forderungen an Regelbauten nach der Musterbauordnung bzw. den Landesbauordnungen.

22.14 Abschlüsse in Fahrschächten von Aufzügen

Fahrschachtwände müssen als raumabschließende Bauteile hergestellt und angeordnet werden, wenn sie nicht in einem geschützten Bereich angeordnet sind (z.B. in einem Treppenraum). Die Türen in den Schächten, für die eine Feuerwiderstandsfähigkeit vorgeschrieben ist, sind so herzustellen, dass Feuer und Rauch nicht übertragen werden können.

Um die zuvor genannten Forderungen zu erfüllen, müssen die Abschlüsse (z.B. Türen) aufgrund des Raumabschlusses sowie der geforderten brandschutztechnischen Schachtqualität

Abschlüsse von Fahrschächten in Regelbauten

in Gebäuden der **GK 5:**

- mindestens **feuerbeständig** und
- **rauchdicht** sein;

in Gebäuden der **GK 4:**

- mindestens **hochfeuerhemmend** und
- **rauchdicht** sein und

in Gebäuden der **GK 3:**

- mindestens **feuerhemmend** und
- **rauchdicht** sein.

In Gebäuden der GK 1 und 2 werden keine Schachtwände für Aufzüge gefordert.

Abschlüsse von Fahrschächten in Hochhäusern

In allen Sonderbauverordnungen und -richtlinien werden keine besonderen oder ergänzenden Anforderungen an Abschlüsse in Fahrschächten von Aufzügen gestellt.

In der Muster-Hochhaus-Richtlinie wird darauf hingewiesen, dass in Fahrschächten von Hochhäusern Fahrschachttüren genügen, die den Anforderungen der Musterbauordnung entsprechen.

22.15 Abschlüsse zwischen Garagen und anderen baulichen Anlagen

Flure, Treppenräume und Aufzugsvorräume, die nicht nur den Benutzern der Garagen dienen, die sich in der Regel also in einer baulichen Anlage außerhalb der Garage befinden, dürfen verbunden sein

Sicherheitsschleusen als Abschlüsse

- mit geschlossenen Mittel- und Großgaragen nur durch Räume mit feuerbeständigen Wänden und Decken sowie feuerhemmenden, rauchdichten und selbstschließenden Türen, die in Fluchtrichtung aufschlagen (Sicherheitsschleusen); zwischen Sicherheitsschleusen und Fluren oder Treppenräumen genügen selbst- und dichtschließende Türen. Abweichend davon darf die Sicherheitsschleuse direkt mit einem Aufzug verbunden sein, wenn der Aufzug in einem eigenen, feuerbeständigen Schacht liegt oder direkt ins Freie führt, sowie
- mit anderen Garagen unmittelbar nur durch Öffnungen mit mindestens feuerhemmenden und selbstschließenden Türen.

Abschlüsse zu sonstigen Räumen

Mittel- und Großgaragen dürfen mit sonstigen nicht zur Garage gehörenden Räumen sowie mit anderen Gebäuden unmittelbar nur durch Öffnungen mit mindestens **feuerhemmenden**, rauchdichten und selbstschließenden Türen verbunden sein. Automatische Garagen dürfen mit nicht zur Garage gehörenden Räumen sowie mit anderen Gebäuden nicht verbunden sein.

Diese Regeln gelten nicht für Verbindungen

Verbindungen zu Kleingaragen

- zu offenen Kleingaragen und
- zwischen Kleingaragen und Räumen oder Gebäuden, die nur Abstellzwecken dienen und nicht mehr als 20 m² Grundfläche haben.

Verbindungen zwischen Garagen

Türen zu Treppenräumen, die Garagengeschosse miteinander verbinden, müssen mindestens **feuerhemmend**, rauchdicht und selbstschließend sein und aus nichtbrennbaren Baustoffen bestehen.

22.16 Abschlüsse in Vorräumen

Abschottung von Fluchtwegen

Vorräume sind Sicherheitseinrichtungen (Sicherheitsschleusen), die bei einem Brand das Eindringen von Feuer und besonders von Rauch in Fluchtwegen verhindern sollen.

Vorräume

Vor den Türen innenliegender Sicherheitstreppenräume müssen z.B. in Hochhäusern Vorräume (Sicherheitsschleusen) angeordnet werden.

d) Hochhäuser (nach Muster-Hochhaus-Richtlinie [2.28]):

Öffnungen in den Wänden dieser Vorräume sind zulässig

- zum Sicherheitstreppenraum und
- zu notwendigen Fluren.

Der Abstand von der Tür eines Sicherheitstreppenraumes zu anderen Türen muss mindestens 3 m betragen.

Vorräume in Kellergeschossen

Vor den Türen notwendiger Treppenräume der Kellergeschosse müssen in Hochhäusern Vorräume angeordnet sein. Vor den Vorräumen müssen notwendige Flure angeordnet sein. Öffnungen in den Wänden dieser Vorräume sind zulässig

- zum notwendigen Treppenraum und
- zu notwendigen Fluren.

Der Abstand von der Tür des notwendigen Treppenraumes zu anderen Türen muss mindestens 3 m betragen.

feuerhemmende Abschlüsse in Vorräumen

Feuerhemmende, rauchdichte und selbstschließende Abschlüsse sind anzuordnen in Öffnungen von Wänden zwischen

- notwendigen Treppenräumen und Vorräumen sowie
- Vorräumen und notwendigen Fluren.

Teil III Technischer und anlagentechnischer Brandschutz

23 Erläuterungen zum technischen und anlagentechnischen Brandschutz

Mit den Begriffen „technischer Brandschutz" und „anlagentechnischer Brandschutz" werden die Einrichtungen und technischen Anlagen bezeichnet, die neben dem baulichen Brandschutz zur Erfüllung der Schutzziele des § 14 MBO [3.1] im Brandschutzsystem herangezogen werden können.

Die technischen Anlagen bilden zusammen mit den baulichen Komponenten ein sich ergänzendes und/oder ersetzendes Brandschutzsystem. Die Elemente des technischen Brandschutzes werden Teile des Brandschutznachweises bzw. -konzeptes.

rechtliche Grundforderungen

Im 6. Abschnitt des 3. Teils (Bauliche Anlagen) der Musterbauordnung [3.1] §§ 39 bis 46 werden die rechtlichen Grundforderungen zur „Technischen Gebäudeausrüstung (TGA)" (anlagentechnische Gebäudeausrüstung) dargestellt.

Unter anderem können folgende technische Einrichtungen und Anlagen der Gebäudeausrüstung als Teil des Brandschutzsystems verwendet werden:

Einrichtungen und Anlagen zum Brandschutz

- Brandmeldeanlagen (siehe Kapitel 26),
- Alarmierungseinrichtungen (siehe Kapitel 28),
- Rauch- und Wärmeabzugsanlagen (siehe Kapitel 30),
- Druckbelüftungsanlagen (siehe Kapitel 30),
- Feuerlöschanlagen (z.B. Sprinkleranlagen, Leichtschaum-Löschanlagen, Wandhydranten) (siehe Kapitel 31),
- Sicherheitsstromversorgung (siehe Kapitel 33),
- Sicherheitsbeleuchtung (siehe Kapitel 34),
- Brandschutzabschlüsse (z.B. Rauchschutztüren, Brandschutzklappen) (siehe Kapitel 32) und
- Feststellanlagen von Türen und Toren im Zuge eines Rettungsweges (siehe Kapitel 32).

bauliche Vorgaben für Regelbauten

Regelbauten benötigen häufig keine technischen Anlagen, um die Schutzziele des Brandschutzes zu erreichen. Für diese Gebäude sind die baulichen Vorgaben der Bauordnung ausreichend.

Für geregelte Sonderbauten werden die anlagentechnischen Gebäudeausrüstungen in den entsprechenden Verwaltungsvorschriften (Verordnungen und Richtlinien) vorgegeben. Diese brandschutztechnischen Einrichtungen werden zum Erreichen des erforderlichen Sicherheitsniveaus durch die obersten Bauaufsichtsbehörden der Bundesländer festgelegt.

Nachfolgend wird eine Auswahl von Paragrafen und Absätzen aus Sonderbauvorschriften für geregelte Sonderbauten aufgelistet, in denen die brandschutztechnisch geforderte Gebäudetechnik beschrieben wird:

- Muster-Beherbergungsstättenverordnung [3.2]
  - § 8 Sicherheitsbeleuchtung, Sicherheitsstromversorgung
  - § 9 Alarmierungseinrichtungen, Brandmeldeanlagen, Brandfallsteuerung von Aufzügen
- Muster-Garagenverordnung [3.3]
  - § 16 Feuerlöschanlagen
  - § 17 Brandmeldeanlagen
- Muster Hochhaus-Richtlinie [3.4]
  - Absatz 6 – Sicherheitstechnische Gebäudeausrüstung
  - Absatz 7 – Technische Gebäudeausrüstung
- Muster-Industriebau-Richtlinie [3.5]
  - Absatz 5.8 – Feuerlöschanlagen
  - Absatz 5.9 – Brandmeldeanlagen

Anlagen geregelter Sonderbauten

- Muster-Schulbau-Richtlinie [3.6]
  - Absatz 8 – Sicherheitsbeleuchtung
  - Absatz 9 – Alarmierungsanlagen
  - Absatz 10 – Sicherheitsstromversorgung
- Muster-Verkaufsstättenverordnung [3.7]
  - § 18 Sicherheitsbeleuchtung
  - § 19 Blitzschutzanlagen
  - § 20 Feuerlöscheinrichtungen, Brandmeldeanlagen, Alarmierungseinrichtungen, Brandfallsteuerung der Aufzüge
- Muster-Versammlungsstättenverordnung [3.8]
  - § 14 Sicherheitsstromversorgungsanlagen, elektrische Anlagen und Blitzschutzanlagen
  - § 15 Sicherheitsbeleuchtung
  - § 19 Feuerlöscheinrichtungen und -anlagen
  - § 20 Brandmelde- und Alarmierungsanlagen, Brandmelder und Alarmzentrale, Brandfallsteuerung der Aufzüge

In Kapitel 34 werden die brandschutztechnischen Aspekte von Abschlüssen, wie Türen und Tore erläutert. Diese Bauteile gelten üblicherweise nicht als haustechnische Anlagen. Da mit ihnen aber in der Regel auch technische Konstruktionen verbunden sind, wie z.B. Schließ- oder Feststellanlagen, werden sie in diesem Abschnitt behandelt.

äquivalente Lösung zum Erreichen der Schutzziele

Nach § 67 (Abweichungen) MBO [3.1] kann abgewichen werden von den Forderungen der Landesbauordnungen bzw. den Forderungen von Vorschriften, die aufgrund der Bauordnungen erlassen wurden, wenn eine gleichwertige (äquivalente) Lösung anstelle der ursprünglichen Forderung gewählt und ausgeführt wird. Dies gilt nicht nur für bauliche Äquivalente. Auch bauliche Forderungen der Musterbauordnung können durch technische Lösungen ersetzt werden, wenn sie die Schutzziele erfüllen. In § 67 wird aufgrund der Allgemeingültigkeit auf die „Generalklausel der Sicherheit" (§ 3 Satz 1) hingewiesen. Für den Bereich des Brandschutzes werden generell die differenzierten Schutzziele des § 14 herangezogen.

Auszug aus dem § 67 MBO [3.1]:

> *„Die Bauaufsichtsbehörde kann **Abweichungen** von Anforderungen dieses Gesetzes und aufgrund dieses Gesetzes erlassener Vorschriften zulassen, wenn sie unter der Berücksichtigung des Zwecks der jeweiligen Anforderung und unter Würdigung der öffentlich-rechtlich geschützten nachbarlichen Belange mit den öffentlichen Belangen, insbesondere den Anforderungen des **§ 3 Satz 1** vereinbar ist. ..."*

zulässige Abweichungen nach § 67 der MBO

Ein Beispiel hierzu ist die Forderung des § 36 Absatz 3 MBO [3.1], dass ein überlanger notwendiger Flur in Rauchabschnitte ≤ 30 m mit Hilfe von Abschlüssen (z.B. Türen) zu unterteilen ist. Anstatt dieser Unterteilung durch Abschlüsse kann zum Beispiel eine leistungsstarke Entrauchungsanlage eingebaut werden. Sie erfüllt die damit verbunden Schutzziele (siehe hierzu auch Absatz 2.2 – „Beispiel für eine äquivalente Lösung").

Ersetzen einer baulichen Lösung

In dieser brandschutztechnischen Situation wird eine bauliche Forderung der Musterbauordnung durch eine technische Lösung ersetzt.

Für viele Sonderbauten wird der Einsatz von technischen Anlagen schon in den Sonderbauverordnungen und -richtlinien vorgegeben. Diese technischen Brandschutzmaßnahmen werden also neben den baulichen Vorgaben zusätzlich gefordert und können deshalb nicht als äquivalente Maßnahmen zu baulichen Forderungen angesetzt werden.

In den folgenden Kapiteln werden die brandschutztechnischen Forderungen an und die Ausführungen von technischen Gebäudeausrüstungen erläutert.

24 Leitungsanlagen

Zur energetischen und stofflichen Ver- und Entsorgung müssen innerhalb von Gebäuden Kabel und Rohre (Leitungen) geführt werden.

Rechtsgrundlage zur Leitungsführung

Die brandschutztechnische Rechtsgrundlage hierfür ist § 40 MBO. Danach dürfen Leitungen durch raumabschließende Bauteile hindurchgeführt werden, für die eine Feuerwiderstandsfähigkeit vorgeschrieben ist.

Jedoch ist dies nur zulässig, wenn eine Brandausbreitung ausreichend lange nicht zu befürchten ist oder Vorkehrungen hiergegen getroffen werden.

Brandschutztechnische Maßnahmen bei der Führung von Leitungsanlagen durch abschottende Bauteile sind in folgenden baulichen Situationen nicht erforderlich:

keine Brandschutzmaßnahmen

- in Gebäuden der Gebäudeklassen 1 und 2,
- innerhalb von Wohnungen und
- innerhalb derselben Nutzungseinheit mit nicht mehr als insgesamt 400 m² in nicht mehr als zwei Geschossen.

zulässige Leitungsführung

In notwendigen Fluren und notwendigen Treppenräumen dürfen Leitungen geführt werden, wenn die Nutzung als Fluchtweg im Brandfall ausreichend lange gesichert ist.

Eine Ausnahme hiervon bilden Leitungsanlagen in Sicherheitstreppenräumen. Sie sind dort nur zulässig, wenn sie ausschließlich zur unmittelbaren Versorgung oder zur Brandbekämpfung in diesen Treppenräumen vorgesehen sind.

24.1 Muster-Leitungsanlagen-Richtlinie (MLAR)

Als erfüllt gelten die beiden baurechtlichen Forderungen für Leitungsanlagen, dass

Erfüllung der Schutzziele durch MLAR

a) bei der Durchdringung von abschottenden Bauteilen eine Brandausbreitung ausreichend lange nicht zu befürchten ist oder Vorkehrungen hiergegen getroffen werden und

b) sie nur in Fluchtwegen geführt werden dürfen, wenn die Nutzung ausreichend lange gesichert ist,

wenn die Leitungsanlagen nach der Muster-Leitungsanlagen-Richtlinie MLAR [3.9] geplant und ausgeführt werden.

VV TB als Rechtsgrundlage

Die Rechtsgrundlage hierzu findet sich in der „Muster-Verwaltungsvorschrift Technische Baubestimmungen" (MVV TB) [3.10]. In Tabelle A 2.2.1 Zeile 2.2.1.8 wird darauf hingewiesen, dass die brandschutztechnische Ausführung von Leitungsanlagen nach den Regeln der Muster-Leitungsanlagen-Richtlinie [3.9] zu beurteilen ist.

Fassungen der VV TB

In den meisten Bundesländern wurde diese Richtlinie in der Fassung der Musterrichtlinie als „allgemein anerkannte Regel der Bautechnik" in das Baurecht eingeführt, z.B. in Berlin (in der Fassung MLAR 2015) [3.9], in Bayern (in der Fassung MLAR 2015) [3.9] oder in Mecklenburg-Vorpommern (in der Fassung MLAR 2015) [3.9]).

In anderen Ländern wurde eine länderspezifische Variante gewählt, z.B. in Niedersachsen die Leitungsanlagen-Richtlinie (LAR) 2019 [3.11]. Diese zeitlichen Angaben beziehen sich auf den Redaktionsstand Dezember 2020.

Leitungsanlagen in der MLAR

Für folgende Leitungsanlagen werden brandschutztechnische Vorgaben in der MLAR gemacht:

- elektrische Leitungen (elektrische Kabel) und
- Rohrleitungen

mit den dazugehörigen Armaturen, Hausanschlusseinrichtungen, Messeinrichtungen, Steuer-, Regel- und Sicherheitseinrichtungen, Netzgeräten, Verteilern und Dämmstoffen für die Leitungen. Befestigungselemente (z.B. Dübel) und Beschichtungen von Leitungen sind ebenfalls Teil der Anlage.

Geltungsbereich der MLAR

Die Regeln der MLAR gelten für Leitungsanlagen, die sich in brandschutztechnisch abgetrennten Bereichen befinden (in notwendigen Treppenräumen, in Räumen zwischen dem Treppenraum und dem Ausgang ins Freie und in notwendigen Fluren), sowie für Leitungsanlagen, die durch brandschutztechnisch abschottende Bauteile (Wände und Decken) geführt werden. Weiterhin werden Regeln für elektrische Leitungsanlagen vorgegeben, die während eines Brandes ihre Funktion zur Versorgung von brandschutztechnisch erforderlichen Anlagen aufrechterhalten müssen.

24.2 Elektrische Leitungen

Elektrische Leitungen müssen so verlegt werden, dass sie im Brandgeschehen ausreichend lange geschützt sind.

Funktionserhalt von elektrischen Leitungen

Der Funktionserhalt gilt als erfüllt, wenn die elektrischen Leitungen

- vollständig verputzt werden, d.h. mit dem Baustoff Putz überdeckt sind (einzeln oder zu mehreren nebeneinander),
- in Schlitzen von Bauteilen verlegt werden, die aus massiven Baustoffen bestehen (z.B. aus Beton oder Mauerwerk). Die Schlitze müssen mit Putz auf Putzträgern oder mit Platten aus mineralischen Baustoffen geschlossen werden,
- innerhalb von Leichtbauwänden verlegt werden (z.B. in Metallständerwänden, die mit Gipskartonplatten beplankt sind), die eine erforderliche Feuerwiderstandsfähigkeit aufweisen. Dies gilt jedoch nur für Leitungen, die in oder auf der Wand angeordnete elektrische Betriebsmittel versorgen,
- in brandschutztechnisch abgetrennten Installationsschächten und -kanälen geführt werden,
- über Unterdecken verlegt werden, die eine Feuerwiderstandsfähigkeit aufweisen,
- in Unterflurkanälen (im Boden befindliche Kanäle) verlaufen, die brandschutztechnisch abgetrennt sind, oder
- in Systemböden verlegt werden. Die brandschutztechnischen Vorgaben hierfür werden in der „Richtlinie über brandschutztechnische Anforderungen an Systemböden" [3.12] erläutert.

Elektrische Leitungen dürfen offen verlegt werden, wenn

- sie nichtbrennbar sind (z.B. mineralisolierte Leitungen (MI-Leitungen) nach DIN EN 60702-1 (VDE 0284 Teil 1) [3.13]),

offenes Verlegen

- sie ausschließlich der Versorgung von Treppenräumen, Räumen zwischen Treppenräumen und Ausgängen ins Freie oder Fluren dienen und
- sie als Leitungen mit verbessertem Brandverhalten ausgeführt werden. Bei diesen Leitungen (auch als „halogenfreie Mantelleitungen" bezeichnet) entsteht im Brandfall nur eine geringe Rauchentwicklung.

Sonderregeln in Gebäuden der GK 1 bis 3

Sie dürfen nur in notwendigen Fluren von Gebäuden der Gebäudeklassen 1 bis 3 offen verlegt werden, wenn diese Gebäude Regelbauten sind (keine Sonderbaueigenschaften aufweisen) und ihre Nutzungseinheiten eine Fläche von jeweils 200 m² nicht überschreiten.

24.3 Rohrleitungen

Rohrleitungsanlagen aus nichtbrennbarem Material (einschließlich nichtbrennbarer Dämmung und brennbarer Rohrbeschichtung mit einer Dicke $\leq$ 0,5 mm) dürfen offen verlegt werden.

Rohrleitungsanlagen aus brennbarem Material oder mit brennbaren Dämmstoffen dürfen nicht offen verlegt werden. Durch eine der folgenden Maßnahmen werden sie brandschutztechnisch ausreichend lange geschützt.

Um diesen Schutz zu erreichen, müssen sie

- in Schlitzen von Bauteilen verlegt werden, die aus massiven Baustoffen bestehen (z.B. aus Beton oder Mauerwerk). Die Schlitze müssen mit Putz auf Putzträgern oder mit Platten aus mineralischen Baustoffen geschlossen werden,

Schutz von brennbaren Rohrleitungen

- in brandschutztechnisch abgetrennten Installationsschächten und -kanälen geführt werden,
- über Unterdecken verlegt werden, die eine Feuerwiderstandsfähigkeit aufweisen,
- in Unterflurkanälen verlaufen, die brandschutztechnisch abgetrennt sind, und
- in Systemböden verlegt werden. Die brandschutztechnischen Vorgaben hierfür werden in der „Richtlinie über brandschutztechnische Anforderungen an Systemböden" [3.12] genannt.

24.4 Versorgungsleitungen in Schächten und Kanälen

Feuerwiderstandsfähigkeit/ Baustoffklasse

Werden in baulichen Anlagen Versorgungsleitungen in Schächten (vertikalen Bauteilen) oder in Kanälen (horizontalen Bauteilen) geführt, müssen deren Wände aus nichtbrennbaren Baustoffen bestehen und die Feuerwiderstandsfähigkeit der durchbrochenen Wände oder Decken besitzen. Werden mehrere abschottende Bauteile durchdrungen, die unterschiedliche Feuerwiderstandsfähigkeiten aufweisen, sind die gesamten Schacht- bzw. Kanalwände in der höchsten davon auszuführen.

Für den Fall, dass Kanäle in notwendigen Fluren geführt werden und die angrenzenden Geschossdecken nicht durchstoßen, ist es ausreichend, dass sie aus nichtbrennbaren Baustoffen bestehen und die Feuerwiderstandsfähigkeit „feuerhemmend" (F 30) aufweisen.

Eine Ausnahme hiervon wird für Kanäle in notwendigen Fluren gemacht, die sich in Gebäuden mit folgenden Rahmenbedingungen befinden:

Kanäle ohne Feuerwiderstand

- Regelbauten (ohne Sonderbaueigenschaften),
- Gebäude der Gebäudeklassen 1 bis 3,
- Nutzungseinheiten mit jeweils einer Grundfläche ≤ 200 m² und
- Kanäle überbrücken keine Geschossdecken.

Treffen diese Bedingungen zu, können die Kanäle aus nichtbrennbaren Baustoffen ohne eine Feuerwiderstandsfähigkeit ausgeführt werden.

Unterflurkanäle

Bei Unterflurkanälen ist eine obere Überdeckung aus nichtbrennbaren Baustoffen erforderlich. Öffnungen sind grundsätzlich nicht zulässig. Ausnahme sind Nachlege- und Revisionsöffnungen in notwendigen Fluren.

24.5 Leitungen durch raumabschließende Bauteile mit Feuerwiderstandsfähigkeit

Bei Leitungen, die durch raumabschließende Bauteile hindurchgeführt werden, müssen nach § 40 Absatz 1 MBO [3.1] Vorkehrungen gegen eine Brandausbreitung infolge der Durchdringung getroffen werden.

Zur Erfüllung dieser Forderung können grundsätzlich zwei bauliche Varianten gewählt werden:

1. Variante:

Abschottungen bei Durchdringungen

Die Leitungen werden durch bauaufsichtlich zugelassene Abschottungen geführt (z.B. durch Mineralfaserweichschotts, Brandschutzkissen oder Kabelboxen – siehe auch Kapitel 35), die mindestens die gleiche Feuerwiderstandsfähigkeit aufweisen müssen, wie das raumabschließende Bauteil. Hierdurch wird eine Übertragung des Brandes über die „Schwachstelle" der Kabeldurchführung im raumabschließenden Bauteil verhindert.

2. Variante:

Feuerwiderstand durch Kanäle und Schächte

Die Leitungen werden in Leitungsschächten oder -kanälen verlegt, die mindestens die gleiche Feuerwiderstandsfähigkeit wie die durchdrungenen raumabschließenden Bauteile aufweisen müssen. Abschlüsse in Öffnungen (z.B. Klappen und Türen von Revisionsöffnungen) müssen ebenfalls in der gleichen Feuerwiderstandsfähigkeit ausgeführt werden. Mithilfe dieses in sich geschlossenen Brandschutzsystems können Leitungen durch raumabschließende Bauteile geführt werden, ohne dass ein Brand weitergeleitet wird.

24.6 Mindestabstände zwischen Abschottungen, Installationsschächten und -kanälen

Es müssen Mindestabstände zwischen Abschottungen, zu Installationsschächten oder -kanälen sowie zu anderen Durchführungen (z.B. Lüftungsleitungen) oder zu anderen Öffnungsverschlüssen (z.B. Feuerschutztüren) eingehalten werden. Bei einer Unterschreitung dieser Abstände kommt es grundsätzlich zu einer Überlagerung der

Wärmeenergien aus beiden Durchführungen. Je näher sie sich zueinander befinden, desto höher sind die Temperaturen, die sich durch die Überlagerung einstellen. Durch die erhöhten Temperaturen kommt es üblicherweise zu einer Reduzierung des vorhandenen Feuerwiderstands. Diese Annahme wurde durch Ergebnisse von Brandversuchen in der Praxis bestätigt.

Ver- oder Anwendbarkeitsnachweise

Die erforderlichen Mindestabstände werden üblicherweise in den entsprechenden Ver- und Anwendbarkeitsnachweisen (z.B. in Bauartgenehmigungen) aufgeführt. Sollten hier keine Größen vorgegeben werden, sind nach der MLAR Abstände von mindestens 50 mm einzuhalten.

Merkblatt des DIBt

Durch das Deutsche Institut für Bautechnik (DIBt) wurde zu diesem Thema ein ergänzendes Merkblatt mit dem Titel „Grundsätzliche Regelungen zu Abständen bei Kabel- und Rohrabschottungen" [3.14] herausgegeben. Die dort festgelegten Werte werden in der Regel in die Verwendbarkeitsnachweise übernommen. Hierdurch kommt üblicherweise die Vorgabe der MLAR zum Mindestabstand (50 mm) nicht zum Tragen.

Mindestabstand zu anderen Öffnungen

Falls keine brandschutztechnischen Nachweise vorliegen, die einen geringeren Abstand rechtfertigen, ist nach dem Merkblatt ein Mindestabstand von 20 cm zwischen **Abschottungen und anderen Öffnungen** (wie z.B. Lüftungsleitungen) oder Einbauten einzuhalten.

Ein kleinerer Abstand von 10 cm darf dann angenommen werden, wenn auch die Öffnungen klein sind. Als Grenzgröße nimmt das DIBt eine Fläche von 20 cm × 20 cm an (kein Bereich der jeweiligen Öffnung darf aus dieser quadratischen Fläche herausragen). Ist eine der beiden zu verschließenden Öffnungen größer als diese Grenzfläche, muss ein Abstand von 20 cm eingehalten werden.

Verringerung des Mindestabstandes

Wie zwischen Abschottungen und anderen Öffnungen muss der Abstand zwischen **zwei Abschottungen** ebenfalls 20 cm betragen.

Auch hier kann ein kleinerer Abstand von 10 cm angenommen werden, wenn die Öffnungen klein sind.

Als Grenzwert wird hier die Fläche von 40 cm × 40 cm (statt 20 cm × 20 cm) angenommen. In Tabelle 3.1 werden die oben genannten Punkte zusammengefasst.

Tabelle 3.1: Erforderliche Abstände zwischen zu verschließenden Bauteilöffnung und anderen Öffnungen oder Einbauten

Abstand der Öffnung zu	Größe der nebeneinander liegenden Öffnungen (B [cm] × H [cm])		Abstand zwischen den Öffnungen [cm]
anderen Kabel-/ Kombi- oder Rohrabschottungen	eine/beide Öffnung(en)	> 40 × 40	≥ 20
	beide Öffnungen	≤ 40 × 40	≥ 10
anderen Öffnungen oder Einbauten	eine/beide Öffnung(en)	> 20 × 20	≥ 20
	beide Öffnungen	≤ 20 × 20	≥ 10

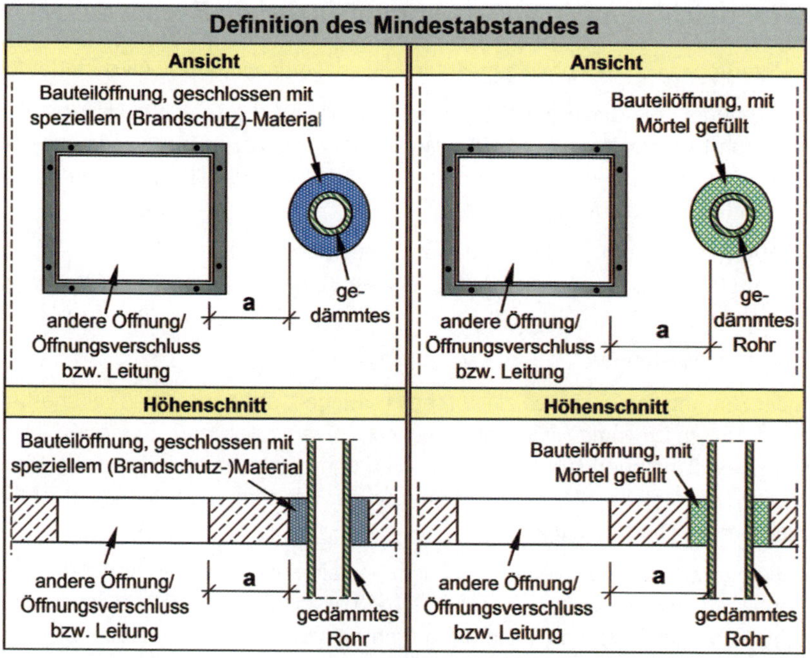

Bild 3.1: Mindestabstand a entsprechend dem Füllmaterial, links gefüllt mit speziellem (Brandschutz-)Material und rechts mit Mörtel nach [3.14]

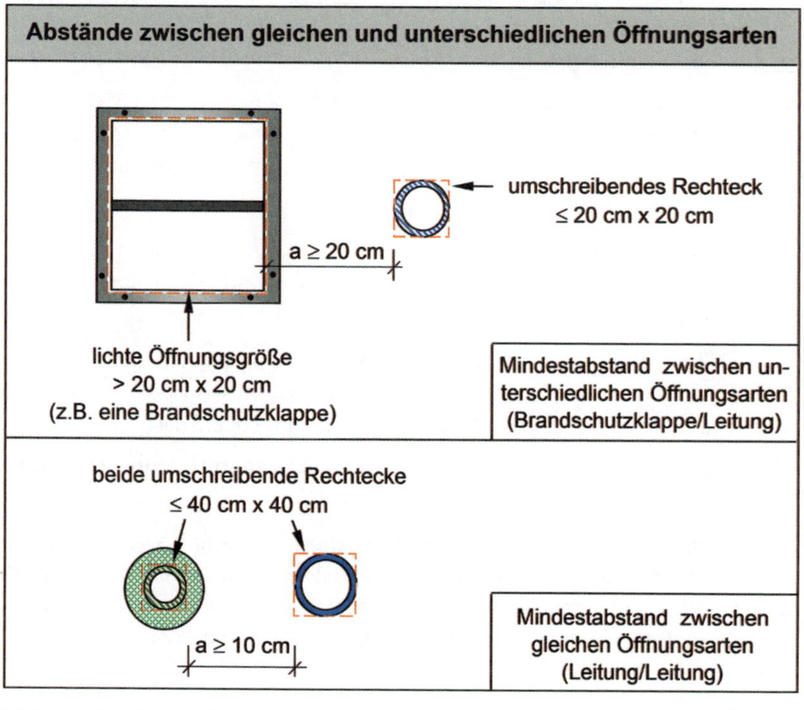

Bild 3.2: Beispiele zu Abständen zwischen gleichen und unterschiedlichen Öffnungsarten nach [3.14]

24.7 Erleichterungen von den grundsätzlichen Regeln der MLAR

Erleichterungen von den oben genannten Regeln werden in der MLAR gestattet für

Erleichterung bei feuerhemmenden Wänden

- Leitungen, die durch feuerhemmende Wände aus nichtbrennbaren Baustoffen geführt werden (z.B. durch Flurwände aus Mauerwerk). Für Wände aus einer Holzkonstruktion wäre die Erleichterung nicht wirksam. Hier muss ein Brandschott zur Anwendung kommen.

  Für Treppenraumwände, für die eine feuerhemmende Ausführung gefordert wird (z.B. in Gebäuden der Gebäudeklasse 3), gilt diese Erleichterung ebenfalls nicht.
- einzelne Leitungen.

Bei der Führung von einzelnen elektrischen Leitungen, dicht gepackten Leitungsbündeln mit einem Durchmesser von nicht mehr als 50 mm oder Rohrleitungen aus nichtbrennbaren Baustoffen (auch mit brennbaren Rohrbeschichtungen bis 2 mm Dicke) durch feuerhemmende Wände wird aufgrund der Erleichterung kein bauaufsichtlich zugelassenes Schott benötigt.

Der Bereich zwischen der Leitung und dem Bauteil muss entweder mit einem nichtbrennbaren oder aufschäumenden Material vollständig ausgefüllt werden. Beim Einsatz von Mineralfaserdämmstoffen dürfen nur solche genutzt werden, die einen Schmelzpunkt ≥ 1.000 °C aufweisen.

Eine weitere Einschränkung ist der Abstand des Kabels bzw. des Kabelbündels zum umgebenden Bauteil. Um die Erleichterung nutzen zu können, darf bei der Verwendung von Mineralfaserdämmung oder von aufschäumendem Material der Abstand nicht mehr als 50 mm betragen.

Weitere Erleichterungen werden für einzelne Leitungen (siehe Bild 3.3) gemacht. Diese Erleichterungen gelten für folgende Leitungen (in allen vier baulichen Situationen, die die MLAR unterscheidet, hier nachfolgend als a bis d bezeichnet):

Erleichterungen für einzelne Leitungen (a bis d)

1.) elektrische Leitungen,

2.) Rohrleitungen mit einem Außendurchmesser $\varnothing_A \leq 160$ mm aus nichtbrennbaren Baustoffen. Hiervon ausgenommen sind Rohrleitungen aus Aluminium und Glas, sowie

3.) Rohrleitungen für nichtbrennbare Medien (z.B. Flüssigkeiten oder Gase) und Installationsrohre für elektrische Leitungen mit einem Außendurchmesser $\varnothing_A \leq 32$ mm aus brennbaren Baustoffen, Aluminium oder Glas.

a) Einzelne Leitungen ohne Dämmung in gemeinsamen Durchbrüchen für mehrere Leitungen

Diese Leitungen dürfen durch gemeinsame Durchbrüche geführt werden, wenn ein ausreichender Abstand zwischen ihnen eingehalten wird und der Raum zwischen den Leitungen und zum Bauteil (in der Regel ist das Bauteil eine Wand oder eine Decke) mit Zementmörtel oder Beton in der Bauteildicke vollständig ausgefüllt wird.

Abstände zwischen gleichen und unterschiedlichen Leitungsarten	**Mindestabstand a**
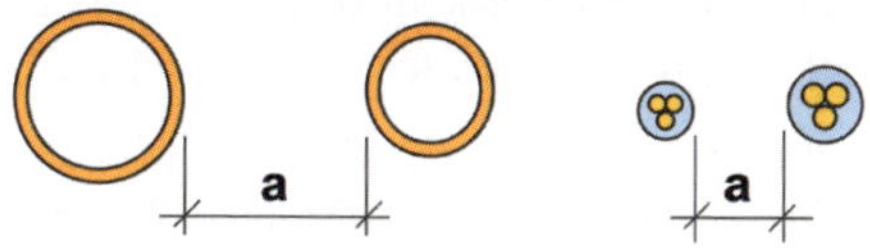	**a ≥ 1 x d*** (nach MLAR [3.9] Absatz 4.3.1 Satz 2 Buchstabe a erster Halbsatz)
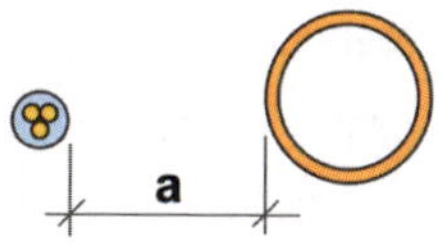	**a ≥ 1 x d*** (nach MLAR [3.9] Absatz 4.3.1 Satz 2 Buchstabe a, erster Halbsatz)
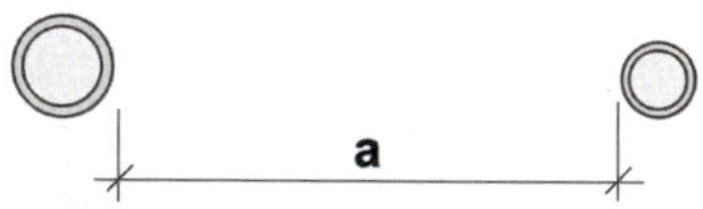	**a ≥ 5 x d*** (nach MLAR [3.9] Absatz 4.3.1 Satz 2 Buchstabe a zweiter Halbsatz)
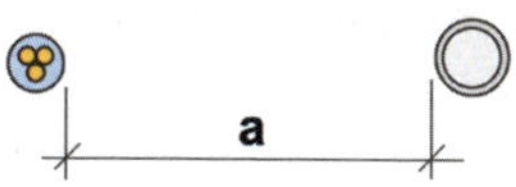	mindestens der größere Wert aus **a = 1 x d*** oder **a = 5 x d*** (nach MLAR [3.9] Absatz 4.3.1 Satz 2 Buchstabe b)
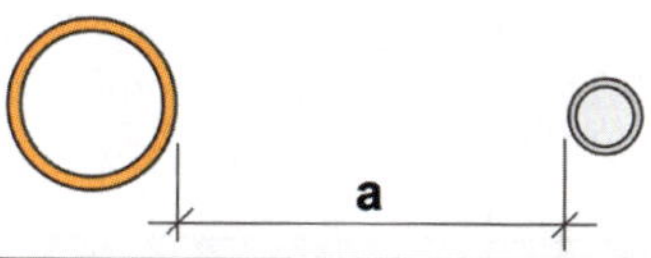	mindestens der größere Wert aus **a = 1 x d*** oder **a = 5 x d*** (nach MLAR [3.9] Absatz 4.3.1 Satz 2 Buchstabe b)
Leitungsarten für die die Erleichterungen gelten (Definition siehe nächste Seite): 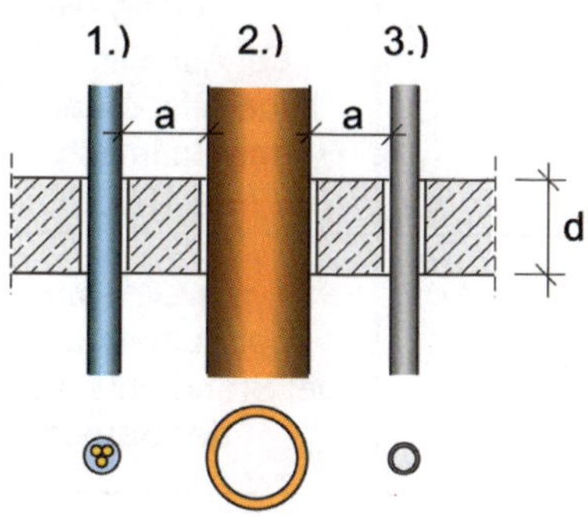	Bauteildicke d ≥ 80 mm bei feuerbeständigen Bauteilen (F 90) Bauteildicke d ≥ 70 mm bei hochfeuerhemmenden Bauteilen (F 60) Bauteildicke d ≥ 60 mm bei feuerhemmenden Bauteilen (F 30)
	*d ist der größere Durchmesser

Bild 3.3: Mindestabstände zur Anwendung der Erleichterungen für mehrere einzelne Leitungen ohne Dämmungen in gemeinsamen Durchbrüchen

Die Wände und Decken, durch die Leitungen geführt werden, müssen als feuerbeständige Bauteile eine Dicke von mindestens 80 mm haben, als hochfeuerhemmende Bauteile mindestens 70 mm und als feuerhemmende Bauteile mindestens 60 mm.

Bei Leitungen nach 1.) und 2.) muss der Abstand mindestens dem einfachen Durchmesser des größten Leitungsquerschnitts entsprechen (lichter Abstand = 1 × $\varnothing_{A,max}$).

einzelne Leitungen ohne Dämmung

Leitungen nach 3.) müssen einen Abstand von mindestens dem fünffachen des Durchmessers des größten Leitungsquerschnitts aufweisen (lichter Abstand = 5 × $\varnothing_{A,max}$).

Werden in einem Durchbruch Leitungen nach 1.) und/oder 2). mit Leitungen nach 3.) gemeinsam geführt, ist der größere der Abstände maßgebend.

In Bild 3.3 werden die in a) beschriebenen Leitungssituationen zeichnerisch dargestellt.

b) Einzelne Leitungen ohne Dämmung in jeweils eigenen Durchbrüchen oder Bohröffnungen

Für Leitungen ohne Dämmungen, die einzeln in Durchbrüchen oder Bohröffnungen (durch Kernlochbohrungen bzw. Kernbohrungen) verlegt werden, gelten grundsätzlich die gleichen Erleichterungen, wie sie für mehrere Leitungen in gemeinsamen Durchbrüchen im Absatz a) erläutert wurden.

Mineralfaserdämmung/aufschäumendes Material

Der Raum zwischen Leitung und Bauteil muss bei einzelnen Leitungen jedoch nicht mit Mörtel oder Beton ausgefüllt werden. Hier ist eine Mineralfaserdämmung oder ein im Brandfall aufschäumender Baustoff zum Ausfüllen des Raumes ausreichend. Die Dämmung muss eine Schmelztemperatur ≥ 1.000 °C aufweisen.

Der Abstand zwischen der Leitung und der Wand oder Decke (oder einem Hüllrohr) darf 50 mm nicht überschreiten, wenn Mineralfaserdämmung verwendet wird. Beim Einsatz von aufschäumenden Materialien darf dieser Öffnungswert maximal 15 mm betragen.

Abstände zwischen Leitung und Bauteil	Füllmaterial
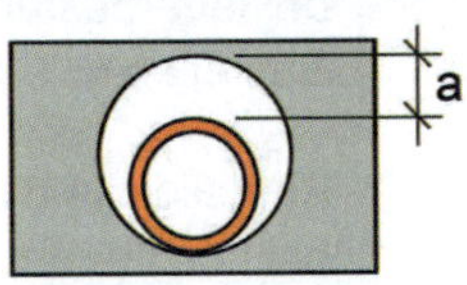	a ≤ 50 mm bei Ausfüllmaterial: Mineralfaserdämmung mit Schmelzpunkt ≥ 1000 °C
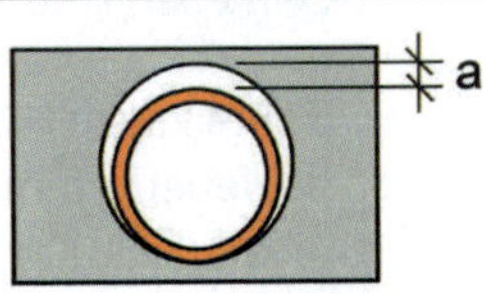	a ≤ 15 mm bei Ausfüllmaterial: bei Brand aufschäumender Baustoff

Bild 3.4: Höchstabstände zwischen Leitungen ohne Dämmungen und Bauteil in eigenen Bohröffnungen

c) Einzelne Rohrleitungen mit Dämmung in Durchbrüchen oder Bohröffnungen

In diesem Abschnitt werden nur Rohrleitungen **mit Dämmungen** nach 2.) und 3.) behandelt, die in einzelnen oder gemeinsamen Durchbrüchen in Decken oder Wänden angeordnet werden. Für elektrische Leitungen nach 1.) treffen die Aussagen in diesem Absatz nicht zu.

Mindestdicken von Wänden und Decken

Um die Erleichterungen nutzen zu können, müssen feuerbeständige Wände und Decken (wie auch im Absatz a) gefordert) eine Dicke von mindestens 80 mm, hochfeuerhemmende von mindestens 70 mm und feuerhemmende von mindestens 60 mm aufweisen.

Im Bereich der Durchführung muss die Mineralfaserdämmung einen Schmelzpunkt ≥ 1.000 °C aufweisen.

Füllmaterial zum Verschließen

Die verbleibenden Öffnungsbereiche können wahlweise mit Zementmörtel, Beton, Mineralfaserdämmung oder aufschäumendem Baumaterial verfüllt werden.

Bei nebeneinander angeordneten Einzelleitungen muss der lichte Zwischenabstand im Bereich der Durchführung mindestens 50 mm betragen. Gemessen wird der Abstand zwischen den Dämmschichtoberflächen. Der Abstand zwischen Rohrleitungen und elektrischen Leitungen muss ebenfalls 50 mm betragen.

Außerhalb der Durchführung dürfen brennbare Dämmstoffe verwendet werden. Dabei ist zu beachten, dass auf beiden Seiten der Durchführung auf einer Länge von jeweils 500 mm entweder die brennbare Dämmung eine Umhüllung aus Stahlblech erhält oder dass auf dieser Länge eine Dämmung aus nichtbrennbaren Baustoffen angeordnet wird.

d) Einzelne Rohrleitungen mit oder ohne Dämmung in Wandschlitzen oder mit Ummantelung

Für Rohrleitungen mit einem Außendurchmesser ≤ 110 mm, die einzeln durch Decken geführt werden, sind Erleichterungen gestattet.

Erleichterung bei Rohrleitungen

Dies gilt für einzelne Rohrleitungen,

- die aus nichtbrennbaren Materialien bestehen (ausgenommen Aluminium und Glas), und
- für Rohrleitungen aus brennbaren Materialien sowie aus Aluminium und Glas, in denen nichtbrennbare Flüssigkeiten, Dämpfe und Stäube geführt werden.

Rohrleitungen in Wandschlitzen mit Putzträgern

Damit Rohrleitungen ohne eine bauaufsichtlich zugelassene Abschottung durch Decken geführt werden dürfen, müssen sie in eigenen Schlitzen von massiven Wänden angeordnet werden. Diese Schlitze müssen mit einer mindestens 15 mm dicken mineralischen Putzschicht verschlossen werden. Der Putzträger muss aus nichtbrennbarem Material bestehen, z.B. aus Rippenstreckmetall (verzinktes Stahlblech). Hinter dem Putzträger ist zusätzlich eine nichtbrennbare Dämmung mit einem Schmelzpunkt ≥ 1.000 °C und einer Mindestdicke von 10 mm vorzusehen.

alternative Ausführung

Anstelle dieser Bauart können die Schlitze auch mit einer mehrlagigen Plattenkonstruktion aus nichtbrennbaren mineralischen Baustoffen verschlossen werden, die mindestens eine Gesamtdicke von 25 mm aufweisen muss.

Bei dieser baulichen Konstruktion ist zu beachten, dass die durch den vertikalen Schlitz geschwächte Wand weiterhin alle an sie gestellten statischen, bauphysikalischen und brandschutztechnischen Forderungen erfüllen muss. Hierzu sind die entsprechenden Nachweise zu führen.

Rohrleitungsführungen in Wandschlitz durch Decken	Materialwerte
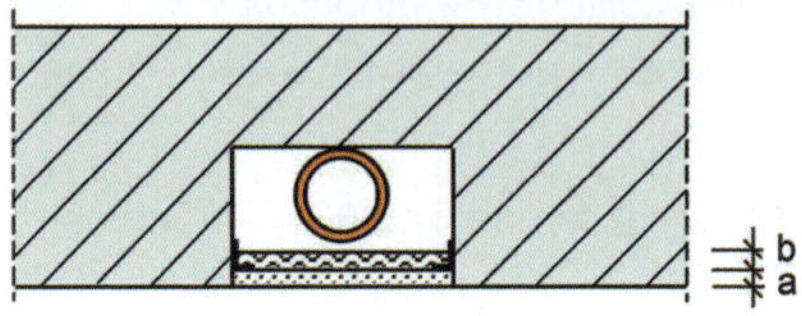	Rohrleitung: Außendurchmesser $Ø_A \leq 110$ mm a: ≥ 15 mm; mineralische Putzschicht auf nichtbrennbarem Putzträger b: ≥ 10 mm; Mineralfaserdämmung mit Schmelzpunkt ≥ 1000 °C
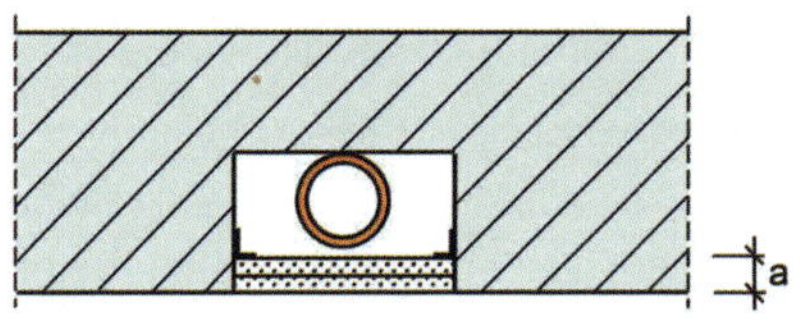	Rohrleitung: Außendurchmesser $Ø_A \leq 110$ mm a: ≥ 25 mm; Platten aus nichtbrennbaren mineralischen Baustoffen (mehrlagig möglich)

Bild 3.5: Abschottung von Rohrleitungen durch Putzschicht mit Dämmung und durch Platten in einem Wandschlitz

Führung von einzelnen Rohren in Wandecken

Alternativ zu Schlitzen können Rohrleitungen ohne eine bauaufsichtliche Abschottung auch in einer inneren Wandecke durch eine Decke geführt werden (siehe hierzu auch Bild 3.6).

Die Rohrleitung wird durch die zwei Wände der Ecke sowie eine zweiseitige Brandschutzbekleidung umschlossen.

Die Brandschutzbekleidungen müssen aus einer mindestens 15 mm dicken mineralischen Putzschicht und einem nichtbrennbaren Putzträger bestehen. Hinter dem Putzträger ist zusätzlich eine nichtbrennbare Dämmung mit einem Schmelzpunkt ≥ 1.000 °C und einer Mindestdicke von 10 mm vorzusehen.

Rohrleitungsführungen in Wandecken durch Decken	Materialwerte
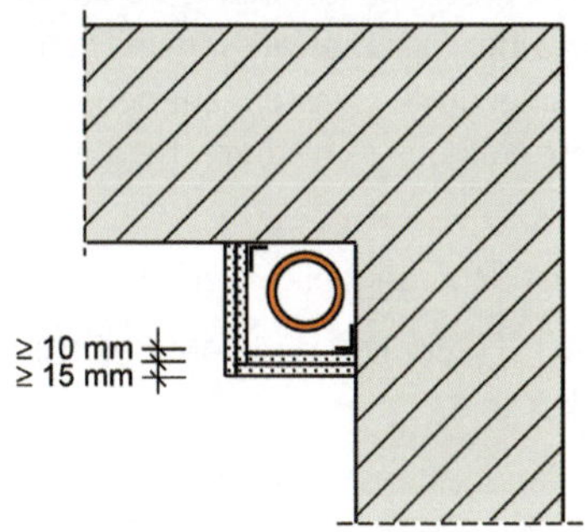	Rohrleitung: Außendurchmesser $Ø_A \leq 110$ mm **Variante a** der Brandschutzbekleidung: ≥ 15 mm; mineralische Putzschicht auf nichtbrennbarem Putzträger ≥ 10 mm; Mineralfaserdämmung mit Schmelpunkt ≥ 1000 °C **Variante b** der Brandschutzbekleidung: ≥ 25 mm; Platten aus nichtbrennbaren mineralischen Baustoffen (mehrlagig möglich)

Bild 3.6: Abschottung einer Rohrleitung durch Brandschutzbekleidungen in einer Wandecke

Alternativ zu dieser Ausführung kann die Brandschutzbekleidung auch aus einer mehrlagigen Plattenkonstruktion aus nichtbrennbaren mineralischen Baustoffen bestehen. Sie muss mindestens eine Gesamtdicke von 25 mm aufweisen.

abzweigende Rohrleitungen

Zweigen von diesen vertikalen Rohrleitungen horizontale Leitungen ab, dürfen diese offen verlegt werden, wenn sie nur innerhalb eines Geschosses geführt werden.

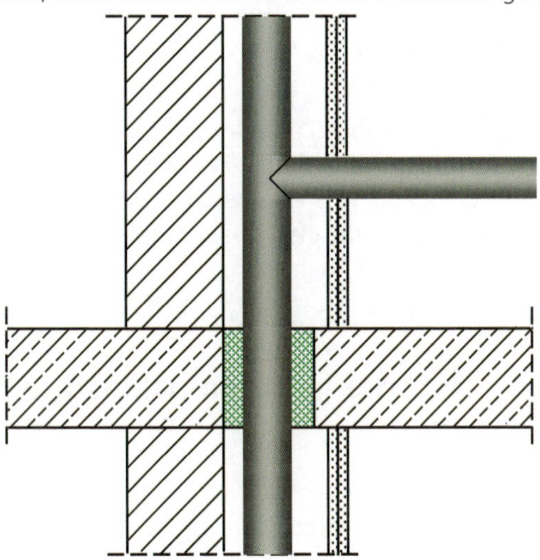

Bild 3.7: Eine abzweigende Leitung muss brandschutztechnisch nicht abgeschottet werden, wenn sie nur innerhalb eines Geschosses geführt wird.

keine Erleichterungen

Werden mehrere Leitungen direkt nebeneinander (ohne den Mindestabstand) durch eine Decke geführt, können die Erleichterungen a) bis d) nicht genutzt werden, und eine Abschottung ist nur mit bauaufsichtlich zugelassenen Systemen möglich.

24.8 Elektrische Anlagen

Funktionserhalt während eines Brandereignisses

Elektrische Anlagen zur Energieversorgung von brandschutztechnischen Einrichtungen müssen während eines Brandereignisses ausreichend lange funktionsfähig bleiben. Dieser Funktionserhalt muss auch bei einer Wechselwirkung mit anderen Anlagen oder Teilen gewährleistet sein. Zum Beispiel dürfen Trassen, auf denen Kabel zur brandschutztechnischen Versorgung geführt werden, nicht durch herabfallende Bauteile zerstört werden.

Der Funktionserhalt von elektrischen Leitungen ist dann gegeben, wenn sie

Funktionserhalt von elektrischen Leitungen

- als Brandschutzkabel nach DIN 4102-12 [3.15] (E30, E60 und E90) oder DIN EN 50577 [3.16] geprüft und eingestuft worden sind,
- auf Rohdecken verlegt sind und durch mindestens 30 mm dicken Estrich geschützt sind oder
- im Erdreich verlegt werden.

Damit Elektroverteiler ihre Funktion ausreichend lange erfüllen können, müssen sie durch eine der nachfolgenden Maßnahmen geschützt werden:

- Sie können in eigenen, nicht anders genutzten Räumen aufgestellt werden. Deren Wände, Decken und Türen, die den Raumabschluss bilden, müssen eine Feuerwiderstandsfähigkeit aufweisen, die der Funktionsdauer der Elektroverteiler entspricht. Mit Ausnahme der Türen müssen die Bauteile aus nichtbrennbaren Baustoffen bestehen.

Funktionserhalt von Elektroverteilern

- Elektroverteiler können auch durch Gehäuse abgetrennt werden, deren Funktionsfähigkeit durch bauaufsichtliche Verwendbarkeitsnachweise belegt werden muss.
- Sie können mit Bauteilen abgeschottet werden, die die gleiche Feuerwiderstandsfähigkeit aufweisen, über die die Elektroverteiler aufgrund der notwendigen Dauer des Funktionserhalts verfügen müssen. Hierbei muss sichergestellt werden, dass die Funktionen der elektrotechnischen Einbauten in den Verteilern über diesen Zeitraum erhalten bleiben.

Der Nachweis hierfür ist schriftlich festzuhalten.

24.9 Dauer des Funktionserhalts von elektrischen Kabeln und Anlagen

Dauer des Funktionserhalts

Hinsichtlich der Dauer des Funktionserhalts von elektrischen Kabeln oder Anlagen enthält das Baurecht entweder gar keine oder nur indirekte Aussagen.

Grundlagen zur Bestimmung der Dauer des Funktionserhalts von elektrischen Anlagen können aus den Schutzzielen des § 14 MBO [3.1] abgeleitet werden:

- Der Ausbreitung von Feuer und Rauch (Brandausbreitung) ist vorzubeugen,
- bei einem Brand müssen die Rettung von Menschen und Tieren sowie
- wirksame Löscharbeiten möglich sein.

Funktionsdauern nach der MLAR

Aus diesen Forderungen wurden die Funktionsdauern für die wichtigsten brandschutztechnisch erforderlichen Anlagen abgeleitet, die in der MLAR genannt werden.

Für folgende Anlagen beträgt die Dauer des Funktionserhalts **30 Minuten:**

- Für Leitungsanlagen, die innerhalb von Sicherheitstreppenräumen in Hochhäusern verlegt werden, ist eine Dauer von 30 Minuten ausreichend,
- Sicherheitsbeleuchtungsanlagen; dienen Leitungsanlagen nur der Stromversorgung der Sicherheitsbeleuchtung innerhalb eines Brandabschnittes in einem Geschoss oder nur innerhalb eines Treppenraumes, sind sie von der Forderung nach einem 30-minütigen Funktionserhalt ausgenommen; die Grundfläche je Brandabschnitt darf dann höchstens 1.600 m² betragen,
- Personenaufzüge, die mit einer Brandfallsteuerung ausgestattet sind; Leitungsanlagen, die sich innerhalb der Fahrschächte oder der Triebwerksräume befinden, sind vom 30-minütigen Funktionserhalt ebenfalls ausgenommen,
- Brandmeldeanlagen einschließlich der zugehörigen Übertragungsanlagen; ausgenommen von der erforderlichen Funktionsdauer sind Leitungsanlagen in Räumen, die durch automatische Brandmelder überwacht werden. Weiterhin sind Leitungsanlagen in Räumen ohne automatische Brandmelder ausgenommen, wenn bei Kurzschluss oder Leitungsunterbrechung durch Brandeinwirkung in diesen Räumen alle an diese Leitungsanlage angeschlossenen Brandmelder funktionsfähig bleiben,

Funktionserhalt von 30 Minuten

- Anlagen zur Alarmierung und Erteilung von Anweisungen an Besucher und Beschäftigte, die im Brandfall dafür vorgesehen sind. Dienen Leitungsanlagen nur der Stromversorgung der Anlagen innerhalb eines Brandabschnitts in einem Geschoss oder nur innerhalb eines Treppenraumes sind sie von der Forderung nach einem 30-minütigen Funktionserhalt ausgenommen. Die Grundfläche je Brandabschnitt darf dann höchstens 1.600 m² betragen,
- natürliche Rauchabzugsanlagen, die durch thermischen Auftrieb der heißen Brandgase entrauchen; hiervon ausgenommen sind Anlagen, die bei einer Unterbrechung der Stromversorgung selbsttätig öffnen; weiterhin sind Leitungsanlagen in Räumen ausgenommen, die von automatischen Meldern überwacht werden und deren Meldung das selbsttätige Öffnen von Rauchabzugsanlagen auslöst, und
- maschinelle Rauchabzugsanlagen und Rauchschutz-Druckanlagen in Fällen, in denen kein 90-minütiger Funktionserhalt gewährleistet werden muss.

Für folgende Anlagen beträgt die Dauer des Funktionserhalts **90 Minuten:**

- automatische Feuerlöschanlagen,
- Druckerhöhungsanlagen zur Aufrechterhaltung des erforderlichen Wasserdrucks beim Löschen (z.B. in Hochhäusern),
- maschinelle Rauchabzugsanlagen,
- Druckbelüftungsanlagen (Rauchschutz-Druckanlagen) für innenliegende Sicherheitstreppenräume und deren Vorräume in Hochhäusern,

Funktionserhalt von 90 Minuten

- Druckbelüftungsanlagen (Rauchschutz-Druckanlagen) für das System „Feuerwehraufzug und Vorraum" in Hochhäusern,
- Druckbelüftungsanlagen (Rauchschutz-Druckanlagen) für andere Sonderbauten, für die solche Anlagen im Einzelfall verlangt werden, und
- Feuerwehraufzüge (ausgenommen sind Leitungsanlagen, die sich innerhalb der Fahrschächte oder der Triebwerksräume befinden).

25 Lüftungsanlagen

Die Schutzziele von Lüftungsanlagen werden in § 41 Absatz 1 MBO [3.1] genannt. In Absatz 2 werden die allgemeingültigen brandschutztechnischen Forderungen an Lüftungsanlagen beschrieben:

> *„§ 41 Lüftungsanlagen*
>
> *(1) Lüftungsanlagen müssen betriebssicher und brandsicher sein; sie dürfen den ordnungsgemäßen Betrieb von Feuerungsanlagen nicht beeinträchtigen.*

Forderungen an Lüftungsanlagen

> *(2) Lüftungsleitungen sowie deren Bekleidungen und Dämmstoffe müssen aus nichtbrennbaren Baustoffen bestehen; brennbare Baustoffe sind zulässig, wenn ein Beitrag der Lüftungsleitung zur Brandentstehung und Brandweiterleitung nicht zu befürchten ist. Lüftungsleitungen dürfen raumabschließende Bauteile, für die eine Feuerwiderstandsfähigkeit vorgeschrieben ist, nur überbrücken, wenn eine Brandausbreitung ausreichend lang nicht zu befürchten ist oder wenn Vorkehrungen hiergegen getroffen sind.*
>
> *[...]."*

Konkretisiert werden diese Erfordernisse in der Muster-Lüftungsanlagen-Richtlinie (M-LüAR) [3.17]. Nach Absatz 4.1 gelten die Forderungen der MBO bzw. der Landesbauordnungen als erfüllt, wenn die Vorgaben der Richtlinie umgesetzt werden.

Die rechtliche Grundlage zur Nutzung der M-LüAR bildet die Muster-Verwaltungsvorschrift (MVV TB) [3.10]. In Tabelle A 2.2.1 Zeile 2.2.1.11 wird darauf hingewiesen, dass die brandschutztechnische Ausführung von Lüftungsanlagen nach dieser Richtlinie [3.17] zu planen und zu bemessen ist.

Die Richtlinie wurde in unterschiedlichen Fassungen in den Bundesländern eingeführt.

Beispielsweise gilt zum Redaktionsstand Dezember 2020:

Fassungen der VV TB

- in Bayern die länderspezifisch Ausgabe LüAR in der Fassung Dezember 2015,
- in Bremen die Musterrichtlinie M-LüAR in der Fassung Dezember 2015,
- in Hessen (als Anhang 19 der H-VV TB [3.18]) die Musterrichtlinie M-LüAR in der Fassung 2015,
- in Hamburg die Musterrichtlinie M-LüAR in der Fassung 2015 und
- in Thüringen die Musterrichtlinie M-LüAR in der Fassung 2015.

Lüftungsanlagen können als Zuluftanlagen oder als Umluftanlagen ausgeführt werden.

Bei Zuluftanlagen wird „frische" Außenluft einer baulichen Anlage zugeführt und verbrauchte Luft wieder abgeführt.

Lüftungsanlagen als Zuluft- oder Umluftanlage

Eine Umluftanlage ist ein geschlossenes System, in dem Luft behandelt wird. Die Luft wird an mehreren Stellen der baulichen Anlage entnommen und behandelt und danach wieder in den Luftkreislauf des Gebäudes abgegeben.

Die nachfolgenden Regeln für Lüftungsanlagen beziehen sich grundsätzlich auf Zuluftanlagen, gelten aber auch für Umluftanlagen.

Lüftungsanlagen bestehen aus Lüftungsleitungen und den zu ihrem Betrieb erforderlichen Bauteilen und Einrichtungen.

Teile der Anlagen

Einbauten, wie z.B. Brandschutz- und Rauchschutzklappen, Schalldämpfer, Ventilatoren sowie Befestigungsmittel, Dämmschichten, Folien, Beschichtungen und Bekleidungen, sind Teile der Lüftungsleitungen.

brennbare und nicht brennbare Teile

Nach § 41 Absatz 2 MBO [3.1] müssen Lüftungsleitungen sowie deren Bekleidungen und Dämmungen aus nichtbrennbaren Baustoffen bestehen. Brennbare Baustoffe sind zulässig, wenn ein Beitrag der Lüftungsleitung zur Brandentstehung und zur Brandweiterleitung nicht zu befürchten ist.

Nach der M-LüAR ist die Verwendung von normalentflammbaren Baustoffen nicht zulässig, schwerentflammbare Baustoffe dürfen für Lüftungsleitungen in folgenden baulichen Situationen genutzt werden:

- Lüftungsleitungen werden nicht durch raumabschließende Bauteile hindurchgeführt, die nach dem Baurecht eine Feuerwiderstandsfähigkeit aufweisen müssen, wie z.B. Wände und Decken. Sollte die Leitungskonstruktion anfangen zu brennen, verbleibt der Brand dann in dem brandschutztechnisch abgetrennten Bereich.
- Lüftungsleitungen werden durch raumabschließende Bauteile hindurchgeführt. Zur Verhinderung der Weiterleitung von Rauch und Feuer müssen in der Ebene der abschottenden Bauteile Brandschutzklappen eingebaut werden. Auch hier wird ein Brand auf den planmäßig abgetrennten Bereich begrenzt.
- Lüftungsleitungen oder Schächte, in denen die Leitungen geführt werden, müssen mindestens in feuerhemmender Bauweise hergestellt werden. Bei Leitungen, die frei geführt werden, muss die innere Schale mindestens feuerhemmend ausgeführt werden.

Lüftungsleitungen aus unterschiedlichen Materialien

Nicht zulässig sind brandschutztechnisch unverkleidete Lüftungsleitungen aus brennbaren Baustoffen in Treppenräumen, in Räumen zwischen Treppenräumen und Ausgängen ins Freie sowie in Rettungsfluren. Leitungen aus brennbaren Baustoffen dürfen in Rettungswegen nur angeordnet werden, wenn sie mindestens feuerhemmend verkleidet sind.

Grundsätzlich unzulässig sind Lüftungsleitungen aus brennbaren Baustoffen, wenn in ihnen Luft mit einer Temperatur von mehr als 85 °C geführt wird oder wenn sich in den Lüftungsleitungen brennbare Stoffe ablagern können, wie z.B. durch Abluft aus Küchen (Fettwrasen) oder Raumluft aus holzverarbeitenden Betrieben (Schleifstaub).

In notwendigen Fluren, deren Wände in feuerhemmender Bauart hergestellt sind, dürfen anstelle von feuerhemmenden Lüftungsleitungen solche aus Stahlblech genutzt werden.

Brandschutzklappen in Lüftungsleitungen

Um die Weiterleitung eines Brandes zu verhindern, werden in Lüftungsleitungen, die durch raumabschließende Bauteile führen, in der Ebene dieser Bauteile Brandschutzklappen angeordnet.

Die Feuerwiderstandsfähigkeit dieser Klappen muss der brandschutztechnischen Anforderung an die raumabschließenden Bauteile entsprechen.

Tabelle 3.2: Nationale und europäische Bezeichnungen von Brandschutzklappen in raumabschließenden Bauteilen

Feuerwiderstandsfähigkeit von raumabschließenden Bauteilen	Feuerwiderstands-fähigkeit von Brand-schutzklappen	Feuerwiderstands-fähigkeit von Brand-schutzklappen
Bauaufsichtliche Bezeichnung	Bezeichnung nach DIN 4102-6 [3.19]	Bezeichnung nach DIN EN 13501-3 [3.20]
feuerhemmend	K 30	EI 30($v_e h_o$ i ↔ o)-S
hochfeuerhemmend	K 60	EI 60($v_e h_o$ i ↔ o)-S
feuerbeständig	K 90	EI 90($v_e h_o$ i ↔ o)-S
Feuerwiderstandsfähigkeit 120 Minuten	K 120	EI 120($v_e h_o$ i ↔ o)-S

Die Anforderungen an und die Ausführung von Brandschutzklappen werden in Absatz 32.7 ausführlich erläutert.

Verbindungen von Lüftungsleitungen

Lüftungsleitungen, in denen sich brennbare Stoffe ablagern können, dürfen grundsätzlich nicht untereinander oder mit anderen Leitungen verbunden werden. Werden diese unterschiedlichen Leitungen jedoch durch Brandschutzklappen getrennt, ist eine Verbindung möglich.

Trennung von Frisch- und Brauchluft

Um eine Vermischung zwischen der Außenluft (aus dem Freien angesaugte Luft) und der Fortluft (ins Freie ausgeblasene Luft) einer Lüftungsanlage zu vermeiden, ist ein ausreichender Abstand dieser Mündungen (Öffnungen) voneinander einzuhalten. Häufig werden die Öffnungen deshalb getrennt in Dächern und Wänden angeordnet.

Ist die Übertragung von Brandgasen durch diese Öffnungen nicht ausgeschlossen, muss davon ausgegangen werden, dass im Brandfall die Gase durch beide Mündungen ins Freie und von dort wieder zurück in das Gebäude gelangen können.

keine Weiterleitung von Brandgasen

Um das brandschutztechnische Schutzziel des § 14 MBO [3.1] einzuhalten „Vorbeugung der Ausbreitung von Feuer und Rauch (Brandausbreitung)", müssen die Öffnungen so angeordnet oder baulich-technisch ausgebildet sein, dass eine Weiterleitung der Brandgase in folgende andere brandschutztechnisch abgetrennte Bereiche nicht möglich ist:

- in Geschosse,
- in Brandabschnitte,
- in Nutzungseinheiten,
- in notwendige Treppenräume,
- in Räume zwischen den Treppenräumen und dem Ausgang ins Freie und
- in notwendige Flure.

Eine Weiterleitung der Brandgase in diese Bereiche findet nach Absatz 5.1.2 M-LüAR [3.17] nicht statt, wenn

Verhinderung der Weiterleitung von Brandgasen

- bei Anordnung der Mündungen in einer Außenwand ein Abstand von mindestens 2,50 m zu Fenstern, zu anderen Außenwandöffnungen und zu Außenwänden mit brennbaren Baustoffen eingehalten wird (gilt nicht für Holzlattungen hinterlüfteter Fassaden). Ein Abstand zu Öffnungen ist nicht erforderlich, wenn ein Bauteil, das mindestens 1,50 m auskragt, diese Mündungen abschottet. Die Auskragung muss mindestens in der Feuerwiderstandsfähigkeit der Geschossdecken des Gebäudes ausgeführt werden und öffnungslos sein (siehe Bilder 3.8 und 3.9),

- bei Anordnung der Mündungen über Dach müssen diese Öffnungen brennbare Bauteile des Daches um mindestens 1 m überragen und einen waagerechten Abstand von mindestens 1,50 m einhalten. Werden die brennbaren Bauteile in einem Abstand von 1,50 m von den Mündungen entfernt durch nichtbrennbare Baustoffe geschützt (z.B. durch eine Kiesschicht mit einer Mindestdicke von 5,0 cm oder durch fugenlos verlegte Betonplatten mit einer Mindestdicke von 3,0 cm), gelten diese Forderungen nicht, oder
- bei der Sicherung der Mündungen durch Brandschutzklappen, die eine Weiterleitung der Brandgase verhindern.

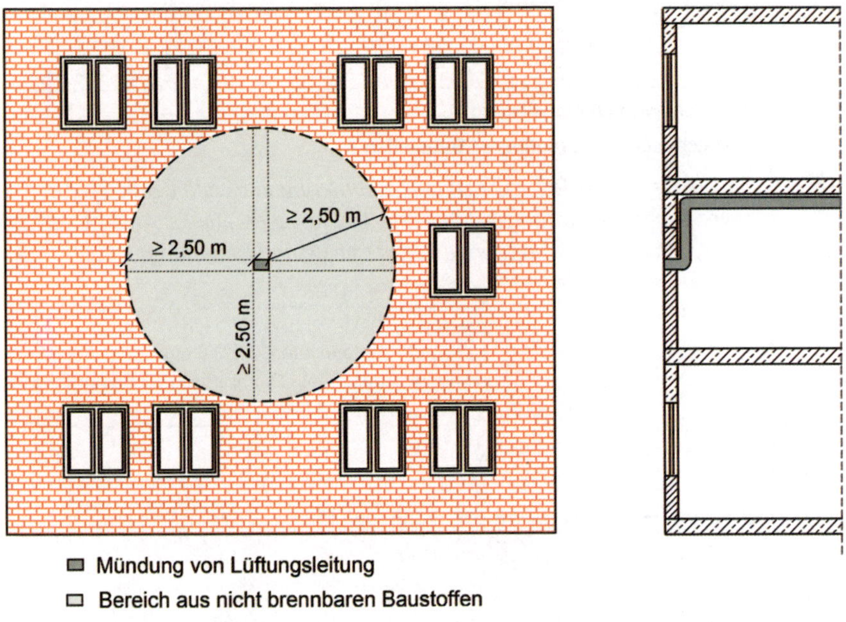

Bild 3.8: Mündungen von Lüftungsleitungen in Außenwänden müssen einen Abstand von 2,50 m zu Öffnungen einhalten. Der Bereich um die Mündungen herum muss aus nichtbrennbaren Baustoffen bestehen (links: Ansicht, rechts: prinzipieller Höhenschnitt ohne Vorsatzschale und Dämmung).

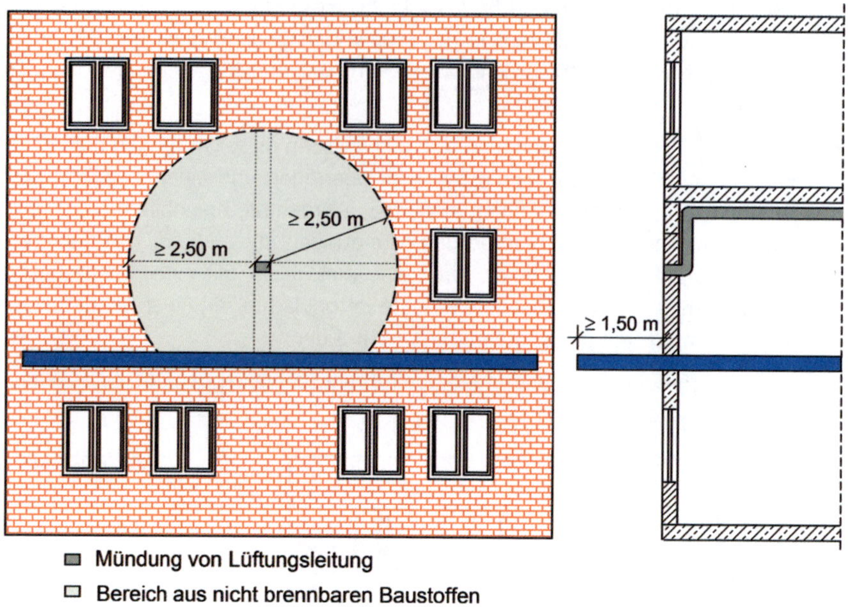

Bild 3.9: Die auskragende Platte schützt den darunter befindlichen Bereich vor den Mündungen der Lüftungsleitungen in Außenwänden (links: Ansicht, rechts: prinzipieller Höhenschnitt ohne Vorsatzschale und Dämmung).

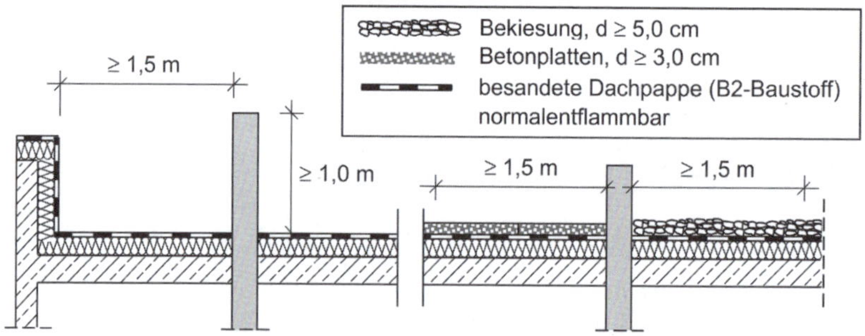

Bild 3.10: Mindestabstände der Mündungen von brandschutztechnisch gedämmten Lüftungsleitungen zu brennbaren Baustoffen auf einem Flachdach nach [3.17]

Mindestabstände von Mündungen

Durch die Abstände zwischen Mündungen und anderen Öffnungen kann das architektonische Bild einer Fassade erheblich beeinflusst werden (siehe Bild 3.8).

Eine alternative Variante ist die Anordnung einer auskragenden Platte (siehe Bild 3.9). Hierdurch wird verhindert, dass Rauch über die unten befindlichen Fenster ins Gebäude geleitet wird.

Eine weitere Variante ist die Anordnung von Brandschutzklappen vor den Mündungen. Bei dieser Ausführung entfallen die Abstandsregelungen.

Auch die Anordnung der Mündungen über der Dachebene ist eine alternative Lösung. Hierdurch wird die Fassadenaufteilung eines Gebäudes nicht beeinflusst.

Bild 3.11: Zuluftöffnungen (Zulufttürme) von Lüftungsanlagen

keine Rauchgase in den Ansaugbereich

Im Brandfall darf kein Brandrauch durch Zuluftanlagen in das Gebäude gelangen. Um dies zu verhindern, muss die Öffnung der Zuluftleitung entweder mit einer Brandschutzklappe oder einer Rauchschutzklappe versehen werden. Die Klappen müssen rauchmeldergesteuert schließen.

Bei allen oben beschriebenen Varianten ist schon in der Planungsphase darauf zu achten, dass die abgeführten Rauchgase eines Brandes nicht in den Ansaugbereich von Frischluftanlagen gelangen.

Ist es aufgrund der Örtlichkeit einer Zuluftanlage völlig ausgeschlossen, dass Rauch angesaugt werden kann, kann auf eine Klappe verzichtet werden. Dies ist zum Beispiel bei Zuluftanlagen der Fall, die außerhalb eines Gebäudes angeordnet werden (siehe Bild 3.11).

Einbauten im freien Querschnitt

Im freien Lüftungsquerschnitt von Leitungen dürfen sich nur die zu ihrem Betrieb erforderlichen Einrichtungen befinden, wie z.B. Schalldämpfer oder Ventilatoren.

In Schächten und Kanälen, die eine Feuerwiderstandsklasse von L 30 bis L 90 nach DIN 4102-4 [3.21] Absatz 8.5.1 bis 8.5.6 oder von EI 30($v_e h_o$ i $\leftrightarrow$ o) bis EI 90($v_e h_o$ i $\leftrightarrow$ o) nach DIN EN 13501-2 [3.22] aufweisen, dürfen Lüftungsleitungen zusammen mit Frischwasser- und Abwasserleitungen sowie mit Leitungen, die Wasserdampf (bis 110 °C) führen, angeordnet werden.

Weiterhin dürfen neben Lüftungsleitungen auch andere (brennbare) Installationen in Schächten und Kanälen angeordnet werden, wenn folgende Randbedingungen eingehalten werden:

Lüftungsleitungen in Schächten/Kanälen

- Die Wände der Schächte und Kanäle müssen in der Feuerwiderstandsfähigkeit F 30 bis F 90 oder EI 30($v_e h_o$ i $\leftrightarrow$ o) bis EI 90($v_e h_o$ i $\leftrightarrow$ o) ausgeführt werden,
- die Abschlüsse (Türen und Klappen) in diesen Wänden müssen die gleiche Feuerwiderstandsfähigkeit wie die Wände aufweisen und
- alle ein- und ausführenden Lüftungsleitungen an der Durchtrittsstelle müssen mit Brandschutzklappen (EI 30($v_e h_o$ i $\leftrightarrow$ o)-S) bis EI 90($v_e h_o$ i $\leftrightarrow$ o)-S) versehen werden.

ungehinderte Ausdehnung von Leitungen

Bei der Planung und Ausführung von Lüftungsleitungen ist zu beachten, dass sich Lüftungsleitungen aus Stahlblech aufgrund der thermischen Energie im Brandfall ausdehnen. Können sie dies nicht ungehindert, entstehen erhebliche Kräfte, die auf die dehnungsbehindernden Bauteile wirken, wie z.B. auf raumabschottende und/oder tragende Wände (Brandwände, Trennwände, Flurwände).

Überschläglich sollte deshalb pro laufenden Meter (lfm) Leitungslänge ein freier Dehnbereich von mindestens 10 mm vorgesehen werden.

Kann diese Forderung aus bautechnischen Gründen nicht erfüllt werden (z.B. durch die Einspannung der Leitungen zwischen zwei Wänden), muss auf andere Art sichergestellt werden, dass keine thermischen Zwänge entstehen.

Dies kann unter anderem durch den Einbau von Dehnbereichen in das Leitungssystem (z.B. mit Hilfe von Segeltuchstutzen, Reaktionskraft < 1 kN – siehe Bild 3.12) oder von Winkeln und Verziehungen, die im Brandfall die Längenänderungen durch Leitungsverformungen aufnehmen (z.B. durch Ausknicken), erfolgen.

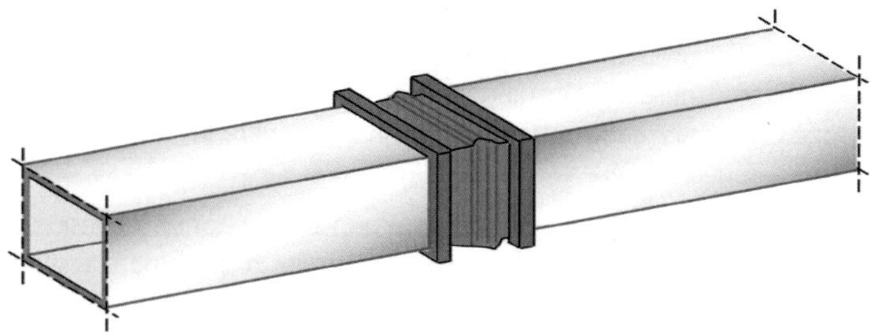

Bild 3.12: Prinzipskizze einer Lüftungsleitung mit Kompensator (Segeltuchstutzen)

Durchdringung von unterschiedlichen Bauteilen

Durchdringen Lüftungsleitungen mehrere raumabschließende Bauteile mit unterschiedlichen baurechtlich geforderten Feuerwiderstandsfähigkeiten, müssen die Leitungen entweder in der höchsten Widerstandsdauer ausgeführt oder mit Brandschutzklappen in der Ebene der Bauteile versehen werden.

Verschließen von Randöffnungen

Aus bautechnischen Gründen werden in der ersten Variante die Öffnungen für die Lüftungsleitungen in den abschottenden Bauteilen in der Regel größer als der Lüftungsquerschnitt ausgeführt. Der verbleibende Querschnitt muss mit einem geeigneten Material verschlossen werden. Bei einer Breite der Spalten (Fugen) ≤ 50 mm ist bei Lüftungsleitungen kein Verwendbarkeitsnachweis erforderlich. Sie können z.B. mit Mineralfaserdämmung ausgefüllt werden, die einen Schmelzpunkt ≥ 1.000 °C aufweisen muss.

außenliegende Klappen

Brandschutzklappen, die außerhalb von Bauteilen in den Lüftungsleitungen angeordnet werden, müssen für diesen Einbauort geeignet sein. Nach dem entsprechenden Anwendbarkeitsnachweis (Bauartgenehmigung) müssen sie hierfür zugelassen sein.

Lüftungsleitungen müssen auch innerhalb von Bauteilbreiten bzw. -dicken in der gleichen Feuerwiderstandsfähigkeit wie außerhalb ausgeführt werden.

Lüftungsleitungen im Freien

Lüftungsleitungen, die im Freien von Brandgasen durchströmt werden (z.B. im Dachbereich), müssen entweder feuerwiderstandsfähig sein oder aus Stahlblech bestehen und einen Abstand von mindestens 40 cm zu brennbaren Bauteilen einhalten. Der Abstand kann auf mindestens 20 cm verringert werden, wenn die brennbaren Bauteile von mineralischen Baustoffen geschützt werden, die mindestens 2 cm dick sind und nichtbrennbar sein dürfen.

Auf Flachdächern dürfen Lüftungsleitungen aus schwerentflammbaren Baustoffen bestehen, wenn

auf Dächern geführte Leitungen

- sie im Brandfall gegen Herabfallen gesichert sind,
- sie einen Mindestabstand von 1,50 m zu brennbaren Bauteilen einhalten und
- eine Dachfläche aus brennbaren Baustoffen auf beiden Seiten der Lüftungsleitung durch nichtbrennbare Baustoffe in einem Abstand von jeweils 1,50 m (gemessen von der Außenkante) vor dem Entflammen geschützt wird, z.B. durch eine Kiesschicht mit einer Dicke von mindestens 5,0 cm oder durch fugenlos verlegte Betonplatten mit einer Mindestdicke von 3,0 cm (siehe Bild 10).

Lüftungsleitungen oberhalb von Unterdecken

Lüftungsleitungen, die oberhalb von Unterdecken mit einer Feuerwiderstandsfähigkeit verlaufen, müssen so befestigt sein, dass sie im Brandfall nicht auf die Unterdecke fallen. Durch diesen Vorgang kann die Unterdecke ihre Funktion als Brandabschottung verlieren.

Um eine Brandweiterleitung durch Lüftungsleitungen in einen Dachraum zu verhindern, muss

- die Durchdringung der Decke zwischen dem obersten Geschoss und dem Dachraum (wenn für sie eine Feuerwiderstandsfähigkeit vorgesehen ist) mit einer Brandschutzklappe versehen werden,
- die Lüftungsleitung im Bereich des Dachraumes (wenn sie bis über die Dachhaut ins Freie führt) mit einer brandschutztechnischen Verkleidung versehen werden, oder
- die Lüftungsleitung selbst eine Feuerwiderstandsfähigkeit aufweisen (entsprechend der brandschutztechnischen Anforderung an die Geschossdecke).

Lüftungsleitungen in Dachräumen

Abschlüsse von Lüftungszentralen

Innerhalb von Gebäuden müssen Ventilatoren und Luftaufbereitungseinrichtungen in einem gesonderten Raum aufgestellt werden. Dieser Raum wird als Lüftungszentrale bezeichnet und darf nicht anderweitig genutzt werden. Zugänge zu Aufenthaltsräumen sind von der Lüftungszentrale aus nicht zulässig. Öffnungen zu anderen Räumen müssen mit feuerhemmenden selbstschließenden Abschlüssen versehen werden, zu notwendigen Treppenräumen müssen sie zusätzlich rauchdicht sein.

Die tragenden, aussteifenden und/oder raumabschließenden Bauteile der Lüftungszentrale müssen in der höchsten Feuerwiderstandsfähigkeit der Bauteile hergestellt werden, durch die die Lüftungsleitungen hindurchführen (Decken und/oder Wände) und die von der Zentrale ausgehen.

Nichttragende Bauteile der Lüftungszentrale müssen aus nichtbrennbaren Baustoffen bestehen.

Ausgänge zu Fluchtwegen bzw. ins Freie

Von jeder Stelle der Lüftungszentrale aus muss in mindestens 35 m Entfernung ein Ausgang zu einem notwendigen Flur, zu einem notwendigen Treppenraum oder ins Freie vorhanden sein.

Die Lüftungsleitungen in Lüftungszentralen müssen

Lüftungsleitungen in Lüftungszentralen

- aus Stahlblech (ohne brennbare Dämmschichten) hergestellt sein,
- in der Feuerwiderstandsfähigkeit der umschließenden Bauteile der Lüftungszentrale ausgeführt sein oder

- am Ein- und Austritt der Lüftungsleitungen in den Wänden und Decken mit Brandschutzklappen versehen sein.

Grundsätzlich dürfen Lüftungsanlagen immer nach den bisher beschriebenen und erläuterten Regelungen ausgeführt werden.

Aber die M-LüAR enthält auch erleichternde Regelungen für Lüftungsanlagen, die für die Nutzung in drei gesonderten Gebäudebereichen geplant und ausgeführt werden.

Nachfolgend werden die Erleichterungen entsprechend den drei beschriebenen Nutzungen erläutert:

1. Be- und Entlüftung von Wohnungen sowie abgeschlossenen Nutzungseinheiten mit einer Grundfläche ≤ 200 m².

Erleichterungen für NE ≤ 200 m²

Für Lüftungsanlagen in Wohnungen sowie in Nutzungseinheiten mit einer Grundfläche ≤ 200 m² (z.B. Arztpraxen, Büros, Geschäfte) werden Erleichterungen in folgenden Bereichen gestattet:

- Statt Brandschutzklappen sind Absperrvorrichtungen in Lüftungsleitungen zulässig.
- Die Absperrvorrichtungen müssen mindestens die Klassifizierungen EI 30/60/90 ($v_e h_o$ i ↔ o) aufweisen. Das Klassifizierungsmerkmal „S" (Rauchdichtheit) wird in dieser Ausführungsvariante nicht gefordert.

Um diese Erleichterungen nutzen zu dürfen, müssen folgende einschränkende Regelungen beachtet werden:

- Der Querschnitt der luftführenden Hauptleitung darf nur bis 2.000 cm² ausgeführt werden. Hierdurch wird die Anzahl der angeschlossenen Wohnungen und Nutzungseinheiten begrenzt.
- Die luftführende Hauptleitung muss in einem Schacht angeordnet werden.

Einschränkungen der Erleichterungen

- Es müssen Absperrvorrichtungen in den Anschlussleitungen zwischen der Hauptleitung im Schacht und den Nutzungseinheiten angeordnet werden.
- Nicht genutzt werden dürfen Absperrvorrichtungen mit einem Ver- und Anwendbarkeitsnachweis für die Verwendung in Abluftleitungen nach DIN 18017-3 [3.23].
- Zusammen mit den Absperrvorrichtungen müssen jeweils Sperren zur Übertragung von Rauch angeordnet werden. Dies soll die Übertragung von Rauch in andere Nutzungseinheiten verhindern.

2. Lüftungsanlagen mit Ventilatoren für die Lüftung von Bädern und Toilettenräumen (Bad-/WC-Lüftungsanlagen)

Lüftungsanlagen von Bädern und Toilettenräumen können grundsätzlich wie unter 1. beschriebene Lüftungsanlagen ausgeführt werden.

alternative Ausführung mit Absperrungen

Alternativ dürfen Absperrvorrichtungen mit einem Ver- und Anwendbarkeitsnachweis in Abluftleitungen von Entlüftungsanlagen nach DIN 18017-3:2009-09 [3.24] verwendet werden.

Dabei sind folgende Bestimmungen einzuhalten:

- Innerhalb von Geschossen dürfen Absperrvorrichtungen nicht zur Verhinderung von Brandübertragungen eingesetzt werden. Diese Regelung betrifft zum Beispiel Flur- und Trennwände. Bei der Durchführung der Lüftungsleitungen durch diese Bauteile müssen entsprechende Brandschutzklappen eingebaut werden.

- Der Querschnitt von Absperrvorrichtungen (Anschlussquerschnitt) darf eine Fläche von 350 cm² nicht überschreiten.
- Die vertikal geführten Hauptleitungen müssen aus nichtbrennbaren Baustoffen bestehen und die Feuerwiderstandsfähigkeit der durchdrungenen Geschossdecken aufweisen.
- Schächte, in denen Lüftungsleitungen geführt werden, müssen aus nichtbrennbaren Baustoffen bestehen und die Feuerwiderstandsfähigkeit der durchdrungenen Geschossdecken aufweisen.

Regeln zur Anwendung für Lüftungsanlagen

- Hauptleitungen in feuerwiderstandsfähigen Schächten sowie möglicherweise außerhalb der Schächte liegende Anschlussleitungen (zwischen Absperrvorrichtung und luftführender Hauptleitung) müssen aus Stahlblech bestehen.
- Der Abstand von zwischen der Schachtwand und außerhalb des Schachtes angeordneten Absperrvorrichtungen darf nicht größer als 6 m sein.
- Anschlussleitungen, die sich innerhalb des Schachtes befinden, müssen aus nichtbrennbaren Baustoffen bestehen.
- Anschlussleitungen dürfen nicht durch raumabschottenden Bauteile geführt werden, für die eine Feuerwiderstandsfähigkeit baurechtlich gefordert wird.

Für luftführende Hauptleitungen gelten weiterhin folgende Regeln:

- Der Querschnitt der luftführenden Hauptleitung darf nur bis 1.000 cm² ausgeführt werden.
- Luftführende Hauptleitungen dürfen nur als feuerwiderstandsfähige Leitungen oder als Schächte ausgebildet werden. Innerhalb der Leitungen dürfen keine Installationen verlegt werden. Die Absperrvorrichtungen müssen in den wesentlichen Teilen aus nichtbrennbaren Baustoffen bestehen.
- Luftführende Hauptleitungen dürfen in feuerwiderstandsfähigen Schächten verlegt werden, deren Querschnitt nur bis 1.000 cm² betragen darf. In den Schächten dürfen keine weiteren Installationen verlegt werden. Die wesentlichen Teile der Absperrvorrichtungen müssen aus nichtbrennbaren Baustoffen bestehen.

Regeln für Hauptleitungen bei Anwendung der DIN 18017

- Wenn luftführende Hauptleitungen in Schächten verlegt werden, deren Querschnitt größer als 1.000 cm² ist, muss der Restquerschnitt (zwischen Schacht und Hauptleitung) in der Ebene von Geschossdecken durch einen Mörtelverguss mit einer Mindesthöhe von 100 mm vollständig in jedem Geschoss abgeschottet werden. In den Schächten sind weitere Installationen zulässig, wenn sie aus nichtbrennbaren Baustoffen bestehen und nichtbrennbare Medien führen.

3. Lüftung von nichtgewerblichen Küchen

Lüftungsanlagen zur Lüftung von nichtgewerblichen Küchen dürfen nach den in 1. und 2. beschriebenen Regeln geplant und ausgeführt werden.

Der Anschluss von Dunstabzugsanlagen oder Dunstabzugshauben ist nur an eigene Abluftleitungen zulässig.

26 Brandmeldeanlagen

Funktionen von Brandmeldeanlagen

Brandmeldeanlagen (BMA) haben im Gesamtsystem des Brandschutzes die Aufgabe, Brände frühzeitig zu erkennen, diese automatisch an die hilfeleistende Stelle (z.B. Werkfeuerwehr oder örtliche Feuerwehr) zu melden, die Nutzer des Gebäudes vor dem Brand zu warnen, Brandschutzeinrichtungen anzusteuern (zu aktivieren bzw. zu deaktivieren) sowie der Feuerwehr den Zugang zum Gebäude und eine Lokalisierung des Brandgeschehens zu ermöglichen.

Die Brandmeldezentrale, in der alle Informationen über einen detektierten Brand für die Feuerwehr vorzuhalten sind, muss in einem leicht zugänglichen Raum untergebracht werden.

Rauchwarnmelder in Wohnungen

In Gebäuden ohne BMA werden Brände in der Regel zufällig entdeckt. Dies gilt auch für Wohngebäude (Regelbauten). Seit einigen Jahren sind zwar im gesamten Bundesgebiet für Wohnungen Rauchwarnmelder in Aufenthaltsräumen und Fluren vorgeschrieben (siehe hierzu auch Kapitel 27). Diese Melder sind jedoch nur eigenständige Einzelgeräte, die Weiterleitung einer Brandmeldung ist nicht vorgesehen. Sie werden deshalb auch nicht als BMA eingestuft. Sollte z.B. ein Brand ausbrechen, während sich keine Personen in der Wohnung aufhalten, wird dieser Brand trotz der Melder nicht planmäßig entdeckt. Für Sonderbauten gilt die Pflicht der separaten „Einzelrauchmelder" nicht.

Rechtsgrundlagen der Brandmeldeanlagen

Die baurechtliche Forderung nach einer Brandmeldeanlage findet sich nur indirekt in § 14 MBO [3.1]. Zur Erfüllung der in diesem Paragrafen definierten Schutzziele kann eine BMA für Gebäude erforderlich werden, z.B. bei einem nicht geregelten Sonderbau. Mit Ausnahme der Muster-Schulbau-Richtlinie werden in allen anderen Verwaltungsvorschriften für geregelte Sonderbauten (Richtlinien und Verordnungen) Brandmeldeanlagen gefordert.

BMA in „nicht geregelten" Sonderbauten

Bei nicht geregelten Sonderbauten liegt die Entscheidung für eine BMA in der Regel beim Betreiber des Gebäudes und beim Brandschutzplaner. Z.B. sollten Gebäude, die als Kulturgut gelten bzw. unwiederbringliche kulturelle Werte enthalten, wie Museen, mit einer BMA ausgerüstet werden.

Für Gebäude, für die es keine rechtlichen Forderungen nach einer Brandmeldeanlage gibt, können, wenn eine BMA eingerichtet wird, gegebenenfalls die Versicherungsbeiträge der Feuerversicherung reduziert werden. Dies ist mit Vertretern der Versicherung abzuklären.

Planungsgrundlagen

Brandmeldeanlagen können nach DIN 14675-1 [3.25] und DIN 14675-2 [3.26] in Verbindung mit der DIN-EN-54er-Reihe, der DIN VDE 0833-1 [3.27] und der DIN VDE 0833-2 [3.28] oder nach den VdS-Richtlinien 2095 [3.29] geplant und ausgeführt werden.

Brandmeldeanlagen bestehen in der Regel aus folgenden Komponenten:

Komponenten von Brandmeldeanlagen

- automatische Brandmelder oder Handfeuermelder (siehe hierzu auch Kapitel 27),
- Brandmeldezentrale,
- Energieversorgung mit Notstromversorgung,
- Übertragungsleitungen und
- Steuereinrichtungen.

4 Überwachungsbereiche

Der Überwachungsumfang von Brandmeldeanlagen wird nach der Definition der DIN 14675-1 [3.25] in vier Kategorien eingeteilt. Die Einstufung in eine dieser Kategorien kann sich aus dem Brandschutzkonzept oder aus dem Konzept der Brandmeldeanlage ergeben. In diese Konzepte fließen sowohl die baurechtlichen Anforderungen an den Einsatz von Brandmeldeanlagen als auch versicherungstechnische Anforderungen ein.

Kategorie 1: Vollschutz

Im Vollschutz erfasst die automatische Brandmeldeanlage grundsätzlich alle Bereiche eines Gebäudes. Dies umfasst z.B. auch die Hohlräume zwischen Roh- und Unterdecken sowie alle Schächte und Kanäle.

Räume mit geringem Brandrisiko, wie z.B. Toiletten oder Waschräume mit nur geringen Brandlasten, können davon ausgenommen werden, wenn hier zusätzlich keine Brandlasten gelagert werden, wie z.B. Reinigungsmittel.

Kategorie 2: Teilschutz

Diese Kategorie wird gewählt, wenn nur Teilbereiche eines Gebäudes brandschutztechnisch gefährdet sind. Der gefährdete Bereich sollte mindestens ein Geschoss eines Brandabschnitts umfassen, damit er durch Brandwände und feuerbeständigen Decken begrenzt wird.

Die Brandmeldeanlage im gefährdeten Bereich (Brandabschnitt) wird nach den Regeln der Kategorie 1 ausgeführt.

Kategorie 3: Schutz der Fluchtwege

In dieser Variante werden nur notwendige Flure und Treppenräume durch die Brandmeldeanlage überwacht.

Um die Fluchtwege zu schützen, kann es auch erforderlich sein, angrenzende Räume mit Brandmeldern zu versehen.

Dies kann z.B. für große, unübersichtliche Räume erforderlich werden, in denen sich nicht zu jeder Zeit Personen aufhalten, wie in Archiven oder Lagerräumen. Ohne Melder wird ein Brand, der hier ausbricht, häufig erst im Zustand des Vollbrandes entdeckt. Die Fluchtwege können durch eine Verrauchung aus diesen Räumen unbrauchbar werden.

Kategorie 4: Einrichtungsschutz

Durch den Einrichtungsschutz können zusätzlich zum Grundschutz (Kategorie 1, 2 oder 3) besonders schützenswerte Ausrüstungen oder Bereiche des Gebäudes durch automatische Brandmeldeanlagen überwacht werden.

Dies können z.B. Server in einem Rechenzentrum sein, die mit zusätzlichen Meldern versehen werden.

Aufgrund der baurechtlichen Forderungen sowie des Schutzbedarfes der baulichen Anlage wird durch den Brandschutzplaner festgelegt, ob eine Brandmeldeanlage im Gesamtkonzept des Brandschutzes erforderlich ist.

Aufstellen eines Brandmeldekonzeptes

Ist dies der Fall, muss ein Brandmeldekonzept erstellt werden, das nicht mit einem Brandschutznachweis zu verwechseln ist. Das Konzept ist aufgrund des Überwachungsumfangs zwischen dem Auftraggeber, dem Brandschutzplaner und den weiteren Beteiligten abzustimmen. Die weiteren Beteiligten können z.B. Vertreter der Bauaufsichtsbehörde, der Brandschutzdienststellen der Feuerwehr oder der Versicherungen sein.

Soweit erforderlich, sind für das Konzept (nach DIN 14675-1 [3.25]) unter anderem folgende Bereiche abzusprechen und festzulegen:

Anteile des Brandmeldekonzeptes

- Umfang der automatischen Überwachung (Kategorie 1 bis 4),
- Umfang der automatischen Alarmierung,
- Standort und Leistungsmerkmale der Brandmeldezentale (BMZ),
- Steuerungen von brandschutztechnischen Einrichtungen, wie z.B. Aufzüge, Alarmeinrichtungen und Entrauchungsanlagen,
- Alarmierung der Feuerwehrdienststellen,
- Lage der Feuerwehrzugänge sowie
- Feuerwehrpläne und Feuerwehrlaufkarten.

In geregelten Sonderbauten wird der Einsatz von Brandmeldeanlagen in den entsprechenden Verwaltungsvorschriften (Richtlinien und Verordnungen) verlangt. Nachfolgend werden die Forderungen detailliert erläutert, die zur Einrichtung einer BMA führen.

a) Muster-Beherbergungsstättenverordnung [3.2]

Erfordernis einer Brandmeldeanlage

Für größere Beherbergungsstätten mit mehr als 60 Gastbetten müssen Brandmeldeanlagen im Brandschutzsystem vorgesehen werden. Neben automatischen Meldern, die durch die Kenngröße Rauch aktiviert werden, sind auch Handmelder (nichtautomatische Melder) in Fluren anzuordnen. Die Brandmelder müssen den Alarm automatisch und unmittelbar an die entsprechenden Feuerwehralarmierungsstellen leiten.

Absicherung gegen Falschalarme

Bei den automatischen Brandmeldeanlagen ist eine Betriebsart zu wählen, die technisch gegen Falschalarme (ugs.: Fehlalarme) ausgelegt ist (siehe hierzu Kapitel 27).

b) Muster-Garagenverordnung [3.3]

Garagen mit Verbindung zu Gebäuden

Für geschlossene Mittel- und Großgaragen müssen Brandmeldeanlagen vorgesehen werden, wenn die Garagen in Verbindung mit Gebäuden stehen, für die Brandmeldeanlagen erforderlich sind.

c) Muster-Hochhaus-Richtlinie [3.4]

In Hochhäusern sind grundsätzlich Brandmeldeanlagen vorzusehen, die folgende Bereiche vollständig überwachen müssen:

Überwachungsbereiche

- alle Räume des Hochhauses,
- alle Installationsschächte und -kanäle,
- die Hohlräume von Systemböden und
- die Hohlräume von Unterdecken.

Die Brandmelder müssen einen Alarm im betroffenen Geschoss auslösen und diesen automatisch und unmittelbar an die entsprechenden Leitstellen leiten. Bei automatischen Brandmeldeanlagen ist eine Betriebsart zu wählen, die technisch gegen Falschalarme ausgelegt ist.

Über die Steuereinrichtungen der Brandmeldeanlagen müssen im Alarmfall Druckbelüftungsanlagen automatisch ausgelöst werden sowie die Brandfallsteuerung der Aufzügen in den Hochhäusern aktiviert werden, die mit einer solchen Steuerung ausgestattet sein müssen.

d) Muster-Industriebau-Richtlinie [3.5]

Sicherheitskategorie K2 bis K3.4

Bei der Planung von Industriebauten wird eine bauliche Anlage infolge der brandschutztechnischen Infrastruktur [Art der Brandmeldung (z.B. automatische Brandmeldeanlage), Art der Feuerwehr (Feuerwehr mit unterschiedlicher Gruppen- und Staffelstruktur) und Art der Feuerlöschanlage (keine/selbsttätige Löschanlage)] in eine Sicherheitskategorie (K1 bis K4) eingestuft. Nur Gebäude der Kategorien K1 und K4 benötigen keine Brandmeldeanlagen.

Als Brandmeldeanlagen dürfen nur Anlagen berücksichtigt werden, die mit flächendeckend angeordneten automatischen Brandmeldern ausgestattet sind.

Weiterleitungsmöglichkeiten von Alarmmeldungen

Bei den automatischen Brandmeldeanlagen ist grundsätzlich eine Betriebsart zu wählen, die technisch gegen Falschalarme ausgelegt ist. Dies gilt für Anlagen, die die Alarmmeldung direkt an die nach Landesrecht zuständige Stelle zur Alarmierung der Feuerwehr leiten. Wird die Meldung jedoch an die Leitstelle einer Werkfeuerwehr übermittelt, muss die Brandmeldeanlage nicht gegen Falschalarme gesichert sein.

Sind Brandabschnitte oder Brandbekämpfungsabschnitte ständig mit Personal besetzt, die eine sofortige Brandentdeckung und eine Weiterleitung gewährleisten können, kann nach der Industriebau-Rrichtlinie diese Art der Brandmeldung mit der einer automatischen Brandmeldeanalage gleichgesetzt werden.

Da aber der „Faktor Mensch" immer eine Unsicherheit im Gesamtsystem des Brandschutzes darstellt, sollte diese Variante der Brandmeldung ausführlich mit dem Nutzer der baulichen Anlage abgestimmt werden.

Im Brandfall müssen durch die Steuereinrichtungen der BMA vorhandene Alarmierungseinrichtungen ausgelöst werden.

e) Muster-Verkaufsstättenverordnung [3.7]

automatische und nichtautomatische Melder

In Verkaufsstätten müssen grundsätzlich Brandmeldeanlagen mit automatischen Brandmeldern und nichtautomatische Handmelder vorhanden sein. Automatische Melder sind nicht erforderlich, wenn sich während der Betriebszeit ständig eine ausreichende Anzahl von Betriebsangehörigen in den überwachten Räumen aufhält. Sie müssen entsprechend eingewiesen sein. Die hierfür erforderlichen betrieblichen und organisatorischen Maßnahmen müssen in der Brandschutzordnung festgelegt werden (siehe hierzu auch Kapitel 37).

Weiterleitung von Alarmmeldungen

Die Alarmmeldung muss unmittelbar, unverzüglich und automatisch an die entsprechende Feuerwehrdienststelle geleitet werden. Eine Aufschaltung auf eine andere ständig besetzte Stelle (z.B. auf den Wachdienst) ist nicht zulässig, da dies zu einem Zeitverzug führt.

Über die Steuereinrichtungen der Brandmeldeanlagen muss bei einem Alarm die Brandfallsteuerung von Aufzügen aktiviert werden. Hierdurch wird sichergestellt, dass die Aufzugskabine das Brandgeschoss nicht ansteuern kann.

Falls eine Lüftungsanlage vorhanden ist, muss diese ebenfalls durch die Steuereinrichtung der Brandmeldeanlage aktiviert werden.

f) Muster-Versammlungsstättenverordnung [3.8]

Versammlungsstätten müssen mit Brandmeldeanlagen ausgestattet werden, wenn ihre Versammlungsräume insgesamt eine Größe von mehr als 1.000 m² haben und wenn durch Foyers und Hallen Rettungswege aus Versammlungsräumen führen.

automatische und nichtautomatische Melder

Versammlungsstätten sind grundsätzlich mit automatischen und nichtautomatischen Brandmeldern auszustatten. Auch Großbühnen und Räume mit besonderer Brandgefahr müssen eine Brandmeldeanlage mit automatischen und nichtautomatischen Brandmeldern (Handfeuermelder) haben.

Über die Steuereinrichtungen der Brandmeldeanlagen muss im Alarmfall die Brandfallsteuerung der Aufzügen in den Versammlungsstätten aktiviert werden, die hiermit ausgestattet sein müssen.

Bei den automatischen Brandmeldern ist eine Betriebsart zu wählen, die technisch gegen Falschalarme ausgelegt ist.

Die Brandmelder müssen den Alarm automatisch und unmittelbar an die Leitstelle der Feuerwehr übermitteln.

Abschaltmöglichkeit

Brandmeldeanlagen müssen abgeschaltet werden können, soweit es für die Art einer Veranstaltung erforderlich ist und die erforderlichen Brandschutzmaßnahmen im Einzelfall mit der Feuerwehr abgestimmt sind.

27 Brand- und Rauchwarnmelder

Die in Kapitel 26 beschriebenen Brandmeldeanlagen detektieren in der Regel einen beginnenden Brand durch Brandmelder.

Diese Brandmelder sind nicht mit Rauchwarnmeldern zu verwechseln. Der Unterschied zwischen diesen Melderarten und ihren Einsatzgebieten sowie unterschiedliche Brandmeldertypen werden nachfolgend erläutert.

a) Rauchwarnmelder

Rauchwarnmelder werden hauptsächlich in Regelbauten eingesetzt. Seit 2003 wurde sukzessive in allen Bundesländern gefordert, dass Wohnungen mit Rauchwarnmeldern auszurüsten sind.

In die Musterbauordnung wurde diese Forderung nicht aufgenommen.

Die Rechtsgrundlage für eine Rauchwarnmelderpflicht wurde dennoch in alle 16 Landesbauordnungen aufgenommen.

Beispielsweise wird in der Landesbauordnung Nordrhein-Westfalen [3.30] in § 47 (Wohnungen) Absatz 3 Folgendes gefordert:

Einsatz von Rauchwarnmeldern in Wohnungen

> *„(3) In Wohnungen müssen Schlafräume und Kinderzimmer sowie Flure, über die Rettungswege von Aufenthaltsräumen führen, jeweils mindestens einen* ***Rauchwarnmelder*** *haben. Dieser muss so eingebaut oder angebracht und betrieben werden, dass Brandrauch frühzeitig erkannt und gemeldet wird. […].“*

Die Überwachungsbereiche, die durch die Melder abgedeckt werden müssen, sind der entsprechenden Landesbauordnung zu entnehmen.

Rauchwarnmelder sind nach DIN 14676-1 [3.31] zu planen und auszuführen. In Anhang A der Norm gibt es Beispiele zur Anordnung derartiger Melder in Wohnungen sowie in Ein- und Mehrfamilienhäusern.

unzulässiger Einsatz von Rauchwarnmeldern

Rauchwarnmelder dürfen nicht in Brandmeldeanlagen eingesetzt werden. Sie leiten auch den Alarm nicht an die Feuerwehr weiter. Auch vernetzte Rauchwarnmelder bilden keine BMA.

Sie sind auch kein Ersatz für die in den Sonderbaurichtlinien und -verordnungen geforderten Brandmelder oder Alarmierungsanlagen.

In der Regel werden sie als Einzelrauchwarnmelder eingesetzt, die im Brandfall durch ein akustisches Signal die Nutzer warnen.

b) Brandmelder

Nachfolgend werden einige Brandmelder beschrieben, die in Brandmeldeanlagen nach DIN 14675 [3.25] in Verbindung mit der DIN-EN-54-Reihe [3.32] oder den VdS-Richtlinien 2095 [3.29] eingesetzt werden können. Sie unterscheiden sich in der Art der Detektion eines Brandes. Hierdurch ist der Einsatzbereich der Melder eingeschränkt.

Wahl des Meldertyps

Die falsche Wahl des Meldertyps kann zu häufigen Falschalarmen führen. Die Nutzung der einzelnen Bereiche eines Gebäudes muss deshalb detailliert mit dem Betreiber des Gebäudes besprochen werden und die Melder danach gewählt werden.

- **Optische Rauchmelder**

Funktionsweise:
Im Inneren des Melders befindet sich eine optische Messkammer mit einer Infrarot-Leuchtdiode (LED) oder einem Laser und einem lichtempfindlichen Sensor (Fotozelle).

Streuung des Lichtstrahls durch Aerosole

Von der Lichtquelle geht konstant ein Strahl aus. Bei sauberer, klarer Luft trifft der Lichtstrahl nicht auf den Sensorbereich. Befinden sich aber Rauchpartikel in der Messkammer, streut und reflektiert das Licht beim Auftreffen auf diese Aerosolteilchen (Streulicht-Prinzip). Ein Teil der Streuung trifft dann auch auf die Fotozelle und löst einen Alarm aus.

Schon bei einem beginnenden Brand sowie bei einem Schwelbrand spricht der Melder auf den Rauch an. Auch kalter Rauch wird detektiert. Diese Art von Meldern kann allerdings nicht überall in Gebäuden eingesetzt werden.

Einsatzbereiche:

Einsatz bei Bränden mit Rauch

Optische Melder eignen sich gut für Bereiche, in denen sich Brandlasten befinden, durch die im Brandfall eine normale bis starke Rauchentwicklung entsteht, wie z.B. in Büros, Archiven oder Bibliotheken. Für Brände, die wenig Brandrauch erzeugen, ist dieser Meldertyp unpassend.

Nicht nur Rauchbestandteile, sondern auch fein verteilte Flüssigkeitstropfen und aerosole Wasserteilchen können einen Alarm auslösen. Für Bäder oder Küchen sind diese Melder also ungeeignet.

Auch für Arbeitsbereiche, in denen die Luft verunreinigt werden kann, wie z.B. Tischlereien (Staub infolge Säge- und Schleifarbeiten), sind diese Melder ungeeignet.

- **Ionisationsrauchmelder**

Funktionsweise:

Veränderung des Ionenstroms

Die sich im Inneren des Ionisationsrauchmelders befindliche Luft wird durch einen radioaktiven Stoff ionisiert, der sich auf einer Trägerfolie aus Metall befindet. Durch elektrische Spannungen entsteht ein Ionenfluss. Gelangen aerosole Rauchpartikel über die Raucheintrittsöffnungen in diesen Fluss, verändert sich die Stärke des Ionenstroms und ein Alarm wird ausgelöst. Aufgrund des Funktionsprinzips reagieren diese Melder schon auf kleine Brandrauchpartikel.

Ionisationsrauchmelder dürfen betrieben werden, wenn sie über eine Bauartgenehmigung verfügen, die vom Bundesamt für Strahlenschutz erteilt worden ist.

Einsatzbereiche:

Einsatz in Sonderbereichen

Aufgrund des radioaktiven Anteils des Melders und der damit verbundenen Auflagen, wie die Entsorgung nach einem Brandfall oder das Austreten radioaktiven Materials nach einer Beschädigung, und aufgrund der verbesserten optischen Melder, die die Ionisationsrauchmelder ersetzen, werden sie fast nur noch in Sonderfällen, wie in extrem explosionsgefährdeten Bereichen, auf Schiffen und in ähnlichen Gebieten eingesetzt.

- **Wärmemelder**

Funktionsweise:

Aktivierung durch Wärmesensoren

Dieser Meldertyp besitzt wärmeempfindliche Sensoren (in der Regel Thermistoren), die die Umgebungstemperatur messen. Wird sowohl eine definierte Höchsttemperatur (ca. 60 °C) als auch ein bestimmter Temperaturanstieg (Temperaturdifferenz) innerhalb einer festgelegten Zeiteinheit überschritten, löst der Melder einen Alarm aus.

Durch diese beiden Kriterien wird verhindert, dass z.B. ein Melder, der der Sonnenstrahlung ausgesetzt ist, bei Überschreitung der Höchsttemperatur einen Falschalarm auslöst. Nur bei einem Brand wird auch der Grenzwert des Temperaturanstiegs in einer Zeiteinheit überschritten.

Einsatzbereiche:
Diese Melder sind gut geeignet für normaltemperierte Räume, in denen Staub, Rauch oder aerosole Wasserteilchen vorhanden sind. Dies können z.B. Küchen, Werkstätten, Raucherzimmer, Garagen oder Fabrikhallen sein.

staubbelastete Räume

In der Regel werden diese Melder zum Schutz von Sachwerten eingesetzt. Andere Meldertypen (wie optische Melder) detektieren einen Brand schon wesentlich früher (in der Entstehungsphase) und ermöglichen den Nutzern des Gebäudes die Möglichkeit zur Flucht.

Im Gegensatz zu den Wärmemeldern sind diese Melder für den Schutz von Personen besser geeignet.

Warmer Brandrauch steigt aufgrund der geringeren Dichte auf, kühlt aber in hohen Räumen auf dem Weg nach oben ab und verliert an Auftriebskraft. Aus diesem Grund ist die Einbauhöhe der Melder begrenzt.

Melder nach den VdS-Richtlinien 2095 [3.29] werden in drei Klassen eingeteilt, in denen unter anderem die maximale Einsatzhöhe begrenzt wird:

- Klasse 1 – Einsatzhöhe bis 7,5 m im Raum,
- Klasse 2 – Einsatzhöhe bis 6,0 m im Raum,
- Klasse 3 – Einsatzhöhe bis 4,5 m im Raum.

- **Multisensormelder (Mehrfachsensormelder)**

Funktionsweise:
Bei den Multisensormeldern arbeiten mehrere unterschiedliche Branderkennungssysteme in einem Melder, z.B. Rauch- und Wärmesensoren. Erst wenn beide Sensoren nach einer Ergebnisauswertung gleichzeitig einen Brand erkennen, löst der Melder Alarm aus. Hierdurch wird die Zahl der Falschalarme erheblich reduziert.

mehrfache Detektion

Einsatzbereiche:
Diese Melder können z.B. in Hotelzimmern, Tiefgaragen oder Kantinen eingesetzt werden.

- **Flammenmelder**

Funktionsweise:
Der Flammenmelder erkennt elektromagnetische Strahlungen, die von Flammen abgegeben werden. Um einen Falschalarm zu verhindern, werden häufig mehrere Sensoren in einem Gehäuse angeordnet, deren Messergebnisse gemeinsam ausgewertet werden.

Detektion durch Strahlung

Um Falschalarme durch Lichtreflexionen zu verhindern, scannen die Melder in der Regel entweder im infraroten (IR) oder im ultravioletten (UV) Strahlungsspektrum.

Einsatzbereiche:

Einsatz in der Industrie

Diese Melder können dort eingesetzt werden, wo ein Brand mit sofortiger Flammenbildung entstehen kann. Auch zur Überwachung von großen Flächen (Arbeitsbereiche in der Industrie oder Außenbereiche) sind sie sinnvoll. Sie können z.B. in industriellen Bereichen eingesetzt werden, in denen brennbare Flüssigkeiten gelagert werden.

Während der Schwelbrandphase und bei großer Rauchentwicklung würde ein Brand durch diesen Meldertyp nicht zuverlässig bzw. gar nicht detektiert werden. Für Wohnungen und Büros z.B. ist er deshalb nicht geeignet.

Die Melder müssen immer eine direkte Sichtverbindung zu dem Bereich haben, den sie überwachen sollen. Werden Melder eingesetzt, die sowohl im infrarotem als auch im ultravioletten Strahlungsbereich arbeiten, wird die Anzahl von Falschalarmen sehr stark verringert.

28 Alarmierungseinrichtungen

Alarmanlagen in Sonderbauten

Alarmanlagen werden als Teil von Brandmeldeanlagen (siehe Kapitel 26) in der Regel nur in Sonderbauten eingesetzt. Eine zeitnahe Alarmierung ist für die Selbstrettung der Nutzer einer baulichen Anlage von wesentlicher Bedeutung.

Jedoch zeigen Untersuchungen, dass es sowohl bei Selbstrettungsvorgängen, als auch bei von Einsatzkräften gelenkten Entfluchtungen individuelle und kollektive Verhaltensweisen im Gefahrenfall gibt, die nicht dem rationalen Handeln entsprechen.

irrationales Verhalten von Personen im Brandfall

Bei einem Alarm am Arbeitsplatz z.B. reagieren viele der Arbeitnehmer kaum bis gar nicht. Einige von ihnen entscheiden sich sogar bewusst gegen eine Evakuierung, da sie ihre aktuelle Arbeit, trotz des Brandes, nicht unterbrechen möchten.

Bei der Evakuierung wird oft nicht der kürzeste Fluchtweg genutzt, sondern der Weg, der regelmäßig begangen wird.

Auch die Gefährlichkeit des Brandrauches wird von betroffenen Personen oft unterschätzt. Beispielsweise brannte in Berlin am 8.7.2000 der letzte Wagen eines U-Bahnzuges. Am Bahnhof „Deutsche Oper" blieb der Zug stehen. Einige Personen, die auf dem Bahnsteig warteten, gingen freiwillig in den mit Brandrauch gefüllten Wagen um dort zu fotografieren.

Trotz einer Alarmierungsanlage sollte zum Erreichen der Schutzziele bei der Brandschutzplanung nicht nur ein theoretisch richtiges Verhalten der Nutzer, sondern auch die in der Praxis auftretende irrationale Handlungsweise mit berücksichtigt werden.

In geregelten Sonderbauten wird der Einsatz von Alarmanlagen in den entsprechenden Verwaltungsvorschriften (Richtlinien und Verordnungen) verlangt. Nachfolgend werden die Forderungen detailliert erläutert, die einen Einsatz von Alarmeinrichtungen bedingen.

a) Muster-Beherbergungsstättenverordnung [3.2]

automatische Alarmanlagen

Beherbergungsstätten müssen grundsätzlich mit Alarmanlagen ausgerüstet werden. Hierüber sollen die Gäste vor einem Brand gewarnt werden. Eine automatische Anlage ist ab 60 Gästebetten erforderlich. Bei Rauch in den Fluren wird sie ausgelöst.

barrierefreie Alarmierung

In Räumen, die barrierefrei gestaltet sind, muss der Alarm akustisch durch Lautsprecher und optisch durch Lichtblitze wahrnehmbar sein. Hierdurch soll sichergestellt werden, dass auch schwerhörige oder gehörlose Gäste den Alarm bemerken.

b) Muster-Garagenverordnung [3.3]

Nach den Vorgaben der Muster-Garagenverordnung werden für diesen Sonderbautyp keine Alarmierungsanlagen gefordert.

c) Muster-Hochhaus-Richtlinie [3.4]

generelle Ausstattung

Hochhäuser müssen grundsätzlich mit Alarmierungs- und Lautsprecheranlagen ausgerüstet werden. Die Anlage ist mit der Brandmeldeanlage verbunden und löst bei der Detektion eines Brandes automatisch Alarm aus. Hierdurch werden die Nutzer im Brandgeschoss frühzeitig gewarnt. Weiterhin können hierüber Anweisungen durch die Rettungskräfte (in der Regel durch die Feuerwehr) erteilt werden.

Erleichterungen bei Hochhäusern ≤ 60 m

Eine Brandmelde- und eine Alarmierungsanlage sowie eine automatische Feuerlöschanlage sind nicht erforderlich für Hochhäuser in Zellenbauweise (auch Kompartmentbauweise genannt) mit einer Höhe von nicht mehr als 60 m und wenn die Nutzungseinheiten über dem 1. Obergeschoss (ab dem 2. OG) eine Grundfläche von nicht mehr als 200 m² aufweisen. Im Erdgeschoss und im 1. OG können die dort befindlichen Nutzungseinheiten mit einer ausgedehnteren Grundfläche ausgeführt werden, z.B. Ladengeschäfte.

Auch Hochhäuser mit Nutzungseinheiten > 200 m² dürfen diese Erleichterungen in Anspruch nehmen, wenn die großen Nutzungseinheiten in Abschnitte ≤ 200 m² durch raumabschließende feuerbeständige Wände unterteilt werden. Diese Wände müssen von Rohdecke zu Rohdecke geführt werden.

Um die Erleichterungen (keine Brandmelde- und Alarmanlagen) in Anspruch nehmen zu können, muss in Hochhäusern weiterhin Folgendes erfüllt sein:

- Die Nutzungseinheiten (≤ 200 m²) müssen zu anderen Nutzungseinheiten, zu anders genutzten Räumen und zu notwendigen Fluren durch feuerbeständige Wände abgetrennt werden.

Regeln zur Anwendung der Erleichterungen

- Zur Verhinderung des vertikalen Brandüberschlags von Geschoss zu Geschoss ist entweder eine feuerbeständige Brüstung mit einer Höhe von 1 m oder eine feuerbeständige auskragende Platte (z.B. eine herausgezogene Deckenplatte) auszuführen.
- Die automatische Auslösung der Druckbelüftungsanlage und die Brandfallsteuerung der Aufzüge sind sicherzustellen. Hierzu wird eine Brandmeldeanlage benötigt, die aber gerade durch die beschriebenen Maßnahmen nicht ausgeführt werden muss. Für die Vorräume und die notwendigen Flure ist mindestens eine Brandmeldeanlage mit automatischen Brandmeldern erforderlich. Eine Alarmierungsanlage sowie eine automatische Feuerlöschanlage sind nicht notwendig.
- In Wohnungen sind netzstromversorgte Rauchwarnmelder ausreichend, damit Brände frühzeitig erkannt werden können.

d) Muster-Industriebau-Richtlinie [3.5]

Verlängerung des Fluchtweges

Aufgrund einer Alarmierungsanlage, die für die Nutzer in einem Industriebau vorhanden ist (Internalarm), darf die Länge eines Fluchtweges bis zum Ausgang vergrößert werden:

- bei einer mittleren lichten (Geschoss-)Höhe von bis zu 5 m von 35 m (ohne Alarmanlage) auf 50 m und
- bei einer mittleren lichten (Geschoss-)Höhe von bis zu 10 m von 50 m (ohne Alarmanlage) auf 70 m.

Die Auslösung des Alarms muss durch eine automatische Brandmeldeanlage oder durch eine selbsttätige Feuerlöschanlage erfolgen.

Wird der Alarm durch eine selbsttätige Feuerlöschanlage ausgelöst, ist eine zusätzliche Handauslösung vorzusehen.

e) Muster-Verkaufsstättenverordnung [3.7]

Anweisungen über Lautsprecher

Verkaufsstätten müssen mit Alarmierungseinrichtungen ausgestattet werden, damit die Betriebsangehörigen bei einem Brand gewarnt werden. Weiterhin sollen Anweisungen an die Betriebsangehörigen und die Kunden gegeben werden können. Hierzu ist eine Lautsprecheranlage erforderlich.

f) Muster-Versammlungsstättenverordnung [3.8]

Versammlungsstätten, deren Versammlungsräume zusammen eine Grundfläche $A_{ges.}$ > 1.000 m² umfassen, müssen mit Alarmierungs- und Lautsprecheranlagen ausgestattet werden. Mit deren Hilfe werden die anwesenden Personen (Besucher, Mitwirkende und Betriebsangehörige) gewarnt und Anweisungen zum Verhalten gegeben.

Rettungswege durch Hallen und Foyers

Führen Rettungswege von angrenzenden Aufenthaltsräumen durch Hallen oder Foyers von Versammlungsstätten, müssen diese Räume mit Brandmelde- sowie Alarmierungs- und Lautsprecheranlagen ausgestattet werden. Foyers und Hallen werden häufig als Veranstaltungsorte genutzt, z.B. für Empfänge oder als Ausstellungsräume. In diesen Fällen sind sie sowohl Erschließungsbereiche der Versammlungsstätten und somit Teil der Rettungswege, als auch Veranstaltungsbereiche. Eine frühzeitige Meldung eines Brandes und die Alarmierung der anwesenden Personen sind für das Schutzziel Personenrettung von Bedeutung. Dies gilt besonders für die Nutzer der an Foyers und Hallen grenzenden Räume.

Informierung von Betriebsangehörigen

Im Rahmen des organisatorischen Brandschutzes sind Betriebsangehörige unter anderem über die Lage und die Bedienung von Alarmierungs- und Lautsprecheranlagen zu Beginn ihres Arbeitsverhältnisses und danach einmal im Jahr zu informieren.

29 Blitzschutzanlagen

Rechtsgrundlage

Die Rechtsgrundlage für Blitzschutzanlagen bildet § 46 MBO [3.1].

Grundsätzlich sind Blitzschutzanlagen nicht für alle baulichen Anlagen vorzusehen. Es ist zu prüfen, ob ein Blitzeinschlag aufgrund der Lage, Bauart oder Nutzung der baulichen Anlage leicht eintreten kann oder ob schwere Folgen zu erwarten sind. In beiden Fällen ist eine Blitzschutzanlage erforderlich.

leicht eintretender Blitzschlag

Ein Blitzeinschlag kann leicht eintreten, wenn z.B. eine bauliche Anlage ihre Umgebung wesentlich überragt.

Die Voraussetzung für schwere Folgen ist erfüllt, wenn sich in der baulichen Anlage erhebliche Brandlasten oder explosive Stoffe befinden. Dies trifft z.B. bei Mühlen, Lack- und Farbenfabriken, Feuerwerkereien und Gasbehältern zu.

Aber auch in Gebäuden mit großen Menschenansammlungen kann Blitzschlag zu schweren Folgen führen (z.B. Theater, Kinos, Krankenhäuser, Verkaufsstätten).

Blitzschutzanlagen in Sonderbauten

Für einige geregelte Sonderbauten wird in der entsprechenden Richtlinie bzw. Verordnung eine Blitzschutzanlage gefordert, z.B. in § 14 Absatz 4 Muster-Versammlungsstättenverordnung [3.8] oder in § 19 Muster-Verkaufsstättenverordnung [3.7]. Diese Forderung ist unabhängig von der Lage des Gebäudes, ausreichend ist schon die entsprechende Nutzung.

Bemessung der Anlagen

Blitzschutzanlagen werden nach DIN EN 62305 Teil 1 bis 3 [3.33], [3.34], [3.35] berechnet und geplant. Nach Festlegung der Blitzschutzklasse des Gebäudes (I bis IV) können die wahrscheinlichen Eintrittsstellen direkter Blitzeinschläge nach dem Blitzkugelverfahren ermittelt werden.

Aufbau von Blitzschutzanlagen

Eine äußere Blitzschutzanlage besteht aus einer Fangvorrichtung, einer Ableitungsanlage (ugs.: Blitzableiter) und einer Erdungsanlage (Fundamenterder oder Tiefenerder). Durch diese Anlage werden die Blitze über einen Strompfad an der Außenseite des Gebäudes ins Erdreich geleitet und dort verteilt.

Die Fangvorrichtungen werden zum „Auffangen" von Blitzen am Gebäude angebracht. Sie können als freie Fangstangen, freistehende Masten, gespannte Seile oder vermaschte Leitern ausgeführt werden.

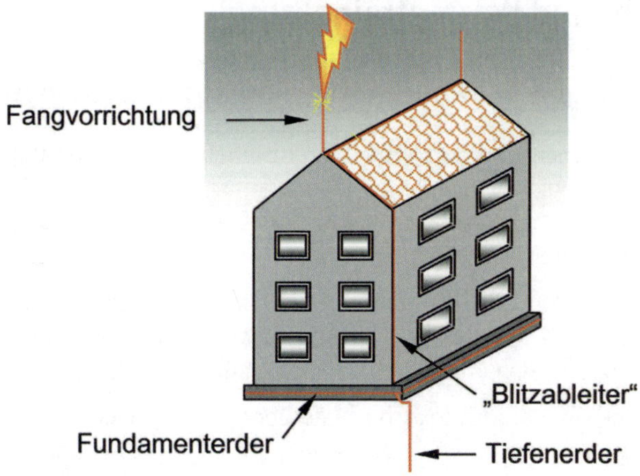

Bild 3.13: Prinzipskizze einer Blitzschutzanlage

Ableitung der Blitze

Durch die Ableitungsanlage (Blitzableiter) werden die Blitze an der Außenseite des Gebäudes senkrecht in Richtung Erdboden geleitet. Bei Neubauten, die aus Stahlbeton bestehen, können diese Ableitungen auch in die Wandbauteile einbetoniert werden. Es bedarf hierzu einer detaillierten Planung, um einen räumlichen Konflikt mit der statisch erforderlichen Bewehrung zu verhindern. Der Brandschutzplaner muss deshalb den Architekten schon in einem frühen Stadium der Planung über eine erforderliche Blitzschutzanlage informieren.

Die Erdungsanlage leitet den Blitzstrom dann in das anstehende Erdreich. Dies sollte möglichst über das Fundament erfolgen, in dem ein Fundamenterder eingebaut wird. Alternativ kann der Strom z.B. auch über einen Tiefenerder im Erdboden verteilt werden.

30 Rauch- und Wärmefreihaltung

30.1 Grundlagen der Rauchabführung aus baulichen Anlagen

„heißer" und „kalter" Brandrauch

Bei Bränden in Regel- und Sonderbauten entstehen bei üblichen Brandlasten des Hochbaus in Abhängigkeit von der Brandtemperatur zum Teil erhebliche Mengen an Brandrauchgasen (siehe hierzu auch Absatz 6.9). Diese Gase treten als „heißer" oder „kalter" Brandrauch auf.

„heiße" Brandgase

Die Temperaturen von „heißen" Brandgasen können der Einheits-Temperaturzeitkurve (ETK) entnommen werden. Nach dem Flashover steigen sie steil an. Schon nach wenigen Minuten werden Brandgastemperaturen über 500 °C erreicht.

„kalter" Brandrauch

Da auch „kalter" Brandrauch toxisch ist und über Lüftungsanlagen im Gebäude verteilt werden kann, muss sichergestellt werden, dass er bei der Entrauchung von baulichen Anlagen durch entsprechende Brandmeldeeinrichtungen detektiert wird.

Die Temperaturen von „kaltem" Brandrauch (Kaltrauch) werden in den einschlägigen Gesetzen und Regelwerken nicht definiert.

Eine Bestimmung dieses Begriffs findet sich ohne konkrete Temperaturangaben in der VDI-Richtlinie 3819 Blatt 2 [3.36]:

> *„Kaltrauch: Rauchgas, das nur eine geringe Temperaturdifferenz zur Umgebungsluft aufweist und ohne zusätzliche Luftströmung nicht abgeleitet werden kann. Die Ableitung von Kaltrauch wird Kaltentrauchung genannt."*

unterer Temperaturbereich von „Kaltrauch"

Nach der ASR A3.5 [3.37] sollte z.B. die Umgebungstemperatur von Büroräumen 20 bis 26 °C betragen. Mit einer geringen Erhöhung, also einer geringe Temperaturdifferenz von ca. 5 K liegt der niedrigste Temperaturbereich des Kaltrauches nach der Definition der VDI-Richtlinie zwischen ca. 25 und 31 °C.

oberer Temperaturbereich von „Kaltrauch"

Die Höchsttemperatur von Kaltrauch kann indirekt über die Auslösetemperatur von Schmelzloten abgeleitet werden. Diese Lote lösen z.B. den Schließmechanismus von Brandschutzklappen oder die Aktivierung von Feuerlöschanlagen (Sprinkleranlagen mit schmelzlotgesteuerten Sprinklern) bei 72 °C aus. Wenn Lüftungsanlagen nur mit Schmelzloten ausgestattet sind, wird „kalter" Brandrauch im Temperaturbereich bis 71 °C nicht detektiert.

In der Brandschutzplanung ist zu berücksichtigen, dass ventilationsgesteuerte Brände schon bei niedrigen Temperaturen erhebliche Rauchmengen erzeugen können (siehe hierzu auch Absatz 6.9).

Zur Erfüllung der folgenden Schutzziele

Abführen von Brandrauch

- Vorbeugung der Ausbreitung von Rauch (*und Feuer*) (2. Schutzziel),
- Rettung von Menschen und Tieren (3. Schutzziel) sowie
- wirksame Löscharbeiten (4. Schutzziel)

nach § 14 MBO [3.1] muss Brandrauch schon im frühen Stadium eines Brandes aus baulichen Anlagen ins Freie abgeführt werden.

In der Regel können nicht die gesamten entstehenden Rauchgase, aufgrund der erheblichen Menge, während eines Brandes aus der baulichen Anlage abgeleitet werden. Dies ist auch nicht in jeder baulichen Situation zwingend erforderlich. Um während des Brandes die Rettungswege für Flüchtende und die Feuerwehr nutzbar zu halten, ist es ausreichend, dass die bodennahe Schicht rauchfrei bzw. raucharm gehalten wird. Dies geschieht mit Hilfe von Rauch- und Wärmeabzugsanlagen. Gleichzeitig wird die Ausbreitungsgeschwindigkeit des Brandes verringert und Wärmeenergie hierdurch aus dem Brandbereich mit dem Rauch zusammen abgeleitet. Diese abgeführten Anteile tragen nicht mehr zum Brandgeschehen bei. Weiterhin werden die Schäden an baulichen Anlagen vermindert, die durch Brandrauch entstehen können.

ständige Funktionsbereitschaft

Wenn im Brandschutzkonzept eine Rauch- und Wärmeabzugsanlage vorgesehen ist, ist darauf zu achten, dass sie zu jeder Zeit bis zu einer Nutzungsänderung bzw. bis zum Abbruch der baulichen Anlage ohne Einschränkung funktionsfähig sein muss. Auch temporär darf die Funktionstüchtigkeit der Anlage nicht außer Kraft gesetzt werden.

Durch das Abführen von Brandrauch und Wärme sowie die gleichzeitige Zuführung von Frischluft

Auswirkungen durch das Abführen von Rauch

- werden Rettungswege rauchfrei bzw. raucharm gehalten und mit „kalter" Luft gemischt,
- kann eine rauchfreie Schicht zur Selbstrettung und als Angriffsweg der Feuerwehr geschaffen werden,
- wird die Konzentration des giftigen Brandrauches durch das Vermischen mit zugeführter „kalter" Luft verringert,
- wird der optisch dichte Brandrauch verdünnt und hierdurch das Selbst- und Fremdretten erleichtert,
- wird der Brand gekühlt (durch Nachströmluft) und damit der Flashover hinausgezögert. Dies verschafft der Feuerwehr zusätzliche Zeit, um ihre Lösch- und Rettungsmaßnahmen durchführen zu können, und
- wird ein Backdraft (eine Schwelgasverpuffung) verhindert bzw. verzögert.

30.2 Anlagen zur Rauchableitung (allgemein)

Die Rauchableitung bzw. die Verhinderung der Verrauchung ist durch unterschiedlich funktionierende technische Einrichtungen möglich.

Planungsgrundlagen

In Anhang 14 Absatz 7.2 der MVV TB [3.10] wird darauf hingewiesen, dass Rauchabzugsanlagen, die nach der DIN-Normenreihe 18232 [3.38] bis [3.43] und den Regeln des Anhangs 14 geplant und bemessen werden, den baurechtlichen Anforderungen entsprechen.

Unter anderem können folgende Anlagen zur Entrauchung, zur Verhinderung der Verrauchung und zur Wärmeabführung eingesetzt werden:

- **Natürliche Rauchabzugsanlage (NRA):**

thermischer Auftrieb

Heißer Brandrauch steigt durch den natürlichen Auftrieb infolge der unterschiedlichen Dichten von kühleren und heißeren Gasen nach oben und kann durch Öffnungen in Wänden oder Dächern aus der baulichen Anlage ins Freie abgeführt werden. Zur Führung des Rauches werden keine maschinellen Geräte benötigt.

Einfluss auf den Vorgang der natürlichen Entrauchung haben die Geometrie des Gebäudes, die aerodynamisch wirksame Öffnungsfläche zur Abführung des Brandrauches, die Zuluftführung sowie die Größe des Rauchabschnitts.

- **Maschinelle Rauchabzugsanlage (MRA)**

Wenn aufgrund der baulichen Situation und/oder der Leistungsfähigkeit der Einsatz einer natürlichen Rauchabzugsanlage (NRA) nicht möglich ist, kann eine maschinelle Anlage zum Einsatz kommen.

Der Einsatz von maschinellen Rauchabzugsanlagen ist z.B. in folgenden baulichen Situationen erforderlich:

- In Räumen ohne Öffnungen ins Freie (z.B. in Räumen, die innerhalb eines Gebäudes angeordnet sind und deshalb keine Öffnungen ins Freie aufweisen),
- in Räumen, in denen die Entrauchungsöffnungen so angeordnet sind, dass der natürliche Auftrieb der Rauchgase durch Windeinfluss gestoppt bzw. zurückgedrückt werden kann (z.B. bei der Entrauchungsöffnung in einer Wand),

Einsatzbereiche

- in Räumen, in denen Sprinkleranlagen vorhanden sind – durch den Einsatz des Sprühwassers wird die Heißgasströmung abgeschwächt [3.44], und
- in hohen Räumen, wie z.B. in Atrien. Der aufwärtsgerichtete Brandrauchstrom kühlt durch die Energieabführung in die Umfassungswände ab. Sobald die Rauchgastemperatur nicht mehr höher ist als die Umgebungstemperatur, endet der natürliche thermische Auftrieb.

Bei einer maschinellen Entrauchung wird der Rauch durch Kanäle geführt. Die Bewegung des Brandgases entsteht durch Unterdruck, den Ventilatoren erzeugen. Durch dieses Druckgefälle wird der Brandrauch abgesaugt.

- **Rauchschutz-Druckanlage (RDA)**

Druckerhöhung im zu schützenden Bereich

Im Unterschied zu natürlichen und maschinellen Rauchabzugsanlagen wird der Brandrauch bei einer RDA nicht aus dem Brandraum abgeführt. Für bestimmte bauliche Situationen, wie z.B. innenliegende Sicherheitstreppenräume, wird vom Baurecht gefordert, dass Brandrauch in diese Bereiche nicht eindringen darf. Diese Forderung wird durch eine Druckdifferenz zwischen Treppenraum bzw. Vorraum und Zugangsflur erreicht, die durch die RDA erzeugt wird. Durch den erhöhten Luftdruck im zu schützenden Bereich wird auch bei geöffneten Türen eine Verrauchung verhindert. Die Türen des Vorraumes müssen in Richtung Treppenraum aufschlagen, damit sie durch die Selbstschließanlage und den Überdruck im Brandfall schließen können.

- **Wärmeabzug (WA)**

Energieabführung durch Öffnungen

Wärmeabzüge dienen der Ableitung von Wärmeenergien. Dies kann sowohl mit Hilfe von natürlichen (NRA) als auch von maschinellen Vorrichtungen (MRA) geschehen. Neben Rauch wird durch diese brandschutztechnischen Ausrüstungen auch immer Wärme abgeführt. Ständig offene, im Brandfall planmäßig öffnende und solche Öffnungen, die mit Materialien verschlossen sind, die im Brandfall nach maximal 15 Minuten zerstört werden, dürfen im Brandschutzkonzept als WA angesetzt werden.

Je größer die Öffnungsflächen sind und je früher diese zum Abführen von Wärmeenergie bei einem Brand zur Verfügung stehen, desto effektiver ist ein Wärmeabzug.

30.3 Forderungen zur Rauchableitung von speziell genutzten Räumen

Um die drei in Absatz 30.1 aufgeführten Schutzziele zu erreichen, muss grundsätzlich jeder Raum in einem Gebäude entraucht werden können.

Rauchabführung durch Fenster

Bei Räumen, die an Außenwänden angeordnet sind, erfolgt die Belichtung üblicherweise durch Fenster. Diese Öffnungen werden auch gleichzeitig als Rauch- und Wärmeabzug genutzt. Im Normalfall sind sie hierfür groß genug und werden deshalb für diese Funktionen nicht separat nachgewiesen.

Entrauchung von Räumen und Raumgruppen

In der Musterbauordnung sowie in einigen Sonderbauverordnungen und -richtlinien gibt es konkrete Angaben zur Entrauchung von speziellen Räumen und Raumgruppen.

Nachfolgend werden die rechtlichen Grundlagen aufgeführt und die technischen sowie die baulichen Situationen erläutert, die im Baurecht zur Entrauchung von speziellen Räumen angegeben werden:

30.3.1 Treppenräume (in Regel- und Sonderbauten) nach Muster-Bauordnung [3.1]

Nach § 35 Absatz 8 MBO [3.1] müssen Treppenräume zur Unterstützung wirksamer Löscharbeiten (4. Schutzziel) entraucht werden können. Sie müssen

- in jedem oberirdischen Geschoss unmittelbar ins Freie führende Fenster mit einem freien Querschnitt von mindestens 0,50 m² haben, die geöffnet werden können, oder
- an der obersten Stelle eine Öffnung zur Rauchableitung haben. In Gebäuden der Gebäudeklassen 4 und 5 muss ein freier Querschnitt von mindestens 1 m² vorhanden sein (siehe hierzu auch Tab. 2.19).

Entrauchung von Treppenräumen

natürliche Rauchabzüge

Die Entrauchung der Treppenräume findet nach den Forderungen der MBO [3.1] planmäßig durch einen natürlichen Rauchabzug statt. Die Wirksamkeit dieses Entrauchungssystems ist jedoch sehr stark von den Witterungseinflüssen abhängig, die zur Zeit des Brandes herrschen.

Da in Treppenräumen die Leistungsfähigkeit von Abluftöffnungen, wie Fenster-, Klappen- oder Oberlichtöffnungen, oft gering ist und stark von den Windverhältnissen abhängt (z.B. Winddruck auf die Entrauchungsöffnungen), kommt es durch diese planmäßigen baulichen Maßnahmen meist nur zu einer „Verdünnung" des Brandrauches.

Von vielen Feuerwehren werden deshalb nach dem Eintreffen am Brandort Überdruckbelüfter eingesetzt. Dies sind Ventilatoren, die durch einen Benzin- oder Elektromotor angetrieben werden. Der vom Drucklüfter erzeugte „Luftkegel" wird auf die Eingangstür des Treppenraumes gerichtet. Durch diesen Luftstrom wird ein leichter Überdruck im Treppenraum erzeugt, der den aus den angrenzenden Nutzungseinheiten eindringenden Rauch zurückdrängt.

feuerwehrtechnische Maßnahmen

Zur Brandbekämpfung in Wohnungen werden üblicherweise Löschschläuche vom Treppenraum aus in den Brandbereich gelegt. Bedingt durch diese Medienleitungen lässt sich die Wohnungseingangstür nicht mehr schließen und Brandrauch gelangt in den Treppenraum. Um den Rauch zu stoppen bzw. die Menge des Rauches zu minimieren, können „mobile Rauchverschlüsse" eingesetzt werden. Im Brandfall werden sie in Form eines flexiblen Vorhangs mit Befestigungselementen temporär in den entsprechenden Türrahmen eingebaut. Im unteren Bereich ist der Vorhang seitlich unbefestigt. Hierdurch können Rohre und Leitungen in den Brandraum geführt werden, und nur geringe Mengen an Brandrauch gelangen in den Treppenraum.

Durch die Verwendung von Drucklüftern wird der Treppenraum mit Frischluft durchspült, und der mobile Rauchverschluss verhindert dabei, dass Rauch aus der Brandwohnung nachströmt. Durch diese Maßnahmen wird eine vollständige Verrauchung des Treppenraumes oberhalb der Brandstelle unterbunden und somit ein Komplettausfall des Rettungsweges verhindert.

Da nicht jede Feuerwehr mit diesen Geräten ausgerüstet und der Treppenraum ein besonders wichtiger Teil des Rettungswegesystems ist, muss der Brandschutzplaner darauf achten, dass die geplanten oder vorhandenen Öffnungen die baurechtlich geforderten Größen haben. Die Entrauchungsöffnungen müssen auch nach dem Einbau der Abschlüsse (Fenster, Oberlichte usw.) die geforderten lichten (freien) Öffnungsmaße aufweisen.

30.3.2 Innenliegende Sicherheitstreppenräume nach Musterhochhaus-Richtlinie [3.4]

Rauchschutz-Druckanlage

Die rauchschutztechnischen Forderungen an innenliegende Sicherheitstreppenräume in Hochhäusern sind in der Muster-Hochhaus-Richtlinie (MHHR) [3.4] enthalten. Eine Entrauchung von innenliegenden Gebäudebereichen ist häufig nicht möglich bzw. nur mit erheblichem technischen und zeitlichen Aufwand durchzuführen, da sich zwischen dem Brandbereich und dem Freien Wände befinden. Aus diesem Grund wird der Rauchschutz bei innenliegenden Sicherheitstreppenräumen durch eine Rauchschutz-Druckanlage (RDA) sichergestellt.

Unterteilung in „Überdruckabschnitte"

Der Eintritt von Rauch in innenliegende Sicherheitstreppenräume sowie in deren Vorräume muss grundsätzlich verhindert werden. Diese Forderung soll nach der MHHR durch eine technische Anlage (Druckbelüftungsanlage) erfüllt werden, die einen Überdruck erzeugt. Bei einer geöffneten Tür strömt die Luft aufgrund der Druckdifferenz immer aus dem Treppenraum in Richtung des Brandes. Bei der Bemessung der Anlage ist darauf zu achten, dass alle ungünstigen klimatischen Bedingungen als „Lastfälle" beachtet werden und dass kein Druckausgleich zwischen dem System „Treppenraum und Vorraum" und dem Brandgeschoss stattfinden kann. Der Überdruck muss während der Evakuierungsmaßnahmen zu jeder Zeit vorhanden sein. Bei höheren Hochhäusern ist es deshalb eventuell erforderlich, den Sicherheitstreppenraum durch bauliche Maßnahmen in „Überdruckabschnitte" zu unterteilen.

Abströmgeschwindigkeit

Die Luft, die aufgrund des Überdrucks aus dem Treppenraum in den Vorraum und vom Vorraum in den angrenzenden notwendigen Flur strömt, muss eine Mindestgeschwindigkeit von 2,0 m/s haben. Der maximale Druckunterschied sollt dabei 50 Pa nicht überschreiten.

Grenzkraft zum Öffnen der Treppenraumtüren

Personen, die in den Vorraum bzw. in den Treppenraum flüchten, müssen die Türen, die in den Vorraum schlagen, gegen den Überdruck öffnen können. Der Grenzwert der Kraft zur Türöffnung darf (gemessen am Türgriff) maximal 100 N (10 kg) betragen. In der Praxis ist unbedingt darauf zu achten, dass dieser Wert nicht überschritten wird.

Fußbodenbelag vor Treppenraumtür

Die Kraft zum Öffnen kann durch fehlende Reibung zwischen Schuhen und glatten, rutschigen Böden in der Nähe der Tür begrenzt sein. Diese Bodenbeläge sind zu vermeiden, um auch sehr jungen, alten und/oder gebrechlichen Personen die Nutzung des Treppenraumes zu ermöglich.

redundantes System

Bei nur einem innenliegenden Sicherheitstreppenraum in einem Hochhaus ist sicherzustellen, dass bei Ausfall des Gerätes, das den Überdruck erzeugt, ein Ersatzgerät dessen Funktion ohne Druckabfall übernimmt.

schneller Aufbau des Überdruckes

Damit schon am Anfang eines Brandes das Eindringen von Rauch in den Vorraum und den Treppenraum verhindert wird, müssen sich der Überdruck und der Volumenstrom schnell aufbauen.

Die Druckbelüftungsanlage ist durch die Brandmeldeanlage automatisch auszulösen.

30.3.3 Innenliegende Sicherheitstreppenräume (allgemein) nach Muster-Verwaltungsvorschrift Technische Baubestimmungen [3.10]

Sicherheitstreppenräume in Regelbauten

In Hochhäusern müssen innenliegende Treppenräume immer als Sicherheitstreppenräume ausgeführt werden. Dies ist bei anderen Gebäudetypen nicht erforderlich. In der Planung kann der innenliegende Sicherheitstreppenraum aber auch in baulichen Anlagen, die keine Hochhäuser sind, als brandschutztechnisches Element eingesetzt werden. Früher wurden diese Treppenräume nach den Vorgaben der Hochhaus-Richtlinie geplant und hergestellt.

Seit 2017 werden in der „Muster-Verwaltungsvorschrift Technische Baubestimmungen" [3.10] Anhang 14 Absatz 8 bauliche und technische Vorgaben zu Druckbelüftungsanlagen gemacht, die als Anlagen zur Rauchfreihaltung für innenliegende Sicherheitstreppenräume eingesetzt werden können.

Die Beschreibung dieser Anlagen ist prinzipiell identisch mit der der Muster-Hochhausrichtlinie.

Planung, Bemessung und Ausführung eines Sicherheitstreppenraumes können nach diesen Vorgaben durchgeführt werden.

30.3.4 Feuerwehraufzüge nach Muster-Hochhaus-Richtlinie [3.4]

Druckbelüftungsanlagen

Nach der Muster-Hochhaus-Richtlinie muss das Eindringen von Rauch in Schächte, in denen sich Feuerwehraufzüge befinden, und in deren Vorräume durch eine Druckbelüftungsanlage verhindert werden.

Abströmgeschwindigkeit

Grundsätzlich gelten hier ebenfalls die Regeln für Druckbelüftungsanlagen (RDA) in innenliegenden Treppenräumen. Nur in einer Größe unterscheiden sich die Vorgaben für innenliegende Treppenräume und Feuerwehraufzüge. Die Abströmgeschwindigkeit der Luft, die in innenliegenden Treppenräumen mindestens 2,0 m/s betragen muss, ist bei Feuerwehraufzügen und deren Vorräumen auf mindestens 0,75 m/s auszulegen.

30.3.5 Feuerwehraufzüge (allgemein) nach Muster-Verwaltungsvorschrift Technische Baubestimmungen [3.10]

Nach dem öffentlichen Baurecht sind Feuerwehraufzüge grundsätzlich nur in Hochhäusern erforderlich.

Feuerwehraufzüge in Nicht-Hochhäusern

In der Muster-Verwaltungsvorschrift Technische Baubestimmungen [3.10] Absatz A 2.1.15.5 werden Druckbelüftungsanlagen erläutert, durch die das Eindringen von Rauch in die Schächte und Vorräume von Feuerwehraufzügen verhindert wird. In dieser Verwaltungsvorschrift wird jedoch nicht explizit darauf hingewiesen, dass sich diese Feuerwehraufzüge in Hochhäusern befinden müssen.

Die Beschreibung dieser Anlagen ist prinzipiell identisch mit der der Muster-Hochhaus-Richtlinie. In der MHHR werden technische Details jedoch detaillierter beschrieben, wie die Höhe der Abströmgeschwindigkeit (0,75 m/s).

30.3.6 Verkaufs-, Aufenthalts- und Lagerräume sowie Ladenstraßen nach Muster-Verkaufsstättenverordnung [3.7]

Zur Unterstützung der Brandbekämpfung, die durch die Feuerwehr in Form eines Innenangriffs ausgeführt wird, und damit zum Erreichen des brandschutztechnischen Schutzziels wirksame Löscharbeiten (4. Schutzziel der MBO § 14), müssen nach § 16 Absatz 1 Muster-Verkaufsstättenverordnung [3.7] folgende Räume in Verkaufsstätten entraucht werden können:

Räume aus denen Rauch abgeführt werden muss

- Verkaufsräume mit mehr als 50 m² Grundfläche,
- Aufenthaltsräume mit mehr als 50 m² Grundfläche,
- Lagerräume mit mehr als 200 m² Grundfläche,
- Ladenstraßen (zur Unterstützung der Brandbekämpfung) und
- Treppenräume (zur Unterstützung der Brandbekämpfung).

Schutzziel als Grundlage der Rauchabführung

Die in § 16 vorgegebenen geometrischen, baulichen und technischen Randbedingungen zur Entrauchung der vorgenannten Räume dienen alleine dem Schutzziel, dass wirksame Löscharbeiten möglich sein müssen. Durch die Entrauchungsmaßnahmen werden die Brandbekämpfungsmaßnahmen unterstützt. Zum Erreichen des 2. (Vorbeugung der Ausbreitung von Rauch *(und Feuer)* und des 3. Schutzziels (Rettung von Menschen und Tieren) sind weitere Maßnahmen erforderlich. Diese Schutzziele werden planmäßig **nicht allein** durch die in § 16 beschriebenen Entrauchungsmaßnahmen erfüllt.

Rauchabzugssysteme

In den Vorgaben zur Rauchableitung werden hier drei Entrauchungssysteme unterschieden: 1. Öffnungen zur Rauchableitung, 2. natürlich wirkende Rauchabzugsanlagen und 3. maschinelle Rauchabzugsanlagen.

äquivalente Systeme

Werden äquivalente Lösungen anstelle der in der Muster-Verkaufsstättenverordnung beschriebenen Maßnahmen gewählt, bedarf es keiner Abweichungsentscheidung durch die Bauaufsichtsbehörde nach § 67 MBO.

äquivalente Lösung

Eine alternative, gleichwertige Lösung, die z.B. nach der DIN-18232-Reihe [3.38] bis [3.43] geplant werden kann, muss mit allen erforderlichen Angaben und Unterlagen im Brandschutznachweis bzw. -konzept enthalten sein.

Nachfolgend werden die Regelbeispiele des § 16 in Form eines „Katalogs" für spezielle Raumnutzungsarten und -größen detailliert erläutert:

a) Verkaufs- und Aufenthaltsräume in Verkaufsstätten

Die Anforderung an die Unterstützung der Entrauchung zum Erreichen des Schutzziels wirksame Löscharbeiten gilt als erfüllt,

Öffnungen zur Rauchableitung

(1. Variante) – wenn in Verkaufs- und sonstigen Aufenthaltsräumen mit einer Grundfläche zwischen 50 und 200 m² Fenster vorhanden sind, die ein Rohbaumaß der Fensteröffnungen von mindestens einem Achtel (12,5 %) der Netto-Grundfläche des Raumes aufweisen. Diese Öffnungsgröße wird nach § 47 MBO [3.1] mindestens zur Belichtung von Aufenthaltsräumen gefordert und für eine Entrauchungsfläche als ausreichend erachtet. Als System für eine ausreichende Rauchabführung wurden hier „Öffnungen zur Rauchableitung" gewählt.

Variante: „Öffnungen zur Rauchableitung" (in Decken)

(2. Variante) – wenn in Verkaufs- und sonstigen Aufenthaltsräumen mit einer Grundfläche zwischen 50 und 1.000 m² Öffnungen zur Rauchableitung an oberster Stelle vorhanden sind, z.B. Entrauchungsklappen oder Lichtkuppeln, die eine freie Größe von insgesamt einem Prozent (1 v.H.) der Grundfläche aufweisen und Zuluftflächen von gleicher Größe (jedoch nicht mehr als 12 m²) besitzen müssen. Hier wird eine Variante zur Rauchabführung erläutert, bei der sich die Entrauchungsöffnungen in der Regel in der Dachdecke befinden. Als System für eine ausreichende Rauchabführung wurden hier „Öffnungen zur Rauchableitung" gewählt. Anstelle von Öffnungen zur Rauchabführung ist eine Ableitung auch über Schächte mit einem strömungstechnisch gleichwertigen Querschnitt zulässig, wenn die Wände der Schächte raumabschließend und in der gleichen Feuerwiderstandsfähigkeit wie die durchdrungenen Bauteile (in der Regel: Geschossdecken), mindestens jedoch feuerhemmend (F 30), sind und aus nichtbrennbaren Baustoffen bestehen.

Auslösung der Abschlüsse

Die Abschlüsse zum Entrauchen, wie z.B. Fenster und Lichtkuppeln, sind mit Vorrichtungen zum Öffnen zu versehen. Sie müssen von Stellen aus, die jederzeit zugänglich sind, leicht von Hand bedient werden können. Geschlossene Öffnungen, die als Zuluftfläche dienen, müssen ebenfalls leicht zu öffnen sein.

Hinweisschild auf Rauchabzug

Die manuellen Bedienungs- und Auslöseeinrichtungen sind mit dem Hinweisschild „RAUCHABZUG" zu versehen. Weiterhin muss dort der Raum aufgeführt werden, der durch die Anlage entraucht wird, und die Betriebsstellung der jeweiligen Anlage erkennbar sein.

Variante: „Öffnungen zur Rauchableitung" (in Wänden)

(3. Variante) – wenn in Verkaufs- und sonstigen Aufenthaltsräumen mit einer Grundfläche zwischen 50 und 1.000 m² Öffnungen zur Rauchableitung im obersten Drittel der Außenwände vorhanden sind, z.B. Fenster und Türen, die eine freie Größe von insgesamt zwei Prozent (2 v.H.) der Grundfläche aufweisen und Zuluftflächen von gleicher Dimension besitzen müssen, jedoch nicht mehr als 12 m². Die Entrauchungsöffnungen sind bei einer Anordnung in den Wänden doppelt so groß wie im Dach auszuführen, da eine Rauchableitung hier diffiziler ist. Auch für dieses Entrauchungssystem wird keine separate Bemessung einer natürlich wirkenden Rauchabzugsanlage gefordert. Anstelle von Öffnungen zur Rauchabführung ist eine Ableitung auch über Schächte mit einem strömungstechnisch äquivalenten Querschnitt zulässig, wenn die Wände der Schächte raumabschließend und in der gleichen Feuerwiderstandsfähigkeit wie die durchdrungenen Bauteile, mindestens jedoch feuerhemmend (F 30), sind und aus nichtbrennbaren Baustoffen bestehen.

Öffnen der Abschlüsse

Die Abschlüsse zum Entrauchen, wie Fenster und Lichtkuppeln, sind mit Vorrichtungen zum Öffnen zu versehen. Sie müssen an Stellen, die jederzeit zugänglich sind, leicht von Hand bedient werden können. Geschlossene Öffnungen, die als Zuluftfläche dienen, müssen ebenfalls leicht zu öffnen sein.

Hinweisschild auf Rauchabzug

Die manuellen Bedienungs- und Auslöseeinrichtungen sind mit dem Hinweisschild „RAUCHABZUG" zu versehen. Weiterhin muss dort der Raum aufgeführt werden, der durch die Anlage entraucht wird, und die Betriebsstellung der jeweiligen Anlage erkennbar sein.

Variante: „natürlich wirkende RA"

(4. Variante) – wenn in Verkaufs- und sonstigen Aufenthaltsräumen mit mehr als 1.000 m² Grundfläche eine Rauchabzugsanlage vorhanden ist, die je 400 m² Grundfläche über mindestens ein Rauchabzugsgerät mit mindestens 1,5 m² aerodynamisch wirksamer Fläche im oberen Raumdrittel verfügt. Eine Interpolation der Größe dieser Rauchabzugsflächen in Bezug auf die Grundfläche ist nicht zulässig. Die Rauchabzugsgeräte sind nach DIN EN 12101-2 (Natürliche Rauch- und Wärmeabzugsgeräte) [3.45] zu planen und auszuführen. Die Unterlagen hierüber sind dem Brandschutznachweis bzw. -konzept beizufügen.

Weiterhin ist je höchstens 1.600 m² eine Auslösegruppe für die Rauchabzugsgeräte zu bilden.

Die Zuluftflächen müssen sich im unteren Drittel der Raumhöhe befinden und einen freien Querschnitt von mindestens 12 m² aufweisen, der sich aus verschiedenen Öffnungen zusammensetzen kann.

Das angestrebte Schutzziel wird bei dieser Variante durch natürlich wirkende Rauchabzugsgeräte erreicht, die im Brandfall Entrauchungsöffnungen freigeben. Durch den thermischen Auftrieb entweicht der Rauch dann hierüber ins Freie.

Aktivieren der Rauchabzugsanlage

Die Rauchabzugsanlagen müssen automatisch auslösen und zusätzlich an einer jederzeit zugänglichen Stelle von Hand bedient werden können. Durch diese Regelung soll eine möglichst frühe Rauchabführung eingeleitet werden, um die Brandbekämpfung zu erleichtern. Die Erstauslösung muss nicht zwingend durch Rauchmelder erfolgen.

Die manuellen Bedienungs- und Auslöseeinrichtungen sind mit dem Hinweisschild „RAUCHABZUG" zu versehen. Weiterhin muss dort der Raum aufgeführt werden, der durch die Anlage entraucht wird, und die Betriebsstellung der jeweiligen Anlage erkennbar sein.

Variante: „maschinelle RA"

(5. Variante) – wenn in Verkaufs- und sonstigen Aufenthaltsräumen maschinelle Entrauchungsanlagen vorhanden sind. Pro 400 m² Grundfläche muss mindestens ein Rauchabzugsgerät oder eine Absaugstelle im oberen Drittel der Raumhöhe angeordnet sein. Der Luftvolumenstrom pro Gerät muss mindestens 10.000 m³/h betragen.

Ab einer Raumgröße von 1.600 m² wird zu dem Luftvolumenstrom von mindestens 40.000 m³/h ein zusätzlicher Strom von 5.000 m³/h pro angefangene 400 m² Grundfläche hinzugerechnet. Der sich ergebende Gesamtvolumenstrom je Raum ist gleichmäßig auf die Rauchabzugsgeräte oder Ansaugstellen zu verteilen.

Bei einer alternativen Variante ist ein Luftvolumenstrom von mindestens 40.000 m³/h je Raum erforderlich, wenn sichergestellt ist, dass dieser Luftstrom im Bereich der Brandstelle auf einer Grundfläche von höchstens 1.600 m² von den Geräten/Ansaugstellen gleichmäßig gefördert wird.

Tabelle 3.3: Mindestvolumenströme bezogen auf Grundfläche und Anzahl der Geräte

Grundfläche des Raumes	Anzahl der Geräte/ Stellen im Raum	Luftvolumen-strom gesamt	Luftvolumenstrom (gerundet) je Gerät/ Stelle
[m²]	[-]	[m³/h]	[m³/h]
≤ 400	1	10.000	10.000
≤ 800	2	20.000	10.000
≤ 1.200	3	30.000	10.000
≤ 1.600	4	40.000	10.000
≤ 2.000	5	45.000	9.000
≤ 2.400	6	50.000	8.300
≤ 2.800	7	55.000	7.800
≤ 3.200	8	60.000	7.500
≤ 3.600			

maximale Nachströmgeschwindigkeit

Die Zuluftflächen müssen in beiden Varianten im unteren Raumdrittel vorhanden sein sowie in solcher Größe und so angeordnet werden, dass eine Strömungsgeschwindigkeit von 3,0 m/s nicht überschritten wird. Hierdurch wird eine laminare Luftströmung sichergestellt, die keine Verwirbelung des Brandrauches verursacht.

Aktivieren der Rauchabzugsanlagen

Die Rauchabzugsanlagen müssen automatisch auslösen und zusätzlich an einer jederzeit zugänglichen Stelle von Hand betätigt werden können. Durch diese Regelung soll eine möglichst frühe Rauchabführung eingeleitet werden, um die Brandbekämpfung zu erleichtern.

Die manuellen Bedienungs- und Auslöseeinrichtungen sind mit dem Hinweisschild „RAUCHABZUG" zu versehen. Weiterhin muss dort der Raum aufgeführt werden, der durch die Anlage entraucht wird, und die Betriebsstellung der jeweiligen Anlage erkennbar sein.

Die maschinellen Rauchabzugsanlagen müssen über eine Dauer von 30 Minuten für eine Rauchgastemperatur von 600 °C ausgelegt sein. Diese Forderung soll gewährleisten, dass es zu keinem vorzeitigen Ausfall der Anlage bzw. von Teilen der Anlage während des Transports der „heißen" Brandgase kommt.

Bei Anlagen mit einem Volumenstrom von mindestens 40.000 m³/h darf die Auslegetemperatur der gesamten Anlage bzw. einzelner Anlagenteile 300 °C betragen.

Aktivierung der Zuluftführung

Gleichzeitig mit der Inbetriebnahme der Anlage muss die Zuluftführung aktiviert werden, um von Beginn an die volle Leistungsfähigkeit zu erreichen.

Variante: „normale" Be- und Entlüftungsanlage

(6. Variante) – wenn in Verkaufs- und Aufenthaltsräumen Löschanlagen (wie z.B. Sprinkleranlagen) und Lüftungsanlagen für den Luftwechsel bei „Normaltemperaturen" vorhanden sind, die im Brandfall automatisch beim Auslösen der selbsttätigen Feuerlöschanlagen so betrieben werden, dass sie nur entlüften und die entsprechenden Luftvolumenströme einschließlich der Zuluft (nach Tabelle 3.3) erreichen, soweit es die Zweckbestimmung der Absperrvorrichtungen, wie z.B. Brandschutzklappen, gegen Brandübertragung zulässt.

Die vorhandene Lüftungsanlage für Luftwechsel bei Normaltemperaturen muss nicht die Anforderungen einer maschinellen Rauchabzugsanlage erfüllen, da hierdurch nur das Schutzziel Unterstützung von wirksamen Löscharbeiten erreicht werden soll. Für die besondere Betriebsart „Entlüftung" ist die entsprechende Zuluft vorzusehen.

Alle erforderlichen Angaben zur Lüftungsanlage müssen für den Brand- bzw. Rauchfall im Brandschutznachweis bzw. -konzept aufgeführt werden.

b) Lagerräume in Verkaufsstätten

Die Anforderung an die Unterstützung der Entrauchung zum Erreichen des Schutzziels wirksame Löscharbeiten gilt als erfüllt,

Variante: „Öffnungen zur Rauchableitung" (in Decken)

1. Variante – wenn in Lagerräumen mit einer Grundfläche zwischen 200 und 1.000 m² Öffnungen zur Rauchableitung an oberster Stelle vorhanden sind, die eine freie Fläche von einem Prozent (1 v.H.) der Grundfläche aufweisen und Zuluftflächen von gleicher Dimension besitzen, jedoch nicht mehr als 12 m². In dieser Variante finden sich die Entrauchungsöffnungen in der Regel in der Dachdecke.

Anstelle von Öffnungen zur Rauchableitung ist eine Ableitung auch über Schächte mit einem strömungstechnisch gleichwertigen Querschnitt zulässig, wenn die Wände der Schächte raumabschließend und in der gleichen Feuerwiderstandsfähigkeit sind wie die durchdrungenen Bauteile (in der Regel Geschossdecken), mindestens jedoch feuerhemmend (F 30), und aus nichtbrennbaren Baustoffen bestehen.

Öffnen der Abschlüsse

Die Abschlüsse zum Entrauchen, wie z.B. Fenster und Lichtkuppeln, sind mit Vorrichtungen zum Öffnen zu versehen. Sie müssen an Stellen, die jederzeit zugänglich sind, leicht von Hand bedient werden können. Geschlossene Öffnungen, die als Zuluftfläche dienen, müssen ebenfalls leicht zu öffnen sein.

Die manuellen Bedienungs- und Auslöseeinrichtungen sind mit dem Hinweisschild „RAUCHABZUG" zu versehen. Weiterhin muss dort der Raum aufgeführt werden, der durch die Anlage entraucht wird, und die Betriebsstellung der jeweiligen Anlage erkennbar sein.

Variante: „Öffnungen zur Rauchableitung" (in Wänden)

2. Variante – wenn in Lagerräumen mit einer Grundfläche zwischen 200 und 1.000 m² Öffnungen, wie Fenster und Türen, zur Rauchableitung im obersten Drittel der Außenwände vorhanden sind, die eine freie Größe von mindestens zwei Prozent (2 v.H.) der Grundfläche aufweisen müssen und Zuluftflächen von gleicher Größe haben, jedoch nicht mehr als 12 m². Anstelle der Rauchableitung über Öffnungen ist eine Ableitung auch über Schächte mit einem strömungstechnisch gleichwertigen Querschnitt zulässig, wenn die Wände der Schächte raumabschließend und in der gleichen Feuerwiderstandsfähigkeit wie die durchdrungenen Bauteile, mindestens jedoch feuerhemmend (F 30) sind und aus nichtbrennbaren Baustoffen bestehen.

Aktivieren der Rauchabzugsanlagen

Die Rauchabzugsanlagen müssen automatisch auslösen und zusätzlich an einer jederzeit zugänglichen Stelle von Hand bedient werden können. Durch diese Regelung soll eine möglichst frühe Rauchabführung eingeleitet werden, um die Brandbekämpfung zu erleichtern. Die Auslösung muss nicht zwingend durch Rauchmelder erfolgen.

Die manuellen Bedienungs- und Auslöseeinrichtungen sind mit dem Hinweisschild „RAUCHABZUG" zu versehen. Weiterhin muss dort der Raum aufgeführt werden, der durch die Anlage entraucht wird, und die Betriebsstellung der jeweiligen Anlage erkennbar sein.

3. Variante – wenn in Lagerräumen mit mehr als 1.000 m² eine Rauchabzugsanlage vorhanden ist, die pro 400 m² Grundfläche mindestens ein Rauchabzugsgerät mit mindestens 1,5 m² aerodynamisch wirksame Fläche im oberen Raumdrittel aufweist. Eine Interpolation der Größe dieser Rauchabzugsflächen in Bezug auf die Grundfläche ist nicht zulässig. Die Rauchabzugsgeräte sind nach DIN EN 12101-2 (Natürliche Rauch- und Wärmeabzugsgeräte) [3.45] zu planen und auszuführen. Die Unterlagen hierüber sind dem Brandschutznachweis bzw. -konzept beizufügen.

Variante: „natürlich wirkende RA"

Weiterhin ist pro höchstens 1.600 m² eine Auslösegruppe für die Rauchabzugsgeräte zu bilden.

Ort der Zuluftflächen

Die Zuluftflächen müssen sich im unteren Drittel der Raumhöhe befinden und einen freien Querschnitt von mindestens 12 m² aufweisen, die sich aus verschiedenen Öffnungen zusammensetzen kann.

Öffnen der Abschlüsse

Die Abschlüsse zum Entrauchen, wie z.B. Fenster und Lichtkuppeln, sind mit Vorrichtungen zum Öffnen zu versehen. Sie müssen an Stellen, die jederzeit zugänglich sind, leicht von Hand bedient werden können.

Die manuellen Bedienungs- und Auslöseeinrichtungen sind mit dem Hinweisschild „RAUCHABZUG" zu versehen. Weiterhin muss dort der Raum aufgeführt werden, der durch die Anlage entraucht wird, und die Betriebsstellung der jeweiligen Anlage erkennbar sein.

Variante: „maschinelle RA"

4. Variante – wenn in Lagerräumen maschinelle Entrauchungsanlagen vorhanden sind. Je 400 m² Grundfläche muss mindestens ein Rauchabzugsgerät oder eine Absaugstelle im oberen Drittel der Raumhöhe angeordnet sein. Der Luftvolumenstrom pro Gerät muss mindestens 10.000 m³/h pro betragen

Ab einer Raumgröße von 1.600 m² wird zu dem Luftvolumenstrom von 40.000 m³/h ein zusätzlicher Strom von 5.000 m³/h je angefangene 400 m² Grundfläche hinzugerechnet. Der sich ergebende Gesamtvolumenstrom je Raum ist gleichmäßig auf die Rauchabzugsgeräte oder Ansaugstellen zu verteilen (siehe hierzu auch Tabelle 3.3).

Bei einer alternativen Variante ist ein Luftvolumenstrom von mindestens 40.000 m³/h je Raum erforderlich, wenn sichergestellt ist, dass dieser Luftstrom im Bereich der Brandstelle auf einer Grundfläche von höchstens 1.600 m² von den Geräten/Ansaugstellen gleichmäßig gefördert wird.

maximale Nachströmgeschwindigkeit

Die Zuluftflächen müssen in beiden Varianten im unteren Raumdrittel vorhanden sein sowie in solcher Größe und so angeordnet werden, dass eine Strömungsgeschwindigkeit von 3,0 m/s nicht überschritten wird. Hierdurch wird eine laminare Luftströmung sichergestellt, die keine Verwirbelung des Brandrauches verursacht.

Aktivieren der Rauchabzugsanlagen

Die Rauchabzugsanlagen müssen automatisch auslösen und zusätzlich an einer jederzeit zugänglichen Stelle von Hand bedient werden können. Durch diese Regelung soll eine möglichst frühe Rauchabführung eingeleitet werden, um die Brandbekämpfung zu erleichtern.

Kennzeichnung

Die manuellen Bedienungs- und Auslöseeinrichtungen sind mit dem Hinweisschild „RAUCHABZUG" zu versehen. Weiterhin muss dort der Raum aufgeführt werden, der durch die Anlage entraucht wird, und die Betriebsstellung der jeweiligen Anlage erkennbar sein.

Die Mindestvolumenströme bezogen auf Grundfläche und Anzahl der Geräte sind der Tabelle 3.3 zu entnehmen.

thermische Auslegung von maschinellen RA

Die maschinellen Rauchabzugsanlagen müssen über eine Dauer von 30 Minuten für eine Rauchgastemperatur von 600 °C ausgelegt sein. Diese Forderung soll gewährleisten, dass es zu keinem vorzeitigen Ausfall der Anlage bzw. von Teilen der Anlage während des Transports der heißen Brandgase kommt.

Bei Anlagen mit einem Volumenstrom von mindestens 40.000 m³/h darf die Auslegetemperatur der gesamten Anlage bzw. einzelner Anlagenteile 300 °C betragen.

Zeitpunkt der Aktivierung

Gleichzeitig mit der Inbetriebnahme der Anlage muss die Zuluftführung aktiviert werden, um von Beginn an die volle Leistungsfähigkeit zu erreichen.

Variante: „Be- und Entlüftungsanlagen"

5. Variante – wenn in Lagerräumen Löschanlagen, wie Sprinkleranlagen, und Lüftungsanlagen für den Luftwechsel bei Normaltemperaturen vorhanden sind, die im Brandfall automatisch beim Auslösen der selbsttätigen Feuerlöschanlagen so betrieben werden, dass sie nur entlüften und die entsprechenden Luftvolumenströme einschließlich der Zuluft (nach Tabelle 3.3) erreichen, soweit es die Zweckbestimmung der Absperrvorrichtungen (z.B. Brandschutzklappen) gegen Brandübertragung zulässt.

Betriebsart „Entlüftung"

Die vorhandene Lüftungsanlage für Luftwechsel bei Normaltemperaturen muss nicht die Anforderungen einer maschinellen Rauchabzugsanlage erfüllen, da hierdurch nur das Schutzziel der Unterstützung von wirksamen Löscharbeiten erreicht werden soll. Für die besondere Betriebsart „Entlüftung" ist die entsprechende Zuluft vorzusehen.

Alle erforderlichen Angaben zur Lüftungsanlage müssen für den Brand- bzw. Rauchfall im Brandschutznachweis bzw. -konzept aufgeführt werden.

c) Ladenstraßen in Verkaufsstätten

Die Anforderung an die Unterstützung der Entrauchung zum Erreichen des Schutzziels wirksame Löscharbeiten gilt als erfüllt,

1. Variante – wenn in Ladenstraßen mit nur auf einer Ebene liegenden Verkehrsflächen eine Rauchabzugsanlage zur Entrauchung vorhanden ist.

Variante: „natürlich wirkende RA"

Auf einer Länge von höchstens 20 m (der Ladenstraße) muss mindestens ein Rauchabzugsgerät mit einer aerodynamisch wirksamen Fläche von 1,5 m² im oberen Raumdrittel angeordnet sein. Eine Auslösegruppe für die Rauchabzugsgeräte ist mindestens alle 80 m anzuordnen. Die Zuluftflächen müssen sich im unteren Drittel der Raumhöhe befinden und einen freien Querschnitt von mindestens 12 m² aufweisen, der sich aus verschiedenen Öffnungen zusammensetzen kann.

Bemessung nach DIN EN 12101-2

Für alle anderen Ladenstraßen (z.B. galerieartig angeordnete) gilt das Schutzziel auch dann als erfüllt, wenn eine natürlich wirkende Rauchabzugsanlage einschließlich der Zuluftflächen unter Beachtung des Schutzziels nach DIN EN 12101-2 [3.45] geplant und bemessen wird. Die Unterlagen hierüber sind dem Brandschutznachweis bzw. -konzept beizufügen.

Aktivieren der RA

Die Rauchabzugsanlagen müssen automatisch auslösen und zusätzlich von an jederzeit zugänglichen Stelle von Hand bedient werden können. Durch diese Regelung soll eine möglichst frühe Rauchabführung eingeleitet werden, um die Brandbekämpfung zu erleichtern.

Die manuellen Bedienungs- und Auslöseeinrichtungen sind mit dem Hinweisschild „RAUCHABZUG" zu versehen. Weiterhin muss dort der Raum aufgeführt werden, der durch die Anlage entraucht wird, und die Betriebsstellung der jeweiligen Anlage erkennbar sein.

Variante: „mechanische RA"

2. Variante – wenn in Ladenstraßen mit nur auf einer Ebene liegenden Verkehrsflächen maschinelle Entrauchungsanlagen vorhanden sind. Pro 400 m² Grundfläche muss mindestens ein Rauchabzugsgerät oder eine Absaugstelle im oberen Drittel der Raumhöhe angeordnet sein. Der Luftvolumenstrom pro Gerät muss mindestens 10.000 m³/h betragen.

Ab einer Raumgröße von 1.600 m² wird zu dem Luftvolumenstrom von 40.000 m³/h ein zusätzlicher Strom von 5.000 m³/h je angefangene 400 m² Grundfläche hinzugerechnet. Der sich ergebende Gesamtvolumenstrom pro Raum ist gleichmäßig auf die Rauchabzugsgeräte oder Ansaugstellen zu verteilen (siehe hierzu auch Tabelle 3.3).

Bei einer alternativen Variante ist ein Luftvolumenstrom von mindestens 40.000 m³/h je Raum erforderlich, wenn sichergestellt ist, dass dieser Luftstrom im Bereich der Brandstelle auf einer Grundfläche von höchstens 1.600 m² von den Geräten/Ansaugstellen gleichmäßig gefördert wird.

maximale Nachströmgeschwindigkeit

Die Zuluftflächen müssen in beiden Varianten im unteren Raumdrittel vorhanden sein sowie in solcher Größe und so angeordnet werden, dass eine Strömungsgeschwindigkeit von 3,0 m/s nicht überschritten wird. Hierdurch wird eine laminare Luftströmung sichergestellt, die keine Verwirbelung des Brandrauches verursacht.

Aktivieren der RA

Die Rauchabzugsanlagen müssen automatisch auslösen und zusätzlich von einer jederzeit zugänglichen Stelle von Hand ausgelöst werden können. Durch diese Regelung soll eine möglichst frühe Rauchabführung eingeleitet werden, um die Brandbekämpfung zu erleichtern.

Die manuellen Bedienungs- und Auslöseeinrichtungen sind mit dem Hinweisschild „RAUCHABZUG" zu versehen. Weiterhin muss dort der Raum aufgeführt werden, der durch die Anlage entraucht wird, und die Betriebsstellung der jeweiligen Anlage erkennbar sein.

Die Mindestvolumenströme bezogen auf Grundfläche und Anzahl der Geräte sind der Tabelle 3.3 zu entnehmen.

thermische Auslegung von maschinellen RA

Die maschinellen Rauchabzugsanlagen müssen auf eine Dauer von 30 Minuten und für eine Rauchgastemperatur von 600 °C ausgelegt sein. Diese Werte sollen gewährleisten, dass es zu keinem vorzeitigen Ausfall der Anlage bzw. von Teilen der Anlage während des Transports der heißen Brandgase kommt.

Bei Anlagen mit einem Volumenstrom von mindestens 40.000 m³/h darf die Auslegetemperatur der gesamten Anlage bzw. einzelner Anlagenteile 300 °C betragen.

Gleichzeitig mit der Inbetriebnahme der Anlage muss die Zuluftführung aktiviert werden, um von Beginn an die volle Leistungsfähigkeit zu erreichen.

d) Treppenräume in Verkaufsstätten

In notwendigen Treppenräumen von Verkaufsstätten gelten die Anforderungen an die Unterstützung der Entrauchung zum Erreichen des Schutzziels wirksame Löscharbeiten als erfüllt,

Variante: „Öffnungen zur Rauchableitung"

1. Variante – wenn an der Außenwand angeordnete Treppenräume in jedem oberirdischen Geschoss unmittelbar ins Freie führende Fenster mit einem freien Querschnitt von mindestens 0,50 m² sowie eine Öffnung mit einem freien Querschnitt von mindestens 1 m² an oberster Stelle zur Rauchableitung haben.

Die Abschlüsse zum Entrauchen, wie Fenster und Lichtkuppeln, sind mit Vorrichtungen zum Öffnen zu versehen. Sie müssen an Stellen, die jederzeit zugänglich sind, leicht von Hand bedient werden können. Geschlossene Öffnungen, die als Zuluftfläche dienen, müssen ebenfalls leicht zu öffnen sein.

Entrauchen „innenliegender" Treppenräume

2. Variante – wenn innenliegende Treppenräume Rauchabzugsgeräte (nach DIN EN 12101-2 [3.45]) mit insgesamt mindestens 1 m² aerodynamisch wirksamer Fläche haben, die im oder direkt unter dem obersten Treppenraumabschluss angeordnet sind.

Die Rauchabzugsanlagen müssen automatisch auslösen und zusätzlich an einer jederzeit zugänglichen Stelle von Hand ausgelöst werden können. Durch diese Regelung soll eine möglichst frühe Rauchabführung eingeleitet werden, um die Brandbekämpfung zu erleichtern.

Schächte anstelle von Öffnungen

Anstelle der Rauchabführung über Öffnungen ist in beiden Varianten eine Ableitung auch über Schächte mit einem strömungstechnisch gleichwertigen Querschnitt zulässig, wenn die Wände der Schächte raumabschließend sind, die gleiche Feuerwiderstandsfähigkeit wie die durchdrungenen Bauteile haben, mindestens jedoch feuerhemmend, sind und aus nichtbrennbaren Baustoffen bestehen.

Die manuellen Bedienungs- und Auslöseeinrichtungen sind mit dem Hinweisschild „RAUCHABZUG" zu versehen. Weiterhin muss dort der Raum aufgeführt werden, der durch die Anlage entraucht wird, und die Betriebsstellung der jeweiligen Anlage erkennbar sein.

keine Höhenbegrenzung

Die Regeln für beide Treppenraumvarianten gelten unabhängig von der Höhe der Treppenräume.

30.3.7 Versammlungs-, Aufenthalts-, Lager- und Treppenräume sowie Bühnen, Magazine und Szenenflächen nach Muster-Versammlungsstättenverordnung [3.8]

Der Inhalt des § 16 (Rauchableitung) der Muster-Versammlungsstättenverordnung [3.8] basiert auf dem gleichen Schutzziel und den gleichen technischen Grundlagen wie sie in § 16 der Muster-Verkaufsstättenverordnung genannt werden.

Grundlage der Entrauchungsplanung

Auch hier sind die Regelbeispiele und deren bauliche, technische und geometrische Ausführungen ausschließlich auf die Unterstützung der Brandbekämpfung (wirksame Löscharbeiten) der Feuerwehr ausgelegt.

Zum Erreichen dieses Schutzziels müssen in Versammlungsstätten folgende Räume entraucht werden können:

betroffene Räume in Versammlungsstätten

- Versammlungsräume mit mehr als 50 m² Grundfläche,
- Aufenthaltsräume mit mehr als 50 m² Grundfläche,
- Werkstätten sind Aufenthaltsräume und werden deshalb nachfolgend nicht gesondert beschrieben,

- Magazine mit mehr als 200 m² Grundfläche,
- Lagerräume mit mehr als 200 m² Grundfläche,
- Szenenflächen mit mehr als 200 m² Grundfläche,
- Bühnen in Versammlungsstätten und
- Treppenräume in Versammlungsstätten.

Zum Erreichen des 2. (Vorbeugung der Ausbreitung von Rauch (*und Feuer*) und 3. Schutzziels (Rettung von Menschen und Tieren) sind weitere Maßnahmen erforderlich. Diese Schutzziele werden planmäßig **nicht allein** durch die in § 16 beschriebenen Entrauchungsmaßnahmen erfüllt.

weitere Maßnahmen (für das 2. und 3. Schutzziel)

In den Vorgaben zur Rauchableitung werden hier drei Entrauchungssysteme unterschieden: 1. Öffnungen zur Rauchableitung, 2. natürlich wirkende Rauchabzugsanlagen und 3. maschinelle Rauchabzugsanlagen.

Rauchabzugssysteme

Werden äquivalente Lösungen anstelle der in der Muster-Versammlungsstättenverordnung beschriebenen Maßnahmen gewählt, bedarf es keiner Abweichungsentscheidung durch die Bauaufsichtsbehörde nach § 67 MBO. Die alternative, gleichwertige Lösung, die z.B. nach der DIN-18232-Reihe [3.38] bis [3.43] erstellt werden kann, muss mit allen erforderlichen Angaben und Unterlagen im Brandschutznachweis bzw. -konzept enthalten sein.

äquivalente Lösungen

Nachfolgend werden die Regelbeispiele des § 16 in Form eines „Katalogs" für spezielle Raumnutzungsarten und -größen detailliert erläutert:

a) Versammlungs- und Aufenthaltsräume in Versammlungsstätten

Die Anforderung an die Unterstützung der Entrauchung zum Erreichen des Schutzziels wirksamer Löscharbeiten gilt als erfüllt,

1. Variante – wenn in Versammlungs- und sonstigen Aufenthaltsräumen mit einer Grundfläche zwischen 50 und 200 m² Fenster vorhanden sind, die ein Rohbaumaß der Fensteröffnungen von mindestens einem Achtel (12,5 %) der Netto-Grundfläche des Raumes haben. Diese Öffnungsgröße wird nach § 47 MBO [3.1] mindestens zur Belichtung von Aufenthaltsräumen gefordert und als Entrauchungsfläche als ausreichend erachtet. Als System für eine ausreichende Rauchabführung wurden hier „Öffnungen zur Rauchableitung" gewählt.

Variante: „Öffnungen zur Rauchableitung" (Fenster)

2. Variante – wenn in Versammlungs- und sonstigen Aufenthaltsräumen mit einer Grundfläche zwischen 50 und 1000 m² Öffnungen zur Rauchableitung, z.B. Entrauchungsklappen, an oberster Stelle vorhanden sind, die eine freie Größe von einem Prozent (1 v.H.) der Grundfläche aufweisen und Zuluftflächen von gleicher Dimension besitzen, jedoch nur bis zu 12 m². Hier wird eine Variante zur Rauchabführung erläutert, bei der sich die Entrauchungsöffnungen in der Regel in der Dachdecke befinden.

Variante: „Öffnungen zur Rauchableitung" (in Decken)

Als System für eine ausreichende Rauchabführung wurden hier „Öffnungen zur Rauchableitung" gewählt. Anstelle der Rauchabführung über Öffnungen ist eine Ableitung auch über Schächte mit einem strömungstechnisch gleichwertigen Querschnitt zulässig, wenn die Wände der Schächte raumabschließend sind und die gleiche Feuerwiderstandsfähigkeit wie die durchdrungenen Bauteile haben (in der Regel Geschossdecken), mindestens jedoch feuerhemmend (F 30), und aus nichtbrennbaren Baustoffen bestehen.

Schächte anstelle von Öffnungen

Auslösung der Abschlüsse

Die Abschlüsse zum Entrauchen, wie z.B. Fenster und Lichtkuppeln, sind mit Vorrichtungen zum Öffnen zu versehen. Sie müssen an Stellen, die jederzeit zugänglich sind, leicht von Hand bedient werden können. Geschlossene Öffnungen, die als Zuluftfläche dienen, müssen ebenfalls leicht zu öffnen sein.

Die manuellen Bedienungs- und Auslöseeinrichtungen sind mit dem Hinweisschild „RAUCHABZUG" zu versehen. Weiterhin muss dort der Raum aufgeführt werden, der durch die Anlage entraucht wird, und die Betriebsstellung der jeweiligen Anlage erkennbar sein.

Variante: „Öffnungen zur Rauchableitung" (in Wänden)

3. Variante – wenn in Versammlungs- und sonstigen Aufenthaltsräumen mit einer Grundfläche zwischen 50 und 1.000 m² zur Rauchableitung im obersten Drittel der Außenwände angeordnete Öffnungen, z.B. Türen und Fenster, vorhanden sind, die eine freie Größe von zwei Prozent (2 v.H.) der Grundfläche aufweisen und Zuluftflächen von gleicher Größe besitzen, jedoch nur bis zu 12 m². Die Entrauchungsöffnungen müssen bei einer Anordnung in den Wänden doppelt so groß wie im Dach sein, da eine Rauchableitung hier diffiziler ist. Für dieses Entrauchungssystem wird keine separate Bemessung einer natürlich wirkenden Rauchabzugsanlage gefordert. Anstelle der Rauchabführung über Öffnungen ist eine Ableitung auch über Schächte mit einem strömungstechnisch äquivalenten Querschnitt zulässig, wenn die Wände der Schächte raumabschließend sind, die gleiche Feuerwiderstandsfähigkeit wie die durchdrungenen Bauteile haben, mindestens jedoch feuerhemmend (F 30), und aus nichtbrennbaren Baustoffen bestehen.

Auslösung der Abschlüsse

Die Abschlüsse zum Entrauchen, wie Fenster und Lichtkuppeln, sind mit Vorrichtungen zum Öffnen zu versehen. Sie müssen an Stellen, die jederzeit zugänglich sind, leicht von Hand bedient werden können. Geschlossene Öffnungen, die als Zuluftflächen dienen, müssen ebenfalls leicht zu öffnen sein.

Die manuellen Bedienungs- und Auslöseeinrichtungen sind mit dem Hinweisschild „RAUCHABZUG" zu versehen. Weiterhin muss dort der Raum aufgeführt werden, der durch die Anlage entraucht wird, und die Betriebsstellung der jeweiligen Anlage erkennbar sein.

Variante: „natürlich wirkende RA"

4. Variante – wenn in Versammlungs- und sonstigen Aufenthaltsräumen mit mehr als 1.000 m² eine Rauchabzugsanlage vorhanden ist, die pro 400 m² Grundfläche mindestens ein Rauchabzugsgerät mit mindestens 1,5 m² aerodynamisch wirksamer Fläche im oberen Raumdrittel aufweist. Eine Interpolation der Größe dieser Rauchabzugsflächen in Bezug auf die Grundfläche ist nicht zulässig. Die Rauchabzugsgeräte sind nach DIN EN 12101-2 (Natürliche Rauch- und Wärmeabzugsgeräte) [3.45] zu planen und auszuführen. Die Unterlagen hierüber sind dem Brandschutznachweis bzw. -konzept beizufügen.

Weiterhin muss je höchstens 1.600 m² eine Auslösegruppe für die Rauchabzugsgeräte gebildet werden.

Zuluftfläche

Die Zuluftflächen müssen sich im unteren Drittel der Raumhöhe befinden und einen freien Querschnitt von mindestens 12 m² aufweisen, der sich aus verschiedenen Öffnungen zusammensetzen kann.

Das angestrebte Schutzziel wird bei dieser Variante durch natürlich wirkende Rauchabzugsgeräte erreicht, die im Brandfall Entrauchungsöffnungen freigeben. Durch den thermischen Auftrieb entweicht der Rauch dann hierüber ins Freie.

Die Rauchabzugsanlagen müssen automatisch auslösen und zusätzlich von einer jederzeit zugänglichen Stelle von Hand aus bedient werden können. Durch diese Regelung soll eine möglichst frühe Rauchabführung eingeleitet werden, um die Brandbekämpfung zu erleichtern. Die Erstauslösung muss nicht zwingend durch Rauchmelder erfolgen.

Aktivierung der Rauchabzugsanlage

Die manuellen Bedienungs- und Auslöseeinrichtungen sind mit dem Hinweisschild „RAUCHABZUG" zu versehen. Weiterhin muss dort der Raum aufgeführt werden, der durch die Anlage entraucht wird, und die Betriebsstellung der jeweiligen Anlage erkennbar sein.

Variante: „maschinelle Rauchabzugsanlagen"

5. Variante – wenn in Versammlungs- und sonstigen Aufenthaltsräumen maschinelle Entrauchungsanlagen vorhanden sind. Je 400 m² Grundfläche muss mindestens ein Rauchabzugsgerät oder eine Absaugstelle im oberen Drittel der Raumhöhe angeordnet sein. Der Luftvolumenstrom pro Gerät muss mindestens 10.000 m³/h betragen.

Ab einer Raumgröße von 1.600 m² wird zu dem Luftvolumenstrom von 40.000 m³/h ein zusätzlicher Strom von 5.000 m³/h je angefangene 400 m² Grundfläche hinzugerechnet. Der sich ergebende Gesamtvolumenstrom je Raum ist gleichmäßig auf die Rauchabzugsgeräte oder Ansaugstellen zu verteilen.

Bei einer alternativen Variante ist ein Luftvolumenstrom von mindestens 40.000 m³/h je Raum erforderlich, wenn sichergestellt ist, dass dieser Luftstrom im Bereich der Brandstelle auf einer Grundfläche von höchstens 1.600 m² von den Geräten/Ansaugstellen gleichmäßig gefördert wird.

maximale Nachströmgeschwindigkeit

Die Zuluftflächen müssen in beiden Varianten im unteren Raumdrittel vorhanden sein sowie in solcher Größe und so angeordnet werden, dass eine Strömungsgeschwindigkeit von 3,0 m/s nicht überschritten wird. Hierdurch wird eine laminare Luftströmung sichergestellt, die keine Verwirbelung des Brandrauches verursacht.

Auslösung der Abschlüsse

Die Rauchabzugsanlagen müssen automatisch auslösen und zusätzlich an einer jederzeit zugänglichen Stelle von Hand ausgelöst werden können. Durch diese Regelung soll eine möglichst frühe Rauchabführung eingeleitet werden, um die Brandbekämpfung zu erleichtern.

Die manuellen Bedienungs- und Auslöseeinrichtungen sind mit dem Hinweisschild „RAUCHABZUG" zu versehen. Weiterhin muss dort der Raum aufgeführt werden, der durch die Anlage entraucht wird, und die Betriebsstellung der jeweiligen Anlage erkennbar sein.

Die Mindestvolumenströme bezogen auf Grundfläche und Anzahl der Geräte sind der Tabelle 3.3 zu entnehmen.

thermische Auslegung von maschinellen RA

Die maschinellen Rauchabzugsanlagen müssen auf eine Dauer von 30 Minuten und für eine Rauchgastemperatur von 600 °C ausgelegt sein. Diese Forderung soll gewährleisten, dass es zu keinem vorzeitigen Ausfall der Anlage bzw. von Teilen der Anlage während des Transports der heißen Brandgase kommt.

Bei Anlagen mit einem Volumenstrom von mindestens 40.000 m³/h darf die Auslegetemperatur der gesamten Anlage bzw. einzelner Anlagenteile 300 °C betragen.

gleichzeitige Inbetriebnahme

Gleichzeitig mit der Inbetriebnahme der Anlage muss die Zuluftführung aktiviert werden, um von Beginn an die volle Leistungsfähigkeit zu erreichen.

Variante: „Be- und Entlüftungsanlagen"

6. Variante – wenn in Versammlungs- und sonstigen Aufenthaltsräumen Löschanlagen (wie Sprinkleranlagen) und Lüftungsanlagen für den Luftwechsel bei Normaltemperaturen vorhanden sind, die im Brandfall automatisch beim Auslösen der selbsttätigen Feuerlöschanlagen so betrieben werden, dass sie nur entlüften und entsprechende Luftvolumenströme einschließlich der Zuluft (nach Tabelle 3.3) erreichen, soweit es die Zweckbestimmung der Absperrvorrichtungen, wie Brandschutzklappen, gegen Brandübertragung zulässt.

Die vorhandene Lüftungsanlage für Luftwechsel bei Normaltemperaturen muss nicht die Anforderungen einer maschinellen Rauchabzugsanlage erfüllen, da hierdurch nur das Schutzziel der Unterstützung von wirksamen Löscharbeiten erreicht werden soll. Für die besondere Betriebsart „Entlüftung" ist die entsprechende Zuluft vorzusehen.

Alle erforderlichen Angaben zur Lüftungsanlage müssen für den Brand- bzw. Rauchfall im Brandschutznachweis bzw. -konzept aufgeführt werden.

b) Magazine und Lagerräume in Versammlungsstätten

Die Anforderung an die Unterstützung der Entrauchung zum Erreichen des Schutzziels wirksame Löscharbeiten gilt als erfüllt.

Variante: „Öffnungen zur Rauchableitung" (in Decken)

1. Variante – wenn in Magazinen und Lagerräumen mit einer Grundfläche zwischen 200 und 1.000 m² Öffnungen zur Rauchableitung an oberster Stelle vorhanden sind, die eine freie Größe von einem Prozent (1 v.H.) der Grundfläche aufweisen und Zuluftflächen von gleicher Dimension besitzen, jedoch nicht mehr als 12 m². Hier wird eine Variante zur Rauchabführung erläutert, bei der sich die Entrauchungsöffnungen in der Regel in der Dachdecke befinden.

Schächte anstelle von Öffnungen

Anstelle von Öffnungen zur Rauchabführung ist eine Ableitung auch über Schächte mit einem strömungstechnisch gleichwertigen Querschnitt zulässig, wenn die Wände der Schächte raumabschließend sind, die gleiche Feuerwiderstandsfähigkeit haben wie die durchdrungenen Bauteile (in der Regel Geschossdecken), mindestens jedoch feuerhemmend (F 30), und aus nichtbrennbaren Baustoffen bestehen.

Auslösung der Abschlüsse

Die Abschlüsse zum Entrauchen, wie Fenster und Lichtkuppeln, sind mit Vorrichtungen zum Öffnen zu versehen. Sie müssen an Stellen, die jederzeit zugänglich sind, leicht von Hand bedient werden können. Geschlossene Öffnungen, die als Zuluftflächen dienen, müssen ebenfalls leicht zu öffnen sein.

Die manuellen Bedienungs- und Auslöseeinrichtungen sind mit dem Hinweisschild „RAUCHABZUG" zu versehen. Weiterhin muss dort der Raum aufgeführt werden, der durch die Anlage entraucht wird, und die Betriebsstellung der jeweiligen Anlage erkennbar sein.

Variante: „Öffnungen zur Rauchableitung" (in Wänden)

2. Variante – wenn in Magazinen und Lagerräumen mit einer Grundfläche zwischen 200 und 1.000 m² zur Rauchableitung im obersten Drittel der Außenwände angeordnete Öffnungen, z.B. Türen und Fenster, vorhanden sind, die eine freie Größe von zwei Prozent (2 v.H.) der Grundfläche aufweisen und Zuluftflächen von gleicher Dimension besitzen, jedoch nicht mehr als 12 m².

Schächte anstelle von Öffnungen

Anstelle von Öffnungen zur Rauchabführung ist eine Ableitung auch über Schächte mit einem strömungstechnisch gleichwertigen Querschnitt zulässig, wenn die Wände der Schächte raumabschließend sind, die gleiche Feuerwiderstandsfähigkeit wie die durchdrungenen Bauteile haben, mindestens jedoch feuerhemmend (F 30), und aus nichtbrennbaren Baustoffen bestehen.

Die Rauchabzugsanlagen müssen automatisch auslösen und zusätzlich an einer jederzeit zugänglichen Stelle von Hand ausgelöst werden können. Durch diese Regelung soll eine möglichst frühe Rauchabführung eingeleitet werden, um die Brandbekämpfung zu erleichtern. Die Erstauslösung muss nicht zwingend durch Rauchmelder erfolgen.

Die manuellen Bedienungs- und Auslöseeinrichtungen sind mit dem Hinweisschild „RAUCHABZUG" zu versehen. Weiterhin muss dort der Raum aufgeführt werden, der durch die Anlage entraucht wird, und die Betriebsstellung der jeweiligen Anlage erkennbar sein.

Variante: „natürlich wirkende RA"

3. Variante – wenn in Magazinen und Lagerräumen mit mehr als 1.000 m² eine Rauchabzugsanlage vorhanden ist, die pro 400 m² Grundfläche mindestens ein Rauchabzugsgerät mit mindestens 1,50 m² aerodynamisch wirksamer Fläche im oberen Raumdrittel aufweist. Eine Interpolation der Größe dieser Rauchabzugsflächen in Bezug auf die Grundfläche ist nicht zulässig. Die Rauchabzugsgeräte sind nach DIN EN 12101-2 (Natürliche Rauch- und Wärmeabzugsgeräte) [3.45] zu planen und auszuführen. Die Unterlagen hierüber sind dem Brandschutznachweis bzw. -konzept beizufügen.

Pro höchstens 1.600 m² ist eine Auslösegruppe für die Rauchabzugsgeräte zu bilden.

Auslösung der Abschlüsse

Die Zuluftflächen müssen sich im unteren Drittel der Raumhöhe befinden und einen freien Querschnitt von mindestens 12 m² aufweisen, der sich aus verschiedenen Öffnungen zusammensetzen kann.

Die Abschlüsse zum Entrauchen, wie Fenster und Lichtkuppeln, sind mit Vorrichtungen zum Öffnen zu versehen. Sie müssen an Stellen, die jederzeit zugänglich sind, leicht von Hand bedient werden können.

Die manuellen Bedienungs- und Auslöseeinrichtungen sind mit dem Hinweisschild „RAUCHABZUG" zu versehen. Weiterhin muss dort der Raum aufgeführt werden, der durch die Anlage entraucht wird, und die Betriebsstellung der jeweiligen Anlage erkennbar sein.

Variante: „maschinelle RA"

4. Variante – wenn in Magazinen und Lagerräumen maschinelle Entrauchungsanlagen vorhanden sind. Je 400 m² Grundfläche muss mindestens ein Rauchabzugsgerät oder eine Absaugstelle im oberen Drittel angeordnet sein. Der Luftvolumenstrom pro Gerät muss mindestens 10.000 m³/h betragen.

Ab einer Raumgröße von 1.600 m² wird zu dem Luftvolumenstrom von 40.000 m³/h ein zusätzlicher Strom von 5.000 m³/h je angefangene 400 m² Grundfläche hinzugerechnet. Der sich ergebende Gesamtvolumenstrom je Raum ist gleichmäßig auf die Rauchabzugsgeräte oder Ansaugstellen zu verteilen (siehe hierzu auch Tabelle 3.3).

Bei einer alternativen Variante ist ein Luftvolumenstrom von mindestens 40.000 m³/h je Raum erforderlich, wenn sichergestellt ist, dass dieser Luftstrom im Bereich der Brandstelle auf einer Grundfläche von höchstens 1.600 m² von den Geräten/Ansaugstellen gleichmäßig gefördert wird.

maximale Nachströmgeschwindigkeit

Die Zuluftflächen müssen sich in beiden Varianten im unteren Raumdrittel befinden sowie in solcher Größe und so angeordnet werden, dass eine Strömungsgeschwindigkeit von 3,0 m/s nicht überschritten wird. Hierdurch wird eine laminare Luftströmung sichergestellt, die keine Verwirbelung des Brandrauches verursacht.

Aktivierung der Rauchabzugsanlage

Die Rauchabzugsanlagen müssen automatisch auslösen und zusätzlich an einer jederzeit zugänglichen Stelle von Hand ausgelöst werden können. Durch diese Regelung soll eine möglichst frühe Rauchabführung eingeleitet werden, um die Brandbekämpfung zu erleichtern.

Die manuellen Bedienungs- und Auslöseeinrichtungen sind mit dem Hinweisschild „RAUCHABZUG" zu versehen. Weiterhin muss dort der Raum aufgeführt werden, der durch die Anlage entraucht wird, und die Betriebsstellung der jeweiligen Anlage erkennbar sein.

Variante: „maschinelle RA"

5. Variante – wenn in Magazinen- und Lagerräumen Löschanlagen (wie Sprinkleranlagen) und Lüftungsanlagen für den Luftwechsel bei Normaltemperaturen vorhanden sind, die im Brandfall automatisch beim Auslösen der selbsttätigen Feuerlöschanlagen so betrieben werden, dass sie nur entlüften und die entsprechenden Luftvolumenströme einschließlich der Zuluft (nach Tabelle 3.3) erreichen, soweit es die Zweckbestimmung der Absperrvorrichtungen, z.B. Brandschutzklappen, gegen Brandübertragung zulässt.

Die vorhandene Lüftungsanlage für Luftwechsel bei Normaltemperaturen muss nicht die Anforderungen einer maschinellen Rauchabzugsanlage erfüllen, da hierdurch nur das Schutzziel der Unterstützung von wirksamen Löscharbeiten erreicht werden soll. Für die besondere Betriebsart „Entlüftung" ist die entsprechende Zuluft vorzusehen.

Alle erforderlichen Angaben zur Lüftungsanlage müssen für den Brand- bzw. Rauchfall im Brandschutznachweis bzw. -konzept aufgeführt werden.

c) Bühnen und Szenenflächen in Versammlungsstätten

Bühnen- und Szenenflächen in Versammlungsstätten

wenn in Bühnenräumen Öffnungen zur Rauchableitung (z.B. Entrauchungsklappen) an oberster Stelle vorhanden sind, die eine freie Größe von fünf Prozent (5 v.H.) der Grundfläche aufweisen, oder über Szenenflächen, die eine Öffnungsgröße von drei Prozent (3 v.H.) haben müssen und Zuluftflächen von gleicher Größe besitzen.

Schächte anstelle von Öffnungen

Als System für eine ausreichende Rauchabführung wurden hier „Öffnungen zur Rauchableitung" gewählt. Anstelle der Rauchabführung über Öffnungen ist eine Ableitung auch über Schächte mit einem strömungstechnisch gleichwertigen Querschnitt zulässig, wenn die Wände der Schächte raumabschließend sind, die gleiche Feuerwiderstandsfähigkeit wie die durchdrungenen Bauteile haben (in der Regel Geschossdecken), mindestens jedoch feuerhemmend (F 30), und aus nichtbrennbaren Baustoffen bestehen.

Öffnen der Abschlüsse

Die Abschlüsse zum Entrauchen, wie Fenster und Lichtkuppeln, sind mit Vorrichtungen zum Öffnen zu versehen. Sie müssen an Stellen, die jederzeit zugänglich sind, leicht von Hand bedient werden können. Geschlossene Öffnungen, die als Zuluftflächen dienen, müssen ebenfalls leicht zu öffnen sein.

Kennzeichnung

Die manuellen Bedienungs- und Auslöseeinrichtungen sind mit dem Hinweisschild „RAUCHABZUG" zu versehen. Weiterhin muss dort der Raum aufgeführt werden, der durch die Anlage entraucht wird, und die Betriebsstellung der jeweiligen Anlage erkennbar sein.

d) Treppenräume in Versammlungsstätten

In notwendigen Treppenräumen von Versammlungsstätten werden die Anforderungen an die Unterstützung der Entrauchung zum Erreichen des Schutzziels wirksame Löscharbeiten erfüllt,

1. Variante – wenn an der Außenwand angeordnete Treppenräume in jedem oberirdischen Geschoss zur Rauchableitung unmittelbar ins Freie führende Fenster mit einem freien Querschnitt von mindestens 0,50 m² sowie eine Öffnung mit einem freien Querschnitt von mindestens 1 m² an oberster Stelle haben.

Variante: „Öffnungen zur Rauchableitung"

Die Abschlüsse zum Entrauchen, wie Fenster und Lichtkuppeln, sind mit Vorrichtungen zum Öffnen zu versehen. Sie müssen an Stellen, die jederzeit zugänglich sind, leicht von Hand bedient werden können. Geschlossene Öffnungen, die als Zuluftflächen dienen, müssen ebenfalls leicht zu öffnen sein.

2. Variante – wenn innenliegende Treppenräume Rauchabzugsgeräte (nach DIN EN 12101-2 [3.45]) mit insgesamt mindestens 1 m² aerodynamisch wirksamer Fläche haben, die im oder direkt unter dem obersten Treppenraumabschluss angeordnet sind.

„innenliegende" Treppenräume

Die Rauchabzugsanlagen müssen automatisch auslösen und zusätzlich an einer jederzeit zugänglichen Stelle von Hand ausgelöst werden können. Durch diese Regelung soll eine möglichst frühe Rauchabführung eingeleitet werden, um die Brandbekämpfung zu erleichtern.

Anstelle der Rauchabführung über Öffnungen ist in beiden Varianten eine Ableitung auch über Schächte mit einem strömungstechnisch gleichwertigen Querschnitt zulässig, wenn die Wände der Schächte raumabschließend sind, die gleiche Feuerwiderstandsfähigkeit wie die durchdrungenen Bauteile haben, mindestens jedoch feuerhemmend, und aus nichtbrennbaren Baustoffen bestehen.

Schächte anstelle von Öffnungen

In beiden Varianten sind die manuellen Bedienungs- und Auslöseeinrichtungen mit dem Hinweisschild „RAUCHABZUG" zu versehen. Weiterhin muss dort der Raum aufgeführt werden, der durch die Anlage entraucht wird. Die Betriebsstellung der jeweiligen Anlage muss ebenfalls erkennbar sein.

Kennzeichnung

Die Regeln für beide Treppenraumvarianten gelten unabhängig von der Höhe der Treppenräume.

keine Höhenbegrenzung

30.3.8 Produktions- und Lagerräume (mit und ohne Ebenen sowie mit und ohne Löschanlagen) nach Muster-Industriebau-Richtlinie [3.5]

In der Muster-Industriebau-Richtlinie wird die Rauchableitung in Absatz 5.7 beschrieben. Der Inhalt basiert auf dem gleichen Schutzziel und den gleichen technischen Grundlagen wie sie in § 16 der Muster-Verkaufsstättenverordnung und in § 16 der Muster-Versammlungsstättenverordnung genannt werden.

Schutzziel als Grundlage der Rauchabführung

Auch hier werden Regelbeispiele aufgeführt, deren bauliche, technische und geometrische Ausführung ausschließlich auf die Unterstützung der Brandbekämpfung der Feuerwehr ausgelegt sind.

Zum Erreichen des Schutzziels wirksame Löscharbeiten müssen in Industriebauten folgende Räume entraucht werden können:

- Produktionsräume mit mehr als 200 m² Grundfläche,
- Lagerräume mit mehr als 200 m² Grundfläche und
- Ebenen mit mehr als 200 m² Grundfläche.

betroffene Räume in Industriebauten

2. und 3. Schutzziel

Zum Erreichen des 2. und 3. Schutzziels sind weitere Maßnahmen erforderlich. Diese Schutzziele werden planmäßig **nicht allein** durch die in Absatz 5.7 beschriebenen Entrauchungsmaßnahmen erfüllt.

unterschiedliche Systeme

Wie auch in Verkaufs- und Versammlungsstätten werden drei Entrauchungssysteme unterschieden: 1. Öffnungen zur Rauchableitung, 2. natürlich wirkende Rauchabzugsanlagen und 3. maschinelle Rauchabzugsanlagen.

Auch bei Industriebauten darf von den beschriebenen Entrauchungsvarianten abgewichen werden, ohne dass die Bauaufsichtsbehörde eine Abweichungsentscheidung treffen muss, wenn eine äquivalente Ausführung geplant wird. Die dazu erforderlichen Angaben und Unterlagen werden Teil des Brandschutznachweises bzw. -konzeptes.

Beispiele nach Absatz 5.7

Nachfolgend werden die Regelbeispiele des Absatzes 5.7 in Form eines „Katalogs" für spezielle Raumnutzungsarten und -größen detailliert erläutert:

a) Produktions- und Lagerräume in Industriebauten ohne Ebenen

Die Anforderung an die Unterstützung der Entrauchung zum Erreichen des Schutzziels wirksame Löscharbeiten gilt als erfüllt,

Variante: „Öffnungen zur Rauchableitung" (in Decken)

1. Variante – wenn in Produktions- und Lagerräumen (ohne Ebenen) mit einer Grundfläche zwischen 200 und 1.600 m² Öffnungen zur Rauchableitung, wie z.B. Entrauchungsklappen, an oberster Stelle vorhanden sind, die eine freie Größe von einem Prozent (1 v.H.) der Grundfläche aufweisen und Zuluftflächen von gleicher Dimension besitzen, jedoch nicht mehr als 12 m². Bei dieser Variante der Rauchabführung befinden sich die Entrauchungsöffnungen in der Regel in der Dachdecke.

Schächte anstelle von Öffnungen

Als System für eine ausreichende Rauchabführung wurden hier „Öffnungen zur Rauchableitung" gewählt. Anstelle von Öffnungen zur Rauchabführung ist eine Ableitung auch über Schächte mit einem strömungstechnisch gleichwertigen Querschnitt zulässig, wenn die Wände der Schächte raumabschließend sind, die gleiche Feuerwiderstandsfähigkeit wie die durchdrungenen Bauteile haben (in der Regel Geschossdecken), mindestens jedoch feuerhemmend (F 30), und aus nichtbrennbaren Baustoffen bestehen.

Auslösung der Abschlüsse

Die Abschlüsse zum Entrauchen, wie Fenster und Lichtkuppeln, sind mit Vorrichtungen zum Öffnen zu versehen. Sie müssen an Stellen, die jederzeit zugänglich sind, leicht von Hand bedient werden können. Geschlossene Öffnungen, die als Zuluftflächen dienen, müssen ebenfalls leicht zu öffnen sein.

Die manuellen Bedienungs- und Auslöseeinrichtungen sind mit dem Hinweisschild „RAUCHABZUG" zu versehen. Weiterhin muss dort der Raum aufgeführt werden, der durch die Anlage entraucht wird, und die Betriebsstellung der jeweiligen Anlage erkennbar sein.

Variante: „Öffnungen zur Rauchableitung" (in Wänden)

2. Variante – wenn in Produktions- und Lagerräumen (ohne Ebenen) mit einer Grundfläche zwischen 200 und 1.600 m² Öffnungen zur Rauchableitung im obersten Drittel der Außenwände vorhanden sind, wie z.B. Türen und Fenster, die eine freie Größe von zwei Prozent (2 v.H.) der Grundfläche aufweisen und Zuluftflächen von gleicher Dimension besitzen, jedoch nicht mehr als 12 m². Die Entrauchungsöffnungen müssen bei einer Anordnung in den Wänden doppelt so groß wie im Dach sein, da eine Rauchableitung hier diffiziler ist. Auch für dieses Entrauchungssystem wird keine separate Bemessung einer natürlich wirkenden Rauchabzugsanlage gefordert.

Schächte anstelle von Öffnungen

Anstelle von Öffnungen zur Rauchabführung ist eine Ableitung auch über Schächte mit einem strömungstechnisch äquivalenten Querschnitt zulässig, wenn die Wände der Schächte raumabschließend sind, die gleiche Feuerwiderstandsfähigkeit wie die durchdrungenen Bauteile haben, mindestens jedoch feuerhemmend (F 30), und aus nichtbrennbaren Baustoffen bestehen.

Auslösung der Abschlüsse

Die Abschlüsse zum Entrauchen, wie Fenster und Lichtkuppeln, sind mit Vorrichtungen zum Öffnen zu versehen. Sie müssen an Stellen, die jederzeit zugänglich sind, leicht von Hand bedient werden können. Geschlossene Öffnungen, die als Zuluftflächen dienen, müssen ebenfalls leicht zu öffnen sein.

Die manuellen Bedienungs- und Auslöseeinrichtungen sind mit dem Hinweisschild „RAUCHABZUG" zu versehen. Weiterhin muss dort der Raum aufgeführt werden, der durch die Anlage entraucht wird, und die Betriebsstellung der jeweiligen Anlage erkennbar sein. Oder

Variante: „natürlich wirkende RA"

3. Variante – wenn in Produktions- und Lagerräumen (ohne Ebenen) mit einer Grundfläche zwischen 200 und 1.600 m² eine Rauchabzugsanlage vorhanden ist, die je 400 m² Grundfläche mindestens ein Rauchabzugsgerät mit mindestens 1,50 m² aerodynamisch wirksamer Fläche im oberen Raumdrittel aufweist. Eine Interpolation der Größe dieser Rauchabzugsflächen in Bezug auf die Grundfläche ist nicht zulässig. Die Rauchabzugsgeräte sind nach DIN EN 12101-2 (Natürliche Rauch- und Wärmeabzugsgeräte) [3.45] zu planen und auszuführen. Die Unterlagen hierüber sind dem Brandschutznachweis bzw. -konzept beizufügen.

Je höchstens 1.600 m² ist eine Auslösegruppe für die Rauchabzugsgeräte zu bilden.

Die Zuluftflächen müssen sich im unteren Drittel der Raumhöhe befinden und einen freien Querschnitt von mindestens 12 m² aufweisen, der sich aus verschiedenen Öffnungen zusammensetzen kann.

Auslösung der Abschlüsse

Das angestrebte Schutzziel wird bei dieser Variante durch natürlich wirkende Rauchabzugsgeräte erreicht, die im Brandfall Entrauchungsöffnungen freigeben. Durch den thermischen Auftrieb entweicht der Rauch hierüber ins Freie.

Die Rauchabzugsanlagen müssen automatisch auslösen und zusätzlich an einer jederzeit zugänglichen Stelle von Hand bedient werden können. Durch diese Regelung soll eine möglichst frühe Rauchabführung eingeleitet werden, um die Brandbekämpfung zu erleichtern. Die Erstauslösung muss nicht zwingend durch Rauchmelder erfolgen.

Die manuellen Bedienungs- und Auslöseeinrichtungen sind mit dem Hinweisschild „RAUCHABZUG" zu versehen. Weiterhin muss dort der Raum aufgeführt werden, der durch die Anlage entraucht wird, und die Betriebsstellung der jeweiligen Anlage erkennbar sein.

Variante: „maschinelle RA"

4. Variante – wenn in Produktions- und Lagerräumen (ohne Ebenen) maschinelle Entrauchungsanlagen vorhanden sind. Je 400 m² Grundfläche muss mindestens ein Rauchabzugsgerät oder eine Absaugstelle im oberen Drittel der Raumhöhe angeordnet sein. Der Luftvolumenstrom pro Gerät muss mindestens 10.000 m³/h betragen.

Ab einer Raumgröße von 1.600 m² wird zu dem Luftvolumenstrom von 40.000 m³/h ein zusätzlicher Strom von 5.000 m³/h je angefangene 400 m² Grundfläche hinzugerechnet. Der sich ergebende Gesamtvolumenstrom je Raum ist gleichmäßig auf die Rauchabzugsgeräte oder Ansaugstellen zu verteilen.

Bei einer alternativen Variante ist ein Luftvolumenstrom von mindestens 40.000 m^3/h je Raum erforderlich, wenn sichergestellt ist, dass dieser Luftstrom im Bereich der Brandstelle auf einer Grundfläche von höchstens 1.600 m^2 von den Geräten/Ansaugstellen gleichmäßig gefördert wird.

maximale Nachströmgeschwindigkeit

Die Zuluftflächen müssen sich in beiden Varianten im unteren Raumdrittel befinden sowie in solcher Größe und so angeordnet werden, dass eine Strömungsgeschwindigkeit von 3,0 m/s nicht überschritten wird. Hierdurch wird eine laminare Luftströmung sichergestellt, die keine Verwirbelung des Brandrauches verursacht.

Auslösung der Rauchabzugsanlagen

Die Rauchabzugsanlagen müssen automatisch auslösen und zusätzlich an einer jederzeit zugänglichen Stelle von Hand bedient werden können. Durch diese Regelung soll eine möglichst frühe Rauchabführung eingeleitet werden, um die Brandbekämpfung zu erleichtern.

Die manuellen Bedienungs- und Auslöseeinrichtungen sind mit dem Hinweisschild „RAUCHABZUG" zu versehen. Weiterhin muss dort der Raum aufgeführt werden, der durch die Anlage entraucht wird, und die Betriebsstellung der jeweiligen Anlage erkennbar sein.

Mindestvolumenströme nach Tab. 3.3

Die Mindestvolumenströme bezogen auf Grundfläche und Anzahl der Geräte sind der Tabelle 3.3 zu entnehmen.

Die maschinellen Rauchabzugsanlagen müssen auf eine Dauer von 30 Minuten und für eine Rauchgastemperatur von 600 °C ausgelegt sein. Diese Forderung soll gewährleisten, dass es zu keinem vorzeitigen Ausfall der Anlage bzw. von Teilen der Anlage während des Transports der heißen Brandgase kommt.

thermische Auslegung

Bei Anlagen mit einem Volumenstrom von mindestens 40.000 m^3/h darf die Auslegetemperatur der gesamten Anlage bzw. einzelner Anlagenteile 300 °C betragen.

Gleichzeitig mit der Inbetriebnahme der Anlage muss die Zuluftführung aktiviert werden, um von Beginn an die volle Leistungsfähigkeit zu erreichen.

b) Produktions- und Lagerräume in Industriebauten mit Ebenen in Brandbekämpfungsabschnitten

Die Anforderung an die Unterstützung der Entrauchung zum Erreichen des Schutzziels wirksame Löscharbeiten gilt als erfüllt,

Variante: „natürlich wirkende RA"

1. Variante – wenn in Produktions- und Lagerräumen (mit Ebenen) Rauchabzugsanlagen vorhanden sind, bei denen pro maximal 400 m^2 Dachfläche mindestens ein Rauchabzugsgerät im Dach angeordnet ist. Diese Entrauchungsvariante erfüllt das vorgegebene Schutzziel unter Verwendung von natürlich wirkenden Rauchabzugsanlagen.

Die aerodynamisch wirksame Fläche der Rauchabzugsgeräte muss pro 400 m^2 Grundfläche des Brandbekämpfungsabschnitts mindestens eine Größe von insgesamt 1,50 m^2 aufweisen.

Pro höchstens 1.600 m^2 Dachfläche muss mindestens eine Auslösegruppe vorhanden sein.

Um strömungstechnische Effekte zu berücksichtigen, ist eine Unterteilung der Brandbekämpfungsabschnittsflächen in Rauchabschnitte < 5.000 m² erforderlich. Diese Unterteilung kann z.B. durch die Anordnung von Rauchschürzen erfolgen (siehe auch Absatz 30.7). **Rauchabschnitte**

Für die Zuluftführung wird vorgegeben, dass sich der freie geometrische Querschnitt aller Öffnungsflächen der Rauchabzugsanlage im Dach auch in allen Decken der Ebenen sowie als Zuluftfläche in der untersten Ebene befinden muss. Es dürfen nur Öffnungen in Ebenen mit einem freien Querschnitt von mindestens 1 m² angerechnet werden. **Ort der Zuluftflächen**

Die Rauchabzugsanlagen müssen sowohl automatisch als auch von Hand ausgelöst werden können. Aus dieser Vorgabe kann abgeleitet werden, dass die Erstauslösung nicht zwingend durch Rauchmelder erfolgen muss. Auslöseelemente nach DIN EN 12101-2 [3.45] sind ausreichend. Die Auslösung soll möglichst früh eingeleitet werden. **Auslösung der RA**

Die manuellen Bedienungs- und Auslöseeinrichtungen sind mit dem Hinweisschild „RAUCHABZUG“ zu versehen. Weiterhin muss dort der Raum aufgeführt werden, der durch die Anlage entraucht wird, und die Betriebsstellung der jeweiligen Anlage erkennbar sein.

2. Variante – wenn in Produktions- und Lagerräumen (mit Ebenen) mit einer Grundfläche zwischen 200 und 1.000 m² bzw. 200 und 1.600 m², falls eine Werkfeuerwehr vorhanden ist, Öffnungen, Türen und Fenster zur Rauchableitung vorhanden und im obersten Drittel der Außenwände angeordnet sind. **Variante: „Öffnungen zur Rauchableitung“ (in Wänden)**

Sie müssen eine freie Fläche von zwei Prozent (2 v.H.) der Grundfläche aufweisen und Zuluftflächen von gleicher Größe besitzen. Anstelle von Öffnungen zur Rauchabführung ist eine Ableitung auch über Schächte mit einem strömungstechnisch gleichwertigen Querschnitt zulässig, wenn die Wände der Schächte raumabschließend sind, die gleiche Feuerwiderstandsfähigkeit wie die durchdrungenen Bauteile haben, mindestens jedoch feuerhemmend (F 30), und aus nichtbrennbaren Baustoffen bestehen.

Die Abschlüsse zum Entrauchen, wie Fenster und Lichtkuppeln, sind mit Vorrichtungen zum Öffnen zu versehen. Sie müssen an Stellen, die jederzeit zugänglich sind, leicht von Hand bedient werden können. Geschlossene Öffnungen, die als Zuluftflächen dienen, müssen ebenfalls leicht zu öffnen sein. Dies gilt z.B. für Toranlagen, die in der Nähe einer Zugangstür liegen, und auch bei Stromausfall geöffnet werden können, z.B. über einen Kettenzug. **Auslösung der RA**

Die manuellen Bedienungs- und Auslöseeinrichtungen sind mit dem Hinweisschild „RAUCHABZUG“ zu versehen. Weiterhin muss dort der Raum aufgeführt werden, der durch die Anlage entraucht wird, und die Betriebsstellung der jeweiligen Anlage erkennbar sein. **Kennzeichnung**

c) Produktions- und Lagerräume in Industriebauten mit selbsttätigen Löschanlagen

Die Anforderung an die Unterstützung der Entrauchung zum Erreichen des Schutzziels wirksame Löscharbeiten gilt als erfüllt, wenn in Produktions- und Lagerräumen Löschanlagen (wie Sprinkleranlagen) und Lüftungsanlagen für den Luftwechsel bei Normaltemperaturen vorhanden sind, die im Brandfall automatisch beim Auslösen der selbsttätigen Feuerlöschanlagen so betrieben werden, dass sie nur entlüften und die Luftvolumenströme einschließlich der Zuluft nach Tabelle 3.3 erreichen, soweit es die Zweckbestimmung der Absperrvorrichtungen (z.B. von Brandschutzklappen) gegen Brandübertragung zulässt.

Variante: „Be- und Entlüftungsanlagen"

Die vorhandene Lüftungsanlage für Luftwechsel bei Normaltemperaturen muss nicht die Anforderungen einer maschinellen Rauchabzugsanlage erfüllen, da hierdurch nur das Schutzziel Unterstützung von wirksamen Löscharbeiten erreicht werden soll. Für die besondere Betriebsart „Entlüftung" ist die entsprechende Zuluft vorzusehen.

Alle erforderlichen Angaben zur Lüftungsanlage müssen für den Brand- bzw. Rauchfall im Brandschutznachweis bzw. -konzept aufgeführt werden.

thermische Auslöser

Die Absperrvorrichtungen in Leitungen zum Zweck der Entlüftung dürfen nur durch thermische Auslöser (z.B. durch Schmelzlote) gesteuert werden. Beim Vorhandensein einer automatischen Brandmeldeanlage in der brandschutztechnischen Infrastruktur der Kategorien K 2 bis K 3.4 in Industriebauten kann auf die automatische Ansteuerung der Lüftungsanlage durch die vorhandene Brandmeldeanlage verzichtet werden. Die zuständige Brandschutzdienststelle muss dem jedoch zustimmen. Eine alleinige Ansteuerungsmöglichkeit durch Eingreifen in die Lüftungsanlage ist Feuerwehren nicht zumutbar und durch sie auch nicht umsetzbar.

d) Treppenräume in Industriebauten

In Industriebauten sind die Anforderungen der Musterbauordnung an notwendige Treppenräume einzuhalten.

30.4 Natürliche Rauchabzugsöffnungen sowie natürliche Rauchabzugsanlagen

Definition der natürlichen Entrauchung

Eine natürliche Entrauchung erfolgt ohne Zuhilfenahme oder Unterstützung von maschinellen Anlagen. Der thermische Auftrieb entsteht allein durch unterschiedliche Gasdichten, die sich durch die Temperaturunterschiede zwischen dem Brandbereich und den darüberliegenden Luftschichten ergeben. Bei maschinellen Anlagen wird der Brandrauch in der Regel mithilfe von Ventilatoren bewegt.

Anschaffungs- und Unterhaltungskosten

Die Anschaffungs- und Unterhaltskosten für natürliche Anlagen (NRA) sind geringer als für maschinellen Rauchabzugsanlagen (MRA). Sie sind einfach in der Handhabung, und die Entrauchungsöffnungen erfüllen häufig eine doppelte Funktion, wie Oberlichter oder Fenster.

RWA-Anlagen

Da bei der Entrauchung durch natürliche Vorgänge gleichzeitig Wärmeenergie aus dem Brandraum abgeführt wird, werden Rauchabzugsanlagen häufig als Rauch- und Wärmeabzugsanlagen (RWA) bezeichnet.

unterschiedliche Rauchabführungen

Bei der natürlichen Entrauchung sind zwei Arten zu unterscheiden. Die Rauchabführung kann entweder über Öffnungen erfolgen, deren Größe dem Baurecht zu entnehmen ist, oder durch natürliche Rauchabzugsanlagen, deren Funktion bemessen wird.

natürliche Entrauchung in Treppenräumen

Zum Erreichen des Schutzziels wirksame Löscharbeiten wird z.B. für Treppenräume in § 35 Absatz 8 MBO [3.1] grundsätzlich eine natürliche Entrauchung gefordert. Die Entrauchungsöffnungen können entweder aus Fenstern in jedem Geschoss oder aus einer einzigen Öffnung an höchster Stelle des Treppenraumes bestehen. Die Fenster dienen sowohl der Belichtung und Belüftung des Treppenraumes als auch im Brandfall der Entrauchung. Sie sind vom Baurecht geforderte Entrauchungsöffnungen, aber keine Rauchabzugsanlagen oder -geräte.

Bei der Wahl der Variante „Öffnung an höchster Stelle" werden diese Öffnungen aus bauphysikalischen Gründen in der Regel mit Abschlüssen versehen, die sich im Brand- bzw. Rauchfall öffnen, wie Oberlichter. Diese Vorrichtungen werden als natürliche Rauchabzugsgeräte bezeichnet.

Rauchableitung aus Fahrschächten

Eine weitere Forderung zur Entrauchung findet sich in der Musterbauordnung [3.1] für Fahrschächte von Aufzügen. In § 39 Absatz 3 wird explizit darauf hingewiesen, dass die Öffnungen zur Rauchableitung mit einer Größe von 2,5 % der Fahrschachtgrundfläche mindestens jedoch 0,10 m², mit einem Abschluss versehen sein dürfen, der sich im Brandfall selbsttätig öffnen muss.

Einsatz von RWA nicht erforderlich

Nach der Fachkommission Bauaufsicht der Bauministerkonferenz (ARGEBAU) ist in diesen beiden Fällen der Einsatz von mechanischen Rauchabzugsanlagen nicht zwingend erforderlich. Sie müssen nur Öffnungen mit einem von der Musterbauordnung bzw. den Landesbauordnungen vorgegebenen Entrauchungsquerschnitt haben.

erforderlicher Einsatz von natürlichen RWA

Besteht eine konkrete Forderung nach einer Rauch- und Wärmeabzugsanlage, wie in § 16 Abs. 2 OZ 3 der Muster-Versammlungsstättenverordnung [3.8], sind natürliche Rauch- und Wärmeabzugsgeräte (NRWG) nach DIN EN 12101-2 [3.45] zu planen und anzuordnen, die ein Teil von natürlichen Rauch- und Wärmeabzugsanlagen (RWA) sind.

Einschränkung durch Fensterflügel

Entrauchungsöffnungen können in Decken (z.B. in Form von Oberlichtern) und/oder Wänden (z.B. in Form von Fenstern) eingebaut werden. Bei Fenstern als Entrauchungsöffnungen ist darauf zu achten, dass der geöffnete Flügel den Rettungsweg, der am Fenster vorbeiführt, nicht beeinträchtigt.

Öffnungen zur Entrauchung werden in geometrisch und aerodynamisch wirksame Flächen unterschieden.

geometrische Flächen

Als geometrische Flächen werden die tatsächlich vom Brandrauch durchströmten Öffnungsbereiche bezeichnet.

aerodynamisch wirksame Flächen

Die Leistungsfähigkeit einer Öffnungsfläche ist jedoch nicht nur von der geometrischen Größe abhängig. Die baulichen Rahmenbedingungen, die Einfluss auf das Strömungsverhalten des Brandrauches haben, werden durch einen „Durchflussbeiwert" berücksichtigt. Die aerodynamisch wirksame Entrauchungsfläche ergibt sich also aus der tatsächlich vorhandenen Fläche, die mit diesem Durchflussbeiwert beaufschlagt wird.

Die wirksame Fläche kann über ein vereinfachtes Bewertungsverfahren nach DIN 12101-2 [3.45] Absatz B.2 oder ein experimentelles Verfahren nach Absatz B.3 dieser Norm ermittelt werden.

Das vereinfachte Bewertungsverfahren wird nachfolgend näher erläutert.

geometrisch freier Querschnitt

Die erforderlichen geometrischen Mindestgrößen von Entrauchungsöffnungen (erf. A_v) werden unter anderem in den Landesbauordnungen für Treppenräume und Fahrschächte festgelegt. Dort werden sie als „freier Querschnitt" bezeichnet. Bei dieser Angabe wird das Strömungsverhalten des Brandrauches nicht berücksichtigt.

aerodynamisch wirksame Entrauchungsfläche

In der Muster-Verkaufsstättenverordnung [3.7] ist bei der Planung einer „natürlich wirkenden Rauchabzugsanlage" nach § 16 Absatz 2 Ordnungsziffer (OZ) 3 eine aerodynamisch wirksame Fläche (A_a) zu berücksichtigen. Hier ist also zu beachten, dass die Größe der Rauchabzugsöffnungen entweder nach Absatz B.2 der DIN EN 12101-2 [3.45] bemessen oder experimentell nach Absatz B.3 dieser Norm ermittelt wird.

30.4.1 Vereinfachtes Bewertungsverfahren zur Bestimmung der Größe von Rauchabzugsöffnungen in Wänden

vereinfachtes Verfahren nach DIN EN 12101-2

Nachfolgend wird das vereinfachte Bewertungsverfahren zur Bemessung von aerodynamischen Öffnungsflächen in Wänden nach DIN EN 12101-2 [3.45] Absatz B.2.3 erläutert.

Die in den Wänden angeordneten Fenster können sich im Brandfall entweder rauchmeldergesteuert oder durch eine manuell zu bedienende Auslösung öffnen. Die Musterbauordnung schreibt für Treppenräume Vorrichtungen vor, die vom Erdgeschoss oder vom obersten TreppenAbsatz aus bedient werden können müssen. Das Fenster öffnet sich entweder durch Kippen oder Drehen des Flügels. Dieser Vorgang geschieht in der Regel nach innen, in den Raum hinein, da bei einer Kippöffnung nach außen Niederschläge in das Gebäude gelangen können.

Mindestabstand zu Geschossdecken

Bei Fenstern, die dicht unter der Decke angeordnet sind und deren Fensterflügel sich nach innen öffnen, ist darauf zu achten, dass das vereinfachte Bewertungsverfahren nur dann angewendet werden darf, wenn der Abstand zur Decke (Oberkante des Flügels bis zur Unterkante der Geschossdecke) mindestens 50 cm beträgt. Wird diese Größe unterschritten, sollte die aerodynamische Fläche experimentell ermittelt werden.

- **Definition von Öffnungsgrößen bei Fenstern in Wänden:**

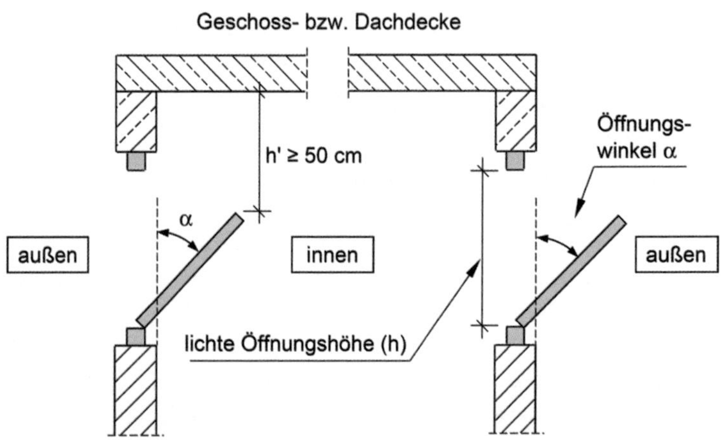

Bild 3.14: Prinzipskizze der geometrischen Größen von Fenstern in Wänden für das vereinfachte Bewertungsverfahren (links nach innen und rechts nach außen öffnend)

- **Geometrische Öffnungsgröße (A_v):**

Die geometrische Öffnungsgröße (A_v) wird als kleinste durchströmte Querschnittsfläche definiert (siehe Bild 3.15).

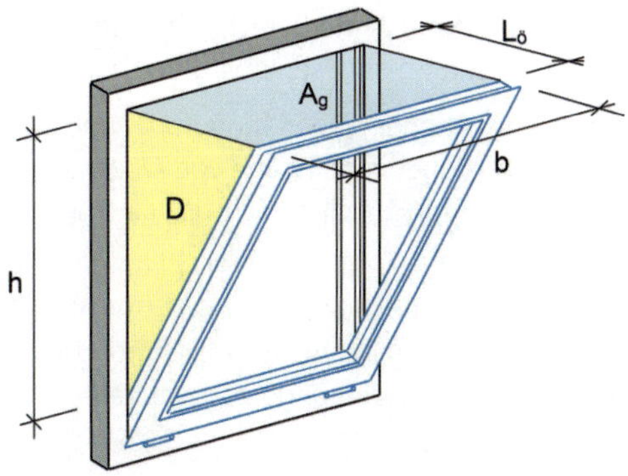

Bild 3.15: Geometrische Öffnungsfläche A_v eines gekippten Fensterflügels ($A_v = A_g + 2 \cdot D$ oder nur A_g)

Fenster in tiefer Leibung

Bei sehr tiefen Leibungen ist bei der Berechnung der Öffnungsweite ($L_ö$) und der Öffnungshöhe (h) zu beachten, dass die Leibungskanten in der Berechnung angesetzt werden (siehe Bild 3.16).

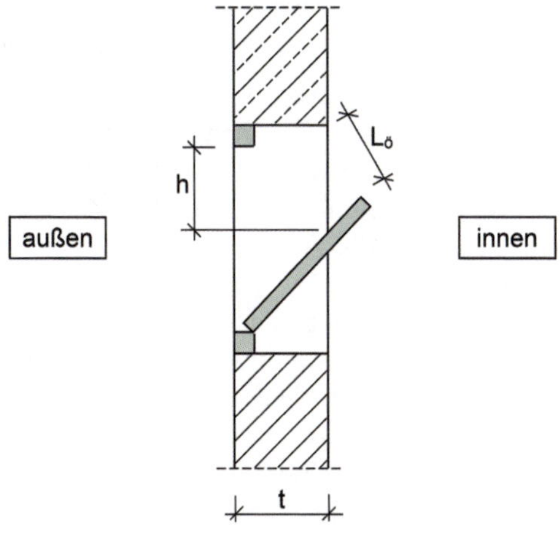

Bild 3.16: Geometrische Öffnungsfläche eines gekippten Fensterflügels in tiefer Leibung (t)

Für die Berechnungsansätze zur Bestimmung der geometrische Entrauchungsfläche (A_v) gibt es in verschiedenen Veröffentlichungen Empfehlungen, jedoch keine technisch oder rechtlich verbindlichen Grundlagen.

Der Hauptgasstrom verläuft aufgrund des thermischen Auftriebs heißer Gase im Brandraum durch die obere Fläche (A_g) zwischen Fensterflügel und -rahmen.

Da im Brandraum durch die Ausdehnung der Gase ein Überdruck herrscht, wird auch ein Teil des Brandrauches durch die seitlichen Bereiche zwischen Flügel und Rahmen (Dreiecke D – siehe Bild 3.15) ins Freie abgeführt.

2 Berechnungsvarianten

Beide Berechnungsgrößen (entweder A_g oder $A_g + 2 \cdot D$) werden in der Praxis genutzt.

Variante 1: $A_v = A_g + 2 \cdot D = L_\delta \cdot (h + b) \leq h \cdot b$

Variante 2: $A_v = A_g = L_\delta \cdot b \leq h \cdot b$

Öffnungsfläche Ag aufgrund örtlicher Einschränkungen

Auf der „sicheren Seite" befindet sich die Berechnung, wenn nur die kleinere obere Fläche (A_g) als Entrauchungsöffnung angesetzt wird.

Sollten mehrere Fensterflügel nebeneinander angeordnet und nur durch Fensterpfosten getrennt sein oder Fensterflügel in der Nähe von Querwänden angeordnet sein, dürfen die seitlichen Bereiche grundsätzlich nicht in die Querschnittsberechnungen einfließen.

Die berechnete geometrische Entrauchungsfläche darf nicht größer werden als die freie Gesamtfläche ohne Flügel (h · b). Ab einem Öffnungswinkel > 60° kann die gesamte lichte Fensterfläche als Öffnung angesetzt werden.

Einfluss von Fensterbeschlägen

Die theoretisch errechnete freie Öffnungsfläche muss bei den Fenstern in der Praxis mindestens vorhanden sein. Beispiele zeigen, wie oft diese Vorgabe nicht eingehalten wird. Häufig sind die Öffnungswinkel aufgrund der Standardbeschläge der Fensterflügel zu klein. Da hierdurch die gesetzlichen Forderungen der Bauordnung nicht eingehalten werden, ist dies nicht nur ein gravierender brandschutztechnischer Mangel. Das baurechtlich geforderte Schutzziel wirksame Löscharbeiten wird durch die zu kleinen Öffnungen nicht erreicht.

Schon bei der Planung müssen alle Beteiligten darauf achten, dass die richtigen Fensterbeschläge zur Erreichung des Öffnungswinkels eingebaut werden.

Beachtung der Windlast

Bei der Anordnung von Fenstern ist auf eine mögliche Windbelastung zu achten. Sollte Winddruck auf die in den Wänden angeordneten Entrauchungsöffnungen wirken, kann es dazu kommen, dass der Rauch in den Brandraum zurückgedrückt wird. Es findet also nicht nur keine Entrauchung statt, der Brandrauch verwirbelt auch innerhalb des Brandraumes durch die einströmende Luft. Um dies zu verhindern, müssen die Entrauchungsöffnungen (Fenster) an Stellen angeordnet werden, an denen es keine Windbeaufschlagung gibt, oder die Öffnungen sollten bei Windbelastung geschlossen werden. Witterungsbedingungen, die die Rauchabführung beeinflussen, müssen vom Brandschutzplaner berücksichtigt werden. Da die Anordnung von Fenstern in der Regel vom Architekten vorgenommen wird, ist hier eine rechtzeitige Abstimmung zwischen den Beteiligten erforderlich.

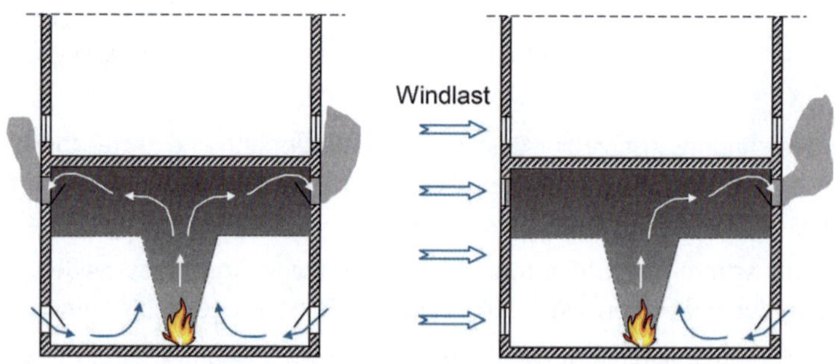

Bild 3.17: Entrauchungsöffnungen ohne Windbeaufschlagung (links) und bei einseitiger Windbelastung (rechts)

Beispiel zur Berechnung der geometrischen Öffnungsgröße

Öffnungsgröße eines Fensters (in 2 Varianten)

Variante 1:

Kippfenster zur Rauchabführung
Breite des Fensters: b = 1,00 m
Höhe des Fensters: h = 0,70 m
Öffnungswinkel: α = 30°

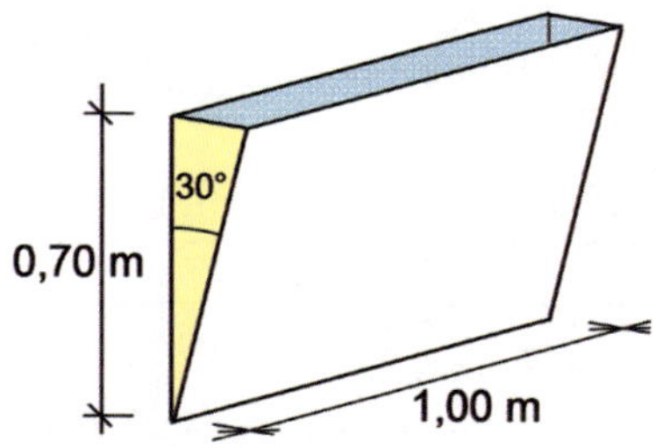

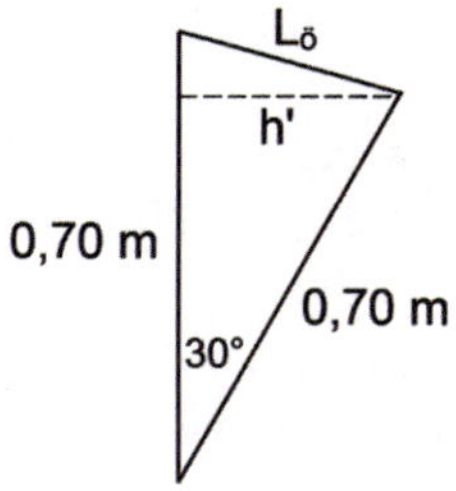

$L_ö = \sqrt{0,09378^2 + 0,35^2} = 0,3623$ m

$A_{v,Dreiecke} = h' \cdot h = 0,35 \text{ m} \cdot 0,70 \text{ m} = 0,245 \text{ m}^2$

$\mathbf{A_{v,ges} = 0,6073 \text{ m}^2} < 1,00 \text{ m} \cdot 0,70 \text{ m} = 0,70 \text{ m}^2$

→ maßgebende geometrische Öffnung

Variante 2:

$A_v = L_ö \cdot b = 0,3623 \text{ m} \cdot 1,00 \text{ m} = \mathbf{0,3623 \text{ m}^2}$

- **Aerodynamisch wirksame Öffnungsgröße (Aa):**

Einflüsse auf das Strömungsverhalten

Bei der Berechnung der aerodynamisch wirksamen Öffnungsgröße (A_a) werden Beeinflussungen von Versperrungen, wie Bedienelemente und Jalousien, die Häufigkeit der Richtungsänderung der Gasströmung sowie die Flügelstellung (z.B. nach innen oder außen öffnend) durch den Durchflussbeiwert C_v ($\leq 1,0$) berücksichtigt. Ein weiterer Effekt, der das Strömungsverhalten beeinflusst, ist die Reibung, die der Strom der Brandgase bei der Berührung mit dem Fensterflügel sowie dem Fensterrahmen erzeugt. Durch diesen physikalischen Vorgang entsteht an der Stelle durch Energieverlust ein leichter Unterdruck, der das Strömungsverhalten des Brandrauchs beeinflusst.

Berechnung der aerodynamischen Fläche

Die aerodynamische Öffnungsgröße (A_a) ergibt sich aus der Multiplikation der geometrischen Fläche mit dem Durchflussbeiwert:

$$A_a = A_v \cdot C_v \text{ (aerodynamische Öffnungsgröße)}$$

Die Durchflussbeiwerte (C_v) können der DIN EN 12101-2 [3.45] entnommen werden.

Tabelle 3.4: Durchflussbeiwerte C_v für natürliche Rauch- und Wärmeabzugsgeräte (NRWG) in Abhängigkeit von unterschiedlichen Öffnungswinkeln nach DIN EN 12101-2 [3.45]

Öffnungswinkel α	Öffnungsrichtung des NRWG – nach außen	Öffnungsrichtung des NRWG – nach innen
30°	0,25	0,20
45°	0,30	0,25
60°	0,40	0,30
90°	0,50	0,40

Durchflussbeiwerte (Cv)

Bei der Nutzung dieser Werte wird Windstille während des Brandes vorausgesetzt. Weiterhin darf es bei der Entrauchung nicht dazu kommen, dass Frischluft eingeführt, statt Brandgase abgeführt werden.

Bei der Berechnung der aerodynamischen Öffnungsfläche im vereinfachten Bewertungsverfahren darf die lichte Fensterbreite nicht größer als 2,50 m sein und das Seitenverhältnis (Länge zu Breite) ist auf 5:1 zu begrenzen.

„Plug holing"-Effekt

Der Grund für diese Begrenzung ist der Effekt des „plug holing". Bei großen Entrauchungsflächen kann es zum Vermischen der Rauchgase aus der Rauchgasschicht und der Raumluft kommen. Hierdurch wird die Rauchmenge geringer, die aus dem Brandraum durch das Fenster abgeführt wird. Bei kleinen Öffnungen gibt es diesen Effekt in der Regel nicht.

Beispiel zur Berechnung der aerodynamischen Öffnungsgröße (nach DIN EN 12101-2, Absatz B.2.3):

(Weiterführung des Beispiels zur geometrischen Öffnung)

Länge des Fensters:	$b = 1{,}00$ m
Breite (Höhe) des Fensters:	$h = 0{,}70$ m
Öffnungswinkel:	$\alpha = 30°$
Kipprichtung:	nach innen (in den Raum)
Geometrische Öffnung:	$A_v = 0{,}6073$ m²

Überprüfung der Eingangsbedingungen zur Nutzung des Verfahrens:

- Höhe zwischen Fensterflügeloberkante und Unterkante Decke (hier nicht dargestellt):

  h' = 60 cm > 50 cm ⇒ Mindesthöhe ist erfüllt (siehe Bild 3.14)
- Lichte Fensterbreite:

  b = 1,00 m < 2,50 m ⇒ Maximale Breite wird eingehalten
- Seitenverhältnis:

  Länge : Breite = 1,00 m : 0,70 m = 1,43

  1,43 < 5 : 1 = 5,0 ⇒ Seitenverhältnis wird eingehalten

Alle Eingangsbedingungen werden eingehalten.

Der Durchflussbeiwert wird der Tabelle 3.4 entnommen:

Öffnungswinkel α = 30° / Öffnungsrichtung innen ⇒ $C_v = 0{,}20$

Aerodynamische Öffnungsgröße:

$A_a = A_v \cdot C_v = 0{,}6073\ m^2 \cdot 0{,}20 = \mathbf{0{,}1215\ m^2}$

30.4.2 Vereinfachtes Bewertungsverfahren zur Bestimmung der Größe von Rauchabzugsöffnungen in Decken

Einbauort von horizontalen Öffnungen

Rauchabzugsöffnungen zur natürlichen Entrauchung dürfen grundsätzlich nicht in Geschossdecken angeordnet werden, da eine Weiterleitung von Rauch in das nächste Geschoss dem 2. Schutzziel des § 14 MBO [3.1] widerspricht, dass der Ausbreitung von Feuer und Rauch vorgebeugt werden soll.

Befinden sich die Öffnungen jedoch in einer Dachdecke, gelangt der Brandrauch aus der baulichen Anlage direkt ins Freie. Sinnvoll ist der Einbauort dieser Öffnungen in Form von Lichtkuppeln und Lichtbändern deshalb für eingeschossige Gebäude, wie Werkstätten oder Sport-, Produktions- und Lagerhallen. Auch Atrien werden so häufig entraucht. In der Regel werden sie also in doppelter Funktion genutzt (Belichtung/Belüftung und Rauchabführung).

Randbedingungen zur Nutzung des Verfahrens

Um das vereinfachte Bewertungsverfahren nutzen zu können, müssen sich die Abschlüsse in einem Mindestwinkel öffnen lassen und der Aufsetzkranz eine Mindesthöhe von 30 cm haben. Geringere Öffnungswinkel und/oder andere Einbausituationen können dazu führen, dass der Brandrauch nicht planmäßig abgeführt werden kann. Eine Einströmung von Frischluft in die Rauchabführungsöffnung muss unbedingt vermieden werden.

Durchflussbeiwert

Wenn die vorgenannten Bedingungen erfüllt sind, darf der Durchflussbeiwert mit $C_v = 0{,}4$ (fester Wert) angenommen werden.

Die geometrische Öffnungsgröße wird entsprechend der Einbausituation errechnet.

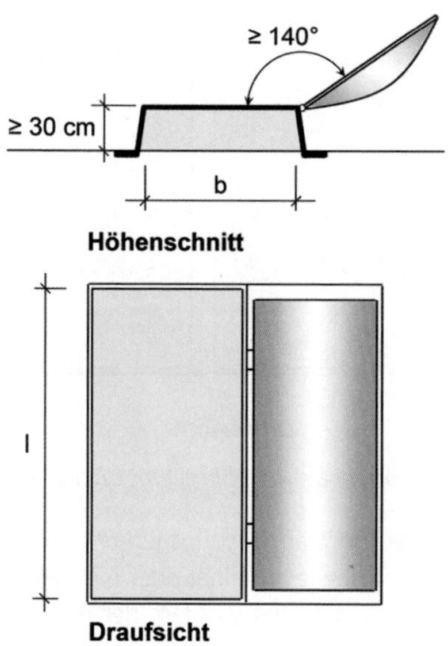

Bild 3.18: Einfache Lichtkuppel als Abschluss einer Rauchabzugsöffnung im Dach (A_v = lichte Breite × lichte Länge = b × l)

Bild 3.19: Lichtkuppel als Abschluss einer Rauchabzugsöffnung im Dach einer Halle

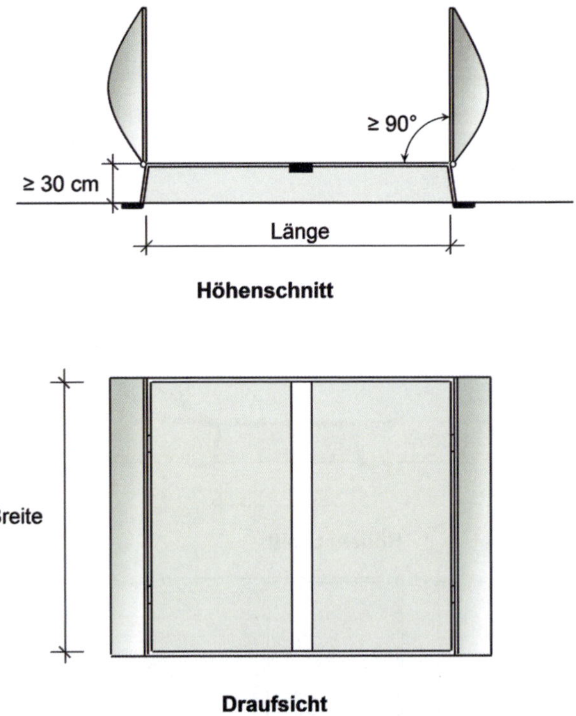

Bild 3.20: Zweifache Lichtkuppel als Abschluss einer Rauchabzugsöffnung im Dach

Teile von natürlichen RWA-Geräten

Typische „Natürliche Rauch- und Wärmeabzugsgeräte“ (NRWG) bestehen aus starren Rahmen oder Aufsetzkränzen sowie aus einer oder mehreren Klappen, die im Brandfall durch einen Mechanismus geöffnet werden, der durch eine Auslöseeinrichtung aktiviert wird (siehe Bilder 3.18 bis 3.20).

Um zu gewährleisten, dass im Brandfall die Rauchabzugsgeräte geöffnet sind, müssen sie mit einer der folgenden automatischen Öffnungseinrichtungen versehen sein:

- thermisches Auslöseelement,
- Auslöseeinrichtung, die durch ein elektrisches Signal aktiviert wird, z.B. durch Rauchmelder, Wärmemelder oder durch Unterbrechung der Vorspannung,
- pneumatische Auslöseeinrichtung oder
- Auslöseeinrichtung, die auf andere Auslösesignale (wie die einer Brandmeldeanlage) reagiert.

Auslöseeinrichtungen

Zusätzlich zu der automatischen Auslösung können die Geräte auch per Hand aktiviert werden. In begründeten Ausnahmefällen dürfen die Geräte auch nur mit einer Handauslösung versehen werden.

Beispiel zur Berechnung der geometrischen/ aerodynamischen Öffnungsgröße:

Einzelne Lichtkuppel: Öffnungswinkel = 160°

Länge = 1,00 m

Breite = 2,00 m

Geometrische Öffnungsgröße:

$A_v = L \cdot B = 1{,}00\ m \cdot 2{,}00\ m = \mathbf{2{,}00\ m^2}$

Aerodynamische Öffnungsgröße:

$A_a = A_v \cdot C_v = 2{,}0\ m^2 \cdot 0{,}40 = \mathbf{0{,}80\ m^2}$

30.4.3 Rauchfreie bzw. raucharme Zone durch Rauchabführung in Decken

In hohen Räumen, wie z.B. Produktions- und Lagerhallen, ist eine Rauchabführung erforderlich, um in Bodennähe eine rauchfreie bzw. raucharme Schicht zu erzeugen.

Dieser Bereich sollte eine Höhe von mindestens 2,50 m haben,

Höhe der raucharmen Schicht

- damit es den Nutzern möglich ist, sich selbst in Sicherheit zu bringen,
- damit es möglich ist, Menschen, Tiere und Sachwerte zu retten,
- damit wirksame Löscharbeiten möglich sind und
- damit die Rauchschäden reduziert werden.

Tabellenverfahren zur Ermittlung einer raucharme Schicht

Die DIN 18232-2 [3.39] enthält ein Tabellenverfahren, mit dessen Hilfe die Größe von aerodynamischen Öffnungen zur Rauchableitung ermittelt werden kann, bei der sich die vorgegebene Höhe einer raucharmen Schicht einstellt.

Das Verfahren ist für Räume mit einer Höhe von 3 m bis 12 m und für einen Rauchabschnitt zwischen 200 m² und 1.600 m² ausgelegt.

Tabelle 3.5: Bemessungsgruppen

anzusetzende Brandentwicklungsdauer [min]	**Bemessungsgruppe (BMG) bei einer Brandausbreitungsgeschwindigkeit**		
	besonders gering	mittel	besonders groß
≤ 5	1	2	3
≤ 10	2	3	4
≤ 15	3	4	5
≤ 20	4	5	5
> 20	5	5	5

Bestimmung der Bemessungsgruppe

Die erforderliche Rauchabzugsfläche ist von der Bemessungsgruppe (BMG) abhängig. Aufgrund der Eingangswerte „Brandentwicklungsdauer" und „Brandausbreitungsgeschwindigkeit" kann der Tabelle 3.5 die Bemessungsgruppe entnommen werden. Nachfolgend werden die beiden Eingangswerte näher erläutert.

Eingangswert „Brandentwicklungsdauer"

Anteile der Dauer t_e

Die Brandentwicklungsdauer (t_e) ist die Zeit zwischen Brandentstehung und Beginn der Brandbekämpfung.

Sie setzt sich aus den Zeiträumen „Brandentstehung bis Brandmeldung (t_m)" und „Brandmeldung bis Löschbeginn (t_f)" zusammen.

Die Dauern der beiden Zeiträume sind von der brandschutztechnischen Infrastruktur des Gebäudes abhängig.

Die Zeit zwischen Brandentstehung und Brandmeldung (t_m) beträgt rechnerisch:

Definition der Zeit t_m

- **0 Minuten,**
  wenn eine Brandmeldeanlage mit automatischen Brandmeldern vorhanden ist oder wenn ständig Personal vor Ort ist, das einen Brand sofort erkennen kann. In beiden Fällen muss sichergestellt werden, dass eine Weiterleitung an die Feuerwehr erfolgt.
- **5 Minuten,**
  wenn die „Natürliche Rauchabzugsanlage (NRA)" durch Rauchmelder aktiviert wird, und
- **10 Minuten,**
  wenn keine besonderen Maßnahmen getroffen werden (Regelfall).

Die Zeit zwischen Brandmeldung und Brandbekämpfung (t_f) beträgt rechnerisch:

- **5 Minuten,**
  bei Vorhandensein einer Werkfeuerwehr, die innerhalb von 5 Minuten an der Einsatzstelle ist,

Definition der Zeit t_f

- **10 Minuten,**
  bei „normalen Verhältnissen" (Regelfall),
- **15 Minuten,**
  bei „ungünstigen Verhältnissen", wie z.B. in ländlichen Gegenden, und

- **20 Minuten,**
  bei „außergewöhnlich ungünstigen Verhältnissen", wie z.B. in ländlichen Gegenden mit einer freiwilligen Feuerwehr.

Brandentwicklungsdauer

Die beiden ermittelten Zeiten werden addiert ($t_e = t_m + t_f$) und dann als Eingangswert für die Tabelle 3.5 genutzt.

Eingangswert „Brandausbreitungsgeschwindigkeit"

In der DIN 18232-2 [3.39] werden drei Ausbreitungsgeschwindigkeiten von Bränden vorgesehen (siehe Tabelle 3.6).

Tabelle 3.6: Gemittelte Brandausbreitungsgeschwindigkeit

Beschreibung der Brandausbreitungsgeschwindigkeit als	Gemittelte Brandausbreitungsgeschwindigkeit [m/min]
besonders gering	0,15
mittel	0,25
besonders groß	0,45

Die gemittelten Brandausbreitungsgeschwindigkeiten werden folgendermaßen definiert:

Die Brandausbreitungsgeschwindigkeit **„besonders gering"** wird z.B. bei brennbaren Stoffen mit nichtbrennbarer Verpackung gewählt.

Ausbreitungsgeschwindigkeiten

Die Brandausbreitungsgeschwindigkeit **„mittel"** wird bei üblichen Brandlasten (Regelfall) gewählt.

Die Brandausbreitungsgeschwindigkeit **„besonders groß"** wird z.B. bei leichtentflammbaren Stoffen mit brennbarer Verpackung gewählt.

Sprinkleranlagen

Wenn eine flächendeckende automatische Sprinkleranlage vorhanden ist und aus Tabelle 3.5 die BMG 4 oder 5 abgelesen wird, kann hier ohne Nachweis die BMG 3 angenommen werden.

Bei unterschiedlicher Nutzung und unterschiedlichen Brandausbreitungsgeschwindigkeiten in den einzelnen Rauchabschnitten ist die größte für den gesamten Bereich zu wählen.

Höhe der raucharmen Schicht

Mit der ermittelten Bemessungsgruppe und den geometrischen Werten der Raucheinschichtung (Höhe des Raumes, Höhe der raucharmen Schicht und Höhe der Rauchschicht) kann der DIN 18232-2 [3.39] die Größe der erforderlichen aerodynamischen Rauchabzugsöffnung aus tabellierten Werten entnommen werden.

In Tabelle 3.7 werden exemplarisch die Werte für eine Raumhöhe von 6 m aufgelistet.

In Bild 3.21 werden die entsprechenden Höhen zum Tabellenverfahren dargestellt. Bei einem schrägen Dach sind die Raumhöhe (h) sowie die Höhe der Rauchschicht (z) arithmetisch zu mitteln.

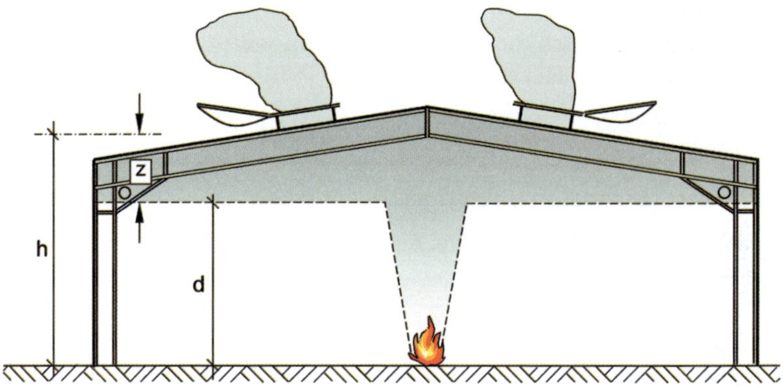

Bild 3.21: Geometrische Darstellung der Eingangsfaktoren (h, z, d) zur Bestimmung der aerodynamischen Rauchabzugsfläche am Beispiel einer eingeschossigen Halle

Tabelle 3.7: Notwendige Rauchabzugsfläche je Rauchabschnitt

Raumhöhe (h)	Höhe der Rauchschicht (z)	Höhe der raucharmen Schicht (d)	Notwendige Rauchabzugsfläche A_w in m² Bemessungsgruppe				
[m]	[m]	[m]	1	2	3	4	5
6,0	3,5	2,5	1,8	2,3	3,1	4,2	5,8
	3,0	3,0	2,7	3,6	4,6	6,1	8,3
	2,5	3,5	3,7	5,3	6,7	8,8	11,8
	2,0	4,0	5,0	7,3	9,8	12,6	16,5
	1,5	4,5	6,7	10,0	14,2	18,1	23,5
	1,0	5,0	9,3	14,0	20,5	27,2	35,0

Beispiel zur Bestimmung der aerodynamischen Öffnungsfläche im Dach einer Halle bei einer raucharmen Schicht:

Eingangswerte zum Beispiel

Eingangswerte:
Halle genutzt von Zimmereibetrieb (ingenieurtechnischer Holzbau)
Bauort der Halle: Berlin
Hallenhöhe: 6,0 m
Gewählte Höhe der raucharmen Schicht: 3,0 m
Rauchabführungsöffnungen: Oberlichter, die rauchmeldergesteuert öffnen
geometrische Öffnungsfläche je Oberlicht: 1,5 m · 2,5 m (3,75 m²)

Berechnung von Öffnungsgrößen

Ermittlung der Bemessungsgruppe (BMG):
Brandausbreitungsgeschwindigkeit = mittel / Regelfall (0,25 m/min)
Brandentwicklungsdauer: $t_e = t_m + t_f = 5 + 10 = 15$ min
⇒ **BMG = 4** (aus Tabelle 3.5)

Ermittlung der erforderlichen aerodynamischen Rauchabzugsfläche A_w:
(Raumhöhe = 6,0 m; raucharme Schicht = 3,0 m; BMG = 4)

nach Tabelle 3.7:
⇒ **aerodynamisch erforderliche Rauchabzugsfläche = 6,10 m²**

Anzahl der erforderlichen Oberlichter:
geometrische Öffnungsfläche: A_v = 1,50 m · 2,50 m = 3,75 m²
aerodynamische Öffnungsfläche: $A_a = A_v \cdot C_v$ = 3,75 m² · 0,40 = 1,50 m²
n = 6,10 m² / 1,50 m² = 4,07

gewählte Anzahl der Oberlichter: 5

(A_a = 5 · 1,50 m² = **7,50 m² > 6,10 m²)**

30.4.4 Zuluftöffnungen (Nachströmöffnungen)

nicht kontaminierte Zuluft

Zum Ausgleich des abfließenden Rauchgasmassenstroms muss im Brandfall immer frische, nicht kontaminierte Luft zugeführt werden. Die Anordnung und Öffnungsgröße der Zuluftöffnungen hat erheblichen Einfluss auf die Entrauchungsströmung und somit auch die Qualität der rauchfreien Schicht (siehe hierzu auch Absatz 30.5.1), besonders bei Bränden in großen Räumen.

In der DIN 18232-2 [3.39] werden allgemeingültige Angaben zu Zuluftflächen gemacht, die bei der Planung der Entrauchung zu beachten sind:

Öffnen von Abzugs- und Zuluftflächen

- Die Zuluftflächen müssen entweder gleichzeitig mit den Abzugsflächen oder unverzüglich danach öffnen. Das Öffnen kann z.B. automatisch, durch die Feuerwehr oder durch betriebliche und organisatorische Maßnahmen erfolgen.

Kennzeichnung der Zuluftöffnungen

- Als Zuluftöffnungen können Fenster, Türen, Tore oder speziell geplante Öffnungen genutzt werden. Die Öffnungen sollten möglichst gleichmäßig verteilt an mindestens zwei Gebäudeseiten angeordnet werden. Diese Zuluftöffnungen müssen von innen und außen als „Zuluftöffnung für NRA" gekennzeichnet sein und zerstörungsfrei von außen geöffnet werden können. Die Kennzeichnung kann nach DIN 4066 [3.46] erfolgen.

Geschwindigkeitsreduzierung der Nachströmluft

Die wirksame Fläche der Zuluftöffnung muss mindestens 1,5fach so groß sein, wie die aerodynamischen Flächen aller vorhandenen Entrauchungsöffnungen. Durch diese Anforderung wird indirekt die Geschwindigkeit der Zuluft gesteuert. Kleine Öffnungen führen zu hohen Geschwindigkeiten der nachströmenden Luft. Hierdurch kommt es zu Ausspüleffekten, und die gewünschte rauchfreie Zone verraucht durch diesen Vorgang (siehe hierzu Bild 3.22). Das Ausspülen entsteht durch Luftinduktion (inducere (lat.) ≙ hineinführen). Die eingeleitete Luft „reißt" den vorhandenen Brandrauch mit sich.

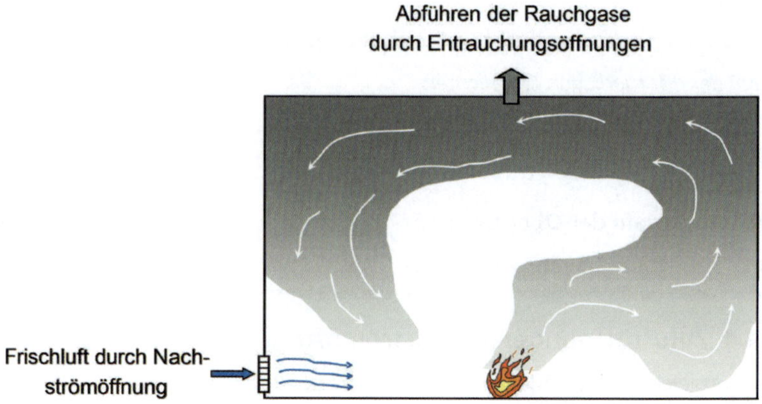

Bild 3.22: Ausspülen von Rauchgasen durch zu hohe Geschwindigkeit der Nachströmluft

Abstand zwischen Rauchschicht und Zuluftöffnung

Bei der Planung von Zuluftöffnungen (Nachströmöffnungen) ist darauf zu achten, dass diese sich nicht in der Nähe der errechneten Rauchschichtgrenze (in der Höhenlage) befinden. Die Zuluftöffnungen sollten möglichst bodennah angeordnet werden, damit die Oberkanten der Zuluftöffnungen einen Mindestabstand von 1 m zur Unterseite der Rauchgasschicht einhalten. Diese Positionierung soll sicherstellen, dass nur Frischluft durch die Nachströmöffnungen zugeführt wird und es zu keinen Verwirbelungen in der Brandrauchschicht kommt.

$$v_1 \cdot \rho_1 \cdot A_1 = v_2 \cdot \rho_2 \cdot A_2 = \text{konstant} \quad \Rightarrow \quad v_1 = \frac{v_2 \cdot \rho_2 \cdot A_2}{\rho_1 \cdot A_1}$$

ρ_1/ρ_2	**Dichte der zuströmenden Luft / Dichte des ausströmenden Gases**
v_1/v_2	**Geschwindigkeit der zuströmenden Luft / Geschwindigkeit des abzuführenden Brandrauches**
A_1/A_2	**Größe der Nachströmöffnung / Größe der Entrauchungsöffnung**

Bild 3.23: Überschlägliche Geschwindigkeitsberechnung der Zuluft aufgrund der Kontinuitätsgleichung

Verwirbelung der Rauchgasschicht

In der Praxis werden häufig vorhandene Fenster oder Klappen als Nachströmöffnungen genutzt. Nicht selten befinden sich diese Öffnungen in Höhe der Rauchgasschicht. Im Brandfall wird diese Schicht durch die Frischluft verwirbelt, und die mit Brandrauch versetzten Luftströme erreichen die geplante rauchfreie Schicht. Hierdurch kann der Rettungsweg unbenutzbar werden.

30.4.5 Besonderheiten bei der Anordnung von Öffnungen zur Rauchableitung und Zuluftführung

Witterungseinflüsse

Bei der Planung eines Entrauchungssystems ist der Ort der Entrauchungsöffnungen so zu wählen, dass diese auch bei ungünstigen Witterungsverhältnissen ihre erforderlichen Funktionen erfüllen können. Nachfolgend werden einige klimatische Einwirkungen näher erläutert, die Einfluss auf die Wirksamkeit dieser Öffnungen haben.

a) Windeinfluss:

Bei der Planung und Anordnung von Öffnungen sind von den Umwelteinflüssen besonders die Windverhältnisse an der baulichen Anlage zu berücksichtigen.

Winddruck- und Windsogkräfte

Die Lage des Gebäudes im Gelände sowie zu anderen Gebäuden und die Form des Baukörpers, besonders die Höhe, haben Einfluss auf die Windverteilung. An der Oberfläche von baulichen Anlagen können Winddruck- sowie Windsogkräfte entstehen.

In den Beispielen (siehe Bilder 3.24 bis 3.27) werden übliche Gebäudeformen und die Windverteilung auf ihren Oberflächen dargestellt.

Energieverluste durch Reibung

Beim direkten Auftreffen des Windes auf den Baukörper entstehen Winddruckbereiche. Strömt der Wind jedoch über die Oberfläche des Gebäudes hinweg, z.B. im Dachbereich, entstehen Energieverluste durch Reibung zwischen der bewegten Luft (dem Windstrom) und der Gebäudeoberfläche. Aufgrund dieser Energieminderung bilden sich Unterdrücke und es entstehen Windsogbereiche (Zugbereiche).

Nachfolgend wird die Windverteilung auf drei unterschiedliche Baukörper dargestellt und kommentiert.

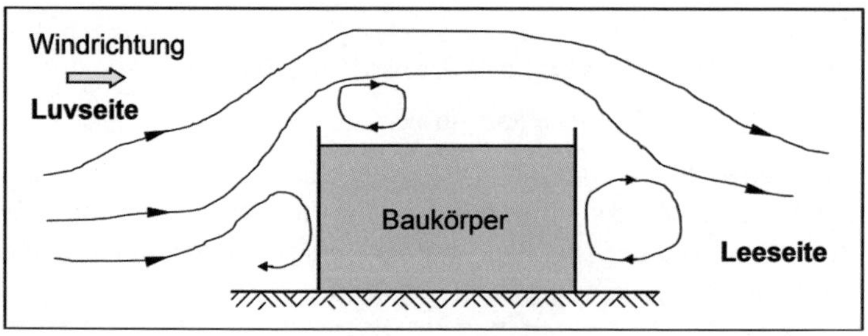

Bild 3.24: Windverteilung auf den Oberflächen eines geschlossenen Gebäudes mit Flachdach nach DIN EN 1991-1-4 Absatz 7.2.2 und 7.2.3 [3.47]

Luv- und Leeseite

Die Wand, die sich auf der windzugewandten Seite (Luvseite) befindet, wird durch Winddruck, die auf der windabgewandten Seite (Leeseite) des Gebäudes durch Windsog belastet.

Windsogkräfte auf Flachdächern

Die Dachfläche eines Flachdachs teilt sich nach DIN EN 1991-1-4 [3.47] in unterschiedliche Bereiche auf. Je nach Fläche (F, G, H oder I – siehe Bild 3.25) wirken hier verschieden große Windsogkräfte.

aerodynamischer Beiwert

Im Bereich I entstehen durch Verwirbelungen zusätzlich zu den Windsogkräften auch Winddruckkräfte. Bei der Ermittlung des Winddrucks wird der aerodynamische Beiwert für ein Flachdach mit Attika im Bereich der Fläche I zu (c_{pe} =) 0,2 angenommen.

Überprüfung der Entrauchung über Öffnungen in der Dachdecke bei Windeinfluss (nach DIN EN 1991-1-4 [3.47]):

Auf den Baukörper einer Halle (im Binnenland) mit der Höhe von 8 m beträgt der vereinfachte Böengeschwindigkeitsdruck (q_p =) 0,5 kN/m².

Die Windlast (Drucklast) ergibt sich nach DIN EN 1991-1-4 [3.47] und DIN EN 1991-1-4/NA [3.48] durch die Reduzierung des Böengeschwindigkeitsdrucks infolge des aerodynamischen Beiwertes auf das Flachdach:

$w_e = 0{,}5\ kN/m^2 \cdot 0{,}2 = 0{,}1\ kN/m^2$ ($\triangleq$ 10 kg/m²).

Dieser Wert kann auch als Druck in der Einheit Pascal (Pa) angegeben werden:

$0{,}1\ kN/m^2 \triangleq 100\ Pa$

Überprüfung der Auftriebskraft

Der Auftriebsdruck des Brandrauches kann überschläglich durch die nachfolgende Formel bestimmt werden:

$\Delta p = g \cdot h_w \cdot (\rho_1 - \rho_2)$.

In diesem Beispiel wird ein Vollbrand angenommen und die Zuluft mit 20 °C ($\rho_{20°C}$ = 1,20 kg/m³) sowie die Abluft mit 800 °C ($\rho_{800°C}$ = 0,35 kg/m³).

Im Bereich des Oberlichtes (der Rauchabzugsöffnung) beträgt der Auftrieb näherungsweise:

$\Delta p = 9{,}81\ m/s^2 \cdot 8{,}00\ m \cdot (1{,}20\ kg/m^3 - 0{,}35\ kg/m^3) \triangleq 66{,}71\ Pa$.

Winddruck = 100 Pa > 66,71 Pa = Rauchdruck

Rechnerisch würde der Winddruck den Brandrauch durch das geöffnete Oberlicht in den Brandraum zurückdrücken. Da die Druckkraft in der Fläche I aber durch Verwirbelungen entsteht, wird sie in der Regel nur kurzzeitig auftreten und dadurch die Entrauchung auch nur geringfügig beeinträchtigen.

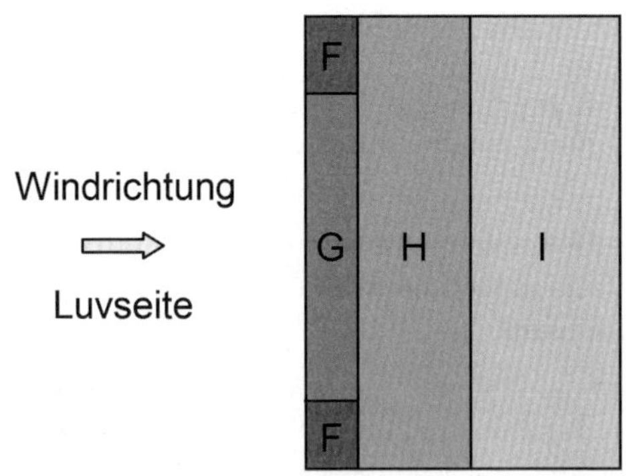

Bild 3.25: Aufteilung eines Flachdaches in unterschiedlich belasteten Teilflächen (Wind-Lasteinzugsflächen F bis I) [3.47]

Anders verhält es sich bei Entrauchungsöffnungen, die in einer Außenwand angeordnet sind. Der Winddruck, der hier entstehen kann, wirkt üblicherweise über einen längeren Zeitraum und hat somit erheblichen Einfluss auf die Entrauchungssituation. Bei der Planung ist dies zu berücksichtigen. Beispielsweise kann der Wind die Brandgase in den Brandraum zurückdrücken. Um dies zu verhindern, sollte eine Schließung der Entrauchungsöffnungen möglich sein und der Rauch über andere Öffnungen abgeführt werden können.

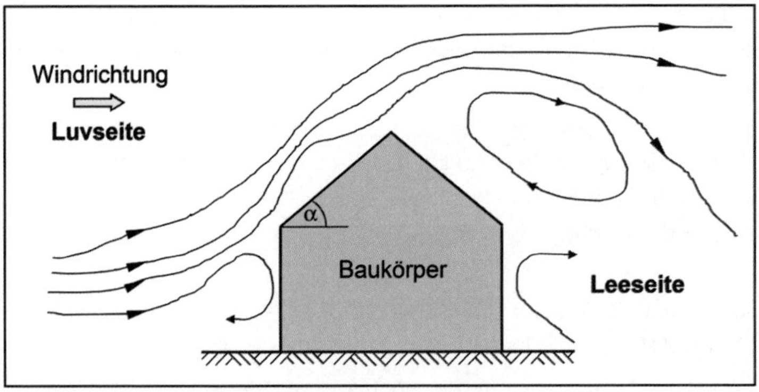

Bild 3.26: Windverteilung auf den Oberflächen eines Gebäudes mit Satteldach nach DIN EN 1991-1-4 Absatz 7.2.2 und 7.2.5 [3.47]

Windkräfte auf Satteldach

Die Wand auf der Luvseite des Gebäudes wird durch Druckkräfte belastet, auf der Leeseite wirken Sogkräften (Zugkräfte). Bis zu einer Dachneigung von $\alpha = 45°$ wird die Dachfläche auf der Luvseite aufgrund von Verwirbelungen sowohl mit Druck- als auch mit Sogkräften belastet. Ab einer Neigung von 45° treten nur noch Drucklasten auf der dem Wind zugewandten Seite auf.

Unabhängig von der Dachneigung entstehen auf der Leeseite nur Sogkräfte.

Die Größen und Richtungen der Lasten ergeben sich durch die Höhe des Gebäudes, die Dachneigung und die Lasteinzugsflächen.

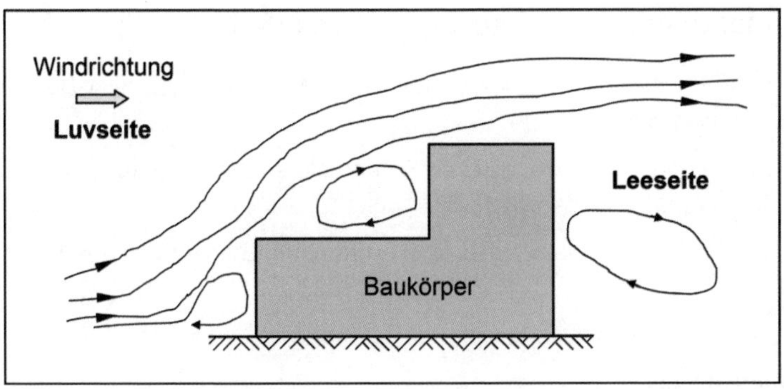

Bild 3.27: Windverteilung auf den Oberflächen eines Gebäudes mit Staffelgeschoss und Flachdächern nach DIN EN 1991-4 Absatz 7.2.2 und 7.2.3 [3.47]

Die Wände auf der Luvseite werden durch Drucklasten beansprucht. Die Wand auf der Leeseite sowie die Flachdächer werden mit Sogkräften belastet.

b) Einfluss von Eis und Schnee

• ***Entrauchungsöffnungen in Dächern:***

Behinderung der Öffnung durch Schneelasten

Im Winter sind die Abschlüsse von Rauchabzugsöffnungen auf **Dächern** (Lichtbänder und Lichtkuppeln) häufig von Schnee bedeckt. Die Höhe der Schneeansammlungen kann bei besonders ungünstigen Bedingungen bis zu 2,0 m betragen, z.B. im Bereich der deutschen Mittelgebirge.

Der Öffnungsmechanismus der Abschlüsse ist oft nicht auf diese zusätzliche Last ausgelegt. In der Planungsphase ist zu klären, wie groß die Schneelasten im Bereich des Bauortes werden können. Da Oberlichter aus der Dachfläche herausragen, kann es hier zu Schneeverwehungen kommen, durch die erhebliche Lasten entstehen können.

Behinderung der Öffnung durch Eisbildung

Durch Sonneneinstrahlung kann tagsüber die Oberfläche der Schneeansammlung auf der Lichtkuppel schmelzen. In der Nacht gefriert dieses Schmelzwasser dann zu Eis.

Beim Öffnen des Oberlichtes sind die Eigenlast der Konstruktion, die Schneelast auf dem Oberlicht sowie die Scherfestigkeit des Schnees und des Eises durch die Öffnungskraft, die als Querkraft wirkt, zu überwinden. Bei der Planung des Öffnungsmechanismus der Abschlüsse sind diese Lasten zu berücksichtigen.

• ***Entrauchungsöffnungen in Wänden:***

Da der Einfluss von Schnee und Eis auf Öffnungen in **Wänden** sehr gering ist, wird hier nicht weiter darauf eingegangen.

Berücksichtigung von Witterungseinflüssen

Auch bei Extremwetterlagen kann es zu einem Brandereignis kommen. Um den vorbeschriebenen Einfluss von Schnee und Eis auf das Öffnen der Rauchabführungsabschlüsse zu minimieren, muss dafür Sorge getragen werden, dass der Schnee je nach Bedarf geräumt und die Funktionstüchtigkeit regelmäßig überprüft wird.

30.5 Maschinelle Rauchabzugsanlagen (MRA)

Maschinelle Rauch- und Wärmeabzugsanlagen (MRA) können nach DIN 18232-5 [3.41] bemessen werden.

Schutzziele der MRA

Sie müssen grundsätzlich die gleichen Schutzziele erfüllen, die auch für natürliche Rauch- und Wärmeabzugsanlagen (NRA) gelten.

MRA können dort eingesetzt werden, wo die natürlichen Anlagen ihre Leistungsgrenze erreichen, wie z.B.

Einsatzbereiche von MRA

- in öffnungslosen Räumen (keine Fenster und Türen ins Freie),
- in Tunneln oder
- in Atrien, in denen der Auftrieb der Rauchgase durch den Abkühlungseffekt vor Erreichen der Entrauchungsöffnungen zum Stillstand kommen würde.

kein Einfluss von Witterungsbedigungen

Da die Funktionalität der maschinellen Anlagen, im Gegensatz zu den natürlichen Rauchabzugsanlagen, nur geringfügig von den äußeren Klimabedingungen abhängig ist, sind sie in der Regel stabiler in ihrer Leistung.

Eine maschinelle Rauch- und Wärmeabzugsanlage setzt sich aus fünf Komponenten zusammen:

- Entrauchungsventilator,
- Energieversorgung des Ventilators,
- Leitungssystem zum Transport von Brandrauch,
- Abströmeinrichtungen und
- Zulufteinrichtungen.

Komponenten einer MRA

Zur Sicherstellung der Funktionalität von maschinellen Rauch- und Wärmeabzugsanlagen gibt es in der Praxis einige Details, die bei der Ausführung zu beachten sind. Planungsfehler und Ausführungsmängel bei der Herstellung dieser Anlagen können dazu führen, dass sie entweder nur über einen kurzen Zeitraum oder gar nicht funktionieren.

Details zur Planung und Ausführung von MRA

Nachfolgend werden Eingangsgrößen sowie die wichtigsten technischen Teile zur Planung einer maschinellen Entrauchungsanlage näher erläutert.

30.5.1 Raucharme Schicht

Die raucharme Schicht, die zur Flucht von Nutzern und/oder zur Durchführung von wirksamen Löscharbeiten erforderlich ist, wird bei maschinellen Rauchabzugsanlagen über die Menge des Rauchgasvolumenstromes bestimmt.

In der DIN 18232-5 [3.41] wird ein Verfahren beschrieben, mit dessen Hilfe folgende Werte und Größen ermittelt werden können, die zur Planung einer maschinellen Rauchabzugsanlage erforderlich sind:

Grundwerte zur Planung einer MRA

- der erforderliche Rauchgasvolumenstrom,
- die mittlere Temperatur in der Rauchgasschicht,
- die Temperaturklasse der Entrauchungsventilatoren,
- die brandschutztechnischen Anforderungen an Ventilatoren einschließlich elastischer Stutzen und Aufstellung, an Entrauchungsleitungen und Entrauchungsklappen (entsprechend der Temperaturklasse),
- der Rauchgasvolumenstrom einer einzelnen Absaugstelle (und dadurch die Anzahl der Absaugstellen),
- der Mindestabstand der Absaugstellen zueinander sowie
- ein Verfahren zur genauen Bestimmung der Rauchgastemperatur.

Folgende Grundlagen und Randbedingungen werden für das Bemessungsverfahren benötigt:

- die Menge und Größe der Brandlasten (für Brandlasten mit einer Leistungsdichte von 300 kW/m² und 600 kW/m² sind jeweils Bemessungstabellen vorhanden, für Brandlasten, die zwischen diesen Werten liegen, darf die Tabelle für 600 kW/m² genutzt werden),
- die Brandausbreitungsgeschwindigkeit,
- die Brandentwicklungsdauer,
- die Rauchabschnittsfläche

Eingangswerte zum Bemessungsverfahren

(Die Bemessungstabelle für Brandlasten ist grundsätzlich für eine Rauchabschnittsfläche von A_R = 400 m² erstellt worden. Ist die Fläche größer, kann der Rauchgasvolumenstrom über einen Korrekturfaktor bis zu einer Fläche von 1.600 m² (400 m², 800 m² und 1600 m²) angeglichen werden ($\dot{V}_{RS,korrigiert} = \dot{V}_{RS} - d\dot{V}$) und

- die Rauchabschnittsfläche ist grundsätzlich auf 1.600 m² zu begrenzen, kann aber bis auf 2.600 m² vergrößert werden, wenn die abzuführenden Brandrauchvolumenströme für je weitere angefangene 100 m² (ab 1.600 m²) um 10 % erhöht werden.

Nachfolgend werden die Berechnungsschritte zur Ermittlung der Grundwerte für zwei maschinelle Rauch- und Wärmeabzugsanlagen beschrieben.

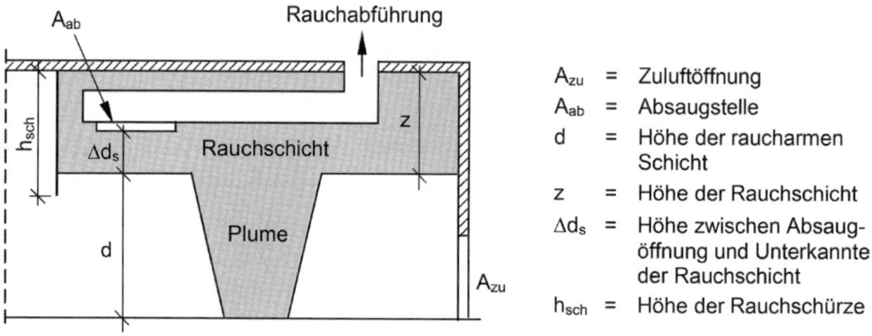

Bild 3.28: Prinzipskizze zur Definition der Eingangsgrößen zu den Beispielaufgaben nach DIN 18232-5 [3.41]

1. Beispielrechnung:

Produktionshalle für Computerteile in einem Industriepark

Für eine Produktionshalle sollen die Anzahl der Absaugstellen einer maschinellen Entrauchungsanlage, die Temperaturklasse der Ventilatoren, die mittlere Brandrauchtemperatur sowie der Mindestabstand der Ansaugstellen zueinander nach den Eingangsdaten ermittelt werden.

Eingangsdaten zur Bemessung:

Eingangswerte zum 1. Beispiel

Bauort der Lagerhalle:	Berlin
Art der Feuerwehr:	Werkfeuerwehr des Industrieparks
Höhe der Halle:	6,0 m
Höhe der raucharmen Schicht:	4,0 m
Hallengrundfläche:	400 m²

Bemessung:

Leistungsdichte

Brandleistung: **300 kW/m²**

Bemessungsgruppe:	aus Brandentwicklungsdauer = 5 min (Werkfeuerwehr) und Brandausbreitungsgeschwindigkeit = mittel (Tab.2 aus [3.41]) (Standardwert) ⇒ **BMG = 2** (aus Tab. 1 aus [3.41])
Abzuführender Rauchvolumenstrom:	Höhe der raucharmen Schicht = 4,0 m BMG = 2 ⇒ $\dot{V}_{RS}$ = 72.000 m³/h (aus Tab. 3 aus [3.41])
Mittlere Rauchgastemperatur:	θ_{RS} **= 120 °C** (aus Tab. 4 aus [3.41])
Temperaturklasse:	**F300** (Tab. 5 aus [3.41] – die gewählten Ventilatoren müssen dieser Klasse entsprechen)
Differenzhöhe:	Δd_s **= 1,0 m** (gewählte Anordnungshöhe der Entrauchungsöffnungen)
Nomogramm zur Bestimmung des Rauchgasvolumens:	aus Δd_s = 1,0 m und θ_{RS} = 120 °C ⇒ Nomogramm (Bild 6 aus [3.41]):

Auswahl der Ventilatoren nach Temperaturklasse

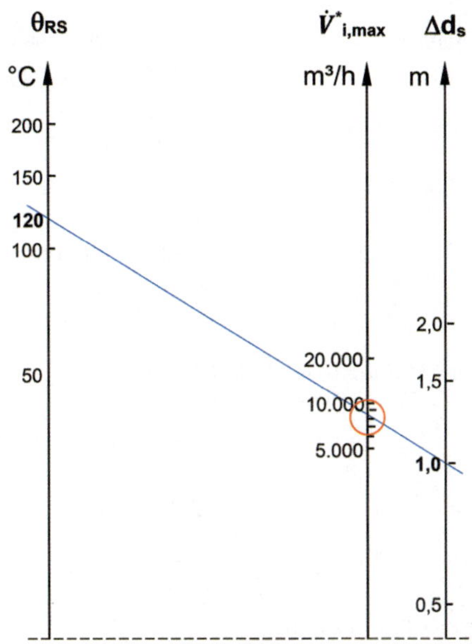

Maximal abführbarer Volumenstrom (je Absaugstelle)	$\dot{V}^*_{RS,max}$ **= 8.500 m³/h**
Anzahl der Absaugstellen:	n = (72.000 m³/h)/(8.500 m³/h) = 8,47 gewählt: **9 Absaugstellen**
Mindestabstand zwischen den Absaugstellen:	$s_{min} = 0{,}015 \cdot \sqrt{8.000} = \mathbf{1{,}34\ m}$ ($\dot{V}_1$ = 72.000/9 = 8.000 m³/h)

2. Beispielrechnung:

Lagerhalle für Möbel

Für eine Lagerhalle für Möbel sollen die Anzahl der Absaugstellen einer maschinellen Entrauchungsanlage, die Temperaturklasse der Ventilatoren, die mittlere Brandrauchtemperatur sowie der Mindestabstand der Ansaugstellen zueinander nach den Eingangsdaten ermittelt werden.

Eingangsdaten zur Bemessung:

Eingangswerte zum 2. Beispiel

Bauort der Produktionshalle:	Hamburg
Art der Feuerwehr:	Berufsfeuerwehr
Höhe der Halle:	8,0 m
Höhe der raucharmen Schicht:	5,0 m
Hallengrundfläche:	800 m²

Bemessung:

Leistungsdichte

Brandleistung:	**500 kW/m²**
Bemessungsgruppe:	aus Brandentwicklungsdauer = 10 min und Brandausbreitungsgeschwindigkeit = mittel (Standardwerte) ⇒ **BMG = 3**
Abzuführender Rauchvolumenstrom (Grundwert):	Höhe der raucharmen Schicht = 5,0 m BMG = 3 ⇒ $\dot{V}_{RS}$ **= 183.000 m³/h** (aus Tab. A1 aus [3.41]) *(die Brandleistung liegt zwischen 300 und 600 kW/m²; daher Nutzung der Tabelle A1)*

korrigierter Wert

Abzuführender Rauchvolumenstrom (korrigierter Wert):	BMG = 3 und Funktionslinie 2 (für A = 800 m²) ⇒ **Korrekturvolumenstrom ≈ 5.000 m³/h** (Bild A.3 aus [3.41]) $\dot{V}_{RS,korrigiert}$ = 183.000 m³/h – 5.000 m³/h = **178.000 m³/h**
Mittlere Rauchgastemperatur:	θ_{RS} **= 212 °C** (aus Tab. A2 aus [3.41])

Auswahl der Ventilatoren nach Temperaturklasse

Temperaturklasse:	**F400** (Tab. A.3 aus [3.41] – die gewählten Ventilatoren müssen dieser Klasse entsprechen)

Differenzhöhe: **Δd_s = 2,0 m** (gewählte Anordnungshöhe)
aus Δd_s = 2,0 m und θ_{RS} = 212 °C
⇒ Nomogramm (Bild 6 aus [3.41]):

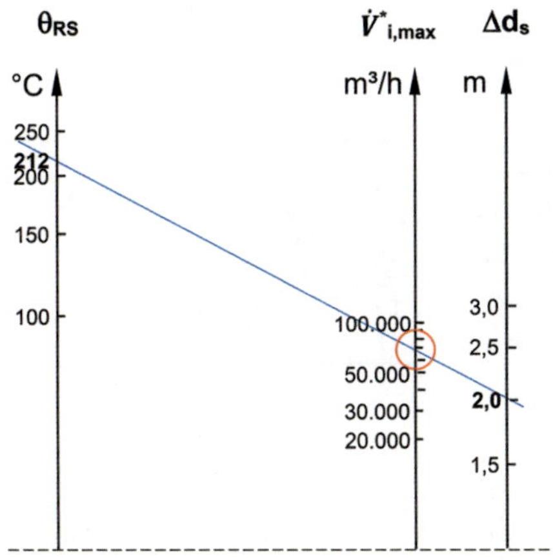

Maximal abführbarer Volumenstrom (je Absaugstelle): $\dot{V}^*_{RS,max}$ **= 70.000 m³/h**

Anzahl der Absaugstellen: n = (178.000 m³/h)/(70.000 m³/h) = 2,54
gewählt: **4 Absaugstellen**

Mindestabstand zwischen den Absaugstellen: $s_{min} = 0{,}015 \cdot \sqrt{44.500} = \mathbf{3,16\,m}$
($\dot{V}_1$ = 178.000/4 = 44.500 m³/h)

30.5.2 Ventilatoren zur Abführung von Rauch und Wärme

Volumenströme bis 650.000 m³/h

Zur Rauchgasabführung werden üblicherweise Radial- oder Axialventilatoren eingesetzt. Je nach Leistungsgröße können sie Brandrauchvolumenströme zwischen 100 und 350.000 m³/h und in Einzelfällen sogar bis 650.000 m³/h erzeugen.

Bei der Bemessung von maschinellen Rauchabzugsanlagen (MRA) nach DIN 18232-5 [3.41] werden unter anderem auch die Temperaturklassen der Bauteile ermittelt, die zwischen F200 und F842 liegen (siehe hierzu auch die beiden Beispiele in Absatz 30.5.1). Für diese Temperaturklassen und die Dauer des Betriebs im Brandfall müssen die Ventilatoren geeignet sein.

Temperaturklasse: **F300** – 120 Min.

Der Ventilator muss bei einer Umgebungstemperatur von 300 °C mindestens 120 Minuten lang seine Funktion aufrechterhalten.

Auslegung von Ventilatoren bis 1.000 °C

Ventilatoren können so ausgelegt werden, dass Rauchgas mit einer Temperatur bis zu 1.000 °C transportiert werden kann.

Axialventilatoren werden mit ihren Antriebsmotoren (Elektromotoren) zusammen in den Rauchabführungskanälen angeordnet. Durch die Rotation der Ventilatorenflügel erzeugt das Gerät einen Unterdruck. Hierdurch werden die Brandgase auf der einen Seite angesaugt. Der Rauchgasvolumenstrom bewegt sich in den Kanälen parallel zur Motorachse an dem Gerät vorbei.

Die Leistung eines Axialventilators ist abhängig von der Anzahl der Ventilatorschaufeln, dem Neigungswinkel dieser Schaufeln, dem Durchmesser des Laufrades und der Drehzahl.

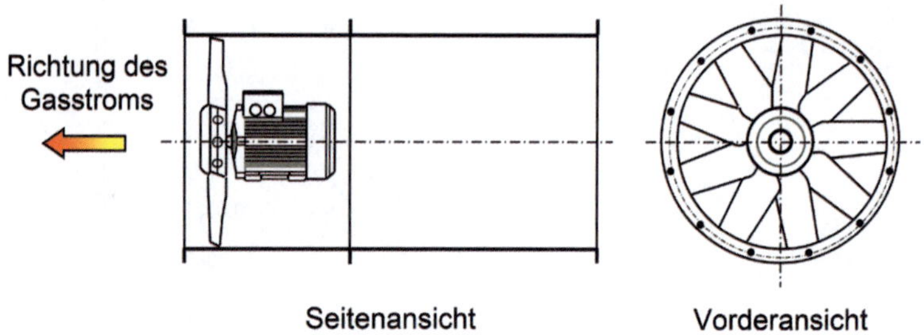

Bild 3.29: Axialventilatoren befinden sich direkt im Entrauchungsrohr und werden während des Brandereignisses von heißen Rauchgasen umströmt.

Dämmung des Motors

Der Motor wird in der Regel als Asynchronmotor ausgeführt. Damit er, trotz der hohen umgebenden Brandrauchtemperaturen, über eine definierte Dauer funktionstüchtig bleibt, werden spezielle Dämmungssysteme, Lagerungen und Anschlusstechniken eingesetzt. Diese Art von Motor wird Brandgasmotor genannt. Unter „normalen" Temperaturbedingungen (Raumtemperaturen) können sie auch zum Betreiben einer konservativen Lüftungsanlage genutzt werden. Im Brandfall müssen sie die Rauchgasabführung über den geplanten Zeitraum aufrechterhalten, für den sie ausgelegt sind. Anschließend dürfen sie planmäßig ausfallen. Nach einem Brandereignis müssen die Motoren ausgetauscht werden.

Wirkung von Radialventilatoren

Radialventilatoren, auch Zentrifugalventilatoren genannt, lenken den Rauchgasstrom innerhalb des Ventilators um. Seitlich, parallel zur Achse des Ventilatorlaufrades, werden die Brandrauchgase angesaugt und dann um 90° durch die Ventilatorschaufeln umgelenkt und rechtwinklig zur Achse mit Hilfe des Zentrifugaleffekts aus dem Gerät geblasen.

Auch bei dieser Ventilatorkonstruktion ist die Leistungsfähigkeit abhängig von der Anzahl der Ventilatorschaufeln, dem Neigungswinkel dieser Schaufeln, dem Durchmesser des Laufrades und der Drehzahl. Radialventilatoren können große Drücke erzeugen.

Elektromotoren treiben diese Ventilatoren entweder direkt (Direktantrieb durch Anbaumotor) oder mittels eines Riemens (Riemenantrieb) an.

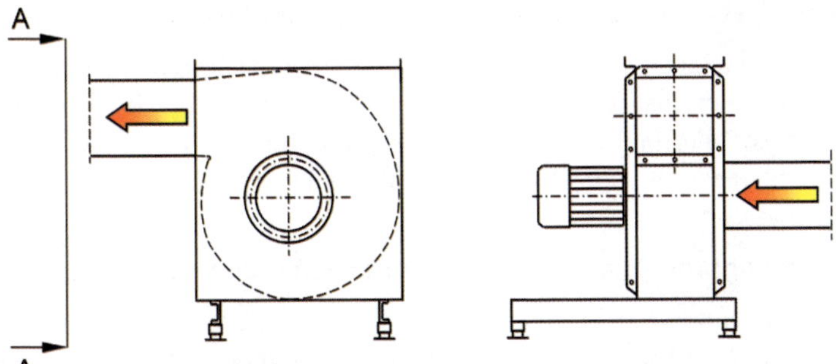

Bild 3.30: Der Radialventilator (Direktantrieb durch Anbaumotor) lenkt den Rauchgasstrom um 90° um.

30.5.3 Aufstellort von Ventilatoren

Je nach thermischer Auslegung der Ventilatoren können sie in Gebäuden innerhalb oder außerhalb des Brandbereichs sowie ganz außerhalb des Gebäudes aufgestellt werden.

Aufstellort von Ventilatoren

Für Be- und Entlüftungsanlagen, die für den Betrieb bei Raumtemperatur ausgelegt sind, werden in der Regel „Lüftungszentralen" vorgesehen. Diese Räume befinden sich häufig entweder im Keller- oder im Dachgeschoss. Auch auf dem Dach können Lüftungsanlagen angeordnet werden. Ventilatoren zur Rauchabführung müssen nicht unbedingt in diesen Lüftungszentralen angeordnet werden, da für diese Geräte besondere Bedingungen zu beachten sind.

Aufstellort in Brandabschnitten

Innerhalb eines Brandabschnitts können sich Feuer und Rauch häufig ungehindert ausbreiten. Befindet sich die Lüftungsanlage in diesem Bereich, und ist brandschutztechnisch nicht abgetrennt, muss davon ausgegangen werden, dass auch die Ventilatoren den Brandwirkungen ausgesetzt werden. Die Geräte sind für diese hohen Temperaturen auszulegen.

Trotz geeigneter Geräte ist hier immer noch das Restrisiko eines Ausfalls des Rauchabzugsventilators bei der Planung der Gesamtanlage zu beachten.

Auch das Aufstellen von Ventilatoren in einem anderen Brandabschnitt minimiert das Risiko nicht, da auch in diesem Abschnitt ein Brand ausbrechen kann.

Aufstellort auf Dächern

Ein günstiger Ort für die Anordnung von Rauchabzugsventilatoren ist der Dachbereich. Durch die Umgebungsluft wird die Ventilatorkonstruktion mit Motor gekühlt. Der Brandrauch sollte vertikal nach oben ins Freie abgeführt werden. Hierdurch werden die Fassaden des Baukörpers sowie die Dachhaut nicht durch die heißen Brandgase beaufschlagt.

Bedingt durch diese exponierte Lage sind die Ventilatorkonstruktionen besonders intensiv den Witterungseinflüssen ausgesetzt. Sie müssen für diesen Einsatzort entsprechend geplant werden, unter anderem durch die Wahl der entsprechenden Materialien und konstruktiv durch verzinkte Stahlbleche geschützt werden.

30.5.4 Selbstständige Leitungen zum Rauchabzug

Leitungen für heiße Rauchgase

Bei maschinellen Rauchabzugsanlagen muss der Brandrauch vom Brandort zum Ventilator und von dort ins Freie geführt werden. Dies geschieht durch Entrauchungsleitungen. Sie können rund oder eckig und aus unterschiedlichen Materialien hergestellt und entweder als vorgefertigte Leitungsteile angeliefert oder auf der Baustelle hergestellt werden.

a) Entrauchungskanäle aus Stahlblech (nicht feuerwiderstandsfähig):

geometrische Größen

Diese Entrauchungskanäle bestehen aus verzinktem Stahlblech. Die Dicke der Bleche beträgt in der Regel 1,0 mm und die maximalen Querschnittswerte sind 1.250 mm × 1.000 mm (Breite × Höhe).

hohe Temperaturen im Stahlblech

Sie dürfen zum Abführen von Brandrauch eingesetzt werden. Da Stahl jedoch ein sehr gut wärmeleitendes Material ist, nimmt die Außenseite der Kanäle schon nach sehr kurzer Zeit die Temperaturen des Brandrauches an.

Verhinderung der Brandweiterleitung

Durch Strahlungsübertragung kann es aufgrund der hohen Temperaturen der Kanaloberfläche zu einer Brandweiterleitung kommen. Aus diesem Grund dürfen diese Leitungen entweder nicht durch raumabschließende Bauteile geführt werden, für die eine Feuerwiderstandsfähig gefordert wird (Wände und Decken), oder sie müssen durch Brandschutzklappen in der Ebene der Wände oder Decken abgeschottet werden (siehe Bild 3.31).

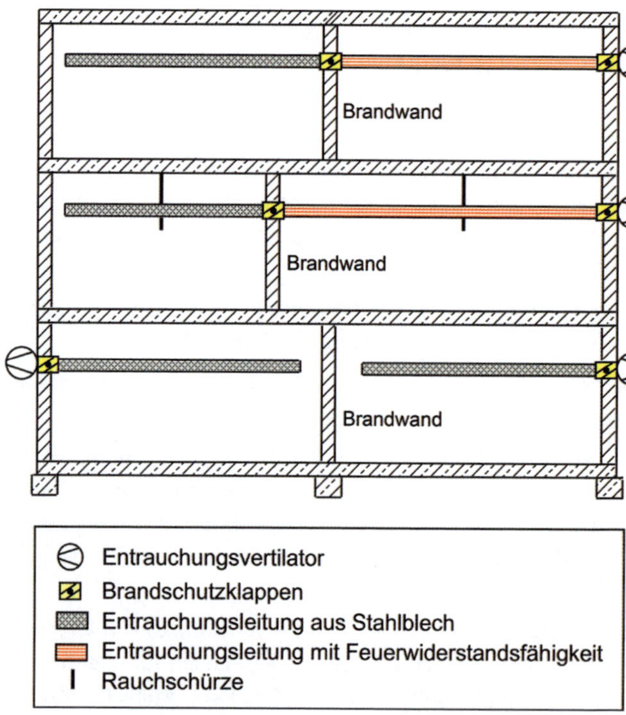

Bild 3.31: Prinzipskizze zum Einsatz von Leitungen aus Stahlblech und Leitungen mit einer Feuerwiderstandsfähigkeit

Berücksichtigung der Längenausdehnung

Während des Brandes verlängern sich die Lüftungskanäle durch den heißen Brandrauch. Zum Beispiel dehnt sich ein Blechkanal mit einer Länge von 10 m bei einer Rauchgastemperatur von 600 °C um ca. 7 cm aus.

Um das brandschutztechnische Versagen von Lüftungsleitungen durch die thermische Längenausdehnung während des Brandes zu verhindern, müssen im Abstand von höchstens 10 m temperaturbeständige Kompensatoren angeordnet werden.

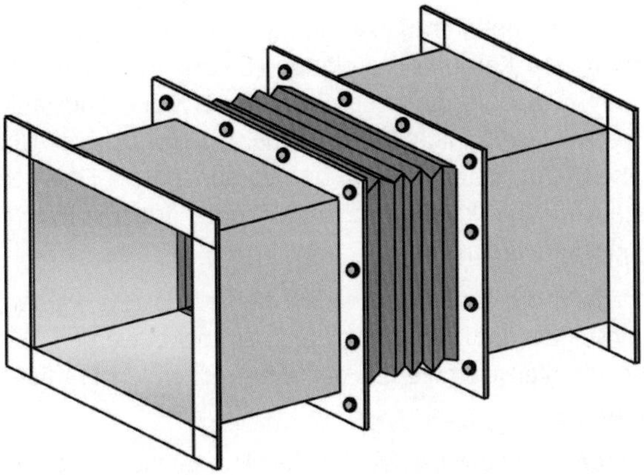

Bild 3.32: Weichstoffkompensator zur spannungslosen Aufnahme der Längenausdehnung im Brandfall

Kompensatoren bis 600 °C

Kompensatoren können z.B. als Weichstoffkompensatoren eingebaut werden. In der Regel bestehen sie aus einlagigem Glasgewebe mit einer Elastomerbeschichtung und weisen eine Dicke von ca. 1,0 mm auf. Die Kompensatoren können für Temperaturbelastungen bis zu 600 °C über eine Dauer von 120 Minuten hergestellt werden. Die zulässige Leckage bei Entrauchungsleitungen darf max. 10 m³/h pro m² innere Oberfläche betragen.

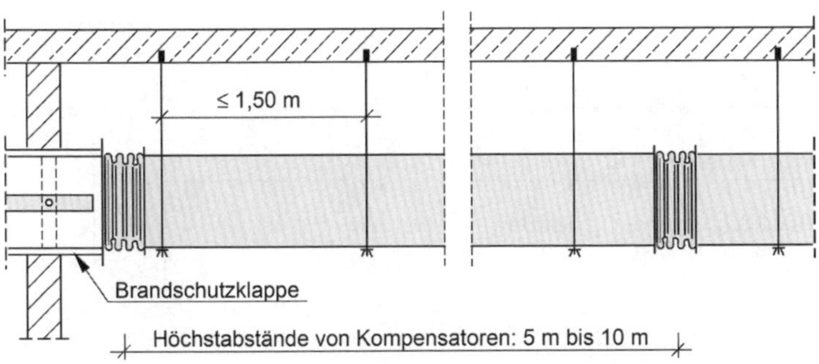

Bild 3.33: Anordnung von Weichstoffkompensatoren in einem Blechkanal

Aussteifung von Blechkanälen

Durch Unterdruck, der in den Stahlblechleitungen auftreten kann, können sich die Bleche im Querschnitt durchbiegen und dadurch Engstellen in den Leitungen ausbilden. Um dies zu verhindern, ist das Profil auszusteifen.

Bei der Verbindung der Flansche von Kanalteilen kann eine hochtemperaturbeständige Dichtungsmasse eingesetzt werden, um eine Rauchdichtigkeit herzustellen.

Abstand der Leitungsbefestigungen

Blechkanäle werden häufig auch zur Führung der „kühlen" Zuluft eingesetzt.

Die Abstände zwischen den Leitungsabhängern sollten bei Blechkanälen nicht mehr als 1,50 m betragen (siehe Bild 3.33).

b) Feuerwiderstandsfähige Entrauchungsleitungen:

Herstellungsort

Feuerbeständige Entrauchungsleitungen (Kanäle und Schächte) werden in der Regel auf der Baustelle hergestellt.

nichtbrennbare Baustoffe

Sie müssen aus nichtbrennbaren Baustoffen, wie Stahlbeton, Mauerwerk, oder aus Plattenwerkstoffen, wie Kalziumsilikatplatten (Calciumsilikatplatten), bestehen. Als Leistungskriterium müssen sie die erforderliche Feuerwiderstandsfähigkeit, die erforderliche Dichte sowie die Fähigkeit zur Aufnahme der Drücke (Über- und Unterdrücke) aufweisen. Zur Verbesserung der vorgenannten Eigenschaften können Entrauchungsschächte und -kanäle von innen geputzt oder mit Platten, z.B. Schaumglasplatten, verkleidet werden.

Verarbeitung von Plattenwerkstoffen

Kanäle und Schächte, die aus Plattenwerkstoffen hergestellt werden, müssen nach den Konstruktionsregeln des Produktanbieters verarbeitet werden. Diese Regeln können den Verwendbarkeitsnachweisen der entsprechenden Entrauchungsleitungen entnommen werden.

Nachfolgend werden einige ausgewählte Details beschrieben, die bei der Planung von Entrauchungsleitungen zu beachten sind. Je nach System und Hersteller können unterschiedliche Forderungen gestellt werden.

Die Leitungsabschnitte von Kanälen und Schächten werden überwiegend in rechteckiger Querschnittsform geplant und angefertigt. Zur Herstellung dieser Kastenquerschnitte können bei Herstellerfirmen entweder ganze Platten, Plattenstreifen oder vorkonfektionierte Kastenteile erworben werden.

Verbindungsmittel

Die Plattenstreifen werden zu Kastenprofilen zusammengesetzt. Das Zusammenfügen erfolgt durch mechanische Verbindungsmittel (z.B. durch Klammern oder Schrauben) in Verbindung mit Klebern.

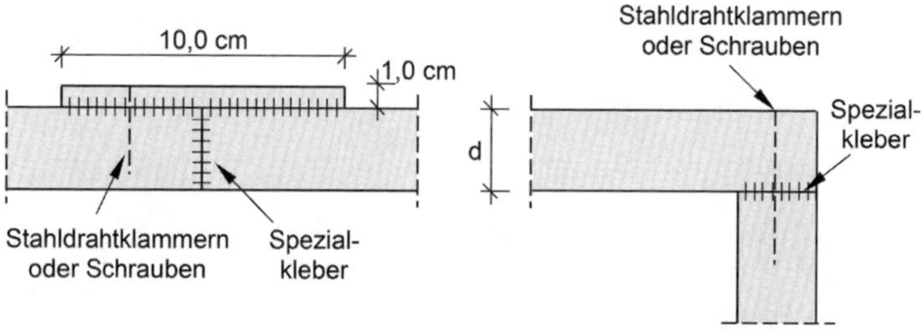

Bild 3.34: Verbindungsdetails von Platten, Längsverbindung (links) und Eckverbindung (rechts)

Entrauchungsleitungen aus Segmenten

Aufgrund der begrenzten Plattenlängen (ca. 2,5 bis 3,0 m) bestehen längere Entrauchungsleitungen in der Regel aus mehreren Segmenten. Die Stoßstellen müssen so miteinander verbunden werden, dass hier die erforderliche Luftdichtigkeit hergestellt und eine mechanische Stabilität erreicht wird.

Entrauchungskanäle werden häufig unter Geschossdecken geführt und müssen an diesen Decken befestigt werden. Die Art der Befestigung und die vorgegebenen geometrischen Werte der Konstruktion sind den Herstellerangaben zu entnehmen.

Befestigung der Entrauchungskanäle

Eine Art der Befestigung ist das „Abhängen" der Kanäle. In der Geschossdecke werden jeweils zwei gegenüberliegende Abhänger, die aus Gewindestählen bestehen können, mittels Dübeln befestigt. Zwischen diesen Abhängern wird ein Tragprofil, die Traverse befestigt, die z.B. aus einem Winkelprofil bestehen kann. Auf dieser „Hängekonstruktion" lagert dann der Entrauchungskanal. Um eine zu große Durchbiegung der Leitung zu verhindern, ist der Abstand der Hänger begrenzt. Die Stahlhänger dürfen bis zu einer bestimmten Länge ohne Schutz eingebaut werden. Bei einigen Systemen beträgt diese Länge 1,50 m. Sind sie länger, müssen sie brandschutztechnisch verkleidet werden.

Bei einigen Systemen darf der Abstand zwischen den Hängern mit Traversen maximal 1,25 m betragen. Die Hängekonstruktionen sollen möglichst zwischen den Stoßstellen der Kanalsegmente angeordnet werden.

Nachfolgend werden Details möglicher Varianten zur Führung von Entrauchungskanälen dargestellt.

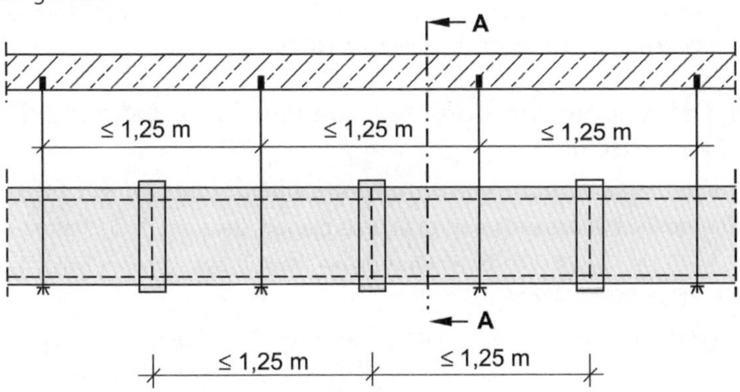

Bild 3.35: Beispiel zur Befestigung eines Entrauchungskanals an einer Geschossdecke (Seitenansicht)

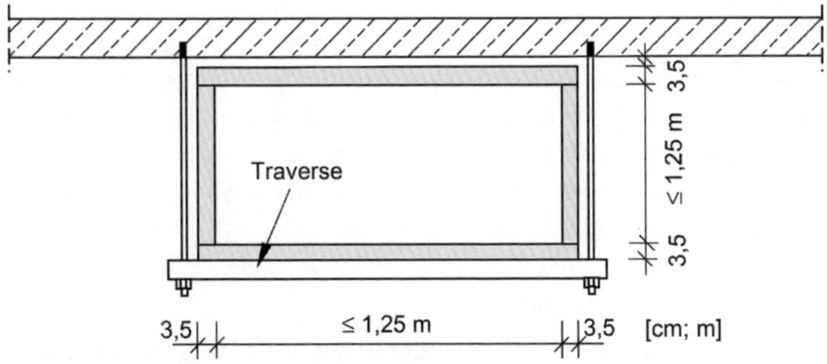

Bild 3.36: Befestigung eines Kanals (Schnitt A – A aus Bild 3.35)

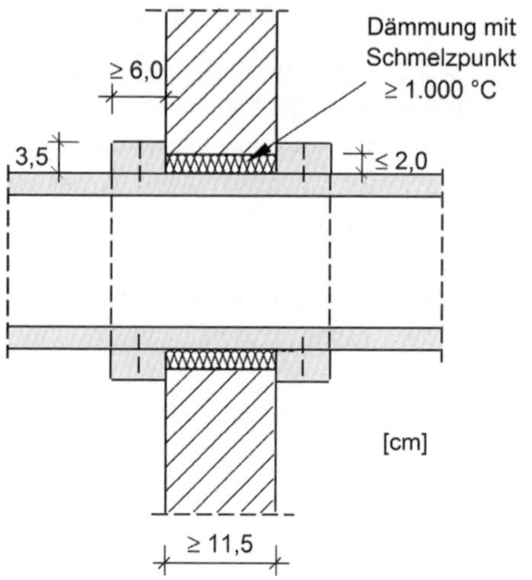

Bild 3.37: Ausführungsvariante zur Durchführung eines Entrauchungskanals durch eine raumabschließende Mauerwerkswand

30.5.5 Öffnungen zum Abführen von Rauchgas und zur Zufuhr von Frischluft

Brandweiterleitung

Die geometrische Anordnung sowie die konstruktive Ausführung von Rauchabführungsöffnungen sind besonders sorgfältig zu planen. Bei einer fehlerhaften Positionierung kann durch die ausströmenden heißen Rauchgase ein zusätzliches Brandgeschehen ausgelöst werden.

Einsatzorte von Entrauchungsöffnungen

Die Rauchabführungsöffnungen müssen jederzeit unabhängig von Witterungseinflüssen einsatzbereit und funktionstüchtig sein. Diese Öffnungen werden in der Regel in den Außenbauteilen eines Gebäudes angeordnet, damit der Brandrauch dort direkt ins Freie geleitet werden kann. Die Einflüsse auf die Wirkungsweise der Öffnungen, die sich durch diesen Einbauort ergeben, werden in den nächsten Absätzen näher erläutert.

Wärmeschutz nach der EnEV und dem GEG

Nach § 15 Absatz 1 MBO [3.1] müssen Gebäude einen ihrer Nutzung entsprechenden Wärmeschutz aufweisen. Grundsätzlich betrifft der Wärmeschutz die Gebäudehülle, die die Grenze zwischen den Temperaturverhältnissen des Innenbereichs einer baulichen Anlage und denen der Umgebung des Gebäudes bildet. Die Regeln und Anforderungen dazu wurden bis Oktober 2020 in der Energieeinsparverordnung (EnEV) [3.49] gestellt. Sie galten für Gebäude, die unter Einsatz von Energie beheizt oder gekühlt werden. Diese Verordnung wurde im November 2020 durch das Gebäudeenergiegesetz (GEG) [3.50] abgelöst.

Wärmedämmung

In der Praxis gibt es häufig Diskussionen über die praktische Umsetzung von Forderungen dieser Regelwerke. Um hier eine Einheitlichkeit zu erreichen, wurden und werden von der Fachkommission Bautechnik der Bauministerkonferenz verbindliche Auslegungen veröffentlicht.

Unter anderem wurde in der Fachwelt über das Detail debattiert, ob Rauchabzugsöffnungen wärmegedämmt werden müssen.

In Teil 11 der Auslegungsfragen [3.51], die durch die Fachkommission Bautechnik der Bauministerkonferenz beantwortet werden, wird Folgendes zu **planmäßigen** Entrauchungsöffnungen ausgesagt:

Fachkommission Bautechnik

*„**Auslegung zu § 6 i.V.m. Anlage 4 Nr. 1 EnEV 2009***

*1. Die Anforderungen nach § 6 Absatz 1 EnEV sollen sicherstellen, dass nach Fertigstellung des Gebäudes unnötiger Wärmeverlust durch Ex- und Infiltration über Gebäude- und Montagefugen oder sonstige Leckagen in der wärmeübertragenden Umfassungsfläche vermieden werden. **Geplante Undichtigkeiten,** die aufgrund **anderer ordnungsrechtlicher Anforderungen** für den bestimmungsgemäßen Betrieb des Gebäudes eingebaut werden müssen und der dort vorgesehenen Größe entsprechen, werden von dieser Dichtheitsanforderung **nicht** erfasst."*

Wärmdämmung von geplanten Öffnungen

Auch wenn eine Dämmung nach dieser Auslegung rechtlich nicht zwingend erforderlich ist, ist es sinnvoll, eine permanente Öffnung mit einem gedämmten Abschluss zu versehen. Hierdurch werden der Energieverlust und damit auch die Heizkosten verringert. Weiterhin wird durch eine Dämmung eine Wärmebrücke vermieden, durch die es infolge von Feuchtekondensation zu Schimmelpilzbildung kommen kann. Die gedämmten Abschlüsse sollten im Brandfall rauchmeldergesteuert geöffnet werden.

permanente Öffnungen

Wie auch die Öffnungen von natürlichen Rauchabzugsanlagen können die Öffnungen von Entrauchungskanälen und -schächten in Wänden oder auf Dächern angeordnet werden. Bei der Anordnung in Wänden wird der Rauchgasstrom horizontal aus der Entrauchungsleitung herausgeführt. Aufgrund des Drucks in den Kanälen, der hauptsächlich durch Ventilatoren erzeugt wird, entsteht ein Entrauchungsstrahl.

Entrauchungsstrahlen

In der Muster-Lüftungsanlagen-Richtlinie (M-LüAR) [3.17] Absatz 5.1.2 (Mündungen von Außenluft- und Fortluftleitungen) werden Angaben zur Ausführung von Entrauchungsöffnungen gemacht, die hier als Mündungen bezeichnet werden (siehe hierzu auch Kapitel 25 und die Bilder 3.8 bis 3.10).

Mündungen von Entrauchungsleitungen, an denen die heißen Brandgase ins Freie geführt werden, müssen konstruktiv so geplant und angeordnet werden, dass Brände (Feuer oder Rauch) durch den Entrauchungsstrahl nicht übertragen werden können in andere

Anordnung von Mündungen

- Geschosse, z.B. bei Anordnung von Mündungen in Außenwänden durch einen vertikalen Feuerübersprung über Fenster in der Außenfassade,
- Brandabschnitte, z.B. bei Anordnung von Mündungen in Außenwänden, die über Eck (≤ 120°) angeordnet sind, durch einen horizontalen heißen Gasstrom (Entrauchungsstrahl) über Fenster in der Außenfassade des anderen Brandabschnitts, und
- Nutzungseinheiten.

Bei der Anordnung der Öffnungen dürfen Fluchtwege wie z.B. notwendige Treppenräume, Räume zwischen dem notwendigen Treppenraum und dem Ausgang ins Freie oder notwendige Flure nicht durch heiße Brandgase aus den Mündungen beaufschlagt werden.

keine Beaufschlagung durch heiße Brandgase

Bei der Planung der Entrauchungsöffnungen sind auch mögliche Witterungseinflüsse, besonders durch Wind, zu berücksichtigen.

Mindestabstand von 5 m

Durch den erforderlichen Mindestabstand von 5 m zwischen zwei Gebäuden (nach § 30 MBO – Abstand jeweils 2,50 m zur Nachbargrenze oder zu einer Brandwand) ist eine Brandweiterleitung durch den abgeführten Brandrauch eher unwahrscheinlich. Ergeben sich aber Bedenken, sollte entweder eine Bemessung der Länge des Entrauchungsstrahls durchgeführt oder für die Entrauchungsöffnung ein anderer Ort gewählt werden.

brennbare Baustoffe in Fassaden und Dächern

Nach § 28 Absatz 2 und 3 MBO [3.1] können Teile von Außenwänden aus brennbaren Baustoffen (normal- und schwerentflammbar) hergestellt werden. Dächer müssen grundsätzlich mit harten Bedachungen ausgeführt werden. Flachdächer erfüllen diese Forderung, wenn z.B. als oberste Schicht eine mindestens 5 cm dicke Kiesschüttung aufgebracht wird. Der Aufbau darunter kann aus brennbaren Materialien bestehen.

Bei der Führung der Entrauchungsleitungen durch Außenwände und Dächer können die Leitungen deshalb bei entsprechenden Aufbauten mit brennbaren Baustoffen in Berührung kommen. Bei Entrauchungsleitungen aus Blech kann es aufgrund der hohen Wärmeleitfähigkeit von Stahl zu einer Übertragung der Wärmeenergie und damit zu einer Brandweiterleitung kommen.

Um dies zu verhindern, muss die Entrauchungsleitung im Bereich der Durchdringung von brennbaren Baumaterialien brandschutztechnisch abgeschottet werden.

Verhinderung der Rauchansaugung

Für Öffnungen von Zuluftanlagen, die nur als solche genutzt werden, müssen in der Regel keine brandschutztechnischen Maßnahmen getroffen werden. Jedoch darf über solch eine Anlage kein Brandrauch in das Gebäude gelangen. Mündungen von Entrauchungsleitungen und Ansaugöffnungen von Zuluftanlagen müssen deshalb so angeordnet werden, dass abgeführte Rauchgase nicht in den Ansaugbereich der Zuluftanlagen gelangen.

Die Übertragung von Rauch über die Außenluft kann auch durch Brandschutzklappen mit Rauchauslöseeinrichtungen oder durch Rauchschutzklappen verhindert werden.

ausreichender Abstand

Auf die Anordnung der Klappen kann verzichtet werden, wenn das Ansaugen von Rauch aufgrund der Lage der Außenluftöffnung ausgeschlossen werden kann, z.B. durch einen ausreichend großen Abstand zueinander oder durch die unterschiedliche Anordnung in Wänden und auf Dächern.

30.6 Rauchschutz-Druckanlagen (RDA)

Verhinderung des Raucheintritts

Durch Rauchschutz-Druckanlagen (RDA) werden solche Bereiche in Gebäuden vor dem Eindringen von Brandrauch geschützt, die in Brandschutzsystemen besondere Aufgaben zu erfüllen haben, wie z.B. Sicherheitstreppenräume in Hochhäusern. Durch einen definierten Überdruck, der durch die Ventilatoren erzeugt wird, entsteht ein Druckgefälle, das verhindert, dass Brandrauch aus Räumen mit Brandlasten in diese Bereiche eindringen kann. Es wird dadurch auch eine Rauchfreiheit bei temporär geöffneten Türen erzeugt. In der Regel werden Fluchtwege in vertikaler und horizontaler Richtung sowie Feuerwehraufzüge und deren Vorräume durch den Überdruck geschützt.

Zuluftkanäle mit Feuerwiderstandsfähigkeit

Befindet sich der Aufstellort der Ventilatoren nicht in dem zu schützenden Bereich, wird die Verbindung zwischen ihnen und der Außenluft durch Zuluftkanäle hergestellt. Sie müssen mit einer Feuerwiderstandsfähigkeit geplant und ausgeführt werden.

Der Ort der Ansaugöffnungen muss, wie auch bei Zuluftöffungen von Entrauchungsanlagen, besonders sorgfältig geplant werden.

Anordnung von Mündungen

Unter anderem sollten sie dort nicht angeordnet werden, wo sich im oder am Gebäude Rauch sammeln kann. Dies können z.B. Dächer sein, die durch den Kamineffekt vom Brandrauch umströmt werden, oder über dem Brandraum befindliche Geschosse.

Wie in Kapitel 25 beschrieben, können Zuluftöffnungen auch außerhalb von baulichen Anlagen angeordnet werden (siehe hierzu Bild 3.11). Hier ist ebenfalls darauf zu achten, dass im Brandfall keine Rauchgase durch Windeinflüsse in Richtung der Ansaugöffnungen gedrückt werden.

In der Praxis werden für Ansaugöffnungen nicht immer die richtigen Orte gewählt (siehe Bild 3.38).

Bild 3.38: Für die Ansaugöffnung von Frischluft wurde ein ungünstiger Ort gewählt, da Brandrauch das Dach umströmen kann.

Auslösung der RDA

Rauchschutz-Druckanlagen können nach DIN EN 12101-6 [3.52] bemessen werden. Sie müssen durch eine Brandmeldeanlage automatisch ausgelöst werden und 60 Sekunden nach der Detektion wirksam arbeiten.

Rauchschutz-Druckanlagen werden baurechtlich nur in Hochhäusern gefordert. Für alle anderen geregelten Sonderbauten sind sie nicht erforderlich.

Einsatzbereiche von RDA

Für nicht geregelte Sonderbauten können sie nach Vorgabe des Brandschutzplaners zur Erfüllung der Schutzziele im Gesamtsystem des Brandschutzes eingesetzt werden. Eine RDA kann z.B. zum Einsatz kommen, wenn sich körperbehinderte oder gebrechliche Personen in der baulichen Anlage befinden. In Anlehnung an die brandschutztechnische Ausbildung eines Feuerwehraufzugs können Aufzüge zur Rettung dieser Personen mit Rauchschutz-Druckanlagen ausgestattet werden. In großen Veranstaltungshallen wird häufig ein Teil der Rettungswege als Rettungstunnel ausgeführt. Auch hier ist der Einsatz einer RDA sinnvoll, um das Eindringen von Brandrauch zu verhindern.

Standardsituationen zur Planung von RDA

Bei der Planung von RD-Anlagen für nichtgeregelte Sonderbauten kann aus sechs brandschutztechnischen Standardsituationen (Klassen A bis F) die entsprechende Anlage mit Werten aus der DIN EN 12101-6 [3.52] gewählt werden. Eine Übersicht der Einsatzbereiche ist in Tabelle 3.8 aufgelistet.

Erfüllung der Schutzziele durch RDA

National kann nicht jedes der dort beschriebenen Anlagensysteme oder Teilsystem genutzt werden. Die gewählte Anlagenklasse und damit der definierte Einsatzbereich des Druckbelüftungssystems im Brandszenario muss dazu beitragen, die Schutzziele des Brandschutzes nach § 14 MBO [3.1] zu erfüllen.

Sollte aufgrund von baulichen Umständen keine Anlagenklasse zutreffen, kann der Brandschutzplaner einen brandschutztechnischen Ansatz wählen, mit dem die Schutzziele erreicht werden.

Tabelle 3.8: Anlageklassen von Druckbelüftungssystemen und deren Brandszenarien

Anlagenklasse der Druckbelüftungssysteme	Brandszenarien nach DIN EN 12101-6 [3.52] (Anwendungsbeispiele)
Anlage der Klasse A	Das betroffene Gebäude muss nicht evakuiert werden; durch die Brandabschnittsbildung befinden sich die Nutzer üblicherweise in einem sicheren Bereich.
Anlage der Klasse B	Eine gefährliche Verrauchung der „Brandbekämpfungsschächte" soll während der Rettungs- und Löscharbeiten der Feuerwehr verhindert werden.
Anlage der Klasse C	Die Nutzer des Gebäudes werden alle zur gleichen Zeit evakuiert. In diesem Szenario wird von aufmerksamen, informierten und ortskundigen Personen ausgegangen, die gerettet werden sollen. Hierdurch verkürzt sich die Evakuierungsdauer.
Anlage der Klasse D	Diese Anlage wurde für bauliche Anlagen entworfen, in denen sich ortfremde Personen befinden, die dort auch nächtigen (z.B. Hotels und Herbergen).
Anlage der Klasse E	In diesem Szenario wird davon ausgegangen, dass die Evakuierung der Nutzer eines Gebäudes in „Phasen" verläuft (Personen werden in Gruppen nacheinander gerettet) und sich dadurch die Rettungsdauer verlängert.
Anlage der Klasse F	In dieser Variante werden die Maßnahmen beschrieben, die eine Verrauchung von Sicherheitstreppenräumen verhindern sollen.

Anlage der Klasse F

Beispielhaft werden nachfolgend die vollständigen brandschutztechnischen Randbedingungen zur Anlagenklasse F (nach DIN EN 12101-6 [3.52]) beschrieben und erläutert:

Klasse F

Sicherheitstreppenräumen mit RDA

Gültigkeitsbereich: Die Anlage soll die Verrauchung eines Sicherheitstreppenraumes während der Evakuierungsdauer der Nutzer sowie der Zeit der Rettungs- und Löscharbeiten der Feuerwehr verhindern. Da sich im Vorraum eines Sicherheitstreppenraumes eine nasse Steigleitung mit Wandhydrant (nach Absatz 6.3.2.1 MHHR [3.4]) befinden muss, ist davon auszugehen, dass die Tür zwischen Vorraum und Flur aufgrund der Löschwasserschläuche während der feuerwehrtechnischen Maßnahme offensteht.

Luftgeschwindigkeit: Die Luftgeschwindigkeit zwischen dem Treppenraum und dem Flur muss 2,0 m/s betragen. Folgende Türen sind dabei geöffnet:

Strömungsgeschwindigkeit 2,0 m/s

- Tür zwischen Vorraum und Flur (Brandbereich) und
- Tür zwischen Vorraum und Treppenraum unterhalb des Brandgeschosses.

Nachfolgend werden in der DIN EN 12101-6 [3.52] auch die Türen von Feuerwehraufzügen mit aufgelistet, die vom Vorraum abgehen. Diese brandschutztechnische Variante ist jedoch in Deutschland nicht zulässig. Hier müssen vor Sicherheitstreppenräumen und Feuerwehraufzügen separate Vorräume angeordnet werden. Auch dürfen von den Vorräumen aus keine brandbelasteten Bereiche zugänglich sein. In Hochhäusern dürfen hier nur notwendige Flure anschließen.

Ausführung von Feuerwehraufzügen

Auch das zweite Szenario, bei dem eine Luftgeschwindigkeit von 1,0 m/s vorgeschrieben wird, kann in Deutschland aufgrund der baurechtlichen Situation nicht vollständig umgesetzt werden.

Druckunterschied: Je höher die Druckdifferenz ist, desto geringer ist die Wahrscheinlichkeit eines Raucheintritts in den Vorraum bzw. in den Treppenraum. Die Türen zwischen Fluren und Vorräumen schlagen in Richtung des Vorraumes auf. Das Öffnen erfolgt also gegen den Überdruck. Damit z.B. auch ganz junge, alte oder behinderte Menschen diese Türen öffnen können, darf der Druck nicht zu groß werden.

erhöhter Kraftaufwand beim Öffnen

Mit den in der Norm angegebenen Differenzdrücken (45 Pa und 50 Pa) kann in Abhängigkeit von der Türgröße (Fläche des Türflügels) eine große Türöffnungskraft erforderlich sein.

Nach der DIN EN 18040-1 und -2 [3.53], [3.54] sind aufgrund der Barrierefreiheit eine lichte Türhöhe von ≥ 2,05 m und eine Breite von ≥ 0,90 m einzuhalten (Mindestfläche = 1,845 m²). Die Kraft zum Öffnen beträgt: $F_ö$ = 1,845 m² · 45 Pa (50 Pa) = 83 N (92 N).

Türöffnungskraft: Die Kraft, die zum Öffnen der Tür zwischen Treppenraum und Vorraum bzw. zwischen Vorraum und Flur erforderlich ist, darf nach der Norm 100 N nicht überschreiten.

Dieser Wert ist jedoch z.B. für ganz junge, alte oder behinderte Menschen viel zu groß. Um die Barrierefreiheit nach DIN 18040-1 und -2 [3.53] [3.54] zu erreichen, muss das Öffnen von Türen mit einer Kraft von höchsten 25 N möglich sein.

Kraft zum barrierefreien Öffnen von Brandschutztüren

Dieser Wert ergibt sich aus der Klasse-3-Forderung nach DIN EN 12217 [3.55]. Kann dieser Wert nicht erreicht werden, müssen z.B. automatische Türöffnungen und -schließungen eingesetzt werden.

In der Muster-Hochhaus-Richtlinie [3.4] werden folgende Vorgaben zu Druckbelüftungsanlagen (Rauchschutz-Druckanlagen) gemacht:

- Ist in einem Hochhaus (mit nicht mehr als 60 m Höhe) nur ein Treppenraum in Form eines Sicherheitstreppenraumes vorhanden, müssen betriebsbereite Ersatzgeräte vorhanden sein, die bei Ausfall der Druckbelüftungsgeräte deren Funktion übernehmen können.
- Die Luft im Sicherheitstreppenraum muss auch bei geöffneten Türen aus dem Treppenraum in Richtung des Brandgeschehens strömen. Diese Forderung gilt auch bei besonders ungünstigen Witterungsverhältnissen.

Vorgaben zur Planung und Ausführungen von RDA

- Die Geschwindigkeit des Luftstromes muss an der Tür zwischen dem Treppenraum und dem Vorraum sowie an der Tür zwischen dem Vorraum und dem angrenzenden notwendigen Flur mindestens 2,0 m/s betragen.

  Der Luftstrom an der Tür zwischen dem Vorraum eines Feuerwehraufzuges und dem notwendigen Flur muss mindestens eine Geschwindigkeit von 0,75 m/s aufweisen.
- Sowohl die innenliegenden Treppenräumen mit Vorräumen als auch die Feuerwehraufzüge mit Vorräumen müssen jeweils mit eigenen Druckbelüftungsanlagen versehen werden. Treppenräume und Feuerwehraufzüge dürfen über keine gemeinsame Anlage mit Überdruck beaufschlagt werden.
- Die Druckbelüftungsanlage muss durch eine automatische Brandmeldeanlage ausgelöst werden. Der Überdruck muss sich umgehend aufbauen.
- Der Überdruck im Treppenraum muss so berechnet werden, dass die Türöffnungskraft höchstens 100 N beträgt. Dieser Wert wird in der Muster-Hochhaus-Richtlinie gefordert, ist aber kritisch zu betrachten (siehe hierzu auch „Türöffnungskraft").

30.7 Rauchschürzen

Rauchschürzen können als Komponenten von Rauch- und Wärmeabzugsanlagen eingesetzt werden. Jede Form einer Barriere gegen die Ausbreitung von Brandgasen kann als Rauchschürze bezeichnet werden.

Materialien von statischen Rauchschürzen

In der DIN EN 12101-1 [3.56] werden sie grundsätzlich in statische (SSB) oder selbsttätige (ASB) Rauchschürzen eingeteilt. Als Materialien für statische Rauchschürzen können z.B. Gewebe, Glas, Metall, Feuerschutzplatten, Glasfasern und Steinwolle genutzt werden. Sie sind fest mit dem Baukörper verbunden.

selbsttätige Rauchschürzen

Aus architektonischen und/oder funktionellen Gründen können diese Festeinbauten störend sein. In solchen Fällen werden selbsttätige gerollte, geraffte, gefaltete, aufgehängte oder gleitende Rauchschürzen angeordnet. Sie müssen im Brandfall extern angesteuert werden können, z.B. durch eine Brandmeldeanlage, und dann ausfahren.

Rauchschürzen können unter anderem für folgende Funktionen eingesetzt werden:

Einsatzgebiete von Rauchschürzen

- zur Bildung von Rauchabschnitten (z.B. in Garagen ≤ 2.500 m² bzw. 5.000 m² oder in Industriebauten ≤ 5.000 m²),
- zur Kanalisierung von Rauch in eine vorgegebene planmäßige Richtung und
- zur Verhinderung des Eintritts von Rauch in andere Bereiche.

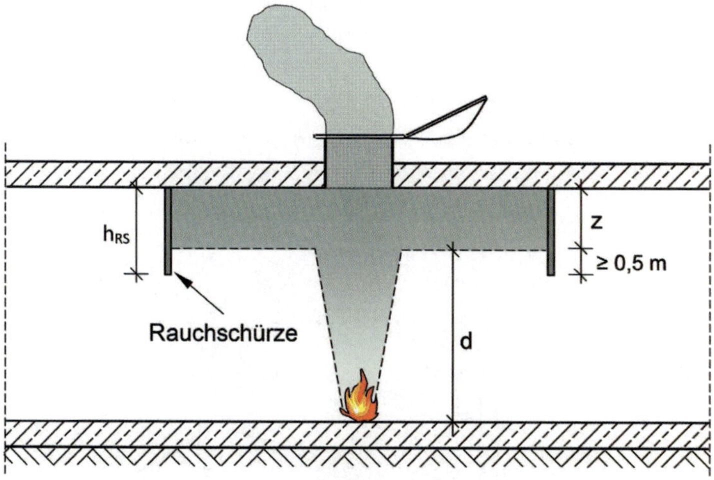

Bild 3.39: Die Rauchausbreitung wird durch Rauchschürzen begrenzt.

Klassifizierung mit festem Temperaturwert

Zur Klassifizierung von Rauchschürzen werden sie mit einer Temperatur von 620 °C in Bauteilversuchen geprüft. Diese Temperatur ist nach der Einheits-Temperaturzeitkurve nach ca. 6:40 Minuten erreicht. Sie ist dann über die Dauer der Prüfung zu halten. Die Einstufung in eine Klasse erfolgt in Schritten von 30 Minuten (siehe Tabelle 3.9). Die Bezeichnung dieser Schürzen erfolgt mit einem D sowie der Dauer des Widerstandes.

Tabelle 3.9: Klasseneinteilung von Rauchschürzen bei einer Prüftemperatur von 600 °C

Klasse	Temperatur [°C]	Zeit [min]
D 30	600	30
D 60	600	60
D 90	600	90
D 120	600	120
DA	600	über 120 min

Klassifizierung mit Temperaturen der ETK

Werden Rauchschürzen in Bereichen eingesetzt, in denen höhere Temperaturen erreicht werden können, müssen die Prüfungen mit den Temperaturen der Einheits-Temperaturzeitkurve (ETK) durchgeführt werden. Die Bezeichnung dieser Rauchschürzen erfolgt mit dem Vorsatz DH und der in den Prüfungen ermittelten Widerstandsdauer.

Tabelle 3.10: Klasseneinteilung von Rauchschürzen bei einer Prüftemperatur nach der ETK

Klasse	Temperatur [°C]	Zeit [min]
DH 30	Einheits-Temperaturzeitkurve [ETK] nach DIN EN 1363-1 [3.57]	30
DH 60		60
DH 90		90
DH 120		120
DHA		über 120 min

Beim Einbau von selbsttätigen Rauchschürzen (ASB) ist darauf zu achten, dass beim Betrieb im Brandfall keine Spalten entstehen (siehe Bild 3.40).

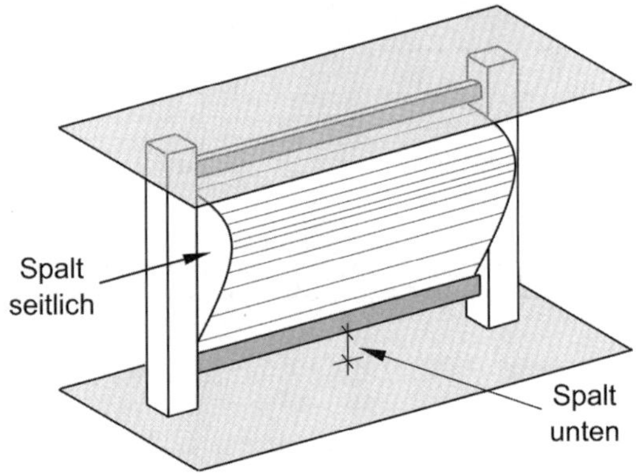

Bild 3.40: Aufgrund nicht ausreichend sicherer Führung der selbsttätigen Rauchschürze können Spalten durch seitliche Drücke entstehen (z.B. durch Wind oder Überdruck im Brandraum).

30.8 Wärmeabzüge (WA)

Erreichen von Schutzzielen

Bei einem Brand werden die beiden Schutzziele „Rettung von Menschen und Tieren" sowie „wirksame Löscharbeiten müssen möglich sein" unter anderem durch das Abführen von Brandrauch erreicht. Im Vordergrund dieser Forderungen steht der Schutz von Personen, der sowohl für die Nutzer der baulichen Anlage als auch für die Einsatzkräfte der Feuerwehr gilt.

frühzeitiges Abführen von Wärmeenergie

Das Schutzziel „Verhinderung der Ausbreitung von Feuer und Rauch" kann getrennt betrachtet werden. Der „Rauch-Anteil" betrifft hauptsächlich den Schutz von Personen, der „Feuer-Anteil" vorrangig den Schutz von Sachen. Durch die Wärmeenergie des „Feuer-Anteils" können tragende und/oder raumabschließende Bauteile ihre brandschutztechnischen Schutzeigenschaften verlieren. Um dies zu verhindern, muss die Wärmeenergie möglichst früh aus der baulichen Anlage abgeführt werden. Ein weiterer positiver Effekt wird hierdurch erreicht. Durch die nachströmende Frischluft wird das Brandgeschehen gekühlt und der Flashover hinausgezögert. Dieses frühzeitige Abführen der Wärmeenergie verschafft der Feuerwehr zusätzliche Zeit für die Brandbekämpfung.

Wärmeabzug (WA)

Bei der Rauchabführung wird in der Regel mit dem Rauch auch Wärmeenergie aus der baulichen Anlage transportiert. Natürliche Rauchabzugsanlagen werden aus diesem Grund auch als Wärmeabzug (WA) eingesetzt.

Wärmeabzüge können in Wänden und/oder Dächern angeordnet werden. Sie müssen nicht zwangsläufig mit einem Öffnungsmechanismus versehen sein.

Folgende Flächen dürfen unter anderem ohne weitere Nachweise als Wärmeabzugsflächen genutzt werden:

- Ständig vorhandene Flächen von Öffnungen im Dach- und Wandbereich, die ins Freie führen,
- Flächen von Toren, Türen und Lüftungseinrichtungen, die ins Freie führen und von außen ohne Gewaltanwendung geöffnet werden können,
- Flächen von Öffnungen mit Verglasungen, die bei Brandeinwirkung ganz oder teilweise zerstört werden, wie z.B.
  - Verglasungen mit Einfach-Fensterglas und
  - Verglasungen mit handelsüblichem Zweischeibenisolierglas,
- Öffnungen mit Abschlüssen oder Einrichtungen, die sich bei Rauch- und Wärmeeinwirkung öffnen, wie
  - Rauchabzüge und
  - Türen, Tore, Fenster und Lüftungsanlagen mit entsprechender Ansteuerung.

anzurechnende Wärmeabzugsflächen

Verglasungen, die im Brandfall nicht zerstört werden und nicht geöffnet werden können, dürfen nicht angerechnet werden. Dies sind unter anderem

- Brandschutzverglasungen,
- angriffshemmende Verglasungen,
- Verglasungen mit Drahtglas und
- Verbundsicherheitsglas.

nicht anzurechnende Wärmeabzugsflächen

Abführen von Rauch und Wärme

Bei Räumen in üblichen Hochbauten, wie z.B. Wohn-, Büro- oder Verwaltungsräumen, für die keine besonderen Rauch- und Wärmeabzugsgeräte bzw. -anlagen geplant sind, übernehmen im Brandfall die vorhandenen Fenster den Rauch- und Wärmeabzug.

31 Anlagen, Einrichtungen und Geräte zur Brandbekämpfung

Feuerlöscheinrichtungen werden grundsätzlich nur in Sonderbauten oder in Räumen mit Sonderbaueigenschaften sowie in Arbeitsstätten eingesetzt. Für Regelbauten gibt es dazu in der Musterbauordnung keine Forderungen. Hinweise zu Feuerlöschanlagen werden in der MVV TB [3.10] Anhang 14 Kapitel 10 gegeben. Feuerlöscheinrichtungen sind unter anderem

Feuerlöscheinrichtungen

- tragbare oder fahrbare Feuerlöscher (siehe hierzu Absatz 31.1),
- Wandhydranten (siehe hierzu Absatz 31.2),
- automatische Löschanlagen (siehe hierzu Absatz 31.3).
- halbstationäre Sprühwasser-Löschanlagen oder Leichtschaum-Löschanlagen (siehe hierzu Absatz 31.4) und

Wahl der Löschmittel

Die Löschmittel, die in diesen Einrichtungen zum Einsatz kommen, werden aufgrund der Art der zu löschenden Brandlast in Brandklassen eingeteilt. Eine ausführliche Erläuterung hierzu wird in Absatz 6.8 gegeben.

Die einzelnen Löscheinrichtungen werden in den nachfolgenden Absätzen beschrieben und erläutert.

31.1 Tragbare Feuerlöscher

tragbare Feuerlöscher

Die Eigenschaften von tragbaren Feuerlöschern werden in der DIN EN 3-7 [3.58] beschrieben und definiert, Hinweise zu ihrer Instandhaltung sind in der DIN 14406-4 [3.59] und [3.60] enthalten.

Beim Löschvorgang mit Handfeuerlöschern wird der Löschmittelstrahl mittels Druck in das Feuer gelenkt.

maximales Gesamtgewicht

Das Gesamtgewicht von tragbaren Löschern ist auf 20 kg begrenzt.

Bei der technischen Ausführung von Handfeuerlöschern werden zwei Arten unterschieden, Aufladelöscher und Dauerdrucklöscher.

Handfeuerlöscher als Aufladelöscher

In Aufladelöschern werden das Löschmittel und das Treibgas in getrennten Behälterbereichen aufbewahrt. Zur Aktivierung des Löschers müssen die beiden Bereiche zusammengeführt werden. Dies kann z.B. durch das Öffnen eines Ventils geschehen. Das Treibgas strömt danach in den Löschmittelbereich. Durch den entstehenden Druck ist der Löscher dann einsatzbereit.

Handfeuerlöscher als Dauerdrucklöscher

Bei Dauerdrucklöschern steht das Löschmittel permanent unter Druck, da es sich mit dem Treibmittel zusammen in einem Behälter befindet. Nach Betätigung der Auslösevorrichtung steigt das Gas zusammen mit dem Löschmittel in das Steigrohr. Der Löschdruck beträgt ca. 15 bis 20 bar.

Als Treibmittel werden nichtbrennbare Gase eingesetzt, wie z.B. Stickstoff oder Kohlenstoffdioxid. In älteren Modellen (bis Mitte der 1990-er Jahre) wurde auch Halon verwendet. Dieses Gas ist jedoch nicht mehr zulässig, da es zur Schädigung der Ozonschicht beiträgt.

Die Löscher können unter anderem mit folgenden Löschmitteln gefüllt sein:

- Wasser

  Wirkungsweise: Durch das Löschwasser wird dem Brandgeschehen Wärmeenergie entzogen, die dem Feuer zur weiteren Ausbreitung nicht mehr zur Verfügung steht. Diese Energie wird zur Erwärmung und zur Änderung des Aggregatzustandes von Wasser in Wasserdampf aufgewendet. Weiterhin kühlt das Löschmittel den Brand und das Wasser sowie der Wasserdampf behindern partiell die Sauer-stoffzufuhr.

  Entzug von Wärmenergie

- wässrige Lösungen

  Wirkungsweise: Die wässrigen Lösungen in Feuerlöschern bestehen in der Regel aus Wasser und anorganischen Salzen. Ein Teil der Wärmeenergie des Brandes wird beim Löschvorgang durch die wässrige Lösung gebunden. Dies geschieht durch die Erwärmung und die Aggregatänderung der Lösung.

  Bildung einer Trennschicht

  Weiterhin wird durch die enthaltenen Salze eine Trennschicht auf der Brandlast gebildet, die die Sauerstoffzufuhr behindert.

- Schaum

  Wirkungsweise: Der Schaum des Handfeuerlöschers besteht aus Wasser, Aufschäumungsmittel und Luft. Es entsteht eine Verschäumung. Aufgrund des geringen spezifischen Gewichts bedeckt der Schaum die Oberfläche des Brandes. Durch die günstigen Fließeigenschaften breitet sich der Schaum aus und schließt somit auch wieder Bereiche, in denen der Brand „Löcher" im Schaumteppich erzeugt hat. Der Schaum bildet eine Art Trennschicht, durch die der Sauerstoff der Umgebungsluft nicht mehr an den Brandbereich gelangen kann. Hierdurch erlischt das Feuer.

  Bildung einer Schaumschicht

- Pulver

  Wirkungsweise: Durch das Löschpulver, das in der Regel aus Ammoniumdihydrogenphosphat und Ammoniumsulfat zusammengesetzt ist, entsteht ein antikatalytischer Effekt, der den chemischen Prozess des Brandes unterbricht. Weiterhin kann sich durch geschmolzenes Pulver eine Sperrschicht über der Brandlast bilden. Hierdurch wird der Zugang von Sauerstoff verhindert, das Feuer erlischt.

  Bildung einer Sperrschicht

- Kohlendioxid

  Wirkungsweise: Das Gas verdrängt den Sauerstoff, den ein Feuer zum Brennen benötigt. Gleichzeitig wird der Brand durch das Treibgas gekühlt.

  Verdrängung von Sauerstoff

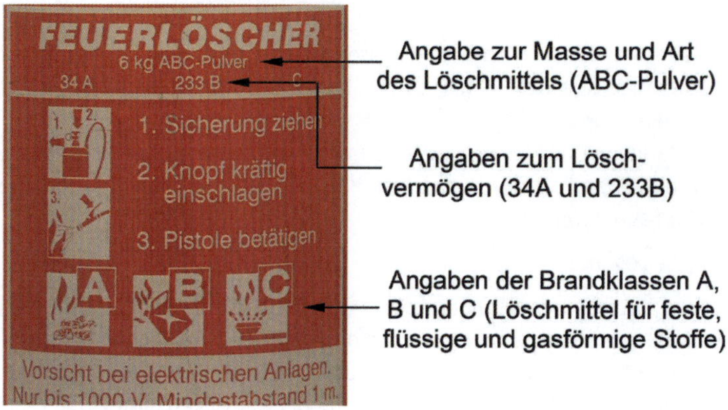

Bild 3.41: Hinweise auf die Brandklasse, auf die Art und Menge des Löschmittels sowie auf das Löschvermögens eines Handfeuerlöschers

Einsatzdauer von Handfeuerlöschern

In der Praxis wird häufig die Leistungsfähigkeit von Handfeuerlöschern überschätzt. Schon nach kurzer Zeit ist das Löschmittel durch die hohe Ausstoßrate und die begrenzte Löschmittelmenge aufgebraucht. Beispielsweise beträgt die Löschdauer bei einem 12-kg-Pulverlöscher zwischen 18 und 33 Sekunden.

Die Mindestfunktionsdauern von tragbaren Feuerlöschern werden in der DIN EN 3-7 [3.58] angegeben.

Feuerlöscher müssen in regelmäßigen Abständen auf ihre Funktionsfähigkeit überprüft werden.

Überprüfung der Funktionsfähigkeit

Im Zuge der Instandhaltung von Löschern, die sich in Arbeitsstätten befinden, muss die Funktionsfähigkeit nach der Technischen Regel ASR A2.2 Absatz 7.5.2 (1) [3.61] alle zwei Jahre wiederkehrend geprüft werden (äußere Prüfung).

Die Höchstfristen für wiederkehrende Prüfungen von Druckbehältern (innere Prüfung) sowie für Festigkeitsprüfungen des Behältermaterials werden in Tabelle 1 der Betriebssicherheitsverordnung (BetrSichV) [3.62] aufgelistet. Die innere Prüfung von Druckbehältern muss alle fünf Jahre erfolgen, die Festigkeitsprüfung alle zehn Jahre.

Je nach den Randbedingungen wird die Prüfung der Druckbehälter entweder durch zur Prüfung befähigte Personen (bP) oder durch zugelassene Überwachungsstellen (ZÜS) durchgeführt.

Gesetzlich wird die Ausstattung von Regelbauten mit tragbaren Feuerlöschern nicht gefordert. Bei geregelten Sonderbauten werden sie nur in Verkaufsstätten und Versammlungsstätten gefordert.

Auszug aus der Verkaufsstättenverordnung § 20 Absatz 2 [3.7]:

Handfeuerlöscher in Verkaufsstätten

„(2) In Verkaufsstätten müssen vorhanden sein:

*1. **geeignete Feuerlöscher** und Wandhydranten für die Feuerwehr (Typ F) in ausreichender Zahl, gut sichtbar und leicht zugänglich; […]"*

Handfeuerlöscher in Versammlungsstätten

Auszug aus der Versammlungsstättenverordnung § 19 Absatz 1 [3.8]:

*„(1) Versammlungsräume, Bühnen, Foyers, Werkstätten, Magazine, Lagerräume und notwendige Flure sind mit **geeigneten Feuerlöschern** in ausreichender*

Zahl auszustatten. Die Feuerlöscher sind gut sichtbar und leicht zugänglich anzubringen."

Feuerlöscher in Arbeitsstätten

In weiteren Verordnungen und Richtlinien für geregelte Sonderbauten werden Feuerlöschanlagen, jedoch keine tragbaren (Hand-)Feuerlöscher gefordert. Sonderbauten, die auch als Arbeitsstätten dienen, wie z.B. Schulen oder Beherbergungsstätten, müssen aufgrund des Arbeitsstättenrechts mit tragbaren Feuerlöschern ausgestattet werden.

Nach der Arbeitsstättenverordnung (ArbStättV) [3.63] Anhang I Absatz 2.2 müssen Arbeitsstätten mit einer ausreichenden Anzahl von Feuerlöschern (Feuerlöscheinrichtungen) ausgestattet werden:

Feuerlöscher nach Arbeitsstättenverordnung

*„**2.2 Maßnahmen gegen Brände***

(1) Arbeitsstätten müssen je nach

a) Abmessung und Nutzung,

b) der Brandgefährdung vorhandener Einrichtungen und Materialien,

c) der größtmöglichen Anzahl anwesender Personen

*mit einer ausreichenden Anzahl geeigneter **Feuerlöscheinrichtungen** und erforderlichenfalls Brandmeldern und Alarmanlagen ausgestattet*

sein. [...]"

Die Forderung des Absatzes 2.2 des Anhangs I zur ArbStättV wird durch die Technische Regel ASR A2.2 [3.61] konkretisiert.

Handfeuerlöscher

Die Grundausstattung von Arbeitsstätten mit Feuerlöscheinrichtungen soll nach den Forderungen der ASR A2.2 durch den Arbeitgeber im Regelfall durch tragbare Feuerlöscher nach DIN EN 3-7 [3.58] erfolgen.

sichtbare Anordnung

Bei der Ausstattung von Arbeitsstätten mit Handfeuerlöschern ist darauf zu achten, dass diese gut sichtbar angebracht werden. Sie sollten deshalb vorrangig in notwendigen Fluren oder an den Zugängen von Treppenräumen angeordnet werden. Da sich in diesen Bereichen keine Gegenstände befinden dürfen, sind die Löscher dort gut sichtbar.

Griffhöhe

Damit sie leicht erreichbar sind, sollte die Griffhöhe der angebrachten Löscher zwischen 0,80 m und 1,20 m liegen.

Damit die Feuerlöscher zeitnah eingesetzt werden können, muss von jeder Stelle aus in einer Entfernung von nicht mehr als 20 m Laufweglänge ein Feuerlöscher erreichbar sein.

Anzahl von Feuerlöschern

In der Technischen Regel A2.2 [3.61] wird ein Verfahren beschrieben, mit dessen Hilfe die Anzahl der Feuerlöscher zur Ausstattung einer Arbeitsstätte ermittelt werden kann.

Nach folgendem Ablaufschema wird die Anzahl der tragbaren Feuerlöscher ermittelt:

Festlegung der Brandklasse

1. Aufgrund der Nutzung der Arbeitsstätte werden die vorhandenen bzw. die zukünftigen Arten der Brandlasten ermittelt und diese dann den entsprechenden Brandklassen zugeordnet (A, B, C, D oder F – siehe hierzu auch Kapitel 6.8).

Festlegung der Brandgefährdung

2. Im nächsten Schritt wird überprüft, welche Brandgefährdung in der Arbeitsstätte vorliegt. In üblichen Büros und Verwaltungsgebäuden befinden sich z.B. Brandlasten, die eine normale Gefährdung darstellen. In der ASR A2.2 [3.61] werden beispielhaft Arbeitsbereiche und Tätigkeiten in der Tabelle 4 aufgelistet, bei denen eine erhöhte Brandgefährdung vorliegt.

Löschmitteleinheiten

3. Infolge der Grundfläche der Arbeitsstätte wird die Anzahl der Löschmitteleinheiten (LE) nach Tabelle 3 der ASR A2.2 bestimmt, die in der Arbeitsstätte zur Grundausstattung benötigt werden.

Löschvermögen von Handfeuerlöschern

4. Das Löschvermögen von Handfeuerlöschern wird durch Ergebnisse von Brandprüfungen festgelegt. Das Norm-Prüfobjekt ist für die Brandklasse A z.B. ein Holzstapel aus geschichteten Holzstäben mit einer Höhe von 0,56 m und einer Tiefe von 0,50 m. Die Breite des Stapels ist je nach Löschvermögen unterschiedlich groß.

LE zur Vergleichbarkeit von Brandklassen

Zum Beispiel bedeutet die Kurzbezeichnung 21A auf einem Löscher, dass das Löschmittel für Feststoffbrände (A) geeignet ist und dass mit der Löschmittelmenge ein Norm-Holzstapel mit einer Breite von 2,10 m (21) gelöscht wurde.

Um eine Vergleichbarkeit des Löschvermögens zwischen den Brandklassen A und B herstellen zu können, wurde die Größe „Löschmitteleinheit (LE)" eingeführt.

In Tabelle 2 der ASR kann das Rating (die Bewertung) des Löschvermögens den Löschmitteleinheiten zugeordnet werden, z.B. entspricht ein Löscher mit der Bezeichnung 27A und 144B neun Löschmitteleinheiten.

Anzahl der Handfeuerlöscher

In diesem 4. Schritt wird eine Anzahl von Handfeuerlöschern ausgewählt, deren Gesamtlöschmitteleinheiten die erforderlichen Löschmitteleinheiten nach 3.) abdecken:

[$LE_{vorhanden}$(nach 4.) ≥ $LE_{erforderlich}$(nach 3.)].

Hierdurch ergibt sich die Anzahl der Feuerlöscher.

Erweiterung des Grundschutzes

5. Gegebenenfalls müssen bei besonderen Gefährdungen zusätzlich zur Grundausstattung weitere Maßnahmen getroffen werden. Dies ist besonders für Bereiche mit erhöhter Brandgefährdung zu beachten.

Beispiel zur Ermittlung der Grundausstattung einer Arbeitsstätte mit Handfeuerlöschern

Beschreibung der Arbeitsstätte:

Die Arbeitsstätte befindet sich in einem Verwaltungsgebäude, das in Zellen von 400 m² Grundfläche aufgeteilt ist (Zellen- bzw. Kompartmentbauweise).
Für eine dieser Zellen wird der Nachweis geführt.

Beurteilung der Grundausstattung:

Brandklassen: A und B (nach 1. – gewählt aufgrund der Nutzung)
Grundfläche: 400 m² (durch brandschutztechnische Abtrennung)
Brandgefährdung: normal (nach 2. – gewählt aufgrund der Nutzung)

Nach Tabelle 3 der ASR (nach 3.) sind für eine Grundfläche von 400 m² 18 Löschmitteleinheiten erforderlich.

Als Grundausstattung werden Handfeuerlöscher mit dem Löschmittel ABC-Pulver und einem Löschvermögen von 21A und 113B gewählt.

Nach Tabelle 2 der ASR entsprechen diese Löscher jeweils 6 LE.

Anzahl der Löscher: n = 18 LE / 6 LE = 3

Als Grundausstattung für die Verwaltungseinheit werden **drei Handfeuerlöscher** *mit dem Löschvermögen* **21A und 113B** *gewählt.*

31.2 Wandhydranten

Anordnung von Wandhydranten

Wandhydranten sind Wasserentnahmestellen, die zur ersten Bekämpfung von Bränden in der Entstehungsphase durch die Nutzer des Gebäudes (Typ S – Selbsthilfe) oder durch die Feuerwehr/Nutzer des Gebäudes (Typ F – Feuerwehr) geeignet sind. Sie werden an leicht zugänglichen, gut sichtbaren Stellen des Gebäudes fest installiert und müssen in ausreichender Zahl vorhanden sein. Sie können z.B. in der Nähe von Treppenräumen oder Brandschutztüren angeordnet werden. In der Planung ist zu berücksichtigen, dass ein Schlauch, der durch eine Tür geführt wird, diese Tür nicht schließen lässt. Brandrauch kann an dieser Stelle durchtreten.

Bestandteile

Die Wandhydranten bestehen aus einem Schrank, der in der Regel in einer Wandnische angeordnet wird, sowie aus einer Schlauchhaspel, auf der sich eine aufgerollte Schlauchleitung befindet.

Wandhydranten Typ S und Typ F

Die Wandhydranten werden nach DIN 14461 Teil 1 [3.64] in die Typen S und F eingeteilt. Sie unterscheiden sich in der Löschwassermenge und der Art des Wasserversorgungsanschlusses, in der Handhabung sind sie identisch.

unbegrenzte Löschwassermenge

Im Gegensatz zu Handfeuerlöschern ist die Menge des Löschwassers bei Wandhydranten nicht begrenzt, da es in der Regel dem Trinkwassernetz entnommen wird.

a) Wandhydranten Typ S

Wandhydrant Typ S zur Selbsthilfe

Wandhydranten des Typs S sind nicht für den Einsatz durch die Feuerwehr vorgesehen. Sie dienen zur Selbsthilfe und sollen im Brandfall für Löschversuche durch nicht fachkundige Personen genutzt werden.

Bestandteile der Wandhydranten

Die Schlauchhaspel befindet sich in einem Schrank und ist ausschwenkbar. Der Feuerlöschschlauch dieser Hydranten besteht aus einem formstabilen Material mit einem Innendurchmesser von 19 mm. Der Schlauch darf maximal 30 m lang sein.

Gekennzeichnet wird der Hydrantenschrank mit dem Symbol F002 nach DIN EN ISO 7010 [3.65] sowie mit einem Hinweisschild nach DIN 4066 [3.46].

Bild 3.42: Kennzeichnung eines Wandhydrantenschranks des Typs S

Wasserversorgung aus dem Trinkwassernetz

Die Wasserversorgung darf direkt aus dem Trinkwassernetz erfolgen, wenn Schlauchanschlussventile mit Sicherungskombination (Belüftungsarmatur für Schlauchanschlüsse mit Rückflussverhinderer) nach DIN 14461-3 [3.66] genutzt werden. Dies gilt nur für Wandhydranten des Typs S, da die vorgesehene Entnahmemenge für den Löschfall in der Regel geringer ist als die Trinkwasserentnahme. Hierdurch wird das Wasservolumen ausreichend ausgetauscht, und es entstehen deshalb keine undurchströmten Bereiche, in denen es zu einer Verkeimung kommen kann. Die Wandhydranten sind in Trinkwasser-Installationsanlagen einzubinden, um stagnierendes Wasser zu verhindern. Die Entnahmestelle ist nach DIN 1988-600 [3.67] zu planen. Da in dieser Variante das Wasser ständig bis zur Entnahmestelle steht, wird sie auch als „nass" bezeichnet.

Steigleitung „nass/trocken"

Die Wandhydranten können auch mit einer Löschwasserleitung „nass/trocken" versehen werden. Im Brandfall wird das Wasser in die bis dahin trockene Leitung durch Fernbetätigung von Armaturen automatisch eingespeist.

In beiden Fällen sind die Hydranten jederzeit einsatzbereit.

Löschwassermengen und -drücke

Die erforderliche Löschwassermenge kann der DIN 14462 [3.68] entnommen werden. Sie beträgt für Wandhydranten des Typs S grundsätzlich 24 l/min bei einem Mindestdruck von 2 Bar (0,2 MPa) am Strahlrohr. Der maximale Fließdruck beträgt 8 Bar (0,8 MPa) und der höchste Ruhedruck 12 Bar (1,2 MPa). Diese Werte gelten für die „Gleichzeitigkeit" von zwei Wandhydranten.

Bild 3.43: Wandhydrantenschrank Typ S mit Haspel und formstabilem Schlauch (links), Quelle: Gloria; rechts ein älterer Hydrant mit heutzutage unzulässigem flexiblen Schlauch

b) Wandhydranten Typ F

Wandhydrant Typ F für die Feuerwehr

Wandhydranten des Typs F sind für die Nutzung durch die Feuerwehr und durch Laien vorgesehen. Sie dienen sowohl zum professionellen Löschen durch die Feuerwehr als auch zur ersten Selbsthilfe durch Personen ohne speziellen Fachkenntnissen.

Bestandteile

Wie auch beim Typ S befindet sich die Schlauchhaspel ich in einem Schrank und ist ausschwenkbar. Der Feuerlöschschlauch dieser Hydranten besteht ebenfalls aus einem formstabilen Material, jedoch mit einem Innendurchmesser von 25 mm. Der Schlauch darf maximal 30 m lang sein.

Löschwassermengen und -drücke

Die erforderliche Löschwassermenge kann der DIN 14462 [3.68] entnommen werden. Sie beträgt für Wandhydranten des Typs F 100 l/min bei einem Mindestdruck von 2 Bar (0,2 MPa) oder 200 l/min bei einem Mindestdruck von 4,5 Bar (0,45 MPa) am Strahlrohr. Der maximale Fließdruck hat eine Größe von 8 Bar (0,8 MPa), der höchste Ruhedruck 12 Bar (1,2 MPa). Diese Werte gelten für die „Gleichzeitigkeit" von drei Wandhydranten. Die Wassermenge ist über zwei Stunden sicherzustellen.

Der Wert von 200 l/min wird z.B. für Hydranten in Hochhäusern gefordert.

Auszug aus der Muster-Hochhaus-Richtlinie Absatz 6.3.2.2 [3.4]:

Löschwassermenge in Hochhäusern

> *„Bei gleichzeitiger Löschwasserentnahme von 200 l/min an drei Entnahmestellen darf der Fließdruck an diesen Entnahmestellen nicht weniger als 0,45 MPa und nicht mehr als 0,80 MPa betragen."*

Verhinderung der Verkeimung

Um eine Verkeimung zu verhindern, darf das Löschwasser für Wandhydranten des Typs F nur indirekt dem Trinkwassernetz entnommen werden. Die Wandhydranten dürfen nicht in eine Trinkwasser-Installation eingebunden werden. Das Trinkwasser- und das Löschwassernetz müssen „entkoppelt" werden.

Steigleitung „nass" oder „nass/trocken"

Die Steigleitung zum Wandhydranten ist entweder in der Variante „nass" oder „nass/trocken" auszuführen.

Das Wasser der „nassen" Leitung steht permanent unter Druck und ist dadurch ständig einsatzbereit.

Bei der „nass/trockenen" Leitung wird durch das Öffnen des Hydranten Wasser unter Druck in die Leitung geführt. Nach Gebrauch des Hydranten fließt das in der Leitung befindliche Wasser in eine Entleerungsstation, die vom Trinkwassernetz abgekoppelt sein muss.

alternative „trockene" Steigleitung

Ist der Wandhydrant Typ F nur für den Gebrauch durch die Feuerwehr vorgesehen, kann auch eine „trockene" Steigleitung eingesetzt werden. Bei einem Brand wird das Löschwasser dann durch die Feuerwehr mit Hilfe einer Löschwasser-Einspeiseeinrichtung in die Leitung eingebracht, die sich in der Regel im Außenbereich eines Gebäudes befindet. Das Löschwasser kann z.B. aus Unterflurhydranten entnommen werden.

Bild 3.44: An der Fassade eines Gebäudes angebrachte Löschwasser-Einspeiseeinrichtung für die trockene Steigleitung in einem Treppenraum

Gekennzeichnet wird der Hydrantenschrank mit dem Symbol F002 nach DIN EN ISO 7010 [3.65] sowie mit einem Hinweisschild nach DIN 4066 [3.46].

Bild 3.45: Kennzeichnung eines Wandhydrantenschranks des Typs F

In einigen Sonderbau-Richtlinien und -verordnungen sowie in den Technischen Regeln für Arbeitsstätten werden Wandhydranten gefordert.

a) Muster-Hochhaus-Richtlinie [3.4]

Steigleitungen in Hochhäusern

In Hochhäusern müssen Wandhydranten des Typs F mit nassen Steigleitungen für die Feuerwehr in jedem Geschoss angeordnet werden. Trockene Steigleitungen sind nicht zulässig, da eine Manipulation an den Leitungen nicht in jedem Fall offensichtlich ist und ihre Funktionsfähigkeit dadurch im Brandfall beeinträchtigt sein kann.

Einsatz von Wandhydranten während der Bauphase

Zur Erfüllung des § 14 MBO müssen schon während der Bauphase ab einer Höhe von 22 m (Hochhausgrenze) die Steigleitungen sowie die Entnahmestellen eingeschränkt zur Verfügung stehen. Hierüber kann ein auf der Baustelle entstehender Brand bekämpft werden.

Wandhydranten müssen in folgenden Räumen angeordnet werden:

- in den Vorräumen von Feuerwehraufzügen,
- in den Vorräumen von notwendigen Treppenräumen und
- wenn bei notwendigen Treppenräumen keine Vorräume erforderlich sind, muss eine geeignete Stelle ausgewählt werden. Dieser Ort ist mit der zuständigen Feuerwehrdienststelle abzuklären.

Einsatzorte von Wandhydranten

b) Muster-Industriebau-Richtlinie [3.5]

Forderungen zum Einsatz von Wandhydranten

Wandhydranten des Typs F müssen in Räumen von Industriebauten für die Feuerwehr vorgesehen werden, wenn diese Räume eine Grundfläche von mehr als 1.600 m^2 aufweisen. Die Hydranten müssen in ausreichender Anzahl vorhanden sein und so angeordnet werden, dass sie gut sichtbar und leicht zugänglich sind. Auch während des Produktionsbetriebs ist darauf zu achten, dass sie einsatzbereit sind und die beiden vorgenannten Forderungen erfüllt werden.

Entkopplung vom Trinkwassernetz oder „trockene" Steigleitung

Um eine Verkeimung des Trinkwassers zu verhindern, müssen die Trinkwasserleitungen und die Feuerlöschleitungen der Wandhydranten des Typs F „entkoppelt" werden. Da dies relativ aufwendig ist, kann mit Zustimmung der zuständigen Brandschutzdienststelle der Feuerwehr auch auf Wandhydranten verzichtet werden, wenn stattdessen „trockene" Löschwasserleitungen angeordnet werden. Dies ist jedoch nur für Brandabschnitte bzw. Brandbekämpfungsabschnitte der Sicherheitskategorien K 3.1 bis K 3.4 und K 4 zulässig.

Einsatzorte im Außenbereich

Rettungs- und Angriffswege im Außenbereich eines Gebäudes, z.B. über begehbare Dachbereiche oder über offene Gänge, führen auf das Grundstück. An diesen Ausgängen sind entweder Wandhydranten oder trockene Löschwasserleitungen vorzusehen.

c) Muster-Verkaufsstättenverordnung [3.7]

gut sichtbare Anordnung

In Verkaufsstätten müssen Wandhydranten des Typs F in ausreichender Anzahl vorhanden sein und so angeordnet werden, dass sie gut sichtbar und leicht zugänglich sind.

Verzicht auf Wandhydranten

Auf Wandhydranten kann entweder ganz verzichtet werden oder können stattdessen trockene Löschwasserleitungen zugelassen werden. Dies kann jedoch nur mit Zustimmung der zuständigen Brandschutzdienststelle geschehen, da diese bandschutztechnische Einrichtung zur Einsatztaktik der Feuerwehr passen muss.

d) Muster-Versammlungsstättenverordnung [3.8]

Anordnen von Wandhydranten Typ F

Versammlungsstätten mit einer Gesamtfläche der Versammlungsräume $A_{ges} > 1.600$ m^2 müssen mit Wandhydranten des Typs F ausgerüstet werden. Sie müssen in ausreichender Anzahl vorhanden sein und so angeordnet werden, dass sie gut sichtbar und leicht zugänglich sind.

Verzicht auf Wandhydranten

Auf Wandhydranten kann auch in diesem Sonderbautyp verzichtet werden, wenn stattdessen trockene Löschwasserleitungen angeordnet werden. Auch hier kann dies nur mit Zustimmung der zuständigen Brandschutzdienststelle geschehen, da diese bandschutztechnische Einrichtung Teil der Einsatztaktik der Feuerwehr ist.

Großbühnen

Neben den Ausgängen zu Rettungswegen müssen in Höhe der Arbeitsgalerien und des Schnürbodens von Großbühnen Wandhydranten angeordnet werden.

e) Arbeitsstättenverordnung ASR A2.2 [3.61]

Arbeitsstätten mit erhöhter Brandgefahr

In Arbeitsstätten müssen zusätzliche Maßnahmen in Bereichen mit erhöhter Brandgefährdung getroffen werden. Über die brandschutztechnische Grundausstattung hinaus können in diesen Bereichen z.B. Wandhydranten eingesetzt werden.

Auch wenn im Baurecht keine Hydranten gefordert werden, können sie aufgrund der Arbeitsstättenverordnung durch den Brandschutzplaner gefordert werden.

31.3 Stationäre (automatische) Löschanlagen

ständig betriebsbereite Löschanlagen

Stationäre Löschanlagen sind technische Anlagen, die ständig betriebsbereit sein müssen. Die Bekämpfung von entstehenden Bränden muss durch die Anlage jederzeit selbsttätig beginnen.

Löschanlagen zur Erstbekämpfung

Der Einsatz von Löschanlagen dient der Erstbekämpfung der Löschung von Entstehungsbränden bzw. der Verhinderung der schnellen Brandausbreitung bis zum Eintreffen der Feuerwehr.

Löschanlagen bestehen aus einem fest installierten Rohrleitungssystem, über das Löschmittel direkt zum Brandgeschehen transportiert wird, und aus Ausgabevorrichtungen (z.B. Sprinklerdüsen), durch die das Löschmittel im Brandraum verteilt wird. Die Rohre werden in der Regel unter der Geschossdecke verlegt, da sie sich dort über dem Brandgeschehen befinden.

Löschmittel, die üblicherweise in Löschanlagen zum Einsatz kommen, sind

Löschmittel von Löschanlagen

- Wasser,
- Löschschaum,
- Löschpulver und
- Gase.

Die Wahl des Löschmittels ist abhängig von der Art der Brandlast sowie von möglichen zu schützenden Sachgütern.

1. Sprinkleranlagen

Sprinkleranlagen werden entweder nach DIN EN 12845 [3.69] oder nach der VdS CEA-Richtlinie 4001 [3.70] geplant und ausgeführt.

Sie bestehen aus einem ortsfesten Rohrleitungssystem, in dem Wasser als Löschmittel geführt wird.

Unter anderem kann die Anlage aus folgenden Quellen mit Wasser versorgt werden:

Wasserversorgung von Sprinkleranlagen

- aus dem öffentlichen Wasserleitungsnetz (mit oder ohne Druckerhöhungspumpen),
- aus einem Hochbehälter,
- aus einem Vorratsbehälter (mit einer oder mehreren Pumpen) oder
- aus einer unerschöpflichen Quelle (ein offenes Gewässer, z.B. ein Fluss, ein See oder ein Bach) mit einer oder mehreren Pumpen.

Funktionsweise von Sprinklerköpfen

Im „Normalzustand" sind die Auslässe des Rohrleitungssystems, die Sprinklerköpfe (Sprinkler), durch Glasfässer verschlossen. In den Fässern befindet sich eine Flüssigkeit, die sich bei Wärmeeinwirkung stark ausdehnt. Im Brandfall platzen diese Glasfässer durch den dabei entstehenden Dehnungsdruck. Das Wasser aus dem Rohrnetz trifft über eine Düse auf einen Sprühteller, durch den das Wasser in einer definierten Tröpfchengröße gleichmäßig auf das Brandgeschehen verteilt wird.

Mindestdruck am Sprinklerkopf

Durch das austretende Wasser verringert sich der Druck im Rohrleitungssystem. Der Druckabfall wird messtechnisch erfasst und durch die Sprinklerzentrale werden Pumpen automatisch gestartet. An jedem Sprinkler muss ein Druck von mindestens 0,5 bar herrschen.

Schädigung von Schutzgütern

Aufgrund des Löschwasseranfalls und die dadurch bedingten Schädigungen der Schutzgüter sollten Sprinkleranlagen unter anderem nicht in Museen, Bibliotheken und Serverräumen eingesetzt werden.

Nass- und Trockenausführung

Sprinkleranlagen werden in Nass- und Trockenanlagen unterteilt. In den Nassanlagen befindet sich Löschwasser auch im ungeöffneten Zustand des Systems in den Rohrleitungen. Diese Ausführung kann dort eingesetzt werden, wo keine Frostgefahr besteht.

Besteht aber die Gefahr, dass das Wasser in den Rohrleitungen gefrieren kann (z.B. in offenen Garagen), können Trockenanlagen genutzt werden. Ab der Ventilstation befindet sich Druckluft in den Rohren. Öffnen sich im Brandfall ein oder mehrere Sprinkler, entweicht die Luft über diese Öffnungen und Wasser strömt nach.

Auslösung 30 K über „Normaltemperatur"

Die Auslösung von Sprinkleranlagen erfolgt über die Umgebungstemperatur der Sprinkler während des Brandes. Sie liegt ca. 30 °C über der Temperatur, die sich aufgrund der Nutzung im mit Sprinklern ausgestatteten Raum im „Normalzustand" einstellen wird.

Auslösetemperaturen von Glasfasssprinklern

Bei Glasfasssprinklern gibt es unterschiedliche Auslösetemperaturen, abhängig von der Farbe der Flüssigkeit in den Glasfässern:

- orange Flüssigkeit – Auslösetemperatur bei 57 °C,
- rote Flüssigkeit – Auslösetemperatur bei 68 °C,
- gelbe Flüssigkeit – Auslösetemperatur bei 79 °C,
- grüne Flüssigkeit – Auslösetemperatur bei 93 °C,
- blaue Flüssigkeit – Auslösetemperatur bei 141 °C,
- hellviolette Flüssigkeit – Auslösetemperatur bei 182 °C und
- schwarze Flüssigkeit – Auslösetemperatur bei 204/260 °C.

Eine weitere technische Konstruktion zur Auslösung des Sprinklervorgangs ist das Schmelzlot. Der Sprinkler öffnet sich, wenn ein hierfür bestimmtes Bauteil schmilzt.

Auslösetemperaturen von Schmelzlotsprinklern

Auch bei dieser Art der Konstruktion gibt es unterschiedliche Auslösetemperaturen (Schmelztemperaturen):

- ungefärbtes Lot – Auslösetemperatur bei 68/74 °C,
- weißes Lot – Auslösetemperatur bei 93/100 °C,
- blaues Lot – Auslösetemperatur bei 93/100 °C,
- gelbes Lot – Auslösetemperatur bei 182 °C und
- rotes Lot – Auslösetemperatur bei 227 °C.

begrenzente Anzahl

Bei einem Brand öffnen sich nur die Sprinkler, die unmittelbar durch die Brandtemperatur beaufschlagt werden. Hierdurch findet eine gezielte Brandbekämpfung statt.

Aufgrund der Temperaturentwicklung des Brandes wird nur eine begrenzte Anzahl von Sprinklern angesprochen.

Nach der 10-Jahres-Statistik des „Bundesverband Technischer Brandschutz" [3.71] aus dem Jahr 2020 wurden 76 % der Löscherfolge durch weniger als fünf Sprinkler und 63 % mit weniger als drei Sprinklern erzielt.

Alarmventilstation mit Sprinklerglocke

Bei einer aktivierten Sprinkleranlage wird ein Alarm durch die Alarmventilstationen ausgelöst. Sie befinden sich zwischen der Wasserversorgung und dem Rohrnetz und sind mit ihnen verbunden. Bei einem Druckabfall durch offene Sprinklerventile im Brandfall öffnen sich die Alarmventilstationen und die Sprinklerglocke, die ein räumlich begrenztes akustisches Signal erzeugt; durch eine Ansteuerung wird die Weiterleitung der Alarmierung an eine definierte Stelle ausgelöst.

2. Sprühwasserlöschanlagen

Sprühwasserlöschanlagen werden nach DIN CEN/TS 14816 [3.72] oder der VdS-Richtlinie 2109 [3.73] geplant.

offene Düsen

Sie werden als stationäre Feuerlöschanlagen ausgeführt und bestehen aus einem Rohrleitungssystem. Die Löschdüsen sind im Gegensatz zur Sprinkleranlage zu jeder Zeit offen, also auch im „Nichtgefahrenfall". Sie besitzen weder Glasfässer noch Schmelzlote.

Einsatzorte

Sprühwasserlöschanlagen werden dort eingesetzt, wo eine schnelle Brandausbreitung zu erwarten ist, z.B. auf Großbühnen in Versammlungsstätten.

großflächiges Löschen in Löschbereichen

Wie auch in Sprinkleranlagen wird Wasser in diesen Anlagen als Löschmittel eingesetzt. Um die rasche Ausbreitung zu verhindern, wird nicht punktuell, wie mit einer Sprinkleranlage, sondern großflächig gelöscht. Die Sprinkler werden zu Gruppen (Löschbereichen) zusammengefasst, über die im Brandfall das Löschwasser auch gleichzeitig abgegeben wird. Die Sprühdüsen verteilen das Löschwasser über den Sprühteller fächerförmig auf das Brandgeschehen. Das großflächige Löschen entzieht dem Brand Wärmeenergie und kühlt ihn dadurch.

Auslöseeinrichtungen

Die Sprühwasserslöschanlagen werden entweder automatisch über Brandmeldeanlagen oder manuell ausgelöst, d.h., die Löschwasserzuführung wird dadurch aktiviert.

3. Schaummittellöschanlagen

Schaummittellöschanlagen werden nach der VdS-Richtlinie 2108 [3.74] oder der DIN EN 13565 Teil 1 und 2 [3.75], [3.76] geplant.

Schaum als Löschmittel

Sie werden als ortsfeste Löschanlagen ausgeführt, die einen ähnlichen Aufbau wie Sprinkleranlagen haben. Der entscheidende Unterschied zwischen diesen beiden Löschanlagentypen ist das Löschmittel. Bei der Schaummittellöschanlage wird dem Wasser ein Schaummittel zugefügt. Im Zumischverfahren wird hinter der Pumpe, die den Druck aufbaut, ein Zumischer angeordnet. Die speziellen Sprinklerdüsen dieser Anlage sind auf das Löschmittel abgestimmt.

verbesserte Löscheigenschaften

Durch den Löschschaum ergibt sich ein verbessertes Löschverhalten. Der Schaum setzt sich als Film auf die Oberfläche des Brandgutes ab und bildet dadurch eine Art Barriere, die verhindert, dass Sauerstoff an das Brandgeschehen gelangt. Ohne dieses Oxydationsmittel erlischt der Brand langsam unter dem Schaum. Weiterhin wird ein Teil des Schaums durch die Wärmeenergie zersetzt. Die aerosolen Wassertropfen, die sich dadurch aus dem Schaum lösen, binden Energie des Brandes und kühlen ihn.

Ein weiterer Vorteil dieser Löschmethode ist das Verhindern der Rauchausbreitung in die Atmosphäre durch den Löschfilm.

Schaummittellöschanlagen werden bevorzugt zum Löschen von brennbaren Flüssigkeiten oder von hochentzündlichen Materialien eingesetzt, z.B. in Tank- oder Reifenlagern, in Müllverbrennungsanlagen oder in der chemischen Industrie. **Einsatzbereiche**

4. Inertgaslöschanlagen

Inertgaslöschanlagen werden nach DIN EN 15004 [3.77] oder der VdS-Richtlinie 2380 [3.78] geplant und ausgeführt.

Diese Löschanlagen bestehen aus Gasbehältern, die zu einer Flaschenbatterie zusammengefasst werden können, aus Rohrleitungen, die in die definierten Flutungsbereiche geführt werden, und aus einer Melde- sowie einer Alarmanlage. **Bestandteile einer Inertgaslöschanlage**

Im Brandfall werden die Ventile der Gasbehälter sowie die Bereichsventile („Weichenventile") über Steuereinheiten geöffnet. Die Auslösung erfolgt grundsätzlich über eine automatische Brandmeldeanlage. Eine Auslösevorrichtung per Hand ist ebenfalls vorzusehen. Im Brandfall werden die Gase durch die Rohrleitungen in den Brandraum geführt, um dort den Brand zu löschen. **Aktivierung einer Inertgaslöschanlage**

Bevor die Löschanlage aktiviert wird, müssen Personen nach einer Vorwarnzeit den definierten Löschbereich verlassen haben, damit sie keine gesundheitlichen Schäden durch den Löschvorgang erleiden. **Personen im Flutbereich**

Gaslöschanlagen werden dort eingesetzt, wo andere Löschmittel nicht erfolgreich verwendet werden können oder erhebliche Schäden verursachen würden. Dies kann z.B. in Serverräumen oder Rechenzentren der Fall sein. **Einsatzbereiche der Anlagen**

Inertgase sind reaktionsträge Gase, wie Argon und Stickstoff. Ein weiteres Gas, das in Gaslöschanlagen eingesetzt wird, ist Kohlenstoffdioxid. Alle drei Gase kommen in der Luft vor. **verwendbare Gase**

Das Volumen von Luft setzt sich auf Meerespiegelhöhe aus folgenden Gasen zusammen: **Zusammensetzung von Luft**

- 78,08 Vol-% Stickstoff,
- 20,95 Vol-% Sauerstoff,
- 0,93 Vol-% Argon und
- 0,04 Vol-% Kohlenstoffdioxid.

Damit ein Brand entstehen kann, muss je nach Brandlast eine Mindestmenge an Sauerstoff in der Luft vorhanden sein. Bei üblichen Brandlasten erlischt ein Brand bei einem Sauerstoffanteil von weniger als 13,8 Vol-%. **Reduzierung des Sauerstoffanteils**

Im Brandfall wird durch die Zuführung der Inertgase ein Teil des Sauerstoffs der Luft verdrängt und der „Stickeffekt" setzt ein. Der Brand wird durch die Erhöhung des Inertgases und die damit verbundene Reduzierung des Sauerstoffanteils gelöscht.

Argon ist ein Gas, das sich auch bei höheren Temperaturen nicht aufspaltet. Es kann deshalb auch bei Bränden mit einer hohen Temperaturentwicklung eingesetzt werden, wie z.B. bei Metallbränden ($\theta \geq 2.000$ K). **Argon bei hohen Temperaturen**

Argon hat eine höhere Rohdichte als Sauerstoff und Luft (die nachfolgenden Werte gelten bei einer Temperatur von 20 °C) und legt sich dadurch auf das Brandgeschehen:

Rohdichte größer als Luft

- Argon (Ar): Rohdichte (ρ) = 1,784 kg/m³,
- Sauerstoff (O_2): Rohdichte (ρ) = 1,429 kg/m³ und
- Luft (Meerespiegelhöhe/20 °C): Rohdichte (ρ) = 1,204 kg/m³.

5. Pulverlöschanlagen

Pulverlöschanlagen werden nach DIN EN 12416 Teil 1 und 2 [3.79] [3.80] in Verbindung mit der VdS-Richtlinie 2240 [3.81] (Betriebsbuch für Gas- und Pulverlöschanlagen) geplant, ausgeführt und betrieben.

Bestandteile

Pulverlöschanlagen bestehen aus einer Löschsteuerungszentrale, Löschpulverbehältern, Treibmittelbehältern, Rohrleitungen sowie Melde- und Alarmanlagen.

Personen im Löschbereich

Über eine automatische Brandmeldeanlage oder eine Handauslösung wird im Brandfall die Pulverlöschanlage aktiviert. Wie auch bei Inertgaslöschanlagen darf der Löschvorgang erst nach einer Vorwarnzeit beginnen. Um gesundheitliche Schäden zu vermeiden, muss der definierte Löschbereich in diesem Zeitraum von Personen geräumt werden.

Verteilung des Löschpulvers

Durch die Löschsteuerungszentrale werden die Ventile der Treibmittelflaschen geöffnet und die Löschpulverbehälter unter Druck gesetzt. Hierdurch wird das Pulver durch die Rohrleitungen in den Brandbereich geführt und über Löschdüsen in den Brandraum abgegeben.

Pulverlöschanlagen werden häufig in Industriebetrieben bei Bränden von Chemikalien und brennbaren Flüssigkeiten eingesetzt, wie z.B. in Laborräumen und Tanklagern.

hoher Verschmutzungsgrad

Aufgrund des hohen Verschmutzungsgrades durch die feine Verteilung des Löschpulvers sollten diese Anlagen nur dort eingesetzt werden, wo andere Löschmittel (Wasser, Schaum oder Gas) nicht möglich sind.

Für Regelbauten werden stationäre Löschanlagen normalerweise nicht gefordert. Ihre üblichen Einsatzgebiete sind Sonderbauten bzw. Räume mit Sonderbaueigenschaften.

Wahl der Löschanlage

Nachfolgend werden Forderungen an Löschanlagen in geregelten Sonderbauten erläutert.

Aufgrund der Art der Brandlast und ihres Schutzbedürfnisses ist das passende Löschmittel (z.B. Wasser, Schaum, Gas) und damit die entsprechende Feuerlöschanlage zu wählen.

a) Muster-Garagenverordnung [3.3]

Sprinkleranlagen in Großgaragen

Sprinkleranlagen müssen in Geschossen von Großgaragen vorhanden sein, wenn die folgenden drei bau- und nutzungstechnischen Randbedingungen zusammentreffen:

- Der Fußboden der Geschosse liegt mehr als 4 m unter der Geländeoberfläche,
- das Gebäude dient nicht allein der Garagennutzung und
- die Großgaragen stehen in Verbindung zu Geschossen mit anderer Nutzung.

Weiterhin ist eine Sprinkleranlage in automatischen Garagen erforderlich, wenn mehr als 20 Garageneinstellplätze vorhanden sind.

b) Muster-Hochhaus-Richtlinie [3.4]

Hochhäuser müssen grundsätzlich mit automatischen Feuerlöschanlagen ausgestattet werden, um eine horizontale Brandausbreitung innerhalb von Geschossen und eine vertikale Ausbreitung von Geschoss zu Geschoss zu verhindern.

Erleichterungen für Hochhäuser mit einer Höhe < 60 m

Für Hochhäuser in Zellenbauweise (Zellen ≤ 200 m² Grundfläche) mit einer Höhe kleiner als 60 m sind Erleichterungen gestattet, wenn bestimmte brandschutztechnische Vorgaben eingehalten werden. Unter anderem gelten dann die Forderungen nach automatischen Feuerlösch- und Brandmeldeanlagen für diese „niedrigen" Hochhäuser nicht (siehe hierzu auch die ausführlichen Erläuterungen in Kapitel 28 Ordnungsbuchstabe c – Muster-Hochhaus-Richtlinie).

Voraussetzungen für Erleichterungen

Sollen die Erleichterungen in Anspruch genommen werden, müssen entweder auskragende feuerbeständige Deckenplatten bzw. auskragende feuerbeständige Fassadenbauteile mit einer Länge ≥ 1 m oder feuerbeständige Fassadenbauteile mit einer Brüstungshöhe ≥ 1 m zur Verhinderung der vertikalen Brandweiterleitung angeordnet werden. Durch diese Forderungen wird die Gestaltung der Fassaden erheblich beeinflusst. Wenn jedoch eine flächendeckende selbsttätige Löschanlage angeordnet wird, die auch die Fassadenbereiche von innen beaufschlagt, kann davon ausgegangen werden, dass kein vertikaler Brandüberschlag stattfindet. Der Planer ist dann aufgrund der vorhandenen Löschanlage frei in der Gestaltung der Fassade.

automatische Brandlöschanlagen in Hohlräumen

In den Hohlräumen von Systemböden oder im Bereich zwischen Unter- und Rohdecke kann eine automatische Brandlöschanlage erforderlich werden. Sie ist z.B. bei besonders hoher Brandlast, besonderer Nutzung dieses Bereichs oder bei besonders hohen Hohlräumen erforderlich. Die Entscheidung über den Einsatz trifft der Brandschutzplaner in Abstimmung mit dem Bauherrn und eventuell in Zusammenarbeit mit der Feuerwehr.

Räume mit erhöhter Brandgefahr

Die Grundfläche von Räumen mit erhöhter Brandgefahr darf in Hochhäusern 400 m² betragen. Diese Größe ist zulässig, weil die Räume mit flächendeckenden automatischen Feuerlöschanlagen ausgestattet sein müssen. Bei Hochhäusern bis 60 m Höhe darf die Raumgröße ohne eine automatische Löschanlage nur 200 m² betragen.

Feuerlöschanlagen in Hohlräumen von Fassaden

Wird die Fassade eines Hochhauses als zweischalige Konstruktion mit geschossübergreifenden Hohlräumen ausgeführt, müssen geeignete Maßnahmen ergriffen werden, die den Brandüberschlag von Geschoss zu Geschoss verhindern. Wenn eine Feuerlöschanlage vorgesehen werden soll, ist ihre Wirksamkeit durch einen Gutachten nachzuweisen.

Durch die nachfolgenden Maßnahmen wird sichergestellt, dass Feuerlöschanlagen stets einsatzbereit sind und ihre Schutzfunktion wirksam und zuverlässig erfüllen:

- Die Anlagen müssen einen Eignungsnachweis besitzen.
- Sie müssen durch einen geeigneten Fachplaner konstruiert und bemessen werden.
- Der Prüfsachverständige, der die Anlage abnimmt, sollte schon während der Planungsphase eingebunden werden. Hierbei ist jedoch unbedingt zu beachten, dass das Vieraugenprinzip weiterhin gewahrt wird.
- Die Anlage ist durch ein Fachunternehmen auszuführen.

ständige Einsatzbereitschaft

- Während der Nutzungsphase der Anlage ist sicherzustellen, dass sie durch fachlich qualifizierte Firmen in regelmäßigen Abständen gewartet werden.
- In der Planung müssen auch Ersatzmaßnahmen vorgesehen werden, die bei einer Außerbetriebnahme der Anlage das Sicherheitsniveau aufrechterhalten (z.B. bei Reparaturen an der Anlage oder bei einer Revision).

Diese sechs Regeln können auch auf alle anderen brandschutztechnischen Anlagen übertragen werden.

2 Steigleitungen bei Hochhäusern > 60 m

Bei Hochhäusern über 60 m Höhe muss die Feuerlöschanlage über zwei Steigleitungen in getrennten Schächten mit Wasser versorgt werden, damit bei Ausfall einer Leitung die Wasserversorgung weiter gewährleistet ist (siehe Bild 3.46).

Bild 3.46: Durch zwei getrennte Steigleitungen wird eine hohe Zuverlässigkeit der Wasserversorgung in jedem Geschoss von Hochhäusern > 60 m gewährleistet (Prinzipskizze).

jeweils eine Steigleitung bei Hochhäusern ≤ 60 m

Bei Hochhäusern ≤ 60 m Höhe ist es ausreichend, dass jedes 2. Geschoss an eine Steigleitung angeschlossen wird. Durch diese Konstruktion verringert sich das Sicherheitsniveau. Bei Ausfall einer Steigleitung kann nur jedes 2. Geschoss mit Wasser versorgt werden (siehe Bild 3.47).

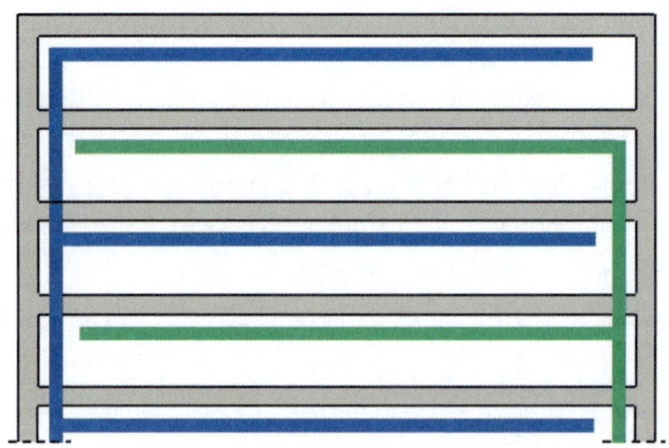

Bild 3.47: Bei Hochhäusern mit einer Höhe ≤ 60 m ist es ausreichend, dass Verteilungsleitungen von Geschossen, die unmittelbar aneinander grenzen, nicht an die gleiche Leitung angeschlossen sind (Prinzipskizze).

c) Muster-Industriebau-Richtlinie [3.5]

In den nächsten Absätzen wird der Einfluss von Feuerlöschanlagen auf brandschutztechnische Situationen in Industriebauten erläutert.

Feuerlöschanlagen zur Einstufung

Brandabschnitte oder Brandbekämpfungsabschnitte von Industriebauten werden in die höchste Sicherheitskategorie K4 eingestuft, wenn sie mit einer selbsttätigen Feuerlöschanlage ausgestattet sind.

Grundsätzlich muss jeder Brandabschnitt bzw. Brandbekämpfungsabschnitt mit mindestens einer Seite an der Außenwand eines Industriebaus angeordnet sein. Brandabschnitte, die im „Inneren" des Gebäudes liegen, sind zulässig, wenn sie mit einer flächendeckenden selbsttätigen Feuerlöschanlage ausgestattet sind.

Brandabschnittsgrößen im UG

Die Brandbekämpfung in Geschossen unterhalb der Geländeoberfläche ist für die Feuerwehr in der Regel durch die komplexe Rauchabführung und/oder die erhöhte Erkundungszeit wesentlich aufwändiger als die in oberirdischen Geschossen.

Vergrößerung

Aufgrund dieser lösch- und rettungstechnischen Erschwernisse wird die Größe der Brandabschnitte und der Brandbekämpfungsabschnitte für Geschosse, die unter der Geländeoberfläche liegen, begrenzt, im 1. Untergeschoss auf 1.000 m² und in jedem weiteren darunterliegenden Geschoss auf 500 m².

Diese Werte dürfen um das 3,5-fache vergrößert werden (auf 3.500 m² bzw. 1.750 m²), wenn eine Feuerlöschanlage vorhanden ist.

Verlängerung von Rettungswegen

Die Lauflänge (als Teil des Rettungsweges) darf auf einem Einbau oder einer Ebene von jeder Stelle bis zu einer Treppe höchstens 25 m betragen. Ist eine selbsttätige Feuerlöschanlage in Verbindung mit einer Brandmeldeanlage und einer Alarmierungsanlage vorhanden, kann diese Länge auf 35 m vergrößert werden.

Be- und Entlüftungsanlagen zur Entrauchung

Brandrauch wird in der Regel aus Produktions- und Lagerräumen durch Rauchabzugsanlagen ins Freie geführt. Ist eine selbsttätige Feuerlöschanlage vorhanden, kann Brandrauch auch durch Be- und Entlüftungsanlagen abgeleitet werden, die im Brandfall nur entlüften dürfen.

Lagergebäude

Gebäude, in denen Güter gelagert werden (Lagergebäude oder Gebäude mit Lagerbereichen), müssen mit einer selbsttätigen Feuerlöschanlage ausgestattet werden, wenn die Lagerguthöhe mehr als 7,50 m beträgt.

d) Muster-Verkaufsstättenverordnung [3.7]

grundsätzlich Sprinkleranlagen

Für Verkaufsstätten wird die Art der Feuerlöschanlagen vorgegeben. Sie müssen als Sprinkleranlagen ausgeführt werden.

Grundsätzlich werden in allen Verkaufsstätten Sprinkleranlagen gefordert.

Sie sind nicht erforderlich

Ausnahmen von der Sprinklerpflicht

- in erdgeschossigen Verkaufsstätten mit Brandabschnittsflächen ≤ 3.000 m² und
- in sonstigen Verkaufsstätten mit Brandabschnittsflächen ≤ 1.500 m² (je Geschoss). Die Verkaufsstätte darf sich dabei über nicht mehr als drei Geschosse ausdehnen. Die Gesamtfläche aller Geschosse innerhalb eines Brandabschnitts muss ≤ 3.000 m² sein.

Durch die Anordnung von Sprinkleranlagen in Verkaufsstätten können die brandschutztechnischen Anforderungen der Muster-Verkaufsstättenverordnung [3.7] reduziert werden.

Unter anderem betreffen diese Reduzierungen folgende bauliche Gegebenheiten:

- Werden in erdgeschossigen Verkaufsstätten automatische Sprinkleranlagen angeordnet, müssen die tragenden Bauteile keine Feuerwiderstandsfähigkeit aufweisen.
- Die Anforderung an die Brandschutzklasse der Außenwände von Verkaufsstätten darf von nichtbrennbar (ohne Sprinkleranlage) in schwerentflammbar (mit Sprinkleranlage) reduziert werden.
- Ohne Sprinkleranlagen müssen Decken über erdgeschossigen Verkaufsstätten feuerhemmend ausgeführt werden und aus nichtbrennbaren Baustoffen bestehen.

  Ist eine Sprinkleranlage vorhanden, müssen die Decken nur aus nichtbrennbaren Materialien hergestellt werden.
- Unterdecken müssen in Verkaufsstätten ohne Sprinkleranlagen aus nichtbrennbaren Baustoffen bestehen. Wenn eine Sprinkleranlage vorhanden ist (auch im Hohlraum zwischen Roh- und Unterdecke), dürfen sie brennbar ausgeführt werden.

Reduzierung von brandschutztechnischen Anforderungen durch Sprinkleranlagen

- Öffnungen in Decken von Verkaufsstätten sind grundsätzlich nicht zulässig. Zwischen Verkaufsräumen, zwischen Verkaufsräumen und Ladenstraßen sowie zwischen Ladenstraßen sind sie zulässig, wenn eine Sprinkleranlage vorhanden ist.
- Ist eine Sprinkleranlage vorhanden, muss das Tragwerk von Dächern von Verkaufsstätten mindestens aus nichtbrennbaren Baustoffen bestehen. Ohne Sprinkleranlage muss es in erdgeschossigen Verkaufsstätten feuerhemmend und in sonstigen Verkaufsstätten feuerbeständig ausgeführt werden.
- Lichtdurchlässige Bedachungen über Verkaufsräumen und Ladenstraßen dürfen schwerentflammbar ausgeführt werden, wenn eine Sprinkleranlage vorhanden ist. Ohne eine Sprinkleranlage muss die Bedachung aus nichtbrennbaren Baustoffen bestehen.
- Wenn eine Sprinkleranlage vorhanden ist, müssen Außenwandbekleidungen von Verkaufsstätten (einschließlich der Dämmstoffe und Unterkonstruktionen) mindestens aus schwerentflammbaren Baustoffen bestehen. Ist keine Sprinkleranlage vorhanden, müssen nichtbrennbare Baustoffe für die Bekleidungen verwendet werden.
- Von jeder Stelle eines Verkaufsraumes muss in einer Entfernung von höchstens 25 m grundsätzlich ein Ausgang ins Freie (im Erdgeschoss) oder in den Treppenraum einer notwendigen Treppe (im Kellergeschoss oder in den Obergeschossen) erreicht werden können. Wenn eine Sprinkleranlage in Verkaufsstätten vorhanden ist, darf der erste Rettungsweg um zusätzlich höchstens 35 m (auf 60 m) verlängert werden.
- Decken und Wände von notwendigen Kundenfluren müssen feuerbeständig sein und aus nichtbrennbaren Baustoffen bestehen, wenn keine Sprinkleranlage

vorhanden ist. Mit einer Sprinkleranlage ist eine feuerhemmende und in den wesentlichen Teilen nichtbrennbare Ausführung ausreichend.

- Türen von notwendigen Kundentreppenräumen und -fluren müssen mindestens feuerhemmend, rauchdicht und selbstschließend sein, wenn keine Sprinkleranlage vorhanden ist. Ansonsten reichen Türen, die rauchdicht und selbstschließend sind.

vergrößerte Brandabschnittsflächen

Die Flächen von Brandabschnitten in erdgeschossigen Verkaufsstätten dürfen in einer Größe bis zu 10.000 m² und in sonstigen Verkaufsstätten bis zu 5.000 m² ausgeführt werden, wenn sie mit einer Sprinkleranlage ausgestattet sind.

Wegfall von Brandwänden

Verkaufsstätten können durch Ladenstraßen ohne Brandwände in Brandabschnitte unterteilt werden, wenn eine Sprinkleranlage vorhanden ist (siehe hierzu auch Absatz 19.1 Ordnungsbuchstabe h – Verkaufsstätten).

e) Muster-Versammlungsstättenverordnung [3.8]

Automatische Feuerlöschanlagen werden in Versammlungsstätten für folgende bauliche Gegebenheiten gefordert:

- Versammlungsstätten mit Versammlungsräumen, die insgesamt mehr als 3.600 m² Grundfläche haben, benötigen eine automatische Feuerlöschanlage. Diese ist nicht erforderlich, wenn alle Versammlungsräume eine Grundfläche ≤ 400 m² aufweisen.
- Befindet sich die Fußbodenebene eines oder mehrerer Versammlungsräume mehr als 22 m über der Geländeoberfläche (Einstufung des Gebäudes als Hochhaus), ist eine automatische Feuerlöschanlage erforderlich.

unterschiedliche bauliche Situationen

- Befinden sich Versammlungsräume in Kellergeschossen, wird für diese Räume eine automatische Feuerlöschanlage benötigt. Nicht erforderlich ist sie für Versammlungsräume, die eine Grundfläche von nicht mehr als 200 m² haben und an keiner Stelle mehr als 5 m unter der Geländeoberfläche liegen.
- Offene Küchen in Versammlungsstätten oder Räume mit ähnlichen Nutzungen mit einer Grundfläche größer als 30 m² müssen mit automatischen Feuerlöschanlagen ausgestattet werden. Hierfür ist ein geeignetes Löschmittel mit der entsprechenden Löschanlage vorzusehen.

Verbund mit Brandmeldezentrale

Die automatischen Feuerlöschanlagen müssen mit einer Brandmeldezentrale verbunden sein. In der Regel wird die Löschanlage durch die Detektion einer Brandmeldeanlage aktiviert.

Für Großbühnen müssen die Anlagen als Sprühwasserlöschanlagen ausgeführt werden, die auch den Schutzvorhang mit Löschwasser beaufschlagen können.

Auslöseeinrichtungen

Die Sprühwasserlöschanlage muss sowohl durch eine automatische Auslösung als auch an zwei Stellen von Hand betätigt werden können.

Eine nichtautomatische Auslösestelle muss am Platz der Brandsicherheitswache angeordnet werden. Sie muss leicht erreichbar und beleuchtet sein. Die automatische Auslösung der Sprühwasserlöschanlage darf während der Anwesenheit der Verantwortlichen für Veranstaltungstechnik abgeschaltet werden.

kein Feuerwiderstand

Werden in erdgeschossigen Versammlungsstätten automatische Feuerlöschanlagen angeordnet, müssen die tragenden Bauteile keine Feuerwiderstandsfähigkeit aufweisen.

31.4 Halbstationäre Löschanlagen

Halbstationäre Löschanlagen (Halbstationäre Sprühwasser-Löschanlagen) werden nach der VdS-Richtlinie 2395-1 [3.82] geplant und ausgeführt.

„Aktivierung" durch die Feuerwehr

Sie bestehen aus fest installierten Rohrleitungen und offenen Löschdüsen. Im Gegensatz zu stationären Anlagen verfügen sie jedoch über keine eigene Wasserversorgung.

Das Löschwasser muss durch die Feuerwehr eingespeist werden. Sie „aktiviert" die Feuerlöschanlage manuell durch die Zuführung des Löschmittels.

a) Muster-Garagenverordnung [3.3]

nichtselbstständige Feuerlöschanlagen

Nichtselbsttätige Feuerlöschanlagen, wie z.B. halbstationäre Sprühwasser-Löschanlagen oder Leichtschaum-Löschanlagen, müssen in geschlossenen Garagen mit mehr als 20 Einstellplätzen auf kraftbetriebenen Hebebühnen angeordnet werden, wenn jeweils mehr als zwei Kraftfahrzeuge übereinander stehen. Auch in automatischen Garagen mit nicht mehr als 20 Einstellplätzen müssen solche Feuerlöschanlagen vorhanden sein. Die genaue Art der nichtselbsttätigen Löschanlage ist im Einzelfall mit der zuständigen Dienststelle der Feuerwehr festzulegen.

b) Muster-Industriebau-Richtlinie [3.5]

Verbesserung der Sicherheitskategorie

Werden in Industriebauten halbstationäre flächendeckende Feuerlöschanlagen in Verbindung mit einer Werkfeuerwehr eingesetzt, dürfen sie bei der Einstufung des Industriebaus in eine der Sicherheitskategorien K 3.1 bis K 3.3 in die jeweils nächsthöhere Kategorie eingeordnet werden.

32 Feuerschutzabschlüsse – Türen, Tore und Klappen

32.1 Brandschutzabschlüsse

Abschlüsse in Form von Türen, Toren und Klappen

Brandschutztüren sowie auch -tore und -klappen werden im Baurecht als Abschlüsse mit brandschutztechnischen Eigenschaften bezeichnet. Diese Attribute können z.B. die Feuerwiderstandsfähigkeit oder die Rauchdichtigkeit der Abschlüsse sein. Brandschutztüren, -tore und -klappen werden in der Regel in Wände und Decken eingebaut, damit diese raumabschließenden Bauteile im „Normalzustand“ von Personen, Fahrzeugen und Medien durchquert werden können. In dieser Situation dürfen sie auch offenstehen und müssen erst im Brandfall schließen. Dieser Vorgang muss selbsttätig erfolgen, da Personen während der Flucht dies aufgrund von Unwissenheit, Angst oder sogar Panik nicht leisten können.

Türen (pedestrian doors) und Tore (industrial doors) können aufgrund ihrer Nutzung unterschieden werden. Türen dienen üblicherweise zum Durchgang von Personen, Tore zur Durchfahrt von Fahrzeugen.

Brandschutztüren und -tore können in Innen- und Außenwänden angeordnet werden. Überwiegend sind sie im Innenbereich von baulichen Anlagen baurechtlich erforderlich.

Brandschutztüren in Außenwänden

In Außenwänden sollten Brandschutztüren und -tore beispielsweise angeordnet werden, wenn sich Ausgänge in einem möglichen Brandüberschlagsbereich befinden. In diesem Fall darf der Rettungsweg nicht durch diese Türen oder Tore geführt werden (siehe hierzu auch Absatz 3.9 und Bild 1.5). Die Abschlüsse dienen dann zur Verhinderung der Weiterleitung des Brandes.

Beschreibung von Brandschutztüren und -toren

Brandschutztüren und -tore können in unterschiedlichen Formen vorkommen. In Anlehnung an die ASR A1.7 [3.83] werden Abschlüsse folgendermaßen definiert:

Drehflügeltüren und -tore

sind Türen oder Tore, die mit einem oder zwei Flügeln ausgeführt werden können. Der Türflügel ist an einer seiner Längskanten mit dem Türrahmen verbunden (am Rahmen „angeschlagen“). Um diese vertikale Achse dreht sich der Flügel. Die Türen können als Pendeltüren (sind als Brandschutzbauteile nicht zulässig) oder als Anschlagtüren ausgeführt werden (übliche Ausführung von Brandschutztüren). Die Anschläge können bei Brandschutztüren stumpf (ungefälzt) oder gefälzt ausgeführt werden.

Schiebetüren und -tore

sind Türen, bei denen sich ein oder mehrere Flügel horizontal zur Seite verschieben lassen. Sie bewegen sich in einer Ebene parallel zur Wand über einer Öffnung. Da im Gegensatz zu Drehflügeltüren kein Schwenkbereich erforderlich ist, können sie platzsparend eingesetzt werden. Sowohl einflügelige als auch zweiflügelige Tore sind als Brandschutzschiebetore zulässig.

Schlupftüren

sind Türen, die in Torflügeln von Schiebe- oder Rolltoren eingebaut werden können. Sie sind bei schweren, aufwendig zu öffnenden Schiebetoren erforderlich, da im Brandfall der Durchgang bei geschlossenen Toren für alle Personengruppen möglich sein muss. Dies gilt auch für junge, alte und/oder körperlich eingeschränkte Personen.

Karusselltüren

(umgangssprachlich auch „Drehtüren“ genannt) bestehen in der Regel aus zwei bis vier Türflügeln, die an der Mittelachse befestigt sind und um diese Achse rotieren. Sie befinden sich in einer runden Einfassung. Der mögliche Einsatz dieser Türkonstruktion in Fluchtwegen ist von der Art der Karusselltür abhängig (siehe hierzu Absatz 32.6).

Rolltore

sind Tore mit einem Flügel, der sich beim Öffnen und Schließen vertikal bewegt und auf eine Welle wickelt. Der Flügel muss dazu in Lamellen aufgeteilt sein. Rolltore können als Brandschutzabschlüsse ausgeführt werden.

Sektionaltore

sind Tore mit einem Flügel, der aus einer Anzahl von horizontal miteinander verbundenen Sektionen besteht und in der Regel beim Öffnen vertikal angehoben wird. Die Ablage der Flügel in der oberen Öffnungsposition ist abhängig vom jeweiligen Typ (z.B. waagerecht, senkrecht oder gefaltet).

ein- und zweiflügelige Brandschutztüren

Brandschutztüren als einflügelige Drehtüren bestehen aus einem Rahmen, der fest mit der Wand verbunden ist, und aus einem beweglichen Türflügel, zweiflügelige Brandschutztüren aus einem Rahmen sowie einem Gang- und einem Standflügel. Der Gangflügel, der beim üblichen Gebrauch der Tür für den Durchgang genutzt wird, ist in der Regel mit einer Drückergarnitur ausgestattet, mit dessen Hilfe der Flügel geöffnet werden kann.

außen- und innenliegende Türgriffe

Der Standflügel wird im Normalgebrauch mit Hilfe von Türbeschlägen festgestellt und dient in diesem Zustand als Anschlag für den Gangflügel. Wird die gesamte Öffnungsbreite der Tür benötigt, kann er je nach Herstellertyp entweder mit einem außenliegenden oder einem innenliegenden Griff geöffnet werden. Der außenliegende Griff ist auf der Oberfläche des Türblattes befestigt (siehe Bild 3.49), der innenliegende befindet sich üblicherweise auf der Stirnseite (Kante) des Flügels (siehe Bild 3.48).

ungeeignete verdeckt angeordnete Griffe

Je nach Hersteller werden Feststellbeschläge für Standflügel in unterschiedlichen Konstruktionen angeboten. Eine mögliche Variante sind Kantenriegelbeschläge, deren verdeckte Riegel durch einen Kippmechanismus herausgedrückt werden können (siehe hierzu Bild 3.48). Erst nach diesem Vorgang kann der Standflügel entriegelt werden. Personen, die keine Erfahrung mit diesem Beschlagtyp haben, werden den verdeckten Mechanismus in der Ausnahmesituation einer Flucht entweder schwer oder gar nicht finden können. Im Brandfall ist davon auszugehen, dass der Standflügel nicht geöffnet werden kann.

Dies ist nach Baurecht jedoch nicht zulässig. Türen müssen im Brandfall in ihrer gesamten Breite geöffnet werden können.

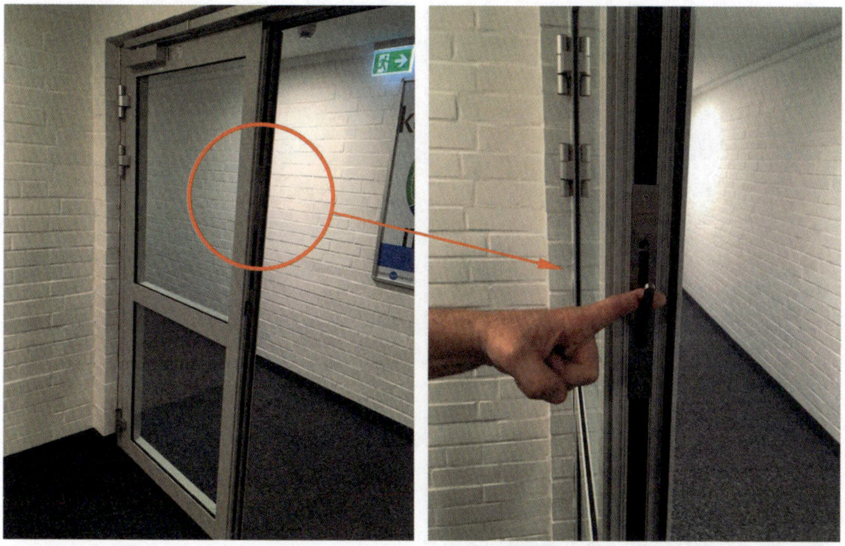

Bild 3.48: Durch den verdeckt angebrachten Öffnungsmechanismus lässt sich ein Gangflügel mit Kantenriegel nur mit einigem Aufwand öffnen.

außen angeordnete Griffe an Standflügeln

Griffe, die auf dem Türblatt des Standflügels angeordnet sind, werden auch von Flüchtenden leicht erkannt (siehe Bild 3.49). Diese Ausführung erfüllt die baurechtlichen Forderungen.

In der Musterbauordnung [3.1] gibt es keine Aussagen oder Forderungen zur technischen Ausführung von Türen.

In einigen Sonderbauverordnungen und -richtlinien wird jedoch folgende Aussage hierzu getroffen:

keine Hilfsmittel zum Öffnen

> *„Die Türen der Rettungswege müssen jederzeit ohne besondere Hilfsmittel von innen leicht und in voller Breite geöffnet werden können."*

So oder in ähnlicher Form ist diese Forderung in der Hochhaus-Richtlinie [3.4] Absatz 4.4.1, in der Schulbau-Richtlinie [3.6] Kapitel 5 und in der Versammlungsstättenverordnung [3.8] § 9 Absatz 3 enthalten.

Türbeschläge, die das leichte Öffnen in voller Breite (Gang- und Standflügel) behindern, sind demnach für Brandschutztüren nicht geeignet bzw. nicht zulässig. Diese Aussage trifft auch auf die verdecken Kantenriegel von Standflügeln zu. Aufgrund der störenden Optik von Griffen auf dem Türblatt werden verdeckte Riegel weiterhin häufig eingesetzt.

Bild 3.49: Der auf dem Gangflügel angebrachte Öffnungsgriff ist auch für ungeübte Nutzer leicht zu erkennen und zu betätigen.

kennzeichnungspflichtige Abschlüsse

Brandschutzabschlüsse sind kennzeichnungspflichtig. Sie müssen aufgrund der Forderungen der Musterbauordnung [3.1] entweder mit einer Ü-Kennzeichnung nach § 21 Absatz 2 oder mit einer CE-Kennzeichnung nach § 16c (Verordnung (EU) Nr. 305/2011 Absatz 32 [3.84]) versehen sein.

CE-Kennzeichnung

Brandschutztüren in Außenwänden dürfen seit dem Ende der Koexistenzphase der DIN EN 16034 [3.85] in Verbindung mit der DIN EN 14352-1 [3.86] im November 2019 nur noch mit einer CE-Kennzeichnung versehen werden.

Für eine Produktnorm beginnt erst nach der Veröffentlichung im Amtsblatt der EU die Koexistenzphase. Ab diesem Zeitpunkt darf sie als Grundlage für die Leistungserklärung und die CE-Kennzeichnung verwendet werden.

Innentüren mit Ü-Zeichen

Da der Teil 2 der DIN EN 14352 [3.87], in dem Brandschutztüren in Innentüren behandelt werden, zum Stand Januar 2022 noch nicht im Amtsblatt der EU veröffentlicht wurde, müssen diese Türen zurzeit immer noch mit dem Ü-Zeichen versehen werden.

Innentüren mit CE-Kennzeichnung

Ausnahme hiervon sind Brandschutztüren, für die eine Europäische Technische Bewertung (ETA) aufgrund eines Europäischen Bewertungsdokuments (EAD) vorliegt. Diese Türen sind mit einer CE-Kennzeichnung zu versehen.

In der Regel wird die Kennzeichnung in Form von Metallschildern im Falz der Türblätter angebracht. Diese sollten mindestens folgende Angaben enthalten:

Angaben auf Kennzeichnungsschildern

- Hersteller (Name und Kontaktdaten),
- Produkttyp und/oder Bezeichnung,
- Seriennummer oder Referenznummer des Produkts und
- Feuerwiderstands- und/oder Rauchschutzklassifizierung und/oder Klassifizierung der Selbstschließung.

Kennzeichnung von älteren Brandschutztüren

Bei älteren Brandschutztüren wurde das Kennzeichnungsschild häufig in der unteren Ecke des Türblattes aufgenietet. Oft ist der Text auf dem Schild dieser Türen aufgrund von Farbaufträgen nicht mehr zu lesen. Wenn jedoch mit einer Taschenlampe schräg auf das Schild geleuchtet wird, ist der Text durch die Schattenwirkung der geprägten Bereiche in der Regel sichtbar.

Türen ohne Kennzeichnung

Türen ohne Kennzeichnung dürfen grundsätzlich nur als „normale" Zimmertüren ohne Feuerwiderstandsfähigkeit und nicht als Rauch- oder Brandschutztüren eingestuft werden.

32.2 Dichtschließende Türen

„dicht schließende" Türen in Flurwänden

Nach § 36 Abs. 4 MBO [3.1] müssen Türen in Flurwänden die brandschutztechnische Forderung „dichtschließend" erfüllen. Durch die Umsetzung dieser Forderung soll erreicht werden, dass ein Raucheintritt aus den angrenzenden Nutzungseinheiten in notwendige Flure über einen in der Musterbauordnung nicht näher erläuterten Zeitraum erschwert wird. Es existieren keine Regelwerke zur Einstufung dieser Forderung. Diese Türen sind also nicht normiert.

Definition des Begriffes „dicht schließend"

Eine Definition des Begriffs „dicht schließend bzw. dichtschließend" findet sich in der Muster-Verwaltungsvorschrift Technische Baubestimmungen (MVV TB) [3.10] Anhang 4 Absatz 5.4. Türen sind danach dichtschließend, wenn sie formstabile Türblätter haben und mit einer dreiseitig umlaufenden Lippen- oder Schlauchdichtung (zwei senkrechte und eine horizontale Dichtung) versehen sind. Formstabil ist ein Türblatt dann, wenn im geschlossenen Zustand die Verformung aus der idealen Türblattebene in vertikaler Längsrichtung ≤ 4,0 mm ist. Durch die elastischen Dichtungen wird bei dieser Größe die Entstehung von Fugen noch verhindert. Verglasungen sind in diesen Türen zulässig. Eine Selbstschließung wird nicht gefordert.

Türschließungen zu NE

Anders werden dichtschließende Türen zwischen Treppenräumen und Nutzungseinheiten (z.B. Wohnungen) nach § 35 Absatz 6 OZ 3 MBO [3.1] baurechtlich beurteilt. Um die Verrauchung von Treppenräumen zu verhindern, sind Selbstschließanlagen für diese dichtschließenden Türen erforderlich.

Ausnahmen von der Selbstschließung

In einigen Landesbauordnungen (z.B. in der Bauordnung Nordrhein-Westfalen (BauO NRW 2018) [3.88]) müssen die Türen zwischen Treppenräumen und Wohnungen nicht selbstschließend ausgeführt werden. Nur zu sonstigen Nutzungseinheiten (z.B. Arztpraxen) wird dies in diesen Bundesländern gefordert.

32.3 Rauchschutzabschlüsse – Rauchschutztüren

genormte Rauchschutztüren

Nach der Muster-Verwaltungsvorschrift Technische Baubestimmungen (MVV TB) [3.10] Tabelle C3 Nr. C 3.14 können Rauchschutztüren (RS-Türen) nach den Vorgaben der DIN-18095-Reihe (Teil 1 [3.89] und 3 [3.90]) geprüft, eingestuft und hergestellt werden.

Selbstschließanlagen

Türen, die nach dieser Normenreihe angefertigt werden, sollen den Rauchdurchtritt bei einem Brand ver- bzw. behindern. Sie müssen mit einer Selbstschließanlage versehen werden, um im Brandfall ihre Funktion im Brandschutzsystem erfüllen zu können.

Prüftemperatur

Sowohl nach der nationalen als auch nach der europäischen Normung werden Rauchschutztüren und ihre Bestandteile bei einer Temperatur von 200 °C (Rauchtemperatur) geprüft.

Schutzwirkung von Rauchschutztüren

Eine absolute Rauchdichtigkeit kann bei einer Rauchschutztür nur mit einem hohen technischen Aufwand hergestellt werden. Dies ist auch nicht erforderlich, da eine Tür grundsätzlich Undichtigkeiten aufweist, wie z.B. im Schlossbereich. Auch dringt Rauch durch die Türöffnung, wenn der Türflügel während des Brandes durch flüchtende Personen geöffnet wird. In Teil 1 der Norm wird davon ausgegangen, dass der Bereich hinter der Rauchschutztür zehn Minuten lang trotz der Rauch-Leckrate ohne Atemschutzgerät für die Flüchtenden nutzbar bleiben soll.

RS-Türen können ausgeführt werden als ein- (DIN 18095 – **RS** – **1**) oder zweiflügelige (DIN 18095 – **RS** – **2**) Türen.

32.4 Feuerschutzabschlüsse/Feuerschutztüren

Feuerschutzabschlüsse sind selbstschließende Türen und selbstschließende andere Abschlüsse, wie z.B. Tore und Klappen, die in Öffnungen von raumabschließenden Bauteilen angeordnet werden und die die Weiterleitung eines Brandes durch diese Öffnungen über einen definierten Zeitraum verhindern sollen. Dies schließt auch den Brandrauch mit ein. Deshalb werden Feuerschutzabschlüsse zusätzlich zur Feuerwiderstandsfähigkeit in der Regel entweder dichtschließend oder rauchdicht ausgeführt.

In der Musterbauordnung [3.1] werden Feuerschutzabschlüsse in unterschiedlichen Ausführungen gefordert, z.B.:

unterschiedliche Ausführungen nach MBO

- feuerhemmend, dicht- und selbstschließend,
- feuerhemmend, rauchdicht und selbstschließend sowie
- feuerbeständig, dicht- und selbstschließend.

Brandschutztüren in hochfeuerhemmender Ausführung

Feuerschutzabschlüsse in hochfeuerhemmender Ausführung (EI 60) werden weder in der Musterbauordnung noch in den Muster-Sonderbaurichtlinien und -verordnungen direkt gefordert.

In § 30 Absatz 10 MBO [3.1] wird indirekt darauf hingewiesen, dass Abschlüsse in Wänden, die anstatt von Brandwänden nach Absatz 3 zulässig sind („Brandwand-Ersatzwände"), mindestens in gleicher Brandschutzqualität wie die Wände ausgeführt werden müssen. In Gebäuden der Gebäudeklasse 4 sind sie in hochfeuerhemmender Bauweise herzustellen.

Baustoffe von Feuerschutztüren

Feuerschutztüren können aus unterschiedlichen Materialien hergestellt werden, z.B. aus Aluminium, Stahl, Edelstahl oder Glas. Auch Türen aus Holz werden von einigen Herstellern bis zu einer Feuerwiderstandsdauer von 120 Minuten (EI 120) angeboten.

Die Prüfungen zur Bestimmung der Feuerwiderstandsfähigkeit von Feuerschutzabschlüssen erfolgen mit den Temperaturen der Einheits-Temperaturzeitkurve (ETK).

Türen mit Ü- oder CE-Kennzeichnung

Auch für Brandschutztüren, die in Innenwänden angeordnet werden, gilt die Aussage in Absatz 32.1, dass Brandschutztüren in Innenwänden zurzeit immer noch grundsätzlich nach der deutschen Normenreihe DIN 4102 geprüft und eingestuft werden. Dies gilt so lange, bis Teil 2 der DIN EN 14351 [3.83] im Amtsblatt der Europäischen

Union veröffentlicht ist und dadurch zu einer harmonisierten europäischen Norm wird. Die Türen müssen deshalb zurzeit noch mit einem Ü-Zeichen versehen sein. Ausnahmen hiervon sind Türen, für die es eine Europäische Technische Bewertung (ETA) aufgrund eines Europäischen Bewertungsdokuments (EAD) gibt. Diese Türen dürfen dann ausschließlich mit einer CE-Kennzeichnung versehen sein.

Feuerschutztüren nach EAD/ETA

Für ein- und zweiflügelige Innentüren aus Stahlblech mit Feuer- und/oder Rauchschutzeigenschaften kann z.B. eine Europäische Technische Bewertung (ETA) nach dem Europäischen Bewertungsdokument (EAD) 020029-00-1102 [3.91] erstellt werden, das im Jahr 2018 im Amtsblatt der Europäischen Union veröffentlicht wurde.

32.5 Fahrschachttüren

Schutzziel

Türen in Fahrschächten mit erforderlicher Feuerwiderstandsfähigkeit sind nach § 39 (Aufzüge) MBO [3.1] so herzustellen, dass eine Brandausbreitung in andere Geschosse ausreichend lange verhindert wird.

Nach der MVV TB [3.10] müssen zwei Bedingungen eingehalten werden, damit die Türen in Fahrschächten diese Forderung erfüllen:

Normen zur Beurteilung von Fahrschachttüren

a) Nach Teil C, Kapitel C 2, lfd. Nrn. C 2.6.2 bis C 2.6.4 müssen die Türen nach den Vorgaben der DIN 18090 [3.92] für Dreh- und Falttüren, nach der DIN 18091 [3.93] für Schiebetüren oder nach der DIN 18092 [3.94] für vertikale Schiebetüren von Kleingüteraufzügen hergestellt werden. In diesen Normen werden unter anderem die Maße, die Baustoffe sowie der konstruktive Aufbau der Türen vorgegeben.

b) Weiterhin sind folgende Verwendungsregeln nach Anhang 4 Absatz 5.3 einzuhalten:

- Die Wände der Fahrschächte, in die Türen eingebaut werden, müssen aus Beton oder Mauerwerk hergestellt sein,
- die tragenden und aussteifenden Teile des Fahrkorbs müssen aus nichtbrennbaren Baustoffen bestehen; die übrigen Bauteile dürfen aus mindestens normalentflammbaren Baustoffen hergestellt sein, deren Masse 2,5 kg/m^2 der Fahrkorbinnenfläche jedoch nicht überschreiten darf,

Details zur Erfüllung des Schutzziels

- nur während des Betretens oder Verlassens der Aufzugskabine dürfen die Türen geöffnet sein, ansonsten sind sie durch eine automatische Steuerung geschlossen zu halten, da durch jeweils zwei übereinander angeordnete Türen die Brandübertragung über den Schacht vom Brandgeschoss in das darüberliegende Geschoss verhindert werden muss,
- Fahrschachttüren, die nebeneinander angeordnet sind, müssen durch feuerbeständige Bauteile getrennt werden, an denen die Türen zu befestigen sind, und
- im Fahrschacht muss eine Entrauchungsöffnung vorgesehen werden, die grundsätzlich schon in § 39 Absatz 3 MBO [3.1] gefordert wird.

Erst wenn beide Forderungen der MVV TB [3.10] eingehalten werden, gilt das Schutzziel des § 39 Absatz 1 als erfüllt.

Die Kurzbezeichnungen der Türen setzen sich aus vier Bestandteilen zusammen:

Kurzbezeichnungen von Türen

- Anzahl der Türblätter — 1 (einblättrig) bis 6 (sechsblättrig)
- Bewegungsrichtung — H = horizontale Bewegung; V = vertikale Bewegung
- Öffnungsarten — M = mittig öffnend; L = nach links öffnend; R = nach rechts öffnend; O = nach oben öffnend; U = nach unten öffnend
- Zusammenhalt der Türblätter — T = Teleskoptür; G = Gliedertür

Beispiel für eine Schacht-Schiebetürbezeichnung:

Bezeichnung: „Schacht-Schiebetür DIN 18091 – 2 – H – M"

Eine Schachttür mit dieser Bezeichnung ist eine zweiblättrige Schiebetür (2), die mittig öffnet (M) und sich horizontal bewegt (H). Sie wurde nach den Vorgaben der DIN 18091 hergestellt.

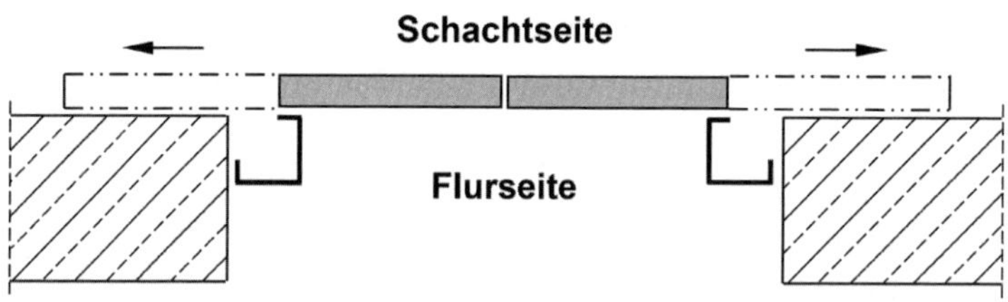

*Bild 3.50: Horizontal bewegte, mittig öffnende, zweiblättrige Schacht-Schiebetür – **DIN 18091-2-H-M** nach [3.93]*

Jede Fahrschachttür muss mit einem Stahlblechschild mit den Maßen 52 mm × 105 mm oder 26 mm × 148 mm versehen werden. Dieses muss folgende Angaben enthalten:

Kennzeichnung von Fahrschachttüren

- Name des Herstellers bzw. ein Herstellerkennzeichen,
- die entsprechende DIN-Norm und
- den Überwachungsvermerk.

Das Blechschild muss entweder angeschweißt oder mittels Blechnieten befestigt werden.

Die Schrift auf dem Schild muss entweder so erhaben oder so vertieft hergestellt werden, dass sie auch nach einem Brandereignis noch lesbar ist.

Einstufungsprüfungen von Fahrschachttüren

Die DIN 4102-5 [3.95] enthält die allgemeinen brandschutztechnischen Regeln für Fahrschachttüren. Bei einem Brandversuch muss der Raumabschluss der Fahrschachttüren entsprechend der Feuerwiderstandsdauer der Fahrschachtwände gewahrt bleiben und auch der Durchgang von Feuer über diese Dauer verhindert werden. Die Forderung des Raumabschlusses gilt als erfüllt, wenn sich ein Wattebausch nach den Regeln der DIN 4102 Teil 2 [3.96] nicht entzündet. Die Begrenzung der Wärmeenergieübertragung des Brandes wird über die Temperaturen auf der feuerabgewandten Seite der Tür gesteuert. Im Mittel darf die Temperatur am Messbaldachin um nicht mehr als 140 K und an keiner einzelnen Messstelle um mehr als 180 K steigen.

Bei Fahrschachttüren der Feuerwiderstandsklasse F 90 darf an keiner Stelle des Messbaldachins die Temperatur von 400 K überschritten werden. Bei Verglasungen sind Temperaturerhöhungen bis maximal 220 K zulässig.

Einbauregeln für Fahrschachttüren

Fahrschachttüren müssen nach den Regeln der DIN 18093 [3.97] eingebaut werden. Ein fachgerechter Einbau von Brandschutztüren ist für eine funktionierende Brandabschottung zwingend erforderlich. Hierzu muss der Hersteller eine schriftliche Einbauanleitung mit der Tür mitliefern, in der unter anderem folgende Angaben enthalten sein müssen:

Einbauanleitung durch Hersteller

- Wände und angrenzende Bauteile,
- Befestigung und
- Hinterfüllung der Zarge.

Der Unternehmer, der die Brandschutzabschlüsse eingesetzt hat, muss schriftlich bestätigen, dass er die Tür fachgerecht nach den Vorgaben des Herstellers eingebaut hat. Die DIN 18093 [3.97] enthält hierzu das Muster einer Einbaubestätigung. Sie ist dem Bauherrn auszuhändigen.

Der Hersteller der Tür hat ebenfalls eine schriftliche Wartungsanleitung mitzuliefern, die mindestens folgende Information enthalten muss:

- Inspektion und Betätigung der Türen und Tore zur Sicherstellung der Funktionalität aller Bauteile,
- Sicherstellung, dass die Schließbleche frei von Hindernissen sind,
- Prüfung der Schließzeiten der Tür, die sich innerhalb der Grenzwerte des Herstellers bewegen muss,
- die Selbstschließung muss ab einem Öffnungswinkel von 10° beginnen, wobei alle vorhandenen Fallen einrasten und/oder Dichtungen angelegt sind, und
- die Prüfung, dass alle Bauteile sicher angebracht sind und dass alle Dichtungen unbeschädigt sind.

Wartungsdetails von Fahrschachttüren

Die Wartung ist nach den Herstellerangaben durchzuführen und schriftlich zu dokumentieren.

32.6 Karusselltüren

Aufbau von Karusselltüren

Karusselltüren bestehen aus einem runden Gehäuse sowie zwei bis vier Türflügeln, die an einer Mittelachse befestigt sind. Die Flügel bewegen sich kreisförmig um dieses Zentrum.

hand- und kraftbetätigte Türen

Die Bewegung der Türflügel von Karusselltüren kann entweder manuell (durch Handbetätigung) oder automatisch (kraftbetätigt) erfolgen. Bei der manuellen Bedienung müssen die Türen durch die Nutzer angeschoben werden, bei der automatischen wird ein elektrischer Antrieb durch einen Bewegungssensor ausgelöst, der die Türflügel bewegt.

große Personenströme

Karusselltüren werden in der Regel in der Außenwand von Gebäuden angeordnet und als Hauptzugang genutzt. Die Konstruktion der Tür ermöglicht eine größere Durchgangszahl von Personen als vergleichbare Drehflügeltüren und wird deshalb dort eingesetzt, wo große Personenströme zu erwarten sind.

Die Musterbauordnung [3.1] sowie die Sonderverordnungen und -richtlinien enthalten keine direkten Aussagen zur Anordnung von Karusselltüren im Zuge von Flucht- und Rettungswegen. Um den Einsatz dieser Türart im Brandschutzsystem beurteilen zu können, werden die Festlegungen der „Technischen Regeln für Arbeitsstätten" sowie die Anforderungen der DIN EN 16005 [3.98] herangezogen.

keine Karusselltüren in Fluchtwegen

Nach der ASR A2.3 [3.99] „Fluchtwege und Notausgänge, Flucht und Rettungsplan" ist die Anordnung von Karusselltüren, die ausschließlich manuell betätigt werden, im Zuge von Rettungswegen **nicht** zulässig. Um dennoch eine per Hand zu betätigende Karusselltür anordnen zu können, werden zusätzlich neben dieser Tür Drehflügeltür(en) angeordnet, die im Brandfall Teil des Fluchtwegs sind.

„Breakout"-Beschläge

In der DIN EN 16005 [3.98] Absatz 4.7.2 werden Anforderungen an kraftbetätigte Karusselltüren in Fluchtwegen und an Notausgängen beschrieben. Automatische Karusselltüren können mit „Break-out"- oder „Escape-route"-Beschlägen versehen werden. Dies sind Beschläge, die die Türen in eine für die Flüchtenden „sichere" Position bringen und damit den Fluchtweg freigeben (siehe Bild 3.51). Die Türen werden in der Regel über Rauchmelder gesteuert. Ist eine Person in der Karusselltür durch den Ausfall von Strom „gefangen", muss sich die Tür bei der Überschreitung eines definierten Anpressdrucks von max. 220 N öffnen lassen.

erforderlicher Öffnungsdruck ≤ 150 N

Werden kraftbetätigte Drehflügeltüren ohne break-out-Funktion angeordnet, müssen sich diese nicht prinzipiell automatisch öffnen (z.B. bei Stromausfall oder in einem Notfall). Sie müssen sich jedoch in Fluchtrichtung von Hand öffnen lassen. Die Kraft, die dazu erforderlich ist, darf 150 N nicht überschreiten.

seitlich angeordnete Drehtüren

Der alleinige Einsatz einer automatischen Karusselltür ist dennoch fraglich, weil die Türen durch Sensortechnik in die „Fluchtstellung" gelenkt werden. Bei einer Behinderung ist es möglich, dass die Türen diese Position nicht erreichen. Nach der ASR A2.3 Kapitel 6 Absatz 2 dürfen automatische Karusselltüren nicht in Notausgängen angeordnet werden. Durch seitlich angeordnete Drehtüren als „Fluchttüren" können Karusselltüren dennoch ausgeführt werden.

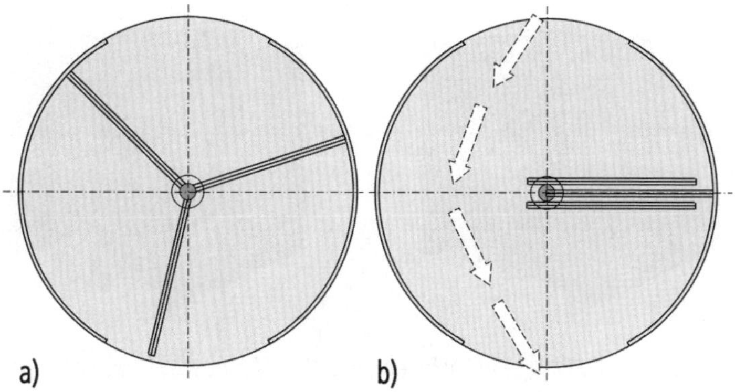

*Bild 3.51: Prinzipieller Grundriss einer möglichen Karusselltür
a) im Normalgebrauch; b) im Brandfall (Flucht- und Rettungsfall)*

Diese Forderung wird durch Erfahrungen aus Brandereignissen gestützt. Bei einem Brand kamen 1942 im „Coconut Grove Nightclub" in Boston (USA) 492 Menschen ums Leben. Die Hauptursache dieser hohen Zahl von Brandtoten war eine Notausgangstür, die als Karusselltür ausgeführt worden war und an der sich die Flüchtenden aufgrund der Paniksituation stauten. Durch zusätzliche Drehtüren als Teil des Rettungsweges hätte dies verhindert werden können.

zahlreiche Tote durch Karusselltür

Aufgrund ihrer Position in Außenwänden von Gebäuden müssen diese Karusselltüren in der Regel nicht als Brand- und/oder Rauchschutztüren ausgebildet werden.

keine Brandschutztüren

32.7 Brandschutzklappen

Brandschutzklappen werden als Absperrelemente in Lüftungsanlagen eingesetzt. Lüftungskanäle müssen aus konstruktiven Gründen häufig durch Wände und Decken geführt werden, für die ein Raumabschluss und/oder eine Feuerwiderstandsfähigkeit gefordert wird, wie z.B. durch Brand-, Trenn- oder Flurwände sowie durch Geschossdecken. Damit diese Bauteile im Brandfall ihre raumabschließende und feuerwiderstehende Funktion erfüllen können, werden dort Brandschutzklappen eingebaut, die sich bei Rauch oder Wärme schließen.

Brandschutzklappen als Absperrelemente

Das Schließen der „klassischen" Brandschutzklappe erfolgt durch ein Schmelzlot, das bei 72° C auslöst (90 °C bei Warmluftheizungen). Kaltrauch, der häufig eine niedrigere Temperatur aufweist, löst die Schließvorrichtung nicht aus (siehe hierzu auch Absatz 30.1). Um auch dessen Ausbreitung zu verhindern, können Rauchmelder eingebaut werden, die das Schließen der Klappe auslösen. Weiterhin kann die Schließung über die Gebäudeleittechnik erfolgen. Hierfür müssen die Klappen motorgetrieben und mit der Leittechnik verbunden sein.

Auslösen durch Schmelzlot

Brandschutzklappen gibt es in unterschiedlichen Brandschutzqualitäten, z.B. EI 30, EI 60 oder EI 90.

Bild 3.52: Brandschutzklappe im offenen (links) und im geschlossenen (rechts) Zustand, Quelle: Wildeboer Bauteile GmbH

Einbauort von Brandschutzklappen

Bei der Planung ist darauf zu achten, dass die Brandschutzklappen passend für die bauliche Situation ausgesucht werden, dass sie z.B. für die Richtung der Lüftungsleitungen (vertikal oder horizontal) geeignet oder für die Konstruktion der Wand (Stahlbetonwand, Mauerwerkswand oder mit Gipskartonplatten belegte Metallständerwand) bzw. Decke zugelassen sind.

Bestandteile

Brandschutzklappen bestehen aus einem Metallrahmen, dem Absperrklappenblatt, der Auslöseeinrichtung und dem Schließmechanismus.

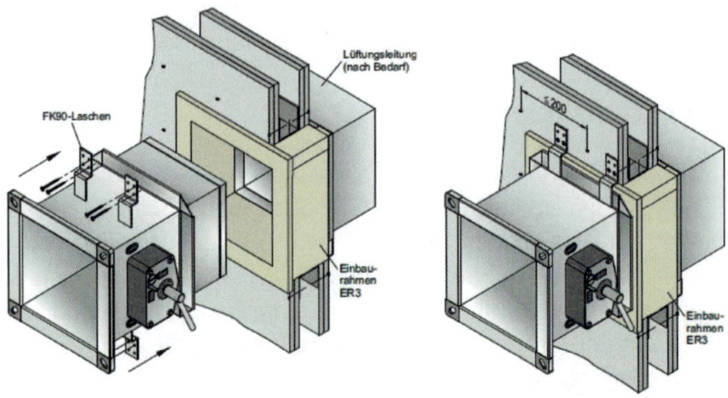

Bild 3.53: Brandschutzklappe mit Einbaurahmen ER 3 für leichte Trennwände (z.B. Metallständerwände mit Gipskartonplatten belegt), Quelle: Wildeboer Bauteile GmbH

Materialien der Rahmengehäuse

Das Rahmengehäuse von Brandschutzklappen kann rund oder eckig ausgeführt werden. Es kann aus Stahlblech oder aus Kalziumsilikatplatten bestehen. Das Absperrklappenblatt, das als bewegliches Bauteil die Lüftungsleitung schließt, besteht in der Regel aus Kalziumsilikatplatten oder aus einem Metallgehäuse, das mit Gips oder Mineralwolle gefüllt ist.

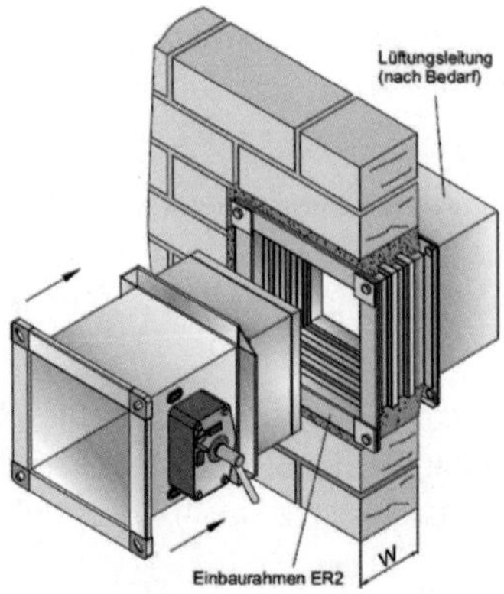

Bild 3.54: Brandschutzklappe mit Einbaurahmen ER 2 für massive Wände (z.B. aus Stahlbeton oder Mauerwerk), Quelle: Wildeboer Bauteile GmbH

Die Rauchdichtigkeit im Brandfall wird durch eine umlaufende Elastomer-Dichtung erreicht. Um auch im Vollbrand die Rauchdichtigkeit zu gewährleisten, kann eine umlaufende Intumeszenzschicht (Dämmschichtbildner) angeordnet werden, die bei Temperatureinwirkung aufschäumt.

Anordnung von Brandschutzklappen

Die Klappen können in der Wand- bzw. Deckenebene oder direkt an diese Ebene grenzend angeordnet werden. Der Anschluss an das Gehäuse der Brandschutzklappe kann als einseitiger oder beidseitiger Lüftungskanalanschluss ausgeführt werden. Auch eine Ausführung ohne Lüftungskanalanschlüsse (mit beidseitigem Gitter) ist möglich.

Lage der Absperrklappenachse

Brandschutzklappen können unabhängig von der Lage der Absperrklappenachse eingebaut werden. Die Lage der Auslösungseinrichtung ergibt sich durch den Einbau oben oder unten bzw. rechts oder links.

In der Planung muss dies berücksichtigt werden, damit ausreichend Platz für den Einbau und die Wartung der Brandschutzklappen vorhanden ist.

ausreichend Platz für Wartungsarbeiten

Um Wartungs- und Instandhaltungsarbeiten bei Brandschutzklappen durchführen zu können (Ausnahme: wartungsfreie BS-Klappen), müssen in der Planung Revisionsöffnungen sowie ausreichend Platz für die Revisionsarbeiten berücksichtigt werden. Wird dies nicht berücksichtigt, kann es unter Umständen dazu kommen, dass die angrenzenden Lüftungsbereiche komplett demontiert werden müssen.

vertikale Lasten auf Brandschutzklappen

Beim Einbau von Brandschutzklappen in statisch tragende Wände ist zu überprüfen, ob die vertikalen Lasten, die auf die Wand wirken, bzw. die Eigenlasten der Wand zu einer Verformung des Gehäuses der Brandschutzklappe führen. Bei einer Verformung ist die Funktion der Klappe nicht mehr gewährleistet.

Sollte der Rahmen der Brandschutzklappe die Lasten nicht verformungsfrei aufnehmen können, muss ein Sturz über der Öffnung eingebaut werden, der die Lasten seitlich abträgt (wie bei einer Fenster- oder Türöffnung in einer Wand).

Spannungen durch Ausknicken von Wänden

Befinden sich Brandschutzklappen in einer Wand, ist das Verformungsverhalten dieses Bauteils (Stabilitätsversagen/Knicken) im Brandfall zu berücksichtigen. Auch bei starker seitlicher Verformung, die z.B. bei Metallständerwänden (leichten Trennwänden/Gipskartonwänden) auftreten kann, muss die Funktionalität der Brandschutzklappe erhalten bleiben. Durch diese Verformung kommt es in der Regel zu Spannungen zwischen der Brandschutzklappe und den angeschlossenen Kanälen, durch die die Schutzwirkung der Klappe ausfallen kann.

Verhinderung von Zwangsspannungen

Um dies zu verhindern, werden Dehnungsausgleicher eingebaut (Kompensatoren, z.B. Segeltuchstutzen – siehe Kapitel 25 oder Absatz 30.5.4). Im Brandfall können sich die Entrauchungskanäle dann ungehindert ausdehnen, und es entstehen keine Zwangsspannungen.

Aufgrund einer Entscheidung des Europäischen Gerichtshofs (EuGH) vom 16.10.2014 (C-100/13) dürfen Bauprodukte in Europa nicht gleichzeitig mit dem CE- und dem Ü-Zeichen versehen werden (siehe hierzu auch Absatz 10.7). Dies stellt ein Handelshemmnis dar.

CE-Kennzeichnung

Brandschutzklappen (Bauprodukte), deren Anforderungen in harmonisierten Produktnormen festgelegt werden, wie z.B. nach der DIN EN 15650 [3.100], müssen mit dem CE-Zeichen versehen werden und dürfen nicht mehr das Ü-Zeichen tragen.

Eine CE-Kennzeichnung muss folgende Angaben enthalten:

- Name und Kennzeichen des Herstellers oder seines Vertreters,

Angaben zur CE-Kennzeichnung

- Angaben zu den Produktmerkmalen nach den bekanntgemachten harmonisierten oder anerkannten Normen oder europäischen technischen Zulassungen,
- die letzten beiden Ziffern des Jahres, in dem die CE-Kennzeichnung angebracht wurde, und
- Nummer des Konformitätszertifikats.

harmonisierte und veröffentlichte Norm

Harmonisierte Produktnormen werden im Amtsblatt der Europäischen Union veröffentlicht und in der MVV TB [3.10] erläutert.

Die dort aufgeführte DIN EN 15650 [3.100] (Beginn der Anwendung als harmonisierte Norm: 1.9.2011, Ende der Koexistenzphase: 1.9.2012) legt Anforderungen fest und verweist auf die Prüfverfahren von Brandschutzklappen, die in Lüftungs-, Klima- und Heizungsanlagen von baulichen Anlagen eingebaut werden.

Klappen ohne CE-Kennzeichnungspflicht

Brandschutzklappen, für die keine harmonisierten Produktnormen existieren, fallen nicht unter die CE-Kennzeichnungspflicht. Dies sind z.B. Brandschutzklappen, die im Abluftsystem von gewerblichen Küchen eingesetzt werden, oder Brandschutzklappen ohne Leitungsanschluss (als Überstromöffnungen). Der Verwendbarkeitsnachweis dieser Bauteile erfolgt über eine (nationale) allgemeine bauaufsichtliche Zulassung.

32.8 Änderungen an Brandschutzabschlüssen

reproduzieren von genormten Bedingungen

Zur brandschutztechnischen Einstufung werden Brandversuche mit Abschlüssen unter genormten Bedingungen durchgeführt. In der Praxis müssen diese Bedingungen ebenfalls eingehalten werden, um die im Brandversuch ermittelten Feuerwiderstandsdauern reproduzieren zu können.

Für ungeregelte Bauprodukte fließen die in den Brandversuchen genutzten Randbedingungen in die Herstell- und Einbauvorschriften ein.

Abweichungen von vorgeschriebenen Regeln

Wird bei der Herstellung oder beim Einbau von Türen von den vorgeschriebenen Regeln abgewichen, ist nicht mehr gesichert, dass sie ihre Schutzwirkung über die im Brandversuch ermittelte Dauer aufrechterhalten. Durch Veränderungen am geprüften Zustand der Türen verlieren diese den Status als Rauch- oder Brandschutztür.

geringfügige Änderungen an Brandschutztüren

Bei kleineren Abweichungen vom Prüfzustand verändert sich die Feuerwiderstandsdauer nur geringfügig und damit in der Regel auch die Feuerwiderstandsklasse bzw. -fähigkeit nicht. Vom Deutschen Institut für Bautechnik (DIBt) wurde zu diesem Thema ein Schreiben [3.101] veröffentlicht, das für Feuerschutzabschlüsse gilt, die nach dem 1.1.2010 eine Zulassung erhalten haben. Für Abschlüsse mit älteren Zulassungen kann das Schreiben des DIBt vom Juni 1995 [3.102] herangezogen werden.

zulässige Änderungen gemäß DIBt

In den Schreiben [3.101] und [3.102] werden zulassungskonforme Änderungen und Ergänzungen bei der Herstellung sowie bei schon eingebauten Feuerschutzabschlüssen aufgelistet. Änderungen während des Herstellungsprozesses von Abschlüssen gelten ausschließlich für **Drehflügelabschlüsse** und dürfen nur mit Zustimmung des Antragstellers bzw. Zulassungsinhabers durchgeführt werden. Ohne weitere Nachweise dürfen andere Änderungen, als die durch das DIBt festgelegten, nicht vorgenommen werden.

In der Herstellung sind unter anderem folgende Änderungen und Ergänzungen ohne den Verlust der Brandschutzeigenschaften möglich :

- Einbau von zusätzlichen Sicherungsstiften bzw. -zapfen an der Bandkante und von zusätzlichen Bändern,
- Einbau von Vorrichtungen zur Befestigung von Schutzstangengriffen,
- zur Befestigung von Ankerplatten für Haftmagnete von Feststellanlagen – mit (allgemeinem) bauaufsichtlichen Verwendbarkeitsnachweis – sind im Türblatt geeignete Befestigungspunkte vorzusehen bzw. anzubringen und
- Führung von Kabeln innerhalb des Türblattes und/oder der Zarge

zulässige Änderungen bei der Herstellung

  - bei Stahltüren im metallischen Schutzrohr (bis zu 12 mm Außendurchmesser),
  - bei metallischen Rahmentüren im Rahmenrohr oder im Bereich der Glashalteleisten,
  - bei Holztüren in einer Bohrung bis zu 9 mm Durchmesser oder in einer Ausdehnung bis 8 mm × 8 mm.

  Die Türblätter dürfen nicht in der Türblattdicke durchgebohrt werden.

  (Bei Feuerschutzabschlüssen mit Rauchschutzeigenschaften sind Kabelführungen dauerelastisch abzudichten.)

In bereits eingebauten Feuerschutzabschlüssen sind unter anderem folgende Änderungen und Ergänzungen ohne Verlust der Brandschutzeigenschaften möglich:

- Einbau von optischen Spionen in **feuerhemmenden** Abschlüssen, wobei die Kernbohrung im Türblatt den Durchmesser von 15 mm nicht überschreiten darf,
- Anschrauben, Annieten oder Aufkleben von Hinweisschildern auf dem Türblatt,
- Anbringen von Schutzstangen, sofern geeignete Befestigungspunkte vorhanden sind,

- Aufkleben von Leisten aus Holz, Kunststoff, Aluminium, Stahl in jeder Form und Lage auf Glasscheiben,
- Aufkleben und Nageln von Holzleisten bis ca. 60 mm × 30 mm bei Feuerschutzabschlüssen aus Holz, jedoch max. 12 dm^3 je Seite, sowie Anbringung von Zierleisten auf Holzzargen,

zulässige Änderungen an eingebauten Türen

- Austausch des Schlosses durch ein geeignetes, selbst verriegelndes Schloss mit Falle, sofern dieses Schloss in die vorhandene Schlosstasche eingebaut werden kann und Veränderungen am Schließblech und am Türblatt nicht erforderlich sind. Anzahl und Lage der Verriegelungspunkte müssen eingehalten werden,
- bei Renovierung (Sanierung) vorhandener Feuerschutztüren dürfen die Stahlzargen dieser Türen – sofern sie ausreichend verankert sind – eingebaut bleiben. Die Zargen der neu einzubauenden Feuerschutztüren dürfen an den vorhandenen Zargen – ggf. über entsprechende Verbindungsteile – befestigt werden. Die neuen Zargen müssen die alten, verbleibenden Zargen vollständig umfassen. Hohlräume zwischen den Zargen bzw. zwischen Zarge und Wand sind mit Mörtel oder geeigneten nichtbrennbaren mineralischen Materialien, z.B. Gipskarton- und Kalziumsilikatplatten, auszufüllen.

Grundsätzlich gilt bei Rauchschutzeigenschaft, dass die Spalten und Anschlussfugen des Feuerabschlusses dauerelastisch zu versiegeln sind. Alle Fugen des Feuerabschlusses, der Zarge und der Einbauteile sind mit mindestens normalentflammbaren Baustoffen zu verschließen.

32.9 Feststellanlagen für Brand- und Rauchschutzabschlüsse

Offenhalten von Türen durch Gegenstände

Im Zuge von Rettungswegen behindern geschlossene Brandschutztüren oftmals den allgemeinen Gebrauch dieser Wege. Häufig ist den Nutzern der Gebäude die Funktion dieser Türen im Brandschutzsystem gar nicht oder nur abstrakt bewusst. Der tägliche Umgang mit diesen schwer zu öffnenden Türen führt, trotz des Wissens über den brandschutztechnischen Sinn, oft dazu, dass sie durch Gewichte, Keile oder Pappen offengehalten werden (siehe Bild 3.55).

Beeinträchtigung des Brandschutzsystems

Diese Art der Offenhaltung ist nicht zulässig, da die Funktionalität des Brandschutzsystems beeinträchtigt wird. Im Brandfall kann nicht davon ausgegangen werden, dass flüchtende Personen Brand- und/oder Rauchschutztüren schließen. Durch die offenen Abschlüsse können Feuer und Rauch in andere Gebäudebereiche vordringen.

Nichteinhaltung des 2. Schutzzieles

Das 2. Schutzziel des § 14 MBO [3.1], „der Ausbreitung von Feuer und Rauch (Brandausbreitung) muss vorgebeugt werden“, wird hierdurch nicht eingehalten.

Bild 3.55: Rauchschutztüren zum Treppenraum werden durch Keil und Absperrband offengehalten. Die Verhinderung der Rauchübertragung ist im Brandfall nicht möglich.

Verhinderung des Schließens als Straftat

Nach § 145 (Mißbrauch von Notrufen und Beeinträchtigung von Unfallverhütungs- und Nothilfemitteln) Strafgesetzbuch [3.103] ist die Verhinderung des Schließens von Brandschutztüren ein Straftatbestand.

Auszug aus § 145 Absatz 2:

Auszug aus § 145 des Strafgesetzbuches

*„**Wer absichtlich** oder wissentlich*

1. […]

*2. **die zur Verhütung von** Unglücksfällen oder **gemeiner Gefahr dienenden Schutzvorrichtungen** oder die zur Hilfeleistung bei Unglücksfällen oder gemeiner Gefahr bestimmten Rettungsgeräte oder anderen Sachen beseitigt, verändert oder **unbrauchbar macht,***

***wird mit Freiheitsstrafe bis zu zwei Jahren oder mit Geldstrafe bestraft,** wenn die Tat nicht in § 303 oder § 304 mit Strafe bedroht ist."*

rechtskonforme Offenhaltung

Um Türen rechtskonform offenzuhalten und damit zu gewährleisten, dass sie im Brandfall schließen, müssten sie mit einer bauaufsichtlich zugelassenen Feststellanlage ausgestattet werden. Nach der Musterbauordnung [3.1] müssen Brand- und/oder Rauchschutztüren immer selbstschließend sein, damit sie im Brandfall geschlossen sind und ihre vorgesehene Schutzfunktion erfüllen können. Eine Feststellanlage wird in der Bauordnung für Abschlüsse in Regelbauten nicht verlangt.

Forderungen nach Feststellanlagen

Für einige geregelte Sonderbauten aber werden sie explizit gefordert. In § 6 Absatz 4 Muster-Verkaufsstättenverordnung [3.7] zum Beispiel sind Öffnungen in Brandwänden nur gestattet, wenn die Abschlüsse in diesen Öffnungen (in der Regel Türen) Feststellanlagen aufweisen, die rauchmeldergesteuert ein selbsttätiges Schließen bewirken. In anderen Sonderbauverordnungen wird darauf hingewiesen, dass sie zulässig sind, wenn sie bei Raucheinwirkung selbsttätig schließen, z.B. in der Muster-Versammlungsstättenverordnung [3.8] § 9 Absatz 5 oder in der Muster-Hochhaus-Richtlinie [3.4] Absatz 4.4.3.

händische und automatische Auslösungen

Durch eine Feststellanlage wird die Forderung nach Selbstschließung temporär außer Kraft gesetzt. Im Brandfall müssen die Türen deshalb uneingeschränkt funktionieren und schließen. Neben dem automatischen Lösen der Feststellanlage muss dies auch immer von Hand möglich sein. Der Schwenkbereich des Türflügels muss zu jeder Zeit von Gegenständen freigehalten werden.

In der Ausgabe der MVV TB vom August 2017 [3.104] wurden in Anhang 7 Anforderungen an Feststellanlagen beschrieben. In der Ausgabe 2019/1 [3.10] sind sie nicht mehr enthalten. Für Feststellanlagen werden die Leistungseigenschaften in einer Bauartgenehmigung festgestellt.

Eine Feststellanlage besteht aus vier wesentlichen Komponenten:

Bestandteile einer Feststellanlage

a) der Feststellvorrichtung,

b) der Energieversorgung,

c) dem Brandmelder und

d) der Handauslösung.

a) Feststellvorrichtungen:

Beginn des Schließvorgangs

Feststellvorrichtungen gibt es in unterschiedlichen Ausführungen. Alle Systeme müssen, nachdem die Auslösung erfolgt ist, den gehaltenen Türflügel innerhalb von 3 Sekunden freigeben. Nachdem der Schließvorgang eingeleitet worden ist, darf er nur unterbrochen werden, wenn sich Personen oder Gegenstände im Schließbereich befinden. Nachdem sie entfernt worden sind, muss sich der Vorgang selbsttätig fortsetzen.

Unter anderem sind folgende Feststellvorrichtungen üblich:

- Elektromagnetische Feststellvorrichtungen

elektromagnetische Feststellanlagen

Bei dieser Art der Feststellvorrichtung ist eine Ankerplatte auf dem Türblatt angeordnet. An der Wand, an der Decke oder auf dem Boden wird als Gegenstück ein Elektromagnet befestigt. Der Magnet besteht aus einer Spule, in der sich bei Stromdurchfluss ein magnetisches Feld bildet. Wird die Stromzufuhr unterbrochen, verliert der Magnet seine Haftfähigkeit und die Tür ist nicht mehr festgestellt. Der Feststellmechanismus muss bei Auslösung das Türblatt aus jeder Stellung sicher freigeben.

- Türschließer mit Feststellanlage (mit Haltefunktion)

  Die Türschließer können mit einer elektrischen Feststellung oder mit Haftmagneten versehen sein.

integrierte Feststellanlagen in Türschließern

b) Energieversorgung:

Primär- und Sekundärversorgung

Feststellanlagen werden in der Regel über einen Netzanschluss (Primäranschluss) mit Energie versorgt. Ein Bereitschaftsparallelbetrieb kann durch wieder aufladbare Batterien (Sekundäranschluss) erfolgen. Beim Ausfall des Primärenergieträgers wird die gesamte Feststellanlage spannungsfrei geschaltet; die Brandschutztür muss dann selbsttätig schließen.

Die Störung einer der beiden Energiequellen muss angezeigt werden. Beim Ausfall der öffentlichen Stromversorgung muss automatisch auf die batteriebetriebene Versorgung umgestellt werden.

Durch eine grüne Leuchtdiode wird der ordnungsgemäße Betrieb der Stromversorgung angezeigt. Diese optische Information kann auch durch ein anderes Bauteil mit gleicher Eigenschaft erfolgen.

Das Gehäuse der Energieversorgung muss folgendermaßen gekennzeichnet sein:

Kennzeichnung des Gehäuses

- Name des Herstellers,
- Typenbezeichnung,
- Herstelljahr und
- technische Daten: Leistungsabgabe, Stromaufnahme, Ein- und Ausgangsspannung.

c) Brandmelder (siehe hierzu auch die ausführliche Erläuterung in Abschnitt 27 – Brand- und Rauchwarnmelder):

Rauchmelder für Feststellanlagen

Bei Feststellanlagen werden üblicherweise optische Rauchmelder zur Detektion eines Brandes eingesetzt. Dort, wo diese Melder nicht genutzt werden können, ist die Anwendung von Wärmemeldern möglich. Auch eine Kombination beider Melderarten kann verwendet werden.

Optische Rauchmelder, die nach dem Streulichtverfahren arbeiten, werden am häufigsten bei Feststellanlagen eingesetzt.

optische Rauchmelder

Befinden sich Rauchpartikel in der Messkammer des Melders, wird der konstante Strahl einer dort befindlichen Lichtquelle abgelenkt. Sobald das Streulicht auf Fotozellen trifft, spricht der Melder an.

Alternative zu optischen Meldern

Eine weitere Art von Meldern sind **Wärmemelder**. Sie lösen Alarm aus, wenn eine definierte Temperatur überschritten wird (in der Regel 60 °C) oder wenn die Temperatur mit einer definierten Geschwindigkeit ansteigt. Dieser Meldertyp wird dort eingesetzt, wo Rauch, Staub oder aerosole Wasserteilchen im täglichen Betrieb entstehen, wie in Küchen oder Werkstätten.

Detektierung durch mehrere Sensoren

Melder können auch als **Mehrfachsensormelder (Multisensormelder)** ausgeführt werden. Hierbei werden optische mit thermischen Sensoren in einem Melder verbunden. Um einen Fehlalarm möglichst auszuschließen, werden die Ergebnisse der Detektoren über die Fuzzylogik elektronisch ausgewertet.

d) Handauslösung:

Handauslösung von Feststellanlagen

Feststellanlagen müssen entweder über ein Handauslösetaster aktiviert werden können, oder die Feststellung muss durch einen geringen horizontalen Druck auf das Türblatt aufgehoben werden können.

Ein Handauslösetaster muss rot sein und die Aufschrift „Tür schließen" tragen. Anstelle des Wortes „Tür" darf auch die genaue Bezeichnung verwendet werden, wie z.B. „Schiebetor". Nach Betätigung des Schalters muss der Rauch- bzw. Brandschutzabschluss schließen.

32.10 Schließanlagen

bewegliche Abschlüsse mit Schließanlagen

Alle beweglichen Brand- und Rauchschutzabschlüsse, die in raumabschließenden Bauteilen durch die Musterbauordnung sowie die Verordnungen und Richtlinien für geregelte Sonderbauten gefordert werden, müssen selbstschließend, also mit einer Selbstschließung versehen sein.

In der Muster-Verkaufsstättenverordnung [3.7] wird dies nicht explizit gefordert. Um jedoch das 2. Schutzziel erfüllen zu können, müssen bewegliche Abschlüsse immer mit Schließanlagen ausgeführt werden, auch wenn dies nicht ausdrücklich gefordert wird. Für nicht geregelte Sonderbauten gilt dies ebenfalls.

Schließanlagen sind Schließmittel, die beweglichen Abschlüsse in Öffnungen von raumabschließenden Bauteilen, wie Türen, Tore oder Klappen, im Brandfall schließen. Dies gilt auch für Abschlüsse, die mit einer Feststellanlage versehen sind. Der Vorgang des Schließens muss für diese Abschlüsse bei Ausfall der Stromversorgung ebenfalls gewährleistet sein.

Schließfolgeregler für mehrflügelige Türen

Durch Schließfolgeregler, die bauaufsichtlich vorgeschrieben sind, wird das ordnungsgemäße Schließen von mehrflügeligen Türen gewährleistet.

In der DIN EN 1158 [3.105], [3.106] werden die Anforderungen und Prüfverfahren für folgende Türschließer festgelegt:

Ausführungen von Schließfolgeregler

- separat montierte Schließfolgeregler,
- Schließfolgeregler-Mechanismus und
- integrierter Schließfolgeregler-Mechanismus mit elektrisch betriebenen Feststellvorrichtungen.

Nachfolgend werden unterschiedliche Schließmittel erläutert:

- **Türschließer mit Freilauf**

Freilauf durch Abkuppeln von Türschließern

Bei üblichen Schließanlagen, die ohne Feststelleinrichtung betrieben werden, schließen sich die Türen nach jedem Öffnen wieder. Bei einem Türschließer mit Freilauf kuppelt der Türschließer vom Türblatt ab. Hierdurch kann sich die Tür im Normalbetrieb frei bewegen und ohne erhöhten Kraftaufwand bewegt werden.

Aktivierung des Türschließers

Erst im Brand- bzw. Rauchfall wird der Schließer wieder eingekuppelt und das Türelement schließt selbsttätig. Die Auslösung erfolgt rauchmeldergesteuert. Zur Aktivierung der Freilauftürschließer wird deshalb ein elektrischer Anschluss benötigt.

Wenn an einer Tür keine Feststellanlage vorhanden ist bzw. auch nicht angebracht werden soll (z.B. aus optischen Gründen), kann dieser Türschließer als Alternative zur Feststellanlage angeordnet werden.

Einsatzbereiche von Türschließern mit Freilauf

Da kein erhöhter Kraftaufwand beim Öffnen von Türen mit Freilauftürschließern erforderlich ist, sind sie besonders in Gebäuden geeignet, die von Personen mit körperlichen Einschränkungen genutzt werden, wie in Krankenhäusern und Altenheimen.

- **Türschließer mit Feststellvorrichtung**

Türen in Gebäuden mit Publikumsverkehr werden häufig mit Feststellanlagen versehen, in die Obertürschließer und Rauchmelder integriert sind.

Die Feststellanlage kann als elektromagnetische Einrichtung nach der harmonisierten Norm DIN EN 1155 [3.107] ausgeführt werden. Im Brandfall wird der Türschließer durch Rauchmelder ausgelöst.

- **Türschließer bei Brandschutzschiebetoren**

Offenhaltung

Brandschutztore werden in der Regel durch Feststellanlagen offengehalten, um den Regelbetrieb nicht zu beeinträchtigen. Häufig geschieht dies mithilfe von Elektromagneten, bei denen die Türschließung durch Betätigung eines Tasters, bei Stromausfall oder im Brandfall durch die Detektion von Rauch, ausgelöst wird.

Schließmittel

Das nach der Auslösung freie Schiebetor wird mithilfe eines Schließgewichts zugezogen, das als Schließmittel eingesetzt wird.

Das Gewicht ist über Ketten oder Drahtseile mit dem Tor verbunden. Es zieht sich selbstständig mechanisch zu, ohne dass eine weitere Energieversorgung erforderlich ist.

Anordnung des Schließgewichtes

Das Schließgewicht befindet sich im Normalfall auf der Seite der Hauptschließkante (siehe Bild 3.56). Sollte aus geometrischen Gründen kein Platz vorhanden sein, kann das Gewicht durch eine Seilumlenkung auch auf der gegenüberliegenden Seite angeordnet werden.

Zulaufgeschwindigkeit

Zum sicheren Betreiben einer Toranlagen wird die zulässige Zulaufgeschwindigkeit (5 bis 12 cm/s) durch einen Radialdämpfer begrenzt.

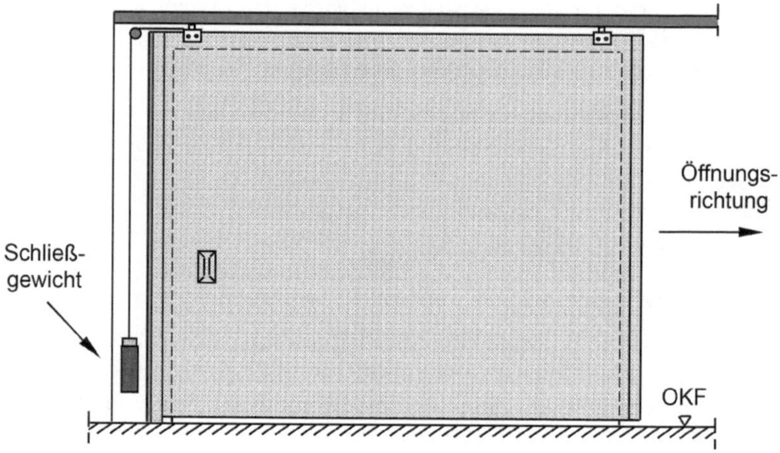

Bild 3.56: Prinzipskizze eines Brandschutzschiebetors im geschlossenen Zustand mit einem Gewicht als Schließmittel

- **Türschließer mit Schließfolgeregelung**

Steuerung der Schließreihenfolge von Türen

Türen in Fluchtwegen, die aus mehr als einem Flügel bestehen, müssen mit einem Schließfolgeregler versehen werden. Durch diese technische Konstruktion wird die Reihenfolge des Schließens der Türflügel gesteuert. Zuerst muss der Standflügel schließen, da an diesem Flügel ein Anschlag für den Gangflügel vorhanden ist. Erst danach kann der Standflügel zufallen.

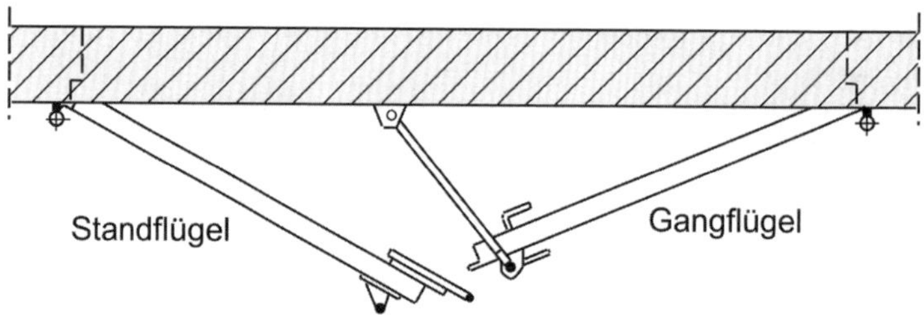

Bild 3.57: Draufsicht auf eine zweiflügelige Tür mit Schließfolgeregler

Hierzu wird der Gangflügel durch eine Stange in einer Warteposition gehalten. Während des Schließvorgangs des Standflügels wird die Distanzstange durch einen Schließkloben, der am Standflügel befestigt ist, zur Seite gedrückt, und der Gangflügel kann ebenfalls schließen.

falsche Schließreihenfolge

Bei einer umgekehrten Schließung gäbe es eine Fuge, durch die sich Brandrauch ungehindert ausbreiten kann. Nur durch die richtige Reihenfolge wird eine Brandrauchabschottung gewährleistet.

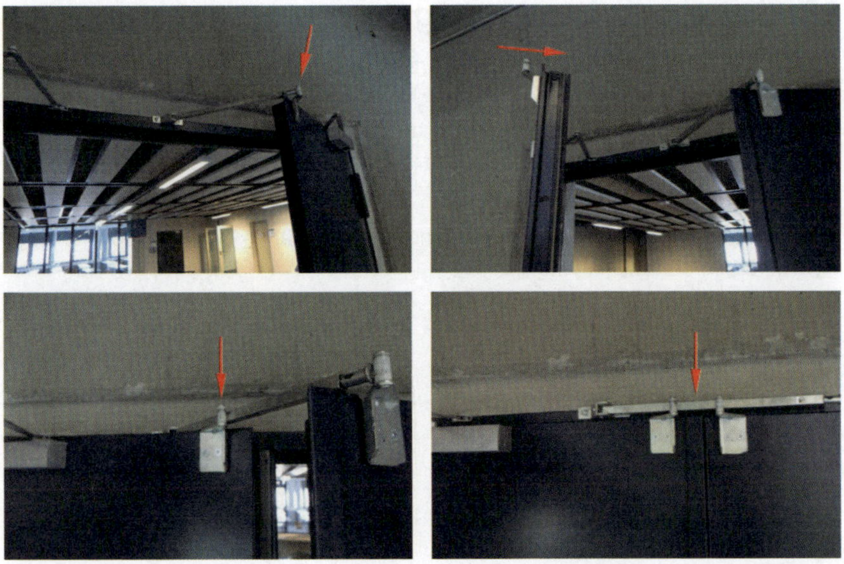

Bild 3.58: Der Gangflügel wird durch den Schließfolgeregler gestoppt (Bild links oben); dadurch hat der Standflügel ausreichend Platz zum Schließen (Bild rechts oben); der Schließkloben des Standflügels drückt die Haltestange zur Seite (Bild links unten) und der Gangflügel kann schließen (Bild rechts unten).

33 Sicherheitsstromversorgung

Elektrische Geräte und Anlagen, die im Brandschutzsystem eine sicherheitsrelevante Funktion erfüllen, dürfen im Brandfall nicht ausfallen. Da die Geräte und Anlagen von einer „normalen" Stromversorgung durch das Brandgeschehen getrennt werden können, müssen sie zusätzlich mit Strom aus einer Sicherheitsstromversorgung gespeist werden.

Notwendige Geräte und Anlagen, die während eines Brandes ihre Funktionsfähigkeit nicht verlieren dürfen, sind z.B.:

Anlagen und Geräte mit einer Sicherheitsstromversorgung

- Sprinkleranlagen,
- Rauchabzugsanlagen,
- Wärmeabzugsgeräte (elektrisch betrieben),
- Brandmeldeanlagen,
- Druckbelüftungsanlagen,
- Alarmierungseinrichtungen,
- Sicherheitsbeleuchtungen (z.B. Beleuchtung der Stufen und Hinweise auf Ausgänge),
- Schließeinrichtungen für Feuerschutzabschlüsse (z.B. Rolltore),
- Aufzüge,
- Druckerhöhungsanlagen für die Löschwasserversorgung und
- Gebäudefunkanlagen für die Feuerwehr.

In der MVV TB Anhang 14 Absatz 5.1 [3.10] werden die einzelnen Bestandteile von Sicherheitsstromversorgungsanlagen erläutert:

Bestandteile einer Anlage

„[...]

Sicherheitsstromversorgungsanlagen umfassen die Stromquelle (Spannungserzeugung oder Energiespeicherung), die erforderlichen Schalt- und Hilfseinrichtungen sowie die zugehörigen Leitungsanlagen bis zu den Anschlüssen der zu versorgenden sicherheitstechnischen Anlagen.

[...]"

unabhängige Stromquellen

Als Stromquellen sind Batterien bzw. Batterieanlangen oder Stromerzeugungsaggregate zulässig, deren Antriebsmaschinen unabhängig von der allgemeinen Stromversorgung arbeiten müssen.

Notstromaggregate

Nach DIN 6280-13 [3.108] können Hubkolben-Verbrennungsmotoren in Sonderbauten (z.B. in Krankenhäusern und baulichen Anlagen für Menschenansammlungen) verwendet werden. Häufig werden Gas- oder Dieselmotoren (z.B. Lkw- oder Schiffsmotoren) als Notstromaggregate eingesetzt. Kraftstoff muss mindestens für die Nennbetriebsdauer vorgehalten werden, die der vorgeschriebenen Betriebsdauer der Sicherheitseinrichtungen entspricht (siehe hierzu auch die MLAR [3.9] – Absatz 5.3).

Nach der MVV TB [3.10] Anhang 14 Absatz 5.2 erfüllen Verbrennungsmotoren nach DIN 6280-13 [3.108] die bauaufsichtlichen Forderungen, die an eine Sicherheitsstromversorgung gestellt werden.

Forderung nach Sicherheitsstromversorgung

In einigen Sonderbauvorschriften wird die Sicherheitsstromversorgung explizit gefordert, z.B. in der Muster-Beherbergungsstättenverordnung [3.2] § 8 Absatz 2, in der Muster-Hochhaus-Richtlinie [3.4] Absatz 6.6.1 oder in der Muster-Versammlungsstättenverordnung [3.8] § 14 Absatz 1.

34 Sicherheitsbeleuchtung

Um im Brandfall von einer Nutzungseinheit aus den Weg in einen sicheren Bereich, z.B. in einen Treppenraum oder ins Freie, gefahrlos erreichen zu können, sind beim Ausfall der künstlichen Allgemeinbeleuchtung grundsätzlich Rettungswege mit einer Sicherheitsbeleuchtung zu versehen.

Bereiche mit Sicherheitsbeleuchtung

Diese Forderung gilt in Regelbauten nur für Treppenräume ohne Fensteröffnungen und mit einer Höhe von mehr als 13 m. Dies sind Treppenräume, die entweder im Gebäudeinneren angeordnet sind (innenliegende Treppenräume) oder die an der Außenwand liegen und in denen z.B. aus architektonischen Gründen keine Fenster angeordnet sind. Für notwendige Flure wird in der Musterbauordnung [3.1] keine Sicherheitsbeleuchtung gefordert.

Sicherheitsbeleuchtungen für alle Fluchtwegbereiche werden in einigen Sonderbauverordnungen und -richtlinien explizit gefordert.

Für verschiedene Sonderbauten werden Sicherheitsbeleuchtungen gefordert. Nach der Muster-Verkaufsstättenverordnung [3.7] z.B. muss unter anderem in folgenden Bereichen von Verkaufsstätten eine Sicherheitsbeleuchtung vorhanden sein:

- in jedem notwendigen Treppenraum,
- in Räumen zwischen notwendigen Treppenräumen und Ausgängen ins Freie (bei innenliegenden Treppenräumen),
- in notwendigen Fluren,

Einsatzbereiche in Verkaufsstätten

- in Verkaufsräumen mit mehr als 50 m² Grundfläche,
- in Räumen für Besucher mit mehr als 50 m² Grundfläche,
- in Toilettenräumen mit mehr als 50 m² Grundfläche,
- bei Sicherheitszeichen (z.B. für die Fluchtwegebeschilderung) von Ausgängen und Rettungswegen und
- bei Stufenbeleuchtungen.

rechtliche Grundlage für Arbeitsstätten

Grundlage für Sicherheitsbeleuchtungen in Arbeitsstätten ist die Arbeitsstättenverordnung [3.63].

Im Anhang „Anforderungen an Arbeitsstätten nach § 3 Abs. 1" werden Maßnahmen zum Schutz vor besonderen Gefahren in Fluchtwegen und Notausgängen in Absatz 2.3 beschrieben:

> *„(1) Fluchtwege und Notausgänge müssen*
> *[...]*
>
> *c) in angemessener Form und dauerhaft gekennzeichnet sein.*
>
> *Sie sind mit einer **Sicherheitsbeleuchtung** auszurüsten, wenn das gefahrlose Verlassen der Arbeitsstätte für die Beschäftigten, insbesondere bei Ausfall der allgemeinen Beleuchtung, nicht gewährleistet ist.*
> *[...]"*

Konkretisiert wird diese Forderung in den „Technischen Regeln für Arbeitsstätten" ASR A2.3 Absatz 8 [3.99]. Hiernach sind Arbeitsstätten mit Sicherheitsbeleuchtungen auszurüsten, die unter anderem folgende Tatbestände erfüllen:

Sicherheitsbeleuchtungen in Arbeitsstätten

- in denen eine große Anzahl von Personen beschäftigt ist,
- die sich in hohen baulichen Anlagen mit vielen Geschossen befinden,
- die durch ortsunkundige Personen genutzt werden und
- in denen es eine unübersichtliche Fluchtwegeführung gibt.

In den „Technischen Regeln für Arbeitsstätten" ASR A3.4/7 [3.109] werden folgende technische Anforderungen an die Sicherheitsbeleuchtung gestellt:

technische Anforderungen

- Beleuchtungsstärke für Fluchtwege von mindestens 1 Lux (lx) bei einer Gleichmäßigkeit von < 40 : 1 und
- nach Ausfall der Allgemeinbeleuchtung muss die Sicherheitsbeleuchtung für Fluchtwege die erforderliche Beleuchtungsstärke innerhalb von 15 Sekunden erreichen. Auf den Fluchtwegen muss die erforderliche Beleuchtungsstärke über eine Dauer von mindestens 60 Minuten vorhanden sein.

regelmäßige Wartung

Wartung und Unterhaltung der Sicherheitsbeleuchtung sind regelmäßig durch den Arbeitgeber durchzuführen.

Auszug aus der ASR A3.4/7

Auszug aus der ASR A3.4/7 [3.109] Kapitel 6 Absatz 3:

> *„[...]*
>
> *(3) Der Arbeitgeber hat die Sicherheitsbeleuchtung und die Sicherheitsleitsysteme in regelmäßigen Abständen sachgerecht* ***warten*** *und auf ihre Funktionsfähigkeit* ***prüfen*** *zu lassen.*
>
> *[...]".*

35 Abschottungssysteme

Schutzziel der Leitungsführung

Leitungen dürfen nach § 40 Absatz 1 MBO [3.1] durch raumabschließende Bauteile (z.B. Wände und Decken) geführt werden, für die eine Feuerwiderstandsfähigkeit gefordert wird, wenn eine Brandausbreitung ausreichend lange nicht zu befürchten ist oder Vorkehrungen hiergegen getroffen werden.

Um einen Brandüberschlag zu verhindern, muss der Schutz dieser „Schwachstellen" besonders sorgfältig geplant und ausgeführt werden. Hierdurch wird das 2. Schutzziel des Brandschutzes (Vorbeugung der Brandausbreitung) nach § 14 MBO [3.1] eingehalten.

Regeln für Leitungsdurchführungen

In der Muster-Leitungsanlagen-Richtlinie [3.9] werden grundsätzliche Regeln zum Brandschutz in Leitungsanlagen genannt. Erweiternd wurden vom Deutschen Institut für Bautechnik (DIBt) „Grundsätzliche Regelungen zu Abständen bei Kabel- und Rohrabschottungen" [3.14] herausgegeben (siehe Kapitel 35.1 und 35.2).

Mindestabstände von Leitungen

Darin werden Angaben zu Mindestabständen gemacht. Bei brandschutztechnischen Versuchen hat sich gezeigt, dass sich bei einer Unterschreitung dieser (Mindest-) Abstände eine Verringerung der angegebenen Feuerwiderstandsklassen ergeben kann. Damit diese Entfernungen eingehalten werden können, ist die Durchführung von mehreren Leitungen individuell zu planen. Hierzu müssen Art, Anzahl und Größe der Leitungen bekannt sein.

Festlegung der Mindestgröße

Mit dem Planer des Gebäudes, in der Regel dem Architekten, sowie mit dem Fachplaner für Gebäudetechnik ist dieser Detailpunkt in der Planungsphase abzustimmen. Die Größe der Öffnung muss vom Tragwerksplaner auch beim Standsicherheitsnachweis berücksichtigt werden.

Berücksichtigung der Nachbelegung

Ein weiterer Aspekt ist ebenfalls bereits in der Planungsphase zu berücksichtigen. Um während der Nutzungszeit des Gebäudes weitere Leitungen nachlegen zu können, sollte der Durchbruch in der Decke oder Wand ausreichend groß gewählt werden. Auch die Zugänglichkeit, Montage, Überwachung und/oder Wartung müssen in der Planung einbezogen werden.

Kennzeichnung von Leitungsdurchführungen

Um auch nachträglich eine ausgeführte Abschottung brandschutztechnisch beurteilen zu können, z.B. beim Bauen im Bestand, muss sie nach bauaufsichtlicher Forderung (Forderung der Zulassung) mit einem Schild gekennzeichnet werden. Dieses muss folgende Angaben enthalten:

Angaben auf dem Kennzeichnungsschild

- Name des Regelungsgegenstandes mit Angabe der Zulassungsnummer und der Feuerwiderstandsfähigkeit,
- Name des Errichters der Abschottung und
- Monat und Jahr der Errichtung.

Das Schild ist direkt neben der Abschottung auf der Wand oder Decke anzubringen. Ein bestimmtes Material wird für das Schild nicht gefordert. In Verwendbarkeitsnachweisen findet sich der Hinweis, dass die Abschottung dauerhaft gekennzeichnet werden muss. In der Praxis wird das Schild häufig in Papier- oder Pappeform ausgeführt. Die Dauerhaftigkeit scheint hierdurch nicht gewährleistet zu sein.

rechtliche und technische Grundlagen

Die rechtlichen und technischen Grundlagen von Abschottungssystemen sind üblicherweise Bauartzulassungen (aBG) oder Prüfzeugnisse (abP). In diesen bauaufsichtlichen Genehmigungen werden die Bestimmungen für Planung, Bemessung, Ausführung und Nutzung des Regelungsgegenstandes festgelegt. Bei mehreren Leitungen durch eine Öffnung sind die Abstandsregeln der Muster-Leitungsanlagenrichtlinie [3.9] sowie des Deutschen Instituts für Bautechnik (DIBt) [3.14] zu beachten.

35.1 Rohrabschottungen

Systeme zur Rohrabschottung

Rohrabschottungen können nach DIN 4102 Teil 11 [3.110] geprüft und in eine Feuerwiderstandsklasse eingestuft werden.

Zur Abschottung von Rohrdurchführungen können unter anderem folgende Systeme genutzt werden:

- **Brandschutzbandagen**

  Bandagen aus intumeszierenden Baustoffen

  Brandschutzbandagen bestehen aus intumeszierenden Baustoffen (Dämmschichtbildner), die durch die thermische Energie eines Brandes aufschäumen (siehe hierzu auch Absatz 8.4).

  Einsatzgebiete von Bandagen

  Sie können bei Rohren aus Kunststoff oder bei nichtbrennbaren Rohren mit einer brennbaren Dämmung eingesetzt werden.

  Brandschutzbandagen werden als Meterware auf Rollen geliefert und um die zu schützenden Rohre bzw. Rohrabschnitte gewickelt. Sie sind in der Feuerwiderstandsfähigkeit von 30, 60, 90 und 120 Minuten erhältlich.

  Die Anwendbarkeit dieser Brandschutzprodukte wird in der Regel über eine Bauartgenehmigung nachgewiesen.

- **Brandschutzmanschetten**

  Brandschutzmanschetten bestehen aus einem runden Blechgehäuse, das mit einer Einlage aus einem intumeszierenden Material versehen ist.

  Wirkungsweise von Brandschutzmanschetten

  Sie werden bei Durchführungen von Rohren aus Kunststoff eingesetzt. Bedingt durch den Blechring als Grenze nach außen, kann sich das aufschäumende Material nur ins Rohrinnere ausbreiten und verschließt das Rohr. Hierdurch bildet sich eine brandschutztechnische Abschottung. Die Fuge zwischen dem Blechring und dem Wand- bzw. Deckenmaterial kann durch ein formbeständiges Material, wie z.B. Beton, Zementmörtel oder Gipsmörtel, verschlossen werden. In einigen Bauartgenehmigungen werden auch Dämmstoffe mit einem Schmelzpunkt ≥ 1.000 °C oder spezielle dämmschichtbildende Materialien als Verschlussmaterial zugelassen.

  Brandschutzmanschetten sind in der Feuerwiderstandsfähigkeit von 30, 60, 90 und 120 Minuten erhältlich.

  Einsatzbereiche

  Bei Wänden müssen die Manschetten auf beiden Seiten der Wand und bei Decken nur an der Unterseite angeordnet werden.

  Brandschutzmanschetten können sowohl bei massiven Bauteilen aus Beton und Mauerwerk als auch bei Leichtbaukonstruktionen eingesetzt werden. Die Einsatzmöglichkeit ist der entsprechenden Bauartgenehmigung zu entnehmen.

- **Rohrisolierungen aus Steinwolle**

  Ausführung von Rohrisolierungen

  Rohrisolierungen aus Steinwolle werden in der Regel bei der Durchführung von nichtbrennbaren Rohren eingesetzt. Sie können als Streckenisolierung auf beiden Seiten der Rohrdurchführung über eine begrenzte Länge (in einigen Prüfzeugnissen werden Längen ≥ 1,50 m gefordert) oder als durchgängige Isolierungen der gesamten Rohrleitung im Brandabschnitt angeordnet werden.

Die Isolierungen werden als ringförmige Rohrschalen mit verstärkter äußerer Aluminiumfolie und formstabiler Steinwolledämmung vorproduziert. Sie sind für alle gängigen Rohr- und Kernbohrungsdurchmesser zu erhalten.

Die Rohrschalen sind bei einigen Systemen in Längsrichtung geschlitzt und werden seitlich auf die Rohre geschoben.

Kernbohrungen

Wird ein Rohr durch eine nachträgliche Öffnung geführt, die durch eine Kernbohrung entstanden ist, können die Durchmesser so gewählt werden, dass kein Ringspalt um die Isolierung entsteht. Die Isolierung muss dann so formschlüssig in die Bohrung eingepasst werden, dass sie an jeder Stelle an der Laibung anliegt.

Rohrisolierungen aus Steinwolle sind in der Feuerwiderstandsfähigkeit von 30, 60, 90 und 120 Minuten erhältlich.

- **Brandschutzmörtel**

Brandschutzmörtel kann bei Rohrdurchführungen oder zum Schließen von Kombischotts eingesetzt werden. Er kann auch bei großen und sehr großen Öffnungen angewendet werden.

Zubereitung von Brandschutzmörtel

Brandschutzmörtel wird üblicherweise als Trockenmörtel geliefert. Er kann vor Ort mit Wasser auf die erforderliche Konsistenz angemischt werden. Der Einbau erfolgt entweder per Hand mit einer Kelle oder mit einer maschinellen Mörtelpumpe.

Schwindverhalten

Der Mörtel ist in der Regel ein zementgebundener mineralischer Baustoff. Er schwindet nur gering. Einige Mörtel werden auch als plastische Quellmörtel angeboten.

Brandschutzmörtel sind in der Feuerwiderstandsfähigkeit von 30, 60, 90 und 120 Minuten erhältlich.

- **Brandschutzschaum**

Einsatzgebiete von Brandschutzschaum

Brandschutzschaum ist in der Regel eine intumeszierende Dichtmasse (Dämmschichtbildner), die im Brandfall durch die thermische Einwirkung aufschäumt. Mit Brandschutzschaum können Fugen von Rohrleitungen verschlossen werden. Auch der Abschluss von Kombischottungen darf damit verschlossen werden. In Kombination mit Brandschutzsteinen können große Öffnungen verschlossen werden. Besonders gut geeignet ist der Schaum zum Verschließen von unregelmäßigen Öffnungen. Auch das Nachlegen mit Leitungen ist sehr einfach.

Brandschutzschaum ist in der Feuerwiderstandsfähigkeit von 30, 60, 90 und 120 Minuten erhältlich.

- **Multikombischotts**

Verschluss von Kombischotts

Kombischotts sind Verschlüsse von Öffnungen, durch die unterschiedliche Leitungen (z.B. elektrische Leitungen oder Rohre) geführt werden und die unter anderem mit Dämmungen, Brandschutzmörtel oder Brandschutzschaum geschlossen werden können.

35.2 Kabelabschottungen

Kabelabschottungen können nach DIN 4102 Teil 9 [3.111] geprüft und in eine Feuerwiderstandsklasse eingestuft werden.

Abschottungssystem

Wie auch bei der Abschottung von Rohrleitungen kann bei Kabelanlagen Brandschutzmörtel und -schaum genutzt werden.

Zur Abschottung von Kabeldurchführungen können folgende weitere Systeme genutzt werden:

- **Plattenschotts**

  Mineralfaserplatten mit Ablationsbeschichtung

  Plattenschotts bestehen in der Regel aus Mineralfaserplatten (Rohdichte ≥ 150 kg/m³ und Schmelzpunkt ≥ 1.000 °C) mit einer Ablationsbeschichtung. Spalten und Fugen, die beim Einbau der Platten entstehen, müssen außen auf beiden Schottseiten mit einer Ablationsbeschichtung versehen werden. Die Beschichtung wird mittels eines Spachtels flächeneben aufgebracht.

  Sicherung der Plattenschotts

  Kabelabschottungen durch Plattenschotts in Decken dürfen mechanisch nicht beansprucht oder entfernt werden können. Dies kann z.B. durch eine Absperrung oder eine Abdeckung gewährleistet werden.

  Zu beachten ist, dass die Schotts nur für bestimmte Wände und Decken zugelassen sind (z.B. Leichtbauwände sowie Wände und Decken aus Stahlbeton).

  Plattenschotts sind in der Feuerwiderstandsfähigkeit von 30, 60, 90 und 120 Minuten erhältlich.

- **Brandschutzkissen**

  Mit Hilfe von Brandschutzkissen kann die Durchführung von einzelnen Kabeln, Kabelbündeln und Kabeln auf Kabelpritschen abgeschottet werden.

  Materialien der Brandschutzkissen

  Brandschutzkissen (Kissenschotts) bestehen in der Regel aus einem Glasfasergewebe, das in Form von Kissen genäht wird. Als Füllmaterial wird entweder ein Gemisch aus Mineralfasern und intumeszierendem Material oder nur das aufschäumende Material genutzt. Brandschutzkissen werden in unterschiedlichen Größen angeboten. Hierdurch können auch kleine Öffnungen, wie z.B. Fugen und Zwickel, abgedichtet werden, die beim Verlegen von großen Kissen entstehen.

  Der Einbau erfolgt ausschließlich durch das Einlegen der Kissen in die Öffnung. Sie werden schichtweise horizontal und gegenseitig versetzt angeordnet. Das unbefugte Entfernen von Kissen muss unbedingt verhindert werden. Dies kann z.B. durch ein Drahtgewebe erfolgen, das über dem Durchbruch befestigt wird.

  Einsatzgrenze

  Brandschutzkissen dürfen nur verwendet werden, wenn der gesamte zulässige Querschnitt der Installationen nicht mehr als 60 % der Rohbauöffnung beträgt.

  Brandschutzkissen sind in der Feuerwiderstandsfähigkeit von 30, 60, 90 und 120 Minuten erhältlich.

- **Brandschutzblöcke**

  Formteile aus intumeszierendem Material

  Das Dichtungssystem „Brandschutzblöcke" besteht aus rechteckigen und zylindrischen Formteilen, die im Brandfall aufschäumen, sowie aus einer Dichtungsmasse (Brandschutzschaum oder -kitt), um Fugen und Spalten zu schließen. Die Blöcke werden in der Öffnung versetzt aufgeschichtet. Um die erforderliche Feuerwiderstandsklasse zu erreichen, müssen die Brandschutzblöcke eine Mindestdicke entsprechend der Zulassung aufweisen. Die Kabelabschottung darf in massiven Wänden (z.B. Beton- und Mauerwerkswänden) und in Leichtbauwänden (z.B. Gipskartonwänden) eingesetzt werden.

Brandschutzblöcke sind in der Feuerwiderstandsfähigkeit von 30, 60, 90 und 120 Minuten erhältlich.

- **Kabelboxen**

Fuge zu angrenzendem Bauteil

Kabelboxen bestehen als vorgefertigte Abschottungen aus einem Stahlblechgehäuse und einer Brandschutzeinlage aus dämmschichtbildendem Material (Brandschutzpakete). Diese Kästen werden in Öffnungen von Wänden und Decken eingebaut und Kabel durch sie hindurchgeführt. Die Fugen zwischen der Box und dem angrenzenden Bauteil (Wand oder Decke) wird mit Mörtel, Gips oder Schaum und dauerelastischem Material verschlossen.

Nach dem Einlegen der Kabel wird die Vorder- und Rückseite durch jeweils einen Stopfen verschlossen. Leitungen können nachträglich verlegt werden, indem die Stopfen durchbohrt werden, im Inneren ist die Box hohl.

Wirkungsweise

Im Brandfall schäumt das intumeszierende Material im Inneren der Box auf und verschließt die Öffnung.

Die Kabelboxen sind in der Feuerwiderstandsfähigkeit von 30, 60, 90 und 120 Minuten erhältlich.

Teil IV Organisatorischer Brandschutz

36 Organisatorischer Brandschutz im Gesamtsystem

In Teil IV werden nur notwendige ausgewählte Maßnahmen aus dem umfangreichen Gebiet des organisatorischen Brandschutzes aufgeführt und erläutert, die einen direkten Einfluss auf die Planung von Brandschutzkonzepten haben.

Definition „organisatorischer Brandschutz"

Unter dem Begriff „organisatorischer Brandschutz" werden alle brandschutztechnischen Einrichtungen und Maßnahmen zusammengefasst, die nicht in die Kategorien des baulichen, technischen/anlagentechnischen oder abwehrenden Brandschutzes eingeordnet werden können.

Die rechtlichen Grundlagen für diesen Bereich des Brandschutzes finden sich im Arbeits- und Bauordnungsrecht. Grundsätzliche Forderungen zum organisatorischen Brandschutz werden in der „Arbeitsstättenverordnung (ArbStättV)" [4.1] gestellt und in den „Technischen Regeln für Arbeitsstätten (ASR)" sowie in den „Veröffentlichungen der Deutschen Gesetzlichen Unfallversicherung (DGUV) – Verband der gewerblichen Berufsgenossenschaften" konkretisiert.

rechtliche Grundlagen

In den Landesbauordnungen, die die zentralen Gesetze für den bauordnungsrechtlichen Brandschutz von Regelbauten darstellen, gibt es keine direkten Forderungen zum organisatorischen Brandschutz. Verordnungen und Richtlinien für geregelte Sonderbauten, die aufgrund der Bauordnung erlassen wurden, enthalten hierzu jedoch Forderungen und Vorgaben. Für verschiedene Sonderbauten wird z.B. die Erstellung von Brandschutzordnungen, Feuerwehr- sowie Flucht- und Rettungsplänen und die Benennung von Brandschutzbeauftragten gefordert.

Da in der Regel Gebäude oder Räume, in denen sich Arbeitsstätten befinden, als Sonderbauten eingestuft werden, lässt sich ableiten, dass es deshalb für Wohngebäude (Regelbauten) keine Forderungen aus diesem Bereich des Brandschutzes gibt.

Wichtige Bestandteile des organisatorischen Brandschutzes sind:

Bestandteile des „organisatorischen Brandschutzes"

- Erstellen von Brandschutzordnungen (siehe Kapitel 37),
- Anfertigen von Flucht- und Rettungsplänen (siehe Absatz 38.1),
- Herstellen von Feuerwehrplänen (siehe Absatz 38.2),
- Bestellen von Brandschutzbeauftragten (siehe Kapitel 39),
- Ausstatten von Arbeitsstätten mit tragbaren Feuerlöschern (siehe Absatz 31.1)
- Unterweisen von Beschäftigten, die Aufgaben der Brandbekämpfung übernehmen,
- Instandhalten und Prüfen von brandschutztechnischen Einrichtungen und
- Planen und Durchführen von Brandschutzübungen.

37 Brandschutzordnung

rechtliche Grundlagen der Brandschutzordnungen

Die Pflicht zur Erstellung einer Brandschutzordnung ergibt sich aus dem Arbeitsrecht sowie aus den Forderungen einiger Sonderbauverordnungen und -richtlinien, wie der Muster-Beherbergungsstättenverordnung (§ 13 Absatz 3) [4.2], der Muster-Hochhaus-Richtlinie (Absatz 9.2) [4.3] oder der Muster-Versammlungsstättenverordnung (§ 42 Absatz 1) [4.4]. Diese fordern die Erstellung einer Brandschutzordnung.

Im Arbeitsrecht wird dies indirekt in § 3 Absatz 1 des Arbeitsschutzgesetzes [4.5] verlangt. Hierdurch wird der Arbeitgeber verpflichtet, die erforderlichen Maßnahmen zum Arbeitsschutz zu treffen.

Konkretisiert wird diese allgemeine Forderung in der DGUV (Deutsche Gesetzliche Unfallversicherung) Information 205-001 [4.6] Absätze 7 und 9 sowie in der ASR A2.3 [4.7] Absatz 9.

Auszug aus der DGUV Information 205-001 [4.6] Absatz 9.3:

„9.3 Im Brandfall organisiert evakuieren

[...]

Brandschutzordnungen nach DGUV 205-001

Für den Brand- oder sonstigen Gefahrenfall sind insbesondere Maßnahmen zu treffen, wer für eine Evakuierung verantwortlich ist, nach welchen Kriterien diese veranlasst wird und wie sie abläuft, z.B. auf der Grundlage der ***Brandschutzordnung*** *und der Flucht- und Rettungspläne.*

[...]“

Weiterhin werden in Absatz 9.4.2 die Inhalte von Brandschutzordnungen grundsätzlich erläutert und in Tabelle 14 der DGUV Information 205-001 [4.6] die Stellung der Brandschutzordnung als Teil der Notfallplanung dargestellt.

Auszug aus der ASR A2.3 [4.7] Kapitel 9 (Flucht- und Rettungsplan):

„9 Flucht- und Rettungsplan

[...]

Brandschutzordnungen nach ASR A.2.3

(8) Für Arbeitsstätten, in denen gemäß der Gefährdungsbeurteilung besondere Gefährdungen auftreten können oder aufgrund der örtlichen Gegebenheiten sowie der Nutzungsart mit komplizierten Bedingungen im Gefahrenfall zu rechnen ist, ist unter Berücksichtigung der Anforderungen aus anderen Rechtsgebieten zu prüfen, ob zusätzliche Anforderungen nach § 10 Arbeitsschutzgesetz erforderlich sind, z.B. die Aufstellung betrieblicher Alarm- und Gefahrenabwehrpläne oder die Erstellung von ***Brandschutzordnungen*** *oder Evakuierungsplänen.“*

Gestaltung

Die Erstellung und Gestaltung von Brandschutzordnungen werden in der DIN 14096 [4.8] erläutert.

regelmäßige Überprüfung

Die erstellten Ordnungen sind stets auf aktuellem Stand zu halten und zusätzlich alle zwei Jahre durch fachkundige Personen zu überprüfen, z.B. durch Brandschutzplaner oder durch Brandschutzbeauftragte, falls sie für das entsprechende Gebäude erforderlich und benannt worden sind. Die Brandschutzordnung besteht aus den Teilen A, B und C. Diese Teile werden für unterschiedliche Personenkreise erstellt.

In Ausnahmefällen und mit Zustimmung der für den Brandschutz zuständigen feuerwehrtechnischen Dienststelle darf auch nur der Teil A erstellt werden. Der Verzicht auf die Teile B und C kann z.B. bei kleinen übersichtlichen Arbeitsstätten möglich sein.

ausschließliche Erstellung des Teils A

Brandschutzordnung Teil A

Dieser Teil der Brandschutzordnung richtet sich an alle Nutzer einer baulichen Anlage, z.B. an Bewohner, Kunden, Besucher, Mitarbeiter oder Personen von Fremdfirmen.

Nutzerkreis des Teils A

Der Teil A ist ein Aushang, der mindestens die Größe DIN A4 haben muss.

In Tabelle 1 der DIN 14096 [4.8] werden Symbole und Sicherheitskennzeichen nach DIN EN ISO 7010 [4.9] aufgelistet, die für den Aushang verwendet werden können. Zusätzliche Schlagworte, Texte, graphische Symbole oder Sicherheitszeichen sind unzulässig. Sie müssen entsprechend der tatsächlich vorhandenen brandschutztechnischen Infrastruktur gewählt und in der in Tabelle 1 der DIN EN ISO 7010 [4.9] vorgegebenen Reihenfolge angeordnet werden. Der Aushang muss mit einer 10 mm breiten roten Umrandung versehen werden.

nicht zulässige Informationen

Der Text ist immer in einer durchgehend gleichen Sprache zu erstellen.

Aushang des Teils A

Der Teil A sollte an einer Stelle angebracht werden, die von den Nutzern gut einsehbar ist und auch Personen auffällt, die das Gebäude nicht regelmäßig betreten. Häufig wird er in der Nähe von Flucht- und Rettungsplänen ausgehängt.

Bild 4.1: Beispiel für einen Aushang des Teils A der Brandschutzordnung

Brandschutzordnung Teil B

Nutzerkreis des Teils B

Der Teil B richtet sich an Personen, die sich nicht nur vorübergehend in einem Gebäude aufhalten, wie z.B. Bewohner oder Arbeitnehmer.

Er kann in Form von Merkblättern, Broschüren oder auch elektronisch erstellt werden. In Papierform sind die Größen DIN A4, A5 oder A6 zu nutzen. Die Gliederung des Textes ist in der DIN 14096 [4.8] vorgegeben.

nicht zulässige zusätzliche Abschnitte

Abschnitte, die nicht zutreffen, können weggelassen werden. Um die einheitliche Struktur zu wahren, dürfen jedoch keine selbst erdachten Abschnitte hinzugefügt werden.

Die Gliederung umfasst folgende 13 Abschnitte:

a) Einleitung

Hier können grundsätzliche Erläuterungen und Informationen zum Brandschutz eingefügt werden, wie der Geltungsbereich und der Personenkreis, für den die Brandschutzordnung gilt,

b) Brandschutzordnung (Darstellung des Teils A (siehe Bild 4.1))

Der Teil A der Brandschutzordnung wird hier abgebildet.

c) Brandverhütung,

In diesem Absatz kann unter anderem die Nutzung von offenem Feuer verboten werden, z.B. von Kerzen zu Weihnachten.

Inhalt und Gliederung des Teils B

d) Brand- und Rauchausbreitung,

e) Flucht- und Rettungswege,

f) Melde- und Löscheinrichtungen,

g) Verhalten im Brandfall,

h) Brand melden,

i) Alarmsignale und Anweisungen beachten,

j) in Sicherheit bringen,

k) Löschversuche unternehmen,

l) Besondere Verhaltensregeln und

m) Anhang.

Weitere Erläuterungen werden in Abschnitt 8.8.2 der DIN 14096 [4.8] gegeben.

Brandschutzordnung Teil C

Nutzerkreis des Teils C

Der Teil C richtet sich an Personen, die im Brandschutzsystem besondere Aufgaben zu erfüllen haben.

nicht zulässige zusätzliche Abschnitte

Auch hier, wie im Teil B, können Abschnitte, die nicht zutreffen, weggelassen werden. Anderseits dürfen aber auch keine weiteren Abschnitte hinzugefügt werden.

Die Inhalte müssen entsprechend der nachfolgenden Aufgliederung angegeben werden:

a) Einleitung;

b) Brandverhütung;

Inhalt und Gliederung des Teils C

c) Meldung und Alarmierungsablauf;

d) Sicherheitsmaßnahmen für Personen, Tiere, Umwelt und Sachwerte;

e) Löschmaßnahmen;

f) Vorbereitung für den Einsatz der Feuerwehr;

g) Nachsorge;

h) Anhang.

38 Pläne im Brandschutzsystem

38.1 Flucht- und Rettungspläne

Flucht- und Rettungspläne dienen zur Orientierung der Nutzer eines Gebäudes im Brandfall. Auf den Plänen werden Wege aufgezeigt, die in sichere Bereiche, wie z.B. in Treppenräume oder ins Freie führen. Auf den Plänen müssen deshalb der Standort, die Fluchtwege, die Notausgänge und die Feuerlöscheinrichtungen eingetragen werden.

Die Pläne können auch von Lösch- und Rettungskräften genutzt werden, für die jedoch spezielle Feuerwehrpläne oder Laufkarten vorgehalten werden müssen.

Die rechtliche Forderung zur Erstellung und zum Aushang von Flucht- und Rettungsplänen ergibt sich aus dem Arbeitsstättenrecht (der Arbeitsstättenverordnung [4.1]). In Arbeitsstätten sind sie deshalb immer erforderlich.

Rechtsgrundlagen zur Erstellung der Pläne

In der Musterbauordnung und in den Landesbauordnungen wird diese Art von Plänen für Regelbauten, die der Wohnnutzung dienen, nicht gefordert.

Für geregelte Sonderbauten sind Flucht- und Rettungspläne baurechtlich nur in Hochhäusern nach der Muster-Hochhaus-Richtlinie [4.3] Absatz 9.2 erforderlich.

Die Rechtsgrundlagen der Pläne im Arbeitsrecht sind im Arbeitsstättengesetz, in der Arbeitsstättenverordnung sowie in den Technischen Regeln für Arbeitsstätten enthalten. Nachfolgend werden richtungweisende Auszüge aus diesen Regelwerken aufgeführt:

Grundpflichten des Arbeitgebers

In § 3 Arbeitsschutzgesetz (ArbSchG) [4.5] werden die allgemeinen Grundpflichten des Arbeitgebers erläutert und beschrieben, die indirekt auch das Rettungskonzept im Brandschutz betreffen:

> *„(1) Der Arbeitgeber ist verpflichtet, die erforderlichen Maßnahmen des Arbeitsschutzes unter Berücksichtigung der Umstände zu treffen, die Sicherheit und Gesundheit der Beschäftigten bei der Arbeit beeinflussen. [...]"*

Maßnahmen zur Evakuierung

Im selben Gesetz [4.5] § 9 Absatz 3 werden Forderungen zum Verlassen der Arbeitsplätze im Gefahrenfall aufgestellt, die der Arbeitgeber umzusetzen hat:

> *„(3) Der Arbeitgeber hat Maßnahmen zu treffen, die es den Beschäftigten bei unmittelbarer erheblicher Gefahr ermöglichen, sich durch sofortiges Verlassen der Arbeitsplätze in Sicherheit zu bringen. [...]."*

In § 4 der Arbeitsstättenverordnung [4.10] wird die Umsetzung der zuvor genannten Forderung konkretisiert:

> *„(4) [...]*

Aufsteller von Plänen

> *Der Arbeitgeber hat einen **Flucht- und Rettungsplan** aufzustellen, wenn Lage, Ausdehnung und Art der Benutzung der Arbeitsstätte dies erfordern. Der Plan ist an geeigneten Stellen in der Arbeitsstätte auszulegen oder auszuhängen.*
>
> *[...]."*

Auch in der DGUV Information 205-001 [4.6] Absatz 9.4.3 und in der VDI-Richtlinie 3819 Blatt 4 [4.11] Absatz 3 und 7.4 gibt es weitere Hinweise zu Flucht- und Rettungsplänen.

Pläne nach Erfordernis einer Arbeitsstätte

Der Arbeitgeber hat Flucht- und Rettungspläne zu erstellen, wenn die Arbeitsstätte dies erfordert. Nach der ASR A2.3 ist dies unter anderem der Fall, wenn

- das System der Rettungswege unübersichtlich ist,
- eine erhebliche Anzahl von ortsunkundigen Personen die bauliche Anlage nutzt oder
- in Bereichen mit erhöhter Brandgefährdung.

Inhalte von Flucht- und Rettungsplänen

In den „Technischen Regeln für Arbeitsstätten" ASR A1.3 [4.12] werden konkrete Aussagen zur Gestaltung dieser Pläne gemacht. In Anhang 3 wird ein Beispiel für die Ausführung von Flucht- und Rettungsplänen gezeigt.

Mindestgrößen

Flucht- und Rettungspläne enthalten Anweisungen, auf welchem Weg ein sicherer Bereich erreichbar ist. Sie müssen deshalb zu jeder Zeit aktuell und übersichtlich sein. Die Größe des Planes sollte DIN A3 nicht unterschreiten. Ausnahmen können z.B. für Hotel- oder Schulräume zugelassen werden. Für diese Räume sind auch DIN-A4-Pläne möglich. Sollte auf dem Plan nur ein Teil eines Gebäudes abgebildet sein, ist eine Skizze mit der Gesamtübersicht einzufügen.

Fluchtwege in einen sicheren Bereich

Auf dem Plan muss der Weg zwischen dem aktuellen Standort und einem sicheren Bereich erkennbar sein. Ein sicherer Bereich kann z.B. ein Treppenraum oder ein Vorraum (Schleuse) eines Treppenraumes sein. Im Erdgeschoss ist hiermit in der Regel das Freie gemeint. Die Pläne sind in Bereichen auszuhängen, in denen sich häufig Personen aufhalten.

Flucht- und Rettungspläne sind nach den Vorgaben und Regeln der DIN ISO 23601 [4.13] anzufertigen.

Aktualisierung von Plänen

Jede bauliche Änderung ist in die entsprechenden Pläne unverzüglich aufzunehmen. In der Regel geht dies mit einer Erneuerung der Pläne einher. Zusätzlich sind die Flucht- und Rettungspläne nach DIN ISO 23601 [4.13] in regelmäßigen Zeitabständen auf ihren aktuellen Stand zu überprüfen. In Anlehnung an die Regeln zur Brandschutzordnung sollte dies auch mindestens alle zwei Jahre geschehen.

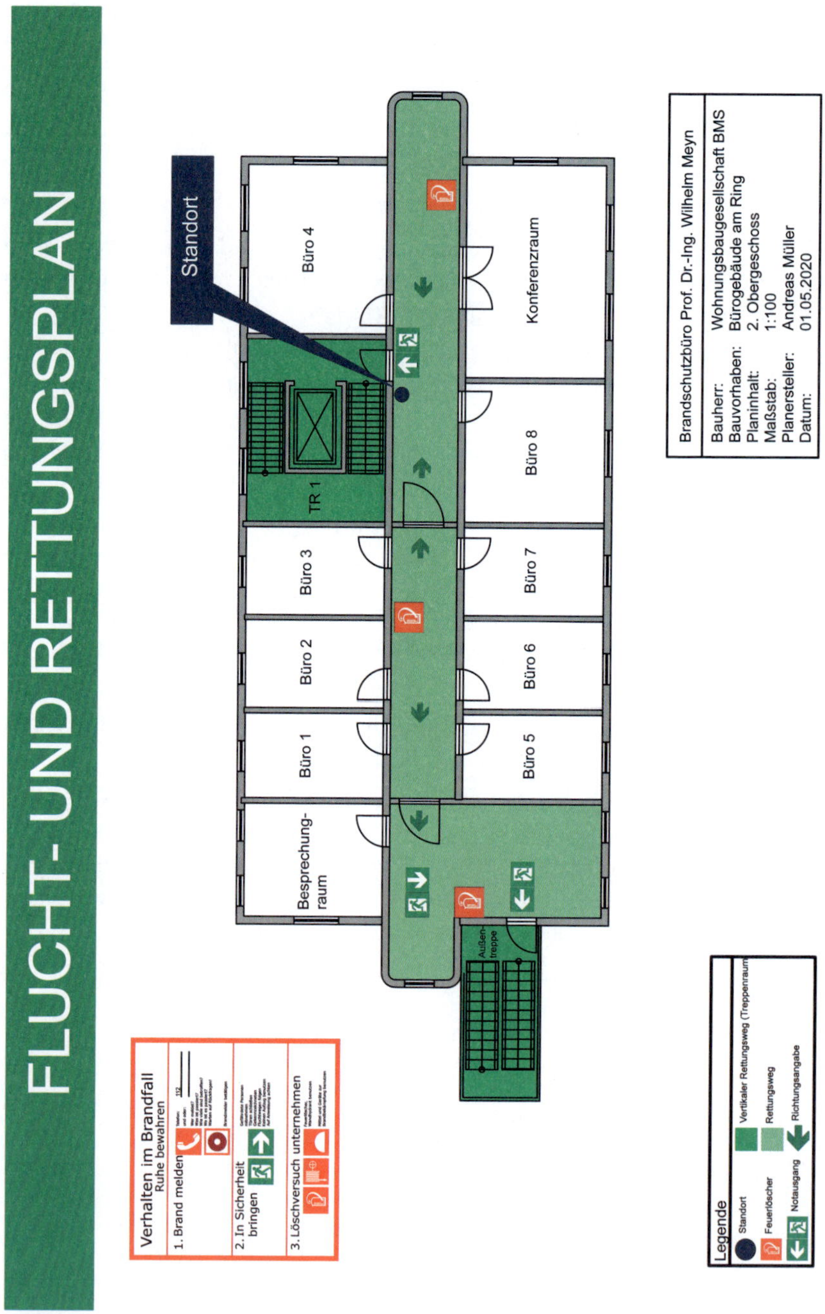

Bild 4.2: Beispiel für einen Flucht- und Rettungsplan nach DIN ISO 23601 [4.13]

38.2 Feuerwehrpläne

Feuerwehrpläne dienen im Alarm- und Brandfall den Einsatzkräften der Feuerwehr zur Orientierung in baulichen Anlagen.

Aufbewahrung von Feuerwehrplänen

Die Pläne müssen für die Einsatzkräfte zu jeder Zeit zugänglich sein. Hierzu wird immer ein Plansatz vor Ort in der baulichen Anlage vorgehalten. Die Aufbewahrung erfolgt in der Regel im Einvernehmen mit der zuständigen Dienststelle der Feuerwehr. Hierzu werden häufig spezielle Aufbewahrungsschränke genutzt.

Rechtsgrundlagen

Die Erstellung von Feuerwehrplänen wird in Sonderbauverordnungen und -richtlinien gefordert. Für Regelbauten (Wohngebäude) sind sie üblicherweise nicht vorgeschrieben.

Muster-Beherbergungsstättenverordnung § 12 Absatz 3 [4.2]:

> *„Für Beherbergungsstätten mit mehr als 60 Gastbetten sind im Einvernehmen mit der für den Brandschutz zuständigen Dienststelle*
>
> *[...]*
>
> *2.* ***Feuerwehrpläne*** *anzufertigen; die Feuerwehrpläne sind der örtlichen Feuerwehr zur Verfügung zu stellen."*

Muster-Hochhaus-Richtlinie Absatz 9.2.2 [4.3]:

> *„Im Einvernehmen mit der Brandschutzdienststelle sind* ***Feuerwehrpläne*** *anzufertigen und der örtlichen Feuerwehr zur Verfügung zu stellen."*

Muster-Industriebau-Richtlinie Absatz 5.14.2 [4.14]:

> *„Im Einvernehmen mit der Brandschutzdienststelle sind für Industriebauten mit einer Summe der Grundflächen der Geschosse aller Brandabschnitte bzw. aller Brandbekämpfungsabschnittsflächen von insgesamt mehr als 2.000 m² Feuerwehrpläne anzufertigen und fortzuschreiben. [...]."*

Muster-Schulbaubau-Richtlinie Absatz 11 [4.15]:

> *„Der Betreiber der Schule muss im Einvernehmen mit der für den Brandschutz zuständigen Dienststelle* ***Feuerwehrpläne*** *und eine Brandschutzordnung anfertigen und der örtlichen Feuerwehr zur Verfügung stellen."*

Muster-Verkaufsstättenverordnung § 27 Absatz 3 [4.16] und **Muster-Versammlungsstättenverordnung** § 42 Absatz 3 [4.4]:

> *„Im Einvernehmen mit der Brandschutzdienststelle sind* ***Feuerwehrpläne*** *anzufertigen und der örtlichen Feuerwehr zur Verfügung zu stellen."*

Die Feuerwehrpläne werden grundsätzlich nach den Vorgaben der DIN 14095 [4.17] erstellt.

Änderung der Regeln der DIN 14095

Viele Städte, Gemeinden und Landkreise geben dazu Merkblätter oder Richtlinien heraus, in denen zusätzliche Regeln angegeben werden, die die Vorgaben der Norm einschränken und/oder erweitern. In diesen Regelwerken werden häufig spezielle Anforderungen der zuständigen Feuerwehren aufgeführt, die abweichend von den Regeln der DIN 14095 [4.17] in die Pläne einzuarbeiten sind.

Adressaten von Feuerwehrplänen

Häufig werden in diesen Merkblättern und Richtlinien auch spezielle Adressaten angegeben, die einen Satz der Feuerwehrpläne erhalten sollen, wie z.B. feuerwehrtechnische Dienststellen und/oder Bauaufsichtsbehörden.

Aktualisierung

Die Feuerwehrpläne sind alle zwei Jahre durch eine sachkundige Person auf ihre Aktualität zu prüfen. Diese Untersuchung hat der Betreiber einer baulichen Anlage zu veranlassen.

allgemeine Inhalte

In Feuerwehrplänen müssen alle grundsätzlichen Angaben enthalten sein, die für einen Feuerwehreinsatz notwendig sind. Die Pläne sind jedoch nicht mit Feuerwehreinsatzplänen zu verwechseln, in denen auch taktische Vorgaben und Maßnahmen eingetragen werden. Häufig sind die Feuerwehrpläne Grundlage für diese Einsatzpläne.

Feuerwehrpläne bestehen nach den Vorgaben der DIN 14095 [4.17] aus:

detailierte Inhalte von Feuerwehrplänen

- allgemeinen Objektinformationen:

  unter anderem sind hier Informationen zur Anschrift und Bezeichnung des Objekts sowie zur Art der Nutzung und die Telefonnummer eines Ansprechpartners anzugeben,
- einem Übersichtsplan:

  in diesem Plan werden unter anderem die Lage der baulichen Anlage und die Anzahl der Geschosse aufgeführt,
- einem Geschossplan bzw. Geschossplänen:

  in diesen Plänen werden die brandschutztechnischen Einrichtungen der baulichen Anlage angegeben, wie z.B. abschottende Bauteile und Ausführungen zu Flucht- und Rettungswegen,
- einem Sonderplan bzw. Sonderplänen:

  diese Pläne sind z.B. Umgebungs- oder Abwasserpläne und
- zusätzlichen textlichen Erläuterungen:

  unter anderem werden hier der Personalbestand und Arbeitszeiten sowie Kurzinformationen zur Gebäudekonstruktion aufgeführt.

nicht zulässige Eintragungen

Zur besseren Übersicht der Pläne sollen folgende Brandschutzeinrichtungen **nicht** dargestellt werden:

- Wandhydranten Typ S,
- tragbare Feuerlöscher,
- Löschdecken,
- Brandschutzklappen,
- Brandmelder und
- Kennzeichnungen von Rettungswegen.

graphische Symbole

Die graphischen Symbole und Farben sind nach DIN 14034-6 [4.18] und ASR A1.3 [4.12] darzustellen. Die Hauptzufahrt bzw. der Haupteingang sollte am unteren Rand des Planes angeordnet werden. Ein Nordpfeil weist die Gesamtorientierung der baulichen Anlage aus.

Mindestgröße von Feuerwehrplänen

Die Feuerwehrpläne sind mindestens im Format DIN A4 auszuführen. Bei größeren baulichen Anlagen ist die Größe des Planes auf die maximale Breite von 84 cm zu begrenzen. Im gefalteten Zustand müssen die Pläne ein DIN-A4-Format aufweisen. Sollten sich bei der Erstellung der Pläne Abweichungen von diesen Vorgaben ergeben, sind diese mit der zuständigen Dienststelle der Feuerwehr abzustimmen.

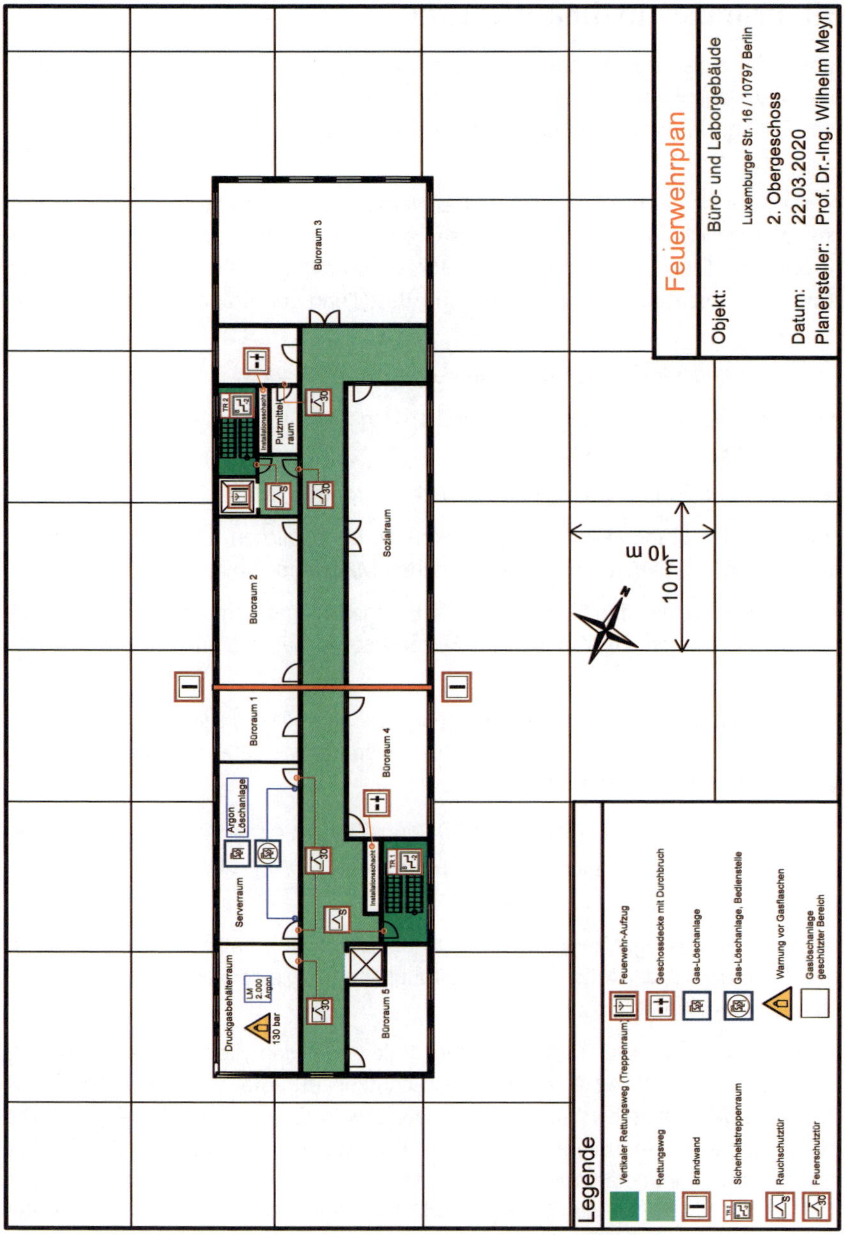

Bild 4.3: Beispiel für einen Geschossplan eines Feuerwehrplans

39 Brandschutzbeauftragter

Brandschutzbeauftragte haben im Brandschutzsystem die Aufgabe, Arbeitgeber in allen Angelegenheiten des betrieblichen Brandschutzes zu unterstützen und zu beraten. Sie sind in diesem Fachgebiet ebenso Ansprechpartner für alle Mitarbeiter im Unternehmen.

Ausbildung und Qualifikation

Arbeitgeber haben hierzu geeignete Beschäftigte zu beauftragen, die eine entsprechende fachliche Qualifikation aufweisen oder erwerben müssen. In der berufsgenossenschaftlichen Veröffentlichung „DGUV Information 205-003" [4.19] werden Aufgaben, Ausbildung, Qualifikation und Bestellung von Brandschutzbeauftragten erläutert.

- Unter anderem werden folgende Aufgaben von ihnen wahrgenommen:
- Kontrolle der Umsetzung des Brandschutznachweises bzw. -konzeptes der entsprechenden baulichen Anlage.

Erstellung und Fortschreibung der Brandschutzordnung Teile A, B und C.

Aufgaben von Brandschutzbeauftragten

Soweit es den Brandschutz betrifft, wirken sie bei baulichen, technischen/anlagentechnischen und betrieblich-organisatorischen Maßnahmen mit.

- Sie wirken bei der Einhaltung von Brandschutzbestimmungen mit. Dies gilt bei Neubauten, beim Bauen im Bestand sowie bei Nutzungsänderungen und Anmietungen.
- Sie kontrollieren und veranlassen gegebenenfalls, dass die vorhandenen Brandschutzpläne (z.B. Flucht- und Rettungspläne sowie Feuerwehrpläne) auf den aktuellen Stand gebracht werden.
- Räumungsübungen sind von ihnen zu planen, zu organisieren und zu veranlassen.

Die Bestellung eines Brandschutzbeauftragten ist nicht für alle baulichen Anlagen erforderlich.

Maßnahmen durch Arbeitgeber

Nach den Forderungen in § 10 Arbeitsschutzgesetz [4.5] hat der Arbeitgeber entsprechend der Art der Arbeitsstätte, der Tätigkeiten sowie der Zahl der Beschäftigten Brandschutzmaßnahmen zu treffen.

Brandschutzbeauftragte/ Arbeitsstättenrecht

Konkretisiert wird diese Forderung unter anderem in den „Technischen Regeln für Arbeitsstätten" ASR A2.2 [4.20]. Brandschutzbeauftragte sind nach Absatz 7.4 Teil der organisatorischen Brandschutzmaßnahmen in einem Unternehmen. Die Benennung eines Brandschutzbeauftragten kann sinnvoll sein, wenn der Arbeitgeber eine erhöhte Brandgefährdung in seinem Unternehmen ermittelt hat. In Absatz 6.1 der ASR A2.2 [4.20] werden Bereiche und Tätigkeiten in Arbeitsstätten mit erhöhter Brandgefährdung aufgelistet. Für diese Betriebe sollte ein Brandschutzbeauftragter benannt werden.

Brandschutzbeauftragte/ Baurecht

Nicht nur im Arbeitsrecht, auch aufgrund des Baurechts werden Brandschutzbeauftragte gefordert. Für folgende geregelte Sonderbauten müssen sie benannt werden:

Muster-Hochhaus-Richtlinie Absatz 9.3.2 [4.3]

> *„Der Eigentümer hat einen geeigneten und mit dem Hochhaus und dessen technischen Einrichtungen vertrauten* ***Brandschutzbeauftragten*** *zu bestellen und der Brandschutzdienststelle zu benennen."*

Muster-Industriebau-Richtlinie Absatz 5.14.3 [4.14]

> *„Der Betreiber eines Industriebaus mit einer Summe der Grundflächen der Geschosse aller Brandabschnitte bzw. aller Brandbekämpfungsabschnittsflächen von insgesamt mehr als 5.000 m² hat einen geeigneten **Brandschutzbeauftragten** zu bestellen."*

Muster-Verkaufsstättenverordnung § 26 Absatz 2 [4.16]

> *„Der Betreiber einer Verkaufsstätte hat*
>
> *1. einen **Brandschutzbeauftragten** [...] zu bestellen."*

Muster-Versammlungsstättenverordnung § 42 Absatz 1 [4.4]

> *„Der Betreiber oder ein von ihm Beauftragter hat im Einvernehmen mit der Brandschutzdienststelle eine Brandschutzordnung und gegebenenfalls ein Räumungskonzept aufzustellen. Darin sind*
>
> *1. die Erforderlichkeit und die Aufgaben eines **Brandschutzbeauftragten** [...] festzulegen. [...]."*

Brandschutzbeauftragte/ Naturbrandmodelle

Weiterhin wird ein Brandschutzbeauftragter für Gebäude benötigt, bei denen die Feuerwiderstandsfähigkeit der Bauteile nicht nach der üblichen Einheits-Temperaturzeitkurve (ETK), sondern mit einem Naturbrandmodell nach DIN EN 1991-1-2 [4.21] in Verbindung mit DIN EN 1991-1-2/NA [4.22] ermittelt wurde. Diese Regelung kann der „Muster-Verwaltungsvorschrift Technische Baubestimmungen" [4.23] entnommen werden.

Auszug aus der MVV TB, Anlage A 1.2.1/3, Absatz 5 [4.23]:

Brandschutzbeauftragte/ MVV TB

> *„5 [...]*
>
> *Es sind daher geeignete Maßnahmen festzulegen, die die Einhaltung dieser Nutzungsbeschränkung sicherstellen. Dazu kommen insbesondere die Bestellung eines **Brandschutzbeauftragten** für die diesbezügliche Überwachung des laufenden Betriebs sowie eine Überprüfung der Brandlastannahmen [...] in Betracht."*

Brandschutzbeauftragte/ Brandschutzplaner

Nach § 11 Absatz 2 OZ 6 Musterbauvorlagenverordnung [4.24] muss bei Sonderbauten im Brandschutznachweis bzw. -konzept durch den Brandschutzplaner festgelegen werden, ob ein Brandschutzbeauftragter für die zu beurteilende bauliche Anlage erforderlich ist.

Teil V Abwehrender Brandschutz

40 Feuerwehr und Zugänglichkeit von Objekten

40.1 Zu- und Durchgang sowie Zu- und Durchfahrt für die Feuerwehr

Um Lösch- und Rettungsarbeiten durchführen zu können, muss die Feuerwehr mit ihren Einsatzgeräten an die betroffene bauliche Anlage herankommen können.

Zufahrt aufgrund der obersten Rettungsstelle

Befinden sich die oberste Rettungsstelle, die Oberkante der Brüstung von Fenstern oder andere Rettungsstellen, wie z.B. planmäßige Austritte oder Rettungsbalkone, weniger als 8 m über der Geländeoberfläche, ist nach § 5 MBO [5.1] ein geradliniger **Zugang** ausreichend, der zu Fuß begangen werden kann. Liegt diese Stelle mehr als 8 m über der Geländeoberfläche, ist eine **Zufahrt** zu schaffen, die für Feuerwehrfahrzeuge geeignet sein muss.

Zuwegung zur baulichen Anlage überprüfen

Nachdem der Brandschutzplaner für einen Nachweis bzw. für ein Konzept aufgrund der Höhe der Rettungsstelle festgelegt hat, dass entweder ein Zugang ausreichend oder eine Zufahrt erforderlich ist, überprüft er die Lage des zu beurteilenden Gebäudes. Dies geschieht in der Regel mithilfe von amtlichen Lageplänen in Verbindung mit den Architektenplänen des Gebäudes. Hieraus kann er entnehmen, ob eine geradlinige Verbindung vorhanden ist. Ist eine Zufahrt erforderlich, muss geklärt werden, ob ein ausreichend freies Lichtraumprofil und eine tragfähige Befestigung der Zufahrt für Feuerwehrfahrzeuge vorhanden sind.

keine Nutzung als Aufstellflächen

Sind bauliche Anlagen direkt an Straßen angeordnet (z.B. bei einer geschlossenen Bauweise), ist eine Zufahrt häufig nicht erforderlich, und ein Teil der öffentlichen Verkehrsflächen darf als Aufstellfläche für Feuerwehrfahrzeuge geplant und genutzt werden. Ist eine Zufahrt erforderlich, ist darauf zu achten, dass sie nicht gleichzeitig als Aufstellfläche genutzt werden darf. Zum Aufstellen der Feuerwehrfahrzeuge sind separate Flächen vorzusehen.

Diese Planung ist mit der zuständigen Dienststelle der Feuerwehr abzustimmen.

In den nachfolgenden Absätzen werden die Bewegungs- und Aufstellflächen für Feuerwehrfahrzeuge näher erläutert.

40.2 Bewegungsflächen für Feuerwehrfahrzeuge

Sicherstellung des 2. Rettungsweges

Ist im Brandschutznachweis vorgesehen, dass der zweite Rettungsweg über Rettungsgeräte der Feuerwehr geführt wird, sind nach § 5 MBO [5.1] beim Einsatz von Hubrettungsfahrzeugen Bewegungsflächen für die Personenrettung vorzusehen.

Nach der „Muster-Verwaltungsvorschrift Technische Baubestimmungen" [5.2] Tabelle A 2.2 Lfd. Nr. A 2.2.1.1 ist die „Muster-Richtlinie über Flächen für die Feuerwehr" zur Planung von Bewegungsflächen [5.3] zu verwenden.

Lasten von Feuerwehrfahrzeugen

Die Zufahrts- oder Durchfahrtswege auf dem Grundstück des betreffenden Gebäudes müssen über eine ausreichende Tragfähigkeit verfügen. Nach der „Muster-Richtlinie über Flächen für die Feuerwehr" [5.3] müssen sie für eine Achslast von 10 t und ein Gesamtgewicht von 16 t ausgelegt sein. Weiterhin muss das Lichtraumprofil der Zu-

oder Durchfahrt ausreichend breit und hoch sein. Die lichte Breite muss mindestens 3,0 m und die lichte Höhe mindestens 3,50 m betragen. Um eine Kollision zwischen Feuerwehrfahrzeugen und seitlich befindlichen Bauteilen zu verhindern, ist die lichte Breite auf 3,50 m zu vergrößern, wenn der Weg mehr als 12 m lang ist und zwischen diesen Begrenzungen hindurchgeführt wird.

Kurvenradien in Zufahrten

Der Einsatz von Feuerwehrfahrzeugen darf auch durch Kurven in den Zu- und Durchfahrtswegen nicht behindert werden. Diese Forderung gilt als erfüllt, wenn die in der „Muster-Richtlinie über Flächen für die Feuerwehr" [5.3] vorgegebenen Werte eingehalten werden.

Die erforderlichen Außenradien werden in Tabelle 5.1 aufgelistet und in Bild 5.1 dargestellt.

Tabelle 5.1: Mindestbreite von Zu- oder Durchfahrten in Abhängigkeit von den Außenradien

Außenradius der Kurven [m]	**Mindestbreite der Zu- oder Durchfahrt** [m]
10,5 bis 12,0	5,0
über 12,0 bis 15,0	4,5
über 15,0 bis 20,0	4,0
über 20,0 bis 40,0	3,5
über 40,0 bis 70,0	3,2
über 70,0	3,0

Länge des Übergangsbereiches

Vor und hinter der Kurve ist jeweils ein mindestens 11 m langer Übergangsbereich vorzusehen. Die Breite der Zu- oder Durchfahrt wird in diesem Bereich von der Breite in der Kurve wieder auf die Mindestbreite von 3 m zurückgeführt.

tragende Fahrstreifen

Außerhalb der Übergangsbereiche können Zu- oder Durchfahrten auch als Fahrspuren ausgebildet werden. Die beiden befestigten statisch tragfähigen Streifen müssen einen Abstand von 80 cm voneinander haben und jeweils mit einer Breite von 1,10 m ausgebildet sein (siehe auch Bild 5.1).

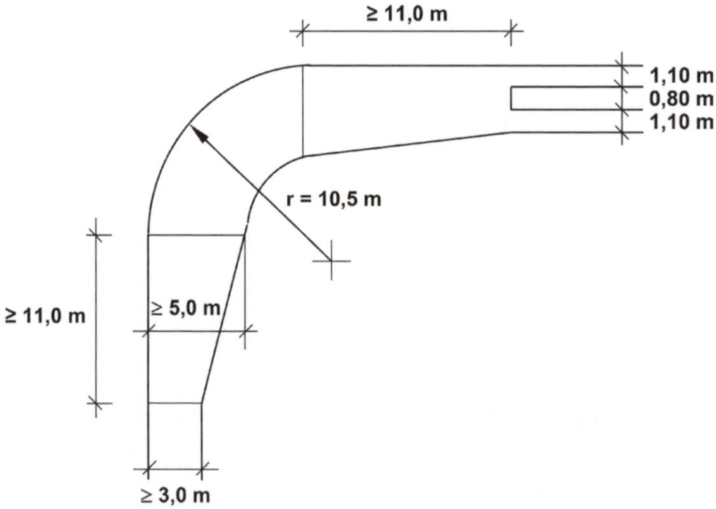

Bild 5.1: Kurven in Zu- oder Durchfahrten für Feuerwehrfahrzeuge

Kennzeichnung von Zufahrten

Für Regelbauten ist eine Kennzeichnung von Zu- und Durchfahrten durch die Vorgaben der Bauordnung nicht erforderlich.

In einigen Sonderbaurichtlinien und -verordnungen wird die Beschilderung von Zufahrten explizit verlangt, z.B. in der Muster-Versammlungsstättenverordnung [5.4] § 31 Absatz 1 und in der Muster-Verkaufsstättenverordnung [5.5] § 25 Absatz 3.

Halteverbot

Nach § 12 Absatz 1 OZ 5 der Straßenverkehrsordnung [5.6] ist ein Halten oder Parken vor und in Feuerwehrzufahrten nicht zulässig:

> *„(1) Das Halten ist unzulässig*
>
> *[...]*
>
> *5. vor und in amtlich gekennzeichneten Feuerwehrzufahrten."*

Siegelung der Kennzeichnung

Eine amtliche Kennzeichnung erfolgt in der Regel durch ein Siegel der zuständigen Verwaltungsorganisation (z.B. der Stadt oder der Gemeinde), wenn die Zufahrt baurechtlich erforderlich ist und dies im Brandschutznachweis bzw. -konzept nachgewiesen wird.

Bild 5.2: Hinweisschild auf eine Feuerwehrzufahrt mit dem Siegel der Stadt Leipzig

separate Bewegungsflächen

Für die Aufstellung von Feuerwehrfahrzeugen und das damit verbundene Rangieren sind separate Bewegungsflächen erforderlich. Die Flächen der Feuerwehrzufahrten dürfen hierfür nicht genutzt werden. In Bild 5.3 werden die erforderlichen Mindestmaße angegeben.

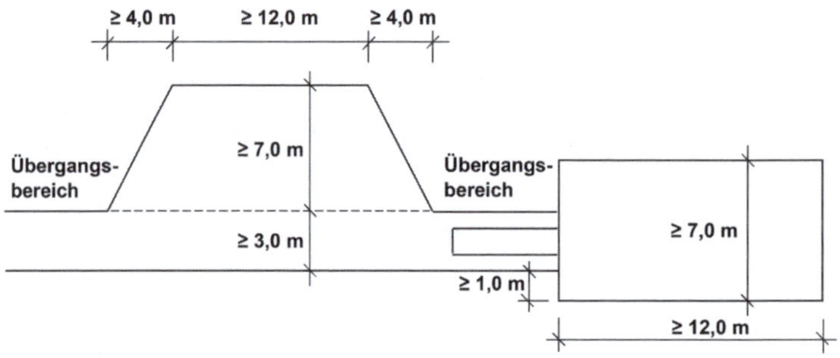

Bild 5.3: Mindestmaße der Bewegungsflächen für Feuerwehrfahrzeuge auf Grundstücken

Mindestbreite von Durchgängen

Zu- oder Durchgänge müssen eine Mindestbreite von 1,25 m aufweisen. Im Bereich von Türen oder geringfügigen Einengungen ist eine Mindestbreite von 1,0 m ausreichend.

Über diese Gänge werden z.B. Anlegeleitern von Feuerwehrmitarbeitern zu Fuß transportiert.

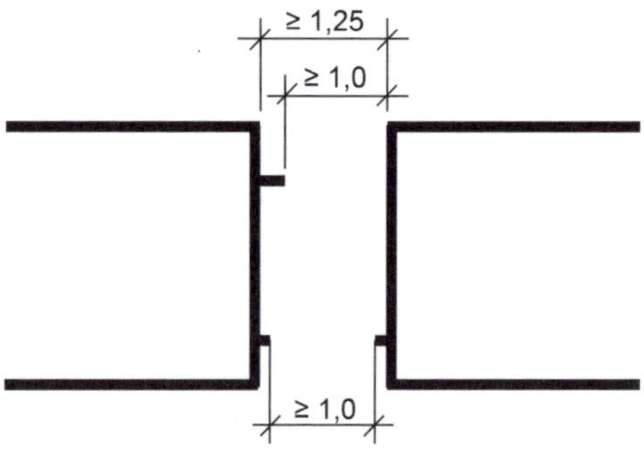

Bild 5.4: Mindestbreiten für Zu- und Durchgänge in [m]

ständige Zugänglichkeit

Diese Zugänge müssen jederzeit nutzbar sein. Sie sollten deshalb mit einem Hinweisschild gekennzeichnet werden.

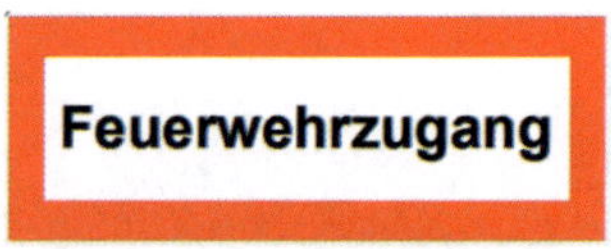

Bild 5.5: Hinweisschild auf einen Feuerwehrzugang

40.3 Aufstellflächen für die Feuerwehr

Nach § 5 MBO [5.1] sind beim Einsatz von Hubrettungsfahrzeugen Aufstellflächen für die Personenrettung vorzusehen.

Richtlinien über Flächen für die Feuerwehr

Wie auch die Bewegungsflächen wird der Aufstellbereich nach den Vorgaben der „Muster-Richtlinien über Flächen für die Feuerwehr" [5.3] geplant.

Hubrettungsfahrzeuge müssen von den Aufstellflächen aus alle zum Anleitern vorgesehenen Stellen erreichen können. Eine Mindestbreite von 3,50 m ist für diese Fläche vorzusehen.

Aufstellflächen können parallel und rechtwinklig zum Gebäudekörper geplant werden.

a) Aufstellflächen parallel zu Außenwänden:

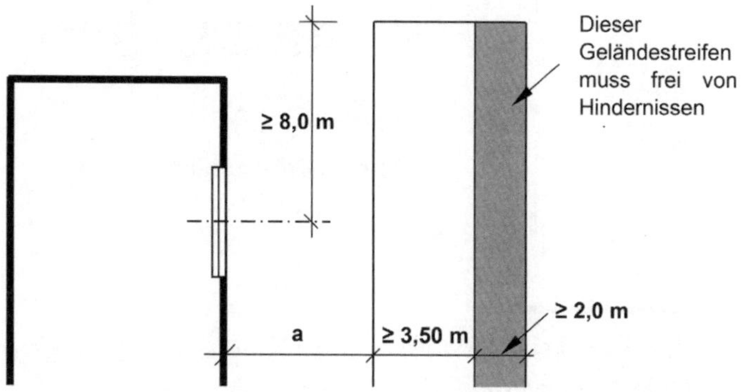

bei Brüstungshöhe ≥ 8 m bis ≤ 18 m:	Abstand a = ≥ 3 m bis ≤ 9 m;
ab Brüstungshöhe > 18 m:	Abstand a = ≥ 3 m bis ≤ 6 m.

Bild 5.6: Erforderliche Maße für Aufstellflächen von Drehleiterfahrzeugen parallel zur Außenwand

Abstand durch Neigungswinkel

Die Größe a ist der Abstand des Hubrettungsfahrzeugs zur Fassade. Der Wert ergibt sich durch den Neigungswinkel der Leiter des Hubrettungsfahrzeugs. Die Breite des Aufstellbereichs muss mindestens 3,50 m betragen, um das Fahrzeug sicher mit seitlichen Stabilisierungselementen (Pratzen) zur Erhöhung der Kippsicherheit aufstellen zu können.

b) Aufstellflächen rechtwinklig zu Außenwänden:

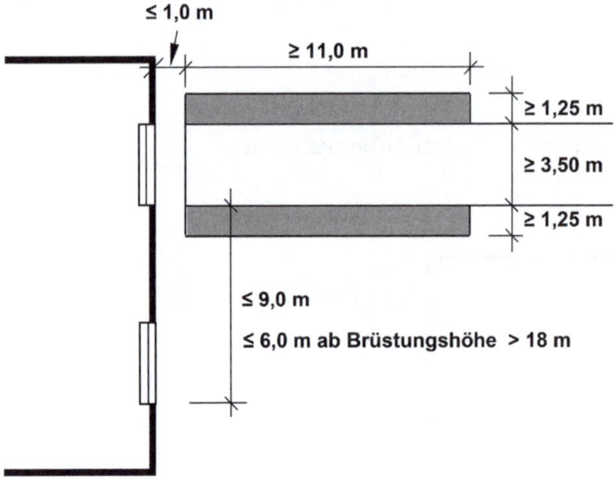

Bild 5.7: Erforderliche Maße für Aufstellflächen von Drehleiterfahrzeugen rechtwinklig zur Außenwand

Mindestgrößen von Aufstellflächen

Der Abstand von Drehleiterfahrzeugen, für die eine rechtwinklig zur Fassade vorgesehene Aufstellfläche geplant ist, darf nicht größer als 1 m sein, damit die Leitern aufgrund des Anstellwinkels an die Fassade gelangen können. Die Breite der Aufstellfläche muss mindestens 3,50 m betragen, damit die Fahrzeuge genug Platz haben, um aufgestellt zu werden. Zu beiden Seiten ist ein 1,25 m breiter hindernisfreier Streifen vorzusehen. Der Aufstellplatz muss mindestens 11 m lang sein.

Um seitlich vorhandene Fensteröffnungen mit der Leiter erreichen zu können, muss die Aufstellfläche so gewählt werden, dass die Öffnung höchsten 9 m bzw. 6 m entfernt ist. Wird dieser Wert eingehalten, liegt die seitlich entfernteste zum Anleitern bestimmte Stelle im Schwenkbereich der Leiter.

ständige Freihaltung

Bild 5.8: Hinweisschild auf Aufstellflächen für Feuerwehrfahrzeuge

40.4 Planmäßige Feuerwehrzugänge

zerstörungsfreier Zutritt

Bei einem Brandereignis müssen Rettungskräfte in das betroffene Gebäude gelangen können. Um der Feuerwehr einen zerstörungsfreien Zutritt zu diesem Gebäude zu ermöglichen, ist die Verfügbarkeit eines Eingangsschlüssels vor Ort erforderlich.

freier Zugang zu Brandmeldern

Für Gebäude mit einer Brandmeldeanlage (BMA) ist sicherzustellen, dass zu jeder Zeit (24 Stunden am Tag) ein gewaltfreier Zutritt zu allen Brandmeldern und, wenn vorhanden, auch zu selbsttätigen Löschanlagen möglich ist.

Dies kann in Gebäuden, die ständig besetzt sind (z.B. mit Pförtnern oder Wachdienstmitarbeitern), durch diese Personen ermöglicht werden. Sie müssen über die Schlüsselgewalt für alle relevanten Räume verfügen. Kann dieser ständige Zugang nicht gewährleistet werden, kann der Betreiber des Gebäudes auf schriftlichen Antrag als Ersatzvorname den Einbau eines Feuerwehr-Schlüsseldepots (FSD) beantragen.

freier Zugang durch ständig besetzte Stellen

In diesem Depot kann ein Objektschlüssel für die Feuerwehr bereitgehalten werden. Gleichzeitig wird die Nutzung des Schlüssels durch unbefugte Personen durch das FSD verhindert.

freier Zugang durch Schlüsseldepot

Da durch den bereitgestellten Objektschlüssel ein gewaltsamer Zutritt nicht erforderlich ist, werden z.B. Sachbeschädigungen bei Falschalarmen verhindert.

Feuerwehr-Schlüsseldepots werden nach DIN 14675 Teil 1 [5.7] in drei Klassen eingeteilt, die sich durch den Grad des Risikos unterscheiden. Welche Klasse zum Tragen kommt, ist mit dem zuständigen Sachversicherer abzuklären und privatrechtlich mit ihm zu vereinbaren.

Schlüsseldepots nach DIN 14675-1

Klasse 1: Geringes Risiko FSD 1

Dieses Schlüsseldepot dient zur Aufbewahrung von Objektschlüsseln, mit denen Schlösser im Außenbereich geöffnet werden können, wie Toranlagen, Hofeinfahren oder Schranken. Es besteht meist aus einem kastenförmigen mechanisch stabilen Gehäuse. Alternativ kann das Depot in dieser Klasse auch als Schlüsselrohr ausgeführt werden. Wegen des eher geringen Schutzes dürfen in diesem Depot keine Gebäudeschlüssel aufbewahrt werden.

Depot in Form eines stabilen Gehäuses

Die Ausführung und der Verschluss des Depots müssen mit der Feuerwehr abgestimmt werden.

Abstimmung mit der Feuerwehr

Eine Forderung zur Anbindung an eine Gefahrenmeldeanlage besteht bei diesem Schlüsseldepot nicht.

Klasse 2: Mittleres Risiko FSD 2

Feuerwehr-Schlüsseldepots der Klasse 2 (FSD 2) dienen ebenfalls zur Aufbewahrung von Objektschlüsseln, die z.B. für den Zugang zu Parkhäusern und Treppenanlagen erforderlich sind.

Objektschlüssel

Ihre Ausführung entspricht der der Klasse 3 (FSD 3). Der Unterschied zwischen Klasse 2 und 3 besteht in der Überwachung der deponierten Schlüssel. In der Klasse 3 muss eine Einbruchmeldeanlage diese Funktion übernehmen; für die Klasse 2 ist solch eine Meldeanlage nicht vorgeschrieben.

Klasse 3: Hohes Risiko FSD 3

Nur in Schlüsseldepots der Klasse 3 (FSD 3) dürfen Objektschlüssel für sicherheitsrelevante Bereiche deponiert werden. FSD 3 müssen aus einem mechanisch stabilen Gehäuse bestehen und dürfen grundsätzlich nur in massiven Wänden aus Mauerwerk und Beton eingebaut werden.

sicherheitsrelevante Objektschlüssel in FSD 3

Sollte im Fassadenbereich kein geeigneter An- oder Einbauort vorhanden sein, darf das Schlüsseldepot auch in einer frei stehenden Säule untergebracht werden.

Einbauort

Der Einbauort muss sich in unmittelbarer Nähe des Zugangs bzw. der Zufahrt befinden. Unter „unmittelbarer Nähe“ ist ein Umkreis von 5 m zu verstehen.

Brand- und Einbruchmeldeanlage

Schlüsseldepots der Klasse 3 müssen an eine Brand- und Einbruchmeldeanlage angeschlossen werden.

Erst nach einer Alarmmeldung ist eine Öffnung des Schlüsseldepots durch die Feuerwehr möglich.

Versicherungsschutz

Bei einer unsachgemäßen Lagerung des Schlüssels besteht kein Versicherungsschutz. Damit dieser Fall nicht eintritt, muss zusätzlich zu den Forderungen der DIN 14675 Teil 1 [5.7] auch die der VdS-Richtlinie 2105 [5.8] beachtet werden. Erst durch die dort geforderte Ausführung kann ein Vertrag mit der Versicherung geschlossen werden.

Für Schäden, die durch einen entwendeten Schlüssel aus einem FSD 1 entstanden sind, besteht kein Versicherungsschutz.

Schlüsseldepots der Klassen 2 und 3 müssen den Vorgaben für Installation, Betrieb und Wartung gemäß VdS-Richtlinie 2105 [5.8] entsprechen.

41 Löschwasserversorgung und -entsorgung

41.1 Erforderliche Löschwassermenge

Um das in § 14 MBO [5.1] geforderte Schutzziel „bei einem Brand müssen wirksame Löscharbeiten möglich sein" erfüllen zu können, muss eine ausreichende Menge Löschwasser bereitgestellt werden.

Die Bereitstellung erfolgt in der Regel durch die Gemeinden, die den örtlichen Brandschutz sicherstellen müssen.

mögliche Löschwasserentnahmestellen

Löschwasser kann aus offenen Gewässern, Brunnen, Löschwasserbehältern, Löschwasserteichen oder dem öffentlichen Trinkwassernetz entnommen werden. Von der Gemeinde ist die insgesamt günstigste Variante zu ermitteln. Die Versorgung kann auch durch eine Kombination aus den oben genannten Wasserreservoirs erfolgen.

Sollte sich die Variante „Löschwasser aus dem öffentlichen Trinkwassernetz" als günstigste Lösung herausstellen, ist darauf zu achten, dass auch während der Entnahme des Löschwassers die Trinkwasserversorgung weiterhin gewährleistet ist.

Löschwassermenge

Bei der Ermittlung der erforderlichen Löschwassermenge wird nach dem DVGW-Arbeitsblatt W 405 der Deutschen Vereinigung des Gas- und Wasserfaches [5.9] zwischen dem Grundschutz und dem Objektschutz unterschieden.

Grundschutz

Der Grundschutz ist in Wohngebieten, Gewerbegebieten, Mischgebieten und Industriegebieten ohne erhöhtes Sach- und Personenrisiko in der Regel ausreichend.

Ermittlung des Löschwasserbedarfs

Der Löschwasserbedarf ergibt sich aus der baulichen Nutzung, die in der Baunutzungsverordnung [5.10] definiert wird, und aus der Gefahr der Brandausbreitung, die über die brandschutztechnische Bauart der im betrachteten Bereich befindlichen baulichen Anlagen in die Berechnung einfließt. Aufgrund dieser Gegebenheiten kann der Tabelle 5.2 ein Löschwasserbedarf entnommen werden.

Mindest-Löschwassermenge

In kleinen ländlichen Ansiedlungen (2 bis 10 Gebäude) und Wochenendhausgebieten (nach § 10 der Baunutzungsverordnung [5.10]) ist unabhängig von den beiden beschriebenen Randbedingungen die Löschwassermenge stets mit 48 m^3/h anzusetzen.

Wassermenge für 2 Stunden

Die Löschwassermenge nach Tabelle 5.2 ist immer für eine Löschzeit von zwei Stunden auszulegen.

erhöhter Objektschutz

Für bestimmte bauliche Anlagen kann ein über den Grundschutz hinausgehender Objektschutz erforderlich werden.

Beispielsweise kann eine erhöhte Löschwassermenge für folgende Objekte benötigt werden:

Beispiele zum erhöhten Objektschutz

- große Objekte mit erhöhtem Brandrisiko, wie Industriebauten, in denen Lacke hergestellt werden, oder Hallen, in denen leicht entzündliche Stoffe gelagert werden,
- Objekte mit erhöhtem Personenrisiko, wie Hotels, Theater, Kinos, Krankenhäuser und Einkaufszentren, und
- Objekte in Außenbereichen, wie Wochenendhäuser und Kleinsiedlungen.

Tabelle 5.2: Löschwasserbedarf aufgrund der baulichen Nutzung und der Gefahr der Brandausbreitung

<table>
<tr><th rowspan="2">Bauliche Nutzung nach § 17 Baunutzungsverordnung</th><th colspan="2" rowspan="2">reine Wohngebiete (WR), allgem. Wohngebiete (WA), besondere Wohngebiete (WB), Mischgebiete (MI)</th><th colspan="3">Gewerbegebiete (GE)</th><th>Industriegebiete (GI)</th></tr>
<tr><th></th><th colspan="2">Kerngebiete (MK)</th><th></th></tr>
<tr><td>Zahl der Vollgeschosse (N)</td><td>N ≤ 3</td><td>N > 3</td><td>N ≤ 3</td><td>N = 1</td><td>N > 1</td><td>–</td></tr>
<tr><td>Geschossflächenzahl (GFZ)</td><td>0,3 ≤ GFZ ≤ 0,7</td><td>0,7 ≤ GFZ ≤ 1,2</td><td>0,3 ≤ GFZ ≤ 0,7</td><td>0,7 ≤ GFZ ≤ 1,0</td><td>1,0 ≤ GFZ ≤ 2,4</td><td>–</td></tr>
<tr><td>Baumassenzahl (BMZ)</td><td>–</td><td>–</td><td>–</td><td>–</td><td>–</td><td>BMZ ≤ 9</td></tr>
<tr><td colspan="7">Löschwasserbedarf</td></tr>
<tr><td>Bei unterschiedlicher Gefahr der Brandausbreitung</td><td>m³/h</td><td>m³/h</td><td>m³/h</td><td>m³/h</td><td>m³/h</td><td>m³/h</td></tr>
<tr><td>klein*</td><td>48</td><td>96</td><td>48</td><td>96</td><td colspan="2">96</td></tr>
<tr><td>mittel**</td><td>96</td><td>96</td><td>96</td><td>96</td><td colspan="2">192</td></tr>
<tr><td>groß***</td><td>96</td><td>192</td><td>96</td><td>192</td><td colspan="2">192</td></tr>
</table>

Überwiegende Bauart der baulichen Anlagen:

* feuerhemmende, hochfeuerhemmende oder feuerbeständige Umfassungen, harte Bedachungen

** Umfassungen nicht feuerbeständig oder nicht feuerhemmend, harte Bedachungen oder Umfassungen feuerbeständig oder feuerhemmend, weiche Bedachungen

*** Umfassungen nicht feuerbeständig oder nicht feuerhemmend, weiche Bedachungen, Umfassungen aus Holzfachwerk (ausgemauert). Stark behinderte Zugänglichkeit, Häufung von Feuerbrücken usw.

Festlegung des Löschwasserbedarfs

Der Löschwasserbedarf für diese einzelnen Objekte ist durch die zuständige Dienststelle der Feuerwehr, den Bauherrn bzw. seinen Vertreter und den Brandschutzplaner festzustellen und in den Brandschutznachweis aufzunehmen.

Für Industriebauten werden Löschwassermengen in der Industriebau-Richtlinie [5.11] Absatz 5.1 vorgegeben, die mit der Feuerwehr abgestimmt werden müssen:

Löschwasserbedarf in Industriebauten

„***5.1 Löschwasserbedarf***

Für Industriebauten ist der Löschwasserbedarf im Benehmen mit der Brandschutzdienststelle unter Berücksichtigung der Flächen der Brandabschnitte oder Brandbekämpfungsabschnitte sowie der Brandlasten festzulegen. Hierbei ist auszugehen von einem Löschwasserbedarf über einen Zeitraum von zwei Stunden

– von mindestens 96 m³/h bei Abschnittsflächen bis zu 2.500 m² und

– von mindestens 192 m³/h bei Abschnittsflächen von mehr als 4.000 m².

Zwischenwerte können linear interpoliert werden.

Bei Industriebauten mit selbsttätiger Feuerlöschanlage genügt eine Löschwassermenge für Löscharbeiten der Feuerwehr von mindestens 96 m³/h über einen Zeitraum von einer Stunde."

Kann nur ein Teil der erforderlichen Menge aus dem Trinkwassernetz abgedeckt werden, ist darauf zu achten, dass im Brandfall auch nur dieser Teil aus dem Netz entnommen wird.

Versorgung durch Tanklöschfahrzeuge

Bei abgelegenen einzelnen baulichen Anlagen kann die Löschwasserversorgung auch über Tanklöschfahrzeuge erfolgen.

Ist eine erhöhte Wasserversorgung von einzelnen Objekten über das Trinkwassernetz geplant, hat der Eigentümer die erforderlichen technischen Voraussetzungen zu schaffen. Er hat sich auch mit dem Wasserversorgungsunternehmen darüber abzustimmen.

Trinkwasser als Löschwasser

Wenn eine Löschwasserentnahme aus dem Trinkwassernetz geplant ist, umfasst der Löschbereich alle in einem Radius von 300 m befindlichen Entnahmestellen, wie Hydranten.

41.2 Löschwasser-Rückhalteanlagen

kontaminiertes Löschwasser

Beim Löschen von Gebäuden, in denen sich wassergefährdende Stoffe befinden, kann verunreinigtes Löschwasser anfallen. Um Seen und Gewässer vor diesem kontaminierten Wasser zu schützen, muss es zuerst planmäßig aufgefangen und dann gereinigt werden.

rechtliche Grundlagen

Rechtliche Grundlage für Löschwasser-Rückhalteanlangen ist das Wasserhaushaltsgesetz (WHG) [5.12] in Verbindung mit der „Verordnung über Anlagen zum Umgang mit wassergefährdenden Stoffen" (AwSV) [5.13].

In § 20 der AwSV wird Folgendes hierzu ausgeführt:

„§ 20 Rückhaltung bei Brandereignissen

Rückhaltung von Löschwasser

*Anlagen müssen so geplant, errichtet und betrieben werden, dass die bei Brandereignissen austretenden wassergefährdenden Stoffe, **Lösch**-, Berieselungs- und Kühl**wasser** sowie die entstehenden Verbrennungsprodukte mit wassergefährdenden Eigenschaften nach den allgemein anerkannten Regeln der Technik zurückgehalten werden. Satz 1 gilt nicht für Anlagen, bei denen eine Brandentstehung nicht zu erwarten ist, und für Heizölver-braucheranlagen."*

Bemessung von Rückhalteanlagen

Als technische Grundlage zur Bemessung von Löschwasser-Rückhalteanlagen wurde in der MVV TB Ausgabe 2017 Tabelle A 2.2 Zeile A 2.2.1.13 [5.14] die „Richtlinie zur Bemessung von Löschwasser-Rückhalteanlagen beim Lagern wassergefährdender Stoffe (LöRüRL)" angegeben. In der Ausgabe 2019 der MVV TB [5.2] ist der Hinweis auf diese Richtlinie nicht mehr enthalten.

Da sie aber bis auf wenige Ausnahmen zurzeit noch in fast allen Bundesländern eingeführt ist (Stand Dezember 2020), wird sie hier als Bemessungsgrundlage erläutert.

Nach dieser Richtlinie muss das im Schadensfall anfallende Löschwasser, das mit ausgetretenen wassergefährdenden Stoffen verunreinigt sein kann, zurückgehalten und ordnungsgemäß entsorgt werden können.

Das Volumen des zurückzuhaltenden verunreinigten Löschwassers ergibt sich aufgrund von folgenden Eingangsparametern:

Bemessung des Volumens

- Fläche des Lagers bzw. des zu untersuchenden Lagerabschnitts,
- Lagermenge, Lagerdichte und Höhe des Lagergutes,
- Art des Lagers (z.B. im Freien, in einem Gebäude, in ortsbeweglichen Gefäßen usw.),
- Art der Feuerwehr (öffentliche Feuerwehr oder Werksfeuerwehr) und
- brandschutztechnische Infrastruktur im Lager (Brandmeldeanlage, Feuerlöschanlage).

Die wassergefährdenden Stoffe werden in drei Klassen eingeteilt:

Klassen von wassergefährdenden Stoffen

- WGK 1: schwach wassergefährdende Stoffe,
- WGK 2: wassergefährdende Stoffe und
- WGK 3: stark wassergefährdende Stoffe.

Erhöhung der Löschwassermengen

Wegen des erhöhten Gefahrenpotenzials werden bei der WGK 2 50 % Aufschlag und bei der WGK 3 100 % Aufschlag auf die anfallende Löschwassermenge angenommen.

Die Zugänge zu den Lagerstätten sind mit einem Hinweisschild mit der Aufschrift „Löschwasser-Rückhaltung" zu versehen.

Bild 5.9: Schild nach DIN 4066 [5.15] für den Bereich eines Lagers, das mit einer Löschwasser-Rückhalteanlage ausgestattet ist

Konzepte bei Rückhalteanlagen

Da eine Löschwasser-Rückhalteanlage in der Regel nur als eine individuelle bauliche Anlage geplant und ausgeführt wird, ist hier ein individuelles Brandkonzept anzufertigen, ein Brandschutznachweis ist nicht ausreichend.

In der zusätzlichen Bauvorlage für die Löschwasserrückhaltung sind folgende Angaben zu machen:

zusätzliche Bauvorlagen für Rückhalteanlagen

- Größe der Fläche des Lagerabschnitts und Lagermenge,
- Art der Feuerwehr,
- Art der Feuerlöschanlage,
- Art der Branderkennung und Brandmeldung,
- Maß und Bemessung der Abstände und
- Anordnung, Berechnung und Ausbildung der Löschwasser-Rückhalteanlage.

Teil VI Brandschutznachweise und -konzepte

42 Rechtsgrundlagen

Brandschutz als Teil des Bauantrags

Brandschutznachweise oder -konzepte sind ein Teil der einzureichenden Bauvorlagen, die für die Beurteilung eines Bauvorhabens und die Bearbeitung des Bauantrags erforderlich sind (siehe hierzu auch Absatz 1.3).

Unterschrift des Brandschutzplaners

Nach § 68 (Bauantrag, Bauvorlagen) Absatz 3 MBO [6.1] muss der Bauantrag vom Bauherrn sowie vom Entwurfsverfasser unterschrieben werden. Sind Fachplaner, wie z.B. Brandschutzplaner, an der Erstellung von Bauvorlagen beteiligt, sind die vom Aufsteller erarbeiteten Unterlagen (Brandschutznachweise oder -konzepte) separat zu unterschreiben. Mit dieser Unterschrift übernimmt er die Verantwortung für die von ihm erbrachten Leistungen.

baulicher Brandschutz bei Regelbauten

Im Brandschutznachweis für Regelbauten können die brandschutztechnischen Forderungen des Baurechts im Allgemeinen über den baulichen Brandschutz alleine abgedeckt werden. Bei Sonderbauten kommt häufig ein Zusammenspiel von baulichem, technischem/anlagentechnischem und organisatorischem Brandschutz zum Tragen. Durch dieses Zusammenspiel entsteht dann ein rechtsfähiges Brandschutzsystem.

Die einzelnen Anforderungen an einen Brandschutznachweis werden in der Muster-Bauvorlagenverordnung [6.2] geregelt (siehe hierzu auch Absatz 4.12).

Bauvorlagenverordnung als Grundlage

Nach § 9 (Baubeschreibung) dieser Verordnung sind das bauliche Vorhaben und seine Nutzung zu erläutern, sofern diese Informationen zur Beurteilung des Brandschutzes erforderlich sind. Die Beschreibung sollte möglichst kurz gefasst werden und nur die für die Beurteilung relevanten Angaben enthalten.

In § 11 (Brandschutznachweis) Absatz 1 wird eine Auswahl von Brandschutzeinrichtungen und -vorkehrungen für Regelbauten und in Absatz 2 für Sonderbauten beschrieben. Diese Auswahl stellt Brandschutzanteile dar, die insbesondere in Nachweisen anzugeben sind.

Das rechtlich geforderte Sicherheitsniveau in Brandschutzkonzepten wird in der Regel durch das Zusammenwirken der Anteile baulicher, technischer/anlagentechnischer, organisatorischer und abwehrender Brandschutz erreicht.

43 Aufbau von Brandschutznachweisen

Zum Aufbau von Brandschutznachweisen werden keine rechtlichen Vorgaben gemacht. Das Bauordnungsrecht gibt jedoch in den länderspezifischen Bauvorlagenverordnungen vor, welche brandschutztechnischen Einrichtungen in einem Nachweis bzw. Konzept mindestens angegeben werden müssen.

Siehe hierzu auch die ausführlichen Erläuterungen zu Bauvorlagenverordnungen im Absatz 4.12.

Aufbau von Brandschutznachweisen und -konzepten

Die nachfolgende Struktur eines Brandschutznachweises bzw. -konzeptes orientiert sich an den Vorgaben der Muster-Bauvorlagenverordnung [6.2] und enthält somit die wichtigsten Angaben für einen vollständigen Nachweis bzw. für ein Konzept. Anteile entfallen, wenn sie nicht für die zu beurteilende bauliche Anlage erforderlich sind.

Struktur der allgemeinen Angaben

1. Allgemeine Angaben zum Brandschutznachweis/-konzept

1.1 Anlass und Umfang der Beauftragung

1.2 Beschreibung der baulichen Anlage und der Nutzung

- 1.2.1 Nutzung der baulichen Anlage
- 1.2.2 Lage und Maße des Gebäudes
- 1.2.3 Bauliche Konstruktion des Gebäudes

1.3 Brandschutztechnische Einstufung des Gebäudes

- 1.3.1 Gebäudeklasse
- 1.3.2 Festlegung von Sonderbaueigenschaften

1.4 Regelwerke zur brandschutztechnischen Bewertung

- 1.4.1 Gesetze, Verordnungen, Verwaltungsvorschriften und Richtlinien
- 1.4.2 Technische Regelwerke
- 1.4.3 Normative Regelwerke
- 1.4.4 Sonstige Regelwerke
- 1.4.5 Planungsunterlagen
- 1.4.6 Ortsbesichtigungen

Struktur des baulichen Brandschutzes

2. Baulicher Brandschutz

2.1 Brandschutztechnische Einstufung der tragenden Bauteile

2.2 System der inneren Abschottungen

- 2.2.1 Brandabschnitte
- 2.2.2 Rauchabschnitte in Fluren
- 2.2.3 Innere und äußere Brandwände
- 2.2.4 Trennwände
- 2.2.5 Flurwände
- 2.2.6 Geschossdecken
- 2.2.7 Fahrschächte (baulicher Anteil von Aufzügen)

2.3 Äußere Abschottung

- 2.3.1 Außenwände
- 2.3.2 Dächer

2.4 Rettungswege

- 2.4.1 Erster Rettungsweg
- 2.4.2 Zweiter Rettungsweg

2.5 Bauliche Abtrennung und Ausbildung der Rettungswege

2.5.1 Treppen/Treppenräume
2.5.2 Notwendige Flure
2.6 Sonstige Anforderungen an das System der Rettungswege
2.6.1 Türen und Fenster im Zuge von Rettungswegen
2.7 Ausbau
2.7.1 Systemböden (Doppelböden)
2.7.2 Installations- und Versorgungsschächte
2.7.3 Unterdecken
2.7.4 Wand- und Deckenbekleidungen
2.7.5 Fußbodenbeläge

3. Technischer/anlagentechnischer Brandschutz

Struktur des technischen/anlagentechnischen Brandschutzes

3.1 Entrauchung/Abführen von Wärmeenergie
3.1.1 Entrauchungsmaßnahmen
3.1.2 Wärmeabzugsmaßnahmen
3.2 Aufzüge (technischer Anteil)
3.3 Leitungsanlagen
3.4 Lüftungsanlagen
3.5 Sicherheitsstromversorgung
3.6 Sicherheitsbeleuchtung
3.7 Anlagen, Einrichtungen und Geräte der Brandbekämpfung
3.7.1 Tragbare Feuerlöscher
3.7.2 Wandhydranten Typ S
3.7.3 Wandhydranten Typ F
3.7.4 Halbstationäre Löschanlagen
3.7.5 Stationäre (automatische) Löschanlagen
3.8 Brandmeldeanlage/Rauchmelder
3.9 Alarmierungseinrichtungen
3.10 Blitzschutzanlagen
3.11 Löschwasseranlagen trocken/nass (trockene und nasse Steigleitungen)
3.12 Feststellanlagen für Brand- und Rauchschutztüren

4. Abwehrender Brandschutz

Struktur des abwehrenden Brandschutzes

4.1 Feuerwehr und Zugänglichkeit des Objekts
4.1.1 Zu-/Durchfahrt sowie Zu-/Durchgang für die Feuerwehr
4.1.2 Bewegungsflächen für die Feuerwehr
4.1.3 Aufstellflächen für die Feuerwehr
4.1.4 Planmäßige Feuerwehrzugänge
4.2 Löschwasserversorgung
4.2.1 Erforderliche Löschwassermenge
4.2.2 Löschwasser-Rückhalteanlagen

5. Organisatorischer Brandschutz

Struktur des organisatorischen Brandschutzes

5.1 Pläne
5.1.1 Feuerwehrpläne
5.1.2 Flucht- und Rettungspläne
5.2 Kennzeichnung der Rettungswege
5.3 Brandschutzordnung

5.4 Brandschutzbeauftragter
5.5 Brandschutz auf Baustellen
6. Abweichungen und Kompensationsmaßnahmen
7. Prüfungen und Prüffristen
8. Hinweis auf die Aufbewahrungspflicht
9. Unterschrift des Fachplaners
10. Brandschutzpläne

44 Erläuterungen zu den einzelnen Anteilen von Brandschutznachweisen bzw. -konzepten

Erläuterungen zu den einzelnen Anteilen

In diesem Kapitel werden die einzelnen Anteile von Brandschutznachweisen bzw. -konzepten, deren Struktur in Kapitel 43 dargestellt wird, näher erläutert und Hinweise zu den Inhalten gegeben. Die Gliederung der nachfolgenden Absätze entspricht der Nummerierung nach Kapitel 43.

In den nachfolgenden Absätzen werden allgemeine Angaben gemacht und auf die ausführlichen Beschreibungen zum Thema in den Kapiteln 1 bis 42 hingewiesen.

Zu 1. Allgemeine Angaben zum Brandschutznachweis

Zu 1.1 Anlass und Umfang der Beauftragung

privater oder öffentlicher Anlass

Anlass der Beauftragung kann die Erstellung einer öffentlich-rechtlichen Bauvorlage oder einer privatrechtlichen Risikobeurteilung für einen Neubau, Anbau, Bestandsbau oder eine Nutzungsänderung sein.

Erläuterungen zum Auftragumfang

Um Missverständnissen vorzubeugen und zur rechtlichen Absicherung gegenüber dem Auftraggeber ist der genaue Umfang der Beauftragung zu definieren und hier schriftlich festzulegen.

Vergütung der Brandschutzplanung

Die Vergütung von Brandschutzplanungen erfolgt in der Regel nach den Vorgaben und Werten der Schriftenreihe Nr. 17 [6.3] (Leistungen für Brandschutz) des „Ausschusses der Ingenieurverbände und Ingenieurkammern für die Honorarordnung e.V. (AHO)" und ist mit der „Verordnung über die Honorare für Architekten- und Ingenieurleistungen – (HOAI)" [6.4] im Bauwesen vergleichbar.

Die in der AHO-Schriftenreihe Nr. 17 [6.3] festgelegten Leistungsbilder der Brandschutzplanung können als Grundlage für den Umfang der zu erbringenden Leistungen genutzt werden.

Beispiel zur Beschreibung einer Leistung

Beispielsweise ist der organisatorische Brandschutz Teil des Nachweises für Sonderbauten. Nach den „Leistungen für Brandschutz" der AHO Schriftenreihe Nr. 17 [6.3] gehören Flucht- und Rettungspläne als Teil des organisatorischen Brandschutzes nicht zu den Grundleistungen und müssen deshalb mit dem Auftraggeber gesondert vereinbart werden. Sie sollten an dieser Stelle des Nachweises separat benannt werden.

Zu 1.2 Beschreibung der baulichen Anlage und der Nutzung

Zu 1.2.1 Nutzung der baulichen Anlage

bauliche Anlagen mit gemischer Nutzung

Bauliche Anlagen können entweder nur eine Nutzungsart aufweisen, wie z.B. Mehrfamilienhäuser, die ausschließlich zum Wohnen genutzt werden, oder mehrere Nutzungsarten, wie Mietshäuser im städtischen Bereich, bei denen im Erdgeschoss Gewerbebetriebe untergebracht sind. Auch Arztpraxen können sich in diesen Gebäuden befinden. Die Nutzung muss in diesem Absatz detailliert beschrieben werden, damit die entsprechenden Regelwerke zur brandschutztechnischen Beurteilung zugeordnet werden können.

Anzahl der Nutzer

Zu den Nutzungsangaben gehört unter anderem auch eine Aussage zur Anzahl der Personen, die sich in dem Gebäude aufhalten können, wenn der zweite Rettungsweg über Geräte der Feuerwehr geführt wird. Auch Informationen über besondere Nutzergruppen, wie bettlägerige Personen, sind hier anzugeben.

Zu 1.2.2 Lage und Maße des Gebäudes

Folgende Informationen können über die Lage einer baulichen Anlage angegeben werden:

Maße und Lage von Gebäuden

Die bauliche Anlage kann direkt an öffentlichem Straßenland oder rückwärtig auf einem Grundstück angeordnet sein. Nach dem Bebauungsplan können Gebäude in geschlossener Bebauung oder freistehend errichtet werden. Es ist zu beschreiben, wie die Zufahrten und Zugänge baulich ausgebildet sind. Außerdem sind deren Maße (Länge/Breite/Höhe) anzugeben sowie die geometrische Führung der Wege (gerade/ bogenförmig). Diese Größen werden benötigt, um im Brandschutzsystem den feuerwehrtechnischen Einsatz planen zu können. Weiterhin sollten Informationen über Maße von möglichen Aufstellflächen für die Feuerwehr angegeben werden. Diese Daten können durch einen amtlichen Lageplan, durch Grundrisspläne und eventuell auch durch Satellitenbilder ergänzt werden.

Bei der Beschreibung der baulichen Lage sind auch mögliche Hindernisse aufzuführen, die z.B. einen zweiten Rettungsweg über Geräte der Feuerwehr nicht zulassen oder das Löschen behindern (Bäume oder Mauern).

Gebäude mit Staffelgeschossen

Die Ausdehnung des Gebäudes kann im Regelfall den Grundrissplänen entnommen werden. Hier ist zu beachten, dass die Geschosse eines Gebäudes unterschiedliche geometrische Ausdehnungen haben können, wie es z.B. bei Staffelgeschossen der Fall ist. Die Maße eines Gebäudes werden unter anderem für die Planung von Brandabschnitten und Brandwänden benötigt.

Abstände zu Nachbargrundstücken

Weiterhin werden hier Abstände des geplanten Gebäudes zu Nachbargrundstücken und/oder weiteren Gebäuden auf dem Grundstück aufgeführt.

Zu 1.2.3 Bauliche Konstruktion des Gebäudes

Bauliche Anlagen können grundsätzlich durch folgende Kriterien beschrieben werden:

statische Systeme

- aufgrund der Tragwerke (statische Konstruktionen): z.B. Schottenbauweise, Fachwerkbauweise, Tafelbauweise und Massivbauweise sowie

Baustoffe

- aufgrund der genutzten Baustoffe: z.B. Mauerwerksbau, Holzbau, Stahlbau, Stahlbetonbau und Spannbetonbau.

Weiterhin sind folgende Angaben zur baulichen Konstruktion eines Gebäudes zu machen:

- Dachformen: Flachdach, Satteldach,

Beschreibung der baulichen Konstruktion

- Anzahl und Art der Geschosse: Kellergeschoss(e), Erdgeschoss, Obergeschosse und Dachgeschoss und
- Besonderheiten des Gebäudes: z.B. Atrien, die über mehrere Geschosse durchgehend angeordnet sind, Eingangshallen oder innenliegende Balkone (Loggien).

Beschreibung zur Beurteilung des Brandschutzes

Häufig wird die Baubeschreibung, die der Gebäudeplaner (Architekt, Tragwerksplaner) erstellt hat, in die Brandschutzplanung vollständig übernommen. Zur besseren Lesbarkeit sollten hier aber nur die Anteile aus dieser Beschreibung aufgeführt werden, die zum Verständnis des Brandschutzes erforderlich sind bzw. Einfluss auf den Brandschutznachweis haben.

Zu 1.3 Brandschutztechnische Einstufung des Gebäudes

Zu 1.3.1 Gebäudeklasse

Einstufung von Regel- und Sonderbauten

Ein grundlegendes Kriterium für die brandschutztechnische Einstufung von Gebäuden (Regel- und Sonderbauten) ist die Gebäudeklasse. Sie wird aufgrund der Höhe sowie der Größe und Anzahl der Nutzungseinheiten festgelegt.

Festlegung der Gebäudehöhe

Die Höhe wird von der gemittelten Geländehöhe bis zur Fußbodenoberkante eines Aufenthaltsraumes im höchstgelegenen Geschoss gemessen. Bei einem Schrägdach (Satteldach, Pultdach, Mansarddach) ist zu prüfen, ob sich ein Aufenthaltsraum im Dachgeschoss befindet oder baurechtlich bei einem Ausbau möglich ist. Nach § 47 MBO (Aufenthaltsräume) [6.1] muss die lichte Höhe eines Geschosses hierfür mindestens 2,4 m betragen. Im Dachgeschoss darf die Höhe gemäß den meisten Landesbauordnungen reduziert werden. Beispielsweise ist nach § 34 der Landesbauordnung Baden-Württemberg (Aufenthaltsräume) [6.5] eine Höhe von 2,30 m ausreichend. Sollte ein Aufenthaltsraum nach dieser Regel vorhanden oder möglich sein, ist die Höhe bis zur Oberkante des Fußbodens im Dachgeschoss zu messen. Weitere Kriterien zur Einstufung der Gebäudeklasse werden in Absatz 3.4 beschrieben.

Siehe hierzu auch die ausführlichen Erläuterungen zu Gebäudeklassen in den Absätzen 3.4 und 3.6.

Zu 1.3.2 Festlegung von Sonderbaueigenschaften

Ist das zu beurteilende Gebäude offensichtlich ein Regelbau (z.B. ein Wohngebäude oder ein landwirtschaftlich genutztes Gebäude), muss trotzdem weiterhin überprüft werden, ob Teile davon möglicherweise Sonderbaueigenschaften aufweisen. Diese gelten nicht nur für ganze Gebäude, sondern auch für einzelne Räume.

geregelte/ nicht geregelte Sonderbauten

Sind dem gesamten Gebäude oder Teile davon Sonderbaueigenschaften zuzuordnen, ist zu klären, ob die vorhandene bauliche Anlage ein geregelter Sonderbau ist, für den Regelwerke vorhanden sind.

Ist dies nicht der Fall, ist darauf zu hinzuweisen, dass es sich um einen nicht geregelten Sonderbau handelt.

Zu 1.4 Regelwerke zur brandschutztechnischen Bewertung

Zu 1.4.1 Gesetze, Verordnungen, Verwaltungsvorschriften und Richt-linien

ausschließlich objektbezogene Regelwerke

Regelwerke, die unter dieser Ordnungsziffer aufgeführt werden, sollten sich auch tatsächlich auf die zu beurteilende bauliche Anlage beziehen. Durch textbausteinartiges Auflisten ist nicht erkennbar, ob es sich hier um eine individuelle Bewertung handelt.

Regelwerke für Neubauten

Bei Neubauten sind die aktuellen Regelwerke zu nutzen, die den „allgemein anerkannten Regeln der (Bau-)Technik" entsprechen. Diese Versionen der Regelwerke können der Tabelle A 2.2 der „Verwaltungsvorschrift Technische Baubestimmungen (VV TB)" des jeweiligen Bundeslandes entnommen werden.

Regelwerke zum Bestandsschutz

Wird beim Bauen im Bestand der Bestandsschutz geltend gemacht, sind hier die rechtlichen Grundlagen aufzulisten, die zur Zeit der Errichtung der baulichen Anlage galten. Ist dies nicht der Fall, sind hier die aktuellen Regelwerke (wie beim Neubau) anzugeben.

Für einen nicht geregelten Sonderbau muss festgelegt werden, welche Regelwerke der Beurteilung zugrunde gelegt werden, um die Ziele des Brandschutzes zu erreichen.

Nachfolgend wird exemplarisch eine Auswahl baurechtlicher Regelwerke aufgeführt, die im Bundesland Berlin genutzt werden können (Stand Dezember 2020). Sie beziehen sich nicht auf eine konkrete bauliche Situation. Je nach Nutzung und Gebäudeart und -größe können deshalb auch nur Teile der nachfolgenden Regelwerke zum Tragen kommen. Für die Bundesländer, in denen ein Brandschutzplaner tätig ist, sollte eine Sammlung aller aktuellen Regelwerke sowie auch älterer Ausgaben (für die Bewertung des Bestandsschutzes) angelegt werden, die dort gültig sind bzw. waren.

[1.1] Bauordnung für Berlin (BauO Bln) in der Fassung vom 29. September 2005 (GVBl. S. 495), zuletzt geändert am 12. Oktober 2020 (GVBl. S. 807).

[1.2] Verordnung über Bauvorlagen und das Verfahren im Einzelnen (Bauverfahrensverordnung – BauVerfV), vom 15. November 2017, zuletzt geändert September 2020 (GVBl. S. 724).

[1.3] Verordnung über den Betrieb von baulichen Anlagen (Betriebs-Verordnung – BetrVO), vom 10. Oktober 2007 (GVBl. S. 516), zuletzt geändert am 10.5.2019 (GVBl. S. 273).

grundlegende Rechtsvorschriften

[1.4] Anlage der Verwaltungsvorschrift Technische Baubestimmungen (VV TB Bln) vom 10.7.2020.

[1.5] Anforderungen an Sicherheitstreppenräume (SiTrR Bln), Fassung Juli 2020 (Anhang A – in der VV TB Bln enthalten).

[1.6] Hinterlüftete Außenwandbekleidungen, nach Anhang 6 (in der MVV TB enthalten), Stand Juni 2016.

[1.7] Muster-Richtlinie über brandschutztechnische Anforderungen an Systemböden, Muster-Systembödenrichtlinie (MSysBöR), Stand September 2005.

[1.8] Muster-Richtlinien über Flächen für die Feuerwehr, in der Fassung vom Februar 2007, zuletzt geändert Oktober 2009.

[1.9] DVGW Arbeitsblatt W 405: Bereitstellung von Löschwasser durch die öffentliche Trinkwasserversorgung, Deutscher Verein des Gas- und Wasserfaches e. V., Februar 2008.

Für nichtgeregelte Sonderbauten werden die Regelwerke entsprechend den Schutzzielen ausgewählt.

Bei geregelten Sonderbauten können ein oder mehrere der nachfolgenden Regelwerke (je nach Sonderbaueigenschaften) angewendet werden:

[1.10] Muster-Verordnung über den Bau und Betrieb von Beherbergungsstätten (Muster-Beherbergungsstättenverordnung – MBeVO), Fassung Dezember 2000, zuletzt geändert Mai 2014.

Richtlinien und Verordnungen für geregelte Sonderbauten

[1.11] Muster einer Verordnung über den Bau und Betrieb von Garagen (Muster-Garagenverordnung – M-GarVO), Fassung Mai 1993, geändert Mai 2008.

[1.12] Muster-Richtlinie über den Bau und Betrieb von Hochhäusern (Muster-Hochhaus-Richtlinie – MHHR), in der Fassung April 2008, zuletzt geändert Februar 2012.

[1.13] Muster-Richtlinie über den baulichen Brandschutz im Industriebau (Muster-Industriebau-Richtlinie – MIndBauRL), Fassung Mai 2019.

[1.14] Muster-Richtlinie über bauaufsichtliche Anforderungen an Schulen (Muster-Schulbau-Richtlinie – MSchulbauR), Fassung April 2009.

[1.15] Musterverordnung über den Bau und Betrieb von Verkaufsstätten (Muster-Verkaufsstättenverordnung – MVKVO), Fassung September 1995, zuletzt geändert Juli 2014.

[1.16] Musterverordnung über den Bau und Betrieb von Versammlungsstätten (Muster-Versammlungsstättenverordnung – MVStättVO), Fassung Juni 2005, zuletzt geändert Juli 2014.

[1.17] Richtlinie über bauaufsichtliche Anforderungen an Wohnformen für Menschen mit Pflegebedürftigkeit oder mit Behinderung (Wohnformen-Richtlinie Berlin) Anhang B (in der VV TB Bln enthalten), Fassung Mai 2012.

Bei Bauwerken aus oder mit Holzkonstruktionen ist das nachfolgende Regelwerk zu beachten:

[1.18] Muster-Richtlinie über brandschutztechnische Anforderungen an hochfeuerhemmende Bauteile in Holzbauweise – M-HFHHolzR, Fassung Juni 2004.

Bei der Anwendung der Regelwerke ist zu beachten, dass es in den einzelnen Bundesländern Abweichungen von und besondere Regeln zu den Muster-Richtlinien und -verordnungen geben kann. Diese sind der „Verwaltungsvorschrift Technische Baubestimmungen (VV TB)" des entsprechenden Bundeslandes zu entnehmen.

Zu 1.4.2 Technische Regelwerke

Unter dieser Ordnungsziffer werden die Regelwerke aufgelistet, die den technischen Brandschutz betreffen.

[2.1] Muster-Richtlinie über brandschutztechnische Anforderungen an Lüftungsanlagen (Muster-Lüftungsanlagen-Richtlinie – M-LüAR) vom September 2005, zuletzt geändert Dezember 2015.

technische Regelwerke zur Brandschutzbeurteilung

[2.2] Muster-Richtlinie über brandschutztechnische Anforderungen an Leitungsanlagen (Muster-Leitungsanlagen-Richtlinie – MLAR) Fassung Februar 2015 (Redaktionsstand: 5.4.2016).

[2.3] Muster einer Verordnung über den Bau von Betriebsräumen für elektrische Anlagen (EltBauVO), Stand Januar 2009.

[2.4] Muster-Feuerungsverordnung (MFeuV), Stand September 2007, zuletzt geändert am 27.9.2017.

Zu 1.4.3 Normative Regelwerke

An dieser Stelle erfolgt eine Zusammenstellung von normativen Regelwerken, wie z.B. DIN-Normen oder Richtlinien und Publikationen der VdS Schadenverhütung GmbH (VdS), des Verbandes der Elektrotechnik, Elektronik und Informationstechnik e.V. (VDE) und des Vereins Deutscher Ingenieure (VDI).

[3.1] DIN 4102-4:2016-05: Brandverhalten von Baustoffen und Bauteilen – Teil 4: Zusammenstellung und Anwendung klassifizierter Baustoffe, Bauteile und Sonderbauteile.

[3.2] DIN 4066:1997-07: Hinweisschilder für die Feuerwehr.

[3.3] DIN 14096:2014-05: Brandschutzordnung – Regeln für das Erstellen und das Aushängen.

Normen und Richtlinien

[3.4] DIN EN 14604:2009-02: Rauchwarnmelder.

[3.5] DIN ISO 23601:2010-12: Sicherheitskennzeichnung – Flucht- und Rettungspläne.

[3.6] VdS-Richtlinie 2234:2012-07: Brand- und Komplextrennwände, Merkblatt für die Anordnung und Ausführung.

[3.7] VdS-Richtlinie 2234-S1:2018-01: Brand- und Komplextrennwände, Merkblatt für die Anordnung und Ausführung.

[3.8] VdS-Richtlinie 2021:2016-06: Baustellen – Unverbindlicher Leitfaden für ein umfassendes Schutzkonzept.

Zu 1.4.4 Sonstige Regelwerke

An dieser Stelle werden die Regelwerke aufgeführt, die nicht in die bisher aufgeführten Kategorien eingeordnet werden können. Im Bundesland Berlin wird z.B. ein Merkblatt zum Brandschutznachweis von der Senatsverwaltung herausgegeben. Unter anderem können hier auch die Technischen Regeln für Arbeitsstätten dokumentiert werden.

[4.1] Merkblatt zum Brandschutznachweis, Stand März 2019.

[4.2] ASR A1.3, Technische Regeln für Arbeitsstätten, Sicherheits- und Gesundheitsschutzkennzeichnung, Ausgabe Februar 2013, zuletzt geändert Juli 2017.

Bewertungsgrundlagen für Arbeitsstätten

[4.3] ASR A1.7, Technische Regeln für Arbeitsstätten, Türen und Tore, Ausgabe November 2009, zuletzt geändert Mai 2018.

[4.4] ASR A2.2, Technische Regeln für Arbeitsstätten, Maßnahmen gegen Brände, Ausgabe: Mai 2018.

[4.5] ASR A2.3, Technische Regeln für Arbeitsstätten, Fluchtwege und Notausgänge, Flucht- und Rettungsplan, Ausgabe August 2007, zuletzt geändert Januar 2017.

Zu 1.4.5 Planungsunterlagen

Als Grundlagen für die Brandschutzplanung werden in der Regel die Baubeschreibung sowie die Baupläne des Entwurfsverfassers genutzt, der üblicherweise meist Architekt ist.

Genehmigungszeichnungen

Da ein Brandschutznachweis Teil der Bauvorlagen zum Bauantrag ist, wird die bauliche Anlage zu diesem Planungsstand in Genehmigungszeichnungen dargestellt. Nach den Vorgaben der Muster-Bauvorlagenverordnung [6.2] § 8 Absatz 1 sollte dies mindestens in einem Maßstab M 1:100 erfolgen.

Zur Beurteilung der baulichen Anlage benötigt der Brandschutzplaner mindestens folgende Baupläne (Genehmigungszeichnungen):

Zeichnungen als Planungsgrundlagen

- den amtlichen Lageplan des betreffenden Grundstücks mit einge-tragener baulicher Anlage,
- alle Ansichtspläne,

- alle Grundrisspläne sowie
- alle Höhenschnitte der baulichen Anlage.

Es ist darauf zu achten, dass Grundrisspläne, die von Architekten gezeichnet werden, Draufsichten auf den unteren Teil eines horizontal geschnittenen Geschosses sind. Im Gegensatz hierzu werden Ingenieurpläne (z.B. Schalpläne) nach oben betrachtet dargestellt.

Zeichnungsrichtungen

Zu 1.4.6 Ortsbesichtigungen

Ortsbesichtigungen können bei Baumaßnahmen in Bestandsgebäuden erforderlich werden. Zu jeder Ortsbesichtigung sollte ein Protokoll mit Angabe der Adresse der baulichen Anlage sowie Datum, Uhrzeit und Angabe der Teilnehmer angefertigt werden. Diese Aufzeichnungen sind hier aufzulisten.

Protokolle über Ortsbesichtigungen

Hinweise, Absprachen und Festlegungen, die ebenfalls in das Protokoll aufgenommen werden können, sollten nur dann aufgeführt werden, wenn sie Einfluss auf den Brandschutznachweis bzw. auf das -konzept haben. In diesem Fall sollte die Auswirkung an den entsprechenden Stellen aufgeführt werden, mit Hinweis auf das zugehörige Protokoll.

Inhalte der Protokolle

Zu 2. Baulicher Brandschutz

Bei der Planung von Brandschutznachweisen für bauliche Anlagen sollten die Forderungen des Baurechts nach Möglichkeit durch Elemente des baulichen Brandschutzes abgedeckt werden. Technische Lösungen haben in der Regel den Nachteil, dass sie Kosten für Wartung und Unterhalt der Anlagen erzeugen. Weiterhin können sie im Brandfall ausfallen und damit ihre Schutzwirkung verlieren.

Aus diesem Grund sollte zuerst der bauliche Brandschutz für eine bauliche Anlage geplant werden. Erst wenn sich die baurechtlichen Forderungen hiermit nicht umsetzen lassen, ist der technische Brandschutz mit einzubinden.

Zu 2.1 Brandschutztechnische Einstufung der tragenden Bauteile

Eine bauliche Anlage wird üblicherweise von einem Architekten in Verbindung mit dem Bauherrn entworfen. In der Regel plant der Entwurfsverfasser auch die statisch tragenden Bauteile und Systeme, wie z.B. Wände, Stützen, Balken, Geschossdecken oder Dachkonstruktionen. Durch den Tragwerksplaner (Statiker) wird anschließend unter anderem nachgewiesen, dass geeignete Materialien und ausreichend große Querschnitte gewählt worden sind.

Planung von statischen Systemen

Der Tragwerksplaner weist in der Regel auch nach, dass die tragenden Bauteile die erforderlichen brandschutztechnischen Eigenschaften besitzen. Obwohl der Nachweis üblicherweise durch diese Berufsgruppe geführt wird, sollte auch der Brandschutzplaner Kenntnisse über die Verfahren zur Bestimmung der Feuerwiderstandsfähigkeit besitzen (siehe hierzu auch Kapitel 9 und Absatz 11.2).

Nachweis von Bauteilen durch den Statiker

Die Information, welche Eigenschaften die entsprechenden Bauteile aufzuweisen haben, erhält der Aufsteller des statischen Nachweises üblicherweise vom Brandschutzplaner. Da diese Angaben in einer frühen Planungsphase benötigt werden, sollte der Brandschutzplaner die brandschutztechnische Einstufung der statisch tragenden Bauteile möglichst frühzeitig vornehmen.

brandschutztechnische Eigenschaften

Feuerwiderstandsfähigkeit

Für statisch tragende Bauteile in Regelbauten wird die Feuerwiderstandsfähigkeit (feuerhemmend, hochfeuerhemmend oder feuerbeständig) entsprechend der Gebäudeklasse zugeordnet (siehe hierzu auch Absatz 3.4). Die Einstufung erfolgt nach der jeweiligen Landesbauordnung. In der MBO [6.1] wird diese Bewertung in § 27 festgelegt.

geregelte Sonderbauten

Bei geregelten Sonderbauten ist zu prüfen, ob die brandschutztechnischen Forderungen an tragende Bauteile von denen der Bauordnung abweichen.

In der Muster-Hochhaus-Richtlinie [6.6] wird z.B. für Gebäude mit mehr als 60 m Höhe eine Feuerwiderstandsfähigkeit tragender und aussteifender Bauteile von mindestens 120 Minuten gefordert.

Bei nichtgeregelten Sonderbauten ist die Dauer nach der Gebäudeklasse sowie den Zielen des Brandschutzes festzulegen.

Siehe hierzu auch die ausführlichen Erläuterungen zu tragenden Bauteilen in den Absätzen 16.1 bis 16.3.

Zu 2.2 System der inneren Abschottungen

Zu 2.2.1 Brandabschnitte

Einhalten des 4. Schutzzieles

Die Bildung von Brandabschnitten ergibt sich durch die Anordnung von Brandwänden. Bei der Planung ist darauf zu achten, dass die Abschnittsgrößen löschtechnisch von der Feuerwehr beherrscht werden müssen.

Dieses Schutzziel „wirksame Löscharbeiten", das in Absatz 2.1 beschrieben wird, ist erreicht, wenn alle Forderungen zu den Abständen von Brandwänden nach der Bauordnung bzw. den Sonderbauverordnungen und -richtlinien eingehalten werden.

Überprüfung von Mindestabständen

Wird der Brandschutzplaner schon am Anfang der Planungsphase mit eingebunden, kann er Einfluss auf eine rechtskonforme Anordnung der Brandwände nehmen. In der Praxis soll manchmal nur ein schon bestehendes Architektenkonzept von ihm „abgesegnet" werden. In solch einem Fall ist unbedingt die Rechtskonformität zu prüfen und im Bedarfsfall herzustellen. Dies kann in der Planungsphase im Zusammenwirken mit dem Architekten z.B. durch die Auswahl anderer Wände geschehen, die dann als Brandwände genutzt werden.

Der Nachweis, dass die Ausführung der Brandabschnitte den rechtlichen Vorgaben entspricht, ist in diesem Absatz zu erbringen.

Siehe hierzu auch die ausführlichen Erläuterungen zu Brandabschnitten in den Absätzen 19.1 und 19.2.

Zu 2.2.2 Rauchabschnitte in notwendigen Fluren

Der Nachweis, dass die Rauchabschnitte den rechtlichen Vorgaben entsprechen, ist in diesem Absatz zu erbringen.

Bildung von Rauchabschnitten

Notwendige Flure sollen durch Türen in Rauchabschnitte unterteilt werden, wenn sie eine Länge von 30 m überschreiten. Das Modalverb „sollen" bedeutet, dass die von der Rechtsverordnung vorgeschlagene Variante genutzt werden kann oder aber auch eine gleichwertige bauliche oder anlagentechnische Lösung eingesetzt werden darf.

Abschlüsse zur Begrenzung

Bei einer notwendigen Trennung des Flures in Rauchabschnitte ist neben der Rauchabschnittslänge auch die brandschutztechnische Ausführung des Abschlusses anzugeben, der in der Regel in Form einer Tür hergestellt wird.

Siehe hierzu auch die ausführlichen Erläuterungen zu Rauchabschnitten in den Absätzen 19.4 und 22.7.

Zu 2.2.3 Äußere und innere Brandwände

Anordnung und Ausführung von Brandwänden

Der Nachweis, dass die Anordnung und die Ausführung der Brandwände den rechtlichen Vorgaben entsprechen, ist in diesem Absatz zu erbringen.

Die Anordnung von Brandwänden in Gebäuden sowie ihre Detailausführungen, wie z.B. der obere Abschluss im Dachbereich oder eine versetzte Positionierung, sind aufgrund der Architektenpläne in Verbindung mit Absatz 2.2.1 (nach Kapitel 43 und zu 2.2.1) festzulegen.

Äußere Brandwände:

Überprüfung des Abstandes von Gebäuden zur Nachbargrenze

Zuerst sind die Abstände des geplanten Gebäudes zu den Nachbargrundstücken zu überprüfen. Ist der Abstand größer als der rechtlich geforderte Mindestwert, darf die Außenwand Fenster und Türen aufweisen und die Planung einer Gebäudeabschlusswand (äußere Brandwand) ist nicht erforderlich (siehe hierzu auch Absatz 16.1.1).

Wird der Abstand unterschritten, muss eine öffnungslose Gebäudeabschlusswand angeordnet werden. Durch den Brandschutzplaner kann überprüft werden, ob die vom Architekten gewählte Wandausführung die Vorgaben an eine äußere Brandwand erfüllt.

In diesem Absatz sind dann brandschutztechnische Vorgaben zu machen, die die Wand einhalten muss. Der Tragwerksplaner (Statiker), der auch die Heißbemessung der tragenden und raumabschließenden Bauteile durchführt, bemisst die Wand entsprechend diesen Vorgaben.

Innere Brandwände:

Festlegung der Brandwände

Sollte in den Architektenplänen schon festgelegt sein, welche Wände als Brandwände eingesetzt werden sollen, ist dies zu überprüfen und gegebenenfalls in Zusammenarbeit mit dem Architekten zu ändern. Ansonsten werden die Wände entsprechend den zulässigen Höchstabständen vom Brandschutzplaner festgelegt.

Eintragung des Brandwandverlaufes

Bei der Planung der Wände ist die erforderliche Feuerwiderstandsfähigkeit in diesem Absatz des Nachweises sowie in den brandschutztechnischen Zeichnungen anzugeben.

Zu beachten ist, dass Öffnungen in inneren Brandwänden nur zulässig sind, wenn sie auf die für die Nutzung erforderliche Zahl und Größe beschränkt sind. Für Abschlüsse in diesen Öffnungen sind die brandschutztechnischen Anforderungen anzugeben.

Wie auch bei äußeren Brandwänden wird die innere Wandkonstruktion brandschutztechnisch durch den Tragwerksplaner nachgewiesen.

Siehe hierzu auch die ausführlichen Erläuterungen zu Brandwänden in den Absätzen 16.1.1, 16.1.2 und 22.1.

Zu 2.2.4 Trennwände

In baulichen Anlagen müssen bestimmte Nutzungseinheiten durch Trennwände brandschutztechnisch voneinander separiert werden, z.B. Wohnungen.

tragende und nichttragende Trennwände

Bei der Planung dieser Wände ist die erforderliche Feuerwiderstandsfähigkeit in diesem Absatz des Nachweises sowie in den brandschutztechnischen Zeichnungen anzugeben. Bei der Einstufung ist zu überprüfen, ob die Wände als statische Auflager von Geschoss- oder Dachdecken dienen. Ist dies der Fall, ist die Trennwand auch gleichzeitig eine tragende Wand. Wenn das Gebäude in die Gebäudeklasse 4 oder 5 eingestuft ist, wird für eine tragende Wand eine höhere Feuerwiderstandsfähigkeit (hochfeuerhemmend bzw. feuerbeständig) erforderlich als für eine nichttragende Wand (feuerhemmend).

Öffnungen in Trennwänden

Weiterhin ist zu beachten, dass in diesen Wänden möglichst wenige Öffnungen angeordnet werden, um die Anzahl der brandschutztechnischen Schwachstellen zu minimieren. Für Abschlüsse in diesen Öffnungen sind hier die brandschutztechnischen Anforderungen anzugeben.

Flurwände von Nutzungseinheiten

Bei der Planung ist ebenfalls zu berücksichtigen, dass die Wände von Nutzungseinheiten, die an einen Flur grenzen, nach den bauordnungsrechtlichen Vorgaben für Flurwände zu beurteilen sind.

Siehe hierzu auch die ausführlichen Erläuterungen zu Trennwänden in den Absätzen 16.1.3 und 22.3.

Zu 2.2.5 Flurwände

tragende und nichttragende Flurwände

Wie bei den Trennwänden muss auch bei der brandschutztechnischen Einstufung der Flurwände zuerst geklärt werden, ob es sich um eine statisch tragende oder nichttragende Flurwand handelt. Entsprechend ihrer Funktion ist die Feuerwiderstandsfähigkeit im Nachweis anzugeben.

Abschlüsse in Flurwänden

Auch für Abschlüsse in diesen Wänden sind hier die brandschutztechnischen Anforderungen anzugeben

Siehe hierzu auch die ausführlichen Erläuterungen zu Flurwänden in den Absätzen 16.1.5 und 22.8.

Zu 2.2.6 Geschossdecken

Festlegung der Feuerwiderstandsfähigkeit

In diesem Absatz werden die brandschutztechnischen Anforderungen an Geschossdecken des geplanten Gebäudes beschrieben und nachgewiesen.

Entsprechend der Gebäudeklasse ist zuerst die Feuerwiderstandsfähigkeit der Geschossdecken als tragende Bauteile festzulegen (siehe hierzu auch Absatz 16.3).

Öffnungen in Geschossdecken

Da sie im Brandschutzsystem als horizontale Abschlüsse innerhalb von Brandabschnitten vorgesehen sind, ist anschließend zu prüfen, ob die vom Architekten geplanten Öffnungen bzw. deren Abschlüsse den Anforderungen des Baurechts entsprechen. Übliche Deckendurchbrüche ergeben sich im Zuge von Treppenräumen. Bei ordnungsgemäß ausgeführten Treppenraumwänden kann sich über diese Öffnungen planmäßig kein Brand ausbreiten, und sie müssen deshalb im Brandschutznachweis bzw. -konzept auch nicht gesondert nachgewiesen werden.

Atrien und Hallen

Brandschutztechnisch anders müssen Öffnungen behandelt werden, die keine Abschottungen durch Wände oder Abschlüsse aufweisen, wie z.B. Atrien oder Hallen. Eine solche bauliche Konstruktion ist in der Musterbauordnung [6.1] standardmäßig nicht vorgesehen. Nur in einigen Sonderbauverordnungen und -richtlinien gibt es Ausführungshinweise zu den fehlenden Teilen der Geschossdecken.

Auszug aus der Muster-Schulbaurichtlinie [6.7] Absatz 2.4:

„***2.4 Wände und Türen von Hallen***

Ausbildung von Hallen in Schulen

> *Über* ***mehrere Geschosse reichende Hallen sind zulässig****. Die Wände dieser Hallen, ausgenommen Außenwände, müssen die Anforderungen an die* ***Geschossdecken*** *des Gebäudes erfüllen. Türen zwischen Hallen und notwendigen Treppenräumen, notwendigen Fluren und Aufenthaltsräumen müssen feuerhemmend, rauchdicht und selbstschließend sein."*

„Schachtausbildung" als Äquivalent

Durch eine über mehrere Geschosse führende Hallen- oder Atriumkonstruktion fehlt ein Teil der abschottenden Geschossdecken. Diese bauliche Ausführung kann wie ein Schacht angesehen werden, der vertikal durch das Gebäude geführt wird. Als Äquivalent zu den fehlenden Decken sind die „Schacht"-Wände in der gleichen Feuerwiderstandsfähigkeit auszuführen, wie sie für die Geschossdecken vorgesehen sind. Die Abschlüsse in diesen Wänden müssen dann auch eine entsprechende Qualität aufweisen. Hierdurch wird ein brandschutztechnisch abgetrennter Bereich erzeugt.

Versorgungsschächte

Versorgungsschächte werden in diesem Kapitel Absatz „Zu 2.8.2" des Nachweisschemas beschrieben.

Siehe hierzu auch die ausführlichen Erläuterungen zu Geschossdecken in den Absätzen 16.3 und 22.4.

Zu 2.2.7 Fahrschächte (baulicher Anteil von Aufzügen)

In diesem Absatz werden die brandschutztechnischen Anforderungen an Fahrschächte des geplanten Gebäudes beschrieben und nachgewiesen.

Fahrschachtwände ohne Anforderungen

Die brandschutztechnische Bewertung von Fahrschächten richtet sich nach dem Ort der Anordnung im Gebäude. Befinden sie sich in einem sicheren Bereich, z.B. in einem Treppenraum oder einem Atrium, gibt es keine brandschutztechnischen Anforderungen an die Schächte.

Sind sie außerhalb eines sicheren Bereichs angeordnet, müssen die Fahrschächte entsprechend der Gebäudeklasse eine Feuerwiderstandsfähigkeit aufweisen und raumabschließend ausgeführt werden.

Öffnungen in Schächten

Die Fahrschächte müssen Öffnungen zur Rauchableitung besitzen. Die Lage der Öffnungen ist so zu wählen, dass Witterungseinflüsse den Rauchaustritt nicht behindern können. Bei der Anordnung in einer Wand kann Winddruck, der auf diese Wand wirkt, den Rauch in den Schacht zurückdrücken.

Abschlüsse in Schachtwänden

Ist die Öffnung in der Schachtdecke vorgesehen, wird die Entrauchung in der Regel nicht beeinträchtigt.

Auch für die Abschlüsse in diesen Schachtwänden sind hier die brandschutztechnischen Anforderungen anzugeben.

> Siehe hierzu auch die ausführlichen Erläuterungen zu Fahrschächten in den Absätzen 17.5 und 22.14.

Zu 2.3 Äußere Abschottung

Zu 2.3.1 Außenwände

Einstufung in tragende und nichttragende Bauteile

In diesem Absatz werden die brandschutztechnischen Anforderungen an Außenwände des geplanten Gebäudes beschrieben und nachgewiesen.

Zuerst wird bei Außenwänden eine Differenzierung zwischen tragenden und nichttragenden Wandbauteilen vorgenommen.

Für die tragenden Bauteile wird die Feuerwiderstandsfähigkeit entsprechend der Gebäudeklasse festgelegt.

> Siehe hierzu auch die ausführlichen Erläuterungen zu tragenden Bauteilen im Absatz 16.1.4.

Schutzziel für Außenwände

Der Brandschutzplaner muss durch geeignete Maßnahmen nachweisen, dass das Schutzziel für Außenwände nach § 28 Absatz 1 MBO [6.1] erreicht wird:

> *„(1) Außenwände und Außenwandteile wie Brüstungen und Schürzen sind so auszubilden, dass eine Brandausbreitung auf und in diesen Bauteilen ausreichend lange begrenzt ist. […]"*

Dies ist unter anderem nachgewiesen, wenn die nachfolgenden Maßnahmen eingehalten werden.

Nichttragende Wandbauteile müssen entweder aus nichtbrennbaren Baustoffen bestehen oder, wenn sie aus brennbaren Baustoffen hergestellt werden, feuerhemmend und raumabschließend sein.

Ausführung von Fassadenoberflächen

Es ist zu beachten, dass die Oberfläche von Außenwänden einschließlich der Dämmstoffe und Unterkonstruktionen schwerentflammbar sein muss. Unterkonstruktionen aus normalentflammbaren Baukonstruktionen sind alternativ zulässig.

hinterlüftete Fassaden

Bei Wänden mit hinterlüfteten Außenwandbekleidungen ist zu beachten, dass hier besondere brandschutztechnische Regeln eingehalten werden müssen, damit sich ein Brand über den Luftspalt nicht ausbreiten kann. Maßnahmen, die dies verhindern, werden in der MVV TB Anhang 6 (Hinterlüftete Außenwandbekleidungen) [6.8] beschrieben.

Die Detailausführung ist in Zusammenarbeit mit dem Architekten und eventuell mit dem Fachingenieur für Bauphysik zu erarbeiten und hier aus brandschutztechnischer Sicht zu dokumentieren.

> Siehe hierzu auch die ausführlichen Erläuterungen zu nichttragenden Außenwänden im Absatz 16.1.4.

Zu 2.3.2 Dächer

In diesem Absatz werden die brandschutztechnischen Anforderungen an Dächer des geplanten Gebäudes beschrieben und nachgewiesen.

Dächer werden aufgrund ihrer Dachhaut in zwei Gruppen eingeteilt, in Dächer mit „harten" und mit „weichen" Bedachungen (Brandeinwirkung von außen nach innen). Diese Einteilung sollte zuerst vorgenommen werden.

Mindestabstände zu „weichen" Bedachungen

Weiche Bedachungen, z.B. Holzschindeln oder Reet, sind nur bei Gebäuden der Gebäudeklassen 1 bis 3 zulässig. Die geforderten Mindestabstände dieser Gebäude zu den Grundstücksgrenzen und zu anderen Gebäuden auf demselben Grundstück müssen überprüft werden.

Mindestabstände zu Brandwänden

Wurden in dem brandschutztechnisch zu bewertenden Gebäude Brandwände angeordnet, sollte aufgrund des oberen Abschlusses (unter oder über das Dach geführt) überprüft werden, ob die erforderlichen Sicherheitsabstände von Dacheinschnitten, Dachflächenfenstern, Oberlichte, Dachaufbauten usw. zu den Brandwänden eingehalten werden.

Feuerwiderstandsfähigkeit

Um eine Brandweiterleitung von innen nach außen zeitlich zu begrenzen, müssen Dächer mindestens in feuerhemmender Ausführung hergestellt werden. Diese Forderung ist hier zu dokumentieren.

Siehe hierzu auch die ausführlichen Erläuterungen zu Dächern im Absatz 16.5.

Zu 2.4 Rettungswege

Zu 2.4.1 Erster Rettungsweg

Festlegung der Nutzungseinheiten

Da für jede Nutzungseinheit mindestens zwei voneinander unabhängige Fluchtwege in jedem Geschoss vorhanden sein müssen, sollten zuerst die Nutzungseinheiten und ihre Grenzen im Gebäude festgelegt werden. Danach kann das Rettungswegesystem geplant werden.

erster Rettungsweg

In Regel- und Sonderbauten muss der erste Rettungsweg aufgrund der Selbstrettung immer baulich sichergestellt werden. Er kann über notwendige Flure entweder zu Ausgängen ins Freie (in der Regel im Erdgeschoss), zu notwendigen Treppen in Treppenräumen oder zu notwendigen Außentreppen im Freien führen.

Siehe hierzu auch die ausführlichen Erläuterungen zu Rettungswegen im Absatz 18.1.

Länge des Rettungsweges

Die Entfernung zwischen den Nutzungseinheiten und einem Ausgang ins Freie (im Erdgeschoss), zu einem Treppenraum oder zu einer Außentreppe ist zu prüfen. Sie darf von **jeder Stelle eines Aufenthaltsraumes** nicht mehr als 35 m betragen. Die Länge ist als Lauflänge (**nicht** in der Luftlinie) zu messen.

In den Grundrissplänen ist zu prüfen, ob dieser Höchstwert überschritten wird. Sollte dies der Fall sein, ist mit dem Architekten eine entsprechende Änderung in der Planung zur Verkürzung der Rettungswege vorzunehmen (z.B. durch die Bildung eines sicheren Flurbereichs vor einem Treppenraum).

Siehe hierzu auch die ausführlichen Erläuterungen zu Rettungswegen in den Absätzen 18.1 und 18.6.

Zu 2.4.2 Zweiter Rettungsweg

erster und zweiter Rettungsweg

Der zweite Rettungsweg kann in Regelbauten entweder über Rettungsgeräte der Feuerwehr oder über eine zweite weitere notwendige Treppe geführt werden. Sind zwei Treppen als planmäßige Teile eines Fluchtwegs vorhanden, sind sie als gleichwertig zu betrachten, da hier kein eindeutiger Unterschied zwischen dem ersten und zweiten Rettungsweg gemacht werden kann.

Wegfall des zweiten Rettungsweges

Ein zweiter Rettungsweg ist nicht erforderlich, wenn die Rettung über einen Sicherheitstreppenraum führt. Flure zu diesen Treppenräumen dürfen eine Länge von 15 m nicht überschreiten.

Werden Rettungsgeräte der Feuerwehr in der Brandschutzplanung als zweiter Rettungsweg angesetzt, ist diese Entscheidung hier zu dokumentieren.

zweiter Rettungweg über Anlegeleitern

Im nächsten Schritt ist zu prüfen, wie hoch die Oberkante der Brüstung der planmäßigen Rettungsstelle (z.B. Rettungsfenster) über der Geländeoberfläche liegt.

Liegt dieser Wert unter 8 m, ist ein Zugang zum Gebäude ausreichend, eine Rettung kann über Anlegeleitern erfolgen.

zweiter Rettungweg über „fahrbare Leitern"

Wird dieser Wert jedoch überschritten, darf die Rettung nur über eine „fahrbare Leiter" (Hubrettungsfahrzeuge) erfolgen. Hierzu muss eine Zufahrt zum Gebäude vorhanden sein oder vorgesehen werden, die ausreichend breit und tragfähig ist. Sie kann nach der „Muster-Richtlinie über Flächen für die Feuerwehr" [6.9] geplant werden.

baulicher zweiter Rettungweg in Sonderbauten

Bei Sonderbauten ist der zweite Rettungsweg über Rettungsgeräte der Feuerwehr in der Regel ausgeschlossen. Er ist dort nur zulässig, wenn keine Bedenken wegen der Personenrettung bestehen. Dies muss in diesem Absatz über die Anzahl der Nutzer sowie über die bauliche Situation nachgewiesen und dokumentiert werden.

Siehe hierzu auch die ausführlichen Erläuterungen zu Rettungswegen in den Absätzen 18.1 und 18.6 und zu Flächen für die Feuerwehr in den Absätzen 40.1 bis 40.3.

Zu 2.5 Bauliche Abtrennung und Ausbildung der Rettungswege

Zu 2.5.1 Treppen/Treppenräume

Treppen:

Treppen in einem Zuge

Bei der baulichen Planung von Treppen ist zuerst zu prüfen, ob sie in einem Zuge zu allen angeschlossenen Geschossen führen oder ob nach § 34 Absatz 3 MBO [6.1] Ausnahmen hiervon zutreffen. Die Ergebnisse der Prüfung sind hier einzutragen.

tragende Teile von Treppen

Danach werden die tragenden Teile der Treppe (Wangen, Läufe und Podeste) entsprechend der Gebäudeklasse (siehe hierzu auch Absatz 3.4) nach § 34 Absatz 4 MBO [6.1] brandschutztechnisch eingestuft.

Treppenräume:

Raum für Treppen

Zuerst wird überprüft, ob Treppen in einem Treppenraum angeordnet werden müssen. Dies ist der Regelfall. Ausnahmen hiervon werden in § 35 Absatz 1 MBO [6.1] aufgelistet.

Ausführung der Wände

Ist ein Raum für die Treppen erforderlich, wird die brandschutztechnische Ausführung der Wände entsprechend der Gebäudeklasse nach § 35 Absatz 4 MBO [6.1] festgelegt.

Sind in einem Gebäude baurechtlich mehrere Treppenräume erforderlich, sind sie so zu verteilen, dass sie möglichst entgegengesetzt liegen. Diese Anordnung verkürzt die Rettungsweglängen und ermöglicht bei einem Brand die Flucht in die jeweils nicht betroffene Richtung. Die Lage der Treppenräume ist mit dem Architekten abzustimmen.

Anordnung der Treppenräume

Nach § 35 Absatz 3 MBO [6.1] muss der Ausgang eines Treppenraumes grundsätzlich unmittelbar ins Freie führen. Aus dieser Forderung kann abgeleitet werden, dass Treppenräume grundsätzlich direkt an einer Außenwand anzuordnen sind. Befindet sich der Treppenraum im Inneren des Gebäudes (innenliegender Treppenraum), ist zu prüfen, ob die bauliche Ausbildung des Weges zum Ausgang ins Freie gemäß den Forderungen des § 35 Absatz 3 MBO [6.1] erfüllt ist.

Ausgang ins Freie

Siehe hierzu auch die ausführlichen Erläuterungen zu Treppen im Absatz 18.2. und zu Treppenräumen im Absatz 18.4.

Zu 2.5.2 Notwendige Flure

Für die Gestaltung des Rettungswegesystems müssen die vorhandenen Flure zuerst in notwendige und nicht notwendige eingeteilt werden. Sie unterscheiden sich in der sicherheitstechnischen Ausführung.

An nicht notwendige Flure werden keine brandschutztechnischen Forderungen gestellt. Die baulichen Gegebenheiten, in denen sie ausgeführt werden dürfen, sind in § 36 Absatz 1 Satz 2 MBO [6.1] aufgelistet und erläutert.

nichtnotwendige Flure

Führen Rettungswege aus Aufenthaltsräumen oder aus Nutzungseinheiten mit Aufenthaltsräumen über Flure zu notwendigen vertikalen Rettungswegen (z.B. Treppenräumen) oder direkt ins Freie, müssen sie aus brandschutztechnischer Sicht als notwendig eingestuft werden.

notwendige Flure

Zur Sicherstellung ihrer Funktionsfähigkeit im Brandfall als Flucht- und Rettungswege müssen Flure baulich so ausgebildet werden, dass sie mindestens die Forderungen gemäß § 36 MBO [6.1] erfüllen.

Aufgrund der Nutzung der baulichen Anlage ist durch den Brandschutzplaner festzustellen, wie viele Personen den Fluchtweg im Brandfall nutzen werden. Für diese zu erwartende Höchstzahl an Nutzern ist die lichte Fluchtwegbreite auszulegen. Dies kann z.B. mithilfe der Tabelle 1 der Technischen Regeln für Arbeitsstätten ASR A2.3 [6.10] erfolgen.

Breite von notwendigen Fluren

Brennbare Baustoffe in Form von Bekleidungen, Putzen, Unterdecken und Dämmungen dürfen nach § 36 Absatz 6 MBO [6.1] in Fluren nicht angeordnet werden.

nicht zulässige Baustoffe

Notwendige Flure müssen ständig von beweglichen Gegenständen freigehalten werden, damit sie jederzeit als Fluchtweg genutzt werden können.

nicht zulässige Gegenstände

Auch ständige Einbauten, die das Lichtraumprofil des Flurs einengen, sind nicht zulässig.

Grundsätzlich gelten diese Regeln auch für Sonderbauten. Bei geregelten Sonderbauten können nach den entsprechenden Richtlinien und Verordnungen Abweichungen hiervon zulässig sein.

Abweichungen von den Regeln der Bauordnung

In notwendigen Fluren von Hochhäusern sind z.B. Empfangsbereiche grundsätzlich nicht zulässig. Sie dürfen jedoch dort angeordnet werden, wenn die brandschutztechnischen Schutzziele eingehalten werden.

Auszug aus der Muster-Hochhaus-Richtlinie [6.6] Absatz 4.3.6:

„4.3.6

Empfangsbereiche in notwendigen Fluren

In notwendigen Fluren sind Empfangsbereiche ***unzulässig****. Sie sind zulässig, wenn*

1. die Rettungswegbreite nicht eingeschränkt wird,

2. der Ausbreitung von Rauch in den notwendigen Flur vorgebeugt wird und

3. der notwendige Flur zwei Fluchtrichtungen hat."

Siehe hierzu auch die ausführlichen Erläuterungen zu notwendigen Fluren im Absatz 18.6.

Zu 2.6 Sonstige Anforderungen an das System der Rettungswege

Zu 2.6.1 Türen und Fenster im Zuge von Rettungswegen

Abschlüsse in Rettungswegen

In diesem Absatz werden die in Rettungswegen anzuordnenden Abschlüsse (Türen und Fenster) aufgelistet und deren erforderliche brandschutztechnische Eigenschaften beschrieben.

Entsprechend dem Einbauort können dies Brandschutztüren (z.B. in Treppenräumen zu Kellergeschossen) oder rauchdichte Türen (z.B. zur Unterteilung von überlangen Fluren in Rauchabschnitte) sein.

Siehe hierzu auch die ausführlichen Erläuterungen zu Abschlüssen in den Absätzen 22.7, 22.9, 22.15 und 22.16.

Selbstschließanlagen

Grundsätzlich müssen alle brandschutztechnischen Abschlüsse mit einer baurechtlich zugelassenen Selbstschließanlage versehen sein. Hierdurch wird sichergestellt, dass sie auch in einer Paniksituation schließen und den Raumabschluss herstellen, der die Brand- und Rauchübertragung verhindert.

Feststellanlagen

Werden Flure von vielen Personen genutzt und deren Türen also häufig geöffnet, sollten sie mit einer Feststellanlage versehen werden. Dies verhindert das unzulässige Offenhalten durch Gegenstände, wie Keile, Bänder oder Gewichte.

Siehe hierzu auch die ausführlichen Erläuterungen zu Feststellanlagen im Absatz 32.9 und zu Schließanlagen im Absatz 32.10.

Aufschlagrichtungen

Um im Brandfall keinen Personenstau zu verursachen, sollten Türen und Fenster in der Außenhülle einer baulichen Anlage nach außen (in Fluchtrichtung) aufgehen. Diese Abschlüsse müssen nicht selbstschließend sein, da sie keine abschottende Wirkung haben. Es ist sogar sinnvoll, sie offen zu lassen, da hierüber eine unplanmäßige zusätzliche Entrauchung stattfindet.

Innenliegende Türen müssen ebenfalls in Fluchtrichtung aufschlagen (siehe z.B. Absatz 4.4.1 der MHHR [6.6]).

Abschlüsse in gleichwertigen Fluchtwegen

Gibt es planmäßig zwei gleichwertige Fluchtwege, ist in der Planung nicht zu erkennen, welcher Weg im Brandfall genutzt wird, da dies vom Ort des Brandes abhängig ist. Hier sollte die Aufschlagrichtung nach der höheren Anzahl der Personen angenommen werden, die im Brandfall fliehen werden.

Siehe hierzu auch die ausführlichen Erläuterungen zu Anforderungen an Rauch- und Feuerschutzabschlüsse im Kapitel 22.

Fenster im Zuge von Fluchtwegen

Fenster, die als Rettungswege im Fluchtwegekonzept ausgewiesen werden, müssen nach Musterbauordnung [6.1] eine lichte Größe von mindestens 0,90 m x 1,20 m (Breite x Höhe) aufweisen und nicht höher als 1,20 m über der Fußbodenoberkante angeordnet sein.

Siehe hierzu auch die ausführlichen Erläuterungen zu Fenstern in Rettungswegen im Absatz 17.1.

Zu 2.7 Ausbau

Zu 2.7.1 Systemböden (Doppelböden)

Systemböden zum Nachlegen von Kabeln

Systemböden werden in der Regel nur dort eingesetzt, wo Kabel und Leitungen häufig nachgelegt oder ausgetauscht werden müssen, wie z.B. in Büros oder in Installationsbereichen für Computertechnik und Telekommunikation. Die aufgeständerten Bodenplatten der Systemböden können zum Arbeiten aus dem Plattensystem herausgenommen werden.

Sollte diese Art der Böden in dem brandschutztechnisch zu bewertenden Gebäude nicht zum Einsatz kommen, kann dieser Absatz im Brandschutznachweis bzw. -konzept entfallen.

Planung von Systemböden

Im Hohlraum zwischen der Rohdecke und der zweiten Ebene, dem aufgeständerten Systemboden, kann sich ein Brand unbemerkt ausbreiten. Um dieser Gefahr vorzubeugen, wird die Konstruktion brandschutztechnisch nach den Vorgaben der „Muster-Systembödenrichtlinie (MSysBöR)" [6.11] geplant, die Kabel und Leitungen, die sich im Hohlraum befinden, werden nach den Regeln der „Muster-Leitungsanlagen-Richtlinie" [6.12] beurteilt.

Anordnung von Wänden auf Rohdecken

Brandwände, Brandwand-Ersatzwände, Treppenraumwände und Flurwände, die Nutzungseinheiten trennen, dürfen nicht auf den Systemböden errichtet werden, da durch diese bauliche Konstruktion ein offener Bereich unter den Wänden entstehen würde. Um an den Anbindungsstellen eine Brandübertragung zu verhindern, müssen die Wände auf der Rohdecke stehen und die Systemböden stoßen dann gegen diese Wände. Kabel und Leitungen können nach den Regeln der „Muster-Leitungsanlagenrichtlinie" [6.12] durch diese Wände geführt werden.

Systemböden aus nichtbrennbaren Materialien

In notwendigen Fluren oder Treppenräumen müssen alle Teile der Systembodenkonstruktion aus nichtbrennbarem Material bestehen. Die Konstruktion erfordert eine mindestens 30 mm dicke Estrichschicht auf den Systemböden.

Zu 2.7.2 Installations- und Versorgungsschächte

Übertragung eines Brandes durch Schächte

Da Installations- und Versorgungsschächte in der Regel über die gesamte Höhe eines Gebäudes geführt werden, kann sich ein Brand hierüber im ganzen Gebäude ausbreiten. Um dies zu verhindern, ist eine sorgfältige Planung erforderlich.

Verhinderung der Brandübertragung

Da Schächte in der Regel durch Geschossdecken hindurchgeführt werden, müssen die dadurch entstehenden Deckendurchbrüche entweder durch Abschottungen nach der „Muster-Leitungsanlagen-Richtlinie" [6.12] Absatz 3.5 (Installationsschächte und -kanäle, Unterdecken und Unterflurkanäle) in Höhe der Geschossdecken geschlossen werden, oder die Schachtwände sind in der gleichen brandschutztechnischen Qualität wie die Geschossdecken selbst herzustellen. Durch beide Varianten wird die Brandausbreitung ausreichend lange behindert und damit die baurechtliche Forderung der Schutzziele eingehalten.

Durch den Brandschutzplaner ist in Verbindung mit dem Architekten und den Ingenieur für Haustechnik die Ausführung festzulegen und hier zu dokumentieren.

Siehe hierzu auch die ausführlichen Erläuterungen zu Installationsschächten und -kanälen im Absatz 17.4.

zusätzliche Forderungen in Sonderbauten

In geregelten Sonderbauten sind die Schächte gemäß den Forderungen der entsprechenden Richtlinien und Verordnungen auszuführen. Hier können zu den oben genannten noch zusätzlichen Forderungen an Schächte gestellt werden.

In Hochhäusern z.B. müssen Schächte entraucht werden können, mit automatischen Brandmeldern versehen werden und Revisionsöffnungen so angeordnet werden, dass eine Brandbekämpfung möglich ist. Bei Installationsschächten, in denen Elektroleitungen geführt werden, sind in Höhe der Geschossdecken zusätzlich feuerhemmende Abschottungen vorzusehen.

Zu 2.7.3 Unterdecken

Unterdecken mit brandschutztechnischer Funktion

In diesem Absatz werden die Bereiche festgelegt, in denen brandschutztechnisch erforderliche Unterdecken vorgesehen sind, sowie alle Forderungen zu diesen Unterdecken beschrieben.

Werden Unterdecken in Gebäuden geplant, muss vom Brandschutzplaner zuerst geklärt werden, ob sie eine brandschutztechnische Funktion haben bzw. haben müssen.

Bauliche Details, wie z.B. die konstruktive Ausführung von Unterdecken, werden in den Bauzeichnungen meist erst in der Ausführungsplanung (Leistungsphase 5 der HOAI [6.4]) detailliert dargestellt. Da der Brandschutznachweis Teil der Genehmigungsplanung (Leistungsphase 4 der HOAI [6.4]) ist, gibt es zum Zeitpunkt seiner Erstellung oft noch keine Informationen über die Ausführung und das Material der Unterdecken. Der Brandschutzplaner sollte dann im Brandschutznachweis auf die brandschutztechnischen Forderungen verweisen. Ist die Ausführungsplanung in den beauftragten Leistungen des Brandschutzplaners enthalten, werden diese Details später durch ihn geklärt.

Anforderungen an Unterdecken

In Regelbauten müssen Unterdecken in notwendigen Fluren und in Treppenräumen, die keine brandschutztechnischen Funktionen haben, mindestens aus nichtbrennbaren Materialien bestehen. Durch diese Forderungen in § 35 Absatz 5 und § 36 Absatz 6 MBO [6.1] soll verhindert werden, dass Brandlasten in Rettungswege eingetragen werden.

Befinden sich Brandlasten im Raum zwischen der tragenden Geschossdecke und der Unterdecke, muss die Unterdecke nach der „Muster-Leitungsanlagen-Richtlinie"

Absatz 3.5.3 [6.12] in Fluren aus nichtbrennbaren Baustoffen bestehen und mindestens feuerhemmend sein. In notwendigen Treppenräumen und in den Räumen zwischen dem Treppenraum und dem Ausgang ins Freie müssen die Unterdecken in der Feuerwiderstandsfähigkeit der Geschossdecken ausgeführt werden.

weitergehende Forderungen in Sonderbauten

In einigen Sonderbaurichtlinien und -verordnungen werden weitergehende Forderungen gestellt. In der Muster-Hochhaus-Richtlinie [6.6] wird z.B. gefordert, dass alle Hohlräume zwischen Unter- und Geschossdecken mit automatischen Brandmeldern versehen werden müssen.

Siehe hierzu auch die ausführlichen Erläuterungen zu Unterdecken im Absatz 16.4.

Zu 2.7.4 Wand- und Deckenbekleidungen

Wand- und Deckenbekleidungen in Regelbauten

Wie bereits im Absatz „Zu 2.7.3" erläutert, werden Wand- und Deckenbekleidungen in der Regel erst in der Ausführungsplanung (Leistungsphase 5 der HOAI [6.4]) detailliert in den Bauzeichnungen dargestellt. Auch für diese Bauteile muss der Planer im Brandschutznachweis auf die brandschutztechnischen Forderungen des Baurechts zu der entsprechenden baulichen Situation verweisen.

In Regelbauten müssen Wand- und Deckenbekleidungen in notwendigen Fluren nach § 36 Absatz 6 OZ 1 MBO [6.1] aus nichtbrennbaren Baustoffen bestehen.

Für die meisten geregelten Sonderbauten, wie für Verkaufsstätten, wird diese Forderung ebenfalls gestellt.

Wand- und Deckenbekleidungen in Versammlungsstätten

Eine Ausnahme bilden die Forderungen der Muster-Versammlungsstättenverordnung. Hier wird zwischen Wand- und Deckenbekleidungen unterschieden. Wandbekleidungen können aus schwerentflammbaren Materialien hergestellt werden. In Räumen mit weniger als 1.000 m² Grundfläche dürfen auch geschlossene Holzbekleidungen eingebaut werden, die als normalentflammbar eingestuft werden. Deckenbekleidungen müssen in Räumen mit mehr als 1.000 m² nichtbrennbar sein. In kleineren Räumen dürfen sie auch schwerentflammbar ausgeführt werden.

Nach der Einstufung des Gebäudes als Regel- oder Sonderbau kann durch den Brandschutzplaner entsprechend der geltenden Rechtsgrundlage (Bauordnung oder Sonderbauverordnung oder -richtlinie) eine Aussage über die brandschutztechnischen Forderungen an Bekleidungen getroffen werden. Diese Forderungen sind in diesem Absatz aufzulisten.

Siehe hierzu auch die ausführlichen Erläuterungen zu Verkleidungen, Putzen und Dämmstoffen in Rettungswegen im Absatz 16.6.

Zu 2.7.5 Fußbodenbeläge

Wie in den Absätzen „zu 2.7.3" und „zu 2.7.4" für Unterdecken sowie für Wand- und Deckenbekleidungen beschrieben, wird auch die Ausführung der Fußbodenbeläge und ihres Materials in der Regel erst in der Ausführungsplanung festgelegt.

Fußbodenbeläge in Regelbauten

In der Musterbauordnung [6.1] wird für Fußbodenbeläge in Fluren von Regelbauten keine Aussage zur brandschutztechnischen Ausführung getroffen. In notwendigen Treppenräumen müssen sie nach § 35 Absatz 5 aus mindestens schwerentflammbaren Stoffen bestehen.

Fußbodenbeläge in geregelten Sonderbauten

Für geregelte Sonderbauten können abweichende Forderungen gestellt werden. In der Muster-Versammlungsstättenverordnung [6.13], z.B., müssen Bodenbeläge in notwendigen Fluren nach § 5 (7) mindestens schwerentflammbar und in notwendigen Treppenräumen nichtbrennbar ausgeführt werden.

Diese Forderungen werden in diesem Absatz aufgelistet.

Zu 3. Technischer/anlagentechnischer Brandschutz

Zu 3.1 Entrauchung/Abführen von Wärmeenergie

Zu 3.1.1 Entrauchungsmaßnahmen

In diesem Absatz werden alle Maßnahmen beschrieben, die zu einer Entrauchung der Gebäudebereiche führen.

frühzeitiges Abführen des Brandrauches

Um die negativen Folgen von Brandrauch zu minimieren (toxisch, sichtbehindernd, Backdraft möglich), ist es erforderlich, ihn möglichst frühzeitig aus dem Gebäude abzuführen. Dies kann durch natürliche oder mechanische Rauchabzugsanlagen erfolgen.

Entrauchung zur Unterstützung der Feuerwehr

In Regelbauten müssen grundsätzlich alle Räume des Gebäudes und speziell die Treppenräume als Teil von Rettungswegen entraucht werden können. Die Forderung zur Entrauchung von notwendigen Treppenräumen zur Unterstützung wirksamer Löscharbeiten wird explizit in § 35 Absatz 8 MBO [6.1] gestellt. Hier werden unter anderem genaue Angaben zu Öffnungsgrößen gemacht.

Entrauchung aller Räume

Nach den Erfahrungen des Autors gibt es immer wieder Diskussionen zwischen Brandschutzplanern und Bauherren zu dem Thema welche Räume entraucht werden müssen. Dass dies alle Räume in einem Gebäude sind, wird in der Bauordnung nur implizit dargestellt. In der Regel erfolgt die Entrauchung durch Fenster in der Außenwand, deren Glasscheiben während des Brandes zerspringen und Öffnungen freigeben (siehe hierzu auch die Absätze 30.3 und 30.3.6 a). Aber auch aus innenliegenden Räumen, wie z.B. Keller- und Lagerräumen, muss der Rauch abgeführt werden können.

In § 14 MBO [6.1] wird gefordert, dass der Ausbreitung von Feuer und Rauch (Brandausbreitung) vorgebeugt werden soll. Eine (explosionsartige) Ausbreitung, die durch einen Backdraft in innenliegenden Räumen entstehen kann, ist nur durch eine nach Brandentstehung zeitnah beginnende Entrauchung zu verhindern.

Regeln zur Entrauchung

In Sonderbauten gelten grundsätzlich die Regeln der Landesbauordnungen zur Entrauchung, wenn keine erweiternden oder einschränkenden Regelungen in den entsprechenden Richtlinien und Verordnungen enthalten sind.

In diesem Absatz werden die getroffenen Entscheidungen zu Entrau-chungsmaßnahmen dokumentiert.

Siehe hierzu auch die ausführlichen Erläuterungen zur Rauch- und Wärmefreihaltung im Kapitel 30.

Zu 3.1.2 Wärmeabzugsmaßnahmen

Mit dem Brandrauch zusammen wird gleichzeitig Wärmeenergie aus einem Gebäude abgeführt. Bei Regelbauten muss deshalb kein besonderer Nachweis hierzu geführt werden.

Reduzierung der Temperaturen von Bränden

In einigen Sonderbauverordnungen, wie z.B. in der Verkaufsstättenverordnung [6.13], werden spezielle Wärmeabzüge gefordert. Diese Maßnahme wird verlangt, um eine Brandübertragung zu behindern. Durch die Abführung der thermischen Energie wird die Temperatur des Brandes reduziert. Gleichzeitig werden durch die Wärmeabführung und die zugeführte Frischluft der Brand gekühlt und ein Flashover hinausgezögert.

Falls Wärmeabzugsmaßnahmen erforderlich sind, werden die getroffenen Maßnahmen in diesem Absatz aufgeführt.

> Siehe hierzu auch die ausführlichen Erläuterungen zur Rauch- und Wärmefreihaltung im Kapitel 30.

Zu 3.2 Aufzüge (technischer Teil)

Der bauliche Anteil der brandschutztechnischen Bewertung von Aufzugsanlagen (Fahrschächten) wird ausführlich im Absatz „Zu 2.2.7" beschrieben.

> Siehe hierzu die ausführlichen Erläuterungen zu Fahrschächten (baulicher Anteil) im Absatz 17.5.

Aufzüge kein Teil des Rettungswegesystems

Aufzüge sind als planmäßiger Teil des Fluchtwegesystems grundsätzlich nicht zulässig, da z.B. die Fahrkörbe im Brandgeschoss halten können oder nach einem möglichen Ausfall der Stromversorgung durch das Brandgeschehen der Fahrkorb zwischen Geschossen stecken bleiben kann. Für Arbeitsstätten wird ein Aufzug als Fluchtweg in der ASR A2.3 [6.10] Kapitel 4 Absatz 4 explizit ausgeschlossen.

Kennzeichnung von Aufzügen

Nach DIN EN 81-73 Kapitel 5.1.6 [6.14] muss ein Hinweisschild nach DIN EN ISO 7010 [6.15] bzw. in Arbeitsstätten nach der Technischen Regel ASR A1.3 [6.16] in der Nähe der Aufzugszugänge angebracht werden.

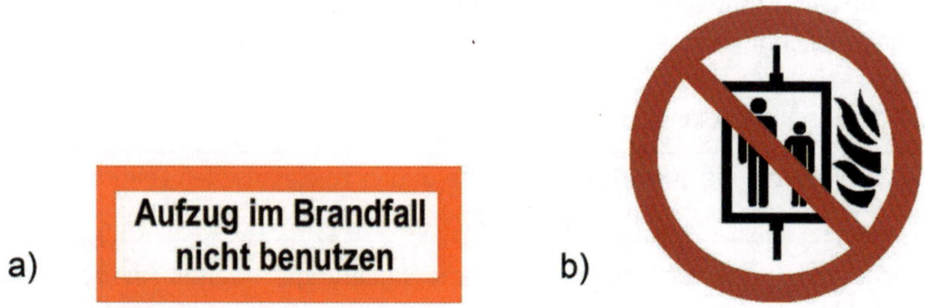

Bild 6.1: Verbotsschilder
a) nach DIN 4066 [6.17] und b) nach DIN EN ISO 7010 [6.15] bzw. nach ASR A1.3 (P020) [6.16]

Planung von Feuerwehraufzügen

Eine Ausnahme von dieser Regelung bilden Feuerwehraufzüge. Sie sind besonders gut abgesichert und dienen zum Transport von Feuerwehrmitarbeitern und Material zum Brandgeschehen sowie zur Rettung von Personen. Die Fahrkörbe müssen ausreichend groß sein, um eine Krankentrage aufnehmen zu können. Die Ausführung von Feuerwehraufzügen wird in der Muster-Hochhaus-Richtlinie [6.6] in den Absätzen 6.1 und 6.2 sowie in der Muster-Verwaltungsvorschrift Technische Baubestimmungen [6.8] im Absatz A 2.1.15.5 beschrieben.

Siehe hierzu die ausführlichen Erläuterungen zu Feuerwehraufzügen in den Absätzen 30.3.4, 30.3.5 und 32.5.

Personen, die sich in „normalen" Aufzügen befinden und das Brandgeschehen nicht bemerken, müssen den Aufzug dennoch gefahrlos verlassen können.

kein Halt im Brandgeschoss

Zur Sicherstellung des Schutzziels, dass bei einem Brand die Rettung von Menschen möglich sein muss, darf der Fahrkorb (die Aufzugskabine) das verrauchte Brandgeschoss nicht mehr anfahren. Er muss in einem anderen nicht vom Brandgeschehen betroffenen Geschoss halten und an der Bestimmungshaltestelle mit geöffneten Türen außer Betrieb gehen. Vorzugsweise ist ein Geschoss mit Zugang ins Freie anzusteuern. Ist dies aufgrund des Brandes nicht möglich, ist das nächste nicht betroffene Geschoss unmittelbar anzufahren.

Brandfallsteuerung von Aufzügen

Das Ansteuern des entsprechenden Geschosses erfolgt nicht manuell durch die Personen im Fahrkorb, sondern durch eine elektronische Brandfallsteuerung. Die Grundforderungen zur Brandfallsteuerung werden in der MVV TB [6.8] Absatz A 2.1.15.3 beschrieben.

In einigen Sonderbauvorschriften wird die Brandfallsteuerung der Aufzugskabinen explizit gefordert, z.B. in der Muster-Hochhaus-Richtlinie [6.6] Absatz 6.4.5 oder in der Muster-Versammlungsstättenverordnung [6.13] § 20 Absatz 5.

Ansteuerung der Brandfallsteuerung durch Rauchmelder

Zur Ansteuerung des entsprechenden brand- und rauchfreien Geschosses benötigt eine Brandfallsteuerung die Information, in welchem Geschoss das Brandereignis stattfindet. Um diese Information zu erhalten, muss die Brandfallsteuerung in das Rauchmeldersystem eingebunden sein. Weiterhin muss eine sichere Verbindung zu einer Auswerteeinheit bestehen.

Siehe hierzu die ausführlichen Erläuterungen zu Rauchmeldern im Kapitel 27.

Funktionserhalt von elektrischen Leitungen

Elektrische Leitungsanlagen, die zur Funktion von Aufzügen erforderlich sind, müssen brandschutztechnisch so ausgelegt und geschützt sein, dass ihr Funktionserhalt ausreichend lange gesichert ist, d.h., bis der Fahrkorb in das von der Brandfallsteuerung gewählte Geschoss gelangt ist.

Siehe hierzu die ausführlichen Erläuterungen zu elektrischen Leitungen im Absatz 24.2 und Kapitel 33.

Planung von Brandfallsteuerungen

Die technischen Anforderungen an Brandfallsteuerungen werden in der DIN EN 81-73 [6.14] in Verbindung mit der VDI-Richtlinie VDI 6017 [6.18] beschrieben.

Zu 3.3 Leitungsanlagen

Leitungsabschottungen

Bei der brandschutztechnischen Planung von Leitungsanlagen muss nachgewiesen werden, dass Kabel und Rohre (Leitungen), die durch Bauteile geführt werden und für die eine Feuerwiderstandsfähigkeit vorgeschrieben ist, entsprechend abgeschottet sind und dass Fluchtwege in denen Leitungen angeordnet sind ausreichend lange nutzbar sind.

Planung von Leitungen

Diese Forderungen, die in § 40 MBO [6.1] gestellt werden, gelten nach der MVV TB [6.8] Tabelle A 2.2.1 Zeile 2.2.1.8 als erfüllt, wenn die Vorgaben der Muster-Leitungsanlagen-Richtlinie [6.12] bzw. der entsprechenden länderspezifischen Ausgaben eingehalten werden.

Planung in der Baugenehmigungsphase

Die Tiefe der fachlichen Planung von Leitungsanlagen, die in diesem Absatz dokumentiert wird, richtet sich nach dem vertraglich vereinbarten Auftragsumfang. Für eine Genehmigungsplanung (Phase 4 der AHO-Schriftenreihe Nr. 17 [6.3]) ist es in der Regel ausreichend, in diesem Absatz die brandschutztechnischen Anforderungen an die möglichen Durchführungen festzulegen und aufzulisten. Diese Festlegungen sind auch in die Pläne einzutragen, die der Brandschutzplaner zum schriftlichen Teil des Brandschutznachweises bzw. -konzeptes erstellt.

Ist die brandschutztechnische Ausführungsplanung (Phase 5 der AHO-Schriftenreihe Nr. 17 [6.3]) mit im Auftragsumfang enthalten, muss jede Leitungsdurchführung detailliert geplant und in diesem Absatz zeichnerisch mit Maßen dargestellt werden.

Öffnungsgrößen von Durchbrüche

Besonders wichtig werden diese Angaben, wenn mehrere Rohre und/oder Kabel nebeneinander verlegt werden sollen. Für diese Leitungen muss eine Öffnung vorgesehen werden. Da die Kabel und Rohre Mindestabstände zueinander und zum Öffnungsrand einhalten müssen, ist die Größe der Decken- und Wanddurchbrüche sorgfältig zu planen.

zu kleine Öffnungen für Leitungen

Häufig werden die Maße dieser Öffnungen von Architekten und Tragwerksplanern in der Praxis aufgrund von fehlenden Angaben zu Anzahl und Durchmesser von Leitungen nur überschläglich berechnet, da die Elektro- und HKLS-Planung noch nicht en détail vorliegt. In vielen Fällen sind die Öffnungen für Leitungen in der Praxis auch deshalb zu klein, weil dieser wichtige Detailpunkt in der Planung vergessen oder auf die Bauphase „verschoben" wurde.

Planung während der Bauphase

Um dies zu vermeiden, sollte der Brandschutzplaner die Informationen über die geführten Medien zeitnah beim Architekten anfordern. Es ist rechtlich nicht zulässig, dass die Planung während des Baugeschehens erfolgt, da nach § 72 Absatz 7 MBO [6.1] alle bautechnischen Nachweise, zu denen auch die Abschottungsplanung gehört, bei Baubeginn auf der Baustelle vorliegen müssen.

Die gewählten Abschottungssysteme sind unter Angabe der technischen Baubestimmung bzw. der Verwendbarkeitsnachweise ebenfalls in diesem Absatz aufzuführen.

Siehe hierzu die ausführlichen Erläuterungen zu Leitungsanlagen im Kapitel 24 (insbesondere in den Absätzen 24.5 und 24.6).

Zu 3.4 Lüftungsanlagen

Lüftungsanlagen in Sonderbauten

Die Entscheidung, ob Lüftungsanlagen in einem Gebäude angeordnet werden, trifft der Architekt der baulichen Anlage. Für einige Sonderbautypen werden sie explizit gefordert. Z.B. müssen Versammlungsräume und sonstige Aufenthaltsräume in Versammlungsstätten mit mehr als 200 m² Grundfläche nach der Muster-Versammlungsstättenverordnung [6.13] § 17 Absatz 2 Lüftungsanlagen aufweisen.

Brandschutz für Lüftungsanlagen nach MLAR

Nach § 40 MBO [6.1] müssen Lüftungsanlagen brandsicher ausgeführt werden. Diese Forderung wird gemäß MVV TB [6.8] Tabelle A 2.2.1 Zeile 2.2.1.11 erfüllt, wenn die Vorgaben der Muster-Lüftungsanlagen-Richtlinie [6.19] eingehalten werden.

Die Planung von Lüftungsanlagen im „Normaltemperaturzustand" erfolgt in der Regel durch Planer für Raumlufttechnik (RLT-Planer), z.B. für Wohngebäude nach den Vorgaben der DIN EN 15665 [6.20].

Übertragung von Bränden

Da durch falsch geplante Lüftungsanlagen Brände (Rauch und Feuer) weitergeleitet werden können, müssen diese Anlagen brandschutztechnisch durch den Brandschutzplaner beurteilt werden, der sie in den Brandschutznachweis bzw. in das -konzept einbindet. Erläutert wird dies z.B. im VdS-Merkblatt 2298: [6.21] (Titel: Lüftungsanlagen im Brandschutzkonzept, Absatz 5) und in der Veröffentlichung des Arbeitskreises Maschinen- und Elektrotechnik staatlicher und kommunaler Verwaltungen (AMEV) in Verbindung mit dem Bundesministerium des Innern, für Bau und Heimat (Titel: RLT-Anlagenbau 2018, Absatz 2.6). Dies geschieht in der Regel in Verbindung mit dem raumlufttechnischen Planer. Durch diese Abstimmung werden die Anlagen zu einem Teil des Brandschutz-Gesamtkonzepts.

Bewertung der Lüftungsanlage

Sollte eine Lüftungsanlage in der zu beurteilenden baulichen Anlage erforderlich sein, werden die brandschutztechnischen Anforderungen an diese Anlage in diesem Absatz erläutert und aufgelistet, wie z.B. die Anordnung von Brandschutzklappen und die Ausführung der Lüftungskanäle. Diese Forderungen müssen auch in die Brandschutzschutzpläne im Textteil eingetragen werden.

Siehe hierzu die ausführlichen Erläuterungen zu Lüftungsanlagen im Kapitel 25.

Zu 3.5 Sicherheitsstromversorgung

In diesem Absatz werden zuerst die elektrischen Geräte und Anlagen festgelegt und aufgelistet, die ihre Funktion im Brandschutzsystem während eines Brandes aufrechterhalten müssen. Die Ausführungsart sowie die Dauer des Funktionserhalts sind der Muster-Leitungsanlagen-Richtlinie [6.12] Absatz 5 zu entnehmen und ebenfalls hier aufzuführen.

Auch wird die Art der Sicherheitsstromversorgung hier dokumentiert.

Siehe hierzu die ausführlichen Erläuterungen zu Sicherheitsstromversorgung im Kapitel 33.

Zu 3.6 Sicherheitsbeleuchtung

Bereiche mit Sicherheitsbeleuchtung

Der Brandschutzplaner muss in diesem Absatz aufgrund des Gebäudetyps (Regel-/Sonderbau) sowie der Nutzung (z.B. Arbeitsstätte) zuerst festlegen, welche Bereiche der baulichen Anlage mit einer Sicherheitsbeleuchtung versehen werden müssen. In der Regel sind es die Fluchtwege, wie notwendige Treppenräume und notwendige Flure, sowie Stufen oder Notausgänge.

Diese Bereiche sind hier aufzulisten und in die Brandschutzschutzpläne einzutragen. Entsprechende Rechtsgrundlagen hierzu sind anzugeben.

Siehe hierzu die ausführlichen Erläuterungen zur Sicherheitsbeleuchtung im Kapitel 34.

Zu 3.7 Anlagen, Einrichtungen und Geräte zur Brandbekämpfung

Feuerlöscheinrichtungen für Sonderbauten

Für einige Sonderbautypen werden in den entsprechenden Verordnungen und Richtlinien Feuerlöscheinrichtungen, wie Sprinkleranlagen und Schaummittellöschanlagen gefordert, so z.B. für Hochhäuser in der Muster-Hochhaus-Richtlinie [6.6] Absatz 6.3 (automatische Feuerlöschanlagen). Für Regelbauten gibt es in der Musterbauordnung keine solche Forderungen.

Festlegung des Löschmittels

Bei nichtgeregelten Sonderbauten wird durch den Brandschutzplaner in Verbindung mit dem Architekten festgelegt, ob eine Feuerlöschanlage für die zu beurteilende bauliche Anlage erforderlich ist und welches Löschmittel aufgrund der Art der Brandlast eingesetzt werden soll. Durch diese Festlegung ergibt sich auch der Typ der Löschanlage.

Festlegung der Art der Löschanlage

In den Absätzen „Zu 3.7.1" bis „Zu 3.7.5" werden diese unterschiedlichen Löschgeräte und -anlagen aufgeführt, die entsprechend der baulichen Anlage zum Tragen kommen können. Nur zutreffende Löschgeräte bzw. -anlagen werden nachfolgend in den Brandschutznachweis bzw. in das -konzept aufgenommen.

Zu 3.7.1 Tragbare Feuerlöscher

Handfeuerlöscher in Arbeitsstätten

Durch den Brandschutzplaner ist festzulegen, ob die zu beurteilende bauliche Anlage mit Handfeuerlöschern ausgerüstet werden muss. Wenn die gesamte Anlage oder Teile davon als Arbeitsstätte genutzt wird, sind diese Bereiche nach dem Anhang der Arbeitsstättenverordnung [6.22] „Anforderungen und Maßnahmen für Arbeitsstätten nach § 3 Absatz 1" Absatz 2.2 mit Feuerlöschern auszustatten.

Anzahl von Handfeuerlöschern

Der Brandschutzplaner kann das Löschvermögen sowie die Anzahl der Feuerlöscher mit Hilfe des Verfahrens zu ermitteln, das in der ASR A2.2 [6.23] beschrieben ist. Weiterhin ist von ihm festzulegen, wo die Feuerlöscher anzuordnen sind.

Diese Angaben sind hier zu dokumentieren, die Orte der Feuerlöscher sind in den Flucht- und Rettungsplänen anzugeben (siehe hierzu auch „Zu 5.1.2 Flucht- und Rettungspläne").

Siehe hierzu die ausführlichen Erläuterungen zu tragbaren Feuerlöschern im Absatz 31.1.

Zu 3.7.2 Wandhydranten Typ S

Wandhydranten Typ S in Arbeitsstätten

Bei der Ausstattung von Arbeitsstätten mit Löschern können auch Wandhydranten des Typs S anstatt oder zusätzlich zu den tragbaren Löschern eingesetzt werden. Die Wahl erfolgt durch den Brandschutzplaner in Verbindung mit dem Architekten und ist hier zu dokumentieren.

Siehe hierzu die ausführlichen Erläuterungen zu Wandhydranten im Absatz 31.2 a).

Zu 3.7.3 Wandhydranten Typ F

Abstimmung mit der Feuerwehr

Wandhydranten des Typs F werden für einige Sonderbauten in den entsprechenden Verordnungen und Richtlinien gefordert. Diese Hydranten sind Teil des Löschsystems der Feuerwehr. Ihr Einsatz muss deshalb in allen technischen Details mit der zuständigen Feuerwehrdienststelle abgestimmt werden.

Anordnung der Wandhydranten in Sonderbauten

Für einige Sonderbautypen werden die Räume, in denen Hydranten anzuordnen sind, in den entsprechenden Verordnungen und Richtlinien vorgegeben. Dies ist bei der Planung der Löschwasserversorgung durch den Brandschutzplaner zu beachten.

Die Entscheidungen sind in diesem Absatz zu dokumentieren, die Lage der Hydranten Typ F in die Brandschutz- und Feuerwehrpläne aufzunehmen.

Siehe hierzu die ausführlichen Erläuterungen zu Wandhydranten im Absatz 31.2 b).

Zu 3.7.4 Halbstationäre Löschanlagen

Aktivierung der halbstationären Anlagen

Halbstationäre Löschanlagen (nichtselbsttätige Feuerlöschanlagen) bestehen aus fest installierten trockenen Leitungen mit offenen Löschdüsen und einer Brandmeldeanlage, durch die im Brandfall ein Alarm an die Feuerwehr weitergeleitet wird. Das Rohrsystem, über das in der Regel Wasser als Löschmittel geführt wird, wird in definierten zu schützenden Bereichen angeordnet. Die Wassereinspeisung und damit die Aktivierung der Anlage erfolgt durch die Einsatzkräfte der Feuerwehr.

Einsatzbereiche von halbstationären Anlagen

Nichtselbsttätige Löschanlagen werden z.B. nach § 16 der Garagenverordnung [6.24] für geschlossene Garagen mit mehr als 20 Einstellplätzen auf kraftbetriebenen Hebebühnen (wenn jeweils mehr als zwei Kraftfahrzeuge übereinander angeordnet werden können) und in automatischen Garagen mit nicht mehr als 20 Einstellplätzen gefordert. Bei nichtgeregelten Sonderbauten ist durch den Brandschutzplaner festzulegen, ob eine halbstationäre Feuerlöschanlage zum Erreichen der brandschutztechnischen Schutzziele erforderlich ist.

Diese Löschanlagen sind besonders für Bereiche geeignet, die sich in frostexponierter Lage befinden, wie z.B. offene oder teiloffene Garagen. Da sich im Bereitschaftszustand in den Leitungen kein Wasser befindet, können sie bei Temperaturen unter 0 °C weder einfrieren noch platzen.

erforderliche feuerwehrtechnische Infrastruktur

Damit eine halbstationäre Anlage effizient genutzt werden kann, muss eine ausreichende Löschwassermenge und bei der Feuerwehr die entsprechenden Gerätschaften sowie eine ausreichende Ausbildung vorhanden sein. Dies beinhaltet eine kurze Hilfsfrist von ca. fünf bis höchstens acht Minuten. In der Regel kann diese Zeit nur von einer Werkfeuerwehr geleistet werden.

In der Planungsphase des gesamten Brandschutzsystems überprüft der Brandschutzplaner, ob für die zu bewertende bauliche Anlage eine Löschanlage erforderlich ist. Ist dies der Fall, untersucht er im nächsten Schritt, welcher Anlagentyp hierfür geeignet ist.

Festlegung der Details

In Verbindung mit der zuständigen Feuerwehrdienststelle und dem Architekten werden die betreffenden Details der halbstationären Anlage festgelegt, wie die Art der Löschwasserversorgung, die Löschwassermenge und die Einsatzzeit. Kann die Feuerwehr Teile dieser Anforderungen nicht erfüllen, ist eine andere Anlagenvariante zu wählen.

Sollte sich der Brandschutzplaner in Verbindung mit dem Architekten für eine halbstationäre Feuerlöschanlage entschieden haben, wird die Wahl in diesem Absatz unter Angabe der Randbedingungen und der Gründe dokumentiert.

Siehe hierzu die ausführlichen Erläuterungen zu halbstationären Löschanlagen im Absatz 31.4.

Zu 3.7.5 Stationäre (automatische) Löschanlagen

Wie bei einer halbstationären Löschanlage muss der Brandschutzplaner zuerst klären, ob eine stationäre Feuerlöschanlage für die zu bewertende bauliche Anlage erforderlich ist.

Anlagen in Sonderbauten

Im Brandschutzsystem von nahezu allen geregelten Sonderbauten werden Feuerlöschanlagen in den entsprechenden Verordnungen und Richtlinien für bestimmte bauliche Bereiche und räumliche Situationen gefordert.

Bei nichtgeregelten Sonderbauten legt der Brandschutzplaner fest, ob eine Feuerlöschanlage benötigt wird, um die Schutzziele des § 14 MBO [6.1] zu erreichen, eventuell unter Beteiligung der Feuerwehr. **nichtgeregelte Sonderbauten**

Kann der Brandschutzplaner die Art der zu löschenden Brandlast nicht offensichtlich ermitteln, wie bei Lagergütern, die nicht eindeutig festgelegt sind, muss diese in Verbindung mit dem Architekten und dem Bauherrn bestimmt werden. Hiernach wird die Art des Löschmittels festgelegt und somit auch der Typ der Löschanlage, die mit diesem Mittel betrieben wird. **Festlegung des Löschmittels**

Da Feuerlöschanlagen Teil des Löschsystems sind, muss die gewählte Anlage anschließend mit der Feuerwehr abgestimmt werden.

Die gewählte Feuerlöschanlage sowie die Ergebnisse der Absprache mit der zuständigen Feuerwehrdienststelle werden in diesem Absatz unter Angabe der Randbedingungen und der Gründe für die Wahl dokumentiert.

Siehe hierzu die ausführlichen Erläuterungen zu stationären (automatischen) Löschanlagen im Absatz 31.3.

Zu 3.8 Brandmeldeanlagen/Rauchmelder

Für geregelte Sonderbauten (bis auf Schulgebäude) werden Brandmeldeanlagen in den entsprechenden Verordnungen und Richtlinien gefordert. Meldeanlagen, die in Beherbergungsstätten, Hochhäusern, Industriebauten, Verkaufsstätten oder Versammlungsstätten angeordnet werden, müssen Brandmeldungen von der Brandmeldezentrale in diesen Gebäuden unmittelbar und automatisch an die Leitstelle der Feuerwehr (Feuerwehralarmierungsstelle) weiterleiten. **Weiterleitung der Brandmeldung**

Bei nichtgeregelten Sonderbauten entscheidet der Brandschutzplaner aufgrund der brandschutztechnischen Schutzziele, ob eine Brandmeldeanlage erforderlich ist. **nichtgeregelte Sonderbauten**

Da die Alarme dieser Meldeanlagen an die Feuerwehr weitergeleitet werden, ist auch die zuständige Feuerwehrdienststelle in die Planung einzubinden.

Für Wohngebäude sind Rauchwarnmelder vorgeschrieben, die als eigenständige Melder nicht mit einer Brandmeldeanlage zu verwechseln sind. **Rauchmelder in Wohngebäuden**

Ist aufgrund der baurechtlichen Forderungen sowie des Schutzbedürfnisses der baulichen Anlage eine Brandmeldeanlage erforderlich, muss ein Brandmeldekonzept erstellt werden, das in das Gesamtsystem des Brandschutzes eingebunden wird. **Brandmeldekonzept im Gesamtsystem**

Das Konzept ist aufgrund des Überwachungsumfangs entsprechend der Kategorie der Brandmeldeanlage zwischen dem Auftraggeber, dem Brandschutzplaner und den weiteren Beteiligten abzustimmen. Die weiteren Beteiligten können z.B. Vertreter der Bauaufsichtsbehörde, der Brandschutzdienststellen der Feuerwehr oder der Versicherungen sein. **Abstimmung des Konzeptes**

Der Brandschutzplaner legt in Zusammenarbeit mit dem Architekten die Anforderungen an die Brandmeldeanlage fest, die durch die technische Fachplanung sowie die ausführende Firma umgesetzt werden.

Siehe hierzu die ausführlichen Erläuterungen zu Brandmeldeanlagen in den Kapiteln 26 und 27.

Zu 3.9 Alarmierungseinrichtungen

Vorgaben von Sonderbaubestimmungen

Alarmierungseinrichtungen werden als Teil von Brandmeldeanlagen in geregelten Sonderbauten eingesetzt. Der Brandschutzplaner legt aufgrund der Verordnungen und Richtlinien fest, ob die zu beurteilende bauliche Anlage mit einer Alarmanlage ausgestattet werden muss. Für Hochhäuser, Industriebauten, Schulgebäude, Verkaufsstätten und Versammlungsstätten werden sie in den Sonderbaubestimmungen gefordert.

nichtgeregelte Sonderbauten

Bei nichtgeregelten Sonderbauten entscheidet der Brandschutzplaner aufgrund der brandschutztechnischen Schutzziele, ob eine Alarmanlage erforderlich ist. Hierbei ist zu beachten, dass diese Anlagen für fast alle geregelten Sonderbautypen gefordert werden. Sie können aufgrund dieser sowieso vorhandenen Forderung bei nichtgeregelten Sonderbauten nicht als äquivalente Lösung für bauliche oder technische Forderungen genutzt werden.

Festlegung der Alarmierungsbereiche

Durch den Brandschutzplaner werden in Zusammenarbeit mit dem Architekten die Bereiche festgelegt, die mit Alarmanlagen versehen werden sollen, sowie die Anforderungen, die durch die technische Fachplanung und die ausführende Firma umgesetzt werden sollen.

Diese Informationen sind in diesem Absatz zu dokumentieren.

Siehe hierzu die ausführlichen Erläuterungen zu Alarmierungseinrichtungen im Kapitel 28.

Zu 3.10 Blitzschutzanlagen

Durch den Brandschutzplaner ist zu prüfen, ob die zu bewertende bauliche Anlage mit einer Blitzschutzanlage versehen werden muss.

Anlagen in geregelten Sonderbauten

Für einige geregelte Sonderbauten wird eine Blitzschutzanlage in den entsprechenden Verordnungen und Richtlinien vorgeschrieben. Z.B. wird sie für Versammlungsstätten in § 14 Absatz 4 der Muster-Ver-sammlungsstättenverordnung und in Verkaufsstätten nach § 19 der Muster-Verkaufsstättenverordnung gefordert. In diesen Fällen hat der Brandschutzplaner in der Regel keinen Spielraum für eine abweichende Entscheidung.

Anlagen in nichtgeregelten Sonderbaute

Für Regelbauten, nichtgeregelte Sonderbauten und Sonderbauten, für die eine Blitzschutzanlage nicht explizit gefordert wird, liegt seiner Entscheidung das Schutzziel der Landesbauordnung zugrunde. Nach § 46 MBO [6.1] ist eine solche Anlage erforderlich, wenn entweder ein Blitzeinschlag leicht eintreten kann oder wenn schwere Folgen dadurch zu erwarten sind.

Die Entscheidung des Brandschutzplaners mit Begründung ist in diesem Absatz zu dokumentieren.

Die Planung der Anlage ist durch einen Fachplaner für Blitzschutzanlagen vorzunehmen.

Siehe hierzu die ausführlichen Erläuterungen zu Blitzschutzanlagen im Kapitel 29.

Zu 3.11 Löschwasseranlagen trocken/nass (trockene/nasse Steigleitung)

Steigleitungen für Hydranten

Bei der Entscheidung des Brandschutzplaners, ob nasse oder trockene Steigleitungen zur Wasserversorgung für Hydranten angeordnet werden, ist zuerst zu klären, ob sie den Typ S (Selbsthilfe) oder F (Feuerwehr) versorgen sollen.

nasse und nass/trockene Steigleitungen

Hydranten des Typs S sind Löscheinrichtungen, die durch fachliche „Laien" zur Erstbekämpfung eines Entstehungsbrandes bedient werden sollen. Damit diese Hydranten unmittelbar nach Auslösung einsatzbereit sind, muss das Löschwasser entweder ständig bis zur Entnahmestelle stehen oder nach Auslösung automatisch eingespeist werden. Für diesen Typ sind deshalb Steigleitungen nass oder nass/trocken erforderlich.

Die Trink- und Löschwasserversorgung sowie das Detail der Anbindung Steigleitung/Trinkwassernetz erfolgt durch den Planer für Heizungs-, Klima-, Lüftungs- und Sanitärtechnik (HKLS-Planer).

trockene und nasse Steigleitungen

Trockene Steigleitungen können nur bei Wandhydranten des Typs F eingesetzt werden, da die Wassereinspeisung in der Regel durch die Feuerwehr erfolgt. Alternativ ist hier auch eine nasse Steigleitung möglich, wenn die erforderliche Wassermenge mit dem erforderlichen Wasserdruck während des Brandes zur Verfügung steht.

Abstimmung mit der Feuerwehr

Die Entscheidung, ob Hydranten des Typs F mit trockenen oder nassen Steigleitungen ausgerüstet werden, ist mit der Feuerwehr abzustimmen, da hiervon die Art der Wasserversorgung abhängig ist.

Die Festlegungen sowie die Begründungen und gegebenenfalls die Abstimmung mit der Feuerwehr sind in diesem Absatz zu erfassen.

Die Art der Steigleitung ist in den Feuerwehr- und Brandschutzplänen zu dokumentieren.

Siehe hierzu die ausführlichen Erläuterungen zu Steigleitungen im Absatz 31.2.

Zu 3.12 Feststellanlagen für Brand- und Rauchschutztüren

Abschlüsse in Brandwänden

Feststellanlagen für Abschlüsse (häufig für Türen) werden im Baurecht nur in einigen baulichen Situationen direkt gefordert. Zum Beispiel müssen Türen in Brandwänden von Verkaufsstätten nach der Muster-Verkaufsstättenverordnung § 6 Absatz 4 mit einer Feststellanlage versehen werden. Für alle anderen Abschlüsse sind sie nicht zwingend vorgeschrieben.

stark frequentierte Bereiche

Um zu verhindern, dass Türen durch Keile oder andere Gegenstände rechtswidrig offengehalten werden, sollten diese Abschlüsse in stark frequentierten Bereichen mit bauaufsichtlich zugelassenen Feststellanlagen versehen werden. Dies kann durch den Brandschutzplaner in Verbindung mit dem Architekten und dem Bauherrn festlegt werden.

Die Entscheidung mit Angabe der Feststellanlagen für die entsprechenden Abschlüsse ist in diesem Absatz zu dokumentieren und in die Brandschutzpläne einzutragen.

Siehe hierzu die ausführlichen Erläuterungen zu Feststellanlagen für Brand- und Rauchschutzabschlüsse im Absatz 32.9.

Zu 4. Abwehrender Brandschutz

Zu 4.1 Feuerwehr und Zugänglichkeit des Objekts

Zu 4.1.1 Zu-/Durchgang sowie Zu-/Durchfahrt für die Feuerwehr

erforderliche Zuwegung

Ist vertraglich vereinbart, dass der Brandschutzplaner die Feuerwehrflächen (Zufahrten, Bewegungs- und Aufstellflächen) fachlich zu erarbeiten hat, überprüft er zuerst, ob ein Durch- oder Zugang bzw. eine Durch- oder Zufahrt zu dem brandschutztechnisch zu bewertenden Gebäude erforderlich ist.

rückwärtige Gebäude

Dies trifft zu, wenn es sich um ein rückwärtiges Gebäude handelt, es also nicht direkt an einer öffentlichen Verkehrsfläche gelegen ist. Hierbei ist es unerheblich, ob der vordere Bereich bebaut oder unbebaut ist.

Rettungsweg über Geräte der Feuerwehr

Zu anderen Gebäuden ist ebenfalls ein Zuweg oder eine Zufahrt erforderlich, wenn der zweite Rettungsweg planmäßig über Rettungsgeräte der Feuerwehr führt. Unter diesen „anderen" Gebäuden sind z.B. Wohngebäude in geschlossener Bauweise zu verstehen, die an einer öffentlichen Verkehrsfläche angeordnet sind und bei denen der zweite Rettungsweg der Wohnungen auf der Rückseite des Gebäudes ebenfalls planmäßig von der Feuerwehr sichergestellt werden soll. Um hier Rettungsarbeiten durchführen zu können, muss die Feuerwehr über eine Durch- oder Zufahrt an die Hinterseite des Gebäudes gelangen können.

Entfernung zu öffentlichen Verkehrsflächen

Wenn es aus feuerwehrtaktischen Gründen erforderlich ist, müssen Gebäude, die mehr als 50 m von einer öffentlichen Verkehrsfläche entfernt gelegen sind, durch eine Zu- oder Durchfahrt sowohl mit den vorderen als auch mit den hinteren Grundstücksteilen verbunden sein. Die Ausführung ist mit der Feuerwehr abzustimmen.

Wenn durch den Brandschutzplaner festgestellt wird, dass eine Zuwegung erforderlich ist, muss festgelegt werden, ob ein Zugang ausreichend ist oder ob eine Zufahrt erforderlich wird.

Zufahrt bei oberster Rettungsstelle > 8 m

Nach § 5 Absatz 1 ist eine Durch- oder Zufahrt erforderlich, wenn sich die oberste Rettungsstelle (Oberkante der Brüstung von Fenstern oder anderen Rettungsstellen) mehr als 8 m über der Geländeoberfläche befindet. Liegt sie weniger als 8 m über der Geländeoberfläche, ist ein Durch- oder Zugang ausreichend.

Planung der Zuwegung

Nachdem der Brandschutzplaner diese Festlegungen getroffen hat, überprüft er die tatsächliche bauliche Situation. Dies geschieht in der Regel anhand von amtlichen Lageplänen in Verbindung mit den Architektenplänen. Die Vorgaben für die Zuwegung, die der „Muster-Richtlinie über Flächen für die Feuerwehr" [6.9] entnommen werden können, wie z.B. die Tragfähigkeit und das Lichtraumprofil, werden in diesem Absatz aufgelistet. Hier ist zu beachten, dass anstelle der nicht mehr gültigen nationalen Norm DIN 1055 Teil 3 [6.25] die europäische Norm DIN EN 1991-1-1 [6.26] in Verbindung mit der DIN EN 1991-1-1/NA [6.27] anzuwenden ist und dass die Feuerwehrflächen mindestens entsprechend der Straßen-Bauklasse VI (Richtlinie für Standardisierung des Oberbaues von Verkehrsflächen – RStO) [6.28] zu befestigen sind.

Änderung der Planungsgrundlagen

Diese Änderungen werden in der Muster-Verwaltungsvorschrift Technische Baubestimmungen (MVV TB) [6.8] Anlage A 2.2.1.1/1. erläutert.

Die Festlegungen sind mit dem Architekten abzusprechen und die Ergebnisse hier aufzuzeichnen.

Siehe hierzu die ausführlichen Erläuterungen zu Zufahrten und Zugängen auf Grundstücken im Kapitel 20 und im Absatz 40.1.

Zu 4.1.2 Bewegungsflächen für die Feuerwehr

Der Brandschutzplaner legt die Bewegungsflächen für Feuerwehrfahrzeuge nach den örtlichen Gegebenheiten fest. Die erforderlichen Größen sind der „Muster-Richtlinie über Flächen für die Feuerwehr" zu entnehmen [6.9]; gegebenenfalls, sind die Hinweise der örtlichen Feuerwehr zu beachten.

Auch bei der Planung der Bewegungsflächen sind die aktuellen Änderungen nach der MVV TB [6.8] Anlage A 2.2.1.1/1 zu berücksichtigen.

Da die Planungsergebnisse Teil des Gesamtkonzepts des Außenbereichs sind, sind sie mit dem Architekten abzustimmen und hier zu dokumentieren.

Siehe hierzu auch die ausführlichen Erläuterungen zu Bewegungsflächen für die Feuerwehr im Absatz 40.2.

Zu 4.1.3 Aufstellflächen für die Feuerwehr

Abstand der Feuerwehrfahrzeuge zur Fassade

Wie bei den Zufahrten und den Bewegungsflächen bestimmt der Brandschutzplaner die Aufstellflächen für Feuerwehrfahrzeuge nach den örtlichen Gegebenheiten. Sie müssen in einem festgelegten Abstand zur Fassade angeordnet werden, damit die Leitern der Feuerwehr im Einsatzfall den entsprechenden Neigungswinkel aufweisen. Die Flächen können senkrecht oder parallel zur Fassade geplant werden. Die erforderlichen Größen sind der „Muster-Richtlinie über Flächen für die Feuerwehr" [6.9] zu entnehmen; gegebenenfalls sind die Hinweise der örtlichen Feuerwehr zu beachten.

Planung der Aufstellflächen

Auch bei der Planung der Bewegungsflächen sind die aktuellen Änderungen nach der MVV TB [6.8] Anlage A 2.2.1.1/1 zu berücksichtigen.

Da die Planungsergebnisse Teil des Gesamtkonzepts des Außenbereichs sind, sind diese Flächen ebenfalls mit dem Architekten abzustimmen. Die Entscheidungen sind hier aufzuzeigen und die Flächen in die Feuerwehr- und Brandschutzpläne einzuzeichnen.

Siehe hierzu auch die ausführlichen Erläuterungen zu Aufstellflächen für die Feuerwehr im Absatz 40.3.

Zu 4.1.4 Planmäßige Feuerwehrzugänge

zerstörungsfreier Zugang

Um der Feuerwehr bei einem Einsatz einen zerstörungsfreien Zugang zu Gebäuden mit einer Brandmeldeanlage und, falls vorhanden, mit einer Löschanlage zu ermöglichen, muss sichergestellt werden, dass das Gebäude jederzeit zugänglich ist.

Diese Forderung wird erfüllt, wenn z.B. eine Pförtnerloge ständig besetzt ist. Alternativ darf ein Feuerwehr-Schlüsseldepot (FSD) angeordnet werden, in dem ein Zugangsschlüssel deponiert wird.

Klasse des Schlüsseldepots nach Risikostufe

Die Feuerwehr-Schlüsseldepots gibt es in drei Ausführungen (FSD 1 bis 3), die sich in den Sicherheitsklassen unterscheiden.

Sollte keine ständig besetzte Stelle in der zu beurteilenden baulichen Anlage vorhanden sein, legt der Brandschutzplaner aufgrund der organisatorischen und baulichen Gegebenheiten die Risikostufe fest (geringes, mittleres und hohes Risiko).

Die Ausführungsdetails müssen mit dem Architekten und der Feuerwehr abgestimmt und hier dokumentiert werden.

Siehe hierzu auch die ausführlichen Erläuterungen zu planmäßigen Feuerwehrzugängen im Absatz 40.4

Zu 4.2 Löschwasserversorgung und -entsorgung

Zu 4.2.1 Erforderliche Löschwassermenge

Löschwassermenge nach DVGW-Arbeitsblatt

Der Brandschutzplaner legt die Löschwassermenge aufgrund der örtlichen Gegebenheiten nach dem Arbeitsblatt W 405 „Bereitstellung von Löschwasser durch die öffentliche Trinkwasserversorgung" [6.29] des Deutschen Vereins des Gas- und Wasserfaches e.V. (DVGW) fest. Hierzu ermittelt er zuerst die Nutzung des Gebietes, in dem sich die zu beurteilende bauliche Anlage befindet.

örtliche Gegebenheiten nach Bebauungsplan

Falls ein Bebauungsplan für das Gebiet existiert, kann der Planer diese Information daraus entnehmen; ist kein solcher Plan vorhanden, kann er diese Auskunft in der Regel von der Kommune erhalten. Da die Nutzung nach der Baunutzungsverordnung [6.30] festgelegt wird, kann auch dieses Regelwerk zur Festlegung herangezogen werden.

Geschossflächenzahl

Als nächstes benötigt der Brandschutzplaner die Geschossflächenzahl (GFZ) bzw. bei Industriebauten die Baumassenzahl (BMZ) sowie die Anzahl der Vollgeschosse der baulichen Anlage. Diese Werte kann der Planer der Baubeschreibung des Architekten entnehmen.

Brandausbreitungsgefahr

Entsprechend der Bauart der baulichen Anlage muss der Brandschutzplaner nach dem DVGW-Arbeitsblatt W 405 [6.29] die Gefahr der Brandausbreitung festlegen (gering, mittel, groß). Mit diesen Angaben kann der Grundschutz nach Tabelle 1 (des Arbeitsblattes) bzw. Tabelle 5.2 (Absatz 41.1) ermittelt werden.

Löschwassermenge in ländlichen Ansiedlungen

Befindet sich das zu beurteilende Gebäude in einer kleinen ländlichen Ansiedlung (2 bis 10 Anwesen), ist der Löschwasserbedarf mit 48 m^3/h anzusetzen. Für Industriebauten wird die Löschwassermenge entsprechend der Größe des Brandabschnitts bzw. der Brandabschnittsfläche nach der Muster-Industriebau-Richtlinie [6.31] festgelegt.

Die Schritte bei der Ermittlung des Löschwasserbedarfs sowie der Wert selbst sind in diesem Absatz zu dokumentieren.

Objektschutz

Für bauliche Anlagen, bei denen der Grundschutz nicht ausreichend ist, muss ein Objektschutz durch die zuständige Dienststelle der Feuerwehr festgestellt werden. Die Ergebnisse sind in diesem Absatz anzugeben.

unterschiedliche Wasserentnahmestellen

Die Wasserentnahmestelle (offene Gewässer, Brunnen, Behälter oder öffentliches Trinkwassernetz) ist mit der zuständigen Stelle der Feuerwehr, dem Wasserversorgungsunternehmen (sofern das Löschwasser aus dem Trinkwassernetz entnommen wird) und dem Bauherrn abzustimmen.

Das Ergebnis wird in diesem Absatz dokumentiert.

> Siehe hierzu auch die ausführlichen Erläuterungen zur erforderlichen Löschwassermenge im Absatz 41.1.

Zu 4.2.2 Löschwasser-Rückhalteanlagen

Einteilung von wassergefährdenden Stoffe

Durch den Brandschutzplaner ist mit dem Betreiber der baulichen Anlage und gegebenenfalls mit dem Wasserversorgungsunternehmen einzustufen, ob wassergefährdende Stoffe bei einem Brand austreten oder entstehen können. Sind solche Stoffe vorhanden, müssen sie in die entsprechende Wassergefährdungsklasse (WGK) eingestuft werden, z.B.

- Ottokraftstoffe (Vergaserkraftstoffe) in die WGK 1,
- Heizöl in die WGK 2 und
- Salzsäure in die WGK 3.

Berechnung der kontaminierten Löschwassermenge

Das Volumen des rückzuhaltenden Löschwassers ergibt sich aus dem Volumen, der Dichte und dem Ort des Lagergutes (z.B. im Freien oder in einem Gebäude) sowie der feuerwehrtechnischen Infrastruktur.

Aufgrund des erhöhten Gefahrenpotenzials wird die errechnete Löschwassermenge dann mit einem prozentualen Zuschlag vergrößert. Die Berechnungsansätze sowie die Ergebnisse werden in diesem Absatz dokumentiert.

Die Lage im Gebäude bzw. auf dem Grundstück sowie die Größe der Rückhalteanlage (z.B. Löschwassersperren und/oder Abflusseinrichtungen) können vom Architekten in Verbindung mit einem Fachingenieur der Wasserwirtschaft sowie einem Tragwerksplaner (Statiker) durch Konstruktion und Bemessung festgelegt werden.

> Siehe hierzu auch die ausführlichen Erläuterungen zu Löschwasser-Rückhalteanlagen im Absatz 41.2

Zu 5. Organisatorischer Brandschutz

Zu 5.1 Pläne

Zu 5.1.1 Feuerwehrpläne

Pläne zur Orientierung der Feuerwehr

Feuerwehrpläne dienen zur Orientierung der Feuerwehrmitarbeiter in baulichen Anlagen und werden in der Regel nur für Sonderbauten erstellt. In der Musterbauordnung [6.1] werden sie für Regelbauten nicht gefordert.

Feuerwehrpläne in Sonderbauten

Der Brandschutzplaner legt zuerst fest, ob Feuerwehrpläne aufgrund der Sonderbauverordnungen oder -richtlinien gefordert werden bzw. ob sie für nichtgeregelte Sonderbauten erforderlich sind. Da diese Pläne bis auf Garagen für alle geregelten Sonderbauten gefordert werden, sollten sie auch für alle nichtgeregelten Sonderbauten im Brandschutznachweis bzw. -konzept als Teil des Gesamtkonzepts vorgesehen werden.

DIN 14095 und Merkblätter

Die Brandschutzpläne werden durch den Brandschutzplaner im Allgemeinen nach den Vorgaben der DIN 14095 [6.32] erstellt. Einige Kommunen geben Merkblätter heraus, in denen Ergänzungen und/oder Änderungen zu diesen Regeln enthalten sind. Diese Forderungen sind in die Pläne einzuarbeiten. Die fertigen Pläne sind mit der zuständigen Dienststelle der Feuerwehr abzustimmen und von ihr genehmigen zu lassen.

Wenn keine schriftlichen Regeln existieren, ist eine Rücksprache mit der zuständigen Dienststelle der Feuerwehr schon vor der Erstellung der Pläne erforderlich.

Siehe hierzu auch die ausführlichen Erläuterungen zu Feuerwehrplänen im Absatz 38.2.

Zu 5.1.2 Flucht- und Rettungspläne

Flucht- und Rettungspläne dienen zur Orientierung der Nutzer von baulichen Anlagen, um im Brandfall einen sicheren Bereich erreichen zu können.

Pläne für Arbeitsstätten

Sie sind für Arbeitsstätten und Hochhäuser vorgeschrieben. In Regelbauten werden sie nach den Vorgaben der Musterbauordnung [6.1] nicht gefordert.

In Absprache mit dem Arbeitgeber wird vom Brandschutzplaner festgelegt, ob Flucht- und Rettungspläne für die zu beurteilende Arbeitsstätte erforderlich sind.

Flucht- und Rettungsplänen nach DIN ISO 23601

Falls sie erforderlich sind, werden die Flucht- und Rettungspläne vom Brandschutzplaner nach den Vorgaben der DIN ISO 23601 [6.33] erstellt. Hierbei ist darauf zu achten, dass die Pläne gut lesbar gestaltet werden und die Erste-Hilfe-Einrichtungen sowie die Lage der Sammelstellen enthalten sind. Weiterhin sind die Regeln für das Verhalten im Brandfall und bei Unfällen in kurzer Form in jeden Flucht- und Rettungsplan aufzunehmen.

Orte des Aushangs von Flucht- und Rettungsplänen

Durch den Brandschutzplaner werden die Orte festgelegt, an dem die Pläne auszuhängen sind. Geeignete Stellen sind Bereiche, an denen sich häufig Menschen aufhalten, wie z.B. Flächen vor Aufzugsanlagen, Pausenräume und Kreuzungspunkte von Verkehrswegen.

Es ist darauf zu achten, dass die Inhalte der Flucht- und Rettungspläne mit der Beschilderung der Fluchtwege übereinstimmen (siehe hierzu auch Absatz „Zu 5.2").

Siehe hierzu auch die ausführlichen Erläuterungen zu Flucht- und Rettungsplänen im Absatz 38.1.

Zu 5.2 Kennzeichnung der Rettungswege

Beschilderung in Sonderbauten

Für geregelte Sonderbauten wird eine Kennzeichnung der Rettungswege in den entsprechenden Richtlinien und Verordnungen festgelegt, wie in der Hochhaus-Richtlinie. Dort wird im Absatz 4.1.3 gefordert, dass Rettungswege mit Sicherheitszeichen dauerhaft und gut sichtbar gekennzeichnet sein müssen. In Regelbauten ist eine Beschilderung der Rettungswege grundsätzlich nicht erforderlich.

Rettungswege in Arbeitsstätten

Die geregelten Sonderbauten werden bis auf Garagen, Wohnhochhäuser und Teile von Versammlungsstätten als Arbeitsstätten genutzt. Aus diesem Grund gelten für diese baulichen Anlagen die „Technischen Regeln für Arbeitsstätten (ASR)".

Die Kennzeichnung der Fluchtwege, Notausgänge, Notausstiege und Türen im Verlauf von Fluchtwegen erfolgt nach den Vorgaben der ASR A1.3 „Sicherheits- und Gesundheitsschutzkennzeichnung" [6.16].

Bild 6.1: Rettungswegzeichen im Verlauf eines Rettungsweges

Bild 6.2: Rettungswegzeichen für unterschiedliche Ausgänge

Erkennbarkeit von Rettungswegzeichen

Rettungswegzeichen müssen deutlich erkennbar sein. Diese Forderung gilt als erfüllt, wenn die Zeichen in geeigneter Höhe angebracht und ausreichend natürlich oder künstlich beleuchtet sind. Sollte eine Beleuchtung nicht möglich sein (z.B. im Kellerbereich), können auch Zeichen aus langnachleuchtenden Materialien verwendet werden.

Größe von Rettungswegzeichen

Die Größe der Zeichen ist abhängig von der Erkennungsweite. Die Vorzugsgrößen werden in Tabelle 3 der ASR A1.3 [6.16] angegeben.

Zu 5.3 Brandschutzordnung

Brandschutzordnungen können von Brandschutzplanern oder Brandschutzbeauftragten erstellt werden.

Gehört der organisatorische Brandschutz zum Leistungsumfang des Brandschutzplaners, legt dieser zuerst fest, ob in der zu beurteilenden baulichen Anlage eine Brandschutzordnung erforderlich ist.

Brandschutzordnung für Sonderbauten

Für die meisten geregelten Sonderbauten ist sie vorgeschrieben. Für Garagen wird sie in der Muster-Garagenverordnung nicht gefordert, und in Industriebauten muss sie z.B. dann aufgestellt werden, wenn Art und Nutzung des Industriegebäudes dies erfordern. Die Festlegung, ob diese Forderung auf das zu beurteilende Gebäude zutrifft, legt der Brandschutzplaner im Einvernehmen mit der zuständigen Brandschutzdienststelle der Feuerwehr fest. Eine Brandschutzordnung muss in Industriebauten immer dann aufgestellt werden, wenn die Summe aller Brandabschnittsflächen bzw. aller Brandbekämpfungsabschnittsflächen eine Größe von 2.000 m^2 überschreitet.

Anfertigung nach DIN 14096

Die Brandschutzordnung wird nach DIN 14096 [6.34] für unterschiedliche Personenkreise aufgestellt. Bei der Erstellung der Teile A, B und C sind besonders die Hinweise der örtlichen Feuerwehr zu beachten, die zum Teil als Merkblätter veröffentlicht werden.

Für kleine übersichtliche Sonderbauten, die eine Brandschutzordnung benötigen, kann die Erstellung des Teils A ausreichend sein. Diese Entscheidung ist mit der zuständigen Dienststelle der Feuerwehr abzustimmen.

Teil A für alle Nutzer der baulichen Anlage

Der Teil A ist ein Aushang für alle Nutzer eines Gebäudes, der mindestens in der Größe DIN A4 erstellt werden muss. Er ist an gut sichtbarer Stelle anzubringen. Häufig wird er dort angeordnet, wo auch Flucht- und Rettungspläne ausgehängt werden, z.B. in der Nähe von Aufzügen.

Personen ohne besondere Aufgaben

Der Teil B richtet sich an Personen, die sich nicht nur vorübergehend im Gebäude aufhalten und die keine besonderen Schutzaufgaben erfüllen. Er kann in Form von Merkblättern, Broschüren oder in elektronischer Form erstellt werden.

Struktur des Teils B

Die Struktur des Teils B ist in der DIN 14096 [6.34] vorgegeben. In diesem Teil werden dreizehn Themenpunkte (a bis m) aufgelistet, die durch den Brandschutzplaner auf das zu beurteilende Gebäude bezogen erläutert werden müssen, wie das Verhalten im Brandfall unter Punkt g). Treffen nicht alle Themen auf die bauliche Situation zu, können sie weggelassen werden, zusätzliche Themen dürfen jedoch nicht hinzugefügt werden. Der Teil B wird, wie auch der Teil C, nicht öffentlich ausgehängt.

Struktur des Teils C

Der Teil C richtet sich an Personen, die im Brandschutzsystem der baulichen Anlage besondere Aufgaben haben. Auch dieser Teil hat eine vorgegebene Gliederung (a bis h), deren Inhalt der Brandschutzplaner entsprechend dem Brandschutznachweis bzw. -konzept plant und schriftlich festlegt. Wie im Teil B können auch hier Teile weggelassen werden, die nicht zutreffen. Das Hinzufügen von Themen ist ebenfalls nicht zulässig.

Die fertige Brandschutzordnung ist mit der zuständigen Dienststelle der Feuerwehr und dem Brandschutzplaner abzustimmen.

Siehe hierzu auch die ausführlichen Erläuterungen zur Brandschutzordnung im Kapitel 37.

Zu 5.4 Brandschutzbeauftragter

Bestellung von Brandschutzbeauftragten

Brandschutzbeauftragte werden von Arbeitgebern beauftragt, den betrieblichen Brandschutz im Unternehmen wahrzunehmen. Grundsätzlich kann jeder Unternehmer einen geeigneten Beauftragten bestellen. Für einige bauliche Anlagen sind sie rechtlich vorgeschrieben.

Ob ein Brandschutzbeauftragter für das zu beurteilende Gebäude erforderlich ist, wird durch den Brandschutzplaner geprüft und festgelegt.

Rechtsgrundlagen zur Bestellung

Für Arbeitsstätten mit erhöhter Brandgefährdung (nach den „Technischen Regeln für Arbeitsstätten" ASR A2.2 Tabelle 4) sollte ein Brandschutzbeauftragter benannt werden.

In folgenden Sonderbauten müssen sie aufgrund der entsprechenden Musterrichtlinien und -verordnungen bestellt werden:

- in Hochhäusern,
- in Industriebauten (ab einer Brandabschnittsfläche bzw. Brandbekämpfungsabschnittsfläche von 5.000 m²),
- in Versammlungsstätten und
- in Verkaufsstätten.

In diesem Absatz wird dokumentiert, ob ein Brandschutzbeauftragter erforderlich bzw. nicht erforderlich ist.

Die Kontaktdaten des Brandschutzbeauftragten sind der zuständigen Dienststelle der Feuerwehr mitzuteilen. Die Beauftragung erfolgt schriftlich durch den Arbeitgeber.

Siehe hierzu auch die ausführlichen Erläuterungen zum Brandschutzbeauftragten im Kapitel 39.

Zu 5.5 Brandschutz auf Baustellen

Bauzustände und das fertige Gebäude

Bei der Planung und Herstellung eines Neubaus kann der Brandschutz dieser baulichen Anlage in zwei zeitliche Abschnitte aufgeteilt werden – in die Erstellung eines Brandschutznachweises bzw. -konzepts für das fertige Gebäude sowie in die Planung des Brandschutzes während der Bauphase. Werden beide Nachweise beauftragt, kann der Brandschutzplaner den Nachweis zur Baustelle in diesem Absatz führen. Dies gilt auch für Baustellen in Bestandsgebäuden.

Brandschutz aufgrund der 4 Schutzziele

Da sich ein Gebäude mit zunehmendem Baufortschritt fortlaufend verändert, muss der Brandschutz auf der Baustelle dieser Entwicklung angepasst und die Planung regelmäßig überarbeitet werden.

Der Brandschutz auf einer Baustelle wird mit Hilfe der vier Schutzziele des § 14 MBO geplant und ausgeführt.

2. Schutzziel ist nur eingeschränkt zu erreichen

Die baulichen und anlagentechnischen Brandschutzmaßnahmen sind auf einer Baustelle nur auf wenige Schutzelemente begrenzt, die dem Planer zur Verfügung stehen. Im Rohbauzustand fehlen in der Regel die raumabschließenden Bauteile. Erst im Ausbauzustand werden Abschlüsse in den Öffnungen dieser Bauteile (Wänden und Decken) angeordnet und damit die abschottende Wirkung erst zu einem späten Zeitpunkt erreicht. Das 2. Schutzziel „Vorbeugung der Ausbreitung von Feuer und Rauch" kann deshalb auf einer Baustelle erst kurz vor Fertigstellung der baulichen Anlage vollständig erreicht werden.

1. Schutzziel: Verbot von offenem Feuer

Das 1. Schutzziel „der Entstehung eines Brandes muss vorgebeugt werden" kann durch geeignete Maßnahmen auf der Baustelle erreicht werden, wie durch das Verbot von offenem Feuer, die zeitnahe Entsorgung von brennbaren Stoffen, die auf der Baustelle nicht mehr benötigt werden, oder durch besondere Überwachung sowie die Bereitstellung von Feuerlöschern bei feuergefährlichen Arbeiten (z.B. Schweiß- oder Schleifarbeiten).

3. Schutzziel wird durch temporäre Fluchtwege erreicht

Um bei einem Brand das 3. Schutzziel „die Rettung von Menschen muss möglich sein" zu erreichen, müssen Personen, die sich auf der Baustelle befinden, sich ins Freie retten können.

Hierzu legt der Brandschutzplaner in Verbindung mit dem Bauleiter und den ausführenden Firmen die Lage von Fluchtwegen fest. Die Breite der Fluchtwege wird aufgrund der höchstmöglichen Nutzeranzahl bestimmt. Bei großen und/oder unübersichtlichen Baustellen müssen die Fluchtwege mit einer Fluchtwegbeschilderung versehen und dazu Flucht- und Rettungspläne erstellt werden. Auch eine Brandschutzordnung ist zu erstellen, die auf die Baustellensituation angepasst werden muss.

Der Verlauf der Fluchtwege ist durch den Brandschutzplaner regelmäßig zu überprüfen und dem Baufortschritt anzupassen. Sie können auf Baustellen, abweichend von den Regeln für fertiggestellte Gebäude, z.B. auch über Gerüste oder Leitern geführt werden.

Die Flucht- und Rettungspläne sind an geeigneten Stellen auszuhängen, z.B. am „Schwarzen Brett".

4. Schutzziel wird durch Löscher erreicht

Um das 4. Schutzziel „wirksame Löscharbeiten müssen möglich sein" umzusetzen, muss die Baustelle nach den Vorgaben des Brandschutzplaners mit einer ausreichenden Anzahl von Löscheinrichtungen, wie Handfeuerlöschern oder Hydranten mit Schläuchen, ausgerüstet werden. Außerdem ist sicherzustellen, dass ausreichend Löschwasser vorhanden ist. Die Entnahmestellen sollten zwischen dem Planer und der zuständigen Feuerwehrdienststelle abgestimmt werden. In schwer zugänglichen Bereichen der Baustelle kann auch eine trockene Steigleitung erforderlich werden.

Die Brandschutzmaßnahmen während der Bauphase werden mit ihren Änderungen in gesonderten Nachweisen schriftlich niedergelegt.

Siehe hierzu auch die ausführlichen Erläuterungen zum Brandschutz auf Baustellen im Kapitel 21.

Zu 6. Abweichungen und Kompensationsmaßnahmen

In der Bauordnung sowie in Vorschriften, die aufgrund der Anforderungen der Bauordnung erlassenen wurden, werden bautechnische, anlagentechnische und/oder organisatorische Details für bestimmte bauliche Situationen vorgegeben. Wenn sich diese Vorgaben aufgrund von architektonischen oder baulichen Bedingungen nicht umsetzen lassen, ist es grundsätzlich möglich, eine andere, gleichwertige bauliche, technische oder organisatorische Lösung (eine Kompensationsmaßnahme) zu realisieren. Diese Abweichungen von den Vorgaben des Baurechts müssen durch die Aufsichtsbehörde bzw. durch den Brandschutzprüfer (bzw. Prüfsachverständige für Brandschutz) genehmigt werden.

Maßnahmen mit gleichem Sicherheitsniveau

Es ist darauf zu achten, dass in einem Brandschutznachweis bzw. -konzept nur Maßnahmen als Äquivalente angesetzt werden, die das gleiche Sicherheitsniveau erreichen, wie die ursprüngliche bauliche oder technische Lösung.

Beispielsweise ist eine Alarmierungsanlage als äquivalente Maßnahme für bauliche oder technische Forderungen aus dem Baurecht ungeeignet, da sie mit Ausnahme von Garagen für alle anderen geregelten Sonderbauten vom Baurecht gefordert wird

Genehmigungen für Abweichungen

In diesem Absatz werden die Genehmigungen für die Abweichungen, die in den vorhergehenden Absätzen oder Kapiteln beschrieben und erläutert wurden, beantragt.

Hierzu werden alle Abweichungen (Befreiungen) mit den entsprechenden gleichwertigen Lösungen aufgelistet und ein Antrag formuliert.

Siehe hierzu auch die ausführlichen Erläuterungen zu Abweichungen (Ausnahmen und Befreiungen) im Absatz 5.4

Zu 7. Prüfungen und Prüffristen

In diesem Absatz werden Prüfungen und Prüffristen für technische Anlagen eingetragen.

Nach der Muster-Prüfverordnung § 2 [6.35] sind technische Anlagen des Brandschutzes in folgenden Sonderbauten zu prüfen, wenn sie bauordnungsrechtlich gefordert oder soweit an sie bauordnungsrechtliche Anforderungen hinsichtlich des Brandschutzes gestellt werden:

Prüfen von Anlagen in geregelten Sonderbauten

- Verkaufsstätten,
- Versammlungsstätten,
- Krankenhäuser und Pflegeheime,
- Beherbergungsstätten,
- Hochhäuser,
- Garagen und
- allgemeinbildende und berufsbildende Schulen.

Folgende technische Anlagen sind zu prüfen:

zu prüfende brandschutztechnische Anlagen

- Lüftungsanlagen, ausgenommen solche, die einzelne Räume im selben Geschoss unmittelbar ins Freie be- oder entlüften,
- CO-Warnanlagen,
- Rauchabzugsanlagen,
- Druckbelüftungsanlagen,
- Feuerlöschanlagen, ausgenommen nichtselbstständige Feuerlöschanlagen mit trockenen Steigleitungen ohne Druckerhöhungsanlagen,
- Brandmelde- und Alarmierungsanlagen und
- Sicherheitsstromversorgungen.

Nach § 2 Absatz 2 sind die technischen Anlagen vor der ersten Nutzung und dann unverzüglich zu prüfen, wenn technische Änderungen vorgenommen werden.

zeitliche Prüfabstände

Wiederkehrende Prüfungen sind jeweils innerhalb einer Frist von drei Jahren durchführen zu lassen.

Die Prüffristen mit Angabe der entsprechenden technischen Anlage sind in diesem Absatz zu dokumentieren.

Zu 8. Hinweis auf die Aufbewahrungspflicht

Aufbewahrungspflicht von Bauvorlagen

Nach der Muster-Bauvorlagenverordnung § 16 [6.2] haben der Bauherr und seine Rechtsnachfolger die Pflicht, die Baugenehmigung und die Bauvorlagen aufzubewahren. Diese Aufbewahrungspflicht gilt bis zum Abbruch der baulichen Anlage oder bis zu einer Nutzungsänderung. Bei einer Veräußerung der baulichen Anlage hat der Verkäufer die Pflicht, auch die Baugenehmigung und die Bauvorlagen dem neuen Besitzer zu übergeben.

Da die Brandschutznachweise bzw. -konzepte Teil der Bauvorlagen sind, gilt diese Forderung hierfür ebenfalls.

Ein Exemplar sollte auch im Planungsbüro des Brandschutzplaners in Papierform oder digital aufbewahrt werden.

> Siehe hierzu auch die ausführlichen Erläuterungen zur Aufbewahrungspflicht im Absatz 4.12.

Zu 9. Unterschrift des Fachplaners

Unterschrift auf Brandschutznachweisen und -konzepten

Nach § 54 Absatz 2 und § 68 Absatz 4 MBO [6.1] haben Fachplaner die Pflicht, die von ihnen erarbeiteten Unterlagen zu unterschreiben.

Mit der Unterschrift übernimmt der Planer die juristische und fachliche Haftung für seinen Brandschutznachweis bzw. für sein -konzept

Mit Angabe des Datums ist hier die Unterschrift des Brandschutzplaners zu leisten.

Zu 10. Brandschutzpläne

Brandschutzpläne sind separate Pläne im Brandschutzsystem und nicht identisch mit Feuerwehrplänen oder Flucht- und Rettungsplänen.

Visualisierung der Brandschutzplanung

Die im Brandschutznachweis bzw. im Brandschutzkonzept getroffenen Entscheidungen des Brandschutzplaners, die dort schriftlich begründet und niedergelegt sind, werden zur besseren Übersicht in Brandschutzplänen visualisiert. Für diese Art von Plänen gibt es keine normativen Vorgaben oder Anforderungen aus dem Baurecht.

Eintragungen in Architektenpläne

Nach der Muster-Bauvorlagenverordnung [6.2] müssen keine gesonderten Brandschutzpläne als Bauvorlagen erstellt werden. Es ist nach § 11 Absatz 1 ausreichend die in OZ 1 bis 7 bzw. im Absatz 2 in OZ 1 bis 6 aufgelisteten Brandschutzeinrichtungen in Bauzeichnungen einzutragen. In der Regel werden sie in die Grundriss- und Höhenschnittpläne des Architekten eingetragen.

In früheren Jahren wurden die im Brandschutznachweis beschriebenen brandschutztechnischen Einrichtungen direkt aus dem schriftlichen Teil in die Architektenpläne übernommen und dort entsprechend gekennzeichnet.

Heutzutage ist es üblich, gesonderte Brandschutzpläne zu erstellen.

brandschutztechnische Symbole

In diesen Plänen werden die brandschutztechnischen Einrichtungen üblicherweise farbig dargestellt. Die Farben und Symbole, die hierzu genutzt werden können, sind nicht vorgegeben und deshalb frei wählbar.

Die brandschutztechnischen Symbole in den Brandschutzplänen können der DIN 14034-6 [6.36] entnommen werden.

Pläne nach VDI-Richtlinie 3819

In der VDI-Richtlinie 3819 Blatt 4 [6.37] (Anforderungen an Brandschutzpläne) wird ein Entwurf vorgestellt, der die Erstellung dieser Pläne systematisieren soll.

Brandschutzpläne sind mindestens im DIN-A3-Format zu erstellen.

grundsätzliche Eintragungen

Wie in allen Bauzeichnungen müssen auch hier folgende Eintragungen vorgenommen werden: der Nordpfeil, der gewählte Maßstab, ein Schriftfeld (Plankopf) und eine Legende, in der Bauteile und Symbole dargestellt werden.

farbige Anlegungen

Anders als in üblichen Bauplänen werden die unterschiedlichen Brandschutzbauteile zur besseren Unterscheidung häufig farblich dargestellt. Bei Plänen, die farbig zu überladen sind, geht der Erkennungseffekt jedoch verloren. Die Farben der entsprechenden Brandschutzbauteile können individuell festgelegt werden.

Hauptmaße

In die Pläne sind die Hauptmaße der baulichen Anlagen mit einzutragen.

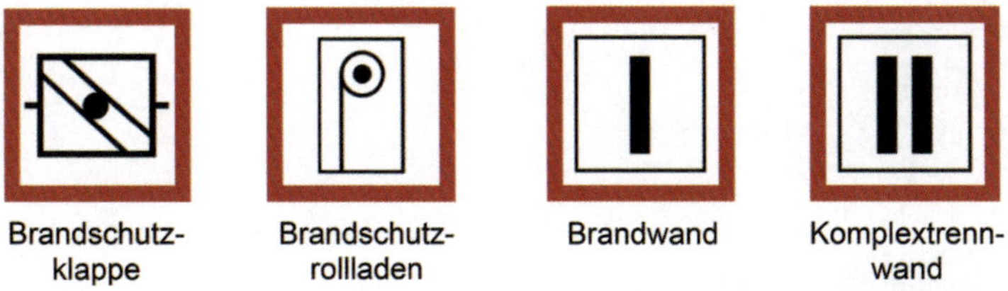

Bild 6.3: Beispiele für feuerwehrtechnische Symbole nach DIN 14034-6 [6.36]

Literatur- und Quellenverzeichnis

Teil I: Grundlagen und Vorschriften des Brandschutzes

[1.1] Grundgesetz der Bundesrepublik Deutschland (GG), Fassung Mai 1949, zuletzt geändert Dezember 2014.

[1.2] Muster einer Verordnung über Bauvorlagen und bauaufsichtliche Anzeigen (Musterbauvorlagenverordnung – MBauVorlV), Fassung Februar 2007.

[1.3] Verordnung über Bauvorlagen und das Verfahren im Einzelnen (Bauverfahrensverordnung – BauVerfVO), Fassung November 2017, zuletzt geändert September 2020.

[1.4] Musterbauordnung (MBO), Fassung November 2002, zuletzt geändert September 2019.

[1.5] Bayerische Bauordnung (BayBO), Fassung August 2007, zuletzt geändert Juli 2020.

[1.6] DGUV Information 205-002, Brandschutz bei feuergefährlichen Arbeiten, Fassung Dezember 2010.

[1.7] DIN 277-1:2005-02
Grundflächen und Rauminhalte von Bauwerken im Hochbau – Teil 1: Begriffe, Ermittlungsgrundlagen.

[1.8] DIN 277-1:2016-01
Grundflächen und Rauminhalte im Bauwesen – Teil 1: Hochbau.

[1.9] Anlage der Verwaltungsvorschrift Technische Baubestimmungen (VV TB Bln) vom 10.07.2020.

[1.10] ASR A2.2, Technische Regeln für Arbeitsstätten, Maßnahmen gegen Brände, Ausgabe Mai 2018.

[1.11] DIN 18230-3:2002-08
Baulicher Brandschutz im Industriebau – Teil 3: Rechenwerte.

[1.12] DIN EN 1991-1-2:2010-12
Eurocode 1: Einwirkungen auf Tragwerke – Teil 1-2: Allgemeine Einwirkungen – Brandeinwirkungen auf Tragwerke.

[1.13] EBA Leitfaden Brandschutz:2001-01: Leitfaden für den Brandschutz in Personenverkehrsanlagen der Eisenbahnen des Bundes, Eisenbahn-Bundesamt, zuletzt geändert März 2011.

[1.14] Muster-Richtlinie über den baulichen Brandschutz im Industriebau (Muster-Industriebau-Richtlinie – MIndBauRL), Fassung Mai 2019.

[1.15] *Meyn, W.; Kiessling, J. und Göwecke, K.:* Erster und zweiter Rettungsweg in Wohngebäuden. In: Bautechnik, 93 (2016), S. 584-590.

[1.16] Muster-Richtlinie über den Bau und Betrieb von Hochhäusern (Muster-Hochhaus-Richtlinie – MHHR), Fassung April 2008, zuletzt geändert Februar 2012.

[1.17] *Gädtke, H.; Czepuck, K.; Johlen, M.; Plietz, A. und Wenzel, G.*: BauO NRW, Kommentar, Werner Verlag, Ausgabe 2011.

[1.18] Muster-Richtlinie über bauaufsichtliche Anforderungen an Schulen (Muster-Schulbau-Richtlinie – MSchulbauR), Fassung April 2009.

[1.19] Muster-Verordnung über den Bau und Betrieb von Beherbergungsstätten (Muster-Beherbergungsstättenverordnung – MBeVO), Fassung Dezember 2000, zuletzt geändert Mai 2014.

[1.20] Muster einer Verordnung über den Bau und Betrieb von Garagen (Muster-Garagenverordnung M-GarVO), Fassung Mai 1993, zuletzt geändert Mai 2008.

[1.21] DIN 4102-4:1994-03
Brandverhalten von Baustoffen und Bauteilen, Zusammenstellung und Anwendung klassifizierter Baustoffe, Bauteile und Sonderbauteile.

[1.22] ASR A2.3, Technische Regeln für Arbeitsstätten, Fluchtwege und Notausgänge, Flucht- und Rettungsplan, Ausgabe August 2007, zuletzt geändert 2017.

[1.23] Verordnung Nr. 305/2011 des Europäischen Parlaments und des Rates vom 9. März 2011 zur Festlegung harmonisierter Bedingungen für die Vermarktung von Bauprodukten und zur Aufhebung der Richtlinie 89/106/EWG des Rates. (Berichtigungen vom 12.4.2013)

[1.24] Baugesetzbuch, Fassung November 2017, zuletzt geändert August 2020.

[1.25] *Brohm, W.*: Öffentliches Baurecht. Verlag C.H. Beck München, 2002.

[1.26] *Baltz, C.*: Das örtliche Baupolizeirecht. Die Einheitsbauordnung. In: Preußisches Baupolizeirecht. Carl Heymanns Verlag Berlin, 1926.

[1.27] Muster-Verwaltungsvorschrift Technische Baubestimmungen (MVV TB), Ausgabe 2019/1.

[1.28] Strafgesetzbuch der Bundesrepublik Deutschland (StGB), Fassung Mai 1871, zuletzt geändert November 2020.

[1.29] Bayerisches Feuerwehrgesetz (BayFwG) vom 23. Dezember 1981 mit Änderungen vom 24. Juli 2020.

[1.30] DIN 820-1:2014-06
Normungsarbeit – Teil 1: Grundsätze.

[1.31] Muster-Verwaltungsvorschrift Technische Baubestimmungen (MVV TB), Ausgabe August 2017.

[1.32] Bauregellisten – Bauregelliste A, Bauregelliste B und Bauregelliste C; Herausgeber: Deutsches Institut für Bautechnik, 06. Oktober 2015.

[1.33] Muster-Liste der Technischen Baubestimmungen (M-Liste der Techn. Baubestimmungen), Fassung September 2013

[1.34] Richtlinie 2006/42/EG des Europäischen Parlaments und des Rates vom 17. Mai 2006 über Maschinen und zur Änderung der Richtlinie 95/16/EG (Maschinenrichtlinie).

[1.35] Richtlinie 2014/35/EU des Europäischen Parlaments und des Rates vom 26. Februar 2014 zur Harmonisierung der Rechtsvorschriften der Mitgliedstaaten über die Bereitstellung elektrischer Betriebsmittel zur Verwendung innerhalb bestimmter Spannungsgrenzen auf dem Markt (Niederspannungsrichtlinie).

[1.36] Richtlinie 2014/30/EU des Europäischen Parlaments und des Rates vom 26. Februar 2014 zur Harmonisierung der Rechtsvorschriften der Mitgliedstaaten über die elektromagnetische Verträglichkeit (EMV-Richtlinie).

[1.37] DIN 4102-1:1934-08:
Widerstandsfähigkeit von Baustoffen und Bauteilen gegen Feuer und Wärme: Begriffe – Blatt 1.

[1.38] DIN 4102-1:1934-08:
Widerstandsfähigkeit von Baustoffen und Bauteilen gegen Feuer und Wärme: Einreihung in die Begriffe
– Blatt 2.

[1.39] DIN 4102-1:1934-08:
Widerstandsfähigkeit von Baustoffen und Bauteilen gegen Feuer und Wärme: Brandversuche – Blatt 3.

[1.40] Verordnung über Arbeitsstätten (Arbeitsstättenverordnung – ArbStättenV), Fassung August 2004, zuletzt geändert Juni 2020.

[1.41] ASR A1.3, Technische Regeln für Arbeitsstätten, Sicherheits- und Gesundheitsschutzkennzeichnung, Ausgabe Februar 2013, zuletzt geändert 2017.

[1.42] ASR A1.7, Technische Regeln für Arbeitsstätten, Türen und Tore, Ausgabe November 2009, zuletzt geändert 2018.

[1.43] Bremisches Polizeigesetz (BremPolG), in der Fassung der Bekanntmachung vom 6. Dezember 2001, zuletzt geändert durch Artikel 2 des Gesetzes vom 2. April 2019.

[1.44] Allgemeines Gesetz zum Schutz der öffentlichen Sicherheit und Ordnung in Berlin (Allgemeines Sicherheits- und Ordnungsgesetz in Berlin – ASOG Bln), in der Fassung vom Oktober 2006, zuletzt geändert März 2019.

[1.45] Brandenburgische Bauordnung (BbgBO), in der Fassung vom 15. November 2018.

[1.46] Bauordnung für Berlin (BauO Bln), Fassung September 2005, zuletzt geändert September 2020.

[1.47] Entscheidungshilfen der Berliner Bauaufsichten, Stand: Dezember 2016 http://www.stadtentwicklung.berlin.de/bauen/bauaufsicht/download/ehb-print.pdf.

[1.48] Hessische Bauordnung (HBO), Fassung Juni 2018, zuletzt geändert Juni 2020.

[1.49] *Meyn, W.:* Untersuchungen zum Bestandsschutz von Holztreppen aus brandschutztechnischer Sicht am Berliner Baurecht. In: Bautechnik, 94 (2017), Heft 11, S. 812 – 820

[1.50] Bürgerliches Gesetzbuch (BGB), Fassung Januar 2002, zuletzt geändert November 2020.

[1.51] Muster-Verordnung über die Prüfingenieure und Prüfsachverständigen nach § 85 Abs. 2 MBO (M-PPVO), Fassung Dezember 2012.

[1.52] Verwaltungsverfahrensgesetz (VwVfG), in der Fassung Januar 2003, zuletzt geändert Juni 2019.

[1.53] *Meyn, W.:* Experimentelle und numerische Analyse des thermischen sowie Grundlagen des strukturmechanischen Verhaltens von Holzrahmenwänden bei thermisch instationärer Einwirkung unter Berücksichtigung des nichtlinearen Materialverhaltens. Dissertation, Universität Leipzig, 2009.

[1.54] *Cerbe, G. und Hoffmann, H.*: Einführung in die Thermodynamik – Von den Grundlagen zur technischen Anwendungen. Carl Hanser Verlag München, 2002.

[1.55] DIN EN 2:2005-01
Brandklassen.

[1.56] DIN EN 3-7:2007-10
Tragbare Feuerlöscher – Teil 7: Eigenschaften, Leistungsanforderungen und Prüfungen; Deutsche Fassung EN 3-7:2004 + A1:2007.

[1.57] *Rasbash, D.:* Rauch- und Brandgasmenge in m^3/h bei der Verbrennung von jeweils 10 kg Material. Universität Edinburgh, in: VB Vorbeugender Brandschutz, Heft 1/86.

[1.58] Rauch- und Wärmeabzugsgeräte. Grundlagen, Aufgaben und Wirkungen. Eine Information des FVLR Fachverband Tageslicht und Rauchschutz e. V., Heft 1.

[1.59] *Obuchow*: Rauch- und Temperaturentwicklung ohne Brandentlüftung. Forschungsergebnisse Universität Moskau, VB 1/86.

[1.60] *John, R.:* Brandschutzforschung aus den Bundesländern, Forschungsbericht Nr. 50 – Teil 2: Optische Brandrauchdichte. Forschungsstelle für Brandschutztechnik an der Universität Karlsruhe, Dezember 1983.

[1.61] *Kinateder, M.; Mühlberger, A. und Pauli, P.*: Sicher durch den Tunnel? Menschliches Verhalten bei Bränden in Straßentunneln. Zeitschrift Tunnel, Band 31, Heft Nr. 5, Bauverlag Gütersloh, 2012.

[1.62] DIN ISO 834-1:1999-09
Feuerwiderstandsprüfungen – Bauteile – Teil 1: Allgemeine Anforderungen.

[1.63] *Bechthold, R.; Ehlert, K. und Wesche, H.*: Brandversuche an einem zum Abbruch bestimmten viergeschossigen modernen Wohnhaus in Lehrte. In: Kurzberichte aus der Bauforschung 18 (1977), S. 969 – 982.

[1.64] DIN 4102-2:1977-09
Brandverhalten von Baustoffen und Bauteilen – Teil 2: Bauteile, Begriffe, Anforderungen und Prüfungen.

[1.65] ASTM E 119 – Standard Test Methods for Fire Tests of Building Construction and Materials, Ausgabe 1917.

[1.66] DIN 4102-3:1977-09
Brandverhalten von Baustoffen und Bauteilen; Brandwände und nichttragende Außenwände, Begriffe, Anforderungen und Prüfungen.

[1.67] DIN EN 13381-1:2020-11
Prüfverfahren zur Bestimmung des Beitrages zum Feuerwiderstand von tragenden Bauteilen – Teil 1: Horizontal angeordnete Brandschutzbekleidungen.

[1.68] EBA Tunnelrichtlinie:2018-01
Anforderung des Brand- und Katstrophenschutzes an den Bau und den Betrieb von Eisenbahntunneln, Eisenbahn-Bundesamt.

[1.69] ZTV-ING:2014-12
Zusätzliche Technische Vertragsbedingungen und Richtlinien für Ingenieurbauten – Teil 5: Tunnelbau, Bundesanstalt für Straßenwesen.

[1.70] DIN EN 1991-1-2/NA:2015-09
Nationaler Anhang – National festgelegte Parameter – Eurocode 1: Einwirkungen auf Tragwerke – Teil 1-2: Allgemeine Einwirkungen – Brandeinwirkungen auf Tragwerke.

[1.71] *Hetzer, O.*: Deutsches Reichspatent (DRP) No. 197773 für gebogene, verleimte Brettschichtholzträger aus zwei oder mehr Lamellen, Juni 1906.

[1.72] *Kollmann, F.*: Technologie des Holzes und der Holzwerkstoffe. Band 1, Springer Verlag Berlin Heidelberg, 1951.

[1.73] *Hoffmann, F.*: Untersuchungen des thermischen Verhaltens von Holz unter Berücksichtigung des Einflusses hygroskopisch gebundener Feuchtigkeit. Dissertation, Technische Universität Braunschweig, 1979.

[1.74] *Meyn, W.*: Unterrichtsunterlagen zur Ausbildung zum Brandschutzplaner – Modul „Grundlagen und rechtlicher Brandschutz". Fernstudieninstitut der Beuth Hochschule für Technik Berlin, 2019.

[1.75] *Fengel, D. und Wegener, G.:* Wood, Chemistry, Ultrastructure, Reactions. Walter de Gruyter New York, 1984.

[1.76] *White, R. H. und Schaffer, E. L.*: Transient moisture gradient in fire-exposed wood slab. In: Wood and Fiber 13 (1981) 1, Hanover, Pennsylvania, S. 17 – 38.

[1.77] *Hadvig, S.*: Charring of wood in building fires. Practice theory instrumentation measurement. Technical University of Denmark, 1981.

[1.78] *Kordina, K. und Meyer-Ottens, C.*: Holz Brandschutz Handbuch. Deutsche Gesellschaft für Holzforschung e. V., 1994.

[1.79] *Lache, M.:* Untersuchungen zur Abbrandgeschwindigkeit von Vollholz und zur Feuerwiderstandsdauer biegebeanspruchter Brettschichtholzträger. Dissertation, Ludwig-Maximilians-Universität München, 1992.

[1.80] *Huntierová, Z.*: Analyse des Brandverhaltens von Holz und Holzwerkstoffen unter Berücksichtigung des Einsatzes von Feuerlöschmitteln. Dissertation, Technische Universität München, 1995.

[1.81] *König, J.*: Basic and notional charring rates. Proceedings of CIB W18, Meeting thirty-five, Kyoto, 2002.

[1.82] *Deppe, H.-J.*: Untersuchungen zur Verbesserung des Brandverhaltens von Holzwerkstoffen in Kombination von anorganischen Materialien. In: Brandverhalten von Holz- und Holzwerkstoffen, Mitteilungen der Deutschen Gesellschaft für Holzforschung, 1972.

[1.83] DIN EN 1992-1-2:2010-12
Eurocode 2: Bemessung und Konstruktion von Stahlbeton- und Spannbetontragwerken - Teil 1-2: Allgemeine Regeln - Tragwerksbemessung für den Brandfall.

[1.84] *Schroeder, R. A. und Williamson, R. B.*: Post-fire Analysis of Construction Materials-Gypsum Wallboard. In: Fire and Materials 24 (2000) 4, S. 167 – 177.

[1.85] *Tsantaridis, L.; Östman, B. und König, J.*: Fire protection of wood by different gypsum plasterboards. In: Fire and Materials 23 (1999), S. 45 – 48.

[1.86] DIN 4102-4:2016-05
Brandverhalten von Baustoffen und Bauteilen, Zusammenstellung und Anwendung klassifizierter Baustoffe, Bauteile und Sonderbauteile.

[1.87] DIN EN 1992-1-2/NA:2010-12
Nationaler Anhang – National festgelegte Parameter – Eurocode 2: Bemessung und Konstruktion von Stahlbeton- und Spannbetontragwerken – Teil 1-2: Allgemeine Regeln – Tragwerksbemessung für den Brandfall.

[1.88] DIN EN 14080:2013-09
Holzbauwerke – Brettschichtholz und Balkenschichtholz – Anforderungen; Deutsche Fassung EN 14080:2013.

[1.89] DIN EN 15650:2010-09
Lüftung von Gebäuden – Brandschutzklappen; Deutsche Fassung EN 15650:2010.

[1.90] Muster einer Verordnung über das Übereinstimmungszeichen (Muster-Übereinstimmungszeichen-Verordnung – MÜZVO), Fassung Juni 2018.

[1.91] DIN 18168:2007-04
Gipsplatten-Deckenbekleidungen und Unterdecken – Teil 1: Anforderungen an die Ausführung.

[1.92] DIN SPEC 20000-201:2015-08
Anwendung von Bauprodukten in Bauwerken – Teil 201: Anwendungsnorm für Abdichtungsbahnen nach Europäischen Produktnormen zur Verwendung in Dachabdichtungen.

[1.93] DIN 18272:1987-08
Feuerschutzabschlüsse, Bänder für Feuerschutztüren, Federband und Konstruktionsband.

[1.94] DIN 18250:2003-10
Schlösser – Einsteckschlösser für Feuerschutz- und Rauchschutztüren.

[1.95] DIN 18095-1:1988-10
Teil 1: Rauchschutztüren, Begriffe und Anforderungen.

[1.96] DIN 18095-3:1999-06
Teil 3: Anwendung von Prüfungsergebnissen.

[1.97] DIN EN 1993-1-2:2010-12
Eurocode 3: Bemessung und Konstruktion von Stahlbauten – Teil 1-2: Allgemeine Regeln – Tragwerksbemessung für den Brandfall.

[1.98] DIN EN 1993-1-2/NA:2010-12
Nationaler Anhang – National festgelegte Parameter – Eurocode 3: Bemessung und Konstruktion von Stahlbauten – Teil 1-2: Allgemeine Regeln – Tragwerksbemessung für den Brandfall.

[1.99] DIN EN 1995-1-2:2010-12
Eurocode 5: Bemessung und Konstruktion von Holzbauten – Teil 1-2: Allgemeine Regeln – Tragwerksbemessung für den Brandfall.

[1.100] DIN EN 1995-1-2/NA:2010-12
Nationaler Anhang – National festgelegte Parameter – Eurocode 5: Bemessung und Konstruktion von Holzbauten – Teil 1-2: Allgemeine Regeln – Tragwerksbemessung für den Brandfall.

[1.101] DIN EN 1996-1-2:2011-04
Eurocode 6: Bemessung und Konstruktion von Mauerwerksbauten, Teil 1-2: Allgemeine Regeln – Tragwerksbemessung für den Brandfall.

[1.102] DIN EN 1996-1-2/NA:2013-06
Nationaler Anhang – National festgelegte Parameter – Eurocode 6: Bemessung und Konstruktion von Mauerwerksbauten – Teil 1-2: Allgemeine Regeln – Tragwerksbemessung für den Brandfall.

[1.103] *Predtetschenski, W. M. und Milinski, A. I.*: Personenströme in Gebäuden – Berechnungsmethoden für die Projektierung. Verlagsgesellschaft Rudolf Müller, Köln-Braunsfeld, 1971.

[1.104] Statistisches Bundesamt:
https://www-genesis.destatis.de
Kennzahl: 23211-0001, Todesursache: Exposition gegenüber Rauch, Feuer und Flammen.

[1.105] *Hosser, D. et al.*: Mehr tun gegen 600 Tote und 6 Milliarden Euro Schäden pro Jahr! Denkschrift der Vereinigung zur Förderung des deutschen Brandschutzes e. V., November 2003.

[1.106] Deutscher Feuerwehrverband (DFV): Feuerwehr Jahrbuch 2001/2002, DFV Medien Verlag, Bonn, 2001.

[1.107] VDS 2234:2012-07
Brand- und Komplextrennwände, Merkblatt für die Anordnung und Ausführung.

[1.108] Gesamtverband der deutschen Versicherungswirtschaft (GDV): Jahrbuch 2001 – Die deutsche Versicherungswirtschaft. Berlin, 2002.

Teil II: Baulicher Brandschutz

[2.1] Musterbauordnung (MBO), Fassung November 2002, zuletzt geändert September 2019.

[2.2] DIN 4102-1:1998-05
Brandverhalten von Baustoffen und Bauteilen – Teil 1: Baustoffe, Begriffe, Anforderungen und Prüfungen.

[2.3] DIN EN 13501-1:2019-05
Klassifizierung von Bauprodukten und Bauarten zu ihrem Brandverhalten – Teil 1: Klassifizierung mit den Ergebnissen aus den Prüfungen zum Brandverhalten von Bauprodukten.

[2.4] DIN 18180:2014-09
Gipsplatten – Arten und Anforderungen.

[2.5] DIN EN 520:2009-12
Gipsplatten – Begriffe, Anforderungen und Prüfverfahren.

[2.6] DIN EN 13168:2015-04
Wärmedämmstoffe für Gebäude – Werkmäßig hergestellte Produkte aus Holzwolle (WW) – Spezifikation.

[2.7] DIN 18550-1:2018-01
Planung, Zubereitung und Ausführung von Außen- und Innenputzen – Teil 1: Ergänzende Festlegungen zu DIN EN 13914-1:2016-09 für Außenputze.

[2.8] DIN EN 13823:2020-09
Prüfungen zum Brandverhalten von Bauprodukten – Thermische Beanspruchung durch einen einzelnen brennenden Gegenstand für Bauprodukte mit Ausnahme von Bodenbelägen.

[2.9] DIN EN 13501-5:2016-12
Klassifizierung von Bauprodukten und Bauarten zu ihrem Brandverhalten – Teil 5: Klassifizierung mit den Ergebnissen aus Prüfungen von Bedachungen bei Beanspruchung durch Feuer von außen.

[2.10] Muster-Verwaltungsvorschrift Technische Baubestimmungen (MVV TB), Ausgabe 2019/1.

[2.11] DIN 4102-14:1990-05
Brandverhalten von Baustoffen und Bauteilen – Teil 14: Bodenbeschichtungen; Bestimmung der Flammenausbreitung bei Beanspruchung mit einem Wärmestrahler.

[2.12] DIN 4102-2:1977-09
Brandverhalten von Baustoffen und Bauteilen – Teil 2: Bauteile; Begriffe, Anforderungen und Prüfungen.

[2.13] DIN 4102-3:1977-09
Brandverhalten von Baustoffen und Bauteilen – Teil 3: Brandwände und nichttragende Außenwände; Begriffe, Anforderungen und Prüfungen.

[2.14] DIN 4102-5:1977-09
Brandverhalten von Baustoffen und Bauteilen – Teil 5: Feuerschutzabschlüsse, Abschlüsse in Fahrschachtwänden und gegen feuerwiderstandsfähige Verglasungen; Begriffe, Anforderungen und Prüfungen.

[2.15] DIN 4102-6:1977-09
Brandverhalten von Baustoffen und Bauteilen – Teil 6: Lüftungsleitungen; Begriffe, Anforderungen und Prüfungen.

[2.16] DIN 4102-9:1990-05
Brandverhalten von Baustoffen und Bauteilen – Teil 9: Kabelabschottungen; Begriffe, Anforderungen und Prüfungen.

[2.17] DIN 4102-11:1985-12
Brandverhalten von Baustoffen und Bauteilen – Teil 11: Rohrummantelungen, Rohrabschottungen, Installationsschächte und -kanäle sowie Abschlüsse ihrer Revisionsöffnungen; Begriffe, Anforderungen und Prüfungen.

[2.18] DIN 4102-12:1998-11
Brandverhalten von Baustoffen und Bauteilen – Teil 12: Funktionserhalt von elektrischen Kabelanlagen; Anforderungen und Prüfungen.

[2.19] DIN 4102-13:1990-05
Brandverhalten von Baustoffen und Bauteilen – Teil 13: Brandschutzverglasungen; Begriffe, Anforderungen und Prüfungen.

[2.20] DIN EN 1364-1:2015-09
Feuerwiderstandsprüfungen für nichttragende Bauteile – Teil 1: Wände.

[2.21] DIN EN 13501-2:2016-12
Klassifizierung von Bauprodukten und Bauarten zu ihrem Brandverhalten – Teil 2: Klassifizierung mit den Ergebnissen aus den Feuerwiderstandsprüfungen, mit Ausnahme von Lüftungsanlagen.

[2.22] DIN EN 13501-3:2010-02
Klassifizierung von Bauprodukten und Bauarten zu ihrem Brandverhalten – Teil 3: Klassifizierung mit den Ergebnissen aus den Feuerwiderstandsprüfungen an Bauteilen von haustechnischen Anlagen: Feuerwiderstandsfähige Leitungen und Brandschutzklappen.

[2.23] DIN EN 13501-6:2014-07
Klassifizierung von Bauprodukten und Bauarten zu ihrem Brandverhalten – Teil 6: Klassifizierung mit den Ergebnissen aus den Prüfungen von elektrischen Kabeln.

[2.24] Anlage der Verwaltungsvorschrift Technische Baubestimmungen (VV TB Bln) vom 10.07.2020.

[2.25] Verwaltungsvorschrift Technische Baubestimmungen für das Land Nordrhein-Westfalen (VV TB NRW), Ausgabe Juni 2019.

[2.26] Muster-Verordnung über den Bau und Betrieb von Beherbergungsstätten (Muster-Beherbergungsstättenverordnung – MBeVO), Fassung Dezember 2000, zuletzt geändert Mai 2014.

[2.27] Muster einer Verordnung über den Bau und Betrieb von Garagen (Muster-Garagenverordnung – M-GarVO), Fassung Mai 1993, geändert Mai 2008.

[2.28] Muster-Richtlinie über den Bau und Betrieb von Hochhäusern (Muster-Hochhaus-Richtlinie – MHHR), Fassung April 2008, zuletzt geändert Februar 2012.

[2.29] Muster-Richtlinie über den baulichen Brandschutz im Industriebau (Muster-Industriebau-Richtlinie – MIndBauRL), Fassung Mai 2019.

[2.30] Verordnung über bauaufsichtliche Anforderungen an Krankenhäuser und Pflegeheime im Land Brandenburg (Brandenburgische Krankenhaus- und Pflegeheim-Bauverordnung – BbgKPBauV), Fassung Mai 2003, zuletzt geändert Dezember 2006.

[2.31] Muster-Richtline über bauaufsichtliche Anforderungen an Schulen (Muster-Schulbau-Richtlinie – MSchulbauR), Fassung April 2009.

[2.32] Musterverordnung über den Bau und Betrieb von Verkaufsstätten (Muster-Verkaufsstättenverordnung – MVKVO), Fassung September 1995, zuletzt geändert Juli 2014.

[2.33] Musterverordnung über den Bau und Betrieb von Versammlungsstätten (Muster-Versammlungsstättenverordnung – MVStättVO), Fassung Juni 2005, zuletzt geändert Juli 2014.

[2.34] Saarländische Richtlinie über den Bau und Betrieb von Krankenhäusern (Krankenhausbaurichtlinie – KhBauR), Fassung März 2003, zuletzt geändert Juli 2008.

[2.35] DIN 18230-1:2010-09
Baulicher Brandschutz im Industriebau – Teil 1: Rechnerisch erforderliche Feuerwiderstandsdauer.

[2.36] DIN 18230-2:1999-01
Baulicher Brandschutz im Industriebau – Teil 2: Ermittlung des Abbrandverhaltens von Materialien in Lageranordnung – Werte für den Abbrandfaktor m.

[2.37] DIN 18230-3:2002-08
Baulicher Brandschutz im Industriebau – Teil 3: Rechenwerte.

[2.38] DIN SPEC 18230-4:2015-09
Baulicher Brandschutz im Industriebau – Teil 4: Brandsimulation.

[2.39] DIN 4102-4:1994-03
Brandverhalten von Baustoffen und Bauteilen – Teil 4: Zusammenstellung und Anwendung klassifizierter Baustoffe, Bauteile und Sonderbauteile.

[2.40] DIN 4102-4:2016-05
Brandverhalten von Baustoffen und Bauteilen – Teil 4: Zusammenstellung und Anwendung klassifizierter Baustoffe, Bauteile und Sonderbauteile.

[2.41] DIN EN 1995-1-2:2010-12
Eurocode 5: Bemessung und Konstruktion von Holzbauten – Teil 1-2: Allgemeine Regeln – Tragwerksbemessung für den Brandfall.

[2.42] VdS 2234:2012-07 (06)
Brand- und Komplextrennwände, Merkblatt für die Anordnung und Ausführung.

[2.43] DIN 18234-2:2018-05
Baulicher Brandschutz großflächiger Dächer – Brandbeanspruch-ung von unten – Teil 2: Verzeichnis von Dächern, welche ohne weiteren Nachweis die Anforderungen nach DIN 18234-1 erfüllen – Dachflächen.

[2.44] DIN 18234-1:2018-05
Baulicher Brandschutz großflächiger Dächer – Brandbeanspruchung von unten – Teil 1: Geschlossene Dachflächen – Anforderungen und Prüfung.

[2.45] DIN 18234-3:2018-05
Baulicher Brandschutz großflächiger Dächer – Brandbeanspruchung von unten – Teil 3: Durchdringungen, Anschlüsse und Abschlüsse von Dachflächen – Anforderungen und Prüfung.

[2.46] DIN 18234-4:2018-05
Baulicher Brandschutz großflächiger Dächer – Brandbeanspruchung von unten – Teil 4: Verzeichnis von Durchdringungen, Anschlüssen und Abschlüssen von Dachflächen, welche ohne weiteren Nachweis die Anforderungen nach DIN 18234-3 erfüllen.

[2.47] *Göwecke, K.; Kiessling, J. und Meyn, W.*: Erster und zweiter Rettungsweg aus feuerwehrtechnischer Sicht, In: Brandschutz – Deutsche Feuerwehr-Zeitung 69 (2015), Stuttgart, S. 18 – 26.

[2.48] Preußische Einheitsbauordnung. Fassung Mai 1919.

[2.49] ASR A2.3, Technische Regeln für Arbeitsstätten, Fluchtwege und Notausgänge, Flucht- und Rettungsplan, Ausgabe August 2007, zuletzt geändert 2017.

[2.50] DIN 18065:2020-08
Gebäudetreppen – Begriffe, Messregeln, Hauptmaße.

[2.51] Verwaltungsvorschrift des Sächsischen Staatsministeriums des Innern zur Sächsischen Bauordnung (VwVSächsBO), Mai 2016, zuletzt geändert Mai 2019.

[2.52] BGI/GUV-I 561
Information Treppen, Deutsche Gesetzliche Unfallversicherung DGUV, Ausgabe April 1991, aktualisierte Fassung Juli 2010.

[2.53] Bau-Polizei-Ordnung für die Stadt Berlin vom 21.04.1853.

[2.54] *Gädtke, H.; Temme, H.-G. und Heintz, D.*: Landesbauordnung Nordrhein-Westfalen, Kommentar, Werner Verlag, Ausgabe 2011.

[2.55] Musterbauordnung (MBO), Fassung Dezember 1997.

[2.56] DIN 18040-1:2010-10
Barrierefreies Bauen – Planungsgrundlagen – Teil 1: Öffentlich zugängliche Gebäude.

[2.57] *König, H.*: Bayerische Bauordnung, Kommentar, Verlag C. H. Beck, München, Ausgabe 2012.

[2.58] Landesbauordnung Rheinland-Pfalz (LBauO), in der Fassung November 1998, zuletzt geändert Juni 2019.

[2.59] Fortgeltende städtebauliche Vorschrift der Bauordnung für Berlin – BO 58, Fassung November 1958.

[2.60] Entscheidungshilfen der Berliner Bauaufsichten, Stand: Oktober 2015 http://www.stadtentwiklung.berlin.de/bauen/bauaufsicht/download/ehb-print.pdf

[2.61] Musterbauordnung – Begründung der Fassung November 2002.

[2.62] Musterbauordnung, Fassung Dezember 1981, zuletzt geändert November 1989.

[2.63] Muster-Richtlinien über Flächen für die Feuerwehr, Fassung Februar 2007, zuletzt geändert Oktober 2009.

[2.64] VdS 2021:2016-06: Baustellen – Unverbindlicher Leitfaden für ein umfassendes Brandschutzkonzept.

[2.65] Verordnung über Arbeitsstätten (Arbeitsstättenverordnung – ArbStättenV), Fassung August 2004, zuletzt geändert Juni 2020.

[2.66] Verordnung über Sicherheit und Gesundheitsschutz auf Baustellen, Fassung Juni 1998, zuletzt geändert Juni 2017.

[2.67] DIN 18095-1:1988-10
Türen: Rauchschutztüren, Begriffe und Anforderungen.

Teil III: Technischer Brandschutz

[3.1] Musterbauordnung (MBO), Fassung November 2002, zuletzt geändert September 2019.

[3.2] Muster-Verordnung über den Bau und Betrieb von Beherbergungsstätten (Muster-Beherbergungsstättenverordnung – MBeVO), Fassung Dezember 2000, zuletzt geändert Mai 2014.

[3.3] Muster einer Verordnung über den Bau und Betrieb von Garagen (Muster-Garagenverordnung – M-GarVO), Fassung Mai 1993, geändert Mai 2008.

[3.4] Muster-Richtlinie über den Bau und Betrieb von Hochhäusern (Muster-Hochhaus-Richtlinie – MHHR), Fassung April 2008, zuletzt geändert Februar 2012.

[3.5] Muster-Richtlinie über den baulichen Brandschutz im Industriebau (Muster-Industriebau-Richtlinie – MIndBauRL), Fassung Mai 2019.

[3.6] Muster-Richtline über bauaufsichtliche Anforderungen an Schulen (Muster-Schulbau-Richtlinie – MSchulbauR), Fassung April 2009.

[3.7] Musterverordnung über den Bau und Betrieb von Verkaufsstätten (Muster-Verkaufsstättenverordnung – MVKVO), Fassung September 1995, zuletzt geändert Juli 2014.

[3.8] Musterverordnung über den Bau und Betrieb von Versammlungsstätten (Muster-Versammlungsstättenverordnung – MVStättVO), Fassung Juni 2005, zuletzt geändert Juli 2014.

[3.9] Muster-Richtlinie über brandschutztechnische Anforderungen an Leitungsanlagen (Muster-Leitungsanlagen-Richtlinie – MLAR), Fassung Februar 2015 (Redaktionsstand April 2016).

[3.10] Muster-Verwaltungsvorschrift Technische Baubestimmungen (MVV TB), Ausgabe 2019/1.

[3.11] Richtlinie über brandschutztechnische Anforderungen an Leitungsanlagen (Leitungsanlagen-Richtlinie – LAR), Niedersachsen, Fassung Januar 2019.

[3.12] Muster-Richtlinie über brandschutztechnische Anforderungen an Systemböden (Muster-Systembödenrichtlinie – MSysBöR), Fassung September 2005.

[3.13] DIN EN 60702-1 VDE 0284-1:2015-08
Mineralisolierte Leitungen mit einer Nennspannung bis 750 V –
Teil 1: Leitungen.

[3.14] Grundsätzliche Regelungen zu Abständen bei Kabel- und Rohrabschottungen, Mitteilung des Deutschen Instituts für Bautechnik (DIBt), Merkblatt, Referat III 6, Brandschutz für Leitungsanlagen, Kabel- und Rohrabschottungen, Stand: Mai 2018.

[3.15] DIN 4102-12:1998-11
Brandverhalten von Baustoffen und Bauteilen – Teil 12: Funktionserhalt von elektrischen Kabelanlagen, Anforderungen und Prüfungen.

[3.16] DIN EN 50577 VDE 0482-577:2016-08
Kabel und Leitungen, Feuerwiderstandsprüfungen an ungeschützten Kabeln und Leitungen (P-Klassifikation).

[3.17] Muster-Richtlinie über brandschutztechnische Anforderungen an Lüftungsanlagen (Muster-Lüftungsanlagen-Richtlinie – M-LüAR), Fassung September 2005, zuletzt geändert Dezember 2015.

[3.18] Hessische Verwaltungsvorschrift Technische Baubestimmungen (H-VV TB), Ausgabe Juni 2018.

[3.19] DIN 4102-6:1977-09
Brandverhalten von Baustoffen und Bauteilen – Teil 6: Lüftungsleitungen, Anforderungen und Prüfungen.

[3.20] DIN EN 13501-3:2010-02
Klassifizierung von Bauprodukten und Bauarten zu ihrem Brandverhalten – Teil 3: Klassifizierung mit den Ergebnissen aus den Feuerwiderstandsprüfungen an Bauteilen von haustechnischen Anlagen: Feuerwiderstandsfähige Leitungen und Brandschutzklappen.

[3.21] DIN 4102-4:1994-03
Brandverhalten von Baustoffen und Bauteilen, Zusammenstellung und Anwendung klassifizierter Baustoffe, Bauteile und Sonderbauteile.

[3.22] DIN EN 13501-2:2016-12
Klassifizierung von Bauprodukten und Bauarten zu ihrem Brandverhalten – Teil 2: Klassifizierung mit den Ergebnissen aus den Feuerwiderstandsprüfungen mit Ausnahme von Lüftungsanlagen.

[3.23] DIN 18017-3:2020-05
Lüftung von Bädern und Toilettenräumen ohne Außenfenster – Teil 3: Lüftung mit Ventilatoren.

[3.24] DIN 18017-3:2009-09
Lüftung von Bädern und Toilettenräumen ohne Außenfenster – Teil 3: Lüftung mit Ventilatoren.

[3.25] DIN 14675-1:2020-01
Brandmeldeanlagen – Teil 1: Aufbau und Betrieb.

[3.26] DIN 14675-2:2020-01
Brandmeldeanlagen – Teil 2: Anforderungen an die Fachfirma.

[3.27] DIN VDE 0833-1:2014-10
Gefahrenmeldeanlagen für Brand, Einbruch und Überfall – Teil 1: Allgemeine Festlegungen.

[3.28] DIN VDE 0833-2:2017-10
Gefahrenmeldeanlagen für Brand, Einbruch und Überfall – Teil 2: Festlegungen für Brandmeldeanlagen.

[3.29] VdS-Richtlinien 2095:2019-05
Automatische Brandmeldeanlagen, Planung und Einbau.

[3.30] Bauordnung für das Land Nordrhein-Westfalen (BauO NRW), Fassung Juli 2018, zuletzt geändert Dezember 2020.

[3.31] DIN 14676-1:2018-12
Rauchwarnmelder für Wohnhäuser, Wohnungen und Räume mit wohnungsähnlicher Nutzung – Teil 1: Planung, Einbau, Betrieb und Instandhaltung.

[3.32] DIN EN 54-1:2011-06
Brandmeldeanlagen – Teil 1: Einleitung.

[3.33] DIN EN 62305-1 VDE 0185-305-1:2011-10
Blitzschutz – Teil 1: Allgemeine Grundsätze.

[3.34] DIN EN 62305-2 VDE 0185-305-1:2013-02
Blitzschutz – Teil 2: Risiko-Management.

[3.35] DIN EN 62305-3 VDE 0185-305-1:2011-10
Blitzschutz – Teil 3: Schutz von baulichen Anlagen und Personen.

[3.36] VDI 3819 Blatt 2:2013-07
Brandschutz in der Gebäudetechnik – Funktionen und Wechselwirkungen.

[3.37] ASR A3.5, Technische Regeln für Arbeitsstätten, Fluchtwege und Notausgänge, Raumtemperatur, Ausgabe Juni 2010, zuletzt geändert 2018.

[3.38] DIN 18232-1:2002-02
Rauch- und Wärmefreihaltung – Teil 1: Begriffe, Aufgabenstellung.

[3.39] DIN 18232-2:2007-11
Rauch- und Wärmefreihaltung – Teil 2: Natürliche Rauchabzugsanlagen (NRA); Bemessung, Anforderungen und Einbau.

[3.40] DIN 18232-4:2003-04
Rauch- und Wärmefreihaltung – Teil 4: Wärmeabzüge (WA); Prüfverfahren.

[3.41] DIN 18232-5:2012-11
Rauch- und Wärmefreihaltung – Teil 5: Maschinelle Rauchabzugsanlagen (MRA); Anforderungen, Bemessung.

[3.42] DIN 18232-7:2008-02
Rauch- und Wärmefreihaltung – Teil 7: Wärmeabzüge aus schmelzbaren Stoffen; Bewertungsverfahren und Einbau.

[3.43] DIN 18232-9:2016-07
Rauch- und Wärmefreihaltung – Teil 9: Wesentliche Merkmale und deren Mindestwerte für natürliche Rauch- und Wärmeabzugsgeräte nach DIN EN 12101-2.

[3.44] VdS 2815:2013-09
Merkblatt zum Brandschutz, Zusammenwirken von Wasserlöschanlagen und Rauch- und Wärmeabzugsanlagen (RWA).

[3.45] DIN EN 12101-2:2017-08
Rauch- und Wärmefreihaltung – Teil 2: Natürliche Rauch- und Wärmeabzugsgeräte.

[3.46] DIN 4066:1997-07
Hinweisschilder für die Feuerwehr.

[3.47] DIN EN 1991-1-4:2010-12
Eurocode 1: Einwirkungen auf Tragwerke – Teil 1-4: Allgemeine Einwirkungen – Windlasten.

[3.48] DIN EN 1991-1-4/NA:2010-12
Nationaler Anhang – National festgelegte Parameter – Eurocode 1: Einwirkungen auf Tragwerke – Teil 1-4: Allgemeine Einwirkungen – Windlasten.

[3.49] Verordnung über energiesparenden Wärmeschutz und energiesparende Anlagentechnik bei Gebäuden (Energieeinsparverordnung – EnEV), Fassung November 2001, zuletzt geändert Juni 2020.

[3.50] Gesetz zur Einsparung von Energie und zur Nutzung erneuerbarer Energien zur Wärme- und Kälteerzeugung in Gebäuden (Gebäudeenergiegesetz – GEG), Fassung August 2020.

[3.51] Fachkommission Bautechnik der Bauministerkonferenz: Auslegungsfragen zur Energieeinsparverordnung – Teil 11: Auslegungen EnEV 2009, Auslegung zu § 6 i. V. m. Anlage 4 Nr. 1 EnEV 2009 (Luftdichtheit).

[3.52] DIN EN 12101-6:2005-09
Rauch- und Wärmefreihaltung – Teil 6: Festlegung für Differenzdrucksysteme, Bausätze.

[3.53] DIN 18040-1:2010-10
Barrierefreies Bauen – Planungsgrundlagen – Teil 1: Öffentlich zugängliche Gebäude.

[3.54] DIN 18040-2:2011-09
Barrierefreies Bauen – Planungsgrundlagen – Teil 2: Wohnungen.

[3.55] DIN EN 12217:2015-07
Türen – Bedienungskräfte – Anforderungen und Klassifizierung.

[3.56] DIN EN 12101-1:2006-06
Rauch- und Wärmefreihaltung – Teil 1: Bestimmungen für Rauchschürzen.

[3.57] DIN EN 1363-1:2020-05
Feuerwiderstandprüfungen – Teil 1: Allgemeine Anforderungen.

[3.58] DIN EN 3-7:2007-10
Tragbare Feuerlöscher – Teil 7: Eigenschaften, Leistungsanforderungen und Prüfungen.

[3.59] DIN 14406-4:2009-09
Tragbare Feuerlöscher – Teil 4: Instandhaltung.

[3.60] DIN 14406-4 Beiblatt 1:2015-12
Tragbare Feuerlöscher – Teil 4: Instandhaltung; Beiblatt 1: Informationen zur Anwendung.

[3.61] ASR A2.2, Technische Regeln für Arbeitsstätten, Maßnahmen gegen Brände, Ausgabe Mai 2018.

[3.62] Verordnung über Sicherheit und Gesundheitsschutz bei der Verwendung von Arbeitsmitteln (Betriebssicherheitsverordnung – BetrSichV), Fassung Februar 2015, zuletzt geändert April 2019.

[3.63] Verordnung über Arbeitsstätten (Arbeitsstättenverordnung – ArbStättenV), Fassung August 2004, zuletzt geändert Juni 2020.

[3.64] DIN 14461-1:2016-10
Feuerlösch-Schlauchanschlusseinrichtungen – Teil 1: Wandhydrant mit formstabilem Schlauch.

[3.65] DIN EN ISO 7010:2012-10
Graphische Symbole – Sicherheitsfarben und Sicherheitszeichen – Registrierte Sicherheitszeichen.

[3.66] DIN 14461-3:2020-08
Feuerlösch-Schlauchanschlusseinrichtungen – Teil 3: Schlauchanschlussventile PN 16.

[3.67] DIN 1988-600:2010-12
Technische Regeln für Trinkwasser-Installationen – Teil 600: Trinkwasser-Installationen in Verbindung mit Feuerlösch- und Brandschutzanlagen.

[3.68] DIN 14462:2012-09
Löschwassereinrichtungen – Planung, Einbau, Betrieb und Instandhaltung von Wandhydrantenanlagen sowie Anlagen mit Über- und Unterflurhydranten.

[3.69] DIN EN 12845:2020-11
Ortsfeste Brandbekämpfungsanlagen – Automatische Sprinkleranlagen – Planung, Installation und Instandhaltung.

[3.70] VdS CEA 4001:2018-01
VdS-CEA-Richtlinien für Sprinkleranlagen; Planung und Einbau.

[3.71] Bundesverband Technischer Brandschutz e. V.: 10-Jahres-Statistik, 2020.
https://www.bvfa.de/33/themen/vorbildlicher-brandschutz/loescherfolge/

[3.72] DIN CEN/TS 14816:2009-05 (Vornorm)
Ortsfeste Brandbekämpfungsanlagen – Sprühwasserlöschanlagen; Planung, Einbau und Wartung.

[3.73] VdS 2109:2018-01
VdS-Richtlinien für Sprühwasser-Löschanlagen; Planung und Einbau.

[3.74] VdS 2108:2018-01
VdS-Richtlinien für Schaumlöschanlagen; Planung und Einbau.

[3.75] DIN EN 13565-1:2019-07
Ortsfeste Brandbekämpfungsanlagen – Schaumlöschanlagen – Teil 1: Anforderungen und Prüfverfahren für Bauteile.

[3.76] DIN EN 13565-2:2020-03
Ortsfeste Brandbekämpfungsanlagen – Schaumlöschanlagen – Teil 2: Planung, Einbau und Wartung.

[3.77] DIN EN 15004-1:2019-06
Ortsfeste Brandbekämpfungsanlagen – Löschanlagen mit gasförmigen Löschmitteln – Teil 1: Planung, Installation und Instandhaltung.

[3.78] VdS 2380:2019-03
VdS-Richtlinien für Feuerlöschanlagen mit nicht verflüssigten Inertgasen, Planung und Einbau.

[3.79] DIN EN 12416-1:2020-11
Ortsfeste Brandbekämpfungsanlagen – Pulverlöschanlagen – Teil 1: Anforderungen und Prüfverfahren für Bauteile.

[3.80] DIN EN 12416-2:2007-09
Ortsfeste Brandbekämpfungsanlagen – Pulverlöschanlagen – Teil 2: Planung, Einbau und Wartung.

[3.81] VdS 2240:2008-03
Betriebsbuch für Gas- und Pulverlöschanlagen.

[3.82] VdS 2395-1:2011-06
Halbstationäre Sprühwasser-Löschanlagen; Planung und Einbau.

[3.83] ASR A1.7, Technische Regeln für Arbeitsstätten, Türen und Tore, Ausgabe November 2009, zuletzt geändert 2018.

[3.84] Verordnung Nr. 305/2011 des Europäischen Parlaments und des Rates vom 9. März 2011 zur Festlegung harmonisierter Bedingungen für die Vermarktung von Bauprodukten und zur Aufhebung der Richtlinie 89/106/EWG des Rates. (Berichtigungen vom 12.4.2013)

[3.85] DIN EN 16034:2014-12
Türen, Tore und Fenster – Produktnorm, Leistungseigenschaften – Feuer- und/oder Raucheigenschaften.

[3.86] DIN EN 14351-1:2016-12
Fenster und Türen – Produktnorm, Leistungseigenschaften – Teil 1: Fenster und Außentüren.

[3.87] DIN EN 14351-2:2019-01
Fenster und Türen – Produktnorm, Leistungseigenschaften – Teil 2: Innentüren.

[3.88] Landesbauordnung für Nordrhein-Westfalen (BauO NRW 2018), Fassung 21. Juli 2018, zuletzt geändert Januar 2021.

[3.89] DIN 18095-1:1988-10
Rauchschutztüren – Teil 1: Begriffe und Anforderungen.

[3.90] DIN 18095-3:1999-06
Rauchschutztüren – Teil 3: Anwendung von Prüfergebnissen.

[3.91] EAD 020029-00-1102:2017-11
Ein- und zweiflügelige Innentüren aus Stahlblech mit Feuer- und/oder Rauchschutzeigenschaften.

[3.92] DIN 18090:1997-01
Fahrschacht-Dreh und -Falttüren für Fahrschächte mit Wänden der Feuerwiderstandsklasse F 90.

[3.93] DIN 18091:1993-07
Schacht-Schiebetüren für Fahrschächte mit Wänden der Feuerwiderstandsklasse F 90.

[3.94] DIN 18092:1992-04
Vertikal-Schiebetüren für Kleingüteraufzüge in Fahrschächten mit Wänden der Feuerwiderstandsklasse F 90.

[3.95] DIN 4102-5:1977-09
Brandverhalten von Baustoffen und Bauteilen – Teil 5: Feuerschutzabschlüsse, Abschlüsse in Fahrschachtwänden und gegen Feuer widerstandsfähige Verglasungen; Begriffe, Anforderungen und Prüfungen.

[3.96] DIN 4102-2:1977-09
Brandverhalten von Baustoffen und Bauteilen – Teil 2: Bauteile; Begriffe, Anforderungen und Prüfungen.

[3.97] DIN 18093:2017-10
Feuer- und/oder Rauchschutzabschlüsse; Einbau und Wartung.

[3.98] DIN EN 16005:2013-01
Kraftbetätigte Türen – Nutzungssicherheit; Anforderungen und Prüfverfahren.

[3.99] ASR A2.3, Technische Regeln für Arbeitsstätten, Fluchtwege und Notausgänge, Flucht- und Rettungsplan, Ausgabe August 2007, zuletzt geändert 2017.

[3.100] DIN EN 15650:2010-09
Lüftung von Gebäuden – Brandschutzklappen.

[3.101] Deutsches Institut für Bautechnik (DIBt): Zulässige Änderungen und Ergänzungen an Feuerschutzabschlüssen und Feuerschutzabschlüssen mit Rauchschutzeigenschaften im modifizierten Zulassungsverfahren, Stand 01.12.2009.

[3.102] Deutsches Institut für Bautechnik (DIBt): Änderungen bei Feuerschutzabschlüssen. In: Mitteilung des DIBt vom 01.02.1996, Fassung Juni 1995.

[3.103] Strafgesetzbuch der Bundesrepublik Deutschland (StGB), Fassung Mai 1871, zuletzt geändert November 2020

[3.104] Muster-Verwaltungsvorschrift Technische Baubestimmungen (MVV TB), Ausgabe August 2017.

[3.105] DIN EN 1158:2003-04
Schlösser und Baubeschläge, Schließfolgeregler; Anforderungen und Prüfverfahren.

[3.106] DIN EN 1158 Berichtigung 1:2006-06
Schlösser und Baubeschläge, Schließfolgeregler; Anforderungen und Prüfverfahren, Berichtigungen zu DIN EN 1158.

[3.107] DIN EN 1155:2003-04
Elektrisch betriebene Feststellvorrichtungen für Drehflügeltüren; Anforderungen und Prüfverfahren.

[3.108] DIN 6280-13:1994-12
Stromerzeugungsaggregate – Stromerzeugungsaggregate mit Hubkolben-Verbrennungsmotoren – Teil 13: Für Sicherheitsstromversorgung in Krankenhäusern und in baulichen Anlagen für Menschenansammlungen.

[3.109] ASR A3.4/7, Technische Regeln für Arbeitsstätten, Sicherheitsbeleuchtung, optische Sicherheitsleitsysteme, Ausgabe Mai 2009, zuletzt geändert 2017.

[3.110] DIN 4102-11:1985-12
Brandverhalten von Baustoffen und Bauteilen – Teil 11: Rohrummantelungen, Rohrabschottungen, Installationsschächte und -kanäle sowie Abschlüsse ihrer Revisionsöffnungen; Begriffe, Anforderungen und Prüfungen.

[3.111] DIN 4102-9:1990-05
Brandverhalten von Baustoffen und Bauteilen – Teil 9: Kabelabschottungen; Begriffe, Anforderungen und Prüfungen.

Teil IV: Organisatorischer Brandschutz

[4.1] Verordnung über Arbeitsstätten (Arbeitsstättenverordnung – ArbStättenV), Fassung August 2004, zuletzt geändert Dezember 2020.

[4.2] Muster-Verordnung über den Bau und Betrieb von Beherbergungsstätten (Muster-Beherbergungsstättenverordnung – MBeVO), Fassung Dezember 2000, zuletzt geändert Mai 2014.

[4.3] Muster-Richtlinie über den Bau und Betrieb von Hochhäusern (Muster-Hochhaus-Richtlinie – MHHR), Fassung April 2008, zuletzt geändert Februar 2012.

[4.4] Musterverordnung über den Bau und Betrieb von Versammlungsstätten (Muster-Versammlungsstättenverordnung – MVStättVO), Fassung Juni 2005, zuletzt geändert Juli 2014.

[4.5] Gesetz über die Durchführung von Maßnahmen des Arbeitsschutzes zur Verbesserung der Sicherheit und des Gesundheitsschutzes der Beschäftigten bei der Arbeit (Arbeitsschutzgesetz – ArbSchG), in der Fassung August 1996, zuletzt geändert Dezember 2020.

[4.6] DGUV Information 205-001:2020-12
Betrieblicher Brandschutz in der Praxis.

[4.7] ASR A2.3, Technische Regeln für Arbeitsstätten, Fluchtwege und Notausgänge, Flucht- und Rettungsplan, Ausgabe August 2007, zuletzt geändert 2017.

[4.8] DIN 14096:2014-05
Brandschutzordnung – Regeln für das Erstellen und das Aushängen.

[4.9] DIN EN ISO 7010:2020-07
Graphische Symbole – Sicherheitsfarben und Sicherheitszeichen – Registrierte Sicherheitszeichen.

[4.10] Verordnung über Arbeitsstätten (Arbeitsstättenverordnung – ArbStättenV), Fassung August 2004, zuletzt geändert Dezember 2020.

[4.11] VDI 3819 Blatt 4:2019-12 (Entwurf)
Brandschutz für Gebäude – Anforderungen an Brandschutzpläne.

[4.12] ASR A1.3, Technische Regeln für Arbeitsstätten, Sicherheits- und Gesundheitsschutzkennzeichnung, Ausgabe Februar 2013, zuletzt geändert 2017.

[4.13] DIN ISO 23601:2010-12
Sicherheitskennzeichnung – Flucht- und Rettungspläne.

[4.14] Muster-Richtlinie über den baulichen Brandschutz im Industriebau (Muster-Industriebau-Richtlinie – MIndBauRL), Fassung Mai 2019.

[4.15] Muster-Richtlinie über bauaufsichtliche Anforderungen an Schulen (Muster-Schulbau-Richtlinie – MSchulbauR), in der Fassung April 2009.

[4.16] Musterverordnung über den Bau und Betrieb von Verkaufsstätten (Muster-Verkaufsstättenverordnung – MVKVO), Fassung September 1995, zuletzt geändert Juli 2014.

[4.17] DIN 14095:2007-05
Feuerwehrpläne für bauliche Anlagen.

[4.18] DIN 14034-6:2016-04
Graphische Symbole für das Feuerwehrwesen – Teil 6: Bauliche Einrichtungen.

[4.19] DGUV Information 205-003:2014-11
Aufgaben, Qualifikation, Ausbildung und Bestellung von Brandschutzbeauftragten.

[4.20] ASR A2.2, Technische Regeln für Arbeitsstätten, Maßnahmen gegen Brände, Ausgabe Mai 2018.

[4.21] DIN EN 1991-1-2:2010-12
Eurocode 1: Einwirkungen auf Tragwerke – Teil 1-2: Allgemeine Einwirkungen – Brandeinwirkungen auf Tragwerke.

[4.22] DIN EN 1991-1-2/NA:2015-09
Nationaler Anhang – National festgelegte Parameter – Eurocode 1: Einwirkungen auf Tragwerke – Teil 1-2: Allgemeine Einwirkungen – Brandeinwirkungen auf Tragwerke.

[4.23] Muster-Verwaltungsvorschrift Technische Baubestimmungen (MVV TB), Ausgabe 2019/1.

[4.24] Muster einer Verordnung über Bauvorlagen und bauaufsichtliche Anzeigen (Musterbauvorlagenverordnung – MBauVorlV), Fassung Februar 2007.

Teil V: Abwehrender Brandschutz

[5.1] Musterbauordnung (MBO), Fassung November 2002, zuletzt geändert September 2019.

[5.2] Muster-Verwaltungsvorschrift Technische Baubestimmungen (MVV TB), Ausgabe 2019/1.

[5.3] Muster-Richtlinien über Flächen der Feuerwehr, Fassung Februar 2007, zuletzt geändert Oktober 2009.

[5.4] Musterverordnung über den Bau und Betrieb von Versammlungsstätten (Muster-Versammlungsstättenverordnung – MVStättVO), Fassung Juni 2005, zuletzt geändert Juli 2014.

[5.5] Musterverordnung über den Bau und Betrieb von Verkaufsstätten (Muster-Verkaufsstättenverordnung – MVKVO), Fassung September 1995, zuletzt geändert Juli 2014.

[5.6] Straßenverkehrs-Ordnung (StVO), Fassung März 2013, zuletzt geändert Dezember 2020.

[5.7] DIN 14675-1:2020-01
Brandmeldeanlagen – Teil 1: Aufbau und Betrieb.

[5.8] VdS 2105:2013-10
Schlüsseldepot, Anforderungen an Anlageteile.

[5.9] DVGW Regelwerk, Technische Regel Arbeitsblatt W 405:2008-02,
Bereitstellung von Löschwasser durch die öffentliche Trinkwasserversorgung.

[5.10] Verordnung über die bauliche Nutzung der Grundstücke (Baunutzungsverordnung – BauNVO), Fassung November 2017.

[5.11] Muster-Richtlinie über den baulichen Brandschutz im Industriebau (Muster-Industriebau-Richtlinie – MIndBauRL), Fassung Mai 2019.

[5.12] Gesetz zur Ordnung des Wasserhaushalts (Wasserhaushaltsgesetz- WHG), Fassung Juli 2009, zuletzt geändert Juni 2020.

[5.13] Verordnung über Anlagen zum Umgang mit wassergefährdenden Stoffen (AwSV), Fassung April 2017, zuletzt geändert Juni 2020.

[5.14] Muster-Verwaltungsvorschrift Technische Baubestimmungen (MVV TB), Ausgabe August 2017.

[5.15] DIN 4066:1997-07
Hinweisschilder für die Feuerwehr.

Teil VI: Brandschutznachweise und -konzepte

[6.1] Musterbauordnung (MBO), Fassung November 2002, zuletzt geändert September 2019.

[6.2] Muster einer Verordnung über Bauvorlagen und bauaufsichtliche Anzeigen (Musterbauvorlagenverordnung – MBauVorlV), Fassung Februar 2007.

[6.3] Ausschuss der Ingenieurverbände und Ingenieurkammern für die Honorarordnung e.V. (AHO):
Leistungsbild und Honorierung – Schriftenreihe Nr. 17 – Leistungen für Brandschutz, AHO-Fachkommission Brandschutz, Stand Juni 2015.

[6.4] Verordnung über die Honorare für Architekten- und Ingenieurleistungen (Honorarordnung für Architekten und Ingenieure – HOAI), Fassung Juli 2013, zuletzt geändert Dezember 2020.

[6.5] Landesbauordnung für Baden-Württemberg (LBO), Fassung März 2010, zuletzt geändert Juli 2019.

[6.6] Muster-Richtlinie über den Bau und Betrieb von Hochhäusern (Muster-Hochhaus-Richtlinie – MHHR), Fassung April 2008, zuletzt geändert Februar 2012.

[6.7] Muster-Richtline über bauaufsichtliche Anforderungen an Schulen (Muster-Schulbau-Richtlinie – MSchulbauR), Fassung April 2009.

[6.8] Muster-Verwaltungsvorschrift Technische Baubestimmungen (MVV TB), Ausgabe 2019/1.

[6.9] Muster-Richtlinien über Flächen der Feuerwehr, Fassung Februar 2007, zuletzt geändert Oktober 2009.

[6.10] ASR A2.3, Technische Regeln für Arbeitsstätten, Fluchtwege und Notausgänge, Flucht- und Rettungsplan, Ausgabe August 2007, zuletzt geändert 2017.

[6.11] Muster-Richtlinie über brandschutztechnische Anforderungen an Systemböden (Muster-Systembödenrichtlinie – MSysBöR), Fassung September 2005.

[6.12] Muster-Richtlinie über brandschutztechnische Anforderungen an Leitungsanlagen (Muster-Leitungsanlagen-Richtlinie – MLAR), Fassung Februar 2015 (Redaktionsstand April 2016).

[6.13] Musterverordnung über den Bau und Betrieb von Versammlungsstätten (Muster-Versammlungsstättenverordnung – MVStättVO), Fassung Juni 2005, zuletzt geändert Juli 2014.

[6.14] DIN EN 81-73:2020-11
Sicherheitsregeln für die Konstruktion und den Einbau von Aufzügen – Besondere Anwendungen für Personen- und Lastenaufzüge – Teil 73: Verhalten von Aufzügen im Brandfall.

[6.15] DIN EN ISO 7010:2020-07
Graphische Symbole – Sicherheitsfarben und Sicherheitszeichen – Registrierte Sicherheitszeichen.

[6.16] ASR A1.3, Technische Regeln für Arbeitsstätten, Sicherheits- und Gesundheitsschutzkennzeichnung, Ausgabe Februar 2013, zuletzt geändert 2017.

[6.17] DIN 4066:1997-07
Hinweisschilder für die Feuerwehr.

[6.18] VDI 6017:2015-08
Aufzüge – Steuerungen für den Brandfall.

[6.19] Muster-Richtlinie über brandschutztechnische Anforderungen an Lüftungsanlagen (Muster-Lüftungsanlagen-Richtlinie – M-LüAR), Fassung September 2005, zuletzt geändert Dezember 2015.

[6.20] DIN EN 15665:2009-07
Lüftung von Gebäuden – Bestimmung von Leistungskriterien für Lüftungssysteme in Wohngebäuden.

[6.21] VdS 2298:2002-06
Lüftungsanlagen im Brandschutzkonzept – Merkblatt für Planung, Ausführung und Betrieb.

[6.22] Verordnung über Arbeitsstätten (Arbeitsstättenverordnung – ArbStättenV), Fassung August 2004, zuletzt geändert Juni 2020.

[6.23] ASR A2.2, Technische Regeln für Arbeitsstätten, Maßnahmen gegen Brände, Ausgabe Mai 2018.

[6.24] Muster einer Verordnung über den Bau und Betrieb von Garagen (Muster-Garagenverordnung M-GarVO), Fassung Mai 1993, zuletzt geändert Mai 2008.

[6.25] DIN 1055-3:2006-03
Einwirkungen auf Tragwerke – Teil 3: Eigen- und Nutzlasten für Hochbauten.

[6.26] DIN EN 1991-1-1:2010-12
Eurocode 1: Einwirkungen auf Tragwerke – Teil 1-1: Allgemeine Einwirkungen auf Tragwerke – Wichten, Eigengewicht und Nutzlasten im Hochbau.

[6.27] DIN EN 1991-1-1/NA:2010-12
Nationaler Anhang – National festgelegte Parameter – Eurocode 1: Einwirkungen auf Tragwerke – Teil 1-1: Allgemeine Einwirkungen auf Tragwerke – Wichten, Eigengewicht und Nutzlasten im Hochbau.

[6.28] Richtlinien für die Standarsisierung des Oberbaues von Verkehrsflächen – RStO 12. Forschungsgesellschaft für Straßen- und Verkehrswesen, Arbeitsgruppe Infrastrukturmanagement, Ausgabe 2012.

[6.29] DVGW Regelwerk, Technische Regel Arbeitsblatt W 405:2008-02,
Bereitstellung von Löschwasser durch die öffentliche Trinkwasserversorgung.

[6.30] Verordnung über die bauliche Nutzung der Grundstücke (Baunutzungsverordnung – BauNVO), Fassung November 2017.

[6.31] Muster-Richtlinie über den baulichen Brandschutz im Industriebau (Muster-Industriebau-Richtlinie – MIndBauRL), Fassung Mai 2019.

[6.32] DIN 14095:2007-05
Feuerwehrpläne für bauliche Anlagen.

[6.33] DIN ISO 23601:2010-12
Sicherheitskennzeichnung – Flucht- und Rettungspläne.

[6.34] DIN 14096:2014-05
Brandschutzordnung – Regeln für das Erstellen und das Aushängen.

[6.35] Muster-Verordnung über Prüfungen von technischen Anlagen nach Bauordnungsrecht (Muster-Prüfverordnung – MPrüfVO), Stand März 2011.

[6.36] DIN 14034-6:2016-04
Graphische Symbole für das Feuerwehrwesen – Teil 6: Bauliche Einrichtunge.37] VDI 3819 Blatt 4:2019-12 (Entwurf)
Brandschutz für Gebäude – Anforderungen an Brandschutzpläne.

Stichwortverzeichnis

A

Abbrandgeschwindigkeit 88ff., 133
Abbrandrate 88, 133
Abbruch 53, 107
– der baulichen Anlage 525
Abbruchkriterium 147
Abfallschächte 293
abfließender Rauchgasmassenstrom 377
Abführen
– von Brandrauch 339, 390
– von Brandrauch und Wärme 339
– von Wärmeenergie 485, 506
Abführung der thermischen Energie 507
abgehängte Decken 192
abgehängte Unterdecke 193
abgeminderte ETK (ETKef) 81
Abhängen der Kanäle 393
Abhänger 393
Abklingphase 74, 78, 80, 84f.
Abkühlungseffekt 382
Ablationsbeschichtung 455
Ableitungsanlage 336f.
Abluftleitungen 322f.
Absaugstelle 346, 349, 351, 355, 357, 361, 383
Abschlüsse 8, 20f., 43f., 62, 108, 154, 175f., 180, 193, 207, 212, 218, 237, 248, 256, 259, 262, 283ff., 290ff., 299, 303, 319, 342, 345f., 348f., 352, 354, 356ff., 363, 371, 382, 395, 425, 430, 439f., 442, 444
– als Wohnungseingangstüren 292
– im Ausgangsbereich von innenliegenden Treppen 292
– im Zuge von notwendigen Fluren 288
– in Brandwänden 283
– in Brandwand-Ersatzwänden 284
– in Decken 286f.
– in Decken über Kellergeschossen 287
– in Decken über oder unter Räumen mit erhöhter Brandgefahr 288
– in Fahrschächten von Aufzügen 294
– in Flurwänden 288
– in Form von Türen 288
– in Geschossdecken 286
– in Lagerräumen für feste Abfallstoffe 292f.
– in Öffnungen von Geschossdecken 286
– in Trennwänden 284
– in Treppenräumen 290
– in Versorgungsschächten 293f.
– in Vorräumen 295
– mit brandschutztechnischen Eigenschaften 425
– von Decken 286
– von Öffnungen in Decken 286f.
– von Öffnungen in raumabschließenden Bauteilen 285
– von Öffnungen in tragenden Decken 286f.
– von Rauchabzugsöffnungen auf Dächern 382
– zum Entrauchen 345f., 348f., 352, 354, 356ff., 363
– zwischen Garagen und anderen baulichen Anlagen 295
Abschlusswände 164
abschottende Geschossdecken 497
Abschottung
– von Kabeldurchführungen 455
– von Rohrleitungen 310
Abschottungssystem 163, 190, 212, 284, 452, 509
absolute Rauchdichtigkeit 430
absoluter Nullpunkt 64
Absperrklappenblatt 436
Absperrvorrichtungen 322f., 347, 350, 356, 358, 364
– in Leitungen 364
Abstände
– des geplanten Gebäudes zu Nachbargrundstücken 488
– von Brandwänden 494
Abstandsflächenregelungen 164
Abstandsregeln der Muster-Leitungsanlagenrichtlinie 453
Abstellräume 160
Abstimmung
– mit der Feuerwehr 515
– zwischen den Beteiligten 368
abstrakte Gefahr 51f.
Abströmeinrichtungen 383
Abströmgeschwindigkeit 343f.
Abwehrender Brandschutz 471
Abweichungen 3, 26, 32, 61, 121, 124, 126, 173, 178, 182, 185, 187, 190, 217, 249, 264, 283, 298f., 486, 491, 501, 524

– von den Vorgaben des Baurechts 524
Abweichungsentscheidung 344, 353, 360
aerodynamische Fläche 366
– aller vorhandenen Entrauchungsöffnungen 377
aerodynamische Öffnungen zur Rauchableitung 373
aerodynamische Öffnungsfläche 370, 376
aerodynamische Öffnungsgröße 369
aerodynamische Rauchabzugsöffnung 375
aerodynamischer Beiwert 379 f.
aerodynamisch wirksame Entrauchungsfläche 365
aerodynamisch wirksame Fläche 258 ff., 266, 346, 349 f., 352, 354, 357, 359, 361 f., 365 f.
aerodynamisch wirksame Fläche der Rauchabzugsgeräte 362
aerodynamisch wirksame Fläche im oberen Raumdrittel 346, 349, 354, 357, 361
aerodynamisch wirksame Öffnungsfläche 340
aerodynamisch wirksame Öffnungsgröße 369
aerosole Wasserteilchen 330 f., 443
aerosole Wassertropfen 416
Aggregatzustände 65
Aggregatzustandsänderung 66, 99, 141
AHO-Schriftenreihe 487, 509
Aktiver Bestandsschutz 54
aktuelle Regelwerke 489 f.
aktueller Standort 463
Alarmanlagen 333 f., 407, 514
Alarmierung der Feuerwehrdienststellen 326
Alarmierungsanlage 298, 329, 333 f., 421
Alarmierungseinrichtungen 220, 297 f., 327, 333 f., 448, 485, 514
alle Nutzer einer baulichen Anlage 459
allgemein anerkannte Regeln der (Bau-)Technik 38, 300, 489
allgemeine Angaben zum Brandschutznachweis 484, 487
allgemeine Bauartgenehmigung 59, 91, 118 f.
allgemeine bauaufsichtliche Prüfzeugnisse 124, 129
– für Bauarten 59
– für Bauprodukte 59
allgemeine bauaufsichtliche Zulassung 58, 91, 97, 114 f., 122 ff., 129
allgemeine Bemessungsverfahren 106
Ammoniumdihydrogenphosphat 405
Ammoniumsulfat 405
amtliche Kennzeichnung 473
amtlicher Lageplan 471, 488, 492
Amtsblatt der Europäischen Union 126 f., 431, 438
Amtshaftung 58, 61
Amtspflichtverletzungen 60 f.
Anbau 198 f.
Änderungen an Brandschutzabschlüssen 438
Änderungen des Rettungsweges 282
Änderungen und Ergänzungen ohne Verlust der Brandschutzeigenschaften 439
Anfang der Planungsphase 494
Anforderungen
– an Abschlüsse 283
– an Arbeitsstätten 450
– an Brandschutzpläne 526
Angaben zur Lüftungsanlage 348
angriffshemmende Verglasungen 403
Angriffswege 5, 8
Anlagen, Einrichtungen und Geräte zur Brandbekämpfung 404
Anlagenklasse 398
anlagentechnische Gebäudeausrüstung 297
Anlagen zur Rauchableitung 339
Anlass und Umfang der Beauftragung 484, 487
Anlegeleitern 474, 500
anleiterbare Stellen 231
Anordnung
– von Brandschutzklappen 510
– von Brandwänden 494 f.
– von Öffnungsgröße der Zuluftöffnungen 377
Anpassungsverlangen 54
Ansaugbereich der Zuluftanlagen 396
Ansaugöffnungen von Zuluftanlagen 396
Ansaugstellen 346, 349, 351, 355, 357, 362, 384, 386
Anschlussleitungen 322 f.
Ansichtspläne 492
Anstellwinkel 476
Ansteuerungsmöglichkeit 364
Antriebsmaschinen 448
Anwendbarkeit 109
Anwendbarkeitsnachweis 117 f., 304, 320, 322
Anzahl
– der Absaugstellen 383 f., 386
– der Feuerlöscher zur Ausstattung einer Arbeitsstätte 407

- der Löschmitteleinheiten 408
- der tragbaren Feuerlöscher 407
äquivalente Branddauer 271
Arbeitgeber 407, 451, 458, 462 f., 468
Arbeitsrecht 458, 462, 468
Arbeitsschutz 458, 462
Arbeitsschutzgesetz 458, 462, 468
Arbeitsstätte 17, 27, 48 f., 227, 280, 404, 406 f., 412, 414, 434, 450, 457 ff., 462, 468, 510 f., 520
- mit erhöhter Brandgefährdung 522
Arbeitsstättengesetz 462
Arbeitsstättenrecht 219, 407, 462
Arbeitsstättenverordnung 38, 48 f., 280, 407, 414, 450, 457, 462, 511
Architekt 2, 57, 125, 452, 488, 492
- der baulichen Anlage 509
Architektenpläne 495, 516
Archiv 325, 330
- der Bauaufsichtsbehörde 48
ARGE BAU 3, 32, 34
Art der Offenhaltung 440
Art des Löschmittels 513
Arten der Brandlasten 407
Asynchronmotor 388
Atrium 213, 340, 371, 382, 497
Aufbau von Brandschutznachweisen 484
Aufbewahrungspflicht 486, 525
Aufbewahrung von Objektschlüsseln 477
Aufenthaltsraum 13 f., 177, 179, 189, 195, 215, 217, 220, 222, 224, 226, 240, 246 ff., 250 f., 257 f., 260 f., 285, 321, 324, 329, 335, 345 ff., 353 ff., 489, 509
aufgegliederte dünnwandige Profile 95
aufgehende Wand 199 ff., 209
aufgerollte Schlauchleitung 409
aufgeständerte Bodenplatten der Systemböden 503
aufgeständerter Systemboden 503
Aufladelöscher 404
Aufschäumen 97
Aufsetzkranz 371 f.
Aufstellen von Ventilatoren 389
Aufsteller des Brandschutznachweises 2, 58, 126
Aufstellflächen 282, 471, 474 ff., 485, 516 f.
- für die Fahrzeuge 471
- für die Feuerwehr 474, 488, 517
- für die Personenrettung 474
- für Feuerwehrfahrzeuge 517
- parallel zu Außenwänden 475
- rechtwinklig zu Außenwänden 476
- von Drehleiterfahrzeugen 475 f.
Aufstellort von Ventilatoren 389, 396
Aufstell- und Bewegungsflächen 278
Aufstellung von Feuerwehrfahrzeugen 473
Aufzüge 212 ff., 267 f., 294, 326, 397, 431, 448
Aufzugskabine 327, 431, 508
Aufzugsschacht 212
Aufzugsvorräume 295
Ausbauzustand 523
Ausbreitungsgeschwindigkeit 339
Ausbreitung von Brandgasen 400
Ausfall
- der Druckbelüftungsgeräte 400
- der öffentlichen Stromversorgung 443
- der Stromversorgung 507
- einer Leitung 420
Ausführung der Lüftungskanäle 510
Ausführungsart sowie die Dauer des Funktionserhalts 510
Ausführungsmängel 383
Ausführungsplanung 504 f.
Ausführung von Feuerwehraufzügen 507
Ausgabevorrichtungen 414
Ausgänge 217, 219 f., 222 ff., 232, 236, 242, 249
- aus notwendigen Treppenräumen 242, 251
- ins Freie 19 ff., 193 f., 205 f., 217 ff., 237, 240 ff., 249, 251 ff., 292, 501
- zu notwendigen Fluren 251
- zu notwendigen Treppenräumen 242, 251
ausgedehnte Wohngebäude 163
auskragende Bauteile 196
auskragende Brandabweiser 184
auskragende feuerbeständige Deckenplatten 419
auskragende feuerbeständige Fassadenbauteile 419
auskragende Platte 318, 334
Auslegetemperatur 347, 350 f., 355, 362
Auslegungsfragen 395
Auslöseeinrichtung 372 f., 436
Auslösegruppe 346, 349 f., 357, 361 f.
- für die Rauchabzugsgeräte 346, 354
Auslösetemperaturen 415

Ausnahmen 56, 61 f.
ausreichende Menge an Löschwasser 479
ausreichende Rauchabführung 345, 353
Außenbrandkurve 81, 154
außenliegende Sicherheitstreppenräume 243, 247
außenliegende Treppenräume 243
Außentreppe 217, 219 ff., 224, 226 ff., 232 ff., 236
Außenwand 5, 24 f., 43, 81, 123, 153, 161, 164, 172, 174 f., 180 ff., 199, 210, 218, 234, 243, 257, 260, 292, 484, 497 f.
– von Treppenräumen 237
Außenwandbauteile 24 f.
Außenwandbekleidungen 144, 162, 172, 181, 183
Außenwandbestandteile 180
Außenwandkonstruktion 171, 181 f.
äußere Brandwände 49 f., 163 f., 172, 495
äußeres Flugfeuer 195 f.
äußere und innere Brandwände 495
Ausspüleffekte 377
Ausstattung von Arbeitsstätten mit Handfeuerlöscher 407
Ausstattung von Arbeitsstätten mit Löschern 511
aussteifende Bauteile 147, 152, 166, 177, 179, 199
aussteifenden Teile des Fahrkorbs 431
aussteifende Wände 159 ff.
Ausstellungshallen 225
Ausstellungsräume 335
Austausch des Schlosses 440
Auswahl baurechtlicher Regelwerke 490
Auswirkungen von Bränden 138 f.
automatisch an die Leitstelle der Feuerwehr weiterleiten 513
automatische Ansteuerung der Lüftungsanlage 364
automatische Auslösung der Druckbelüftungsanlagen 274
automatische Brandlöschanlage 419
automatische Brandmeldeanlage 220, 271, 325 ff., 334, 364, 400, 417 f.
automatische Brandmelder 313, 324, 327 f., 334, 374, 504 f.
automatische Feuerlöschanlage 313, 333 f., 510
automatische Feuerlöschanlagen 162, 189, 204, 419
automatische Feuerlösch- und Brandmeldeanlagen 419
automatische Garagen 265, 275, 295
automatische Karusselltüren 434
automatische Löschanlagen 404
automatische Melder 313, 326 f.
automatische Sprinkleranlage 375
automatische Türöffnungen und -schließungen 400
Axialventilatoren 387 f.

B

Backdraft 10, 73, 75 f., 255, 339
– in innenliegenden Räumen 506
Balkonbekleidungen 181, 183
barrierefrei 333
Barrierefreiheit 251
Basic Work Requirements 125
Bauantrag 3, 47, 49, 56, 62, 125, 483, 492
Bauart 29, 41, 44 f., 58, 109, 115 ff., 124 f., 130, 160, 162, 166, 179 f., 221, 237, 241 ff.
Bauartgenehmigung 91, 118 f., 304, 320, 330, 442, 453
Bauartzulassungen 452
bauaufsichtliche Zulassung 21, 91, 119, 123 f., 129
bauaufsichtlich zugelassene Selbstschließanlage 289 f.
Bauaufsichtsbehörde 3, 32 f., 47 ff., 53 f., 57 ff., 124 f., 158, 465
Baubeschreibung 47, 56, 483, 488, 492, 518
Bauen im Bestand 489
Baufortschritt 279 ff., 523
Baugenehmigung 2 f., 48, 53, 56 f., 114 f., 125
Baugenehmigungsunterlagen 119
Bauherr 57
Bauholz 86
Baulast 49 f.
Baulastenverzeichnis 49 f., 164
baulastfähig 49
Bauleiter 59, 109, 114, 119, 282
bauliche Änderung 463
bauliche Anlage 6, 25 f., 33, 54, 147, 158 f., 161, 174, 177, 182, 189, 195, 198, 212, 217, 233, 255 f., 277 f., 280, 287, 295, 302, 314, 325, 327, 333, 336, 338 f., 343, 371, 379, 394, 397, 402 f., 425, 438, 448, 451, 463,

469, 471, 479, 482, 484, 487 ff., 492 f., 496, 511 f., 514, 518, 520
– mit Handfeuerlöschern 511
bauliche Äquivalente 298
bauliche Konstruktion des Gebäudes 484, 488
bauliche Maßnahmen 341
baulichen Planung von Treppen 500
baulicher Brandschutz 1, 493
bauliche Rettungswege 217, 219, 222
Baumassenzahl 518
Bauministerkonferenz 3, 26, 32, 34, 47, 158
Baunutzungsverordnung 479 f., 518
Bauordnungsrecht 2, 8, 19, 25, 31 f., 49, 51, 54, 60, 106, 121, 142 f., 145, 166, 177, 215, 235, 484
bauordnungsrechtlicher Brandschutz von Regelbauten 457
Bauphysiker 181
Bauplanungsrecht 31
Baupolizeibehörde 60
Baupolizeiordnung 32, 56, 235
Baupolizeirecht 60
Baupolizeiverordnungen 215
Bauprodukte 25, 28 f., 32 f., 40 f., 44 f., 58, 109 f., 112, 114 ff., 119 ff., 141 f., 202
Bauproduktenverordnung 28 f., 110 ff., 117, 120 f., 125 f.
Baurecht 143, 147 f., 159, 219, 236, 245, 255, 300, 312, 315, 340 f., 344, 364 f., 414, 425 f., 468
Bauregelliste 40, 109
Bausatz 28 f., 109, 120 f.
Baustahl 95 f.
Baustellen in Bestandsgebäuden 523
Baustellenorganisation 282
Baustellenverordnung 280 f.
Baustoff 27 f., 43, 104, 109 f., 121, 125, 133, 141 ff., 147 f., 161 ff., 168, 172, 175, 179 ff., 187, 191 ff., 196, 201 ff., 211 f., 226, 232 f., 259, 265, 272, 280, 291
Baustoffklasse 23, 91, 99, 142 ff., 148 f.
Bauteil 2, 5 f., 13 f., 18, 20 f., 23 ff., 27 f., 33, 41 ff., 56, 58, 77, 80 ff., 86, 91 f., 95, 103 ff., 123, 125 f., 128, 131 ff., 139, 141 f., 147 ff., 158 ff., 171 f., 175, 178, 180 f., 183 f., 186, 188 f., 191, 196 f., 201 ff., 209 f., 212, 221, 223, 233, 237, 239 f., 259, 261, 263, 271 ff., 278, 281 ff., 285
Bauteilkatalog 104
Bauteilversuchen 401
Bauunternehmer 31, 57 f.
Bauverfahrensverordnung 3, 47
bauvorlageberechtigt 58
Bauvorlagen 3, 47, 56 f., 125, 483, 490, 492, 525 f.
Bauvorlagenverordnung 3, 47, 484
Bauzeichnung 47, 504 f., 526
Bebauungsplan 488, 518
Bebauungstiefe 263
Bedachung 145 f., 195 f., 202 ff., 268
Bedachung der Ladenstraße 268
Bedenken wegen der Personenrettung 500
Beeinflussung von Versperrungen 369
befahrbare Dächer 191, 202
Befestigungselemente 301
Befreiungen 61, 524
begehbare Bauteile 218
begehbare Dachbereiche 413
begehbares Dach 219 ff.
Begrenzung der Brandausbreitung 288
begrünte Dächer 196
Beherbergungsraum 160, 178 f., 187, 190, 217, 249, 253 f., 286, 289
Beherbergungsstätte 160, 173, 178, 182, 185, 187, 190, 193, 202, 205, 211, 217, 232, 240, 249, 253, 256, 264, 273, 275, 285 f., 289 f., 326, 333, 407, 490, 513, 525
Beipackzettel 115, 123
Bekleidung 185 f., 202, 204 ff., 210, 238, 501
Beleuchtungsstärke 451
Beleuchtung von Stufen 510
Belichtung von Aufenthaltsräumen 345, 353
beliehene Unternehmer 61
Belüftungsarmatur für Schlauchanschlüsse mit Rückflussverhinderer 410
Bemessungsgrundlage 481
Bemessungsgruppe 374 ff., 385 f.
Bemessungsnormen 45, 104, 110
benachbarter Brandabschnitt 222, 266 f.
Benennung eines Brandschutzbeauftragten 468
Bereiche der baulichen Anlage mit einer Sicherheitsbeleuchtung 510
Bereitschaftsparallelbetrieb 443
Bereitstellung
– von Feuerlöschern 523
– von Löschwasser durch die öffentliche Trinkwasserversorgung 518

Beschilderung
– der Fluchtwege 520
– der Rettungswege 520
– von Zufahrten 473
Beschreibung der baulichen Anlage und der Nutzung 484, 487
Beseitigung 48, 55, 60
besondere Anforderungen 34f.
Bestandsbauten 181
Bestandsgebäude 493
Bestandsschutz 48, 53ff., 91, 489
bestehendes Architektenkonzept 494
Bestellung eines Brandschutzbeauftragten 468
Bestimmungshaltestelle 508
Besucherplätze 224f.
Betondeckung 93ff., 132
Betonstähle 93
Betreiber
– einer baulichen Anlage 59
– einer Verkaufsstätte 469
betrieblicher Brandschutz 468, 522
Betriebsangehöriger 327, 334
betriebsbereite Ersatzgeräte 400
Betriebsbuch für Gas- und Pulverlöschanlagen 418
Betriebssicherheitsverordnung 406
Betriebsstellung 259, 262
Betriebszeit 259, 262
Bettenaufzug 267
Bettenzimmer 179, 285, 289
Be- und Entlüftungsanlagen 389, 421
Be- und Entlüftung von Wohnungen sowie abgeschlossenen Nutzungseinheiten mit einer Grundfläche ≤ 200 m² 322
Bewegungsenergie 63
Bewegungsflächen 225
– für die Feuerwehr 517
– für die Personenrettung 471
– für Feuerwehrfahrzeuge 471
Bewegungs- und Aufstellflächen für Feuerwehrfahrzeuge 471
Bewehrungsstähle 93ff.
Bewertung des Bestandsschutzes 490
Bewertungsdokument 112
Bibliotheken 330, 415
Bildung
– eines sicheren Flurbereichs vor einem Treppenraum 499
– von Brandabschnitten 494
– von Rauchabschnitten 401
Blechgehäuse 453
Blindzylinder 288
Blitzableiter 336f.
Blitzeinschlag 336, 514
Blitzkugelverfahren 336
Blitzschutzanlage 7, 298, 336f., 485, 514
Blitzschutzklasse 336
Bodenbeläge 145f., 204ff., 238
– in notwendigen Fluren 506
Bodymaßindex 207
Böengeschwindigkeitsdruck 380
Borosilikatgläser 103
Brandabschnitt 163, 169f., 172, 174f., 183, 197, 200, 202, 219ff., 223, 236, 238, 241, 263ff., 284, 313, 316, 325, 327, 389, 395, 413, 421, 423, 454, 484, 488, 494
– von Garagen 265
Brandabschnittsfläche 163, 263, 265f.
– nach der Muster-Industriebau-Richtlinie 518
Brandabschnittsgrößen 263
Brandabschnittstrennung 269
Brandausbreitung 143, 182f., 202f., 212, 273f., 300, 303, 312, 314, 316, 431, 440, 452
Brandausbreitungsgeschwindigkeit 374ff., 383, 386
Brandbekämpfung 193, 211, 257f., 260, 300, 341, 344, 346ff., 355, 357ff., 361f., 374, 402, 415, 421, 457
Brandbekämpfungsabschnitt 174f., 183, 202, 218ff., 270f., 275, 327, 413, 421
Brandbekämpfungsabschnittsfläche 271f., 275
Brandbekämpfungsmaßnahmen 344
Branddreieck 78
Brände auf Baustellen 279
Brandeinwirkungen 17, 45, 51, 77
Brandenburgische Krankenhaus- und Pflegeheim-Bauverordnung 158, 162, 176, 179, 184, 186, 188, 191, 194, 203, 205, 211, 222, 232, 241, 250, 254, 257, 266, 274f., 285, 287, 289
Brandentstehung bis Brandmeldung 374
Brandentstehung und Brandmeldung 374
Brandentwicklungsdauer 374, 376, 383, 385f.
Brandereignisse 435
Branderkennungssysteme 331

Brandfall 1, 5, 8, 10, 14, 21 f., 38, 45 ff., 52 f., 62, 72, 86 ff., 93 ff., 97 ff., 103 ff., 131, 133, 136
Brandfallsteuerung 298, 313, 327 f., 508
– der Aufzüge 274, 298, 334
– in das Rauchmeldersystem eingebunden 508
– von Aufzügen 298, 327 f.
Brandgase 81, 107, 137, 313, 316 f., 320, 338, 350 f., 355, 362, 369 f., 381, 387, 389, 395
– ins Freie 395
Brandgefährdung in der Arbeitsstätte 408
Brandklassen 17, 69 f., 404, 407 f.
Brandlast 4, 7, 17, 22, 69, 73, 76, 78 ff., 82, 84, 102 f., 136, 159, 185, 193, 205, 225, 237 f., 271, 280, 282, 325, 330, 336, 338, 375, 383 f., 396, 408
– in Rettungswege 504
Brandlastdichten 17, 84
Brandmeldeanlage 245, 259, 261, 280, 297 f., 313, 324 ff., 333 f., 343, 364, 373 f., 397, 400, 416, 421, 423, 448, 485, 512 ff.
Brandmeldeeinrichtungen 338
Brandmeldekonzept 325, 513
Brandmelder 193, 211, 298, 313, 326, 328 f., 442 f., 466, 476
Brandmelde- und Alarmierungsanlagen 525
Brandmeldezentrale 324, 423
Brandmeldung bis Löschbeginn 374
Brandmeldung und Brandbekämpfung 374
Brandöfen 77
Brandparallelerscheinungen 143 f.
Brandprodukte 103, 138
Brandprüfungen 142 f.
Brandrauch 10, 21, 71 ff., 79, 136, 138, 141, 156, 159, 209, 235 f., 245, 252, 255 f., 319, 329 f., 333, 338 ff., 364 f., 368, 371, 377 f., 380, 389 ff., 394, 396 f., 402, 409, 421, 430, 446
Brandrauchabschottung 446
Brandraucheffekte 74
Brandrauchgase 338, 388
Brandrauchtemperaturen 388
Brandraum 75, 77, 95, 102
Brandraumtemperatur 72, 80, 88
Brandriegel 181
Brandschott 171
Brandschutz 9, 40
Brandschutzabschlüsse 20, 58, 154, 286 f., 297, 425 f., 428, 433
Brandschutzanstrich 91
Brandschutz auf Baustellen 279 f., 282, 486, 523 f.
Brandschutzbandagen 453
Brandschutzbeauftragter 457 f., 468 f., 486, 521 ff.
Brandschutzbekleidung 86, 96, 310 f.
Brandschutzblöcke 455 f.
Brandschutzdienststelle 364, 465, 468 f.
– der Feuerwehr 326, 513
Brandschutzeinrichtungen 280
– in Bauzeichnungen 526
Brandschutzfachplaner 109, 116, 121
Brandschutz-Gesamtkonzept 510
Brandschutzgesetz 36
Brandschutzgläser 103
Brandschutz in Leitungsanlagen 452
Brandschutzkabel 312
Brandschutzkissen 303, 455
Brandschutzklappe 148, 154, 156, 210, 286 ff., 297, 315 ff., 338, 347, 350, 356, 358, 364, 390, 396, 435 ff., 466
Brandschutzklappen
– mit Rauchauslöseeinrichtungen 396
Brandschutzklassifizierung 193, 209
Brandschutzkonzept 2 ff., 8, 10, 47 f., 325, 339 f., 526
Brandschutzmängel 60
Brandschutzmanschetten 453
Brandschutzmörtel 454 f.
Brandschutznachweis bzw. -konzept 2 ff., 8, 47 f., 56 f., 259, 297, 325, 344, 346, 348 ff., 353 f., 356 ff., 360 f., 364, 471, 473, 480, 482 ff., 488, 492 f., 496, 503 ff., 509 ff., 519, 522, 524, 526
– für Regelbauten 483
– Teil der Bauvorlagen 525
Brandschutzordnung 327, 457 ff., 463, 465, 469, 485, 492, 521 ff.
– Teil A 459
– Teil B 460
– Teil C 461
– Teile A, B und C 468
Brandschutzpakete 456
Brandschutzpläne 486, 515, 517, 519, 526

Brandschutzplaner 2f., 28, 35, 39, 48, 60, 126, 207, 216, 233, 236, 256, 281, 324ff., 337, 342, 368, 397f., 414, 419, 458, 469, 471, 480, 483, 490, 492ff., 498, 501, 504ff., 509ff.
Brandschutzplanung 333, 338, 487f., 500
Brandschutzqualität 146, 156, 159f., 193, 197, 199, 210, 291
Brandschutzschaum 454, 456
Brandschutzschutzpläne 510
Brandschutzsteile der Eurocodes 105
Brandschutzsystem 2, 4, 24, 53, 55, 77, 91, 98, 103, 152, 159, 163, 177, 215, 237, 263, 282, 297, 326, 396, 429, 434, 448, 461, 468, 488, 496, 510, 512, 522, 526
– einer Baustelle 279
brandschutztechnische Anforderungen
– an Außenwände 498
– an Dächer 498
– an Fahrschächte 497
– an Geschossdecken 496
brandschutztechnische Ausführung des Abschlusses 495
brandschutztechnische Ausführungsplanung 509
brandschutztechnische Eigenschaften 493
brandschutztechnische Einstufung 143, 149
– der tragenden Bauteile 484, 493
– von Gebäuden 484, 489
brandschutztechnische Forderungen
– an Arbeitsstätten 280
– an Bekleidungen 505
– an tragende Bauteile 494
brandschutztechnische Grundanforderungen 41, 125f.
brandschutztechnische Grundausstattung 414
brandschutztechnische Grundforderungen der Musterbauordnung 290
brandschutztechnische Infrastruktur 271, 327, 364, 374, 459
brandschutztechnische Klassifizierung 147, 149
brandschutztechnische Planung von Leitungsanlagen 508
brandschutztechnische Regeln für Fahrschachttüren 432
brandschutztechnisch erforderliche Unterdecken 504
brandschutztechnische Schutzziele 513
brandschutztechnische Schwachstellen 496
brandschutztechnische Standardsituationen 398
brandschutztechnische Symbole in den Brandschutzplänen 526
Brandschutztür 149, 154, 252, 409, 425ff.
Brandschutzübungen 457
Brandschutz- und Feuerwehrpläne 511
Brandschutzverglasung 150, 156, 169, 175, 184, 199, 209, 403
Brandstiftung 7
Brandtoten 72, 138
Brandüberschlag 20, 163, 169f., 199, 236, 238, 273
Brandüberschlagsbereich 219, 237
Brandübertragung 149, 156, 171, 174f., 180f., 196, 199, 209, 259, 261
Brand- und Rauchschutztüren 282
Brand- und Rauchwarnmelder 329, 443
Brandverhalten 142, 145ff.
Brandversuch 66, 73, 77, 81, 83f., 95, 101, 106, 123, 131, 133, 142f., 147, 153f., 304, 438
Brandversuche mit Abschlüssen 438
Brandwand 153, 163ff., 171ff., 196, 198, 200f., 221, 237, 241f., 263ff., 282f., 320, 325, 423, 488, 495, 499, 515
Brandwand-Ersatzwand 163, 166, 173f., 176f., 196, 198, 200
Brandweiterleitung 163, 172, 196, 202, 212
– von innen nach außen 499
Break-Out-Funktion 434
Breite der Ladenstraße 269
Breite von Fluren und Treppen 251
brennbare Baustoffe 161, 171, 185, 190, 195f., 202, 204, 221, 238
brennbare Bauteile 168
brennbare Dämmstoffe 302
brennbare Dämmung 182
brennend Abtropfen 141, 143f., 181, 194, 204, 206
Brennpunkt 69
Brennstoffleitungen 211
Brettschichtholz 86
Brüstungen 24f., 180, 185
Brüstungshöhe 200f., 278
Bühnenhaus 225
Bühnenräume mit Schutzvorhang 260
Bühnen und Szenenflächen in Versammlungsstätten 358
Bundesgerichtshof 37, 42

Büro- oder Verwaltungsnutzung 215, 247, 249, 273

C

Calciumsilikatplatten 392
Calciumsulfat-Dihydrat 98
CE-Kennzeichnung 41, 109, 111ff., 120f., 126, 129f., 428, 431, 438
CE-Kennzeichnungspflicht 438
Cellulosefasern 98, 100
Celsius-Temperaturskala 64
CE-Zeichen 112, 438
Coconut Grove Nightclub in Boston 435
Communauté Européenne 112
Computational Fluid Dynamics-Methode 106
CO-Warnanlagen 525

D

Dachaufbauten 196f., 207
Dachdurchdringungen 202
Dacheinstellplätze 161, 190, 286
Dächer von Ladenstraßen aus nichtbrennbaren Baustoffen 268
Dachflächenfenster 196, 198, 207f.
Dachgauben 196
Dachgesimse 197
Dachhaut 145, 161, 167ff., 171, 174, 177, 196, 200, 202ff., 208, 237
Dachkästen 171
Dachraum 14ff., 18, 160, 177, 187, 189f., 225f., 237, 290
Dachüberstände 197
Dämmschicht 202
dämmschichtbildendes Material 456
Dämmschichtbildner 86, 90f., 95, 97, 437, 453f.
Dämmstoffe 100, 109, 162, 172, 181ff., 185, 194, 196, 202, 204ff., 210, 238, 301
Dämmungen 181, 193
Dauer des Funktionserhalts von elektrischen Kabeln und Anlagen 312
Dauerdrucklöscher 404
Deckenbekleidungen 194, 206
Deckenöfen 106
Declaration of Performance 110
definierter Löschbereich 417f.
Dehnbereich 320
Dehnungsausgleicher 438
Dehnungsdruck 415
deskriptive Methoden 131
Detektierung von Brandrauch 175
Deutsche Gesetzliche Unfallversicherung 458
Deutsches Institut für Bautechnik 39, 112, 118, 123, 304, 439, 452
DGUV Information 205-001 458, 462
DGUV Information 205-003 468
dichtschließend 54, 248, 283ff., 288ff., 292f., 429f.
– Türen 429
dicht- und selbstschließende Abschlüsse 275
Dienststelle der Feuerwehr 465f., 480
Dieselmotoren 448
Differenzdruck 399
DIN-Normen 39f., 42f., 47, 114, 117, 122, 125
– zum Brandschutz 43
Direktantrieb durch Anbaumotor 388f.
Doppelböden 485, 503
Doppelkennzeichnung 116
Drahtglas 103
Drehflügeltüren und -tore 154, 425
dreiseitig umlaufende Lippen- oder Schlauchdichtung 429
Druckbelüfter 255
Druckbelüftungsanlage 245, 297, 313, 327, 334, 342ff., 400, 448, 525
Druckbelüftungssystem 398
Druckdifferenz 340, 342, 399
Druckerhöhungsanlage 313, 448
Druckgefälle 340, 396
Druck im Rohrleitungssystem 415
Drucklüfter 341f.
Dübel 58, 123
Dunstabzugsanlage 323
Dunstabzugshaube 323
Durchflussbeiwert 365, 369ff.
Durchgang 277
Durch- oder Zufahrt 516
durchströmte Querschnittsfläche 367
Durchzündung 74f., 79
Düse auf einen Sprühteller 415
DVGW-Arbeitsblatt W 405 479, 518

E

EBA-Temperaturzeitkurve 83
Ebene 142f., 175, 183, 218ff., 224, 258, 270

Eigenbrandlast 141
Einbaubestätigung 433
Einbauten 204f., 218ff., 232f., 238, 250f., 267ff.
Eindringen von Rauch in Schächte 343
einflügelige Drehtüren 426
Einfluss auf die Entrauchungssituation 380
Eingangshalle 222, 257, 291
eingeschossige oberirdische Mittel- und Großgaragen 286
Einheitsbauordnung 215
Einheits-Temperaturkurve 153
Einheits-Temperaturzeitkurve 81, 102, 106, 338, 401f., 430, 469
Einrichtungsschutz 325
Einsatzkräfte der Feuerwehr 402, 512
Einsatztaktik der Feuerwehr 413
Einsatz von Hubrettungsfahrzeugen 474
Einsatzzeit 512
Einstellplätze 161, 187f., 190f., 240, 286
Einteilung von Baustoffen 142f.
Eintritt von Rauch in den Treppenraum 241
einzelne elektrische Leitungen 306
einzelne Leitungen 306
– ohne Dämmung 306, 308
einzelne Rohrleitungen
– mit Dämmung in Durchbrüchen oder Bohröffnungen 309
– mit oder ohne Dämmung in Wandschlitzen oder mit Ummantelung 309
Einzelrauchmelder 324
Einzelrauchwarnmelder 329
Eisenbahntunneln 83
EI-Verglasungen 209
Elastomerbeschichtung 391
elektrische Anlagen 312
elektrische Leitungen 301, 306, 309, 454
elektrische Leitungsanlagen 301, 508
Elektroleitungen 210f.
Elektromagnete 445
elektromagnetische Feststellvorrichtungen 442
elektromagnetische Strahlungen 331
Elektromotoren 387f.
elektronische Brandfallsteuerung 508
Elektroverteiler 312
Ende der Koexistenzphase 428, 438
Energieeinsparverordnung 394
Energietransport 141
Energieversorgung mit Notstromversorgung 324
Entfernung zwischen den Nutzungseinheiten und einem Ausgang ins Freie 499
Entfluchtungszeit 136
Entleerungsstation 411
Entnahmestellen 411f.
Entrauchung 188, 239, 255ff., 260f., 338f., 341f., 344, 348, 350, 353, 356, 362ff., 368, 370, 377, 380, 485, 497, 502, 506
– der Gebäudebereiche 506
– der Treppenräume 341
Entrauchungsfläche 209, 242, 345, 353, 368
Entrauchungskanal 390, 392f., 438
– aus Stahlblech 390
– in Wänden oder auf Dächern 395
Entrauchungsklappen 345, 353, 358, 360, 383
Entrauchungskonzept 256
Entrauchungsleitungen 383, 390ff., 396
– aus Blech 396
Entrauchungsmaßnahmen 344, 353, 360, 485, 506
Entrauchungsöffnung 209, 257, 340, 342, 345f., 348, 353f., 356, 360f., 364f., 368, 380, 382, 395f., 431
– in Dächern 382
Entrauchungsstrahl 395
Entrauchungsströmung 377
Entrauchungssystem 341, 378
Entrauchungsventilator 383
Entscheidung des Europäischen Gerichtshofs 438
Entwurfsverfasser 57f.
Entzündungstemperatur 88f.
erdgeschossige Lagerhallen 203
erdgeschossiger Industriebau 191
erdgeschossige Verkaufsstätten 162, 189, 192, 203, 223, 267, 422
– mit Sprinkleranlagen 267
erdgeschossige Versammlungsstätten 162, 189, 285, 287
Erdungsanlage 336f.
erforderliche Löschwassermenge 410f., 518
erforderliche Mindestabstände 304
erforderlicher Wasserdruck 515
Erfüllungsgehilfen 57
Ergebnisse von Brandprüfungen 408
erhöhte Brandgefahr 17, 177, 179f., 189, 273, 285, 288

erhöhte Brandgefährdung 17, 408, 414, 463, 468
erhöhte Brandlast 180, 189
erhöhte Erkundungszeit 421
erhöhte Hydrocarbon-Brandkurve (HCinc) 82
erhöhtes Brandrisiko 35
erhöhte Wasserversorgung 481
Erhöhung der Kippsicherheit 475
Erleichterung 34 f., 160, 176, 221, 274, 306 ff., 311, 322, 334, 419
– von den grundsätzlichen Regeln der MLAR 306
Erreichen der brandschutztechnischen Schutzziele 512
Ersatzgerät 343
Ersatzmaßnahmen 420
Erstauslösung 346, 355, 357, 361, 363
Erstbekämpfung der Löschung von Entstehungsbränden 414
Erstellung eines Brandschutznachweises bzw. -konzepts für das fertige Gebäude 523
Erstellung von Bauvorlagen 483
Erster Rettungsweg 207, 216 f., 223, 484, 499
Erster und zweiter Rettungsweg 253
Escape route-Beschlägen 434
EU-Amtsblatt 110
Eurocodes 104 ff., 131, 133
Europäische Gemeinschaft 112
Europäische Kommission 109 ff., 116
Europäische Normenreihe 143, 149
Europäische Organisation für Technische Bewertung 112
Europäischer Gerichtshof 109
Europäisches Bewertungsdokument 112, 428, 431
Europäische Technische Bewertung 110 ff., 127, 428, 431
Europäisch klassifizierter Baustoff 183
European Assessment Document 112
European Organisation for Technical Assessment 112
European Technical Assessment 111
Evakuierung 333, 398
Evakuierungsdauer 398
Evakuierungsmaßnahmen 342
E-Verglasungen 209
extensive Begrünung 200
Extremwetterlagen 382

F

Fachbauleiter für Brandschutz 114
Fachbauleiter für Brandschutzmaßnahmen 59
fachgerechter Einbau von Brandschutztüren 433
Fachingenieur der Wasserwirtschaft 519
Fachkommission Bauaufsicht der Bauministerkonferenz 365
Fachkommission Bautechnik der Bauministerkonferenz 394 f.
fachliche Laien zur Erstbekämpfung eines Entstehungsbrandes 515
Fachplaner 2, 57 f., 61, 109, 114, 121, 124 f.
– für Brandschutz 2, 58
– für Gebäudetechnik 452
Fachunternehmen 419
Fahrkorb 215, 507 f.
Fahrschacht 212 ff., 256, 294, 313, 365, 431, 484, 497 f., 507
Fahrschachtgrundfläche 256, 365
Fahrschachttüren 431, 433
– der Feuerwiderstandsklasse F 90 433
Fahrschachtwände 212, 294
Fahrtreppen 226, 267 f.
Falschalarm 326 ff., 331 f., 477
falsch geplante Lüftungsanlagen 510
Fangvorrichtung 336
fehlerhaften Positionierung 394
feine Verteilung des Löschpulvers 418
FEM-Simulation 134
Fenster 318, 341 f., 345 f., 348 f., 352 ff., 356 ff., 363 ff., 368, 370, 377 f., 382, 395, 403, 437, 450
Fensterbeschläge 368
Fensterglas 103
Fertigstellung einzelner Bauabschnitte 282
feste Abfallstoffe 292
feste Verglasungen 247
festgelegter Temperaturanstieg 331
Festigkeit 29, 89, 93 ff., 131
Festigkeitsprüfungen des Behältermaterials 406
fest installiertes Rohrleitungssystem 414
Festlegung von Sonderbaueigenschaften 484, 489
Feststellanlage 175 f., 275, 297 f., 439 f., 442 ff., 485, 502, 515
– für Abschlüsse 515
– für Brand- und Rauchschutzabschlüsse 440

Feststellbeschläge für Standflügel 426
Feststellvorrichtungen 442, 444
Fettexplosion 69f.
Fettwrasen 315
Feuchtigkeitsgehalt 90, 94, 141
feuerabgewandte Seite 100, 103, 107
feuerbeständig 14, 20, 90, 147, 149, 159ff., 166, 169, 172, 174ff., 178ff., 184, 186ff., 203, 212, 232f., 240, 249, 265, 271f., 278, 283, 285ff., 293ff.
– Abschlüsse 176
– Abschlusswände 174
– Bauteile 203f., 308, 431
– Brüstung 334
– Decken 189, 192, 242
– Entrauchungsleitungen 392
– Türen 148, 176, 284
feuergefährliche Arbeiten 279
feuerhemmend 14, 20, 147, 149, 160ff., 166, 176ff., 184ff., 197, 203f., 211f., 226, 237, 240, 242, 245, 248f., 259, 261, 271, 284ff., 289ff., 294f., 302, 315f., 345, 348, 352ff., 356ff., 363, 422f.
– Abschlüsse 160, 283
– Bauart 177, 190, 248
– Bauteile 308
– Bauweise 166
– Feuerabschlüsse 285
– Trennwände 285
feuerhemmende, rauchdichte und selbstschließende Abschlüsse 296
Feuerlöschanlage 180, 186, 285, 297f., 327, 338, 350, 356, 358, 404, 407, 418ff., 423f., 511ff., 525
Feuerlöscheinrichtungen 298, 404, 407, 462
Feuerlöscher 252
Feuerlöschleitungen der Wandhydranten des Typs F 413
Feuerlöschschlauch 409, 411
Feuerplumes 136
Feuerschutzabschlüsse 150, 179, 425, 430, 439f., 448
– in hochfeuerhemmender Ausführung 430
Feuerschutzanstrichen 96
Feuerschutzplatten 99
Feuerschutztüren 115, 129, 303, 430
Feuerüberschlag 184
Feuer- und Rauchschutzabschlüsse 290
Feuerwachstumswert 143
Feuerwehr 159, 163, 176, 181, 188, 191, 207, 215f., 225, 234, 236, 241, 255, 259, 273, 277, 280, 282, 288, 324, 327ff., 333, 339, 341f., 344, 352, 359, 364, 375, 377, 384, 386, 398, 402, 406, 409, 411, 413f., 419, 421, 424, 485, 488, 490, 492, 494, 500, 512f., 515ff., 523
Feuerwehralarmierungsstelle 326, 513
Feuerwehrangriffswege 218
Feuerwehraufzug 215, 241, 313, 343f., 396, 399, 507
– mit Vorräumen 400
Feuerwehraufzugsschächte 205
Feuerwehreinsatz 466
Feuerwehreinsatzpläne 466
Feuerwehrfahrzeuge 471, 473f., 476
Feuerwehrgesetze 3, 8, 36f.
Feuerwehrlaufkarten 326
Feuerwehrpläne 326, 457, 462, 464ff., 468, 485, 519f., 526
Feuerwehrschlüsseldepot 477, 517
– der Klasse 2 477
feuerwehrtechnische Dienststellen 465
feuerwehrtechnische Maßnahme 399
feuerwehrtechnische Symbole 527
Feuerwehrzugänge 326
Feuerwiderstandsdauer 104, 156, 159, 161f., 175, 177, 187ff., 193f., 209f., 271, 284, 287
– der Fahrschachtwände 432
Feuerwiderstandsfähige Entrauchungsleitungen 392
feuerwiderstandsfähige Leitungen 323
Feuerwiderstandsfähigkeit 104, 131f., 147, 149, 159ff., 166, 175, 177, 179, 188, 190ff., 194, 199, 210, 232, 237, 240, 265, 271, 273, 285f., 294, 300ff., 312, 314ff., 319ff., 323, 345, 348, 352ff., 356, 358ff., 363, 390, 392, 396, 422, 424f., 429ff., 435, 452ff.
– der Geschossdecken 496
Feuerwiderstandsklasse 132, 147f., 150, 152ff., 162, 175, 187, 189, 191, 193, 195, 199, 248, 271
FIGRA-Wert 143
Finite-Elemente-Methode 106, 134
Flächen
– der Feuerwehrzufahrten 473
– der Ladenstraßen 242
– für die Feuerwehr 223

flächendeckende automatische Feuerlöschanlage 419
flächendeckende selbsttätige Feuerlöschanlage 419, 421
Flammenmelder 331
Flammpunkt 68
Flaschenbatterie 417
Flashover 10, 74 ff., 79 f., 84 f., 338 f., 402, 507
Fluchttunnel 237 f., 243
Flucht- und Rettungsplan 227, 281 f., 457 f., 462 ff., 468, 485, 487, 492, 511, 520, 522, 524, 526
Flucht- und Rettungswege 8, 221, 227, 255, 334, 434, 462, 501
– auf Baustellen 281
Fluchtwegbeschilderung 281, 523
Fluchtwegeinschränkung 209
Fluchtwegesystem 189, 232, 247
Flugfeuer 200, 203, 268
Flurbreiten 248
Flurwände 153, 159, 176 f., 184 ff., 209, 248, 282 f., 306, 320, 435, 484, 496, 503
Flutungsbereiche 417
Förderanlagen 150, 154
Formell legal 53
Fotozelle 330
Foyers 194, 206, 222, 224 f., 252, 328, 335, 406
freie Öffnungsfläche 368
freier Luftstrom 247
freier Querschnitt 255 ff., 259 ff., 266, 341, 346, 349 f., 352, 354, 357, 359, 361, 363, 365
freies Wasser 66, 99
Freilauftürschließer 444 f.
Fremdrettung 5, 8, 215
Frischluft 339, 342, 370 f., 378, 397
Frostgefahr 415
frühe Rauchabführung 346 ff., 355, 357 ff., 361 f.
Führung von Kabeln innerhalb des Türblattes 439
Fundamenterder 336 f.
Funktionserhalts von elektrischen Anlagen 312
Funktionserhalt von elektrischen Leitungen 312
Funktion von Türen im Brandschutzsystem 440
Fußbodenbeläge 485, 505
– in Fluren von Regelbauten 505
Fuzzy-Logik 443
F-Verglasung 103, 209

G

Gangflügel 426 ff., 446
Garagen 160 f., 173, 179, 182, 185, 187, 190 f., 193, 202, 205, 211, 217, 232, 240, 249, 254, 256, 265, 273, 275, 286, 291, 295, 490, 512, 519 ff., 524 f.
Gase durch die Rohrleitungen in den Brandraum 417
Gaslöschanlagen 417
Gästebetten 333
Gasträume 178 f., 289
Gebäude 2, 4 f., 7 f., 12, 14 ff., 18 f., 24, 26, 33, 36 ff., 48 ff., 53 ff., 74
Gebäudeabschlusswand 49, 163 ff., 172, 174, 200, 495
Gebäudeenergiegesetz 394
Gebäudefunkanlagen für die Feuerwehr 448
Gebäudeinnenecken 170
Gebäudeinnenwinkel 169 f.
Gebäudeklasse 12, 14 ff., 57, 159 f., 162, 166, 168 f., 176, 178, 181 ff., 187 ff., 195, 198 f., 210, 212, 214, 221, 226 f., 236 f., 239, 241 f., 247, 255 f., 266, 272 f., 278, 284, 286, 288, 292, 300, 302 f., 306, 341, 430, 484, 489, 494, 496 ff.
Gebäudeleittechnik 435
gebundenes Wasser 66, 88, 94, 98 f.
geeignete Fachplaner 419
geeignete Feuerlöscher 406
geeignete Maßnahmen auf der Baustelle 523
Gefahr 4, 20 f., 36 ff., 51 ff., 55, 59 f., 99
Gefahrenabwehr 32, 60
Gefahrenmeldeanlage 477
gefangene Räume 27
Geländeoberfläche 161, 187 f., 190 ff., 216, 240, 278, 286 f.
Gelfüllungen 156
gemeinsame Durchbrüche 306
– für mehrere Leitungen 306
gemeinsamer Brandabschnitt 269
Gemisch aus Mineralfasern und intumeszierendem Material 455
Genehmigungsplanung 504, 509
Genehmigungszeichnungen 492
Generalklausel der Sicherheit 6, 53, 61, 298
geometrische Entrauchungsfläche 367
geometrische Flächen 365

geometrische Öffnungsflächen 367
geometrische Öffnungsgröße 367, 371
gerade Läufe 227 ff.
geradliniger Zugang 471
geradliniger Zu- oder Durchgang zu rückwärtigen Gebäuden 277
Geräte der Feuerwehr 215 f.
geregelte Bauprodukte 114
geregelte Baustoffe 141
geregelte Sonderbauten 27, 35, 158 f., 297, 324, 326, 333, 336, 397, 406 f., 418, 442, 444, 462, 468, 489, 494, 501, 504, 506, 512 ff., 519 ff.
Gerichtshof der Europäischen Union 116
Gesamtgewicht von tragbaren Löschern 404
Gesamtkonzept 517, 519
– des Brandschutzes 325
Gesamtsystem des Brandschutzes 513
geschlossene Bauweise 164, 471, 516
geschlossene Bebauung 488
geschlossene Brandschutztüren 440
geschlossene Garagen 275
geschlossene Mittel- und Großgaragen 295
Geschoss 7, 12 f., 18, 23, 25, 160, 162, 172 f., 177, 179, 181 ff., 187 ff., 209 ff., 222, 224 ff., 228, 230 f., 235 f., 238 ff., 246, 256, 259, 261, 266 f., 270, 272 ff., 287
– mit Zugang ins Freie 508
– unter der Geländeoberfläche 421
Geschossdecke 161, 177, 190 ff., 194, 199, 210 f., 219, 286 f., 302 f., 317, 323, 345, 348, 353, 356, 358, 360, 371, 392, 435, 484, 493, 496 f., 504 f.
Geschossflächenzahl 518
Geschossplan 466 f.
gesundheitliche Schäden 417
Gipskarton-Bauplatte 99
Gipskarton-Feuerschutzplatten 86, 99
Gipskartonplatte 28, 96, 99 f., 117
Gipswerkstoffe 98
Glasfasergewebe 455
Glasfässer 414, 416
Glasfasssprinklern 415
Glasgelege 99
Glasvlies 23, 99
Glaswerkstoffe 103
Glaswolle 100, 102
Glaswolledämmung 102
gleiche Sprache 459
Gleichmäßigkeit 451
gleichwertige Lösungen 11, 61
graphische Symbole 466
Griffhöhe der angebrachten Löscher 407
Großbaustellen 279, 281
Großbühnen in Versammlungsstätten 416
Größe der Decken- und Wanddurchbrüche 509
Größe der Rauchabzugsöffnungen 366
Größe der Zeichen 521
Größe und Anzahl der Nutzungseinheiten 489
Großgarage 160 f., 174, 179, 182, 187 f., 190 f., 202, 217, 240, 249, 286, 326, 418
Gründächer 199
Grundanforderungen an Bauwerke 28 f., 41, 125
Grundausstattung von Arbeitsstätten mit Feuerlöscheinrichtungen 407
Grundbuch 49, 164
Grunddienstbarkeiten 164
Grundfläche der Arbeitsstätte 408
Grundgesetz 2, 31
Grundlagen für die Brandschutzplanung 492
Grundnorm des Brandschutzes 6, 61, 158
Grundrecht auf Unverletzlichkeit der Wohnung 37
Grundrecht der Freiheit der Person 37
Grundrisspläne 488, 493
Grundsätzliche Regelungen zu Abständen bei Kabel- und Rohrabschottungen 304, 452
Grundschutz 479, 518
Grundstücksgrenze 49 f., 164 f., 183, 195
grüne Leuchtdiode 443
G-Verglasung 103, 209

H

Haftmagneten 443
halbstationäre Feuerlöschanlage 512
halbstationäre Löschanlagen 424, 485, 512
halbstationäre Sprühwasser-Löschanlagen 404, 424
Halle 222, 224, 257, 328, 335
halogenfreie Mantelleitungen 302
Halten oder Parken vor und in Feuerwehrzufahrten 473
Haltepunkt 66 f.
Handauslösetaster 444
Handauslösung 220, 334, 373, 418, 442, 444
Handelshemmnis 110, 113, 438

Handfeuerlöscher 281 f., 404, 408 f.
– mit Schläuchen 524
Handfeuermelder 324, 328
Hängekonstruktion 393
harmonisierte europäische Norm 110 f., 121, 127, 431
harmonisierte (Produkt-)Norm 110, 112, 126 f., 438
harmonisierte technische Spezifikation 112
harte Bedachung 23, 195 f., 200, 202 f., 268
Hauptgang 218 ff., 223, 241, 251
Hauptgasstrom 367
Hauptmaße der baulichen Anlagen 526
Hauptpflicht des Unternehmers 58
Hauptschließkante 445
Heißbemessung 104, 126, 132
– der tragenden und raumabschließenden Bauteile 495
heiße Brandgase 347
heißer Brandrauch 339
Hindernisse 488
Hinterlieger 277
hinterlüftete Fassaden 171
Hinterseite des Gebäudes 516
Hinweisschild 473 f., 476, 482
– RAUCHABZUG 345 ff., 351 f., 354 ff.
Hochbehälter 414
hochfeuerhemmend 147, 149, 159, 176, 187 ff., 191, 212, 237, 271, 284, 286 f., 294
– Bauart 162, 287
– Bauteile 308
– Bauweise 272
– Trennwände 179, 186
Hochhaus 146, 161, 174, 179, 182 f., 186 ff., 190 f., 193, 202, 205, 211, 215, 217, 232, 240 f., 246, 249, 254, 256, 265, 273, 275, 285 f., 289, 291 ff., 295, 333 f., 343, 419, 510, 514, 520, 525
– in Zellenbauweise 419
Hochhaus-Richtlinie 246
Höchstabstände zwischen Leitungen ohne Dämmungen 308
Höchstrichterliche Entscheidungen 37, 234
Höhe der Rauchschicht 375 f.
Höhe der Rettungsstelle 471
Höhenschnitte der baulichen Anlage 493
hoher Verschmutzungsgrad 418
Hohlräume von Systemböden 419
Hohlräume zwischen Roh- und Unterdecken 325
Holzbalkendecke 177, 184
Holzbauteile 86, 88, 90
Holzkohleschicht 87 ff.
Holzrahmenwand 66, 77, 102, 106 f., 135
Holzwerkstoffe 28, 90
Holzwerkstoffplatten 90 f.
horizontale Abschlüsse innerhalb von Brandabschnitten 496
horizontale Brandausbreitung 419
horizontale Leitungen 311
Hubkolben-Verbrennungsmotoren 448
Hubrettungsfahrzeug 8, 216, 278, 471, 475, 500
Hydranten 409 ff., 413 f., 481
– des Typs S 515
Hydrantenschrank 409, 412
Hydrogelschicht 156
Hydrokarbon-Brandkurve 82

I

industrial doors 425
Industriebauten 161 f., 174 f., 179, 183, 186, 188, 191, 194, 202, 205, 211, 218 f., 221, 232, 241, 250, 254, 257, 265, 271, 274 f., 287, 327, 359 f., 364, 401, 413, 421, 424
Inertgase 417
Inertgaslöschanlagen 417 f.
Infrarot-Leuchtdiode 330
Ingenieurmethoden im Brandschutz 131
ingenieurtechnische Modelle 136
ingenieurtechnischer Holzbau 273
in Geschossdecken 286
Inhaber der tatsächlichen Gewalt 59, 91
Innenangriff 344
innenliegend
– notwendige Treppenräume 246
– Räume 506
– Sicherheitstreppenraum 243, 245 ff., 291, 295, 313, 340, 342 f.
– Treppenraum 222, 224, 237, 239, 243, 245, 292, 343, 352, 359, 400, 450, 501
Innenwände 161, 179
innere Brandwand 163, 169, 175 f., 209, 283 f., 495
Installationsbereichen für Computertechnik und Telekommunikation 503
Installationsebene 192

Installationskanälen 194 f., 211
Installationsschächte 150, 156, 194 f., 210 ff., 256, 301 ff.
Installations- und Versorgungsschächte 503
Instandhalten und Prüfen von brandschutztechnischen Einrichtungen 457
Instandhaltung von Löschern 406
Intensivbegrünung 200
Internalarm 334
interner Alarm 220
Intumeszenz 97
Intumeszenzschicht 437
intumeszierende Baustoffe 453
intumeszierende Dichtmasse 454
intumeszierendes Material 453, 456
Ionenstrom 330
Ionisationsrauchmelder 330
irrationale Handlungsweise 333
Isotherme 93 f., 99 f.

J

juristische Person 57

K

Kabel 300 f., 304, 312, 452, 456
Kabelabschottungen 455
Kabelboxen 303, 456
kalter Brandrauch 330, 338
Kaltrauch 338, 435
Kalzinierung 98
Kalziumsilikatplatten 392, 436, 440
Kamineffekt 397
Kanäle 301 ff., 319, 325, 340, 390, 392
– in notwendigen Fluren 303
Kanalisierung von Rauch 401
Kanalsegmente 393
Kanalwände 302
Kantenriegelbeschläge 426
Karton 99
Karusselltüren 426, 433 ff.
Kellerbereich 521
Kellergeschoss 160, 177, 184, 187, 189, 209, 218, 225, 236 f., 240 f., 246 ff., 255, 287, 289 f., 295
– ohne Fenster 209, 255
Kellerlichtschacht 209
Keller- und Lagerräume 506
Kelvin-Temperaturskala 64
Kennzeichnung
– der Fluchtwege 520
– der Rettungswege 485, 520
– eines Wandhydrantenschranks 410, 412
– von Rettungswegen 466
– von Zu- und Durchfahrten 473
Kernbohrung im Türblatt 439
Klasseneinteilung von Rauchschürzen 401 f.
Klassifizierung von Rauchschürzen 401
kleine Baustellen 279
kleine ländliche Ansiedlung 518
kleineren Abweichungen vom Prüfzustand 439
Kleingarage 160, 191, 286, 295
Kohlendioxid 405
Kombischott 454
Kompartmentbauweise 272 f., 334, 408
Kompensationsmaßnahme 524
Kompensatoren 391, 438
Komplextrennwand 177
konkrete Gefahr 51 f.
konservative Lüftungsanlage 388
Konstruktionsvollholz 86
Kontaktdaten des Brandschutzbeauftragten 523
kontaminiertes Wasser 481
Konvektion 67 f.
kraftbetätigte Drehflügeltüren 434
kraftbetätigte Karusselltüren 434
Kraftfahrzeuge 240, 249
Kragplatten 168
Kragplattenvariante 174
Krankenhausbaurichtlinie 158
Krankenhäuser 26, 158, 162, 176, 179, 184, 186, 188, 191, 194, 203, 205, 211, 222, 232, 241, 250, 253 f., 257, 266 f., 274 f., 285, 287, 289, 525
Kristallgitter 66, 98 f.
Kristallwasser 66, 98
Küchen 315, 330 f., 423, 438, 443
kurze Fluchtwege 237

L

Ladenstraße 192, 194, 203, 206, 222 f., 242, 251, 257 f., 267 ff., 344, 350 f., 422 f.
Lage der Rauchaustrittsöffnungen 256
Lagergebäude oder Gebäude mit Lagerbereichen 421
Lagerguthöhe 421

Lagerraum 180, 192, 218 ff., 243, 245, 252, 257 f., 260 f., 266, 288, 291, 293, 325, 348 ff., 356 ff., 360 ff.
Lage und Maße des Gebäudes 484, 488
laminare Luftströmung 347, 349, 351, 355, 357, 362
laminare, turbulenzarme Strömung 258
Landesbauordnung 3, 6, 9, 20, 22, 24, 26, 31 ff., 36, 47, 51 f., 54 ff., 61, 77, 104, 158, 173 f., 176, 179, 182, 184 ff., 191, 193 f., 202 f., 205, 207, 211 f., 232, 235, 240, 254, 256 f., 264 f., 270, 280, 283, 289 f., 293 f., 298, 314, 329, 365, 429, 457, 462, 489, 494, 514
landwirtschaftliche Gebäude 263
landwirtschaftlich genutzte Gebäude 163
Länge des Entrauchungsstrahls 396
Länge des Fluchtweges 248
Laubengänge 185, 189, 248
Laufkarten 462
Lauflänge 220 f.
Lauflinie 221, 223, 225, 236, 240
Lautsprecheranlage 333 ff.
Leckrate 290
Leeseite 379, 381
Legende 526
Leichtbauwände 301, 456
leichtentflammbar 142
– Baustoffe 142
Leichtschaum-Löschanlagen 297, 404, 424
Leistungen für Brandschutz 487
Leistungsbilder der Brandschutzplanung 487
Leistungserklärung 110 ff., 114, 121
Leistungsfähigkeit
– der Feuerwehr 263
– einer Öffnungsfläche 365
– von Handfeuerlöschern 406
Leistungsnachweise 125, 127
Leiter 207 f., 215, 226, 233 f., 277
Leitstelle der Feuerwehr 328
Leitungen 300 ff., 306 ff., 311, 315 f., 319 f., 342, 390 f., 396, 452 ff., 456
– aus brennbaren Baustoffen 315
– durch raumabschließende Bauteile 300, 303
– in Fluchtwegen 508
– ohne Dämmungen 307 f.
Leitungsabhänger 392
Leitungsanlagen 300 f., 313, 448, 485, 491, 504, 508 f.
Leitungsdurchführung 509
Leitungsschächte 303
Lichtbänder 371
lichtdurchlässige Bedachungen 197, 203 f., 422
lichtdurchlässige Seitenteile und Oberlichter 290
lichte Breite 218, 225, 232 f., 250, 277 f.
– notwendiger Flure 250
lichte Fensterbreite 370
lichte Fluchtwegbreite 501
lichte Höhe eines Geschosses 489
lichter Zwischenabstand im Bereich der Durchführung 309
Lichtkuppel 196 f., 200, 202, 345 f., 348 f., 352, 354, 356 ff., 363, 382
Lichtraumprofil 471, 501, 516
– des Flurs 501
Lichtreflexionen 331
Lieferschein 115, 123
Liste der Technischen Baubestimmungen 40, 109
Löscharbeiten 1, 6, 8, 14, 126, 141, 239, 255, 263
Löschbereiche 416
Löschdauer 406
Löschdecken 466
Löschdüsen 416, 418, 424
Löschkräfte 181
Löschmittel 69 f., 404 ff., 408 f., 414, 416 ff., 423, 511
Löschmitteleinheit 408
Löschmittelmenge 406, 408
Löschmittelstrahl 404
Löschpulver 405, 414
Löschpulverbehälter 418
Löschschaum 414, 416
Löschsteuerungszentrale 418
Lösch- und Rettungsarbeiten 471
Lösch- und Rettungskräfte 462
Löschvermögen sowie die Anzahl der Feuerlöscher 511
Löschvermögen von Handfeuerlöschern 408
Löschwasser 405, 411 f., 415 f., 423 f.
– aus dem Trinkwassernetz 481, 518
– für Wandhydranten des Typs F 411
Löschwasserbedarf 479 f., 518
Löschwasser-Einspeiseeinrichtung 411 f.
Löschwassermenge 479, 481 f., 485, 512, 518 f.
Löschwasser-Rückhalteanlage 481 f., 485, 519

Löschwasserschläuche 399
Löschwasserversorgung 3, 479, 481, 512
Löschwasserzuführung 416
luftführende Hauptleitung 322 f.
Luftgeschwindigkeit 399
Luftinduktion 377
Luftlinie 221, 223, 225, 236, 240
Luftstrom 341, 346, 349, 351, 355, 357, 362, 400
Lüftungsanlage 314 ff., 319, 322 f., 328, 338, 347, 350, 356, 358, 363 f., 389, 403, 485, 491, 509 f., 525
– für Luftwechsel bei Normaltemperaturen 348, 350, 356, 358, 364
– in Wohnungen 322
– mit Ventilatoren für die Lüftung von Bädern und Toilettenräumen 322
– von Bädern und Toilettenräumen 322
Lüftungskanäle 391, 435
Lüftungsleitungen 148, 150, 155 f., 303 f., 314 ff., 391
– in Lüftungszentralen 321
Lüftungsquerschnitt von Leitungen 319
Lüftungszentralen 321, 389
Lüftung von nichtgewerblichen Küchen 323
Luftvolumenstrom 258 ff., 346 f., 349 ff., 355 ff., 361 f., 364
Luvseite 379, 381

M

Magazine 180, 243, 252, 260, 291, 356 ff.
Maisonettewohnung 25, 226, 230
Mandat 110 f.
Manipulation an den Leitungen 412
manuelle Bedienungs- und Auslöseeinrichtungen 345 ff., 351 f., 354 ff.
manuelle Bedienungs- und Auslösestellen 259, 262
manuell zu bedienende Auslösung 366
maschinelle Anlage 364, 382
maschinelle Entrauchung 340
maschinelle Entrauchungsanlage 346, 349, 351, 355, 357, 361, 383 f., 386
maschinelle Lüftungsanlagen 260, 262
maschinelle Mörtelpumpe 454
maschinelle Rauchabzugsanlage 258 ff., 313, 340, 344, 347 f., 350, 353, 356, 358, 360, 362, 364, 382 f., 390
maschinelle Rauch- und Wärmeabzugsanlagen 382 ff.
Maßnahmen als Äquivalente 524
Maßnahmen gegen Brandstiftung 281
Maßstab 492, 526
Materialien für statische Rauchschürzen 400
Materialprüfanstalten 106
materiell legal 53
Mauerwerkswände 123
maximale Druckunterschied 342
maximale Einsatzhöhe 331
maximaler Fließdruck 410 f.
mechanische Lüftungsanlage 239
mechanische Rauchabzugsanlagen 255, 365
mechanische Stoßbelastung 174
mechanische Stöße 163
Medienleitungen 210
mehrere Treppenräume 501
Mehrfachsensormelder 331, 443
mehrgeschossige Versammlungsstätten 184
Meisterbüros 220
Meldeanlagen 513
Melde- und Alarmanlagen 418
Menschenansammlungen 336, 448
Merkblätter und Richtlinien 465, 519, 521
Messkammer 330, 443
Metallschilder im Falz 428
Mieter 57, 59 f., 91
Mindestabstände 303, 452, 499, 509
– zwischen Abschottungen, Installationsschächten und -kanälen 303
Mindestbreite 225, 227 f., 242, 278
– von Treppen 227
– von Zu- oder Durchfahrten 472
Mindestfunktionsdauer von tragbaren Feuerlöschern 406
Mindestgeschwindigkeit 342
Mindestgröße von Entrauchungsöffnungen 365
Mindestmenge an Sauerstoff 417
Mindestvolumenströme 347, 350 f., 355, 362
Mineralfaserdämmstoffe 306
Mineralfaserdämmung 100, 117, 306, 308 f., 320
Mineralfaserplatten 115, 455
Mineralfaserweichschott 303
mineralische Baustoffe 202
mineralische Putzschicht 310

mineralisolierte Leitungen 301
Mineralwolle 44, 109
Mittelgarage 160
Mittel- und Großgaragen 295
mobiler Rauchverschluss 342
Multikombischott 454
Multisensormelder 331, 443
Mündungen 316ff., 395
– von Außenluft- und Fortluftleitungen 395
– von Entrauchungsleitungen 395f.
Musterbauordnung 6, 9, 14, 16, 18f., 22, 24ff., 28ff., 32ff., 49, 51, 55ff., 90f., 109, 114f., 117, 119f., 123, 126, 128, 142, 155, 159, 169, 173f., 176ff., 182ff., 190, 193ff., 201ff., 207, 211f., 217, 232, 239ff., 249, 253ff., 264ff., 270, 273ff., 277, 280, 282ff., 286, 289ff., 297ff., 329, 341, 364ff., 404, 427ff., 434, 442, 444, 450, 462, 497, 503, 505, 510, 519f.
Muster-Bauvorlagenverordnung 3f., 56, 483f., 492, 525f.
Muster-Beherbergungsstättenverordnung 22, 26, 34, 158, 160, 173, 178, 182, 185, 187, 190, 193, 202, 205, 211, 217, 232, 240, 249, 253, 256, 264f., 273, 275, 285f., 289ff., 298, 326, 333, 449, 458, 465
Muster-Garagenverordnung 22, 26, 34, 158, 160, 173, 179, 182, 185, 187, 190, 193, 202, 205, 211, 217, 232, 240, 249, 254, 256, 265, 273, 275, 286, 291, 298, 326, 333, 424, 490, 521
Muster-Hochhausrichtlinie 19, 26, 34, 158, 161, 174, 179, 182f., 186, 188, 191, 193, 202, 205, 211, 215, 217, 232, 240, 245f., 249, 254, 256, 265, 273, 275, 285f., 289, 291ff., 326, 333, 342ff., 400, 411f., 419, 442, 449, 458, 462, 465, 468, 494, 502, 505, 507f., 510
Muster-Industriebaurichtlinie 158, 161, 174f., 179, 183, 186, 188, 191, 194, 202, 205, 211, 218, 232, 241, 250, 254, 257, 265, 270, 274f., 287, 327, 334, 413, 421, 424, 465, 469
Muster-Krankenhausbauverordnung 158
Muster-Leitungsanlagenrichtlinie 300, 452, 491, 503f., 508, 510
Muster-Lüftungsanlagenrichtlinie 314, 395, 509
Muster-Prüfverordnung 524
Musterrichtlinie über Flächen der Feuerwehr 277
Musterrichtlinie über Flächen für die Feuerwehr 471f., 474, 500, 516f.
Muster-Schulbaurichtlinie 26, 34, 158, 162, 176, 180, 184, 186, 188, 191, 194, 203, 205, 212, 222, 232, 242, 250, 254, 257, 267, 274f., 283, 287, 291, 324
Muster-Systembödenrichtlinie 490, 503
Muster-Übereinstimmungszeichen-Verordnung 115
Muster-Verkaufsstättenverordnung 26, 34, 158, 162, 176, 180, 184, 186, 189, 192, 194, 203, 206, 212, 222, 233, 242, 251, 254, 257, 267, 274, 276, 285, 287ff., 291, 293, 298, 327, 334, 336, 344, 352, 359, 366, 413, 421f., 442, 444, 450, 465, 469, 473, 491, 514
Muster-Versammlungsstättenverordnung 26, 34, 158, 162, 176, 180, 184, 186, 189, 192, 194, 204, 206, 212, 223, 233, 242, 252, 254, 260, 270, 274, 276, 284f., 287, 291, 293, 298, 328, 335f., 352, 359, 365, 413, 423, 442, 449, 458, 465, 469, 473, 491, 505f., 508f., 514
Muster-Verwaltungsvorschrift Technische Baubestimmungen 34, 39ff., 109, 128, 300, 343f., 429, 469, 471

N

Nachbarbrandabschnitt 163, 267
nachströmende Frischluft 402
Nachströmöffnungen 258, 260, 377f.
Nachweisstufen 105f.
Nadelholz 86, 88f.
Nähe von Flucht- und Rettungsplänen 459
Nassanlagen 415
nasse oder trockene Steigleitungen 515
nasse Steigleitung 241, 515
– für die Feuerwehr 412
– mit Wandhydrant 399
Nass- und Trockenanlagen 415
nationale Normung 143
Naturbrandmodell 84, 469
natürliche Auftrieb 340
natürliche Entrauchung 209, 340, 364, 371
natürliche oder mechanische Rauchabzugsanlagen 506
natürliche Person 57
natürliche Rauchabzugsanlage 258, 313, 339f., 364, 374, 403
natürliche Rauchabzugsgeräte 365
natürliche Rauchabzugsöffnungen 364

natürliche Rauch- und Wärmeabzugsanlagen 365, 382
natürliche Rauch- und Wärmeabzugsgeräte 346, 349, 354, 357, 361, 365, 370, 372
natürlicher Rauchabzug 341
natürliche Temperaturzeitkurve 78
natürlich wirkende Rauchabzugsanlage 344, 350, 353, 360, 366
natürlich wirkende Rauchabzugsgeräte 346, 354
Nebenbestimmungen 2, 9, 123 f.
Nennbetriebsdauer 448
Netzanschluss 443
Neubauten 181, 234
nichtabschließbare, rauchdichte und selbstschließende Abschlüsse 254
nichtautomatische Brandmelder 328
nichtautomatische Handmelder 327
nichtautomatische Melder 326
nichtbrennbar 142, 146, 202, 204 ff.
– Baustoffe 161, 167, 169, 172, 174 f., 182 ff., 190 ff., 200, 202 ff., 210 ff., 221, 232 f., 238, 242, 261, 268, 275, 295, 302 f., 306, 309, 312, 314 f., 317, 321, 323, 345, 348, 352 ff., 356 ff., 363, 392, 422, 431
– Dämmung 302, 309 f.
nichtgeregelte Bauarten 117
nichtgeregelte Bauprodukte 114
nichtgeregelte Baustoffe 141
nichtgeregelter Sonderbau 27, 35, 158, 324, 398, 489 f., 494, 511 ff., 519
nichtselbsttätige Löschanlage 512
nichttragende Außenwände 150, 153, 162, 180 f., 183
nichttragende Bauteile 150, 158
nichttragende Flurwand 496
nichttragende Innenwände 153
nichttragende Wandbauteile 498
nominelle Temperaturzeitkurven 80
Nordpfeil 466, 526
normale bis starke Rauchentwicklung 330
normale Brandgefährdung 17
normalentflammbar 86, 91, 142, 206
– Baustoffe 181, 315, 431, 440
Normungsauftrag 110
Normungsorganisationen 110
Notausgänge 434, 450, 462
Notfallplanung 458
notifizierte Prüfstelle 123
Notstromaggregate 448
Notstromanlage 245
notwendige Kundenflure 422
notwendige Rettungswege 204
notwendiger Flur 7, 19, 62, 176 f., 179, 184 ff., 193 f., 204 ff., 209, 215 ff., 222 ff., 232, 237, 239, 241 ff., 257, 273 f., 283, 285, 288 ff., 295 f., 300 ff., 315 f., 325, 334, 395, 399, 406 f., 429, 450, 485, 494, 497, 499, 501 ff., 510
– von Hochhäusern 502
notwendiger Treppenraum 146, 193 f., 204 ff., 209, 217, 219 ff., 224 f., 231 ff., 236 ff., 240 ff., 246 f., 249, 252 ff., 257, 259 ff., 290 ff., 295 f., 300 f., 316, 321, 351, 364, 395, 413, 450, 497, 505 f., 510
notwendige Treppen 192, 216 f., 219, 221 ff., 230, 232 f., 235 f., 240, 242, 250 f.
notwendige Treppenräume von Versammlungsstätten 358
numerische Ingenieurmethoden 77
nutzbare Breite 227, 232 f., 251
nutzbare Breite der Ausgänge von Unterrichtsräumen 250
nutzbare Breite der notwendigen Flure 251
Nutzer der baulichen Anlage 402
Nutzugseinheiten 216
Nutzung der baulichen Anlage 484, 487, 501
Nutzung durch die Feuerwehr und durch Laien 411
Nutzungsänderung 28, 48, 56, 60, 487, 525
Nutzungsangaben 487
Nutzungsart 487
Nutzungseinheit 12 ff., 18, 27, 33, 35, 162, 177, 188, 190 f., 193, 197, 210, 215 ff., 226, 230 f., 236 ff., 247, 249, 255, 272 ff., 285, 289 f., 300, 302 f., 316, 322, 334, 341, 395, 429, 450, 496, 499, 501, 503
– mit einer Grundfläche $\leq 200\ m^2$ 322
Nutzungsphase der Anlage 420

O

oberer Abschluss des Treppenraumes 237
Oberflächenbeschichtung 99
Oberflächenbewehrung 95
Oberfläche von Außenwänden 498
oberirdische geschlossene Garage 275

oberirdisches Geschoss 159 f., 184, 187, 189 f., 207, 217, 240, 246 ff., 255, 259, 265, 272, 286, 288
Oberkante der Brüstung 471
Oberlichter 196 f., 202, 209, 238, 364 f., 376 f., 382
oberste Bauaufsichtsbehörde 34, 39, 119
– der Bundesländer 297
oberste Geschosse von Dachräumen 286
oberste Geschosse von Dachräumen mit Beherbergungsräumen 286
oberste Rettungsstelle 471
oberster Stelle zur Rauchableitung 352
oberster Treppenraumabschluss 352, 359
Objektschlüssel für die Feuerwehr 477
Objektschutz 479, 518
offene Gänge 5, 21, 62, 177, 185, 189, 204, 219 ff., 244, 247 ff., 252, 254, 289, 291, 413
offenes Feuer 7
offenes Gewässer 414
offene Sprinklerventile 416
öffentliches Baurecht 31
öffentliche Sicherheit und Ordnung 6, 31 f., 60
öffentliches Recht 54, 57
öffentliches Straßenland 488
öffentliches Trinkwassernetz 479
öffentliches Wasserleitungsnetz 414
öffentliche Verkehrsfläche 223 f., 277 f., 471
öffentlich-rechtliche Bauleiter 59
öffentlich-rechtliche Bauvorlage 487
öffentlich-rechtliche Vorschriften 31, 57 f., 60
Öffnungen
– an höchster Stelle 365
– für Leitungen 509
– in Brandwänden 169, 176, 283 f.
– in Decken 190, 192, 210
– in Form von Lichtkuppeln 371
– in inneren Brandwänden 495
– in Kellergeschossdecken 287
– in notwendigen Treppenräumen 290
– ins Freie 255, 340
– in Trennwänden 179, 284 f.
– in Wänden 275, 291
– in Wänden notwendiger Flure 289
– von Flurwänden 289
– von natürlichen Rauchabzugsanlagen 395
– von notwendigen Treppenräumen 290
– von Trennwänden 285
– von Zuluftanlagen 396
– zum Abführen von Rauchgas und zur Zuführung von Frischluft 394
– zur Entrauchung 365
– zur Rauchabführung 345, 356, 360 f., 363
– zur Rauchableitung 255 ff., 259 ff., 341, 344 f., 348, 353, 358, 360, 497
– zur Rauchableitung an oberster Stelle 256, 345, 348, 356
Öffnungskraft 382
öffnungslose Gebäudeabschlusswand 495
Öffnungsmechanismus der Abschlüsse 382
optische Messkammer 330
optische Rauchmelder 330, 443
optische Spione 439
Ordnungsbehörde 60
Ordnungswidrigkeit 33, 114 f.
organisatorischer Brandschutz 457, 487, 521
– im Gesamtsystem 457
organische Dämmstoffe 100
Orientierung der Feuerwehrmitarbeiter in baulichen Anlagen 519
Orientierung der Nutzer von baulichen Anlagen 520
Orientierung in baulichen Anlagen 464
Ort der Ansaugöffnungen 397
Ort der Entrauchungsöffnungen 378
örtliche Feuerwehr 324
Ortsbesichtigung 484, 493
ortsfeste Löschanlagen 416
ortsfestes Rohrleitungssystem 414
ortsunkundige Personen 451, 463
Oxydationsmittel 416

P

parallelförmige Stufen 227
parametrische Brandkurven 106
parametrische Temperaturzeitkurven 84
passiver Bestandsschutz 54
pedestrian doors 425
Pendeltüren 425
permanente Öffnung mit einem gedämmten Abschluss 395
Personenaufzüge 313
Personen, die sich nicht nur vorübergehend in einem Gebäude aufhalten 460
Personen im Fahrkorb 508

Personenrettung 216f.
Personenstau 502
Personenstrom 136f., 218, 247
Pflegeheime 176, 179f., 184, 186, 188, 191, 203, 205, 222, 250, 254, 267, 285, 525
Pläne im Brandschutzsystem 462
Planer für Raumlufttechnik 509
Plankopf 526
planmäßige Entrauchung 255
planmäßige Entrauchungsöffnungen 395
planmäßige Feuerwehrzugänge 476, 518
Planung
– der Löschwasserversorgung durch den Brandschutzplaner 511
– des Brandschutzes während der Bauphase 523
– von Brandschutzkonzepten 457
– von Brandschutznachweisen 493
– von Entrauchungsleitungen 392
– von Lüftungsanlagen 509
– von RD-Anlagen 398
Planungsfehler 383
Planungsphase 493f., 512
Plasmazustand 66
Plattenschotts 455
Plattenwerkstoffe 90f.
Plattenwerkstoffen 88, 98, 392
plug holing 370
pneumatische Auslöseeinrichtung 373
Podeste 226, 238
Polizeigesetze der Bundesländer 59
Pratzen 475
Predtetschenski und Milinski 136f.
Preußische Einheitsbauordnung 32
Preußisches Oberverwaltungsgericht 51
Primäranschluss 443
privates Baurecht 31
privates Recht 57
privatrechtlicher Bauleiter 59
privatrechtliche Risikobeurteilung 487
Producthersteller 112
Produktionshalle 384
Produktions- und Lagerräume 421
– in Industriebauten 360, 362
– in Industriebauten mit selbsttätigen Löschanlagen 363
Produktnormen 110
Profilfaktor 96f.
Prüffristen 486, 524f.
– für technische Anlagen 524
Prüfingenieure 34, 51, 60f.
– für Brandschutz 34, 61
Prüfkriterien 142f., 149
Prüfnormen 106f.
Prüföfen 106
Prüfsachverständige 34, 51, 60, 419
– für Brandschutz 524
Prüfungen 486, 524
Prüfverfahren von Brandschutzklappen 438
Pulverlöschanlagen 418
Putze 185, 204f., 238, 501, 505
Putzschicht 309f.
Pyrolysegase 68, 74, 76, 86, 89

Q

qualifizierte Abschlüsse 239

R

Radialventilatoren 388
radioaktiver Stoff 330
Randbekämpfungsabschnittsflächen 469
Rauchabführung 239, 338, 345, 352ff., 356, 358ff., 364, 368, 371, 373, 403, 421
– aus baulichen Anlagen 338
– über Öffnungen 352ff., 358f.
Rauchabführungsabschlüsse 382
Rauchabführungskanäle 387
Rauchabführungsöffnung 371, 376, 394
Rauchableitung 239, 255ff., 259ff., 268, 275, 339, 341, 344, 348, 352ff., 356, 358ff., 363, 365
– über Schächte 259, 261
Rauchableitungsöffnungen 257
Rauchabschlüsse 179, 248
Rauchabschnitte 8f., 21, 62, 248, 253, 274ff., 288f., 484, 494f., 502
– in notwendigen Fluren 494
Rauchabschnittslänge 274, 495
Rauchabzug 242, 257, 259, 262
Rauchabzugsanlage 28, 74, 250, 257ff., 262, 266, 275, 313, 339, 345ff., 354f., 357ff., 361ff., 382, 387, 421, 448, 525
Rauchabzugsgerät 258ff., 266, 268, 346, 349ff., 354f., 357, 359, 361f., 372
Rauchabzugsöffnung 366, 371f., 380, 394
Rauchabzugsventilator 389

raucharme Schicht 373, 375 f., 383, 385 f.
rauchdicht 176, 237, 245, 252, 284 f., 288 ff., 321, 423, 430
rauchdichte und selbstschließende Abschlüsse 245, 248, 274, 291
rauchdichte und selbstschließende Türen 289, 295
Rauchdichtheit 322, 391, 425, 437
rauchdicht und selbstschließend 285, 288, 291
Raucheinschichtung 375
Rauchentwicklung 143 f., 302, 332
rauchfreie Schicht 339, 378
rauchfreie Zone 377
Rauchfreihaltung 343
Rauchfreiheit
– von Rettungswegen 159
Rauchgasabführung 387 f.
Rauchgasexplosion 74 ff.
Rauchgassäule 136
Rauchgasstrom 388 f., 395
Rauchgastemperatur 259, 262, 340, 347, 350 f., 355, 362, 383, 391
Rauchgasvolumenstrom 383 f., 388
Rauchlasten 193
Rauchleckrate 155 f.
Rauchmelder 346, 348, 355, 357, 361, 363, 373 f., 435, 445
rauchmeldergesteuert 319, 366, 376, 395, 434, 442, 444
Rauchmelderpflicht 329
Rauch- oder Brandschutztür 429, 439
Rauchrate 141
Rauchschäden 373
Rauchschichtgrenze 378
Rauchschürze 363, 400 ff.
Rauchschutzabschlüsse 20, 108, 130, 238, 280, 285, 289 f., 429
Rauchschutz-Druckanlage 313, 340, 342, 396 f., 400
Rauchschutzklappe 315, 319, 396
Rauchschutztür 9 f., 21, 129, 150, 154, 290, 297, 429 f., 435, 440 ff.
Rauch- und Feuerschutzabschlüsse 283, 503
Rauch- und Wärmeabzug 341, 403
Rauch- und Wärmeabzugsanlage 297, 339, 364 f., 382, 400
Rauch- und Wärmeabzugsgeräte 403
Rauch- und Wärmefreihaltung 338, 506 f.
Rauchwarnmelder 324, 329, 334, 492, 513
– mit Netzstromversorgung 193, 274
raumabschließend 174, 177 ff., 181, 184, 186, 191, 193, 197, 240 f., 248, 259, 261, 286
– Bauteil 104, 147, 153, 159, 161, 189, 199, 210, 212, 237, 242, 293 f., 303, 314 f., 320 f., 390, 402, 425, 452
– feuerbeständige Wände 274
raumabschließende und feuerhemmende Abschlüsse 285
Raumabschluss 103, 107, 117, 133, 159, 163, 185, 189, 236, 248, 294
– der Fahrschachttüren 432
Räume
– mit erhöhter Brandgefahr 419
– mit Sonderbaueigenschaften 404
– ohne automatische Brandmelder 313
– zwischen dem Treppenraum und dem Ausgang ins Freie 241, 243, 301, 505
– zwischen notwendigen Treppenräumen und Ausgängen ins Freie 242, 395
Raumschluss 142
Räumungsübungen 468
Räumungszeit 136
REA-Gips 98
reaktionsträge Gase 417
reaktive Beschichtung 97
Reanimationsgrenze 22, 72
Rechenzentren 325, 417
rechtliche Forderung zur Erstellung und zum Aushang von Flucht- und Rettungsplänen 462
rechtliche Grundlagen 489
– für Löschwasser-Rückhalteanlangen 481
rechtsfähiges Brandschutzsystem 483
Rechtssache C-13/100 109, 116, 120
Regelbauten 1 ff., 16, 22, 26, 33, 47 f., 158 f., 162, 173, 176, 178, 182, 185 ff., 190 f., 193, 201, 205, 211, 216 f., 232, 239, 249, 253, 255 f., 263 f., 267, 273, 275, 277 f., 283 f., 286, 288 ff., 292 ff., 297, 302 f., 324, 329, 404, 406, 418, 442, 450, 473, 483, 500, 504 ff., 510, 514, 519 f.
Regel- und Sonderbauten 489, 499
Regelungsgrundlage 61
Regelwerke zur brandschutztechnischen Bewertung 484, 489
Reichsgerichtsformel 39
Renovierung vorhandener Feuerschutztüren 440

Rettung
- kranker oder pflegebedürftiger Personen 222, 267
- von Menschen und Tieren 312, 338, 344, 353, 402
- von Personen 507

Rettungsbalkone 222
Rettungsfenster 207f.
Rettungsgeräte der Feuerwehr 207f., 216f., 235, 277, 500
Rettungsrutschen 235
Rettungsschläuche 235
Rettungs- und Angriffswege im Außenbereich eines Gebäudes 413
Rettungsweg 9f., 20ff., 27, 38, 41, 48, 55f., 73, 141, 194, 204ff., 215ff., 222ff., 228, 230f., 233ff., 240, 243, 245, 247f., 252, 266f., 272, 274, 278, 280, 328f., 335, 339, 365, 378, 397, 422, 425, 427, 450
- aus Versammlungsräumen 328
- im Fluchtwegekonzept 503

Rettungswegbreite 250
Rettungswegekonzept 215
Rettungswegesystem 215, 225, 233, 272, 499, 501
Rettungswegzeichen 521
Revisionsarbeiten 437
Revisionsklappen 210
Revisionsöffnungen 193, 211, 303, 437, 504
Richterrecht 37f.
Richtlinie
- für Standardisierung des Oberbaues von Verkehrsflächen 516
- über brandschutztechnische Anforderungen an Systemböden 301f.
- zur Bemessung von Löschwasser-Rückhalteanlagen beim Lagern wassergefährdender Stoffe 481

Richtlinien und Verordnungen 501, 504, 506, 520
Richtung der Lüftungsleitungen (vertikal oder horizontal) 436
Richtungsänderung der Gasströmung 369
Rijkswaterstaat-Tunnelbrandkurve 83
Rissbildung 99f.
Risse 99, 103, 134
Rohbaumaß 257, 260, 345, 353
Rohbauphase einer Baumaßnahme 279
Rohbauzustand 523
Rohdecke 23, 177f., 184, 192f., 248, 273f., 312, 334, 503
Rohrabschottungen 304, 453
Rohre 300, 342, 414, 453f.
Rohrisolierungen aus Steinwolle 453f.
Rohrleitungen 301f., 306, 309f., 415, 417f., 424, 454f.
- für nichtbrennbare Medien 306
- mit Dämmungen 309

Rohrleitungsanlagen 302
Rohrschalen 454
Rohrsystem 512
Rolltore 426, 448
Rücksprache Feuerwehr 520
rückwärtige Gebäude 277

S

Satellitenbilder 488
Sauerstoffanteil 417
Schächte 315, 319, 323, 325, 344f., 348, 352ff., 356, 358ff., 363, 392, 497, 504
Schachtwände 210, 294, 504
Schalldämpfer 315, 319
Schaum des Handfeuerlöschers 405
Schaummittel 405, 416
Schaummittellöschanlage 416f.
Schaumteppich 405
Scherfestigkeit des Schnees 382
Schiebetüren und -tore 425
Schiffsmotoren 448
Schlauchanschlussventile mit Sicherungskombination 410
Schlauchhaspel 409, 411
Schleuse 20, 236, 243, 245, 252
Schleusentüren 247
Schließanlagen 444
Schließeinrichtungen 448
Schließfolgeregler 444, 446
Schließgewicht 445
Schließmechanismus 338, 436
Schließmittel 444ff.
Schließzyklen 154f.
Schlitzen 301f., 309f.
Schlupftüren 425
Schlüsseldepots der Klasse 3 477
Schlüsselgewalt für alle relevanten Räume 477

Schlüsselkastenurteil 38
Schmelzlot 259, 261, 338, 364, 415 f., 435
schmelzlotgesteuerten Sprinklern 338
Schmelzpunkt 44, 102, 181, 306, 309 f., 320, 453, 455
Schmelztemperatur 308, 415
Schneeverwehungen 382
schnelle Brandausbreitung 416
Schriftfeld 526
schriftliche Einbauanleitung 433
schriftliche Wartungsanleitung 433
Schulen 162, 176, 180, 184, 186, 188, 191, 194, 203, 205, 212, 222, 224, 232, 242, 250, 253 f., 257, 267, 274 f., 283, 287, 291
Schürzen 24 f.
Schutz der Fluchtwege 325
Schutzgüter 51 ff.
– Leben und Gesundheit 238
Schutz von Personen 331, 402
Schutzziel 1, 6 f., 9 f., 30 f., 33, 35, 61 f., 121, 126, 158 f., 180, 183, 195, 210, 212, 222, 235, 255, 259 ff., 263, 297 ff., 312, 316, 324, 333, 335, 338, 341, 344, 346, 348, 350, 352 ff., 356, 358 ff., 364, 368, 371, 382, 397 f., 402, 431, 440, 502, 504, 513 f., 523
– der Entrauchung 259
– des Brandschutzes 297, 398
– für Außenwände 498
– von Lüftungsanlagen 314
– wirksame Löscharbeiten 353, 358 ff., 362, 364
Schwarzes Brett 282, 524
Schweißarbeiten 7
Schwelbrand 74 f., 78, 82, 330
Schwelbrandkurve 82
Schwelbrandphase 74, 79, 332
Schwelgasexplosion 10, 236, 245
Schwelgasverpuffung 339
Schwenkbereich der Leiter 476
schwerentflammbar 142, 144, 146, 181, 194, 204 ff., 268
– Baustoffe 143, 183 f., 202, 204 ff., 238
Schwingflügelfenster 208
Segeltuchstutzen 320, 438
Sektionaltore 426
Sekundäranschluss 443
Selbstrettung 8, 10, 159, 215, 218, 255, 333, 339
Selbstschließanlage 283 f., 290, 292 f., 340, 429, 502
selbstschließend 20, 44, 54, 154, 176, 180, 237, 245, 252, 284 f., 288 f., 291, 295
– Abschlüsse 178, 237 f., 249, 285
– Türen 176, 240, 249, 253, 283, 289, 293, 295, 430
Selbstschließung 248, 428 f., 433, 442, 444
Selbstschließvorrichtung 154
selbstständige Leitungen zum Rauchabzug 390
selbsttätige Feuerlöschanlage 162, 220, 271, 334, 347, 364, 421
selbsttätige Feuerlöscheinrichtungen 281
selbsttätige Rauchschürzen 400
Selbst- und Fremdretten 339
Serverräumen 415, 417
sicherer Bereich 462 f.
sichere Verbindung zu einer Auswerteeinheit 508
Sicherheitsbeleuchtung 238, 242, 251, 297 f., 448, 450 f., 485, 510
– für alle Fluchtwegbereiche 450
Sicherheitsbeleuchtungsanlagen 313
Sicherheitskategorie 265, 271, 327, 421
Sicherheitsklassen 517
Sicherheitsleitsysteme 451
Sicherheitsniveau 2, 6, 9 ff., 34, 109, 121, 125 f., 297, 483, 524
– in Brandschutzkonzepten 483
Sicherheitsrecht 164
Sicherheitsschleuse 21, 240, 249, 291, 295
Sicherheitsstromversorgung 297 f., 448 f., 485, 510, 525
Sicherheitsstromversorgungsanlagen 298, 448
sicherheitstechnische Ausführung 501
Sicherheitstreppenraum 216, 236, 240 f., 243 ff., 252 ff., 291, 295, 300, 313, 343, 396, 398 ff., 500
Sicherheits- und Gesundheitsschutzkennzeichnung 281
Sicherheits- und Gesundheitsschutzkoordinator 281
Sicherheitszeichen 217 f., 222 ff., 242, 251, 520
Sichtbehinderung 255
Sichtverbindungen 250
Siegel der zuständigen Verwaltungsorganisation 473
Silikatschichten 156
Simulationsmodelle 136

Skelettbauweise 180
Sogkräfte 381
Solaranlagen 181, 196f.
Sonderbaueigenschaften 302f., 418, 489f.
Sonderbaurichtlinien und -verordnungen 3, 34, 41, 179f., 184, 194, 203, 274f., 293, 329, 412, 473, 505
Sonderbauten 1f., 4, 16, 26f., 33ff., 47, 158f., 173, 193, 215, 217, 227f., 278, 283, 288, 292, 299, 313, 324, 333, 338, 404, 407, 418, 448, 450, 457, 469, 483, 487, 490, 500f., 505f., 511, 514, 519ff., 524
Sonderbauverordnungen und -richtlinien 4, 19, 26, 34, 51, 158, 173, 182, 203, 257, 273ff., 283, 287f., 294, 299, 341, 427, 450, 458, 465, 494, 497, 519
Sonderordnungsrecht 60
Sonderplan 466
Sonderpolizeirecht 31f., 60
Sonderverordnungen und -richtlinien 434
sonstige Verkaufsstätten
– mit Sprinkleranlagen 267
– ohne Sprinkleranlagen 267
Spannungsrisse 99
speziellen Sprinklerdüsen 416
Spindeltreppe 228f.
Sprinkleranlage 162, 180, 184, 186, 189, 192, 194, 203f., 223, 259, 261, 268, 275, 287ff., 291, 297, 338, 340, 347, 350, 356, 358, 363, 414ff., 418, 421ff., 448
Sprinklerdüsen 414
Sprinklerglocke 416
Sprinklerköpfe 414
Sprinklerzentrale 415
Sprühwasserlöschanlage 416, 423
Stabilisierungselementen 475
Stabilitätsversagen/Knicken 437
Staffelgeschosse 488
stagnierendes Wasser 410
Stahlbauteile 95ff.
Stahlbeton 45f., 92f., 105, 131
Stahlbetondecke 131, 177, 184
Stahlblechschild 432
Standard-Varianten 11, 61
Standflügel 426f., 446
Standort 462
standsicher 159, 164, 175, 187, 189, 219
Standsicherheit 147, 159, 164, 218, 236
starre Rahmen 372
Statiker 152, 159
stationäre (automatische) Löschanlagen 414, 513
stationäre Feuerlöschanlage 414, 416, 418, 512
statische Konstruktionen 488
statisch tragenden Bauteile 272, 493
Steigleiter 221, 234
Steigleitung
– zum Wandhydranten 411
Steigleitungen 412
– nass oder nass/trocken 515
Steinwolle 100, 102
Steinwolledämmung 101f., 135
Steuereinrichtungen 324, 327
– der Brandmeldeanlage 328
Stichflur 21f., 185, 216, 222, 243, 246, 249f., 252ff.
Stolpergefahr 227f., 248
Stoßbelastung 175
Strafrecht 35, 38
strafrechtliche Verantwortlichkeit 35
Straftatbestand 441
strahlende Wärme 195f., 200, 203, 268
Strahlung 145, 156, 209
Straßen-Bauklasse VI 516
Straßenverkehrsordnung 473
Streckenisolierung 453
Streckgrenze 93, 96
Streulicht auf Fotozellen 443
Streulicht-Prinzip 330
Stromerzeugungsaggregate 448
Stromquellen 448
Strömungsgeschwindigkeit 258, 261, 347, 349, 351, 355, 357, 362
strömungstechnisch äquivalenter Querschnitt 345, 354, 361
strömungstechnisch gleichwertiger Querschnitt 345, 348, 352f., 356, 358ff., 363
Strömungsverhalten 365, 369
– des Brandrauches 365
Stromversorgung der Sicherheitsbeleuchtung 313
Stufenanzahl 248
Stufenbeleuchtung 223
Stufen in notwendigen Fluren 249
Substratschicht 200
Suiten 178

Symbole und Sicherheitskennzeichen 459
Systemböden 301 f., 326, 485, 490, 503
Szenenflächen 192, 204, 260

T

Tabellenmethode 131 f.
Tabellenverfahren 106, 373, 375
Tanklöschfahrzeuge 481
technische Anforderungen an die Sicherheitsbeleuchtung 451
technische Anlagen 297, 299
technische Baubestimmungen 17, 34, 40 f., 115, 122, 124, 126, 128
technische Brandschutzmaßnahmen 299
technische Fachplanung 513 f.
technische Gebäudeausrüstungen 299
technische Lösungen 493
technischen Spezifikationen 110, 114, 118, 125
technischen und anlagentechnischen Brandschutz 297
technische Regeln 48, 114 f., 130
– für Arbeitsstätten 17, 27, 48, 280 f., 451, 457, 462 f., 468, 492, 501, 520, 522
technischer und anlagentechnischer Brandschutz 297
Teil des Löschsystems der Feuerwehr 511
Teilschutz 325
Temperatur 63 ff., 74, 77, 81 ff., 86, 88, 94 ff., 98, 102, 131 ff.
Temperaturklasse der Ventilatoren 384
Temperaturzeitkurve 77 ff., 101, 106
temporäre Konstruktionen 281
textliche Erläuterungen 466
thermische Ausdehnung 172
thermische Auslegung der Ventilatoren 389
thermische Einwirkung 454
thermische Energie 159
thermische Längenausdehnung 391
thermischer Auftrieb 313, 340, 346, 354, 361, 364, 367
thermischer Auslöser 364
thermischer Dämmstoff 91
thermisches Auslöseelement 373
thermische Spannungen 103
Thermistoren 330
Thermoelement 77, 101
Thermometer 77, 101
tragbare Feuerlöscher 404, 406 f., 457, 466, 485, 511
tragbare (Hand-)Feuerlöscher 407
tragbare Leitern 278
tragbare oder fahrbare Feuerlöscher 404
tragende Bauteile 104, 141, 152, 161, 166, 175 f., 183, 188, 240, 248, 274, 493 f., 498
– in Regelbauten 494
tragende Decken 190
tragende Geschossdecke 194
tragende Stahlbauteile 96
tragende Stützen 187 ff.
tragende Teile der Treppe 500
tragende und aussteifende Bauteile 265
tragende Wände 160 ff., 184, 496
tragfähige Befestigung der Zufahrt für Feuerwehrfahrzeuge 471
Tragfähigkeit 30, 86, 93, 96, 125, 131 f.
Tragwerk der Dächer der Ladenstraßen 268
Tragwerksplaner 152, 159, 488, 493, 495, 519
Transport von Brandrauch 383
Transport von Feuerwehrmitarbeitern und Material zum Brandgeschehen 507
traufseitig 197 f., 200
Traverse 393
Treibgas 404 f.
Treibmittelbehälter 418
Treibmittelflaschen 418
Trennwände 153, 160, 162, 177 ff., 182, 186, 188, 192 f., 209, 248, 273 f., 284 f., 287, 289, 320, 323, 484, 496
Treppen 5, 12, 19, 56, 108, 130, 485, 499 ff.
– in einem Treppenraum 500
Treppenräume 19, 21 f., 25, 146, 193 f., 204, 206, 210, 212 f., 215 f., 218 ff., 222 f., 226, 230 ff., 235 ff., 247, 249, 251 f., 255 f., 259, 261, 267, 272, 282, 291 f., 294 f.
– in Verkaufsstätten 351
– in Versammlungsstätten 358
Treppenraumwände 209, 237 f., 243
Treppenstufen 238
Triebwerksraum 256, 313
Trink- und Löschwasserversorgung 515
Trinkwasser-Installation 411
Trinkwasser-Installationsanlagen 410
Trinkwasserleitungen 413
Trinkwassernetz 409 ff., 481
Trinkwasserversorgung 479

Tripelpunkt 64 f.
Trockenanlagen 415
trockene Löschwasserleitungen 413
trockene Steigleitung 411 f., 515, 524
Trockenmörtel 454
Türbeschläge 427
Türen
– im Zuge von Rettungswegen 485, 502
– in Fluchtwegen 446
– in Flurwänden 248, 289 f.
– in Rauchabschnitten 255
– in Treppenräumen zu notwendigen Fluren 291
– in Wänden notwendiger Flure 288
– ohne Kennzeichnung 429
– von notwendigen Fluren 288
– von notwendigen Kundentreppenräumen 423
– zu Lagerbereichen 248
– zu Treppenräumen 291, 295
– zwischen notwendigen Treppenräumen und Hallen 291
Türöffnungskraft 399 f.
Türschließer 21
– bei Brandschutzschiebetoren 445
– mit Feststellanlage 443
– mit Feststellvorrichtung 445
– mit Freilauf 444
– mit Schließfolgeregelung 446
Typ der Löschanlage 511, 513
Typ F – Feuerwehr 409
Typ S – Selbsthilfe 409

U

U/A-Wert 96 f.
Überdruck 340 ff., 367, 396, 399 f., 402
– im Treppenraum 245, 341, 400
Überdruckabschnitte 342
Überdruckbelüfter 341
Übereinstimmungserklärung 114 ff., 119, 122
Übergangsbereich 472
Übersichtsplan 466
Übertragung von Brandgasen 316
Überwachungsbereiche 329
Überwachungszeichen 109, 114, 130
übliche Brandlasten 417
ultravioletter Strahlungsbereich 332
Umbaumaßnahmen 279 f.
umlaufende Dichtung 248
umlaufende Elastomer-Dichtung 437
Umluftanlage 314
unabhängige Brandabschnitte 266
ungeregelte Bauprodukte 438
ungestanzte Schilder der Drückergarnitur 288
ungünstige Witterungsverhältnisse 378, 400
Unterdecke 150, 153, 185, 192 ff., 204 ff., 211, 238, 248, 301 f., 321, 326, 422, 485, 501, 504 f.
Unterdruck 340, 369, 379, 387, 391 f.
– der das Strömungsverhalten des Brandrauchs beeinflusst 369
Unterflurhydranten 411
Unterflurkanäle 301 ff.
Untergeschoss 188, 236
unterirdische Geschosse 218
Unterkonstruktion 162, 171 f., 181, 183, 192, 194, 206
Unterlagen im Brandschutznachweis 344
Unterordnungsverhältnis 31
unterschiedliche Personenkreise 521
Unterschrift 483, 486
– des Brandschutzplaners 526
– des Fachplaners 486, 526
Unterstützung
– der Brandbekämpfung 258, 260 f., 344, 359
– der Entrauchung 345, 351, 358, 360
– von wirksamen Löscharbeiten 341, 348, 350, 356, 358, 364
Unter- und Rohdecke 419
unübersichtliche Baustellen 281 f.
unübersichtliche Fluchtwegeführung 451
unverbrannte Bestandteile 71, 76
Urteil zur Rechtssache C-100/13 40
Ü-Zeichen 109, 114 ff., 121 ff., 125, 129 f.

V

VDS-Richtlinie 139
Ventilationsbedingungen 71, 74, 78
ventilationsgesteuerte Brände 338
Ventilatoren 315, 319, 321 f., 340 f., 364, 383, 386 ff., 395 f.
– zur Rauchabführung 389
Ventilatorkonstruktion 388 f.
Ventilatorlaufrad 388
Ventilstation 415
Verbrennungsmotoren 448
Verbundsicherheitsglas 403

vereinfachte Bemessungsverfahren 106
vereinfachte Bewertungsverfahren 365 f., 370 f.
– zur Bemessung von aerodynamischen Öffnungsflächen in Wänden 366
– zur Bestimmung der Größe von Rauchabzugsöffnungen in Decken 371
– zur Bestimmung der Größe von Rauchabzugsöffnungen in Wänden 366
vereinfachte Handrechenmethoden 132
Verformungsgeschwindigkeit 107
Verfügbarkeit eines Eingangsschlüssels 476
Verglasungen mit Drahtglas 403
Vergleichbarkeit des Löschvermögens 408
Verhalten im Brandfall 520, 522
Verhinderung der Ausbreitung von Feuer und Rauch 402
Verhinderung der schnellen Brandausbreitung 414
Verhinderung des Eintritts von Rauch 401
Verhinderung des Schließens von Brandschutztüren 441
Verkaufsräume 192, 194, 203, 223, 233, 257 f.
Verkaufsstätte 1, 26, 162, 176, 180, 184, 186, 189, 192, 194, 203 f., 206, 212, 222 f., 233, 242, 251, 254, 257, 259, 267 ff., 274, 276, 285, 287 ff., 291, 293, 327, 334, 336, 344 f., 348, 350 f., 406, 413, 421 ff., 450, 491, 505, 513 ff., 522, 525
– mit Sprinkleranlage 162, 189, 192, 267 f.
Verkehrsflächen 217, 235, 258
Verkeimung 410 f.
– des Trinkwassers 413
Verkleidungen 194, 204 f., 211
Verlassen der Arbeitsplätze 462
Verlust der Brandschutzeigenschaften 439
Verordnungen und Richtlinien für geregelte Sonderbauten 444
Verordnung über Anlagen zum Umgang mit wassergefährdenden Stoffen 481
Verordnung über die Honorare für Architekten- und Ingenieurleistungen 487
Verpuffung 236, 245, 255
verrauchtes Brandgeschoss 508
Verrauchung 236, 245, 254, 325, 339 f., 342, 398, 429
Versagenskriterien 107
Versammlungsraum 180, 194, 204, 206, 223 ff., 252, 260 f., 285, 328, 335, 352, 406, 413, 423
Versammlungsstätte 1, 26, 42, 162, 176, 180, 184, 186, 189, 192, 194, 204, 206, 212, 223 ff., 233, 242 f., 252, 254, 260, 270, 274, 276, 284 f., 287, 291, 293, 328, 335, 352 f., 360, 406, 413, 423 f., 491, 505, 509, 513 f., 520, 522, 525
Versammlungs- und Aufenthaltsräume in Versammlungsstätten 353
Verschäumung 405
Versorgungsleitungen
– in Schächten 302
– in Schächten und Kanälen 302
Versorgungsschächte 485, 497, 503
Versorgungsschachtwände 293
Versuch 77, 106 f.
Versuchsofen 101 f.
vertikale Rohrleitungen 311
vertikaler Schlitz 310
Vertragsstrafe 279
Vertreter der Bauaufsichtsbehörde 513
verunreinigtes Löschwasser 481
Verwaltungsvorschriften 34, 297, 324, 326, 333
– Technische Baubestimmungen 158, 489 ff., 507, 516
Verwendbarkeit 28, 58, 77, 109, 115, 120 f., 123
Verwendbarkeitsnachweis 117 f., 120 f., 124, 141, 304, 312, 320, 392, 438 f., 452
Verwendungsregeln 431
Verwirbelung 378 ff.
– des Brandrauches 258, 347, 349, 351, 355, 357, 362
verzinktes Stahlblech 390
Vier-Augen-Prinzip 57
Vollbrand 4, 74 f., 79 f., 84 f., 89
Vollholz 86 f., 89, 91
Vollschutz 325
vollwandiges Türblatt 248
Volumen des rückzuhaltenden Löschwassers 519
Volumenstrom 343, 347, 350 f., 355, 362, 385, 387
Vorbauten 209, 257, 260
Vorbeugung
– der Ausbreitung von Feuer und Rauch 316, 523
– der Ausbreitung von Rauch (und Feuer) 338
– der Brandausbreitung 452
Vordach 183, 220 f.

Vorhabenbezogene Bauartgenehmigung 59, 119
Vorraum 205, 239 ff., 245, 247, 252, 254, 291, 295 f., 313, 334, 340, 342 ff., 396, 399 f., 413, 463
– eines Sicherheitstreppenraums 249, 254
– von Feuerwehraufzügen 413
– von notwendigen Treppenräumen 413
Vorrichtungen zum Öffnen 345 f., 348 f., 352, 354, 356 ff., 363
Vorwarnzeit 417 f.

W

Wachdienst 327
– zur Be- und Überwachung 281
Wachdienstmitarbeitern 477
Wandbekleidungen 206
Wände der Schächte 345, 348, 352 ff., 356, 358 ff., 363
Wände mit hinterlüfteten Außenwandbekleidungen 498
Wände notwendiger Flure 248
Wände von Treppenräumen 242
Wandhydranten 241, 297, 404, 406, 409 ff., 485, 511, 515
– des Typs F 411 ff., 485, 511, 515
– des Typs S 409 f., 466, 485, 511
Wandöfen 106
Wandschlitz 310
Wand- und Deckenbekleidungen 485, 505
– in notwendigen Fluren 505
Wärme 29, 63
Wärmeabführung 339
Wärmeabzug 340, 402 f.
Wärmeabzugsflächen 183, 203
Wärmeabzugsgeräte 268, 448
Wärmeabzugsmaßnahmen 485, 506 f.
Wärmeabzugsöffnungen 272
Wärmebrücke 395
Wärmedämmputzsysteme 143, 181
Wärmeenergie 20, 63, 66 ff., 71, 74, 77 f., 80 ff., 84, 94, 96 f., 99 f., 103, 106, 132 f., 136, 138, 141, 153 f., 156, 209
Wärmeenergietransport 67
Wärmefreihaltungen 256
Wärmeleitfähigkeit 87, 89 f., 95, 100, 102, 132, 141
– von Stahl 396
Wärmeleitung 67 f., 133
Wärmemelder 330 f., 373, 443
warmer Brandrauch 331
Wärmestrahlung 23, 67 f.
Wärmeübertragung 67 f.
Wartungsgänge 221
Wartungs- und Instandhaltungsarbeiten 437
Wartung und Unterhaltung der Sicherheitsbeleuchtung 451
Wasser als Löschmittel 414, 512
Wasserdampf 66, 88, 94, 98 f., 141
Wasser der nassen Leitung steht permanent unter Druck 411
Wassereinspeisung 512, 515
Wasserentnahmestelle 409, 518
wasserführende Leitungen 211
wassergefährdende Stoffe 481, 519
Wassergefährdungsklasse 519
Wasserglas 156
Wasserhaushaltsgesetz 481
Wasserversorgung 410, 416, 420, 424
– für Hydranten 515
Wasserversorgungsunternehmen 481, 518 f.
wässrige Lösung 405
Wattebausch 433
Weg ins Freie 281
weiche Bedachung 23, 195, 499
Weichenventile 417
Weichstoffkompensator 391
Weiterleitung an die Feuerwehr 374
Weiterleitung eines Brandes 315, 430
weiter Rettungsweg planmäßig über Rettungsgeräte der Feuerwehr 516
Wendeltreppen 228, 232 f.
Werkfeuerwehr 271, 324, 327, 363, 374, 384 f., 424
Werkstätten 180, 192, 237, 243, 252, 290 f., 331, 352, 371, 406, 443
wesentliche Leistungsmerkmale 127
wesentliche Merkmale 110 ff., 128
widerstandsfähig gegen Flugfeuer und strahlende Wärme 268
wiederkehrende Prüfungen 525
Windbeaufschlagung 368
Windbelastung 368
Winddruck 341, 368, 379 f., 497
– auf die Entrauchungsöffnungen 341
Winddruckbereiche 379

Winddruckkräfte 379
Windeinfluss 256, 340, 379 f.
Windsogbereiche 379
Windsogkräfte 379
Windverhältnisse 256, 341
wirksame Rettungs- und Löscharbeiten 163, 188, 236, 238 f., 255 ff., 312, 338, 344 f., 348, 350 ff., 356, 363, 368, 373, 383, 402, 479, 494
Witterungseinflüsse 341, 389, 394 f., 497
Wohnformen-Richtlinie 42
Wohngebäude 163, 195, 457, 465
Wohnungen 177, 185, 193, 196, 210, 215, 237 f., 247, 249, 290
Wohnungsbau 35

Z

Zeichen aus langnachleuchtenden Materialien 521
Zellenbauweise 272 ff., 333
Zellenbildung 273
Zentrifugalventilatoren 388
zerstörungsfreier Zugang zu Gebäuden mit einer Brandmeldeanlage 517
zerstörungsfreier Zutritt 476
Ziele des Brandschutzes 490
ZTV-ING-Brandkurve 83
Zufahrten oder Zugänge 191, 225, 277
– auf Grundstücken 517
– zum Gebäude 500
Zufahrts- oder Durchfahrtswege 471
Zugang 185, 220 f., 226, 231, 234, 252, 277 f.
– zu einem Treppenraum 252
Zugänglichkeit von Objekten 471
Zugangsschlüssel 517
zugelassene Überwachungsstellen 406
Zugspannungen 87, 93, 99
zulassungskonforme Änderungen und Ergänzungen 439
Zuluftanlagen 314, 319
Zulufteinrichtungen 383
Zuluftfläche 258 ff., 266, 345 ff., 377
– im unteren Raumdrittel 258, 260
Zuluftführung 340, 347, 350 f., 355, 362 f., 378
Zuluftleitung 319
Zuluftöffnung 319, 377 f., 397
– für NRA 377
– von Entrauchungsanlagen 397
Zumischer 416
Zumischverfahren 416
Zündpunkt 69
Zündquelle 7, 69, 74, 76, 78
– auf Baustellen 279
Zu- oder Durchfahrt 278, 472 f.
Zu- oder Durchgang 278, 474
Zusammenarbeit mit dem Architekten 495, 498, 513 f.
Zuschauerhaus 180
zuständige Brandschutzdienststelle 413
zuständige Brandschutzdienststelle der Feuerwehr 413, 521
zuständige Feuerwehrdienststelle 413, 471, 511 ff., 518, 520 ff., 524
Zustimmung im Einzelfall 59, 114, 122, 124, 129
Zu- und Durchfahrt und -gang 471
Zwangsspannungen 438
zweiflügelige Brandschutztüren 426
zweigeschossiger Industriebau 191
zwei getrennte Steigleitungen 420
zweischalige Konstruktion mit geschossübergreifenden Hohlräumen 419
zwei Steigleitungen 420
zweiter Hauptsatz der Thermodynamik 63
zweiter Rettungsweg 207, 216 f., 219, 223, 231, 234 f., 253, 277 f., 500
– über Geräte der Feuerwehr 487
– über Rettungsgeräte der Feuerwehr 471
zweites Schutzziel 444
– des Brandschutzes 452